U0954860

快速凝固粉末铝合金

陈振华　陈　鼎　编著

北　京
冶 金 工 业 出 版 社
2009

内 容 提 要

本书全面介绍了快速凝固粉末冶金技术和工艺，内容包括：快速凝固粉末冶金技术的发展、快速凝固制备技术、快速凝固制备理论、快速凝固铝锂合金、快速凝固铝铁合金、快速凝固高强铝合金、快速凝固铝硅合金和快速凝固铝合金应用等。

本书内容新颖、信息量大，理论与实践兼顾，具有很强的实用价值和理论参考价值，可供从事粉末冶金、铸造冶金、材料、机械等领域的工程技术人员参考，特别适合作为粉末冶金、金属材料等专业研究生的教学用书或参考书。

图书在版编目（CIP）数据

快速凝固粉末铝合金/陈振华，陈鼎编著. —北京：冶金工业出版社，2009. 5

ISBN 978-7-5024-4516-4

Ⅰ. 快… Ⅱ. ①陈… ②陈… Ⅲ. 粉末冶金—铝合金—凝固 Ⅳ. TF821

中国版本图书馆 CIP 数据核字（2009）第 068081 号

出 版 人 曹胜利
地　　址 北京北河沿大街嵩祝院北巷 39 号，邮编 100009
电　　话 （010）64027926 电子信箱 postmaster@ cnmip. com. cn
责任编辑 郭冬艳 美术编辑 张媛媛 版式设计 葛新霞
责任校对 王永欣 责任印制 牛晓波
ISBN 978-7-5024-4516-4
北京印刷一厂印刷；冶金工业出版社发行；各地新华书店经销
2009 年 5 月第 1 版，2009 年 5 月第 1 次印刷
787mm × 1092mm 1/16；31. 5 印张；762 千字；494 页；1 - 2500 册
89. 00 元
冶金工业出版社发行部 电话：（010）64044283 传真：（010）64027893
冶金书店 地址：北京东四西大街 46 号（100711） 电话：（010）65289081
（本书如有印装质量问题，本社发行部负责退换）

前　言

快速凝固是一项新的科学技术，自20世纪60年代问世以来，受到材料科学界普遍重视。快速凝固技术的出现无论对合金成分的设计还是对合金的微观结构以及宏观特性都产生了深刻的影响，它给新型合金的制备开辟了一条崭新的道路，有力地推动了材料科学的发展。但快速凝固材料受到冷却速度的限制，只能生产一维尺寸很小的带材或二维尺寸很小的丝材以及三维尺寸很小的粉材。材料的尺寸因素无疑将影响快速凝固材料的应用范围，特别在制备大尺寸的快速凝固材料方面受到很大的约束。近50多年来，为了开发新型的大尺寸快速凝固材料又发展了一门新型的制备技术，即快速凝固－粉末冶金技术（RS－PM技术）。所谓RS－PM技术是关于通过快速方法制备非晶、准晶和制备大块微晶粉末；通过粉末冶金工艺在保持亚稳结构下制备大块非晶、准晶粉末材料，在保持亚稳晶态下制备大块微晶材料的技术。快速凝固－粉末冶金技术的产生引起了材料科学和粉末冶金界的极大重视，也引起了工业界的极大兴趣，并且在制备新型合金材料中起着非常重要的作用。粉末冶金高温合金、粉末冶金高速钢和粉末冶金铝合金是快速凝固粉末冶金技术取得的最重要成果。特别是喷射沉积技术的出现，使快速凝固粉末冶金材料得到长足的发展。作者长期从事快速凝固粉末铝合金的研究，对多种铝合金材料进行过研究。在研究过程中深感国内的相关研究还很不够，甚至有的是在重复国外的一些早期工作。撰写此书的目的是为了尽快地改变这种现状。本书可供在这些领域从事科研和技术工作的人员参考，也可以作为粉末冶金、金属材料、复合材料等专业的研究生教学之用。由于内容较多，篇幅有限，特别是作者的水平有限，书中若有疏漏之处，恳请读者批评指正。在本书中有关1980年以前的文献大多都没有列出，在这里向所有论文作者表示深切敬意。

湖南大学材料科学与工程学院的傅定发、袁武华、陈刚等老师，贺毅强、张昊、李微、刘俊伟、周涛、姜勇、孙有平、陈建林博士生和硕士研究生郝亮、樊恋等人参加了此书的部分工作，在此深表谢意，并对冶金工业出版社的热情支持表示衷心感谢。

作　者

2008年11月于长沙

目　录

1 快速凝固粉末冶金技术的发展

1.1 粉末冶金技术的发展

人类制造了材料，材料也创造了人类文明。人类初期发展的重要材料都具有划时代的意义，如石器时代、青铜时代和铁器时代；但是在青铜时代同期存在一个鲜为人知的块炼铁时代。所谓块炼铁技术就是用一种风箱把氧化铁粉在炭火中加热，做成海绵状还原铁，然后把这些多孔铁高温锻造，作为黏铁的金属块，再加以反复锤锻，经过“千锤百炼”打造成所需要的器件，这样制造的铁器有的有孔隙，有的含有很多杂质，但是其中也有的具有良好的致密组织。块炼铁技术距今已有5000年的历史（纪元前3000年），埃及人用这个方法制作了各种器具。Kieffer[1]认为，块炼铁技术就是粉末冶金技术的起源，即古代的粉末冶金技术。根据考古资料，粉末冶金的发源地应该在波斯的东北部[2]，也有说是起源于亚洲，经过印度、埃及、巴比伦而输入到欧洲的。雷内加戴1954年出版的书《Der Schwarze Hephastus》中说：他在非洲探险时，调查黑人铁匠炉，结果发现在中非，用烧结法和锻造法制作铁器，所用的方法正和几千年前一样。于是雷内加戴相信这种技术确实是从亚洲经过印度、巴比伦输入该地区的。而且谈到这种技术至今还在远离北喀麦隆，孤立的曼达拉山残存着。关于这本书的内容，Kieffer等人[3]曾摘录过，认为这些北喀麦隆人从冲积期的矿床及河川拾到磁铁矿石，用豆粒大的木炭，在炉火中还原以制备铁粉，它的使用方法是在垂直炉体的中央，立着一根黏土制的管，这是为了送进空气并进行预热用的通道，顶上有手动的二重操作风箱。开始作业时，往炉内装木炭超过炉高的一半时，用黏土封闭椭圆形的炉门，在炉内点火。温度升高后，在近炉底处，开一出渣口，然后每隔15min，将一些矿石和一些木炭从上方的入口处装入；随后，把口封闭，稍往上一点开一新的出渣口，约24h，操作完毕，这时把炉打开，取出海绵状铁块投入水中。把这种海绵状铁破碎成豆粒大小，尽量除去其中的木炭、炉渣、石英等的残渣。然后把粗粒用石器捣碎成粉状，再加以提纯，分成黏铁粒和片状粉。把砂粒大小的铁粉，装满黏土制的罐中，以最大的松装密度尽可能充分装满。然后把这些罐用黏土做成盖盖好，并用黏土溜缝，在木炭火的还原气氛中烧结。完成后，把坩埚打碎，取出烧结铁块，在木炭火中，用大石锤锤打锻造，随后退火，反复锤打多次，做成各种式样的兵器、工具和装饰品。

公元前14世纪赫梯人开始使用块炼铁技术。很多人认为赫梯王国沿地中海东岸向东扩展其帝国疆土，征服叙利亚和黎巴嫩，摧毁巴比伦，主要是独占了一个秘密武器，即块炼铁术，并在好几个世纪一直费尽心机地保守这一秘密而不让他人知晓。尽管这个观点有些学者不以为然，但至少表明了块炼铁技术在当时的重要性[4]。

随着冶金技术的发展和装备水平的提高，出现了熔炼制铁法，铁块纯度提高，生产效率也大幅度提高，取代了原始的块炼铁技术，但块炼铁技术对金属材料和制品的制造技术却有着深远的影响。块炼铁技术帮助人类绕过了当时无法克服的熔炼铁的高温障碍，这种不通过熔炼就可以直接把颗粒材料热加工制造成金属材料的基本思想实质上就是粉末冶金技术的核心思想。

1492 年在美洲大陆首先发现了最古老印第安人的祖先及其子孙用粉末冶金方法做的铂器具。铂的熔点非常高，在当时不能造成那样的高温。印第安人以低熔点的合金作为黏结剂，这点正好和制作硬质合金的方法非常相似。他们首先把天然的铂粒用水洗法从矿石中分离，把它用低熔点金属包覆起来，即用金和银的合金作为黏结剂，因为这些合金熔点低且抗氧化性强，因此不用溶剂或者惰性气氛，就能容易地用此合金浸渍铂粒表面。这种烧结件的颜色是黄的，但在加工前加热时，由于低熔点合金的扩散就变成银白色的白金色。由于发现的印第安人制作的白金器具都比较小（最大的直径约为 13mm），所以可以相信制造这些器具的加热装置是用原始的炭火，并用吹管送空气助燃的。根据分析，这些白金器具的成分是：$w(\mathrm{Pt}) = 26\% \sim 72\%$，$w(\mathrm{Au}) = 16\% \sim 64\%$，$w(\mathrm{Ag}) = 3\% \sim 15\%$，$w(\mathrm{Cu}) < 4\%$[5]。

1800 年 Knight[6]将化学沉淀得到的 Pt 粉装入陶瓷坩埚后高温加热，在高温下加压就得到了紧密的铂金块，经锻造制成了固体铂金。这种方法是经过粉末制备、退火、机械压制成形和高温加工而得到了致密金属。所采用的工艺都是粉末冶金技术的基本工艺，表明近代粉末冶金技术逐渐走向成熟。

以上所述的方法中，多少使用了热压法，但在 1926 年，俄罗斯学者 Sobolewskoy[7]却不用热压，先在常温下把 Pt 粉加压，然后在高温下进行烧结即得到了致密的铂金块。这种方法就是把 Pt 粉装入铸铁圆筒形的模内，用钢制模冲加压，加压用的是一种螺旋加压机。这种压坯充分坚固，用手拿动时不至于损坏，把压坯在烧瓷器的温度下烧结一天以上就可以得到致密的 Pt。烧结铂块的收缩率是 20% ~30%，后来俄罗斯的工匠也用相同的方法制成了铂金片，再制成货币的样式。Sobolewsloy 完全是采用制粉、压制和烧结工艺来生产制品，该方法的实质就是近代的粉末冶金技术。俄国人将 Sobolewsloy 称之为近代粉末冶金之父。近代粉末冶金的理论研究也主要是粉末制备、压制和烧结理论的研究。但是在对待划时代科学人物的评价上，美国人和俄国人的意见总是相左，美国人认为库利奇（Goolidge）才是近代粉末冶金之父。

1900 年代后，库利奇[8]在一定范围的温度下，对钨坯进行热锻造，得到了在室温下具有一定韧性的钨制品，这是一个重大发现。其方法之要点如下：首先把 W 粉压制成形为小 W 条，将它放在保护气氛中，在 W 的熔点以下烧结。这种烧结 W 条在常温下是非常脆的，但在比烧结温度稍低的温度下加工是可能的。利用高温锻打法，使 W 条的断面逐渐减少，逐渐降低高温锻打的温度，当达到小至适当断面时，在常温下就具有充分的韧性，用这种方法拉丝可以拉出细钨丝。直至现在，工业上也用这种方法制造 W 丝。库利奇的这个发明，是粉末冶金作为近代工业一个新的领域而初次问世的，Schwarzkopf[9]将库利奇的论文“可锻钨的制造”在美国电气工程协会的演讲会上发表，这一天为 1910 年 5 月 17 日，被西方称为近代粉末冶金的诞生日。

近代粉末冶金技术一直在和铸造技术的竞争中获得发展，具有如下重要特点：（1）克服难熔金属（如钨、钼）熔铸过程中产生的困难。如 1909 年成功制备的电灯钨丝和随后的钨钼制品为粉末冶金工业迈出了第一步，并且推动了粉末冶金技术的发展。1923 年成功制备了硬质合金，1957年制备了钢结硬质合金。硬质合金的出现被誉为机械加工工业中的革命。(2) 发挥了粉末冶金无切削的特点。如20世纪30年代用粉末冶金方法制取的多孔含油轴承和随后产生的铁、铜、合金钢、不锈钢基机械零件在汽车、纺织、航空等工业上得到了广泛的应用，在节能、降耗中起到了重要作用。(3) 制备熔铸法不能生产的材料和制品，如1917年就开始制备的电触头材料，1929年开始制备的烧结摩擦材料，1936年开始制备的烧结磁铁，1949年开始生产的金属陶瓷、弥散强化材料以及含油轴承等。

20世纪60年代以来，粉末冶金取得了引人注目的进展，一系列新技术、新工艺、新材料相继出现，使得整个粉末冶金出现了一个崭新的局面。假若把粉末模压成形和普通烧结作为主要工艺的近代粉末冶金技术称为传统的粉末冶金技术，那么半个世纪以来在粉末冶金领域发展起来的一系列新技术和新工艺可以称为现代粉末冶金技术。

现代粉末冶金技术的发展具有如下特点[10]：

(1) 现代粉末冶金技术被称之为先进材料制备技术，在这个领域中新技术、新工艺大量涌现，如超微粉末的制备技术、快速凝固、机械合金化、喷射沉积、粉末热等静压、粉末热锻、粉末轧制、粉末挤压、粉末温压、粉末准等静压、STAMP技术、快速全向压制、高速压制、电磁成形、超固相线烧结、选择性激光烧结、放电等离子烧结、微波烧结、爆炸固结、大气压固结、电场活化烧结、自蔓延烧结和粉末注射成形技术等。粉末冶金新技术和新工艺的发展趋势为高级化、精细化和工业规模化。新技术和新工艺的应用使得一批具有粉末冶金特点的新材料相继产生。如大块纳米材料、粉末高温合金、粉末高速钢、粉末不锈钢、粉末合金钢、快速凝固粉末铝合金、快速凝固镁合金、快速凝固钛合金和特种陶瓷等。粉末冶金材料向全致密、高性能方向发展。

(2) 现代粉末冶金技术成为非平衡材料最重要的制备方法。采用这些技术不仅可以显著改善传统材料的性能，还可以研制新材料。利用极限条件制备具有特殊性能的材料，如采用蒸发凝聚法制备超微粉末，采用快速冷凝技术制备非晶、准晶和微晶材料，采用机械合金化制备纳米晶材料，采用超高压或超高温合成各种具有特殊性能的粉末冶金制品，采用特种成形和特种烧结方法保持材料中的亚稳相而制备非平衡态材料等。

(3) 采用以机械合金化和自蔓延烧结为主体的复合材料制造技术，用于制备传统熔铸法和粉末冶金方法难以得到的合金材料以及制备性能优异的弥散强化合金。利用这些新技术研制出了大量具有特殊性能的铝基、铜基、铁基、镍基粉末冶金复合材料。粉末冶金向复合化和功能化方向发展。

(4) 近终形产品的直接制备技术发展迅速，成就突出。如粉末冶金零件的几何形状越来越复杂，尺寸精密度不断提高，大大减少了后续加工工序和加工量，这些巨大进展主要归功于粉末注射成形、温压成形、选择性激光烧结、等温锻造、无包套热等静压和以各种成形包套为主的复杂形状产品的热等静压等工艺的发展。

综上所述，现代粉末冶金技术从原来作为铸造技术的替代和补充的地位变成了两者并重的地位。特别是在制备高性能材料方面成为了一种领先的技术。

1.2 快速凝固粉末冶金技术的发展

一千多年来，人们一直利用加热的碳钢浸入水或油中的方法来进行硬化处理。为了提高淬火效果，对淬火工艺不断进行改进，例如在古代人们就懂得将淬火溶液添加到水中来改善刀、剑、盔甲的淬透性。通常，固态淬火能够将在高温下稳定的合金相保留到室温下，但这些相是亚稳的，在合适的条件下淬火时，这些合金相将转变成另外一种非平衡相，例如将奥氏体相淬火可以得到马氏体相。从固态淬火的启发，那些善于思考问题的冶金学家们很容易会对熔融态合金在淬火时发生的变化感到好奇，或许能够将高温熔体冻结下来以得到金属玻璃，或许与马氏体相的形成类似，熔融合金在淬火冷却过程中有可能形成亚稳的晶态相。因此从固态淬火引发了熔体的快速凝固技术。

所谓快速凝固技术（RSP）是指金属或合金的熔液急剧冷却，形成非晶、准晶和微晶的技术。这种技术又称为熔体淬火技术（MQP）或急冷技术（RQP）。快速凝固技术的出现无论对合金成分的设计还是对合金的微观结构以及宏观特性都产生了深刻的影响，它给新型合金的制备开辟了一条崭新的道路，有力地推动了材料科学的发展。

加利福尼亚理工学院的著名冶金学家Duwez通常被看作快速凝固（熔体淬火）技术之父，但实际上他并不是熔体淬火技术的开创者，因为在他之前已经有人采用熔体淬火的方法制备了合金线材和带材，只是这些人当时并未考虑要发明新的制备技术，而是从工程的角度考虑快淬过程中的相及组织的变化。Duwez则从科学研究的角度开展研究工作，他的目的是研究能否通过淬火方法将液态金属急冷下来获得亚稳相（如玻璃相）或制备以前不存在的亚稳结构相。换句话讲，他想证实能否通过熔体淬火来获得固相快冷时的效果。在Duwez之前也有人开展了类似的研究工作，还有人与Duwez同期开展了类似的研究工作。早在1871年Lang采用熔体自旋法制备了低熔点合金丝材，并获得了发明专利。Strange和Pim[11]在1908年获得了一种熔体自旋法的发明专利（采用金属辊为散热基体，通过自旋法将合金熔体制备成带材）；Pond[12]分别于1958年、1959年和1961年发明了熔体自由飞行旋淬法（熔体从喷嘴中流出并被周围环境中的气体冷却），并对Strange和Pim的技术进行改造，进而发明了急冷块熔体自旋（Chill - Block Melt Spinning）技术[13]。虽然后来Duwez没有采用这些技术，但在当时熔体自旋技术及其派生技术是最常用的熔体淬火技术。除了这些技术之外，Duwez在他1967年的文章中还引用了Germans Falkenhagen和Hofmann等人[14]的工作，他们的方法是将熔体铸入到液氮冷却的铜模中，从而将多个合金的固溶度显著提高。与此同时Duwez还引用了Olsen和Hultgren等人[15]的工作，这两个学者通过将Ni - Cu合金小液滴射入到冰水中，研究了合金的成分偏析和冷速问题，估算出液滴的冷速高达10^4K/s。可以认为，Duwez的工作可能是受到了Olsen和Hultgren工作的启示，使他认识到可以通过熔体淬火法获得极高的冷速。1959年Duwez通过实验确定了将熔体与冷基体接触获得快冷薄带的最佳条件。他尝试了Olsen和Hultgren的方法，以Cu - Ag合金为研究对象，但未能获得亚稳的过饱和固溶体。于是Duwez采用液态冷却介质进行实验，将熔体射入到液态冷却介质中，由于这些方法的冷凝速度不是很高，最终他选择了固体冷却熔体法，所采用的冷凝方法有枪法和锤砧法。

Duwez所开展的研究工作的目的是要解决合金理论中存在的一些困惑。根据Hume - Rothery规则，Cu与同族元素Ag、Au之间应该是可以完全互溶的，可以形成连续固溶体。但实际上Ag - Au和Cu - Au可以形成固溶体，而Ag - Cu并没有形成固溶体，而是形成共晶合金系，只是在相图上存在端际固溶体。他认为固态淬火方法无法解决这一矛盾，因为很难（几乎不可能）将两相固体结构转变成亚稳态的单相结构。然而，可以通过淬火法将单一的合金熔体转变成固体。1960 年 Duwez[16] 首次报道了采用熔体淬火法制备出了 Cu－Ag 合金的过饱和亚稳态固溶体。Duwez 在 1967 年曾经提到，当时他们通过发明新型的淬火技术将熔体以极限速度快冷的初衷是，要解决不符合 Hume－Rothery 规则的非完全互溶合金系的完全互溶问题[17]。

Duwez 及其合作者通过实验回答了 Cu－Ag 合金的固溶度问题，他的同事在 Ag－Ge 合金的研究中也获得了固溶度扩展的结果，与 Hume－Rothery 规则的预测结果一致。随后，在 Te－Au 合金中也观察到了异常的简单立方相[18]。

Duwez[19] 的创造性工作是发现了 Au－Si 金属玻璃，该工作发表在了 Nature 杂志上。与此同时，Cohen 和 Turnbull[20] 也在 Nature 上发表了 Au－Si 方面的文章，他们认为 Au－Si 的 Si 含量在 25%（深共晶成分，原子分数）时可以形成非晶，并认为熔体在冷却时黏度会迅速升高，原子的扩散速度非常缓慢，这样依赖于扩散过程的结晶行为就被抑制。该结论为其他非晶合金的发现提供了理论依据，并导致了 Pd－Si 非晶的发现[21]。随后 Duwez 利用电子显微镜研究了 Pd－Si 非晶合金的结构并原位观察了非晶的晶化过程。Duwez 是第一个使用 TEM 研究熔体快淬合金的学者。

实际上，前苏联学者 Salli 在快速凝固方面也做了很多原创性的工作，1958 年 Salli 报道了他所发明的快冷装置（类似锤砧法），并采用这个装置研究了二元合金的相互固溶度及亚稳相的形成等一系列问题。他的研究在 1959 年被美国化学文摘所摘录[22]，他的研究比 Duwez 的研究要早。另外，英国 Cavendish 实验室的 Cohen 和 Turnbull 一起发表了一系列重要的非晶形成方面的文章，在非晶研究领域产生了深远的影响。他们的工作就像 Meroca 在 20 世纪 20 年代发现的"端际固溶体固溶度随温度的降低而急剧下降"的现象一样重要，后者是合金时效强化的必要条件和基础。因为直到 Meroca 公布了这一重要发现之后人们才研制出时效硬化型合金。

1965 年有关 Pd－Si 非晶合金的研究结果发表后，人们认识到熔体快淬技术的重要性，引发了快速凝固非晶合金研究的热潮，但是这种热潮并没有维持很久。由于快速凝固材料受到冷却速度的限制，只能生产一维尺寸很小的带材，或二维尺寸很小的丝材以及三维尺寸很小的粉材。材料的尺寸因素无疑将影响快速冷凝材料的应用范围，特别是在制备结构件方面。由于快速凝固非晶合金的商业使用价值不明朗，快速凝固的研究热潮在 20 世纪 80 年代后迅速回落，很多科学家都转向从玻璃形成的能力而不是从快速冷凝的角度来研究非晶材料。1974 年美国贝尔实验室的陈鹤寿[23] 在约 10^3K/s 的冷却速度下得到了 Pd－Cu－Si 毫米级的非晶棒，一年以后他们又发现了 Pt－Ni－P 和 Au－Si－Ge 两个合金[24]。陈鹤寿在块体非晶的研究上做出了很大贡献，他开创了金属玻璃形成能力的原创性研究。20 世纪 80 年代前期，Turnbull 等采用氧化物包覆技术以 10K/s 的冷却速度制出了厘米级的 Pd－Ni－P 非晶[25,26]。净化实验显示，当异质形核被抑制，在冷却速度仅为 10K/s 数量级的时候就能凝固成厘米级的玻璃锭。尽管 Pd 级块体非晶合金的形成是非常令人振奋的，但是由于 Pd 的价格昂贵，人们对块体非晶合金的兴趣仅限于学术研究，其新颖性在随后的几年逐渐下降。尽管如此，人们对新块体非晶合金体系的探索和相关研究始终在继续。多组元块体非晶合金显示出优秀的玻璃形成能力（GFA）并不仅限于 Pd 基合金，而是一个普通的现象。20 世纪 80 年代后期，Inoue 等在日本东北大学成功地发现，主要由普遍元素组成的新多组元合金系可以在低冷却速度下形成块体非晶合金。在系统研究了含 Al 和过渡族金属的三元稀土金属的玻璃形成能力后，他们发现了在 La－Al－Ni 和 La－Al－Cu[27] 等三元合金系中有极大的玻璃形成能力。同一时期他们还开发出具有高形成能力和热稳定性的 Zr－Al－Ni－Cu 系合金[28]。Inoue 等人在长期的研究工作中总结出了形成大块非晶合金的三条经验准则[29]：(1) 合金体系由三个或三个以上的组元组成；(2) 三个主要组元原子尺寸比大于12%；(3) 主要组元之间具有大的负混合热。Inoue 基于这一判断已开发出 Zr 基、Fe 基、Ni 基、Co 基、Ti 基以及稀土基等数十种大块非晶体系。

虽然块体非晶的研究为材料科研工作者研究开发高性能的功能材料和结构材料提供了十分重要的性能，但是离真正的工业应用还有一段距离。

近 50 年来，为了开拓新型的快速凝固合金材料又发展了一门新型的高技术，即快速凝固－粉末冶金（RS－PM）技术。所谓 RS－PM 技术是关于通过快速凝固方法制备非晶、准晶和微晶粉末，通过粉末冶金工艺在保持亚稳结构下制备大块非晶、准晶粉末金属材料、在保持亚稳态下制备大块微晶粉末金属材料的技术。快速凝固－粉末冶金技术产生后引起了材料科学和粉末冶金界的极大重视，目前 RS－PM 技术正在迅速发展，并且在制备新型合金材料中起着非常重要的作用，它是一种先进材料的制备技术。

快速凝固是使金属或者合金熔体急剧冷却为微晶、准晶和非晶态的过程，通常情况下快速凝固的冷速大于 10^5K/s。快速凝固情况下材料的显微组织特征发生了明显的变化。如增加了溶质原子在基体中的固溶度极限，使晶粒及第二相质点细化，合金中的溶质浓度和位错密度大大增加，可形成非平衡相，凝固前沿的高过冷度引起了偏析图形的明显改变，甚至可以获得无扩散的单一晶体结构，可产生非晶态等。

快速凝固技术对冷却速度的要求推动了金属粉末雾化技术的发展，在粉末冶金中气体雾化和水雾化等方法实质上是最早的快速凝固技术。尔后开发了一系列高冷速的雾化技术，如紧耦合气体雾化、超声气体雾化、高压水雾化、离心雾化、多级雾化、熔体自旋方法等，这些新的雾化方法满足了快速凝固的要求，通过粉末冶金工艺在保持亚稳结构的情况下制备大块非晶、准晶粉末材料和在保持亚稳晶态的情况下制备大块微晶粉末材料的技术也得到了很大发展，如开发了冲击波固结、超高压固结、液相烧结、热加工致密、粉末直接成形等方法。

粉末冶金高温合金、粉末冶金高速钢和粉末冶金铝合金是快速凝固粉末冶金技术取得的最重要成果。普通的粉末高温合金，如 Astoloy、waspaloy、IN 100 和 Rane’95 与同成分的铸锻合金相比，其性能水平相近或稍好一些，但经过改进的快速凝固高温合金，性能要比铸锻合金好。快速凝固方法在镍基合金中的应用目前进行了很多工作，其目的主要是用来提高涡轮发动机材料在高温下的蠕变抗力。Pratt Whitney 公司提出通过快速凝固方法将涡轮发动机叶片材料的使用温度提高 60℃的目标，这将大大提高涡轮发动机的工作效率。Ni－Al－Mo 材料由于很难加工以及铸态 γ' 相和 α－Mo 相的严重偏析，一直未能广泛使用。采用快速凝固技术生产粉末中的 γ' 相及 α－Mo 相的形成完全被抑制，取而代之的是在随后的粉末压制成形过程中形成均匀细小的 γ' 相和 Ni_xMo 相（金属间化合物）。尽管细晶对材料的高温蠕变抗力不利，但经过晶粒粗化处理后，这种材料的使用极限温度可提高

85℃，与现在广泛用作涡轮发动机叶片材料的 MAR-M200+Hf 相比，它的抗氧化能力提高了10倍[30]。

1965年Crucible Materials公司发明了粉末冶金高速钢，1971年投产，年产量1200t，以CPM系列共10余个牌号销售。瑞典Soderfors公司是世界上生产这种钢材的最大厂家之一，其气雾化-热等静压生产线于1970年投产，1978年产量达到4000t，锭重1.5~1.6t，以ASP牌号销售。粉末冶金高速钢优良的组织和性能，得益于快速凝固雾化与热等静压、热挤压致密化工艺的结合。雾化法制粉实际上是将熔炼法生产的以吨计的巨大铸锭变成尺寸小于0.1mm的微小粉末颗粒，并将冷凝速率从一般铸锭的0.1~0.01K/s提高到10^3K/s。这样，即使产生偏析也被限制在极小的范围内；而快速冷凝又使一次碳化物细化并均匀分布。粉末冶金T15高速钢碳化物晶粒尺寸范围窄，大多在3μm以下，最大不超过4μm。粉末冶金法能够生产常规冶金法难以生产的高合金含量、富碳化物高速钢。T15是美国AISI标准中最耐热、耐磨的高速钢牌号，但其合金度高，组织偏析严重，用熔炼法生产困难，且可磨削性很差，正是粉末冶金工艺圆满解决了这些问题。粉末冶金高速钢主要用于制造模具和异形刀具，特别适用于切削加工耐热高合金钢、奥氏体不锈钢、镍基高温合金、钛铝合金等，是航空工业用于切削加工的优秀刀具材料。用粉末冶金高速钢ASP30和ASP60端面铣刀加工Tr-6Al-4V合金飞机零件，其寿命比加工熔炼高速钢M42分别提高4.5和8倍；此外，还用来制造高强度、耐磨损和抗疲劳的结构零件，如汽车内燃料配件和飞机发动机轴承[31]。

粉末冶金材料是经过颗粒化过程再变成块体材料，其组织结构与熔铸材料有明显区别。颗粒化过程产生了一系列优点，也带来了一些问题，如产生了颗粒边界、氧化物和非金属夹杂、孔隙等，颗粒边界、氧化物、非金属夹杂和孔隙影响了粉末冶金材料的疲劳、断裂、蠕变等性能。为了解决快速凝固粉末冶金技术存在的工艺复杂、粉末氧化严重、难于制备大型工件等问题，20世纪60年代以来又发展起来一种新的快速凝固粉末冶金技术，即喷射沉积技术。该技术的产生在一定程度上解决了上述矛盾，该工艺的诞生对铸造、传统的粉末冶金技术产生了深远的影响，成为当今最引人注目的材料制备技术之一。

喷射沉积的概念和原理最早是由英国Swansea大学的Singer教授于1968年提出，于1970年首次公开报道的[32]。当时他把熔融金属雾化沉积在一个旋转的基体上，形成沉积坯料，并直接轧制成带材。1974年Brooks等人成功地将Singer提出的喷射沉积原理应用于锻造毛坯的生产，发展成了世界著名的Osprey工艺[33]，开发出了适合于喷射沉积工艺的一系列合金，设计和制造了多种Osprey成套设备，并取得了两项专利[34,35]。从此，Osprey工艺蜚声于世，成为喷射沉积工艺的代名词。

Osprey工艺也是在不断进步中。20世纪70年代后期，美国麻省理工学院的Grant教授和加州大学欧文（Irvine）分校的Lavernia等人采用超声雾化法将金属熔体雾化成极细的液滴，然后沉积在一个水冷载体上，发展成了液体动压成形（LDC）工艺[36~38]。实际上，LDC工艺和Osprey工艺均属于喷射沉积，只是前者更加强调雾化液滴的微细效果和沉积坯的冷却效果。

1980年英国的Aurora钢铁公司开始将喷射沉积技术应用于高合金工具钢的生产，进一步发展了雾化沉积工艺，开发出了“控制喷射沉积法”（CSD）[39,40]。采用该工艺一次可连续雾化2t工具钢，此外还可以连续生产其他高合金钢，最终产品为各种棒材、锻件和轧制钢板，产品的孔隙率均近于零。由于液滴冷凝速度高，产品组织中含有尺寸十分细小，且分布均匀的析出物颗粒。实质上，CSD法与Osprey法相似，只是CSD法采用的是离心雾化装置，而Osprey法一般采用气体雾化装置。前者将液体金属离心雾化为0.5～1.5mm的液粒，金属液粒冲击冷衬底时，冷却速度可达10^4～10^6K/s。但是由于当时英国经济萧条，Aurora公司被迫于1983年停止了对CSD工艺的研究和开发。

Osprey工艺发展的主要方向集中在半成品形状的预成形坯的生产，诸如管、棒、环、带、盘和圆柱坯，材料种类包括不锈钢、高速钢、工具钢、磁性材料、高温合金，以及高强度铝合金、镁合金和铜合金等高合金化材料。经过30多年的研究与开发，Osprey工艺由实验室范围内的研究逐渐发展到工业化生产规模。由Osprey公司授权的生产单位分布于欧洲、美国和日本等国。

在制造超合金材料时，普通的喷射沉积产品很难达到所需要的纯净度，而这种纯净度会对材料的性能产生很大影响；利用GE公司发明的专利技术（US No. 5160532）可以解决该问题，该方法被称为ECS法，即由电渣重熔、冷壁感应引流和喷射组合而成。该工艺采用了法国ALD公司开发的CIG喷嘴，可生产纯净、无偏析和组织微细的钢锭。采用此法生产了Rene95、Rene98和IN718合金喷射沉积锭坯，坯件质量达500kg[41]。

喷射沉积工艺发展至今已有30多年的历史，大量的研究结果表明，该工艺是一种原则上适合开发任何合金系列的近终成形新技术，它给金属材料和金属基复合材料的发展带来了新的活力。世界一些著名公司，如美国的通用电气（GE）公司、英国的Alcan公司、瑞典的Sandvik Steel公司、法国的Pechinery公司、日本的神户制钢公司等以及世界一些著名大学，如美国的麻省理工学院和加州大学、德国的不莱梅学院、中国台湾的成功大学等[42～50]，均在大力开展此项技术的研究和开发。

1.3 快速凝固粉末铝合金的发展

快速凝固粉末铝合金是快速凝固取得的最重要成果之一。美国材料咨询局（NMAB）对先进的快速凝固铝合金的研究做了全面的评估，得出的结论是：(1) 快速凝固粉末铝合金的性能比传统铸锭冶金优越得多；(2) 快速凝固粉末冶金铝合金主要用于航空工业；(3) 现行的有关相关系、显微组织及结构性能方面的知识不适用于快速凝固铝合金。咨询局的评估是对快速凝固铝合金的研究、开发、试验与生产的有力支持，该报告特别指出应进行长期、广泛的基础研究并制定发展规划。

快速凝固铝合金主要是在粉末高比强合金、粉末耐热铝合金、粉末高强铝合金、粉末耐磨铝合金方面取得了很多成果，特别是粉末耐热铝合金的成就令人瞩目。

1.3.1 粉末高比强铝合金

锂是自然界最轻的金属（密度0.53g/cm^3），铝中加锂比加其他任何元素更能显著地降低铝合金的密度和提高其弹性模量。铝合金中加入1%（质量分数）的Li，其密度降低约3%，弹性模量增加约6%，其比强度、比弹性模量有大幅度的提高，由于铸造偏析使该合金中Li的最高限量为2.7%（质量分数），即减轻质量的潜力约为8%，而进一步增大 Li 含量会引起塑性和断裂韧性的降低。从 20 世纪 70 年代末开始研究了快速凝固法制备 Al－Li 合金的新工艺，由于它有更大的降低密度和改善性能的潜力，因此其发展迅速并引起了各国广泛的兴趣[51~57]。

铸造 Al－Li 合金的延性和断裂韧性不佳的原因主要是变形时 δ′（Al_3Li）沉淀颗粒的剪切作用，使合金产生明显的平面滑移。金属间化合物改进的研究是设法引入第二相以阻止位错剪切。均匀分布的无剪切作用的 S′（Al_2CuMg）相能十分有效地阻碍位错运动。但是，为了获得均匀分布的 S′相，必须进行塑性加工，而且往往需要延展形式的加工，例如通过添加 Zr 来明显改善铝－锂合金的力学性能，其特点是：

（1）Zr 与 Al 能生成亚稳相 Al_3Zr，该相与铝－锂合金的主要强化相 δ′（Al_3Li）同型。

（2）亚稳相 Al_3Zr 能有效地阻碍位错切变。

（3）在时效热处理过程中，Al_3Li 颗粒环绕共格的 Al_3Zr，形成一种特殊的 $Al_3(Li,Zr)$ 复合沉淀颗粒。

由于 Al_3Li 颗粒会与阻碍剪切的 Al_3Zr 相结合，从而不能促进平面滑移，$Al_3(Li,Zr)$ 复合沉淀颗粒会导致位错的奥罗万（Orowan）绕过运动，从而改善了合金的延性。经过简单的热处理后，这种合金具有良好的强度和延性等综合性能。

对于添加中等含量合金元素的 Al－Li 合金，例如 Al－4.5Cu－1.2Li－Mn 和 Al－3Li－1.5Cu－1Mg－0.2Zr，如果与传统熔铸工艺的产品相比，从合金的强度和延性等方面考虑，也许没有必要用粉末合金代替熔铸合金。然而，人们期望快速凝固工艺能在添加高含量的 Li 和 Mg 等合金元素方面发挥作用。

快速凝固最重要的作用是提高合金的 Li 含量，降低合金的密度，其次是提高合金的 Zr 含量，提高合金的性能。快速凝固的另一进展是在 Al－Li 合金中加 Be，明显减轻大型结构件的质量，并同时提高其强度。如果使用熔铸工艺，溶解度极低的 Be 将在合金中形成粗大的颗粒沉淀，使合金的延性降低。快速凝固铝锂合金具有以下的优点：（1）可以制造出 Li 含量高于 3% 的 Al－Li 合金，并可能减轻质量达 10%～15%，同时可以进一步提高强度；（2）使微观组织均匀细小，包括细化晶粒和减少粗大的金属间化合物，从而有助于提高合金的强度和其他性能；（3）形成新的混合弥散相，以更有效地阻碍平面滑移，有助于合金强韧化。但是，塑韧性问题一直是困扰 RS－PM 铝锂合金发展的重要问题。大量研究表明，RS－PM 铝锂合金的塑韧性主要受滑移的平面性、晶界无析出带（PFZ）、氧化程度和粉末颗粒边界（PPB）的影响。围绕 RS－PM 铝锂合金的低塑性机理，研究工作者向铝锂二元合金中加入了一系列元素，并采取了改进的 RS－PM 工艺及热处理工艺，但问题仍然未能得到根本解决。如何进一步改善 RS－PM 铝锂合金的塑韧性仍然是重要的研究课题。

1.3.2 粉末耐热铝合金

铸造高强度铝合金主要是亚共晶成分的合金，含有在端际固溶体中其固溶度原子分数大于 2% 的合金元素，并通过时效过程中金属间化合物的析出达到合金强化的效果，但在 150℃以上，这些析出相快速粗化，使材料性能急剧下降，从而限制了其使用范围。为了使铝合金在400℃以下能部分取代价格昂贵的钛合金[58~63]，科研工作者对快速凝固耐热铝合金进行了深入研究。快速凝固粉末冶金技术的发展为研制 Al－TM（过渡族金属）基耐热铝合金提供了必要条件。这类合金有20%～40%（体积分数）的热稳定性良好的弥散强化相，使合金具有良好的室温和高温力学性能，成为一种用于400℃以下工作环境中有希望取代钛合金的新型耐热材料。

在快速凝固高温铝合金系列中，成功的有 Al－8Fe－2Mo、Al－8Fe－3.4Ce、Al－12Fe－V－3Si 和 Al－1.5Zr－1.0Mn。最近又改性了这些合金系列，例如加 Si 到 Al－Fe－V 合金和提高 Al－Fe－Ce 合金中 Ce 的含量等，在这些合金中最引人注目的是 Al－Fe－V－Si 合金。

在高温下应用的铝合金，通常选用过渡元素和稀土元素作为添加剂，因为这些元素固态时的溶解度低，而且扩散系数较小，所以能在合金中生成沉淀颗粒，并且颗粒的粗化速度慢且相当稳定，只要添加的数量足够多就能生成高体积分数的沉淀相，快速凝固工艺能够促使生成非常细小的沉淀颗粒。

Jones 研究了快速凝固 Al－Fe 合金，发现当凝固冷速较高时 Fe 在 Al 中的固溶度可以从0.025%增加到10%，相应的合金硬度也提高了2倍以上，但 Al－Fe 合金快速凝固后的良好性能在退火后由于沉淀相的析出过快而有所下降，因此进一步研制了加入第三或第四合金组元的快速凝固合金。在三元 Al－Fe－X 型合金中，X 是稀土金属元素或过渡金属元素，例如 Ce、Gd 和 Ni、Co、Mn 等，这些合金元素与 Al 形成共晶；另一类三元合金是 Al－Fe－Y 型，其中 Y 是 Mo、V、Zr、Ti 等与 Al 形成包晶的元素。四元快速凝固铝合金也有两种，一种是 Al－Fe－Y1－Y2 型，其中 Y1、Y2 是包晶形成元素，如 Al－Fe－Mo－V 合金和 Al－Fe－V－Zr 合金；另一种四元合金是 Al－Fe－Si－Y，其中 Y 也是 V、Cr、Mo 等包晶形成元素。在这些合金中，Al－Fe－V－Si 合金由于其合金元素含量较高，快速凝固与适应热处理后形成体积分数达24%～37%的弥散金属间化合物沉淀相 $Al_2(Fe,V)_3Si$，这种金属间化合物虽然是一种亚稳相，却具有很好的热稳定性，它在高于500℃时仍然保持亚稳状态，所以合金在425℃保温1000h后其强度也没有明显下降，同时这种合金还具有很好的耐腐蚀性能与刚度，其耐腐蚀性能比一般铝合金高10倍，弹性模量达83～97GPa。

除了 Al－Fe 合金系外，Al－RE－ATM（后过渡族元素）耐热合金具有很高的强度和良好的塑性，其中三元的 Al－Y－Ni 合金具有好的延展性，并发现在该系中加入适量的 Co 可以提高其强度而不降低其延展性[64~67]。在铝合金中加入微量稀土元素 Y，形成的金属间化合物能有效地阻碍高温时基体的变形和晶界的移动，从而提高合金的高温强度[68]。Golumbfskie 等[68~70]通过对 Al－Y－Ni 系合金进行热力学分析，认为 Al－Y－Ni－Co 合金具有良好的潜在高温性能，并用喷射成形法制备了 $Al_{18.5}Y_{8.6}Ni_{3.5}Co$、$Al_{17.6}Y_{8.5}Ni_{3.7}Co$（质量百分数）两种合金材料，研究结果表明，这类合金系具有潜在耐热性能，这为耐热铝合金的研究提供了新的思路。

另外，Lutjering 等[71]对 Al－Mn 系进行了研究，提出了 Al－Mn－Ti－Si 系（包括 Al－10Mn－2Ti－1.6Si、Al－14Mn－2Ti－1.6Si），该合金在保持了快速凝固耐热铝合金诸

多优点的同时，其疲劳强度有较大的提高。以 Al-10Mn-2Ti-1.6Si 为例，其室温屈服强度 $\sigma_{0.2}$为460MPa，疲劳强度 σ_{-1}为230MPa，230℃的 $\sigma_{0.2}$为220MPa，σ_{-1}为125MPa，其疲劳强度远远超过其他的快凝耐热铝合金及高强铝合金，并且其疲劳强度与屈服强度之比高达50%，在铝合金中最高。

增本键等[72]采用高压气体雾化法制取了 $Al_{88.5}Ni_8Mm_{3.5}$（原子百分数，Mm 为混合稀土）的粉末，粉末粒度小于26μm，粉末中25%（体积分数）为α-Al，75%（体积分数）的呈非晶态。将这种小于26μm 的粉末在略高于其晶化温度的温度下挤压，疲劳强度为330MPa，在300℃时的屈服强度约为300MPa，该合金的室温强度在铝合金中最高。

在不断提高新的合金体系的同时，人们也在不断地尝试新的工艺，Ruhr 等[73]用液态动压实（LDC）的方法研制出了 Al-2.5Li-5Mn-1Zr 合金材料，该合金在250℃保留了85%～95%的室温强度。

1.3.3 粉末高强度铝合金

快速凝固工艺使材料的微观组织结构发生变化，与传统熔铸合金相比，其显微结构由细化的晶粒和极细小的一次沉淀颗粒组成。但是很多研究表明，在传统时效强化合金系中，采用快速凝固工艺经标准化的热处理之后并没有获得最佳的结果，从而减弱了时效的作用。其原因主要是在晶界和亚晶界上发生了优先沉淀，使材料中存在大量的一次沉淀颗粒。即使采用最佳化的热处理，室温屈服强度也只比熔铸材料高10%～15%。因此，加入合金元素，开发新的合金，提高性能是快速凝固高强铝合金的发展方向。2×××系合金属于 Al-Cu-Mg 系可热处理强化的加工铝合金，铜和镁是主要合金元素，还含有少量的锰、铬、锆等元素。铜含量一般为2%～10%，其中铜含量为4%～6%时合金的强度最高。铜可以提高合金的强度和硬度，特别是对人工时效后强度性能的提高尤其明显，但伸长率有较大下降。Kaiser Aluminum & Chemical 公司从20世纪50年代开始与美国空军合作，进行快速凝固铝合金的研究，希望能够提高航空材料的性能。他们采用雾化制粉、过筛、装罐、加热真空除气、热压、挤压、热处理等工序制备了多种系列的合金，并对其性能和微观组织进行了研究。快速凝固工艺可以提高合金的疲劳强度、断裂韧性和强度。1976年，采用粉末冶金方法研制的 PM63（一种2×××系合金），将 IM2×××系合金的最低强度值提高了约30%。PM63 合金 T3510 状态的断裂强度、屈服强度和伸长率分别是580MPa、483MPa 和17%。2219、2024、2618 等铸锭冶金 Al-Cu 和 Al-Cu-Mg 基合金是飞机结构件上广泛采用的材料，它们的疲劳和断裂抗力以及高温强度是设计中必须考虑的重要方面。采用粉末冶金快速凝固工艺对提高 IM 系合金的综合性能有重要意义。20世纪80年代，美国 Alcoa 实验室在 NASA 的资助下对快速凝固2×××系合金的性能等进行了较为系统的研究。

长期以来，在采用铸造工艺开发和生产7×××系超高强度合金过程中，人们发现当主合金元素（Zn，Mg，Cu）总含量超过一定界限时，由于传统制坯工艺凝固冷却速度的限制（一般不超过10K/s），合金中会形成大量的粗大一次析出相。这些一次析出相很难通过后续的固溶处理回溶到基体中，不仅不会进一步提高最终合金时效强化的体积分数，而且还会恶化材料的各项性能。因此，在采用传统铸锭冶金及变形加工工艺生产7×××系铝合金时，一般是控制合金中的主合金元素（Zn，Mg，Cu）的总含量不超过12%～13%（质量分数）。7×××系铝合金峰值时效状态腐蚀抗力差的缺点可以通过T76、T736或T73过时效工艺进行弥补，但合金的强度降低。提高Zn元素的含量，可以有效改善合金的综合性能，但当合金中Zn含量过高（超过8%）时，由于这类合金的结晶范围宽、析出相与基体之间的密度差异大，容易造成合金中的晶粒粗大，且存在明显的宏观偏析、铸锭内部容易产生热裂现象，因此采用铸锭冶金工艺一般不能生产Zn含量超过8%的7×××系铝合金，这也使得使用该工艺生产的7×××系铝合金的极限抗拉强度很难突破700MPa这一大关。进入20世纪80年代以后，随着快速凝固/粉末冶金（RS/PM）成功地在实验室里制备出σ_b达700MPa以上的快速凝固超高强7×××系铝合金，将铝合金的强度性能指标推向了新的水平。

由于快速凝固（RS）合金具有细小晶粒尺寸，析出相细小且分布均匀，而且可以根据需要添加所需的合金元素（合金元素可以超出IM合金的范围）。与IM7×××系铝合金相比，快速凝固粉末冶金方法制备的7×××系铝合金可以在获得更高强度的同时，使合金具有良好的腐蚀抗力。一般情况下，在相同或者更高腐蚀抗力时，RS-PM7×××系铝合金的强度比IM7×××系铝合金高约20%以上。在导弹、飞行器等要求高强度的结构件中，若材料强度能够提高25%，对提高结构件轻量化具有较大的吸引力。若材料强度能够提高40%，且疲劳抗力、断裂韧性、腐蚀/应力腐蚀抗力与替代材料相当，则在航空航天领域具有广泛的用途。因此，尽管RS-PM7×××系铝合金的制造成本可能比IM7×××系商业铝合金高1.5～3倍，但仍具有广泛的应用前景[74～78]。

在研究快速凝固合金和喷射沉积7×××系铝合金时发现，加入Co、Fe、Ni、Zr等元素还可以提高其耐热性能，并由此发展出了多种新牌号合金，如X7090、X7091、MA67和含有Ni、Fe的7045Al合金等。这些用快速凝固方法制备的新高强铝合金的力学性能均有明显提高。但快速凝固高强铝合金存在疲劳裂纹长大较快的缺点，虽然合金在快速凝固后晶粒细化和粗大夹杂物的去除可以阻止疲劳裂纹的萌生，但仍然存在不同程度的氧化，氧化物在挤压或轧制后形成氧化物条带，而疲劳裂纹在氧化条带中将进一步加速，采用喷射沉积能够改善这一缺点。

1.3.4 快速凝固铝硅耐磨合金

利用快速凝固技术制备Al-Si合金，在保持高Si含量的情况下，能够获得微细组织、过饱和固溶体、少偏析或无偏析的独特组织特征。因此这种合金必然具有与常规铸造合金不同的性能特点，优良的耐磨性、耐热性、高强、质轻及低热膨胀性等。快速凝固Al-Si合金是一种很有发展前景的高性能结构材料，在汽车、宇航及电子工业中有广泛的应用潜力[79～90]。

铝硅合金快速凝固技术问世于20世纪60年代。Dixon首先利用粉末法制备了含Si45%（质量分数）的铝合金，其初晶Si细小均匀。70年代，Skelly对含Si从25%～45%的二元或三元铝合金进行研究，制取了高耐磨的快速凝固高硅铝合金。进入80年代，特别是日本对快速凝固高硅铝合金进行了广泛的研究，并首次将其应用于生产。国外学者对铝硅多元快速凝固合金的组织、性能及固溶热处理工艺进行了系统研究，获得了多种高耐磨、耐热的过共晶铝硅合金。到了90年代，对快速凝固高硅铝合金的研究进入鼎盛时期，除日本外，荷兰、法国、挪威、美国等国家相继展开了这一领域中的研究工作。近年来国内在这方面也进行了广泛的研究工作，处于基础研究阶段，研究内容涉及合金成分的设计、制备工艺、组织变化及性能等各方面。快速凝固 Al-Si 合金的制备方法最常见的主要有快速凝固粉末冶金法和喷射沉积法两种。快速凝固 Al-Si 合金的粉末制备方法主要有水雾化、气体雾化、超声速雾化、离心雾化以及多级雾化。热挤压和热锻是常用的粉末固结技术，工艺过程是通过压头对粉坯产生静水压力或冲击力，使粉末发生移动，填充间隙，在热和力的作用下变形，相互间产生滑动，以摩擦力破碎颗粒界面，通过咬合粘接而牢固地结合形成致密坯料。要保证合金中的 Si 相不至于过分长大，非平衡相不发生有害的转变，保持快速凝固的组织特点，一般要在较低的温度、大的压力和挤压比下使粉末间产生结合。需要高温固结时，也要尽可能地缩短加热时间。

快速凝固二元 Al-Si 合金的组织主要由 α-Al 相或（α-Al+Si）相组成，基体 α-Al 一般为细小等轴晶粒或微胞结构，而 Si 相呈微细颗粒（初晶）或纤维状（共晶均匀分布于基体）。采用不同的快速凝固工艺，过共晶 Al-Si 合金析出的初晶硅含量和大小不一样。

Dasgupta 和 Yeung 等人对 Al-7.1%~23.7%（质量分数）Si 的水雾化快速凝固粉末及挤压态合金研究发现，当粉末中 Si 含量小于16%（质量分数）时，组织中不形成初晶 Si 相，但此时引起很大的晶格畸变，说明 Si 过饱和固溶于基体中；Si 含量在16%~19%（质量分数）时也很难辨认初晶 Si 相，只有 Si 含量超过19%（质量分数）时，生成尺寸约为1μm的初晶 Si 相。Todeschini 等人对 Al-12%（质量分数）Si 添加 Cu、Mg、Ni、Co、Sr 等离心雾化合金组织的研究时发现，添加 Cu、Mg 和 Ni 后组织中除了 α-Al 和 Si 相外，分别形成 Al_2Cu（θ）、Mg_2Si 和 Al_3Ni 等金属间化合物；添加 Co、Sr 不会形成金属间化合物，其组织仍由 α-Al 和 Si 相组成，但添加 Sr 会使 Si 相细化和球化。三元快速凝固 Al-Si-X 合金中，X 主要是 Cu、Mg、Fe、Ni、Mn、Sr 等。其中 Cu 和 Mg 主要是提高合金的常温强度，而 Fe、Ni、Mn 等主要是改善合金的热稳定性。

铜的加入量一般为2.0%（质量分数）左右，镁加入量在1%~3%（质量分数）之间。加铜或镁的快速凝固铝硅合金粉末，经挤压和时效处理后，可形成 Al_2Cu 和 Mg_2Si 相，起沉淀强化作用，合金强度显著提高，耐磨性也随之得到改善。四元快速凝固 Al-Si 合金研究较多的有 Al-Si-Cu-Mg、Al-Si-Fe-Ni、Al-Si-Fe-Cu、Al-Si-Ni-Mn、Al-Si-Ni-Ce 等。快速凝固 Al-Si-Cu-Mg 系合金，加入一定量的 Fe、Ni、Mn 等合金元素后，可形成大量的新型弥散相。例如，加铁后，快速凝固组织中的弥散相，由 $Cu_2Mg_8Si_5Al_4$、Cu_2MgAl_2 及 Mg_2Si 等变为 Cu_2FeAl_7、$CuFeAl_6$ 及 $FeMg_3Si_6Al_8$，合金的再结晶行为也发生了变化，提高了合金的热稳定性。合金挤压态和 T6 热处理态，在不同试验温度下的强度，均比加入铁以前的高。而且，热处理对合金的强度影响较小。

总之，快速凝固能够阻碍 Al-Si 及其多元合金的 Si 相和基体晶粒的长大，所形成的金属间化合物热稳定性提高，在后续的高温加热过程中不发生溶解和粗化，使合金在常温和高温下都保持细小的组织特点。但高硅铝合金存在的问题主要有两方面，一是粉末冶金工艺的高硅铝合金韧性差，二是成本高，这两方面的问题均与制粉和成形工艺有关，采用喷射沉积成锭，然后采用热挤压工艺，可在一定程度上缓解此类问题。因此，发展喷射沉积和其他低成本固结工艺的快速凝固高硅铝合金，应是当今的研究方向。此外，进一步提高快速凝固高硅铝合金的耐热性，使其能应用于航空和航天业，将是今后的主要工作。

参考文献

[1] Kieffer R. Powder Metallurgy, the historical development, its present position and an outlook in future, 公开讲演，东京，1955：16.

[2] Jones W D. Fundamental Principle of Powder Metallurgy, London, 1960：592.

[3] Kieffer R, Hotop W. Powder Met. Full, 1957, 8 (1/2)：4.

[4] 拉尔夫，勒纳，米查姆，等著. 世界文明史 [M]. 赵丰等译. 北京：商务图书馆，2001.

[5] 松山芳冶，三谷裕康，铃木寿，著. 総説粉末冶金学. 日刊工業出版社，1972.

[6] Knight R, Phil. Meg, 1800 (6)：1.

[7] Sobolewskoy P. Ann. Physik Chem. 1834, 109：99.

[8] Coolidge W D. US, 963872 [P].

[9] Schwarzkopf P. Powder Metallurgy. Ed. By W. Loszynski (1961) 1 "Proceedings International Conference", New York, 1960.

[10] 陈振华主编. 现代粉末冶金技术 [M]. 北京：化学工业出版社，2007.

[11] Strange E A, Pim C. US, 905758 [P]. 1908.

[12] Pond R. US, 2879566 [P]. 1959-03; US, 2976590 [P]. 1961-03.

[13] Pond R B. US, 2825108 [P]. 1958-03.

[14] Falkenhagen G, Hofmann W, Z. Die Auswirkung extrem hoher Abkühlungsgeschwindigkeit auf die Erstarrung und das Gefüge binärer. Metallkde. 1952, 43：69.

[15] Olsen W T, Hultgren R. Trans. AIME. 1950, 188：1223.

[16] Duwez P, Willens R, Klement W J. Preparation of Tin Single Crystals for Transmission Electron Microscopy. Appl. Phys. 1960, 31：36.

[17] Duwez P. Progress in Solid-State Chemistry. H. Reiss. Pergamon. Oxford. 1967, [3], 377.

[18] Luo H L, Klement W J. Chem. Phys. 1962, 36：1870.

[19] Klement W, Willens H, Duwez P. Non-crystalline structure in solidified gold-silicon alloy. Nature, 1960, 187：869.

[20] Cohen M H, Turnbull D. Composition requirements for glass formation in metallic and ionic systems. Nature, 1961, 189：131.

[21] Duwez P, Willens R H, Crewdson R C. Amorphous Phase in Palladium—Silicon Alloys. J. Appl. Phys., 1965, 36：2267.

[22] Salli, I. V. (1959) see Chem. Abstr. 53. 1053; Met. Abstr. 26：492.

[23] Chen H S, Thermodynamic Considerations on the Formation and Stability of Metallic Glasses. Acta Metall. 1974, 22, 1505.

[24] Chen H S, Krause J T. Elastic constants, hardness and their implications to flow properties of metallic glasses. Coleman E J. Non-Cryst. Solid, 1975, 18：157.

[25] Drehman A L, Greer A L, Turnbull D. Bulk formation of a metallic glass-$Pd_{40}Ni_{40}P_{20}$. Appl. Phys. Lett, 1982, 41：716.

[26] Kui W H, Greer A L, Turnbull D. Formation of bulk metallic glass by fluxing. Appl. Phys. Lett, 1984, 45: 615.

[27] Inoue A, Zhang T, Tmasumoto. An amorphous $La_{55}Al_{25}Ni_{20}$ alloy prepared by water quenching [J]. Mater. Trans. JIM. 1989, 30: 955.

[28] Inoue A, Zhang T. Fabrication of bulk glass Zr - 5 - 5Al - 3 - 0 Alloy of 30mm in Diameter by suction. Mater. Trans. Japan Inst. Metals, 1996, 37: 185.

[29] Nishyama N, Inoue A. Glass - forming of bulk $Pd_{40}Ni_{10}Cu_{30}P_{20}$ alloy. Mater. Trans. JIM, 1996, 31: 1531.

[30] Patterson J, Cox Rand Van Rueth C. Rapid solidification Rate processing and Application to Turbine Engine material. J. Metals, 1980, 139, 34.

[31] 李祖德，李松林，赵慕岳. 20 世纪中后期的粉末冶金新技术和新材料（2）新材料开发的沿革与评价，粉末冶金材料科学与工程，2006，11（6）：316.

[32] Singer E. The Principle of Spray Rolling of Metals. Met. Matter. 1970, 4: 246.

[33] Brooks R G, Leatham A G, Coombs J S. A Novel Method for the Production of Forgings. Metallurgy and Metal Forming, 1977, 4: 157.

[34] Brooks R G. US, 3826301 [P]. 1974 - 07 - 30.

[35] Brooks R G. US, 3909921 [P]. 1975 - 10 - 07.

[36] Lavernia E J, Gomez E, Grant N J. Structures and Properties of Mg - Al - Zr and Mg - Zn - Zr Alloys Produced by Liquid Dynamic Compaction. Mater. Sci. Eng. 1987, 95: 225.

[37] Lavernia E J, Baram J C, Grant N J. Developments in Gas Atomization and Spray Deposition [J]. Metal Powders Rep. 1987, 42 (10): 688.

[38] Lavernia E J, Grant N J. Spray Deposion of Metals [J]. Mater. Sci. Eng. 1988, 98: 381.

[39] Rickinson B A. A Novel Process for Particle Metallurgy Products [J]. Powder Metall, 1981, 24 (1): 1.

[40] Downson A L, Jacobs M H, Young J M, et al. Prediction of liquid metal velocities on a rotating disk in spray forming by centrifugal spray. Proc. of 3rd Inter, Conf. on Spray Forming, UK, 1996: 193.

[41] Leatham A G. Spray forming technology. Advanced Materials & Processes, 1996, 8: 31.

[42] Lavernia E J, Grant N J. Ultrasonic Gas Atomization [J]. Inter. J. Rapid Solidfication. 1986, 2 (2): 93.

[43] Annavarapu S, Doherty R D. Evolution of Microstructure in Spray Casing [J]. Inter. J. of Powder Metall. 1993, 29 (4): 331.

[44] Payne R D, Matteson M A, Moran A L. Application of Neural Networks in Spray Forming Technology [J]. Inter. J. of Powder Metall, 1993, 29 (4): 345.

[45] Tokizane N, Ohkubo Y, Shibue K. Proc. of 3 Inter. Conf. on Spray Forming, eds. Wood J V, Cardiff, UK, 1996: 37.

[46] Duan X, Hao Y, Yoshida M, et al. Liquid Dynamic Compaction of Aluminium Alloy 7150 [J]. Inter. J. powder Metall, 1993, 29 (2): 149.

[47] Amateau M T, Lee D S, Conway J C. Tribological performance evaluation of tungsten carbide - based cermets and development of a fracturemechanics wear model. Proc. of 3 Inter. Conf. on Spray Forming, eds. Wood J V, Cardiff, UK, 1996: 321.

[48] Zhou J, Duszczyk J, Korevaar B M. As - Spray - Deposited Structure of an Al - 20Si - 5Fe Osprey Preform and its Development during SubsequentProcessing J. Mater. Sci, 1991, 26: 5275.

[49] Yaman M, Widmark H. Process Control, Modelling and Applications on Spray Deposition of Tubes, Proc of

1 Inter. Conf. on Spray Forming, 1990: 8.

[50] Kelley P, Wong C R, Moran A L. Controlled Proposing In Spray Formed Phosphor Bronze [J]. J. Powder Metall. 1993, 29 (2): 161.

[51] Sanders T H, Starke E A. Aluminum – Lithium Alloys v. Proc. 5th Int. Aluminum – Lithium Conf, 1989: 1.

[52] Kim N J, Das D K. Science and Technology of Rapid Quenched Alloys. Mat. Res. Soc. Symp. proc. 1980, 80: 213.

[53] Meschter P J, Lederich R J, Neal J E. Rapid Solidification and P/M Processing of Aluminum – Lithium Alloys. Modern Development in P/M, 1985, 16: 437.

[54] Grant N J. Structure and Properties of Splat Quenched 2024 – Aluminum Alloy Containing Lithium Additions. Proc. Aluminum – Lithium Alloys, 1981: 171.

[55] Das S K. Rapid solidification and powder metallurgy at Allied – Signal inc [J]. The International Journal of Powder Metallurgy, 1988, 24 (2): 175 ~ 183.

[56] Meschter P J, Neal J E, Lederich R J. Determination of liquidus temperatures of Hg – rich Hg – Cd – Te alloys by differential thermal analysis. Proc aluminum Alloys Ⅱ. 1983: 419.

[57] Meschter P J, Neal J E, Lederich R J. Study of Effects of Powder and Flake Chemistry and Morphology on the Properties of Al – Cu – Mg – ×××. Proc aluminum Alloys Ⅲ, 1985: 85.

[58] Mayer H, Papakyriacou M, Zettl B, et al. Endurance limit and threshold stress intensity of die cast magnesium and aluminum alloys at elevates temperatures [J]. Int J Fatigue, 2005, 27 (9): 1076.

[59] Yab Qiqi, Fu Dingfa, Deng Xuefeng, et al. Tensile deformation behavior of spray – deposited FVS0812 heat – resistant aluminum alloy sheet at elevates temperatures [J]. Mater Character, 2007, 58 (6): 575.

[60] Williams J C, Starke E A. Progress in structural materials for aerospace systems [J]. Acta Mater, 2003, 51 (19): 5775.

[61] Nada V, Jaukovic, Vanja D, et al. The effect of temper and chemical composition on polarization resistance of aluminum RR58 alloy [J]. J Mater Proc Techn, 2006, 174 (1 ~ 3): 293.

[62] Yusuke Nagaishi, Michiaki Yamasaki, Yoshihito Kawamura. Effect of Process atmosphere on the mechanical properties of rapidly solidified powder metallurgy Al – Ti – Fe – Crandalloys [J]. Mater Sci eng A, 2007, 449 ~ 451: 794.

[63] Singh M, Mondal D P, Jha A K, et al. Preparation and properties of cast aluminium alloy – sillimanite particle composite [J]. Compasites Part A, 2001, 32 (6): 787.

[64] Louzguine – Luzgin D V, Inoue A. Comparative study of the effect of cold rolling on the structure of Al – RE – Ni – Co (RE = rare – earth metals) amorphous and glassy alloys [J]. J Non – Crystalline Solids, 2006, 352 (36 ~ 37): 3903.

[65] Louzguine – Luzgin D V, Inoue A. Structure and transformation behavior of a rapidly solidified Al – Y – Ni – Co – Pd alloy [J]. J Alloys and Compounds, 2005, 399 (1 ~ 2): 78.

[66] Setyawan A D, Louzguine D V, Sasamori K, et al. Phase composition and transformation behavior of readily solidified Al – Ni – Fe alloys in Al – decagonal phase [J]. Alloys and Compounds, 2005, 399 (1 ~ 2): 132.

[67] Inoue A, Ohtera K, Masumoto T. New amorphous Al – Y, Al – La and Al – Ce alloys prepares by melt spinning [J]. Jpn Appl Phys Part 2 – Letter, 1988, 27 (5): L736.

[68] Bartova B, Vojtech D, Verner J, et al. Structure and properties of rapidly solidified Al - Cr - Fe - Ti - Si power alloys [J]. Journal of Alloys and Compounds, 2005.

[69] Golumbfskie W J, Arroyave R, Shin D, et al. Finite - tem - premature thermodynamic and vibrational properties of Al - Ni - Y compounds via first - principles calculations [J]. Acta Mater, 2006, 54 (8): 2291.

[70] Golumbfskie W J, Arroyave M F, Eden T J, et al. Structure property relationship of a spray formed Al - Y - Ni - Co alloy [J]. Acta Mater, 2003, 51 (17): 5199.

[71] Sopat B, Albrechi J. Lutjering G. Metal Abstract, 1990, 54 ~ 129.

[72] Ohtera K. Inoue A, et al. Mechanical properties of an Al88. 5Ni8Mm3. 5 (Mm: Misch metal) alloy produced by extrusion of atomized amorphous plus fcc - Al phase powders [J]. Materials Trans. JIM., 1992 (8): 775.

[73] Ruhr M, Baram J. Structure and properties of a rapidly solidified Al - Li - Mn - Zr Alloy for high - temperature applications: Part Ⅰ. Inert gas atomization processing [J]. Metallurgical Transactions A. 1991, 22 A (10): 2503.

[74] Kusui J, Fuji K. Development of super high strength AlZn - MgCu PM alloys [J]. Mater Sci Forum, 1996, 217 ~ 222: 1823.

[75] Lengsfeld P, Juarez J A, Lavernia E J, et al. Microstructure and mechanical behavior of spray deposited Zn modified 7××× Al alloys [J]. Inter J Rapid Solidification, 1995, 8: 237.

[76] Desanctis M. Structure and properties of rapidly solidified ultrahigh strength AlZnMgCu alloys produced by spray deposition [J]. Mater Sci Eng, 1991, A141: 103.

[77] Salamci E. Mechanical properties of spray cast 7××× series aluminum alloys [J]. Turkish J Eng Env Sci, 2002, 26: 345.

[78] Salamci E. Ageing behavior of spray cast AlZnMgCu alloys [J]. Turkish J Eng Env Sci, 2001, 25: 681.

[79] 袁晓光，张淑英，徐达明，等. 快速凝固耐磨高硅铝合金的研究现状. 材料特性，1996 (2): 10.

[80] Lavernia E J, Ayeraand J D, Sriratsan T S. Rapid solidification processing with application to aluminum alloys [J]. International Materials Reviews, 1992, 37 (1): 1.

[81] Dixon C F, Skelly H M. Microstructure of rapidly solidified Al - Si alloy powders [J]. Int. J. Powder Metallurgy, 1965, 1 (4): 28.

[82] Skelly H M, Dixon C F. Aluminum - silicon powder metallurgy alloys [J]. Int. J. Powder Metallurgy, 1971, 7 (3): 47.

[83] Zhou J, Duszczyk J, Korevaar B M. As - spray - deposited structure of an Al - 20Si - 5Fe Osprey preform and its development during subsequent processing [J]. J. Mater. Sci. 1991, 26: 5275.

[84] Zhou J, Duszczyk J. Fracture features of a silicon - dispersed aluminum alloy extruded from rapidly solidified powder [J]. J. Mater. Sci. 1990, 25: 4541.

[85] Zhou J, Duszczyk J, Korevaar B M. Mechanical response and structural development during the hot extrusion of a rapidly solidified Al - 20Si - 7. 5Ni - 3Cu - 1Mg alloy powder [J]. J. Mater. Sci. 1992, 27: 3865.

[86] Zhou J, Duszczyk J. In Proceedings of the First European Conference on Advaned Materials and Processes. Aachen, West Germany, November 1989, edited by H. E. Exner. V. Schumacher. Vol. 1 LDGM Informations geselchaft - verlag. Oberurvel, 1990: 241.

[87] Zhou J, Duszczyk J, Korevaar B M. Microstructural features and final mechanical properties of the iron - modified Al - 20Si - 3Cu - 1Mg alloy product processed from atomized powder. J. Mater. Sci. 1991, 26: 3041.

[88] Zhou J, Duszczyk J, Korevaar B M. Structural characteristics of a nickel - modified Al - 20Si - 3Cu - 1Mg alloy powder [J]. J. Mater. Sci. 1992, 27: 3341.
[89] Sumitomo. Light Metal Industries [J]. MPR. 1994, 49 (1): 26.
[90] Sumitomo. Light Metal Industries of Osaka, Japan [J]. MPR, 1994, 49 (4): 36.

2 快速凝固制备技术

2.1 快速凝固粉末制备方法

通过快速凝固制备非晶、准晶和微晶材料的方法有很多种，不同学者对快速凝固方法作了不同分类。例如Jones[1]将它们分为三大类：（1）在熔体急冷前将其破碎成液粒的喷射方法；（2）在熔体急冷时保持其连续性的急冷方法；（3）在相对很厚的材料表面熔化有限并直接在基体金属上凝固的表面方法。也有一些学者，如Savage等人[2]将快速凝固方法分为两大类，即雾化法和非雾化法，该分类方法根据熔体流是否被雾化成液粒而定。本章将根据Jones和Savage的分类方法，主要介绍雾滴法、喷射沉积法、熔体自旋法和激光表面处理法。其中雾滴法包括双流雾化、离心雾化、机械电气等作用力雾化和多级雾化。双流雾化主要有气体雾化和高压水雾化；离心雾化主要包括旋转盘、旋转水和旋转电极雾化法以及激光自旋雾化等；机械等作用力雾化主要指真空雾化、电动力学雾化和固体雾化等。多级雾化的典型方法有组合喷嘴雾化及多级快冷装置。熔体自旋法有急冷熔体自旋法、离心熔体自旋法、平面流铸造法、水自旋法、熔体提取法、熔体拖拉法和溢流法等。下面将其中一些重要的方法进行简单介绍[3,4]。

2.1.1 雾粒法

所谓雾粒法是指金属液流被气体、液体和固体雾化介质破碎成细小的液粒，凝固成粉末的技术。在不同雾化技术中，雾化机制和冷却方法是可以不同的。

2.1.1.1 雾化过程和雾粒法理论

A 雾化过程

雾化使连续液体碎裂成大量离散型液粒，在雾化过程中表面张力将促使液粒成为球形，以求表面能达到最小；而液体的黏性会抵抗液滴几何形状的任何变化而使之趋于稳定[2]。另外，湍流的径向速度分量和作用于液体表面的空气动力会促使其碎裂。一旦外部作用力超过了表面张力，碎裂就会发生。如果喷射压力不够高，连续的圆射流或液膜射流的初级碎裂会形成液片、液线及许多大颗粒的液滴，但该过程是不稳定的。若有更进一步的碎裂发生，就会形成大量的细小液滴。在这种情况下，雾化形成的最终液滴尺寸将不仅取决于初级雾化所形成的大颗粒液滴尺寸，还取决于二级雾化的破碎作用。

1931年Castlemen通过对燃料雾化进行研究后认为，用高压气体雾化液体时被普遍接受的模型是由液体成长着的波表面处撕破成柱状丝线，然后丝线失稳破碎成一串球状液粒。液体被高速气流破碎的模型如图2-1所示。在图2-1中第一阶段为产生正弦波或振幅急剧增大的其他扰动，随之在第二阶段被碎裂成条带，在第三阶段则被破碎成液粒。

近些年来，随着高速和条纹摄影技术的应用，很多学者认为，用来解释气体和水雾化

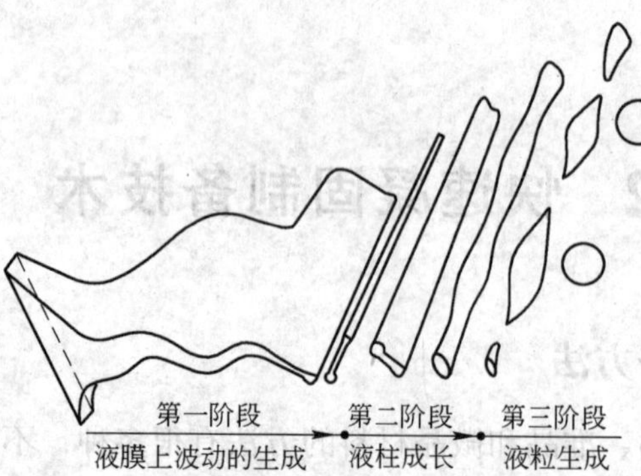

图 2－1　雾化过程中金属液滴形成机制示意图

金属液体时的雾化破碎模型还应包括不规则或薄片状颗粒的形成、液流的二次雾化和颗粒间发生碰撞等过程。因此，金属液流在高速、高压流体作用下破碎的机理应有五个不同阶段，如图 2－2 所示[5]。

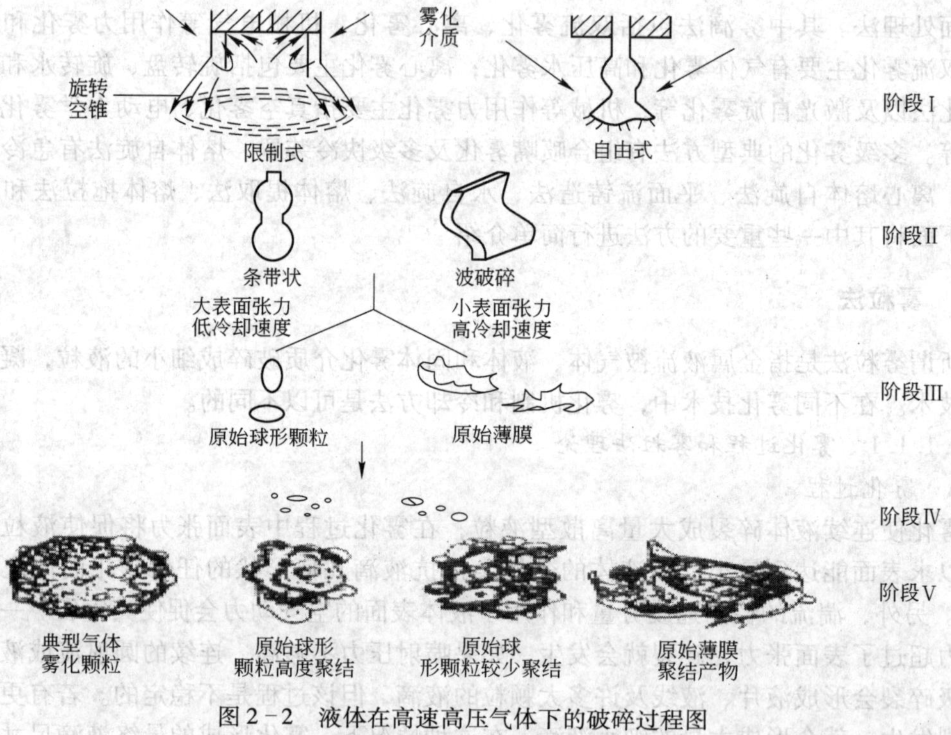

图 2－2　液体在高速高压气体下的破碎过程图

（1）第一阶段：金属液体受到气流波的振动，在液体表面产生细小扰动而形成波动。

（2）第二阶段：在第一阶段扰动中产生的剪切力使波形碎裂，同时形成条带。

（3）第三阶段：在气流冲刷下条带破碎成液粒（一次雾化），当表面张力大和冷却速度低时，有利于形成规则颗粒形状；表面张力小和冷却速度高时，有利于形成不规则形状。

（4）第四阶段：由于气流能量集中于焦点，对原始液流和波的碎片进行击碎，使其分散成细的液体颗粒（二次雾化）。

(5) 第五阶段：颗粒碰撞和聚合，最终冷却凝固成为粉末颗粒。

水雾化过程同气体雾化一样，存在上述五个阶段，但由于水对熔体有较大的冷却速度，有些颗粒可能在一次雾化后就产生凝固，并且水雾化时液粒的形成是由于冲击而不是剪切作用。

B　雾粒法理论

对于液体碎裂机理的研究有多种解释，如湍流扰动说、空穴扰动说、边界突变说和压力振荡说，但其中液体表面波不稳定，碎裂机理是液体碎裂机理研究中最成功的理论。

早在 1878 年 Rayleigh 就研究了线性非黏性圆射流的碎裂机理，他认为流体从小孔流出，当受到扰动逐渐增强时，液柱失稳碎裂成液粒。其扰动能量为

$$P = \frac{\pi\sigma_L}{2d_L}(K^2 + n^2 - 1)b_n{}^2 \quad (2-1)$$

式中，P 为表面势能，d_L 为液流直径，b_n 为傅里叶展开级数的常数，$K = 2\pi/\lambda$ 为表面波数，$n = 0、1、2、3、4、5$，σ_L 为液体的表面张力。

对于非对称的扰动，当 $n \gg 1$ 时，E_S 为正值，表示系统总是趋于稳定。对于对称扰动，当 $n = 0$，且 $\lambda > 2\pi$ 时，E_S 为负值，表示系统是不稳定的。Rayleigh 提出，当最大表面波波长 $\lambda_{dom} = 4.51d_L$ 时，液柱最易形成液粒，液粒直径（d）与液柱直径（d_L）的关系为

$$d = 1.89d_L \quad (2-2)$$

Rayleigh 得到的结论与实验结果基本相符。1933 年 Tyler 在 Rayleigh 的研究基础上通过实验提出如下公式

$$\frac{d}{d_L} = \left(1.5\frac{\lambda}{d}\right)^{1/3} \quad (2-3)$$

当 $\lambda_{dom} = 4.69d_L$ 时，则

$$d = 1.92d_L \quad (2-4)$$

图 2-3 给出了 Tyler 模型，其中图 2-3a 为理论模型图，图 2-3b 为采用闪光摄制的实际照片而绘制的图。

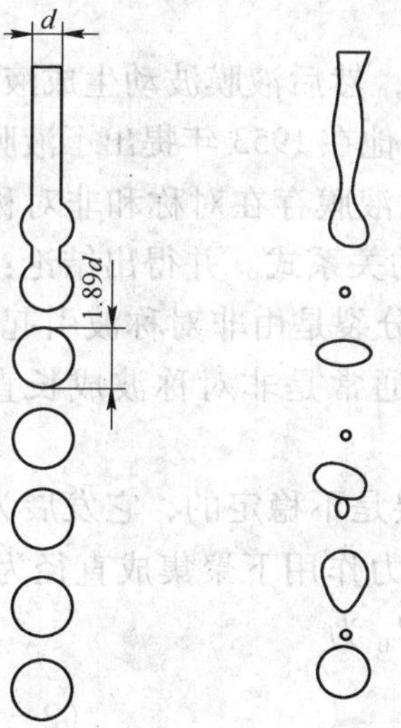

图 2-3　Tyler 模型图
a—理论模型图；b—实验绘制图

1931 年，Weber 将低速圆射流的稳定性理论扩展到黏性流体。他认为有一个最小的表面波长 λ_{min} 和最有可能导致圆射流碎裂成液滴的表面波长 λ_{dom}。当喷嘴出口附近的初始扰动表面波长小于 λ_{min} 时，受表面张力的作用，圆射流的扰动渐缓；当初始扰动波长大于 λ_{min} 时，扰动波振幅增大，并最终达到 λ_b，导致圆射流碎裂。对于非黏性流体

$$\lambda_{min} = \pi d_L \quad (2-5)$$

$$\lambda_{dom} = \sqrt{2}\pi d_L = 4.44d_L \quad (2-6)$$

对于黏性流体

$$\lambda_{min} = \pi d_L \quad (2-7)$$

$$\lambda_{dom} = \sqrt{2}\pi d_L\left(1 + \frac{3\mu_L}{\sqrt{\rho_L\sigma_L d_L}}\right)^{1/2} \quad (2-8)$$

式中，ρ_L、μ_L 分别为液体的密度和黏度，从公式可见，黏性

流体的 λ_{min} 与非黏性流体相同，但 λ_{dom} 却比非黏性流体的大得多。对于理想的非黏性流体，$\mu_L=0$，$\lambda_{dom}=4.44d_L$。Weber 理论和 Rayleigh 理论基本一致。Weber 还分析了喷嘴周围空气对液体射流破碎的影响并指出：气体动力是促使液体破碎的主要因素，破碎后的液滴尺寸取决于气体动力与液体表面张力的比值，从而总结出了经常为后人所引用的著名的韦伯数，其表达式如下：

$$We=\frac{\rho_g U_r^2\cdot d_0}{\sigma_L} \tag{2-9}$$

式中，We 为韦伯数；U_r 为气、液相对速度；ρ_g 为气体密度；d_0 为喷口直径。

1936～1937 年，Ohnesorge 进行了一系列研究工作，他的研究结果表明，在没有周围空气影响的情况下，射流破碎后的液滴尺寸主要取决于喷口直径、液体密度、表面张力和黏性力，并且给出了无因次准数 Z 来进行描述。

$$Z=\frac{We^{0.5}}{Re}=\frac{\mu_L}{\sqrt{\rho_L\sigma_L d_L}} \tag{2-10}$$

式中，Re 为雷诺数，

$$Re=\frac{d_L U_r \rho_L}{\mu_L} \tag{2-11}$$

We 为韦伯数，代表了惯性力与黏性力的比值。

Ohnesorge 在其研究的基础上得出结论：当雷诺数较小时，雾化主要是由液束表面出现的振动产生的；当雷诺数在中等范围内时，液体的雾化程度则和液束上出现的波的运动有关；当 Re 很大时，液束迅速分散，直接在雾化器的边缘上雾化。韦伯数和 Z 准数通常被称为液粒的破碎准则。其中 We 是空气动力与液体表面张力之比，它反映了促进液体破碎的动力和阻碍液体破碎的阻力的相互作用，当促进液体破碎的动力足以克服阻碍液体破碎的阻力时，液粒便散裂成雾滴。对于无因次准数 Z 来说，它反映了喷口直径、液体密度、表面张力和黏性力对液体破碎后雾粒尺寸的影响。

按照 Castleman 的观点，液体雾化的模型，首先是形成液膜，然后液膜波动生成液柱，最后液柱失稳形成液粒。对液膜波动的研究比较早的是 Squire，他在 1953 年提出了液膜稳定性理论。Hagerty 对液膜的稳定性也进行了一般性研究，并对液膜存在对称和非对称波动的情况进行了分析，推导出各种情况的波动成长速度和波长的关系式。并得出结论：非对称波动的成长速度较对称波动的成长速度快，因此，液膜的分裂是由非对称波引起的。实际上，从横向观察到的液膜波动情况正是这样，在液膜上通常是非对称波成长直到分裂。

1962 年，Dombrowski 等人提出，如图 2－1 所示，液体薄层是不稳定的，它发展为波状物，随后一个个半波状物破碎成带状，然后在液体的表面张力作用下聚集成直径为 d_L 的棒或线状，再碎裂成大量的液粒。他们模拟此过程，并发现 d_L 为

$$d_L=\left(\frac{2}{\pi}\lambda\cdot S\right)^{1/2} \tag{2-12}$$

式中，λ 为液膜波长，S 为薄层厚度。式（2－12）若与 Squire 提出的波长公式相结合，即将式（2－13）代入式（2－12），再将关系式代入式（2－2），则得到液粒直径为

$$\lambda = \frac{3\pi \cdot \sigma_L}{\rho_g U_r^2} \tag{2-13}$$

$$d = \frac{K}{U_r}\sqrt{\frac{\sigma_L \cdot S}{\rho_g}} \tag{2-14}$$

式中，σ_L 为液体和气体间的表面张力，ρ_g 为气体密度，U_r 为气体与液体间的相对速度，K 为常数。

Bradly 模型是金属液体雾粒法中最重要的工作之一，它将有机溶液和无机溶液的雾化模型延伸到金属液体的雾化过程。该模型提供了马赫数（Ma）在 0.1 到 0.9 之间金属液雾化液粒的尺寸，并且考虑了气体的可压缩性和液体的黏滞系数。Bradly 给出的最终液粒直径 d 为

$$d = \frac{2.95\sigma_L}{L\rho_g v_g^2} \tag{2-15}$$

式中，v_g 为气体速度，L 为无量纲参数，其值为

$$L = \frac{K_{最大}\sigma}{\rho_g v_g^2} \tag{2-16}$$

式中，$K_{最大}$ 为最大级数，根据以上各式可知，液粒大小取决于气流的马赫数、金属熔液的表面张力和黏度系数。由于微扰法最初是用来解析有机液体和无机液体的雾化过程，理论延伸到解决金属液体的雾化过程后有一定误差，并且该方法主要是解决液体一次雾化过程的模型。从金属液流破碎机理得知，二次雾化在决定最终粒径时非常重要，因此可以通过建立二次雾化过程的破碎模型得到其过程的数学解。因为模型的建立带有一定的猜测和假设，所以此类解析方法称之为似有理法（Method of Plausible Conjectures）。Gordon、Naida 和 Putimtsev 等人都提出了雾化液粒破碎的似有理模型。Gordon 认为，雾化气流的主要作用是增加液滴前沿压力，使液粒变平，压力继续增加则使液粒变成反置碗状，最后中心愈来愈薄，碗爆裂，其边沿裂成几个大滴。Gordn 认为，上述破碎模型与从液粒中挤压出一个圆柱形栓的过程等效，考虑其空气动力、表面张力、黏性力和惯性力对过程的影响得到无量纲方程，并由方程得到液粒的临界尺寸 d_c 为

$$d_c = 16\frac{\sigma_L}{\rho_g v_g^2} \tag{2-17}$$

为了保证破碎，破裂时间必须小于总凝固时间，总凝固时间又为冷却到熔点的时间（t_c）加上在熔点所需凝固的时间（t_s），即 $t < t_s + t_c$。

Naida 推导了在加速区域里液体金属的稳定性方程，他给出的液粒再次破裂时间为

$$t = 1.65\frac{d}{v_g}\sqrt{\frac{\rho_L}{\rho_g}} \tag{2-18}$$

在 Naida 模型中，如果破裂时间小于金属液粒与气体速度达到动态稳定时所需要的时间，颗粒破碎，即气体速度足够高，使金属液粒强烈加速，就能使颗粒破碎。

纵观上述理论，无论是 Rayleigh 的最大表面波增长率和与之对应的波长，还是 Weber 的最小扰动波长和最易碎裂波长理论，以及 Dombrowski 等人提出的液膜破碎理论，其考虑的因素及计算公式都过于简单，与实际情况有所差距。但是雾粒法的理论和模型将韦伯数、雷诺数、Z 准数和其他一些重要参数与雾化过程相联系，使这些理论具有一定的重要

意义。根据这些理论发展起来的半经验公式和经验公式虽然能够比较精确描述一些过程参数，但其理论性与前者相差甚远。现将这些主要模型简述如下：

（1）Lubaska 公式：

$$d_{m} = d_{L}K\left[\frac{v_{m}}{v_{g}We}\left(1+\frac{M}{A}\right)\right]^{0.5} \tag{2-19}$$

式中，d_m 为粉末质量平均粒径，d_L 为金属液柱直径，v_m 为金属液体的流速，v_g 为喷射气体的速度，$\frac{M}{A}$为金属和气体的质量比，K 为常数（约为 40 ~ 50）。

（2）拔山 - 棚泽公式：

$$d_{0} = \frac{585}{v_{g}-v_{L}}\sqrt{\frac{\sigma_{L}}{\rho_{L}}}+597\left(\frac{\mu_{L}}{\sqrt{\rho_{L}-\sigma_{L}}}\right)^{0.45}\times 1000\left(\frac{Q_{L}}{Q_{g}}\right)^{1.5} \tag{2-20}$$

式中，d_0 为 Sauter 平均粒径或者表面/体积的粒径，$v_g - v_L$ 为气体流速减去液体流速，σ_L、ρ_L、μ_L 分别为液体的表面张力、密度和黏度，Q_g、Q_L 分别为气体和液量的流量。

（3）Nichiporenko 公式：

$$d_{pr} = d_{m}(0.136\times 10^{-5}Re_{f}+0.294) \tag{2-21}$$

当 $We = 7.95$ 时，$182000 < Re_f < 238000$。式中 d_{pr} 为粉末最可几粒径，d_m 为粉末平均粒径，Re 为雷诺数，We 为韦伯数。

（4）Dombrowski 和 Johus 公式：

$$d = \left(\frac{3\pi}{\sqrt{2}}\right)^{\frac{1}{3}}d_{L}\left(1+\frac{3\mu_{L}}{\rho_{L}\sigma_{L}d_{L}}\right)^{\frac{1}{6}} \tag{2-22}$$

式中，d 为液粒直径，d_L 为液柱直径，μ_L、ρ_L、σ_L 分别为液体的黏度、密度和表面张力，d_L 又为

$$d_{L} = 0.9614\left(\frac{K^{2}\sigma_{L}^{\ 2}}{\rho_{g}\rho_{L}U^{4}}\right)^{1/6}\left[1+2.60\left(\frac{K\rho_{g}^{\ 4}U^{7}}{72\rho_{L}^{\ 2}\sigma_{L}^{\ 5}}\right)^{1/3}\right]^{1/5} \tag{2-23}$$

式中，K 为（薄片厚度）×（薄片长度）；U 为空气波相对速度，$U = \left(\frac{U_1^2+U_2^2}{2}\right)^{1/2}$，其中 U_1 为平行液体上表面的速度，U_2 为平行液体下表面的速度。

（5）Aldinger, Link and Claussen 公式：

$$d = d_{L}\sqrt[3]{\frac{3}{2}\pi\sqrt{2}+6\frac{\sqrt{W}}{Re}} \tag{2-24}$$

式中，d 为液粒直径，d_s 为液柱直径，由于金属液体$\frac{\sqrt{W}}{Re}\leqslant 0.004$，因此 $d\cong 1.88d_s$。

C 离心雾化理论

1941 年日本学者棚泽等人和 1950 年荷兰学者 Hinze 等人分别利用水溶液和有机溶液等进行了离心雾化液滴破碎的机理实验，并且得到了相同的重要结果。棚泽和 Hinze 等人的实验结果表明，采用旋转盘和旋转杯雾化，液流微粒化的分裂形态如图 2 - 4 所示，分为滴状分裂、纤维状分裂和膜状分裂。根据棚泽的研究结果，当圆盘直径大，旋转速度、液体流量和黏滞系数较小时，液体成滴状分裂；反之，当旋转圆盘直径小，旋转速度、液

图2-4　离心雾化分裂模型

体流量和黏滞系数较大时，液体成膜状分裂；当上述参数值居中时，液体成纤维状分裂。棚泽还提出，除上述三种状态外，当液体黏度较小、纤维较粗且尺寸断开时，可认为是一种柱状分裂状态。另外，棚泽等人通过摄影测定了三种分裂模式的临界流量 q，这些流量反映了滴状分裂的最大流量、纤维的最小间距的临界流量以及成膜的最小临界流量，随着 q 的改变，三种分裂方式可以相互转化。其主要研究结果如下：

滴状分裂的最大临界流量 q_1 为

$$q_1 = 2.8\left(\frac{D}{n}\right)^{2/3}\left(\frac{\sigma_L}{\rho_L}\right)\Big/\left[1+10\left(\frac{\mu}{\sqrt{\sigma_L\rho_L D}}\right)^{1/3}\right] \tag{2-25}$$

纤维流具有最小间距的临界流量 q_2 为

$$q_2 = 8.0\left(\frac{D}{n}\right)^{2/3}\left(\frac{\sigma_L}{\rho_L}\right)\Big/\left[1+10\left(\frac{\mu}{\sqrt{\sigma_L\rho_L D}}\right)^{1/3}\right] \tag{2-26}$$

当 $D\rho/\mu<30\text{cm/s}$ 时，黏性液体成膜的最小临界流量 q_3 为

$$q_3 = 5.3\left(\frac{D}{n}\right)^{2/3}\left(\frac{\sigma_L}{\rho_L}\right)\left(\frac{\rho_L}{\mu}\right)^{1/3} \tag{2-27}$$

$D\rho/\mu>30\text{cm/s}$ 时非黏性液体成膜的最小临界流量 q_4 为

$$q_4 = 20\left(\frac{1}{D}\right)^{1/2}\left(\frac{1}{n}\right)^{2/3}\left(\frac{\sigma_L}{\rho_L}\right)^{5/6} \tag{2-28}$$

上述公式中，q_1、q_2、q_3、q_4 为临界流量，cm^3/s；D 为旋转盘直径，cm；n 为旋转盘转速，r/min；ρ_L 为液体密度，g/cm^3；σ_L 为液体表面张力，10^{-3}N/m；μ 为液体黏度系数，$10^{-1}\text{Pa}\cdot\text{s}$。

原田幸明等人[6]对金属粉末离心雾化参数进行了理论研究，提出了给定雾化条件下主要分裂机制的离心雾化图。根据此图，金属液体主要处于不稳定的柱状分裂区域，可以估计生产微细的金属粉末需要比通常更强的旋转条件，当熔液注入速度较高时，易发生不稳定的柱状分裂、产生较粗粉末，粗粉飞行得更远，对于滴状分裂形成的平均粒径有如下公式：

$$d = 3.25(\omega^2 R)^{-1/2}\left(\frac{\sigma_L}{\rho_L}\right)^{1/2} \tag{2-29}$$

而由纤维状分裂而形成的平均粒径有如下公式：

$$d = 1.70q^{0.26}\left(\frac{\mu_L}{\rho_L}\right)^{-0.12}\left(\frac{\sigma_L}{\rho_L}\right)^{0.23}R^{-1.71}\omega^{-0.84} \tag{2-30}$$

分裂滴的飞行距离为

$$L_s = 1.29\rho_L^{1/4}\sigma_L^{3/4}\omega^{-1}R^{-1/4}S^{-1}\rho_g^{-1/2}\mu_g^{-1/2} \tag{2-31}$$

式中，ω 为转速，R 为旋转盘半径，σ_L 为液体表面张力，ρ_L 为液体密度，μ_L 为液体的表面能力，S 为形状系数，ρ_g 为气氛的密度，μ_g 为气氛的黏度。

Matsumoto 等人和栗原等人[7]研究了三种分裂模式的转换条件，采用了 $10^3 < We < 10^7$、$10^2 < Re < 10^6$ 的无机和有机溶液进行分裂模式转化条件实验，得到了离心雾化分裂模式图 2-5。由于金属熔体在离心雾化中 We 为 $10^4 \sim 10^5$，Re 为 $10^5 \sim 10^6$，这种分裂模式图同样适用于金属熔体的离心雾化。离心雾化分裂模式图其制作原理为：首先根据 Matsumoto 和栗原等人的实验结果，滴状分裂向纤维状转移时，临界无量纲流量 Q_1^* 为

$$Q_1^* = 0.096 Re^{0.95} We^{-1.15} \tag{2-32}$$

纤维状向膜状转移时，临界无量纲流 Q_2^* 为

$$Q_2^* = 0.34 \sqrt[3]{Re^2} We^{-0.883} \tag{2-33}$$

将式（2-32）、式（2-33）进行变形得到

$$Q_1^* We^{0.2548} = 0.096(ReWe^{-0.9423})^{0.95} \tag{2-34}$$

$$Q_2^* We^{0.2548} = 0.34(ReWe^{-0.9423})^{2/3} \tag{2-35}$$

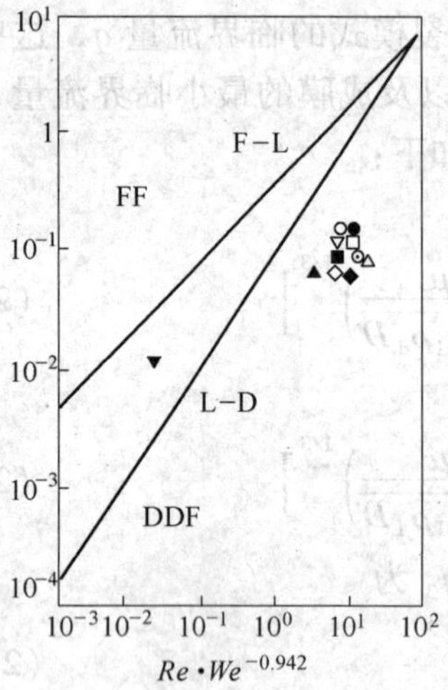

图 2-5　离心雾化分裂模式图

ϕ10 mm 旋转盘；转速 10000 r/min；供给速度 $1 \times 10^{-8} m^3/s$

▽ Ag；△ Al；□ Cu；◇ Fe；⊙ Ni；■ Zn；○ Pb；● Sn；◆ Ti

然后以 $x = \lg(ReWe^{-0.942})$ 为横轴，以 $y = \lg(Q^* We^{-0.2548})$ 为纵轴，就可制得图 2-5。在图 2-5 中 $y = 0.95x - 1.018$ 为 L-D 线，它是滴状分裂向纤维分裂的转移线；$y = 0.67x - 0.469$ 为 F-L 线，它是纤维分裂向膜状分裂的转移线；L-D 线以下 DDF 区为滴状分裂区域；F-L 线以上 FF 区为膜状分裂区。

Champagne 等人[8]研究了旋转电极离心雾化的金属液流破碎机理。他们指出熔滴形成有三种机理：第一种为熔滴直接形成机理，第二种为纤维粉化机理，第三种为液膜粉化机理。熔滴直接形成机理在于旋转电极末端的液态金属，在离心力作用下首先形成薄膜层。根据 Tayloy 失稳机理而产生小的突出部，Tayloy 给出了角速度为 ω，旋转直径为 D 的电极周围突出部的波长 λ 为

$$\lambda = \frac{K}{\omega} \sqrt{\frac{\sigma_L}{\rho_L D}} \tag{2-36}$$

Champagne 实验确定系数 K 为 8.5m，由于离心力导致了不稳定性（远离中心液体的受力大于靠近中心液体的受力），而表面能则对抗不稳定性有利。此种突出部分抛出两个液粒，其中大的来自突出部的头部，而小的来自颈部，因而产生双模式粒度分布，大的和小的熔滴数目相等。

当电极周边的熔融金属供给速度加快时，则突出部分比第一种过程高得多，突出部分不断拉长和破碎成小液粒，此种离心雾化机理为纤维粉化机理。这种状态虽然按重量百分数计算仍为双粒度分布，但小液粒的数目比大液粒的数量多得多。Champagne 等人[9,10]观察到，对于各种金属，即 Al、Cu、Fe 及 Zn，在直接形成方式中所见到的最终液粒形状是球形。在纤维分裂模式中，形成椭圆状，估计是由于氧化导致。

当电极表面熔液量很多时，液膜外部流速开始超过 Tayloy 失稳临界值，从而变成了液

膜粉化。

Champagne 给出了液粒向纤维和纤维向液膜分裂模式的转移条件，即

$$\left(Q\frac{\omega^{0.6}}{D^{0.68}}\right)\bigg/\left(\frac{\sigma_{L}^{0.88}}{\rho_{L}^{0.71}\mu_{L}^{0.17}}\right)=a \tag{2-37}$$

式中，Q 为液体供给量，m^3/s；μ_L 为液体金属的黏度。其余符号含义在前面已经介绍了。当 a 为 0.07 时，液滴直接形成，转变为纤维粉化过程；当 a 为 1.33 时，纤维粉化过程转变为液膜粉化过程。

由上面论述得知，离心雾化由于雾化条件的不同而产生滴状、纤维状和膜状分裂模式。有关滴状分裂，不少学者给出了滴状尺寸的计算公式。

Champagne 曾给出过两个关于液粒尺寸的经验公式：

$$d=4.63\times10^{6}\left(\frac{\sigma}{\rho}\right)^{0.43}\left(\frac{1}{D^{0.64}}\right)\left(\frac{Q^{0.12}}{\omega^{0.98}}\right) \tag{2-38}$$

$$d=C\frac{\sqrt{\frac{\sigma}{\rho D}}}{\omega} \tag{2-39}$$

式中，d 为液粒平均尺寸，C 为常数，其余符号含义如前述。Champagne 等人认为，对于 Fe 来说，$\frac{\sigma}{\rho}$之值为 254.5×10^{-6}（m^2/s^2），Zn 为 17.4×10^{-6}（m^2/s^2），Pb 为 45.3×10^{-6}（m^2/s^2），而对于水来说为 75.6×10^{-6}（m^2/s^2），金属和水的值相差不大，该公式对两者都适用。

Mehrabiad[11] 和 Clyne[12] 根据粉碎边缘上离心甩出力和惯性力平衡条件，得到离心雾化的理论粒度公式为

$$d=\frac{1}{2\pi n}\sqrt{\frac{6\sigma}{\rho R}} \tag{2-40}$$

式中，n 为坩埚的转速，r/min；R 为旋转甩出半径，mm；d 为粒度尺寸，mm。将其代入钛和镍基合金相应材料后，分别得到 $d=\frac{13650}{n\sqrt{2R}}$，$d=\frac{12575}{n\sqrt{2R}}$。

Schmitt 也给出了离心雾化粉末平均粒度公式，为

$$d=\frac{60\times10^{5}}{2\pi n}\sqrt{\frac{12\sigma}{\rho D}} \tag{2-41}$$

式中，d 为粒径（μm），n 为转速（r/min），σ 为金属熔液表面张力（10^{-3}N/m），ρ 为金属熔液密度（g/cm^3），D 为旋转盘直径（mm）。

加藤等人[13] 认为，在表示离心雾化的粉末尺寸时，用最大频率出现粒径（d_{mode}）比用平均粒径 d 要妥当些。他们从实验得出

$$d_{mode}=4.00\times10^{-5}\times n^{-0.84} \tag{2-42}$$

$$d_{mode}\propto D^{-0.47} \tag{2-43}$$

诸多学者如 Walton、棚泽、大山、May 都得出

$$d=\frac{K}{\omega}\sqrt{\frac{\sigma}{\rho D}} \tag{2-44}$$

的公式，只是由于雾化条件不同，液体黏度不同，所得常数 K 也不尽相同。另外，$We=\rho \cdot D^3 \cdot \omega^2/\sigma$，因此也可将表达式（2－44）写成一种无量纲粒径形式[14]，为

$$\frac{d}{D}=\frac{K}{\sqrt{We}} \tag{2-45}$$

对于纤维状和膜状分裂过程，一般来说可以沿用 Lord Rayleigh 液柱分裂理论和 Weber、See、Squire 等人的膜状分裂理论。Fraser 等人对旋转圆盘雾化产生线状液粒切断、生成液粒的过程进行了研究。得出液粒的平均直径 d 为

$$\frac{d}{D}=0.41\left(\frac{Q}{\omega D^2}\right)^{0.5}\left(\frac{\mu D}{\rho Q}\right)^{0.2}\left(\frac{\sigma D}{\rho Q^2}\right)^{0.1} \tag{2-46}$$

式中，Q 为流速，其余符号含义同前述。

北村等人对韦伯数 We 从 100～100000 范围进行了实验，得到了纤维状分裂粒径 d 与雾化条件的关系式

$$d=1.78Q^{0.26}\left(\frac{\mu}{\rho}\right)^{-0.12}\left(\frac{\sigma}{\rho}\right)^{0.23}R^{-1.71}\omega^{-0.64} \tag{2-47}$$

D　高压水雾化理论

Grandzol 和 Tallmadge 提出，高压水雾化时液粒的形成是由于冲击而不是由于剪切，这是由于水的分散性和粉度与水的法向速度分量（对金属液流轴线）成反比所致。水雾化两种机理分别称为溅落和擦落，擦落少于溅落。擦落是瞬间发生的过程，溅落机理要求持续一段时间，而这段时间可能不为现实所允许。另外，已形成的金属液粒的飞行方向与水滴运动方向相反，每个水滴可能产生若干金属液滴。

Grandzol 等人采用动量守恒定律导出了金属液体的高压水雾化公式，得到金属颗粒的平均直径（d_m）为

$$d_m=d_w(v_w\rho_w/nv_m\rho_m)^{1/3} \tag{2-48}$$

式中，d_w、v_w、ρ_w 分别为水粒直径、水流速度和水的密度，v_m、ρ_m 分别为金属颗粒速度和金属密度，n 为系数。根据动能平衡表明，水滴速度与金属速度之比，对所有速度值来说都是常数。根据高速摄影结果，得到 $v_w/v_m=3.37$，并且得到如下几个重要的经验式：

$$d_w=13/v_w \tag{2-49}$$

式中

$$v_w=Cp^m \tag{2-50}$$

则

$$d_w=D/p^m \tag{2-51}$$

考虑金属流与水喷射流轴线夹角 α 的关系，Grandzol-Tallmadge 公式可写为：

$$d_w=A/v_w\cdot\sin\alpha \tag{2-52}$$

式中，A、C、D、m 均为常数，p 为高压水的压力。

另外，small-Bruce 公式

$$d_w=\ln\left(\frac{p}{E}\right)^n \tag{2-53}$$

也是水雾化中重要的经验公式，式中 E、n 为常数。采用动量和能量守恒定律来解析金属液体雾化被称为能量法，这个方法往往把粉末粒度仅与高压流体的速度和压力联系在一起。

2.1.1.2 雾粒法的主要技术

A 双流雾化法

所谓双流雾化法主要是通过雾化喷嘴产生的高速高压工作介质流体，将熔体流粉碎成很细的液滴，且主要是通过对流方式散热而迅速冷凝，工作介质有气体和液体等。

a 亚音速和音速气流雾化法

亚音速气流雾化法是粉末冶金最常用的制粉方法之一。在这种方法中熔体冷凝速度可达10^2 ~ 10^3K/s，并且能够大规模生产平均粒度为50 ~ 100μm的各种金属和合金粉末。近年来亚音速气流雾化法有很大发展，并且逐步成为一类新型的快速凝固制粉方法，如紧耦合（Close Coupled）气体雾化法就是这样一种方法。所谓紧耦合方法是指喷嘴与导液管交汇非常紧凑，高压气体一经出口就与液流相撞击的一种气体雾化方法。传统的气体雾化方法如图2-6a所示，气体交汇处的焦点离导液管出口有一段距离，金属液体首先分裂成粗的液滴，然后是不规则的薄片，最后变成液粒。紧耦合气体雾化方法的原理如图2-6b所示。金属熔体被高压气体直接雾化为液粒。该技术在早期发展过程中一个最常见的问题是导液管尖端容易堵塞，导致雾化难以连续进行。通过加热导液管、采用复合喷枪结构和对导液管尖端的几何形状进行处理等方法，以确保导液管尖端接触金属熔体部分的温度不会低于熔体的温度，可以较好地解决这个问题。图2-7为亚高速和超声速两种紧耦合喷嘴的结构原理示意图。紧耦合雾化法的特点是，微细粉末收得率高，对于钢铁粉末来说，粉末平均粒度为30μm，低熔点金属粉末平均粒度为10 ~ 20μm，粉末粒度分布窄；粉末冷速高，一般可达到10^5K/s以上。

如前所述，在常规的气体雾化技术中（包括紧耦合法），金属粉末的形成是靠气流对金属液流进行扰动和冲击使其破碎成粉末，粉末粒度宽，雾化能量损失较大，雾化效率低。德国柏林NANOVAL GMBH公司发明了一种层状气流雾化技术。这种技术和以往的通过雾化气流对金属熔体产生的振动和冲击而破碎成粉的方法不同。图2-8所示为NANOVAL过程的喷嘴结构。

层状气流雾化法的主要特点是：气体不再以某一高度冲击液态金属流，而是平行于金属液流。在液流表面产生剪切和挤压作用，使液流直径不断减小，发生层状纤维化，这种雾化方法的效率高。粉末的冷速可以达到10^6 ~ 10^7K/s。雾化不锈钢粉末，平均粒度可以达到20μm左右。Nanoval工艺的气体消耗量仅为紧耦合法的1/3，为自由落体式的1/7，具有很大的经济性。

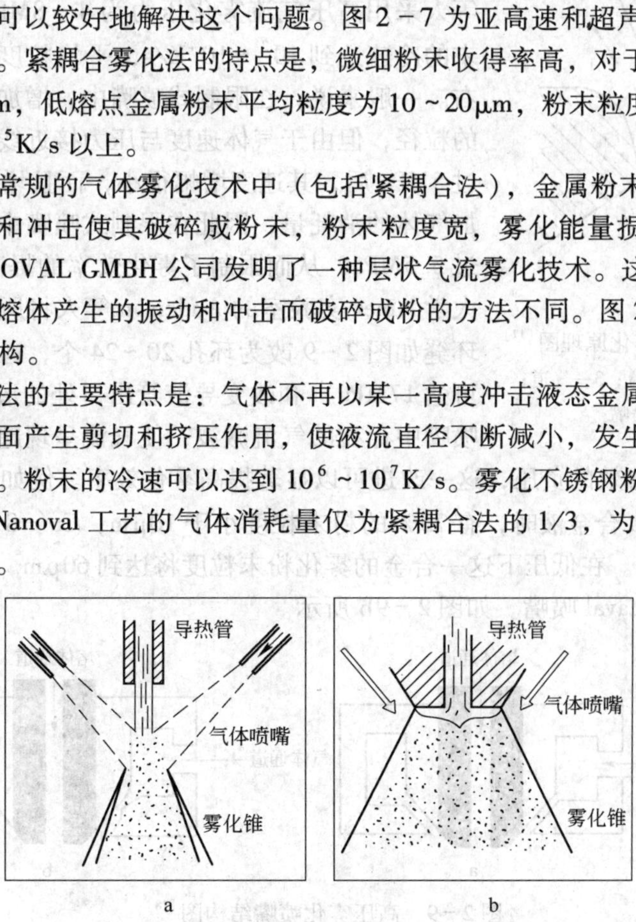

图2-6 传统气体雾化和紧耦合气体雾化的区别[15]

a—传统气体雾化；b—紧耦合气体雾化

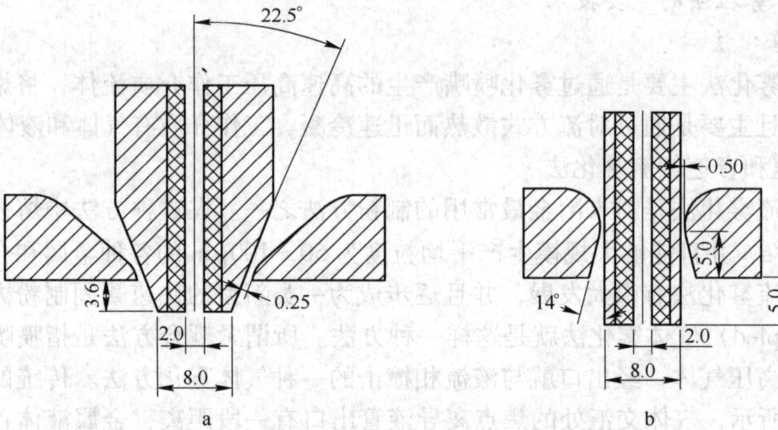

图 2-7　两种紧耦合雾化喷嘴结构图[16]
a—高压气体雾化喷嘴；b—Unal 喷嘴

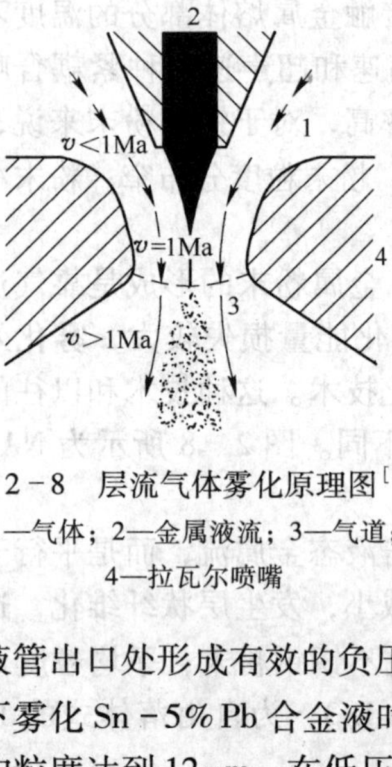

图 2-8　层流气体雾化原理图[17]
1—气体；2—金属液流；3—气道；4—拉瓦尔喷嘴

高压气流雾化制粉法也是一种快速冷凝方法。Ricks 等人采用高压气流雾化压力为 4～8MPa 的金属熔体，粉末的冷速达到 10^3～10^4K/s，平均粒度最细可达 20μm 左右。一般来说，在限制式喷嘴中，增加气压可以减少粉末的粒径，但由于气体速度与压力接近线性关系，当气压超过 5MPa 后，其速度增幅很小，而且增加气压还会明显增加气体的消耗量，因此在限制式喷嘴中雾化气压一般不超过 5.5MPa，从而限制了雾化效率的提高。美国 Iowa 州立大学 Ames 实验室的 Anderson 等人将所示的紧耦合喷嘴的环缝如图 2-9 改为环孔 20～24 个，通过提高气压（最高可达 17MPa）和改变导液管出口处的形状，克服了紧耦合喷嘴中存在的气流激波，使气流呈现超声速层流状态并在导液管出口处形成有效的负压，这一改进可以显著提高雾化效率。例如，在 12.5MPa 的压力下雾化 Sn-5% Pb 合金液时，有 75% 的粉末粒度小于 10μm；Cu-8.3% Al 合金粉末的平均粒度达到 12μm。在低压下这一合金的雾化粉末粒度将达到 60μm。Ting 等人在此基础上将等径孔径改为 Laval 喷嘴。如图 2-9b 所示。

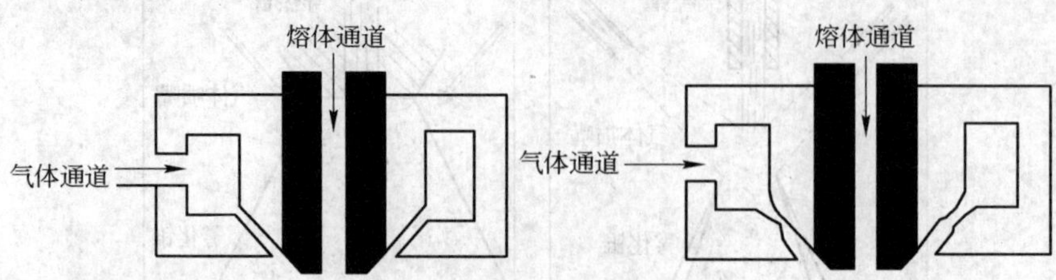

图 2-9　高压雾化喷嘴结构图[18]
a—高压Ⅰ型；b—高压Ⅱ型

这种喷嘴可以在较低的气压下产生与高压雾化喷嘴相同的雾化效果。例如，在3.86MPa的压力下可以产生与高压喷嘴在7.7MPa压力下相同的气体速度，而且气流更加稳定和均匀。在4.13MPa压力下雾化Fe-8Al-1.5Si合金熔体得到的粉末有50%的粉末颗粒粒径小于38μm；对于316L不锈钢，在3.13MPa压力下有50%的粉末颗粒粒径小于35μm。

热气体雾化技术是近年来由英国PSI公司和美国HTE公司研究的一种新的雾化技术[19~21]。从气体的动力学原理可知，气流的流速不仅与喷嘴结构、压力、气体类型有关，而且还受气体温度的影响。当气体温度增加至500℃时，气流的速度将增加一倍左右（图2-10），雾化介质温度的提高显著增加了气体的动能，使雾化粉末的粒度变细。PSI公司采用500℃的热气体雾化不锈钢和纯铜粉末，粉末平均粒度分别从22μm，15μm降至15μm、10μm，10μm以下粉末比例大大增加。

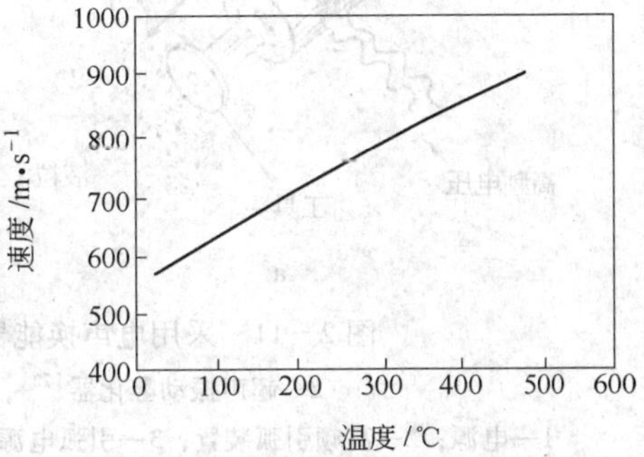

图2-10 气体流速与温度的关系[19]

b 超声雾化法

超声雾化法是一种著名的快速凝固制粉方法。这种方法最初是由瑞典人发明的，后经美国MIT的Grant教授改进而成。超声雾化器是由拉瓦尔喷嘴和哈特曼（Hartman）振动波管组合在一起构成的，既能产生2~2.5Ma（马赫）的超声速又能产生80~199kHz的超声波气流。该法在制备低熔点合金粉末上已达到工业化生产规模，但高熔点合金粉末的生产仍处于实验阶段。粉末的冷速达到10^4~10^5K/s，雾化气体一般选用氩气和氦气等，雾化气体的压力为8.3MPa。制备的Al粉最小平均粒度为22μm。

在20世纪80年代初，为了解决超声气体雾化法存在的一些问题，Ruthard等人采用静态毛细管张力波直接雾化金属，金属液体流至超声聚能器辐射面形成一薄液层，金属薄液层在超声振动作用下被分散成微小的液粒。液粒破碎所需的能量仅来自于电能转化过来的声能。由于金属液体与超声聚能器振动表面直接接触所需的能量小，也不像超声气体雾化法那样要消耗大量的气体。图2-11a给出了超声振动雾化器的原理图。超声振动雾化一般由换能器，聚能器和工具头等组成。超声雾化器中的喷嘴，换能器的主要作用是借助压电晶体的压电作用，将高频电振荡转化为机械振动，即可将电能转化为声能。换能器大多采用螺栓夹紧的纵向振子，材料主要采用压电陶瓷。超声聚能器，又称超声变幅杆或超声变速杆，其作用是将机械振动的速度放大，或者将超声能量集中在较大的面积上，即聚能作用。工具头是将金属液体在超声振动下铺展成膜，再抛出成雾的装置。图2-11b是采用电声换能器进行超声雾化制取微细粉末的装置。如图所示，装置分为氩弧等离子发生器，功率超声发生器，换能器和雾化腔。装置开启后，作为阴极的金属棒端部与等离子枪内部电极之间形成氩弧等离子体。在高温等离子轰击下，金属棒端部被熔化，为了控制熔化速度，换能器连同变幅杆作低速往返转动，并且缓慢上升，并使等离子发生器与棒的端面的距离保持不变。

根据张力波理论，液膜铺展厚度显著影响粉末颗粒的尺寸，为促进金属熔体在振动面

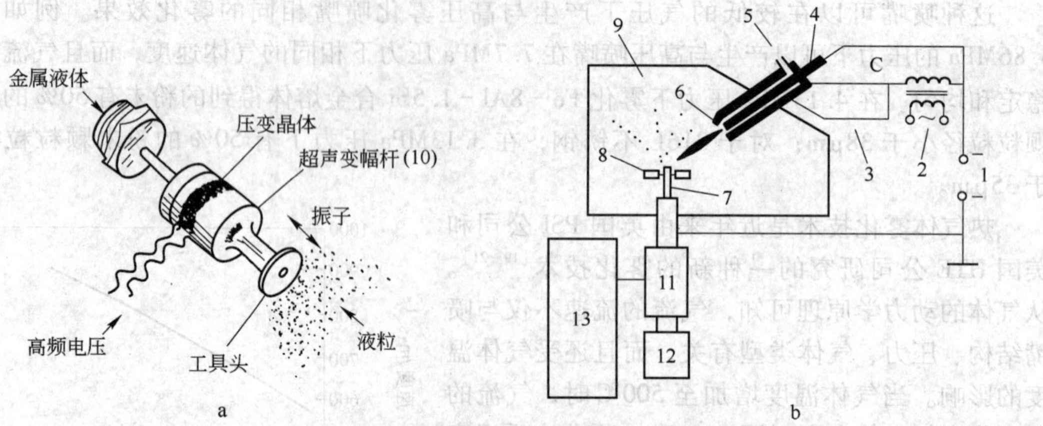

图 2 - 11　采用电声换能器进行超声雾化制取金属粉末装置图[23]

a—超声振动雾化器[22]；b—超声雾化制取金属粉末装置框图[23]

1—电源；2—高频引弧装置；3—引弧电源；4—阴极；5—氩气流；6—喷嘴；7—待雾化棒（阴极）；8—高温防护罩；9—雾化腔；10—变幅杆；11—换能器；12—旋转升降机构；13—20kHz1600W 发生器

的铺展，德国 Ladghh 等开发出了一种离心流嘴，并将其用于金属超声雾化。图 2 - 12 为该超声雾化装置及离心流嘴的结构示意图。当熔体以一定的流量流经流嘴时，通过涡流离心腔的导流作用，使流出的金属液体形成空心锥结构，其螺旋形的流动轨迹加快了金属液体在振动面上的铺展，促进了液体沿周向的铺展和薄液膜的形成，提高了金属液体在整个振动面铺展的均匀性，同时采用高频、大功率压电换能器，可以显著减小雾化金属粉末的粒度，大大提高金属粉末雾化的产率与出粉率。

瑞士 Active Ultrasonics 公司也开发出了一种新型的超声雾化装置。这种雾化装置将两种超声雾化方法（超声气体雾化和超声振动雾化）有机地结合起来，克服了它们各自的局限性。如图 2 - 13 所示，新装置分两步来破碎熔融金属熔体，从而解决了熔体液流直径不能过大的问题。熔态金属流首先导向由超声频率激发的管状共振器的内壁，熔态金属润湿这种振动基体，通过振动张力波雾化被击碎。同时，在进入同一管中的惰性气体中产生非稳态冲击波，这种压力脉冲进一步击碎张力波雾化的熔滴，从而使最终获得的粉末颗粒度

图 2 - 12　离心 - 超声雾化原理示意图[24]

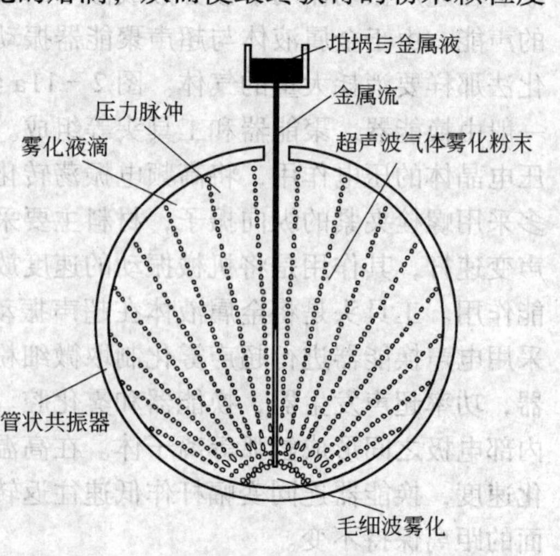

图 2 - 13　新型的超声雾化装置[25]

细小均匀，大大提高了雾化效率。超声波气体雾化粉末一般为球形，并具有光滑表面，粒度细小以及具有快速凝固组织等的特点，质量平均粒度在25μm以下，冷速在10^4 ~10^5K/s之间。超声波雾化可以通过毛细波雾化而加强，当薄层液流黏附在固态共振器表面，共振器沿垂直于表面法向振动时，将形成固定的板状毛细波，当振幅超过某一临界时就会出现这一现象。随振幅的进一步增加，液流紧接着会出现带状破碎，液滴在波峰位置处受到猛烈碰撞被破碎。采用这种装置甚至能够制备出纳米粉末。

c　高压水雾化法

近年来水雾化制粉技术取得显著进步，已能生产平均粒径小于10μm的金属粉末。据文献报道，当雾化水压超过70MPa时，采用如图2-14所示的喷嘴，可制得粒径小于10μm粉末。由于注射成形所需的微细粉末一般要求为球形，这就给高压水雾化粉末的应用带来了很大困难。日本大同特殊钢株式会社开发了高压水雾化制取球状粉末的新工艺。这种工艺的主要特点是将熔化液体注入中间仓保持一定的液面高度，控制喷嘴的喷射角θ。一般来说，θ角越小，所获得的粉末的摇实密度越大，越容易得到球形粉末。但是θ角越小时，所得粉末的平均粒径增大，因此采用高的雾化水压，控制θ角的大小可得到微细的球形粉末。另外，日本福田金属箔粉工业公司采用旋流喷水的高压水雾化装置来制备微细的球形粉末，装置原理如图2-15所示，所用喷嘴所喷出的高压射流，不同于传统的圆锥形射流，它并不集中于喷嘴的几何焦点上，而是在焦点附近形成空洞，并在聚成缩颈后对称地形成回旋射流。从喷嘴喷出的回旋喷水射流的水压为83.3MPa，流量为2.3m^3/ks，喷嘴顶角为0.87rad。

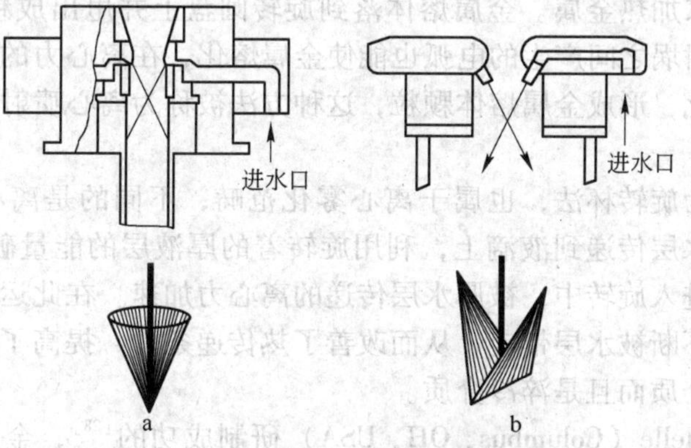

图2-14　高压水雾化喷嘴结构原理图
a—锥形喷嘴；b—V形喷嘴

B　离心雾化法

离心雾化法是一种常用的快速凝固制取粉末的方法。离心雾化的冷却过程中一般都会加上一定压力的气体进行对流冷却，冷速可以超过10^5K/s，粉末一般为片状。离心雾化法的生产率高，可连续运转，适合于大批量生产。

a　旋转圆盘法

旋转圆盘雾化设备的主要部件是一个绕自身轴心水平旋转的圆盘，由径向脉动涡轮驱动，转速为35000r/min，落在水冷圆盘上的金属液流受离心力的作用沿切线方向飞出并破碎成小液滴，然后被喷入的氦气对流冷却。合金的流率为100~500g/s，氦气的流率为合

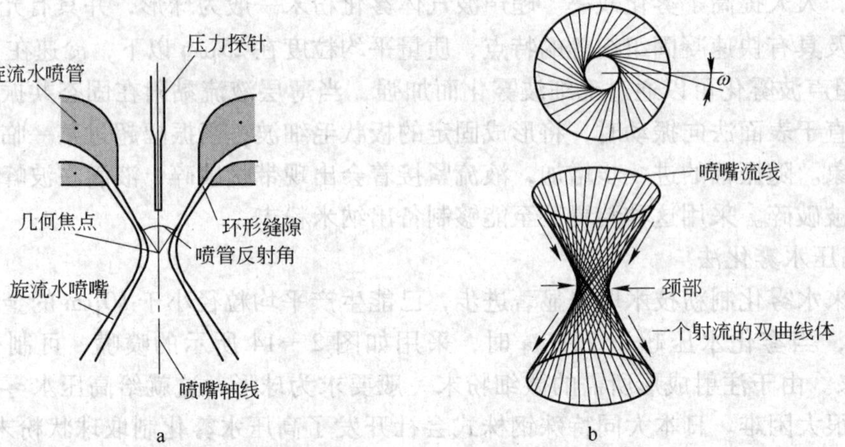

图 2－15　旋流喷水的高压水雾化喷嘴的装置和原理图

a—旋流喷水的高压水雾喷嘴；b—高压水雾化喷嘴喷出的高压射流

ω—喷嘴旋流角度

金熔体流率的 5 倍，氦气的流速为 0.5Ma（马赫），冷却速度为 $10^5 \sim 10^6$K/s，用这种方法制得的铝合金和镍合金粉末平均粒度为 25 ~ 80μm。该方法早在 1976 年就由美国普拉特 · 惠特尼飞机公司完成全部实验室研究工作，随后投入工业生产，装置由最初的 22kg 级发展至现在的 900kg 级，并生产出了 200 多种快速凝固高温合金粉末。

在普拉特 · 惠特尼制粉装置中[26]，依靠中频（高频）感应电流来加热和熔化金属，也可以采用电子束来加热金属。金属熔体落到旋转圆盘上并甩出成粉[27]。另外，采用静止电板和带电旋转坩埚之间产生的电弧也能使金属熔化，在离心力的作用下，熔融金属被甩出坩埚边缘而雾化，形成金属熔体颗粒，这种方法被称为离心喷射铸造法。

b　旋转水法

旋转水法又称为旋转杯法，也属于离心雾化范畴，不同的是离心力不直接作用于液滴，而是通过旋转水层传递到液滴上，利用旋转着的厚液层的能量破碎熔融的金属液流，被分散的液滴立即进入旋转中，被厚水层传递的离心力加速。在此运动过程中产生于液滴表面的蒸气覆盖层不断被水层带走，从而改善了热传递条件，提高了淬冷速度。在这种方法中水不但是雾化介质而且是淬冷介质。

该技术是由 Battelle（Columbus，OH，USA）研制成功的[28]，金属液滴落入到一个装有旋转液体（一般为水）的杯中，杯子高速旋转（8000 ~ 16000r/min），急冷液体在杯子的垂直内壁上形成较厚的液体层。旋转液体层改善了传热条件，提高了凝固冷速，同时起到雾化器的作用。用这种方法已经制备了多种钢、超合金、铝、铜和其他合金粉末。

旋转杯法可以制备微细的快速凝固粉末，包括高合金化微晶和非晶合金；可以控制粉末的粒度分布（从非常窄的范围到非常宽的范围）；可以改变粉末颗粒的形状（从不规则形→球形→长条形）；可以控制氧、氮和氢的污染；不会产生悬浮粉末。粉末的冷速在 $10^4 \sim 10^6$K/s 之间。

c　旋转电极法

在该方法中[29]，待雾化的棒料快速旋转，同时棒料一端被一个非自耗钨电极产生的电弧熔化。熔化的金属从旋转棒上甩出，在与惰性气室内壁碰撞之前凝固。该工艺已广泛用于制备活泼金属粉末，如高纯、低氧的 Ti、Zr、Nb、Ta、V 等金属及其合金粉末，以及 Ni 和 Co 的超合金粉末。

静止电极产生的钨污染在旋转电极工艺中是可能发生的，但用钛阴极代替钨电极或用等离子体弧、激光或电子束熔化棒料就可以避免这个问题。

旋转电极粉末一般呈球形，表面洁净，但平均粒度较大，通常超过 200μm，因此其冷速只有 10^2K/s。一般情况下，0.417mm（35 目）以下粉末的收得率为 75%。

d 激光自旋雾化法

激光自旋雾化法是采用高能激光熔化转速为 10000～300000r/min 的棒料端面，靠离心力甩出的液滴在碰到容器壁之前被氦气流冷却。液滴主要凝固成球形颗粒，还有 10%～30%（质量分数）的产品以直径为 0.1～1.0mm 的针状物形式存在[30,31]。

采用这种技术制备的 100μm 粉末典型的凝固冷速为 10^5K/s。通过控制旋转速度和气流，可以得到不同粒径及不同冷却速度的粉末。该工艺两个特别显著的优点是：（1）高能激光束产生的高过热度使大多数第二相颗粒溶解于熔体中。（2）该技术属区域熔化类型，所以雾化过程中的污染程度非常低。因此已被广泛用于生产钛合金粉末。

C 机械、电气等作用力雾化

a 真空雾化

真空雾化，也称可溶性气体雾化，是利用不同压力下气体在液态金属中的溶解度不同而将金属雾化成粉末的工艺方法。这种方法首先将液态金属在高压下过饱和地溶入气体，然后突然释放到真空中，以近乎爆炸的形式将液态金属离散为非常细小的金属液滴。铁合金、钴合金、镍合金和锆合金均可以氢气为溶解气体而进行真空雾化。真空雾化所得到的粉末颗粒一般为细小的球形。由于这种工艺强烈地依赖于可溶性气体，因此其实用性不大，目前还未获得大范围应用。

b 电动力学雾化

电动力学雾化法是将数千伏的额定电压施加到毛细管发射极内的液流表面上而建立强电电场，强电场在熔体表面产生的强大作用力，有效地克服表面张力，使液流喷射成小液滴，带电液粒加速飞向收集器，如果在凝固前撞击到冷却基底则会形成片状粉末；若飞行时间足够长则可获得球状粉末。采用这种方法可生产 100nm～100μm 粉末，当粉末粒度为 0.01μm 时，冷却速度可达 10^7K/s。已用这种方法生产了 Cu、Si、Al、Fe 和 Pb 合金粉末。

c 固体雾化法

多年来，众多学者在双流雾化法方面进行了大量的研究工作，如改进雾化喷嘴结构、提高雾化介质的压力、改善金属液体雾化状态等，这些工作使得双流雾化法工艺日趋完善。但令人遗憾的是，国内外学者在改变雾化介质种类方面研究极少有报道。陈振华教授等人最近发明了一种新的雾化方法。这种方法是采用含有可除去的固体介质的高速气流对液体金属或合金进行雾化而制备粉末的一种方法，著者把该方法简称为固体雾化法[32～34]。

液体金属或合金的固体雾化装置原理如图 2-16 所示，雾化过程为：将固体颗粒装入发送罐中，采用空气压缩机或高压氮气产生的高压高速气流进入发送罐，携带罐中的固体颗粒形成固气两相流，从雾化器喷嘴的环缝喷出，对浇入漏包并从漏包底部流出的金属或合金流进行冲击、雾化而制得粉末。在雾化过程中，可采用冷却水（从水环中喷射出）加速粉末冷却，同时，冷却水可用来清洗并除去可溶性固体颗粒。

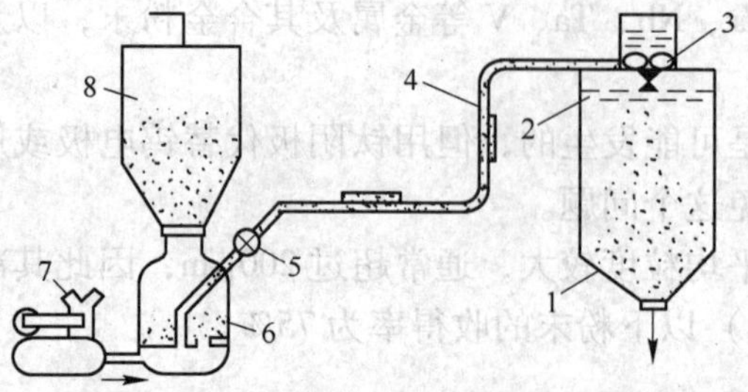

图 2-16　固体雾化实验装置示意图
1—雾化室；2—水环；3—雾化器；4—输送管道；
5—卸料阀；6—发送罐；7—空气压缩机；
8—贮仓

采用食盐作为固体颗粒进行了系列固体雾化实验：食盐被输送到雾化喷嘴中，高速的食盐颗粒流通过喷嘴的环缝喷出，直接击碎液体金属或合金而制得粉末，粉末落入水中，经过清洗、过滤和干燥处理，可以将食盐从粉末中分离出来，被分离出来的 NaCl 溶液可回收重用。在实验中，食盐粉末的粒度为 0.333 ~ 0.175mm（40 ~ 80 目），空气压缩机输出的高速气流压力为 0.8MPa，空气的流量为 $6m^3/min$，氮气压力为 0.8 ~ 1.0MPa，氮气的流量为 $3.3m^3/min$。液体金属或合金的过热温度为 150 ~ 200K，液流直径为 3.5 ~ 3.8mm，盐流量为 1.5 ~ 4.0kg/min。表 2-1 为固体盐雾化和气体雾化金属粉末粒度的比较。

表 2-1　气体雾化和固体雾化所制得粉末粒度的比较

样品名称	平均粒度/μm	费氏粒度/μm	雾化状态
Al-12% Si（质量分数）	88.22	29.19	气体雾化
Al-12% Si（质量分数）	42.73	13.27	固体雾化
Pb	79.44	8.65	气体雾化
Pb	45.41	4.06	固体雾化
Sn	78.18	15.39	气体雾化
Sn	36.69	7.26	固体雾化
Zn	76.42	8.64	气体雾化
Zn	44.30	3.89	固体雾化
Cu	84.22	28.67	气体雾化
Cu	40.28	14.26	固体雾化

采用盐雾化制备不锈钢粉末取得了很好的效果，当不锈钢过热度为 150 ~ 200K、空气流量为 $6m^3/min$、气体压力为 0.8 ~ 0.9MPa、金属液流直径为 2.5mm、平均盐流量为 58g/s时，成功地制备出球形度良好、平均粒度为 20μm 的不锈钢粉末。图 2-17 为采用盐雾化制得的不锈钢粉末的形貌照片。固体雾化颗粒也可以为同种金属粉末和易清除的固体颗粒。如采用普通气体雾化生产的 6-6-3 青铜粉末的筛上物（粒度为（-0.833 ~ 0.175）mm（-20 ~ +80 目））代替食盐来雾化青铜熔体时，粉末的平均粒度为 50μm，而在同等条件下，采用气体雾化所得颗粒的平均粒度为 72μm。固体雾化粉末的粒径分布比较集中，粉末粒径大多在 25 ~ 65μm 之间，颗粒形状比较规则，很少观察到颗粒粘连和“卫星”粉末颗粒。另外，采用铁粉作为固相颗粒对 Al-30% Si（质量分数）合金熔体进行雾化，铁粉可以通过磁选的方法清除。当气体压力为 0.8MPa、气体流量为 $6m^3/min$、金属液流直径为 3.5mm，普通气体雾化 Al-Si 合金粉末的平均粒度为 160μm，而采用固

体雾化颗粒 62.5g/s 时，粉末平均粒度为 51μm。固体雾化粉末的冷速一般在$10^3 \sim 10^4$K/s，其冷速较高的原因是固体颗粒的传热能力远大于气体，若采用金属颗粒作为雾化介质，则粉末的冷速还会更高。

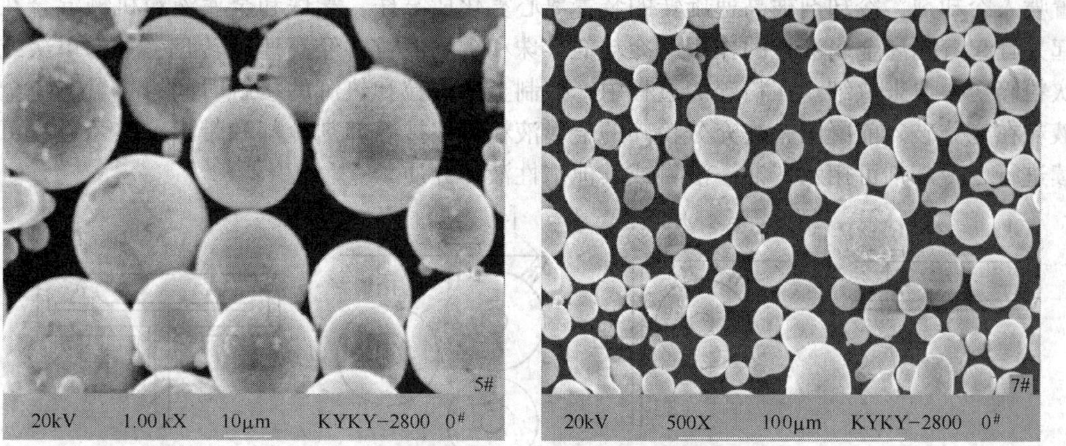

图 2-17 盐雾化法制得的不锈钢粉末照片

D 多级雾化法

多级雾化法是将多种雾化装置组合起来的一种快冷制粉装置，第一级装置一般为双流雾化装置，而后几级装置可以为双流雾化、离心雾化和机械雾化装置。属于这类方法的有组合喷嘴法和多级快冷法。多级雾化粉末的冷却速度都比较高，粉末粒度也都比较细。

a 组合喷嘴雾化装置

为了能更有效地破碎金属熔体，可采用两步高压水雾化装置或气-液雾化装置来实施[35]。组合喷嘴的破碎理论是：在第一级双流雾化装置进行雾化时，总有一部分大的液粒还没有凝固。可以采用气体或液体对熔体液滴进行再一次雾化破碎。即使是超声雾化装置，在离喷嘴一定距离内还是有部分液相颗粒存在，仍然可以进行再一次破碎。

文献[36]报道了将气体雾化与低压水雾化相结合，低成本地生产细粉，水雾化装置一般是采用自由下落熔体流，直径数毫米，由圆或扁水喷嘴击碎成粉末。如果需要超细粉末，则水压要在 50MPa 以上。德国开发出了采用压力低于 10MPa 的水流击碎带有水膜的层流熔体雾化法，可经济地生产细的或超细金属粉末。如果使用惰性气体稳定熔体膜，则可降低粉末氧含量。如果与低压气体预雾化相结合，则可生产很细的粉末。宽流气体雾化法的基本原理也适用于水雾化。经典气体雾化的宽流系统，将熔体导管与长条缝孔相结合，将熔体膜送入拉瓦尔气体喷嘴会聚区内的气体层流中。拉瓦尔喷嘴将高压区与低压区分开，所产生的压差驱动气体通过喷嘴。德国人则采用了在拉瓦尔喷嘴的发散区安装加压雾化水管的办法。水通过长条缝孔射出，击碎熔体，在空中产生水雾、金属颗粒与气体。移动的气体粒子可阻止熔体膜在通过气体喷嘴最窄横截面之间时改变其形状。如果使用稍过压的气体，则熔体膜首先由气体击碎，而后由雾化水二次击碎，可生产出 6.3μm 很细的粉末。

b 多级快冷装置

根据金属液粒急冷效果和大过冷效果有机结合的原理，陈振华教授等人研制出一系列新型的快速凝固制粉装置[37~39]，其工作原理如图 2-18 所示：首先将金属熔体过热到一个比较高的温度，然后采用常规的气体雾化装置（也可采用超声雾化装置）将熔体雾化成很小的液粒，喷射在高速旋转的装置上离心破碎成微小液粒。与此同时，向高速旋转的装置喷入冷却剂，冷却剂被高速旋转的装置离心雾化成雾珠，雾珠和金属液粒机械混合在一起并且起着隔离金属液粒的作用，冷却剂雾珠和金属液粒再经高速旋转盘、辊的单次或多次粉碎变得愈来愈细。在粉碎的过程中，控制金属液粒和热沉的接触时间，尽量避免金属液粒在充分破碎前凝固，被充分粉碎的金属液粒最终被冷却剂冷却和带出，整个过程可连续进行，冷却剂可用水、油、液氮或其他惰性液体介质。

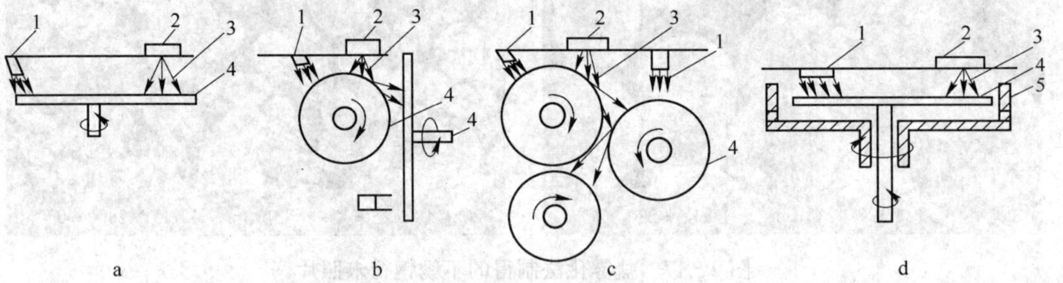

图 2-18 制取微细粉末的多级冷凝装置

a—两级；b—三级；c—四级；d—反向膨胀

1—冷却剂；2—雾化喷嘴；3—金属液粒；4—旋转圆盘；5—反向旋转罩

有关多级快速凝固制粉装置的过程分析如下：

（1）装置的急冷效果：金属熔体在多级快速凝固制粉装置内经过充分破碎，液粒变得极细，具有明显的急冷效果，根据粉末冷却速度公式（2-53），式中 T 为冷却速度，T_0 为金属液体温度，T 为环境温度，ρ 为材质密度，c 为凝固过程中合金的平均比热容，k 为热交换系数，r 为金属液粒的半径。从该公式得出液粒半径愈小，粉末冷却速度愈大。

$$\dot{T} \propto \frac{k(T_0 - T)}{\rho \cdot c \cdot r} \tag{2-54}$$

（2）装置的大过冷效果：大过冷速凝固技术大致可以分为两类，一类是金属液粒弥散法，另一类是在较大体积的熔体中获得大的凝固过冷度的方法。在金属液粒弥散中最著名的方法是 David Turmbull 发明的乳化法。常用的乳化液为聚苯醚和氯化物的共晶成分盐等。在多级快速凝固制粉装置的工作过程中，采用水、油、液氮或其他惰性液体介质注入到高速旋转装置上，产生非常微细的雾珠，能够非常有效地隔离被高速旋转装置离心雾化的金属液粒，将熔体中某些夹杂物、杂质、异质核心孤立分开，并且阻碍已经分散的金属液粒再度熔合，给金属熔体提供近似均匀形核的条件，达到过冷效果。金属熔体经过多级破碎，粒度愈细其大过冷效果愈明显。特别令人注意的是，采用雾状水珠作为载体来分散金属液粒时，大过冷效果同样明显，虽然某些金属存在表面氧化问题，但由于整个过程持续时间极短，氧化程度极为轻微，即使有轻度的表面氧化，对大过冷效应的影响也甚小。

（3）装置的多级过程：所谓装置的多级过程是指在快速冷凝制粉装置内反复分散和碎化金属液粒的过程，在技术上要保证金属熔体经过多级装置被充分破碎而不至于在中途凝固，其理由为：①在制粉过程中，金属熔体过热到一个比较高的温度，以保证金属熔体被充分破碎。②金属熔体被破碎成微细熔滴时，具有较高的过冷度，这样在远离金属熔点以下的温度下仍具有被破碎的可能性。③根据著者计算，冷却剂虽然包围和隔离金属液粒，但整个过程持续的时间极短。假若金属液粒的粒径没有达到足够小，则不至于被冷却剂冷凝。

以上分析表明，多级快速冷凝装置具有急冷和大过冷双重效果，能够使金属熔体达到理想的快速凝固状态。

（4）多级快速凝固装置制取微细金属粉末的效果：如图 2－18a 所示，若仅采用上部气体雾化装置，雾化气体的压力为 0.6～1.0MPa，雾化气体流量为 $5m^3/min$ 时制得的 Al 粉末的平均粒度为 100～150μm，粉末冷速为 $10^2 \sim 10^3 K/s$。启动全部装置制取的 Al 粉平均粒度为 15～20μm，粉末冷速为 $10^5 \sim 10^6 K/s$。若采用图 2－18b 所示的装置，关闭最后一级旋转装置，制得 Al 粉末平均粒度为 30～35μm；启动全部旋转装置，制得粉末的平均粒度为 10～15μm。若采用图 2－18c 所示的装置，关闭最后一级旋转装置，制得 Al 粉末的平均粒度为 15～20μm，启动全部旋转装置，制得粉末的平均粒度为 10～13μm。若采用图 2－18d 所示的装置，关闭最后一级旋转装置，则和图 2－18a 相同，启动反向旋转罩，制得的 Al 粉末平均粒度为 7～11μm。若采用高的气体雾化压力（不低于 1.2MPa）和大的雾化气体流量（大于 $15m^3/min$），采用图 2－18a 的装置所获得铝粉的平均粒度为 5～7μm。粉末的冷速为 $10^6 K/s$。

采用多级快速凝固装置制备出了近百种非晶、准晶和微晶粉末，X 射线和透射电镜的测试表明，所制得的非晶和准晶粉末的非晶度和准晶度都比较高。另外，制得的微晶粉末中二次枝晶臂的间距为 0.4～1μm，而在某些合金如 Al－Si、Al－Fe－V－Si、Al－Mn 系等的粉末中出现很多光学无特征区，根据 Matyjia 等人提出的金属熔体的快速凝固组织的二次枝晶间距与粉末冷却速度的关系式，可以判断装置的冷却速度可达 $10^5 \sim 10^6 K/s$。根据前面所述，多级快速凝固装置具有大过冷和急冷双重效果，因而正确的提法为，装置具有 $10^5 \sim 10^6 K/s$ 的冷却速度。表 2－2 为目前世界上多种采用快速冷凝制粉装置性能的比较。多级快冷雾化方法不同于双流雾化，也不同于离心雾化，更不同于后述的熔体自旋法。这种方法是目前能够大规模生产最微细粉末的重要方法之一。多级快冷雾化装置是我国学者在世界粉末冶金领域取得的一个重要知识产权。

表 2－2 各种金属液体雾化方法的综合性能比较[40]

工艺名称	粉末形状	粉末平均粒径/μm	典型冷速/$K \cdot s^{-1}$	主要应用	主要优缺点
普通气体雾化法	球形加类球形	50～100	$10^2 \sim 10^3$	中等活性或易氧化金属（采用氩气或氮气）	大规模生产，成本较低，但粉末粒度较粗，冷速较小
紧耦合气体雾化法	球形加类球形	<50	$10^5 \sim 10^6$	中等活性或易氧化金属（采用氩气或氮气）	冷速高，粉末粒度较细
双级喷嘴雾化法	球形加类球形	20	10^5	中等活性或易氧化金属（采用氩气或氮气）	粉末粒度较细，冷速高

续表2-2

工艺名称	粉末形状	粉末平均粒径/μm	典型冷速/K·s⁻¹	主要应用	主要优缺点
气体上喷法	球形加类球形	25	$10^3 \sim 10^4$	中等活性或易氧化金属（采用氩气或氮气）	粉末粒度较细
高压气体雾化法	球形加类球形	20	$10^3 \sim 10^4$	中等活性或易氧化金属（采用氩气或氮气）	粉末粒度较细，能耗较大
超声雾化法	球形	10~50	$10^4 \sim 10^5$	中等活性或易氧化金属（采用氩气或氮气）	粉末粒度较细，冷速较高，能耗大
高压水雾化法	不规则	75~200	$10^3 \sim 10^4$	非活性或不易氧化金属	粉末粒度较细，大规模生产，成本低
旋转盘雾化法	球形加类球形	25~80	$10^5 \sim 10^6$	中等活性或易氧化金属	粉末冷速高，可规模生产
激光旋转雾化	球形	100	10^5	主要生产 Fe，Ni，Co 基合金粉末	粉末粒度、粒形可控不能连续生产
旋转电极雾化	球形	125~200	$10^2 \sim 10^3$	活性高或极易氧化金属	可规模生产，粉末较粗
旋转水法	球形加不规则形	<50	$10^4 \sim 10^5$	一般金属	可规模生产
熔液提取法	片状	20~30 厚的薄片	$10^4 \sim 10^5$	一般金属	
双辊雾化法	粉末、薄片	片厚 100	$10^5 \sim 10^6$	中等活性或易氧化金属	冷速高，可规模生产
电动力学雾化法	粉末、薄片	0.01~100	$\leqslant 10^7$	中等活性或易氧化金属	冷速高，细粉末收得率低
火花电蚀雾化法	粉末、薄片	0.5~30	$10^5 \sim 10^6$	中等活性或易氧化金属	粉末粒度不易控制
快速旋转罩法	球形加类球形	20~30	$10^3 \sim 10^4$	一般金属	规模生产有一定困难
滚筒雾化法	薄片	片厚 100 直径 1~3mm	$10^4 \sim 10^5$	中等活性或易氧化金属	薄片密度低
多级快冷法	球形加类球形	5~10	$10^5 \sim 10^6$	中等活性或易氧化金属以及一般金属	优点较多

2.1.2 喷射沉积法

2.1.2.1 喷射沉积过程原理和控制参量

Osprey 法喷射沉积如图 2-19 所示[41]，在高速惰性气体的作用下，将熔融金属或合金雾化成弥散的固液两相颗粒，射向基体，沉积为坯。喷射沉积是一个复杂的物理过程，其影响因素很多，主要包括两个方面：一个为装置参数，包括液流管直径、雾化气体类型、雾化器的种类及基底的几何形状和结构；另一个为在线参数，包括金属熔体的过热度、金属流量、雾化气体压力、喷射高度和基底的运动方式等。

喷射沉积过程的工艺流程如图 2－20 所示[42]，它大致可以分为五个阶段：金属液释放阶段、气体雾化阶段、喷射阶段、沉积阶段及沉积坯凝固阶段。图中标出了各个阶段的独立工艺参数（Independent Process Parameters, IPP）。沉积坯的形状、组织和性能关键取决于两个状态：（1）即将沉积的喷射颗粒状态（颗粒中的固相含量以其体积分数 f_s 表示）；（2）沉积坯表面状态（沉积坯形状和表层液相含量）。图中的 IPP1 ~ IPP6 决定了即将沉积颗粒的状态。当颗粒的固相量过高（$f_s \to 1$）时，大部分颗粒已完全凝固，此时只能得到松散的粉末，而不能形成致密的沉积坯。相反，当颗粒的固相量过低（$f_s \to 0$）时，材料则会得到铸态组织，从而失去喷射沉积的优势。因此，最理想的状态是金属雾化颗粒应处于半固态，其液相量必须足以填充已凝固颗粒之间的孔隙，同时又保证溅射颗粒黏结在沉积坯表面，获得最大的收得率。沉积坯表面状态取决于沉积金属颗粒的状态以及工艺参数 IPP7 和 IPP8[43]。

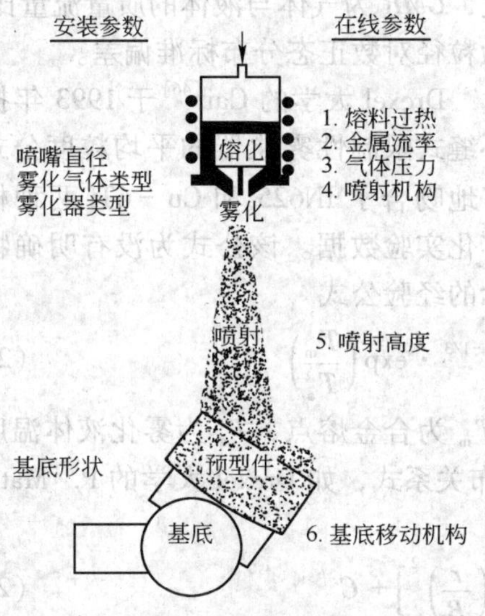

图 2－19 Osprey 法喷射沉积示意图[43]

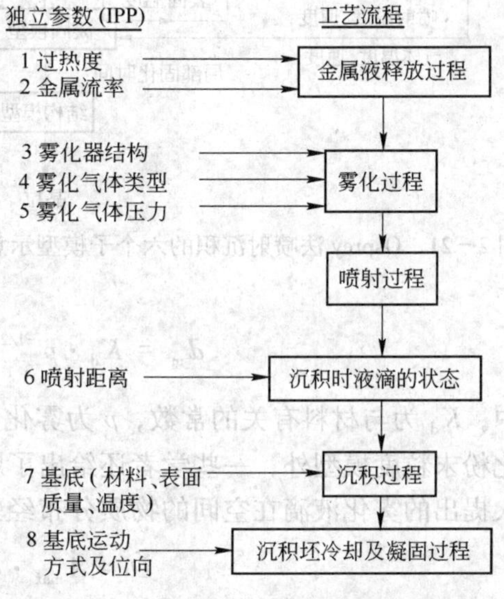

图 2－20 喷射沉积过程的工艺流程图

2.1.2.2 喷射沉积过程的物理模型

A 整体过程与子过程

喷射沉积的整体模型[44]包括如图 2－21 所示的 6 个具体的子模型：雾化模型、喷射模型、形状模型、凝固模型、固结模型及结构模型。整体模型揭示了各子模型相互之间的关联性，因为前一个模型的输出就是下一个模型的输入。整体模型描述的是整个喷射沉积过程的各个必要环节。

B 雾化模型

喷射沉积的雾化模型实质上就是前面所述的雾粒法给出的各种模型。

由于粉末雾化的理论和经验模型非常多，人们往往很难给它们精确的评价，但可以断定没有一个理论和经验公式能够圆满地符合不同装置、不同材料和不同参数条件下的实验结果。大多数经验公式的适用范围非常窄，甚至只能解释所用装置和所研究的特定工艺、材质的雾化情形。众多学者[45]采用了著名的经验公式——Lubaska 公式

$$d_m = d_L K\left[\frac{v_m}{v_g We}\left(1+\frac{M}{A}\right)\right]^{0.5} \tag{2-55}$$

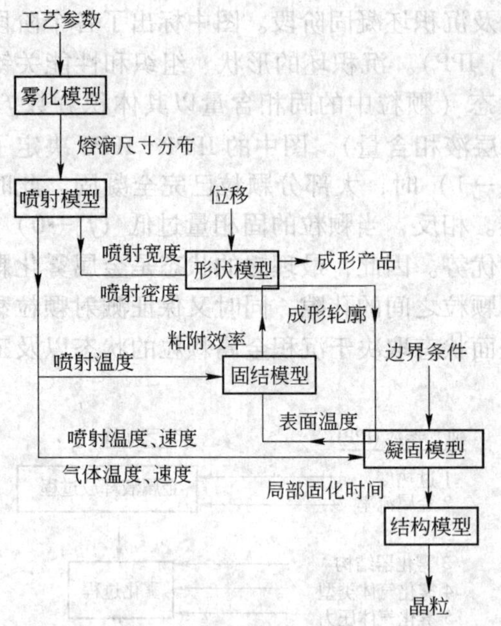

图 2－21　Osprey 法喷射沉积的六个子模型示意图

作为喷射沉积的雾化模型。但也有一些学者根据实际需要提出了各自的经验模型，如在喷射沉积理论计算中，P. Mathur 等人[44]提出了粉末粒度公式为

$$d_m^6 = \frac{K_a r_g^3 \mu_m^2 d_L}{v_g^8 \rho_d^3 \rho_g^2 GMR^3} \tag{2-56}$$

$$\sigma_m^3 = \frac{1}{13} d_m \tag{2-57}$$

式中，K_a 为雾化相关常数，r_g 为金属熔体的表面张力，μ_m 为金属熔体的黏度，ρ_d、ρ_g 分别为颗粒和气体密度，v_g 为气体速度，GMR 为气体与液体的质量流量比，σ_m 为粒径对数正态分布标准偏差。

Drexel 大学的 Cai[46]于 1993 年提出了环缝式限制性雾化器的平均粒度公式，较好地吻合了 IN625 和 Cu－6Ti 两种材质的雾化实验数据。该公式为没有明确物理概念的经验公式

$$d_m = K_d \cdot p^{-1/2} \cdot GMR^{-1/3} \cdot \exp\left(\frac{T_m}{T_a}\right) \tag{2-58}$$

式中，K_d 为与材料有关的常数，p 为雾化气压，T_m 为合金熔点，T_a 为雾化液体温度。除雾化粉末粒度模型外，一些学者还给出了颗粒分布关系式，如 Drexel 大学的 P. Mathur[47]等人提出的雾化液滴在空间的物质分布经验公式

$$\dot{D} = \dot{A}_{max} \cdot \exp\left[-\left(\frac{r}{B}\right)^2\right] + C \tag{2-59}$$

式中，$\dot{D}$ 为物质沉积速率，$\dot{A}_{max}$ 为最大沉积速率，r 为距雾化锥中心的距离，B 为表征喷射宽度，C 为与气流有关的常数。

德国学者 Uhlenwinkel[48]提出了类似的物质分布公式

$$\frac{\dot{D}(r)}{M} = \exp\left[-0.693\left(\frac{r}{r_{0.5-f}}\right)^k\right] \tag{2-60}$$

式中，$\dot{D}(r)$ 为 r 处的物质沉积速率，$r_{0.5-f}$ 为物流投影面的半宽，k 为实验确定的常数。

C　喷射模型和凝固模型

喷射模型和凝固模型的核心问题是寻找气体和喷射液滴的相互作用规律，给出液粒的飞行速度、温度变化和凝固过程等一系列关系式。Drexel 大学的 P. Mathur[44]提出了一种基于能量守恒和牛顿第二定律的物理模型来描述气体与液滴的相互作用特点，给出了液滴的飞行速度为

$$\frac{dv_d}{dt} = \frac{3}{4} \frac{C_D \rho_g (v_g - v_d) |v_g - v_d|}{d\rho_d} + g \tag{2-61}$$

式中，t 为时间，v_d 为液滴速度，g 为重力加速度，C_D 为拖曳系数，$C_D = 0.28 + \frac{6}{\sqrt{Re}} + \frac{21}{Re}$，

$Re=v_\gamma \cdot d/\gamma$，$Re$ 为雷诺数，d 为液滴直径，$v_\gamma=v_g-v_d$，γ 为气体动黏滞度。

P. Mathur 认为，熔体的初始温度为 $T_I=T_L+\Delta T_S$，式中 T_L 为金属的液相线，ΔT_S 为熔体的过热度。经过雾化，形成各种不同尺寸的液滴，因为它们的比表面积不同，小颗粒要比大颗粒冷却和凝固得快，在飞行过程中通过与雾化气体的强制对流换热而经历不同的冷却过程。因此，当它们到达基底表面时呈现出固态、半固态和液态三种不同形态。

飞行过程中，液滴与气体发生对流和辐射散热，得出如下关系式，通过它可求出液滴冷却速率 $\Delta T/\Delta t$：

$$hS(T_d-T_g)+\sigma\varepsilon S(T_d^4-T_w^4)=mc_d\Delta T/\Delta t \tag{2-62}$$

式中，m 为液粒质量，h 为对流热传递系数，S 为液粒表面积，σ 为 Stefan 常数，ε 为辐射率，T_d 为液粒温度，T_g 为气体温度，T_w 为雾化室壁温度，c_d 为液粒质量热容，h 为对流换热系数，可由下式确定：

$$h=K_g(2+0.6Re^{0.5}Pr^{0.33})(c_{g(avg)}/c_g)^{0.26}/d \tag{2-63}$$

式中，K_g 为气体热导率；Pr 为普朗特数；c_g 为气体比热容；$c_{g(avg)}$ 是 $(T_d+T_g)/2$ 温度下气体的比热容，$c_{g(avg)}/c_g$ 表征液滴周围气体中存在的温度梯度，d 为液粒尺寸。

P. Mathur 模型认为，为了达到理想的固结效果，喷射过程中喷射流必须具备最优的液相分数 f_L，它与三个独立变量即熔体过热温度、雾化气体/熔体的质量流量比（*GMR*）及喷射高度有关。液相分数 f_L 可以从下式求出：

$$f_L(z)=1-\frac{Q_z-c_p\Delta T_S}{H_f} \tag{2-64}$$

$$Q_z=\int_0^z \frac{dQ}{dz}\cdot dz=\int_0^z\left(h\cdot S\sum\frac{T_d-T_g}{v_d}\right)\cdot dz \tag{2-65}$$

式中，Q_z 为喷射过程中喷射流与基底碰撞前从高度为 z 时带走的热量，ΔT_S 为熔体的过热温度，H_f 为熔体的熔化潜热，c_p 为金属液粒的定压比热容。

从喷射模型可以看出熔体过热温度、气/液流量比和喷射高度对喷射流状态的影响明显。熔体过热温度直接影响着输出的热量，*GMR* 影响着热输出速率，而喷射高度决定了喷射流可以冷却的距离。

在喷射沉积过程中，大部分金属液相在飞行过程中以 $10^3\sim10^4$K/s 的冷却速度凝固，而剩余部分则在沉积面固结后凝固。P. Mathur 提出的颗粒与基体相互作用的一维传热模型为式（2－65），其模型原理图如图 2－22 所示。

$$\rho_d\left(\frac{\partial H}{\partial t}\right)=\frac{1}{L^2}\frac{\partial}{\partial Y}\left(\frac{K\partial T}{\partial Y}\right)+\rho_d\frac{Y}{L}\left(\frac{\partial H}{\partial Y}\right)\frac{dL}{dt} \tag{2-66}$$

式中，L 为沉积物厚度，$Y=z/L$，z 为距离沉积物上表面的距离，H 为 z 处的热焓，t 为时间，$dL/dt=D$ 为沉积速率，K 为常数，ρ_d 为颗粒密度。

在基底与沉积物界面处的边界条件，$Y=0$

$$\frac{K}{L}\cdot\frac{dY}{dT}=h_s(T_d-T_s) \tag{2-67}$$

在沉积物表面的边界条件，$Y=1$

$$\rho_d(H_{spray}-H)\frac{dL}{dt}=\frac{K}{L}\cdot\frac{dT}{dY}+h_g(T_g-T_d) \tag{2-68}$$

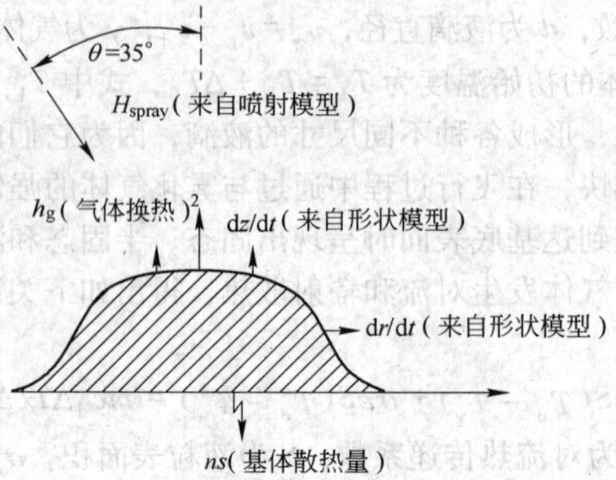

图 2-22　沉积坯凝固模拟示意图

式中，h_s 为界面处传热系数，h_g 为气体对流换热系数，$\rho_d(H_{spray})\dfrac{dL}{dt}$是颗粒入射带来的热流。上述方程可用有限差分法求解。

该传热过程符合牛顿传热条件，

$$\rho_d L\frac{dH}{dt}=h_g(T_g-T_d)+h_s(T_d-T_s)-\rho_d(H_{spray}-H)\frac{dL}{dt} \tag{2-69}$$

h_g 可由以下两式求解：

$$\frac{Nu}{Pr^{0.42}}=\frac{W}{R}\cdot\frac{(1-1.1W/R)}{1+0.1(Z/W-6)W/R}\cdot\frac{1}{F(Re)} \tag{2-70}$$

$$F(Re)=2Re^{0.5}\left(1+\frac{Re^{0.55}}{200}\right)^{0.5} \tag{2-71}$$

式中，Nu 为 Nusselt 数，R 为雾化锥半径，Z 为喷射高度，W 为喷嘴宽度。

D　颗粒固结模型

颗粒的凝固从由固相、糊状及液相组成的混合体高速喷射撞击沉积坯表面时开始，它在喷射沉积过程中可能是最重要的步骤。其中只有一部分颗粒能黏结在基体表面而使沉积坯长大，这一部分与整个雾化颗粒的比值称为黏结效率。另一部分颗粒则在沉积层表面反弹，或未与沉积层表面碰撞而形成过喷粉末。黏结效率的高低直接影响沉积坯的形状、显微结构及生产率。黏结率，也就是通常所说的收得率 SE 至少包括两个组分，可以表示如下[49]：

$$SE=SE_\theta\cdot SE_T \tag{2-72}$$

SE_θ 是 SE 的几何组分，它与喷射方向和基体表面的交角有关。$0\leqslant\theta\leqslant 90°$（沉积表面平行喷射方向时 $\theta=90°$，$SE_\theta=0$，沉积表面垂直喷射方向时 $\theta=0$，$SE_\theta=1$）；SE_T 是 SE 的热作用组分，它与喷射过程的液相体积分数 f_L 及沉积坯表面的液相体积分数 F_L 有关。一般来说，适当的固液相比能使 SE_T 的值为最大。它们之间存在如下的关系：

$$SE_T=(\eta_s f_s+\eta_L f_L)\varepsilon$$

$$\eta_s=1-0.75(1-F_L)$$

$$\eta_L=0.98 \tag{2-73}$$

式中，η_s、η_L 表示喷射过程中固相和液相颗粒的黏结效率；f_s、f_L 表示喷射过程中固相和液相的体积分数；F_L 表示喷射沉积过程中基体上的液相体积分数；$0 \leqslant \varepsilon \leqslant 1$，是与 F_L 有关的参数，F_L 愈大，液相飞溅几率 ε 急剧减小。

如图 2-23 所示，喷射黏结时比较理想的热状况是沉积面为半固态糊状，而喷射流为液态或半固态。Lawley 等人的研究表明，为了获得最大的沉积收得率，沉积层表面液相量在喷射开始时就需尽可能接近 50%，并且在整个过程中保持这个液相量，这样黏结效率可以达到 80%，但是液相量过大容易引起铸造化效应。

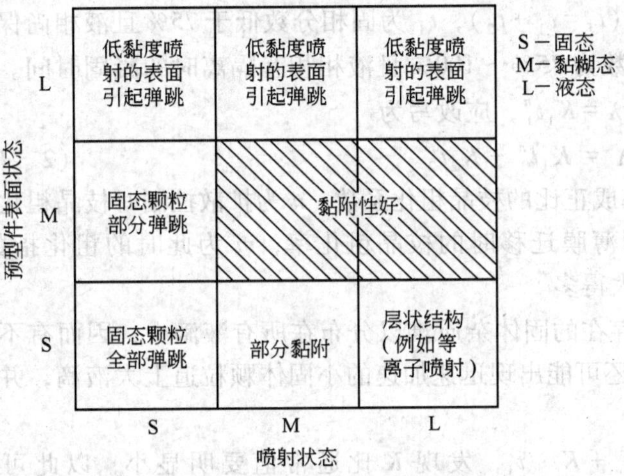

图 2-23 在控制液滴黏附效率方面预型件表面和喷射状态的影响

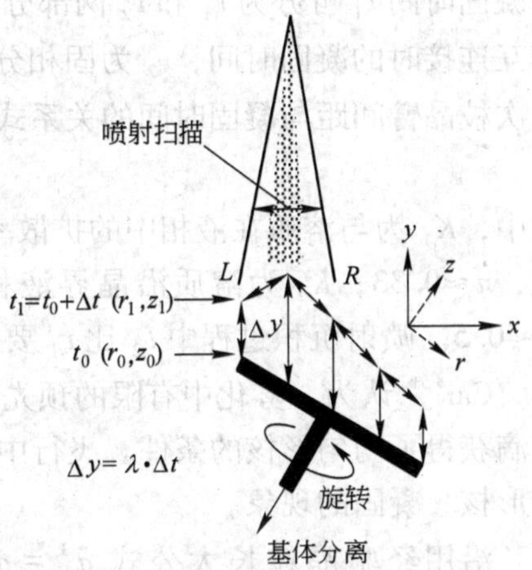

图 2-24 沉积坯形状模型原理

E 形状模型

形状模型用来预测沉积坯在不同基体和喷射运动情况下的形状。该模型如图 2-24 所示，是将基体表面划分成许多栅格点，在很短的时间间隔 Δt 内，各栅点的生长高度由下式决定[44]，即

$$\Delta y = \dot{G} \cdot \Delta t \tag{2-74}$$

$$\dot{G} = \dot{D} \cdot SE \tag{2-75}$$

式中，$\dot{G}$ 为基体的生长率，$\dot{D}$ 为沉积率，SE 为喷射过程中喷射流与基体表面碰撞时的黏结效率，且

$$\dot{D} = D_0 \exp(-bR^2) \tag{2-76}$$

式中，D_0 表示在喷射轴上最大的沉积率，b 表示喷射的宽度系数，R 表示雾化锥半径。形状模型首先由方程（2-74）计算出每个栅格的生长高度，然后在下一步时，根据基体的运动来计算坐标系的变化量，再根据喷射过程的运动变化计算出生长高度在喷射轴上的变化，从而可以得出沉积体的几何形状。

黏结系数与沉积前后的热状态以及入射角有关。Drexel 大学的研究表明[50]，当液相含量在 15%～50% 范围时，有良好的黏结率，尤其在 30% 左右时为最佳。保持合适的液相量，黏结系数就主要取决于 $\cos\theta$（θ 为入射角）。

F 结构模型

显微组织的形成从液滴在飞行时单个颗粒凝固开始到沉积坯完全凝固时结束。液滴在飞行过程中凝固时由于冷却速度大而导致组织细小，这可以从过喷粉末的二次枝晶臂间距来判断；沉积坯在凝固时由于冷却速度降低，容易形成直径为 20 ~ 100μm 的等轴晶。

P. Mathur 等人[44]的研究表明，沉积坯中显微组织的粗化过程比传统铸造过程中的粗化慢得多。与铸造过程不同，在沉积坯凝固时有 90% 的凝固时间是在高固相凝固阶段（固相体积分数 75% ~ 100%），粗化过程由于缺乏液相扩散而受阻（固相体积分数高于 75% 时，液相是非连续的，粗化所需的溶质转移必须通过固相扩散进行，而固相扩散率比液相时低约 3 个数量级），此时粗化控制机制为溶质沿晶界液相薄膜的迁移。因此沉积坯的凝固时间 t_f 可分为 t_1 和 t_2 两部分（$t_f = t_1 + t_2$），t_1 为固相分数低于 75% 且液相尚保持相互连接时的凝固时间，t_2 为固相分数为 75% ~ 100% 且液相相互隔离时的凝固时间。而二次枝晶臂间距与凝固时间的关系式 $\lambda = K_1 t_f^n$，应改写为

$$\lambda = K_1 t_1^n + K_2 t_2^m \tag{2-77}$$

式中，K_1 为与溶质在液相中的扩散率成正比的枝晶粗化系数；n 为扩散控制时枝晶粗化指数，$n \approx 0.33$；K_2 为溶质沿晶界液相薄膜迁移时的枝晶粗化率；m 为此时的粗化指数，$m \approx 0.5$。喷射沉积过程中 t_2 比 t_1 要大得多。

Cai[51]认为，雾化中有限的预先存在的固体杂质难以分布在所有液滴中，因而有不少液滴获得了均匀形核的条件。飞行中还可能出现迅速加速的小固体颗粒追上大液滴，并发生形核、凝固的现象。

沿用经验晶粒长大公式 $d_t^3 = d_o^3 + K \cdot t_f$，发现 K 比通常值要明显小，以此可以解释喷射沉积材料的组织粗化率小。喷射沉积材料通常是在低 f_L 条件下最终凝固的，其 K 值小的原因是：随着 f_L 降低，固体和液体间溶质的浓度差增大；在固体颗粒内部，发生枝晶的重熔，液相被固体隔离——杂质钉扎在晶界。

喷射沉积成形材料常见的细小均匀的显微组织主要是保持或继承了熔滴飞行过程中的快凝组织，就沉积坯中细小快速凝固组织是如何保持起来的，Annavarapu 等人[52]提出了晶粒粗化阻碍机制。该机制认为晶粒粗化受阻主要是在高固相分数条件下微量的第二相颗粒、固体、气体对液相膜迁移的拖拽作用。

除枝晶间距外，显微疏松也是喷射沉积坯的一个重要特征[51]。一般认为，显微疏松主要是雾化气体捕获和喷雾过程中由于金属收缩液相供给不足而引起的晶体颗粒或枝晶残片之间的搭接形成的"冷疏松"。

Liang 和 Lavernia 等人提出了高温退火机制[53]，认为沉积材料中存在的变形或碎裂的枝晶残片将发生粗化而导致等轴晶形成。

通过以上喷射沉积理论模型的分析，可以对整个喷射沉积过程有一个更加清楚的认识。根据这些模型，并从已建立的热量和质量传递模型，即输入参数，可以得到颗粒尺寸分布（PSD），结合气体运动速度就有可能预测一个大小已知的单个液粒的速率和冷却速度。利用 PSD 中所有液粒总热量的积分就能计算出碰撞到正处于长大中的沉积物那一瞬间的喷射热焓量。假设沉积后快速达到热和化学平衡，就能计算出喷射流中的液相分数。输入各种参数可以得到粉末颗粒的径向质量分布（*RMF*），利用 *RMF* 和黏结效率 *SE* 可以计算出沉积物的长大速率。利用径向质量分布和基体运动可以得到形状模型。在此模型中利用黏结系数（*SE*）能预测所有点的成长速率，利用沉积物长大速度、喷射热焓量就能得到凝固模型和显微模型。某些成功的喷射沉积理论模型为制备性能优良、结构完整、形状

合格的沉积坯提供了重要的理论依据。

2.1.2.3 喷射沉积工艺和装置

目前正在研制和应用的喷射沉积工艺主要有喷雾沉积、离心喷射沉积、喷射轧制、喷射锻造、喷射涂层、同时喷射喷丸、喷射沉积坯快速原型、喷射共沉积和反应喷射沉积等。

A 喷雾沉积

所谓喷雾沉积是指金属液体通过惰性气体雾化，沉积在基底上的一种喷射沉积工艺。这种工艺是目前应用最普遍的一种沉积工艺，并被广泛用于制备管、棒、板（带）坯等。图2－25为喷雾沉积制备管坯的装置示意图。图2－26为喷雾沉积制备锭坯的装置示意图（其中图2－26a为立式，图2－26b为平式）。在喷雾沉积中惰性气体压力维持在0.8～2MPa之间，金属液体过热度为50～250℃，雾化喷嘴一般采用扫描喷嘴，它可以在一定范围内摆动，对大尺寸坯和宽板坯制备也可以采用多喷嘴结构。

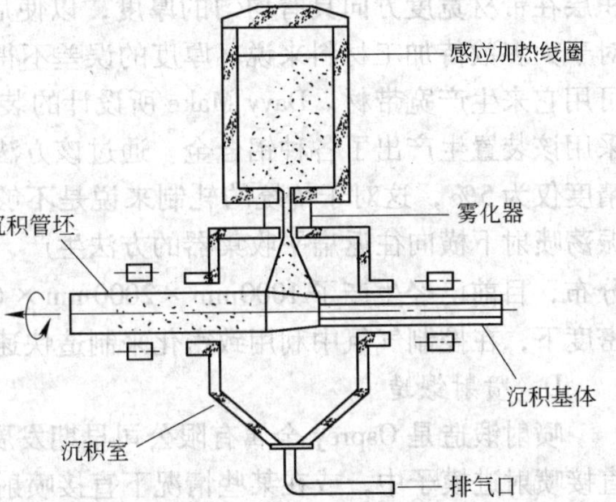

图2－25 喷雾沉积制取管坯的装置示意图

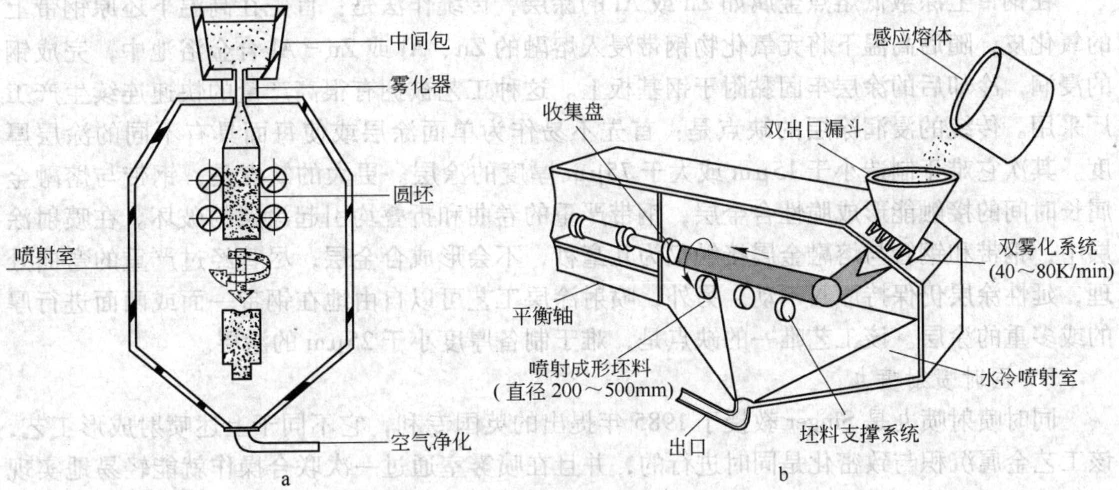

图2－26 喷雾沉积制取锭坯的装置示意图

a—立式；b—卧式

B 离心喷射沉积

离心喷射沉积工艺为：熔融金属被离心雾化，半熔态雾化液粒沉积在冷的衬底上。离心喷射沉积可以在真空或低压惰性气体下进行。离心雾化沉积主要优点为：除生产高性能的细晶粒材料外，它还具有生产大直径环或管材的能力，采用别的方法难以生产，并且切开大直径的短管可以提供轧制成薄板用的厚坯。另外离心喷射沉积消耗惰性气体很少，这对于易受气氛污染的钛材生产特别有利。

C　喷射轧制

喷射轧制是最早的一种喷射沉积工艺。这种工艺可连续生产厚度 1mm 以上的带材，铝合金的最大厚度可达 18mm。喷射轧制目前存在两个问题，其一为喷射沉积难于保证沉积层在带材宽度方向具有均匀的厚度，以使后续轧制不引起明显的形状问题。一般来说，对于大多数待加工材料来说，厚度的误差不得大于 2%。喷射轧制的另一个问题是，是否可用它来生产宽带材。Davy Make 所设计的装置有三个匹配的喷嘴，并且喷射密度高。他采用该装置生产出了各种铝合金。通过该方法，铝合金性能得到了极好的改善，但其厚度精度仅为 5%，这对于传统的轧制来说是不够的。德国的 Mannesmanm-Demag 采用了快速振荡喷射下横向往返扁平收集器的方法生产，喷射振荡能够保证金属横贯收集器宽度均匀分布，目前已经生产了 1000mm × 2000mm ×（5 ~ 10）mm 的钢带。喷射轧制适用于低喷射密度下，在控制气氛中利用致密化来制造快速凝固产品。

D　喷射锻造

喷射锻造是 Osprey 金属有限公司早期发展起来的一种喷射沉积工艺。气体雾化的金属直接喷射进模子中，或在某些情况下直接喷射到扁平的衬底或收集器上。如果直接喷入模子中，预成形坯的形状与模子相同；如果喷入扁平收集器，预成形坯的形状则由操纵器的运动所决定。模子通常是铜制水冷的，也可用高温陶瓷作为模子材料。喷射堆积的预成形坯，其密度不低于理论密度的 96%，通常高于 99% 的理论密度。

E　喷射涂层

在钢带上涂敷低熔点金属如 Zn 或 Al 的涂层，传统作法是：首先在高温下还原钢带上的氧化皮，随后高温下将无氧化物钢带浸入熔融的 Zn、Al 或 Zn－Al 合金浴池中，完成钢的浸润，冷却后的涂层牢固黏附于钢基板上。这种工艺被拥有很高产量的快速连续生产工厂采用。传统的浸润涂层的缺点是：首先不易作为单面涂层或使每面具有不同的涂层厚度。其次它难于制造小于 15μm 或大于 75μm 厚度的涂层。更大的缺点是，钢带与熔融金属长时间的接触能形成脆性合金层，钢带严重的卷曲和折叠均引起涂层的破坏。在喷射涂层中，钢带和钢管与熔融金属接触仅为几毫秒，不会形成合金层，尽管经过严重的弯曲处理，延性涂层仍保持原封不动。另外，喷射涂层工艺可以自由地在钢带一面或两面进行厚的或多重的涂层。该工艺唯一的缺点是，难于制备厚度小于 25μm 的涂层。

F　同时喷射喷丸

同时喷射喷丸是 Singer 教授于 1985 年提出的英国专利，它不同于上述喷射成形工艺，该工艺金属沉积与致密化是同时进行的，并且在喷雾室通过一次联合操作就能轻易地实现沉积与致密化的密切结合。该技术可以生产达到理论密度的沉积物，防止内部氧化的可能性，从而体现快速凝固的优点。同时喷射喷丸的原理是：在喷射沉积金属的同时，通过锥形喷射嘴射出喷丸，正好打在刚沉积的表面上。熔融喷射颗粒可以溅射在衬底或模子的表面形成坚固的沉积层。在喷射沉积的同时，高速运动的硬喷丸也朝沉积物表面推进。在从表面弹回之前，使沉积物顶层产生塑性变形，最后收集在喷射室的底部。一般来说，任何厚度的沉积物在整个厚度范围内均得到充分均匀的加工。由于固结和热加工，沉积物的力学性能大为改善，内应力降低，其性能相当于喷射轧制或传统金属热加工产品。

G　喷射沉积坯的快速原型技术

快速原型技术（Rapid Prototyping，RP）是使用非传统加工的方法，先由 CAD 软件设计出 3D 实体模型（Solid Model），再经由电脑程式将实体模型转换成为一个 STL 档案，此档案是由小块多边形（Faceted Polygone）来近似一个平面。接着将此档案传至快速成形系统中，系统依使用者的要求将实体模型分割成一层一层，再一层一层堆叠出所要求的形状。快速原型技术自从推出后，逐渐受到学术界与产业界的注意，其中最主要的原因是快速原型技术具有省时、易于使用及适应多样性产品设计的优点。

喷射沉积坯的快速原型技术是将快速原型机械制造技术（RSM）和激光选区烧结技术相结合的一种新技术。它利用 CAD - CAM 技术，按层喷射和激光烧结，最后叠合成三维近形部件。喷射沉积坯的快速原型技术在制造铜、青铜、铝和钴的喷射沉积坯时，可以达到令人满意的效果。

H 喷射共沉积法

喷射共沉积法是指在喷射沉积过程中，把具有一定动量的颗粒增强相喷射到雾化液流中，熔融金属和颗粒增强相共同沉积到较冷的基底上，从而制备颗粒增强金属基复合材料的一种方法。共喷沉积法仍然是喷射沉积的创始人英国 Swansea 大学的 Singer 教授最早开始进行研究的。在喷射共沉积过程中，增强相的加入方式有三种：一种为颗粒直接从雾化气体管道中加入，一种则是颗粒增强相直接加入到金属熔体中，另一种则是颗粒流直接喷入金属熔体的雾化锥中。目前使用最多的方法是最后一种。沉积坯颗粒增强相的含量主要取决于输送颗粒流的速度和密度。

I 反应喷射沉积

反应合成法又称原位生成复合法，是 Koczak 等于 1989 年首先提出的，但实际上最早出现于 1967 年苏联 Merehanov 用 SHS 法合成 TiB_2/Cu 功能梯度材料的研究中，随后对于此类材料制备技术的研究和开发应用非常活跃。

金属基复合材料的反应合成法是指在一定条件下，在基体金属内原位反应形核过程中，借助合金设计，生成一种或几种热力学稳定增强相的方法。这种增强相一般为具有高硬度、高弹性模量和耐高温强度的陶瓷颗粒，即氧化物、碳化物、氮化物、硼化物，甚至硅化物（如 Al_2O_3、Y_2O_3、SiC、TaC、TiN、TiB_2、Si_3N_4 等）颗粒。它们往往与传统的金属材料（如 Al、Mg、Ti、Fe、Cu 等金属基及合金），或 NiTi、AlTi 等金属间化合物复合，从而得到具有优良性能的结构材料或功能材料。与传统外加增强相的金属基复合材料相比，反应合成的优点是：（1）增强相由反应生成，细小（0.1 ~ 5μm）且弥散均匀分布；（2）一般来说，增强相表面无污染，与基体结合良好；（3）增强相热力学稳定，可大幅提高复合材料的高温性能；（4）具有工艺简便、成本低等特点，可制得形状复杂、尺寸大的构件，被认为是最有前途实现产业化的工艺技术之一。

反应喷射沉积是将喷射沉积技术与反应合成制备陶瓷粒子技术结合起来形成共沉积的一种新型制备颗粒增强金属基复合材料的技术。

在喷射沉积过程中，金属液体被充分雾化成细小的液滴，从而具有很大的体表面积，在一定的过热条件下，可以为喷射沉积过程中融滴与外加反应剂接触并发生化学反应提供驱动力。

总之，反应喷射沉积技术能简单而快速地制得具有较高的常温强度和高温强度，以及高耐磨、耐热性能的颗粒增强金属基复合材料，因此具有广阔的发展与应用前景。

2.1.2.4　多层喷射沉积工艺和装置

为了解决大型厚壁管坯、厚板坯和大直径圆锭坯的制备技术问题，陈振华等人在对传统喷射沉积进行深入的理论研究的基础上，提出了多层喷射沉积概念，发明了多层喷射沉积概念，发明了多层喷射沉积技术和一系列装置，并获得了多项发明专利。新型的多层喷射沉积制备管坯、锭坯和板坯的装置结构如图 2－27、图 2－28 和图 2－29 所示，采用了喷枪扫描运动机构、沉积基体升降控制机构，沉积坯为往复扫描沉积而成。喷枪运动机构包括加热坩埚、喷嘴，它们共同固定在运动导板上，运动控制器作用在导板上，控制其运动速度的方向、快慢和运动行程。沉积基体升降控制机构由一组齿轮传动机构和控制器组成，可以控制基体的升降高度和升降速度。多层喷射成形装置全部系统由计算机控制。

多层喷射沉积装置的工作原理为：金属液体注入到移动的坩埚中，通过导管流入喷嘴，被高压气体雾化成液滴流，雾化器移动的方式受计算机控制，根据沉积坯形状和冷速的要求，按一定的规律进行匀速或变速运动，液滴扫描沉积在基体上。基体的升降装置亦由计算机控制，保持基体的下降速率与沉积坯长大速率一致，经过雾化液流的多次往返扫描，坯件最终成形。

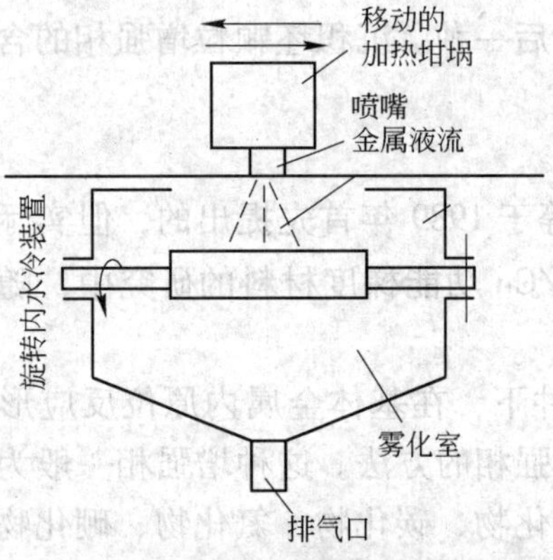

图 2－27　多层喷射沉积管坯制备装置

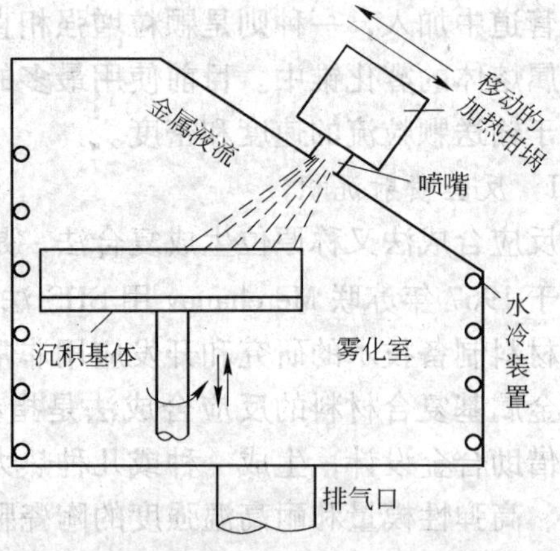

图 2－28　多层喷射沉积锭坯生产装置

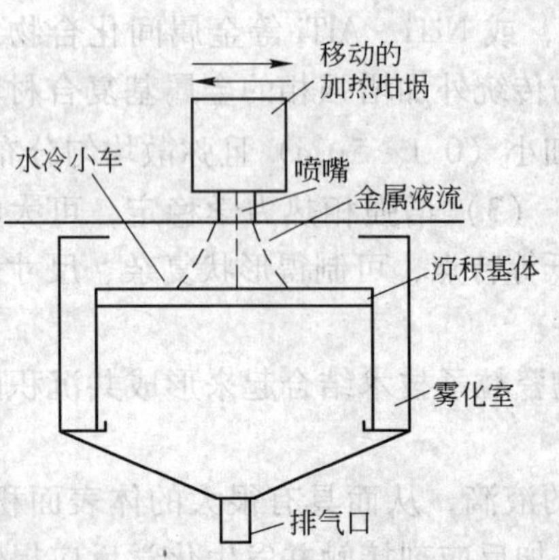

图 2－29　多层喷射沉积板坯生产装置

多层喷射沉积工艺的最佳沉积条件取决于金属熔体的过热温度、雾化气体与金属液流的质量比（*GMR*）、喷射高度、沉积基体的转速、雾化器运行的速度和行程等。为了获得最佳沉积条件，在生产过程中工艺参数选择如下：熔融金属的过热温度 373 ~ 573K，喷射高度 80 ~ 200mm，雾化气体压力 0.5 ~ 2.0MPa，喷嘴直径 2.0 ~ 6.0mm，沉积基体的转速和雾化器的移动速率分别在 5 ~ 50r/min 和 10 ~ 100mm/s。通过控制坩埚内金属熔体的成分可以制备梯度材料；在雾化锥中引入增强相，实现金属液滴和增强相颗粒共同沉积，可以制备出复合材料坯。

多层喷射沉积的核心思想是在喷射沉积过程中将装有熔体的坩埚与雾化器一起移动，这种移动装置代替了各种扫描和 V 形喷嘴，移动引起了沉积原理的变化，这种移动造成了一种多层扭合沉积组织的产生。

采用多层喷射沉积同样可以制备复合材料，如图2-30所示，传统的喷射共沉积装置与坩埚移动式喷射共沉积装置有所不同。

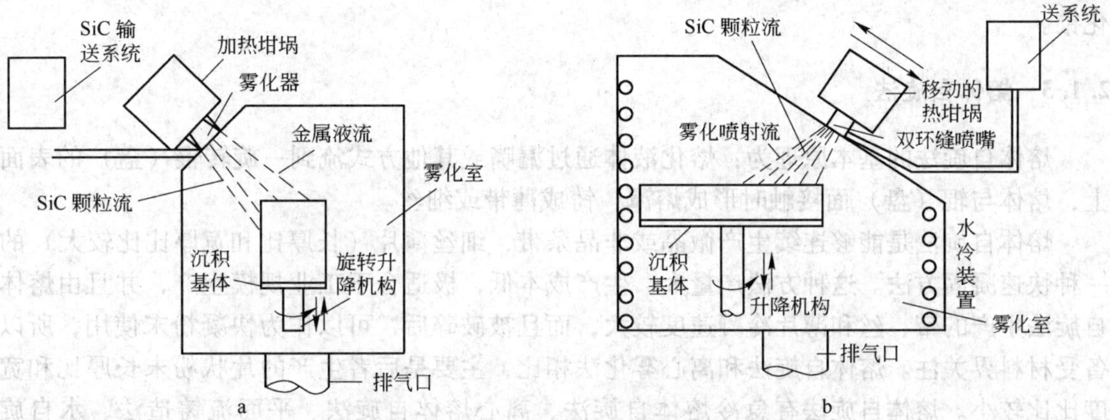

图2-30　传统喷射沉积装置与坩埚移动式喷射共沉积装置的比较

a—传统喷射共沉积装置；b—坩埚移动式喷射共沉积装置

为了实现增强颗粒与熔液的共雾化沉积，陈振华教授等设计了一种双环缝复合雾化器，结构如图2-31所示，该雾化器的主要结构参量为内环（送粉环缝）内径及缝宽、外环（雾化器环缝）内径及缝宽、雾化角。

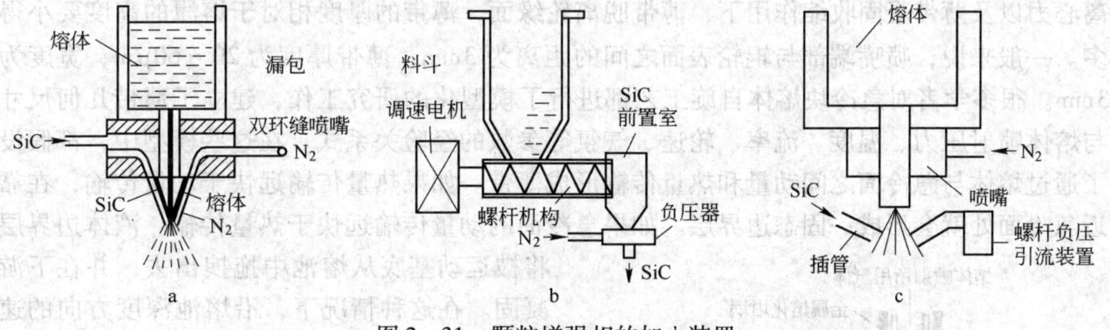

图2-31　颗粒增强相的加入装置

a—双环缝复合雾化器；b—螺杆给料负压引流输送装置；c—插管辅助送粉装置

增强颗粒输送过程实际上是一个受气体流动控制的气力输送过程，问题相当复杂。国外增强颗粒输送大多采用流化床式设计，这些装置普遍存在如下问题：(1) 颗粒流量不稳定，受气体压力波动及流动状态影响。由于采用非连续加料，随密封罐内粉量减少，浓度降低，颗粒增强相流量发生变化。(2) 颗粒流量与射出速度同时由气体压力决定，不便控制。当气压较大时，射出速度高，粉末浓度不稳定。

陈振华教授等通过多年研究，设计出了如图2-31b所示的螺杆给料负压引流装置。该装置的工作原理为：料罐为非密封装置，增强颗粒从斜导板以松装状态加入罐内，增强颗粒能够从罐口补充，可以实现数百公斤增强颗粒的连续定量输送，用以制备大尺寸的颗粒增强复合材料。增强颗粒通过螺杆给料系统定量输送，每分钟输送流量可以控制在偏差2%以下。颗粒送出后进入负压室，被负压结构与高速惰性气体流产生的负压全部吸入输送管道和喷嘴。通过双环喷嘴，颗粒与熔体共同雾化和沉积。

为了尽量增大金属基复合材料的颗粒增强相的体积分数，实验还采用了插管法作为辅助方法，即如图 2－31c 所示，采用两套螺杆给料负压引流系统，其中一套连接双环雾化器，另一套连接两个喷射管（插管），两个喷射管所产生的颗粒流喷入双环雾化器产生雾化锥。

2.1.3　熔体自旋法

熔体自旋法的基本原理为：熔化液体通过漏嘴或其他方式流到一旋转辊（盘）的表面上，熔体与辊（盘）面接触时形成熔潭，铸成薄带或细丝。

熔体自旋法是能够连续生产微晶或非晶条带，细丝薄片（长厚比和宽厚比比较大）的一种快速凝固方法。这种方法产量大，生产成本低，极适合于工业规模生产，并且由熔体自旋法生产的带、丝和薄片冷凝速度较大，而且被破碎后，可以作为快凝粉末使用，所以备受材料界关注。熔体自旋法和离心雾化法相比，主要是后者生产的片状粉末长厚比和宽度比比较小。熔体自旋法有急冷熔体自旋法、离心熔体自旋法、平面流铸造法、水自旋法、熔体提取法、熔体拖拉法、溢流法和双辊雾化法等。

2.1.3.1　*急冷块熔体自旋法*

急冷块熔体自旋法原理如图 2－32 所示，将金属熔体通过漏嘴喷射到旋转辊的表面上，熔体与辊面接触时形成熔潭，熔潭被限定在喷嘴与辊面间，随着辊轮转动，熔体同时受到冷却和剪切力的作用，被不断地从熔潭中拖拽出并快速凝固，形成连续薄带。在辊轮离心力以及薄带凝固收缩作用下，薄带脱离轮缘面，薄带的厚度相对于熔潭的高度要小得多。一般来说，喷嘴端部与辊轮表面之间的距离为 3mm，薄带厚度为 20～60μm，宽度为 3mm。很多学者对急冷块熔体自旋工艺都进行了模型化的研究工作，建立了薄带几何尺寸与熔体喷射压力、温度、流率、轮速、气氛等参数的经验关系式。在这些模型中，都假设了通过熔体与急冷面之间动量和热量传输形成薄带。如果热量传输远快于动量传输，在靠近急冷面处就会形成一固态边界层。如果急冷面的动量传输远快于热量传输，液体边界层将被运动基底从熔池中拖拽出去，并在下游凝固。在这种情况下，沿熔池深度方向的速度梯度是连续的。根据熔体的传输特征可判定哪种极限情况可能存在。尽管很多人认为热量传输机制是重要的，但因为液体金属的 Prandtl 数小（这意味着与动量边界层厚度相比，热量边界层厚度更大），综合的热量－动量传输模型可以更合理地解释实验结果。急冷喷射熔液自旋工艺冷速为 10^6K/s 左右，这种工艺被广泛用于制取 Al、Fe、Ni、Cu、Pb 等合金料薄带，对于铁基和镍基合金可进行工业规模生产。

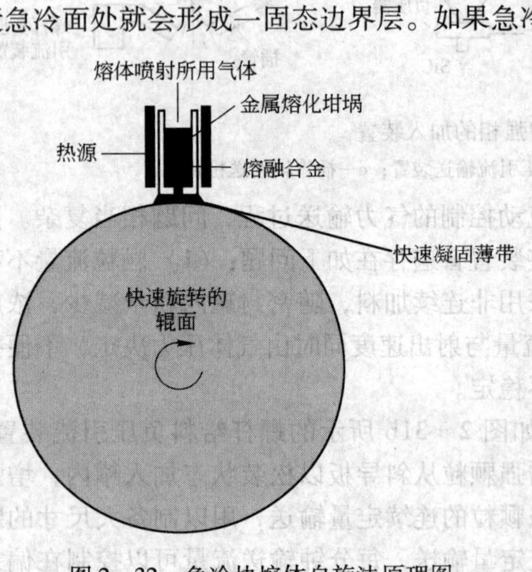

图 2－32　急冷块熔体自旋法原理图

Wang 等人[54] 给出了单辊法的过程热传

输模型，如图2－33所示，旋转单辊上的任意一点一旦与合金液接触即在其表面发生凝固，凝固层逐渐增厚，在其脱离熔池时凝固层的厚度已经达到一定值 y_m，此时固液分离，y_m 即为最终获得的带材厚度。设熔池与单辊接触的长度为 x_d，则液膜凝固过程的热平衡条件为

$$\alpha(T_m - T_r)\frac{x_d}{r\omega} = y_m(\Delta H + c\Delta T_m) \tag{2-78}$$

式中，α 为单辊与合金液的界面传热系数；T_m 为合金液温度；ΔT_m 为合金液过热度；T_r 为单辊表面温度；ω 为旋转角速度；r 为单辊的半径；c 为合金质量热容；ΔH 为凝固潜热。

其中 $x_d/r\omega$ 为凝固时间，带材厚度的计算公式为

$$y_m = \frac{\alpha(T_m - T_r)x_d}{r\omega(\Delta H + c\Delta T_m)} \tag{2-79}$$

式中，α 的确定是解决该计算问题的关键，它通常是通过大量的实验获得的。熔区宽度、单辊速度、合金液过热度、界面张力等都对 α 的取值具有重要的影响。

新宫等人[55,56]给出了单辊法的动量传输模型，由于单辊直径相对于液膜的厚度非常大，可以忽略单辊表面的曲率，而将其处理为平面运动，单辊将其运动的动量传递到合金液中形成流动边界层。将流速达到单辊运动速度 u 的1%的边界定义为层流边界。与熔池后缘的交点定义为液膜与熔池的分离点。液膜形成后，其上部的合金液流速仍然很低，仍在不断地被加速，同时液膜被拉薄，用 u 表示液膜的水平速度，描述边界层的模型如图2－34所示，其微分方程为

$$u_x\frac{\partial u_x}{\partial x} + u_y\frac{\partial u_x}{\partial y} = \mu_m\frac{\partial^2 u_x}{\partial y^2} \tag{2-80}$$

和

$$\frac{\partial u_x}{\partial x} + \frac{\partial u_y}{\partial y} = 0 \tag{2-81}$$

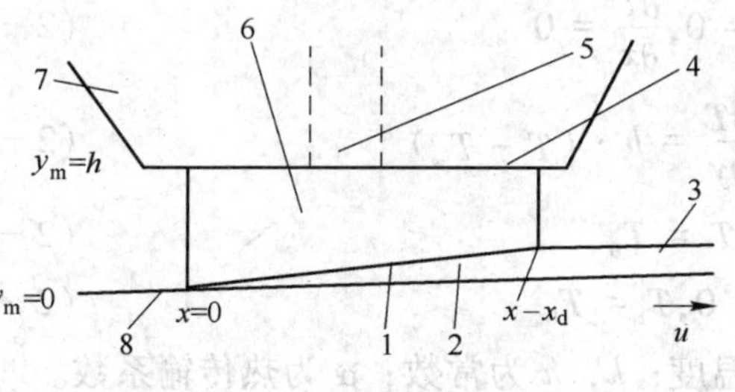

图2－33 单辊法的热传输模型

1—固、液界面；2—固相；3—带材；4—液相；5—喷嘴；6—熔池；7—坩埚；8—单辊表面

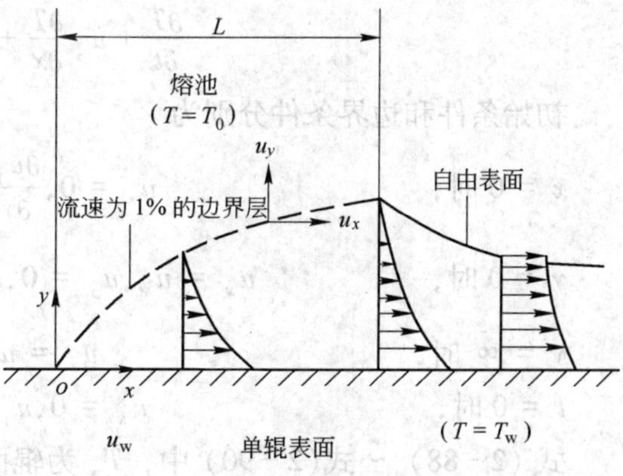

图2－34 单辊表面的边界层模型

在如下边界条件下求解

$y = 0$ 时， $u_x = u_w, u_y = 0$ (2－82)

$y = \infty$ 时， $u_x = 0$ (2－83)

式中，u_x、u_y 分别为金属液沿 x 方向和 y 方向的速度；u_w 为辊面速度；μ_m 为金属液的运动黏度。

在薄带形成过程中，传热和动量传输同时起作用，并通过黏度变化互相影响。对薄带形成作如下假设：

(1) 液潭宽度为一定值，作二维流动处理；

(2) 除运动黏度外，金属的物理性能和温度无关；

(3) 过冷金属液的运动黏度用 Vogel-Fulcher 式表达，即

$$\mu_m = \frac{A}{\rho}\exp\left(\frac{B}{T-C}\right) \tag{2-84}$$

式中，A、B、C 为常数，T 为温度，ρ 为金属液密度；

(4) 液潭形状不变；

(5) 液潭内界面层理论成立；

(6) 液潭内压力梯度忽略不计；

(7) 液流和冷却辊间无滑移；

(8) 从自由表面的辐射散热少；

(9) 沿冷却辊面平行方向传热不计；

(10) 黏性流引起的热散失忽略不计；

(11) 液潭和冷却辊面间传热系数一定。

根据以上假设，流动和传热方程可简化为式（2-85）和式（2-86）。

$$\frac{\partial u_x}{\partial t} + u_x\frac{\partial u_x}{\partial x} + u_y\frac{\partial u_x}{\partial y} = \frac{\partial}{\partial y}\left(v\frac{\partial u_x}{\partial y}\right) \tag{2-85}$$

$$\frac{\partial u_x}{\partial x} + \frac{\partial u_y}{\partial y} = 0$$

$$\frac{\partial T}{\partial t} + u_x\frac{\partial T}{\partial x} + u_y\frac{\partial T}{\partial y} = \alpha\frac{\partial^2 T}{\partial y^2} \tag{2-86}$$

初始条件和边界条件分别为

$x = 0$ 时，$$u_x = 0, \frac{\partial u_y}{\partial x} = 0, \frac{\partial T}{\partial x} = 0 \tag{2-87}$$

$y = 0$ 时，$$u_x = u_w, u_y = 0, k\frac{\partial T}{\partial y} = h\cdot(T - T_w) \tag{2-88}$$

$y = \infty$ 时，$$u_x = u_0, T = T_0 \tag{2-89}$$

$t = 0$ 时，$$u_x = 0, u_y = 0, T = T_0 \tag{2-90}$$

式（2-88）~ 式(2-90) 中，T_w 为辊面温度；k，h 为常数；α 为热传输系数。

2.1.3.2 离心熔体自旋法

由于急冷块熔体旋转技术存在一些问题，如转轮与熔体之间接触时间短导致传热不足；由于会形成空气边界层，液态金属对轮缘的润湿程度受到限制；在基底高速运动时易产生严重黏结。虽然这些问题可以通过增加喷射压力克服，但容易导致薄带厚度增加，并因此降低冷却速度。

为解决上述问题，Rosen 等人[57,58]开发了离心熔体自旋法，其原理如图 2-35 所示，

旋转盘支撑着旋转坩埚，熔体靠离心力作用通过坩埚上的一个喷孔从坩埚中喷射出来，冲击到相对于支撑坩埚的轮盘做反向旋转的铜轮（作为冷却基底）轮缘的内表面。旋转盘和铜轮的转速均可调整，同时坩埚喷孔直径及其与轮缘之间的距离也可调整。与传统的急冷块熔体自旋法相比，离心熔体旋转法采用更高的金属喷射压力（280kPa）和更高的提取速度（高达95m/s）。制备薄带的冷速可以达到10^8K/s。与传统的熔体旋转法相比，该方法生产的薄带形状尺寸更均匀，润湿性更好。

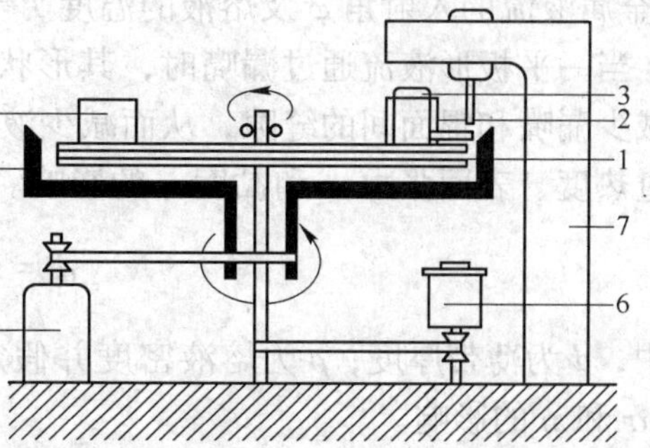

图2-35 离心熔体自旋技术的示意图

1—转动圆盘；2—坩埚座；2′—平衡底座；3—铸造坩埚；4—冷却基底；5，6—马达；7—锯切分级法

2.1.3.3 平面流铸造法

平面流铸造法与急冷块熔体自旋法工艺原理非常相似，只是熔融合金通过矩形狭缝喷嘴喷射到高速旋转的辊面上形成宽带。平面流铸造法由 Narasimhan 发明，如图2-36所示，与急冷块熔体自旋法相比，喷嘴配置在紧挨辊面的位置上，熔池被限定在喷嘴底面和辊轮之间，喷嘴的底面对熔潭起着约束作用，使得气体边界层和辊轮表面的粗糙度等因素对熔池的扰动大大减少。平面流铸造法的熔池小于急冷块熔体自旋工艺的熔池，熔池的稳定性增加。另外，熔池与冷辊表面接触更加良好稳定，保证了条带的表面品质、尺寸均匀性和组织均匀性。平面流铸造法可制备宽度在10~30mm，厚度在20~100μm，冷速约为10^6K/s的薄带。漏嘴端部与辊面距离为0.1~0.6mm，喷射压力为8~60kPa，喷射角可为90°或70°，辊速为15~35m/s。

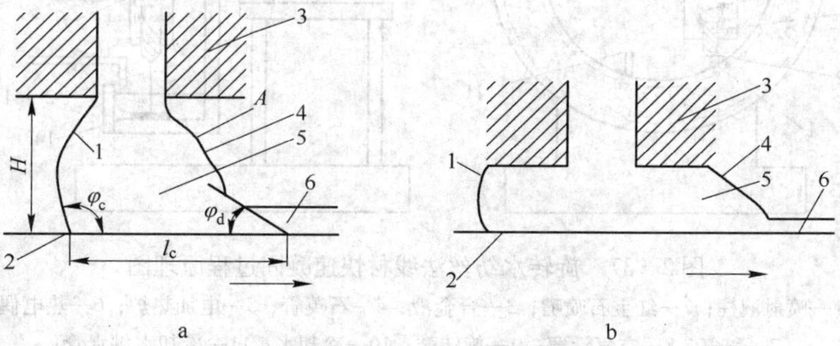

图2-36 急冷块熔体自旋和平面流铸造所形成的熔池比较图

a—急冷块熔体自旋工艺；b—平面流铸造工艺

1—熔池上流自由表面；2—淬冷辊轮；3—喷嘴；

4—熔池下流自由表面；5—熔池；6—薄带

单辊法快速凝固模型，同样适合平面流铸造法和急冷块熔体自旋法，但是平面流铸造是通过矩形狭缝喷射到高速旋转的辊面上。采用矩形断面漏嘴，薄带的几何形状受下列因素影响，作为基体的辊的速度U、漏嘴压力P、漏嘴狭缝的宽度α_n、漏嘴—辊面间的缝隙

δ、金属液流的入射角 φ 及熔液的温度 T 等。

当一平板形液流通过漏嘴时，其形状特征将因表面张力而发生改变[59]。因此必须尽量减少漏嘴和辊面间的缝隙，从而减少液体金属的流量。此外，液体金属的流量还受熔液的过热度、表面张力 σ 和黏度 η 的影响。这些影响可由下式确定

$$d = K\frac{a_n}{U_s}\left(\frac{2p}{\rho}\right)^{1/2} \tag{2-91}$$

式中，d 为薄带厚度；ρ 为熔液密度并假定与带材的密度相同；K 为比例常数，它综合了 T，σ 和 η 的影响。

2.1.3.4　水自旋法

水自旋法又称之为旋转水纺丝法，是日本大阪大学大中逸雄于 1978 年提出的。该方法如图 2-37 所示，它不是将液流喷射到旋转圆筒的内表面，而是将熔体液流射入到旋转水中。在该工艺中，熔融金属液流通过一石英喷嘴（直径为 80～200μm）射入冷却层水中，该冷却层依靠离心力的作用在直径为 300～600mm 的旋转滚筒的内表面形成。冷却介质和熔体射流的速度分别用旋转辊筒和喷射气体压力控制。该工艺与旋转水法制粉工艺相似，但通过确保液流在受扰动之前凝固，可以制备线材。水自旋法的生成产物为具有圆截面的连续线材，这些线材中的枝晶组织经常沿线的方向生长，而不像在熔体旋转薄带中趋向与浇注方向垂直的方向生长。水自旋法熔体喷射速度为 4～10m/s，旋转水的速度稍大于喷流速度，线材的冷凝速度为 10^5K/s。

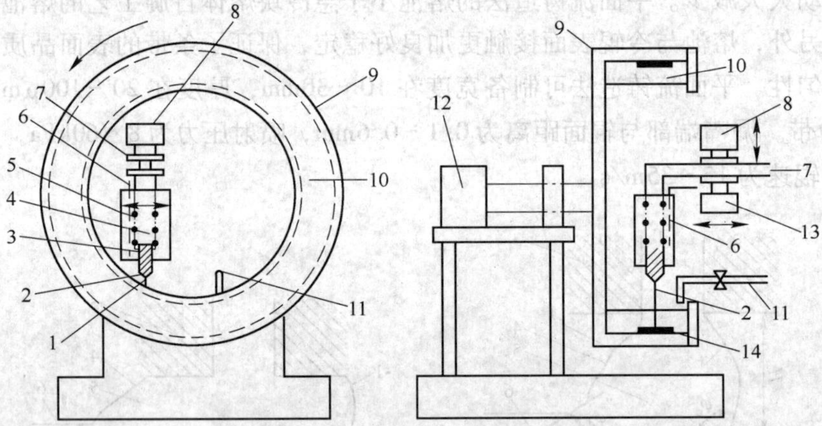

图 2-37　旋转水纺丝法线材快速凝固过程原理图

1—喷射液柱；2—红宝石喷嘴；3—合金液；4—石英管；5—电加热炉；6—热电偶；
7—氩气；8—空气活塞；9—旋转鼓；10—冷却水；11—冷却水供水管；
12—电机；13—平动器；14—线材（产品）

从喷嘴喷射出的液态金属流没有固体的铸型约束，而在空中自由飞行，在表面张力的作用下极易发生断裂，因此对液流柱的稳定性分析是非常重要的。自由喷射液流柱的稳定性是由雷诺数 Re 和奥尼索数 Oh 决定的，这两个准则数的定义分别为[60]

$$Re = \frac{\rho_m u d}{\eta} \tag{2-92}$$

$$Oh = \eta\sqrt{\frac{\rho_m}{\sigma d}} \tag{2-93}$$

式中，u 为液柱流速；ρ_m 为液相密度；σ 为表面张力；η 为液相动力黏度；d 为喷嘴直径。

当 Oh 值一定，Re 数很大时合金液被雾化，太小时只能获得液滴。仅在 Re 适中时才能形成连续的液流。对于给定的 Re，液柱的稳定性变化规律随 Oh 的变化与随 Re 的变化相同。实验研究表明，对于液态金属，形成细丝较合理的条件是：

$$1000 < Re < 10000, Oh = 0.001$$

水自旋法的冷凝能力决定于很多条件，其中最重要因素是旋转水的速度 v_w 与熔化合金喷出速度 v_m 之比值，v_m 的计算式为

$$v_m = 4W/(\pi d_0 \rho_m \Delta t) \tag{2-94}$$

式中，W 为 Δt 时间内熔化合金的喷出量，d_0 为漏嘴直径，ρ_m 为合金的密度，v_w/v_m 愈大则冷却能力愈大。另外，鼓筒直径、熔化合金的入射角对冷却速度也有较大影响[61]。

2.1.3.5　熔体提取法

熔体提取法可分为坩埚提取法和悬滴熔液提取法。熔体提取法与熔体旋转法的明显区别在于它没有喷嘴和液体射流，是一种用具有合适形状的旋转热提取盘外缘与熔融金属接触的工艺。金属在接触面上凝固并黏附在盘上停留短暂的时间（在毫秒数量级），然后自然脱离甩出，形成丝线或纤维。如果熔体装在坩埚内（如图 2－38a 所示），该工艺就称为坩埚熔体提取法；如果去除坩埚，靠熔化棒料端部来制取熔融悬滴，如图 2－38b 所示，这种方法就称为悬滴熔体提取法。在这两种方式中，坩埚熔体提取法是一种用旋转热提取盘的外缘与熔融金属表面接触的工艺。旋转盘通常采用水冷，且旋转轴垂直于盘面并平行于熔体表面。熔体表面或通过降低盘，或通过升高坩埚与轮盘接触。当轮盘的周缘穿过熔融金属时，将凝固的金属从熔体中提取出来。由于散热和离心力的作用，金属在经过短暂的滞留时间后以纤维丝的形式自发地从盘上甩出。采用直径约为 200mm 的盘在可控的速度范围（200～2000r/min）内平稳旋转，这样可以以 1.5～15m/s 的速度生产纤维丝。制作盘的材料可选择铝、铜、黄铜，各种钢、镍和钼。铜由于其高导热性、易于加工、耐用性和相对便宜而成为最常用的材料。纤维丝的形状可通过盘的几何形状和盘在熔体中浸入的深度等提取参数来控制。通过简单地调整转盘边缘的形状，可以制备带状或具有多种横截面的纤维。在盘周缘上按一定间距设置合适的凹槽，可以获得任意长的纤维。除向转盘周缘供给熔融金属的方法不同外，悬滴熔体提取法与坩埚提取法非

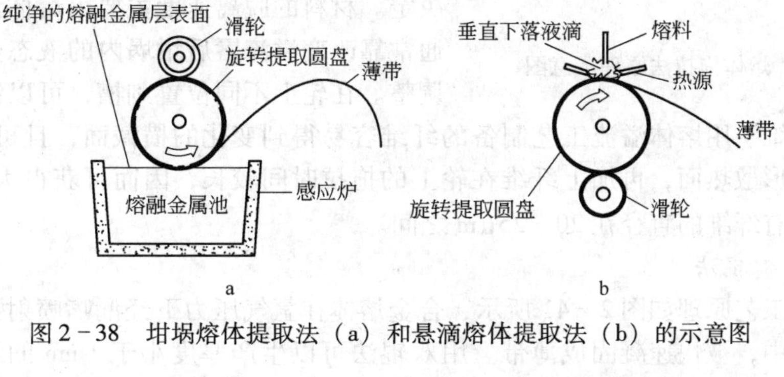

图 2－38　坩埚熔体提取法（a）和悬滴熔体提取法（b）的示意图

常相似。在该方法中，直径在 6～25mm 的棒料端部被熔化形成悬滴，当液滴接触散热盘周缘时，它以与坩埚提取法相同的方式形成纤维丝。一旦开始生产纤维丝，就可以调整加热密度和加料速度以稳定连续的浇注过程。熔体提取工艺的急冷速度强烈地依赖于纤维厚度。有效直径为 300μm 的钢纤维的急冷速度在 10^2～10^3K/s 之间。而有效直径低于 25μm 的纤维的急冷速度可超过 10^6K/s（有效直径是指与不规则形状纤维横截面积相等的圆的直径）。

熔体提取法快速凝固过程中的控制参数主要是飞轮的浸入深度和旋转速度。其中前者决定着合金液与飞轮的接触长度。接触长度越大，合金液凝固时间就越长，其产品的厚度就越大。Mitin 等[62]获得的带材厚度 δ 与旋转角速度 ω 及接触长度 l 之间的关系为

$$\delta = 0.371\left(\frac{\mu_m}{\omega r l}\right)^{0.2} \tag{2-95}$$

式中，r 为飞轮半径；μ_m 为合金液的运动黏度。

为了获得稳定的产品，需要对提取法在飞轮与合金液接触处的流动雷诺数 Re 进行控制，Re 定义为

$$Re = \frac{r^2\omega}{\mu_m} \tag{2-96}$$

当 $Re = 10^5$ 时，液流开始失稳。当 $Re > 3\times10^5$ 时，则形成紊流。因此，飞轮旋转速度的选择应使 Re 小于该临界值。

2.1.3.6 熔体拖拉和溢流法

熔体拖拉法的原理如图 2－39 所示。熔融金属从一个喷嘴被拖拉到一个水冷的旋转盘上，液态金属的弯曲液面与旋转圆筒接触后部分凝固，转筒迅速将凝固的金属拖拉起来，形成连续的线或薄带。凝固结束后，最终产品在绕过大约三分之一圆周处从筒上脱离，然后盘绕。该方法既不要求精加工、润滑或往复运动的模具，也不要求任何复杂的辊轮导向系统用来拖拉铸造产品。

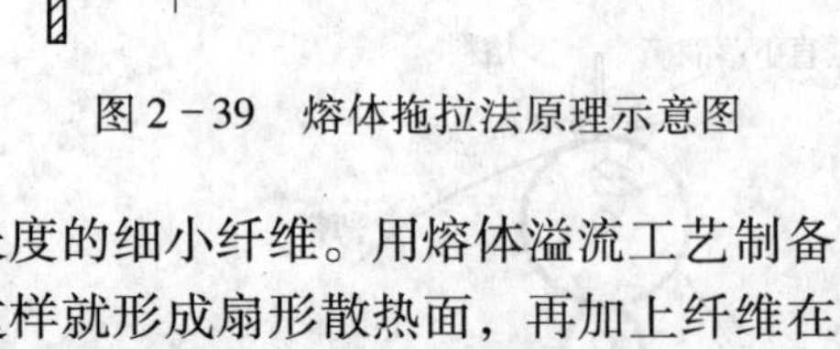

图 2－39 熔体拖拉法原理示意图

熔体溢流法的原理如图 2－40 所示，熔体通过熔炉侧壁的唇部流到一个旋转的水冷轮上。如同在平面流铸造和熔体拖拉法中流孔那样，熔体在上表面不受限制。图 2－40a 给出了该技术的原理示意图。剪切区特征如图 2－40b 中的阴影区所示，由熔体性质（黏度、表面张力）和轮速决定。材料的脱离速度主要由熔体流速控制，这通常靠改变溢流唇后坩埚内的液态金属的位置来调整。在轮上不同位置刻槽，可以制备具有不同长度的细小纤维。用熔体溢流工艺制备的纤维容易得到变化的横截面，且可描述成扇形。这样就形成扇形散热面，再加上纤维在轮上的拖拉时间较长，因而可获得大于 10^6K/s 的冷却速度。所有纤维的直径在 20～25μm 之间。

2.1.3.7 双辊法

双辊法的工艺原理如图 2－41 所示，合金熔体在氩气压力下经漏嘴喷射到高速反向旋转的双辊辊缝中，被快速凝固成薄带。用双辊法可以生产厚度小于 1mm 的结晶带，带宽

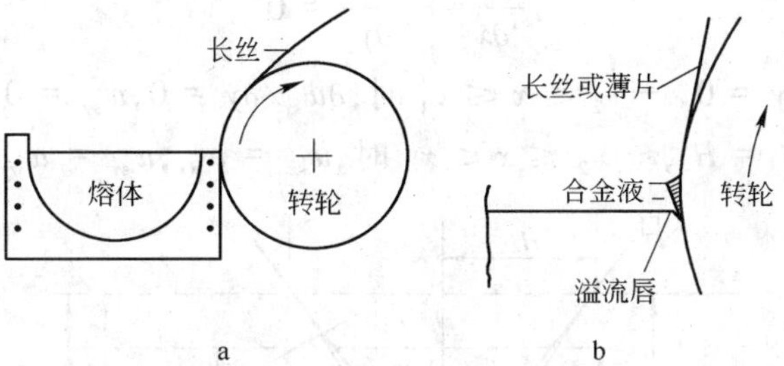

图2-40　熔体溢流法的原理
a—熔体溢流技术原理示意图；
b—溢流唇—轮接触点处剪切区中熔池的形状

可达300mm。

双辊法快速凝固技术的基本原理是将熔融合金液喷射到两个反向高速旋转的轧辊之间，被轧制成薄带，并实现快速凝固。双辊法是一种比单辊法更直观的从熔融合金液直接铸造薄带材料的技术，其主要优点是双面冷却。因此，所获得的带材其两面的表面质量相同并且均匀。理论上，双辊法的冷却速度应大于单辊法，但由于工程技术上的问题，实验结果并非如此。在双辊法快速凝固过程中，熔融合金液与激冷辊的接触时间通常远远小于单辊法，这可能是双辊法冷却速度减小的主要原因。因此双辊法与单辊法的工艺基础是明显不同的。单辊法是利用液相流动边界层的热传输和动量传输过程控制的，而双辊法则是利用两个激冷辊的轧制作用形成的。

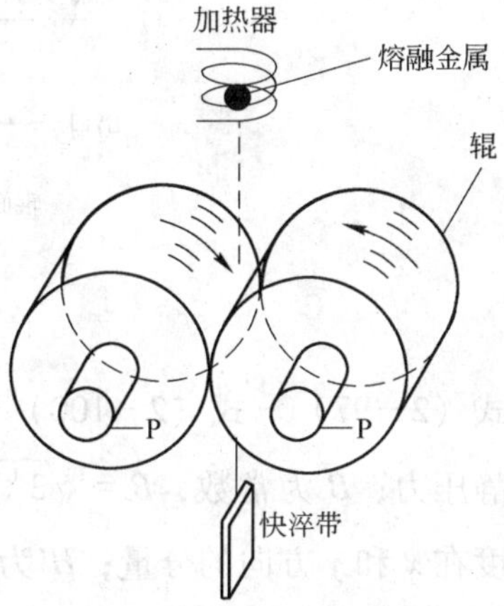

图2-41　双辊急冷装置的示意图

Miyazawa等人[63]给出了双辊法快速凝固的模型。

如图2-42所示，作如下假设：（1）辊为刚性，其转速守恒；（2）温度场和速度场相对于辊间呈中线对称（即图2-42中x轴）；（3）热流和液流是二维的；（4）动量平衡方程中$\frac{\partial u_x}{\partial x}$、$\frac{\partial u_y}{\partial x}$和$\frac{\partial u_y}{\partial y}$远大于$\frac{\partial u_x}{\partial y}$，因而后者可忽略；（5）忽略重力的影响；（6）$x$方向传热不计；（7）只考虑单元系统（如铝）。

由图可见，速度场有三部分，即Ⅰ——纯熔体区；Ⅱ——熔体和固体混存区；Ⅲ——固体区。

A　区域Ⅰ内的塑性流

在分析x方向上力的平衡后，得到速度的导数和压力梯度的关系，即

$$\frac{\partial}{\partial y}\left[\frac{1}{B}\left(\frac{\partial u_{sx}}{\partial y}\right)^{1/m}\right]=\frac{\mathrm{d}p_s}{\mathrm{d}x} \tag{2-97}$$

由流体的连续性方程得边界条件为

$$\frac{\partial u_{sx}}{\partial x} + \frac{\partial u_{sy}}{\partial y} = 0 \tag{2-98}$$

$$y = 0,\ -x_2 \leqslant x \leqslant x_1 \text{ 时}, \partial u_{sx}/\partial y = 0, u_{sy} = 0 \tag{2-99}$$

$$y = H',\ -x_2 \leqslant x \leqslant x_1 \text{ 时}, u_{sx} = u_{wx}, u_{sy} = u_{wy} \tag{2-100}$$

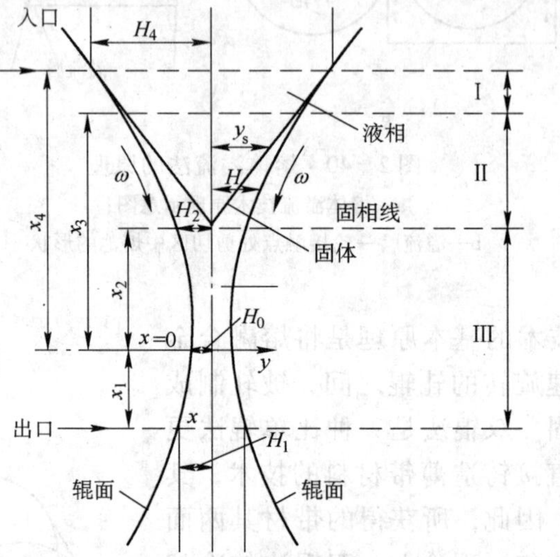

图 2-42　双辊法示意图

式（2-97）~式（2-100）中，u_{sx}，u_{sy}分别为固体在 x 和 y 方向的速度；p_s 为固体内的静压力；B 为常数，$B = \sqrt{3^{1+1/m}} \cdot A^{1/m}$；$m$ 为 $\varepsilon = A\sigma^m$ 中的指数；u_{wx}，u_{wy}分别为辊面速度在 x 和 y 方向的分量；H'为辊缝，$H' = H_0' + R - \sqrt{R^2 - x^2}$。

B　区域Ⅰ和Ⅱ中的液流

在区域Ⅱ中，固相和液相共存。对于固相，式（2-97），式（2-98）仍然有效；而对液相，则在 x 方向上的动量传递过程中的动量平衡可用下式表达

$$\frac{\partial}{\partial y}\left(\mu \frac{\partial u_{Lx}}{\partial y}\right) = \frac{dp_L}{dx} \tag{2-101}$$

式中，u_{Lx}、u_{Ly}分别为液相在 x，y 方向的分速度；p_L 为液相中的静压力。联立连续方程在边界条件下求解。

在液相和固相中，热平衡的微分式分别为

$$u_{Lx}\frac{\partial T_1}{\partial x} + u_{Ly}\frac{\partial T_1}{\partial y} = \alpha_L \frac{\partial^2 T_1}{\partial y^2} \tag{2-102}$$

$$u_{Lx}\frac{\partial T_2}{\partial x} + u_{Ly}\frac{\partial T_2}{\partial y} = \alpha_S \frac{\partial^2 T_2}{\partial y^2} \tag{2-103}$$

在相应的边界条件下可求解出结果。

2.1.4　表面熔融法[64]

表面熔融技术起源于电焊或连续焊接技术，两者的不同仅限于熔融的深度不同。表面熔融有三种形式。如图 2-43 所示，它的最简单形式是利用单个脉冲或者连续的往复运动

的热源来熔化材料表面并快速凝固，在材料的表面形成快速凝固组织。第二种方法是表面合金化法，它是先在工件表面涂覆一层合金化材料，在激光束加热过程中，涂层和工件原始表面均发生熔化并混合，将合金化元素加入表面层中，使工件表面成分发生变化，并实现快速凝固。第三种形式是表面黏附技术，它是在材料表面黏附一层高熔点的合金薄膜，在激光束扫描过程中，工件原始表面发生熔化，并将附膜黏附在工件表面，但附膜不发生熔化。

表面熔融法在浅至 0.1μm 厚度中，产生的冷速可高达 10^{10}K/s 以上，凝固时间短至 10^{-9}s，在材料表面上会产生一些很奇特的非平衡效应。采用往复激光束或电子束能够实现上述要求并且使凝固推进速度达到 1m/s。

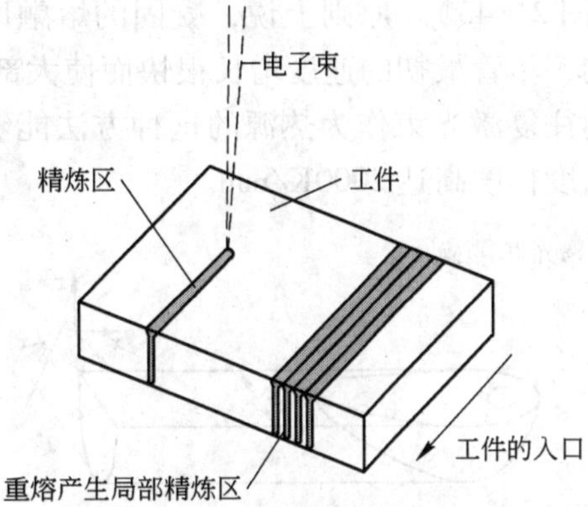

图 2-43 往复运动热源局部快速熔融块状材料表面的示意图

表面熔融技术与快速凝固的液滴方法和甩带法的重要不同是：(1) 熔融区域和下面的材料的良好热接触；(2) 在决定产品关键尺寸方面，液体流动起着相对不太重要的作用（这种情况下，熔融区域的深度为 z 而宽度为 w）。做一些简化性的假设，并在一定的情况下，所估计的熔融区域的深度 z_0 由下式决定：

$$z_0 = 0.484(\dot{q}/\rho c(T_F - T_A)v)^{1/2} \tag{2-104}$$

式中，$\dot{q}$ 为单位时间内从热源输入的热量，v 为往复运动的速度，ρ 为熔体的密度，c 为比热容，T_F 为开始凝固温度，T_A 为环境温度。

热源点以速度 v 在薄板表面移动的路径上的冷却速度 $\dot{T}$ 为

$$\dot{T} = 2\pi kv(T - T_A)/\dot{q} \tag{2-105}$$

利用方程（2-104）和方程（2-105）消去 $\dot{q}/v$，$T = T_F$，因此有

$$\dot{T} = 1.47k(T_F - T_A)/\rho c z_0^2 \tag{2-106}$$

此方程表明，$\dot{T}$ 对 $z_0{}^2$ 就像理想薄板的方程（2-106）具有相同的依赖关系。

在激光表面重熔快速凝固过程中，材料表面的吸热及传热过程也可以用半无限大平面固体表面一维瞬时传热模型讨论[65]。对激光束过程作简化处理后，假定 t_0 为光能作用时间，ρ 为功率密度，λ 和 a 分别为热导率和热扩散率，则材料表面附近的温度 T 随深度 z 和时间 t 的分布满足

$$T(z,t) = \frac{2pt_0\sqrt{\lambda t}}{a}\mathrm{erfc}\left(\frac{z}{2\sqrt{\lambda t}}\right) \tag{2-107}$$

材料表面温度随时间的变化为

$$T(0,t) = \frac{2pt_0\sqrt{\lambda t}}{a} \tag{2-108}$$

而材料表面的冷却速度 $\dot{T}$ 则为

$$\dot{T} = \frac{\partial T(0,t)}{\partial t} = \frac{t_0}{a}\sqrt{\lambda t} \tag{2-109}$$

表面熔融法的一个显著特征是，熔体出现了明显的（块体）过冷，相距熔池表面任何距离的凝固前沿推进速度 V 由 $v\cos\theta$ 给出，θ 为凝固前沿相对于以速度 V 运动的热源的移动方向的倾斜程度（图 2－44）。V 从零开始增大，垂直于熔池底部自由表面在数量级和方向上增大到接近于 v 的数值。当凝固的产物为微孔结构或者微观复式结构时，沿热源运动方向垂直抛光截面的腐蚀相揭示了凝固方向从最初的 $\theta=90°$ 到自由表面 $\theta=\theta_m$ 的这种变化（图 2－45）。原则上说，凝固的熔融区域包含有 $0<V<v\cos\theta_m$ 范围内合金的全部微观结构，尽管最初的速度增长很快而使大部分的熔融区域都是在接近于 $v\cos\theta_m$ 的速度凝固。利用往复激光束作为热源的这种方法能够获得可控前沿推进速度 V 达到几米/秒，而估计的温度梯度高达 2000K/mm。

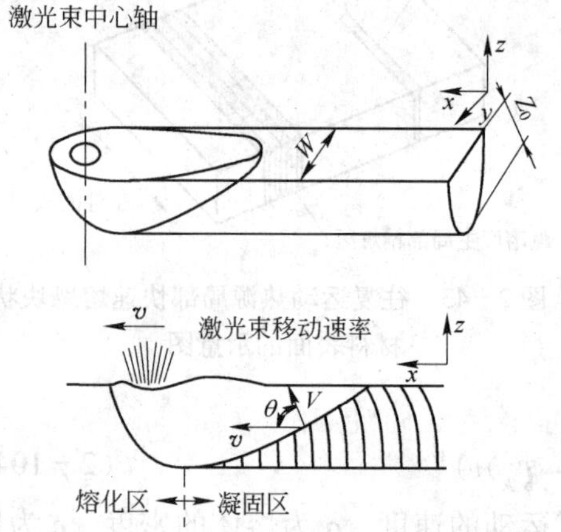

图 2－44　熔化区和凝固区的形状[66]
（W 为熔区宽度，Z_0 为熔区深度）

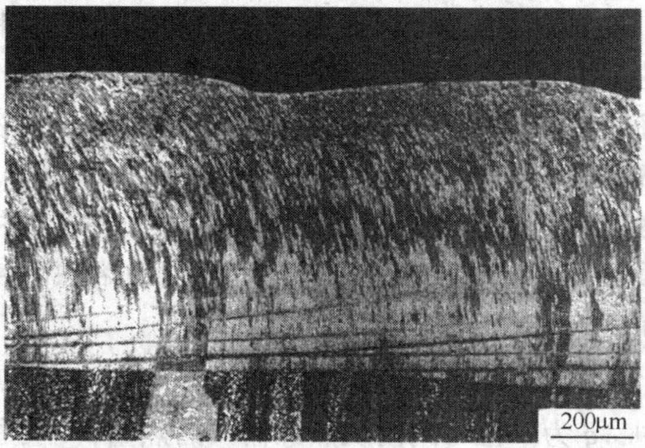

图 2－45　TIG 以 40mm/s 速度往复熔凝的 Al－33% Cu（质量分数）共晶合金的腐蚀纵向截面[67]

2.2　快速凝固粉末冶金材料热致密化技术

2.2.1　快速凝固粉末体热致密化概论

快速凝固粉末冶金材料的热致密化属于粉末体和多孔体致密化和变形问题。由于粉末体和多孔体由基体金属和孔隙组成，基体金属又由一些不连接的或弱连接的单独颗粒或团粒所组成，颗粒间存在氧化膜。多孔金属在变形时同时产生塑性变形与致密化，与致密金属塑性变形的微观结构相比，具有不同的特点。致密金属塑性变形的微观机制主要是金属晶体的位错运动。而多孔预成形坯塑性变形与致密化是颗粒填充位移、弹性变形和塑性变形、孔隙变形的综合结果。多孔坯变形时不仅颗粒形状改变，而且体积变化很大，变形遵循质量不变条件。

2.2.1.1　多孔预成形坯变形时氧化膜的破碎及孔隙变形[68]

A　氧化膜及孔隙的形成

通过快速凝固制粉—粉末压制成形方法所制备的多孔预成形坯，其氧化物含量与粉末暴露在氧化性气氛中的时间有关；孔隙度与压制压力、粉末的流动性、颗粒形貌等因素有关。

在喷射沉积过程中，液态金属通过惰性气体雾化成细小液滴，液滴沉积在基体上。这种方法与传统的粉末冶金方法相比，免除了与传统粉末冶金过程相关的二次加工，如粉体过筛、包套、初次固结等，粉体暴露在氧化性气氛中的时间被限制到最小，氧化污染大大减少。喷射沉积法生产的合金氧含量仅为0.01%～0.02%，而粉末冶金方法中，用惰性气体作为雾化气体生产的颗粒尺寸为50μm的合金粉末的氧含量在0.15%～0.20%。

B 氧化物及孔隙的变形

多孔材料变形基本上可以分为两个阶段：致密化阶段和塑性变形阶段。多孔坯的致密化包括：颗粒间的接触面积增加，孔隙压缩变形破裂，小颗粒挤入孔隙。通常，粉末固结致密化需要在粉末熔点以下的一定温度以内通过固相扩散来实现，铝合金粉末通常被一层10nm左右厚的氧化膜覆盖，除非氧化膜被破碎，而所形成的新鲜粉末颗粒表面相互接触，否则颗粒间不可能通过扩散获得良好的结合。因此，粉末颗粒需要通过粉末压型和在其后的锻造、挤压、轧制等过程中使颗粒产生塑性变形和氧化膜的破碎来获得良好的冶金结合。与金属基体相比，氧化膜塑性越小（硬度越大），越容易破坏，新鲜表面的形成过程加快，有利于金属在以下各阶段的结合。随后在压应力的作用下，新鲜表面逐渐靠拢，直到距离小于原子间力的作用半径，产生微小的单个结合区段（结合桥），继而结合桥开始扩展，又产生新的桥，使结合面不断增加，形成良好的冶金结合[69]。

多孔预成形坯在塑性变形（引起结合）过程中，不仅具有单个颗粒本身塑性变形的特征，而且还具有颗粒互相迁移的特性。塑性材料变形时，在颗粒互相迁移不大的情况下，颗粒以塑性流动为主。氧化膜的破裂主要是因为颗粒变形时膜中出现的拉应力所致。低塑性材料变形时，除塑性流动外，颗粒间还发生大的迁移，氧化膜的破坏不仅是由于应力超过其强度，还因颗粒间相互迁移时发生摩擦，颗粒表面受到磨损。在这种情况下发生剪切变形，清洁表面的数量因氧化膜被破坏而增多，从而使颗粒结合得更好。喷射沉积锭坯经过挤压可以获得良好的冶金结合，一个原因是挤压时具有的三向压应力状态，另一原因是热挤压过程中的摩擦力能分解出一个剪应力分力，使粉末颗粒发生剪切，破坏颗粒的原始边界，促进粉末之间的黏结。由此可见，剪应力对于颗粒获得良好的冶金结合具有积极作用。

多孔预成形坯中有一定的孔隙（粉末颗粒间的空隙），增加了变形的复杂性。孔隙内表面的氧化物和污染层会减慢内表面互相间的机械结合，变形过程必须把孔隙消除，获得良好的冶金结合。孔隙可以成为裂缝的起始点，并为裂缝的扩展提供一条通道。为获得高性能的材料，通过变形来消除预成形坯中的孔隙是必要的。孔隙的变形不但与变形程度有关，而且受变形方式和应力状态的影响。如图2-46所示。

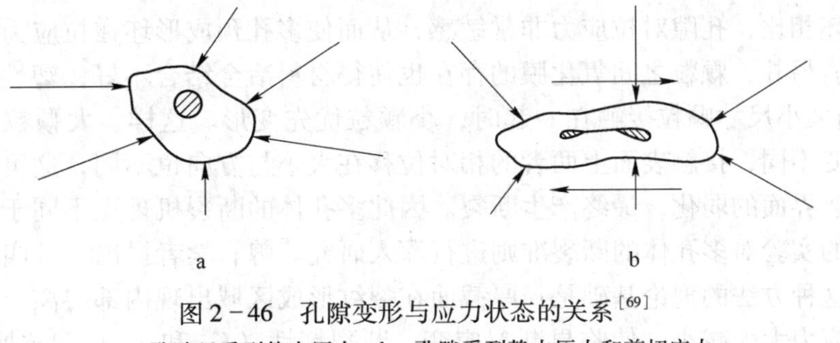

图2-46 孔隙变形与应力状态的关系[69]

a—孔隙只受到静水压力；b—孔隙受到静水压力和剪切应力

静水压力可以使多孔坯致密度增大，孔隙体积可以通过弹性变形和塑性变形方式减小，如图2-46a所示。但是，通过静水压力完全消除孔隙是困难的，因为需要无穷大的压力。另一种孔隙变形方式如图2-46b所示，孔隙同时受到静水压力和剪切应力的作用，空隙不仅受到静水压力的压缩，而且剪切变形作用容易使孔隙拉长和闭合。实验表明，热三轴压缩（HTC；Hot triaxial compaction）在减少孔隙平均尺寸和大孔隙数量方面比热等静压有效，即三向不等应力的热压缩比热等静压更有利于多孔材料的致密化。另外，孔隙不总是柱形或圆形，有限元模拟表明孔隙的形状对于致密化有很大的影响。三角形孔隙的塌陷速度是圆形孔隙的4倍，其原因在于颗粒相接形成三角形的孔隙处的应力集中比圆形孔隙要大得多。有关多孔体孔隙变形机理国内外相关报道很少，也是一个值得深入研究的方向。

C　亚稳结构和显微组织的保持

传统的粉末冶金固结成形技术和工艺一般要求在较高的温度进行热加工，高温暴露时可能会使快速凝固工艺所获得的微细组织粗化或其他亚稳结构消失，从而丧失了快速凝固过程所带来的优异性能。因此，为了保持快速凝固产品的所有潜力，保持其亚稳结构和微细结构，必须寻求适合的热致密化技术或采用合理的工艺参数对其进行固结。实验结果表明，非晶晶化、微晶的长大、析出物的粗化和亚稳相的消失都是一个扩散过程，扩散过程需要一定时间，当时间非常短，即使温度比较高，上述过程也难以进行。因此采用动压成形，往往能够实现亚稳结构和微细组织的保持。

另外，非晶和准晶的晶化存在一个晶化温度，微晶晶粒长大、析出相的粗化、过饱和固溶体的析出也存在一个门槛温度，在晶化温度或在门槛温度下进行热致密化，即使时间比较长，也能保持亚稳结构或微细组织的存在。事实上，应同时保持粉末体和多孔体的完全致密化和保持快凝粉末的原有状态，两者工艺相左，前者希望致密化温度较高，颗粒易于塑性变形，后者从保持快凝粉末结构考虑，则希望致密化温度愈低愈好。两者矛盾的统一，能解决在保持亚稳结构和微细组织下粉末体和多孔体的致密化问题[70]。

2.2.1.2　多孔材料的断裂机理

材料对裂纹扩展的阻碍从根源上来说可以被广义地分为内在和外在韧化机制。内在机制是指通过控制微观组织来增强材料内部的抗断裂性能；外部机制是指通过由于裂纹尖端受到保护而降低局部应力集中因子K。外部韧化机制，如：相变韧化、微裂纹保护、裂纹桥等已成功地被应用到提高陶瓷材料的裂纹抗力。

多孔介质中的应力超过了一定的界限会引起破裂，与致密体并无差别。不同之处在于：与致密坯相比，孔隙对拉应力非常敏感，从而使多孔预成形坯在拉应力状态下具有低塑性的特点。另外，颗粒之间氧化膜的存在也使得材料冶金结合不好，塑性下降。有实验表明[69]：当大小尺寸颗粒接触在一起时，小颗粒优先变形。这样，大颗粒与小颗粒在接触表面的应变不同，接触表面上两者的相对位移在大小与方向也不同，这可能导致在大小不同颗粒接触界面的弱化，最终产生断裂。因此多孔体的断裂机理也不同于致密体。需要通过一系列的实验对多孔体的断裂准则进行深入研究。曾有学者提出一种叫做薄板韧化的韧化机制。这种方法的理论基础是：厚截面在裂纹形成区域出现内部层离，分成薄板，则会导致三向应力大大减小，使临界断裂应变、断裂韧性（K_{IC}和J_{IC}）和抗撕裂模量增加。有关Al-Fe-X金的断裂机制的研究表明，韧化的同时有大量内部裂纹或分层出现，这种韧化方案的中心思想在于：断裂韧性 K_{IC} 随试样的减薄而增加。而韧化机制的主要原因是应力状态的改变，从平面应变转为平面应力状态，随着三向应力的下降，断裂的发生被推迟至一个较高的应变[70]。

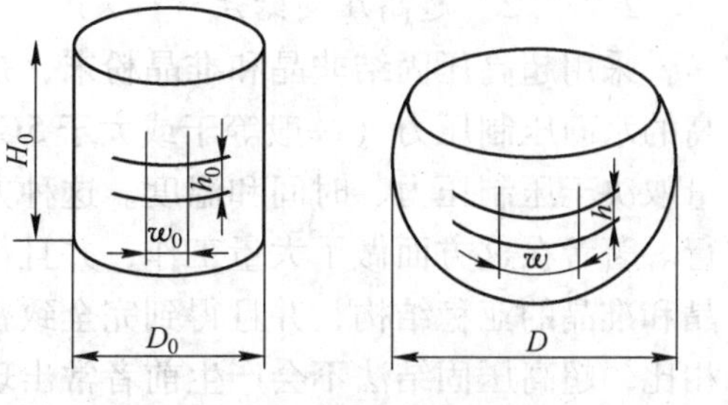

图 2-47 无润滑镦粗圆柱体试样时，“赤道线”上的表面应变

一般来说，确定多孔材料断裂标准的方法与致密材料相同，李（P. W. Lee）、库恩和道尼（C. L. Downey）等采用与致密材料相同的方法，通过一系列圆柱体试样的镦粗试验，测定断裂点的压应变—高度真实应变 $\varepsilon_h = \ln h/h_0$ 和拉应变—周向真实应变 $\varepsilon_0 = \ln(w/w_0) = \ln(D/D_0)$，如图 2-47 所示。从而可以得到多孔坯断裂时表面主应变之间的关系，叫做断裂应变迹线，又叫成形极限应变曲线，如图 2-48 所示。

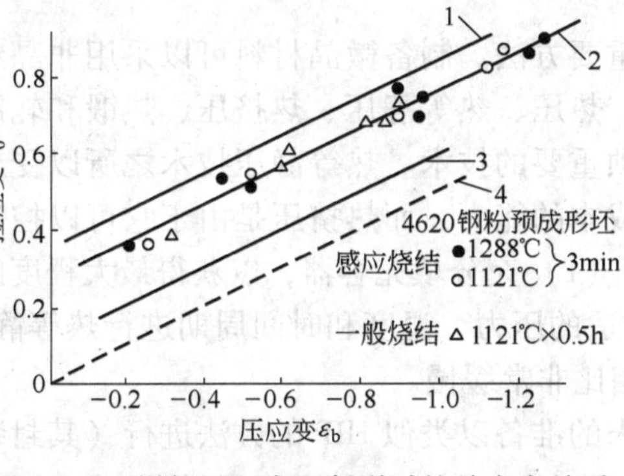

图 2-48 镦粗过程表面断裂时的总应变关系

1—1020 致密钢；2—601ABAl（371℃）坯；
3—烧结铝合金（601ABAl、201ABAl）坯（室温）；
4—均匀压缩 4620 多孔钢粉坯在 982℃下镦粗

由图 2-48 可以看出，所有试验材料的断裂应变迹线都是一条斜率为 1/2 的直线，且平行于压缩（无摩擦）的应变迹线。这说明各种材料断裂时鼓形表面的总应变关系相同。在均匀压缩中，圆柱体表面不形成鼓形，其周向应力为零，所以不会产生断裂。而偏离此条件时则可能产生断裂，也就是说，离开均匀压缩应变迹线向上弯曲的应变迹线可能穿过断裂线。各条断裂应变迹线与纵坐标轴的截距代表在平面应变条件下断裂前的应变。可见材料的抗断裂能力，是随着预成形坯的塑性增加而增大的。烧结坯由于存在孔隙，所以其断裂应变迹线的纵截距比致密坯低得多，且室温下的断裂应变迹线比高温下低。由于烧结铝合金材料的应变硬化小，601ABAl 合金坯冷变形时的断裂应变迹线与烧结钢坯热变形几乎重叠，所以 601ABAl 合金是供粉末冶金锻造过程断裂极限研究用的较好的模型材料。

2.2.2 快速凝固粉末致密化技术

2.2.2.1 冲击波固结法[71,72]

冲击波固结也叫动力学成形法，它是在固结快凝粉末时，通过对粉体施加一冲击波，冲击波穿过粉末时在几微秒内产生极高压力，引起颗粒塑性流动，颗粒表面熔化，使颗粒黏结在一起并且获得完全致密的产品。由于固结时间极短，压力脉冲阻止了动力学扩散过程，提供了保留快冷亚稳结构的可能。冲击波可以以三种主要方式进入材料：用气枪装推进剂或压缩空气；直接应用炸药；或利用被炸药加速的轰击体的冲击。与动态固结有关的主要可变量是冲击压力、压力作用速率、冲击脉冲持续时间、粉末性质、粒度及形状、粒度分布、预压密度和表面状况。

2.2.2.2　超高压固结法[73]

采用超高压固结非晶和准晶粉末，是在低于非晶和准晶粉末的晶化温度下，采用非常高的水静压制压力（一般等于或大于5GPa），使非晶和准晶粉末固结成形。超高压固结质量取决于压制压力、时间和温度。这种方法可以在合成金刚石的压机和超高压发生器上进行。著者在这方面做了大量工作，并且得到如下规律：(1) 采用超压固结能够完全保持非晶和准晶的亚稳结构，并且得到完全致密的大块非晶和准晶材料；(2) 与冲击波固结方法相比，超高压固结法不会产生前者常出现的裂纹、马赫孔等缺陷，固结体质量好，易于实现工业化生产；(3) 非晶和准晶粉末在超高压固结下的热稳定性提高。

2.2.2.3　液相烧结法

液相烧结法是难熔合金快冷粉末的有效烧结致密化的方法，适合于工业化生产。在一些难熔金属快冷粉末中添加一定的活性金属后，在烧结初期形成少量液相，提高致密化程度。由于液相烧结温度低、时间短，可以有效地防止快凝粉末晶粒的结晶长大。

2.2.2.4　热加工致密化

热加工致密化方法是制备微晶材料的一种重要方法。制备微晶材料可以采用非晶粉末的晶化法制备，也可以直接采用微晶粉末制备。热压、热等静压、热挤压、热锻和轧制等常用于粉末热致密化。热等静压和热挤压是两项重要的技术。热等静压技术之所以受欢迎是因为它具有近终形加工能力和可以减小生产成本的能力，而热挤压是由于它可以控制材料的微观组织。快速凝固粉末的HIP工艺包括：(1) 充分填充容器，以获得最大程度的紧实率；(2) 除气；(3) 密封容器；(4) 选择合适的压力、温度和时间周期进行热等静压。HIP固结成形粉末中的晶粒生长与传统热处理相比非常缓慢。

热挤压法更常用于成形快速凝固粉末。粉末的准备以类似HIP的方法进行（其封装罐更厚）。填满粉末的罐坯在挤压前要先加热到接近$0.6 \sim 0.7T_m$的温度，该工艺的主要变量是（1）热压比，（2）变形速度和（3）工作温度。热挤压被大规模用于超合金和铝合金材料的致密化。热挤压比热压更为优越，因为挤压过程可以产生更大的剪切作用，容易使粉末颗粒表面的氧化膜破碎并增强相邻颗粒之间的结合强度。在致密化过程中粉末坯的脱气处理也是非常重要的工序，粉末的表面吸附了H_2O、H_2和O_2等气体，这些气体若不能充分排除，在热致密化过程中极容易引起起泡从而影响材料的表面质量。对于铝合金来说，在373～573K加热时，吸附的水蒸发和结晶水会分解。在573～773K时氢气可以脱除。有资料报道，在793K加热时，粉末中的氢含量约为1×10^{-6}。

2.2.3　喷射沉积坯的热加工

如前所述，喷射沉积坯属于粉末颗粒材料。颗粒之间结合属于非完全冶金结合。即使坯件达到完全致密，性能也较差。必须通过剪切变形，破坏氧化膜，达到优异性能。一般来说，喷射沉积坯的热加工包含致密化和塑性变形两部分。采用热加工方法有传统热加工方法和特殊热加工方法两种。

2.2.3.1　传统热加工工艺

传统热加工方法主要是指采用挤压、锻造和轧制等常规设备来加工坯料的方法。喷射沉积由于存在一定的孔隙和颗粒存在氧化膜，它和粉末材料一样对拉应力比较敏感。并且拉应变和压应变之比超过断裂应变迹线易产生裂纹。对于喷射沉积坯来说，同样是三向不等值的压缩应力对塑性变形最有利。在挤压筒内挤压和在锻模内模锻均属于这种应力状态。而自由锻造和轧制则要考虑横向应变不要太大，否则容易开裂。但是横向应变较小，剪切变形较小，则不利于喷射沉积坯的性能提高。虽然挤压变形使材料的均匀性受到影响，但仍然是最好的热致密化方法。随着喷射沉积坯的增大，对挤压机和锻压机的吨位要求增大，大型的喷射沉积坯需用万吨以上的挤压机和锻压机，这样的设备非常昂贵，在很多工厂里这样的条件往往是不具备的。因此急需用特殊的热加工方法来解决大型喷射沉积坯的热致密化和塑性变形问题。

2.2.3.2 特殊热加工工艺

特殊的热加工方法主要是指采用楔压、旋压、环轧和摆辗等特殊设备来加工坯料的方法。这些方法的特点是采用比较小的压力来加工坯料的局部区域，采用多次变形来代替一次变形，采用累积的局部变形来代替整体变形。

A 楔形热压和楔形锻造[74]

楔形压制是一种较为独特的粉末成形方法，1960 年美国用此法生产铜、铁、钼、铁芯铜等粉末冶金条材（如图 2-49），条材经烧结后制成各种锯条。由于应用范围比较窄，这种方法已经很少有人问津。

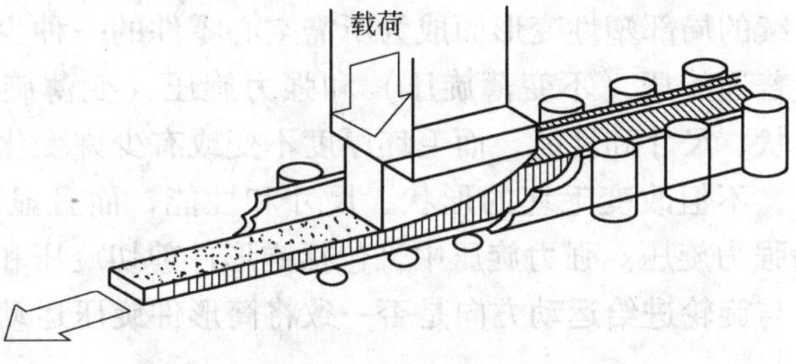

图 2-49 楔形压制装置示意图

楔形压制的基本原理是利用上模冲头预压斜面与粉末体间的摩擦而产生的自锁作用，阻止在垂直压力作用下产生侧压力，使粉末体向后滑动来实现成形的。当冲头第一次下落压制时，阴模左端的模板阻止粉末前移，阴模右端由于模冲预压带的楔形斜面与预压粉末的摩擦力作用，使预压带的坯块形成后壁。两侧是钢板组成的模槽夹板。冲头在这样的情况下，下压使粉末体实际上处于封闭模具中，粉末便被压紧。在随后的压制过程中，随模左端被压紧的压坯已成为压模的壁阻止粉末向前移动，模板即可除去。

陈振华教授等根据楔形压制的原理和楔形压头的设计原则，将此种工艺发展为一种喷射沉积坯料的楔形热压和楔形锻造工艺。如图 2-50 所示，在一定温度下，楔形压头按环件旋转楔压（锻）或按直线方向楔压（锻）（如图 2-50b 所示）。另外，还可以采用楔压（锻）工艺对大型管件进行致密化（如图 2-50c 所示）。一般来说楔形热压和热锻，虽然能够将喷射沉积坯完全致密化，但由于颗粒缺少剪切变形，所以部件性能较差。当环件周围留有一定间隙以及在方形模四周留有一定的间隙，通过楔压或楔锻使喷射沉积坯产生一定的横向变形时，部件性能可以大幅度提高。

B 旋压成形[68]

旋压是一种综合了锻压、挤压、环轧、拉伸、弯曲和滚压等工艺特点的少或无切削加工的先进工艺，它适用于各种薄壁空心回转体零件的加工成形，具有广阔的应用范围。长

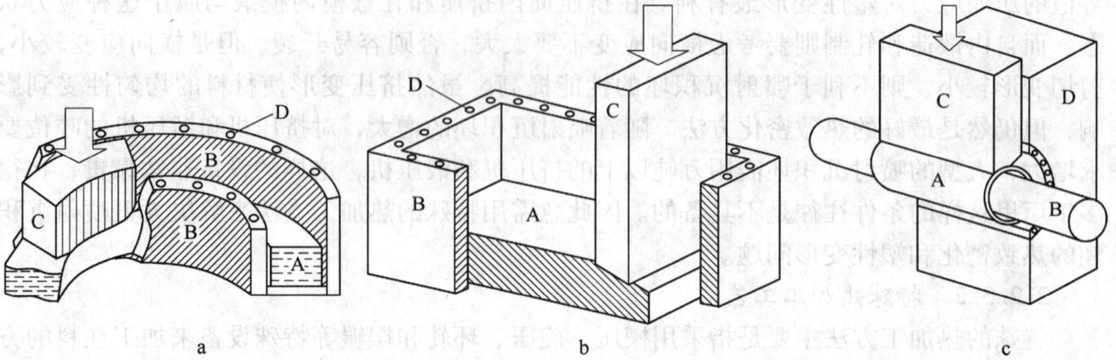

图2-50 楔压原理图[74]

a—环形坯件楔压原理图；b—方形坯件楔压原理图；c—管形坯件楔压原理图

A—环坯；B—模具；C—压头；D—加热装置

期以来，筒形件强力旋压被公认为是制造薄壁长筒体的最有效的方法之一。而强力旋压又是一种典型的局部加载、受力和变形的成形工艺。

对旋压技术的传统定义为：旋压是借助于旋轮等工具的进给运动，加压于待成形的金属毛坯，使其产生连续的局部塑性变形而成为所需空心零件的一种少、无切削的先进制造工艺。旋压主要包括普通旋压（不变薄旋压）和强力旋压（变薄旋压）两种。在旋压过程中，改变毛坯的形状、尺寸和性能，而毛坯厚度不变或有少许变化的成形方法称为普通旋压。在旋压过程中，不但改变毛坯的形状、尺寸和性能，而且显著地改变其壁厚（减薄）的成形方法称为强力旋压。强力旋压中又包括锥形件剪切旋压和筒形件流动旋压。按照变形金属流动方向与旋轮进给运动方向是否一致将筒形件旋压运动方式分为正旋和反旋两种。

由于传统旋压成形是将毛坯固定在机床主轴上与主轴一起旋转的，因而其加工的零件必然为空心轴对称（回转体）零件。

喷射沉积坯料的旋压和致密金属的旋压有所不同，喷射沉积材料在旋压过程中既有塑性变形，又有致密化，而后者只有塑性变形。多孔材料在旋压初期是以致密化为主，塑性变形为辅，而在旋压后期是以塑性变形为主。陈振华教授等对喷射沉积耐热铝合金管进行了旋压实验，得到了如下规律。

a 道次压下量对管材性能的影响

旋压道次压下量对旋压过程的影响非常明显。如果采用常规合金的旋压参数，在第一或第二道次旋压管头部即出现多道纵向裂纹，使旋压过程难以继续进行。经过多次实验，最后发现若采用小道次压下量多道次旋压（特别是第一和第二道次压下量要小），可以避免旋压开裂现象。即使是在623K旋压时，只要毛料管无明显缺陷（宏观分层、裂纹），一般也不会出现开裂现象。

在小道次压下量多道次旋压过程中，第一和第二道次的压下量均应控制在20%以内，后续道次的压下量可稍微增加。Al-9.4Fe-1.5V-2.1Si合金挤压管材经第一道次旋压后，密度无明显变化，而经第二道次旋压后，管材密度明显提高。由此可见，第一道次和第二道次采用小压下量旋压可以避免开裂，可能是因为经过两个道次的旋压后，管材密度得到了提高。因而再进行后续加工时，对道次压下量的要求就没有前两个道次苛刻，而类似于普通合金的旋压工艺。

b　旋压温度对管材力学性能的影响

$\phi_{内}$为153mm的FVS08012挤压管材，在753K温度下开始旋压，得到的旋压管材室温强度和高温强度均有降低。而在723K和623K旋压时，旋压管的室温强度均有提高且后者更高，但高温强度均无明显变化。这说明旋压温度越低，旋压管材的室温强度越高。旋压温度对旋压管力学性能的影响，可能与析出相的粗大化有关。温度越高，析出相越容易粗大，从而导致材料性能下降。但随着旋压温度的降低，管材的开裂倾向增大，从而使成品率降低。但是旋压温度愈低，管坯愈容易开裂，因此必须综合考虑，制订出合适的旋压温度。

c　退火温度对内应力和性能的影响

管材在旋压过程中和旋压后，为了消除内应力，必须进行去应力退火。在旋压管的退火实验中，在425℃退火时，虽然可以起到消除内应力的作用，但是材料的拉伸性能有一定的损失。而在350℃退火时，同样可以起到消除内应力的作用，而且对材料性能没有明显的影响，由此可见，耐热铝合金管材在350～425℃之间退火，已足以消除内应力。为了不影响其性能，退火温度宜选较低。

d　喷射沉积坯的直接旋压

一般来说，可以把喷射沉积坯挤压成厚的管坯再进行旋压，但是也可以直接采用喷射沉积坯进行旋压。直接旋压的第一道次和第二道次压下量的要求特别严格。道次压下量稍微增多则引起开裂。另外，旋压温度对直接旋压也有一定的影响。旋压温度略低，也容易开裂。当旋压经过几个道次后，直接旋压材和挤压材的规律基本相同。另外，陈振华教授等根据喷射沉积坯的变形特点提出了限位旋压的概念，即利用限位环限制坯料在长度方向的变形而只进行压缩致密，这样可以直接对喷射沉积坯进行旋压避免开裂，如图2－51所示。

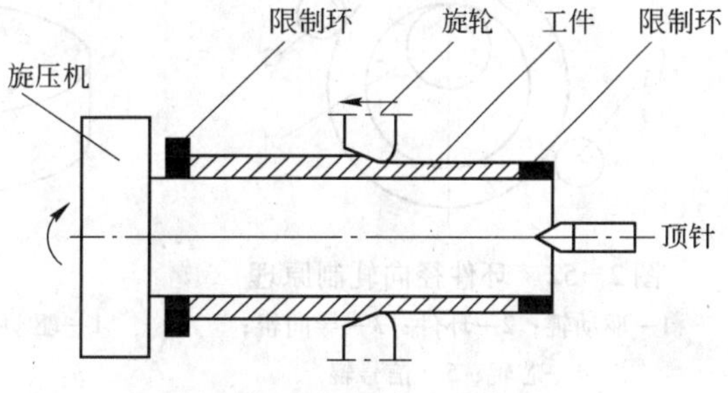

图2－51　限制旋压示意图

e　性能

经旋压后的耐热铝合金室温性能普遍高于挤压态管材，高温性能两者相当。

C　环轧和摆辗

环件轧制又称环件辗扩或扩孔，它是借助环件轧制设备使环件产生壁厚减小、直径扩大、截面轮廓成形的塑性加工工艺。环件轧制是连续局部塑性加工成形工艺，与整体模锻成形工艺相比，它具有大幅度降低设备吨位和投资、振动冲击小、节能节材、生产成本低等显著技术经济优点，能够制备轴承环、齿轮环、法兰环、火车车轮及轮箍、燃汽轮机环等各类无缝环件，广泛应用在机械、汽车、火车、船舶、石油化工、航空航天、原子能等许多工业领域。

环件径向轧制原理如图2－52所示。在驱动辊作用下，环件通过驱动辊与芯辊构成的轧制孔型产生连续局部塑性变形，使环件壁厚减小、直径扩大、截面轮廓成形。环件径向轧制设备结构简单，广泛用于中小型环件轧制生产，但轧制的环件端面质量难以保证，环件端面常有凹坑缺陷。为了改善轧制环件的端面质量，轧制成形复杂截面轮廓的环件，在径向环件轧制设备的基础上，增加一对轴向端面轧辊，对环件的径向和轴向同时进行轧制，这样使得径向轧制产生的环件端面凹陷再经过轴向端面轧制而得以修复平整，且轴向端面轧制还可以使环件获得复杂的截面轮廓形状。环件径—轴向轧制如图 2－53 所示，驱动辊作旋转轧制运动，芯辊作径向直线进给运动，端面轧辊作旋转端面轧制运动和轴向进给运动。在径—轴向轧制中，环件产生径向壁厚减小、轴向高度减小、内外直径扩大、截面轮廓成形的连续局部塑性变形。环轧机对多孔坯进行加工时，初期主要是多孔材料的致密化，虽然环件使坯料有较大的横向变形，其氧化物得到充分破碎，但是横向变形太大，环料容易开裂。因此和旋压一样每道次压下量必须充分控制。陈振华教授等对喷射沉积坯进行了环轧研究，得到如下结论：当环轧温度和压下量充分控制后，经环轧的坯料氧化物充分破碎，坯料达到完全致密，并且可以达到挤压、锻造和轧制等功效。

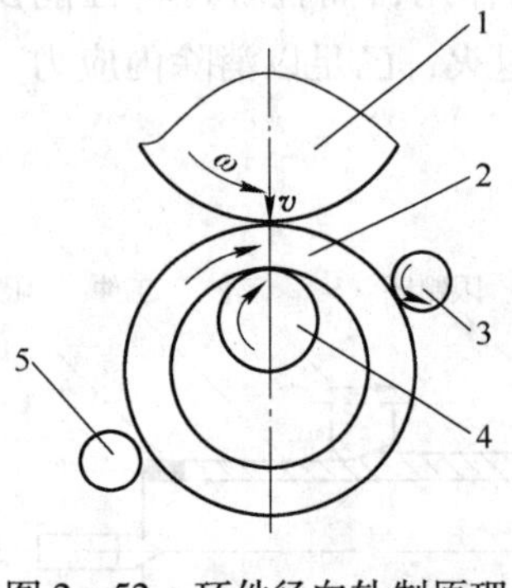

图 2－52　环件径向轧制原理

1—驱动辊；2—环件；3—导向辊；4—芯辊；5—信号辊

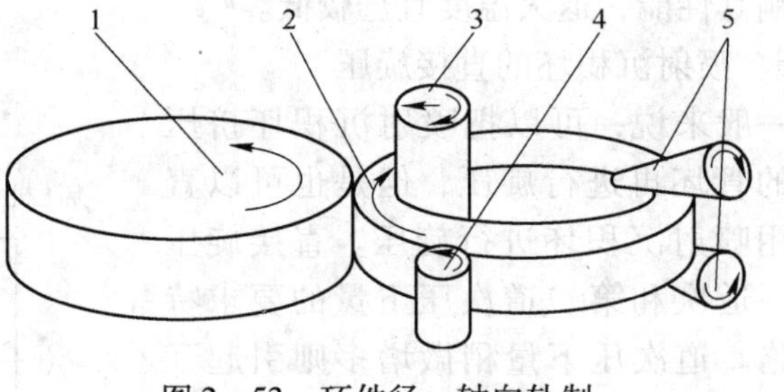

图 2－53　环件径—轴向轧制

1—驱动辊；2—环件；3—芯辊；4—导向辊；5—端面导辊

摆动辗压又称旋转锻造（Rotary forging）、轨道成形（Orbital forging）、摇动锻造等，是 20 世纪 60 年代发展起来的金属压力加工新工艺。摆动辗压与其他锻件生产工艺中锻件成形方法和采用的设备相比，其变形特点使摆辗工艺自身具有很多其他工艺方法无法比拟的优点。

摆动辗压是利用圆锥形凸模对锻坯的一部分表面加压，随着凸模绕回转中心的滚动，这部分加压区沿着毛坯圆周连续回转，使锻坯逐步产生变形并被压入模膛而最终成形的一种锻压新工艺。摆动辗压的突出特点是以连续的局部变形代替普通锻造工艺的整体变形，其辗压力仅是普通锻压工艺的 1/10 ~ 1/15，因此可以用小设备辗压较大的锻件。摆辗工艺可以改善锻件的质量，提高尺寸粒度，减少材料消耗，摆动过程中振动和噪声很小，是一种很有发展前途的新工艺。

摆辗工艺的变形过程如图 2－54 所示，摆辗凸模 1 的圆锥母线沿锻件 2 的端面进行滚辗，凸模的中心线 *OZ* 绕机器的中心线 *ON* 旋转，而放在凹模 3 内的锻坯 2 在油缸活塞 4 的推动下做轴向移动。锻坯的这一端面沿空间螺旋面连续地逐步成形。摆辗模与锻坯之间逐步接触，其接触区域（图2－54中的阴影部分）由摆辗模锥面和锻坯变形的螺旋面相交而成。

就粉末烧结体系多孔材料而言，孔隙的存在导致了其物理性能和力学性能的降低。为了获得高性能的粉末冶金制品，人们采用摆辗工艺致密粉末烧结体，除了具有省力、表面质量好、设备成本低等优点外，由于摆辗过程中较大的剪切变形有利于孔隙趋于完全致密。所以粉末烧结体可以采用摆辗进行致密化，从而获得较好的性能。陈振华教授等认为可以采用摆辗对喷射沉积坯进行热加工和致密化，喷射沉积坯在摆动辗压下，颗粒塑性变形大，氧化物能够得到充分破碎，完全能够达到挤、锻、轧的效果。

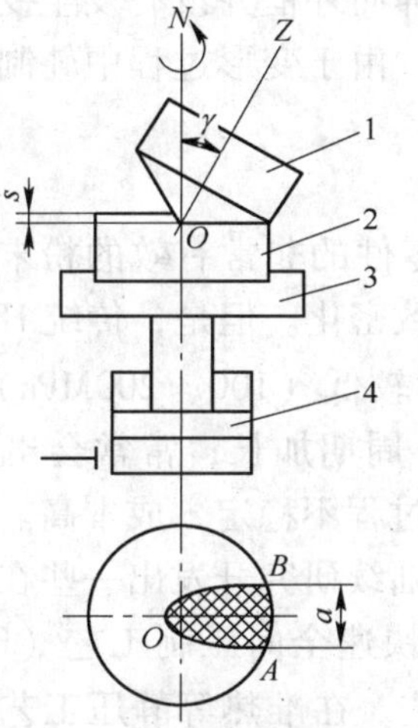

图 2-54 摆辗原理示意图

1—摆动凸模；2—锻坯；
3—凹模；4—油缸活塞

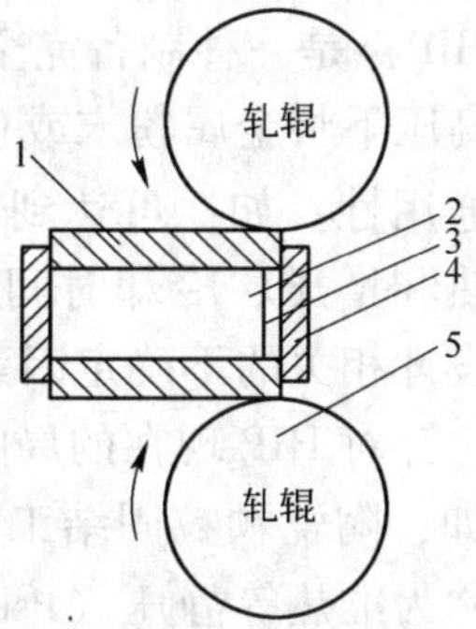

图 2-55 外框限制轧制原理示意图

1—压制模冲；2—喷射沉积坯；
3—坯料与外框模的间隙；
4—外框模；5—轧辊

D 外框限制和陶粒包覆轧制[75]

a 外框限制轧制

根据粉末楔形压制的工艺原理及实际操作中存在的一些具体问题，陈振华教授等提出了在轧机上实现喷射沉积多孔材料连续压制致密化的新工艺—外框限制轧制工艺。根据轧制变形的特点，轧制变形过程中轧辊与轧件接触的轧制变形区长度很小，因此外框限制是一种通过分散小面积压制变形来实现较大面积变形的多孔材料的连续变形过程。外框限制轧制工艺实际上是在轧机上实现的喷射沉积材料的连续模压过程。其变形的一个主要特点是可以在较小吨位的轧机上实现比它大得多的吨位的压力机上才能实现的多孔材料的致密化压缩变形。外框限制轧制变形的示意图如图2-55所示。

外框限制轧制的原理是，轧制压力通过压制模冲传递给喷射沉积坯使之致密和变形，如果喷射沉积坯全部充满外框模，则轧制转换为压制。在保证坯料不开裂的基础上可以精确设置周边间隙，外框限制轧制也可以认为是一种轧制。而陈振华教授等把外框限制轧制看成是一种利用连续楔压装置进行的轧制。理论上可以视为将一个无限长的条材进行致密化，当在轧制压力为 120 吨的轧机（ϕ360mm×600mm）上轧制 1000mm 的喷射沉积坯、使 400mm×1000mm×10mm 的板条致密化时，相当于使用了 5000 吨的压力机。

总之，外框限制轧制工艺在喷射沉积多孔材料轧制方面的优越性可归纳为以下几点：

(1) 有效地提高了喷射沉积多孔材料的轧制致密化速度；(2) 减小了由于轧制过程中的温降和外摩擦而造成的变形不均匀；(3) 有效地避免了轧制过程中的表面裂纹、边裂和壁头的形成。采用外框限制轧制时，喷射沉积材料在变形量达到49.5%时仍不会形成表面裂纹，而在常规轧制变形中，当轧制变形量为26.5%时，轧件表面就已经出现较多细密的横向裂纹；(4) 与外框限制压缩变形相比，可以在较小吨位的轧机上实现较大面积的致密化变形。

外框限制轧制工艺在喷射沉积多孔材料的轧制变形中，有自身突出的优越性，然而也存在一定的局限性，如：由于材料有一定的宽展和延伸而外框并没有发生变形，那么变形后材料与外框的分离就需在压力机上进行；另一方面，由于变形过程中轧制和外框模壁之间的摩擦阻碍作用，轧制变形抗力较大。

b　陶粒包覆轧制

热等静压（HIP）是一种制备完全致密近净成形零件的非常有效的粉末冶金技术，该技术可以在高温高压下将金属粉末或预成形坯料完全致密化。但是，传统HIP工艺的某些特征限制了它的通用性。如：可达到的最大压力相对较低（100～200MPa）；HIP设备需要很长时间的加热和增压、冷却时间，使工艺的循环周期加长；常常会出现包套泄漏现象，以及与模具设计相关的不确定因素，使HIP工艺过程不稳定，成本高。在粉末金属或材料压制过程中，针对HIP现在的局限性，研究者们陆续研究开发出一些在商业上可以取代HIP的工艺，如：陶瓷颗粒固结工艺（Ceracon）、快速全向压制工艺（ROC）、STAMP工艺等，被统一称为准热等静压（Pseudo－HIP）工艺。在准热等静压工艺中，原先热等静压中传递压力的流体介质被一种二次压缩介质所取代，这种物质通常是一种陶瓷颗粒，在压制过程中，压力机活塞前进，使上冲头进入模腔，对二次压缩介质加载，通过该介质把压力传递到压制工件上去，可以使工件被压制成近净成形产品，并且达到完全致密。

陈振华教授等沿用粉末和多孔材料准热等静压工艺的思想，提出了喷射沉积多孔材料的陶粒介质包覆轧制工艺，旨在开发一种操作方便、变形抗力较低、包覆材料可重复利用的提高多孔材料轧制成形性能的轧制工艺。

喷射沉积多孔板坯陶粒包覆轧制工艺过程示意图如图2－56所示。通常为了减少轧制道次，提高轧制过程中多孔坯料在陶粒介质中相对位置的稳定性，可在压力机上将松装的粉末压实至一定的密度。需要强调的是，钢模冲头和钢模外框之间的间隙应尽量小，以免在轧制过程中陶粒介质从间隙中流出，造成通过陶瓷颗粒施加在轧件上的静水压力减小。

陶粒包覆轧制的变形特点表现为：在陶粒包覆轧制变形的初期，轧件横向变形和纵向变形与常规轧制相比有所增加，可归因于：(1) 陶粒介质的存在减小了外摩擦对金属横向和纵向流动的阻碍作用；(2) 轧制变形初期多孔材料主要发生致密化压实，横向和纵向变形较小，而且陶粒介质本身有较大的空隙，因此陶粒介质对金属流动的阻碍作用不明显；当变形达到一定程度（约30%左右）以后，陶粒介质对金属流动的阻碍作用大大增强，轧件的纵向变形明显小于常规轧制，这一工艺特点在改善多孔材料轧制成形性能、减小和防止裂纹形成方面具有重要作用。在陶粒包覆轧制工艺中，在裂纹形成阶段，由于多孔材料的延伸变形明显小于常规轧制，从而减小了促使裂纹形成的拉应变，有利于材料的致密化进程，减小和避免了表面裂纹的扩展。实验结果表明，采用陶粒包覆轧制，喷射沉积材料在变形量达到60%时仍不会形成表面裂纹，而在常规轧制变形中，当轧制变形量为

26.5%时轧件表面就已经出现较多细密的横向裂纹。另外，陶瓷颗粒介质在轧制过程中对轧件多孔材料的保温作用，也是提高多孔材料轧制性能的重要因素之一。

多孔材料陶粒包覆轧制的坯料设计应该考虑以下方面的因素：金属粉末和陶瓷颗粒介质的压力—密度—温度关系，制备完全致密的产品所需的轴向/横向应变，陶瓷颗粒介质中的横向/轴向压力比，横向压力分布，近净成形产品的几何尺寸等。正确设计坯料，合理选择陶粒可以减小坯料扭曲以及变形后成品厚度的不均匀性，如果产品还需要后续加工，也可以在加工前通过机加工使产品获得均匀的厚度。同样的，如果轧件在轧制变形过程中稳定性和压力分布不均匀，也会影响产品不同部位的厚度分布。另外，多孔坯料在钢模中的相对位置也很重要，因为在变形过程中，钢模、陶粒介质和坯料将会发生相互作用，坯料在陶粒介质中会发生移动。当然，产品尺寸的变化还受到诸多因素的影响，如：坯料密度变化、密度梯度、变形温度、变形压力的波动、陶粒介质性质的变化等。

陶粒介质的特性将直接影响喷射沉积多孔材料的轧制变形行为。陶粒介质的特性主要包括陶粒形状，粒度及粒度分布，高温下的硬度和强度，与被压制材料之间的化学稳定性，抗烧结性能和抗断裂性能等。选择合适的陶粒介质，优化轧制工艺，喷射沉积多孔材料可以直接进行陶粒包覆轧制变形制备薄板。

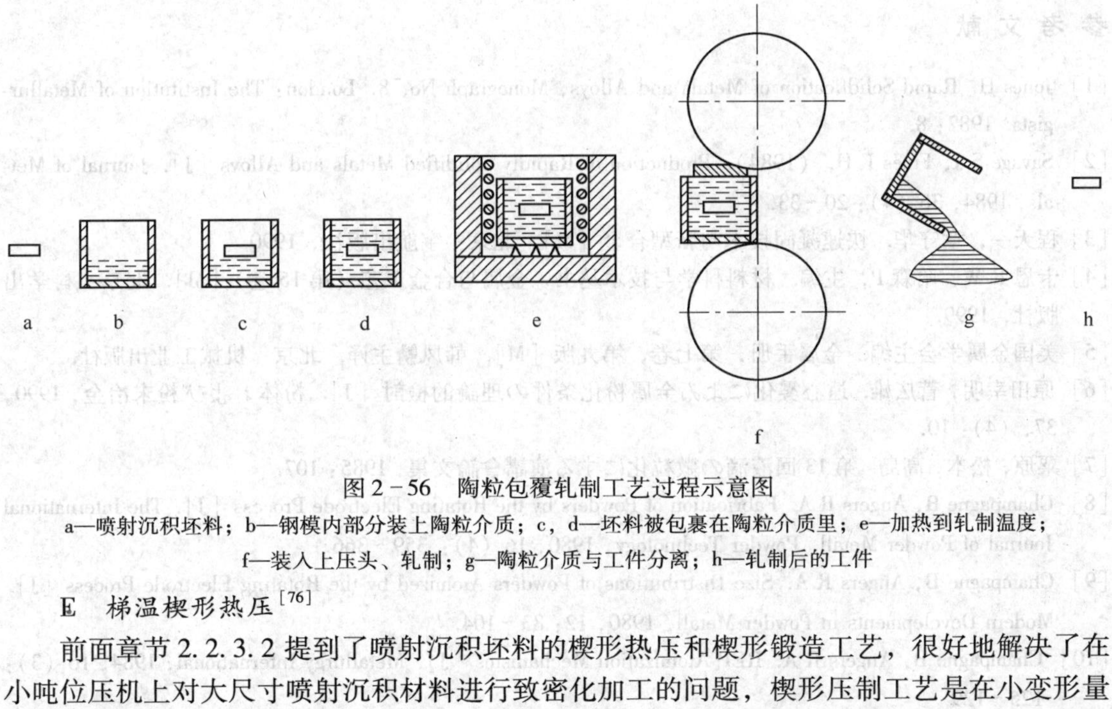

图 2-56 陶粒包覆轧制工艺过程示意图

a—喷射沉积坯料；b—钢模内部分装上陶粒介质；c，d—坯料被包裹在陶粒介质里；e—加热到轧制温度；f—装入上压头、轧制；g—陶粒介质与工件分离；h—轧制后的工件

E 梯温楔形热压[76]

前面章节 2.2.3.2 提到了喷射沉积坯料的楔形热压和楔形锻造工艺，很好地解决了在小吨位压机上对大尺寸喷射沉积材料进行致密化加工的问题，楔形压制工艺是在小变形量多道次累积的条件下使多孔材料逐步致密化的工艺。这种方法对于比较薄的坯料效果很好，然而当坯料厚度超过 100mm 时，在恒温楔压时存在坯料底部致密化效果不佳的现象，其原因是在加工过程中由于坯料的变形受到摩擦力及内应力的影响，变形力很难传递到坯料底部或坯料底部所受到的力不足以使坯料致密化。为了解决这一问题，在楔形热压和楔形锻造工艺的基础上，陈振华教授等提出了梯温楔形热压的概念，其基本原理是利用可以调节其上、下部分温度的模具使坯料在压制前产生由上到下的温度梯度再进行压制，从而

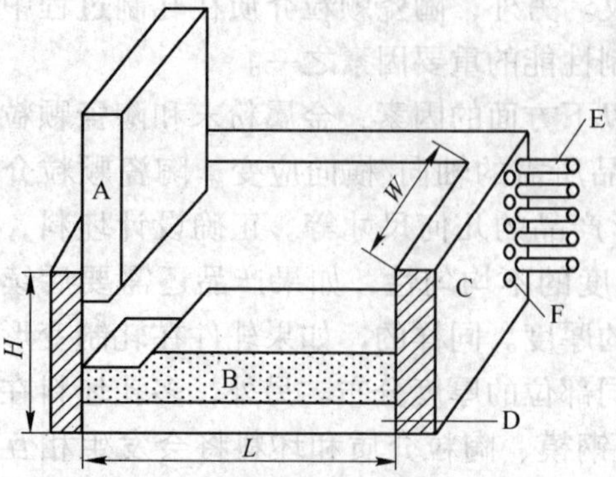

图 2 – 57　梯温楔形热压装置示意图

A—楔形压头；B—坯料；C—模具；D—电热板；
E—加热系统；F—冷却系统

在压制时坯料的下部温度较上部的温度高，坯料下部在较高的温度条件下使用较小的压制力就可以完成致密化加工。喷射沉积多孔坯料梯温楔形热压工艺装置示意图如图 2 – 57 所示。梯温楔形热压的工艺过程为：在压制前首先通过加热装置对模具进行加热，然后开启模具上部的冷却装置（水管），对模具进行冷却，待模具整体温度产生由上至下逐渐变大的梯度时，将之前加热好的坯料放入模具中一段时间，利用模具的热辐射使得坯料产生与模具一样的温度梯度，再进行楔形压制。实验结果表明，与恒温楔形热压相比，梯温楔形热压能明显改善厚坯料的密度分布，有效提高坯料整体的力学性能。梯温楔形热压工艺的设计应主要考虑坯料的变形温度，在有效的变形温度内设计温度梯度，以达到最佳的致密化效果。

参 考 文 献

[1] Jones H. Rapid Solidfication of Metals and Alloys, Monograph No. 8. London: The Institution of Metallurgists. 1982: 8.

[2] Savage S J, Froes F H. (1984). Production of Rapidly Solidified Metals and Alloys [J]. Journal of Metals, 1984, 36 (4): 20 ~ 33.

[3] 程天一，章守华. 快速凝固技术与新型合金 [M]. 北京：宇航出版社，1990.

[4] 卡恩 R W，哈森 P，主编. 材料科学与技术丛书，金属与合金工艺（第 15 卷）[M]. 北京：科学出版社，1999.

[5] 美国金属学会主编. 金属手册，第七卷，第九版 [M]. 韩凤麟主译. 北京：机械工业出版社.

[6] 原田幸明，菅広雄. 遠心雾化によゐ金属粉化条件の理論的檢討 [J]. 粉体ぉよび粉末冶金，1990，37，(4)：10.

[7] 粟原，松本，高島. 第 13 回液滴の微粒化にする演講會論文集，1985：107.

[8] Champagne B, Angers R A. Fabrication of Powders by the Rotating Electrode Process [J]. The International Journal of Powder Metall. Powder Technology, 1980, 16 (4): 359 ~ 366.

[9] Champagne B, Angers R A. Size Distributions of Powders Atomized by the Rotating Electrode Process [J]. Modern Develepments in Powder Metall, 1980, 12: 83 ~ 104.

[10] Champagne B, Angers R A. REP Atomization Mechanisms [J]. Metallurgy International, 1984, 16 (3): 125 ~ 129.

[11] Mehrabiad R. Rapid Solidification [J]. International Metal Review. 1982, 27 (4) : 185 ~ 208.

[12] Clyne, T W. Numerical treatment of rapid solidification [J]. Metall Transcation. B . 1984, 15: 369 ~ 381.

[13] 加藤哲男，草加騰司. 遠心アトマイズした超合金粉末の性狀について [J]. 電気制鋼，1983，54 (3)：174.

[14] 松本史朗，高島洋一. 均一液滴の生成ぉょびその应用 [J]. 化學工學，1983，47：540.

[15] Hopkins B. Close – coupled gas atomization comes of age [J]. Metal Powder Report, 1994, 49 (3):

34 ~ 38.
[16] Metas S P, Settles G S. High-speed imaging of liquid atomization by two different close-couple nozzles [C]. In: Advances in Powder Metallurgy & Particulate Materials - 1996, 1996: 67 ~ 80.
[17] Gerking L. Powder from metal and ceramic mets by laminar gas teams at supersonic speeds [J]. Powder Metallugry International, 1993, 25 (2): 59 ~ 65.
[18] Ting J, Terpstra R, Anderson I E. A novel high pressure gas atomizing nozzle for Liquid metal atomization [C]. In: Cadle T M, Narasimhan K S, (eds.). Advances on Power Metallurgy & Particulate Materrals - 1996. Princeton, NJ: MPIF, 1996: 97 ~ 108.
[19] Stauss J T. Hotter gas increases atomization efficiency [J]. Metal Powder Report, 1999 (11): 24 ~ 32.
[20] Stauss J T, Miller S A. Effect of gas properties in powder yield produced by close-coupled gas atomization [C]. In: Advanced in Powder Metal & Particulate Technology-1997 (Part 1), 1997: 45 ~ 52.
[21] Stauss J T. Close-coupled gas atomization using elevated temperature gas [C]. In: advances in Powder Metallurgy and Powder Technology, 1999, 1: 23 ~ 34.
[22] Yale J A, Dunkley J. Atomization of Melts (For Powder Production and Spray Deposition) [M]. Clarendon Press. Oxford, 1994.
[23] 任金莲, 刘纯荣, 吴胜举等. 恒载超声雾化制取金属粉末改进方法 [J]. 应用声学, 1996, 17 (6): 34 ~ 37.
[24] 杨福宝, 张富文, 徐骏等. 微细金属粉末超声波振动雾化技术的发展现状 [J]. 材料导报, 2005, 8: 87 ~ 91.
[25] Anon. Ultrasonics may make an iMPact in nano powders [J]. Metal Powder Report, 2002, 57 (11): 26 ~ 29.
[26] Heinemann W A. In: Rapid Quenched Metals V. Steeb S, Warlimont (eds.). Elserver Science. Pub. B V, 1985.
[27] Wahlster M, Stephan H, Ruthard R. Cost estimates and economic considerations in the production and processing of high quality metal powders [J]. Powder Metallurgy International, 1980, 12 (4): 173 ~ 178.
[28] Sastry S M L, Peng T C, Meschter P J, et al. Rapid Solidification Processing of Titanium Alloys [J]. Journal of Metals, 1983, 35 (9): 21 ~ 28.
[29] German R M. Powder Metallurgy Science. Metal Powder Institutes Federation. Princeton. New Hersey, 1984: 74.
[30] Levi C G. Ph. D. Thesis. University of Illinois, Urbana, IL: 1981.
[31] Field R D. Ph. D. Thesis. University of Illinois, Urbana, IL: 1982.
[32] 陈振华, 陈刚, 严红革等. 液体金属和合金的盐雾化 [J]. 湖南大学学报, 2001, 28 (4): 30 ~ 38.
[33] 陈振华, 陈刚, 严红革等. 固气两相流雾化工艺规律 [J]. 中国有色金属学报, 2004, 14 (2): 204 ~ 209.
[34] Chen Zhenhua, Chen Gang, Yan Hongge, et al. Solid Atomization Technology and Process of Molten Metal and Alloy [J]. Materials Research Bulletin. 2003, 38 (9 ~ 10): 1487 ~ 1492.
[35] 贝多 J K. 雾化法生产金属粉末 [M]. 胡之秀译, 曹勇家校. 北京: 冶金工业出版社, 1985.
[36] Schulz G. Taking the Pressure out of atomization [J]. Metal Powder Report, 2002, 57 (11): 23 ~ 25.
[37] 陈振华, 王云等. 制造微细粉末的快速冷凝装置: 中国, 88212137.5 [P]. 1988 - 02 - 06.
[38] 陈振华, 周多三等. 制造微细金属粉末的方法和装置: 中国, 90.106130.1 [P]. 1990 - 12 - 05.
[39] 陈振华, 蒋向阳等. 制造微细金属粉末的方法与装置: 中国, 91106862.7 [P]. 1991 - 11 - 30.
[40] 陈振华, 黄培云. 快速凝固——粉末冶金技术的发展综述 [J]. 中南矿冶学院 (快速凝固专辑),

1991, 22 (1): 1~10.

[41] Singer A. The Challenge of Spray Forming [J]. Powder Metallurgy, 1982, 25 (4): 195~200.

[42] Cai W, Lavernia E J. Modeling of Porosity during Spray Forming 2: Effects of atomization gas chemistry and alloy compositions [J]. Metallurgy Transaction B, 1998, 29B (5): 1097.

[43] 傅定发，陈振华，康智涛. 喷射沉积的理论研究模型 [N]. 材料导报，2000，6: 17~19.

[44] Mathur P, Annavarapu S, Apelian D and Lawley A. Spray Casting: an Integral Model for Process Understanding and Control [J]. Mat. Sci. and Eng., 1991, A142: 261~276.

[45] Mather P C. Analysis of the Spray Deposition Process [M]. Ph D thesis, Drexel University, 1988.

[46] Cai Cheng, Suresh Annavarapu and Roger Doherty. Modeling-Based Microstructure Control in Spray Casting. ICSF2 Proceeding, Ed. John V Wood, WOODHEAD Pub. Ltd, 1993: 67.

[47] Mather P, Apelian D, Lawley A. Fundamentals of Spray Deposition via Osprey Processing [J]. Powder Metallurgy, 1991, 34: 109~111.

[48] Uhlenwinkel V, Bauckhage K. Mass Flux Profile and Local Particle size in the Spray Cone during Spray Forming of Steel, Copper and Tin. ICSF2 Proceeding, Ed. John V Wood, WOODHEAD Pub. Ltd., 1993: 25.

[49] Grant P S, Kim W T, Bewlay B P, et al. The Monitoring of Deposit Surface Temperature during Spray Forming by Infrared Thermal-Imaging [J]. Scripta Metallurgy, 1989, 23: 1651~1656.

[50] Knight R, Smith R W, Lawley A. Spray forming research at Drexel University [J]. APMI International, 1995, 31 (3): 205.

[51] Cai C. A modeling study for design and control of spray forming [M]. Ph. D. Thesis, Drexel University, Philadelphia, PA, 1995.

[52] Annavarapu S, Doherty R. Inhibited coarsening of solid-liquid microstructures in spray casting in high volume fractions of solid [J]. Acta. Metall Mater., 1995, 41: 3207~3230.

[53] Liang X, Earthman J C, Lavernia E J. On the mechanism of grain formation during spray atomization and deposition [J]. Acta Metall Mater, 1992, 40: 3003~3016.

[54] Wang G X, Matthys E F. Modeling of rapid solidification by melt spinning: effect of heat transfer in the cooling substrate [J]. Materials Science and Engineering, 1991, A136: 86~97.

[55] Shingu P H, Ishihara K N. Processing principles in rapid solidification in Rapid Solidified Alloys. Ed. By Jones H. Marcel Dekker Inc. 1993: 103~118.

[56] Takeshita K, Shingu P H. analysis of the ribbon formation process by the single roller rapid solodification [J]. Transcation of the Japan Institute Metals. 1983, 24: 529~536.

[57] Rosen G, Avissar J, Gefen Y, et al. Centrifuge Melt Spinning [J]. Journal of Physics E (Scientific Instruments), 1987, 20 (5): 571~574.

[58] Rosen G, Avissar J, Gefen Y, et al. In: Rapidly Solidified Materials. Lee P W, Carbonara R S (Eds.). Metals Park: ASM, 1986: 9~13.

[59] Fiedler H, Muhlbach H, Stephani G. The effect of the main processing parameters on the geometry of amorphous metal ribbons during planar flow casting (PFC) [J]. Journal of Materials Science. 1984, 19: 3229~3235.

[60] Frommeyer G, Heyder B. Continuous casting of thin wires and fibers by in-relating-liquid spinning [J]. Materials Science and Engineering, 1993, A173: 327~333.

[61] Ohnaka I, Fukusako T, Ohmichi T, Masumoto T, Inoue A, Hagiwara M. Proceedings of the fourth conference on rapidly quenched metals [C]. The Japan Institute of Metal. Sendai, 1981: 31~34.

[62] Mitin B S, Vasiliev V A, Scurdiin A A. A plan for production of powder, fibers, wires and wire tape at a rate of 10^6Ks^{-1} [J]. Materials Science and Engineering, 1991, A133: 746 ~ 750.

[63] Miyazawa K, Szekely J. Mathematical model of the splat cooling process using the twin-roll technique [J]. Metallurgical Transactions A, 1981, 12A (6): 1047 ~ 1057.

[64] Ando T, Dmoswki W, Egami T, et al. Elements of Rapid Solidification Fundamentals and Applications Springer, 1997.

[65] Carslaw H S, Jaerger J C. Conduction of Heat in Solids [M]. Oxford: Clarendon Press, 1990.

[66] Rappaz M, Gremaud M, Dekumhis R, et al. In Laser Treatment of Materials, ed. by B. L. Mordike (DGM, Oberursel, 1987): 43 ~ 53.

[67] Moir S A, Jones H J. Effect of temperature gradient and growth rate on primary dendrite spacing in steady-state unidirectional solidification [J]. A consolidation of the available experimental results. Materials Science Letter, 1991, 12 (3): 142 ~ 146.

[68] 陈振华. 多层喷射沉积技术及应用 [M]. 长沙：湖南大学出版社，2003.

[69] 柯尔巴什尼可夫 A N. 颗粒材料 [M]. 北京：国防工业出版社.

[70] 陈振华，蒋向阳，王云，等. 在保持亚稳结构下快速凝固 Al - Li 合金粉末的热致密研究 [J]. 中南矿冶学院学报，1991，22 (1)：65 ~ 73.

[71] Chen Zhenhua, Jiang Xiangyang, Wang Yun, et al. Preparation of Rapidly Solidified Amorphous $Al_{85}Ni_5Y_{10}$ Powder and Alloy [J]. Journal of the Less-Common Metals, 1991, 171: 187 ~ 194.

[72] Chen Zhenhua, Wang yun, Zhou Duosan, et al. Preparation and Consolidation of Al-Based Alloy Quasicrystalline Powders [J]. Scripta Metallugica et Materialia, 1990, 24 (3): 599 ~ 603.

[73] Chen Zhenhua, Wang Yun, Zhou Duosan, et al. Preparation and Consolidation of Al-Based Alloy Quasicrystalline Powders [J]. Scripta Metallugica et Materialia, 1991, 25 (1): 159 ~ 163.

[74] Chen Zhenhua, Zhang Hao, Chen Ding, et al. Advanced Plastic Processing Techniques for the Densification of Spray Deposited Preforms [J]. Materials Science Forum, 2007, 561 - 65 (2): 827 ~ 830.

[75] Zhang Hao, Chen Zhenhua, Yan Hongge, et al. Preparation of spray deposited aluminium alloy sheets via rolling technique, Trans. Nonferrous Met. Soc. China, 2007, 17: 285 ~ 289.

[76] 陈振华，王凯，张昊，等. 喷射沉积坯的梯温楔压 [J]. 中国有色金属学报，2008（待发表）.

3 快速凝固制备理论

快速凝固的急冷凝固理论的研究最早可以追溯到20世纪50年代初期Falkenhegen和Hoffman的研究工作，当时他们研究了很多金属及合金的形核过冷度和在高冷速（最高达10^5K/s）条件下的凝固行为。快速凝固技术的创始人应属于苏联学者Salli和美国学者Duwez。1958年苏联学者Salli为了研究二元合金的相互固溶度问题，研究了快冷的装置，其原理是采用两块铜板夹住飞溅在铜板上的金属液，使液粒冷却速度达到10^5K/s。1960年美国学者Duwez采用了枪法快冷装置制备了Au－Si非晶合金，此法冷却速度估计可达10^7K/s。进入20世纪70年代后，各种急冷凝固技术迅速发展，与此同时，急冷凝固理论得到很大的发展。

快速凝固技术的大过冷凝固理论同样在20世纪50年代就开展了研究，著名学者Tumbull提出，如果能够消除液态金属或合金中的触发形核因素，如熔体内部的杂质、熔体与坩埚壁的接触等，则熔体的结晶行为将由非均匀形核过渡到均匀形核，熔体可获得很大的过冷度、并且产生很大的凝固速度。20世纪50年代初Tumbull做了著名的微小金属液粒大过冷实验，将10余种液态金属分散成大量直径为2～200μm的液粒，发现液粒的最大过冷度可以达到0.18～0.2T_m。Perepezko在随后的实验中使直径为10～20μm的Sn、Ba和Ga的液粒过冷度分别达到0.38T_m、0.41T_m和0.58T_m（T_m为合金熔点），并预言液态金属能够达到的最大过冷度为（2/3）T_m。大过冷凝固的方法有乳化法、两相区法、电磁悬浮熔炼法、落管法、微动凝固法、循环过热净化法、熔融玻璃净化法、化学净化法等多种方法。

实质上熔体急冷技术是属于动力学快速凝固技术，而大过冷凝固技术是属于热力学快速凝固技术。德国学者Herlach研究表明，热力学大过冷熔体凝固技术与快淬急冷液态金属有着相似的凝固机制，它们是实现快速凝固的两种有效途径。也就是说，两者的凝固速度都非常大。大过冷凝固时，熔体的冷却速度较小，过冷度很大；而急冷凝固时，熔体的冷却速度很大，过冷度较小。

3.1 快速凝固技术的基本原理

3.1.1 急冷凝固原理

急冷凝固技术（Rapid Quenching Technology或RQT）的核心思想是要提高凝固过程中熔体的冷速，从热量传输的基本原理可以知道，一个相对于环境开放的系统，冷速取决于该系统在单位时间内产生的热量和传出的热量。因此对金属凝固而言，提高系统的冷速必须要求减少单位时间内金属凝固产生的熔化潜热和提高凝固过程中的传热速度。急冷凝固技术的原理是设法减小同一时刻凝固的熔体体积与其散热表面积之比，并设法减小熔体与热传导性能良好的冷却介质的界面热阻并以传导的方式进行散热。由于急冷凝固技术主要是通过提高凝固冷速的方法来提高熔体的过冷度和凝固速度，因此，在凝固过程中冷却速度大小是急冷凝固技术的一个重要指标。

3.1.2 大过冷凝固技术

大过冷技术（Large Undercooling Technology 或 LUT）的实质是指使熔体尽可能在接近均匀形核的条件下凝固，以获得大的凝固过冷度和非常高的凝固速度。通常，熔体中的促进非均匀形核的质点主要来自于熔体内部的夹杂和容器（如坩埚、铸模等）壁。通过将熔体分散成细小的熔滴可以减小熔滴中含有杂质粒子的几率，这样有可能形成大量的不含杂质粒子的熔滴，同时也减小了单个熔滴中含有的杂质粒子的数量，从而产生接近均匀形核的条件。另一方面，为了减小或消除由容器壁引入的形核媒介，主要的方法是设法把熔体与容器壁隔离开或者在熔化与凝固过程中不用容器。具体的方法大致可以分成两类，一类是熔滴弥散法，即在细小熔滴中达到大凝固过冷度的方法如乳化法、熔滴－基底法和落管法等。另一类是在较大体积的熔体中获得大过冷度的方法，有玻璃包裹法、嵌入熔体法或二相区法和电磁悬浮熔化法等。

乳化法的原理是将熔体在惰性气氛下与纯净的有机液体混合，然后进行机械搅拌，使熔体分散成直径为 1 ~ 10μm 的熔滴，与有机液体形成乳浊液，然后将其冷凝。用乳化法获得较大过冷度的关键是熔滴尺寸要尽可能小，尺寸分布集中以及选用不会导致熔滴表面形核的有机液体作为乳化液。在乳化法中熔滴的最大过冷度一般可以达到 $0.3 \sim 0.4T_m$（T_m 为合金熔点）。二相区法（嵌入熔体法）是把合金加热到固、液二相区或糊状区，控制温度使熔体的体积占整个合金的 20% 左右，使固、液相在此温度下达到平衡后，再把样品淬火到较低温度，这时未凝固的熔体通过已凝固且温度较低的固相传出热量。由于熔体未与空气和容器壁接触，所以只有在较大过冷度下才能稳定地形核凝固。玻璃体包裹法是在高温下，用液态的无机玻璃体把大块熔体与容器分开，使熔体凝固时不受容器壁的影响。用这种方法可以制取重达几百克的大过冷凝固合金。熔滴－基底法与乳化法类似，但是弥散后的熔滴是在冷模上凝固，所以达到的过冷度也没有乳化法的高。落管法的原理是使金属液滴在一垂直管道中自由下落并凝固，管道中的气氛可以控制。这样熔体在冷凝时可以不与任何介质或容器壁接触而达到较大的过冷度。采用的落管有长、短之分，长管的尺寸一般在 50m 左右，由于熔体做自由落体运动，因此此法也可用于研究熔体在微重力或失重状态下的凝固行为[1]。

在上述方法的基础上，为了使熔体在凝固时避免与异质形核质点相接触，而且母合金在熔化时也不会混入杂质，近年来还成功发展了电磁悬浮熔化冷凝法。采用这种方法可以使体积较大的熔体获得比用其他方法更大的过冷度。电磁悬浮熔化冷凝法的原理是把直径为数毫米的块状母合金样品放入电磁线圈内，依靠电磁场对样品的作用产生悬浮力，使样品始终处于悬浮状态，并在惰性气氛中感应加热熔化，然后断电使之冷凝。用这种方法处理大块 $Cu_{70}Ni_{30}$ 合金样品时可以获得高达 323K 的过冷度。

总之，在熔体大过冷技术中凝固过程不受散热条件的控制，其凝固速度可以达到甚至超过急冷凝固的凝固速度。另外，熔体大过冷的获得，理论上不受液态金属体积的限制，因此大过冷是实现三维大体积液态金属快速凝固的方法之一。

3.2　熔体的过冷和再辉

3.2.1　熔体的过冷

在均匀形核条件下，假定稳定凝固时晶核的形状为球形，半径为 r，由于在晶核形成时晶核与熔体之间会形成新的固、液界面，使体系增加固、液界面能，系统的自由能变化为：

$$\Delta G = -\frac{4}{3}\pi r^3 \cdot \Delta G_v + 4\pi r^2 \sigma \tag{3-1}$$

式中，ΔG_v 为单位体积固、液相间的自由能之差，σ 为单位面积的固液界面能。式（3－1）表明形核过程实际上是热力学驱动力 ΔG_v 与动力学阻力（σ）之间的相互竞争的过程。当熔体中的能量起伏能够克服形核势垒时，晶核才能稳定形成。开始这种能量的转变是主动的，然后达到最大值，此后这种转变变为被动的。这就意味着当核心足够大时系统最终获得了能量，形核临界势垒 ΔG^* 为：

$$\Delta G^* = \frac{16\pi\sigma^3}{3(\Delta G_v)^2} = \frac{16\pi\sigma^3 \cdot T_m^{\ 2}}{3\Delta H_m^{\ 2}(\Delta T)^2} \tag{3-2}$$

式中，ΔH_m 为单位体积固相的熔化潜热，$\Delta T = (T_m - T)$，T_m 为平衡液相线温度即熔体的理论熔点，T 为实际形核结晶温度。在熔体的理论熔点 T_m 处，ΔG_v 为零，因此不会发生凝固。在熔点温度 T_m 以下 ΔG_v 与过冷度成正比，因而 ΔG^* 与 ΔT^2 成反比。一般来说，将平衡液相线温度 T_m 与形核结晶温度 T 之差 ΔT 称之为过冷度（$\Delta T = T_m - T$）。将处于液相线温度以下的熔体称之为过冷熔体。即使充分低于 T_m 时，ΔG^* 仍然较大，因此在一定时间内，液体可以很容易过冷或低于 T_m 而不发生凝固。形核速率随着过冷度的增大而增大，式（3－2）表明 ΔG^* 随过冷度增大而降低，但过冷度太大时由于熔体的温度很低，原子的扩散能力减弱，其形核速率又会减小。

在快速凝固过程中样品的几何形状对传热过程和熔体过冷度有很大影响。例如雾化液滴可以很容易地获得很大的过冷度，雾化液滴的尺寸对液滴中异质形核质点的数目有很大影响，进而影响到熔体的过冷度；在熔体旋淬法和表面熔融再凝固法中，由于基体（热沉）的吸热能力很强，熔体发生快速散热冷却，这时随着凝固界面的迅速移动，熔体中会发生热量传输和溶质的重新分布，如果熔体能获得很大的过冷度，则在凝固过程中就有充分的时间进行相选择。

雾化法是制备金属或合金粉末的主要方法之一。在雾化过程中，熔体被雾化介质（气体、液体，有时也采用机械力）雾化成微细的液滴，液滴在飞行过程中与环境之间发生能量交换（热能和动能），温度迅速降低，凝固成粉末颗粒。影响液滴凝固过程的主要因素为：液滴尺寸、熔体的物理性能、雾化气体的物理性能及其与液滴间的相对速度大小等。

采用雾化技术制备金属粉末时，降低熔体的黏度有利于提高雾化效果，改善雾化工艺。因此，雾化时一般都要将熔体进行过热处理，过热度 ΔT 为熔体的实际温度 T 与相应成分液相线温度 T_l 之差（对于纯金属，则 T_l 就是金属熔点 T_m）。一般将温度在液相线以上的熔体称之为过热熔体。

实际上，当雾化液滴的温度达到液相线温度时液滴并不能立即开始凝固，必须要有一定的过冷度 ΔT，以提供形核驱动力。一般将平衡液相线温度 T_l 与形核温度 T_N 之差称之为

过冷度 $\Delta T = T_1 - T_N$。将处于液相线温度以下的液体称之为过冷液体。若固相晶核在杂质或其他形核剂上形成，那么这种过冷度为非均匀形核过冷度。影响液滴形核开始温度的因素有：液滴冷却速度、形核剂的含量、分布及特性等。当金属熔体被雾化成大量的微细液滴后，根据统计分布规律可知只有少量的液粒中含有异质形核质点，其他大部分液粒中不含杂质粒子，这样的液滴就可以获得很好的过冷效果。影响雾化液滴最大过冷度的工艺参数有液滴尺寸、液滴表面上的形核质点（主要来源于氧化物等）及分布、熔体过热度、冷速和合金成分等。

根据上面分析，粉末雾化由于尺寸减小，存在着动力学快速急冷凝固的效果，同时由于尺寸减小，过冷度增大，存在着热力学大过冷凝固的效果，两者的综合效应，使得凝固速度增大。但是由于环境气氛的影响，液粒表面很容易产生一些氧化物，因而会减弱大过冷的效果，因此液粒的表面特征对过冷度的影响比较大。表 3-1 给出了雾化液粒的过冷特点。

表 3-1 雾化液粒的过冷特点[1]

参 数	过冷效应	特 征
雾化液滴的尺寸	在冷速恒定时液滴尺寸越小则过冷度 ΔT 越大。	熔体中的异质形核质点被隔离，遵从 Poisson 统计定律
液滴表面状态	液滴表面氧化物等杂质影响过冷度。	最有利的表面是洁净表面或惰性化合物，这时 ΔT 为非均匀形核过冷度
冷 速	ΔT 随液滴冷速的提高而增大	冷速变化会改变形核动力学过程
熔体过热度	适合于特定的体系	可能与液滴表面特性有关
合金成分	形核温度 T_N 随液相线温度 T_1 的变化而变化	通常熔体的纯度不是关键因素，在非晶转变点度附近，T_N 迅速下降。成分变化容易导致相变发生
雾化气体压力	影响雾化液滴的尺寸，进而影响液滴的过冷度	雾化气体压力越大，则液滴尺寸越小，过冷度就越大

3.2.2 再辉现象

在液粒凝固过程中，很难抑制液滴中非均匀形核过程的发生，因为液滴中的杂质和液滴表面与环境中的氧气反应生成的氧化物都容易导致非均匀形核过程。在理想状态下，若液滴中不存在非均匀形核质点，则液滴的形核温度将取决于熔体的物理特性、液滴的尺寸和冷却条件，这样的过冷度称之为均匀形核过冷度。在熔体结晶形核过程中，液相向固相转变时会释放出凝固潜热，这些热量将通过固-液界面向固相周围的过冷熔体中散失。在液滴凝固过程中，潜热产生和液滴表面向周围环境散失热量这两个过程相互竞争，液滴的温度取决于放热效应和散热冷却效应相互竞争的结果。过冷液滴开始凝固后，通常凝固速度很快，因此热量由固-液相界面向过冷液体中释放的速度比液滴表面向周围环境中释放的速度要快得多，从而导致液滴温度升高，产生再辉现象。液滴的过冷概念可以由图 3-1 进行说明。

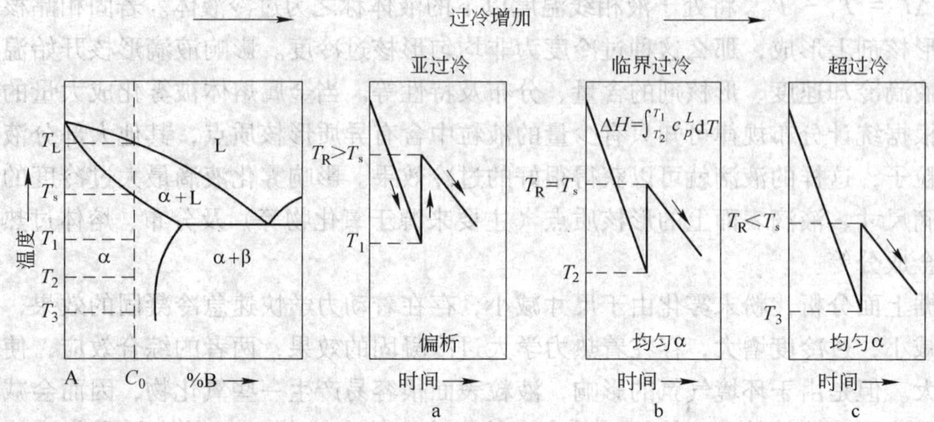

图 3－1　熔体凝固再辉过程的冷却曲线[2]

在图 3－1 中，将成分为 C_0 的合金过冷到 α 单相区域，开始凝固形核，释放的潜热导致液滴产生再辉效应，液滴的温度又回升到（α＋L）两相区。若再辉将液滴温度回升到对应于 C_0 成分的固相线温度 T_s（$T_R = T_s$），这一条件被称之为临界过冷度。当再辉导致的液滴温度仍在固相线以下区域时（$T_R < T_s$），这种条件被称之为超过冷（hypercooling）。当液滴过冷度足够大时，熔体凝固速度就可以足够快，以至于液滴表面的散热速率与相变时释放热量的速率相比几乎可以忽略不计。因此，在忽略液滴表面散热的条件下，凝固时产生的潜热被全部用于提高过冷液滴的温度。这时，液滴在凝固过程中散失的热能被全部用于提高液滴温度。在临界过冷条件下，再辉效应可以将液滴的实际温度从过冷温度提升到固相线温度 T_s。假定固相与液相的热容相等，并且熔化热与温度无关，则可以用能量平衡方程来定义临界过冷条件[3]：

$$\Delta T_{cr} = \frac{\Delta H_f}{C_{pl}} + (T_l - T_s) \tag{3-3}$$

式中，ΔH_f 为熔化潜热，C_{pl} 为液相的摩尔热容，T_l 和 T_s 分别为成分为 C_0 时的液相线温度和固相线的温度。对于纯金属，$T_l = T_s$，故式（3－3）就变为[4]：

$$\Delta T_{cr} = \frac{\Delta H_f}{C_{pl}} \tag{3-4}$$

当熔体过冷度 $\Delta T \geqslant \Delta T_{cr}$ 时，液滴就达到超过冷状态，这时凝固过程可以在不存在外部散热的条件下完成，熔体的再辉温度也保持在固相线温度以下。

3.3　快速凝固时的热流

在快速凝固过程中，液态金属以非常高的凝固速度变成固态金属。急冷凝固的核心是熔体的冷却速度特别高，而大过冷技术的核心则是减少凝固过程中所放出的热量。

急冷凝固技术中的雾化法、双辊法、旋转圆盘法等工艺制备的试样尺寸足够小，以至于内部热阻可以忽略，界面散热成为控制环节。通过增大散热强度，可实现快速凝固。对于以单面散热，在不发生凝固的冷却过程中热平衡条件为：

$$\rho \cdot c \cdot y\mathrm{d}T = h \cdot \Delta T_s \cdot \mathrm{d}\tau \tag{3-5}$$

式中，y 为液膜厚度；ΔT_s 为合金熔体与冷却介质的温度差；ρ 为合金熔体的密度；h 为界面传热系数；τ 为时间；c 为合金液的平均比热容。

合金的冷却速度为

$$\dot{T} = \frac{\mathrm{d}T}{\mathrm{d}\tau} = \frac{h \cdot \Delta T_{\mathrm{s}}}{\rho \cdot c \cdot \gamma} \tag{3-6}$$

雾化法的热流受到对流和辐射的控制，并以对流为主，把辐射放热的贡献估计在热交换系数（h）中，则冷却速度为

$$\dot{T} = \frac{3h(T - T_0)}{\rho \cdot c \cdot d} \tag{3-7}$$

式中，d 为液粒直径；T 为液粒温度；T_0 为环境温度。

急冷凝固是通过提高热流的导出速率来实现快速凝固的，而对大过冷来说，减小凝固过程中热流的导出量是实现快速凝固的关键。通过抑制凝固过程中的形核反应，使合金熔体获得很大的过冷度。凝固时释放出的潜热 ΔH_{m} 被过冷熔体吸收，可大大减少凝固过程中需要导出的热量，从而获得很大的凝固速度，过冷度为 ΔT 的熔体在凝固过程中所需要导出的实际潜热 $\Delta H'_{\mathrm{m}}$ 可表示为：

$$\Delta H'_{\mathrm{m}} = \Delta T_{\mathrm{s}} - c \cdot \Delta T \tag{3-8}$$

由于凝固速度是由凝固潜热释放速度和热量导出速率控制的，忽略液相过热的影响，单向凝固速率 R 为：

$$R = \frac{\lambda_{\mathrm{s}} \cdot G_{\mathrm{TS}}}{\rho_{\mathrm{s}} \cdot \Delta H_{\mathrm{m}}} \tag{3-9}$$

式中，λ_{s} 为固相热导率；ΔH_{m} 为凝固潜热；ρ_{s} 为固相密度；G_{TS} 为温度梯度，由凝固层的厚度 δ 和铸件的界面温度 T_{i} 所决定。参考图 3-2，对凝固层内的温度分布作线性近似，得出：

$$R = \frac{\lambda_{\mathrm{s}}}{\rho_{\mathrm{s}} \cdot \Delta H_{\mathrm{m}}}\left(\frac{T_{\mathrm{k}} - T_{\mathrm{i}}}{\delta}\right) \tag{3-10}$$

从式（3-9）和式（3-10）可以看出，凝固速率随过冷度的增加而增加。当 $\Delta H'_{\mathrm{m}} = 0$ 时，凝固潜热完全被冷熔体所吸收，试件中无热流导出，则

$$\Delta T = \Delta T^* = \frac{\Delta H_{\mathrm{m}}}{c} \tag{3-11}$$

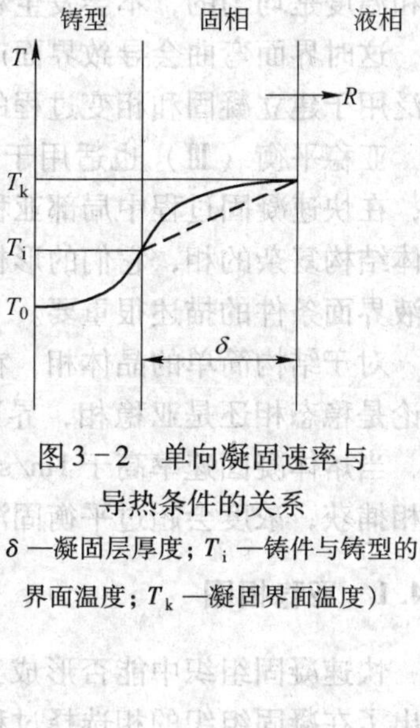

图 3-2　单向凝固速率与导热条件的关系
（δ —凝固层厚度；T_{i} —铸件与铸型的界面温度；T_{k} —凝固界面温度）

由式（3-11）所定义的 ΔT^* 称之为单位过冷度。

3.4　快速凝固过程的热力学

所谓平衡状态一般是指整个体系内的化学势和温度是均匀的，没有发生相变。这种状态只有在固态下长时间退火或未发生结晶形核的恒温熔体中才能成立。平衡凝固一般是指凝固速度非常缓慢，固相和液相中的溶质有充分的时间扩散达到均匀化的凝固过程。对于合金熔体，若发生结晶形核，则在固-液相之间会产生温度和成分梯度。可以采用不同的方法来描述整个凝固动力学过程，如可以采用扩散方程来描述合金相内的温度和成分关系，采用相图来描述相界面处可能的温度与成分关系。

快速凝固被公认为是一种“非平衡”工艺，过冷度不同，偏离平衡状态的程度也不同。表 3-2 为平衡状态和非平衡状态的各自特点。

表 3-2 平衡状态和非平衡状态的特点

Ⅰ	扩散型的完全平衡状态： （1）不存在化学势梯度（相成分均匀） （2）不存在温度梯度 （3）杠杆定律适应
Ⅱ	界面的局部区域处于平衡状态： （1）穿过界面区的化学势连续变化 （2）相图只能给出液固界面处的成分和温度 （3）要对界面曲率进行校正（Gibbs-Thomos 效应）
Ⅲ	界面的局部区域处于亚稳态平衡状态： （1）在稳定相无法形核或足够快地生长时非常重要 （2）亚稳相图可以给出界面条件（在实际的热力学相图上不存在稳定相或相）
Ⅳ	界面处于非平衡状态： （1）相图上无法给出界面处的温度和化学成分的关系 （2）界面区各处的化学势不等

一般只能在长时间的退火后才能达到完全平衡状态（Ⅰ），这时在整个体系内的化学势和温度是均匀的，不会发生相变。当固、液界面发生弯曲时，会产生 Gibbs-Thomos 效应，这时界面弯曲会导致界面产生平衡移动，称之为局部平衡（Ⅱ）。（Ⅱ）中的条件被广泛用于建立凝固和相变过程的模型，但不包括溶质无分配凝固和马氏体相变。

亚稳平衡（Ⅲ）也适用于界面处的局部区域，在常规冶金工艺中非常重要。总的来说，在快速凝固过程中局部亚稳平衡的存在非常重要，这是由于很多平衡相，特别是那些晶体结构复杂的相，它们的形核和生长很困难。因此，亚稳相图对很多快速凝固工艺中的固液界面条件的描述很重要。

对于结构简单的晶体相，在凝固过程中当晶体生长速率超过溶质原子的扩散速率时，无论是稳态相还是亚稳相，界面处的平衡状态的失稳非常显著，一些合金的实验结果表明，当熔体凝固速率高于 1m/s 时，界面处产生显著的非平衡效应，溶质原子被界面处的固相捕获，浓度会超过平衡固溶度。

3.4.1 亚稳相图

快速凝固组织中能否形成亚稳相取决于形核和晶核生长动力学之间的竞争。图 3-3 给出了在凝固组织的相选择过程中形核和晶核生长动力学与工艺条件之间的函数关系。图 3-3a 为纯材料的液相、稳态相 α、亚稳相 β 的摩尔自由能的热力学关系，亚稳 β 相的熔点为 T_m^β。图 3-3b，c 给出了亚稳 β 相在形核和生长有利的条件下动力学在相选择中的作用。

当液相中发生 α 或 β 相形核时，合金中最终的相在很大程度上是由形核势垒的最低值 ΔG^* 决定的。每个固相的 ΔG^* 值是过冷度、固-液界面能的函数，也与表面上是否存在有利于 α 或 β 相非均匀形核质点有关。对于图 3-3b 中的形核速率关系曲线，在过冷度较低时 α 相的形核占主导地位，而在温度较低时 β 相的形核占主导地位。在相选择过程中，随着过冷度的提高，不同相的形核次序发生转变。这种转变是由与晶核、固-液界面和与形核质点有关的界面能控制的，即使热力学驱动力远大于稳态相的形核势垒也会发生这种转变[5,6]。

稳定相的生长有时也很困难。熔体中发生两相形核后，其中一个相的生长速率可能高于另一个相，因此决定了快速凝固合金的最终组织。图3-3c给出的就是一个简单的例子，图中在有利于亚稳相形成的条件下，在液相中形成的α、β相的生长速率是界面温度的函数。一些纯金属在凝固过程中经常会发生这一现象，这时形成的α相晶核在生长时产生很多小平面。Jackon提出了小平面生长界面的形成判据。当无量纲因子α（熔化熵与气体常数的比值，即每摩尔熔体的结晶潜势与绝对熔点的比值）大于4时，原子密排界面容易产生小平面。这样很容易得到图3-3c所示的生长速度与过冷度的关系曲线。对于合金而言，不同相之间的生长竞争与溶质原子在不同形状的晶粒组织（如枝晶、共晶）中的再分布难易程度有关。图3-3中的形核和晶核生长曲线适用于过冷度较低的条件。对于热激活过程，这两种速率在低温下都可以达到很大值。例如，由于扩散系数与温度有关，共晶生长的速度最高。

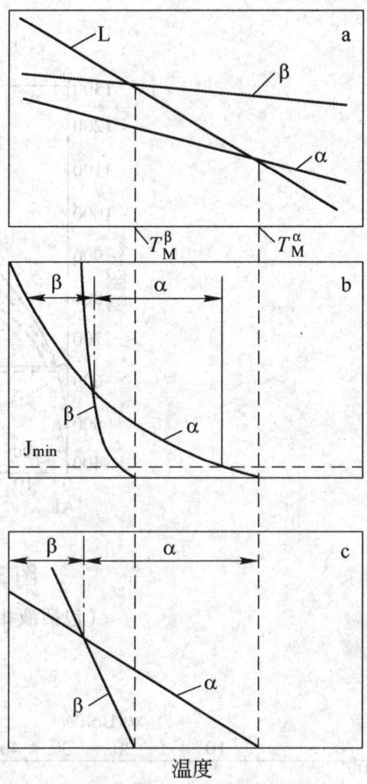

图3-3　相选择过程中形核和长大的动力学示意图
（示意图说明了在低温下从液相L中易于形成亚稳的β相）
a—α相的热稳定性；b—β相的快速形核范围；c—β相快速生长的温度范围

对于具有同素异构转变现象的纯金属而言，假定低温相为β相，高温相为α相，β相的熔点T_m^β位于α相熔点T_m^α和同素异构转变温度$T_{\alpha/\beta}$之间。忽略两相比热容的差异，则T_m^β可以根据下式来计算：

$$T_m^\beta = \frac{[\Delta S_{\alpha/\beta} T_{\alpha/\beta} + \Delta S_m T_m^\alpha]}{\Delta S_{\alpha/\beta} + \Delta S_m^\alpha} \tag{3-12}$$

式中，$\Delta S_{\alpha/\beta}$为同素异构转变的熵变，ΔS_m^α为α相的熔化熵。

虽然很多纯金属的同素异构转变现象在常压下不会发生，但通过高压或添加合金化元素则可以诱发这种转变。

图3-4给出了Al-Be合金的稳态相图和计算亚稳相图。这些相图是通过满足fcc-Be的相边界、晶格稳定性计算值的热力学方程得到的。这些值的变化会显著改变相图的结构。在图3-5a中不存在hcp和bcc结构相。图3-5b为图3-5a的富铝端的放大图。由图可见，由于液相线形状和共晶点的位置非常接近，且在稳态共晶下都有一定的过冷度，因此Al-Be合金的凝固过程中很容易形成几种结构的Be相和α-Al相。从原理上讲，对于给定成分的合金，在不同的凝固工艺中会形成不同的凝固路径和凝固组织，这取决于不同的稳定相或亚稳相形核或晶核生长的难易程度。

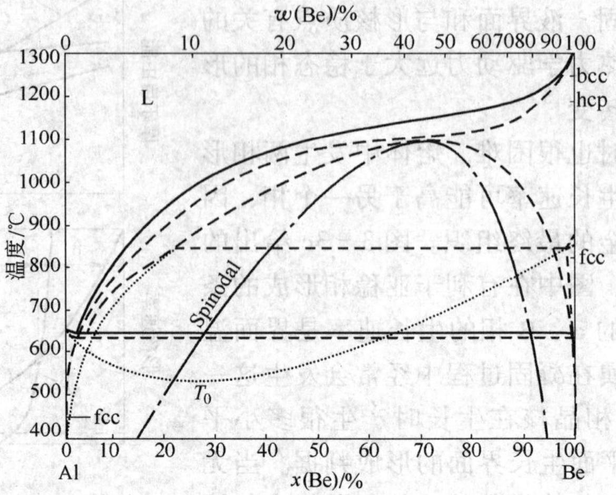

图 3 - 4　Al - Be 稳态及亚稳态相图[7]

（包括液相、fcc - Al、fcc - Be、hcp - Be 和 bcc - Be 相）

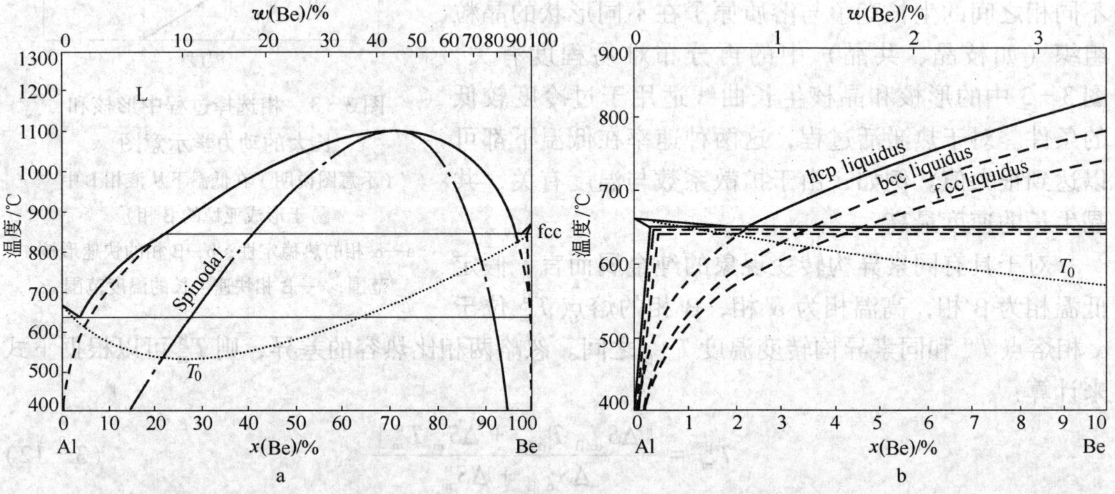

图 3 - 5　Al - Be 亚稳相图[7]

a—简单亚稳相图，未出现 bcc 和 hcp 的 Be 相；b—图 3 - 4 中富铝端的放大图

计算相图法是建立各种相图的理想方法之一，但准确性取决于热力学数据是否完善以及所采用的热力学模型的准确性。然而现有的大部分相平衡数据只是关于人们感兴趣的那些相在有限的成分和温度范围内的测量值。图 3 - 6 就是这样的例子。该图给出了 Pb - Sn 合金亚稳相边界的实际测量值和采用两种不同热力学模型计算出的平衡相结果[8,9]。在稳态平衡相区，准规则溶液和准亚规则溶液模型与实验数据符合得很好；但在亚稳相区，这两种模型的计算结果差异很大，只有准亚规则溶液模型能与实验数据很好地符合。

3.4.2 T_0 线

就自由能降低到最低的情形而言，亚稳态平衡是真实的热力学平衡状态。通常处于亚稳态平衡时每个组元在不同相中的化学势相等。然而表 3-2Ⅳ 给出了另外一种情况，当界面生长速率很快、过冷度很高时，组元在界面两侧的化学势不等。由于界面生长速率很快，很容易捕获溶质原子，导致固相中溶质的浓度高于界面处液相成分的平衡值。界面处溶质原子化学势的提高必须由溶剂的化学势降低来补偿，这样才能维持结晶过程的连续进行，而要做到这一点，界面处的温度必须远低于液相线的温度，不管体系是处于稳态还是亚稳态。

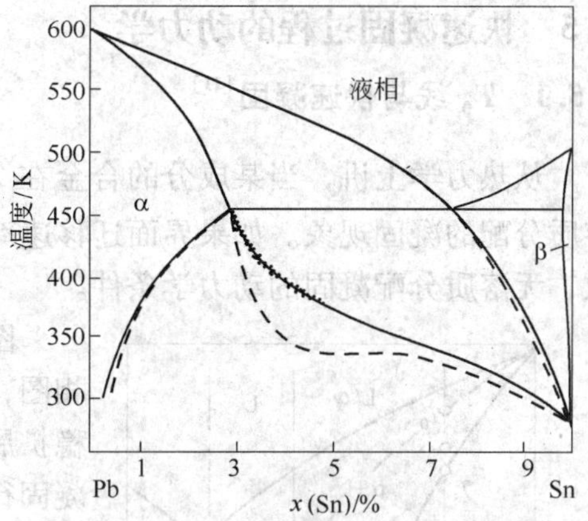

图 3-6 Pb-Sn 合金的计算相图[8]
（包括根据准规则溶液模型（点划线）或准亚规则溶液模型（实线）计算得到的亚稳态扩展（α+L）相区，实验数据用点表示）

对于某个具体合金，总是存在一个最高的界面温度能够保证结晶过程的进行。当凝固速度足够快时，在界面处固相成分与液相成分相等，无溶质再分配现象发生，从而发生无分配凝固，这时的热力学温度称之为 T_0 温度，在此温度下液、固相的自由能相等。在很宽成分范围内的 T_0 点就构成了 T_0 线。

含有稳态或亚稳态相的熔体通常都存在 T_0 线，位于这些相的液相线和固相线之间。图 3-7 给出了两种共晶相图中的 T_0 曲线示意图。这些曲线的重要用途是可以用于确定熔体在快冷过程中扩展固溶度的上限值。如图 3-7 所示，如果 T_0 曲线位于液相线以下较低的位置，溶体中很难形成成分超过 T_0 线的 α 或 β 单相。实际上，对于固相线退化的合金相，在退化温度下 α 或 β 单相的成分或 β 单相，这种状态的共晶俗称深共晶，深共晶合金快冷时很容易形成非晶。图 3-7b 与图 3-7a 不同，T_0 线稍低于液相线，这种浅共晶合金在快速凝固时很容易发生固溶度扩展，但不会形成共晶。图中给出了在热力学上可能发生溶质无分配凝固的成分区，实际上，在两个 T_0 线之间的成分区可以形成 α 和 β 混合相，每个相的成分都与液相的成分相同。

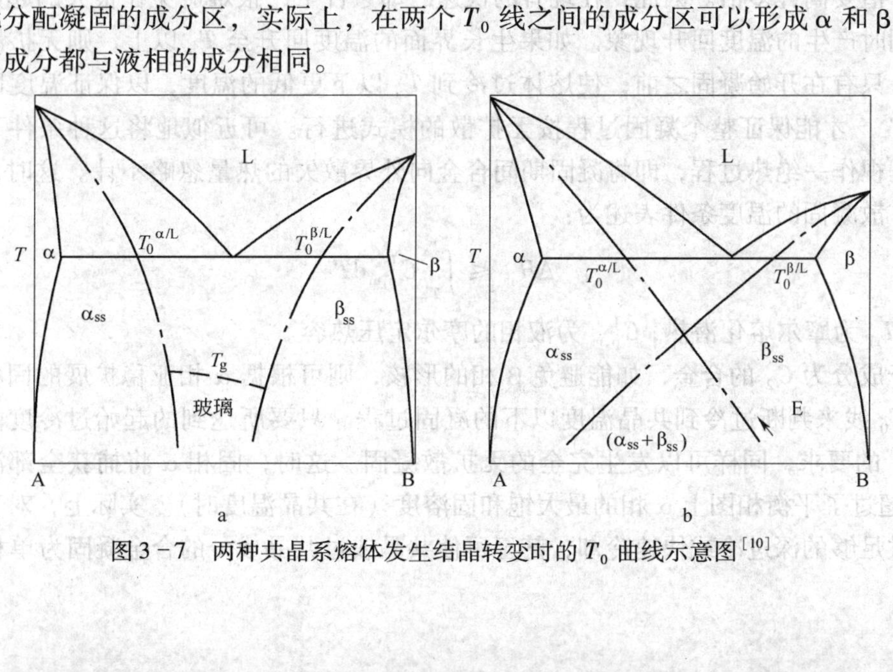

图 3-7 两种共晶系熔体发生结晶转变时的 T_0 曲线示意图[10]

3.5 快速凝固过程的动力学

3.5.1 T_0 线与快速凝固[11]

从热力学上讲，当某成分的合金在 T_0 温度以下开始凝固时，可能会出现无扩散、无溶质分配的凝固现象。如果界面迁移速率足够大，使 $P \gg 1$ 时，则熔体也具备了发生无扩散、无溶质分配凝固的动力学条件。

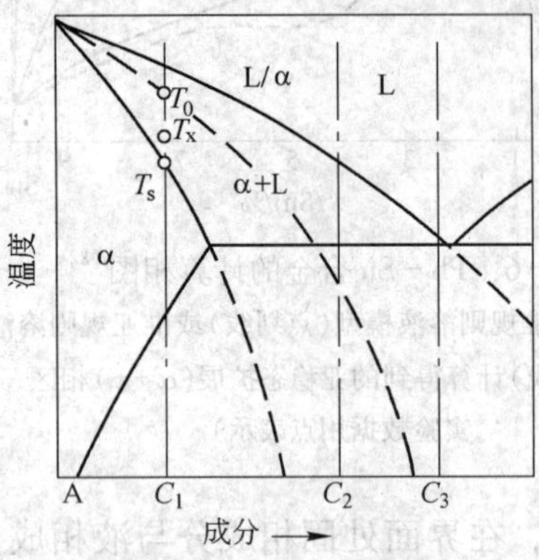

图 3－8 α 相的绝热凝固

图 3－8 是有端际固溶体相及共晶转变的二元合金相图，图上给出了端际固溶体相的液相线和固相线的亚稳扩展线和 T_0 线。虽然从热力学上讲，在 T_0 线以下的凝固行为都可能按无扩散、无溶质分配的模式进行，但由于所形成的固相并非处于吉布斯自由能最低状态，界面上如果出现偶然的扰动，溶质元素在固/液间的再分配很容易发生，从而导致无扩散凝固的失稳和系统向平衡态的过渡。因此，发生无扩散凝固的温度应低于 T_0 温度，如在 T_x 以下才能保持。T_x 的高低与界面迁移速率的大小有关，一般来说应位于该合金成分的 T_0 温度与固相线温度 T_s 之间。

当过冷熔体在 T_x 温度以下的某一温度 T_N 开始形核时，由于界面上的过冷度（$T_L - T_N$）很大，其生长速度很快，凝固潜热很快释出。为避免造成温度回升，必须使熔体向外界传热的速率足够大，应满足以下传热条件：

$$h = \rho L v / (T_N - T_b) \tag{3-13}$$

式中，h 为避免温度回升所必需的最低界面传热系数；v 为固相生长速率；L 为单位质量合金的熔化潜热；ρ 为固相密度；T_N 为起始形核温度；T_b 为传热界面上冷却介质温度。

对于许多合金系来讲，式（3－13）的计算结果 h 的值比现有的各种快速凝固技术可能达到 h 值要高许多倍。因此，在现有的快速冷却条件下，很难避免在很大的起始过冷下发生凝固时产生的温度回升现象。如果生长界面的温度回升至 T_x 以上，则无扩散凝固很难进行。只有在开始凝固之前，使熔体过冷到 T_x 以下更低的温度，以保证温度回升不至于超过 T_x，才能保证整个凝固过程按无扩散的模式进行。可近似地将这种条件下发生的凝固过程视作一绝热过程，即将凝固期间合金向外界散失的热量忽略不计。这时，可将完全的无扩散凝固的温度条件表述为：

$$\Delta H_m \leqslant \int_{T_n}^{T_x} C_{p,m}^{L} \mathrm{d}T \tag{3-14}$$

式中，ΔH_m 为摩尔熔化潜热；$C_{p,m}^{L}$ 为液相的摩尔定压热容。

对于成分为 C_2 的合金，如能避免 β 相的形核，则可根据 α 相亚稳扩展的固相线、液相线及 T_0 线来判断过冷到共晶温度以下的凝固过程。只要所达到的起始过冷度能满足式（3－14）的要求，同样可以发生完全的无扩散凝固。这时，固相 α 将捕获全部溶质元素（C_2），超过了平衡相图上 α 相的最大饱和固溶度（在共晶温度时）。实际上，对于有些合金，通过足够的深过冷或快速冷却，甚至可使共晶或过共晶成分的合金凝固为单相的 α 固溶体。对于图3-8中所示成分的C_3合金，由于其T_0温度已处于室温以下或不存在T_0温度，所以很难将全部溶质元素捕获以形成单相固溶体。有些合金在足够大的过冷度下，甚至还可能形成新的亚稳相。如图3-9所示，如果过冷足以深入到以虚线表示的γ亚稳相区内，α及β相的形核均被抑制，γ相得以形核，则可能形成单相的γ亚稳组织。如果过冷度足够大，则在玻璃转化温度T_g以下，合金熔体还将凝固为非晶结构。可将这种情况视为快速凝固的一极限。综上所述，在合金熔体的凝固过程中，其液/固界面偏离平衡状态的程度以及所形成的固相结构均取决于起始形核过冷度、生长过程中液/固界面上的过冷度、界面迁移速率、合金的热力学特性和物理性质等因素。

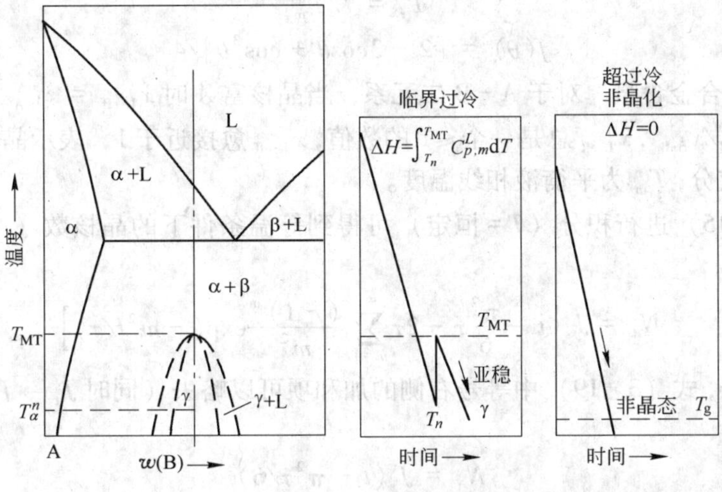

图3-9 亚稳相的绝热凝固和临界过冷[11]

3.5.2 快速凝固时的形核动力学[11,12]

在常规的凝固过程中，熔体的冷却速度不高，过冷度不大，可假定在液相线下每一温度时都有一个相对应的稳定不变的形核速率，即所谓的稳态形核理论，但在快速冷却或大过冷条件下的快速凝固过程中，稳态形核理论的条件不再成立，需要采用瞬态形核理论来加以处理。Kashchier等人提出瞬态形核速率J_t和稳态形核速率J_s具有如下关系

$$J_t = J_s\left[1 + 2B\sum_{m=1}^{\infty}(-1)^m \exp(-m^2 t/\tau)\right] \qquad (3-15)$$

式中，t为时间；τ为瞬态形核中的“时间滞后”；B为与预置原子团簇有关的系数。

对于凝固开始前经过足够过热的熔体，B值可取为1。由式（3-15）可知，当$t > 5\tau$后，$J_t/J_s \to 0.99$，因而可将$t = 5\tau$视为“瞬态延续时间t_{tr}”。如果对于某一合金的快速凝固t_{tr}较为显著，而连续冷却的速度又很快，则瞬态形核的处理方法就是必需的。Kashchiev等导出的τ值计算公式如下：

$$\tau = \frac{-8K_B}{\pi^2 \beta^* \left.\dfrac{\partial^2(\Delta G)}{\partial n^2}\right|_{n^*}} T \qquad (3-16)$$

式中，β^*为原子向含有n^*个原子的临界晶核上跃迁的速率，是原子跃迁频率和“晶核/

液相”界面原子数的乘积；ΔG 是晶核形成过程中一个晶胚体积自由能的变化值；n 为晶胚内的原子总数；K_B 为 Boltzmc 常数。

对于过冷溶体中的非均质形核过程，t_{tr} 的计算公式为[13]：

$$t_{tr} = \frac{7.2Rf(\theta)}{1-\cos\theta}\frac{a^4}{d_a^{\ 2}x_{L\cdot eff}}\frac{T_r}{D\Delta S_m\Delta T_r^{\ 2}} \tag{3-17}$$

式中，a 为原子跃进距离；d_a 为形核固相的平均原子直径；D 为液相中的扩散系数；ΔS_m 为摩尔熔化熵；R 为气体常数；θ 为非均质形核时的接触角：

$$\Delta T_r = 1 - T_r$$

$$T_r = T/T_m$$

$$f(\theta) = [2 - 3\cos\theta + \cos^3\theta]/4 \tag{3-18}$$

式中，x 为有效合金含量，对于 A－B 二元系，当晶核富 A 时 $x_{L\cdot eff} = x_{L\cdot A}/x_{S\cdot A}$，当晶核富 B 时 $x_{L\cdot eff} = x_{L\cdot B}/x_{S\cdot B}$，$x_{L\cdot eff}$ 总是一个≤1 的数值，$x_{L\cdot eff}$ 愈接近于 1，表示晶核的成分愈接近于合金熔体的成分；T_m 为平衡液相线温度。

对式（3－15）进行积分（T＝恒定）可得到等温条件下的晶核数（N_t）与时间（t）的关系式：

$$N_t = J_s\left[t - \frac{\pi^2}{6}\tau - 2\tau\sum_{m=1}^{\infty}\frac{(-1)^m}{m^2}\exp(-m^2t/\tau)\right] \tag{3-19}$$

如果 $t \geqslant 5\tau$，式（3－19）中等号右侧的加和项可以略去（同时 $J_t \to J_s$），N_t 与 t 之间的关系为：

$$N_t = J_s(t - \pi^2\tau/6) \tag{3-20}$$

式（3－20）中的“$\pi^2\tau/6$”项可称为“有效时间滞后”。式（3－20）的物理意义为：即使熔体进入稳态形核后，晶核数 N_t 的大小仍与以时间依从的瞬态理论计算所得的滞后时间（τ）有关，而随着凝固时间（t）的延长，τ 值对 N_t 的影响会逐渐减弱，以致可被忽略。

Kelton 和 Greer 认为瞬时形核过程显著影响熔体被急冷保留下来的晶核数量和非晶形成的难易程度[14~16]，例如 Au－19% Si（原子分数）合金，非晶形成所需要的临界冷速的计算值在稳态凝固时为 10^7K/s，而在瞬态凝固条件下为 10^5K/s，此外瞬态效应在瞬间温度下，滞后时间与熔体的冷速 $\dot{T}$ 成反比，这两个参数可以用来评价快速凝固过程中瞬时效应的重要性。研究表明，在熔体淬火过程中非稳态效应对非晶的形成或非晶晶化非常重要[17,18]。

另外，根据瞬态凝固理论，针对不同的合金成分及不同的固态相（稳定或亚稳），即可得到：某一成分合金中不同结构的各固态相的 T（形核温度）－τ（孕育时间）图；确定在不同的熔体冷却速度下，领先形核的是哪个相；确定为避免某个初生相（常为金属间化合物）先于基体相形成所必需的临界冷却速度；预测不同粒度或厚度的粉、片中的相组成，图 3－10 是用上述理论方法对 Al－Cr 合金进行计算后所得到的 $T-\tau$ 曲线。在竞争相 $T-\tau$ 曲线的交点示出了临界熔体温度 T_c 与相应的临界形核孕育时间 ΔT_c。当熔体的过冷超过 $\Delta T_c = T_L - T_c$ 后，α－Al 作为初生相首先析出，而当过冷 $\Delta T < \Delta T_c$ 时，$Al_{13}Cr_2$ 被选择为初生析出相，而 $Al_{11}Cr_2$ 相的 $T-\tau$ 曲线位于 $Al_{13}Cr_2$ 相曲线之右，故不可能首先析

出，这与实验结果相吻合。图3－11a是计算所得的α－Al作为初生相析出的临界过冷ΔT_c与合金成分之间的关系，可见溶质Cr的含量愈高，则为使α－Al首先析出所要求的过冷愈大，使α－Al首先析出的临界冷却速度（$\varepsilon_c=(T_L-T_c)/\tau_c$）与合金成分之间的关系示于图3－11b，在将接触角θ选定为约40°，作为非均质形核处理时，时间依从的形核理论的计算结果与快凝Al－TM（过渡元素）合金中的实验结果有很好的吻合。

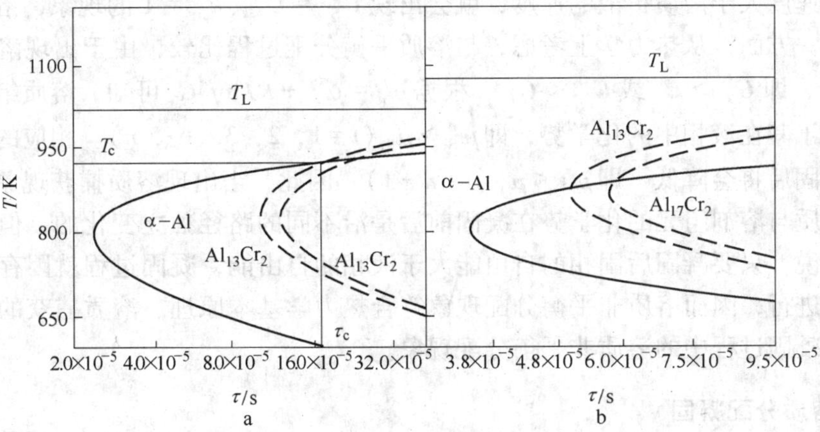

图3－10 $T-\tau$计算曲线[13]

a—Al－1.0%Cr（原子分数）；b—Al－2.0%Cr（原子分数）

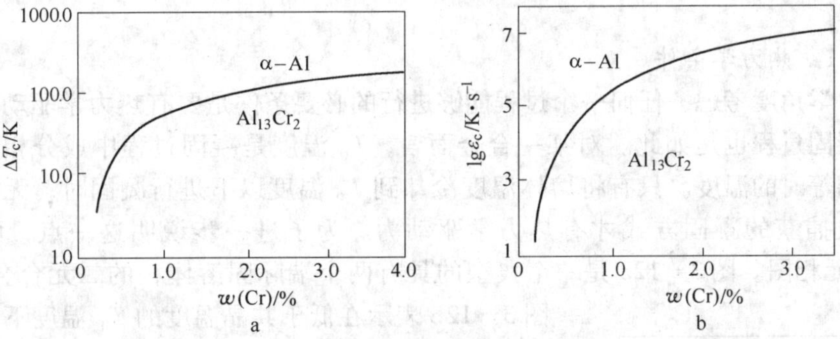

图3－11 竞争相α－Al与$Al_{13}Cr_2$的临界过冷与Cr含量的关系[13]（a）以及α－Al初生析出的临界冷却速度与Cr含量的关系[13]（b）

3.6 快速凝固过程中的溶质分配

3.6.1 非平衡溶质分配[11,19]

在快速凝固过程中，凝固速度或固液界面移动速度R比铸态凝固时提高了几个数量级，可以高达1.0m/s。已经观察到在许多快速凝固合金中固相的溶质实际浓度超过了平衡凝固可能达到的最高浓度，这表明在快速凝固过程中出现了非平衡溶质分配，所以应该用非平衡分析系数$k_n=C_S^0/C_L^0$代替平衡分配系数k_e作为描述实际溶质分配的参数，而且一般$k_n>k_e$。上述的C_S^0和C_L^0分别表示固液界面两侧固相、液相的实际成分。在常规凝固条件下出现溶质平衡分配的主要原因是使溶质组元在界面两侧的化学势相等以满足界面平衡的热力学条件。在固液界面移动速度明显提高的快速凝固过程中，界面平衡条件难以成立。这一现象可以用“溶质捕获”的概念加以解释。即从凝固的界面动力学过程出发，当固液界面迁移的速度很快，局部凝固时间很短时，界面前沿附近熔体中富集的溶质原子还没有来得及完全扩散到远处的熔体中去就已经被高速迁移的界面“捕获”，使得界面附近固相的实际成分 C_S^0 升高，相应的界面附近熔体浓度 C_L^0 降低，从而导致 $k_n > k_e$。如果固液界面迁移的速度大于溶质扩散的速度，就会出现 $C_S^0 = C_L^0$、$k_n = 1$ 的现象，溶质完全被界面捕获。另一方面，从热力学上考虑，与溶质平衡分配过程比较，由于出现溶质捕获现象时的 $k_n > k_e$，即 $C_s^0 > C_s$ 或 $C_L^0 < C_L$，根据 $\mu_j^i = \mu_j^{0i} + RT\ln f_j^i C_j$ 可知，溶质组元在固相中的化学势大于其在液相中的化学势，即 $\mu_S^i > \mu_L^i (i = 1, 2, 3, \cdots, n)$。相应的溶剂组元的化学势在凝固后将会降低，即 $\mu_S^i < \mu_L^i (i = n + 1)$。因此，当出现溶质捕获现象时，从能量角度看，溶质与溶剂组元的化学势在凝固前后是沿不同的路径独立变化的，但是对于整个合金系统来说，只要凝固后固相的自由能大于液相的自由能，凝固过程就因存在热力学驱动力而可以进行，因而溶质非平衡分配现象符合热力学基本原理。溶质捕获的概念定性地解释了快速凝固过程中的溶质非平衡分配现象。

3.6.2　无溶质分配凝固

当凝固速度 R 很大时，溶质分配系数 $k_n \to 1$，导致无溶质分配凝固，因而可以完全消除成分偏析。在快速凝固过程中这种凝固方式对于改善合金的微观组织和性能具有重要的意义。

3.6.2.1　热力学条件

从热力学角度考虑，任何一个过程能够进行的必要条件是要有热力学驱动力，对于无溶质分配凝固过程也是如此。对某一合金而言，T_0 温度是凝固过程中成分相同的固、液相自由能相等时的温度。只有将熔体温度冷却到 T_0 温度以下进行凝固时，无溶质分配或溶质完全被捕获的凝固方式才有热力学驱动力。为了进一步说明这一点，可以参考图 3－12的二元相图。图 3－12a 是一个典型的具有两个端际固溶体相的二元合金平衡相图，图 3－12b 表示在低于共晶温度的 T_1 温度下，固相 S 和过冷液相 L 的自由能随着合金成分而变化。图 3－12a 中的点划线表示的就是合金的 T_0 温度线。当温度 $T = T_1$ 时，由于图3－12a 中的 T_1 温度线与 T_0 温度线在溶质质量分数为 C_e 和 C_D 处相交，因此 T_1 就是溶质质量分数为 C_e 和 C_D 合金的 T_0 温度，相应的在图 3－12b 中，固、液相自由能曲线在 C、D 两点相交，即溶质质量分数为 C_e 和 C_D 的固相自由能与相同成分的液相自由能在 $T = T_1$ 时相等。从图 3－12a 中可以看到，当合金的溶质质量分数 C 位于 $C_e < C < C_D$ 时，$T_1 > T_0$，而当 $0 < C < C_e$ 和 $C_D < C < 1$ 时，$T_1 < T_0$。再从图 3－12b 中可以知道，在 C、D 两点之间，即 $C_e < C < C_D$ 或 $T_1 > T_0$ 时，对于成分相同的固相和液相，它们的自由能 G_S

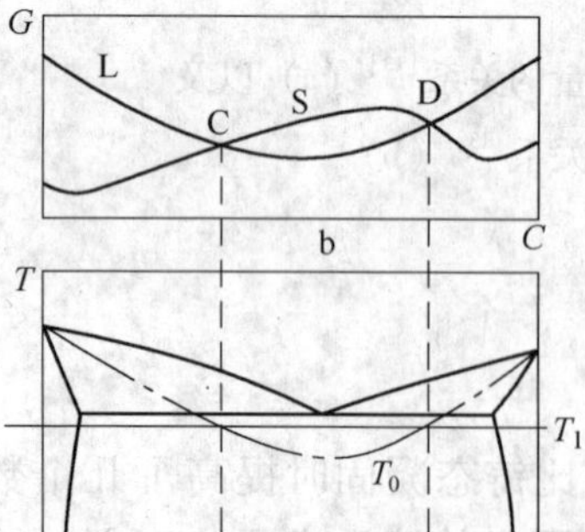

图 3－12　T_0 温度示意图[19]

a—二元共晶合金平衡相图；b—$T = T_1$ 时固、液相自由能与合金成分的关系

和 G_L 之间有 $G_S > G_L$ 关系。因此，此时不可能出现无溶质分配的凝固，相反只有凝固固相和液相成分不同或者有溶质分配时才存在凝固的热力学驱动力。所以当过冷熔体开始凝固的温度 $T > T_0$ 时才能出现溶质分配的凝固。另一方面，对于 $C > C_D$ 或者 $C < C_e$ 的合金，T_1 温度低于它们的 T_0 温度，相应地在图 3－12b 中可以看到，对于成分相同的固、液相，$G_L > G_S$。因此只有在过冷熔体开始凝固的温度 $T < T_0$ 时才存在无溶质分配凝固的热力学驱动力。

但是，由于不同合金的固相、液相自由能随溶质质量分数而变化的规律不同，所以它们的 T_0 曲线形状也不一样，因而并非所有的合金系或合金在所有成分时都存在进行无溶质分配凝固的可能性。例如，在图 3－13 所示的二元合金 A－B 中，与 α 相和 β 相相对应的 T_0 温度线（T_0^α 和 T_0^β）随溶质质量分数的变化而降低的速度过快，对于成分位于 T_0^α 线和 T_0^β 线之间的合金（图中阴影线所示的区域），显然无论以多大的过冷度进行凝固也不可能使熔体温度下降到 T_0 以下，因而不会出现无溶质分配凝固的现象。此外，在具有类似于图 3－12 所示的 T_0 温度线的合金系中，对于溶质质量分数较小或较大的（位于相图两侧）合金，它们的 T_0 温度线高于固相线温度 T_S。将熔体过冷到 $T_S < T < T_0$ 温度范围内时，虽然存在无溶质分配的热力学驱动力，但是这时产生溶质分配凝固（即凝固形成与液相成分不同的固相）的驱动力更大（可以用切线法作图证明），所以实际的凝固过程仍然是以有溶质分配的方式进行，这与一般在固液两相区凝固的合金总是会出现溶质分配现象的结果是一致的。只有当过冷熔体的温度 $T < T_S$ 时，凝固形成与液相成分相同的固相的热力学驱动力才有可能比以有溶质分配方式凝固的热力学驱动力更大。$T < T_0$ 只是进行无溶质分配凝固或溶质完全被捕获的必要热力学条件而非充分条件。

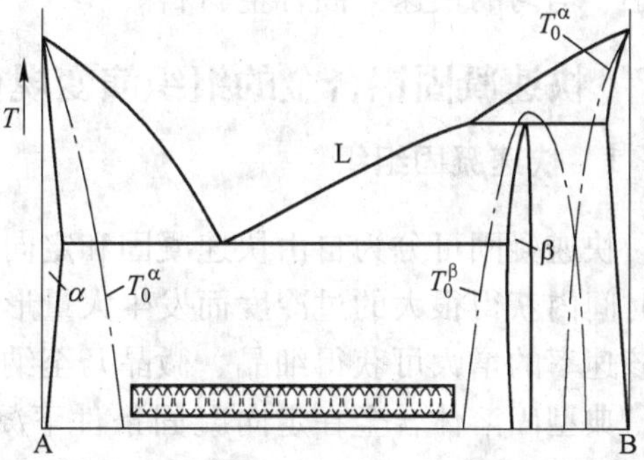

图 3－13　T_0 温度与合金成分关系的示意图[19]

3.6.2.2　动力学条件[20]

由于在讨论无溶质分配凝固的热力学条件时并没有考虑晶体凝固形貌和释放的熔化潜热对溶质分配的影响，所以要在凝固过程中真正实现无溶质分配还必须满足有关的动力学条件，即凝固形貌条件和热流条件。凝固形貌条件要求合金必须以平直界面的等轴晶方式凝固，即只有保持固液界面稳定时才不会产生溶质分配。这是因为在除了大过冷凝固以外的快速凝固过程中，固液界面前沿的熔体中温度梯度在大多数情况下都是正温度梯度，所以当固液界面失稳或者出现胞状晶、枝状晶凝固时必定是在局部熔体或某一时刻出现了成分过冷，因而产生了局部或者瞬时的溶质分配。所以要完全消除溶质分配，除了从总体上系统应该满足上述热力学条件外，还应该在具体凝固过程中满足晶粒的凝固形貌条件。

在一般的快速凝固过程中，只有同时满足上述热力学条件和动力学条件，合金熔体才能以无溶质分配的方式凝固。这些条件的出发点虽然不同，但都是要求熔体凝固时具有很高的过冷度和很大的凝固速度。据统计，对大多数合金，当凝固速度 R 增大到约 5m/s 以上时就有可能出现无溶质分配凝固。现在虽然还没有发展出完全无溶质分配的快速凝固合金，但是在熔体旋转快速凝固方法制备的薄带中，与辊面接触（凝固速度最高）区域的组织均为具有平直界面的等轴晶，微区成分测定结果表明，当薄带厚度较小，这一区域的溶质质量分数等于合金的溶质质量分数，即在这一区域中的晶粒是以无溶质分配的方式凝固形成的。在凝固速度比较高的表面熔化快速凝固样品中也观察到过类似的现象。所以随着快速凝固技术的发展，完全有可能制备出无溶质分配因而也没有成分偏析，微观组织非常细小、均匀的快速凝固合金材料。

3.7　快速凝固铝合金的组织演变规律及机理

3.7.1　快速凝固组织

快速凝固可分为自由快速凝固和定向快速凝固。在自由快速凝固过程中，液相合金在短时间内获得很大的过冷度而发生大量形核过程成为凝固组织关键的控制环节之一。随着形核速率的增大可获得细晶、微晶乃至纳米晶[21]。

典型固溶体合金在定向凝固条件下凝固组织及凝固界面形态随凝固速率的变化如图3－14所示。在冷速极低的凝固条件下凝固以平面状的方式进行。随着凝固速率的增大，平面凝固速率增大，平面凝固界面失稳而形成胞晶。关于平状界面向胞状界面转变的临界条件（临界生长速率 R_c）可用成分过冷理论，或更精确地用界面动力学理论判断。当生长速率达到一定值时发生胞晶向枝晶的转变，进一步增大生长速率，枝晶生长又将转变为更细的胞晶，由于胞晶与枝晶的界限并不明显，关于胞枝转变及枝胞转变的条件缺乏深入地研究[22]。在极高速率下生长可再次获得平面凝固界面。在上胞晶和平面凝固区之间存在着一个带状晶区。上胞晶这一理论预言的凝固形态已经在超高温度梯度定向凝固过程中得到确认[23]。带状结构及高速下的平界面凝固现象也已在激光重熔表面处理中得到证明[24]。

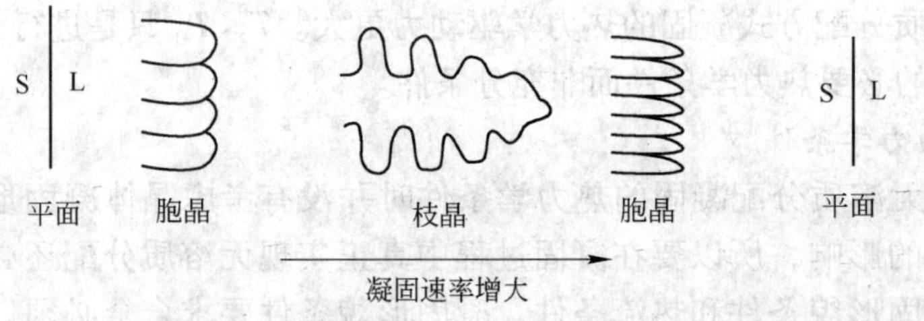

图3－14　定向凝固组织及界面形态随凝固速率增大的变化情况[21]

粉末颗粒的凝固组织取决于合金特性、雾化液滴的粒径、冷却及凝固速度和过冷度等因素。对于同种金属熔体，采用不同的雾化方法，得到的粉末颗粒可能会具有不同的凝固组织；当凝固条件相同时，不同粒径的液滴在凝固过程中也可能会形成不同的组织。另外，合金元素对凝固组织也会产生显著影响。

A. K. Srivastava 等人[25]在研究喷射沉积 $Al_{80}Fe_{10}V_4Si_6$ 合金的组织特征和传热学问题时发现，在不同粒径的雾化粉末颗粒中出现了胞状晶和树枝晶组织，随着颗粒尺寸的增加树枝晶区域和枝晶臂间距尺寸也逐渐增大，在胞状晶和树枝晶之间存在微细的二次相粒子。但喷射沉积坯的凝固组织与雾化粉末颗粒的组织具有显著不同，沉积坯内的组织较为均匀。另外，在雾化粉末颗粒和沉积坯内均形成了立方结构的α-Al(Fe,V)Si相。产生这种组织差异的原因是在雾化和喷射沉积过程中液滴的热历史不同。Samuel[26]在研究粒径在5～200μm之间的Al-3Li和Al-3Li-Co合金粉末颗粒的微观组织特征时发现，粒径小于25μm的Al-3Li合金粉末颗粒主要为枝晶组织，而粒径大于200μm的粉末颗粒则为长枝晶和等轴晶组织的混合物。等轴晶组织被看成是在缓慢凝固过程中形成的。这种组织不存在定向生长的特征，在铸锭或铸件中观察到的胞状或枝晶状组织不同。在Al-3Li合金中添加Co会导致晶粒形貌的变化。如在合金中添加0.4%的Co（质量分数）后，粒径小于25μm的合金粉末颗粒的组织为枝晶状；随着颗粒尺寸的增加凝固组织转变成胞状。尽管未观察到发生枝晶-胞状晶转变的临界粉末颗粒尺寸，但发现粉末颗粒中胞状组织所占的比例随着颗粒尺寸的增加而提高。Halada Kohmei等[27]对比了气体雾化，水雾化和离心雾化Zn-22%Al合金的凝固组织特点，研究结果表明，粗大的球形粉末具有等轴的树枝晶结构，二次枝晶间距与粉末粒径有关，它们与雾化方式和气氛无关。这表明过冷程度比热流对凝固结构更起作用。

Levi和Mehrabian[28]研究了EHD雾化Al-Si合金粉末的组织特征，发现大尺寸粉末颗粒的组织为胞晶和光学无特征区的混合物。光学无特征区比例随颗粒尺寸的减小而增加。例如，粒径尺寸小于200μm的粉末颗粒中胞晶组织特征会消失，整个组织都成为光学无特征区。在快速凝固Al-Fe-V-Si粉末颗粒中也明显存在光学无特征区域。总的来说，对于雾化和喷射沉积技术，雾化颗粒粒径的改变会影响其显微组织。研究结果表明，随着雾化液粒径的减小或随凝固速度的提高，颗粒的凝固组织形貌可能发生如下所示的组织转变顺序：

$$胞晶 \rightarrow 树枝晶 \rightarrow 胞状晶 \rightarrow 无特征区(平面状晶粒) \quad (3-21)$$

值得注意的是，在凝固速率较低的雾化颗粒（即大尺寸颗粒）中很少能观察到光学无特征组织，只在有细小的颗粒，特征是亚微米粉末颗粒中常能观察到光学无特征组织。因此，在雾化粉末凝固组织随粒径减小而变化的顺序为：

$$树枝晶 \rightarrow 胞状晶 \rightarrow 平直界面的等轴晶 \quad (3-22)$$

由于液滴的散热速率和过冷度都随液滴尺寸的减少而提高，因此由式（3-22）所给出的凝固组织形貌的演变都应与界面速率联系起来。此外，固-液界面前沿的温度梯度也是影响凝固组织特征的重要因素[14]。图3-15给出了凝固组织随界面速率和温度梯度而变化的特征的关系[29]。由图可见，在温度梯度相同的条件下逐渐提高界面速率则凝固组织可能的演变顺序为：

$$平直界面晶粒 \rightarrow 胞状晶 \rightarrow 树枝晶 \quad (3-23)$$

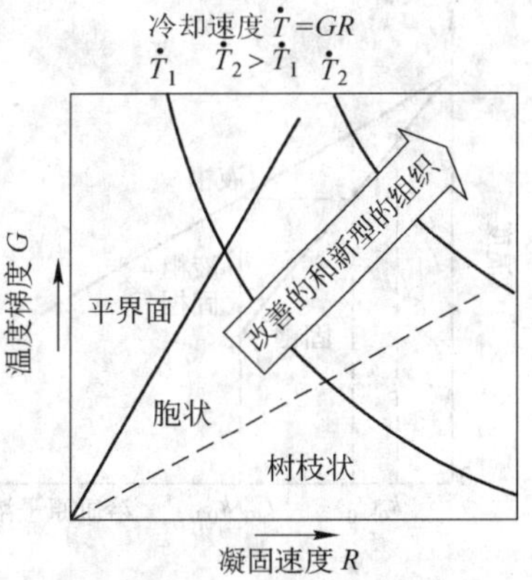

图3-15　温度梯度和凝固速度对界面形貌的影响[35]

甚至在尺寸一样的粉末颗粒中也观察到了不同特征的凝固组织，这取决于熔体的过冷度[30～33]，图3-16所给出的Al-4%Cu（质量分数）合金粉末颗粒凝固组织特征就是一个例子，图中同种尺寸颗粒的组织差异极大。由于粉末颗粒的尺寸和实验条件都相同，液滴的冷速不可能差异太大，因此所观察到的这种组织上的差异可以认为是过冷度差异造成的。Boettinger 等人[34]在 Al－8% Fe（质量分数）合金粉末颗粒中观察到了界面形貌由微细胞状向粗大枝晶的突变。

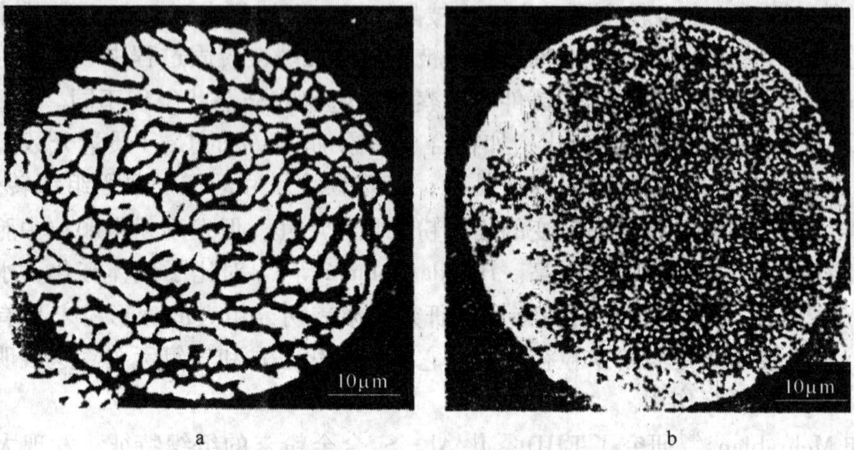

图 3－16　Al－4% Cu（质量分数）粉末的光学显微照片[36]

a—形核前过冷度较小；b—形核前深度过冷且无形核微生晶坯

根据 Tiller 和 Flemings 等人的观点，凝固组织形貌的变化已被归结于固－液界面前沿中的温度场、溶质场和界面速率作用的结果。从液相中形成的固相的平衡成分与由相图决定的液相成分不同。以图 3－17a 所示的 A－B 二元相图中 α 相的凝固为例，在温度为 T 的固－液两相区，固相中的溶质 B 的浓度 C_s 小于与固相平衡的液相中的溶质质量分数 C_l。因此，在平衡凝固条件下，固相和液相中溶质 B 的浓度满足如下关系：

$$C_s = k_0 C_l \tag{3-24}$$

式中，C_s 和 C_l 分别为平衡状态下固相和液相的成分；k_0 为平衡分配系数。根据热平衡条件，在凝固过程中从固相中排出的溶质原子在边界层内富集。当界面速率较小时，被

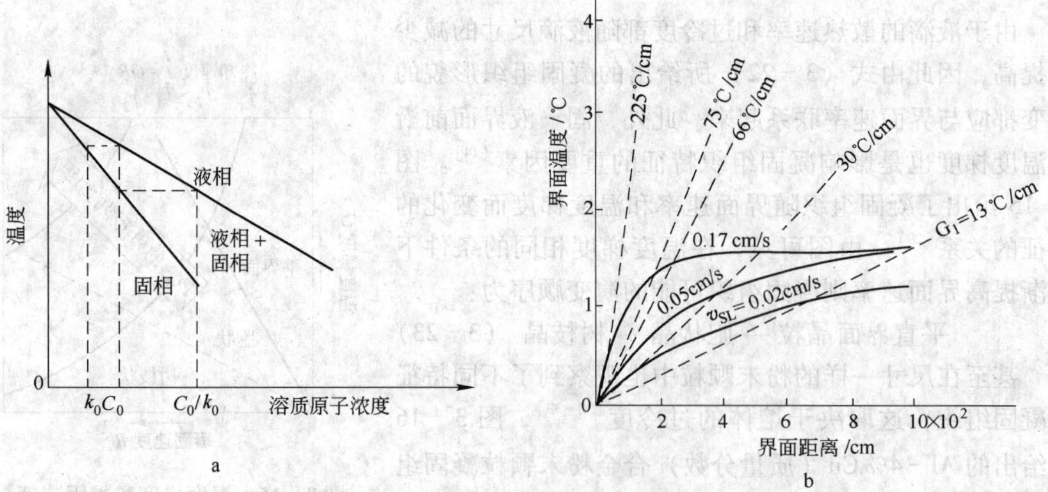

图 3－17　成分过冷原理图

排放到边界层中的溶质原子有足够的时间扩散到边界层外的液相中。因此，固 - 液界面为平直平面。当界面速率较大时，界面移动和溶质原子扩散过程之间存在竞争，并在边界层内产生溶质原子富集，形成浓度梯度。这时，该区域中液相线的熔点温度梯度是由溶质的浓度梯度决定的。当液相中的实际温度梯度小于边界层内液相熔点温度曲线的斜率时，边界层内的液相中就会产生显著的过冷效应，被称之为成分过冷。这种效应如图 3 - 17b 所示。由于成分过冷效应，即使在正温度梯度下合金中也容易形成胞晶或树枝晶。在低凝固速率区域，通常会发生晶界由平界面向胞状晶转变的现象；在快速凝固速度区域，由于界面速率很大，因此发生溶质偏析的时间很短，且偏析范围很小，这种效应会造成胞状晶的胞间距随界面速率的提高而减小。在极限条件下，当凝固速度足够高时，由界面弯曲所造成的界面自由能的提高值会超过溶质偏聚所造成的自由能降低值，这样在能量上更有利。

用来解释低界面速率条件下平界面组织和胞状晶组织的转变和高界面速率下胞状晶向平面状晶粒形貌转变的理论模型很多[37~39]。Tiller 等人研究低界面速率条件下成分过冷度对凝固组织形貌的影响，得到了如图 3 - 17 所示的结果，在稳态条件下，从溶质扩散方面来考虑，界面处的成分温度梯度 G_{lc} 可以通过求解下面的界面前沿溶质扩散方程获得：

$$G_{lc} = -\frac{v_{sl} m_1 C_0 (1 - k_0)}{k_0 D_1} \tag{3-25}$$

式中，C_0 为合金成分，v_{sl} 为界面移动速度，D_1 为液相的自扩散系数，m_1 为液相线斜率。Tiller 等人认为，当界面前沿的液相区存在成分过冷时，在固液面区将产生胞状晶或树枝晶组织。成分过冷的条件即 $G_{ls} \geqslant G_1$ 可以作为界面移动定性的判据。平面在以下条件是稳定的[39]：

$$\frac{G_1}{v_{sl}} \geqslant -\frac{m_1 C_0 (1 - k_0)}{k_0 D_1} \tag{3-26}$$

式中，G_1 为环境在熔体中造成的温度梯度。式（3 - 26）说明随着界面速率的提高，平面组织向胞晶/树枝晶组织转变。由式（3 - 26）所确定的条件就称之为成分稳定判据。

虽然式（3 - 26）可以较正确地预测凝固组织形貌由平界面组织向胞状/树枝状组织的转变，但难以预测高界面速率条件下的界面稳定性，因为该公式只考虑成分过冷效应。当界面速率较高时，相当于枝晶尖端半径非常小，这时毛细管效应非常重要，必须加以考虑。Mullins 和 Sekerka 深入分析了定向凝固过程中界面稳定性问题，采用所建立的模型能够较准确地预测在高界面速率条件下的平界面稳定性，在定向凝固条件下，液相中的温度梯度总是升高，因此固 - 液界面速度受熔体冷速的限制。Mullins 和 Sekerka 假设了一种具有叠加初始扰动的固 - 液界面，并在控制温度场和溶质场的基本微分方程基础上导出了界面保持稳定的条件。他们认为，若扰动随时间的延长而减弱，则固 - 液面就是稳定的。根据他们的结果，当固 - 液面的速度满足式（3 - 27）时界面不稳定：

$$v_c < v_{sl} < v_a \tag{3-27}$$

式中，v_c 和 v_a 分别为固 - 液界面的临界生长和绝对稳定生长判据中的界面速度。因此，平面无论在低界面速率还是在高界面速率下都是稳定的，在高界面速率的条件下，毛细管效应非常重要，因此平界面的稳定性比胞晶状或枝晶状的界面更稳定。这种条件被称之为绝对稳定条件。式（3－27）中给出的成分稳定性判据可以单独表示成如下方程：

$$v_{\mathrm{sl}} < v_{\mathrm{c}} = \frac{\bar{G}D_{\mathrm{l}}}{\Delta T_0} \tag{3-28}$$

$$\bar{G} = \frac{k_{\mathrm{s}} G_{\mathrm{s}} + k_{\mathrm{l}} G_{\mathrm{l}}}{k_{\mathrm{l}} + k_{\mathrm{s}}} \tag{3-29a}$$

$$\Delta T_0 = -\frac{m_{\mathrm{l}} C_0 (1 - k_0)}{k_0} \tag{3-29b}$$

式中，ΔT_0 为凝固温度范围，$\bar{G}$ 为平均温度梯度，G_{s} 平均温度梯度为固相中的温度梯度，k_{l} 和 k_{s} 为液相和固相中的热梯度。当 G_{s} 与 G_{l} 接近时，可采用式（3－26）所给出的成分稳定判据。绝对稳定判据为：

$$v_{\mathrm{sl}} > v_{\mathrm{a}} = \frac{D_{\mathrm{l}}\,\Delta T_0}{\Gamma k_0} \tag{3-30}$$

式中，$\Gamma = \Omega\sigma_{\mathrm{sl}}/\Delta S_{\mathrm{f}}$ 为 Gibbs－Thompson 因子，Ω 为摩尔体积，σ_{sl} 为固液表面能，ΔS_{f} 为熔体的摩尔熵。

Mullins－Sekerka 理论的局限性在于“热扩散距离比扰动的波长要大得多”的假设条件。稳定性判据只能严格适用于固－液界面的限制生长。因此存在热过冷时（thermal undercooling），固－液界面总是不稳定的。然而实验观察结果表明，只要界面速率超过临界值，过冷合金中的平界面就可能是稳定的[28,36]。Triverdi 和 Kurz[40] 验证了 Mullins－Sekerka 理论，并将其推广到大的热 Péclet 数区域。他们证明在过冷液体中平面也是稳定的。对于 $G_{\mathrm{s}} = 0$ 且 $k_{\mathrm{s}} = k_{\mathrm{l}}$ 的过冷液体，绝对稳定性判据应当含有两项内容，一项是由于溶质扩散的贡献，另一项是热扩散的贡献：

$$v_{\mathrm{a}} = \frac{D_{\mathrm{l}}\Delta T_0}{\Gamma k_0} + \frac{\alpha_{\mathrm{l}}\Delta T_{\mathrm{h}}}{\Gamma} \tag{3-31}$$

式中，第一项与 Mullins 和 Sekerka 推导的绝对稳定判据完全相同，第二项表示 $\Delta T_{\mathrm{h}} = \Delta H_{\mathrm{f}}/C_{\mathrm{pl}}$ 是超过冷度极限时的传热绝对速率。式中 ΔH_{f} 为熔体热焓，C_{pl} 为液体的等压热容，α_{l} 为固相的扩散率。第二项可以用更简洁的形式给出：

$$\frac{\Gamma C_{\mathrm{pl}}}{\Delta H_{\mathrm{f}}} = \frac{\alpha_{\mathrm{l}}}{v_{\mathrm{sl}}} \tag{3-32}$$

式(3－32)表明当毛细管长度大于热扩散距离时，平面是稳定的。值得注意的是式(3－28)到式(3－31)所给出的热稳定性预测结果是在平衡溶质分配系数 k_0 假设的基础上推导出来的，实际上当界面速率 v_{sl} 较大时，界面区域的溶质分配系数很可能会偏离其平衡值。

当 $v_{\mathrm{c}} < v_{\mathrm{sl}} < v_{\mathrm{a}}$ 时，则

$$\frac{\bar{G}D}{\Delta T} \leqslant v_{\mathrm{c}} \leqslant \frac{D_{\mathrm{l}}\Delta T_0}{\Gamma k_0} \tag{3-33}$$

在这两个生长速率之间，凝固形态是由溶质扩散过程和界面张力共同决定的，凝固界面形态随生长速率的变化，发生从胞晶向枝晶再到胞晶的变化。而在此区之外凝固界面呈平面状。在低速下的胞晶和枝晶生长过程中，溶质扩散场引起的成分过冷起主要作用。而在高速下，枝晶间距及枝晶尖端半径均减小，曲率效应变成控制因素。小的尖端半径限制了枝晶，乃至胞晶的形成，可能获得细胞晶或平面凝固界面。带状凝固是胞晶生长和平面

生长竞争的结果，其生长速率的上、下限分别为v_{Tmax}和v_{Tmin}。图3-18给出了胞晶向枝晶再到胞晶的变化[41]。

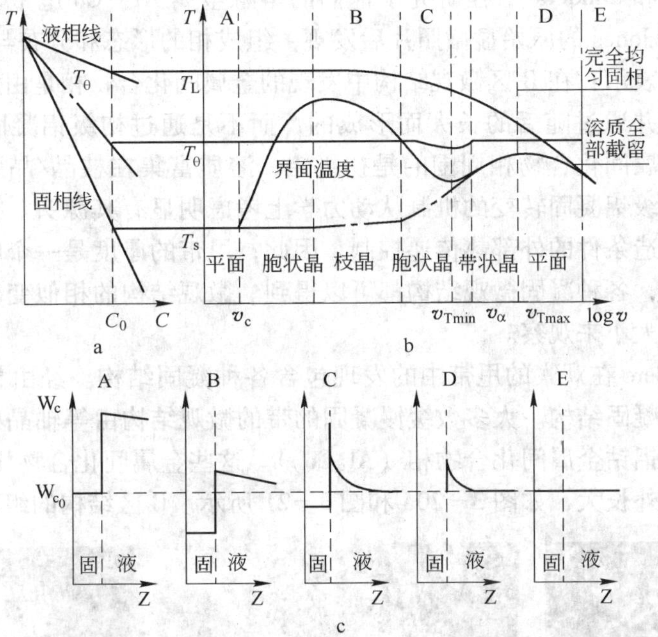

图3-18 生长界面温度随生长速率v的变化及其对应的生长形态和溶质分布[41]

a—相图；b—生长形态与界面温度；c—溶质分布

v_c—平界面稳定的临界生长速率；$v_α$—平界面绝对稳定性生长速率极限；

v_{Tmin}—绝对稳定性生长速率极限下限；v_{Tmax}—绝对稳定性生长速率极限上限

3.7.2 微观组织的A区与B区

1969年Jones在研究快速凝固铝合金微观结构的分类和组成时发现，熔融金属甩带存在着特异的显微组织。如图3-19所示，这种显微组织有两种微观结构。

第一种类型的微观结构为A区，它为微细的初级铝枝晶，没有光学显微镜可见的沉淀相。A区结构在RSP甩带的“底层”（接近滚筒）发现，并且经腐蚀后变得没有任何特点。另外一种结构为B区，它为金属间化合物粒子和初级铝，主要在RSP甩带的“空气层”发现。B区的腐蚀反应是存在粗大的金属间化合物相的原因，可以应用光学显微技术观察到。通过大量观察者的努力，快速凝固材料的特点已经观察到很多其他的形式。

Jones得到的结论是，任何给定的RSP样本都可能包括唯一的A区或B区或者二者都包含。当两个区都被发现存在时，Jones暗示发生了从A区到B区的转换，最初是通过A

图3-19 甩带法制备的Al-5%Co（原子分数）的典型光学显微组织

区枝晶的粗化开始的。当这些枝晶粗化到特定的尺寸时，金属间化合物相就会在枝晶间区域形核并长大成为 B 区。Jones 认为这种转变的驱动力量应该是凝固速率的变化。

然而，Garrett 和 Sanders[42] 在研究了他们的熔融金属 Al－Co 甩带、Al－Fe－Ni－Co 带的显微照片以及 Jones 的原始显微照片后发现：组成相的形态和分布与 Jones 提出的转换相矛盾。这些作者表示：在 B 区微观结构中发现的金属间化合物相是由熔融金属的金属间化合物相直接形核并通过随后的长大而形成的，而不是通过初级铝凝固的枝晶粗化形成的。环绕在初级金属间化合物相周围的是初级铝，溶质富集在枝晶/晶胞边界。从初级金属间化合物相到初级铝凝固转变的机制从动力学上考虑明显有其源头。初级金属间化合物相生长的动力受铸造条件的外部热传递控制。因此，甩带的厚度是一个临界铸造参数。通过改变甩带的厚度，各种凝固微观结构都可以得到。微观结构的相似变化可以通过甩带的尺寸和粉末粒子的大小来观察。

Garrett 和 Sanders 在观察的甩带中的发现包含各种凝固结构。经由相对低凝固速率制得的材料包含几种凝固结构。大多数缓慢凝固的带的微观结构由等轴晶构成，该等轴晶包含位于中央的初级铝钴金属间化合物相（Al_9Co_2）。这些金属间化合物相被枝晶/胞晶铝环绕，形核并快速向外长大，如图 3－20a 和图 3－21 所示。B 区结构的组成相的大小和数量

图 3－20　Al－5% Co（原子分数）带中通过 SEM 观察得到的三种显微组织

a—在 Al（区域 B）周围的粗大的金属间化合物；

b—Al 晶粒的浸蚀效应；c—Al 的无特征晶粒（区域 A）

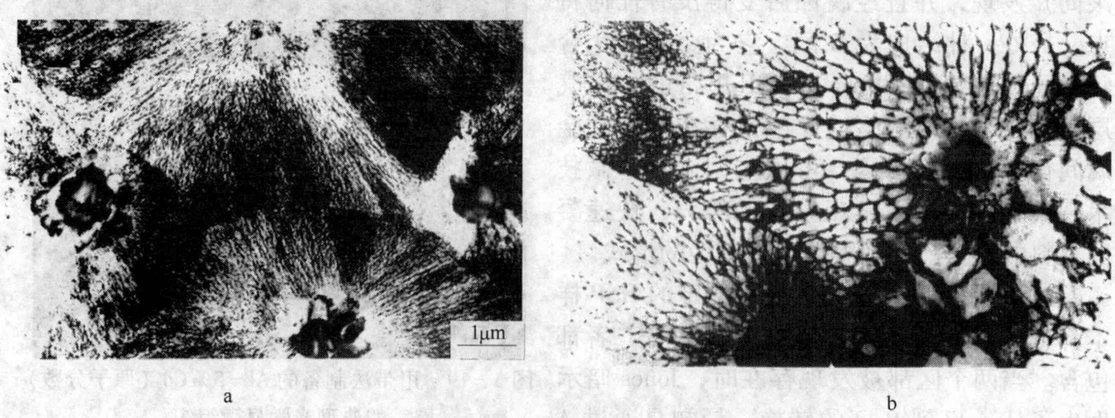

图 3－21　在枝晶/柱状晶 Al 周围的初生 Al_9Co_2 金属间化合物

是成分和冷却速率的函数。对于一个特定的凝固速率，B 区金属间化合物相所占的分数随着固溶成分增加而增加，B 区内部金属间化合物相的数目增加。这种作用可以通过含钴（原子分数,%）分别为 2.5，5.0，7.5 和 10.0 的铝合金快速凝固薄带的扫描电子显微镜（SEM）图片来解释。如图 3－22 所示，当凝固速率增大时，初级金属间化合物相的尺寸和枝晶/胞晶间距降低。

在比较高的凝固速率条件下，抑制粗大的 Al_9Co_2 金属间化合物形核是可能的。这样枝晶/胞晶铝晶粒在形成时就不会包含初级金属间化合物相，如图 3－20b 所示。这些来自 A 区结构的晶粒可能是等轴晶或者是柱状晶。成对的等轴晶也可能出现，虽然仅仅只有很小体积分数的可以观察到。对于给定长度的甩带，在熔融甩带过程中作为各种变化的直接结果，确定 A 区和 B 区的位置或者确定二者的位置，是可能的。

在中等凝固速率条件下，可以获得由初级铝组成的微观结构，该微观结构通过枝晶和平面前沿推进机制凝固而成。虽然经蚀刻的微观结构可以出现并存在于经典的 A 区/B 区，

图 3－22 在 Co 原子分数（%）为 2.5（a）；5（b）；7.5（c）和 10（d）的铝合金中 Al_9Co_2 金属间化合物分布的 SEM 照片

但是高分辨显微镜仅仅显示有初级铝的存在。没有反应的 A 区包含经历平面前沿推进机制凝固而成的柱状铝晶粒。包含高 Co 浓度的反应区域，来源于平面前沿凝固体破碎而成的枝晶铝的柱状和等轴状晶粒。平面前沿凝固体的破碎在图 3－23 中解释。

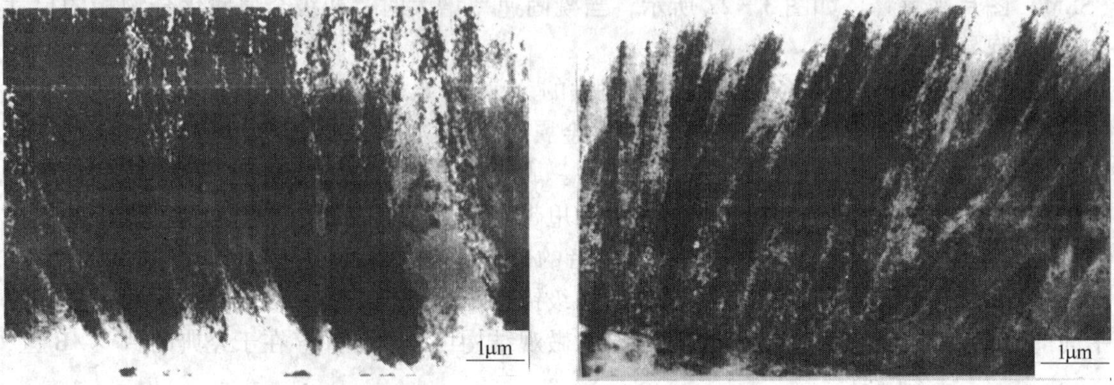

a　　　　　　　　　　b

图 3－23　Al－5Co 带中凝固面前沿破碎组织（a）和纵向区的柱状晶粒（b）

在最高凝固速率条件下，微观结构完全由微细的、本质上没有规律性可言的、过饱和的柱状晶组成，如图 3－20c 所示。发现铝柱状晶沿底层/带表面上形核并通过薄片厚度方向朝上和朝外长大，直到遇到另一个正在生长的凝固前沿时，如图 3－23b 所示。如图 3－24所示，在每个晶粒中远离形核的位置过饱和 Co 区域会快速生长。这些区域似乎是 Co 浓度周期起伏的结果，组成相对连续的间距为 20nm 的阵列。该种合金结构中的 A 区被认为经历过“无分区”凝固。像 Baker 和 Cahn[43] 表述的那样，发生在 T_0 曲线下某一具有足够过冷度的特殊成分处，因此，在凝固潜热释放之后，温度会降低到 T_0以下。在相图上固液自由能相等的地方，T_0 曲线被定义为成分和温度的轨迹。那么，T_0 温度就是液体和固体溶质质量分数比率一致处的温度。

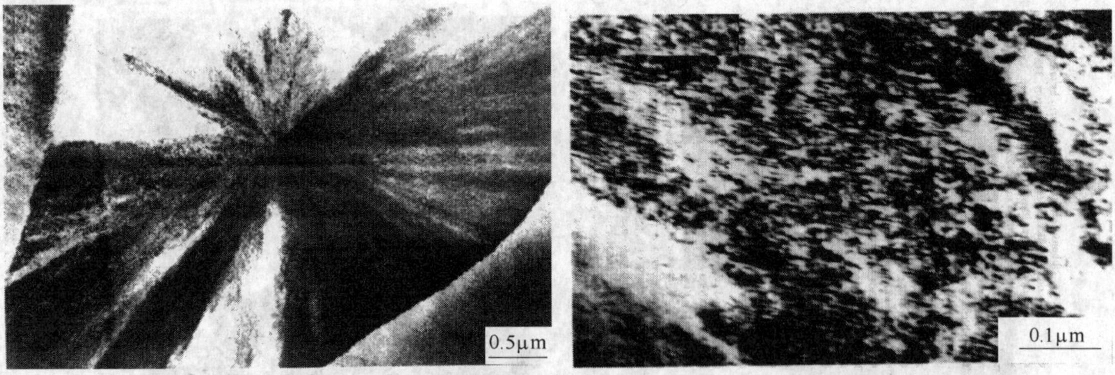

图 3－24　Al－5Co 带 Co 偏析在条状组织中的初生 Al 结构

应该注意到，大量的学者对其他形式的快速凝固材料包括粉末和薄片的观察发现，这些材料具有相似的微观结构。这些材料的微观结构尺寸和数量（初级相，枝晶/胞晶铝，双共晶，没有规律性可言的柱状晶）是冷却速率和成分的函数。反过来，冷却速率和成分又受粉末或粒子尺寸的控制。例如，大的粒子比小的粒子存在更多的粗化结构，这是因为降低的冷却速率和减少的过冷度导致的。

Tongsri R 等人[44]研究了快速凝固 Al－6.5Fe－1.5V 和 Al－6.5Fe－1.5V－1.7Si 合金雾化粉末的微观组织和热稳定性，结果表明粉末颗粒的组织与粉末粒径的关系密切。在粉末颗粒中观察到了“A 区”、“B 区”、“C 区”三种组织，A 区组织为在 α－Al，合金基体中存在非常微细和均匀分布的沉淀相粒子；B 区组织由微细胞晶组织构成；而 C 区组织是粗大的胞晶组织和球状准晶相粒子。在微细粉末颗粒中存在 A 区和 B 区组织，其中 A 区范围随粉末颗粒尺寸的增加而增大，两种合金粉末中的胞间相都是尺寸非常细小、自由取向的二十面体准晶相粒子。粗大颗粒则具有 B 区和 C 区组织，A 区组织随粒径的增大而逐渐消失。在 Al－Fe－V 粉末颗粒中 C 区内的胞间相为 Al_6Fe，而在 Al－Fe－V－Si 粉末颗粒中的胞间相则为 Si 化合物相。产生这种组织的原因是 α－Al 相生长界面与自由分布的初生相粒子相互作用或产生溶质微观偏析。在这些组织中，A 区的高温稳定性较高，可以保持到 360℃才发生变化，球形的准晶相粒子可以保持到 450℃才发生变化，而在 500℃时生成 $Al_{13}Fe_4$ 相和 $Al_{45}(V,Fe)_7$ 相。

陈振华等人[45]采用了多级快速凝固装置对铝合金和其他合金进行急冷凝固，考察了其结构和光学金相特征，其结果如表 3－3 所示。从表中可以看出多种铝合金在冷速为 10^5K/s 下，均生成了 A、B 混合结构。

表 3－3　粉末粒度和几何外形及结构

合　金	平均粒度 D/μm	比表面积 /$cm^2 \cdot g^{-1}$	几何外形	结构	光学金相特征	雾化条件
纯 Al	15～17	2000	球　形	微晶	—	气体压力为 0.6～0.8MPa，圆盘转速为 3200～4000r/min，液流直径 dia 为 2～5.5mm，喷嘴顶角为 30°～60°，喷雾高度为 60～120mm，冷却介质为水、液氮、Ar 气
7091	18～20	1800	球　形	微晶	A＋B	
Al－Ni－Y	19～25	1500	类球形	非晶	—	
Al－Si	17～25	1700	类球形	微晶	A＋B	
Al－Fe－V－Si	20～28	1400	类球“卫星”	微晶	A 或 A＋B	
Al－Mn	18～22	1600	类球形	准晶	A＋B	
Al－Li	15～19	1900	球　形	微晶	A＋B	
Ni_3Al	24～28	1200	类球形	微晶	A＋B	
Cu－P－Ni－Sn	25～29	1000	类球形	非晶	—	
Fe－P－C	25～28	1000	球形、类球形	非晶	—	

注：A 表示光学无特征区；B 表示光学有特征区。

3.7.3　枝晶臂间距

雾化液滴的凝固组织受形核、晶核生长和组织粗化等动力学过程的影响，有关研究报道很多[46～51]。然而，由于雾化液滴凝固组织主要是液滴凝固结束后的组织，因此研究组织凝固过程最直接最常用的参数是粉末的颗粒尺寸。如前文所述，大尺寸粉末颗粒的凝固组织一般为枝晶状，随着颗粒尺寸的减小组织明显微细化。表征凝固组织尺寸特征的最方便的参数是二次枝晶臂间距（*SDAS*）和晶粒尺寸（G_s）。*SDAS* 表示典型的偏析距离，G_s 则表示典型的位错滑移距离，有时也用一次枝晶臂间距（*PDAS*）来表征凝固组织的尺寸特征。不过，*PDAS* 很难通过试验测定，也不像 *SDAS* 那样更能代表成分偏析范围，*SDAS* 一般随颗粒尺寸的减小而减小，图 3－25 给出了 Ni 基超合金粉末的 *SDAS* 与颗粒尺寸的关系[48]。Domingue 等人[46]在 René95 超合金粉末研究结果的基础上给出了一个 *SDAS* 颗粒尺寸的幂指数函数经验关系式：

$$SDAS = k_{\rho} d^{m} \tag{3-34}$$

式中，k_{ρ} 和 m 是由实验测定的常数。René95 合金 Ar 气雾化粉末的 $k_{\rho}=0.139$，$m=0.484$；离心雾化粉末的 $k_{\rho}=0.209$，$m=0.435$。

尽管式（3-34）所示的幂指数关系定律具有通用性，但实验常数 k_{ρ} 和 m 的值主要取决于雾化工艺条件和合金化行为。图 3-25 清楚地说明了合金成分对 *SDAS* 的影响，图中三个合金的成分类似，只是 C 含量略有不同。Samuel[26]认为在 Al-Li 合金中添加 Zr 会增加 *SDAS* 的值（相同尺寸的粉末颗粒）。图 3-26 中也给出了二元 Al-Si 合金的 *SDAS* 测量值。这些结果说明，不同材料的 k_{ρ} 和 m 值不同。

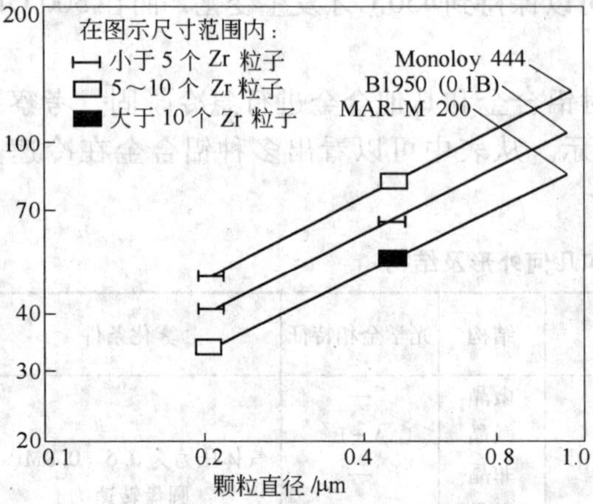

图 3-25　某些 Ni 基合金的颗粒直径和二次枝晶臂的关系[48]

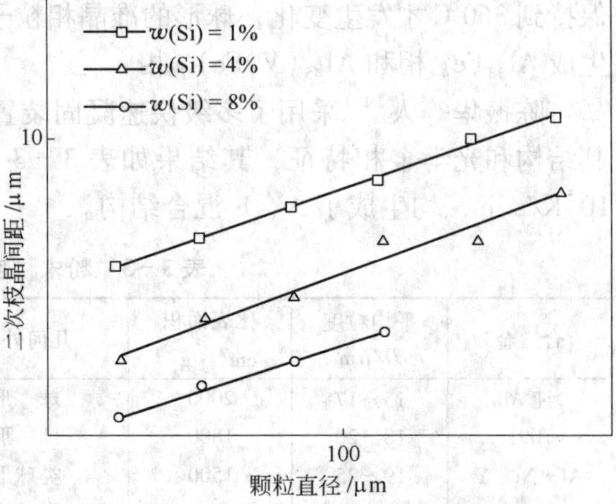

图 3-26　几种 Al-Si 合金在氮气下雾化的颗粒尺寸和二次枝晶间距的关系[52]

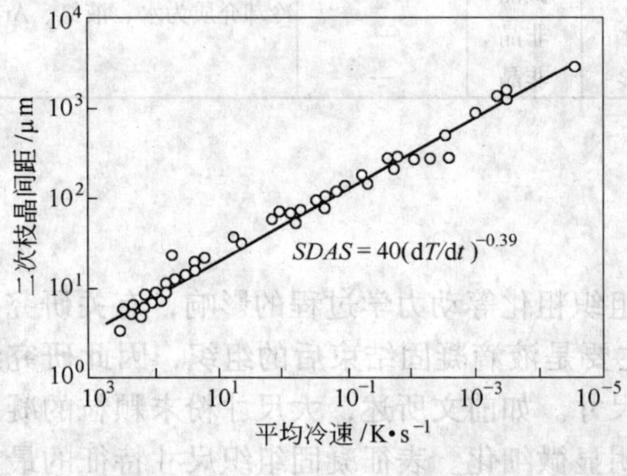

图 3-27　Al-（5.4～5.6）% Cu（质量分数）合金的平均冷速和二次枝晶间距的关系图[53]

凝固组织的枝晶臂间距与粉末颗粒尺寸的关系表明颗粒尺寸对合金成分偏析的影响很大。为了了解相同尺寸合金颗粒的 *SDAS* 值差别很大的原因，通常将 *SDAS* 值与一些凝固变量联系起来，最常用的变量有平均冷速、凝固时间和界面移动速率，一般采用将 *SDAS* 与平均冷速做成曲线图的方式。这种方法是从在常规凝固条件下的微观组织与冷速关系的研究中得出的，但需要可靠的冷速测量结果。图 3-27 给出了 Al-（5.4～5.6）% Cu（原子分数）合金的 *SDAS*-冷速关系[54]，由图可见，*SDAS* 随冷速的提高而减小，并满足下列经验关系式：

$$SDAS = k_{c} \dot{T}^{-n} \tag{3-35}$$

式中，k_c 和 n 为实验常数。不同材料遵循类似的幂指数关系式，只是实验常数的大小有差异[54]。

SDAS 与平均冷速的幂指数关系并不能从物理上说明雾化粉末的快速凝固过程。在限制式的凝固条件下，如在定向凝固过程中，枝晶臂间距会随固－液界面前沿的成分过冷度的增大而减小。如果枝晶臂间距加大，难以满足成分过冷条件，则新的枝晶将分叉形成更为细小的分枝以减小枝晶臂间距。如果枝晶臂间距太小，一些生长缓慢的枝晶会被相邻的枝晶吞没。枝晶的这种自我调节现象已经在透明材料的试验观察中得到了证实。从成分过冷的观点可以推断，*SDAS* 或 *PDAS* 应该是热梯度和界面冷速乘积 $G_1 v_{sl}$ 的函数。这种乘积实际上就是冷速，因为：

$$\dot{T} = \frac{\partial T}{\partial x}\frac{\partial x}{\partial t} = G_1 v_{sl} \tag{3-36}$$

式中，x 为与界面生长方向平行的坐标轴上的坐标。

SDAS 有时可以表示成固－液界面处局部凝固时间的函数：

$$t_f = \frac{\Delta T_0}{\dot{T}} \tag{3-37}$$

将式（3－37）与式（3－35）合并就可以得到 *SDAS* 与局部凝固时间的函数关系：

$$SDAS = k_s t_f^n \tag{3-38}$$

式中，k_s 是由实验确定的常数，n 与式（3－35）中的 n 具有相同的意义，t_f 为局部凝固时间。由于 *SDAS* 和凝固时间关系的物理意义不明确，它只是表明枝晶自我调节以适应成分过冷需要以及在半固态区域枝晶的粗化效应。

从实验上讲，*SDAS* 与固－液界面速率紧密相关，相关的研究报道很多，特别是对共晶合金系的研究。对于共晶合金体系，共晶体间距（*ES*），也就是相邻的不同相之间的间距被看成是表征微观组织尺寸的参数。图 3－28 给出了 Al－33% Cu（原子分数）合金的共晶体间距与界面速率的关系曲线，从这些数据得出了如下经验关系式：

$$(ES)v_{sl}^{1/2} = k_e \tag{3-39}$$

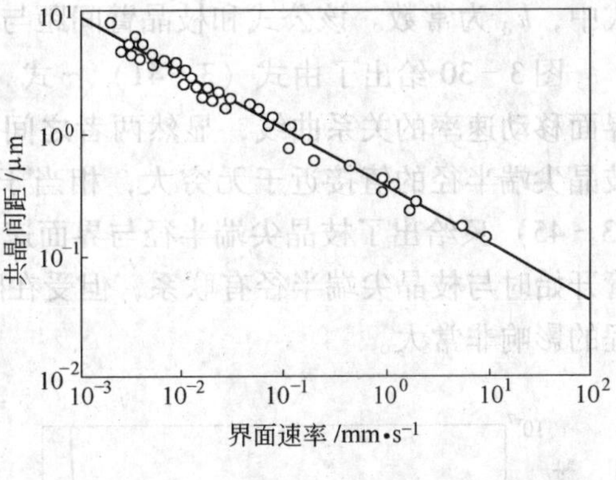

图 3－28 Al－33% Cu（原子分数）合金的共晶体间距和界面速率的关系

式中，*ES* 为共晶体晶距，k_e 为实验确定的常数。对于 Al－33% Cu（原子分数）合金，$k_e = 9.4\mu m^{3/2}s^{1/2}$[53]。在 Al－$Al_6$Mn 共晶系的研究中也得到了类似的关系式，根据经验得到了 $k_e = 34.0\mu m^{3/2}s^{1/2}$[55]。因此可以看出，式（3－39）对共晶系具有普遍适应性[55,56]。

有关微观组织与界面速率关系的理论模型很多，这些模型采用的组织尺寸一般为枝晶尖端半径[57~60]。Langer 和 Küller－Krumbhaar 认为，枝晶在生长过程中，尖端边缘会逐渐过渡到稳定状态[61,62]，他们将 Mullins－Sekerka 的稳定性理论应用到枝晶尖端半径的判据：

$$R_d = \lambda_s \tag{3-40}$$

式中，R_d 为枝晶在稳定条件下生长时枝晶尖端半径值，λ_s 为固－液界面的临界波长值，根据上述判据和 Mullins－Sekerka 模型，Kurz 等人得到了如下所示的枝晶尖端半径通用表达式[60,62]：

$$\Xi v_{sl}^2 - Bv_{sl} + G_1 = 0 \tag{3-41}$$

式中

$$\Xi = \frac{\pi^2 \Gamma}{Pc^2 D_1^2} \tag{3-42}$$

$$B = \frac{m_1 C_0 (1-k) \xi_c}{D_1 [1-(1-k) Iv(Pc)]} \tag{3-43}$$

式中，ξ_c 为溶质场稳定参数；$Iv(Pc)$ 为 Ivantsov 函数；Pc 为溶质的贝克来数。

Kurz 等人作出了 $R_d^2 v_{sl} - v_{sl}$ 关系曲线并验证了 $R_d^2 v_{sl}$ 随界面速率 v_{sl} 变化的情况，得到的结果如图 3－29 所示。显然，Péctet 数较小，即界面速率较低条件下（$v_{sl} < 10^2 \mathrm{cm \cdot s^{-1}}$），$R_d^2 v_{sl}$ 为常数。当 $G_1 = 0$ 时，式（3－36）到式（3－43）可以简化为：

$$R_d^2 v_{sl} = \frac{4\pi^2 D_1 [1-(1-k) Iv(Pc)]}{C_0 m_1 (k-1) \xi_c} \tag{3-44}$$

当 Péctet 数较小时，$\xi_c \to 1$，且 $Iv(Pc) \to 0$，式（3－44）可以简化为：

$$R_d^2 v_{sl} = k_d \tag{3-45}$$

式中，k_d 为常数。该公式和枝晶臂间距与界面移动速率间的函数关系式类似。

图 3－30 给出了由式（3－41）～式（3－43）预测出的 Ag－Cu 合金枝晶尖端半径与界面移动速率的关系曲线，显然两者之间存在着幂指数关系。当界面速率很低或很高时，枝晶尖端半径的值接近于无穷大，相当于平界面的稳定极限。不过，值得注意的是，式（3－45）只给出了枝晶尖端半径与界面速率间的关系，而且在实验中测得的枝晶臂间距尽管开始时与枝晶尖端半径有联系，但受在随后凝固过程和凝固后冷却过程中发生的粗化过程的影响非常大。

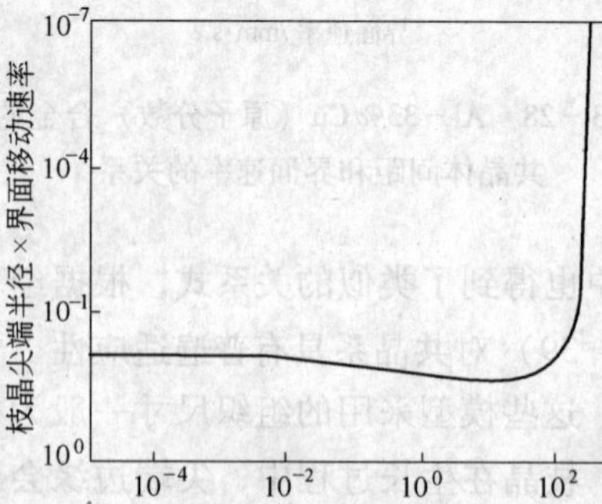

图 3－29　$R_d^2 v_{sl}$ 和 v_{sl} 的关系曲线[60]

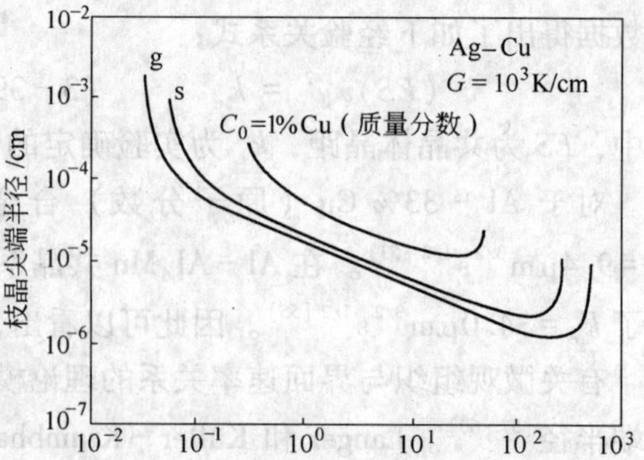

图 3－30　Ag－Cu 合金枝晶尖端半径与界面移动速率的关系[60]

3.7.4 晶粒尺寸

快速凝固必然会导致晶粒组织的显著细化。例如，在溅射薄片急冷法中，晶粒尺寸可细化到0.01μm[63]。快速凝固材料的晶粒尺寸主要取决于冷速和过冷度。图3-31给出了合金的晶粒尺寸与固态基体冷却速度之间的关系曲线[64]，图中采用的固态冷速可以表征凝固过程中的传热条件，结果表明，提高固态基体的冷速（即传热速率）可以显著细化合金的晶粒尺寸。Cochrane 等人在采用液滴落管法研究 Ni 基合金的凝固行为时也发现，提高冷速可以细化合金的晶粒尺寸[51]。

通常采用液滴落管法或悬浮法来研究晶粒尺寸与过冷度之间的关系。在这两种方法中，可以定量地测出液滴的过冷度大小。有关过冷度对晶粒尺寸影响的实验研究结果表明，当液相的过冷度超过某临界值后，晶粒尺寸会突然细化[65,66]。因此，当过冷度低于此临界值时得到的是粗晶组织，且晶粒尺寸随过冷度的增大而减小。在临界过冷时，晶粒尺寸会突然减小2个数量级。图3-32给出了晶粒尺寸随过冷度突变的情况。过冷度超过临界值后，晶粒尺寸随过冷度的增加而进一步细化。

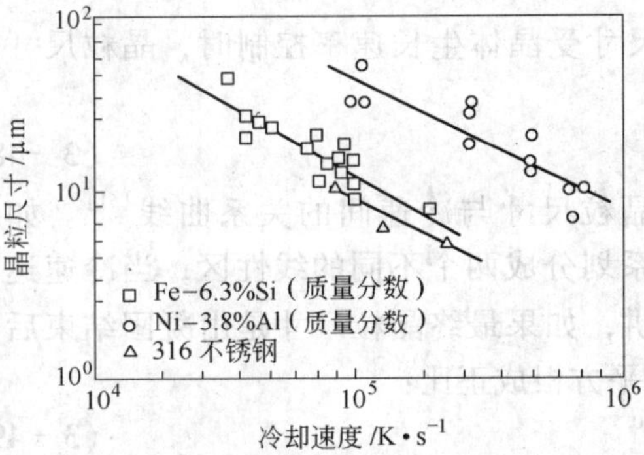

图3-31 合金晶粒尺寸和冷却速度关系[64]

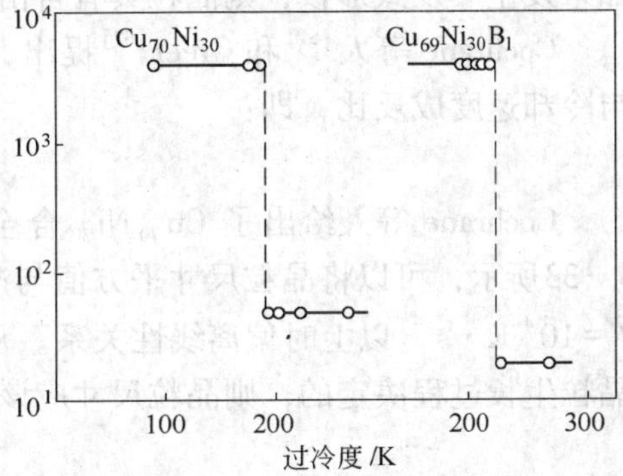

图3-32 晶粒尺寸与过冷度的关系[65]

被用来解释晶粒尺寸随过冷度变化现象的机制有很多，如：

（1）深冷形核；

（2）晶粒生长；

（3）枝晶臂断裂；

（4）固态粗化。

在深冷形核机制中，晶粒细化结果被看成是在均匀形核条件下，形核速率突然增加而造成的。只有当固-液界面前沿释放的凝固潜热不会阻碍该区域内的均匀形核过程时才会发生这类爆发式的形核过程。因此，当散热速率超过再辉效应时产生热量的速率才有可能使得产生这种爆发式的形核过程。在这种机制下，晶粒尺寸取决于形核和晶核生长动力学之间的竞争结果。Johnson 等人给出了一种解释这种晶粒尺寸演变过程的模型：

$$d_G = \left(\frac{v_{sl}}{I}\right)^{1/4} \tag{3-46}$$

式中，d_G 为晶粒尺寸。当凝固过程在冷基体表面上进行时，在基体表面上发生非均匀形核过程，从而细化合金晶粒组织。在此条件下以及再辉效应可以忽略时，合金的晶粒尺寸可以用与式（3－46）类似的方程来表示[67]：

$$d_G = \left(\frac{8v_{sl}}{\pi I_s}\right)^{1/3} \tag{3-47}$$

式中，I_s 为表面非均匀形核速率，单位为 $m^{-2} \cdot s^{-1}$。

枝晶臂碎片对合金的最终晶粒尺寸有影响。类似的工作研究工作报道很多。研究结果表明，当过冷度较低时，界面速率和过冷度的关系可以用幂指数定律来解释。在临界过冷度以上，界面速率明显偏离幂指数定律。有趣的是，过冷合金在固－液界面速率偏离幂指数定律时通常发生晶粒突然细化的现象。Willnecker 等人[65]认为这种偏离过程随着枝晶在生长过程中溶质捕获量的增加而增加，因此断裂并离开固－液界面的枝晶断臂就成为非均匀形核的核心，从而细化合金的晶粒尺寸。Cochrane 等人[51]的结果证实了这一机制的存在，他们在过冷 $Fe_{65}Ni_{35}$ 合金液体中也观察到了这种晶粒尺寸随过冷度提高而突然细化的类似现象。他们在实验中观察到的微细晶粒具有明显的方向性，从粉末颗粒的中心向外呈辐射状分布。由于枝晶断臂在界面前沿成为形核质点，有可能会形成这种方向性。相反，如果发生爆发式形核，则晶粒具有自由取向。

Cochrane 等人[51]和 Greer[67]提出，当晶粒尺寸受晶体生长速率控制时，晶粒尺寸将与冷却速度成反比，即：

$$d_G \propto \dot{T}^{-1} \tag{3-48}$$

Cochrane 等人给出了 $Cu_{70}Ni_{30}$ 合金的实测晶粒尺寸与冷速间的关系曲线[51]。如图 3－33所示，可以将晶粒尺寸平方值与冷速的关系划分成两个不同的线性区，当冷速达到 $\dot{T} = 10^4\ K \cdot s^{-1}$ 以上时偏离线性关系。从理论上讲，如果最终晶粒尺寸是由凝固结束后的晶粒生长过程决定的，则晶粒尺寸应该与冷速的平方根成正比：

$$d_G \propto \dot{T}^{-0.5} \tag{3-49}$$

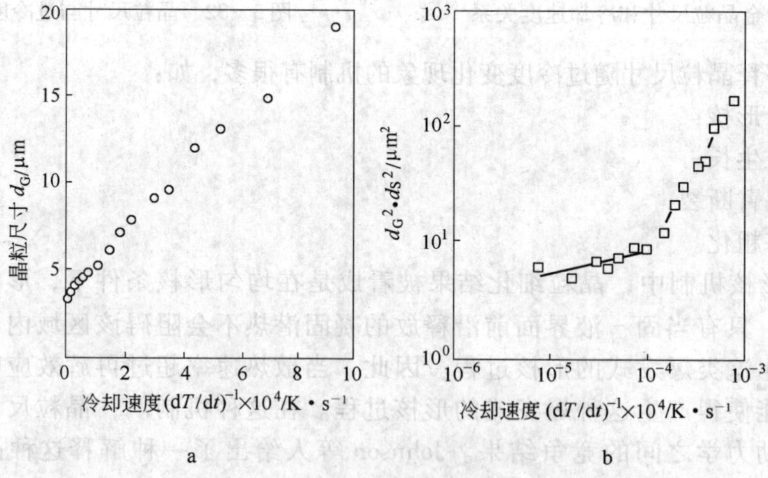

图 3－33　晶粒尺寸与冷却速率关系[51]

但是 Cochrane 等人得到了与式（3－49）类似的经验关系式，当 $\dot{T} < 10^4\ K \cdot s^{-1}$ 时为

$$d_G \propto \dot{T}^{-0.59} \tag{3-50}$$

现有的研究结果表明，在低冷速关系下，凝固结束后发生的晶粒长大过程可能是决定合金最终晶粒尺寸的控制性因素。

3.7.5 相选择特点

凝固结束后的雾化颗粒组织特点是由各种动力学过程竞争结果决定的。凝固动力学过程和相选择的机制不同，所形成的相可能是平衡相也可能是非平衡相[68~72]，各种形成相及其相对含量是由两个过程决定的：不同相的形核能力间的竞争和不同晶核长大速率之间的竞争。形核动力学过程决定了生长相生成的可能性，而晶核生长动力学过程则决定了生成相的相对含量。表征凝固过程中相选择结果的组织特征参数有相成分，相对含量和形貌等。

合金相的成分是由稳定相和亚稳相间竞争的结果控制的。例如，在雾化粉末中非晶相、平衡相和亚稳态的晶态相经常共存。在晶态材料中也有很多合金相互相竞争的例子，如 Al－Mn[73,74]，Al－Fe[75]，Fe－Ni[70] 和 Al－Ti[76] 合金系。

Graves 等人研究了旋转电极雾化 Al－Ti 合金液滴中的相选择问题，Al－50% Ti（原子分数）成分位于相图中的 $\alpha_2(Ti_3Al)$ 化合物单相区，但 Graves 等人在雾化粉末颗粒中观察到了 TiAl 平衡相和 Ti_3Al 亚稳相，且各个相的相对含量取决于粉末颗粒的尺寸（或冷速）。在粗粉末颗粒中形成的相主要是 TiAl 平衡相，而在细粉末颗粒（如粒径小于 44μm）中生成的相则主要是亚稳定的 $\alpha_2(Ti_3Al)$ 相，且 α_2 相的相对含量随液滴尺寸的减小或随冷速的提高而增加。

形核过程对相选择结果的影响可以由热力学和动力学原理加以说明。图 3－34 给出了 Al－12% Mn（原子分数）合金中的 Al_6Mn 相，亚稳的 T 相，I 相和过冷液相的临界形核自由能 ΔG^* 曲线[73]。对于 Al_6Mn 相，以均匀形核和非均匀形核（$f(\theta)=0.45$）方式形成时的 ΔG^* 差异极大。当过冷度较高时，在能量上有利于 T 相和 I 相均匀形核；而过冷度较低时，Al_6Mn 相容易发生均匀形核（例如 $T_1 > T > 980K$）。然而，这种热力条件并不能保证这些亚稳相的形核，从动力学角度讲，为了保证低温相形核，必须将金属熔体快淬到适当的过冷温度以穿过那些高温稳定相区域。因此，如果冷速不够高而无法避免高温相形核，则高温相优先形核。

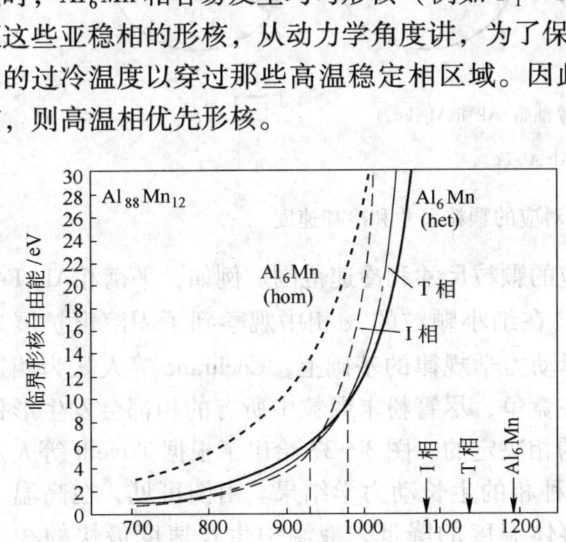

图 3－34 在 Al－12% Mn（原子分数）合金中含 Al_6Mn、T 相、I 相的临界形核自由能与温度的关系[73]

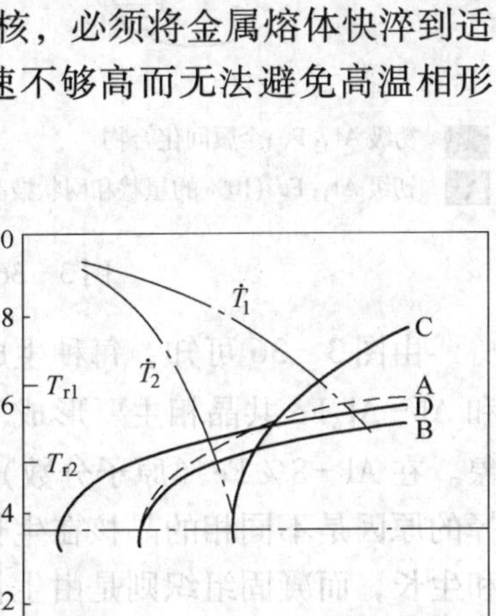

图 3－35 形核过程中的温度和时间的关系图[77]

相选择动力学过程还可以用形核过程中的温度－时间转变图（TTT 图）加以说明。图 3－35 就是一个具有代表性的例子[77,78]。图 3－35 给出了 A、B、C 和 D 相的形核动力学用约化形核温度 T_r 与时间的对数的关系曲线。由图可见，尽管 C 相的形核温度较高，但其形核动力学过程比较缓慢。因此，如果熔体的冷速高于临界值 $\dot{T}_2$，则 C 相的形核就被抑制。而且，在一定的冷却条件下（如冷速为 $\dot{T}_1$），则几个相都可能在液相中同时生成。

Cochrane 等人研究了更为复杂的 Al－8% Fe（原子分数）合金中的相形成竞争动力学规律，液滴的尺寸在 50～2000μm 之间，在不同粒径的粉末颗粒中观察到的相组成特点如图 3－36 所示[75]。在雾化 Al－8% Fe（原子分数）合金粉末中形成的相有 $Al_{13}Fe_4$ 初晶相，$Al-Al_{13}Fe_4$ 层状共晶组织，$Al-Al_6Fe$ 亚稳包状晶和棒状共晶相，粗大和微胞状的 α－Al 相。

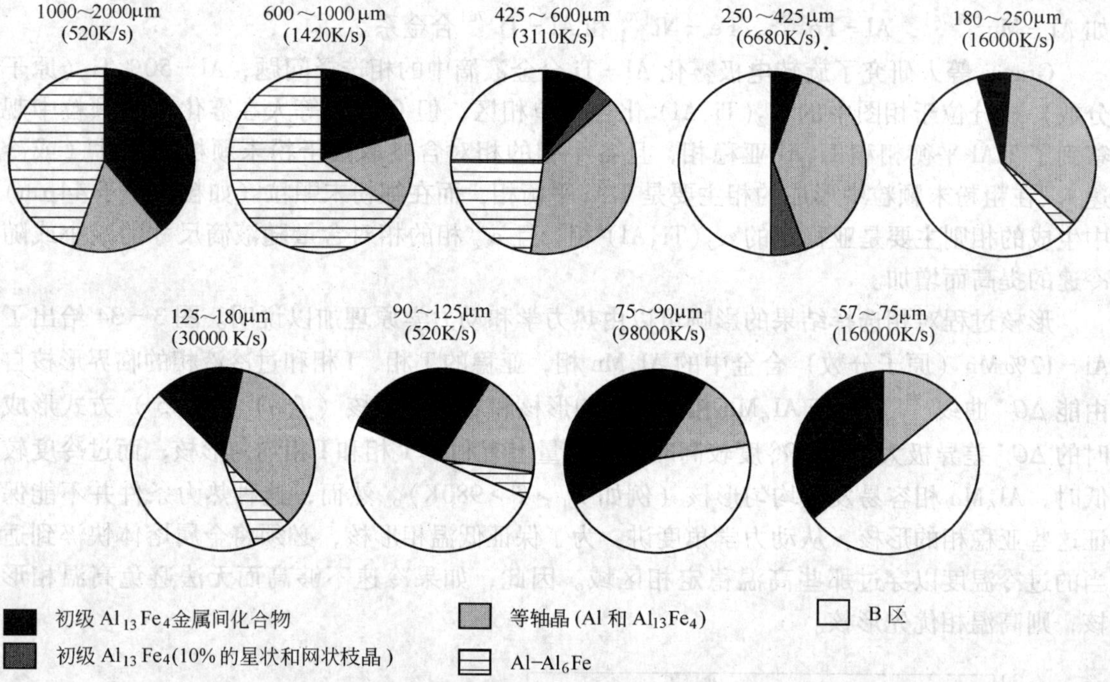

图 3－36 各种生成相对应的颗粒尺寸和冷却速度

由图 3－36 可知，每种生成相都有相应的颗粒尺寸和冷速范围。例如，平衡相 $Al_{13}Fe_4$ 和 $Al-Al_6Fe$ 共晶相主要形成于粗颗粒中；在细小颗粒的 α 相中观察到了固溶度扩展现象。在 Al－8% Fe（原子分数）合金相选择动力学规律的基础上，Cochrane 等人认为相选择的原因是不同相的晶核在生长过程中存在竞争，尽管粉末颗粒中所有的相都会发生形核和生长，而凝固组织则是由生长速度较快的相决定的。图 3－37 给出了根据 Trivedi 等人建立的枝晶和共晶生长模型[57,79]计算出的各种相的生长动力学结果。由图可见，在高温下 $Al_{13}Fe_4$ 相的生长速度最快。因此，随着熔体温度的降低，液滴中生长速度最快的相为 $Al-Al_{13}Fe_4$ 共晶相，其次是 $Al-Al_6Fe$ 共晶相，α－Al 相的生长速率最慢。这种结果与粉末颗粒中的相组成与随液滴尺寸减小而变化的规律一致[75]。

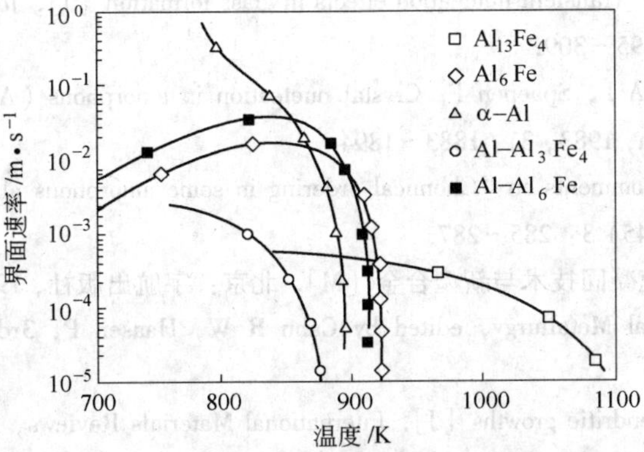

图 3−37 Al−8% Fe（质量分数）合金中界面速度和生成相的关系[79]

参 考 文 献

[1] Perepezko J H, Paik J S. In: Rapidly Solidified Crystalline and Amorphous Alloys. Kear B H, Giessen S C, Cohen M, (eds.). Elsevier Sci. Pub. Co., Inc., 1982.

[2] Cohen M, Kear B H, Mehrabian R. In: Rapid Solidification Processing: Principle and Technology Ⅱ. Mehrabian R, Kear B H, Coher M, (eds.). Claitor's Publishing Division Baton Rouge, Louisiana. 1980: 1.

[3] Chan J W, Coriell S R, Boettinger W J. in Laser, Electron Beam Processing of Materials, edited by White C W, Peercy P S (Academic Press, New York, 1980), p. 89.

[4] Boettinger W J. in Proc. Fourth Int. Conf. on Rapidly Quenched Metals, edited by Masumoto T, Suzuke K (Japan Institute of Metals, Sendai, 1982), p. 99.

[5] Perepezlo J H, Erson I E. in Synthesis, Properties of Metastable Phases, edited by Machlin E S, Rowl T J, (TMS−AIME, Warrendale, PA. 1980), p. 31.

[6] Perepezko J H. in Rapid Solidification Processing: Principles, Technologies H, edited by Mehrabian R, Kear B H, Cohen M (Claitor's, Baton Rouge, LA, 1980), p. 56.

[7] Murray J L. unpublished research, NBS, 1985.

[8] Fecht H J, Perepezko J H. Metastable phase equilibria in the lead − tin alloy system: Part I. Experimental [J]. Metallurgical and Materials Transactions A, 1989, 20 (5): 785 ~ 794.

[9] Fecht H J, Zhang M − X, Chang Y A, et al. Metastable phase equilibria in the lead − tin alloy system: Part Ⅱ [J]. Thermodynamic modeling. Metallurgical and Materials Transactions A, 1989, 20 (5): 795 ~ 803.

[10] Boettinger W J. in Rapidly Solidified Amorphous, Crystalline Alloys, edited by Kear H, Giessen B C, Cohen M (North − Holl, Amsterdam, 1982), p. 15.

[11] 胡汉起. 金属凝固原理 [M]. 北京：机械工业出版社，2000.

[12] 沈宁福，汤亚力，关绍康等. 凝固理论进展与快速凝固 [J]. 金属学报，1996，32 (7)：673 ~ 684.

[13] Shao G, Tsakiropoulos P. Prediction of phase selection in rapid solidification using time dependent nucleation theory [J]. Acta Metallurgica et Materialia, 1994, 42 (9): 2937 ~ 2942.

[14] Kelton K F, Greer A L, Thompson C V. Transient nucleation in condensed systems [J]. Journal of Chemical Physics, 1983, 79 (12): 6261 ~ 6276.

[15] Kelton K F, Greer A L. in Rapidly Quenched Metals, Vol. 1, edited by Steeb S, Warlimont H, (Elsevier, New York, 1985), p. 223.

[16] Kelton K F, Greer A L. Transient nucleation effects in glass formation [J]. Journal of non - crystalline solids, 1986, 79 (3): 295 ~ 309.

[17] Thompson C V, Greer A L, Spaepen F. Crystal nucleation in amorphous $(Au_{100-y}Cu_y)_{77}Si_9Ge_{14}$ alloys [J]. Acta Metallurgica, 1983, 31: 1883 ~ 1894.

[18] Kaster U, Herold U. Comments on "Chemical ordering in some amorphous alloys". *Materials Science and Engineering*, 1980, (45) 3: 285 ~ 287.

[19] 程天一，章守华. 快速凝固技术与新型合金 [M]. 北京：宇航出版社，1990.

[20] Cahn R W. in Physical Metallurgy, edited by Cahn R W, Haasen P, 3rd edition, Elsevier, Pub. B V, 1983.

[21] Trivedi R, Kurz W. Dendritie growths [J]. International Materials Reviews, 1994, 39: 49 ~ 74.

[22] 周尧和，胡壮麒，介万奇. 凝固技术 [M]. 北京：机械工业出版社，1998.

[23] 毛协民，李建国，傅恒志，等. 时空条件下对枝胞晶转变的影响. 自然科学进展，1993，3 (1)：35 ~ 41.

[24] Gremaud M, Carrard M, Kurz W. Banding phenomena in Al - Re alloys subjected to laser surface treatment [J]. Acta Metallurgica et Materialia, 1991, 39: 1431 ~ 1443.

[25] Srivastava A K, Ojha S N, Ranganathan S. Microstructural features and heat flow of atomized and spray - formed Al - Fe - V - Si alloy [J]. Metallurgical and Materials Transactions A, 1998, 29 (8): 2205 ~ 2219.

[26] Samuel F H. Microstructural characterization of rapidly solidified Al - Li - Co powders [J]. Metallurgical and Materials Transactions A, 1986, 17 (1): 73 ~ 91.

[27] Halada Kohmei, Minagawa Kazumi, Chiba Kennichi, et al. Solidified microstructure of Zn - Al alloy powders produced by various atomization methods [J]. Journal of the Japan Society of Powder and Powder Metallurgy, 1993, 40 (12): 1160 ~ 1165.

[28] Levi C G, Mehrabian R. Microstructures of rapidly solidified aluminum alloy submicron powders [J]. Metallurgical and Materials Transactions A, 1982, 13 (1): 13 ~ 23.

[29] Cohen C, Kear B H, Mehrabian R. Rapid Solidification Processing: Principle and Technologies, II, Mehrabian R, Kear B H, Cohen M, eds., Claitor's Publishing Division, Baton Rouge, Louisiana, p. 1.

[30] McCullough C, Valencia J J, Levi C G, et al. Microstructural analysis of rapidly solidified Ti - Al - x powders [J]. Materials Science and Engineering A, 1990, 124 (1): 83 ~ 101.

[31] Lavernia E J, Baram J, Gutierrez E. Precipitation and excess solid solubility in Mg - Al - Zr and Mg - Zn - Zr processed by spray atomization and deposition [J]. Materials Science and Engineering A, 1991, 132 (1 ~ 2): 119 ~ 133.

[32] Graves J A, Perepezko J H, Ward C H, et al. Microstructural development in rapidly solidfiedtial [J]. Scripta Metallurgica, 1987, 21 (4): 567 ~ 572.

[33] Allen W P, Perepezko J H. Solidification of undercooled Sn - Sb peritectic alloys: Part I. Microstructural evolution [J]. Metallurgical and Materials Transactions A, 1991, 22 (3): 753 ~ 764.

[34] Boettinger W J, Bendersky L, Early J G. An analysis of the microstructure of rapidly solidified Al - 8wt pct Fe powder [J]. Metallurgical and Materials Transactions A, 1986, 17 (5): 781 ~ 790.

[35] Mehrabian R. Rapid solidification [J]. International Metals Reviews, 1982, 27 (4): 185 ~ 208.

[36] Boettinger W J. Solidification of an "amorphous" phase in rapidly solidified Al - Fe - Si alloy [J]. Material Science and Engineering A, 1988, 98: 213 ~ 216.

[37] Chalmers B. Principles of Solidification. Robert E eds., Krieger Publ. Co., Malabar, Florida, 1964: 150.

[38] Coriell S R, Sekeraka R F. Rapid Solidification Processing: Principle and Technologies II, (Mehrabian R, Kear B H, Cohen M, eds.), Claitor's Publishing Division, Baton Rogue, Louisiana, 1980: 9.

[39] Trivedi R, Sekhar J A, Seetharaman V. Solidification microstructures near the limit of absolute stability [J]. Metallurgical and Materials Transactions A, 20 (4): 769 ~ 777.

[40] Triverdi R, Kurz W. Morphological stability of a planar interface under rapid solidification conditions [J]. Acta Metallurgica, 1986, 34 (8): 1663 ~ 1670.

[41] Carrard M, Gremand M, Zimmermanna M, et al. About the banded structure in rapidly solidified dendritic and eutectic alloys [J]. Acta Metallurgica et Materialia, 1992, 40 (5): 983 ~ 996.

[42] Garrett R K Jr., Sanders T H Jr.. FORMATION OF COARSE INTERMETALLICS IN RAPIDLY SOLIDIFIED Al - Co ALLOYS [J]. Materials Science and Engineering A, 1983, 60 (3): 269 ~ 274.

[43] Baker J C, Cahn J W. Solidification, American Society for Metals, Metals Park, OH, 1971: 23 ~ 58.

[44] Tongsri R, Minay E J, Thackray R P. Microstructures and their stability in rapidly solidified Al - Fe - (V, Si) alloy powder [J]. Journal of Materials Science, 2001, 36 (8): 1845 ~ 1856.

[45] 王云，陈振华，蒋向阳，等. 多级雾化快速凝固制粉技术与传统雾化法的比较研究 [J]. 中南矿冶学院学报，快速凝固专辑，1991，增1: 17 ~ 24.

[46] Domingue J A, Kissinger R D, Boesch W J, et al. Rapid Solidification Processing: Principle and Technologies, III. Mehrabian R eds., National Bureau of Standards, Gaithersburg, Maryland, 1982: 259.

[47] Grant N J. Rapid Solidification Processing: Principle and Technologies. Mehrabian R, Kear B H, Cohen M, eds., Claitor's Publishing Division, Baton Rouge, Louisiana, 1979: 230.

[48] Patterson R J II, Cox A R, van Reuth E C. Rapid Solidification Technology Source Book. Ashbrook R L, ed., ASM, Materials Park, Ohio, 1983: 414.

[49] Miracle D B, Williams R A, Lipsitt H A. Rapid Solidification Processing: Principle and Technologies, III. Mehrabian R, ed., National Bureau of Standards, Gaithersburg, Maryland, 1982: 234.

[50] Cebulak W S. Rapid Solidification Processing: Principle and Technologies, III. Mehrabian R, ed., National Bureau of Standards, Gaithersburg, Maryland, 1982: 324.

[51] Cochrane R F, Herlach D M, Feuerbacher B. Grain refinement in drop - tube - processed nickel - based alloys [J]. Materials Science and Engineering A, 1991, 133: 706 ~ 710.

[52] Wu Y, Lavernia E J. Presentation at 1992 TMS Spring Meeting, March 1992, San Diego, California. .

[53] Jones H. Rapid Solidification Processing: Principles and Technologies. Mehrabian R, Kear B H, Cohen M, eds., Claitor's Publishing Division, Baton Rouge, Louisiana, 1978: 28.

[54] Mehrabian R. Rapid Solidification Processing: Principles and Technologies. Mehrabian R, Kear B H, Cohen M, eds., Claitor's Publishing Division, Baton Rouge, Louisiana, 1979. 9.

[55] Juarez - Islas J A, Jones H C. Condition for growth of extended Al - rich Al - Mn alloy solid solutions and Al - Al_6Mn eutectic during rapid solidification [J]. Acta Metallurgica, 1987, 35 (2): 499 ~ 507.

[56] Beghi G, Pellegrini G. The structure of the unidirectionally solidified Al - $Al_{21}Pt_5$ eutectic alloys [J]. Journal of Materials Science, 1980, 15: 2403 ~ 2408.

[57] Trivedi R, Lipton J, Kurz W. Effect of growth rate dependent partition coefficient on the dendritic growth in undercooled melts [J]. Acta Metallurgica, 1987, 35 (4): 965 ~ 970.

[58] Kurz W, Fisher D J. Dendrite growth at the limit of stability: tip radius and spacing [J]. Acta Metallurgica, 1980, 29 (1): 11 ~ 20.

[59] Lipton J, Kurz W, Trivedi R. Rapid dendrite growth in undercooled alloys [J]. Acta Metallurgica, 1987,

35 (4): 957 ~ 964.

[60] Kurz W, Giovanola B, Trivedi R. Theory of microstructural development durning rapid solidfication [J]. Acta Metallurgica, 1986, 34 (5): 823 ~ 830.

[61] Langer J S, Küller - Krumbhaar H. J. Stability effects in dendritic crystal growth [J]. J. of Crystal Growth, 1977, 42: 11 ~ 14.

[62] Langer J S, Küller - Krumbhaar H. Theory of dendritic growth [J]. I. Elements of a stability analysis. Acta Metallurgica, 1978, 26 (11): 1617 ~ 1681.

[63] Jones H. Vacancies' 76. Smallman R E, Harris J E, eds., Materials Society London, United Kingdom, 1977: 175.

[64] Vogt E, Frommeyer G. Rapidly Solidified Materials. Lee P W, Carbonara R S, eds., ASM, Metal Park, Ohio, 1985: 291.

[65] Willnecker R, Herlach D M, Feuerbacher B. Grain refinement induced by a critical crystal growth velocity in undercooled melts [J]. Applied Physics Letters, 1990, 56 (4): 324 ~ 326.

[66] Devaud G, Turnbull D. Microstructures of undercooled Germanium droplets [J]. Acta Metallurgica, 1987, 35 (3): 765 ~ 769.

[67] Greer A L. Grain refinement in rapidly solidified alloys [J]. Materials Science and Engineering A, 1991, 133 (15): 16 ~ 21.

[68] Salas O, Levi C G. Solute redistribution and interfacial stability in ultrafine Al - Fe - Ce powders [J]. International Journal of Rapid Solidification, 1988, 4 (1 - 2): 1 ~ 21.

[69] Kelly T F, Cohen M, vanderSande J B. Rapid solidification of a droplet - processed stainless steel [J]. Metallurgical and Materials Transactions A, 1984, 15 (5): 819 ~ 833.

[70] Thoma D J, Perepezko J H. Microstructural transitions during containerless processing of undercooled Fe - Ni alloys [J]. Metallurgical and Materials Transactions A, 1992, 23 (4): 1347 ~ 1362.

[71] Munitz A, Elder - Randall S P, Abbaschian R. Supercooling effects in Cu - 10 wt pct Co alloys solidified at different cooling rates [J]. Metallurgical and Materials Transactions A, 1992, 23 (6): 1817 ~ 1827.

[72] Drehman A J, Turnbull D. Solidification beharior of undercooled $Pd_{83}Si_{17}$ and $Pd_{82}Si_{18}$ liquid droplets [J]. Scripta Metallurgica, 1981, 15 (5): 543 ~ 548.

[73] Gillessen F, Herlach D M. Nucleation and formation of quasicrystalline phases in undercooled Al - Mn melts [J]. Materials Science and Engineering A, 1991, 134: 1220 ~ 1224.

[74] Shechtman D, Blech I, Gratias D, et al. Metallic phase with long - range orientational order and no translational symmetry [J]. Physical Review Letters, 1984, 53 (20): 1951 ~ 1953.

[75] Cochrane R E, Evans P V, Greer A L. A competitive growth analysis of phase formation in Al - 8 wt. % Fe [J]. Materials Science and Engineering A, 1991, 133: 803 ~ 806.

[76] Hyman M E, McCullough C, Levi C G, et al. Evolution of boride Morphologies in Ti - B Alloys [J]. Metallurgical and Materials Transactions A, 1991, 22A: 1647 ~ 1662.

[77] Boettinger W J, Perepezko. Rapidly Solidified Crystalline Alloys. Das K S, Kear B H, Adam C M, eds., AIME, Warrendale, Pennsylvania, 1985: 21.

[78] Perepezko J H. Nucleation in undercooled liquids [J]. Materials Science and Engineering A, 1984, 65 (1): 125 ~ 135.

[79] Trivedi R, Magnin P, Kurz W. Theory of eutectic growth under rapid solidificationconditions [J]. Acta Metallurgica, 1987, 35 (4): 971 ~ 980.

4　快速凝固 Al－Li 合金

4.1　Al－Li 合金概述

铝锂合金系指含锂量为 1% ~4% 的二元或多元铝合金。通常锂的含量在铝锂合金中并非最多的合金元素，因此铝锂合金实际上是指含锂的铝合金。

锂在元素周期表中为第三号元素，是体心立方的碱金属（a = 0.35017nm），熔点 186℃（459K），化学性质活泼，密度为 0.534g/cm^3，为铝的 1/5，是自然界中最轻的金属。在铝合金中，锂是降低密度最有效的合金元素。锂在铝中的最大溶解度为 4.2%（质量分数），它是铝中极限固溶度超过 1%（原子分数）的 4 种合金元素之一。在极限固溶度内，铝中每添加 1%（质量分数）的锂，密度降低 3%，弹性模量提高 6%，并可获得明显的强化效果。如锂含量达到 3%（质量分数）时，用以替代普通铝合金能够减重 10% ~20%。

铝锂合金具有优越的抗疲劳裂纹扩展性能（高周疲劳寿命），密度低，良好的高温力学性能以及较好的焊接性能，与新型的复合材料相比，铝锂合金价格便宜，可以使用传统的加工工艺和装备。这些特点使铝锂合金可取代 2××× 和 7××× 系铝合金成为一种理想的航空航天结构材料而受到高度重视，许多国家竞相研制，并已取得了重大进展。目前，铝锂合金在许多先进国家的航空航天工业中得到了初步的应用[1]。

4.1.1　Al－Li 合金的发展历史

早在 1924 年德国材料科学家就开发出了第一个含 Li 的铝合金[2]，其商品名称为 Scleron，典型成分为 Al－12Zn－3Cu－0.6Mn－0.1Li，Scleron 合金和 Duralmin（杜拉铝）的力学性能如表 4－1 所示。虽然 Scleron 合金有铸件和型材，但由于含 Zn 量较高，密度较大，只能作为原动机的一种部件。1924 年 Czochralski 等人就发表了关于 Al－Li 合金的相图，1926 年 Assman 发表了 Al－Cu－Li 等多个 Al－Li 合金的相图。1942 年 Alcoa 公司的 LeBaron 研制出以 2020 为基本成分的 Al－Cu－Li 合金（Al－4.5Cu－1.0Li－0.8Mn－0.15Cd）并申报了专利，该合金固溶处理后，于 160℃ 时效 12h，1.6mm 的板材的抗拉强度为 567MPa，屈服强度为 523MPa，伸长率为 7.8%，其力学性能优异，该专利于 1945 年得到批准。20 世纪 50 年代中期 Hardy 和 Silcock 开展了 Al－Li 和 Al－Cu－Li 合金时效析出研究，特别是 Silcock 采用了 X 射线分析证明了有序的 δ′Al_3Li 相的存在。1957 年美国 Alcoa 公司将 X2020 合金（Al－4.5Cu－1.1Li－0.5Mn－0.2Cd）用于海军 RA－SC 军用预警飞机的机翼蒙皮上，获得了 6% 的减重效果。Alcoa 公司采用熔铸法生产 Al－Li 合金碰到很多困难，但是由于 Al－Li 合金具有一系列优点，引起人们的兴趣。1960 年初 X2020 合金被用于 B－58 轰炸机和 F－111 战斗机上。由于 X2020 合金断裂韧性较低，疲劳裂纹扩展快，特别是缺口敏感性比 7075－T6 合金大得多，所以从 1965 年以后没有在飞机上再使用这种合金来作为结构材料。

表 4 - 1　Scleron 和 Duralumin 合金的力学性能比较[2]

合金名称	Scleron	Duralumin	
合金组成	Al - 12Zn - 3Cu - 0.6Mn - 0.1Li	Al - 4.2Cu - 0.5Mg - 0.6Mn	
热处理	—	T4	T6
抗拉强度/MPa	392 ~ 490	412	417
屈服强度/MPa	294	245	382
伸长率/%	10	23	7

1965 年苏联学者 Fridlyander 等人根据 Al - Mg - Li 三元合金相图开发了 1420 合金（Al - 5Mg - 2Li - 0.5Mn），表 4 - 2 给出了前苏联开发出的 1420 合金的成分和性能。之后前苏联又在 Al - Zn - Mg 合金中加入 Li，开发出焊接用结构材料。20 世纪 60 年代末日本学者田村等人通过透射电镜发现了 δ′有序相并确定为 $L1_2$ 结构。

表 4 - 2　前苏联 1420 合金的成分和力学性能[3]

合金组成（质量分数）/%		力学性能		合金组成（质量分数）/%		力学性能	
Mg	4.7	抗拉强度/MPa	448 ~ 483	Zr	0.05 ~ 0.3	伸长率/%	8 ~ 10
Li	1.5 ~ 2.6			Ti	0.05 ~ 0.15		
Mn	0.2 ~ 1.0	屈服强度/MPa	310 ~ 345	Cr	0.05 ~ 0.3	弹性模量/MPa	73.8×10^3
其他				Al	余量		

20 世纪 70 年代爆发的石油危机给航空工业带来了巨大的压力，飞机轻量化问题再一次被重视。因此，Al - Li 合金也进入了一个新的发展阶段。1971 年英国 Fulmer 研究所宣布开发出 Al - Mg - Li - Zr 合金。随后，美国 Alcoa 技术中心也开发出 Al - Mg - Li 合金，他们以 2020 合金为主导，开发出高韧性合金。20 世纪 70 年代有很多关于提高 Al - Li 合金断裂韧性的研究。到 70 年代末，美国麻省理工学院（MIT）、洛克希德（Lockheed）公司采用粉末冶金法制备出 Al - Li 合金。进入 20 世纪 80 年代，西方国家及前苏联的政府科研机构和铝业公司积极进行铝锂系合金的研究。从 1980 年开始每两年召开一次专门国际学术会议，大大促进了铝锂系合金的研究与应用。铝锂合金也因此进入了新的发展时期，即所谓的第二阶段。至 20 世纪 80 年代，召开了 6 次国际铝锂合金专题会议，对铝锂合金进行了广泛深入的研究，铝锂合金得到了迅猛的发展。所研制的“第二代铝锂合金”的代表性产品有：美国 Alcoa 公司研制的 2090 合金，英国 Alcan 公司研制的 8090 和 8091 合金，法国 Pechiney 公司开发的 2091、8090 和 CP276（2090 型）合金。1420 合金是前苏联在 60 年代后期成功研制的 Al - Mg - Li 系中强合金，强度水平与 2024 相当，其主要特点是低密度、耐腐蚀、可焊接，密度仅为 $2.479g/cm^3$，是目前密度最低的工业铝合金，耐蚀性相当于我国防锈铝合金 LF6，它是目前世界上应用较广泛并已定型的最成熟的铝锂合金，并已在法英等国申请了专利，至今在其他国家还没有类似合金。

针对 1420 合金主要的缺点如强度较低，疲劳性能和断裂性能不够等，从 20 世纪 80

年代中期至今，俄罗斯先后开发研制了1430、1440、1450等新型铝锂合金。结果表明，Al-Li-Cu-Zr和Al-Li-Cu-Mg系合金在限定Fe、Si、Na、K、Ca等杂质含量的条件下，采用最佳工艺规范和形变强化可获得较好性能。第二代铝锂合金具有低密度、高弹性模量以及高的疲劳寿命等优越性，同时也存在诸如韧性低、各向异性严重、焊接性能较差等缺陷。

20世纪90年代以来，人们针对第二代铝锂合金所存在的问题开发出了一系列性能优异的产品，铝锂合金的发展进入了所谓第三阶段。1990年，雷诺兹（Reynolds）金属公司与马丁·马里特（Martin Marietta）公司（现为Lookheed Martin公司）共同研制了几种Weldalite049铝锂合金如2094及2095合金，并在美国铝业协会注册，这些合金的强度高，可超过700MPa，包括1991年注册的AA2194和AA2095，以及AF/C489[4]和AF/C458[5]等，是目前强度水平最高的铝合金，且具良好的焊接和低温性能。1992年，雷诺兹金属公司开发了2095和X2096合金，具有低密度、高比强与高韧性等特点。表4-3给出了这些合金的成分及性能。

雷诺兹金属公司在研制可焊的高强度铝-锂合金Weldalite系列的同时，又与通用动力公司（General Dynamics Co）、洛克希德公司合作研制出轧制厚板用的低密度高韧性铝-锂合金，并于1993年在美国铝业协会注册2197合金，其疲劳强度与刚度比2124合金的高，而其密度则较低。除X2096合金仍在开发外，其他合金均已进入工业规模生产与应用。1996年6月雷诺兹金属公司向洛克希德·马丁公司交付第一批2197合金厚板，用于制造F-16歼击机。其他国家对应研制的铝合金有：英国Alcan公司的8090、9091和8092；美国Alcoa公司的2090、8090；法国Pechiney公司的2091、8090和CP276（2090型）。

表4-3 Weldalite系列合金成分及性能

合金		成分（质量分数）/%	性能	应用
Al-Li-Cu-Mg-Ag系列（Weldalite049）	2094	Cu4.8，Li1.3	强度很高	平板、挤压件、锻件
	2095	Cu4.3，Li1.3	高强度	SPF板材
	2195	Cu4.0，Li1.0	高强度	2219板的代用品
	X2096	Cu2.7，Li1.6	高强度	7050-T76的代用品 7075-T6挤压成形材
Al-Li-Cu-Mg-Mn系列	2197	Cu4.8，Li1.3	强度和抗疲劳性中等	2124-T851代用品，7050-T7451厚板

此外，澳大利亚墨尔本Comalco公司采用真空纯化法熔炼Al-Li合金，得到了一种改良的Vaclite合金。俄罗斯在中强度1430、1440和高强度1450合金的基础上，发现Sc在Al-Cu-Li系合金中的作用，研制出高强、可焊、低温条件下使用的1460含Sc铝锂合金[6]。

除了Weldalite049以外，美国目前已成功研制出XT110、XT120、XT130、XT140、XT150和XT160等六种新型高韧性铝锂合金[7]，如XT130，密度比7075低9.9%，Charpy

冲击能（CIV）大于173（常用的7075和2024的CIV低于207）。尤其在板材短横方向，XT合金的抗应力腐蚀破坏能力优于以往的铝锂合金，达到或超过7075。这些高韧性铝锂合金的发展将加速替代常用的2×××系和7×××系铝合金。此外在XT系合金中加入10%~15%SiC（颗粒或晶须状）后，其冲击韧性仍比常规铝合金高，可制成一种适用于航空工业的低密度、高韧性和高耐磨金属基复合材料，在同样的强度下，其韧性大大优于一般的铝锂合金。表4-4列举了典型的铝锂合金的发展历程[5,8]。

表4-4　铝锂合金的发展历程

年份	1958	1961	1965	1984		1988	1989		1993	1996
合金牌号	X2020	VAD23	1420	8090 8091	2091	Al-905XL	Weldalite-49（2049）	1430 1440 1450	2197	AF/C-489 AF/C-458
研制单位	Alcoa	VIAM	VIAM	Alcan	Pecbiney	INCO	Martin Marietta	VIAM	Reynolds	
研制国家	美	俄	俄	英	法	美	美	俄	美	

到目前为止，铝锂合金的主要研制单位有：美国Alcoa、英国Alcan、法国Pechiney、俄罗斯全俄航空材料研究院，其生产制造厂家有波音、马丁·玛丽埃塔、诺思罗普、格克希曲、凯泽铝业以及俄罗斯的卡敏斯克-乌拉尔等公司。其中全俄航空材料研究院拥有6t容量的感应加热炉，卡敏斯克-乌拉尔（Kamensk- Uralsky Factory）工厂有2个10t容量的熔铸锂铝合金设备，长期提供铝锂合金的多种半成品供各种飞机使用；美国的Alcoa公司是世界上最大和最有力量研究生产铝锂合金的企业，它与Pechiney联合建立了一座年产1万t铝锂合金的工厂，有重达7000kg的矩形锭用以制备各种型号的板材，圆锭重达1700kg用以生产挤压件，其薄板厚度为0.81~6.33mm，宽度为1219~2286mm。厚板最大厚度为50.8mm，宽度为3048mm。美国其他一些公司也能生产铝锂合金，如雷诺金属公司有5850kg的感应炉可熔铸铝锂合金铸锭，并能生产各种锻件和挤压件[9,10]。

英国Alcan公司的感应熔化炉的容量至少为6t，所生产的矩形铸锭截面尺寸最大为330mm×965mm×3000mm；圆锭直径为200mm及400mm[11]，厚度为0.6~6.0mm，宽度为2200mm，长度为9000mm的薄板，已列为空中客车用铝锂合金的鉴定内容。Alcan并能生产8090铝锂合金的厚板、挤压型材和锻件。

法国Pechiney公司在1989年已能生产表面质量良好的重3t的铸锭。所生产的2091铝锂合金扁锭的截面尺寸为1300mm×450mm，并声言能生产飞机制造所需的各种薄板。铸造的8090铝锂合金的圆锭，直径达450mm，用以生产挤压半成品。各种形式的精密锻件和薄锻件均可顺利地用8090及2091合金生产出来[12]。德法联合的空中客车用铝锂合金半成品鉴定项目中就选定Pechiney的2091合金薄板、厚板，以及由8090和2091合金生产的薄壁挤压件[13]。

加拿大Alcan公司20世纪80年代末在Kitt Green工厂使用6t熔炼炉以工业规模铸造铝锂合金，生产能力为6000t/a。该厂生产8090合金薄板和厚板同时出售自行开发的2090合金板材和圆型挤压件。

近年来，美国正在研制含Li量为3.5%~5%，含Zr量为5%的超低密度铝锂合金，与7000系列合金相比，其密度降低13%～17%，弹性模量增加24%～30%，并具有极好的超塑成形性能。

日本对铝锂合金的研制和开发较晚。1989年日本关键技术中心（JKTC）联合7家轻金属压延厂，组成一个名为Alithium公司。在7年内投入2000万美元来研究开发铝锂合金。据报道，日本轻金属工业公司和三菱重工合作，成功地研制出铝锂合金超塑性复合材料，并用超塑成形法试制飞机隔板门的整体成形体。该材料与高强度超硬铝合金相比密度低10%。塑性加工时成形速度比普通塑性加工法快10倍，从而使今后低成本生产前进了一大步。目前日本各大集团正联合行动，针对铝锂合金的熔铸技术、合金设计方法以及废料回收利用等三大课题开展研究。

随着理论研究的成熟和生产技术的完善，铝锂系合金已逐渐进入研制应用阶段，几种成熟的铝锂合金已开始或将要应用于一系列的宇航结构上。

4.1.2 Al－Li 合金的分类和牌号

铝锂合金的分类比较复杂。若按合金成分来分可以分为：

（1）Al－Li 系；

（2）Al－Mg－Li 系；

（3）Al－Cu－Li 系；

（4）Al－Li－Zr 系；

（5）Al－Li－Cu－Mg－Zr 系。

若按加工工艺来分可以分为铸造铝锂合金、变形铝锂合金和快速凝固铝锂合金。表4－5给出了含Li量较高的部分变形合金的成分和性能。表4－6给出了部分铸造Al－Li合金的成分和性能。表4－7给出了部分快速凝固Al－Li合金的成分和性能。若按材料开发的目的来分可以划分为低密度合金、高强度合金、耐损伤合金、超塑性合金、耐热合金、可焊性合金。表4－8为波音公司采用粉末冶金方法开发的Al－Li合金。

表4－5 高Li变形Al－Li合金的性能[14]

合　金	制备方法	$\sigma_{0.2}$/MPa	σ_b/MPa	δ/%
Al－3.51Li－1.08Cu－0.63Mg－0.37Zr	SD＋轧制（T6：190℃，16h）	414	519	5.8
	SD＋轧制（T6：170℃，24h）	388	471	6.4
	SD＋挤压（T6：190℃，16h）	558	616	4.5
Al－3.51Li－1.08Cu－0.63Mg－0.37Zr	SD＋挤压（T6：170℃，24h）	557	584	3.6
Al－2.24Li－1.48Cu－1.20Mg－0.26Zr	SD＋轧制（T6：190℃，16h）	460	516	12.2
	PM（T6：190℃，16h）	473	536	6.4

续表4－5

合　　金	制备方法	$\sigma_{0.2}$/MPa	σ_b/MPa	δ/%
Al－2.24Li－1.48Cu－1.20Mg－0.26Zr	SD＋轧制（T6：170℃，24h）	464	497	10.5
	PM（T6：190℃，16h）	507	543	5.6

注：PM 为粉末冶金，SD 为喷射沉积。

表 4－6　Al－Li 系合金的力学性能[15]

Al＋Li 系合金（铸造材料）	质别	σ_b /MPa	$\sigma_{0.2}$ / MPa	δ /%	纵弹性模量 /GPa	密度 /g · cm^{-3}
Al－0.92Li	T6	29	20	39	73	
Al－1.56Li	T6	88	39	30	76	
Al－1.90Li	T6	206	176	2		
Al－2.45Li	T6	265	186	6	80	
Al－4.5Li	T6	255	216	2		
Al－2.8Li－0.14Zr	T6	461	421	4		
Al－2Li－2Mg	T6	284	186	7		
Al－1.85Li－3.4Mg	T6	323	216	7		
Al－2Li－2Mg－0.2Zr	T6	431	323	5	78	
Al－1.83Li－3.4Mg－0.19Zr	T6	500	461	3	78	
Al－2.6Li－1.93Mg－0.16Zr	T6	549	451	4	84	
Al－2.6Li－3.5Mg－0.14Zr	T6	519	412	7		
Al－2.7Li－5.2Mg－0.2Zr	T6	529	412	5		
Al－1.8Li－4.2Mg－1.06Mn	T6	441	245	15		
Al－2.7Li－3.5Mg－0.3Mn	T6	510	441	2		
Al－1.96Li－3.96Mg－1.16Fe－1.06Ni	T6	441	304	2		
Al－2.8Li－0.3Mn	T6	382	255	7		
Al－3Li－3Mn	T6	363	333	1		
Al－1.2Li－4.5Cu－0.5Mn－0.2Cd	T6	559	519	3	77	2.7
Al－2.5Li－1.2Cu－0.7Mg－0.12Zr	T6	490	412	6		

表 4－7　快速凝固 Al－Li 合金的性能[16]

w（Li）/%	合　　金	制备方法	$\sigma_{0.2}$ /MPa	σ_b/MPa	δ/%	ρ /g · cm^{-3}	E /GPa
1～2	2024＋1.0Li	超声雾化	403	561	11.0	2.69	77.9
	X2020＋1.2Li	超声雾化	565	606	5.8	2.68	77.9
	Al－2Li－3Cu－1Mg－0.2Zr	离心雾化	497	592	8.3	2.58	78.3
2～3.5	2024＋3.0Li	超声雾化	571	583	5.0	2.52	84.8
	X2020＋3.0Li	超声雾化	565	607	5.8	—	—
	Al－3Li－0.2Zr	真空雾化	454	492	10.5	—	—
	Al－3Li－1Mg－0.2Zr	真空雾化	453	542	9.0	2.49	—

续表4－7

w（Li）/%	合　金	制备方法	$\sigma_{0.2}$ /MPa	σ_b/MPa	δ/%	ρ /g·cm^{-3}	E /GPa
2～3.5	Al－3Li－2Cu－0.2Zr	真空雾化	442	548	8.8	2.51	—
	Al－2.34Li－3.00Cu－0.21Zr	超声雾化	474	541	7.8	2.62	79.6
	Al－2.24Li－1.48Cu－1.20Mg－0.26Zr	超声雾化	441	503	8.5	—	—
	Al－2.8Li－1.6Cu－1.3Mg－0.17Zr	氩气雾化	470	554	5.0	2.50	82.0
	Al－3Li－1.5Cu－1Mg－0.2Zr	离心雾化	509	596	3.1	5.49	80.0
	Al－3Li－1.5Cu－0.5Co－0.2Zr	双辊轧制	487	541	2.9	2.53	—
	Al－3.51Li－1.08Cu－0.63Mg－0.37Zr	超声雾化	559	616	4.5	2.47	—
4	Al－4Li－0.2Zr	真空雾化	449	509	6.0	2.42	—
	Al－4Li－1Mg－0.2Zr	真空雾化	468	514	4.9	2.41	—
	Al－4Li－1Cu－0.2Zr	真空雾化	473	510	3.8	2.43	—

表4－8　波音公司采用PM方法制备Al－Li合金的目标[17]

开发目标	相当其他铝合金	开发合金达到指标
低密度合金	与7075－T73的强度及其他性能相当	密度减轻11%，弹性模量增加11%
高强度合金	与7075－T651强度及其他性能相当	密度减轻9%，弹性模量增加9%
耐损伤合金	与2024－T351强度、耐损伤和耐蚀性相当	密度减轻10%，弹性模量增加10%
超塑性合金	与7075－T73强度和各种性能相当的超塑性合金	密度减轻9%，弹性模量增加10%
耐热合金	与2219－T8有相当的强度和高温特性	密度减轻8%

铝锂合金作为商业用合金已经有几十种牌号，其中2020合金是第一个商业用铝合金，但这类合金的断裂韧性低，疲劳裂纹扩展速度快，对缺口敏感性大，生产工艺难度大，因而在1964年停产，1974年取消牌号。20世纪80年代后期欧美重新开发的铝锂合金有：美国Alcoa公司研制的2090、8090合金，英国Alcan公司研制的8090、8091和8092合金，法国Pechiney公司开发的2091、8090合金等。这些合金具有密度低、弹性模量高等优点。进入20世纪90年代，美国Reynods公司和Martin Maritta公司发明了高强可焊合金Weldalite系列；美国空军Wright材料实验室与Dayton大学及Alcon公司共同开发了低各向异性的AF/C－489和AF/C－458变形铝锂合金。美国Reynods公司还发明了高韧性合金2097和2197；美国Alcoa公司给出了高抗疲劳裂纹的C－155合金，Donald Webste提出采用经特殊真空处理，得到高韧性、高抗应力腐蚀的Al－Li合金XT系列。表4－9给出了由欧美发明的一些典型Al－Li合金的成分和牌号，表4－10给出了一些典型Al－Li合金的力学性能。

表4－9　一些典型Al－Li合金的牌号和成分[3,18～20]

合金牌号	合金成分（质量分数）/%							
	Li	Cu	Mg	Zr	Ag	Zn	Mn	其他
2090（Alcoa）	1.9～2.6	2.4～3.0	<0.25	0.08～0.15	—	—	—	—
2091（Cp274）	1.7～2.3	1.8～2.5	1.1～1.9	0.04～0.16	—	—	—	—

续表4－9

合金牌号	合金成分（质量分数）/%							
	Li	Cu	Mg	Zr	Ag	Zn	Mn	其他
2094	1.3	4.5	0.40	0.14	0.40	—	—	—
2095	1.1	4.2	0.90	0.14	0.40	—	—	—
2096	1.3～1.9	2.3～3.0	0.25～0.9	0.14	0.25～0.6	—	—	—
2097	1.2～1.8	2.5～3.1	0.35	0.14	—	0.35	0.1～0.6	Ti：0.15
2195	0.8～1.2	3.7～4.3	0.25～0.80	0.14	0.25～0.6	<0.25	<0.25	Ti<0.10
2197	1.3～1.7	2.5～3.1	0.25	0.12	—	<0.05	0.1～0.5	Ti：0.12
8090（Alcan）	2.1～2.7	1.0～1.6	0.5～1.0	0.08～0.16	—	—	—	—
8090（Alcoa）	2.1～2.7	1.1～1.6	0.8～1.4	0.08～0.15	—	—	—	—
8090（Cp271）	2.2～2.7	1.0～1.6	0.6～1.3	0.04～0.16	—	—	—	—
8090（Cp276）	1.9～3.3	2.5～3.3	0.2～0.8	0.04～0.16	—	—	—	—
8091	2.4～2.8	1.6～2.2	0.5～1.2	0.08～0.16	—	—	—	—
Weldalite－049	0.7～1.8	2.3～5.2	0.25～0.80	0.14	0.25～0.80	—	—	—
Weldalite－210	1.3	4.5	0.40	0.14	0.40	0.50	—	—
AF/C－458	1.7	2.7	0.30	0.08	—	0.60	0.30	—
AF/C－489	2.1	2.7	0.30	0.08	—	0.60	0.30	—
VL30	3.0	1.0	0.70	—	—	—	—	—

表4－10　一些典型 Al－Li 合金的力学性能[3,18～20]

合金牌号	材料状态	σ_b/MPa	$\sigma_{0.2}$/MPa	δ/%	K_{IC}/MPa · $m^{1/2}$
2090（Alcoa）	板材（T8）	569	530	7.9	42.5
2091（Cp274）	T651	480	430	12	—
8090（Alcoa）	板材（T8）	476	400	9	45.6
8090（Alcan）	板材 L（T8）	500	450	5.5	36
8090（Cp271）	T6	555	445	7	37
	T65	540	490	7	33
8090（Cp276）	挤压（T651）	600～655	575～625	5	—
8091（Alcan）	板材 L（T8）	560	520	4	28
Weldalite 049	挤压棒材 T6	720	681	3.7	—
	挤压棒材 T8	714	692	5.3	—
2094	挤压棒材 T6	706	672	4.5	—
	挤压棒材 T8	717	696	8.5	—
2095	挤压棒材 T6	718	683	3.8	—
	挤压棒材 T8	700	667	8.0	20
2096	板材 T8R70	570	546	11.0	45.3

续表4－10

合金牌号	材料状态	σ_b/MPa	$\sigma_{0.2}$/MPa	δ/%	K_{IC}/MPa·$m^{1/2}$
2195	7.8mm 板 T6 纵向	612	581	9.8	—
	7.8mm 板 T6 横向	592	551	12.1	—
	7.8mm 板 T6 45°	522	489	12.6	—
Weldalite 210	挤压棒材 T6	758	731	2.8	—
	挤压棒材 T87	751	733	7.5	—
2197	38mm 厚板 T8（L）	440	420	4.0	—
	38mm 厚板 T8（LT）	440	420	8.0	—
	38mm 厚板 T8（ST）	420	380	2.0	24.2
AF/C489	热轧厚板 T8 纵向	550	500	3.0	42.4
	热轧厚板 T8 横向	538	468	1.5	33.6
	热轧厚板 T8 45°	545	474	3.0	37.9
AF/C458	12.7mm 厚板 T8 纵向	530	496	10.7	—
	12.7mm 厚板 T8 横向	544	475	8.9	—
	12.7mm 厚板 T8 45°	503	419	12.8	—

俄罗斯对铝锂合金的开发是自成体系的，特别是开发的 Al－Mg－Li 合金尤为成功。这类合金具有密度低（2.47～2.50g/cm^3）、比强度和比刚度大、疲劳裂纹扩展速度低、可焊等一系列优点。表4－11 给出了俄罗斯铝锂合金的牌号和化学成分。典型合金为1420，在其基础上加 Sc 产生了1421 和1423 合金。1421 和1423 合金的拉伸强度和屈服强度均优于1420 合金，组织明显细化，在超塑性成形性和低周疲劳极限方面体现出显著优势。1430 和1450 合金属于低 Li 合金，其 Li 含量和美国的2095 和2195 合金相近。1450 合金和美国2090 合金具有类似成分，但其半成品的热处理工艺更加注重材料的综合性能，在工业应用中更具优势。1460 合金是在1450 合金基础上加 Sc 而成，其焊接系数大于0.6，并且有足够的韧性和优异的低温性能，这种合金可以作为大型运载火箭的推进剂贮箱材料。1460 合金各项性能指标堪与美国铝锂合金贮箱材料2095 和2195 等相媲美。表4－12 为部分俄罗斯铝锂合金板材和挤压料的典型力学性能。

表4－11 俄罗斯铝锂合金的牌号和化学成分（质量分数）[21] （%）

合金	组元									杂质元素	
	Li	Mg	Cu	Mn	Zr	Ti	Be	Sc	Y	Fe	Si
1420	1.9～2.3	4.5～6.0			0.08～0.15					<0.20	<0.15
1421	1.8～2.2	4.5～5.3		0.10～0.25	0.06～0.10			0.16～0.21		<0.20	<0.15
1423	1.8～2.1	3.2～4.2			0.06～0.10			0.10～0.20		<0.15	<0.10
1430	1.5～1.9	2.3～3.0	1.4～1.8		0.8～0.11	<0.05	0.05～0.1		0.07	<0.15	<0.10
1440	2.1～2.6	0.6～1.1	1.2～1.9		0.10～0.20	0.02～0.10				<0.15	<0.10
1441	1.7～2.0	0.7～1.1	1.6～2.0	0.01～0.40	0.04～0.16	0.01～0.07				<0.12	<0.08

续表4 - 11

合金	组元									杂质元素	
	Li	Mg	Cu	Mn	Zr	Ti	Be	Sc	Y	Fe	Si
1450	1.8 ~ 2.3		2.6 ~ 3.3		0.09 ~ 0.14	0.02 ~ 0.06				<0.15	<0.10
1451	1.4 ~ 1.8		2.6 ~ 3.3		0.09 ~ 0.14	0.02 ~ 0.06				<0.15	<0.10
1460	2.0 ~ 2.4	0.05	2.6 ~ 3.3		0.08 ~ 0.13	0.01 ~ 0.05		0.05 ~ 0.14		<0.15	<0.10

表4 - 12 俄罗斯部分铝锂合金板材和挤压料的典型力学性能[21]

合金牌号	试样取向	弹性模量 /GPa	拉伸断裂极限 /MPa	拉伸屈服强度 /MPa	伸长率 /%	低周疲劳 /千周	在不同 ΔK 时的疲劳裂纹扩展速率/mm · 千周$^{-1}$		断裂韧性 K_{Ic} /MPa · $m^{\frac{1}{2}}$	备注
							$\Delta K = 15.8$ MPa · $m^{\frac{1}{2}}$	$\Delta K = 31.7$ MPa · $m^{\frac{1}{2}}$		
	L	76	430	270	11	—	0.7	1.9	24	
	T		440	270	13	—	—	—	—	薄板
	T		370	—	—	179	0.8	3.7	—	
	L	76	415	260	13	85	0.5	1.95	—	
	T		430	270	15	100	—	—	—	包覆板材
	L	77	480	275	12	—	1.1	5.2	—	
	T		475	290	12	—	—	—	—	超塑性板材
	T		340	(氩弧焊)	—	280	—	—	—	
1420	L	76	445	290	8					挤压料
	L	78	450	290	10	—	1.6	4.3	—	
	T		440	280	9	—	—	—	—	挤压板材
	T		370	(氩弧焊)	—	—	1.7	4.7	—	
	L	76	440	290	11	—	1.2	—	25.6	
	T		440	290	11	—	—	—	—	
	ST		380	270	4	—	—	—	—	锻件
	L		330	(氩弧焊)	—	142	1.3	—	—	
	L		380	(电子束焊)	—	>200	—	—	—	
	L		490	330	10	247	—	—	—	
1421	T		440	320	7	—	—	—	—	锻件
	ST		396	310	5	—	—	—	—	
	L	79.5	445	345	10	200	0.6	4.5	43.5	
1430							—	—		板材
	T		445	345	10	—	—	—	—	
	ST		375	285	2.5	—	—	—	—	
	L		480	400	5	300	0.25	2.2	36.6	
1440	T		470	390	4	—	—	—	—	板材
	L = T		485	400	5	—	—	—	(热轧薄板)	
1450	L	78.5	540	451	6	320	0.5	—	73.8 (L - T)	挤压料厚度<30mm

4.1.3 Al－Li 合金的二元相图与组织

Al－Li 二元相图的版本较多，主要是富 Li 端的金属间化合物成分有所区别。图 4－1 和图 4－2 列出了两种版本的二元相图[22,23]。由于富 Al 端的相图各种版本相差不大。本书按图 4－1 所示相图进行解析。在二元相图中富 Al 区出现的平衡相是 δ－AlLi 金属间化合物，其晶体结构是 NaTl（B_{32}）型体心立方晶体，晶格常数 a ＝ 0.637nm。随着 Li 含量的增加，出现的平衡相是 γ－$AlLi_2$ 金属间化合物，其晶体结构为 MoS_2（$C11_b$）型化合物。Li 在 Al 中最大固溶度在 600℃ 共晶温度下约为 4%（质量分数）。如图 4－3 所示 Li 在 Al 中的固溶度极限没有完全确定，有很多研究者提出了 δ 相和 δ′相的析出温度和范围[24,25]。一般来说，Li 含量在 1.5%～5%（质量分数）左右，温度在 350℃ 以下，过饱和固溶体析出亚稳相 δ′－$AlLi_3$。δ′相通常呈球状均匀弥散分布于基体，其晶体结构是 Li_2（Cu_3Au）型，晶格常数 a ＝ 0.401 ～ 0.4038nm，与母相共格，错配度为 0.08%～0.3%。

δ′相从 Al－Li 合金的过饱和固溶体中析出十分容易，当 Li 含量不低于 2%（质量分数）时，即使快速凝固（冷速约 3×10^5℃/s）也往往难以抑制 δ′相的微量析出[26]。另外，当温度在 140～220℃ 的范围内时，δ′相即会以很高的速度形成，在该时效温度 δ′粒子只需 20min 就会发生粗化。产生上述现象的主要原因是 δ′粒子与基体具有非常小的共格应变能（0.08J/m^2）和界面能（0.014J/m^2）[27]，并且溶质原子 Li 与空位具有较大的空位结合能（0.25～0.26eV）。由于在较高的温度下，高的反应速率使初期析出的研究变得非常困难，有一些学者采用计算来确定相图的低温部分。Gayle 等人[28]建立的溶解度间隙如图 4－4 所示，这个溶解度间隙通过一个偏晶反应线将两个有序区连接在一起，该图可以说明饱和固溶体的相分解和原子有序化，但如果用原子成对相互作用能模型来考察，其中参数将会强烈地随成分而变化。Sigli 等人[29]用从聚变化的方法也提出了一个亚稳溶解度

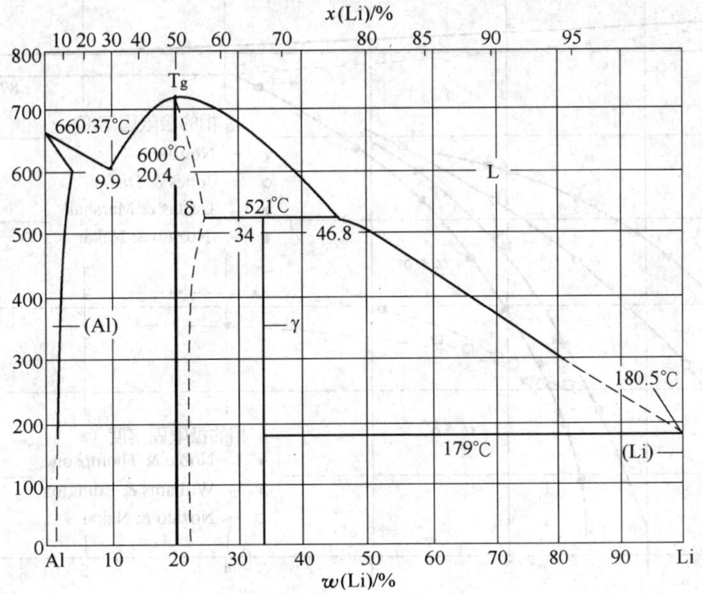

图 4－1 Al－Li 二元相图[22]

间隙图。如图 4－5 所示，这个图可以说明实验观察到的从聚和有序化，但计算结果与实验数据不符合的状况较多。Khachaturyan 等人[30]用平均场近似理论计算了 Al－Li 合金在低温下发生分解的过程。他们将亚稳的互溶区分为若干部分（如图 4－6 所示），成分落在不同区域的合金分解也会不同，可以看出，以上三组研究，对 Al－Li 合金亚稳溶解度间隙的研究结果差别较大[31]。

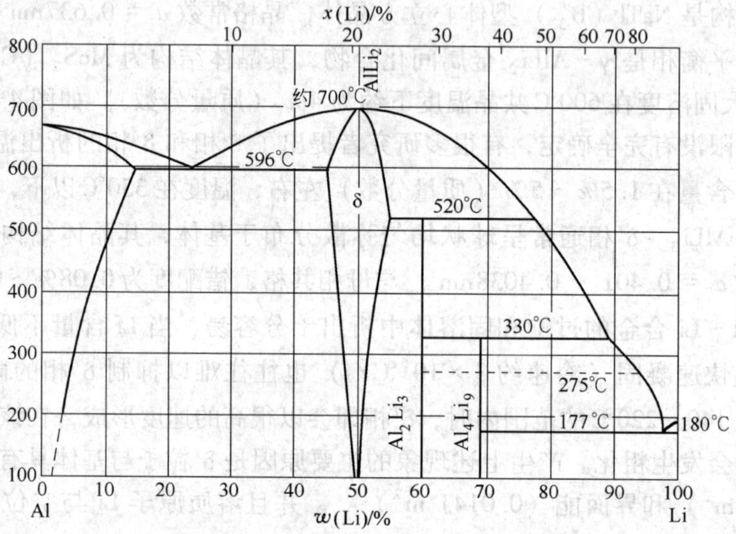

图 4－2　Al－Li 二元相图[23]

AlLi（δ）：立方 NaTi（B32）型；Al_2Li_3：六方（菱面体）；Al_4Li_9 和 $AlLi_2$：单斜，275℃转变

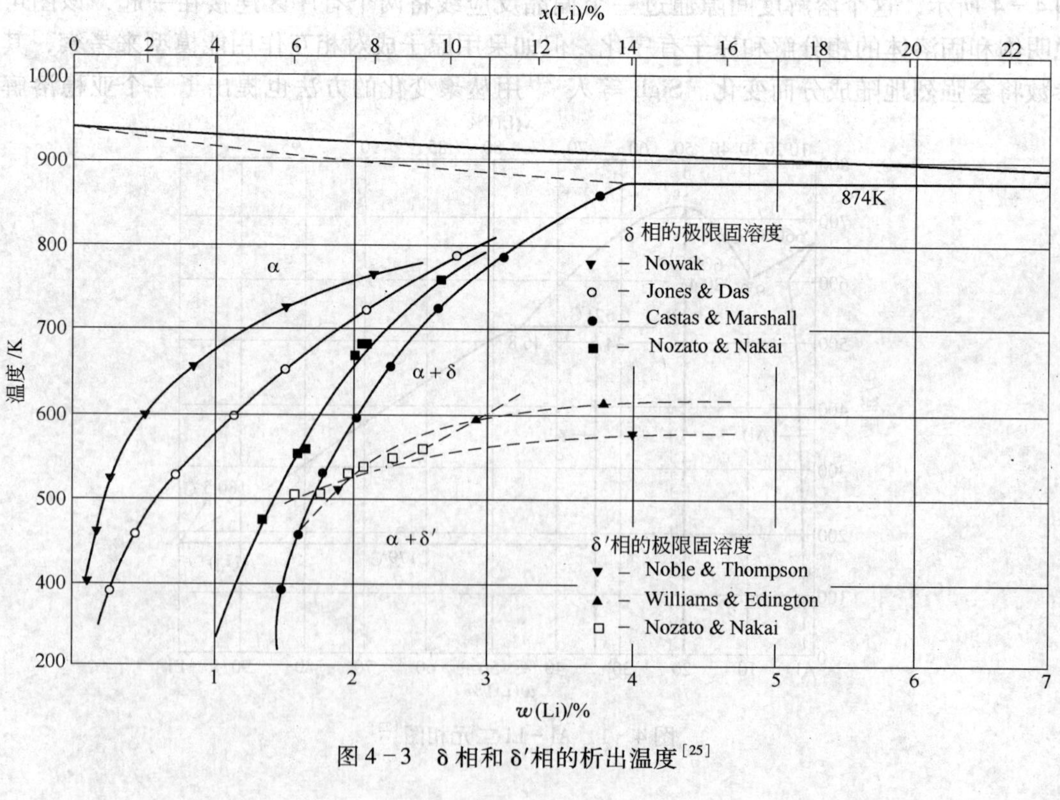

图 4－3　δ 相和 δ′相的析出温度[25]

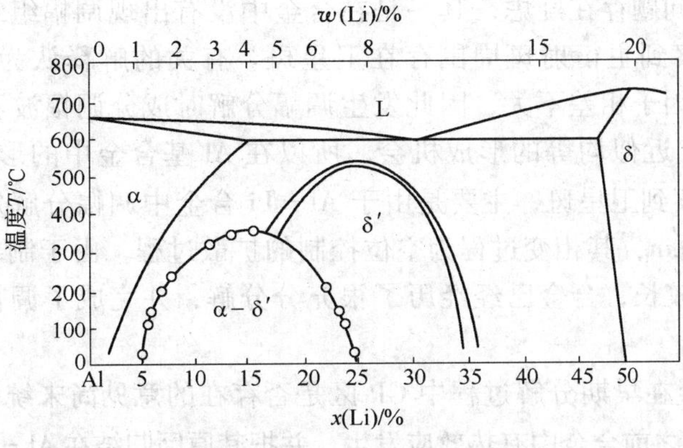

图 4-4 Gayle 等人提出的 Al-Li 合金富 Al 端相图及亚稳溶解度间隙[28]

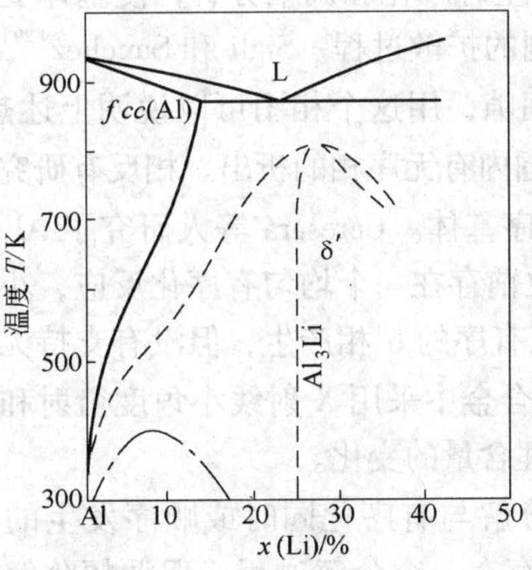

图 4-5 Sigli 等人提出的 Al-Li 合金富 Al 端相图及亚稳溶解度间隙[29]

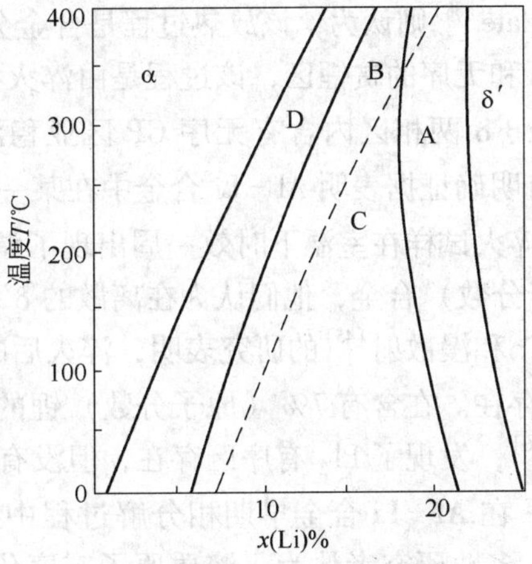

图 4-6 Khachaturyan 等人用平均场近似理论计算所得的 Al-Li 合金相图的亚稳溶解度间隙[30]

4.1.4 Al-Li 合金的时效析出

4.1.4.1 Al-Li 二元合金

有关 Al-Li 合金早期相分解过程的看法不一[32~34]。Nozato 和高桥等人[35]通过热分析提出 Al-Li 合金时效 δ′相的析出机制为：

过饱和固溶体 → GP 区(1) → GP 区(2) → δ′ 相 → δ 相

但这些过程通过透射电子显微镜未能观察到。相反，另外一些学者[36]通过电阻法、电镜和 X 射线衍射法观察到 δ′相是直接从 Al-Li 合金过饱和固溶体中通过形核析出的，即 α 相→δ′相→δ 相，但更多学者认为 δ′相析出是通过调幅分解而得到的。目前有关的争论集中在如下几个方面。

(1) Al-Li 合金在时效过程中，通过调幅分解还是通过经典的形核长大形成 δ′相的意见目前尚未统一。从目前情况来看，有越来越多的证据表明调幅分解发生的可能性较大[37]，但是有两个问题存在疑虑，其一是在合金中没有出现调幅组织，其二是在透射电镜衍射图中没有观察到主衍射斑周围存在卫星斑。有关的解释认为，对 Al 来说不同的(hkl)，其各向异性因子相差不大，因此发生调幅分解时成分调幅波不可能沿一定方向发展。在各个方向具有近似均等的形成机会，所以在 Al 基合金中的形成组织呈调幅结构。另外，TEM 没有观察到卫星斑，主要是由于 Al－Li 合金中调幅分解发生的速度极快，文献［38］报道为10min，其相变过程为空位控制的扩散过程。由于制备透射电镜样品和进行 TEM 观察的时间较长，合金已经经历了很充分分解，并完成了调幅分解，因此难于观察到卫星斑。

（2）Al－Li 合金在早期分解过程中 GP 区是否存在的意见尚未统一。很多研究者采用 DSC 测量到 δ′相析出之前合金中有热效应发生，并把其原因归结在 Al－Li 合金中有预析出组织。这种预析出组织有可能短程有序或者是 GP 区[39~41]。但是有些学者认为[42]，合金在淬火时或 DSC 实验之前在室温时保持形成的亚稳相 δ′是在时效时重新溶解而引起的。而 Noble 和 Trowsdale[38] 则认为，该放热过程是合金分解时发生有序化和调幅分解，使基体变为有序的富锂区和无序的贫锂区，该过程是由淬火空位控制的扩散过程。Sigli 和 Sanchez[29] 建立的相图在 α＋δ′两相区内含有无序 GP 区亚稳溶解度间隙，用这个相图可以说明上述热效应，但是没有明确证据表明 Al－Li 合金中在某一温度范围内有无序相的析出。相反有研究结果表明[43]，淬火试样在室温下时效一周出现了调幅的有序基体。Ceresara 等人研究了 Al－6.7% Li（原子分数）合金，他们认为在离散的 δ′相析出之前存在一个均匀有序化反应，小角度中子衍射[44]和漫散射[45]的研究表明，淬火后的试样有有序的 δ′相产生，但没有支持无序区和 GP 区的存在。在含有 7%（原子分数）锂的 Al－Li 合金中采用 X 射线小角度衍射和透射电镜研究[46]，发现了 Ll_2 有序区存在，但没有探测到锂含量的变化。

（3）在 Al－Li 合金早期相分解过程中，调幅分解与有序化同时或顺序发生的意见尚未统一。多数研究者认为，溶质原子有序化是肯定存在一个分解过程，但调幅分解与有序化发生的先后顺序却是争论焦点。Khachaturyan 等人[30] 针对上述争论，用平均场近似理论预测 Al－Li 合金各种相的稳定性，认为过饱和固溶体首先发生的是均匀有序化然后是调幅分解，使有序固溶体分解成贫、富 Li 区，最后是富 Li 区的有序化和贫 Li 区无序化，这个过程适合于含 Li 量小于 13%（原子分数）的 Al－Li 合金。Sigli 等人[29] 采用丛聚化学法计算了 Al－Li 合金相图 α＋δ′的亚稳两相区中存在固溶体的亚稳溶解度间隙，从而预言淬火冷却时首先发生调幅分解，然后是有序化，但很多学者认为对含 Li 为 5%～12%（原子分数）的 Al－Li 合金在 δ′相形成以前，不发生溶质原子偏聚的调幅分解[33,46~49]。对于 Al－Li 合金中有序化与调幅分解共存做出理论解释的是 Soffa 等人的工作[50]，如图 4－7 所示，他们采用图解热力学方法处理了有序化与调幅分解的复杂的相互作用。对应于 Khachaturyan 等人计算所得的亚稳溶解度间隙 C 区，可以从图解的自由能—成分曲线中看到，初始 α_0 无序固溶体对有序化是不稳定的，将在连续有序化过程中形成由点 S 所示的单相均匀有序相。在这点由于曲线的曲率是负值，有序相在热力学上对相分解是不稳定的，此时调幅分解立即出现，在点 U 处，部分溶质有序相自发无序化（不需形核）以形成无序和有序相之间的平衡[31]。

（4）δ′相究竟是一次固溶体还是金属间化合物的意见尚未统一。过饱和固溶体 Al－Li

合金淬火到亚稳两相区时即有Ll_2结构的δ′相析出，但由于析出物的萃取以及锂含量的原位分析困难，有序δ′相的化学计量比还未完全确定，特别值得注意的是δ′相究竟是一次固溶体还是金属间化合物仍存在争议[31]。

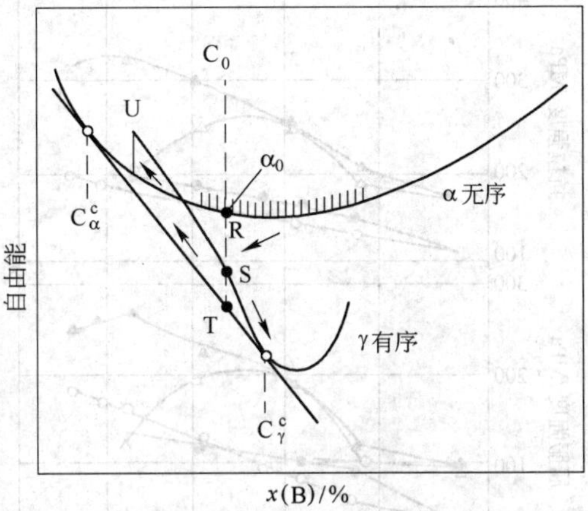

图4－7 图解法所得显示有序相不稳定区的自由能—成分曲线[50]

一般来说，Al－Li合金随着时效时间的延长，合金的屈服强度、抗拉强度上升，但合金的伸长率急剧下降，导致合金在峰值时效时容易发生脆化断裂。当Al－Li时效硬化后，合金发生塑性变形，δ′相往往被位错切割而呈薄片状。Al－Li合金时效强化主要是由于δ′粒子与基体之间的弹性模量的差异和位错切割δ′粒子、在δ′粒子内部发生反相畴界面引起的[51~53]。位错切割了δ′粒子，在粒子内部发生了反相畴界，削弱了δ′粒子的有效尺寸，所以后续位错在滑移时为了减少反相畴界促进了先行位错的配对滑移。另外，后续位错也易于在先行位错已切割的δ′粒子的滑移面上滑移，大量位错在一个滑移面上滑移，产生了共面滑移。共面滑移引起了位错沿滑移面集中滑移到晶界处，并在晶界处产生应力集中，诱发裂纹萌生并使得裂纹沿晶界或滑移面迅速扩展，导致韧性大幅度下降[54~59]。也有学者认为，Al－Li合金在峰值时效时沿晶界形成无沉淀析出带（PFZ），而无沉淀析出带的强度低于晶粒内部强度，合金受力发生塑性变形时，变形优先发生沿晶界的无沉淀析出带从而导致沿晶脆断[60]。另外，有的学者认为，杂质如Na、K、P、S、Ca等元素在晶界偏析，Li的氧化夹杂都会降低合金塑性[61]。

为了改善和提高Al－Li合金的韧性，可以从以下几个方面入手[19]：

（1）采用LiCl或LiF熔剂和氩气保护以防止熔炼Al－Li合金所产生的氧化夹杂；

（2）强化δ′粒子，使得位错不易切断δ′，从而形成共面滑移；

（3）复合强化δ′，如在δ′粒子内部嵌入硬质粒子；

（4）添加诸如Cu、Mg、Cr、Mn等合金元素，利用热处理在组织内部产生均匀弥散分布的第二相硬粒子来激发多系滑移，以抑制共面滑移；

（5）利用形变热处理来抑制共面滑移和减小无沉淀析出带（PFZ）的宽度；

（6）加入少量的Bi、Fe、Si来抑制Na在晶界上偏析；

（7）利用热处理和合金元素（Zr、Ti）来细化晶粒；

（8）尽可能提高原材料的纯度。

4.1.4.2 Al－Li－Zr系合金

铝锂合金中添加微量的Zr，形成（Al_3Zr）弥散质点。Zr在Al中的固溶度随温度下降而减少（室温时仅为0.28%）。故Zr在Al中主要以Al_3Zr（α′相）的形式存在。且在亚晶界与位错处非均匀形核。球形弥散析出的α′相阻碍亚晶界迁移与合并，对晶界有钉扎作用，能细化晶粒并抑制热加工过程中的再结晶。而抑制再结晶可使合金呈现强的变形织构，使滑移易于穿过晶界，细化晶粒可减少位错在晶内的滑移距离，致使晶界区的位错塞

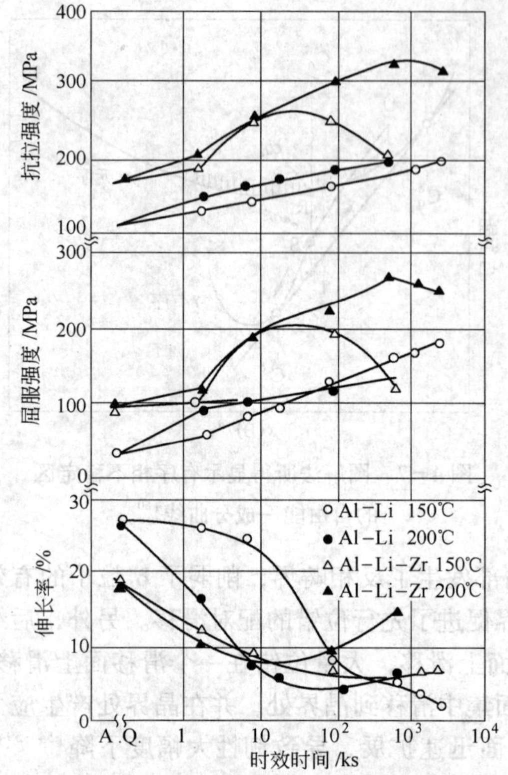

图 4－8　Al－2.15% Li 和 Al－2.2% Li－0.14% Zr 合金的力学性能与时效时间的关系[3]

积和应力集中程度减弱，从而改善合金的塑韧性。同时，由于 α′与 δ′都具有 $L1_2$ 有序结构，与基体共格，时效时，δ′相包覆在 α′相周围，形成中心硬度高的复合相 δ′/α′，位错不易切过，可有效抑制局部平面滑移，改善合金塑性。此外，α′相的弥散分布在一定程度上改善了 δ′相的析出特征，使 δ′相分布更为均匀。α′相相当稳定，高温（500℃）时仍然使合金保持细晶态，为材料塑韧性提供了有利条件。复合相 δ′/α′相的核为富 Zr 的析出物[62]，其成分不能完全确定，Zr 的一部分被 Li 置换形成了 Al_3（Li_xZr_{1-x}）的三元合金，根据电子显微镜衍射结果计算，x 约为 0.2[63]。也有学者通过电子显微镜衍射结果和 EDX 及 EELS 分析结果认为，核心不含 Li[64,65]。Al－Li 合金时效析出硬化及添加 Zr 的影响如图 4－8 所示。没有加 Zr 时二元合金的晶粒度为 400μm，加 Zr 后晶粒度约为 30μm。Al－Li 和 Al－Li－Zr 合金，随着时效时间的增加，强度提高，塑性降低，但加 Zr 合金强度更高，并且伸长率更大[66]。

4.1.4.3　Al－Cu－Li 系合金

铝－铜－锂三元相图的富铝角部分 500℃的等温截面如图 4－9 所示。铜和锂在铝中的

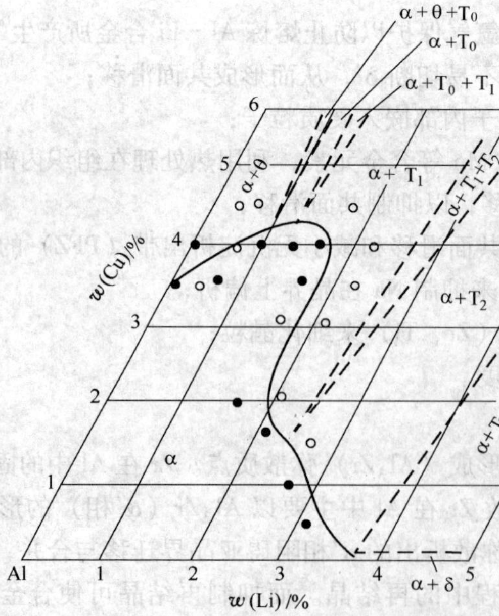

图 4－9　Al－Cu－Li 三元相图的 500℃等温截面

溶解度随温度的下降而急剧减少，520℃时铜和锂溶解度之和为6.5%～6.8%（质量分数），500℃为6.0%（4.5%铜、1.5%锂），在200℃时仅为0.2%（0.1%铜、0.1%锂），图4－10为Al－Cu－Li合金富铝角部分200℃的等温截面图。随温度的变化出现了除δ相外的富Cu强化相T_1（Al_2CuLi）、T_0（$Al_{7.5}Cu_4Li$）和θ（Al_2Cu）相等。T_1相是在{111}α面上形成的六角片状相，由于它使δ相层错能增加，位错从切割机制变为绕过机制，因而减少了共面滑移，使变形得以均匀进行，不但提高了合金的强度，还改善了其塑性。θ相有一定的强化作用，但时效时，由于Li原子的溶入，会转化为T_2、T_0等晶界平衡相，导致合金强度下降。

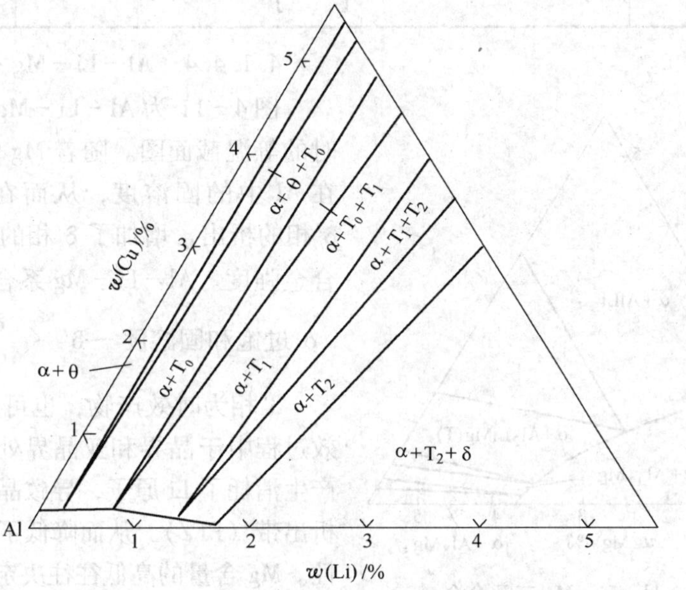

图4－10 Al－Cu－Li三元合金的200℃等温截面[25]

当Cu的含量低于7.0%，Li的含量低于3.0%时，Al－Cu－Li三元系中所形成的化合物的结构如表4－13所示。Al－Li－Cu三元合金相形成规律如表4－14所示。

表4－13 Al－Cu－Li三元合金生成相的名称，分子式及晶体结构

名称	分子式及含量	晶体结构	晶格常数/nm
θ	$CuAl_2$	四方晶格	a = 0.6054，c = 0.4894
T_0	$Al_{7.5}LiCu_4$（54.9% Cu，1.5% Li）	立方晶格	a = 0.58255 ～ 0.58328
T_1	Al_2LiCu（52.3% Cu，5.4% Li）	六方晶格	a = 0.496，c = 0.935 c/a = 1.881
T_2	Al_6Li_3Cu（26.9% Cu，8.8% Li）		
δ	LiAl	立方晶格	a = 0.637

表 4－14　Al－Cu－Li 三元合金的析出过程

Cu 含量（质量分数）/%	析出过程	主要强化相
≥5	过饱和固溶体 → { G. P. 区→θ''→θ'→$\theta(Al_2Cu)$; δ'→δ }	G. P. 区，θ'，δ'
2～5	过饱和固溶体→G. P. 区＋δ'→T_1＋δ'→T_1	G. P. 区，T_1，δ'
＜2	过饱和固溶体 → { δ'→δ ; T_1 }	δ'，T_1

4.1.4.4　Al－Li－Mg 合金

图 4－11 为 Al－Li－Mg 三元合金在 200℃ 时的等温截面图。随着 Mg 的添加，降低了 Li 在 Al 中的固溶度，从而在时效初期促进了 δ'相的析出，增加了 δ'相的体积分数，提高了合金强度。Al－Li－Mg 系合金的析出过程为：

α 过饱和固溶度 —δ' ＜ $\delta(AlLi)$
$T(Al_2MgLi)$ 棒状

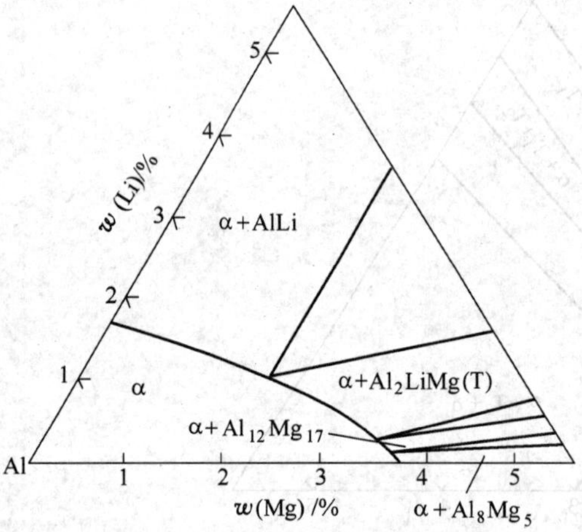

图 4－11　Al－Li－Mg 三元合金的 200℃ 等温截面[25]

T 相为时效产物，也可以在淬火后人工时效过程中于晶界和亚晶界处均匀形核。T 相的产生消耗了 Li 原子，导致晶界附近出现无沉淀析出带（PFZ），从而降低了合金晶界强度和塑性。Mg 含量的高低往往决定时效处理是否能够得到良好的力学性能。一般来说最佳性能产生于欠时效至峰值时效之间的时效处理中。

4.1.4.5　Al－Li－Cu－Mg 系

同常规的时效铝合金相比，Al－Li 系合金的塑性和韧性较差，二元 Al－Li 合金在峰值时效状态，显示出极低的塑性与韧性。加入 Cu、Mg 元素可以形成各种尺寸的第二相，增加合金形变均匀性，从而起到改善塑性和韧性的作用。

随着合金元素的含量和时效工艺的不同，合金中 δ'、T_1、S'、θ'相都有可能出现。δ'为合金的主要强化相，对合金的抗拉强度和塑性起着决定性的作用。Mg、Cu 的加入，促进了 S'（Al_2CuMg）相的析出，与 T_1 相一样由于难以被位错切过，可以有效地分散共面滑移促进均匀变形，提高合金的强度和塑性。另外，S'相在晶界附近析出能窄化和消除 PFZ 带。

研究表明，合金在欠时效时，析出相为 δ'相。在峰值时效和过时效状态中，时效析出相为 δ'相、T_1 相和 S'相。而时效前冷加工与否使时效组织差异很大，通过预变形，时效初期 T_1、S'相在基体位错处均匀析出。过时效时，δ'相相对减少，而 T_1、S'相逐渐增加。

4.1.4.6 Al－Cu－Mg－Li－Zr 合金

Al－Cu－Mg－Li－Zr 合金的析出过程十分复杂，目前还没有研究清楚。析出相有 δ′和 δ 相、S′相（Al_2CuMg）、T_1 相（Al_2LiCu）、亚稳和稳定的 Al_3Zr 相。图 4－12 为 8090 合金在 170℃和 200℃时时效过程屈服强度的变化，为了比较，给出了 Al－Li 和 Al－Li－Zr 合金的结果，从图中可以看出，8090 合金达到最高强度所需要的时效时间比 Al－Li 和 Al－Li－Zr 合金短、强度高、过时效软化显著。

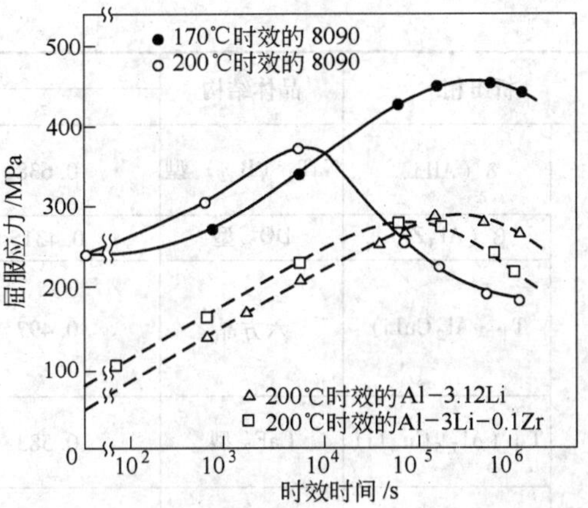

图 4－12 Al－Li 二元合金、Al－Li－Zr 三元合金和 8090 合金时效过程屈服强度的变化[25]

4.1.4.7 总结

表 4－15 给出了铝锂合金出现的析出相。表 4－16 给出了铝锂合金主要析出相的构造和形态。

表 4－15 铝锂合金中可能出现的析出相[67]

合金系＼时效状态		淬火状态	欠时效状态	峰时效状态	过时效状态
Al－Li 系		δ′	δ′	δ′	（δ′）、δ
Al－Li－Zr 系		α′、δ′	α′、δ′	α′、δ′	α′、δ′、（δ）
Al－Li－Cu 系	2020	δ′	T_1′、δ′、θ′、T_0′	δ′、T_1′、T_0′	（δ′）、δ、T_1、T_0
	2090	α′、δ′	α′、δ′、θ′、T_1'、T_2'	α′、δ′、T_1'、T_2'	α′、（δ′）、δ、T_1、T_2
Al－Li－Mg 系（01420）		δ′	δ′	δ′	（δ′）、δ、T
Al－Li－Cu－Mg－Zr 系（2091、8090、8091）		α′、δ′	α′、δ′	α′、δ′、S′	α′、δ′、δ、S′、S、T_1

表 4－16 铝锂合金中主要析出相的构造和形态[67]

<table>
<tr><th colspan="2" rowspan="2">析出相</th><th rowspan="2">晶体结构</th><th colspan="3">晶格常数</th><th rowspan="2">析 出 特 征</th></tr>
<tr><th>a</th><th>b</th><th>c</th></tr>
<tr><td rowspan="9">亚稳区</td><td>δ′（Al_3Li）</td><td>Ll$_2$ 型</td><td>0.401～0.4038</td><td></td><td></td><td>共格，不定型→球形
（111）δ′//（111）α</td></tr>
<tr><td>α′（Al_3Zr）</td><td>Ll$_2$ 型</td><td>0.405</td><td></td><td></td><td>共格，球形或棒状；
半共格（＞500℃）</td></tr>
<tr><td>G. P. 区（Al－Cu）</td><td></td><td></td><td></td><td></td><td>（100）α 面上的单层 Cu 原子片层</td></tr>
<tr><td>θ（G. P. Ⅱ）</td><td></td><td></td><td></td><td></td><td>共格，可能是三层 Al 原子层中夹两层 Cu 原子片层</td></tr>
<tr><td>θ′（Al_2Cu）</td><td>正方晶</td><td>0.404～0.408</td><td></td><td>0.58</td><td>半共格，（001）θ′//（100）α，
（001）θ′//（100）α，盘状</td></tr>
<tr><td>T_1′</td><td>Pt_2Mo 型斜方晶</td><td>0.2876</td><td>0.86</td><td>0.406</td><td>惯习面//（111）α，板条状（010）
T_1′//（110）α，（001）T_1′//（100）α</td></tr>
<tr><td>T_B′</td><td></td><td></td><td></td><td></td><td>板状</td></tr>
<tr><td>T_2′</td><td>正方晶</td><td></td><td></td><td></td><td>惯习面//（100）α，板状</td></tr>
<tr><td>S′（Al_2CuMg）</td><td>斜方晶（正交）</td><td>0.404</td><td>0.95</td><td>0.718</td><td>半共格，惯习面//（210）α，针状或
板条状（100）S′//（100）α，（010）
S′//（021）α，（001）S′//（021）α</td></tr>
</table>

续表4 - 16

析出相		晶体结构	晶格常数			析出特征
			a	*b*	*c*	
稳定相	δ（AlLi）	NaT_1（B_{32}）型	0.638			块状，（100）δ //（110）α，（011）δ //（$\bar{1}$11）α
	β（Al_3Zr）	DO_{23}型	0.4315		1.693	
	T_1（Al_2CuLi）	六方晶	0.497		0.935	（0001）T_1 //（111）α，（10$\bar{1}$0）T_1 //（110）α，（11$\bar{2}$0）T_1 //（2$\bar{1}\bar{1}$）α，板状
	T_B（$Al_{7.5}Cu_4Li$）	CaF_2 型	0.583			（100）T_0 //（110）α，（001）T_0 //（001）α，板状
	T_2（Al_6CuLi_3）	$Mg_{23}(ZnAl)_4$ 型	1.3914			（100）T_0 //（110）α，（001）T_0 //（001）α，板状
	T（Al_2MgLi）	立方晶	2.02			不共格，棒状
	S（Al_2CuMg）	面心斜方	0.404	0.923	0.714	（100）S //（100）α，（010）S //（021）α，（001）S //（021）α，板条状
	θ（Al_2Cu）	面心正交晶	0.607		0.487	块状
	Ω（Al_2Cu_x）	面心斜方晶	0.496	0.859	0.848	（001）α //（111）α，（010）α //（101）α
	$Al_{12}Mg_{17}$	立方晶	1.0481 ~ 1.0579			
	Al_8Mg_5	立方晶				

4.2　Al - Li 合金强韧化

4.2.1　Al - Li 合金的强化机制[68,69]

4.2.1.1　Al - Li 二元合金的强化

Al - Li 二元合金中由于 Li 原子和 Al 原子的尺寸差较小，因此固溶强化效果不大。Al - Li 合金的强化主要来源于 δ′相的沉淀强化，强化机制主要为：

（1）共格强化，δ′沉淀相周围共格应变所产生的强度增量。

（2）化学强化（表面强化），δ′粒子被剪切后表面积增加所引起的强度增量。

（3）模量强化，基体与 δ′沉淀相的模量差所产生的强度增量。

（4）有序强化，δ′粒子被剪切后，在位错对之间产生的反相畴界所引起的强度增量。

（5）Orowan 强化，位错绕过 δ′粒子所引起的强度增量。

（6）位错在 δ′粒子内部运动的摩擦阻力（Kear - Wilsdrof 强化）。

（7）位错在基体中运动的摩擦阻力。

M. Furukawa[70] 和 Y. Miura[71] 等人详细研究了 Al - Li 二元合金中的位错特性以及位错与 δ′相的交互作用。其模型如示意图 4 - 13 所示。位错组态主要取决于 δ′粒子的体积分数和尺寸。当 δ′粒子尺寸小于临界尺寸（50nm）时，位错成对运动，δ′粒子被位错对剪切。在淬火态和时效初期，合金中 δ′粒子非常细小，两根位错几乎都是直的，如图 4 - 13a 所示。随着时效过程的进行，δ′粒子逐渐长大，位错变成波状（图 4－13b～图 4－13d）。在欠时效（图 4－13b）和近峰时效状态，第一根位错破坏有序结构并且在 δ′粒子中形成反向畴界。第二根位错可以消除由第一根位错所产生的无序结构，见图 4－13b～图 4－13c。在过时效状态，δ′粒子尺寸大于临界尺寸，单根位错以 Orowan 机制绕过 δ′粒子留下位错环，如图 4－13d 所示。在峰时效状态，位错与 δ′交互作用机制由切割向绕过转变，如图 4－13c所示。

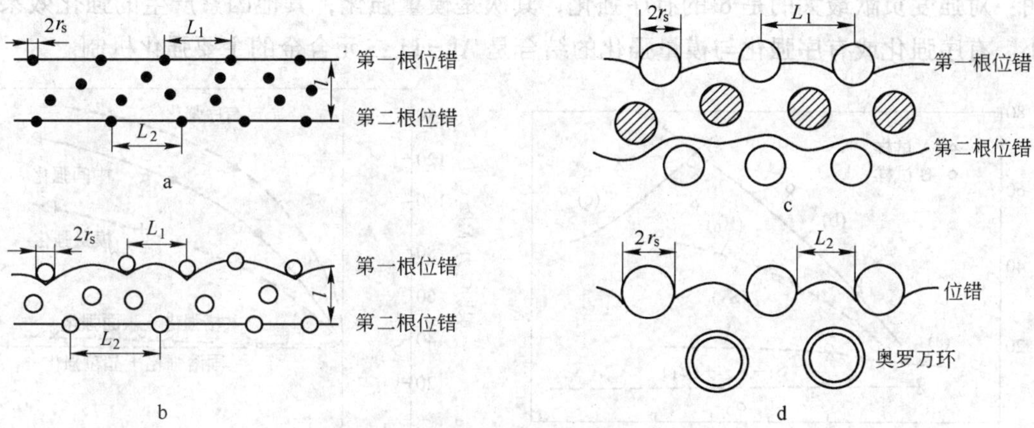

图 4－13　位错与 δ′相互作用示意图

a—淬火态；b—欠时效态；c—峰时效态；d—过时效态

（影区代表反向畴界）

M. Furukawa 等人[70] 详细研究了 Al－11.1% Li（摩尔分数）二元合金在整个时效过程中的强化机制。他们根据上述位错与 δ′相互作用模型以及力的平衡关系式，得到超点阵，得到超点阵位错切过粒子所需的切应力，并且计算得到的屈服应力与粒子尺寸（时效时间）的关系曲线和实验曲线如图 4－14 所示。由图可以看出：欠时效和峰时效态 Al－Li 二元合金的强度主要来源于 δ′相的有序强化和位错在 δ′粒子和基体中运动的摩擦阻力，共格强化、模具强化和化学强化的作用很小。过时效态合金的屈服强度来自 Orowan 强化。

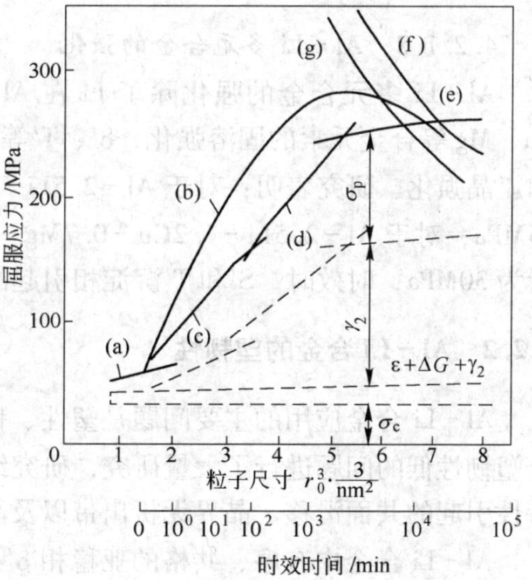

图 4－14　屈服应力随粒子尺寸的变化（粗实线）

细实线（σ_p、γ_2、σ_c）和虚线是计算值，曲线上的数字表示计算屈服应力的方程式

Y. Miura 等人[71] 也研究了 Al－2% Li（质量分数）二元合金单晶在整个时效过程中的强化机制。他们计算了时效初期（a）、欠时效态（b）、过时效态（c）合金的临界分切应力（*CRSS*）与粒子尺寸的关系（曲线），并与实验结果（曲线）进行了对比（见图 4－15）。由此可知，计算值与实测值符合得很好。在时效初期，共格强化、模量强化和化学强化对合金的 *CRSS* 贡献比较显著。在欠时效态，

对 *CRSS* 的主要贡献来源于 δ′的有序强化和 Kear – Wilsdrof 强化。过时效态合金的强度来源于 Orowan 绕过阻力。

Noble B 等人[72]研究了四种 Al – Li（5% ~14%（原子分数））二元合金在接近峰时效状态下各种强化机制对合金强度的贡献。在考虑位错切过 δ′粒子可能遇到的阻力时，他们没有考虑位错在基体中和在 δ′粒子内部的摩擦阻力。他们分别计算了共格强化、表面强化、模量强化和有序强化所产生的屈服应力增量。计算值和实测值如图 4 – 16 所示。结果表明：对强度贡献最大的是 δ′的有序强化，其次是模量强化，其他因素产生的强化效果都很小。有序强化或有序强化与模量强化的结合是 Al – Li 二元合金的主要强化机制。

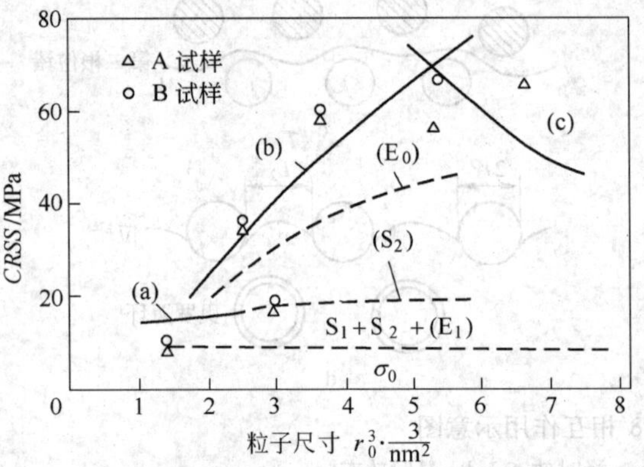

图 4 – 15　*CRSS* 与粒子尺寸的关系

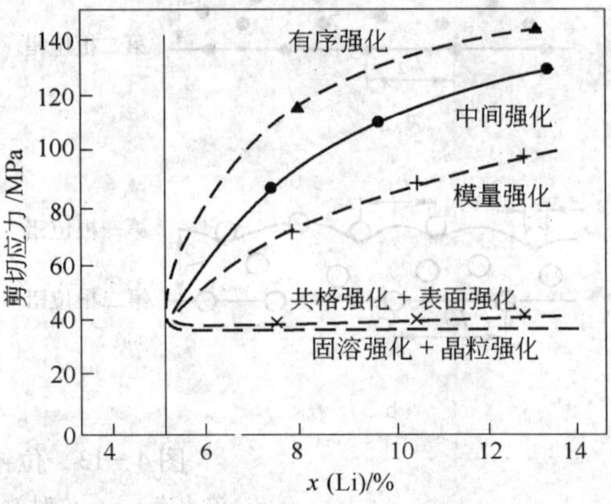

图 4 – 16　各种强化机制对 Al – Li 合金强度的贡献

4.2.1.2　Al – Li 多元合金的强化

Al – Li 多元合金的强化除了 Li 在 Al 中的固溶强化和 δ′相的沉淀强化外，还包括：Cu、Mg 等合金元素的固溶强化，δ′、T′等相的沉淀强化以及 α′（Al_3Zr）粒子引起的细晶和亚晶强化。研究表明：对于 Al – 2. 5Li – 0. 12Zr 合金，添加 Zr 产生的细晶和亚晶强化为 25MPa；对于 Al – 2. 5Li – 1. 2Cu – 0. 7Mg – 0. 12Zr 合金，添加 Cu 和 Mg 引起的固溶强化增量为 30MPa；时效时，S′和 T′沉淀相引起的强化增量也为 30MPa。

4.2.2　Al – Li 合金的塑韧性

Al – Li 合金应用的主要问题是塑性、韧性低。20 世纪 90 年代以来，人们对 Al – Li 合金塑韧性低的问题进行了大量研究，研究结果表明，Al – Li 合金的低塑韧性与合金中 δ′相特性引起的共面滑移、晶界无析出带以及晶界平衡相 δ 的存在具有决定性的关系。

Al – Li 合金中有序、共格的亚稳相 δ′在发生塑性变形时，易被运动位错切割，位错切过 δ′相后，其有效半径变小，后续位错更容易通过，导致众多位错沿同一滑移面通过，造成共面滑移，使滑移分布不均匀，在滑移面与晶界交叉处位错塞积，形成晶界应力集中。另外，由于峰时效和过时效，在 Al – Li 合金中的晶界处，形成无沉淀析出带（PFZ）和平衡相 δ 等。晶界无析出带强度低，在塞积位错的作用下，无沉淀析出带中的平衡相内或其边缘极易破裂或出现显微裂纹，裂纹在 PFZ 中迅速扩展，发生低能晶界断裂，致使合金的塑韧性低。

4.2.3 Al－Li 合金的强韧化途径

为了改善 Al－Li 合金的强度和塑韧性，针对上述 Al－Li 合金的组织特征、强化机制和导致 Al－Li 合金塑韧性低的根本原因以及其他因素的影响，在研制 Al－Li 合金时采取了下列强韧化方法。

4.2.3.1 合金化

在 Al－Li 合金中添加 Zr，能形成 Al_3Zr 弥散质点，通常沿晶界或亚晶界析出。球状 Al_3Zr 析出物对晶界有钉扎作用，能抑制热加工过程的再结晶和细化晶粒，抑制再结晶可使合金呈现强的变形织构，使滑移易于穿过晶界。细化晶粒可减少位错在晶内的滑移距离，致使晶界区的位错塞积和应力集中程度减弱，从而改善合金的强韧化。添加 Zr 还使合金的时效速率加快，也易于在 Al－Li 合金中形成大小为数微米的亚晶组织，从而促进 S′或 S 相的析出。这在一定程度上可减弱共面滑移，改善合金的塑韧性。

在 Al－Li 合金中分别加入 Cu、Mg 或同时加入 Cu 和 Mg，可有效地改善合金的强韧性。添加 Cu 可使合金在时效过程中析出 Q′（Al_2Cu）和 T_1 等相，增加了时效强化的效果，而且也有助于减少晶界 PFZ 的宽度。对于高 Li 低 Cu 合金，不均匀分布的平衡相 T_1 伴随 δ′相同时从基体中析出，减弱了共面滑移，并使合金的强度明显提高。在 Al－Li 合金中加入 Mg，能促进 T 相的沉淀，抑制 δ 相的析出，使其有害作用减少。添加 Mg 还能产生固溶强化并强化无沉淀析出带。Cu、Mg 同时添加可形成过渡相 S′或平衡相 S，这种相常优先在位错或亚晶界等处不均匀析出，往往难以被位错切割，它们在一定程度上可以抑制 Al－Li 合金的共面滑移，激发交滑移，促进合金的均匀变形，改善合金的塑韧性。大量研究结果表明，Al－Li－Cu－Mg－Zr 五元系合金具有最佳的强韧性配合。

4.2.3.2 形变热处理

在 Al－Li 合金时效前，对经过固溶处理的材料进行冷变形，使合金基体上形成高密度的位错或位错缠结成为 S′等亚稳相的不均匀形核位置，以增加 S′等位错不能切过的沉淀相的体积分量，减小合金平面滑移倾向及晶间应力集中。

4.2.3.3 分级时效

采用分级时效工艺可以改善 Al－Li 合金的强韧性。P. J. Gregson[73] 等人采用先低温后高温时效处理。低温时效（第一级）能促进大量 S 相弥散、细小、均匀的形核，其后在较高时效温度（第二级）促使 S 相析出物长大。N. J. Kim[74,75] 等人认为，分级时效可以使合金中出现较多的 Al_3Li/Al_3Zr 复合粒子。此外，分级时效还可以使晶界平衡相数量减少以及 PFZ 窄化。

4.2.3.4 纯净化

材料的纯洁度对 Al－Li 合金的强韧性影响也很大。纯洁度问题包括气体污染、元素污染、夹杂物和弥散质点。污染气体主要是 H，微量 H 使合金的韧性大大降低，所以合金中 H 含量应小于 1×10^{-6}。污染元素主要有 Na、K、S 等，它们不能固溶于基体中，易在晶界偏聚，致使晶界脆化。夹杂物是指大于 1μm 的含 Fe、Si 的 Al_7Cu_2Fe、$Al_{12}(FeMn)_3Si$等颗粒。弥散质点是指在凝固或高温均匀化处理时形成的 0.1μm 级的颗粒，如含 Mn 的弥散质点 Al_6Mn、$Al_{20}Cu_2Mn_5$ 等，对合金性能产生有害的影响。因此，在

Al－Li 合金中 Na、K、S 的含量应该小于（5～10）$\times 10^{-6}$，Fe＜0.06%，Si＜0.02%[76]。制备 Al－Li 合金时最好使用纯度 99.9% 以上的高纯铝，熔炼时采用 20% LiF＋80% LiCl 混合溶剂或氩气保护，同时严格控制合金的除气工艺。

4.2.3.5　快速凝固

通过细化晶粒，减少偏析，增大合金元素在 Al 中的固溶度可进一步改善 Al－Li 合金的强韧性[77]。

4.3　Al－Li 合金的疲劳与断裂特征[78,79]

疲劳断裂过程包括裂纹萌生、短裂纹扩展、长裂纹扩展和最终断裂，各阶段对应着不同的特性及机制。铝锂合金有着独特的疲劳行为及机制[80～82]，一般来说，铝锂合金主要包括高强度型、损伤容限型以及低密度型等合金。这些铝锂合金取代普通铝合金应用于航空航天构件，预计可使结构重量减轻 8%～24%，故备受航空航天界的关注，特别是其疲劳与断裂性备受重视。

4.3.1　Al－Li 合金的疲劳特性

4.3.1.1　*疲劳寿命*

有学者认为，在不同的循环应力水平下，无论是光滑试样还是缺口试样，铝锂合金的疲劳强度或疲劳极限一般高于拟取代的普通铝合金[83,84]。但对于 2091 及 8090 合金，也有例外的研究结果[85,86]，Witters 等人[87]对高强型和低密度型两种合金缺口试件的疲劳寿命进行了对比后指出，因低密度合金具有较低的缺口敏感性，虽然其屈服强度仅为高强型合金的 60%，但疲劳极限却高于后者。

但事实远非如此简单，一般来说，疲劳断裂是一个由疲劳裂纹萌生，短裂纹扩展到长裂纹，长裂纹扩展到临界尺寸和最终失稳扩展断裂的过程。疲劳寿命是疲劳裂纹萌生寿命、短裂纹和长裂纹扩展抗力的综合表现，并与失稳扩展临界尺寸紧密相关。疲劳裂纹萌生寿命和短裂纹扩展在疲劳总寿命中占很大的比例，通常达到 80%～90%，疲劳寿命被疲劳裂纹萌生寿命、短裂纹扩展抗力和失稳扩展临界尺寸所控制，基本上与长裂纹扩展抗力无关。铝锂合金的疲劳裂纹萌生寿命、短裂纹扩展抗力和失稳扩展抗力均低于普通铝合金。但令人惊奇的是，其疲劳寿命仅略高于或接近于后者，成为铝锂合金疲劳研究中的一个悬案，也是目前各国对铝锂合金应用采取不同态度的主要原因。

实际上，疲劳寿命不仅取决于疲劳裂纹萌生寿命、短裂纹扩展抗力和失稳扩展临界尺寸，还与短裂纹扩展的方向效应和非扩展倾向紧密相关。铝锂合金一般在未再结晶状态下使用，以板材为例，其晶粒呈沿变形方向伸长的扁平晶粒。纵、横向取样时，沿晶萌生的微小裂纹平行加载轴沿晶扩展，最终发展成为非扩展短裂纹，这类短裂纹不仅不构成对疲劳寿命的危害，而且它将材料分成平行加载轴的一系列薄带，使垂直加载轴的裂纹不能连续扩展，称之为分层韧化或分层强化，其机制类似于层压复合材料。铝锂合金未再结晶晶粒结构的这种增强增韧机制没有改善其抵抗局部循环软化、局部应变集中、局部开裂的能力，而是依靠扁平晶粒的几何效应改变了早期沿晶萌生微小裂纹扩展的外部条件、减轻了其对疲劳寿命的危害，并利用此阻碍其他方向裂纹的扩展。故将此效应归结为外韧化或外强化，将改善材料内部抵抗局部循环软化、局部应变集中、局部开裂的能力归为内韧化或内强化，如复合沉淀、强化晶界等途径。

但是切不可认为铝锂合金的疲劳寿命不存在问题，因为未再结晶晶粒结构仅可起到二维增强增韧的作用，而且必须以牺牲短横向性能为代价，使短横向疲劳寿命和弯曲疲劳寿命明显降低[78,88]。

4.3.1.2 *疲劳裂纹的扩展行为*

在恒幅载荷下铝锂合金的疲劳裂纹扩展速率一般低于普通铝合金。这也是铝锂合金疲劳极限一般比普通铝合金高的主要原因。图4-17给出了铝锂合金与普通铝合金的疲劳裂纹扩展速率的比较，从图可见，只有当应力强度范围 ΔK 居中时，铝锂合金优良的长裂纹扩展抗力才能表现出来，尤其对高强型合金更是如此。铝锂合金具有优良的抗疲劳裂纹扩展能力，其原因为：铝锂合金在非再结晶状态下组织的强方向性及强晶体学织构造成了粗糙的断裂表面，增大了裂纹扩展能量及粗糙度诱发的裂纹闭合效应；共格，有序的 δ′ (Al_3Li)粒子易被位错切过的特性可以导致强的滑移可逆性，使每个应力循环在裂尖积累的损伤较小；合金较高的弹性模量导致了较低的裂尖张开位移；合金元素锂使裂尖的氧化层增厚，进而加强了氧化物诱发的裂纹闭合效应等。一般认为粗糙度诱发型裂纹闭合是高强型合金长裂纹扩展抗力优良的主要原因，因这类合金具有更强的晶体学织构，能导致更粗糙断面。基于这种机制，也能容易地解释同类型铝锂合金厚板比薄板裂纹扩展速率更低的现象（见图4-18），因为在同等条件下，厚板有更大的裂纹面积，断面产生的粗糙度诱发闭合效应更强。

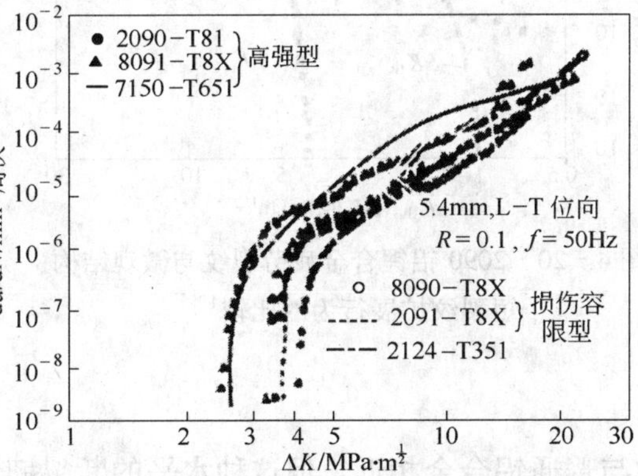

图4-17 铝锂合金及普通铝合金的疲劳裂纹扩展速率[89]

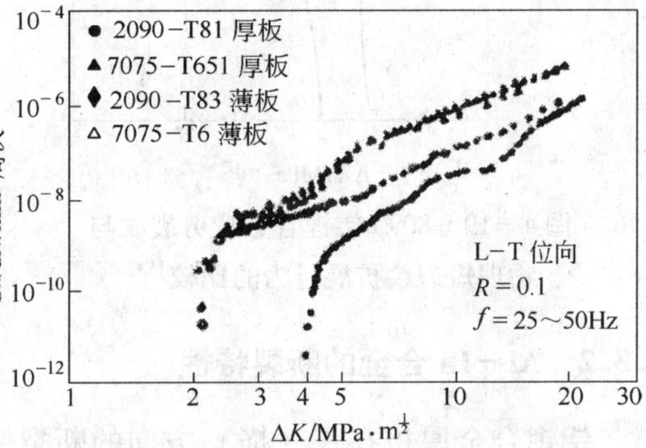

图4-18 2090及7075合金厚板的裂纹扩展速率与薄板的比较[90]

在变幅载荷下，已有研究表明[91,92]，由于超载可增大合金裂纹偏析、分叉及断面粗糙度，因而可使裂纹扩展迟滞效应增加（但2091合金在拉伸和压缩超载联合作用下，与普通铝合金比较有例外）。

在模拟战斗机载荷谱试验条件下，铝锂合金的疲劳裂纹扩展性能好于或至少等于普通铝合金。但在模拟运输机载荷谱条件下，铝锂合金尤其是薄板的裂纹扩展抗力一般低于普通铝合金。其原因为，这种载荷条件下的铝锂合金断面不如恒幅载荷下的粗糙，与普通铝合金比较，铝锂合金此时已失去了在恒幅载荷下特有的强粗糙度诱发裂纹闭合效应的优点。

4.3.1.3　短裂纹扩展行为

铝锂合金疲劳短裂纹的扩展行为与长裂纹相比有很大区别，其主要体现在[93,94]：短的裂纹尾迹几乎不产生粗糙度诱发裂纹闭合效应；微观几何或结构不连续性尺度与短裂纹相当，可造成短裂纹裂尖前的塑性流变不规则；短裂纹的尺寸与长裂纹不同；短裂纹裂尖塑性综合效应和裂纹偏析导致的有效驱动力变化有异于长裂纹；腐蚀疲劳机制与裂纹尺寸有关，环境效应对短裂纹的作用也不同于对长裂纹的作用。由于上述区别，铝锂合金短裂纹扩展速率一般比相同 ΔK 作用下的长裂纹扩展速率高 2～3 个数量级，而且 ΔK 值越低，这种差别越大。

由于铝锂合金短裂纹已几乎丧失了长裂纹扩展所拥有的强闭合效应，故其扩展特性已不像长裂纹扩展那样优于普通铝合金。可以大致认为，在恒幅载荷和模拟飞行疲劳载荷条件下，铝锂合金短裂纹扩展抗力与普通铝合金接近。

图 4－19 给出了 8090 铝锂合金疲劳长裂纹与物理短裂纹扩展行为的比较。图 4－20 给出了 2090 铝锂合金疲劳长裂纹与微观结构短裂纹扩展行为的比较。

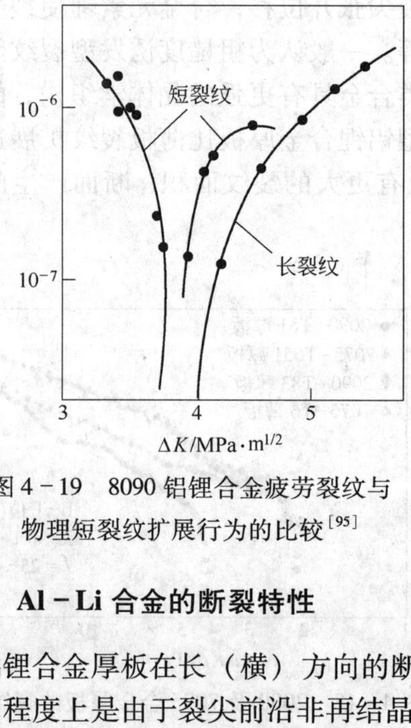

图 4－19　8090 铝锂合金疲劳裂纹与物理短裂纹扩展行为的比较[95]

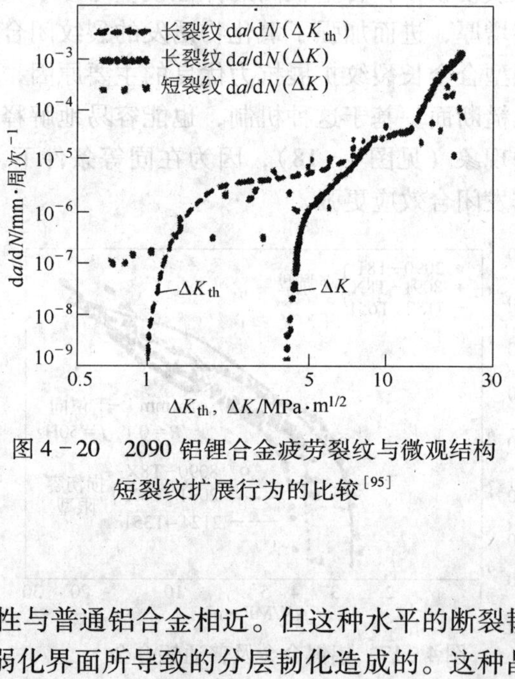

图 4－20　2090 铝锂合金疲劳裂纹与微观结构短裂纹扩展行为的比较[95]

4.3.2　Al－Li 合金的断裂特性

铝锂合金厚板在长（横）方向的断裂韧性与普通铝合金相近。但这种水平的断裂韧性在相当程度上是由于裂尖前沿非再结晶晶粒弱化界面所导致的分层韧化造成的。这种晶界弱化起因于杂质和锂的偏聚，夹杂物的沿晶分布，晶界无沉淀带及晶界附近的应变集中等[96,97]。因而，铝锂合金厚板便存在一个固有的弱点，即因非再结晶扁平状晶粒的边界沿板厚方向重叠密度高，而导致短横向断裂韧性很低。

对于薄板，裂尖前沿已基本处于平面应力状态，并往往在部分再结晶状态下使用，分层韧化效应已不很明显，相对于普通铝合金，在相同的屈服强度水平下，铝锂合金的断裂韧性较低，如图 4－21 所示，特别是高强型合金或在强度较高的热处理状态下的损伤容限型合金，更是如此。对于低密度型合金，如图 4－22 所示，其断裂韧性与普通铝合金相当。

合理的合金化方法是改善铝锂合金断裂韧性的主要手段，例如稀土元素微合金化可在一定程度上提高铝锂合金薄板的抗断裂性能，削弱杂质对断裂韧性的危害，降低断裂韧性的各向异性等。

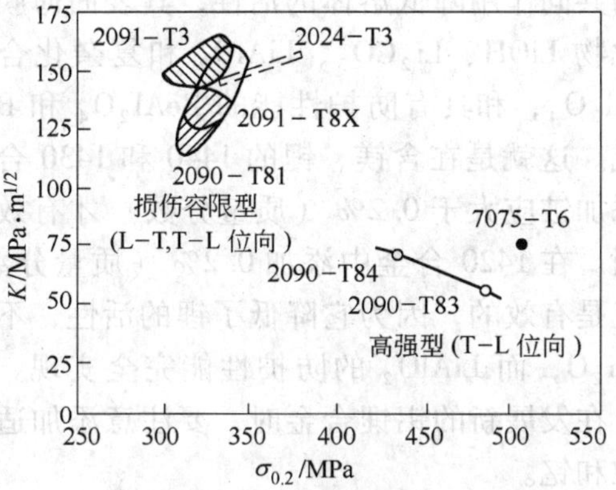

图 4－21　铝锂合金与普通铝合金薄板断裂韧性和屈服强度关系的对比[98]

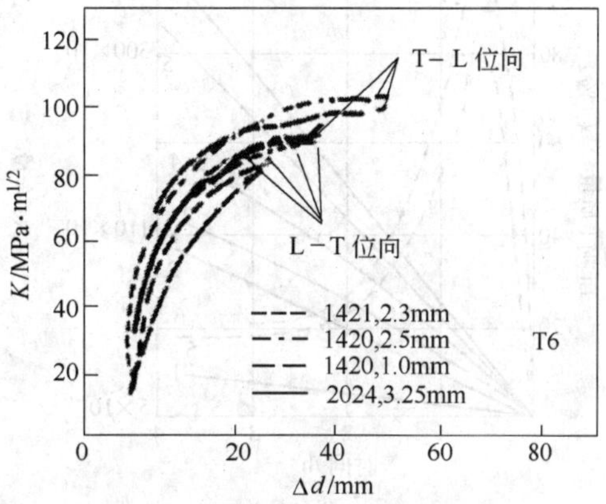

图 4－22　低密度型铝锂合金与 2024 合金裂纹扩展阻力曲线的对比[87]

4.4　快速凝固 Al－Li 合金

4.4.1　Al－Li 合金的熔炼和铸造[99~101]

4.4.1.1　Al－Li 合金的熔炼

A　铝锂合金的特点

由于锂的存在，铝锂合金的生产相当困难。在铝熔炼中，锂是强表面活性元素：添加 1% 的锂，表面张力降低 60%。在铝合金熔炼和铸造温度，处于反复过热状态的锂作为表面活性物质有很高的迁移率，并在相界，熔池界面，炉衬—熔体界面和模具熔体界面等处凝聚。锂对氧、卤素有很高的亲和力，甚至能还原氢。另外，1420 合金中还含有另一个表面活性元素镁。当镁的含量为 1% ~5% 时，它在表面的浓度将超过熔体内浓度 3 倍。铝锂合金在熔炼、凝固和焊接过程中的特性包括：熔炼状态具有较高的侵蚀性；低的密度和韧性；热导率降低 50% ~60%；在固相线温度以下保持较高的刚性。

B　熔炼的防护

防止熔体氧化有三种办法：用防护添加剂合金化，熔剂防护和惰性气体防护。

a　防护添加剂

在 Al－Cu－Li 系合金中，添加铍即使达到 0.2%（质量分数）也只能在 10min 内起到短期效应。其机理是熔体内两种表面活性物质的相互作用降低，抑制了锂向熔体表面的迁移。这时，由于缺锂就很少形成 LiOH 和 Li_2O。

在含铍达到 0.2%（质量分数）的 1420 合金中，在氧化的第一分钟没有形成 Li_2O，而形成了 LiOH 和 Li_2CO_3 混合物，这对应于合金氧化动力曲线缓慢倾斜部分。在暴露的 30 ~45min 内，其表面有两个过程在进行，形成 Li_2O 和复杂的镁、铍氧化物 $MgAl_2O_4$ 和 $BeAl_2O_4$。当整个熔体表面被致密的黑色复杂氧化物的混合物完全覆盖时，锂在 90min 停止氧化。

加入 0.2%（质量分数）的钇，$LiAlO_2$ 氧化物的防护性能得以完全实现，在暴露

30min 后，这种氧化物在薄膜中的数量完全稳定，相当于锂停止反应的时刻。

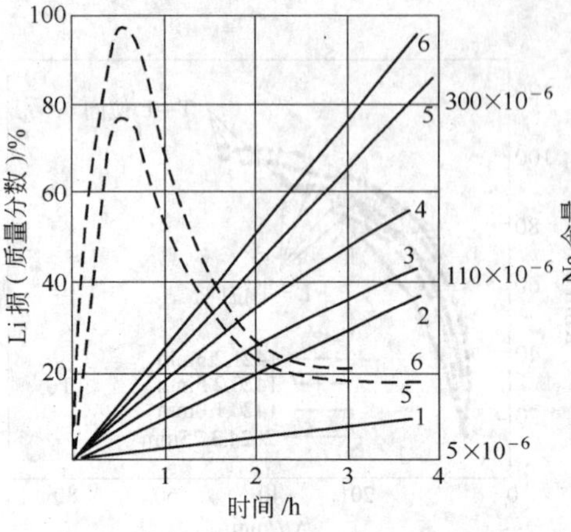

图 4－23　1230 合金锂和钠的含量与时间的关系
（有保护作用的熔剂 1～5，没有保护作用的熔剂 6）
1—46% LiCl + 54% KCl；2—30% LiCl + 70% KCl；
3—80% $MgCl_2$ + CaF_2；4—50% KCl + 50% NaCl；
5—10% KCl + 50% NaCl + 30% NaF + 10% Na_3AlF_6；
6—32% ～40% KCl + 32% ～48% $MgCl_2$，
KCl + $BaCl_2$ + 3% ～5% CaF_2，
（$BaCl_2$ + NaCl）的杂质 = 10%

在 1420 合金中，镁、锂和铍等表面活性元素的共同作用降低熔体的活性，其表面薄膜由锂化物 LiOH、Li_2CO_3、$LiAlO_2$ 和复杂化合物 $MgAl_2O_4$，和具有防护性能的 $BeAl_2O_4$ 和 BeO 组成。这就是在含镁、锂的 1440 和 1430 合金中添加铍应大于 0.2%（质量分数）才有效的原因。在 1420 合金中添加 0.2%（质量分数）的钇是有效的，因为它降低了锂的活性，不形成 Li_2O，而 $LiAlO_2$ 的防护性能完全实现。因此，在发展新的铝锂合金时，要注意添加适量的铍和钇。

b　熔剂和氩防护

在熔剂熔炼时，有两个界面形成：炉气氛和熔剂界面，熔剂和液态金属界面。在铝锂合金中，熔剂实际上是与锂相互作用。熔剂由钠、钙、钡、氯化镁及氟化物组成，这些熔剂不能防止锂的损失。与熔剂相互作用和氧化的速率是很高的，图 4－23 和图 4－24 动力学曲线大的斜角表明了熔体中锂含量的变化。

以共晶成分氯化锂和氯化钾为基的熔剂的防护性能最佳。1230、1450、1420 和 1440 合金熔体锂的损耗不明显，这是由于形成了低价化合物（Li_2Cl）还原高价化合物（LiCl），而实现了锂与氯化锂（LiCl）的平衡。当量钾阳离子的存在降低了锂的溶解性，从而限制了氯化锂和氯化钾共晶混合物的最高防护性能。已经发展了在熔铸设备中使用熔剂的铝锂合金的生产工艺，这种设备包括能力为 10t 的气态炉和混合器，可以持续生产锂含量范围很窄和含各种必要化学成分的铝锂合金（图 4－25）。锂的损耗 12h 内不超过 12%（质量分数）（图 4－26）。

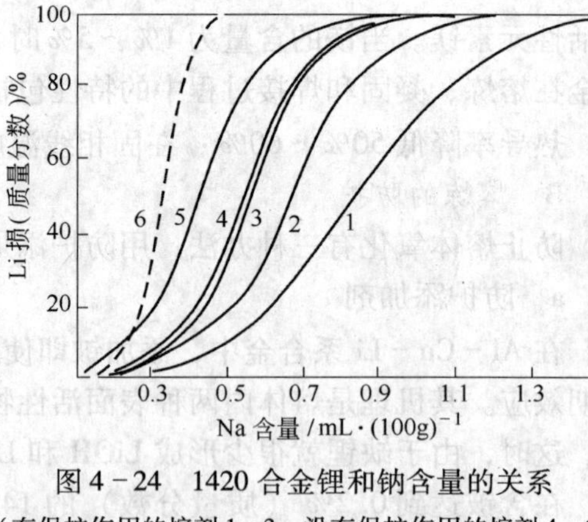

图 4－24　1420 合金锂和钠含量的关系
（有保护作用的熔剂 1～3，没有保护作用的熔剂 4～6）
熔剂成分与图 4－23 相同

熔剂的缺点是氯化锂的吸水性很高，要专门制备熔剂并控制其湿度。这就要求控制其盐类的杂质含量，否则合金中将含钠、钙和钡等杂质，这是生产中常遇到的问题。生产时，在炉内添加约 50% 的回炉料以及计算的除锂以外所有的合金化元素的含量。然后用虹吸管把合金注入混合器，液态熔剂加在熔体表面，然后加锂获得所要求的成分。

c　惰性气体防护

在熔炼所有操作中使用吸水性熔剂是半成品质量不稳定的因素之一，而对用于飞机焊

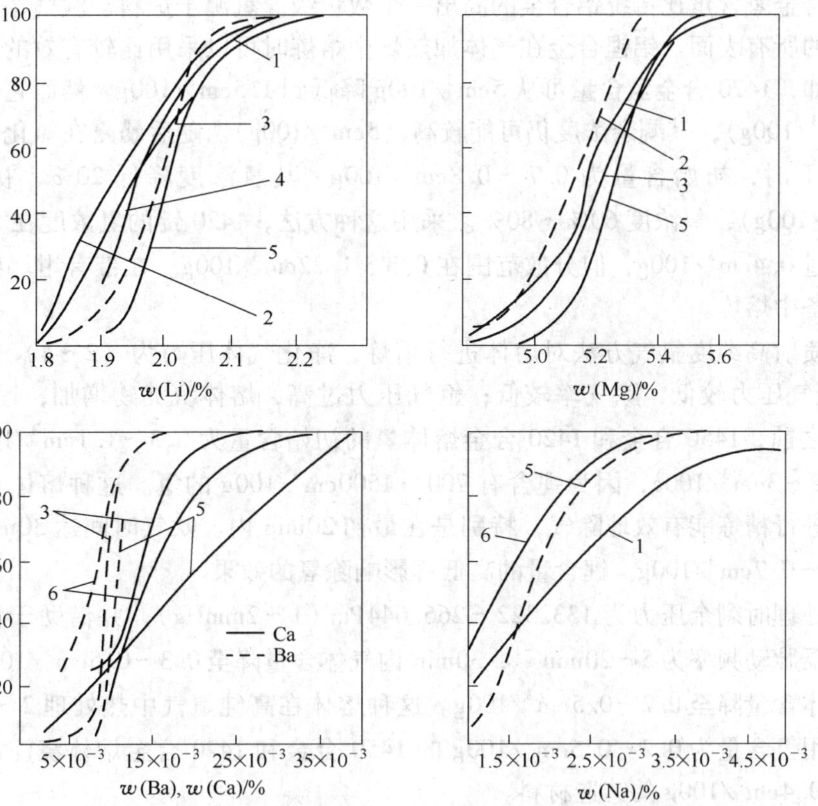

图 4－25 1420 合金内 Li、Mg、Ca、Ba、Na 含量统计曲线（n－几率）

气体加热装置，熔剂防护，有真空存贮炉的熔铸装置，氩气防护

接结构和民用飞机铝锂合金的半成品的质量要求相当高，这就必须发展用惰性气体作为防护介质的新的熔铸设备。氩、氦等惰性气体可以有效地保护铝锂合金。氩更适于工业应用，它实际上能避免锂的损失，但要求精炼、排除水汽、氢和氧杂质，而且要求对整个系统进行密封，以免吸入空气。

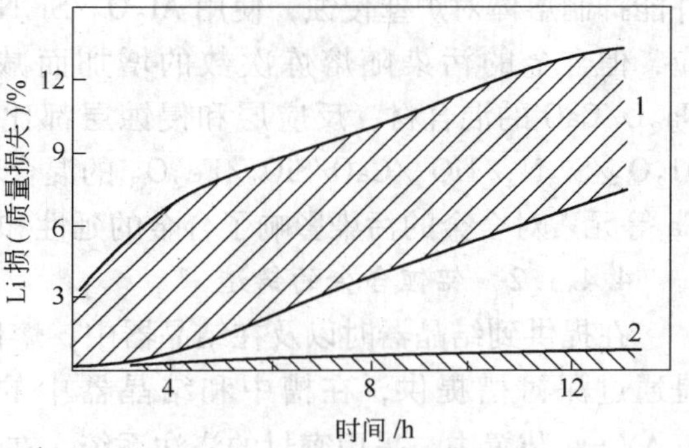

图 4－26 1420 合金在熔剂和工业氩保护下的锂损失

1—熔剂保护；2—工业氩保护

C 精炼

熔铸设备类型，合金防护方法，除气和精炼决定金属中非金属杂质的含量。在感应炉中熔炼然后真空处理，可使 1420 合金的碳含量减少到 0.43×10^{-6}，而在气体加热炉中熔炼时为 2.8×10^{-6}。这是由于熔炼装置气氛中缺少氧化物，也可能是由于真空处理时碳酸锂的分解。1420 合金在气体炉中熔炼时，根据熔体上氮分压的测量结果，氮的浓度为 2.4×10^{-6}，与 AMG6 合金相似。这些数据证明，铝锂合金化不会通过铝而提高氮的吸附性，不会导致形成氮化锂，因为铝、镁和氧阻碍这个反应。在感应炉熔炼然后经真空处理，1420 合金的氮浓度降低到 0.7×10^{-6}。用熔剂法生产时，氧浓度为 26.3×10^{-6}，感应炉熔炼时为 32.0×10^{-6}。

铝锂合金氢含量比传统铝合金的高出一个数量级。氢源于炉料、湿气、炉衬材料及与熔体接触的所有表面。铝锂合金在气体加热炉中熔炼时可以采用比较有效的除气法，如吹氯等，例如，1420 合金氢含量可从 $5cm^3/100g$ 降低到 $1.5cm^3/100g$。然而它的初始含量很高（$19cm^3/100g$），其剩余浓度仍可能较高（$5cm^3/100g$）。随后暴露在氯化锂和氯化钾液态熔剂层下时，初始含量为 $0.7 \sim 0.8cm^3/100g$，其氢浓度降低 20%，初始含量较高（$1.22cm^3/100g$），氢浓度 60% ~80%。采用这种方法，1420 锭的氢浓度在 50% 熔炼情况下均不超过 $0.4cm^3/100g$，但分散范围在 $0.3 \sim 1.22cm^3/100g$。在带有坩埚感应炉和真空存贮炉设备中熔炼。

采用喷射高纯度氩气方法对熔体进行精炼，净化气体压力为（2 ~4） $\times 10^5$Pa（2 ~4atm），氩气压力较低，除气率较低；氩气压力过高，熔体沉淀物增加，锂损耗也增加。在加入锂之前，1450 合金和 1420 合金熔体氢的初始含量为 $0.3 \sim 1.1cm^3/100g$，加锂后，增加到 $2.2 \sim 3cm^3/100g$，因为锂含有 $700 \sim 1500cm^3/100g$ 的氢。这种熔体在感应炉中用高纯氩气进行精炼能有效地除气，特别是在最初 20min 内。吹气时间达 30min，氢含量降低到 $0.45 \sim 0.7cm^3/100g$。锂含量的高低不影响除氢的效果。

真空处理时剩余压力为 133.322 ~266.644Pa（1 ~2mmHg），并借助于气动泵搅动熔体。气动泵脉动频率为 $5 \sim 20min^{-1}$，30min 内气体含量降至 $0.3 \sim 0.5cm^3/100g$，真空处理 1.5h，气体含量降至 $0.2 \sim 0.5cm^3/100g$。这种熔体在高纯氩气中热处理 2 ~22h，其氢含量不变。用氢含量为 $0.2 \sim 0.5cm^3/100g$ 的 1450 合金和 1420 合金熔体浇注可以获得氢含量不大于 $0.4cm^3/100g$ 的铸造材料。

铝锂合金的熔炼炉可用石墨（C41%（质量分数），SiC40%（质量分数）），Si_3N_4 和 Al_2O_3 系炉衬制备。在石墨系炉衬中存在 Al_2O_3 反复熔炼使用，会生成稳定的 $\alpha - LiAlO_3$ 并能抑制熔体对炉壁侵蚀，使用 Al_2O_3/Si_3N_4 的混合材，由于密度降低，可能引起炉衬反应，但合金的污染随熔炼次数的增加而减小。200kg 的坩埚炉采用 $Al_2O_3/MgO/SiO_2/Na_2O/CaO$ 的混合材，反应层和侵蚀层都比较浅，对熔体的污染比较少。4t 熔炼炉采用 $Al_2O_3/Si_3N_4/TiO_2/CaO/SiO_2/Fe_2O_3$ 的混合料预烧结坩埚取得了好的效果，但是 Fe，Si，Ca 等元素对合金的污染影响了合金的延性和韧性。

4.4.1.2　铝锂合金的铸造

在提供到结晶器时以及在结晶器中，熔体的防护方法对最终氢含量的影响很大。金属是通过深衬槽提供，在槽中和结晶器中的熔体用液态氯化锂和氯化钾熔剂防护。在 PLAV -6 装置中，采用密封的浇注系统，在氩气保护下浇注。结晶器上有专用的固定盖防止空气的渗入。

铝锂合金熔体过饱和度明显高于商用铝合金。因此，结晶时，过量的氢不断分离，在坩埚中引起金属泡，在没有防护进行铸造时，氧化膜在弯月形液面断裂。采用熔剂防护时，氢容易通过它。1420 合金气体压力在 39.9966 ~66.661Pa（0.3 ~0.5mmHg），这就保证了液态熔体中金属熔剂精炼的合适条件。由于熔体中氢的明显过饱和度，分子氢不能完全分离，这就容易引起疏松。引起疏松的氢浓度是：1230，1450，1460 和 1440 合金为 $1cm^3/100g$，1420 合金为 $1.4cm^3/100g$。

结晶时未能分离的剩余氢仍保留在金属溶液中，形成氢化物。氢化物可以在两个阶段形成：首先，铝锂坯料加热时，其固态坯料不能完全被熔剂覆盖，在500～600℃最易形成氢化锂，这种氢化锂在合金的生产温度下足够稳定。其次，在锭结晶时，在液态熔体中形成氢化锂，氢化锂还随返回料进入熔体。

在大多数情况下，铸造裂纹起始于铸锭难于收缩处，通常首先表现为塑性变形，而以断裂告终。如果室温伸长率小于1.5%，在铸造过程中或铸造后暴露时，温度低于200℃情况下，铝锭将形成冷裂。热裂是结晶裂纹，在有效的结晶范围形成。热裂作为应力集中因素将转变为冷裂。铸锭表面缺陷也将转变为冷裂。对于冷裂来说，1230、1450和1460合金的成分是伸长率在1.5%～2%的范围内，且具有相当高的冲击韧性。在锂含量不大于2%的Al－Mg－Li系和Al－Cu－Li－Mg系合金中，镁含量提高到4%，可以改进其伸长率。但是，Al－Mg－Li系合金进一步提高镁含量到超过4%时，其韧性降低。这两个系列合金的特点是在铸态时冲击韧性值低，这就决定了他们有高的应力集中敏感性和高的冷裂敏感性。1440合金成分范围的特点是在铸态下韧性低，再加上它的冲击韧性最低，因此1440合金具有高的冷裂敏感性。状态图的镁角的合金（成分范围为0.85%～1.5% Li，3.125%～4.0% Mg，0.5%～1.125% Cu）具有最大的伸长率和冲击韧性，这对以后发展新的合金成分是很有吸引力的。

在用锆、锰、钪和其他稀土元素进行强化的合金中，必然含有铁、硅杂质以及钙、钡等杂质，导致沉淀相当粗大的相，降低铸态材料的韧性。例如，在硅含量为0.03%～0.15%的1420合金中，Mg_2Si的体积分数为0.2%～0.7%；铁含量为0.06%～0.15%，Al_3Fe相的体积百分数为0.1%～0.6%；锆含量大于0.12%，铸锭中沉淀粗大的金属间相Al_3Zr。考虑到上述因素，铝锂合金中应限制铁含量，应保证w（Fe）/w（Si）比不小于1.5。

对于热裂来说，在二元铝锂合金系中，锂的含量为0.11%时，热脆性最大，这是由于在此含量时出现了不平衡共晶。随着锂含量提高到1%，热脆性明显降低。在锂为0.8%～4%和铜为2%～8%的三元Al－Cu－Li合金系中，锂含量提高将导致热脆性降低，在较高铜含量和较低锂含量情况下达到最低热脆性。把锰加入该合金系将明显提高其热脆性。

在某些合金中单独或者联合加入锆或钪到0.05%～0.15%，可以降低其热脆性，总收缩值降低10%～15%，其原因在于铸造晶粒组织的改进和变化。

加入镁到0.05%，实际上没有影响，但当加入量达到0.20%～2.0%时，由于加大了有效结晶范围，会显著提高其热脆性。在含有锆的情况下，加入0.05%～0.2%的钙，对于降低Al－Cu－Li系合金的热脆性具有积极作用。

硅和铁含量的提高，均使所研究的合金系开裂抗力降低。环形工艺试样已经证明，在1450合金和1230合金中，w（Fe）/w（Si）比在2～1/2范围内变化，其热脆性均增加，这是由于在固液态相对伸长的降低而造成的。未观察到钡（到0.03%）和钠（到0.005%）对热脆性的影响。

对于Al－Mg－Li系合金，在凝固过程中不形成裂纹，而在冷却过程中发生。这些裂纹的形成伴随有尖锐的声音，它们都是从起作用的缺口表面缺陷处起始，即：所有的裂纹都是冷裂，该系列合金没有热脆性。研究发现，提高镁和锂的含量，由于固液态相对伸长的同步提高而降低线收缩开始温度，而使有效结晶范围变窄，锰的作用与此相反。在 Al－Mg－Li 系合金系中，加入 0.1%～0.14% 的锆和 0.1%～0.2% 的钪显著提高开裂抗力，即使用最苛刻的试验进行评估，这些合金无论在铸态或焊接态都不显示热脆性。

锆和钪的加入，不仅通过晶粒细化而且通过改变晶粒结构类型，而改进其组织，由此，它们降低线收缩的开始温度，使有效凝固范围变窄，对于合金化元素的含量接近其上限值的 1420 合金和 1421 合金，其范围约为 15～20℃。当锆和钪含量达 12%～17%（相对）时，线收缩值降低。钙的含量在 0.03%～0.01% 时，降低 1420 合金的热脆性，钠的含量在 0.01% 及其以下时，对该合金热脆性没有负效应。

4.4.2　快速凝固粉末冶金 Al－Li 合金

虽然目前世界上广泛强调以铸锭冶金技术研究和开发铝锂合金，但是铝锂合金在铸造中遇到的问题颇多，如由于锂非常活泼的化学性质，在大气中极易氧化，使得铸造过程中锂的烧损量很大，锂的成分很难控制，氧化物不易排除，容易被带入熔体内。同时熔体容易吸氢，产生夹杂物和气孔，材料的性能，尤其是韧性降低严重。特别是铸锭冷速较低、二相粒子粗大，铸造过程中的偏析问题限制了锂在合金中的含量，最高只能达到 2.7%（质量分数），从而阻碍了合金密度的进一步降低，密度最大降低的潜力约为 8%。

采用快速凝固技术使合金在 10^3～10^5K/s 的冷速下凝固，可提高合金元素在铝中的固溶度、细化微结构、减少偏析、提高合金性能，与铸造铝锂合金相比，快速凝固铝锂合金具有如下特点：

（1）快速凝固提高了 Li 在 Al 中固溶度，使锂含量大于 3%（质量分数），密度 $\rho <$ 2.5g/cm^3，用于代替常规铝合金，可使结构质量减轻 10%～15%。

（2）快速凝固粉末冶金铝锂合金具有更为均匀及细化的微观结构，消除了铸锭冶金中铝锂合金粗大的第二相。

（3）快速凝固引起的弥散相比铸锭冶金引入的第二相所起的作用更为有效。

4.4.2.1　快速凝固粉末冶金铝锂合金的制备工艺

快速凝固粉末冶金制备铝锂合金工艺的主要特点是：

（1）铝锂合金非常活泼，在制粉和热致密化过程必须用真空或惰性气体保护，尽量避免铝锂合金的氧化。

（2）制取粉末的冷凝速度必须足够大，用于保证合金元素和 Li 在 Al 中有较大的固溶度，并且使粉末结构微细化。

（3）热致密化过程必须严格控制温度和时间，以免破坏快速凝固组织。

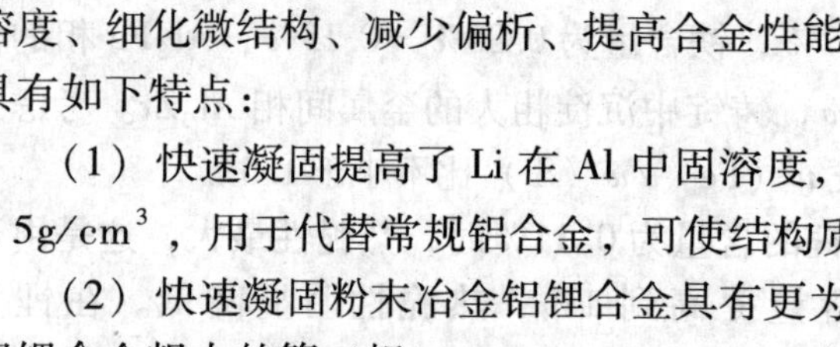

图 4－27　快速凝固粉末冶金铝锂合金制备工艺流程图

4.4.2.2　快速凝固制备粉末

快速凝固制备粉末时，由于 Li 极为活泼，有氧存在时，在粉末颗粒表面存在氧化膜，使得快凝铝锂合金的塑韧性降低，因此快速凝固制粉一般采用如下方法：

（1）气体雾化法。采用低压（0.8～

1.2MPa)、高压（4~8MPa）和超声气体雾化，气体介质为氩气或氦气，冷却速度可达 10^3~10^5K/s，严格控制氧含量，粉末呈球状和类球状，粒度在 20~150μm 范围。一般来说，只要保证足够的冷却速度，为了降低粉末氧含量，粒度尽可能大一些。有资料表明，粉末尺寸从 130μm 减至 23μm，其氧含量由 0.05% 增至 0.4%。因此，极微细粉末的所占份量尽量降低一些。

（2）平面流铸造法（PFC）。采用平面流铸造在保护气氛下制备 Al-Li 合金薄带，由于薄带冷速极高（10^6K/s），可将氧含量极低的薄带在真空或保护气氛下破碎成粒度比较大的粉末。美国 Allied-Signal 公司采用平面流铸造 RST 已经成功研制出 RSP Al-Li 合金 644B，该合金是目前国际上所研究的 RSP Al-Li 合金中最为成熟和最接近实用化的一种合金，已经用于制造 Boeing-767-300 主起落架轮毂和直升机的小型锻件[102]。

（3）熔体自旋法。采用熔体自旋或离心雾化装置，制取 Al-Li 合金的碎片状、碎带状和碎粉状的粉末。这种粉末和平面流铸造一样，二次颗粒边界比较少，很多粉末喷射沉积成片、带和丝状，氧含量极低，在真空或保护气氛下破碎成粒度较大的粉末，再热致密化能够得到品质优良的 Al-Li 合金。陈振华教授等人采用环风喷嘴用氩气雾化铝锂合金，雾化后的金属液粒，在高速旋转圆盘上喷射沉积成片。雾化压力为 0.8~1.5MPa，旋转圆盘转速为 30m/s，金属液膜被采用液氩的金属铜盘甩出，片状粉末面积为 200~600mm²，厚度为 50~150μm，具有 10^5~10^6K/s 冷速，将片状粉末破碎，经热致密化后可得到性能优异的铝锂合金[103]。

4.4.2.3 室温冷压成形

铝锂合金粉末在保护气氛下过筛（-100 目（<0.147mm）），清除过粗和过细粉末，然后在室温下冷压成形。对于熔体自旋或旋转圆盘制备的薄片粉末，破碎过筛（-50 目（<0.277mm））后冷压成形。考虑当粉末的成形密度超过理论密度的 80% 时会产生封闭孔隙，使气体闭合在内的情况，选择冷压成形密度为理论密度的 40%~75%。

4.4.2.4 真空加热脱气

铝锂合金粉末在制粉过程中，或在储运和冷压过程中与氧气或湿气接触会在表面形成含水氧化膜。雾化粉末的氧化膜厚度约为 15~20nm，而旋转盘雾化得到的粉末，其表面的氧化膜厚度约为 5~7.5nm。铝锂合金粉末表面的含水氧化膜不但会阻碍粉末的烧结固化，而且烧结加热时会放出氢气导致爆炸，或在烧结体中形成气泡。因此快速冷凝铝锂合金粉末往往须经过真空加热脱气处理。脱气温度应高于或等于后续固化、加工和使用等任何过程的温度。过高的脱气温度或过长的脱气时间都可能破坏快速凝固组织。铝锂合金表面的氧化铝薄膜在室温下一般以 $Al_2O_3 \cdot 3H_2O$ 的形式存在，当加热到一定程度时，$Al_2O_3 \cdot 3H_2O$ 向 $Al_2O_3 \cdot H_2O$ 转变，更高温度加热则向 Al_2O_3 转变，同时合金中的元素 Mg 生成 MgO 并放出氢气。随着降气的温度不同，降气的效果也不一样。其过程如下[104,105]：

$$Al_2O_3 \cdot 3H_2O \cdot aq(\text{吸附水}) \xrightleftharpoons{aq\uparrow} Al_2O_3 \cdot 3H_2O \xrightleftharpoons[175℃]{0.5H_2O} Al_2O_3 \cdot 2.5H_2O \xrightleftharpoons[310\sim350℃]{1.5H_2O\uparrow}$$

$$Al_2O_3 \cdot H_2O \xrightleftharpoons[550℃]{H_2O\uparrow} \gamma'(Al_2O_3) \xrightleftharpoons[610\sim650℃]{} \gamma(Al_2O_3)$$

按该反应，470～500℃除气时，能去除粉末表面的吸附水分，分解水合氧化物，使氧化物变脆，以提高挤压时氧化膜的破碎程度。除气温度越高，除气效果越好。

铝锂合金粉末在真空脱气过程中真空度的变化趋势可以用来表征除气的效果，文献［106］的研究结果表明：当真空度为 10^{-3}Pa 时加温，在 380℃以前真空度基本没有变化，高于 380℃时，真空度开始下降，至 450℃时仍然保持在 10^{-1}Pa，升至 460℃，真空度急剧下降，至 470℃已下降到 10Pa。图 4－28 表明除气温度应高于 460℃，温度升至 470℃保温 1h，当保温 45min 后，真空度又回升至 10^{-3}Pa。图 4－29 表明，该温度下已充分除气。通常，铝锂合金粉末压坯的脱气工艺一般于 10^{-3} Pa 真空中加热到 470～500℃保温 1～1.5h。

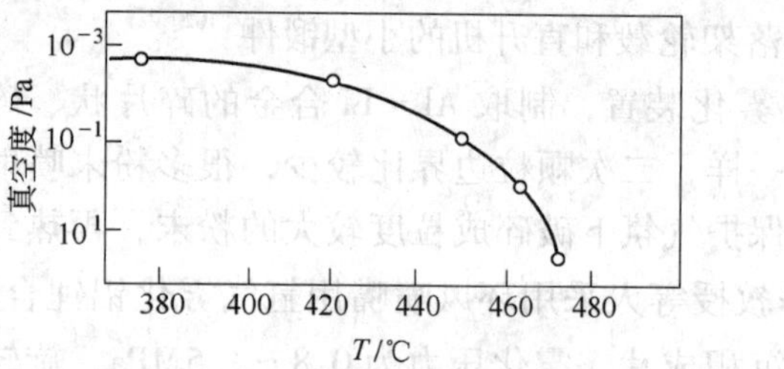

图 4－28　真空脱气过程中真空度的变化

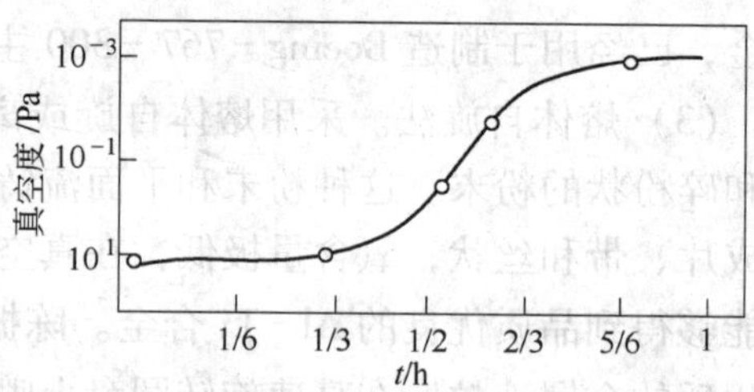

图 4－29　470℃时真空度与脱气时间的关系

也有研究者认为真空降气工艺在许多不含 Li 的快速凝固粉末铝合金中得到验证，并且在这类合金中已经取得了显著效果[107]。但在 RSP Al－Li 合金中，除气及除气温度对合金的力学性能却没有明显影响。文献［108］的研究结果表明，Al－Li－Mg－Cu－Zr 合金粉末的除气过程并不是简单地除去粉末表面的污染碳和吸附水分，而是发生了复杂的表面反应。与其他不含 Li 的铝合金粉末除气过程相比，其突出特点是 Li 参与了粉末表面反应，无论低温（350℃），中温（450℃）和高温（500℃）除气，基体中的 Li 继续与气氛中的氧结合，使氧化层显著增厚，这将对挤压时粉末表面的结合极为不利，或许就是除气效果不明显的主要原因；另一特点是在中温以上除气，基体中的 Li 将 Al_2O_3 还原，生成较低密度的 Li_2O、Al_2O_3 与 Li_2O，其有害作用程度还有待于进一步探讨，但 Li_2O 的生成，将使氧化层增厚，同时使粉末表面 Li 的贫化区增大，这对挤压合金的性能有害。文献［108］的作者认为，可以采用以下几种改进工艺：（1）使用强还原性气氛动态除气。用 CO 气体反复通入除气的气氛之中，以降低气氛的氧含量，减慢或抑制 Li 的进一步氧化；（2）反应性气氛除气。根据文献［109］报道，Li_2CO_3 对伸长率的有害作用远比 Li_2O 小，假设 Al_2O_3 与 Li_2O 的有害作用近似，则可先将粉末进行中温真空除气，当 Al_2O_3 还原成 Li_2O 后，通入 CO_2 气体，根据文献［110］报道，会发生如下反应

$$Li_2O + CO_2 \longrightarrow Li_2CO_3$$

最后在高真空除气过程中，冷却至室温，以减少粉末表面 CO_2 的吸附；（3）表面清洗。为了彻底消除粉末表面氧化层和污染层的影响，可用稀 HF 酒精溶液对粉末进行清洗，然后在动态还原性气氛中除气。由于 Al_2O_3 与 Li_2O 等与 HF 的反应产物属挥发性盐类，所以可在随后的真空除气过程中排除，这种方法可能会带来其他一些问题，如表面贫 Li 层增厚。

4.4.2.5 真空热压

室温冷压、真空加热除气和真空热压，如图4－30所示，可以在一种特殊的真空装置中进行[103]，也可以分步进行。脱气后的压坯须经过真空热压，以获得接近理论密度的预制坯。真空除气热压是快速凝固粉末铝锂合金的一个重要步骤。压完的预成形坯可以在以后的热致密工艺中（热压、热锻、热轧等）避免氧化和利于变形。一般来说，真空热压温度低于真空除气温度，一般铝锂合金的真空热压可以采用350～450℃，保压时间为1h左右。

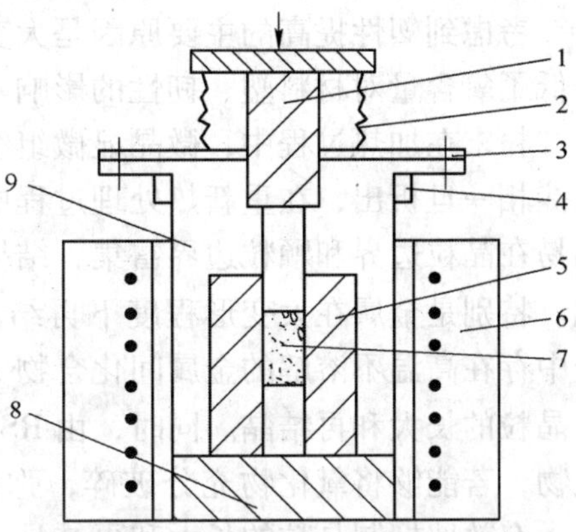

图4－30 真空热压装置示意图[103]
1—压头；2—波纹管；3—密封法兰；4—冷却水套；5—阴模；6—加热装置；7—粉末；8—垫块；9—真空容器

研究表明，真空热压坯块致密度对最终材料的性能具有很大影响，如表4－17所示。粉末热压坯块密度愈大，在相同条件下进行挤压，其固溶后的伸长率愈高。在挤压条件完全相同时，采用低的热压温度和压力制备的坯块，挤压后仍发现微细孔隙，表明在挤压过程中不能使材料完全致密化，因而影响了其塑性和韧性。

表4－17 真空热压坯块致密度对材料伸长率的影响

Al－2.3Li－1.8Cu－1Mg－0.3Zr（质量分数）

真空热压工艺参数（真空度1.33322Pa（10^{-2}mmHg柱））				固溶（520℃/30min）处理后的伸长率δ/%
压力/MPa	温度/℃	时间/h	坯块相对密度/%	
400	350	0.5	80～85	8
600	350	0.5	85～90	12
600	450	1	95～98	14

4.4.2.6 热致密化

铝锂合金的热致密化工艺主要包括热挤压、热锻造、热轧制等。热致密化中最重要的手段是热挤压。挤压时作用于金属上的外力有变形力、挤压筒壁的正压力和摩擦力等。粉末坯料在挤压变形时的应力状态为三向压应力状态，其中主法向应力数值很大，三向不等值压缩。在挤压状态下，粉末体变形不易开裂，变形金属具有良好的塑性。粉末热压坯料在热挤压过程中，颗粒的氧化物在大的挤压比状态下（>16）充分破碎，使颗粒的结合质量提高。挤压工艺参数的选择对材料最终性能的影响也非常大。研究结果表明，选择较低的挤压温度和较高的挤压比有助于材料的塑、韧性（如表4－18所示）。

表4－18 快冷 Al－Li 合金挤压比对材料性能的影响

Al－2.3Li－1.8Cu－1Mg－0.3Zr（质量分数）

挤压工艺参数		固溶（520℃/30min）处理后的伸长率δ/%
挤压比	挤压温度/℃	
16：1	350	7
25：1	350	8
44：1	400	12
44：1	350	14

考虑到塑性提高的主要原因是大变形保证了氧化膜的破坏，使得颗粒结合牢固，从而降低了氧含量对材料塑、韧性的影响。

粉末在加热过程中，微晶显微组织产生粗化，超饱和固溶体沉淀相析出和长大，有些沉淀相一旦析出，在重新热处理过程中一般不会溶解，并且有害的沉淀相在某些情况下很容易在晶粒边界和颗粒边界富集，结果破坏了快速凝固金属粉末优异的物理性能及力学性能。特别是金属在大变形程度下再结晶温度较低，引起晶粒长大，但是由于在 Al－Li 合金中存在高温不溶解的金属间化合物 Al_3Zr 粒子，阻碍亚晶界的迁移和合并，有效地抑制了晶粒的长大和再结晶。同时，由 RS－PM 方法得到的 Al－Li 合金，由于颗粒表面存在氧化物，若能够将氧化物充分破碎，弥散分布在基体内，同样能够阻碍亚晶界的迁移和合并，有效地抑制晶粒的长大和再结晶。

另外，快冷组织的粗化存在一个门槛温度，根据大量实验表明，Al－Li 合金粗化的温度为 427℃左右，在门槛温度下，快速加热挤压能够得到微晶的显微结构。

4.4.2.7　热处理

快速凝固 Al－Li 合金的时效硬化特性有别于熔铸法制备的 Al－Li 合金，时效达到峰值强度所需要的时间以及峰值强度维持时间，除取决于时效温度、合金成分、材料变形条件外，还取决于亚稳晶态的保持状态，一般来说，快速凝固 Al－Li 合金沉淀相的析出动力学趋势大，稍经时效就能基本达到峰值并且维持一段相当长时间，并且微晶材料晶粒度越细，这种特性越明显。图 4－31 为快速凝固 Al－Li 合金时效硬度曲线。随着时效温度降低，快速凝固 Al－Li 合金的时效强化特性逐渐和熔铸 Al－Li 合金趋向一致。图 4－32 为快速凝固 Al－Li 合金在不同温度下的时效硬化曲线。图 4－33 为快速凝固 Al－Li 合金在低温时效下时效时间与性能的关系。

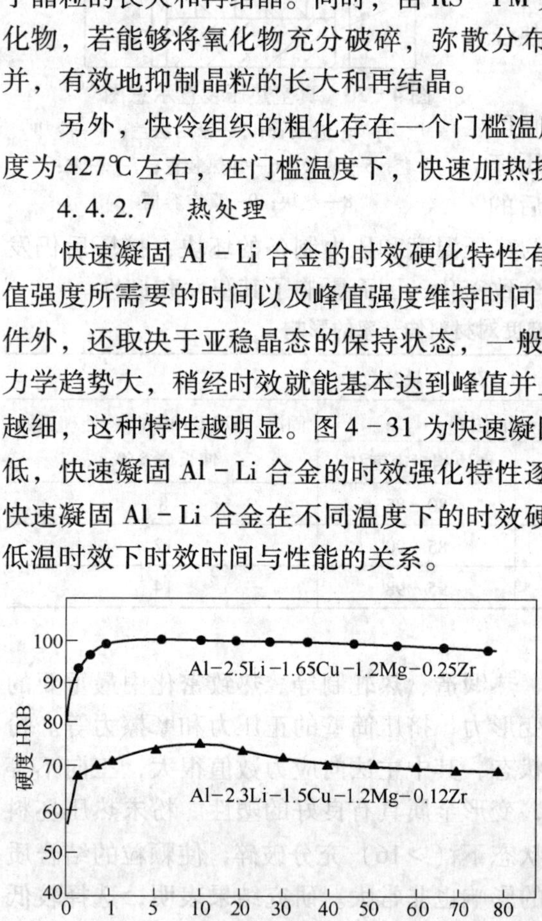

图 4－31　快速凝固 Al－Li 合金时效硬度曲线

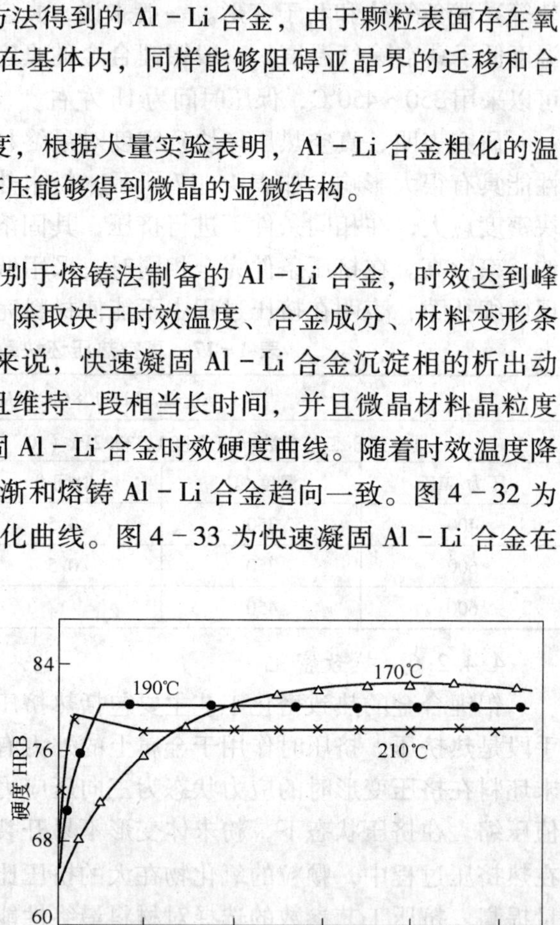

图 4－32　在不同温度下快速凝固 Al－2.5Li－1.65Cu－1.2Mg－0.25Zr 合金的时效硬化曲线

根据材料所需性能、合金成分和制备工艺，快速凝固合金可采用欠时效、过时效和双级时效等。著者对图 4－33 的合金采用双级时效（170℃/8h＋190℃/16h）取得了抗拉强度为 515MPa，屈服强度为 450MPa，伸长率为 9.5% 的效果。焦成革等人[111]对 Al－3.2Li－1.2Mg－0.3Cu－0.2Zr 合金经 533℃固溶处理 30min 后，分别采取 105℃、125℃、145℃、165℃和 185℃时效 6～80h。图 4－34 是不同时效温度和时效时间对合金拉伸性能的影响。由图可见，不同的时效温度具有不同的时效硬化效应，165℃时效合金的强度迅

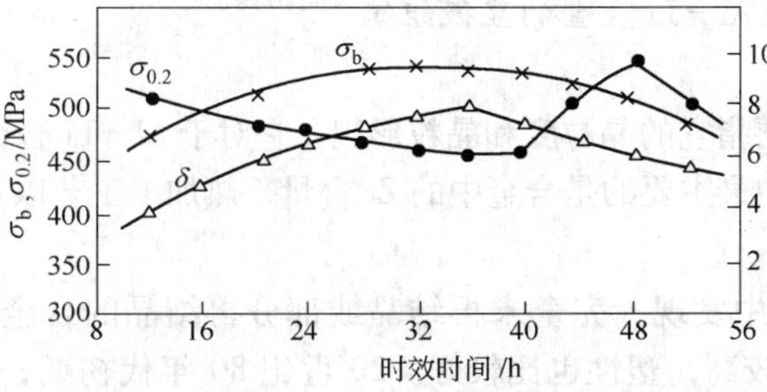

图 4－33 在 443K 温度下 Al－2.5Li－1.65Cu－1.2Mg－0.25Zr 快冷合金 σ_b、$\sigma_{0.2}$、δ 随时效时间的变化

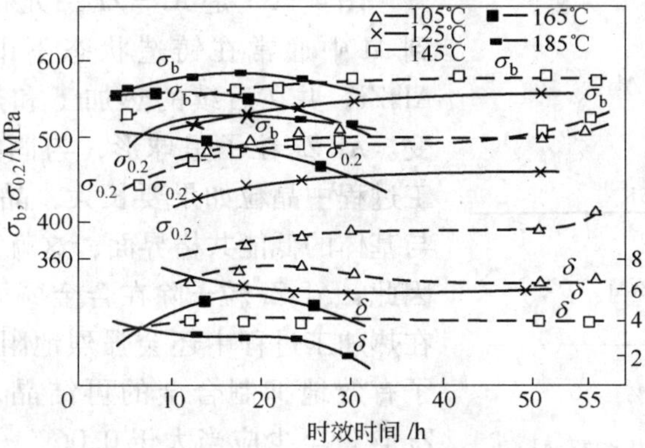

图 4－34 时效对合金室温拉伸性能的影响

速提高，塑性下降；达到峰值后强度又很快下降，此温度为峰时效温度。185℃时效强度不断降低，此时为过时效。降低时效温度至 125℃，合金强度随时效时间的延长逐渐增加，塑性缓慢下降，经较长时间的时效（50～80h）可以获得强度与塑性的较好配合。

分级时效以及分级时效工艺中预时效和最终时效的温度和时间对合金的性能也有很大的影响。分级时效有益于合金的塑、韧性，Kim 等[112]认为与合金中出现较多的 α″相（δ′相在 Al_3Zr 粒子上沉淀形成的一种复合粒子）有关；Xia Xin[113]则认为分级时效本身也能使 S′相的沉淀变得较为分散。

有研究[114]表明，对快速凝固 Al－Li－Cu－Mg－Zr 合金进行 170℃/4h 单级时效有利于复合沉淀形成，但沉淀相粒度小，不足以有效地分散位错的滑移；采用 170℃/4h 预时效，随后进行 190℃/8h 最终时效的双级时效方法，有利于复合沉淀相的形成和发展，从而使合金表现出良好的综合力学性能。

除此之外，塑性的改善还与分级时效使晶界平衡相数量减少以及 PFZ 窄化有关，研究[115]表明，170℃预时效，电镜下晶界上看不到平衡相，也没有无沉淀析出带；190℃最终时效，晶界上析出平衡相并出现 PFZ，此外还有 S′相沉淀析出。控制最终时效时间，就可以控制上述显微组织结构参数，与 190℃单级时效相比，在总的时效时间相同的情况下，δ′相粒度基本相近，而晶界平衡相数量减少，晶界 PFZ 变窄。进一步实验指出，适当延长 170℃预时效时间，缩短 190℃最终时效时间，上述组织结构参数变化更加明显，塑性也有进一步的改善。

4.4.2.8　快速凝固 Al - Li 合金的显微组织[116,117]

A　晶粒组织

合金的晶粒组织主要指它的晶粒度和晶粒形貌，它对于 Al - Li 合金的强度、塑性和各向异性具有重要影响，其中最主要的是合金中的 Zr 含量、热加工工艺以及固溶处理温度。

a　Zr 含量的影响

在 Al - Li 合金研究中发现，完全未再结晶或部分再结晶的合金与再结晶并晶粒长大的合金相比，不仅强度较高，塑性也比较好。20 世纪 80 年代初期，对热加工后如何获得未再结晶的晶粒组织进行了许多研究，先后探讨了向合金中添加 Ti、Co、Mn、Cd、Zr 等过渡族元素对其显微组织和力学性能的影响[118]，研究表明，Zr 是最有效的添加元素。

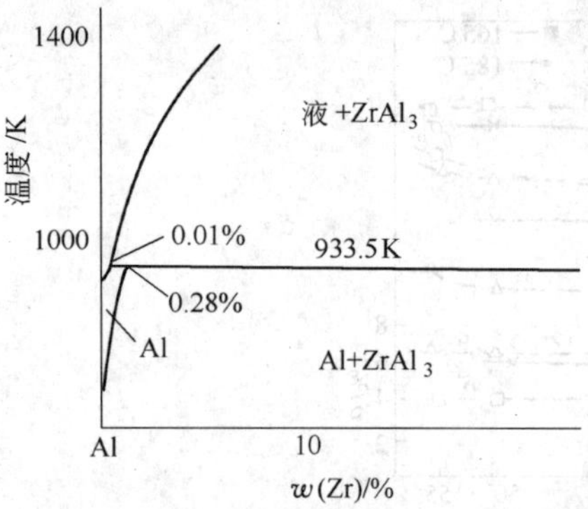

图 4 - 35　Al - Zr 二元相图富 Al 角

图 4 - 35 是 Al - Zr 二元相图富 Al 角。Zr 加入到 Al 中通常在铸造状态下即形成金属间化合物 Al_3Zr，并在后续的热加工和热处理过程中保持不变。Al_3Zr 粒子呈球形，与固溶体基体共格。热加工过程中晶粒如果要长大，晶界移动必然会改变它与基体的低能共格界面，这就需要消耗很高的能量。因此，Al_3Zr 粒子除在合金凝固过程中细化晶粒外，在热加工过程中还会强烈地阻止合金的再结晶。为了有效地抑制合金的再结晶，文献［119］认为，Zr 含量至少应当大于 0.06%（质量分数）。在铸锭 Al - Li 合金中，Zr 含量通常为 0.12%（质量分数）左右。Zr 含量过高，粗大的 Al_3Zr 相会使合金的塑韧性急剧下降。在快速冷凝条件下，由于晶粒大大细化，不会出现粗大的 Al_3Zr 相。因此，Zr 的加入量比铸锭 Al - Li 合金高，在著者的研究中，Zr 的加入量为 0.2% ~0.3%（质量分数）。另外，据报道在有些研究中，Zr 的添加量较高，均在 0.5% ~1.0%（质量分数）。

b　热加工工艺和固溶温度的影响

热加工工艺指的是变形的方式（挤压或轧制）、变形温度、变形速度以及变形程度（挤压比或轧制比）的选择。Al - Li 合金热挤压时，坯料中的等轴晶粒在轴向流动时变为竹节状，热轧时，坯粒中原等轴晶粒被拉长为煎饼状。变形温度越高，变形程度越大，晶粒沿挤压或轧制方向伸长也越多，这一点与热加工工艺对通常 Al 合金晶粒组织的影响是一致的。然而，在 Al - Li 合金添加 Zr 的情况下，由于 Al_3Zr 粒子抑制热加工过程中的再结晶，热加工后组织呈未再结晶或部分再结晶状态，合金内部仍然保持着大量的加工储能。固溶加热时，如果温度较高（热加工温度通常低于 450℃，而固溶温度通常高于 520℃），合金体内会发生回复甚至再结晶的情况，晶粒组织相应地会发生一些变化。对于给定成分的合金，挤压态为未再结晶组织，510℃固溶处理态，位错亚结构得到部分回复，530℃固溶处理态，在某些三叉晶界处出现了细小的再结晶晶粒。

B　粉末界面

铝合金粉末表面总存在着一层氧化膜，会阻碍合金中粉末颗粒之间的结合。通过适当的塑性变形，可以有效地使氧化膜破碎。经过挤压变形后，粉末表面连续的氧化膜已经被破碎成单个的氧化物颗粒，沿粉末颗粒界面成排分布。在无氧化膜的颗粒界面处，粉末颗粒之间以大角度晶界形式结合。氧化物颗粒就分布在这些界面上。因此，它们的存在会引起沿晶断裂。薄板试样沿平行于轧制面取样时，在 TEM 上观察不到有规律分布的氧化物粒子，而是杂乱地分布在基体中，有的区域多些，有的区域少些。在这种情况下，氧化物颗粒对合金性能的不利作用将会明显减轻。

C 基体沉淀

对一系列快速冷凝以及铸锭冶金 Al－Li 合金的时效反应进行对比研究的结果表明，成分相同而制备方法不同的这两类 Al－Li 合金的沉淀以及沉淀序列基本相同，差别仅在于快速冷凝 Al－Li 合金的沉淀反应动力学趋向较快。下面就 Al－Li 基合金沉淀相的相结构、形貌、析出规律以及晶界特性分别进行讨论。

a 主要强化相 δ′（Al_3Li）

快凝铝锂合金中的主要强化相为 δ′相。该合金中 δ′相的析出行为与 I/M Al－Li 合金的不同主要表现在如下几个方面。首先 δ′相的体积分数高。这是合金中 Li 含量高的直接结果。其次是 δ′相的析出速度快。在时效过程中，δ′相的粗化仍然符合（时间）$^{1/3}$粗化动力学规律，但直线的斜率明显大于 I/M Al－Li 合金。再次就是该合金中 δ′相的形貌也与 I/M Al－Li 合金有所不同。由于合金中 δ′相的析出密度高，所以许多的 δ′相粒子相互连接成“串”状析出。合金经长时间时效后，每一“串”上的 δ′相粒子的个数减少，并由二、三个粒子相连成短棒状。在 RSP Al－Li 合金中，高体积分数的 δ′相保证了合金具有较高的强度，但也必然引起更为严重的共面滑移现象。而且，由于该合金的 Cu 含量低，时效时几乎没有 T_1 和 S′相析出，而 β′相的体积分数又小，所以在塑性变形时，合金中的共面滑移难以得到较好的抑制。这是 RSP Al－Li 合金塑性低的又一个重要原因。

b α′（Al_3Zr）相

在快速凝固制粉过程中除形成少量的平衡相 Al_3Zr 外，大部分 Zr 原子以过饱和态存在于固溶体中。在粉末的真空除气加热和挤压前的加热过程中，合金中会析出直径为 10～30nm 的亚稳 Al_3Zr 相颗粒。Al_3Zr 相可以有效地钉扎位错和晶界，阻碍合金在热加工过程中固溶处理加热时的晶粒长大，使合金得以保持快速凝固时所得到的细晶组织。α′相的另一个作用是阻碍位错运动，分散 α′相引起的共面滑移。虽然 α′相具有与 δ′相相同的晶体结构（Ll_2 型），但对位错的切过阻力很大，位错只能以奥罗万机制来绕过它。因此，α′相可以分散由 δ′相引起的共面滑移。如前所述，α′相在热除气和热挤压时形成，因此在固溶处理时即已经存在。α′相和 δ′相在晶体结构上的相似性使得 δ′相能直接在 Al_3Zr 相上形核，从而导致合金在时效过程中形成 α′－δ′复合沉淀相。位错难以切过这种复合沉淀相。单个的 δ′相已经被运动位错切割得很碎，基本上看不出原来的形态。虽然许多复合沉淀相 δ′球壳也被位错切过，但复合沉淀相还是完整得多。

需要指出的是，通常认为 δ′相被位错切过的临界直径为 20nm 左右，超过此值后位错以绕过的方式通过。但也有文献报道，δ′相的直径大于 50nm，位错仍主要以切过的方式通过 δ′相粒子。

c 第二强化相 θ′，T_1 和 S′相

Al－Li 合金中加入 Cu，基体中可能出现 θ′相（Al_2Cu）和 T_1 相（Al_2CuLi）。两种相

出现的几率取决于合金中 Cu、Li 含量的比值。只有当 w（Cu）/w（Li）比值为 1.3 时合金中才可能观察到 θ′相。θ′相具有四方结构，通常沿基体的｛001｝呈片状析出。T_1 相具有六方结构，也呈片状并沿基体的｛111｝面沉淀。Mg 加入到 Al－Li 合金中，当 w（Mg）≤2% 时基体不会产生进一步的沉淀。然而，Mg 降低 Li 在 Al 中的固溶度，时效过程中使 δ′相的体积分数增加并影响到晶界的沉淀反应。Cu 和 Mg 一起加入到 Al－Li－Zr 合金中，构成复杂的五元 Al－Li 基合金，除可能观察到 T_1 相沉淀外，还可能出现另外一种亚稳相 S′（Al_2CuMg）。S′相具有正交结构，与基体半共格，通常沿基体｛001｝呈板条状析出。商用 Al－Li 合金都属于 Al－Li－Cu－Mg－Zr 系。合金中 S′、T_1 相出现的几率取决于 Cu、Mg 和 Li 三者的相对含量。Cu、Li 含量高的合金中沉淀相主要是 T_1。商用 2091 合金（Al－2.1Li－1.8Cu－1.4Mg－0.12Zr）主要沉淀相为 δ′＋S′，而 8090 合金中主要沉淀相为 δ′＋S′＋T_1。

d 晶界无沉淀析出带（PFZ）

晶界无沉淀析出带的形成一直被认为是 I/M Al－Li 合金塑性低的主要原因之一。曾经设想用快速凝固方法显著细化晶粒，减弱 PFZ 的形成倾向，从而提高 Al－Li 合金的塑性和韧性。但实验结果却证明并非如此。虽说 RSP Al－Li 合金的晶粒很细，且晶粒之间的位向差也较小，但在合金的时效过程中 PFZ 仍很容易形成。PFZ 的存在强烈地影响着 RSPM Al－Li 合金的断裂行为。在 TEM 上进行动态拉伸时，明显可见，裂纹沿 PFZ 扩展，试验结果还发现，由于 RSPM Al－Li 合金的晶粒细小，合金中晶界密度高。而且高的 Li 含量又使 PFZ 易于形成，所以试验所用的 RSPM Al－Li 合金中的 PFZ 易成为连续的网状，使 PFZ 的有害作用更为明显。

4.4.2.9 快速凝固 Al－Li 合金的性能

A 拉伸性能

快速凝固性能可参考表 4－7 和表 4－19。从表中可以看出快速凝固 Al－Li 合金不仅有密度低、弹性模量高等优异的物理性能，而且具有良好的拉伸性能。Palmer[120] 总结了一系列研究工作的结果指出，Al－Li 合金中的五元系 Al－Li－Cu－Mg－Zr 具有最佳的强塑性配合。

表 4－19 一些 RSPM Al－Li 合金的成分和性能

编号	成 分	密度/g·cm^{-3}	力学性能				备 注
			σ_s/MPa	σ_b/MPa	δ/%	Kq/MN·m$^{-3/2}$	
1	Al－3Li	2.474	313	388	5.7		
2	Al－3Li－0.2Zr	2.485	118	481	8.2		
3	Al－3Li－0.5Zr	2.482	449	511	9.7		
4	Al－3Li－1Mg－0.2Zr	2.486	453	542	9.0		
5	Al－3Li－1Cu－0.2Zr	2.485	438	502	8.7		
6	Al－3Li－0.9Cu－0.4Mg－0.4Zr	2.50	487	581	6.0	32	0.380mm（－40 目）粉末
			461	574	5.9	38	<0.833mm（－20 目）粉末
7	Al－3.4Li－0.8Cu－0.4Mg－0.5Zr	2.48	458	581	6.5		
8	Al－4Li－0.2Zr	2.42	449	509	6.0		

续表4-19

编号	成 分	密度/g·cm^{-3}	力学性能				备 注
			σ_s/MPa	σ_b/MPa	δ/%	Kq/MN·m$^{-3/2}$	
9	Al-4Li-1Cu-0.2Zr	2.43	473	510	3.8		PM 挤压材
10	Al-4Li-1Cu-0.2Zr	2.43	503	568	4.2		LDC 挤压材
11	Al-4Li-1Mg-0.2Zr	2.40	468	514	4.9		
12	Al-4Li-0.5Ce-1Mg-0.2Zr		450	502	4.7		

B 疲劳性能

Wang[121]研究了 RS-PM2024+Li 合金的疲劳性能，试验结果如图4-36 和图4-37所示。可见 RS-PM2024+Li 合金不仅疲劳强度高于 I/M2024 合金，而且疲劳裂纹扩展速率低于 I/M2024 合金。

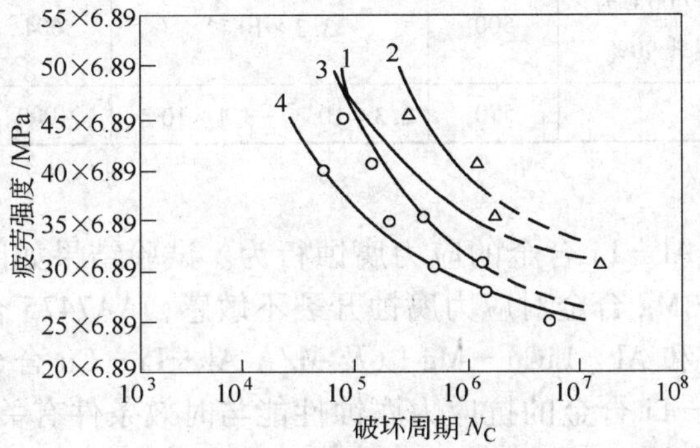

图4-36 RS-PM 2024+Li 合金的疲劳曲线

1—RS-PM Al-3.78Cu-1.40Mg-1.63Li-0.01Mn；2—RS-PM Al-4.16Cu-1.80Mg-0.96Li-0.50Mn-0.18Cd；3，4—IM2024-T4

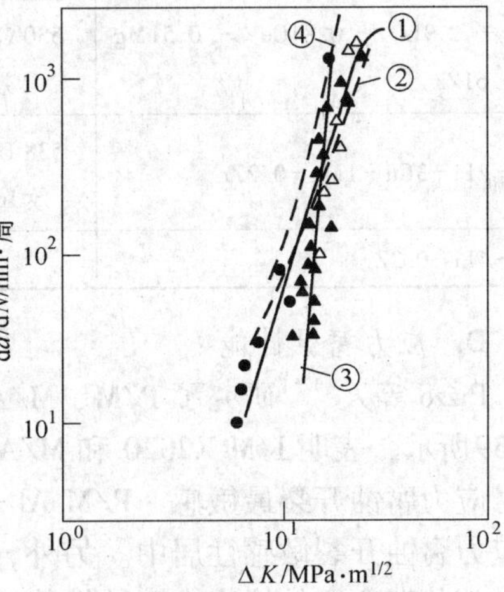

图4-37 RS-PM 2024+Li 合金与 I/M2024 合金的 da/dN-ΔK 曲线

①—上图中1；②，③—上图中2；④—I/M2024-T4

Kang[122]等人的研究结果表明，RS-PM X2020+Li 合金在低 ΔK（8.79～13.19MPa·m$^{1/2}$）区的疲劳裂纹扩展速率低于 I/M2020-T6 合金。而 Pao[123]发现 P/M Al-2.5Li-1.5Cu-0.5Mn 合金的疲劳裂纹扩展速率与 2020-T8 合金相当。

Kim 等人[124]研究了 RS Al-Li-Zr 和 Al-Li-Cu-Mg-Zr 两种合金系以及 I/M7075 合金的疲劳裂纹扩展速率 da/dN，发现 RS Al-Li-Cu-Mg-Zr 合金的 da/dN 最慢，而 RS Al-Li-Zr 合金系的 da/dN 最快（见图4-38）。

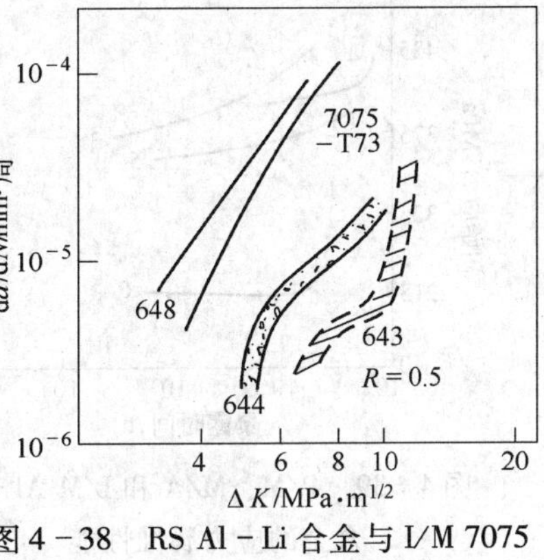

图4-38 RS Al-Li 合金与 I/M 7075 合金的 da/dN-ΔK 曲线

643—RS Al-3.4Li-0.8Cu-0.4Mg-0.5Zr；
644—RS Al-3.0Li-0.9Cu-0.4Mg-0.4Zr；
648—RS Al-3.4Li-0.5Zr

C 超塑性

快速凝固 Al-Li 合金具有优良的超塑性。表

4－20列举出了一些文献中发表的快凝 Al－Li 合金的超塑预处理工艺和最佳超塑性变形条件。

表 4－20　快速凝固 Al－Li 合金的超塑性

合　金	预处理工艺	变形温度/℃	变形速率/s^{-1}	最大伸长率/%
Al－3Li－2Cu－1Mg－0.2Zr	520℃固溶 0.5h＋400℃时效 32h＋300℃温轧	500	3.3×10^{-3}	654
Al－2.5Li－1.5Cu－1Mg－0.1Zr	538℃固溶 0.5h＋400℃时效 16h＋300℃温轧 90%	450	1.67×10^{-2}	210
Al－3Li－1Cu－0.5Mg－0.5Zr	550℃固溶 2h＋350℃时效 5h＋310℃温轧 75%	450	4×10^{-2}	530
Al－2.9Li－0.84Cu－0.51Mg－0.61Zr	530℃固溶 0.5h＋400℃时效 8h＋300℃温轧	540	1.87×10^{-2}	585
Al－2Li－3Cu－1Mg－0.2Zr	538℃固溶 0.5h＋400℃时效 16h＋300℃温轧 90%	500	3.3×10^{-3}	654
Al－4Li－0.2Zr	无	590	2.3×10^{-3}～3.1×10^{-3}	1000

D　应力腐蚀性能

Pizzo 等人[125]研究了 P/M、M/A 和 I/M Al－Li 合金的应力腐蚀行为。试验结果如图 4－39所示，表明 I/M X2020 和 M/A Al－Li－Mg 合金对应力腐蚀开裂不敏感，AA7475 合金对应力腐蚀开裂最敏感，P/M Al－Li－Cu 和 Al－LiCu－Mg 以及 M/A Al－Li－Cu 合金的应力腐蚀开裂敏感性居中。另外，P/M Al－Li 合金的抗应力腐蚀性能与时效条件有关，过时效状态合金的抗应力腐蚀性能比欠时效态好。

Gregory 等人[126]的研究表明，RS Al－Li 合金在 3.5% NaCl 水溶液中的耐蚀性优于 7×××合金，加 Mg 不影响合金的耐蚀性，加 Cu 则降低合金的耐蚀性。

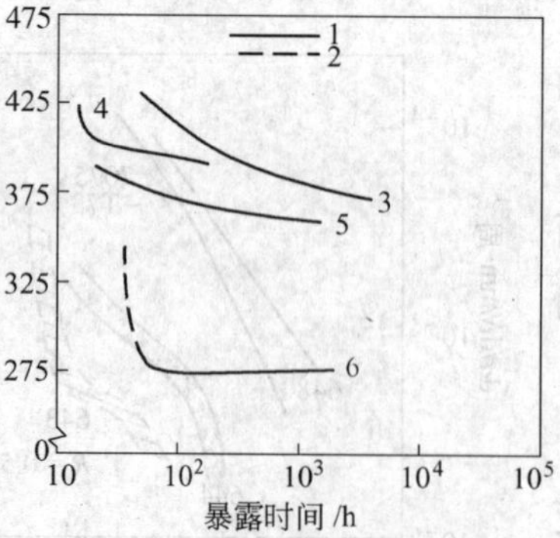

图 4－39　P/M、M/A 和 I/M Al－Li 合金的应力腐蚀性能

1—X2020－T6；2—M/A Al－Li－Mg；3—P/M Al－Li－Cu；4—M/A Al－Li－Cu；5—P/M Al－Li－Cu－Mg；6—AA7475－T6

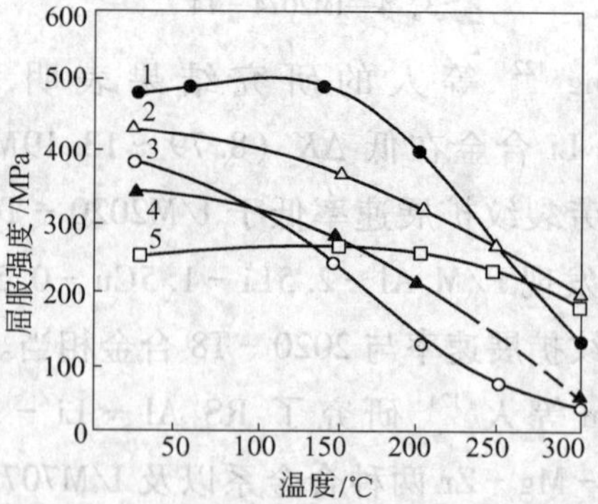

图 4－40　RS Al－3Li－X 合金与常用铝合金（2024 和 2219）的温度—屈服强度关系曲线

1—Al－3Li－1.5Cu－0.5Co－0.2Zr；2—Al－3Li－0.3Zr；3—2024－T6；4—2219T81，T851；5—Al－3Li－0.6Co

E 高温性能

Al－Li 合金的高温性能较好[127,128]。在 150～300℃范围内，RS Al－3Li－X 合金的短期屈服强度高于 2219 合金和 2024 合金。如图 4－40 所示。

4.4.3 快速凝固粉末 Al－Li 合金的塑韧性[129,130]

快速凝固铝锂合金，由于固溶度的增加，可以制备高 Li 含量的 Al－Li 合金。但是，在高 Li 二元 Al－Li 合金中，仅形成两种稳定的固溶相：即 α（fcc）Al－Li 固溶体和 δ（bcc）Al－Li 固溶体。而其强化效应主要归因于 δ′（Al_3Li）相，后者为 Ll_2 型（Cu_3Au）有序结构。Li 含量增加，Zr 含量降低可以使 δ′相分布更均匀。δ′相与基体完全共格，以球形方式存在，其点阵错配应变只有 0.18%～0.3%。因此在发生塑性变形时，δ′相极易被运动的位错所切过。位错切割后的 δ 相半径变小，下一个位错通过更为容易，导致众多的位错沿同一滑移面通过。这样单位体积内的滑移面减少，交叉滑移发生困难，出现平面滑移或称之为粗滑移，使滑移分布不均匀。较多的位错集中于较少的滑移面内，在晶界发生位错塞积。进一步，沿晶界的 PFZ 成为变形的优先区，使颗粒边界出现高度应力集中，裂纹在 PFZ 以晶界断裂方式形核长大，同时，RSP 铝锂在凝结成粉粒时，由于 Li 极为活泼，在粉粒周围形成氧化膜，成品中存在大量细小的氧化物颗粒及颗粒边界（PPB），对材料塑韧性影响极大。因此快速凝固粉末冶金铝锂合金的塑韧性主要受滑移平面性、晶界无沉淀区和快速凝固铝锂合金氧化程度的控制。

改善快速凝固铝锂合金塑韧性的途径如下。

4.4.3.1 粉末氧化程度和颗粒边界的控制

由于粉末极易氧化和颗粒边界较多，使得快速凝固粉末铝锂合金在 T－L 方向断裂韧性低下，影响了其应用范围。采用大颗粒粉末，使粉末的氧含量和颗粒边界大幅度减少，提高了材料的塑韧性。特别是采用平面流和熔体自旋法制备的带、丝和片材的冷却速度很高，破碎成粗大粉末（＜0.380mm（－40 目）），氧含量低颗粒边界也较少。通过大挤压比变形，粉末结合得很好，具有良好的塑韧性。

采用喷射沉积制备的 Al－Li 合金坯是铝锂合金控制粉末含氧量和减少颗粒边界的最有效的方法之一。铝锂合金通过挤压、轧制和锻造，成品的氧含量及杂质密度大为降低。

4.4.3.2 弥散相的加入

加入 Zr 可以改善铝锂合金的塑韧性，提高力学性能，其主要机理为：Zr 促进亚稳 Ll_2 型的 Al_3Zr 析出，亚稳 Al_3Zr 虽然与 δ′相具有相同的结构，但对位错切过的阻碍很大，从而改善了滑移集中。Al_3Zr 在合金中以两种方式存在，一种为亚稳的有序面心立方 Al_3Zr 相，这种相存在于晶内；另一种为无序四方 Al_3Zr 相，存在于原始粉末边界、晶界和晶内个别位错处。前者促进 δ′相析出，后者抑制再结晶并防止晶粒长大，但对塑韧性有害。Gayle 等人[131]在 Al－Li－Zr 系合金中发现，含有 Al_3Zr 的合金在时效过程中 δ 相沿 Al_3Zr 非均匀的析出，形成所谓复合相 α″［Al_3（Li，Zr）］。这种具有复合相的合金中，δ′相虽然可能被位错切过，但 Al_3Zr 相可以将 δ 相引起的应力集中减至最小程度[132,133]。

Mahmund 等认为[134]：［Al_3（Li，Zr）］以非连续析出形式和分离的球形颗粒存在，但对于这种复合析出的本质没有给予足够的说明，虽然高、低 Zr 含量的合金都研究过，但 Zr 含量对 α′［Al_3（Li，Zr)］析出过程的影响不明确。Gagle 和 Uander[135]研究了含 1% Zr（质量分数）合金中复合相的形成，认为暗场像中核粒子的弱对比度是由于 Li 向 Al_3Zr 弥散相中扩散造成的，因而导致［Al_3（Li0.6Zr0.4)］的复合粒子。而另一方面，Markin 和 Ralph 声称[136]，在固溶体中 Li 和 Zr 几乎没有反应，核心粒子的结构基本上是 Al_3Zr。目前的研究表明，固溶处理状态下 Al_3Zr 弥散相的存在，并不是复合析出的必要条件。对于不同的时效条件，是由不同的形核/长大机理起作用。也有人认为，可能是由于固溶处理引起 Zr 的富集，这种聚集在随后时效过程中与 Li 的反应，形成了［Al_3（Li，Zr)］的前身。Kin 等人[137]采用高分辨电子显微镜（HREM）及相位技术研究了 Al - 3.4Li - 0.5Zr 合金中复合相 δ′/Al_3Zr 界面，δ′基体界面及 Al，Zr 的相成分，认为 δ′相是沿 Al_3Zr 析出，而 Al_3Zr 相沿相界面保持共格，δ′相被位错切过仅发生于（111）面上，同时也发现了在相交的（111）面上的交滑移。在快速凝固铝锂合金中，除 Zr 以外，其他弥散相形成元素包括（质量分数,%)：1 ~ 7Si，0.2Ti，0.4Cr，0.2 ~ 3Mn，0.5Fe，0.2 ~ 1.0Co。其中许多方法类似的研究集中于 0.2% ~0.6% Mn（质量分数），Cr，Fe，Co，Ti 等对 Al - 3% Li（质量分数）的影响。与未加弥散物的基体合金相比，在相同的强度水平下，弥散物增加了材料的韧性。在 Al - 4.1% Li（质量分数）中加入 0.5% Mo（质量分数）比加入 0.05% ~0.25%（质量分数）的 Zr 更为有效[138]。

这些弥散相的加入必须满足：

（1）能通过一系列滑移系统的开动来分散滑移变形；

（2）能够强化无析出区；

（3）所形成的弥散物必须具备热稳定性，以保证其在使 δ′产生的热处理中不发生粗化。

Sc 既是稀土元素又是 3d 型过渡族金属，在 Al 合金中兼具两者的作用，一般与 Zr 一起加入。Sc 在铝锂合金中的作用如下：

（1）钪是合金铸造晶粒组织最强烈的变质剂，其变质效果比 Ti、V、Zr 都好。合金结晶时从熔体中优先析出的初生 Al_3Sc 或 Al_3（$Sc_{1-x}Zr_x$）不溶性质点，与铝基体共格，可作为固溶体非均质晶核的核心。

（2）提高合金的强度，初生的 Al_3Sc 或 Al_3（$Sc_{1-x}Zr_x$）质点带来细晶强化；铝合金铸锭在均匀化退火和随后的热轧变形过程中析出次生的 Al_3Sc 和 Al_3（$Sc_{1-x}Zr_x$）质点，非常细小，密度高而且弥散均匀分布，起弥散强化作用。

（3）初生 Al_3Sc、Al_3（$Sc_{1-x}Zr_x$）质点强烈钉扎位错和亚晶界，有效地阻止亚晶的迁移合并从而稳定亚组织结构，起亚结构强化作用。

（4）提高再结晶温度，抑制基体的回复和再结晶，明显提高变形组织的稳定性。

（5）改变主要强化相 S′，δ′等的尺寸、形貌和分布状况，改变裂纹萌生位置和扩展途径[139~142]。

稀土元素 Ce、Y、La 等能延缓再结晶过程，减小再结晶比例和再结晶晶粒尺寸，细化沉淀相或使之均匀化分布，并能减少铝锂合金中杂质元素的负面影响。

4.4.3.3 固溶强化和沉淀强化

在 Al - Li 合金中分别加入 Cu、Mg 或者同时加入 Cu 和 Mg，可有效地提高强度，同时位错不能切过大体积分数的弥散物，而有效地改善滑移变形的集中，使塑、韧性在一定程度上改善，尤以 Cu 和 Mg 同时加入更为有效。

Cu 能够显著提高 Al－Li 合金的强韧性，减小无沉淀析出带宽度，但含量过高会产生中间相使韧性下降和密度增大，Cu 含量过低不能减弱局部应变和减小无沉淀析出带宽度，故 Al－Li 合金中 Cu 含量一般为 1% ～4%，在 Al－Cu－Li 合金中呈细片状析出的 T_1（Al_2CuLi）相与 δ′相一起作为合金中的主要析出强化相，减弱共面滑移，使合金强度明显提高。

Mg 在 Al 中有较大的固溶度，加入 Mg 能减小 Li 在 Al 中的固溶度。因此，在 Li 含量一定时它能增加 δ′相的体积分数。另外，它还能形成 T（Al_2LiMg）稳定相，抑制 δ 相的生成。加入 Mg 能产生固溶强化效果，强化无沉淀析出带，减小其有害效果。当 Al－Li 合金中同时加入 Cu、Mg 时能形成 S′（Al_2CuMg）相。S′相优先在位错等缺陷附近呈不均匀析出，其密排面与基体 α 相的密排面不平行，位错很难切割条状 S′相，只能绕过，并留下位错环，故 S′相能有效地防止共面滑移，改善合金的强韧性。但 Mg 含量过高会导致 T 相优先在晶界析出，增加脆性。Mg 含量低于 0.5% 时，S′相很少，合金强度降低。此外，Mg 还能改善 Al－Li 合金的高温性能。

4.4.3.4　最佳时效制度的选择

单纯从时效制度的选择来改善快速凝固粉末冶金 Al－Li 合金的塑韧性是有限的。一般来说，过时效和欠时效都不能改变断裂韧性。对于具体成分的合金，必须使最优的工艺过程和热处理相结合，以获得可以接受的韧性，如：高温挤压对韧性有一定的好处。考虑时效制度还要与复合相的析出行为联为一体。由欠时效和过时效组成的双级时效可以促进复合相的均匀分布，使塑韧性得到改善。分级时效提高合金强韧性的原理是：先低温时效时使析出相在基体内大量形核，然后在较高温度短时间时效，使析出质点长大。这样既可以抑制晶界有害相的形成，又不降低合金的强度。研究表明，先低温后高温时效处理能促进大量 S′相弥散、细小、均匀地形核，并阻止粗大平衡相沿晶界析出和在晶界形成无沉淀析出带。此外，分级时效使合金中析出较多的 Al_3Li/Al_3Zr 复合粒子，从而达到改善合金强韧性的目的。

4.4.3.5　形变热处理

对固溶处理后的铝锂合金在时效前进行适当的冷变形，可以在合金基体中形成密布的位错或位错缠结，大大增加 S′相和 T_1 相的形核位置，从而增大位错不能切割沉淀相的体积分数。同时时效前的预变形能减少晶界析出物的大小、数量和密度，减少合金的共面滑移及晶界应力集中。此外，时效前的预变形可加快沉淀动力学，使沉淀相更细小更均匀的分布，抑制晶界平衡相的形成。表 4－21 给出了形变热处理对 Al－Li 合金性能的影响。

表 4－21　形变热处理对 Al－Li 合金性能的影响

处理工艺	HRF	$\sigma_{0.2}$ /MPa	σ_b /MPa	δ /%
540℃/30′，水淬	50	181	362	20.0
190℃/8h，时效	72	355	490	10.5

续表4 - 21

处 理 工 艺	HRF	$\sigma_{0.2}$ /MPa	σ_b /MPa	δ /%
170℃/2h + 190℃/6h，双时效	71	347	480	12.5
4% 预冷变形 + 170℃/2h + 190℃/6h，双时效	75	460	510	12.0
8% 预冷变形 + 170℃/2h + 190℃/6h，双时效	78	485	530	9.0
12% 预冷变形 + 170℃/2h + 190℃/6h，双时效	79	493	546	8.5
8% 预冷变形 + 170℃/2h + 190℃/6h，双时效	78	475	534	11.8

4.4.4 快速凝固粉末 Al - Li 合金的发展趋势[143~145]

4.4.4.1 研究高 Li 含量的快速凝固铝锂合金

提高 Li 含量是快速凝固铝锂合金的主要设计目标。如果不能设计高 Li 含量的 Al - Li 合金，快速凝固合金就会失去很大优势。

Meshter 等人用真空雾化，采用一般粉末固结方法制成 Al -（4~5）Li 合金的挤压制品，研究了 RS Al -（4~5）Li -（1~2）（Cu，Mg）- 0.2Zr 挤压制品的微观结构和力学性能（表 4 - 13 列出了一部分），将成分和固溶处理结合起来，可使脆性组元粒子体积分数小于 5%，使合金具有较好的塑性。在细晶粒的 Al - 4Li 合金中，可允许 δ′相析出 42%，而不至于因强烈共面滑移而损失塑性。Al - 4Li - 1Mg - 0.2Zr，Al - 4Li - 1Cu - 0.2Zr 和 Al - 4Li - 1Mg - 0.2Zr 峰值力学性能类似于广泛采用的工业合金 7050 - T76，而密度则降低了 13% ~14%，Al - 4Li - 1Mg - 0.2Zr 因其强度和耐腐蚀的良好综合性能而成为极有发展前途的合金，可用来代替工业 7××× 合金和即将工业化的 1M Al - Li 合金。由于观察到 Al -（4~5）Li 粉末具有很高的活性，预计挤压材中氧化物粒子的密度很高，研究表明夹杂物主要是暴露在周围水蒸气中水解的 Al、Li 氧化物，这些夹杂物预计会明显降低合金的塑韧性，已经发现：

（1）由于高 Li 的 Al - Li 熔体和粉末比以前研究的 RS Al - Li 合金的活性更大，所以需要改善熔炼制粉和特殊的加工技术来减少粉末轧制成品的夹杂物密度和改善缺口敏感性。

（2）在 RS Al -（4~5）Li 合金中不允许（Li + Cu + Mg）的综合成分过于超出固溶极限，这些合金只有被固溶处理到未被固溶组分粒子体积分数保持在 5% 以下时，才能在峰值时效条件下具有适用的塑性和加工硬化系数。

（3）Al - Li 峰值时效合金尽管可能有强烈的共面滑移，仍然具有满足要求的塑性，决定塑性的组成物粒子含量比 δ′相的含量更加重要。

（4）RS Al - 4Li - 0.2Zr、Al - 4Li - 1Cu - 0.2Zr 和 Al - 4Li - 1Mg - 0.2Zr 挤压材的力学性能可与 7050 - T76 竞争而且可以减轻密度和提高弹性模量，但随之而来引起的析出相粗化和更强的氧化造成的脆性，仍然是目前存在的主要障碍。

4.4.4.2 研究高 Zr 含量的快速凝固铝锂合金

平衡相图中 Zr 在 Al 中的固溶度极限为 0.28%（质量分数），Zr 含量超过该值就可能形成粗大的 Al - Zr 相，恶化合金性能，但是快速凝固铝锂合金不会引起 Al_3Zr 的粗大化。考虑在高 Li 含量的 Al - Li 合金中加入高 Zr 来改善快速凝固铝锂合金的塑韧性，Gagle 等人[135]研究了高 Zr 的 RS Al - 2.34Li - 1.07Zr 合金，目的是期望在二元 Al - Li 合金中发现 δ′（Al_3Li）沉淀相转变成复杂的 Al_3（LiZr）相。这种复合相只在高 Zr 相存在，直径为 6 ~20nm，呈微细球状或不连续棒状沉淀，在 190℃下时效由 δ′相转变而来。

通过电子衍射、电子散射 X 射线分析、扫描透射电子显微镜、初步的电子能量损失分光镜的分析结果表明，在 500℃稳定的沉淀相是 Al_3（Li_xZr_{1-x}），x 的值是 0.45 ~0.8。这是在和 Al - Li 及 Al - Zr 二元系合金对比，对于这些溶质水平，500℃时的平衡相分别是铝基体中的铝固溶体和 Al_3Zr。该合金轴向上显示出的强度 - 延展性的组合性能比那些低 Zr 含量合金明显好得多，并且和其他 Al - Li 合金相比也十分优越。图 4 - 41 表明了快冷 Al - Li 合金在欠时效、峰值时效和过时效时 Zr 含量不同材料性能的不同特征。

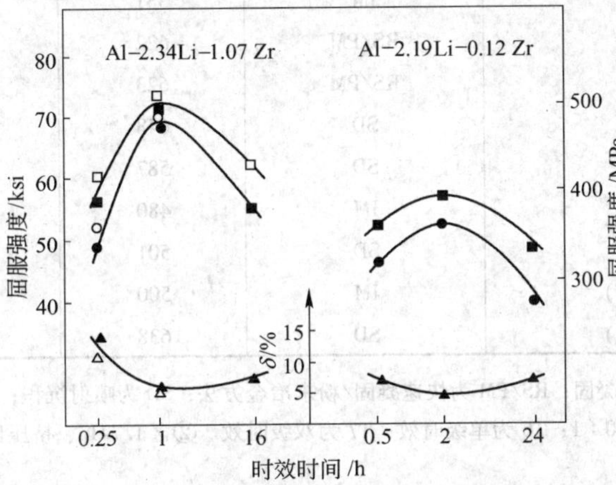

图 4 - 41 在不同时效时间内快速冷凝 Al - Li 合金中 Zr 含量对材料性能的影响

■□—抗拉强度，●○—屈服强度，▲△—伸长率

其中■●▲—挤压试样，□○△—300℃真空热压试样

4.4.4.3 喷射沉积铝锂合金的发展

喷射沉积铝锂合金的发展是快速凝固铝锂合金的重要发展之一。与粉末冶金铝锂合金相比，合金中的氧含量显著降低，使材料的力学性能、化学性能及稳定性等方面得到明显改善。

Lavernia[146]等人同时研究了 2024 +1Li 合金，Al - 1.55Li 合金和 Al - 1.74Li 合金，结果表明，2024 +1Li 合金室温下的 σ_b、$\sigma_{0.2}$ 和 δ 分别可以达到 513MPa、363MPa 和 16.4%。他们认为喷射沉积材料的裂纹扩展速率远低于普通铸造和烧结材料的水平，而且合金韧性大幅度提高。同时还指出，喷射沉积 Al - Li 合金具有良好的综合力学性能，主要原因是快速凝固条件下组织得以细化，同时喷射沉积工艺降低了材料的氧含量，避免了压力加工后材料中的氧化物聚集。Kojiman[147]等人分别研究了喷射沉积 8090Al 合金和 8091Al 合金的显微组织和力学性能，结果表明，由于采取了喷射沉积技术，合金的韧性得到了明显改善。作者认为快速凝固工艺在细化材料组织的同时，大幅度地提高了合金元素的固溶度，从而降低了在晶界析出的第二相粒子的体积分数。另外，在氧含量降低的同时，合金中氢含量也得以降低。氢含量的降低也是材料韧性得以提高的一个原因。Lavernia 等人还研究了美国近年来开发的 Weldalite049 合金，该合金名义成分为 Al - 5.5Cu - 1.3Li - 0.5Ag - 0.14Zr，具有非常高的强度，良好的断裂韧性和抗应力腐蚀性能，是低温贮箱的理想材料。表 4 - 22 给出了各种方法制备的 Al - Li 合金的力学性能[148]。

表 4 - 22　各种方法制备的 Al - Li 合金经挤压和热处理后的力学性能

合　金	制备方法	$\sigma_{0.2}$/MPa	σ_s/MPa	δ/%
2024 - 1.0Li（T4）	RS - TR	388	524	21
2024 - 3.0Li（T6）	RS - TR	571	583	5
2024 - 1.6Li（T4）	RS/PM	382	486	8
2024 - 1.6Li（T4）	SD	362	513	16
X2020（T6）	IM	531	570	3
X2020（T6）①	RS/PM	622	649	5
X2020（T7）②	RS/PM	623	650	5
X2020（T6）②	SD	648	666	7
X2020（T6）③	SD	587	621	7
8090（T6）	IM	480	520	5
8090（T6）	SD	501	541	5
Weldalite™049（T6）	IM	500	540	16
Weldalite™049（T6）	SD	638	665	12

注：RS - TR 为双辊快速凝固；RS/PM 为快速凝固/粉末冶金方法；SD 为喷射沉积；IM 为铸造冶金。
①为含 1.55Li、挤压比 30 : 1；T6 为单级时效；T7 为双级时效。②含 1.74Li、挤压比 28 : 1。③含 1.74Li、挤压比为 14 : 1。

Palmer[149]和崔成松[150]等人分别研究了高 Li 含量的 Al - 4.1Li - 1.1Zr 合金和 Al - 3.8Li - 0.8Mg - 0.4Cu - 0.13Zr 合金，认为采用喷射沉积技术在不降低合金强度的前提下，材料的韧性仍保持较高的水平。其主要强化相为 Al_3Li（δ′）相和 Al_3Zr 相。由于 δ′相体积分数的增大，细小的析出相粒子间距减小，有利于缩短位错的共面滑移距离，对位错运动的阻碍作用增强，使合金具有较高的强度水平。另外，喷射沉积材料的氧化程度降低，在晶界上的破碎氧化物粒子很少，界面强度得以提高，同时氧含量的降低改变了 Al - Li 合金的断裂机制，显著地提高了合金的韧性。

4.4.4.4　高模量、高强度快速凝固 Al - Li - Be 合金

随着航空工业的蓬勃发展，低密度铝合金的需求量大幅增长，著名的材料生产商 Alcoa公司在 2002 年启动了在今后 20 年内将成本及航空零件重量各减少 20% 的计划，称之为“Alcoa 航空 20/20 创议”。目标就是通过开发诸如铝锂、铝镁之类低密度合金及新的连接工艺（如搅动摩擦焊、激光焊及胶结）来实现。为了进一步实现航空器的轻质化，世界上最大的 A380 客机比空中客车公司的其他飞机采用了更多的铝合金产品。然而，常规铝合金的刚度较小，一般铝合金的弹性模量只有钢的 1/3，不能满足作为先进飞机结构材料的需要。因此，在这种背景下，研制低密度高模量的新型铝合金是快速凝固铝合金研究的主要方向之一。

目前许多研究表明，仅有 Li 和 Be 这两种添加元素添加到铝中可以起到同时明显提高弹性模量和降低密度的效果。Li 是所有添加到 Al 中可以同时降低密度和提高弹性模量的最有效的金属元素。由于 Li 的密度仅为 0.53g/cm^3，是自然界中已知最轻的金属，在 Al－Li 合金中每增加 1%（质量分数）的 Li，就可以使合金在提高约 6% 弹性模量的同时，减少约 3% 的密度[151]。然而，一方面，Be 在 Al 中具有很低的固溶度，仅占质量分数的 0.03%，而这导致超过标准凝固的富 Be 相的大量偏析。另一方面，常规 Al－Li 合金延性韧性较差，这些都极大地限制了铝合金的应用。因此，利用快速凝固的方法开发超过含 3% Li 或 0.03% Be 的高模量高强度铝合金是一种极具市场潜力的方法。以下着重分析了这两种元素对 Al－Li－Be 合金的影响。

A　快速凝固 Al－Li－Be 合金中 Li 的影响

常规 Al－Li 合金经过时效处理析出的 Al_3Li 相是强有序化相，在外力作用下，当 Al_3Li 相的有序度、该相与基体的模量差以及层错能等满足一定条件时，运动的位错容易以切割该相粒子的方式运动，并会产生“连锁反应”，减少对局域位错进一步的抗力，因此会引起滑移集中或应变局域化，这将容易在某些强滑移带中萌生裂纹或者产生晶界应力集中而导致沿晶脆性断裂。此外，合金在时效中产生 Al_3Li 相连续沉淀的同时还会产生不连续的 AlLi（δ）相沉淀，由于晶界可以降低非均匀沉淀相的表面能和应变能，因此非共格 δ 相有沿晶界沉淀的择优倾向，从而在邻近晶界处产生无沉淀析出区域，这些区域比有 Al_3Li 均匀沉淀的晶内区域强度低，在外力作用下也容易在邻近晶界区域特别是晶界三叉交点处产生应力集中，使裂纹容易形核并沿无沉淀区传播[152,153]。上述两方面的原因都使合金的延性和韧性严重下降。快速凝固技术的应用可以很好地解决这一问题。Al－Li 合金在快速凝固后，由于其晶粒与 Al_3Li 沉淀的细化，减少了外力作用下位错的滑移距离并降低了应力集中程度，因而可以有效地阻止裂纹形核，改善合金的性能。同时，快速凝固能扩大合金的固溶度还可以增加合金中 Li 的含量，使 Li 含量达到 5%（质量分数）时都不会出现粗大的沉淀相，而 Li 含量的增加又进一步提高了合金的性能。

B　快速凝固 Al－Li－Be 合金中 Be 的影响

Be 在 Al 中的固溶度很小，但是在较高温度下固溶度增大，在 1000℃时达到近似质量分数的 10%。通过应用快速凝固技术可能会获得铝固溶体中包含高浓度的细微铍离散粒子或富铍相。这些粒子对铝合金的性能影响主要有以下四个方面：（1）降低密度；（2）提高弹性模量；（3）增加强度；（4）避免滑移局域化，使形变更均匀。为了通过这些铍弥散相提高合金的室温强度，有必要在冶金过程中避免这种相的过分粗化。这些高铍量的合金微观结构中包含的富铍相一般来说是半连续的网状。但通过快速凝固处理得到的 Al－Be 合金已经显示 Be 含量达到 10%，并且含有细小弥散的 α 铍粒子，尽管随后进行的热处理发现这些粒子发生粗化，但其尺寸仍保持在较小的水平。通过快速凝固得到的铝合金中最希望有两种相可以形成沉淀物。前面已经提及，Al_3Li 相如果沉淀为细微、连续的球状物，这对强度的提高会有明显的作用[154]。富铍相对合金力学性能的贡献则主要有两种不同的方式：（1）对于屈服强度，增加弥散强度部分；（2）分散位错滑移，会使 Al_3Li 相对合金发挥更多作用。现已表明，非常细小的弥散体对于 Al－Li 合金的滑移分散提供了有益的影响。此外，Be 加入到 Al 中对合金的弹性也有直接影响，溶质 Be 含量不到 0.3% 时，合金 Be－Al 的弹性只与 Be 的体积分数有关，Al－4Be 合金与 Cu－3Be 合金的原子浓度相同，Be 浓度过高是有害的，因此也需要控制其浓度在适当的范围中。Al－4Be 合金中 Be 的体积分数为 5.8%，当 Be 体积分数较小时，需要其为小颗粒尺寸分布，且纵横比较大，针状 Be 颗粒的纵横比和尺寸会对基体有很强的弹性抵制作用。当体积分数不变时，较大 Be 颗粒会导致颗粒间距离增大，对基体的弹性抵制作用减弱。

C　性能

表 4－23 给出了 Al－Li－Be 合金的性能，并且与 7075 合金进行了比较。

表 4－23　快速凝固 Al－3.6Li－9.8Be、Al－2.5Li－11.0Be 合金和 7075－T6 合金的弹性模量及强度

合　金	弹性模量/GPa	屈服强度/MPa	极限强度/MPa	伸长率/%	密度/10^3kg·m^{-3}
Al－3.6Li－9.8Be	41.1	206	218	2.3	2.34
Al－2.5Li－11.0Be	38.6	177	207	5.6	2.42
7075－T6	25.5	179	204	11.0	2.81

D　应用

快速凝固低密度高模量铝合金主要应用于制造飞机机身，其中 Al－Li－Be 合金由于密度低，可用于制造战斗机上翼的蒙皮。同时新型快速凝固合金已经代替相应的常规合金在 RA－5C、F111、F－27、波音 747、波音 747F、波音 757－200 等军用和民用飞机上用作机身材料和制作其他构件，使这些构件的重量减轻了 8%～12%，而构件的刚度却有了很大的提高。同时由于以 Al－Li 或 Al－Li 为基的快速凝固合金的性能更为均匀、不存在各向异性问题，Al－Li－Be 合金在航空材料中所占的比例会越来越大。除了上述的快速凝固铝合金已经得到较快地应用外，快速凝固技术还可以应用于铝的回收。从工业加工的边角废料中回收铝比从矿石中冶炼提取铝可以节约很多的能量，但是一般的回收精炼方法不适用于铝的回收。采用快速凝固技术可以把工厂中加工生产的边角废料用熔体旋转方法制成薄带，薄带粉碎后再固结成形并经过热处理而回收为铝合金，由于这些铝合金中含有大量弥散分布的第二相粒子，所以回收铝合金的性能可以达到一般锻造铝合金的水平。

参考文献

[1] Amit Joshi, Lithium aluminium alloys－The new generation aerospace alloys, Mechanical Engineering Department India Institute of Technology I. I. T－Bombay, 1990.

[2] Balmuth E S, Schmidt R. Porceedings of the 1st International Aluminum－ Lithium Conference, T. H. Sanders, and E. A. Starke, ed., Met Soc. AIME (1981): 69.

[3] 中村正久. Al－Li 系合金的開発. Al－ある, 1988, 4: 19.

[4] Hopkins A K, Jata K V, Rioja R J. Isotropic wrought Al－Li plate development technology [J]. Mater Sci Forum, 1996 (207～222): 421.

[5] Csontos A A, Gable B M, et al. The effect of quench rate on the microstructure and properties of AF/C－458 and AF/C－489 Al－Li－Cu－X alloys, Mater Sci Forum, 2000 (331 ～337): 1333.

[6] Fredlyander I N, et al. Proc of 6th Inter Al－LiVI, edited by Peters M and Winkler P J, DGM Informationsgesellschaft mbH, 1992: 1245.

[7] Bennett C G, Webster D. Proc of 6th Inter Al - LiVI, edited by Peters M and Winkler P J, DGM Informationsgesellschaft mbH, 1992: 1341.

[8] David Furrer, Robert Noel. Microstructure development of undercooled Al - Li eutectic alloys [J]. Advansed Material and Precesses, 1996, 150 (10): 59.

[9] Cho A, et al. Aluminum - Lithium Alloys. Eds. Sanders T H and Starke E A, 1989, 3: 1377.

[10] Loechel L W, et al. Aluminium, - Lithium, Eds. Peters M and Winkler P J, 1991; 11: 1299.

[11] Grimes R, et al. Aluminium - Lithium, Eds. Peters M and Winkler P J, 1991, 1: 3.

[12] Constant D, et al. Aluminum - Lithium Alloys. Eds. Sanders T H and Starke E A, 1989, 1, 65.

[13] Fournier P, et al. Aluminium - Lithium, Eds. Peters M and Winkler P J, 1991, 2: 1271.

[14] Zhang Y C, Wu Y, Hao Y Y, et al. Aluminum - Lithium Alloy V, (Sanders T H and Starke E A, eds.), MCE Publ., Birmingham, United Kingdom, 1989: 95.

[15] 刘斌，陈铮铮，顾冰芳，等. 铝锂合金的发展和应用 [J]. 现代机械，2001，4: 71.

[16] 潘青林，张新明，尹志民，等. 快速凝固粉末冶金铝 - 锂合金 [J]. 宇航材料工艺，1991，2，21.

[17] Quist W E, Narayanan G H, Wingert A L. Proceedings of the 2nd International Aluminum - Lithium Conference, Sanders T H, and Starke E A, ed, Met. Soc. AIME (1983): 313.

[18] 官木美光，日野光雄. 航空機用 Al 合金に新顔登場 [J]. 金属，1984: 1.

[19] 张荻，司鹏程. 高比强低密度的 Al - Li 合金 [J]. 宇航材料工艺，1990，3，9.

[20] 周昌荣，潘青林，朱朝明. 新型铝锂合金的研究和发展，材料导报，2004，18，(5): 36.

[21] 周自强. 苏联的铝锂合金现状与发展趋势. 材料导报，1991，7，7.

[22] 小島陽. Al - Li 合金，軽金属，1989，39，(1): 67.

[23] McAlister, Al - Li binary alloy phase digrams [J]. Bull alloy phase digrams, 1982, 3 (2).

[24] 藤川辰一郎. 軽金属，1986，36，771.

[25] 古川稔，美浦康宏，根本実. 高比強度高比彈性率をめざす Al - Li 合金 [J]. 日本金属学会会誌，1984，23: 172.

[26] 张荻，堀 茂德. 軽金属，1995 (6): 289.

[27] Baumann S F, et al. A new method for the determination of the precipitate - matrix interfacial energy. Scripta Metall, 1984 (18): 611.

[28] Gayle F W, Vander Sande J. B. Composite precipitates in an Al - Li - Zr alloy. Bull Alloy Phase Diagr, 1984, 5: 19.

[29] Sigli C, Sanchez J M. Calculation of phase equilibrium in Al - Li alloys [J]. Acta Metall, 1986, 34 (6): 1021 ~ 1028.

[30] Khachaturyan A G, Lindsey T F, Morris J W. Theoretical investigation of the precipitation of deltaprime in Al - Li [J]. Jr Metall Trans, 1988, 19A (2): 249 ~ 258.

[31] 卫英慧，王笑天. 铝锂合金时效早期阶段研究进展 [J]. 稀有金属材料与工程，1995，24，(4): 7.

[32] Hono K, Babu S S, Hirage K, et al. Atom probe study of early stage phase decomposition in an Al - 7.8mass% Li alloy [J]. Acta metall mater, 1992, 40: 3027.

[33] Mahadev V, Mahalingam K, Liede G L, et al. Very early stages of δ′ pricipitation in a binary Al - 11.4at% Li alloy [J]. Acta metall mater, 1994, 42: 1039.

[34] Schmitz G, Honh K, Haasenp. The early decomposition stage of Al - Li alloys [J]. Acta Metall Mater, 1994, 42: 201.

[35] 高桥 恒夫，里 达雄，最近の铸造铝合金 [J]. 軽金属，36 (1986): 207.

[36] 鈴木 寿と, Al - Zn - Mg - Cu 合金の粒界破壊に及ぼす铜添加の影响［J］. 軽金属, 31 (1981): 122.

[37] 胡兰青, 卫英慧, 许并社, 等. 铝锂合金相变研究评述［J］. 太原理工大学学报, 1993, 30, (4): 368.

[38] Noble B, Trowsdale A J. Evidence for pre - δ′ precipitation events in an Al - Li alloy [J]. Scripta Metallet Mater, 1995, 33 (1): 33 ~ 38.

[39] Papazian J M, Sigli C, Sanchez J M. New evidence for GP zones in binary Al - Li alloys [J]. Scripta Metall, 1986, 20: 201.

[40] Sato T, Kamio A. Trans Japan Inst Ordered structures in the early stage of decompostion in an Al - 7.9mol% Li alloy [J]. Metals, 1990, 30, 25.

[41] Lendvai J, Wunderlich W, Gudladt H J. Formation of Ll_2 ordered precipitates at room temperature and their effect on the mechanical properties in Al - Li alloys. Phil Mag, 1993, A (67): 99.

[42] Bulmuth E S. Particle size determination in an Al - 3% Li alloy using DSC [J]. Scripta Metall, 1984, 18, 301.

[43] Radmilovic V, Fox A G, Thomas G. On the nucleation and growth of Al_2CuMg (S') in Al - LiCu - Mg and Al - Cu - Mg alloys [J]. Acta Metall, 1989, 37 (9): 2385 ~ 2394.

[44] Pike B C, Messoloras S, Stewart R J. A study of Al - Li alloys using small angle neutron scattering [J]. Scripta Metall, 1989, 23: 983.

[45] Blaschko O, Glas R, Weinzerl P. The formation of ordered delta - phase in Al - Li alloys by diffuse and small angle neutron scattering [J]. Acta Metall, 1990, 38: 1053.

[46] Shaiu B J, Li H T, Lee H Y, et al. Decomposion and dissolution kinetics of δ precipitation in Al - Li binary alloys [J]. Metall Trans, 1990, 21A (5): 1133 ~ 1141.

[47] Sato T, Tanaka N, Takahashi T. Superprism phenomena in photonic crystals [J]. Trans Japan Inst Metals, 1988, 29 (1): 17 ~ 25.

[48] Schmitz G, Hassen P. Decomposition of an Al - Li alloy - the early stages observed by HREM [J]. Acta Metall Mater, 1992, 40 (9): 2209 ~ 2217.

[49] Janos L, Joachim G. H, Tissue factor is expressedon monocytes duringsimulated extracorpreal circulation [J]. Z Metallkd, 1993, 84 (4): 242 ~ 247.

[50] Soffa W A, Laughlin D E. Decomposition and ordering processes involving thermody - namically first - order order - disorder transformations [J]. Acta Metall., 1989, 37 (11): 3019 ~ 3028.

[51] 张荻［D］. 大阪大学博士论文, 1999.

[52] Noble B, et al. Precipitation characteristics of Al - Li alloys [J]. Met Sci, 1982, 16: 425.

[53] Jensrud O, Al - Li alloys Ⅲ Ed by Baker C et al. The Inst of metals. London, 1986, 16: 411.

[54] Sankaran K K, et al. Aluminum - Lithium alloys. Ed by Sanders T H, et al. TMS - AIME, New York, 1981: 189.

[55] Saji Z, Di S, Hori S, Aluminum - Lithium Alloys IV, Ed by Champier G et al. Les Editions de Physique, Paris, 1988, C3 - 753.

[56] Gysler A, et al. Aluminum - Lithium alloys. Ed by Starke E A, et al. TMS - AIME, New York, 1981: 263.

[57] Starke E A, et al. The influence of grain structure on the ductility of Al - Cu - Li - Mn - Cd alloy 2020. Met Trans A, 1982: 2259.

[58] Kim N J Das S K. Modification of Mg_2Si morphology in squeeze cast Mg－Al－Zn－Si alloys by Ca or P addition [J]. Scripta Metall, 1986, 20: 1107.

[59] Sankaran K K, et al. JEO' neal, SML Sastry. Met Trans A, 1983: 2174.

[60] Sanders T H, et al. The fracture behavior of recrystallized Al－2. 8Li－0. 3Mn sheet [J]. Mat Sci Eng, 1980 (43): 24.

[61] Webster D. Aluminum－Lithium alloys. Metal Progress, 1984: 38.

[62] 神尾 里. 第37回軽金属学会材料. 物性部会资料, 1987: 12.

[63] Gayle F W, Vandersande J B. Aluminum－Lithium alloys Ⅲ. The Inst of metals, Ed by Baker C et al, 1986: 376.

[64] Makin P L, Lloid D J, Stobbs W M. Comparison of reorystalli sation behaviour of an Al－Li－Zr alloy with related binary systems [J]. Phil Mag A, 1985 (51): 41.

[65] Stimson W, Tosten M H, Howell P R. Aluminum－Lithium alloys Ⅲ. The Inst of metals, Ed by Baker C et al, 1986: 386.

[66] 神尾 里，中沢高橋. 軽金属学会第72回春期大会講演概要，1987: 147.

[67] 根本 実，美浦康宏，古川稔. リチウムを含むァルミニウム合金の開発の現状 [J]. 軽金属, 1986, 36: 685~696.

[68] 潘春林. Al－Li合金的强韧化 [J]. 兵器材料科学与工程, 1992, 15 (11): 58~65.

[69] 苏勇，程利志，黄笑梅. Al－Li合金组织及强韧化途径 [J]. 轻金属, 1995, 9: 55~57.

[70] Furukawa M, Miura Y, Nemoto M. Strengthening mechanisms in Al－Li alloys containing coherent ordered particles [J]. Trans JIM, 1985, 26 (4): 230.

[71] Miura Y, Matsui A, Furukawa M, Nemoto M. Plastic deformation of Al－Li single crystals, Aluminium－Lithium Alloys. Proc 3th Int Al－Li Conf, Tim, University of Oxford, 1986: 427.

[72] 中南大学多级快速凝固铝锂合金科研组. 快速冷凝铝锂合金研究专辑, 1990: 12.

[73] Gregson P J, Flower H M. Microstructure control of toughness in Aluminium－ Lithium alloys [J]. Acta Metall, 1985, 33 (3): 527.

[74] Kim N J, Das S K. Effect of composite Al_3 (Li, Zr) precipitate on the mechanical behanior of a rapidly solidified Al－3. 7Li－0. 5Zr alloy [J]. Scripta Metall, 1986, 20 (8): 1107.

[75] Kim N J, Skinner D J, Okazaki K, et al. Development of low density aluminium－lithium alloys using rapid solidification technology. Aluminium－ Lithium Alloys, TIM, University of Oxford, 1986: 78.

[76] Sanders T H. The effect of minor alloying elements on the mechanics properties of Al－Cu－Li alloys [J]. Aluminium－Lithium Alloys, TMSAIME, Monterey, 1983: 235.

[77] 潘青林，张新明，尹志民，等. 快速凝固粉末冶金铝锂合金 [J]. 宇航材料工艺, 1991, 2: 21.

[78] 陈铮. 铝锂合金疲劳裂纹萌生寿命和断裂纹扩展抗力 [J]. 兵器材料科学与工程, 1992, 6: 15~20.

[79] 孟亮，郑修麟. 现代铝锂合金的疲劳与断裂特征 [J]. 稀有金属, 1995, 6: 424~437.

[80] Lavernia E, et al. Rapid solidified materials [J]. J Metals, 1986, 37 (11): 35.

[81] Kaminski T, et al. Aluminium－Lithium, Vol. 2, DGM, Informationsgesellschaft mbH, Oberursel, Germany, 1992: 1311.

[82] Wanhill R J H. Fractographic and microstructural analysis of fatigue crack growth in a Ti－6Al－4V fan disc forging [J]. Int J Fatigue, 1994, 16 (1): 32.

[83] McDarmaid D S, et al. Aluminium－Lithium Alloys. Vol. 2, Materials and Component Engineering Publications, Birmigham, England, 1989: 993.

[84] Ai S H, et al. Aluminium - Lithium. Vol. 1, DGM Informationsgesellschaft mbH, Oberursel, Germany, 1992: 551.

[85] Barbaux Y. Aluminium - Lithium Alloys. Vol. 3, Materials and Component Engineering Publications, Birmingham, England, 1989: 1667.

[86] Farcy L, et al. Aluminium - Lithium Alloys. Vol. 3, Materials and Component Engineering Publications, Birmingham, England, 1989: 921.

[87] Witters J J, et al. Aluminium - Lithium. Vol. 1, DGM Informationsgesellschaft mbH, Oberursel, Germany, 1992: 351.

[88] Crooks R, Murphy M R. Fifth Int Al - Li. Confer, Williamsburg (USA), 1989: 1023.

[89] Venkateswara R K T, et al. Fatigue of Al - Li alloys [J]. Mater Sci Technol, 1989, 5 (9): 896.

[90] Venkatesware R K T, et al. Stent having non - uniform structure [J]. Mater Sci Technol, 1991, A141 (1): 39.

[91] Venkatesware R K T, et al. Fatigue crack propogation in Al - Li alloys [J]. Mater Sci Technol, 1988, 19 (3): 563.

[92] Newman J M, et al. Aluminium - Lithium. Vol. 2, DGM. Informationsgesellschaft mbH, University, Germany, 1992: 1371.

[93] Venkatesware R K T, et al. Mechanisms influencing the cryogenic fracture - toughness behavior of Al - Li alloys [J]. Acta Metall, 1988, 36 (10): 2849.

[94] James M R. Microplastic surface deformation of Al 2219 - T851. Sci Metall, 1987, 21 (6): 783.

[95] 陈铮. 8090 铝锂合金疲劳短裂纹扩展行为研究 [J]. 航空学报, 1990, 8: 369.

[96] Lynch S P. Fracture of 8090 Al - Li plate short transverse fracture toughness [J]. Mater Sci Eng, 1991, 25: 136.

[97] Blankenship C P, et al. Mechanical behavior of Double - aged AA8090 [J]. Metall Trans A, 1993, 24 (4): 833.

[98] Wanhill R J H, et al. Aluminium - Lithium. Vol. 1, DGM Informationsgesellschaft mbH, Oberursel, Germany, 1992: 253.

[99] 格鲁什科 O E. 金宏声译. 铝锂合金的铸锭冶金 (Ⅰ) [J]. 航空材料学报. 1994, 14 (2): 45 ~ 54.

[100] 格鲁什科 O E. 金宏声译. 铝锂合金的铸锭冶金 (Ⅱ) [J]. 航空材料学报. 1994, 14 (3): 55 ~ 62.

[101] 坂本　敏正. アルミニウムーリチウム系合金の製造技術と材料特性 [J]. 軽金属, 1996, 46: 334.

[102] Lasalle J C, Daybould D, Limoncell E V, Das S K. In: Peter's M ed. Priduction and Properties of Rapidly Silidifices/Power Metallurgy (RS/PM) Aluminum - Lithium Forgings, Al - Li Alloys Int ConfVI, 1991: 513.

[103] 陈振华, 王云, 蒋向阳, 等. 快速冷凝固 Al - Li 合金的制备研究 [C]. 中南工业大学, 快速冷凝铝锂合金研究专辑, 1996, 12: 23.

[104] Kim Y W, Griffith W M, Froes F H. Surface oxide in P/M aluminum alloy [J]. J Met, 1985, 37 (8): 27 ~ 39.

[105] Srivatsan T S. Microstructure characterization of two Lithrumcontaining Aluminum alloys [J]. J Mater Sci, 1986, 21 (5): 1553 ~ 1560.

[106] 邓俊彦, 赵时腾, 尹志民, 等. 快速凝固铝锂合金的固结工艺 [C]. 中南工业大学, 快速冷凝铝锂

合金研究专辑，1996，12：47.

[107] Kim Y W. Processing/microstructure/properties of Al - Fe - Ce power alloys, In: Kim Y W, Griffith W M, eds. Dispersion strengthened aluminum alloys. Proceedings of the Six - Session Symposrum on Dispersion Stengthened Aluminum Alloys, Phoenix Arizona, Jan, 25 ~ 29, 1988, Warrendale, Pennsylvania 15086, TMS, May 1988: 157 ~ 180.

[108] 戴圣龙，于桂复，颜鸣皋. 快速凝固 Al - Li - Mg - Cu - Zr 合金粉末除气过程中的表面反应 [J]. 航空学报，1994，15（6）：696 ~ 701.

[109] Maqsood A. Thermal oxidation behavior of an Al - Li - Mg - Cu - Zr alloy [J]. Metall Trans A, 1987, 18A (4): 681 ~ 689.

[110] Partridge P G. Oxidation of aluminum - lithium alloy in the solid and liquid state [J]. Inter Mater Rev 1990, 35 (1): 37 ~ 58.

[111] 焦成革，于桂复，张少卿，等. 时效对快速凝固铝锂合金组织和性能影响 [J]. 航空学报，1994，12：1450.

[112] Kim N J, Skinner D J, Okazaki K, et al. Proc 3rd Int Al - Li Conf Oxford. U K, July 1985 London. The Institute of Metals. 78.

[113] Xia Xin, Martin J W. Al - Li V, ed. by champier G, Dubost B, Miannay D, Sabetay L, J de Physique, Paris, C - 433, 1987.

[114] 金头男，邓俊彦，尹志民. 单、双级时效对快速冷凝铝 - 锂合金组织和性能的影响 [C]. 快速冷凝铝锂合金研究专辑，长沙：中南工业大学，1990：77.

[115] 尹志民，陈小群. 冷变形 - 双级时效对 Al - Li 合金组织和性能的影响 [C]. 快速冷凝铝锂合金研究专辑，长沙：中南工业大学，1990：105.

[116] 尹志民，张新明，陈振华，等. 快速凝固的物理冶金 [C]. 快速冷凝铝锂合金研究专辑，长沙：中南工业大学，1990，12：1.

[117] 甄良，崔得贤，茅廷富，等. RSP Al - Li - Cu - Mg - Zr 合金的显微组织研究 [J]. 材料科学与工艺，1994，2（1）：15.

[118] Miller W S, White J, Lloyd D J. The metallurgy of Al - Li based alloys, presented at "Al alloys - Their Physical and Mechanical Properties", University of Virginia, June, 1984.

[119] Sanders T H, Starke E A. Aluminum - Lithrum alloysV . Proc Al - Li Alloys MECP, UK, 1989: 7

[120] Palmer I G, et al. Al - Li Alloys II . TMS - AIME, Warrendale. PA, 1984. 91 ~ 110.

[121] Wang W, Grant N J. Al - Li Alloys II . TMS - AIME, Warrendale. PA, 1984: 447 ~ 466.

[122] Kang S, Grant N J. Al - Li Alloys II . TMS - AIME, Warrendale. PA, 1984: 469 ~ 484.

[123] Pao P S, et al, Al - Li Alloys I . TMS - AIME, Warrendale. PA, 1981: 307 ~ 323.

[124] Kim N J, et al. Al - Li Alloys IV . J. de physique. France. C3, 1987: 309 ~ 323.

[125] Pizzo P P, et al. Al - Li Alloys II . TMS - AIME, Warrendale. PA, 1984: 627 ~ 656.

[126] Gregory J K, et al. Aluminum Alloys. Eng Mater Advisory Services, Ltd, Warley, England, 1986: 1227 ~ 1235.

[127] Sastry S M L, O'Neal J E. Al - Li Alloys II . TMS - AIME, Warrendale. PA, 1981: 79 ~ 90.

[128] Noble B, et al. Al - Li Alloys II . TMS - AIME, Warrendale. PA, 1984: 65 ~ 78.

[129] 焦成革，于桂复，韩雅芳. 快速凝固粉末铝锂合金的塑韧性 [J]. 航空材料学报，1990，10（2）：59.

[130] 周昌荣，潘青林，朱朝明，等. 新型铝锂合金的研究和发展 [J]. 材料导报，2004，18（5）：30.

[131] Gayle F W, Vander Sande J B. Composite precipitates in an Al - Li - Zr alloy. Scripta Met, 1984, Vol. 18: 473.
[132] Gregson P J, Flower H M. Proc. Aluminium Tech. S6. Edt. T. Sheppcord. Inst of Metals, London, 1986: 423.
[133] Kin N J, Bye R L, Das S K. 4th International Aluminium - Lithium Conference, 1987, Paris, C3: 327.
[134] Mahmoud M S, McShane H B, Sheppard D. T. 4th International Aluminium - Lithium Conference, 1987, Paris, C3 - 327.
[135] Ga gle F W, Uander J B and Sade. Proc, Rapidly Solidified Power Aluminium Alloys, ASTM, 1984.
[136] Markin P L, Ralph B, On the ageing of an Al - Li - Zr alloy [J]. J Mat Sci, 1984 (19): 3835.
[137] Kin N J, Skinner D J, Orazakt K. Adam O M: Al - Li (II), p78.
[138] Pratt R C A, Tsakiropoulos P, Jones H, Gandierand R W, J E Restall: 4th International Aluminum Lithium Conference, 1987, Paris, C3 - 341.
[139] Warren C J, Rioja R J, et al. Al - Li Alloys V, 1989: 417.
[140] Bucci R J, Malcolm R C, et al. Final Report to the Department of the Navy. NSEC TR, 1987: 9.
[141] Roberto J, Rioja. Efficiently mining long patterns from databases. Materials Science and Engineering, 1998, A257: 100.
[142] Vasudevan A K, Doherty R D. Grain boundary ductile fracture in precipitation hardened Al alloys. Acta Met, 1987, 35: 1193.
[143] Boukos N, Plouda E, Papastaikoudis. The effect of Ag additions on the microstructure of Al - Li alloys. J Mater Sci, 1998, 33: 3213.
[144] Hirisawa S, Sato T, Kamio, Critical kinetics of isopropylacry - lamide gel swelling. Mater Sci Eng, 1998, A242: 195.
[145] Ringer S P, Muddle B C, Polmear I J. Effects of cold work on precipitation in Al - Cu - Mg - (Ag) and Al - Cu - Li - (Mg - Ag) alloys. Metall Mater Trans A, 1995, 26A: 1659.
[146] Lavernia E J, Mckewan G W, Grant N J, Structure and Properties of Rapidly Solodified Aluminium Alloys 2024 and 2024 plus 1% Lithium Using Liquid Dynamic Compaction [J]. Prog. Powder Metall., 1986, 42: 457.
[147] Kojiman K A, Elewis R, Kanfman M J, eds. Sanders T H and Starke E A. MCE Publications, Birmingham, 1989: 85.
[148] Wu M, Srivatsan T S, Pickens J R, Lavernia E J. Temperature and the ductility, deformation and fracture of Al 7055. Sci Metall Mater., 1992: 27.
[149] Palmer I G, Chellman D J, White J. Microstructure/properties of high temperature spray deposited Al - Cu - Mg - X alloys, ASTM, 1994: 385.
[150] 崔成松. 喷射沉积过程及其对快速凝固 Al - Si 合金组织和性能的影响 [D]. [博士学位论文], 哈尔滨: 哈尔滨工业大学, 1995.
[151] Samuel F H, Champier G. Aging characteristics of Al - 2.5% Li rapidly solidified alloy [J]. Metallk Z, 1987 (78): 670.
[152] Sankaran K K. Aluminum - Lithium alloys, TMS - AIME, 1981.
[153] Sanders T H, Starke E A. Aluminum - Lithium alloys [J]. Foote Prients, 1981 (44): 11.
[154] Palmer I G, Lewis R E, Crooks D D, Development of Al - Li - X Alloys Using Rapidly Solidified Powders, Proceedings, Conference on Aluminum Powder Metallurgy, American Institute of Mining. Metallurgical and Petroleum Engineers, Dallas, TX, February1982: 369 ~ 390.

5 快速凝固 Al－Fe 合金

5.1 快速凝固耐热铝合金概述

快速凝固铝铁合金是随着高温耐热铝合金的研究而发展起来的新型铝合金。随着航空与航天工业的发展，对某些铝合金件的工作温度提出了越来越高的要求。但是大多数常规铝合金在高于（1/2）T_m（T_m 为合金的熔点）的温度下使用时就会因沉淀相和晶粒严重粗化而使性能下降。如一般常用的高强铝合金（如 2×××系，7×××系铝合金）主要是亚共晶成分合金，含有在端际固溶体中固溶度原子分数大于 2% 的合金元素，通过时效时金属间化合物的弥散析出使合金达到强化效果。这类材料在 200℃ 甚至 150℃ 以上的工作环境中，由于起强化作用的析出相以很快的速度长大粗化，导致合金的强度、塑性迅速降低而无法继续使用。产生沉淀相粗化的主要原因是某些溶质元素具有很高的扩散速率以及沉淀相与基体之间有较高的界面能，因而使沉淀相的高温稳定性很差。某些合金元素虽在高温下的扩散速率低，而在 Al 中的平衡固溶度却很小，普通工艺制备的合金难以获得高体积分数的弥散强化相。

快速凝固技术能极大地提高合金元素的过饱和固溶度，充分发挥合金元素的固溶、沉淀以及弥散强化作用，同时还可以细化晶粒，产生亚稳相等，这就为研制弥散强化型铝合金开辟了一条道路。

20 世纪 70 年代，美国空军实验室率先开展了快速凝固耐热铝合金的研制，目的在于开发一种在 120～350℃ 温度范围内使用的铝合金来代替当时飞行器上使用的钛合金，进而满足先进战斗机的需求，铝合金若取代钛合金造价将是后者的 30%～50%，重量可减轻 50% 左右。1974 年 Thursfield 等[1]研究了 Al－8Fe 二元系和 Al－8Fe－X 三元系（X 为 Cr、Mn、Zr 等），制得了强度较高的材料。至此 Al－Fe 基、Al－Cr 基耐热铝合金工作迅速开展。而后美国军方又进一步开发在 350℃ 以上能取代钛合金的铝合金，取得了一系列的研究成果。

20 世纪 80 年代以来，借助于快速凝固与粉末冶金技术的发展，世界各国相继开发了一系列新型的快速凝固耐热铝合金。1983 年 Hideman[2] 提出了制备 Al－Fe－Ce 的专利，1986 年 Skinner 等[3]给出了 Al－Fe－V－Si 的制备方法。这类合金含有两种或多种在平衡条件下几乎不固溶于 Al 的过渡族金属元素（如 Fe、Ni、Ti、Zr、Cr、V、Mo 等）和稀土元素（如 La、Ce、Gd 等）。由于合金凝固速度的极大提高，增加了这些元素在 Al 中的极限固溶度，形成了大量高温稳定、高弹性模量且弥散分布的金属间化合物析出相，从而强化了基体和晶界，体现出优良的室温和高温综合力学性能，快速凝固耐热铝合金的出现将铝合金的有效使用温度扩展到 300℃ 以上[4,5]。因而具备了取代传统上在 300～400℃ 耐热合金中占统治地位的钛合金，成为近年来广泛使用在航空、航天领域中的重要合金材料之一。

导致常规铝合金耐热性较差的主要原因是合金元素的扩散速率大以及沉淀强化相高温时的粗化，为了充分利用快速凝固过程中的固溶度扩展，使合金结构中获得大量稳定、均匀的弥散相，合金元素的选择一般遵循以下两个原则：

（1）过渡族或稀土元素在液态铝中有较大的溶解度，在固态铝中的平衡固溶度较小，非平衡固溶度较大，使快速凝固合金中含有大量的过饱和固溶体随后可形成大量的弥散相。

（2）过渡族或稀土元素在固态铝基体中的扩散系数小，形成的第二相与基体共格良好，以保证形成的弥散相具备良好的稳定性。

表 5-1　合金元素在铝中的扩散系数与溶解度[8]

合金元素	345℃扩散系数 $/cm^2 \cdot s^{-1}$	1127℃时的液态固溶度（原子分数,%）	最大固溶度（原子分数,%）	温度/℃
Fe	5.4×10^{-14}	18.52	0.025	655
V	7.4×10^{-16}	0.85	0.32	661
Zr	3.4×10^{-18}	3.7	0.085	66
Cr	1.1×10^{-12}	8.4	0.40	66
Ce	8.4×10^{-16}	12.0	0.01	637
Mo	2.4×10^{-14}	0.86	0.056	661
Ti	3.0×10^{-16}	3.6	0.57	665

表 5-1 列举了一些合金元素在铝中的固溶度及扩散系数，从中可以看出，满足上述两个条件的最佳元素是 Fe，其最大液态固溶度可以达到 18.52%（原子分数），平衡固溶度仅为 0.025%（原子分数），并且 Fe 在铝中的扩散系数较低，比 Cu 在铝中的扩散系数低得多。因此到目前为止，人们已获得的耐热铝合金除少量的 Al - Cr 合金外主要为以 Al -（5% ~12.5%）Fe 为基的三元、四元合金，之所以加入第三种或第四种合金组元是由于 Al - Fe 二元合金快速凝固后的良好性能在退火后由于沉淀相的析出过快而有所下降[6]。通常这些合金为过共晶型和过包晶型合金，在三元 Al - Fe - X 型合金中，X 是稀土金属元素或过渡族金属元素，包括 Ce、Gd、Ni、Co、Mn 等。这些合金元素与 Al 形成共晶；另一类三元合金是 Al - Fe - Y 型合金，其中 Y 为 Mo、V、Zr、Ti 等，这些合金元素与 Al 形成包晶。四元快速凝固铝合金也有两种，一种是 Al - Fe - Y_1 - Y_2 型，其中 Y_1、Y_2 是包晶形成元素，如 Al - Fe - Mo - Y 合金和 Al - Fe - V - Zr 合金。另一种是 Al - Fe - Si - Y 合金，其中 Y 为 V、Cr、Mo 等也是包晶形成元素[7]。

近几十年来，主要开发并应用的典型合金有：美国铝公司（Alcoa）的 Al - Fe - Ce 系合金，美国联合信号公司（Allied Signal）的 Al - Fe - V - Si 系合金，Prutt & Whituey 开发的 Al - Fe - Mo - V 系合金，Pechiney 开发的 Al - Fe - Mo - Zr 系合金，Sumitome 开发的 Al - Fe - V - Mo - Zr 系合金等。在上述众多的 Al - Fe 系快速凝固粉末冶金耐热铝合金中，最为成熟、最具前途的合金系是美国联合信号公司的 Al - Fe - V - Si 合金系，该合金研发时采用的快速凝固工艺是平流铸造或甩带研磨（PFC/RC），合金实现工艺化生产的牌号有

8022、8009 以及 FVS1212、FVS0812。表 5 - 2 为典型的粉末冶金耐热铝合金的牌号、成分和所对应的快速凝固工艺。表 5 - 3 为部分快速凝固粉末冶金耐热铝合金的力学性能。

另外，在 Al - Cr 系耐热铝合金的开发方面，英国的 Alcan 公司做了大量的细致工作，如 Thomas、Palmer 和 Baber 等人对 Al - Cr - Zr 合金，Tsakiropoulos 和 Restall 对 Al - Cr - Zr - X（X = Mn、Nb、Mo、Hf）合金做了较为详细的研究。他们利用双辊法制得 Al - 5Cr - 2Zr 合金和 Al - 5Cr - 2Zr - 1Mn 合金薄片，并对合金组织和性能进行了分析和测试。

除 Al - Fe 系和 Al - Cr 系耐热铝合金外，日本对 Al - Ni 系耐热铝合金也作了较为深入的研究，并公布了许多专利。日本东北大学 T. Masumoto 采用金属纺丝法制取的 Al - Ni - Fe 和 Al - Ni - Co 新型非晶态合金，具有良好的力学性能。

表 5 - 2 典型的快速凝固粉末冶金耐热铝合金

合金牌号	开发商	成分（质量分数）/%	快凝工艺
X8019（CU78）	Alcoa	Al - 8.3Fe - 4.0Ce	雾化制粉
CZ42	Alcoa	Al - 7.0Fe - 6.0Ce Al - 8.0Fe - 6.0Ce	雾化制粉
8022（FVS0611）	Allied Signal	Al - 6.5Fe - 0.6V - 1.3Si	PFC/RC
8009（FVS0812）	Allied Signal	Al - 8.5Fe - 1.3V - 1.7Si	PFC/RC
FVS1212	Allied Signal	Al - 12.4Fe - 1.2V - 2.4Si	PFC/RC

表 5 - 3 部分快速凝固耐热铝合金的力学性能

合金编号	成分（质量分数）/%	室温（25℃）性能			高温（315℃）性能		
		$\sigma_{0.2}$/MPa	σ_b/MPa	δ/%	$\sigma_{0.2}$/MPa	σ_b/MPa	δ/%
CZ42	Al - 7Fe - 6Ce	491	565	9.0	168	212	8.0
	Al - 8Fe - 6Ce	457	564	8.0	225	271	7.3
P&W	Al - 8Fe - 2Mo - 1V	393	512	3.0	208	237	9.7
Alcoa	Al - 4.5Cr - 1.5Zr - 1.2Mn	486	536	7.7	214	235	—
FVS0611	Al - 5.5Fe - 0.5V - 1.0Si	310	352	16.7	172	193	17.3
FVS0812	Al - 8.5Fe - 1.4V - 1.7Si	414	462	12.9	255	276	11.9
FVS1212	Al - 11.7Fe - 1.15V - 2.4Si	531	559	7.2	297	303	6.8

国内在 20 世纪 80 年代后期以来，对快速凝固 Al - Fe 系合金的研究工作一直十分活跃。中南工业大学陈振华等人[9~11]采用喷射沉积和快速凝固粉末冶金方法对 Al - Fe - Ce 和 Al - Fe - V - Si 系耐热铝合金的制备工艺、组织和性能等进行了研究；郑州工业大学沈宁福等人、合肥工业大学陈翌庆等人则侧重于对 Al - Fe - Ce - Ti 和 Al - Fe - V - Si 系耐热铝合金的显微组织与热历史的研究[12,13]，北京科技大学与北京有色金属研究总院合作利用喷射成形技术制备了 Al - Fe - V - Si 系耐热铝合金，并在合金中添加 TiC 颗粒进行增强，提高了合金的性能[14,15]；中科院金属研究所用快速凝固工艺制备了耐热 Al - Fe 系合

金，先后研制了 Al－Fe－Ce、Al－Fe－Ce＋Zr，Ni 等体系，其强度达到了 580MPa，并对耐热铝合金的微观组织和性能进行了分析与探讨。

特别是近年来，湖南大学陈振华等人[16~19]对喷射沉积 Al－Fe－V－Si 耐热铝合金及其复合材料进行了深入的理论和实践研究，取得了一系列显著的成就。在快速凝固耐热铝合金的研究工作迅速开展的同时，其应用范围也越来越广泛。

5.2 快速凝固 Al－Fe 合金的组织结构与性能

快速凝固耐热铝合金优越的室温和高温性能来源于高度弥散、具有热稳定性的金属间化合物，这些化合物相的大小、数量、分布和晶体结构都将直接决定耐热铝合金的性能，因此对耐热铝合金组织结构的研究十分重要。

5.2.1 Al－Fe 合金

5.2.1.1 Al－Fe 合金的平衡组织和相图

Al－Fe 二元合金在平衡条件下，由 α－Al 和 Al_3Fe 组成，但也有学者认为在靠近铝一侧存在着 Fe_2Al_7 和 Fe_6Al_{19} 中间相。由于 Al_3Fe 是硬脆相且以粗大针状出现在 α－Al 基体上，严重割裂了基体的连续性，使合金强度低、韧性差。而快凝技术可改变铁在 α－Al 中的固溶度以及 Al_3Fe 的形态和分布，并使 Al_3Fe 成为合金的弥散强化相，使合金获得意想不到的高耐热性。

Al 合金中的 Fe 作为合金元素主要来源于合金化过程中所添加的母合金，其次作为杂质元素 Fe 亦来源于矿石、阳极泥以及熔炼和铸造过程的铁质容器。

Fe 在 Al 中的非平衡固溶较大，而在平衡条件下固溶度较小，固溶度随温度的下降而减小，如表 5－4 所示。

表 5－4 Fe 在 Al 中的平衡固溶度与温度的关系[20]

T/℃	655	625	600	500	450
Fe（质量分数）/%	0.052	0.043	0.034	0.021	0.0052

注：Fe 在 Al 中的溶解热 $\Delta H = 95.8$kJ/（g · atom）。

图 5－1 为 Al－Fe 二元合金的平衡相图和富铝角。可见，在平衡条件下 Al－Fe 二元合金富 Al 角由 α－Al 与 Al_3Fe 相组成。

富铝 Al－Fe 合金在平衡条件下，发生由液相转变为 α－Al 与化合物 Al_3Fe 相的共晶反应：

$$L \longrightarrow (Al) + Al_3Fe$$

该反应发生在 652～655℃，共晶点成分为 1.8% Fe，（一般在成分为 1.7%～2.2% Fe（质量分数）范围内都将发生上述共晶反应），在 655℃ 固溶度为 0.03%～0.05%（质量分数），共晶反应产物 α－Al 中含 Fe 为 0.052%（原子分数），Al_3Fe 中含 Fe 为 40.7%（质量分数）。

根据 Lendvar[21] 1986 年的报道，与 Al 固溶体平衡共存的 Al_3Fe 相是在 1152℃ 时从含

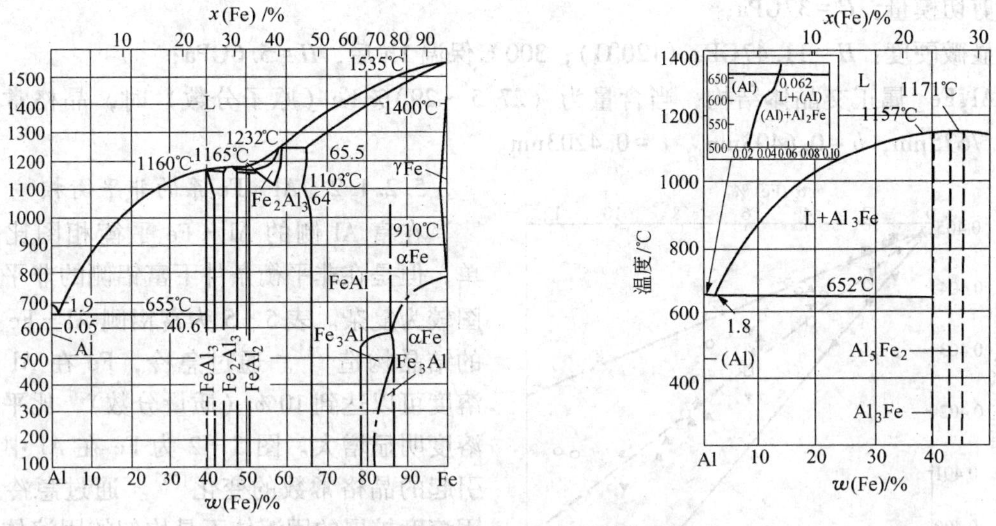

图 5－1 Al－Fe 合金平衡相图

Fe 40.8%（质量分数）Al－Fe 合金熔体中直接析出的；而 Massalski、Lykishev 则指出，Al_3Fe 是液相 Al－Fe 合金与 Al_5Fe_2 在 1157℃包晶反应的产物，即：

$$L + Al_5Fe_2 \rightarrow Al_3Fe\ (1157℃)$$

Al_3Fe 金属间化合物有较宽的匀相固溶度，即有的学者认为在 Fe 含量从 37.5%（原子分数）至 40.7%（原子分数）范围内变化时，也有学者认为含 Fe 在（38.6 ±0.2）到（41.1 ±0.2）%（质量分数）范围内，保持与 Al_3Fe 相同的晶体结构，可用下列的分子式进行描述：Al_7Fe_2、$Al_{13}Fe_4$、$Al_{19}Fe_6$，这些相均属单斜晶体结构，空间群为 C2/m（单胞中含有 100 个原子）。当 Fe 含量为 33.5%（原子分数）时，晶格常数为：

$$a = 1.549\text{nm},\ b = 0.808\text{nm},\ c = 1.248\text{nm},\ \beta = 107.72°$$

并且 Al_3Fe 晶格常数随 Fe 的质量分数发生线性变化，符合下列方程：

$$a = (1.14 \times 10^{-3}\ [Fe]\ + 1.505)\ \text{nm}$$

$$b = (-1.41 \times 10^{-3}\ [Fe]\ + 0.8628)\ \text{nm}$$

$$c = (0.36 \times 10^{-3}\ [Fe]\ + 1.262)\ \text{nm}$$

晶胞体积：$V = (-216\ [Fe]\ + 1572) \times 10^{-30}\text{m}^3$

Al_3Fe 金属间化合物在晶面｛001｝以及｛100｝有强的孪生趋势，｛100｝晶面上的孪晶主要发生在含 Si 的合金中。在某些情况，孪生导致 Al_3Fe 晶格发生畸变，畸变后晶体晶格成为正交晶系，晶格常数为：$a = 1.5696\text{nm}$，$b = 0.8166\text{nm}$，$c = 4.8226\text{nm}$

Al_3Fe 相的性质如下：

密度：$\gamma = 3.896\text{g/cm}^3$，也有学者认为密度 $\gamma = 3.788/\text{cm}^3$；

线［膨］胀系数（27～627℃）：$\alpha = 15.2 \times 10^{-6}\ \text{K}^{-1}$；

电阻率：$\rho = 0.5\ \Omega/\text{m}$；

维氏硬度：HV = 8GPa（27℃）、5.7GPa（357℃）、3GPa（627℃）；

杨氏模量：$E = 130\text{GPa}$（也有学者认为 $E = 136\text{GPa}$）；

剪切模量：$G=37\text{GPa}$；

显微硬度：$H=11.47\text{GPa}$（120℃）；300℃保温 1h 后，$H=5.6\text{GPa}$；

Al_5Fe_2 属正交晶体结构，当含量为（27.5～29）% Fe（原子分数）时，晶格常数为 $a=0.7675\text{nm}$，$b=0.6403\text{nm}$，$c=0.4203\text{nm}$。

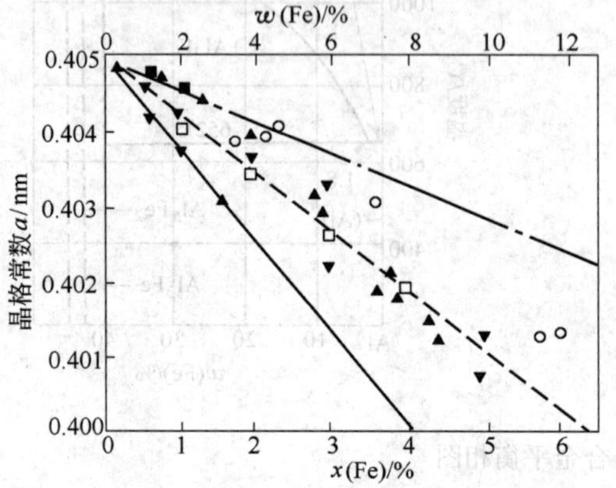

图 5－2　Fe 在 Al 中固溶引起晶格常数的变化[23]

5.2.1.2　Al－Fe 系的非平衡相

在富 Al 侧的 Al－Fe 平衡相图比较简单，但是在非平衡条件下富铝侧的非平衡相图较为复杂。表 5－5 为富铝侧 Al－Fe 系相的结晶构造[22]。通过急冷，Fe 在 Al 中固溶度可以达到 10%（质量分数），比平衡固溶度明显增大。图 5－2 为 Fe 在 Al 中固溶引起的晶格常数的变化[23]。通过急冷凝固固溶度扩展的固溶体不是均匀的固溶体，仍然有一部分 Fe 原子析出[24]。过饱和 Al－Fe 固溶体加热可以析出亚稳相的金属间化合物，在高温加热中生成平衡相。亚稳的金属化合物 $FeAl_6$ 和 $FeAl_m$ 加热也能生成平衡相。对于亚稳相 $FeAl_6$、$FeAl_m$ 可以和 Al 组成亚稳相共晶组织[25]，其共晶成分的含铁量为 3.3%（质量分数）[26]。另外，亚稳相共晶组织必须在高的冷却速度或高的凝固速度和高的温度梯度下才能形成。

表 5－5　富铝一侧 Al－Fe 系相的结晶结构[22]

相	结晶构造	备注
Al_3Fe	单斜晶系 $a=1.549\text{nm}$，$b=0.808\text{nm}$，$c=1.247\text{nm}$，$\beta=107.5°$	平衡相
Al_6Fe	斜方晶系 $a=0.649\text{nm}$，$b=0.744\text{nm}$，$c=0.879\text{nm}$	亚　稳
Al_mFe （Al_4Fe）	四方晶系 $a=0.884\text{nm}$，$c=2.16\text{nm}$	亚　稳 $m=4.4$ $m=4$
Al_xFe （Al_5Fe）	单斜晶系 $a=2.16\text{nm}$，$b=0.93\text{nm}$，$c=0.905\text{nm}$，$\beta=94.0°$	亚　稳 $x=5$ $x=5.5$
Al_9Fe_2	单斜晶系 $a=0.869\text{nm}$，$b=0.635\text{nm}$，$c=0.632\text{nm}$，$\beta=93.4°$	亚　稳
Al_pFe	体心立方晶系 $a=1.03\text{nm}$	亚　稳

5.2.1.3　冷却速度对 Al－Fe 合金相形成的影响

三木功等人和 Young 等人[27]指出，Al－Fe 系生成相与冷却速度的关系如下：

<1K/s　　Al_3Fe

3～12K/s　　Al_6Fe

>12K/s　　Al_mFe 和 Al_9Fe_2

Young 等人在冷却速度为 $10^{-1}\sim10^{2}$K/s 的常规铸造过程中，观察到一个含有稳定相和亚稳相的混合区域，例如，在冷速为 $10^{-1}\sim10$K/s 时，混合物为 Al_3Fe 与 Al_xFe 相，Al_xFe 相为完全单斜晶体结构，晶格常数为：$a=2.16$nm，$b=0.93$nm，$c=0.905$nm，$\beta=94°$，化学计量成分接近 Al_5Fe（含 Fe16%～16.5%（原子分数））。由于该合金相的形貌特征与 Al_6Fe 极为相似，此前的研究曾将此相误认为 Al_6Fe。在冷速为 2～5K/s 时，混合相为 Al_6Fe 和 Al_xFe，当冷速达到 20K/s 时，形成 Al_mFe 亚稳相，Young 和 Clyne 的研究表明该相为 Al_9Fe_2。Al_mFe 亚稳相晶体结构为体心四方，晶格常数为：$a=0.884$nm，$c=2.160$nm。根据文献报道，Al_9Fe_2 相含 Fe20%（原子分数）为 Al_9Co_2 型单斜结构，晶格常数为：$a=0.869$nm，$b=0.635$nm，$c=0.632$nm，$\beta=93.4°$。

Belotserkovets 等人[28]和 Dobatkin 等人[29]的研究表明，当冷速从 10K/s 增加到 10^6K/s 时，Al－Fe 合金中固溶 Fe 的含量从 0.5%（质量分数）增加到 8.9%（质量分数）。随着冷却速度的提高，共晶反应的共晶点向高 Fe 方向移动，同时，共晶温度随之线性降低。冷却速度为 10^3K/s 时，初生相固溶度扩大到 2.3% Fe（质量分数），在高 Fe（2.3%～9.2%（质量分数））区中，将形成两种金属间化合物 Al_3Fe、Al_6Fe。当冷却速度达到 10^6K/s 时，共晶点移至 4.3% Fe（质量分数）处，此时在高 Fe 区形成 Al_6Fe 相，而 Fe 在 Al 中的最大固溶度在冷速为 10^6K/s 时不超过 0.4%。

P. F. Cochrane 等[30]采用特制落管研究了不同冷却条件下的凝固组织，存在如下类型的组织：片状 $Al_{13}Fe_4$ 初晶；星形或树枝晶 $Al_{13}Fe_4$；$Al_{13}Fe_4$ 等轴晶；薄片状 Al－$Al_{13}Fe_4$ 共晶；Al－Al_6Fe 枝状共晶；粗胞 α－Al；微胞 α－Al。并建立了相形核和长大模型，描绘了 Al－8% Fe（质量分数）在凝固时初晶 $Al_{13}Fe_4$ 向初晶 Al_6Fe、共晶 Al－$Al_{13}Fe_4$、共晶 Al－Al_6Fe 及 α－Al 的转变情况（见图 5－3）。但该模型只能定性地分析过冷度的影响情况，不能进行定量分析。陈翌庆[31]等研究了 Al－7.83% Fe（质量分数），Al－5.16% Fe（质量分数）合金的组织演变及各初生相竞争的析出顺序，Al－5.16% Fe（质量分数）合金中优先析出 Al_mFe 初生相，而 Al－7.83% Fe（质量分数）合金中则优先析出 Al_6Fe 相和孪晶二十面体相，并解释说是由于熔体成分的变化改变了熔体中各溶质富集相与熔体间的接触角 θ，从而使各竞争相的孕育时间发生改变，进而出现有关相选择次序的变化。

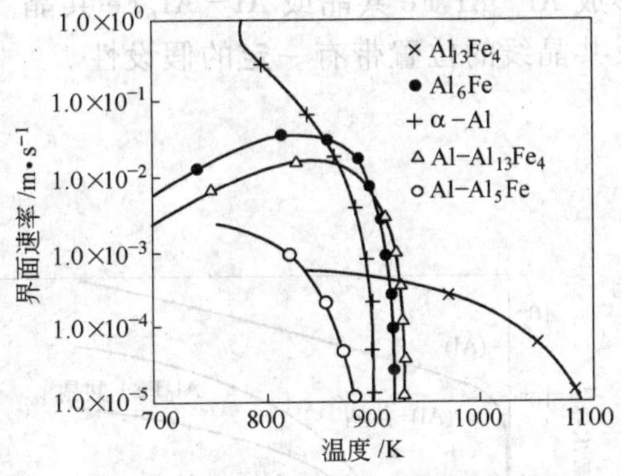

图 5－3 过冷 Al－8% Fe 中各相生长速率

Fe 在 Al 中的固溶度很低（0.026%（原子分数）），因此大部分 Fe 就与铝以及其他元素形成中间相的形式存在。Al－Fe 二元合金系中，当 Fe 含量低于 42%（质量分数）时，合金以 α－Al 固溶体和 θ 相（Al_3Fe 或 $Al_{13}Fe_4$）的形式存在，平衡固溶条件下，α－Al 固溶体仍为面心立方晶格，晶格常数 $a=0.4049$nm。而快速凝固非平衡固溶时，特别是在超饱和固溶状态时，晶格常数将发生明显的变化。

平衡析出相 Al_3Fe 为硬脆相且呈粗大针状分布在 α - Al 基体上。粗大脆性相割裂了 Al 基体的连续性，降低了合金的强韧性。快速凝固可以改变 Fe 在 α - Al 中的固溶度，并使 Al_3Fe 的形态和分布发生改变，使合金性能改善。

冷却速度和铁含量的不同，Al - Fe 合金的组织也发生相应的变化，θ 相能够以初晶或共晶形式出现。在非平衡凝固过程中，平衡 θ 相的形成将受到 Al_6Fe、Al_mFe、Al_xFe、Al_9Fe_2 以及其他一些未确定的非平衡相的抑制，产生 Al_3Fe、Al_5Fe_2、Al_6Fe、$Al_{13}Fe_4$ 等不同的金属间化合物。近几十年来，经国内外学者的研究，对上述各相的特征有了较为深刻的了解。

一般来说，亚稳相 Al_6Fe 和 Al_mFe 的形成完全依赖于冷却速度而不是 Fe 的含量，高于共晶 Fe 含量的合金、含铁量越高，形成 Al_6Fe 和 Al_mFe 亚稳相所对应的冷却速度就越大，Al_3Fe 的平衡相先是被 Al_6Fe 取代，在更高的冷却速度下则被 Al_mFe 取代[32]，快冷时之所以形成 Al_6Fe，而不生成 Al_3Fe，很可能是由于形核温度不同，Al_3Fe 所需的形核过冷度较小，而 Al_6Fe 所需的成核过冷度较大[33]。

上述研究，不同冷速以及不同 Fe 含量下的 Al - Fe 合金相结构可用图 5 - 4 进行概括，图中所示结果与 Liang 等人[34]对过共晶 Al - Fe 合金在不同冷速下凝固过程的研究结论相吻合。当冷却速度达到 10^6K/s 时，Al - Fe 合金的亚稳相图如图 5 - 5 所示，在一定的温度下，含 1.7% ~4.3% Fe（质量分数）的 Al - Fe 合金将发生共晶凝固，形成 Al - Al_3Fe 共晶或 Al - Al_6Fe 共晶。由于至今仍缺乏准确的数据，图中共晶点以及共晶线的位置带有一定的假设性。

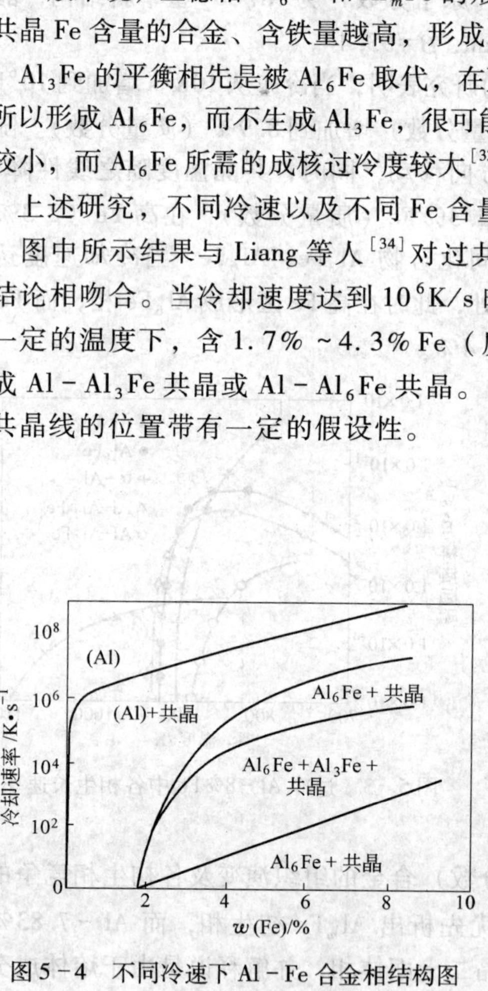

图 5 - 4　不同冷速下 Al - Fe 合金相结构图

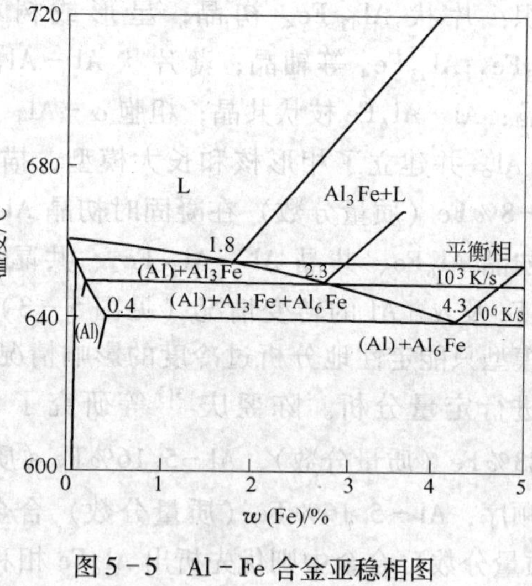

图 5 - 5　Al - Fe 合金亚稳相图

5.2.1.4　冷却速度对 Al - Fe 合金微观结构的影响

铝铁合金凝固时的冷却速度不一样，对其微观结构有较大影响，国内外学者进行了很多研究[35]。

Al - Al_3Fe 共晶一般呈不规则共晶，先共晶相为 Al_3Fe，其扩散熵大于 2（ΔS_F = 3.65)，呈片状生长，且生长速度 R 值越大，Al_3Fe 层片的长宽比及层片间距 λ 值越小，其中 λ 与 R 符合关系式[36]：

$$\lambda^{2.6} R = 3180 \quad \mu m^{3.6}/s \tag{5-1}$$

有研究表明，随着冷却速度的增大，共晶 Al - Fe 合金的共晶层片间距线性减小，并且冷却速度 v 与共晶层片间距 λ 具有如下关系[37]：

$$\lambda = 27.94 - 27.6v \tag{5-2}$$

另外，随着冷却速度的增大，共晶 Al_3Fe 相由片状变为碎片状、直至点状，其尺寸不断减小，分散度不断增大。

Adam 等[37]的研究表明，共晶 Al_3Fe 的形状与 G/R（温度梯度/生长速度）的值有关。当 $G/R > 10000℃ \cdot s/mm^2$ 时，几乎无枝晶的 Al_3Fe 层片与 α - Al 平行生长。当 $G/R < 10000℃ \cdot s/mm^2$ 时，Al_3Fe 层片开始产生分支，且 G/R 值越小，Al_3Fe 相的枝晶越发达。虽然 Al_3Fe 产生枝晶的趋势与 G、R 值均有关，但其中起主要作用的是 G，即随着 G 值的增大，产生枝晶的趋势减小。

在 G/R 值较小的情况下，发达的 α - Al 枝晶将基体分割成一个个小熔池，当达到一定温度和浓度条件时，α - Al 相开始在这里形核生长。在 α - Al 与 Al_3Fe 互相交替生长的过程中，需要 Fe 原子不断地从 α - Al 相界面前沿向 Al_3Fe 相界面前沿扩散，以保证两相生长的浓度条件。因此，要保证 α - Al 相以连续界面生长，Fe 原子的扩散速率必须达到或超过某一极限值，Fe 原子扩散的主要驱动力是 α - Al 相界面前沿的溶质浓度与 Al_3Fe 层片边缘处溶质浓度的差。

Al - Fe 合金的组织受冷却速度的影响，冷却速度不同，其组织形态也不同。例如：用气体雾化的 Al - 8Fe 合金粉末，不同尺寸的颗粒可能出现 5 种不同的微观组织，即枝晶状 α - Al、胞状 α - Al、α - Al + Al_6Fe、共晶组织以及 Al_3Fe 初生相。而用甩带法制得的 Al - Fe 合金，条带由薄变厚，其组织形态由微晶变为细等轴晶、菊花状及放射状枝晶。合金中的 Al_3Fe 形态和分布也受冷却速度的影响。当冷却速度增加时，Al_3Fe 由粗大的棒状转变为细小的棒状，再转变成菊花状；进一步提高冷却速度，Al_3Fe 变得非常细小，甚至出现"光学无特性"组织。提高冷却速度，合金中的第二相不仅仅是平衡相 Al_3Fe，同时还有亚稳相 Al_6Fe 及 Al_mFe（$m=4$）相[39~40]。

Al - Al_6Fe 共晶是一种典型的规则棒状共晶结构，其形状随生长速率的增大越来越规则，在低生长速率和高 Fe 含量下，棒状 Al_6Fe 相有连续在一起的趋势，进而呈平行纤维状分布于连续的 Al 基体上。

Al - Al_6Fe 共晶的相间距与 Fe 含量及生长速率有关。当 Fe 含量从 2.1% 升高到 5.3%（质量分数）时，晶胞厚度和相间距分别减小 50% 和 30%。另外，随着生长速率的增大，共晶层片间距 λ 值也不断减小，且 λ 与生长速率 R 的关系满足下式：

$$\lambda^2 R = 10.2 \quad \mu m^3/s \tag{5-3}$$

5.2.1.5 Fe 含量对 Al - Fe 合金组织和性能的影响

周振平等人[41]采用真空感应熔炼金属型铸造研究了不同 Fe 含量（2% ~35%（质量分数））对 Al_3Fe 相形貌和硬度的影响。研究表明，随 Fe 含量的逐渐增多，平衡相 Al_3Fe 的形貌由细小针状向针片状、粗大的长针片状、条状、板条状、块状转变。当 Fe 含量 < 30% 时，Al_3Fe 相形貌基本呈针状、叶片状和条状；当 Fe 含量 ≥30% 时，Al_3Fe 形貌总体上呈块状。分析认为：当 Fe 含量较少时，初生 Al_3Fe 相的数量相对较少，在初生 Al_3Fe 相

的数量积累达到一定程度以前，它们在长大过程中相互影响很小，仍然有充分的长大空间，数量的增多并不能有效地抑制它的长大，因而凝固完毕后其形态较为粗大。当 Fe 含量增加到 30% 时，根据平衡相图可以大致估算出合金中实际初生 Al_3Fe 相的含量，约为 81.2%。进一步增加 Fe 量，初生 Al_3Fe 数量增多，α – Al 数量显著减少，在 Al – 35% Fe 合金中初生 Al_3Fe 相的含量已经达到了 95.7%，α – Al 只能分布在 Al_3Fe 相的晶界处，该成分的合金可以看成是以 Al_3Fe 为基的金属间化合物材料。由相图可知，当铁含量在 36.5% 和 41% 之间时，Al – Fe 合金的组织将全部是初生的 Al_3Fe 金属间化合物。合金硬度随铁含量的增加而提高，当铁含量 <30%（质量分数）时，硬度值与铁含量基本呈线性关系；当铁含量为 30% 时，硬度值陡增。

此外研究表明，Fe 含量对合金中凝固参数的影响实际上不起决定作用，枝晶间距随着凝固时冷却速度有规律地变化。Lihl 第一个发现 Fe 有显著细化晶粒的作用，它能减小铸锭中纯 Al 的晶粒尺寸，加入 Fe 和少量的 Ti 和 B 具有更强烈的晶粒细化作用。Fe 减小了 Ti、B 和其他杂质元素的固溶度，这样形成了弥散的金属间化合物作为形核核心。

正如前面所讲，当冷速在 $10^{-3} \sim 10^3$K/s 范围时，Fe 在 Al 中的固溶度很低。在凝固过程中形成了针状的 Al_3Fe 和 Al_6Fe 晶粒，这些晶粒的硬度很高，可以显著提高合金的硬度。另外，随着 Fe 含量的提高，强度轻微降低而韧性陡降。这些性能如表5–6所示。

表 5–6　铝铁合金金属模铸造的力学性能

含铁量（质量分数）/%	硬度 HRB	最大弯曲载荷 /kN	压缩实验		
			压缩率 R/%	极限抗压强度 /MPa	屈服强度 /MPa
2.59	36	0.85	53	500	90
4.4	38	0.54	54	440	110
6.47	40	0.38	44	360	120

Fe 对强韧性的影响主要与沉淀相 Al_3Fe、Al_6Fe 相的形态有关，特别与界面上的裂纹有关。铸造 Al 合金中，当 Fe 含量超过 1% 时，Fe 会相当显著地降低合金韧性。这主要与针状含 Fe 沉淀相的团聚有关。

最早的有关 Fe 对铝的耐热性能的影响的一本著作于 1954 年由 Bochvar 等人编写，作者把合金的长效硬度（Long-term hardness）作为描述其耐热性能的特征量。长效硬度的测定是在给定的温度下把试样压 30min 或 1h。这个参数与蠕变极限有很大关系。Bochvar 等人测定了 300℃ 时铝铁合金的长效硬度，如图 5–6 所示。从图中可以看出，Fe 能显著地提高 Al 的耐热性（高温强度），所以只要可能，应该增大合金中 Fe 的含量。以上力学性能是在冷速不大的情况下得到的。当冷速远远大于 10^3K/s（达到 10^6K/s）时，Al – 9.4% Fe（质量分数）合金的光学无特征区的显微硬度达到 3500 ~ 4000MPa。当冷速不高时，铁含量为 94%（质量分数）合金的硬度未必比高冷速的 9.4% Fe（质量分数）的铝铁合金高。

5.2.1.6 Al－Fe 合金的断裂性能

快速凝固铝合金的断裂性能与其显微组织相关，静态和动态条件下裂纹在基体中或沿颗粒界面的扩展取决于颗粒的大小。静态条件下，决定裂纹启动的特征距离约为粗大颗粒之间距离的 2～4 倍；动态条件下，与裂纹前沿与其距离最近的粗大颗粒之间的距离相等。图 5－7 和图5－8 分别为导致快速凝固 Al－Fe 合金断裂的机制示意图。

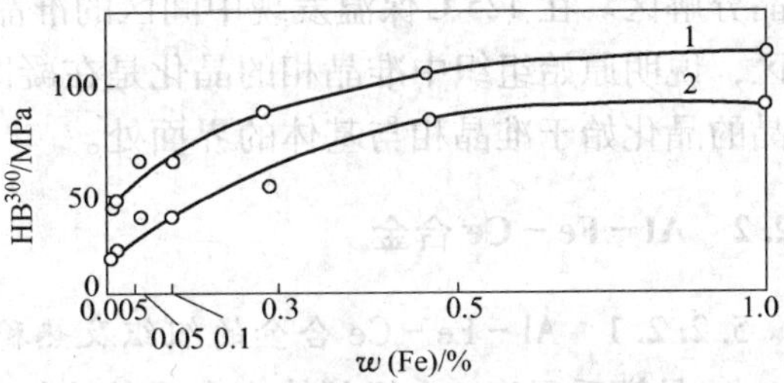

图 5－6 铁含量对在 300℃下加热 30min（1）和 60min（2）的铝铁合金长效硬度的影响

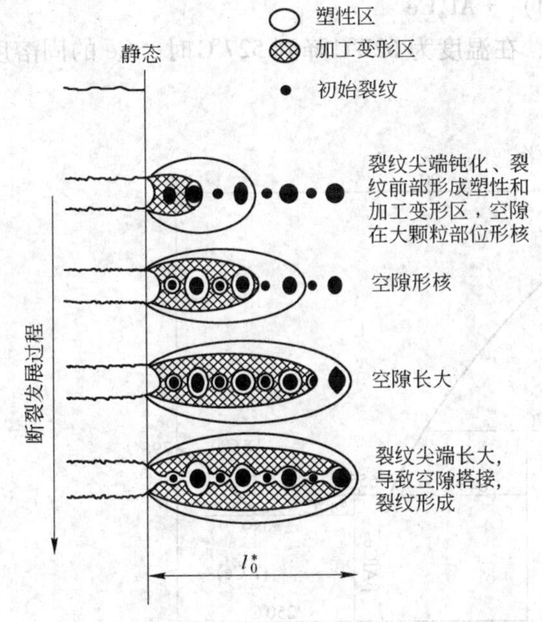

图 5－7 快速凝固 Al－Fe 系合金在静态条件下断裂的过程显微组织示意图[42]

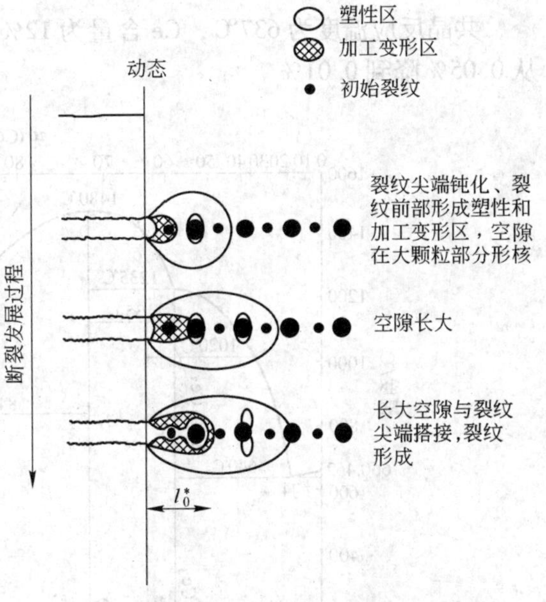

图 5－8 快速凝固 Al－Fe 系合金在动态条件下断裂的过程显微组织示意图[42]

5.2.1.7 Al－Fe 基合金相的热稳定性

Kim 等人[43]运用 DSC、TEM 检测了 Al－5% Fe（原子分数）合金相的热稳定情况，在以 15℃/min 的加热速度的 DSC 过程中出现了三个放热峰，分析认为由于第一个放热峰放出的热量不太明显，温度范围为 310～360℃，可能是二十面体准晶的粗化引起的；第二个放热峰的温度范围为 390～450℃，峰值温度为 400℃，是由二十面体准晶转化为 Al_mFe 和 Al_6Fe 引起的；第三个放热峰温度范围为 480～560℃，峰值温度为 550℃，认为是由于 Al_mFe 和 Al_6Fe 分解沉淀析出 $Al_{13}Fe_4$ 引起的。陈翌庆等人[44]研究了快速凝固 Al－7.83% Fe（质量分数）合金的急冷态和各种退火态，结果表明，该合金的软化温度在 300℃左右，高于 300℃退火会使晶界处的亚稳相 Al_mFe 向 Al_6Fe 分解，同时晶内析出球状 Al_6Fe 和针状平衡相 $Al_{13}Fe_4$。关绍康等人[45]也对快速凝固 Al－Fe 基合金的原始条带及退火组织进行了 TEM 分析，原始条带截面组织按准晶可分为三个区域：无准晶区、准晶形成区、准晶分解区。在 425℃保温发现中间区的准晶开始晶化，组织形貌类同铸态组织的准晶分解区，说明原始组织中准晶相的晶化是在凝固过程中由于结晶潜热的释放而引起的，并且准晶的晶化始于准晶相与基体的界面处。

5.2.2　Al－Fe－Ce 合金

5.2.2.1　Al－Fe－Ce 合金的组织及热稳定性

Ce 是镧系元素，在铝基体中有小的溶解度和低扩散速度，而且能形成高体积分数的二元和三元金属间化合物，起弥散强化作用。这些金属间化合物一部分是热处理发生转变形成的亚稳相，一部分是稳定相。因此，此类合金具有较高的强度和热稳定性。

二元 Al－Ce 系平衡相图如图 5－9 所示，在富 Al 角存在共晶反应型合金，反应为：

$$L \longrightarrow (Al) + Al_4Ce$$

共晶反应温度为 637℃，Ce 含量为 12%，在温度为 627℃降到 527℃时，Ce 的固溶度从 0.05% 降到 0.01%。

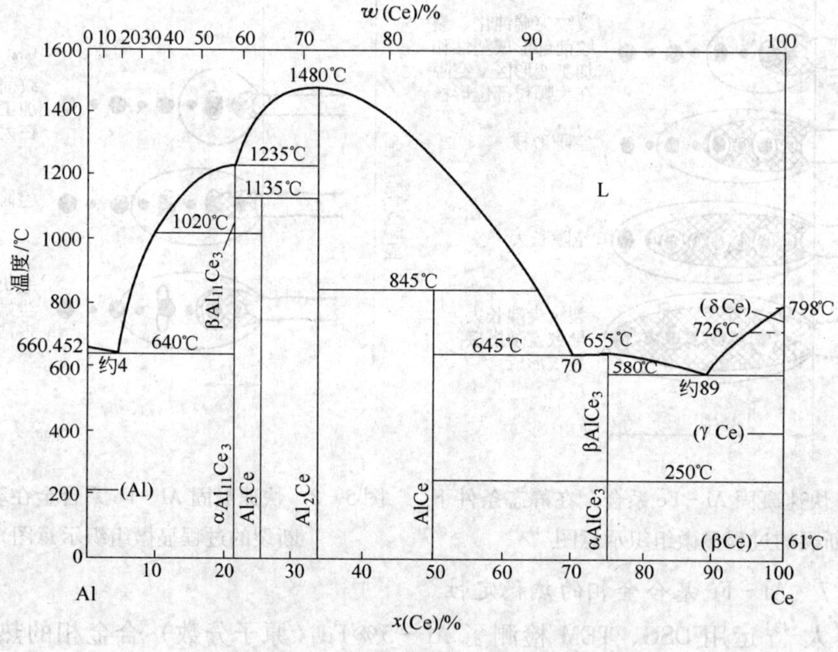

图 5－9　二元 Al－Ce 合金平衡相图

通过快速凝固技术可以提高 Ce 在 Al 中的固溶度，一般来说 Ce 在 Al 中的最大固溶度为 0.05%（质量分数），如果采用单辊技术，冷速可达 10^6K/s，Ce 在 Al 中的固溶度提高到 0.5%，形成含 Ce1%～4%（质量分数）的具有面心立方结构的球形亚稳相和胞状组织，如图 5－10 所示[46]。

三元 Al－Fe－Ce 系相图的现有研究范围，Ce 含量最高为 72%，Fe 含量最高为 100%，但有关反映富铝角凝固特征的相图资料却十分有限，仅对温度为 500℃及 550℃时的三元相结构及成分有较为详细的研究，图 5－11 为 Al－Fe－Ce 系 550℃的等温截面。

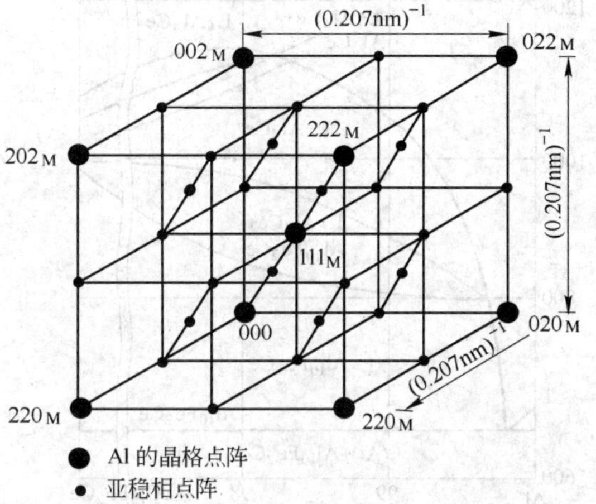

图 5－10　在快速凝固过程中 Al 基体以及 Al－Ce 亚稳相的倒易点阵

Al－Ce 亚稳相：*fcc* 结构，$a=0.828$nm

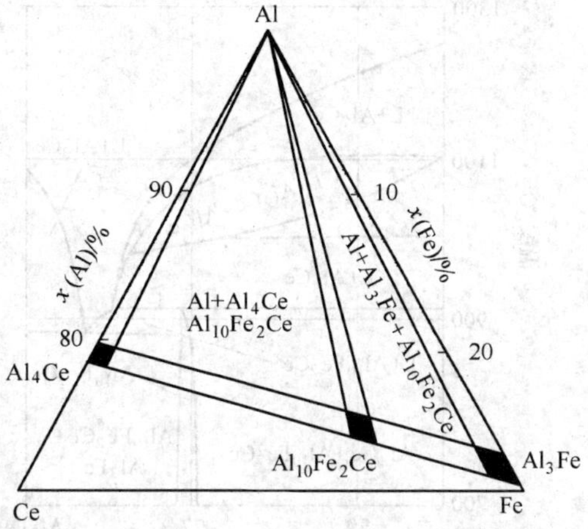

图 5－11　Al－Fe－Ce 三元相图 550℃ 的等温截面

Sokolovskaya 等人[47]通过 X－Ray 衍射显微组织分析和差热分析研究了 Al－Fe－Ce 三元合金相结构，发现 Al－Fe－Ce 固溶体合金中，与铝基固溶体（Al）平衡相共存的相有：Al_3Fe，Al_4Ce 以及三元化合物 ψ'，构成下述相区：（Al）+ Al_3Fe；（Al）+ Al_4Ce；（Al）+ ψ'，（Al）+ Al_3Fe + ψ' 和（Al）+ Al_4Ce + ψ'。

三元化合物 ψ' 相，存在于二元相 Al_3Fe 与 Al_4Ce 之间，为包晶反应：

$$L + Al_4Ce \longrightarrow \psi'\ (940 \pm 5)℃$$

此外，ψ' 相也可能由下述等温转变形成：

$$L \longrightarrow Al_3Fe + \psi'\ (925℃)$$

$$L \longrightarrow (Al) + \psi'\ (640℃)$$

Al_4Ce（56.5% Ce）以及 $Al_{11}Ce_3$（58.6% Ce）相晶体结构的确定仍存在争议。Moncolfo 认为，Al_4Ce 化合物为体心四方晶格（空间群 I4/mmm，单胞中含有 10 个原子），晶格常数 $a=0.437$nm，$c=1.003\sim1.012$nm，或者为正交结构（空间群 Immm，Imma），晶格常数为：$a=0.4395$nm，$b=1.3025$nm，$c=1.0092$nm。而 Rayevskaya 等人[48]的工作表明，二元化合物 Al_4Ce 为正交晶格，晶格常数为：$a=0.4345$nm，$b=1.3002$nm，$c=1.0085$nm。Al_4Ce 相的密度为 4.05g/cm^3。

与（Al）平衡的三元化合物 ψ' 相，化学式为 $Al_{10}Fe_2Ce$（26.7% Ce，21.6% Fe），与 $Al_{10}Fe_2Nd$ 结构相同为体心四方晶格（空间群 I4/mmm），或为正交晶格，晶格常数 $a=0.894$nm，$b=1.022$nm，$c=0.906$nm。图 5－12a，b 分别为两元相 Al_4Ce 与 Al_3Fe 和 Al 与三元相 $Al_{10}Fe_2Ce$ 的垂直截面图。

神尾等人[46]认为，对于 Al－1% Fe－0.5% Ce（质量分数）合金来说，在 10^6K/s 的冷却速度下能够制得完全的 α 固溶体。当添加 Ce 超过 1%（质量分数）时，在 α 固溶体中可以观察到第二相粒子，如 Al－4% Fe－4% Ce（质量分数）合金当冷却速度达到 10^6K/s时，在 α 固溶体中发现了非常微细的第二相。这种 50nm 大小球状粒子和 Al 具有相

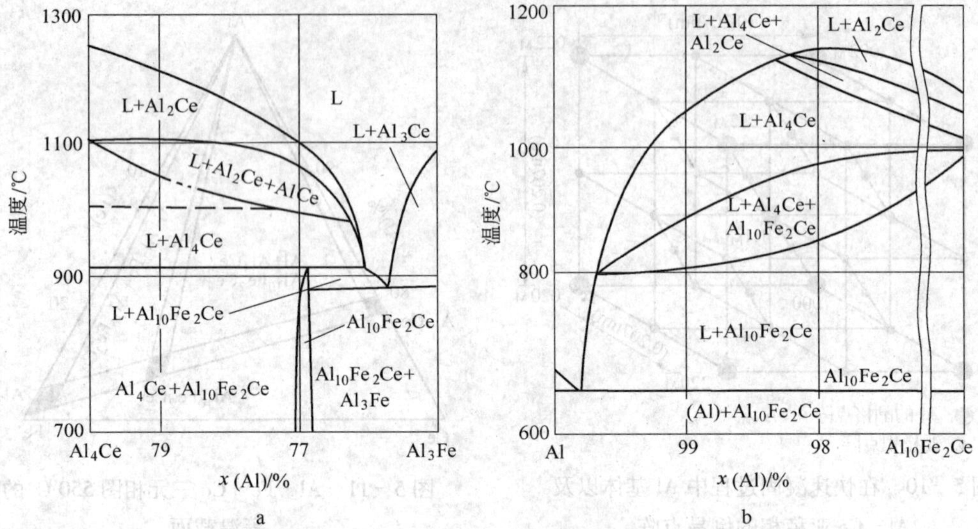

图 5 - 12　Al - Fe - Ce 三元合金变温截面图

a—Al_4Ce - Al_3Fe；b—Al - $Al_{10}Fe_2Ce$

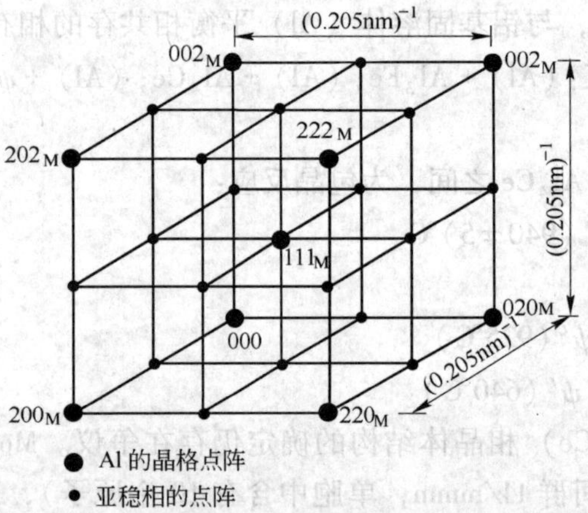

图 5 - 13　在快速凝固过程中 Al 基体以及 Al - Fe - Ce 亚稳相的倒易点阵

Al - Fe - Ce 亚稳相：立方结构，$a = 0.410$nm

同的结构（*fcc* 结构），是一种新的 Al - Ce 亚稳相。Al - 4% Fe - 4% Ce（质量分数）合金和完全过饱和固溶体的 Al - 1% Fe - 0.5% Ce（质量分数）合金的急冷凝固试样，在 400℃的温度下加热 3.6ks，在 <100> 方向析出板状的 Al - Fe - Ce 三元化合物。这种化合物的结构为立方晶系，晶格常数为 0.410nm，为一种新的亚稳相。亚稳相 Al - Fe - Ce 的倒易点阵图如图 5 - 13 所示。当 Al - 4% Fe - 4% Ce（质量分数）合金的冷却速度为 10^5K/s 时，得到两种组织，其中 A 区为微细的金属化合物包围着的大胞状组织，B 区为较小的 α - Al 胞状组织。A 区的微细金属间化合物与 Al - 4% Fe - 4% Ce（质量分数）合金以 10^6K/s 的冷速急冷凝固后，再在 400℃加热 3.6ks，析出的板状 Al - Fe - Ce 三元化合物的结构一样。B 区在胞状壁上的微细金属间化合物组织为稳定的 Al_8CeFe_3 相。快速凝固 Al - Fe - Ce 合金中的 Fe、Ce 在 Al 中的固溶度得到扩展，Mondocfo 报道，在 $10^5 \sim 10^6$K/s 的冷速下，所获得的 Al - Fe - Ce 合金超饱和固溶度中的 Ce 含量达 9%（原子分数）。Sokolovskaya 等人[47]的研究表明，冷速达 10^6K/s 的快速凝固 Al - Fe - Ce 二元或三元合金相中的 Fe，Ce 含量分别达到 9% 和 1%（原子分数）。

到目前为止，已有的研究表明，Al - Fe - Ce 合金的生成相有：二元相 Al_3Fe_4，Al_6Fe 和 Al_4Ce；三元相 $Al_{13}Fe_3Ce$，$Al_{10}Fe_2Ce$、$Al_{20}Fe_5Ce$ 和 Al_8CeFe_3，其中 Al_6Fe，$Al_{10}Fe_2Ce$，$Al_{20}Fe_5Ce$ 为非平衡相。

Raghavan 等[48]对气体雾化挤压后的 Al－8.8Fe－3.7Ce 合金的组织进行了研究，结果表明：合金中的金属间化合物有球状亚稳相 Al_6Fe，棒状亚稳相 $Al_{20}Fe_5Ce$（主要弥散相），等轴形亚稳相 $Al_{10}Fe_2Ce$（主要沉淀相），以及平衡相 $Al_{13}Fe_3Ce$ 和 $Al_{13}Fe_4Ce$。当对挤压态合金进行热处理时，亚稳相分解转化，分解开始温度约为 300℃，在 400℃下长时间加热，亚稳相基本转变为相应的平衡相。其中：Al_6Fe 转变为 Al_3Fe_4，$Al_{10}Fe_2Ce$ 和 $Al_{20}Fe_5Ce$ 转变为 $Al_{13}Fe_3Ce$。陈翌庆等人[12]采用单辊急冷甩带法研究了 Al－8Fe－4Ce 合金的显微组织及其稳定性，结果表明：快凝 Al－8Fe－4Ce 合金薄带沿厚度方向的组织不同，贴辊面一侧冷速快的组织为纳米级析出相弥散分布在 α－Al 基体上的平面晶组织；冷速慢的自由面一侧为含有粗大初生相的等轴晶组织。快凝 Al－8Fe－4Ce 合金低于 300℃退火时，组织结构无明显变化；400℃ ×2h 退火时，晶界处第二相开始聚集长大，但初生相变化不大；450℃ ×2h 退火时，晶界第二相和初生相进一步粗化长大，但仍为亚稳相 Al_6Fe 和亚稳相 $Al_{20}Fe_5Ce$，且两相的粗化速率相当。高于 300 ℃退火时，合金显微硬度值明显下降。合金软化的原因，除了和高温下弥散析出相的粗化聚集有关外，还和弥散相颗粒在高温下的自身软化有关。

Young Won Kim、Walter M 和 Griffith[49]研究了退火对于快速凝固粉末冶金（PM）铝合金 Al－7.4Fe－3.4Ce 组织的影响。Al－Fe－Ce 合金的特征是，具有平面/枝晶显微组织，含有超细（<200nm）不能确认的金属间化合物粒子。在达 350℃时，呈现出出色的热稳定性，但当温度更高时却迅速下降。当温度高于 350℃时，随着温度的升高，Al－Fe－Ce 合金中的亚稳粒子转变成针状（Al_3Fe 类）和球状（$Al_{10}Fe_2Ce$ 类）化合物粒子并迅速长大。图 5－14 为 Al－Fe－Ce 合金雾化态粉末和真空热压态粉末的 SEM 显微组织照片。合金粉末是通过非氧化性气体雾化制得的，制得表面光滑的球状粉末颗粒（图 5－14a）。粉末颗粒的粒度范围都很宽，从 1 到 20μm。经过真空热压后，合金粉末已经致密（图 5－14b），对粉末颗粒边界（PPBs）择优腐蚀使得单个粉末颗粒更容易辨别。通过 Keller 试剂腐蚀后，其显微组织说明冷却速度范围很宽，小的粉末颗粒，具有细小的显微组织，对腐蚀不大敏感。较大的粉末颗粒既有细小的显微组织，也有粗大的显微组织，因此呈现出不同的腐蚀效果。

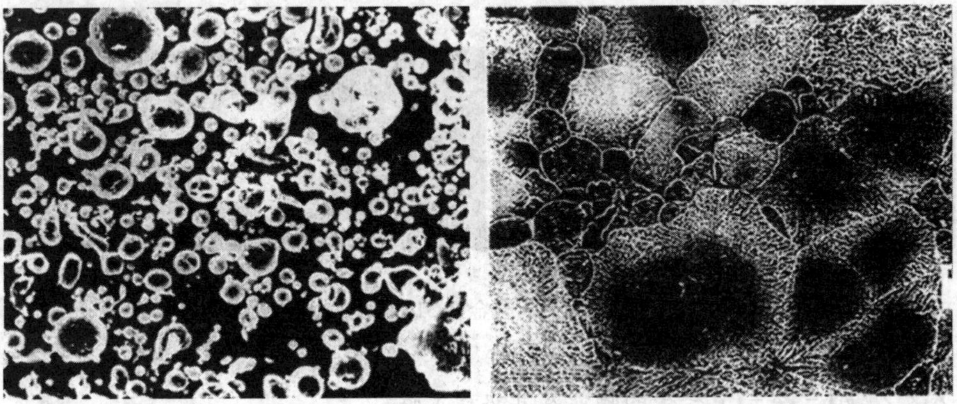

a b

图 5－14 Al－7.4Fe－3.4Ce 合金的 SEM 显微组织照片

a—雾化态；b—真空热压态

图 5－15 为真空热压合金经过在 316℃和 455℃退火 1h 后的显微组织。在 316℃时，真空热压组织（图 5－15b）与退火组织（图 5－15a）基本相同。从透射电镜照片可以看出，其显微组织是胞状或者枝状（图 5－15b）。冷速最高的地方（图 5－15b 顶端区域）就产生胞状显微组织，随着凝固的进行，逐渐转换为柱状枝晶，再转变为更加粗大的枝晶（图 5－15b 中间区域）。胞状显微组织中均匀分布着超细的金属间化合物粒子（＜20nm）。如图 5－16a，b 所示，316℃的退火条件与 455℃的退火条件相比，后者的金属间化合物粒子相对要粗一些，约为 50nm（图 5－16c，d）。真空热压后的合金在 455℃退火 1h 后金属间化合物粒子为粗化球状粒子或针状化合物与球状化合物的混合物。

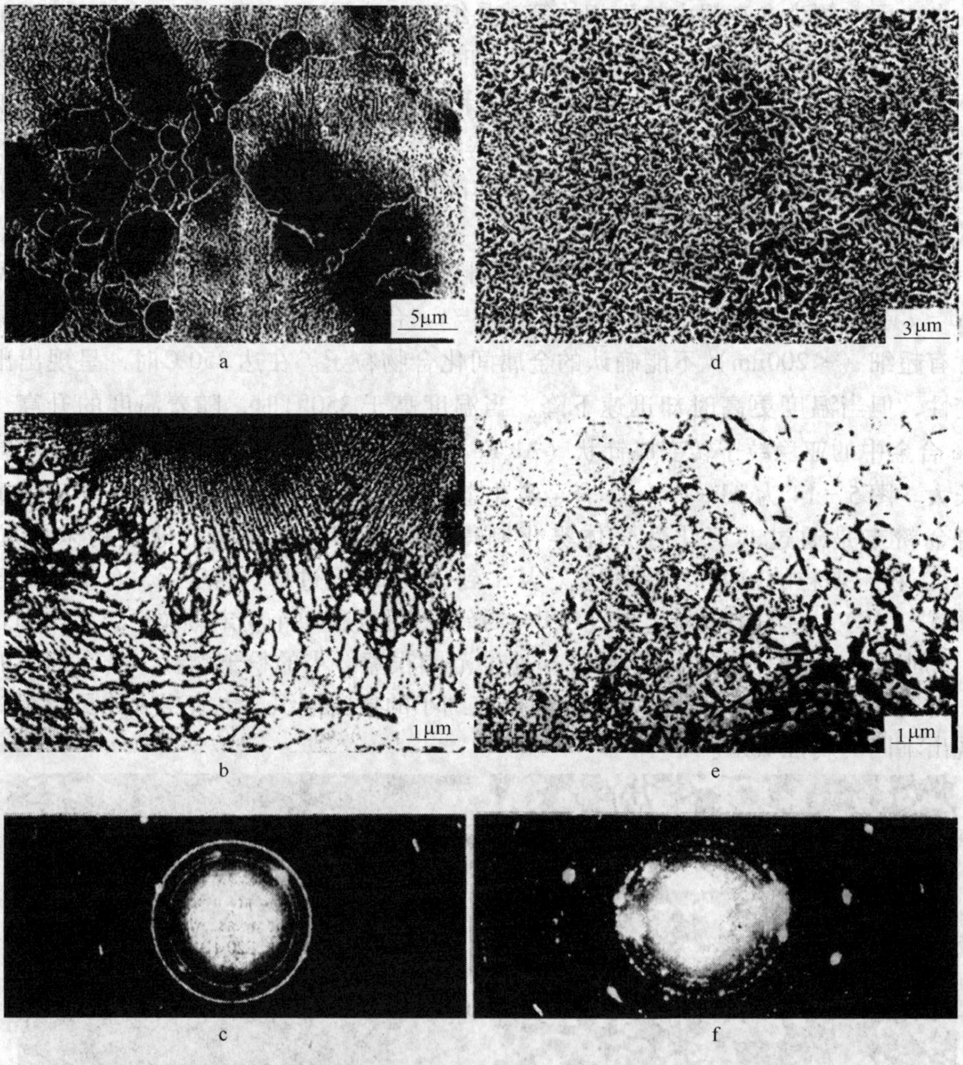

图 5－15　真空热压 Al－7.4Fe－3.4Ce 合金经 316℃（a，b，c）和 455℃（d，e，f）退火 1h 后的 SEM（a，d）和 TEM（b，c，e，f）照片及选场衍射花样

5.2.2.2　Al－Fe－Ce 合金的性能及其热稳定性

Lockheed-California 公司根据 IRAD 项目选了一些 Al－Fe－Ce 合金挤压材料进行进一步的研究。选择的 Al－8.5Fe－3.8Ce、Al－9.7Fe－5.0Ce 和 Al－9.7Fe－4.4Ce－0.4W 合

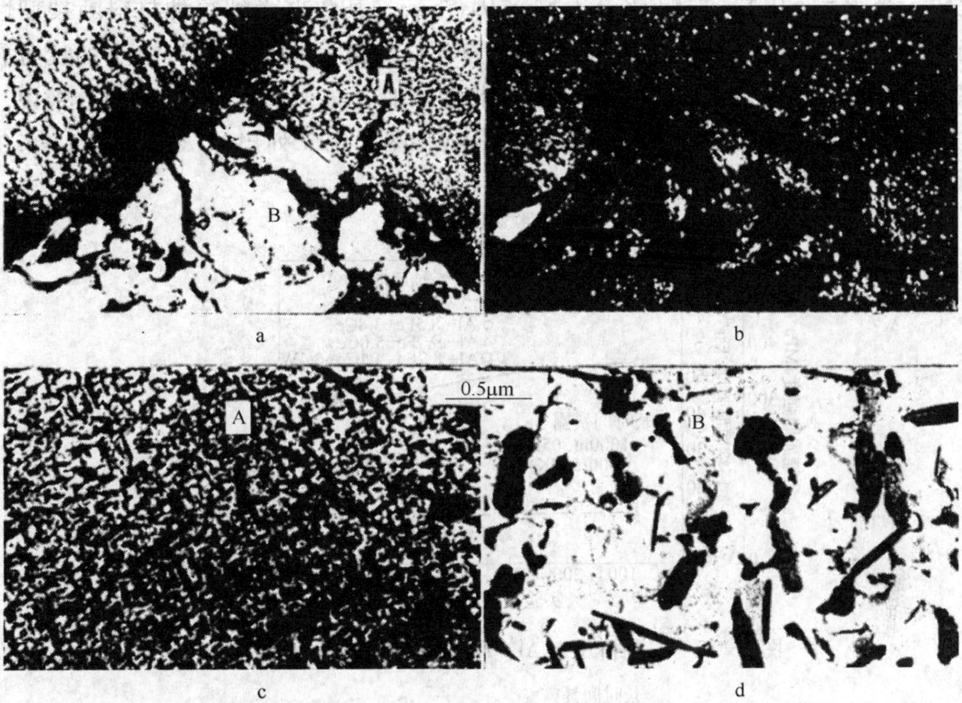

图 5－16 Al－7.4Fe－3.4Ce 合金的 TEM 显微组织照片

a，b—316℃退火；c，d—455℃退火

金的特征性能包括室温和高温抗压缩性能、疲劳性能、疲劳裂纹生长速度和抗腐蚀性能[51]。图 5－17 为 Al－8.5Fe－3.8Ce、Al－9.7Fe－5.0Ce 和 Al－8.7Fe－4.4Ce－0.4W 材料热暴露（未暴露、232℃暴露 100h 和 316℃暴露 1000h）后的室温抗压屈服强度。热暴露几乎没有引起抗压性能任何下降。抗压性能数据表明了 Al－Fe－Ce 合金具备的热稳定性。图 5－18 为高温长时间热暴露对成分相同的三种挤压材料抗压强度的影响。虽然抗压强度随着测试温度的升高而略有下降，但比抗拉性能的下降得要少得多（见图 5－19）。

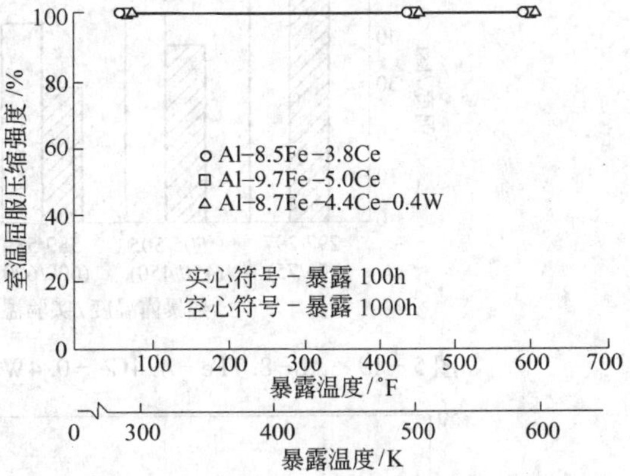

图 5－17 Al－Fe－Ce 合金压缩屈服强度的热稳定性

图 5－20 为三种合金挤压材料的常振幅疲劳性能数据。该图还画出了标准化铝合金极限曲线和铝合金 7091－T7E69 的数据。在更高的应力下，Al－Fe－Ce 合金的疲劳曲线与标准铝合金的极限曲线相似。但是，在较低的应力下，其疲劳曲线比标准铝合金的极限曲线就要高一些。其疲劳寿命似乎没有受不同合金成分的影响。

图 5－21 和图 5－22 分别画出了三种挤压态 Al－Fe－Ce 合金的疲劳裂纹生长速率。三种合金的疲劳裂纹生长速率非常相似。该图还和 7091－T7E69 挤压材料的裂纹扩展速率进

行了比较。当 $R=+0.1$，振幅高于 2.54×10^{-4}mm，其数据受到每种材料断裂韧性的影响。当 $R=+0.5$ 时，这三种合金的数据就没有那么分散。Al－Fe－Ce 合金的疲劳裂纹生长速率与两种 R 比值下的 7091－T7E69 合金非常相似。对于 Al－Fe－Ce 合金来说，测试应力比值似乎对其疲劳裂纹的生长速率没有影响。图 5－23 列出了 Al－9.7Fe－5.0Ce 合金在两种 R 比值下的数据。

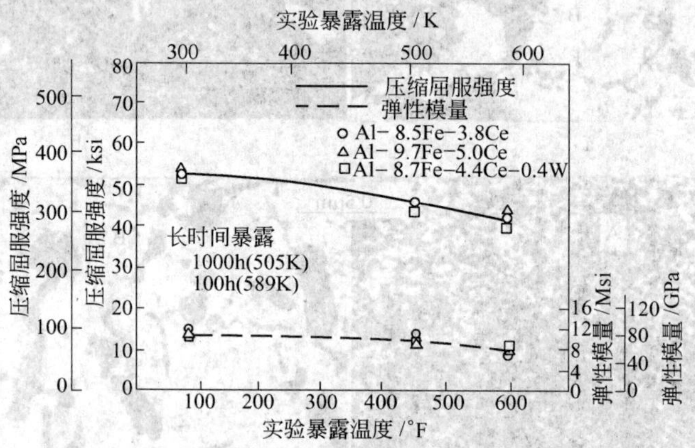

图 5－18　三种挤压态 Al－Fe－Ce 合金的纵向压缩性能

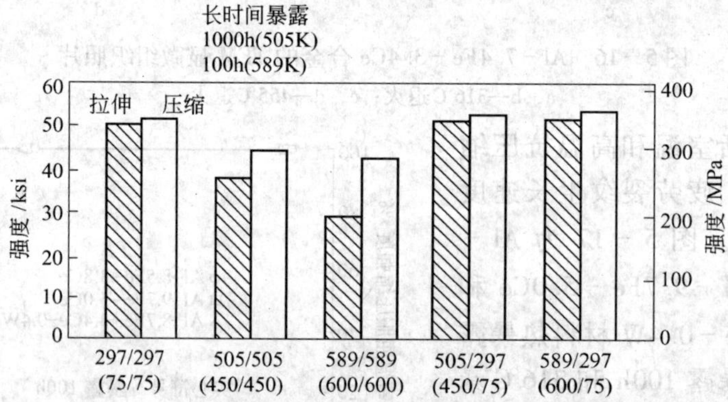

图 5－19　Al－8.7Fe－4.4Ce－0.4W 的拉伸和压缩屈服强度的比较

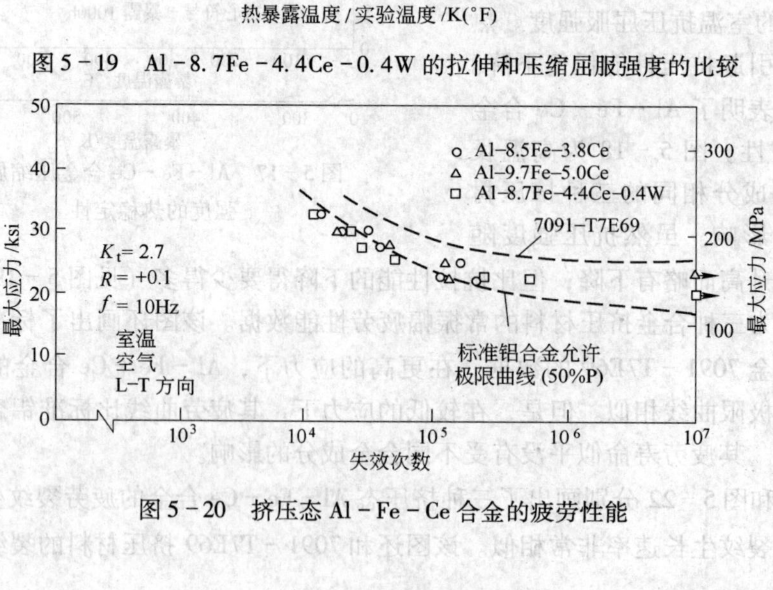

图 5－20　挤压态 Al－Fe－Ce 合金的疲劳性能

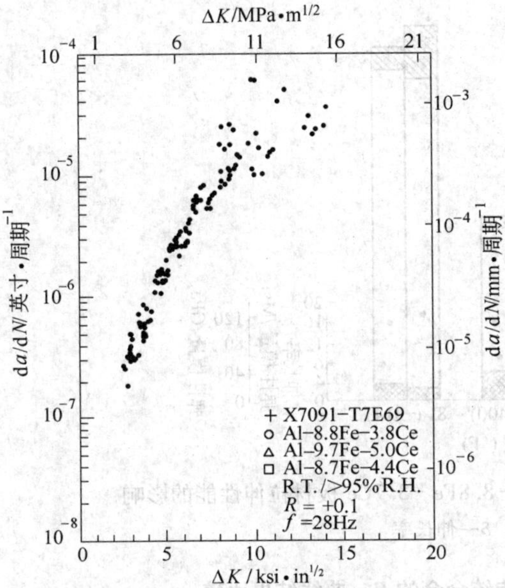

图 5－21 三种 Al－Fe－Ce 合金在 $R = +0.1$ 时的疲劳裂纹生长速率

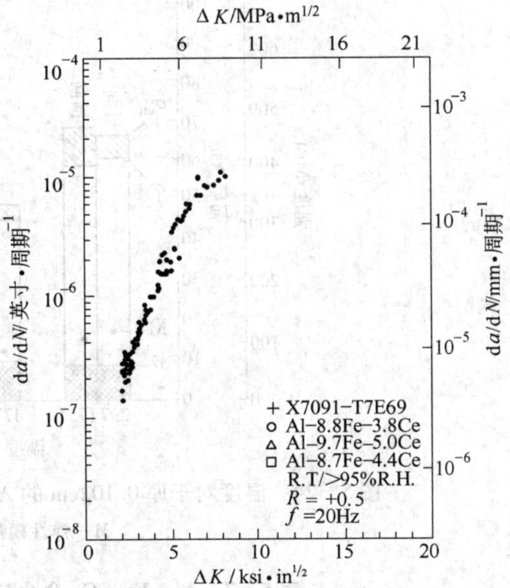

图 5－22 三种 Al－Fe－Ce 合金在 $R = +0.5$ 时的疲劳裂纹生长速率

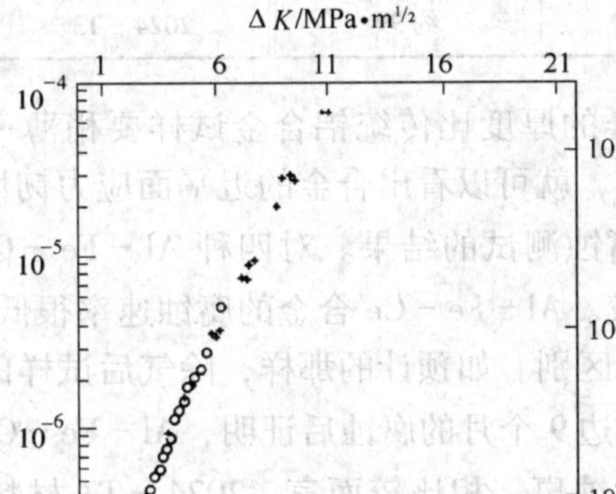

图 5－23 R 比值对于 Al－9.7Fe－5.0Ce 合金疲劳裂纹扩展速率的影响

图 5－24 列出了 Al－8.8Fe－3.7Ce 轧制板材的拉伸性能。该图也说明了温度对于材料拉伸性能的影响，由图 5－24 可见，在高温下，其强度和模量下降，在低温下上升。延展性能随着温度的降低明显下降。板材的纵向和横向性能非常相似。

表 5－7 对 Al－10.5Fe－3.2Ce 板材的 R－曲线结果与许多传统铝合金进行了比较。要

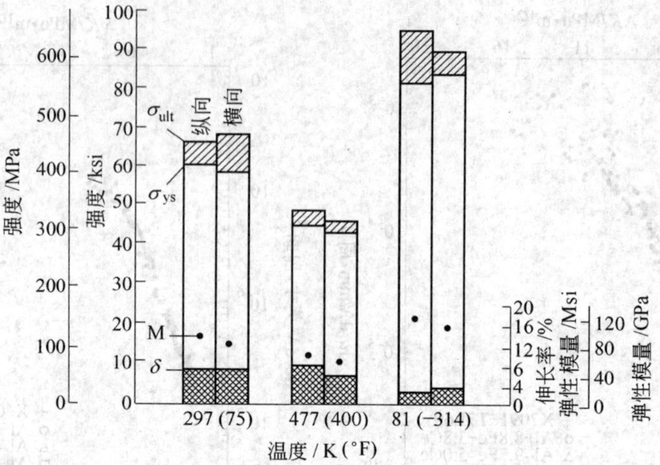

图 5－24　温度对于厚 0.102cm 的 Al－8.8Fe－3.7Ce 板材拉伸性能的影响

M—弹性模量；δ—伸长率

表 5－7　Al－Fe－Ce 合金与传统合金的 *R*－曲线结果比较

材　料	厚度/cm	K_{app}/MPa	材　料	厚度/cm	K_{app}/MPa
Al－10.5Fe－3.2Ce	0.104	78.4	7075－T761	0.178	约 71
7475－T761	0.178	约 99	2024－T3	0.178	~113

提到的是，Al－Fe－Ce 试样的厚度比传统铝合金试样要稍薄一些，这对所得到的试验结果是有影响的。进行比较后，就可以看出合金的近平面应力韧性性能。

图 5－25 为重量损失腐蚀测试的结果。对四种 Al－Fe－Ce 合金与 2024－T3 合金和 7075－T3 铝合金进行了比较。Al－Fe－Ce 合金的腐蚀速率很低。不同的 Al－Fe－Ce 合金的腐蚀速率之间只有很小的区别。如预计的那样，除气后试样的腐蚀速率比没有除气的试样要明显低一些。经加州海边 9 个月的腐蚀后证明，Al－Fe－Ce 合金具有很好的抗腐蚀能力，在试样表面只有很小的蚀斑。相比较而言，2024－T3 材料经相同时间腐蚀后其表面成鳞片状蚀斑。在所有条件下的测试都说明，Al－Fe－Ce 合金的抗腐蚀能力比 7075、2024、6061 合金要强。因此，Al－Fe－Ce 合金的抗腐蚀能力在降低工作成本和维护成本方面很有潜力。

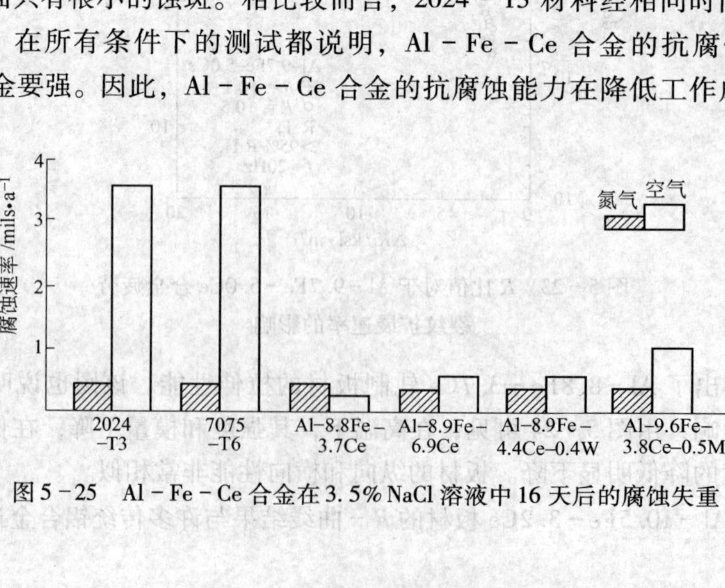

图 5－25　Al－Fe－Ce 合金在 3.5% NaCl 溶液中 16 天后的腐蚀失重

图 5－26 为胶接搭接剪切测试的结果。将 Al－Fe－Ce 合金的数据与 Ti－6Al－4V 作了比较。如所预计的那样，剪切强度随着温度的升高而下降。还确定了长时间的高温暴露对于室温连接强度的影响。剪切强度随着暴露时间的延长和温度的升高而下降。但是，在所有的测试条件下胶接件都具有较高的剪切强度。因此，胶接对于 Al－Fe－Ce 合金似乎是一种方便而有效的连接方法，并且胶接能降低飞行器结构间连接点的应力集中。

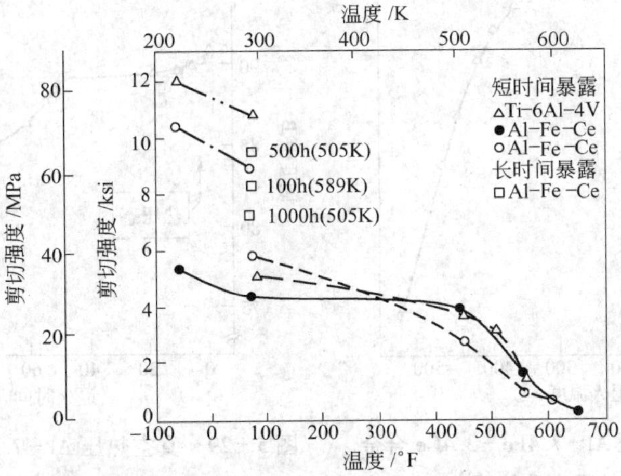

图 5－26 Al－Fe－Ce 黏结部分剪切实验结果

利用 Al－Fe－Ce 板材的高温成形性能，通过生产加工制造了一些元件。在用温冲成形制造元件时用了不同的温度；这里有一个元件的照片如图 5－27 所示。这些结果都说明 PM Al－Fe－Ce 合金板材可以深冲成形。与钛合金部件相比，利用 Al－Fe－Ce 合金制造这一部件就存在减重和降低成本的优势。钛合金部件是在超过 1400 ℉的温度下深冲成形的，几乎是 Al－Fe－Ce 部件深冲温度的两倍高。因为 Al－Fe－Ce 合金成形的压力低，加工成本和能量成本低，因此可以降低制造成本。

Young-Won Kim 等人[49]研究了退火对于快速凝固粉末冶金（PM）铝合金 Al－7.4Fe－3.4Ce 组织的影响。图 5－28 为合金真空热压材料退火 1h 的硬度曲线。合金的硬度在温度达到 349℃时都有很好的热稳定性，这一点在其显微组织中应该有体现。随着温度的进一步升高，两种合金的硬度都迅速下降。在 550℃ 合金软化，硬度降低约 60％。

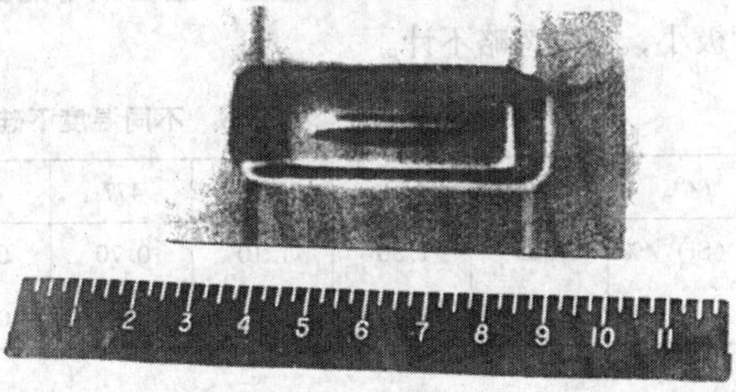

图 5－27 Al－Fe－Ce 板材温冲成形元件

合金的等温退火曲线如图 5－29 所示。合金的等温退火曲线是由一个试样的三段等温退火曲线组成。试样首先在 316℃退火 50h，然后在 349℃退火 34h，然后再在 382℃退火 23h，通过提高温度获得等温曲线。在 316℃，合金的硬度经过开始的下降以后很快就稳定下来。当退火温度升高到 349℃后，合金的硬度下降较快。在 382℃，合金的软化速率更快。

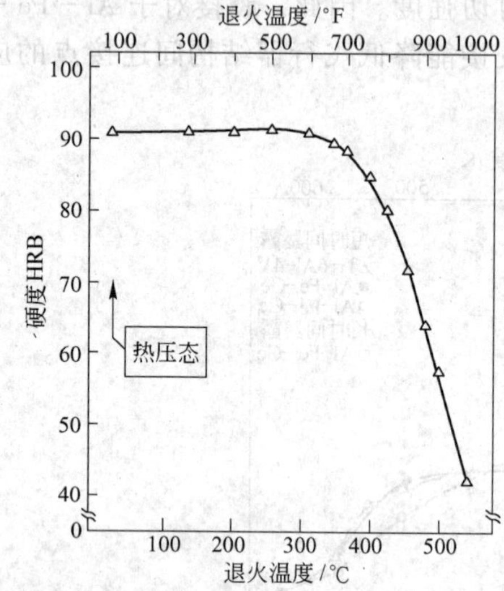

图 5－28　真空热压 Al－7.4Fe－3.4Ce 合金退火 1h 后的硬度曲线[50]

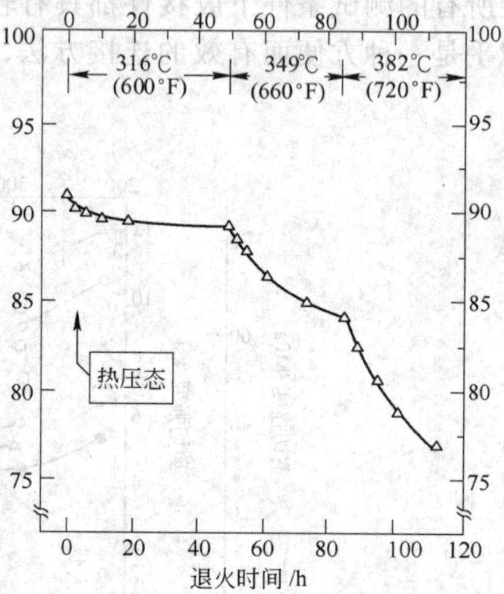

图 5－29　真空热压 Al－7.4Fe－3.4Ce 合金的等温退火硬度曲线[50]

5.2.3　Al－Fe－Si 合金

Si 和 Fe 一样是铝合金中最普遍存在的杂质元素，它来源于硅土或铁矾土中的硅酸盐以及其他的含铝矿石。在铸造铝合金中，Si 也是主要的合金添加物。因此，对 Al－Fe－Si 三元合金相组织的研究较为详细。

Al－Si 二元合金的平衡相图为共晶型。共晶反应温度为 577℃，共晶点的硅含量为 12.5% Si（质量分数）。不同温度下硅在铝中的固溶度如表 5－8 所示，而铝在硅中的固溶度极小，可以忽略不计。

表 5－8　不同温度下硅在铝中的固溶度

T/℃	577	552	527	477	427	377	327	277	227
w（Si）/%	1.65	1.30	1.10	0.70	0.45	0.25	0.10	0.04	0.01
x（Si）/%	1.58	1.25	1.05	0.67	0.44	0.24	0.10	0.04	0.01

表 5－9 列出了平衡状态下 Al－Fe－Si 三元合金在富铝角所产生的系列恒定转变，根据可以广泛接受的观点，Al－Fe－Si 三元合金中与 Al 固溶体平衡的相有（Si）相、Al_3Fe、Al_8Fe_2Si 和 Al_5FeSi 等。

表 5－10 为在不同温度下铁和硅在铝中的固溶度。

根据不同的研究硅在 Al_3Fe 中的溶解度在 0.2%～6% 范围内，其晶格常数随 Fe、Si 含量的不同而发生变化，并遵循下列方程[51]：

$$a = 1.505 + 1.14 \times 10^{-3} [Fe] - 0.41 \times 10^{-3} [Si]$$

$$b = 0.8628 - 1.14 \times 10^{-3} [Fe] - 1.3 \times 10^{-3} [Si]$$

式中，Fe、Si 含量均为质量百分数。与铝一样，铁在硅中的固溶度同样可以忽略不计，这意味着 Al－Fe－Si 合金中的 Si 元素以纯硅相存在。硅具有金刚石型立方晶体晶格，空间群 Fd3m，单胞中含有 8 个原子，晶格常数 $a=0.5485$nm。硅的密度为 $2.33g/cm^3$，27℃时的电阻率为 $23 \times 10^2 \Omega \cdot m$，327℃时单晶硅的线［膨］胀系数为 $3.86 \times 10^{-6} K^{-1}$，而在 20～1000℃温度范围内多晶硅的线［膨］胀系数为 $3.86 \times 10^{-6} K^{-1}$，27～327℃范围内的维氏硬度从 8.7GPa 变化到 13.5GPa，温度为 627℃时该值减到 3GPa，多晶硅的杨氏模量为 163.7GPa，硅的微观硬度为：20℃时 12.3GPa，300℃保温 1h 后为 8GPa。

表 5－9　Al－Fe－Si 三元合金富铝角存在的系列反应

反　应	T/℃	成分点（质量分数）/%	
		Fe	Si
L→（Al）＋β（Al_5FeSi 或 $Al_9Fe_2Si_2$）＋（Si）	573	0.5	11.7
L＋Al_3Fe→α（Al_8Fe_2Si）＋γ（Al_3FeSi）	710	7.5	12.5
L＋γ（Al_3FeSi）→α（Al_8Fe_2Si）＋β（Al_5FeSi）	675	6	13
L＋γ（Al_3FeSi）＋δ（Al_4FeSi_2）→β（Al_5FeSi）	700	7.2	14
L＋Al_3Fe→（Al）＋α（Al_8Fe_2Si）	632	2	4.2
L＋α（Al_8Fe_2Si）→（Al）＋β（Al_5FeSi）	613	1.8	6.2
L＋δ（Al_4FeSi_2）→β（Al_5FeSi）＋（Si）	600	1.5	14.3

表 5－10　铁和硅在铝中的固溶度（质量分数）　　（%）

T/℃	（Al）＋Al_3Fe＋α（AlFeSi）		（Al）＋α（AlFeSi）＋β（AlFeSi）		（Al）＋β（AlFeSi）＋（Si）	
	Fe	Si	Fe	Si	Fe	Si
629	0.052	0.64	—	—	—	—
611	—	—	0.040	0.82	—	—
600	0.033	0.40	0.033	0.82	—	—
578	—	—	—	—	0.010	1.65
550	0.016	0.20	0.016	0.42	0.008	1.30
500	0.009	0.11	0.008	0.22	0.005	0.80
450	0.004	0.06	0.004	0.11	0.003	0.44
400	0.002	0.03	0.002	0.06	0.002	0.30

表 5－11 给出了 Al－Fe－Si 系相的晶体结构和晶格常数，表 5－11 中部分化合物的成分如表 5－12 所示。

表 5－11　Al－Fe－Si 合金中相的晶体结构和晶格常数

相名称	晶体结构和晶格常数	相名称	晶体结构和晶格常数
α－AlFeSi	体心立方晶系 $a=1.256$nm	αT－AlFeSi	单斜晶系 $a=2.81$nm，$b=3.08$nm，$c=2.08$nm，$\beta=97.74°$
α－AlFeSi	简单立方晶系 $a=1.252$nm	β－AlFeSi	单斜晶系 $a=0.612$nm，$b=0.612$nm，$c=4.15$nm，$\beta=91°$
α′－AlFeSi	六方晶系 $a=1.23$nm，$c=2.62$nm		
α″－AlFeSi	正方晶系 $a=1.26$nm，$c=3.70$nm	β′－AlFeSi	单斜晶系 $a=0.89$nm，$b=0.49$nm，$c=4.16$nm，$\beta=92°$
q1－AlFeSi	斜方晶系 $a=1.27$nm，$b=3.62$nm，$c=1.27$nm	h－AlFeSi	六方晶系 $a=2.514$nm，$c=1.257$nm
q2－AlFeSi	单斜晶系 $a=1.25$nm，$b=1.23$nm，$c=1.93$nm，$\beta=109°$	Si	面心立方晶系 $a=0.542$nm
αV－AlFeSi	单斜晶系 $a=0.847$nm，$b=0.635$nm，$c=0.610$nm，$\beta=93.4°$	θ－$Al_{13}Fe_4$	单斜晶系 $a=1.495$nm，$b=0.808$nm，$c=1.248$nm，$\beta=107.75°$

表 5－12　粗大颗粒的化学成分 XRD 能谱分析平均结果（质量分数）　（%）

相 名 称	Al	Fe	V	Si
α－AlFeSi	76.57	15.61	1.93	6.19
h－AlFeSi	76.36	15.91	1.84	5.87
θ－$Al_{13}Fe_4$	76.13	22.27	0.42	1.18

此外，金属间化合物 Al_8Fe_2Si（含 Fe31.6% 和 Si7.8%），在 Fe 含量为 30%～33% 和 Si 含量为 6%～12% 范围内存在一个匀相区，随 Fe、Si 含量的变化，化学式分别为 $Al_{12}Fe_3Si_2$（30.7% Fe，10.2% Si）、$Al_{7.4}Fe_2Si$、α（AlFeSi）或 C（AlFeSi），其晶体结构为六方晶系，空间群 $P6_3/mmc$，晶格常数 $a=1.23\sim1.24$nm，$c=2.62\sim2.63$nm，密度为 3.58g/cm^3。金属间化合物 Al_5FeSi（含 Fe25.6% 和 Si12.8%），在 Fe 含量为 15%～30% 和 Si 含量为 12%～15% 范围内存在一个匀相区，随 Fe、Si 含量的变化，化学式分别为 $Al_9Fe_2Si_2$、β（AlFeSi）或 m（AlFeSi），其晶体结构为单斜晶系，晶格常数 $a=b=0.612$nm、$c=4.148\sim4.150$nm 和 $\beta=91°$，密度为 3.3～3.6g/cm^3，维氏硬度为 5.8GPa，20℃时 β（AlFeSi）相的显微硬度为 11.47GPa，300℃保温 1h 后显微硬度为 7.85GPa，这表明该相具有很高的热稳定性。

化合物 Al_4FeSi_2（含 Fe25.4%，Si25.5%），其匀相区成分范围较 α（AlFeSi）和 β（AlFeSi）窄，随 Fe、Si 含量的变化，化学式可写为 $Al_3Fe_2Si_3$、δ（AlFeSi）或 t（AlFeSi），其晶体结构为 $PdGa_5$ 型四方晶系，晶格常数 $a=0.607\sim0.63$nm、$c=0.941\sim0.953$nm，密度为 3.3～3.36g/cm^3，该相在 20℃的微观硬度为 10.97GPa，300℃保温 1h

后为 5.18GPa。

化合物 Al_3FeSi（含 Fe33.9%，Si16.9%），或写成 γ（AlFeSi）具有单斜晶体结构，晶格常数 $a=1.78nm$，$b=1.025nm$，$c=0.890nm$，$\beta=132°$。

Al－Fe－Si 三元合金富铝角相图以及液相和固相的投影面如图 5－30 所示，含

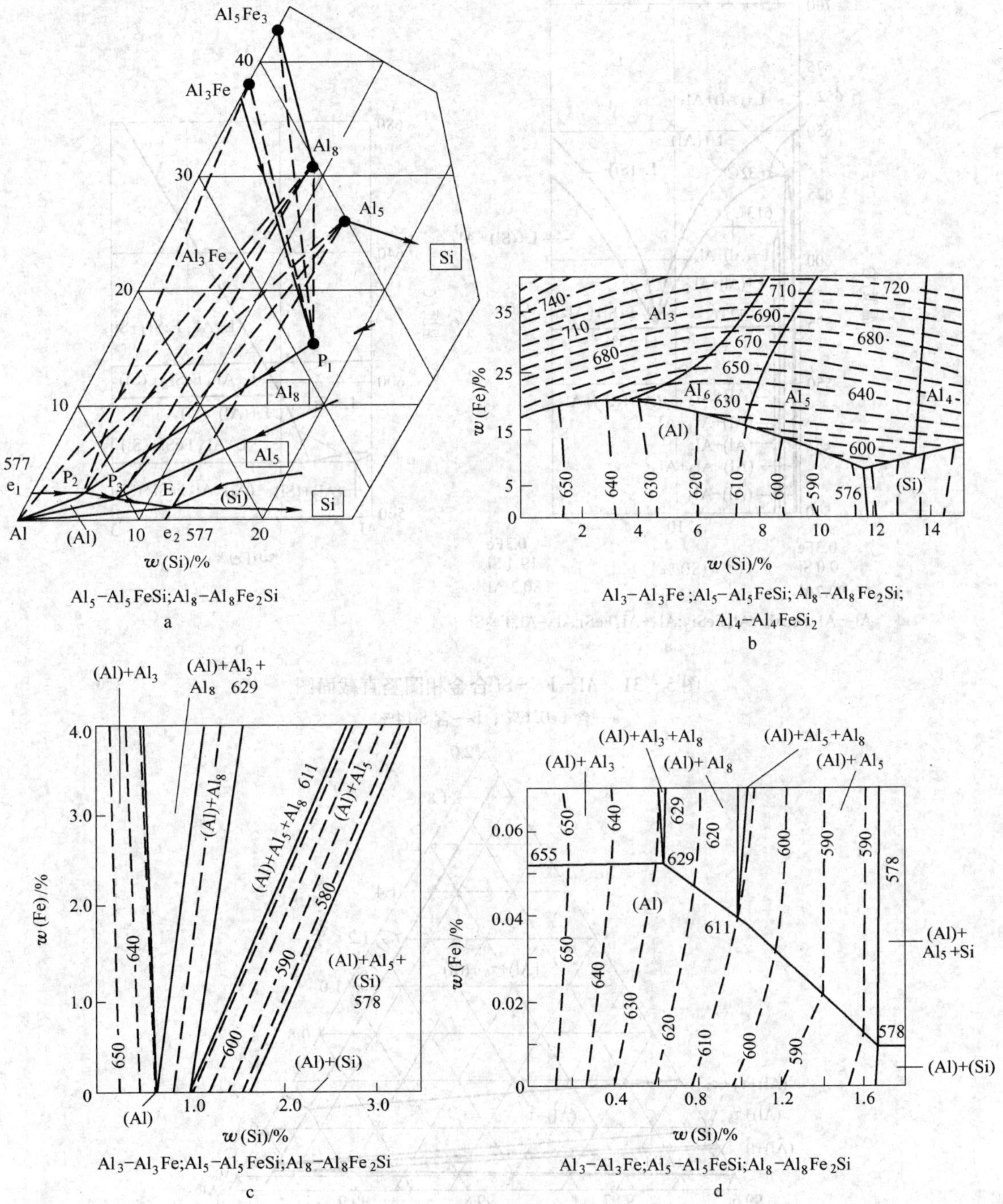

图 5－30　Al－Fe－Si 合金相图

a—总体图；b—液相面投影；c，d—固相面

Fe0.6%（质量分数）和 Si14%（质量分数）的竖直截面图分别如图 5－31（a）、（b）所示。图 5－32 和图 5－33 分别为 Al－Fe－Si 合金富 Al 角的 450℃和 550℃的等温截面图。

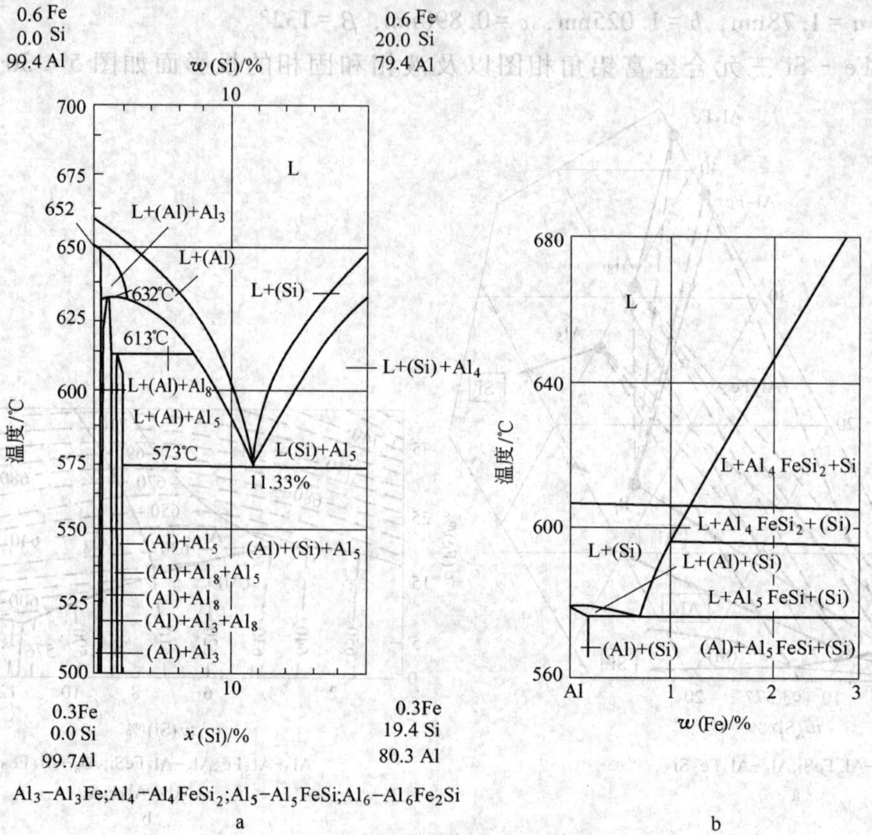

图 5－31　Al－Fe－Si 合金相图竖直截面图

a—含 Fe0.6%；b—含 Si14%

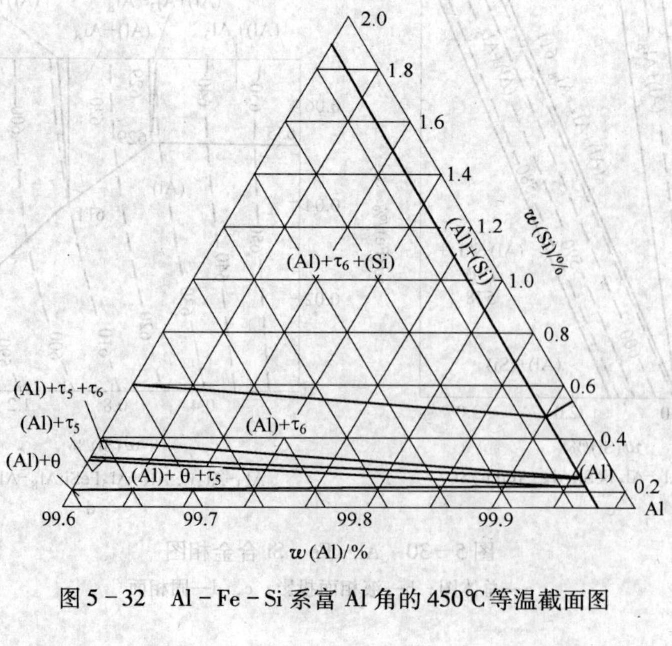

图 5－32　Al－Fe－Si 系富 Al 角的 450℃等温截面图

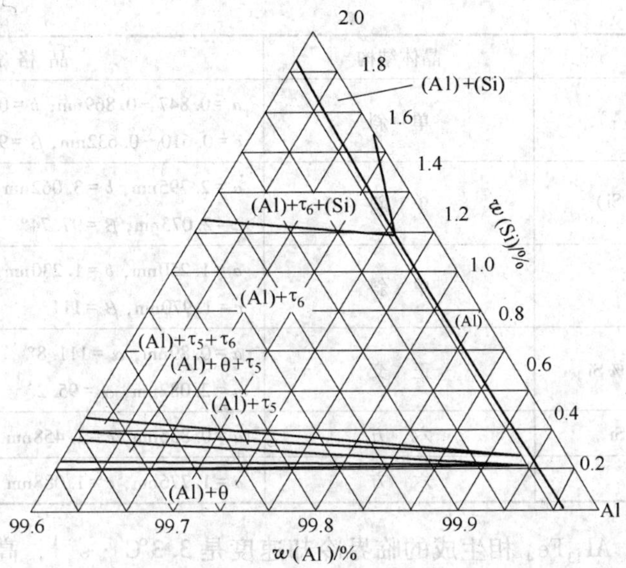

图 5-33 Al - Fe - Si 系富 Al 角的 555℃等温截面图

有文献报道[52]，由于在 Al - Fe - Si 合金熔体中，只有一小部分 Fe 和 Si 固溶于固溶体中，它们的主要存在形式是二元和/或三元中间相。由于 Si 的存在会影响 Fe 的固溶度，在一定程度上改变了 Fe 的分布。很多的研究表明在低的冷却速率下，常出现的平衡相有针片状相 Al_3（Fe，Si）（单斜晶）、片状相 Al_8Fe_2Si（六方结构）、片状 Al_5FeSi（单斜晶）、粗大相 $Al_9Fe_2Si_2$。在 Al - Fe - Si 三元相图富 Al 角的高纯合金中，α 相区内易形成六方 α - AlFeSi 晶体。如果存在其他元素或杂质，则会在该区形成立方亚稳 α - AlFeS 相[53]。Philip 等人认为，在这个成分范围内，立方 α - AlFeSi 将优先于六方相形成。在成分范围与 θ 相区相同的三元合金中，随非平衡凝固过程的进行，会形成亚稳立方 α - AlFeSi晶体而不是 θ - $Al_{13}Fe_4$，因为 θ - $Al_{13}Fe_4$ 在液相中的生长速度很慢。

随着冷却速度的增加，首先 Al - Si 共晶点将向高硅方向漂移，可以达到 17% Si，Si 在铝中的过饱和固溶度可达到 10% ~16%。同时，Al - Fe - Si 合金相转变及相组成同样也发生变化，众多学者对 Al - Fe - Si 合金系亚稳相的形成及其规律进行了大量的研究，表 5 - 13为 Ghosh、Cooper、Dons、Skjerpe 等人报道的 Al - Fe - Si 合金可能存在的亚稳相。

表 5 - 13 Al - Fe - Si 合金可能存在的亚稳相

相	晶体结构	晶 格 常 数
α（$Al_{12.7-12.9}Fe_3Si_{1-1.5}$） （27 - 35% Fe，4 - 8% Si）	立方或 体心立方	$a = 1.256$nm
α′（$Al_{12-12.6}Fe_3Si_{1.6-2}$）	六方	$a = 1.23$nm，$c = 2.62$nm
α″，q_1	正方或正交	$a = 1.26 \sim 1.3$nm，$c = 3.70$nm
β′，$β^*$	单 斜	$a = 0.89$nm，$b = 0.49$nm， $c = 4.16$nm，$β = 92°$

续表5 - 13

相	晶体结构	晶格常数
α_v（$Al_{14.8}Fe_3Si_{1-2.1}$）	单　斜	$a=0.847\sim0.869$nm，$b=0.635$nm，$c=0.610\sim0.632$nm，$\beta=93.4°$
α_γ（29%Fe，5.5%Si）	单　斜	$a=2.795$nm，$b=3.062$nm，$c=2.073$nm，$\beta=97.74°$
q_2	单　斜	$a=1.250$nm，$b=1.230$nm，$c=1.970$nm，$\beta=111°$
19%～27%Fe，0～3%Si	正　交	$a=0.89$nm，$\alpha=111.8°$　$a=2.082$nm，$\alpha=95.2°$
29.2%Fe，11.3%Si	六　方	$a=0.836$nm，$c=1.458$nm
19%Fe，1%Si	六　方	$a=1.776$nm，$c=1.088$nm

Iglessis 等认为，$Al_{13}Fe_4$ 相生成的临界冷却速度是 3.3℃ · s^{-1}，高于此冷却速度，就形成 α - AlFeSi 相而不是平衡 θ - $Al_{13}Fe_4$。表 5 - 14 列出了 Griger 等人[54]所得到的 Al - Fe - Si 合金在不同冷却条件下凝固后 XRD 相分析的实验结果。从试样成分上看，检测试样分属于平衡相图上 α - Al 固溶区、θ - AlFe 区、α - AlFeSi 区和 β - AlFeSi 区。从表中可以看出，当 Fe/Si 的比很大，冷却速度 >10^3K/s 时，将没有 $Al_{13}Fe_4$；当 Fe/Si 比值接近于 1，且冷却速度很小时，就会没有 $Al_{13}Fe_4$。

表 5 - 14　Al - Fe - Si 合金在不同冷却速度下形成的相[55]

相区	成分（质量分数）/%		冷却速度/K · s^{-1}					
	Fe	Si	<10	100	500	10^3	10^4	10^5
α - Al	09	0.25	A_3（A_6）	—	—	—	—	—
	0.5	0.2	α_c	α_c	α_c	—	—	α_c
	0.5	0.5	α_c	—	—	—	—	—
	0.2	0.2	α_c	—	—	—	—	—
	0.5	1.0	β	—	—	—	—	—
θ	10.9	1.7	—	—	—	A_3 + Si	$\alpha_c+\alpha_H$	α_c
	10.0	2.0	—	α_c+A_3	α_c	—	—	—
	10.4	2.2	—	α_c+A_3	α_c+A_3	α_c +（α_H）	—	—
	7.6	2.1	—	—	—	—	—	α_c
	8.6	2.5	$A_3+\alpha_c$	—	—	—	—	—
	7.5	2.4	—	α_c+A_3	α_c+A_3	α_c +（α_H）	—	—
	3.3	1.1	$A_3+\alpha_c$	—	—	—	—	—
	5.2	1.9	α_c+A_3	—	—	—	—	—
	4.3	5.0	$\alpha_H+\alpha_c$	—	—	—	—	—

注：A_3：Al_3Fe（$Al_{13}Fe_4$）；A_6：Al_6Fe；α_c：立方—AlFe - Si；α_H：六方—AlFeSi；—：不确定。

由于 Al－Fe－Si 相图非常复杂，亚稳相的形成规律也极其复杂，因此上述研究结果难免存在有争议的地方。

5.2.4　Al－Fe－Mo 系合金

过去的几十年，通过快速凝固粉末冶金方法，已成功地制备出许多高温铝合金，如 Al－Fe－Ce、Al－Fe－V－Si、Al－Fe－Mo（－V）、Al－Cr－Zr（－Mn）、Al－Ti－Fe 等，在 20 世纪 80 年代末，快速凝固 Al－Fe－Mo 系合金也开始受到人们的关注。

Al－Mo 二元合金中钼在 Al 中的固溶度 660℃时为 0.25%（质量分数），527℃时为 0.18%（质量分数），427℃时为 0.12%（质量分数）。在 660℃的包晶反应为

$$L \longrightarrow (Al) + Al_{12}Mo \text{（89.5\% Al（原子分数））}$$

在 707℃时产生 Al_6Mo，在 737℃时产生 Al_5Mo。Al－Fe－Mo 三元合金有不少学者进行过研究，山田铣一等人[55]通过快速凝固制得了 Al－8%Fe－2%Mo（质量分数）薄带，带厚 50μm，当凝固速度较快时得到均匀的过饱和固溶体，硬度为 320HV，当凝固速度较低时（薄带厚度为 100μm），在固溶体中析出 Al_6Fe、$Al_{12}Mo$ 和 Al_3Fe，硬度为 180HV。过饱和固溶体薄带在 400℃退火 3.6ks 时析出 Al_6Fe，在 773K 退火 3.6ks 时除析出 Al_6Fe 外，还析出了 $Al_{12}Mo$ 和 Al_3Fe，在 823K 退火 3.6ks 后 Al_6Fe 相消失。图5－34为快速凝固 Al－Fe－Mo 合金加热后的 X 射线衍射图。

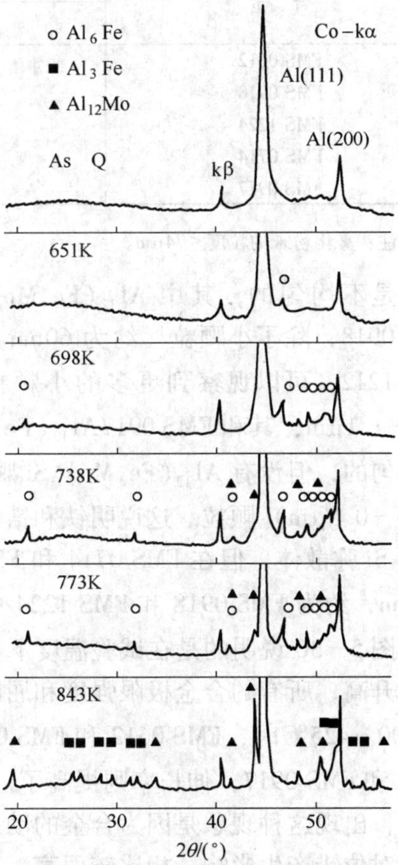

图 5－34　快速凝固 Al－Fe－Mo 合金加热至标明温度时的 X 射线衍射图（加热速率为 0.042 K/s）[55]

Al－Fe－Mo 系合金中 Al－Fe－Mo－Si 合金是一种高温快速凝固铝合金，它是通过 $Al_{12}(Fe,Mo)_3Si$ 颗粒来弥散强化的。在 FAl－Fe－Mo－Si 合金中有很多极细的 $Al_{12}(Fe,Mo)_3Si$ 弥散体，直径约为 50nm。Li 等人通过快速凝固/粉末冶金方法制备了一系列 Al－Fe－Mo－Si 系合金。这些合金成分见表 5－15，所制得的雾化粉末都包含两相，即：α－Al 和体心立方结构的 $Al_{12}(Fe,Mo)_3Si$。α－Al 和 $Al_{12}(Fe,Mo)_3Si$ 这些合金的晶格参数列在表 5－16中，可以看出 α－Al 的晶格参数与纯铝（0.40496nm）接近，而 $Al_{12}(Fe,Mo)_3Si$ 的晶格参数与 Al－8Fe－2Mo－1Si 合金（(1.263±0.003) nm）接近。然而，在 FMS 0714 和 FMS 0917 中，两者都含有 0.5% 钛和 1.3% 锆，$Al_{12}(Fe,Mo)_3Si$ 的晶格参数约为 1.260nm，稍稍小于 FMS 0612，FMS 0918 和 FMS 1212。图5－35说明的是 Al－Fe－Mo－Si 合金挤压棒的微观组织。FMS 0612 的微观

表 5－15　某些 Al－Fe－Mo－Si 合金的成分（质量分数）[56]　（%）

合　金	Al	Fe	Mo	Si	Ti	Zr
FMS 0612	余量	6.0	1.3	1.1	–	–
FMS 0918	余量	9.0	2.0	1.6	–	–
FMS 1224	余量	12.0	2.6	2.2	–	–
FMS 0714	余量	7.0	1.4	1.4	0.5	1.3
FMS 0917	余量	9.0	1.7	1.7	0.5	1.3

表 5－16　Al－Fe－Mo－Si 合金雾化粉末的 α－Al 和 Al_{12}（Fe，Mo）$_3$Si 的晶格参数[56]

合　金	晶格参数/nm	
	Al_{12}（Fe，Mo）$_3$Si	α－Al
FMS 0612	1.2629	0.4048
FMS 0918	1.2624	0.4050
FMS 1224	1.2649	0.4051
FMS 0714	1.2605	0.4052
FMS 0917	1.2603	0.4054

注：雾化粉末的粒度＜74μm。

组织是不均匀的，其中 Al_{12}(Fe,Mo)$_3$Si 细小颗粒约为 80nm，大颗粒约为 300nm。对 FMS 0918，除了小颗粒（约为 60nm）外还会出现一些小颗粒的团聚（约 350 nm）；对 FMS 1212，可以观察到更多的小颗粒的团聚体。在这些合金中，α－Al 的晶粒尺寸在 0.6～1.1μm，其和 FMS 0917 Al_{12}(Fe,Mo)$_3$Si 两者都含有 0.5% 钛和 1.3% 铁，其微观组织是均匀的，但没有 Al_{12}(Fe,Mo)$_3$Si 颗粒的团聚体，也不存在不含钛或锆的更小的 α－Al（0.4～0.6μm）颗粒。这说明钛和锆的加入减小了 α－Al 的晶粒大小，也分散了 Al_{12}(Fe,Mo)$_3$Si 弥散体，但在 FMS 0714 和 FMS 0917 中，Al_{12}(Fe,Mo)$_3$Si 弥散体分别为 200nm 和 140nm，约为 FMS 0918 和 FMS 1224 中晶粒的 2～4 倍。

图 5－36 说明的是在试验温度下，Al－Fe－Mo－Si 合金拉伸性能的函数关系，随着温度的升高，所有的合金极限强度和屈服强度都降低了，但它们的伸长率变化却不同。温度在 300～425℃时，FMS 0612 和 FMS 0918 的伸长率基本保持不变，但对于 FMS 1224，FMS 0714 和 FMS 0917，伸长率则提高了。除此之外，其他粉末合金在 20～300℃之间伸长率会下降，出现这种现象是因为合金的动态应变时效所致，合金元素包括铁、钼、硅、钛或锆都会对位错产生影响，相比较而言，FMS 0612、FMS 0918 和 FMS 1224 中的铁元素由 6% 上升至 12%，室温和高温强度都增加了；含 0.5% 钛和 1.3% 锆的合金，FMS 0714 和 FMS 0917，在 300℃以下，尤其是在室温条件下，其伸长率高于不含钛和锆的合金（如 FMS 0918），这是因为钛和锆的加入减小了晶粒尺寸并分散了 Al_{12}(Fe,Mo)$_3$Si 的颗粒分布，因而提高了晶粒间的束缚力和分散增强效果，而 FMS 0714 和 FMS 0917 在 300℃以上的强度则低于同温度下的 FMS 0918 和 FMS 1224。表 5－17 列出了 300℃时，Al－Fe－Mo－Si 合金的应力断裂性能。很明显，在 300℃下，FMS 0918，FMS 1224 和 FMS 0714 的应力断裂性能要优于同条件下的 FMS 0612。

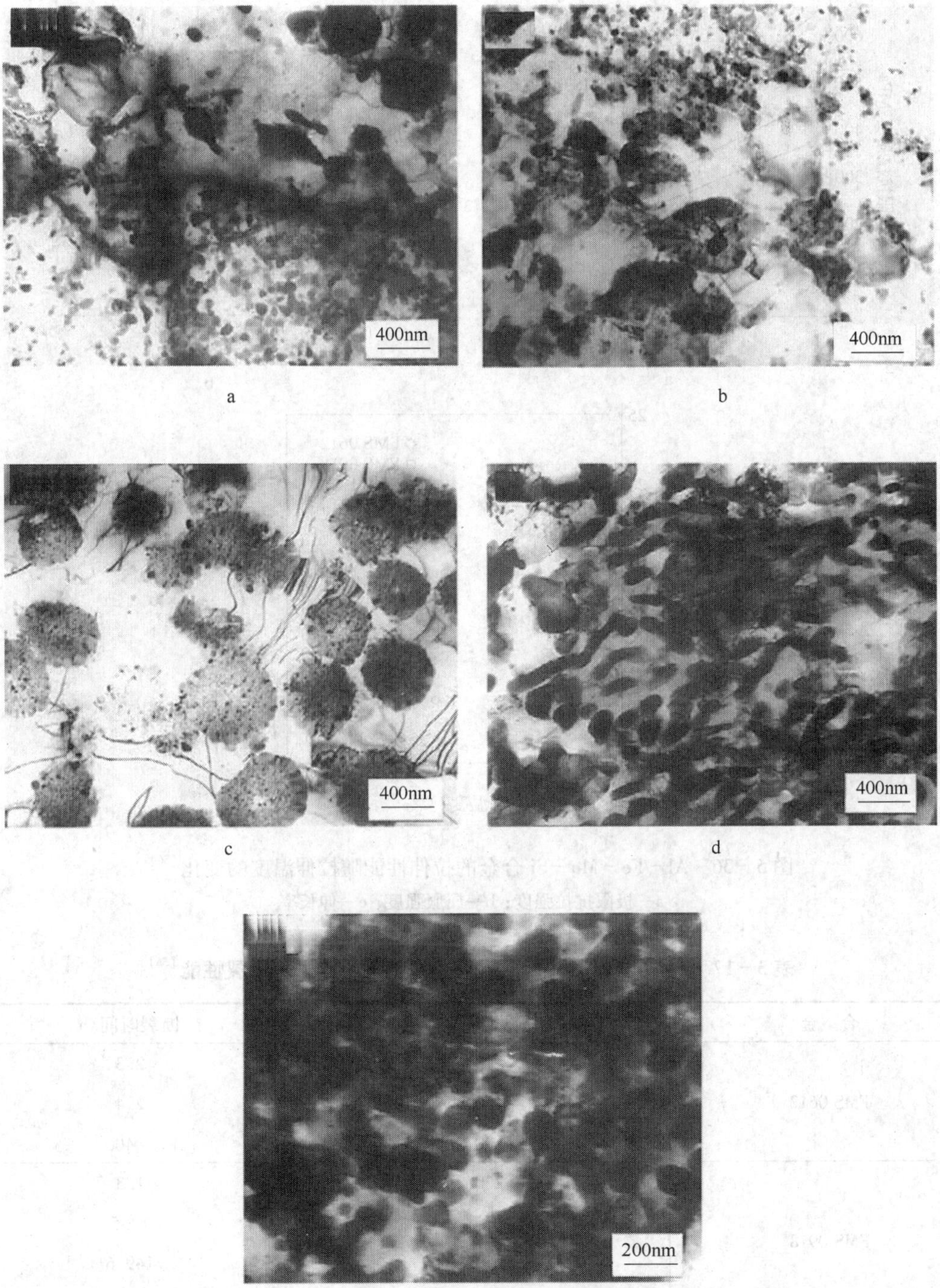

图 5－35 Al－Fe－Mo－Si 合金挤压棒材的显微组织[56]

a—FMS 0612；b—FMS 0918；c—FMS 1224；
d—FMS 0714；e—FMS 0917

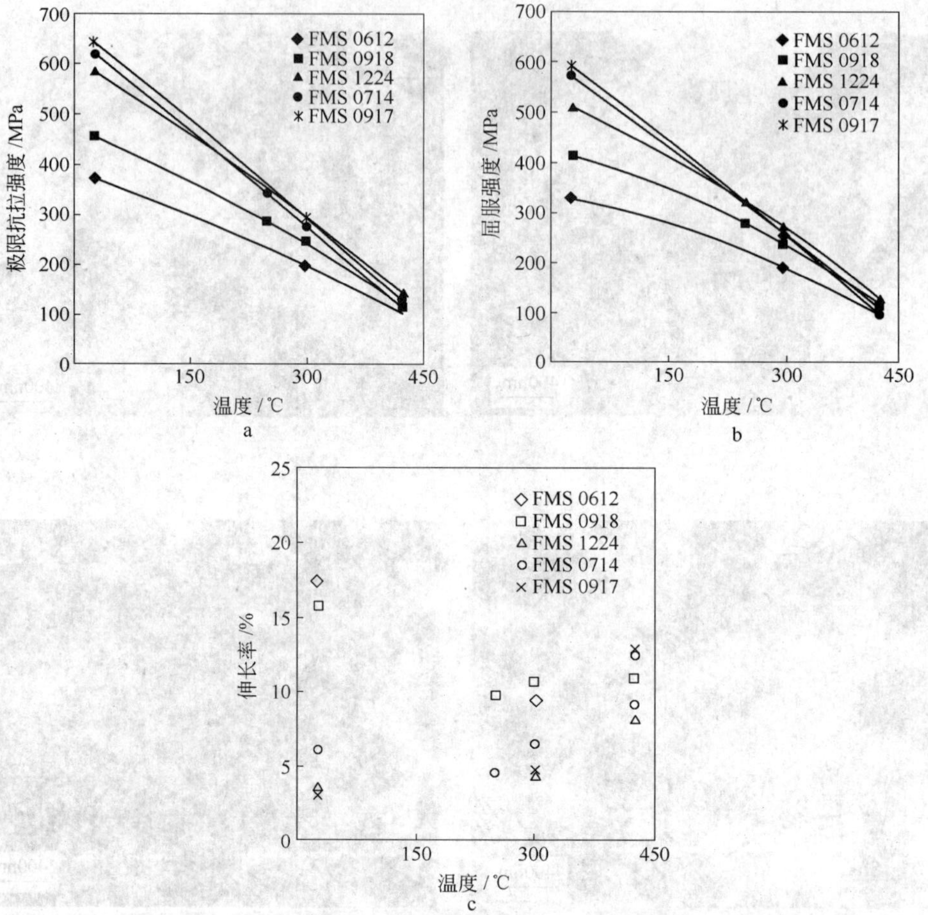

图 5－36　Al－Fe－Mo－Si 合金的拉伸性能随拉伸温度的变化[56]

a—极限抗拉强度；b—屈服强度；c—伸长率

表 5－17　Al－Fe－Mo－Si 合金在 300℃下的应力－断裂性能[56]

合　金	应力/MPa	断裂时间/h
FMS 0612	175	2.3
	150	2.4
	100	>400
FMS 0918	200	1.3
	175	17.5
	150	149.6
	100	>400
FMS 1224	200	2.0
	175	34.3
FMS 0714	200	7.2
	175	26.0

图 5－37 对 FMS 0918、FMS 1224、FVS 0812、FVS 1212、I/M 2024－T3，I/M 2219－T851 和 I/M 2618－T61 合金的高温性能进行了比较，可以看到，在高温条件下，尤其是高于 150℃时，快速凝固粉末冶金大大优于I/M合金，FMS 0918 和 FMS 1224 的极限强度分别接近于 FVS 0812 和 FVS 1212，同样，FMS 0918 的断裂韧性接近于 FMS 0812，大大优于 I/M 2024－T3。对 I/M 2219－T851 和 I/M 2014－T6 的盐雾腐蚀性能进行了比较，FMS 0918 合金的抗腐蚀性能与 FVS 0812 接近，大大好于 I/M 2014－T6 合金。然而如图 5－38所示，FMS 0714 的抗腐蚀性能却差于 FMS 0918 和 FVS 0812。图 5－39 表明，在 425℃，经 100h 暴露前后，Al－Fe－Mo－Si 的抗振性能对温度的依赖性：在挤压状态下，除了 FMS 0918 合金以外，FMS 0612、FMS 1224、FMS 0714 和 FMS 0917 表现出 $6\times10^{-3}\sim10^{-2}$的抗振能力，经 100h425℃暴露后，FMS 0612、FMS 0918 和 FMS 1224 几乎不变，而合金 FMS 0714 和 FMS 0917 则出现一些变化，这说明不含钛或锆的 Al－Fe－Mo－Si 合金热稳定性优于含钛或锆的 Al－Fe－Mo－Si 合金。

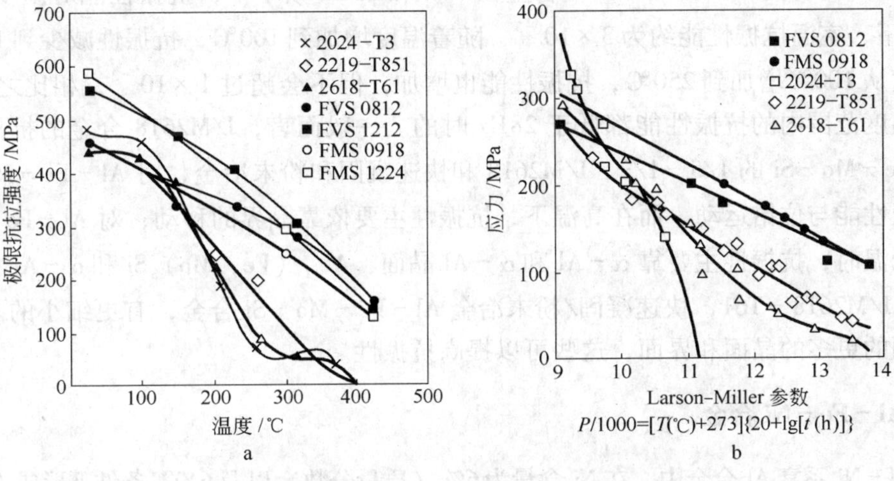

图 5－37 FMS 0918、FMS 1224、FVS 0812 、FVS 1212、I/M 2024－T3、I/M 2219－T851 和 I/M 2618－T61 合金高温性能的比较[56]

a—极限抗拉强度；b—应力－断裂性能

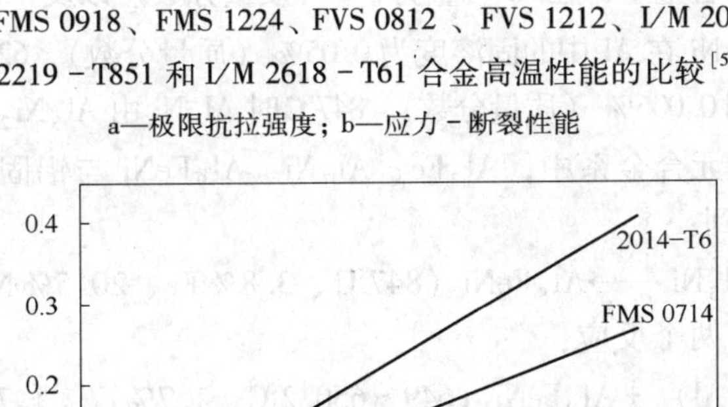

图 5－38 FMS 0918、FMS 0714、FVS 0812 和 I/M 2014－T6 合金盐雾化的比较[56]

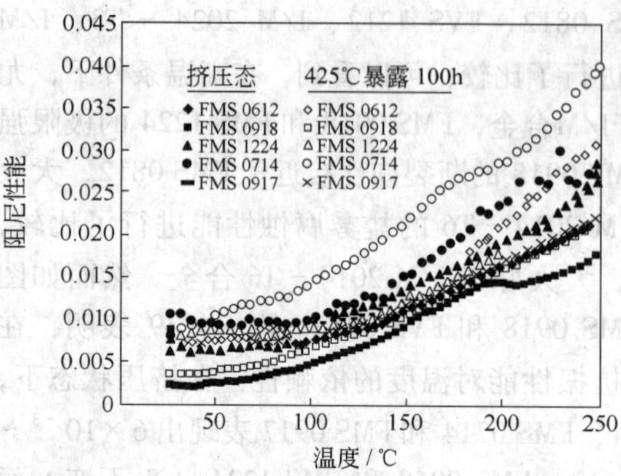

图 5－39　Al－Fe－Mo－Si 合金在 425℃暴露 100h 前后的阻尼性能与温度的关系（f＝1Hz）

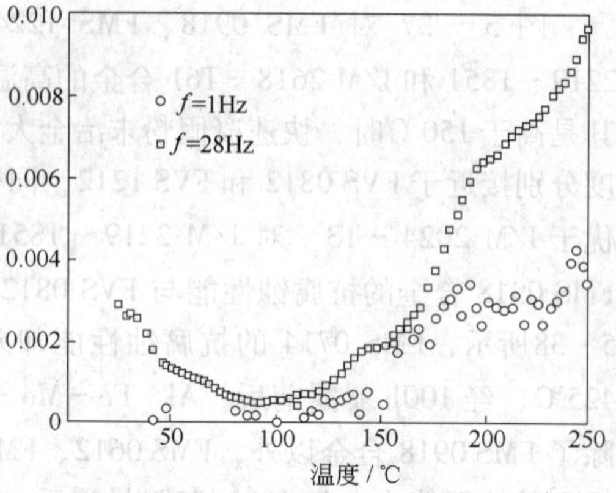

图 5－40　I/M 2618－T6 合金在 1Hz 与 28Hz 下阻尼性能与温度的关系

图 5－40 表明了 I/M2618－T61 合金在 1Hz 和 28Hz 频率下，抗振性能对温度的依赖：在 28Hz 下，室温抗振性能约为 3×10^{-3}，随着温度增加到 100℃，抗振性减少到 1×10^{-3}，随着温度从 100℃增加到 250℃，抗振性能也增加，但不会超过 1×10^{-2}，相比之下，1Hz 时整个温度范围内的抗振性能都低于 28Hz 时的。一般而言，I/M2618 合金的抗振性能只是 Al－Fe－Mo－Si 的 1/5～1/2，I/M2618 和快速凝固和粉末冶金，对 Al－Fe－Mo－Si 合金的抗振性能与位错运动，而在高温下，抗振性主要依靠晶界的移动；对 Al－Fe－Mo－Si 合金，低温时，抗振性主要靠 α－Al 和 α－Al 晶面，$Al_{12}(Fe,Mo)_3Si$ 和 α－Al 相界面和 PPB；对 I/M2618－T61，快速凝固/粉末冶金 Al－Fe－Mo－Si 合金，有更细小的晶粒和由此而得到的更多的晶面和界面，这些可以提高抗振性。

5.2.5　Al－Fe－Ni 合金

在 Al－Ni 系富 Al 合金中，在 Ni 含量为 6%（质量分数）以及 640℃条件下形成 $Al+Al_3Ni$ 共晶。在共晶温度点，Ni 在 Al 中的固溶度为 0.05%（质量分数），627℃时降低到 0.03%（质量分数），527℃降低到 0.006%（质量分数）。847℃时 Al_3Ni 由 Al_3Ni_2 包晶生成。

在 Al－Fe－Ni 三元合金系中，Al_3Fe、Al_3Ni、Al_9FeNi 与铝固溶体处于平衡状态。三元相通过包晶反应得到：

$$L+Al_3Fe+Al_3Ni \longrightarrow Al_9FeNi$$（847℃、3.8% Fe、20.5% Ni（质量分数））

在富 Al 合金中出现了两个反应：

$$L+Al_3Fe \longrightarrow (Al)+Al_9FeNi$$（649～650.2℃、1.7% Fe、1.7% Ni（质量分数））

$$L \longrightarrow (Al)+Al_3Ni+Al_9FeNi$$（638～640℃、0.2%～0.3% Fe、6.5% Ni（质量分数））

Al_3Fe 相可溶解 3%～4%（质量分数）（1.4%～1.9%（原子分数））的 Ni，而 Al_3Ni 中可溶解的 Ni 不超过 1%（质量分数）（0.5%（原子分数））。Al_9FeNi 相的均匀范围从 4.5% Fe（质量分数）和 28% Ni（质量分数）到 14% Fe（质量分数）和 18% Ni（质量分数）变化。研究证实，Al－1% Fe－1% Ni 合金中具有单一结构的 Al_9FeNi 相的成分在给定的范围内。

含 42% Ni 的 Al_3Ni 相为正交晶体结构，其中 $a=0.6611$nm、$b=0.73662$nm、$c=$

0.4812nm。该相的形成热为40kJ/mol。在二元系中该相的密度在3.95～3.96g/cm³之间。维氏硬度为7～7.7GPa（27℃），当加热到327℃时变化很小，随后直线降低到577℃时的2GPa。Al_3Ni化合物的杨氏模量为116GPa，剪切模量为63GPa。20℃该相的微观硬度为5.95GPa，300℃×1h的微观硬度为3.54GPa，这意味着该化合物是耐热的。

含15.6%Fe和16.4%Ni（质量分数）的Al_9FeNi具有Al_9Co_2型单斜晶体结构（空间群P21/c，单胞具有22个原子），其中a=0.8598nm、b=0.6271nm、c=0.6207nm、β=94.66°。维氏硬度为6.9～7.4GPa。

图5-41给出了凝固表面投影以及Al-Fe-Ni相图富Al角相区分布。

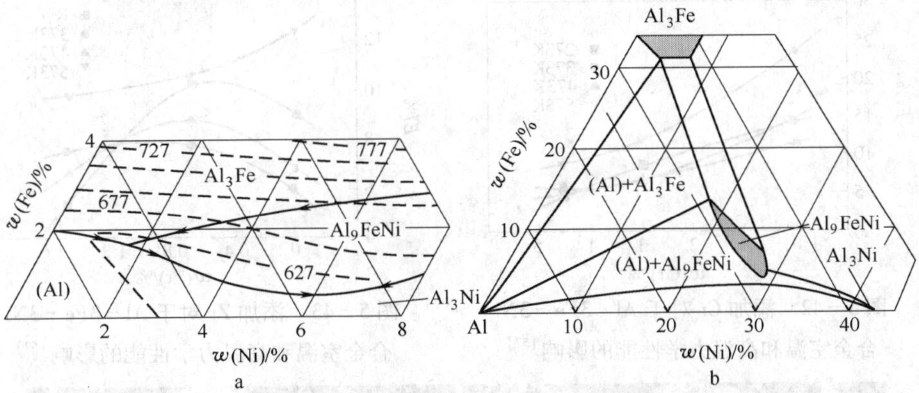

图5-41 Al-Fe-Ni三元相图的等温截面

a—结晶面的投影图；b—在固态Al-Fe-Ni系统的相区分布

快速凝固Al-Fe-Ni系耐热合金，由于存在以$Al(Fe,Ni)_2$为基的三元τ相，可有效地提高合金的模量，同时，τ又是剪切时的稳定相，再加上τ相与α-Al基体具有良好的取向关系，使合金强度和热稳定性显著增加。Al-Fe-Ni合金中加入少量Mo，Cr后，合金中出现Al_xMo（x表示制造条件不同，化合物的原子组成比不同）等相，合金在480℃时极限抗拉强度仍高达490MPa，冲击值K_{IC}也保持在12MPa·m$^{1/2}$左右。

快速凝固粉末冶金铝合金由于其在150～345℃在结构件和引擎上的应用潜力吸引了航空工业的注意力。当许多其他成分的合金已研究过后，开发工作开始集中于含铁（质量分数为6%～11%）和其他一些稀土金属（典型的为铈）或过渡金属（典型的为镍）。Al-Fe-Ni系合金通过细小弥散分布的共晶状的金属间化合物得到弥散强化。

松本賢司等人[57]对Al-3Fe-3Ni粉末冶金合金的微观组织和力学性能以及添加Cr、Zr的影响进行了研究，研究表明，在Al-Fe-Ni合金中加入Cr可以提高材料的抗拉强度，同时也会降低其塑性，如图5-42所示。但当在Al-3Fe-3Ni-3Cr合金中加入的Zr达0.7%（质量分数）后，就可以在提高强度的同时也提高其塑性（图5-43），继续加Zr后塑性降低。快速凝固粉末中存在$Al_{80}Cr_{13.5}Fe_{6.5}$准晶相粒子。此外，Al-Fe-Ni-Cr合金中因基体中亚晶晶界上或晶内存在Al_3Fe、Al_3Ni和$Al_{13}Cr_2$沉淀相粒子，使其室温强度和高温强度均大大提高，其挤压棒材在室温下的抗拉强度达657.7MPa，573K下为281MPa，但延展性较差。如图5-44所示，其力学性能的改善得益于其细小的亚晶结构以及细小的准晶相粒子以及其他弥散粒子。此外，在合金中加入Zr可以细化其显微组织，改善其延展性。

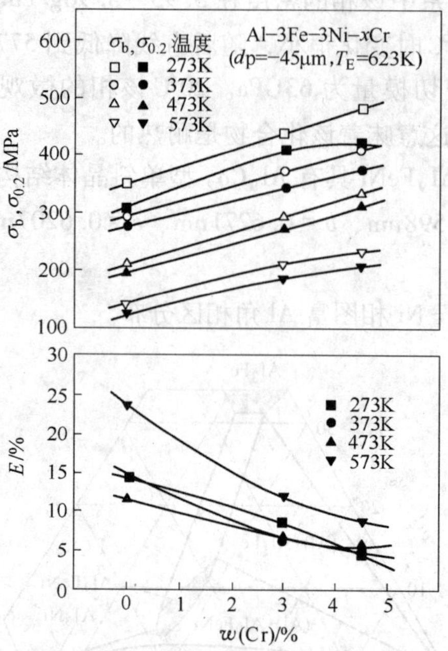

图 5－42　添加 Cr 对于 Al－3Fe－3Ni 合金室温和高温力学性能的影响[57]

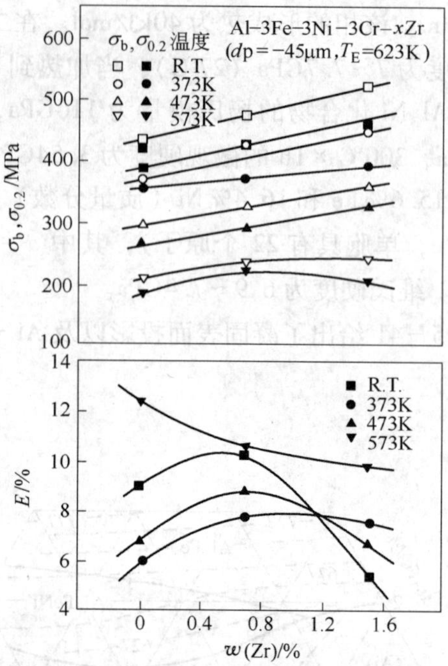

图 5－43　添加 Zr 对于 Al－3Fe－3Ni 合金室温和高温力学性能的影响[57]

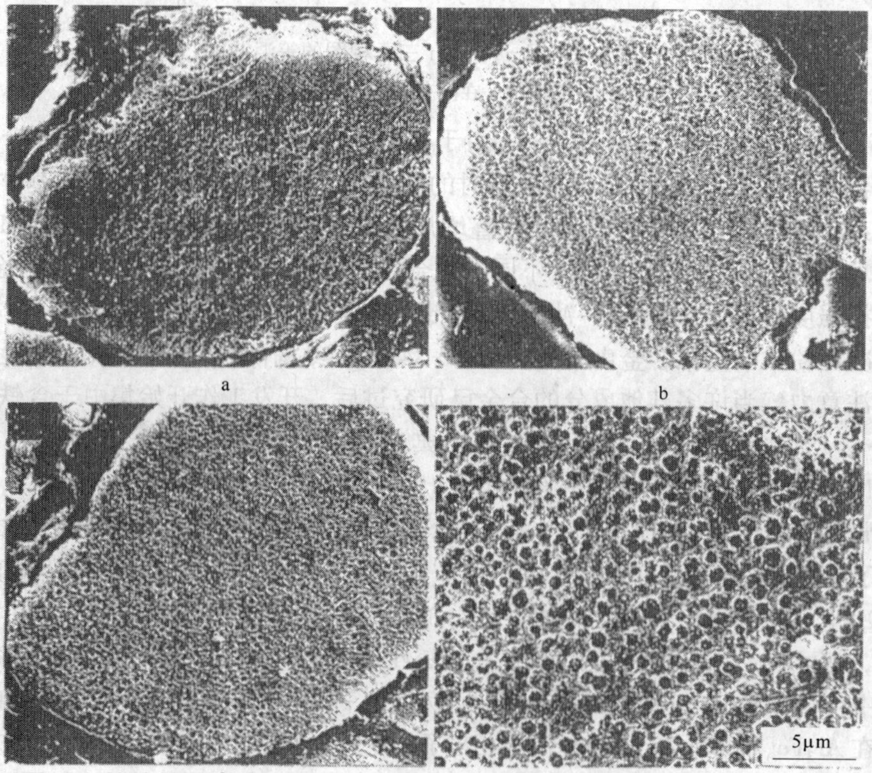

图 5－44　Al－3Fe－3Ni 快速凝固的微观组织（合金粉末界面的 SEM 形貌）[57]

a—Al－3Fe－3Ni－3Cr；b—Al－3Fe－3Ni－3Cr－0.7Zr；c，d—Al－3Fe－3Ni－4.5Cr

a～c—粉末直径 <25μm；d—粉末直径 45～63μm

松本賢司等[58]还将 Al－3%Fe－3%Ni－0.7%Zr（质量分数）粉末进行机械碾磨，研究结果表明，伴随 MG 处理时间的增加，粉末的维氏硬度显著增加，经 154.8ks 处理后达到 330，并且 MG 粉末挤压后随着 MG 时间的延长维氏硬度增大，室温强度达 675.7MPa，573K 时强度达 281MPa，伸长率约为 1%。

Young-Won Kim 和 Walter M. Griffith[49]研究了退火对于快速凝固粉末冶金（PM）铝合金 Al－5.7Fe－6.1Ni 组织的影响。

图 5－45 为 Al－5.7Fe－6.1Ni 合金的雾化态粉末和真空热压态粉末的 SEM 显微组织照片。颗粒表面是粗糙的非规则形状（图 5－45a），这是空气雾化粉末的典型。粉末颗粒的粒度范围都很宽，从 1 到 20μm。合金粉末颗粒的平均粒度是 11.4μm。经过真空热压后，粉末颗粒边界择优腐蚀，经常可以看到枝晶状的初生相（金属间化合物）（图 5－45b）。

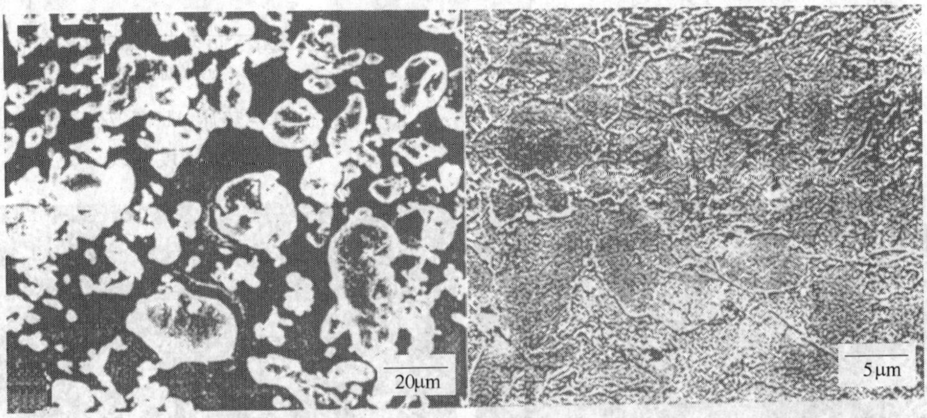

a　　　　b

图 5－45　Al－5.7Fe－6.1Ni 合金的 SEM 显微组织照片
a—雾化态；b—真空热压态

图 5－46 为 Al－5.7Fe－6.1Ni 合金真空热压（VHP）材料的等时退火（1h）曲线。尽管如此，合金的硬度在温度达到 349℃以前具有出色的稳定性，这一点在其显微组织中也有体现。随着温度的进一步升高，硬度都迅速下降。在 550℃时，硬度降低约 40%。

Al－5.7Fe－6.1Ni 合金的等温退火曲线如图 5－47 所示。每种合金的退火曲线都是由一个试样的三段等温退火曲线组成的。试样首先在 316℃退火 50h，然后在 349℃退火 34h，然后再在 382℃退火 23h，通过提高温度获得等温曲线。在 316℃，合金的硬度逐渐下降。当退火温度升高到 349℃后，合金的硬度下降增快。但从等温退火曲线（图 5－46）可以看出，温度高于 382℃，其硬度下降更快。

图 5－48 为 VHPAl－5.7Fe－6.1Ni 合金经过 316℃退火 1h 和 455℃退火 1h 后得到的显微组织。经 316℃退火 1h 后其热压态显微组织没有发生变化，尽管退火后其硬度有一定程度的下降（图 5－48）。如透射电镜照片（图 5－48b），由 α－Al 相和棒状金属间化合物组成。已经确定这种金属间化合物是 $FeNiAl_9$。粉末颗粒垂直于共晶薄片开裂，然后在热压过程中又弥合在一起（图 5－48b）。经 455℃退火，出现了球状或者不连续的共晶棒状的金属间化合物（图 5－48c 和 d），这说明发生了共晶组织的球化。还必须提到的是，球化金属间化合物粒子也有相当的粗化。

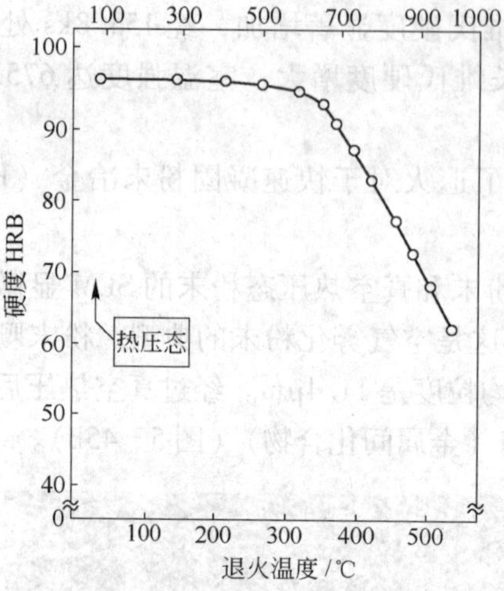

图 5－46　真空热压 Al－5. 7Fe－6. 1Ni 等时退火 1h 后的硬度曲线

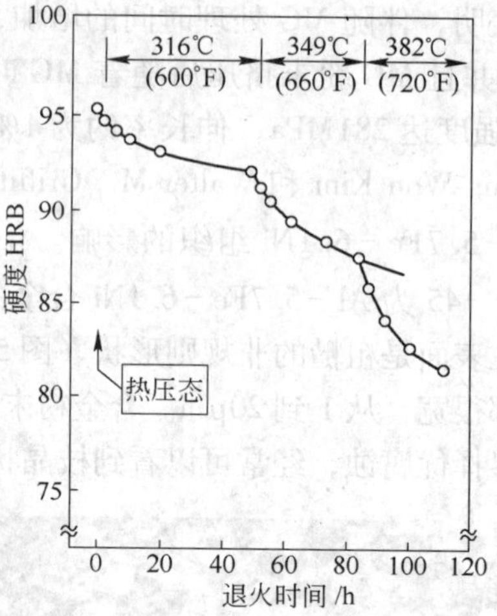

图 5－47　真空热压 Al－5. 7Fe－6. 1Ni 等温退火硬度曲线

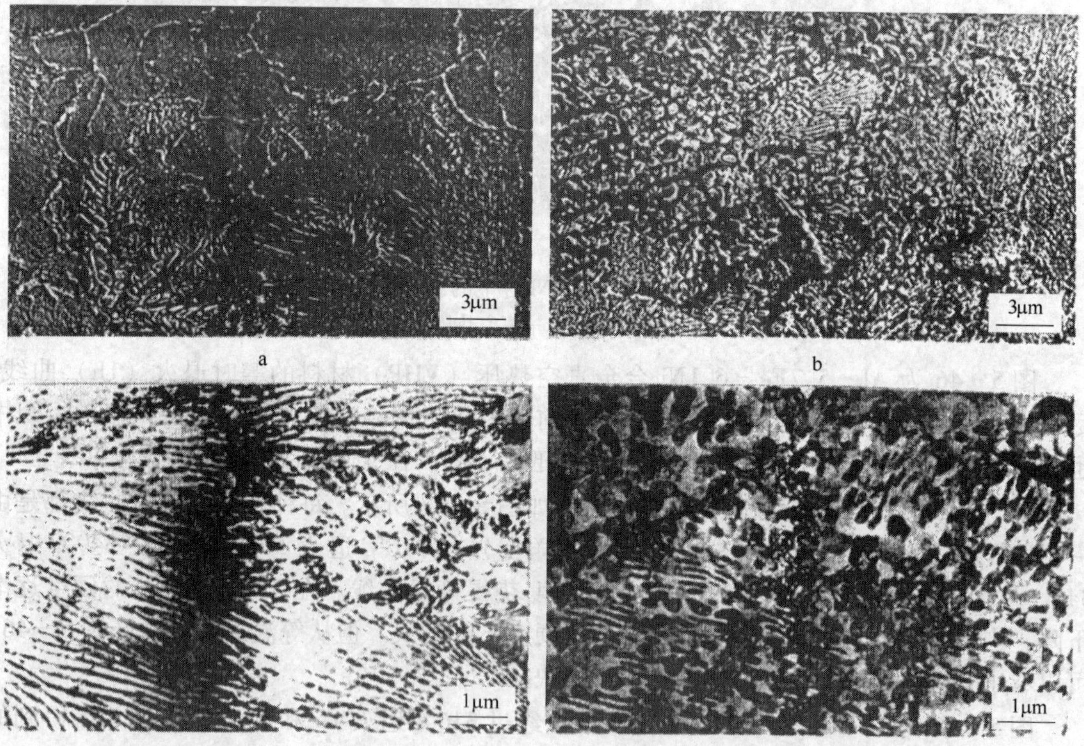

图 5－48　真空热压态 Al－5. 7Fe－6. 1Ni 在 316℃（a，b）455℃（c，d）下退火的 TEM 照片

另外，还有一些 Al－Fe－Ni 合金具有很大的应用价值。例如含 1. 5% Fe、5% Ni、0. 6% Si（质量分数）的 Al－Fe－Ni－Si 系合金可用在核反应堆水冷系统上，这种合金可以在 300℃高温高速水流环境中工作。

具有高耐腐蚀性的 Al－Fe－Ni 合金，可以通过固溶大约 1% 左右的 Zr 来提高强度。

固溶1%左右的 Zr 这就要求较高的冷速（>10K/s），所以我们只能得到符合要求的小铸锭（直径小于20mm）。

低合金化的铝最适合制造电气元件，因为 Al 固溶体中的合金元素可以降低电阻，Fe 在 Al 中的固溶度小，且能起强化作用，所以一些电气合金含有少量的 Fe 作为合金元素（Fe 含量为0.1%～0.7%）。虽然提高 Fe 的含量到0.6%～0.7%可以提高铸造性能，但当 Fe 含量超过0.5%时，电线的疲劳强度会明显降低。其次，新近开发的合金，如 AlFeNi（Al－1.5% Fe－1.5% Ni－0.8% Zr－0.5% Cr）和 AlFeCe（Al－2% Fe－2% Ce－0.8%Zr－0.5%Cr），它们分别含有共晶组织（Al）＋Al_9FeNi、（Al）＋$Al_{10}Fe_2Ce$。在这些合金中，Al 基体被 Zr 和 Cr 固溶强化。加入 Zr 和 Cr 主要是由于在薄壁铸件典型凝固速度（10～50K/s）时 Zr 和 Cr 在铸态铝中的固溶度至少达到0.8%。在400℃加热很长时间后，Cr 还在固溶体中，Zr 起沉淀强化作用，这样就形成了热稳定的硬的铝基体。值得注意的是：商用 Al－Cu 和 Al－Si 系的铸造合金在300℃以上长时间加热后，力学性能强烈降低。而在相同情况下，AlFeNi 和 AlFeCe 合金的力学性能不会变化。这是由于得到最高强度的热处理温度是450℃。

5.2.6 Al－Fe－Zr 合金

在 Al－Fe 合金中加入 Zr，Zr 在 Al 基合金中过饱和，形成 Al_3Zr 沉淀相。图5－49给出了 Al－Fe－Zr 合金的三元相图[59]。Al_3Zr 为正方结构，晶格常数 $a=0.4013\sim0.4015$nm，$c=1.732\sim1.735$nm，密度为4.1g/cm^3，电阻为$17\times10^{-8}\Omega$/m，线［膨］胀系数为$12.1\times10^{-6}K^{-1}$，维氏硬度为4.27～7.4GPa，杨氏模量为196GPa。Dobatkin 等人[61]的研究结果表明，增加冷却速度能够形成 Al－Zr 的过饱和固溶体，当冷却速度为（$10^3\sim10^4$）K/s 时，Zr 在 Al 中的固溶度为2%（质量分数）；当冷却速度为（$10^5\sim10^6$）K/s 时，Zr 在铝中的固溶度为4%（质量分数）；而在平衡状态其固溶度仅为0.05%（质

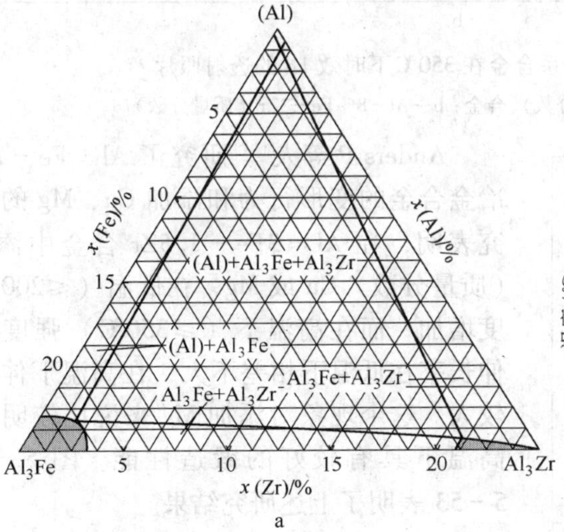

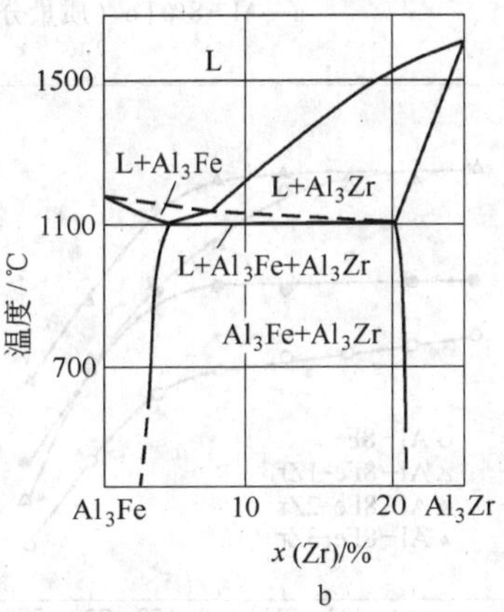

图5－49 Al－Fe－Zr 合金的三元相图[59]

a—500℃的等温截面；b—x(Fe)：x(Zr)＝3：1 的变温截面

量分数）(427℃）。

神尾彰彦等人[46]在 Al－8%Fe（质量分数）中添加1%～3%（质量分数）的 Zr，通过单辊甩带法制得了快速凝固薄带。研究结果表明，Zr 提高了合金的耐热性能，如图5－50所示，Al－Fe 二元合金在350℃加热1h，晶粒内析出棒状θ′相，但是添加 Zr 的合金在350℃加热1h后，维持了急冷凝固的微观组织，后者固溶在 Al 中 Zr 抑制了 Fe 原子的扩散；在400℃加热1h后，由于 Al－Fe－Zr 合金析出了 Al_3Zr，仍然对 Al_3Fe 起着钉扎作用，如图5－51所示，对耐热性的提高起到了很重要作用。

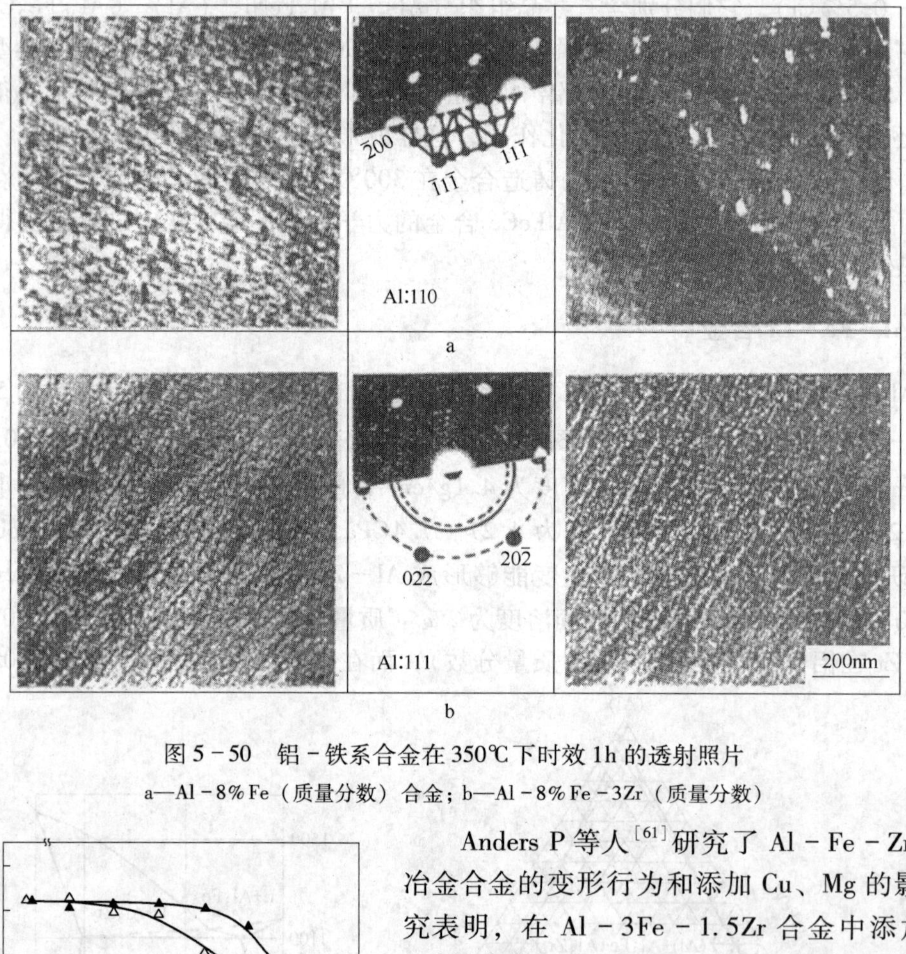

图5－50　铝－铁系合金在350℃下时效1h的透射照片

a—Al－8%Fe（质量分数）合金；b—Al－8%Fe－3Zr（质量分数）

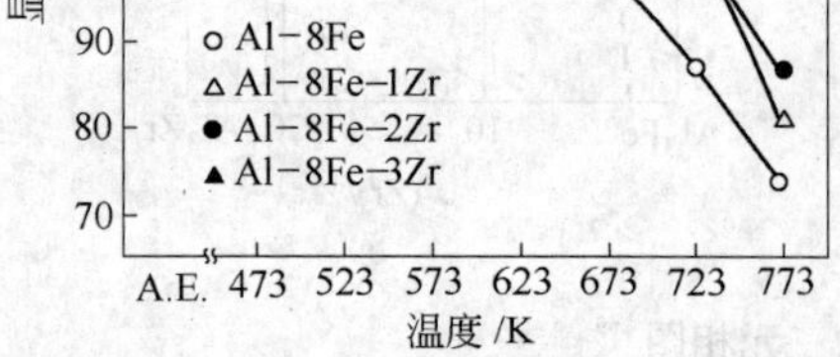

图5－51　Al－Fe－Zr 合金在不同温度下等时退火硬度的变化

Anders P 等人[61]研究了 Al－Fe－Zr 系粉末冶金合金的变形行为和添加 Cu、Mg 的影响。研究表明，在 Al－3Fe－1.5Zr 合金中添加1.5%（质量分数）Cu 或 Mg，在低温（≤200℃）时强度增加，而在高温下（≥350℃）强度降低，而伸长率在低温下相差不大，在高温下伸长率变化较大。这个现象对添加 Mg 来说比较明显，因而高温下具有较好的锻造性能。图5－52和图5－53表明了上述研究结果。

樱井等人[62]对急冷凝固 Al－Fe－Zr 合金挤压材的组织和力学性能进行了研究。急冷凝固薄带破碎后，压缩成密度为67%的圆柱坯，真空脱

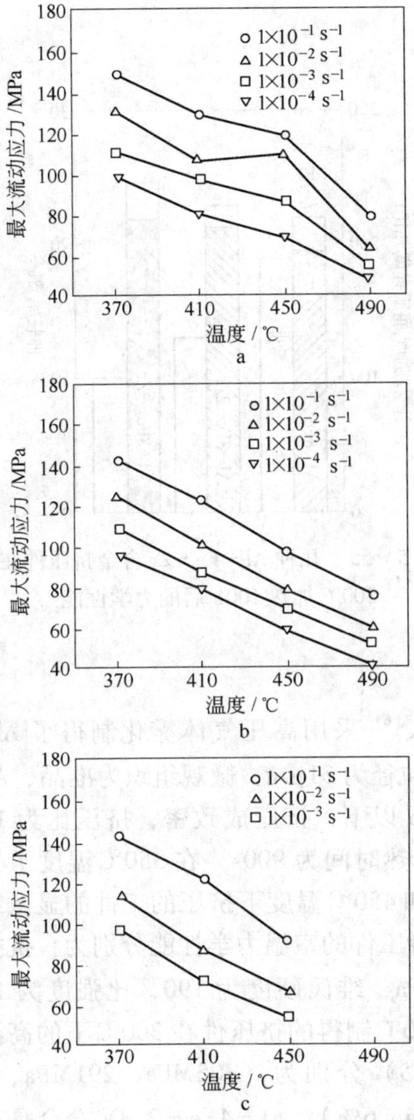

图 5－52　在不同应变速率下最大流动应力与温度的关系

a— Al－3Fe－1.5Zr；b—Al－3Fe－1.5Zr－1.5Cu；c—Al－3Fe－1.5Zr－1.5Mg

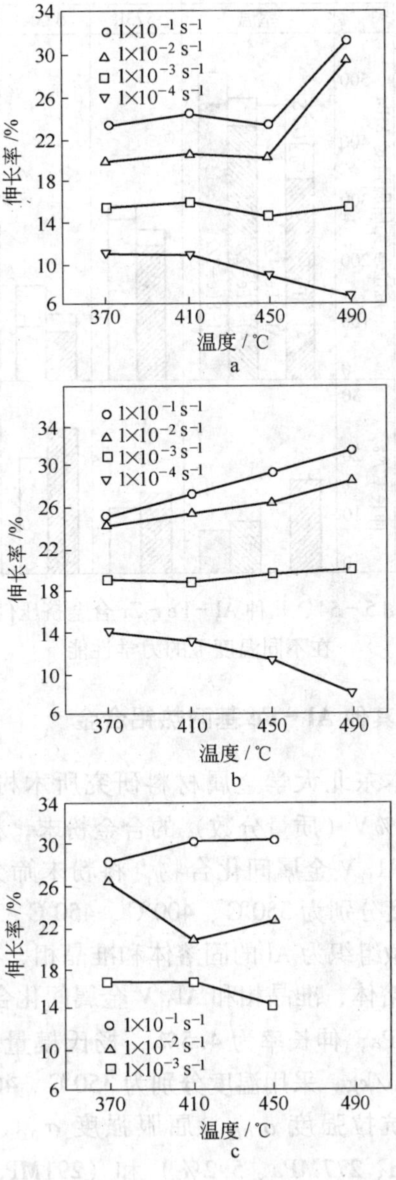

图 5－53　在不同应变速率下伸长率与温度的关系

a— Al－3Fe－1.5Zr；b—Al－3Fe－1.5Zr－1.5Cu；c—Al－3Fe－1.5Zr－1.5Mg

气后，在 430℃ 保温 3min 后挤压成形，挤压比为 10∶1。Al－8Fe－1Zr 合金挤压材的主要析出相为 Al_6Fe 亚稳相并且有一部分 Al_3Fe 平衡相。对于 Al－8Fe－3Zr 合金，通过透射电镜（TEM）也没有检测到 Al_3Zr 粒子，估计 Zr 固溶在铝中形成了过饱和固溶体，但在 400℃ 加热 100h 后发现在 Al－Fe 化合物附近析出了 Al_3Zr 粒子。图 5－54 为几种型号的 Al－Fe－Zr 挤压合金在不同温度下的力学性能。图 5－55 为几种型号的挤压合金在 300℃ 保温 100h 后的力学性能。

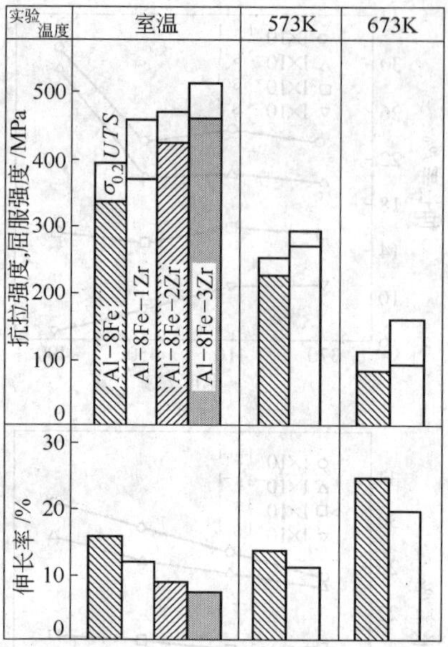

图 5－54　几种 Al－Fe－Zr 合金挤压件在不同温度下的力学性能

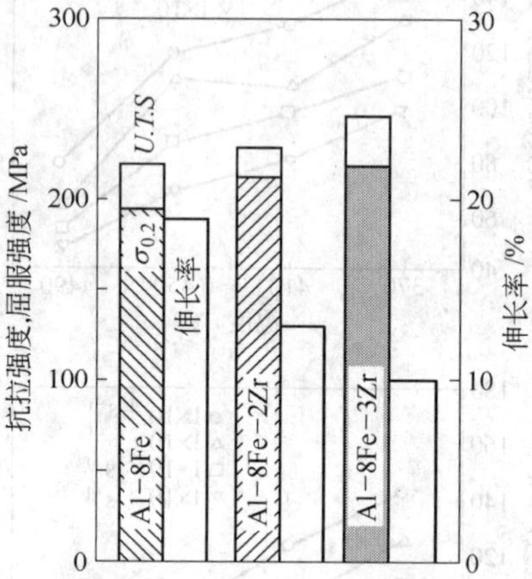

图 5－55　几种 Al－Fe－Zr 合金挤压件在 300℃加热 100h 后的力学性能

5.2.7　其他 Al－Fe 基耐热铝合金

日本东北大学金属材料研究所木村久道等人[63]采用高压气体雾化制得了 Al－4% Fe－7.8% V（质量分数）的合金粉末，粉末平均粒径为 31μm，微观组织为准晶、Al 的固溶体和 $Al_{11}V$ 金属间化合物，将粉末筛分至 26μm 以下，挤压成致密，挤压比为 10：1，挤压温度分别为 350℃、400℃、450℃，挤压件加热时间为 900s。在 350℃温度下挤压的工件显微组织为 Al 的固溶体和准晶相，在 400℃和 450℃温度下挤压的工件的显微组织为 Al 的固溶体、准晶相和 $Al_{11}V$ 金属间化合物。前者工件的室温力学性能分别为：抗拉强度为 585MPa，伸长率为 4.5%，杨氏模量为 84.8GPa，维氏硬度为 190，比强度为 1.91×10^5N · m/kg。采用温度分别为 350℃、400℃和 450℃制得的挤压件在 300℃下的高温力学性能（抗拉强度 σ_{UTS}、屈服强度 $\sigma_{0.2}$、伸长率 δ）分别为（305MPa、291MPa、5%）、（291MPa、277MPa、5.2%）和（291MPa、277MPa、6%）。Al－4Fe－7.8V 合金具有较好的耐热性能。

木村等人[64]还将 Al－4% Fe－7.8% V（质量分数）合金粉末进行了机械碾磨（MG）处理，处理时间为 72ks。研究表明，通过高压气体雾化粉末平均粒径为 30μm，原本含有 $Al_{11}V$ 金属间化合物，经 MG 后 $Al_{11}V$ 相消失，全部为 Al 基固溶体和准晶相粉末，经挤压致密后室温抗拉强度、伸长率、杨氏模量和维氏硬度分别为 588MPa、3.5%、83.4GPa 和 180。挤压材在 300℃的抗拉强度、伸长率和维氏硬度分别为 306MPa、3.2% 和 90，具有较好的耐热性能。

木村等人[65]对含有准晶的 Al－（Cr，Mn）－Fe－（Ti，V）系四元合金系进行了研究，研究结果表明，采用高压气体雾化得到快速凝固粉末，在 400℃下通过挤压分别制备了粉末粒径在 26μm、75μm、125μm 以下的粉末合金 AFCT（Al－6.3% Fe－3.8% Cr－3.3%

Ti) -26P/M (26 表示粉末粒度为 26μm)、AFCT - 125P/M，ACFT (Al - 5.5% Cr - 4.1% Fe - 3.3% Ti) -26P/M、ACFT - 125P/M，AFCV (Al - 6.3% Fe - 3.6% Cr - 3.6% V) - 75P/M、AFMT (Al - 6.0% Fe - 3.8% Mn - 3.2% Ti) - 26P/M 以及 AFMT - 125P/M。ACFT - P/M 合金的连续相为 Q. C (准晶) + Al + $Al_{23}Ti_9$ + $Al_{13}Fe_4$，AFCV - 75P/M 合金的连续相为 Q. C (准晶) + Al，AFMT - P/M 合金的连续相为 Q. C (准晶) + Al + $Al_{23}Ti_9$ + $Al_{13}Fe_4$ + Al_6Mn。上述粉末冶金合金的室温极限抗拉强度 (σ_{UTS})、屈服强度 ($\sigma_{0.2}$)、伸长率 (δ)、杨氏模量 (E) 和维氏硬度 (HV) 分别在 495 ~650MPa、370 ~ 550MPa、3.3% ~ 7.3%、80 ~91GPa、150 ~192 范围内。AFCT - 26P/M 合金和 ACFT - 26P/M 合金在 300℃加热 100h 后其 σ_{UTS} 和 $\sigma_{0.2}$ 均超过 300MPa。粉末冶金合金的准晶相具有二十面体结构，其尺寸在 200 ~900nm 之间。AFCT - 26P/M 合金具有高的高温强度，其准晶相的尺寸及形貌即使在 300℃温度下加热 300h 仍没有变化。该合金摩擦性能良好，在滑动速度为 0.5m/s、2.0m/s 时的比磨损速率分别为 $2.7\times10^{-7}mm^2/kg$、$2.8\times10^{-7}mm^2/kg$，基本与滑动速度无关。

Al - Fe - V - Mo 是具有包晶反应的快凝耐热铝合金，该合金中出现的金属间化合物相有：AlFe (Mo, V)，Al_6Fe 和 Al_3Fe。Al - 8Fe - 2Mo - 1V 是其典型合金，该合金中弥散相的体积分数约为 17% 左右，金属间化合物尺寸在 0.1 ~1μm 之间。Al - Fe - V - Mo - Zr 室温和高温强度比传统的 2618 合金更高，硬度的热稳定性能也更好，疲劳性能和蠕变性能也更好。其突出的性能可归因于 Al - Fe - V - Mo、Al - Fe、Al - Zr 系弥散粒子的存在。

山内重德等人[66, 67]开发了 Al - 8Fe - 2V - 2Mo - 1Zr 耐热合金，图 5 - 56 ~ 图 5 - 60 给出了该合金的室温和高温力学性能。合金的软化特性、疲劳特性和蠕变特性。这些数据表明了 Al - 8Fe - 2V - 2Mo - 1Zr 合金具有很好的耐热性能。

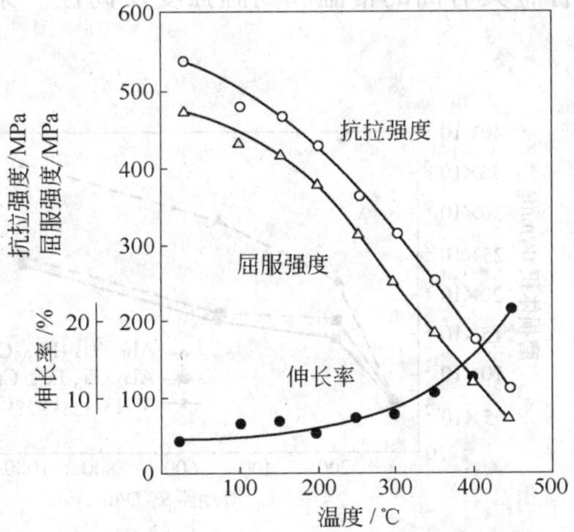

图 5 - 56 Al - 8Fe - 2V - 2Mo - 1Zr 合金室温和高温（保持时间为 100h）的力学性能

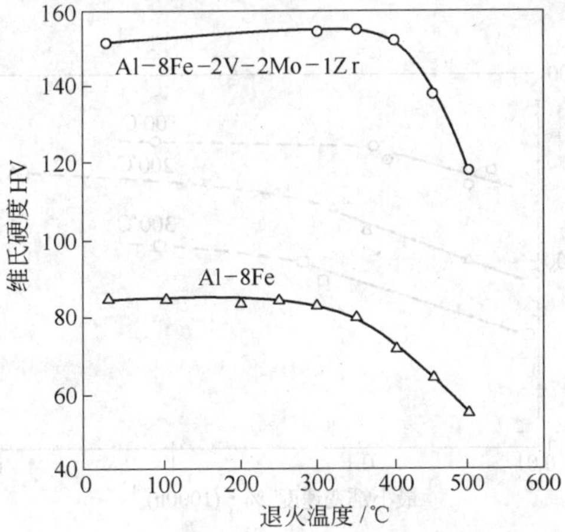

图 5 - 57 Al - 8Fe - 2V - 2Mo - 1Zr 和 Al - 8Fe 合金室温和高温（保温时间 100h）的硬度

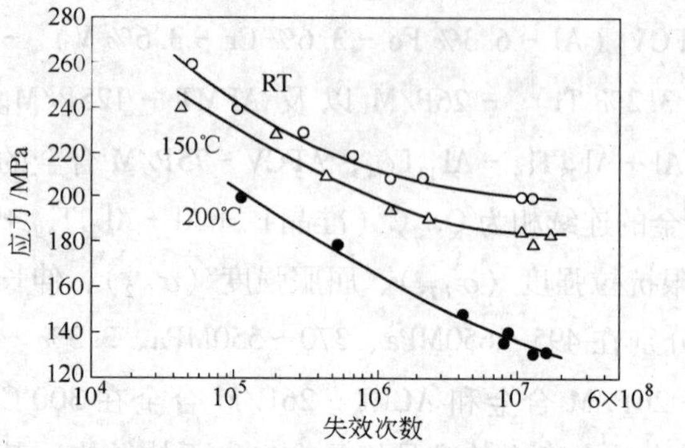

图 5－58　Al－8Fe－2V－2Mo－1Zr 合金在室温～200℃（转杆实验）的 $S-N$ 曲线

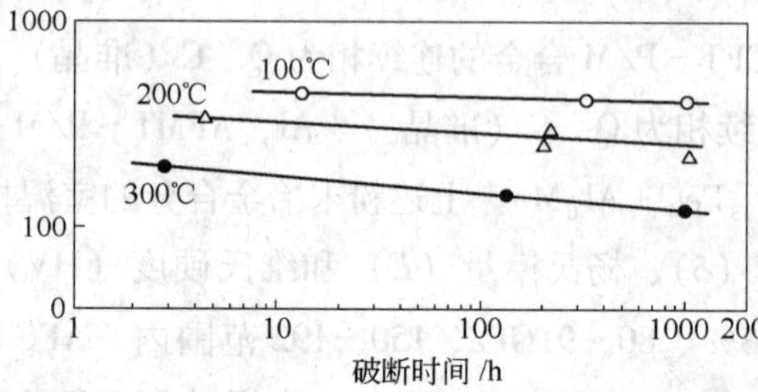

图 5－59　Al－8Fe－2V－2Mo－1Zr 合金在 100～300℃时的应力破断寿命性能

Al－Fe 基耐热铝合金中加入锆形成 Al_3M 型沉淀相，这类沉淀相与 α－Al 基体间的界面能较小，因而，锆元素加入不仅可以减小沉淀相的析出速率，还可以降低粗化速度，增加了合金的热稳定性。Al－Fe－V－Zr 合金中的相有胞状 S′相，Al_3Fe，Al_3Zr 及 Al_6Fe 相，其中 Al_3Zr 相体积分数较高，且多在热挤压过程中形成。该合金性能特点是，附带的耐蚀性特别好，其原因是化学成分和显微结构细化两者综合作用的结果。Al－Fe－Mo－Zr 合金中的钼存在形式比较复杂，尚难准确确定，但衍射证明钼均匀分布于粉末中。此类合金中由于钼固溶改变了晶格常数，且在后续的热处理过程中形成大量的 Al_3Zr 相，使合金强度提高。屈服强度高达 650MPa，极限抗拉强度高达 730MPa，300℃时的高温强度也比快凝 Al－Fe－V－Si 合金高。

Al－Fe－Cr－Zr 雾化合金存在 $Al_{13}Cr_2$，Al_3Zr，Al_3（Fe，Cr）及 $Al_{31}Fe_4$ 金属间化合物相，合金粉末越细，即冷却速度越高，$Al_{13}Cr_2$ 越细小，平衡相 $Al_{13}Fe_{43}$ 越少。其中 Al_3Cr_2，Al_3Zr 和 Al_3（Fe，Cr）相具有良好的热稳定性和抗粗化能力，而 Al_3Zr 相与基体存在共格关系，沉淀强化效果较好，导致该合金具有高的常温和高温强度及韧性。采用多

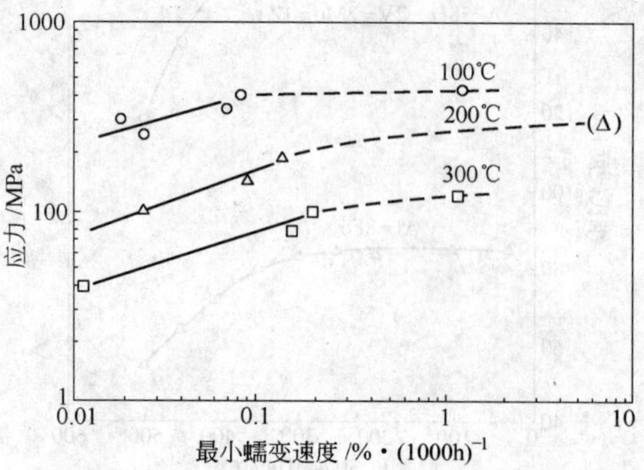

图 5－60　Al－8Fe－2V－2Mo－1Zr 在 100～300℃时的蠕变曲线

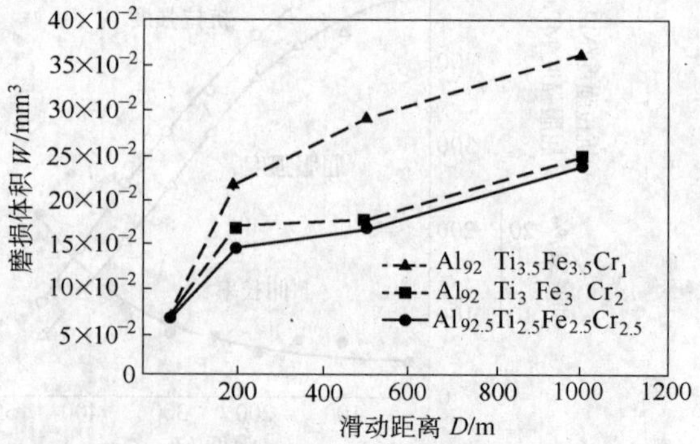

图 5－61　Al－Ti－Fe－Cr 合金磨损体积与滑动距离的关系

级雾化热挤压工艺制备的 Al - 6.8Fe - 3.75Cr - 1.52Zr 合金常温抗拉强度达 465MPa，伸长率 5.0%，而 400℃时的强度仍保持 108MPa，伸长率升到 9.3%。

大田英伸等人[68]研究了一系列粉末冶金 Al - Fe - Ti - TM 合金，发现 $Al_{92.5}Ti_{2.5}Fe_{2.5}Cr_{2.5}$合金具有很好的耐磨性和很好的耐热性能。图 5 - 61 ~ 图 5 - 63 给出了上述性能的结果。

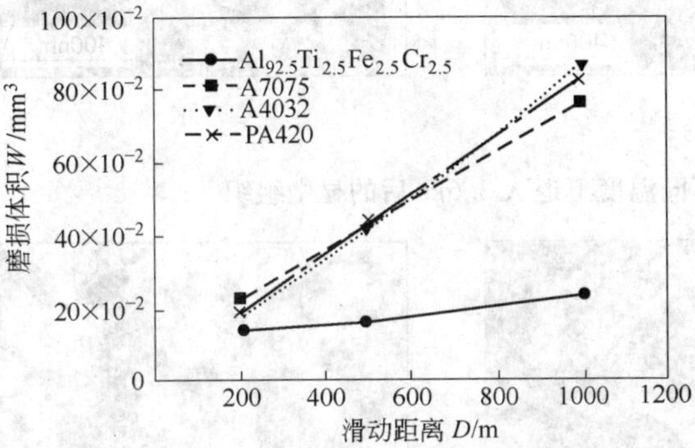

图 5 - 62 几种铝合金磨损体积与滑动距离的关系

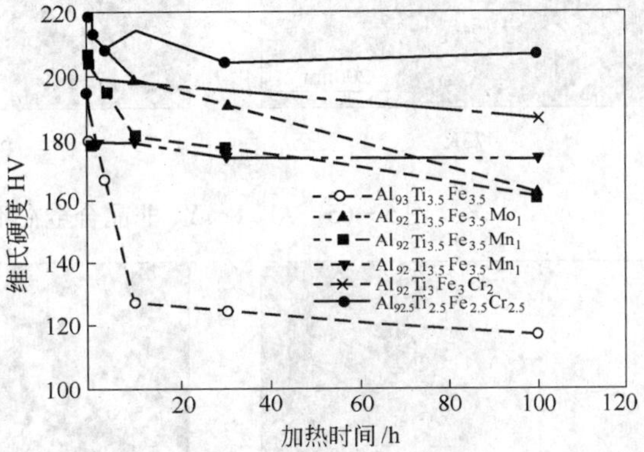

图 5 - 63 Al - Ti - Fe 基合金在 400℃时加热时间与维氏硬度的关系

将非晶相进行晶化处理是一种形成纳米晶组织的有效方法，但是高温下的除气和挤压过程对快速凝固粉末的固结非常重要。因此在控制固结合金时必须考虑其加热历史。

堀村弘幸等人[69]对急冷凝固 Al - Fe - Y 合金进行退火处理，得到了如下结果：Al - Fe - Y 非晶合金退火后组织主要由非晶相、非晶 + fcc - Al 以及 fcc - Al 固溶体组成，fcc - Al 相晶粒大小约为 5nm，如图 5 - 64 所示。Al - Fe - Y 合金在不同温度下显微组织的变化如图 5 - 65和图 5 - 66 所示。Al - Fe - Y 非晶合金在 300℃下进行退火处理后，其硬度上升、断后伸长率下降。但退火温度进一步升高到 350℃以上时，其组织就会转变成 Al + 金属间化合物相，其硬度也迅速下降。

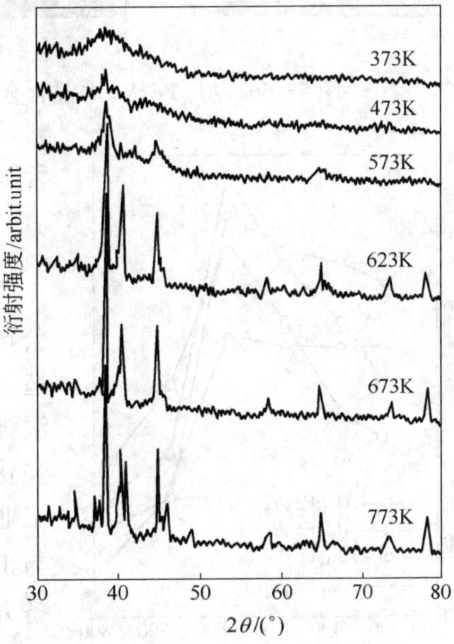

图 5 - 64 $Al_{90}Fe_5Y_5$ 非晶合金在不同温度下退火的 X 射线衍射花样

$Al_{92}Fe_5Y_3$ 非晶合金在 400℃退火 3.6ks 后，抗拉强度为 720MPa，伸长率为 0.3%。几种 Al - Fe - Y 合金在各种退火温度下退火 3.6ks 后，硬度的变化如图 5 - 67 所示。

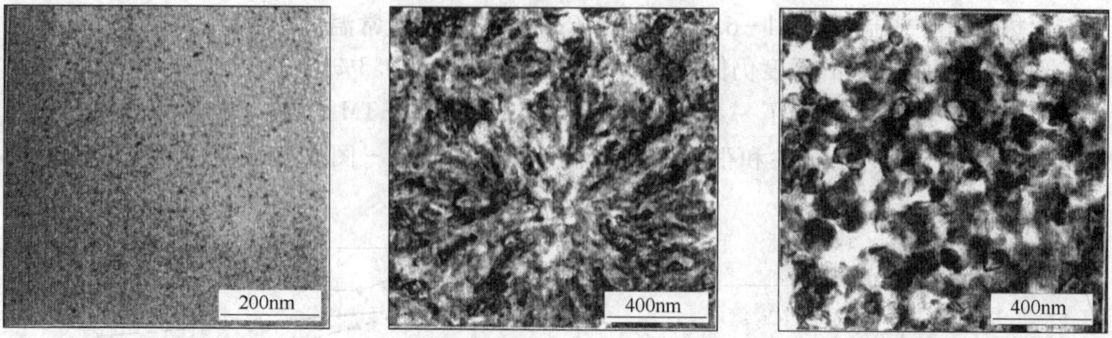

473K　　623K　　773K

图 5－65　$Al_{90}Fe_5Y_5$ 非晶合金在不同温度下退火 3.6ks 后的显微组织

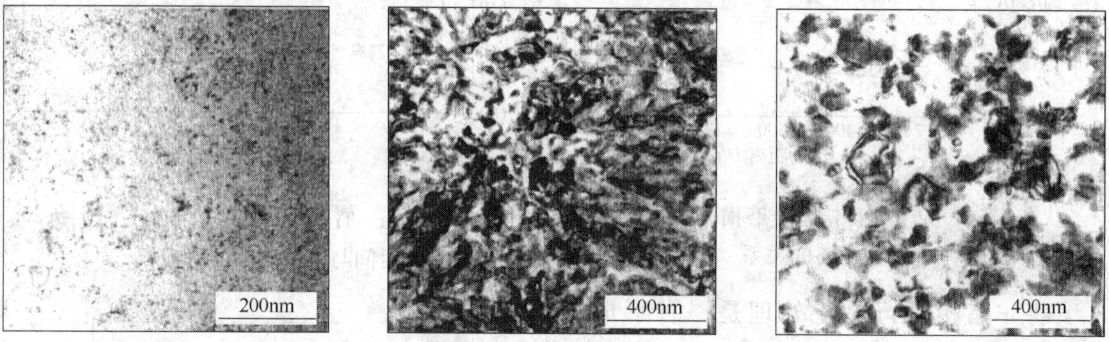

淬火态　　623K　　773K

图 5－66　$Al_{92}Fe_5Y_3$ 非晶合金在不同温度下退火 3.6ks 后的显微组织

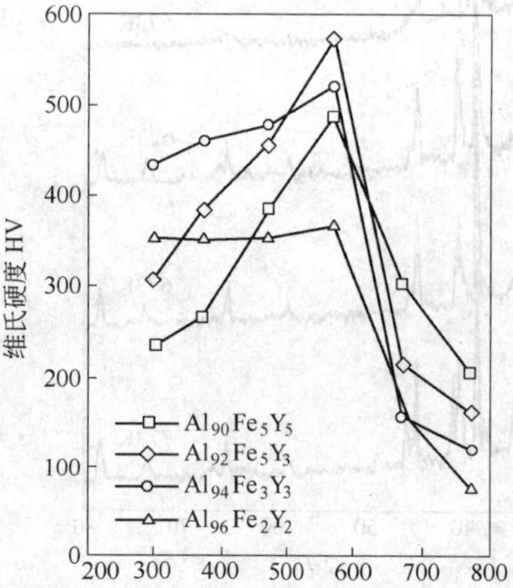

图 5－67　Al－Fe－Y 合金快速凝固带在不同温度下退火 3.6ks 后维氏硬度的变化

5.2.8　Al－Fe－V－Si 合金

5.2.8.1　Al－Fe－V－Si 合金概论

Al－Fe－V－Si 铝合金是 1986 年美国联合信号公司（Allied Singal）的 Skinner 等人[3]利用平流铸造（PFC）方法研制出来的。该合金具有室温、高温强度高，热稳定性好，抗蠕变能力强，刚度大，强化相粗化速率小等特点。在航天、航空以及汽车工业中有广泛的应用前景，引起了国内外材料科学与工程界的重视和关注。Al－Fe－V－Si 铝合金的制备方法主要有 RS－PM（快速凝固－粉末冶金）法和喷射沉积法两种。其中 RS－PM 法制备耐热铝合金以雾化制粉和平面流铸造应用较广泛，其工艺流程通常包括：合金配制与熔炼、快速凝固粉末制取、粉末预处理、固结成形及后续加工与处理。但此工艺中存在以下一些问题：真空脱气时合金中残留的氢、氧影响材料韧性和可焊性；加工工序繁多、生产成本高；易氧化、吸气、污染；需建立制粉、等静压、热压等大型专业设备集成的坯料生产线。

近年来，人们开始积极采用喷射沉积工艺制备 Al - Fe - V - Si 合金。该工艺兼有粉末冶金和传统铸造成形双重优点，具有工艺简单，成本低，合金中氢、氧含量低，韧性和塑性高等特点。国内外有许多研究机构在这方面开展了工作，其中美国华盛顿大学的 Hariprasad等[70]采用喷射沉积工艺研制出的 Al - 8.5Fe - 1.2V - 1.7Si 铝合金挤压棒材，其塑性明显优于雾化法和平面流铸造法制备出的相同成分的合金挤压棒材；然而其室温、高温强度性能均明显偏低。其主要原因是坯料的冷却速率相对较低，在某些情况下不足以抑制粗大的金属间化合物的形成，因此，欲制备高强度的喷射沉积 Al - Fe - V - Si 铝合金，必须提高沉积坯的冷却速率。

对 Al - Fe - V 三元合金富 Al 区的相图，直至今日还没有比较充分的研究和认识，但可以确定合金中与 α - Al 平衡的相有 Al_3Fe 和 $Al_{10}V$ 相[71]，与这些化合物相相交的截面存在一个共晶反应，共晶温度为 610℃，共晶 Al 成分为 83%（原子分数）。

快速凝固 AlFeSi 系合金中含有亚稳相 $Al_{12}Fe_3Si$（又称 α - AlFeSi），体心立方，空间群 Im3，$a \approx 1.256$nm（也有文献认为，空间群 Pm3，$a \approx 1.252$nm），多呈球形，晶格具有良好的对称性，但其结构不稳，易转化成单斜 $Al_{13}Fe_4$ 和六方 Al_8Fe_2Si 相。然而，加入第四组元（如 W、Cr、V、Mo、Mn、Nb 等），部分替代 Fe 原子，形成 Al_{12}（Fe，X）$_3$Si 型化合物，结构稳定性和抗粗化能力均可提高，其中以 V 的作用最为显著。Al - Fe - V - Si 合金的微观组织与合金的冷却速度有很大关系，合金在较低的冷却速度下，容易形成不利于合金性能的粗大 $Al_{13}Fe_4$ 相；提高冷却速度，则可有效地细化合金的第二相，同时由于合金中加入硅后，快速凝固使原来针状 Al_3Fe 相变为球形 Al_{13}（Fe，V）$_3$Si 相，Al_{13}（Fe，V）$_3$Si 相是由 V 代替部分 Fe 析出类似于 α -（Al，Fe，Si）的体心立方相，晶格常数在 1.256 ~ 1.262nm，接近于 Al 单胞棱长（0.40496nm）的 3 倍，因此，Al_{13}（Fe，V）$_3$Si 相与基体存在较好的共格关系，其粗化速度比 Al - Fe 金属间化合物低 3 ~ 4 个数量级。其他过渡族金属元素 Mo、Zr 等也可以单独或同时取代部分 Fe 形成相同结构的弥散相，晶格常数基本接近 Al_{13}（Fe，V）$_3$Si，这是该合金唯一的弥散相。

Al_{13}（Fe，V）$_3$Si 为快速凝固所获得的特征组织，显然该相是一种亚稳相。研究表明[72]，在温度高于 500℃ 甚至 600℃ 时仍保持亚稳态，但温度达到 650℃，保温 25h 后，才有立方结构相形成，生成相为带状分布。

对于 Al - Fe - V - Si 系合金的微观组织，各国都作了较为深入地研究。这些研究表明，在理想的冷却速度下，Al - Fe - V - Si 的组织为无光学特征的 A 区，这是非常有利的[73]。但在电镜下可观察到 A 区的胞状组织及分布于其间的细小、类球状硅化物 Al_{12}（FeV）$_3$Si，如图 5 - 68 所示，正二十面体（Fe + V，细线）位于体心立方点阵的阵点上，互相平行，每个正二十面体都沿着平行于（111）方向的三重轴与 8 个 Fe + V 正二十面体近邻相连，连接原子形成一个略有压缩畸变的（Fe + V）八面体，每个（Fe + V）二十面体中含有一个正二

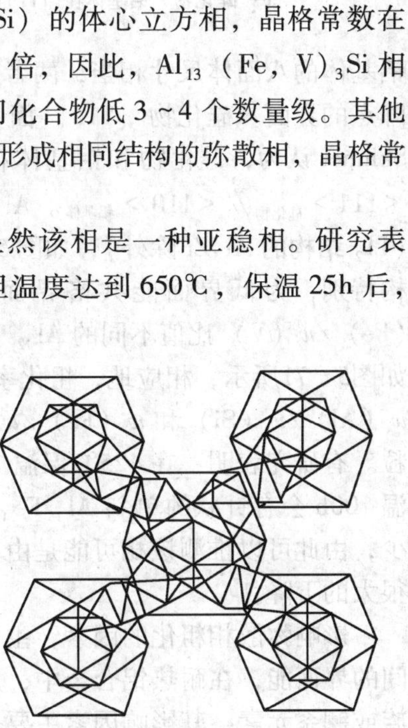

图 5 - 68 Al_{13}(Fe,V)$_3$Si 结构

十面体（Al＋Si，粗线），具有与（Fe＋V）二十面体相同的取向，它们也由共享三角面且略有畸变的三个（Al＋Si）八面体所构成的链相连接。然而，8 个正二十面体近邻中有 5 个由这样的八面体链相连接，余下的（Al＋Si）占据着原始立方面心位置，从而保持体心立方的对称性[74]。在 FVS0812 合金中，其体积分数为 27%，而 FVS1212 中高达 36%。这些细小、弥散、高体积分数的硅化物粒子都分布于晶粒边界，故当温度升高时，它可很好地阻碍晶粒的长大及再结晶的发生。同时，$Al_{12}(FeV)_3Si$ 硅化物的晶格常数接近于铝（a_0＝0.4049nm）的 3 倍，形成低界面能共格界面，而且它的晶格结构特别，如图 5－69 所示，连接（Al＋Si）正二十面体的八面体链位于硅化物晶体的｛112｝面上，且大小与

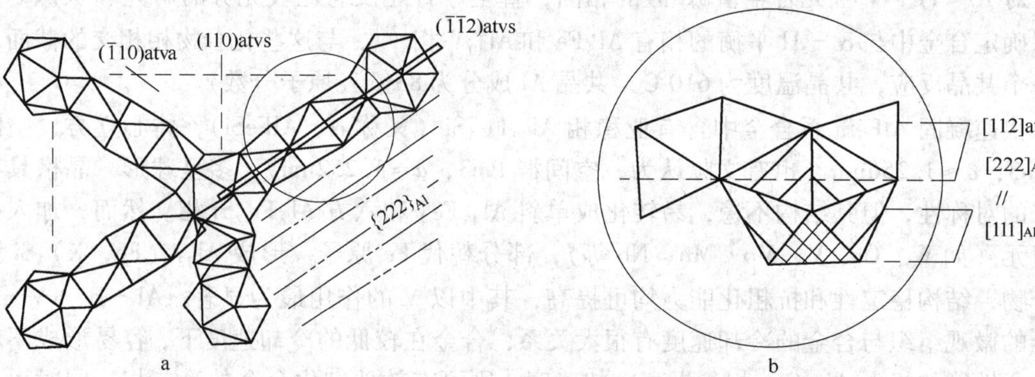

图 5－69　$Al_{12}(Fe,V)_3Si$ 硅化物和铝基体界面与取向的关系示意图[74]

a— 硅化物／铝基体在(111) 面上的取向关系；b—(Al＋Si) 八面体与基体局部轴对称连接

铝基体的八面体尺寸相当，两者局部具有良好的匹配，以 5 个轴对称排列，形成高度重合阵点的界面。硅化物｛112｝面夹角与铝基体｛222｝面夹角相同，均为 109.47°。因此 Skinner 认为，硅化物和铝基体存在着如下的取向关系[74]：｛112｝$_{硅化物}$ // ｛111｝$_{铝基体}$，<111>$_{硅化物}$ // <110>$_{铝基体}$。Al_{13}（Fe，V）$_3$Si 的粗化率比其他强化相约低 4 个数量级（Ll_2 结构的 Al_3Zr 除外），如图 5－70 所示。这主要得益于该化合物与铝基体的相界面结构特别，为低界面能共格界面。快速凝固 AlFeVSi 系合金中 w（Al）/w（Si）和 w（Fe）/w（V）比值不同的 Al_{12}（FeV）$_3$Si 硅化物的化学成分和晶格点阵参数会有所变化，如图5－71所示，相应地，粗化率也有所变化。在实际合金成分设计时，通常，可以控制 w（Al）/w（Si）和 w（Fe）/w（V）比值，来获得高稳定性的 Al_{12}（FeV）$_3$Si 硅化物颗粒。有研究表明：在 425℃保温 1000h，合金强度未出现下降。但据文献记载，在 482℃保温 100h 会有针状的单斜 $Al_{13}Fe_4$ 相出现。且 $Al_{13}Fe_4$ 相周围硅化物粒子的尺寸小，数量少，由此可以推测该相可能是由 Al_{13}（Fe，V）$_3$Si 转变而来，该相的出现使合金的塑性有很大的下降。

影响弥散相粗化的因素，主要有弥散相中组成元素原子的扩散速度和析出相与基体之间的界面能，在耐热铝合金中，加入的合金元素通常选择在铝基体中扩散系数很低的过渡族或镧系元素，其影响因素主要是弥散相的形态以及与基体的晶格匹配关系。

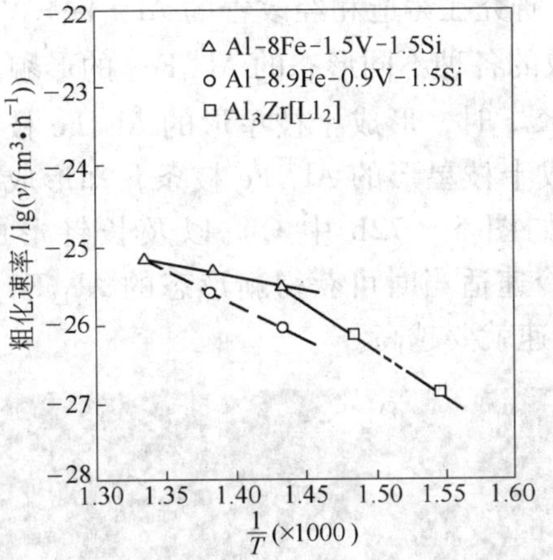

图 5－70 快凝 AlFeVSi 合金中 $Al_{12}(Fe,V)_3Si$ 颗粒与其他快凝耐热铝合金中第二相颗粒在 427℃粗化速率的比较[75, 76]

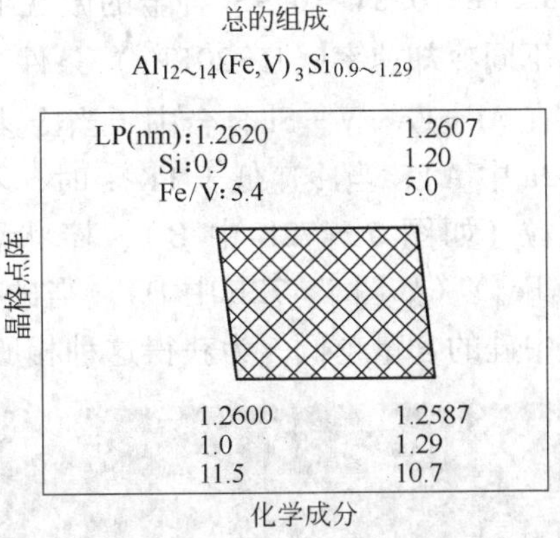

图 5－71 $Al_{12}(Fe,V)_3Si$ 化学成分与晶格点阵参数之间的关系[74]

5.2.8.2 冷却速度及微量元素对 Al－Fe－V－Si 合金相形成的影响

Al－Fe 系合金中各种不同的相如 Al_6Fe，Al_7Fe_2，$Al_{13}Fe_4$，$Al_{19}Fe_6$，Al_3Fe 等，其组成取决于化学成分和冷却速度。Al－Fe 系合金中，铁含量为 1.8%（质量分数），温度为 655℃及平衡凝固的条件下，会形成各种混合在一起的 Al－Al_3Fe 相。Al－Al_3Fe 共晶体的结构由在一个铝基中的 Al_3Fe 金属间化合物的薄片组成，这些薄片在 1K/mm 数量级的温度梯度下分支形成。Al－Fe 系合金中高含量的铁导致了初级 Al_3Fe 柱状晶的生长。在 Al－Fe 系合金中各种不同相的星状簇已有过报道[77, 78]。Kurtz 和 Trivedi[79] 观察到在快速凝固的 Al－Fe 系合金中存在一种板状结构。Kim[80] 使用 TEM 研究了 Al－Fe 快速凝固合金（冷却速度为 10^6K/s），并报道说存在准晶及与准晶有关的结晶相。他证明了由于 $Al_{13}Fe$单斜晶系结构中（$20\bar{1}$）和（100）面的 10 层孪晶的存在导致 $Al_{13}Fe$ 相有一种十枝形的树枝状形态。Shechtman 等人[81] 也报道了在熔化的纺针状 Al－Fe 系合金（14，15，18% Fe（原子分数））中存在五次对称轴。

在三元系合金 Al－Fe－Si 中，除了初级相 Al_3Fe 外，还形成了许多种类的硅化物。一般常见的相是 Al_3Fe_2Si 和 Al_8FeSi 相。Al_8FeSi 常被认为是 $Al_{12}Fe_3Si_2$，其可能的化学组成为 Fe：30% ～33% （质量分数），Si：6% ～12% （质量分数）以及单斜晶系的 β－Al_5FeSi。这种 β 相是薄片状的。添加 V 进入 Al－Fe－Si 合金中可以使立方体 Al_{12}（Fe，V）$_3$Si相相对于六方体 Al_3Fe_2Si 以及通常只在不含 V 时才能形成的单斜晶 Al_3Fe 更加稳定。近几年，Al－Fe－V－Si 合金由于其突出的高温性能而吸引了很多人的注意，快速凝固 Al－Fe－V－Si 合金中的各种不同的相也有过报道。

Strivastava 和 Ranganthan[82] 研究发现，准晶和与准晶有关的相共存于这种系列合金中的情况。Kim[83] 研究发现，在快速凝固 Al－Fe－V－Si 合金中硅化物相的化学成分与在立方晶体结构中的 Al_{12}（Fe，V）$_3$Si 非常接近。Sahoo 等人[84,85] 研究发现，在传统铸造 Al－Fe－V－Si 合金中会产生十枝星形相。他们还发现 Al－Mg 或 Ni－Mg 基合金能够改善

Al - 8.3Fe - 0.8V - 0.9Si 合金的微观组织。并研究在铸造和经改善的 Al - Fe - V - Si 合金中，不同冷却速率（1 ~ 20K/s）条件下所生成的各种不同形态的 $Al_{13}Fe_4$ 的形貌。

在 Al - Fe - V - Si 合金中，当冷速高于 1K/s 时，形成十枝星形的 $Al_{13}Fe$ 枝条（如图 5 - 72a 中 A），当冷速低于 1K/s 时，不能形成十枝星形的 $Al_{13}Fe$ 枝条，却形成小枝形状的颗粒（如图 5 - 72b 中 B）、棒状颗粒（如图 5 - 72b 中 C）以及长针形的析出相（$Al_{13}Fe_4$）（如图 5 - 72b 中 D）。当硅含量及冷速适当时可获得新形态的 $Al_{13}Fe_4$ 析出相。合金中硅的含量越低，为获得这种相所需的冷速就要越高。

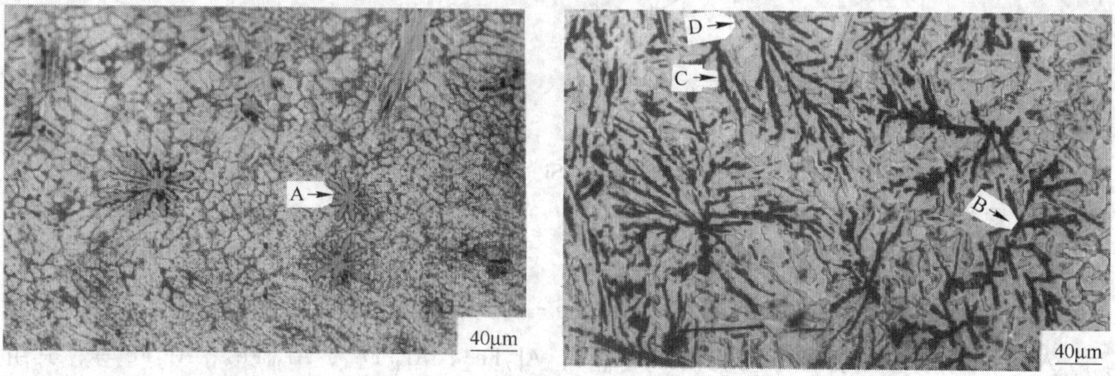

a　　b

图 5 - 72　Al - 8.3Fe - 0.8V - 0.9Si 合金在冷速为 $14K \cdot s^{-1}$（a）和 $1K \cdot s^{-1}$（b）时的光学显微照片

SEM 结果揭示了更多关于该析出相形态学的信息。图 5 - 73a、b 清楚地显示了这种析出相为小枝条形，每条小枝都从中心向外生长。两个树枝间的角度为 36°。枝条长度不等，这也许是由于一个枝条的生长与另一种星形析出物的生长同时进行而受到阻碍所致。我们发现这种晶体在轴向方向最长，表明其生长具有择优取向。尽管如此，晶体的整体形状仍然决定于在早期形成阶段的生长与高含量铁的熔化有关。

析出相的形态改变与加入 Al - Fe - V - Si 合金熔体中的纯 Mg、Ni - Mg 基合金有关。Mg 被广泛地用来改善铸造铁制品。图 5 - 74 给出了经 1.5% Mg 变质处理的 Al - 8.3Fe - 0.8V - 0.9Si 合金（冷却速度为 14K/s）的显微组织。经镁变质处理后，星形的铝化物颗

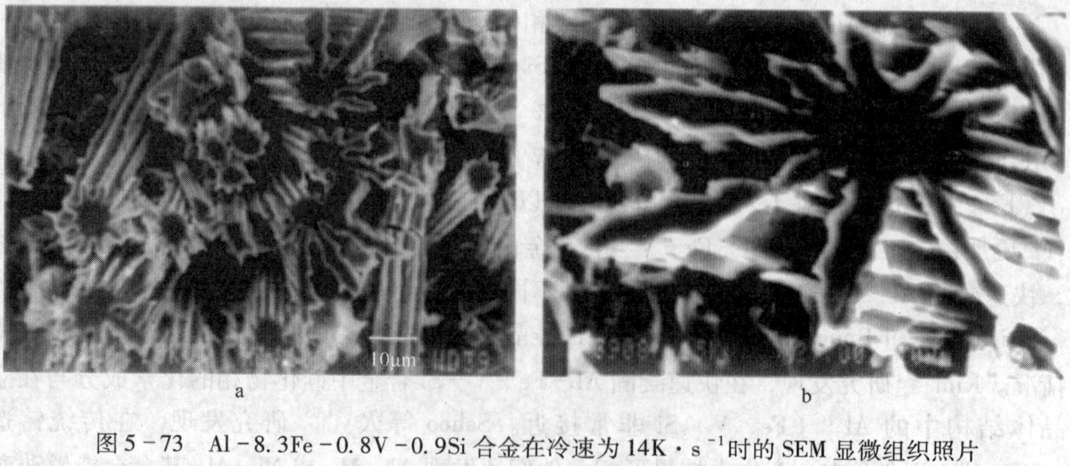

a　　b

图 5 - 73　Al - 8.3Fe - 0.8V - 0.9Si 合金在冷速为 $14K \cdot s^{-1}$ 时的 SEM 显微组织照片

粒变成了矩形、六角形和其他密实形。图 5-74a 显示了经 1.0% Ni-20% Mg 合金变质的 Al-8.3Fe-0.8V-0.9Si 合金（合金 C2）的微观组织。观察了添加 0.25% Ni（质量分数）-20% Mg 合金后的微观结构的变化过程，发现由于 Ni-Mg 合金添加量不足从而星形结构未完全消失。尽管如此，继续添加 Ni-Mg 合金，初始的星形铝化物颗粒仍未完全消失。矩形和六角形颗粒基本上都是加入了不同数量的 Si 、Mg 的 Fe-V-铝化物。六角形的颗粒比矩形颗粒含有较高数量的镁（大于 1%（原子分数））。这表明镁在这些颗粒的生长形态中起着重要作用。

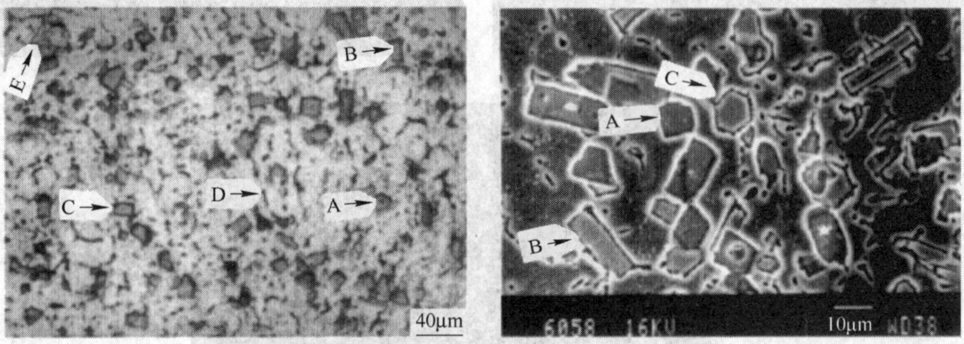

a b

图 5-74 Al-8.3Fe-0.8V-0.9Si 合金通过 1.5% Mg（质量分数）(a) 和 1.0% Ni（质量分数）-20Mg (b) 改性后的显微组织

除此之外，经 Ni-Mg 基合金处理的熔体中发生了很有意思的变化。Ni 和 Mg 均渗进铁铝析出相的晶格并改变了它的形态。这很可能是由于镁抑制了 $Al_{13}Fe_3$ 类晶体的形核和长大。Ni 在固体铝中的溶解度很低（0.05）。因此，Ni 将在生长界面前沿发生聚集并影响析出相的生长形态。

图 5-75a~c 给出了被拔出颗粒的 SEM 微观形貌。研究发现晶体在轴向最长，表明其具有生长的择优取向。图 5-75a 表明矩形颗粒为一层一层地生长。被分离出的颗粒显示内部空洞在六角形颗粒中更加明显。析出相的中央区域很可能富含铝，这是在分离时溶解出来的。当 V 和 Ni 含量较高时，薄片形状的析出相具有典型的六角形状。这些析出相可能是与孪晶晶界平行的作用所形成的。在 Al-Fe-V-Si 合金中添加 Ni-Mg 基合金不仅可以改变中间树枝状和共晶体微观结构的形状，而且 Ni-Mg 基合金添加剂会降低固结中的变质共晶结构。由于经变质的共晶体会随着一个光滑的凝固界面前沿向前推进生长（这会缩小界面前沿的总体区域），从而扩大了在给定加速分离速率时的生长，因此它的结构可以得到改善。

Srinivasan 和 Little[86] 通过熔体甩带法研究了冷却速度对 Al-Fe-V-Si 合金组织与性能的影响。研究结果表明，当喷射液流束愈细、旋转轮转速愈高时，就越能制得更薄带材、带材冷速也愈快。从图 5-76 可以看出，弥散析出体非常均匀，反之，喷射液流愈粗，旋转轮转速愈慢，所制得的带材较厚，带材冷速也较低。从图 5-77 可以看出，弥散析出体发生凝聚状态。

a

b

c

图 5－75　从添加 Ni－Mg 的 Al－Fe－V－Si 合金中拔出 Al－Fe 粒子的三维形貌

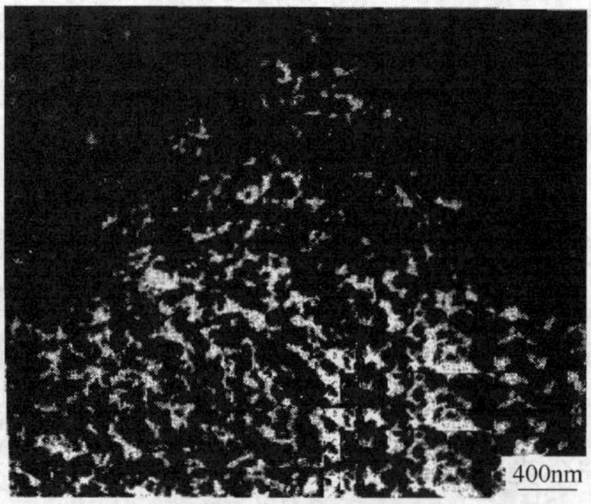

图 5－76　高冷速 Al－Fe－V－Si 合金带材的 TEM 照片

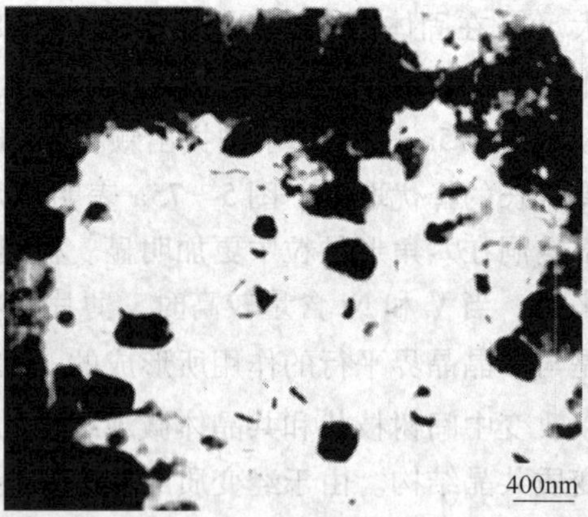

图 5－77　低冷速 Al－Fe－V－Si 合金带材的 TEM 照片

Jones 通过研究发现，快速凝固 Al－Fe 二元合金在金相显微镜下呈两个区，一个是光学无特征区，即“A”区组织；另一个是由细小的亚稳的柱状共晶结构的 Al_6Fe 沉淀相构成的“B”区组织。“A”区组织晶粒细小，组织均匀，第二相粒子更细小，硬度高；“B”区组织相对于“A”区组织而言，组织结构呈枝晶状，第二相粒子粗大，硬度低。对于 Al－Fe 二元合金，在快速凝固过程中，易生成针状的 Al_6Fe 相，Al_6Fe 在高温下易向更稳

定的 $Al_{13}Fe_4$ 发生转变，这对合金的性能是不利的。

Allied Signal 公司的 Skinner、Das 等人[3, 87]采用平流铸造（PFC）法制备 Al－Fe－Si 合金时，发现合金中形成一种球形状的 $Al_{12}Fe_3Si$ 相，该相为 bcc 结构，是一种较理想的合金强化相。但这种亚稳相在高温下容易转变为单斜结构的 $Al_{13}Fe_4$ 相和六方结构的 Al_8Fe_2Si 相，这些相对合金的力学性能的影响是不利的，因此合金在高温下不能得到有效的强化。但当把 V、Mn、Cr、Mo 等元素加入到 Al－Fe－Si 合金中发现，合金中的亚稳相得到了稳定。特别是加入元素 V，当 w（Fe）：w（V）比例合适时，形成 Al_{12}（Fe，V）$_3$Si 相，在高达425℃时仍能够稳定存在，从而达到高温强化的效果。Allied Signal 公司经过长期的研究开发，使得 Al－Fe－V－Si 系合金成为目前最成熟的，也是最有发展前途的耐热铝合金系。

Al－Fe－V－Si 合金的微观组织结构与合金的冷却凝固速度有很大的关系。Kalknanli 和 Angi 等人[88~90]指出：合金在较低的冷却凝固速度下容易形成不利于合金性能的粗大的 $Al_{13}Fe_4$ 平衡相；提高冷却凝固速度，则可以有效地细化合金中的第二相，并在合金中形成球状的 Al_{12}（Fe，V）$_3$Si 非平衡相。

喷射成形技术是一种能够方便地制备大尺寸块体坯件的快速凝固制坯新技术。近年来，随着喷射成形技术的成熟与发展，研究人员开始探索利用该技术制备 Al－Fe－V－Si 系耐热铝合金。Koh 和 Jin Tou－nan 等人[91,92]指出，喷射成形制备的耐热铝合金中，绝大部分弥散细颗粒为 bcc 结构的 Al_{12}（Fe，V）$_3$Si 相，但由于喷射成形工艺的冷却凝固速度相对于传统的 RS/PM 工艺要低，因此在合金中还发现了一些粗大相。Jin Tou－nan 利用 TEM、HREM 等方法，在 Al－Fe－V－Si 合金中还发现了一些超点阵结构的相，具体晶体结构特征见表 5－18。

表 5－18 金属间化合物的晶体结构

相	晶格类型	晶格参数	空间群
θ－$Al_{13}Fe_4$	单 斜	$a=1.549$nm $b=0.808$nm $c=1.248$nm $\beta=107.75°$	C2/m
α－AlFeSi	bcc	$a=1.256$nm	Im3
α－AlFeSi 超结构	菱 方	$a=3.076$nm $c=3.26$nm	R3
$α_T$－AlFeSi	单 斜	$a=2.795$nm $b=3.062$nm $c=2.073$nm $\beta=97.74°$	C2/m
h－AlFeSi	六 方	$a=2.514$nm $c=1.257$nm	P6/mmm

5.2.8.3 熔体热历史对 Al－Fe－V－Si 合金相形成的影响

快速凝固 Al－Fe－V－Si 合金显微结构的不均匀性，即产生粗大初生金属化合物相，初生准晶相和粗胞晶组织，是提高其力学性能的一大障碍。快速凝固耐热铝合金显微组织的不均匀性，不仅与化学成分和凝固速度有关，并且与合金熔体的热历史有关。热历史条件对熔体的动力学黏度及熔体中的短暂有序原子排列集团的尺寸及结构有很大的影响，从而影响形核和长大过程。在熔体过热后快速凝固 Al - Fe - V - Si 合金的显微结构中，除有初生金属间化合物形成之外，还在 α - Al 基体上分布着弥散的金属间化合物，经分析，初生金属间化合物的尺寸为 200 ~ 400nm，同时显微结构的不均匀性较大，有时伴随着粗胞晶组织的出现。若在砂型模冷条件下，液态经过不同热处理后，其凝固的共晶组织形态基本不变，但 α - Al 枝晶及间距随处理温度的升高而增加，α 相的二次枝晶间距与液态处理温度基本成直线关系。秦敬玉等[93]利用 θ - θ 液态金属 X 射线，用微观多相模型解释实验结果，发现铝铁合金系以 Al、Al_7Fe、Al_5Fe_2、Fe_3Al 和 Fe 将边界分成 4 个熔度区间，边界合金熔体中只有一种微观原子集团，熔度区间内的合金熔体由边界处的两种微观原子集团组成，并给出了原子间最近邻距离和配位数。他们还研究了 675℃，Al - 1.1% Fe（质量分数）合金的熔体结构与熔体热历史的关系，并用纯铝进行了对比研究，结果发现未过热铝铁合金熔体的结构因子的小角部分出现顶峰，高温过热后预峰消失，而纯铝熔体的结构因子在过热前后基本不变也未出现顶峰，构造一个液体结构模型，实体成分约为 Al_7Fe，推测在液体亚共晶铝铁合金中存在成分近似于 Al_6Fe 的原子团簇。

关绍康[94]等在熔体温度分别为 950℃、1050℃、1150℃、1250℃、1350℃时对 Al - 8.6Fe - 1.3V - 1.8Si（质量分数,%）合金经单辊甩带后的显微组织进行了分析，发现在熔体温度为 1250 ~ 1350℃，保温时间为 10min 的热历史条件下，可以得到过饱和固溶体 α - Al 基体中均匀分布着 20 ~ 40nm 的 bcc Al_{12}（Fe，V）$_3$Si 弥散相组织；当合金熔体温度低于 1150℃时，基体有三种典型显微组织：（1）有初生相析出；（2）A 区向 B 区的突变组织；（3）I 相与共晶组织等显微组织的不均匀性。关绍康等人[95]还研究了不同成分的快凝 Al - Fe - M - Si（M = Ti、Nb、Cr、Mo、W）合金对熔体热历史的敏感性，在保温时间为 5min 时，在 1050 ~ 1250℃的温度区间对熔体的热历史比较敏感，作者认为合金过热熔体微观不均匀区的大小是影响快速凝固 Al - Fe - W - Si 合金显微结构对熔体热历史敏感性的主要因素。

5.2.8.4 Al - Fe - V - Si 合金组织的热稳定性

为了获得高体积分数、尺寸达到微米甚至纳米级的细小且弥散分布的高温稳定的硅化物粒子，必须通过快速凝固熔体甩带工艺或快速凝固雾化制粉首先获得 20 ~ 80μm 厚的薄带或快速凝固微细粉末，薄带破碎后或粉末再通过压制成形、热致密化等手段制备成一定尺寸的材料。热挤压或粉末烧结是最为广泛采用的热致密化工艺，但无论采用何种热致密化手段，快速凝固所获得的微细组织在重新加热过程中，沉淀和粗化将使快速凝固的优异特征丧失。因此，了解快速凝固薄带或粉末在高温热效应过程中微观组织的演变情况十分重要。Yaneva 等人[96]通过挤压研究了从室温到 600℃温度范围内，快速凝固薄带（片）微观组织的转变特征，对 Al - Fe - V - Si 合金快速凝固组织的获得及其热致密化加工提供了重要的参考价值。

研究采用了平面流铸造工艺（PFC），旋转辊表面线速度为 19m/s 制备的 Al - Fe - V - Si 合金薄带，合金成分见表 5 - 19，观测方位和取样方式如图5 - 78所示。

表 5-19 甩带薄片和退火后化学成分

铸态带的元素	成分			
	整体成分 w/%	图 5-81 中点 1w/%	图 5-81 中点 2w/%	
Fe	8.5	10.7	10.6	
Si	2.8	3.0	3.0	
V	1.1	1.3	1.0	
Al	87.7	85.0	85.4	
200℃等温退火 1h	图 5-82 中点 1		图 5-82 中点 2	
	w/%	x/%	w/%	x/%
Fe	17.5 ± 0.1	9.4 ± 0.1	10.6 ± 0.1	5.5 ± 0.1
Si	5.8 ± 0.1	6.3 ± 0.1	2.9 ± 0.1	3.0 ± 0.1
V	2.2 ± 0.1	1.3 ± 0.1	0.9 ± 0.1	0.5 ± 0.1
Al	74.5 ± 0.1	83.0 ± 0.1	85.5 ± 0.1	91.0 ± 0.1
在 473K、573K 和 673K 分别退火 1h	图 5-83 中点 1		图 5-83 中点 2	
	w/%	x/%	w/%	x/%
Fe	16.2 ± 0.1	8.7 ± 0.1	11.8 ± 0.1	6.0 ± 0.1
Si	5.9 ± 0.1	6.3 ± 0.1	3.9 ± 0.1	4.1 ± 0.1
V	2.4 ± 0.1	1.4 ± 0.1	1.5 ± 0.1	0.9 ± 0.1
Al	74.5 ± 0.1	83.6 ± 0.1	82.7 ± 0.1	88.9 ± 0.1

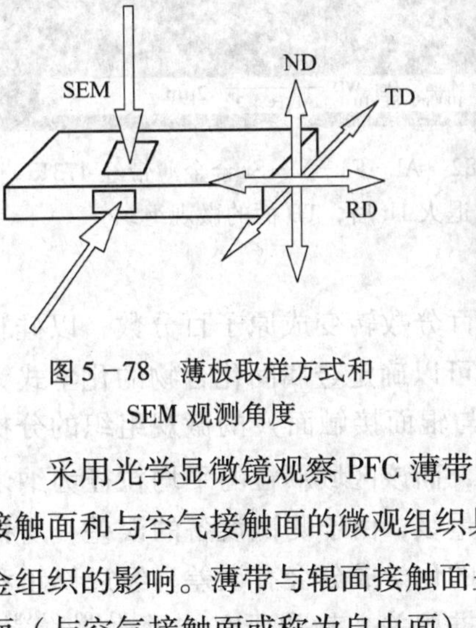

图 5-78 薄板取样方式和 SEM 观测角度

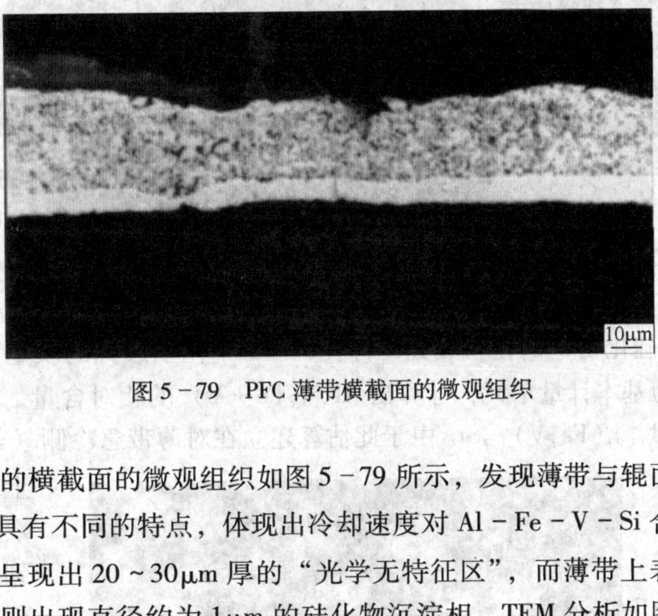

图 5-79 PFC 薄带横截面的微观组织

采用光学显微镜观察 PFC 薄带的横截面的微观组织如图 5-79 所示，发现薄带与辊面接触面和与空气接触面的微观组织具有不同的特点，体现出冷却速度对 Al-Fe-V-Si 合金组织的影响。薄带与辊面接触面呈现出 20~30μm 厚的“光学无特征区”，而薄带上表面（与空气接触面或称为自由面）则出现直径约为 1μm 的硅化物沉淀相，TEM 分析如图 5-80 所示，可以明显观测到不同冷速下形成的硅化物尺寸。

图 5-81 显示了与辊面接触表面的微观组织，表现出两种不同的区域：浅色的 1 区和深色的 2 区，不同区的化学成分见表 5-19，用原子吸收谱检测表面，除浅色的区域 V 含量略有增加外，两种区域的化学成分基本相同。

经过 200℃×1h 退火处理后，Al-Fe-V-Si 合金薄带的微观组织开始发生粗化现象，图 5-82 清晰地显示了球状颗粒的尺寸为 0.3~1.0μm，颗粒在基体中非均匀分布，大颗粒优先于晶界处析出，图中 1 区和 2 区的化学成分见表 5-19。为了确定金属间化合物

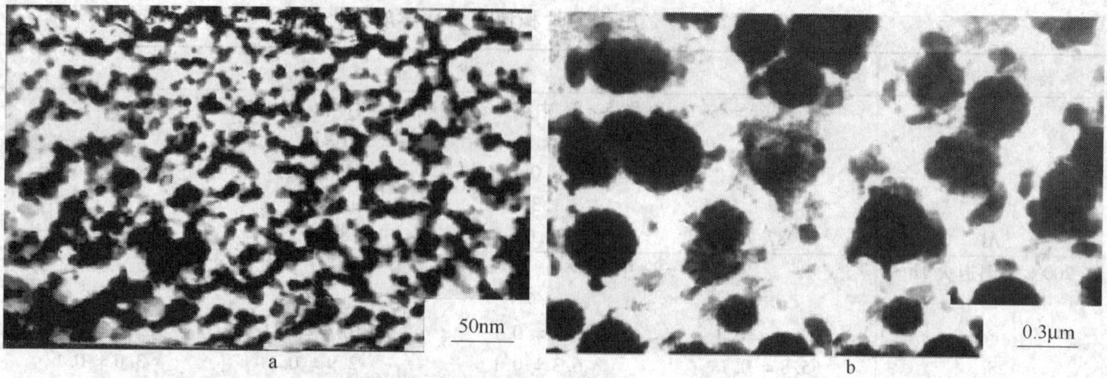

图 5-80　TEM 分析

a—靠近甩带轮一侧的球形颗粒；b—自由面一侧的球形颗粒

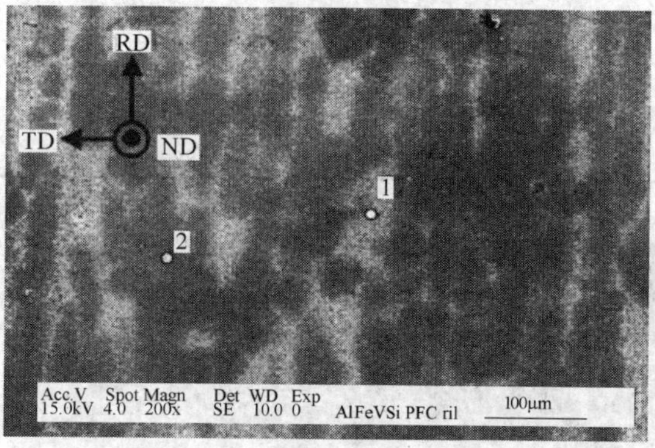

图 5-81　Al-Fe-V-Si 合金薄带 ND 面上两个不同区域的显微组织：区域 1—1.3% V；区域 2—1% V

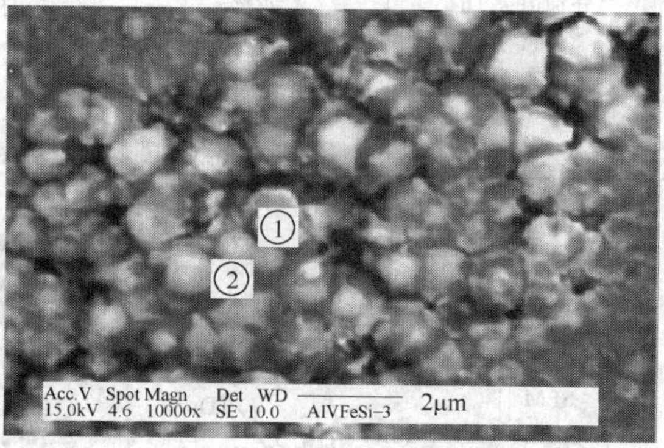

图 5-82　Al-Fe-V-Si 合金薄带经 473K 退火 1h 后，TD 面的微观组织

(硅化物）的化学成分，将表 5-19 中化学成分的质量百分数转变成原子百分数，以硅相为基本计量单元，计算出 Al、(Fe+V）的相对含量，可以确定金属间化合物的化学式为 $Al_{13.23}(Fe,V)_{1.7}Si$。由于此估算建立在对薄带急冷侧（与辊面接触面）的微观组织的分析上，而该区域颗粒的平均粒径为纳米数量级，由于测试设备的误差，所得到的化学成分会有误差，经过修正和根据相关文献的研究结果[72, 90, 97,98]，该四元硅化物的化学式为 $Al_{12}(Fe,V)_3Si$。

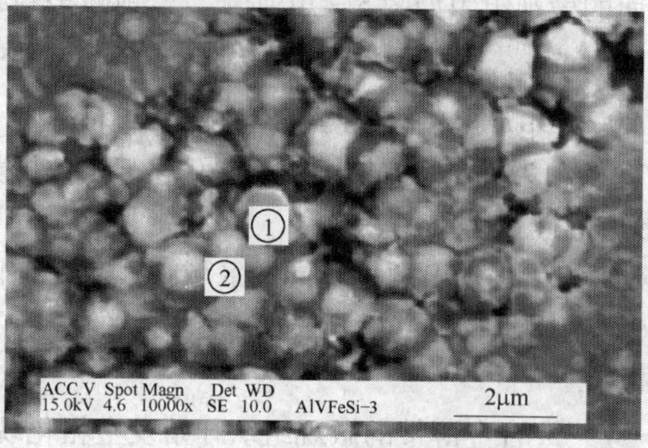

图 5-83　Al-Fe-V-Si 薄带 1h 内连续升温至 673K 的微观组织

①—球形颗粒；②—晶界区

图 5-83 为 Al-Fe-V-Si 薄带在 1h 内连续升温至 400℃时，薄带的微观组织转变情况，可以发现颗粒的尺寸略有增大，约为 0.5~1.2μm，1 区和 2 区的化学成分参见表 5-19，

可见化合物沉淀相的成分几乎没有变化。化学表达式可以写成 $Al_{13.25}$（F，V）$_{1.6}$Si，与化合物沉淀相相邻的 2 区，化学成分接近基体成分。由此可知，连续升温 1h 至 400℃与在 200℃保温 1h，合金微观组织的粗化程度近似，二次相颗粒的尺寸与成分也大体相同。继续升温至 600℃，快凝 Al－Fe－V－Si 薄片的 XRD 图谱如图 5－84 所示，Al 基体和 $Al_{13.18}$（F，V）$_{1.84}$Si 相的晶格常数及平均晶粒尺寸见表 5－20。结果表明，退火至 600℃时，合金仍为两相组织，低过饱和的 Al 基体固溶体（晶格常数为 0.40485nm，而纯 Al 晶格常数为 0.40492nm）以及四元硅化物，晶格常数为 1.2578nm（由于合金元素固溶度与扩散速度的差别，高温下 V、Fe 将重新分布，导致四元硅化物晶格常数发生变化）。

可见，PFC 薄带 Al－Fe－V－Si 微观组织为两相过饱和的 Al 基固溶体和四元硅化物相，过饱和固溶体在所研究的温度范围内十分稳定，而四元硅化物相随退火温度的升高尺寸将逐步增加，沉淀相尺寸的变化直接导致合金性质的变化，在 400℃以下对快速凝固 Al－Fe－V－Si 合金薄片进行破碎或对粉末进行挤压加工，可以使合金的显微硬度获得明显改善，而在 400℃以上退火时，合金性能下降显著。

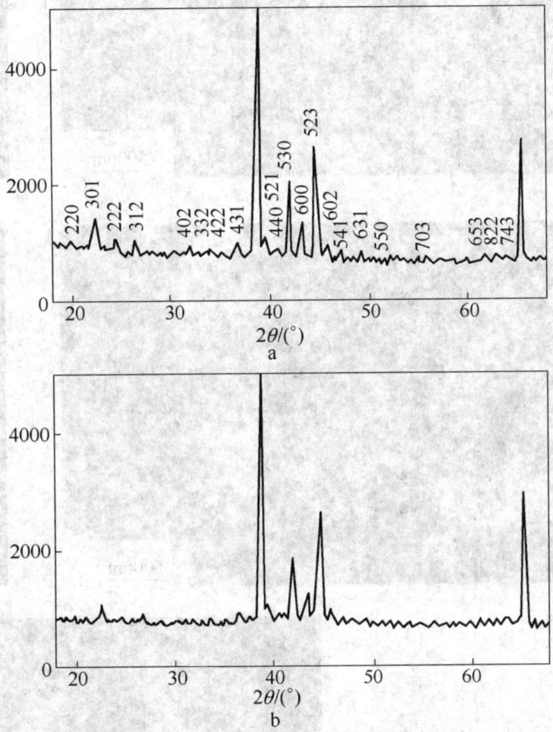

图 5－84　快凝 Al－Fe－V－Si 薄片的 XRD 图谱（Cu K_α）

a—铸态；b—873K 热处理态

表 5－20　873K×2h 时效后 Al 基体和 $Al_{13.18}$（F，V）$_{1.84}$Si 相的晶格常数 *a* 和晶粒尺寸 *D*

样　品	*a*（Al）/nm	*D*（Al）/nm	*a*（$Al_xFe_yV_zSi_p$）/nm	*D*（$Al_xFe_yV_zSi_p$）/nm
薄　带	0.40443（3）	42（2）	1.2559（9）	29（2）
薄带＋600℃×2h	0.40485（4）	53（3）	1.2578（8）	30（2）

此外，Lee J C 等人[99]对 Al－8.5Fe－1.3V－1.7Si（质量分数,%）进行热暴露实验，在 427℃暴露 100h 后室温拉伸性能基本保持不变，在超过 427℃以后，断口可观察到生成 $Al_{13}Fe_4$。脆性断口伴随着粗大 $Al_{13}Fe_4$ 相的出现，这可能是在 427℃以上高温时粗大的硅化物弥散体转变而成的。

Hambleton 等[100]研究了添加 SiC 颗粒对 Al－Fe－V－Si 合金显微组织的影响。发现 Al－Fe－V－Si 合金在 425℃下保温 3100h 后，硅化物粒子尺寸没有明显变化，仍为 80nm 左右。当合金材料在 550℃下保温 100h 后，硅化物粒子长大到约为 110 nm（图 5－85c）。添加 SiC 后的 SiC/Al－Fe－V－Si 复合材料中的硅化物粒子在 550℃下暴露 100h 后，其大

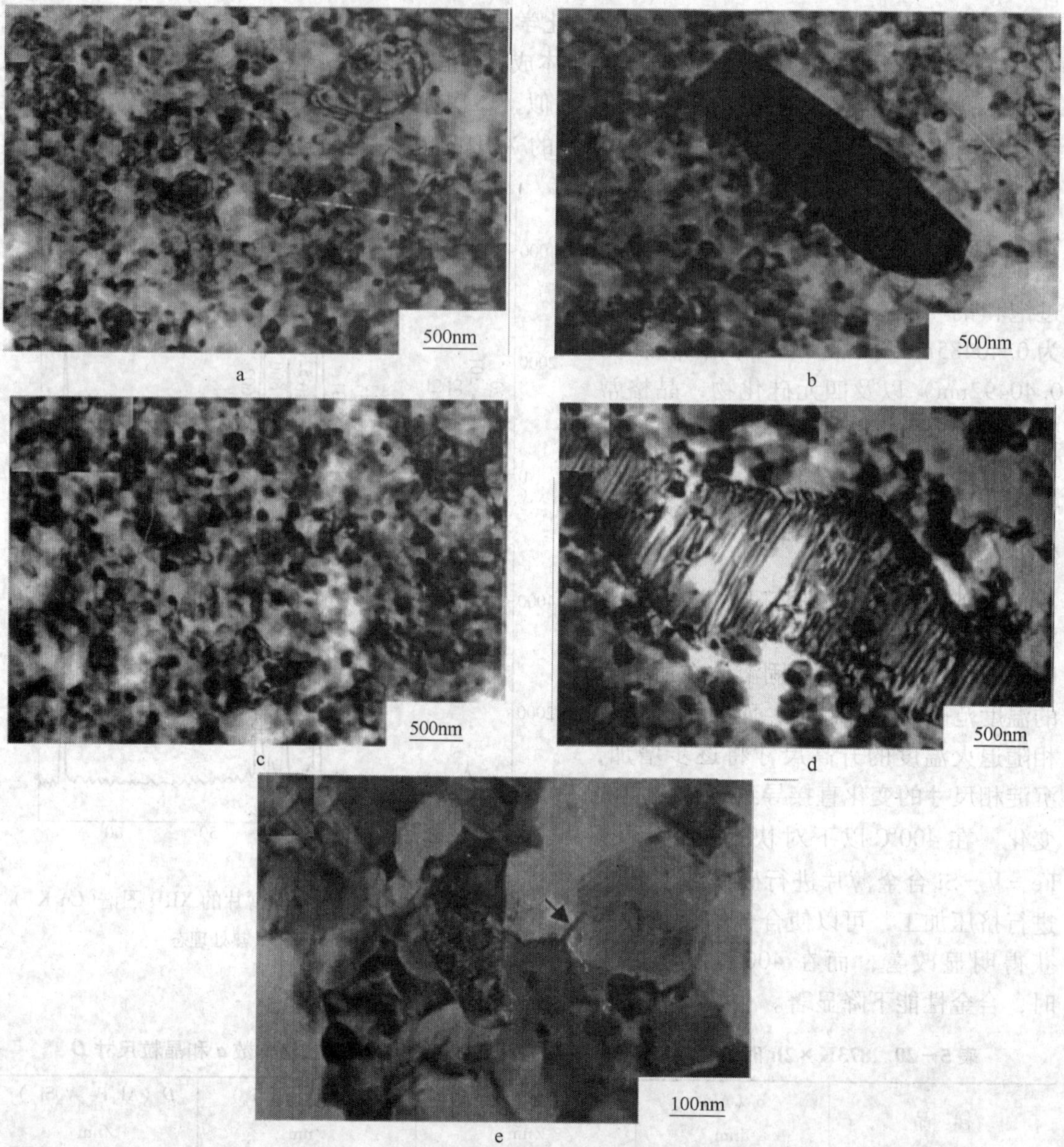

图 5－85　Al－Fe－V－Si 合金及 SiC 增强复合材料的 TEM 显微组织照片

a—495℃下锻压的合金材料；b—典型的 SiC 颗粒（1～3μm）和合金中细小的硅化物粒子；
c—Al－Fe－V－Si 合金在 425℃暴露 3100h；d—Al－Fe－V－Si 合金 550℃暴露 100h 后的 $Al_{13}Fe_4$ 粗大相；
e—Al－Fe－V－Si 合金在 550℃暴露 100h 后的 Al_4C_3 沉淀相

小与未添加 SiC 颗粒增强的合金材料中的情况类似。但从图 5－85d 可以看出，没有添加 SiC 颗粒增强的 Al－Fe－V－Si 合金在 550℃下暴露 100h 后，出现了 $Al_{13}Fe_4$ 粗大相。而 SiC/Al－Fe－V－Si 复合材料即使在 600℃下暴露 100h 后也没有出现 $Al_{13}Fe_4$ 粗大相，但是可以看到有 Al_4C_3 沉淀相（图 5－85e）。

没有 SiC 强化的 Al－Fe－V－Si 合金材料在 550℃保温 100h 后出现了 $Al_{13}Fe_4$ 粗大相，而 SiC/Al－Fe－V－Si 复合材料即使在 600℃下暴露 100h 后也没有出现这种粗大相。

R. Hambleton等认为，这是因为 SiC 颗粒与基体发生了界面反应，部分分解后，将 Si 注入基体中，从而稳定了 Al - Fe - V - Si 硅化物粒子，不被脆性的 $Al_{13}Fe_4$ 粗大相所替代。同样，SiC 颗粒的部分分解也解释了图 5 - 85e 中 Al_4C_3 沉淀相出现的原因，也解释了 SiC 颗粒的存在稳定 Al - Fe - V - Si 硅化物粒子的原因。

5.3　合金元素对耐热铝合金组织与性能的影响

本节主要介绍了 Al - Fe 合金的组织性能以及它们对耐腐蚀性能、物理性能的影响。包括其中 Fe 元素对铸造铝合金、形变铝合金及其他合金组织及性能的影响以及热处理引起的组织变化。

5.3.1　Fe 对耐热铝合金组织和性能的影响

对于耐热铝合金来说，Fe 是仅次于 Al 的第二个主要因素，Al_3Fe 相在 Al 基体中的形态、分布和数量对该合金的多项性能有很重要的影响。一般来说，Fe 含量增多，Al_3Fe 相的数量就多，Al - Fe 合金的耐热、耐磨和耐腐蚀性能也就相应地提高，但 Al_3Fe 是脆性的金属间化合物相，数量增多，尺寸变大均会影响合金的性能，Al_3Fe 的形态和分布受冷却速度的影响较大，冷速变大，Al_3Fe 相由粗大的棒状转变为细小的棒状，再转变为菊花状，再增加冷速、Al_3Fe 相变得非常细小，甚至出现光学无特征区（A 区）。通过急冷，Fe 在 Al 中的最大急冷固溶度为 10%（质量分数），弥散相体积分数由 7% 增加到 18%，弥散相直径由 0.13μm 仅增加到 0.21μm。这种弥散相的热稳定性较好，加热温度低于 300℃时，尺寸变化不大。含铁 8% 的合金（质量分数），500℃下加热 100h 后，弥散相也仅由原来的 0.21μm 长大到 0.32μm，且弥散相体积分数不受加热温度的影响。随着合金中 Fe 含量的增加，弥散相体积分数增高，合金的抗拉强度增加。但是，Fe 含量增加到 8% 后，Fe 含量再增加，强度增加缓慢，而伸长率却显著下降。合金的高温强度取决于弥散相的热稳定性，在低于 300℃热暴露时，由于弥散相变化很小，因而强度变化也不大，但在 300℃以上热暴露时，弥散相（主要是 Al_3Fe）有粗化的趋势，强度开始下降，但合金的伸长率随温度的升高而增大。

Allborned 等人认为，在 Al - Fe 合金加入 Si，在快速凝固条件下，可以形成 $Al_{12}Fe_3Si$ 硅化物球形沉淀相，其中 Fe 原子可以部分被 V、Mo、Mn、Cr 取代，没有改变沉淀相的结构，但增加了沉淀相的热稳定性，形成 $Al_{12}(Fe,X)_3Si$（X = V、Mo、Cr、Mn）硅化物。因为体心立方的 $Al_{12}(Fe,X)_3Si$ 的点阵参数（a = 1.257 ~ 1.265nm）基本上接近 Al 基体的点阵参数的 3 倍，析出相可以与 α - Al 基体基本上形成半共格界面，从而大大降低该硅化物的粗化率。采用多元复合加入，可以形成 $Al_{12}(Fe,Cr,V)_3Si$ 硅化物，该相热稳定性极好，在高达 475℃时仍保持其原来的球状形貌，只有在高达 550℃时才发生向 $Al_{13}(Fe,Cr,V,Si)_4$ 的平衡相转变，$Al_{12}(Fe,Cr,V)_3Si$ 的球形质点细小，弥散分布在铝基体上，可以强化基体，阻碍界面的迁移，提高合金的再结晶温度，阻碍基体的再结晶软化，因而，在高温条件下，合金仍能保持较高的强度，同时，也不易产生应力集中而造成材料断裂，改善合金的塑性。

5.3.2　V 与 Si 对铝合金组织的影响

Inoue 等[101,102]利用甩带法制备出了强度高、延展性能好的 Al -（V,Cr,Mn）-（Fe,Co,Ni）

合金，在这一合金体系中，Al－V－Fe 的强度最高，延展性能也很好。据报道，该系列合金在精确的工艺条件和合金成分的基础上，其显微组织是纳米级的准晶相和非晶相粒子。用甩带法制备的含有非晶粒子的 Al－4%V－2%Fe（原子分数）合金其最高强度达 1400MPa。

Humphreys 等人[103]通过改变工艺条件来使 $Al_{94}V_4Fe_2$ 合金的颗粒从 500nm 减小到 20nm，这些合金中的粒子都保持准晶态，并没有非晶相的迹象，但是添加 Si 后对熔体的影响较大，得到的显微组织为含有高体积分数的嵌在面心立方 Al 基体中的纳米级的二十面体和非晶相。三维原子探针结果说明，准晶粒子和非晶粒子都含有溶质元素（V、Fe、Si）。Humphreys 制得的试样带 1 与带 2 总的 Si 的摩尔分数分别为 1.1% 与 2.0%。其 TEM 图说明，带 1 的显微组织主要是由嵌在 fcc Al 基体中的 10～20nm 的二十面体准晶粒子组成。这种显微组织在如图 5－86a 所示的暗场显微照片中最容易辨别，从中可以明显看出粒子都是近球形。由于这类粒子的体积分数高，因此它们经常相互接触，这使得在某些区域的粒子难以辨别。其选区衍射图样如图 5－86b 所示，从基矢量计算得出该准晶的晶格参数为 0.46nm，这是 Al－TM（TM 为过渡金属）准晶的典型。图 5－87a 所示，在带 2 的

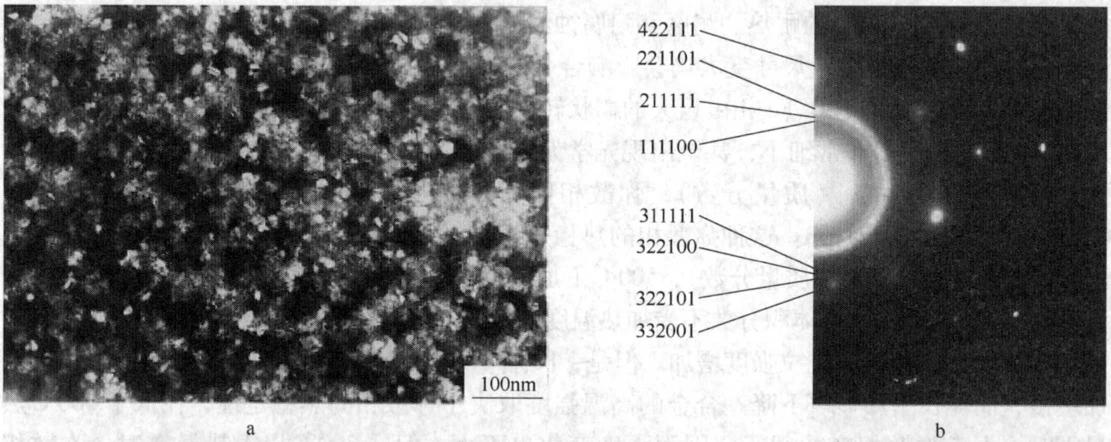

图 5－86　带 1 的暗场显微照片，在 fcc 基体中分布着 10～20nm 的准晶粒子（a）；图 a 中区域的选场衍射花样（b）

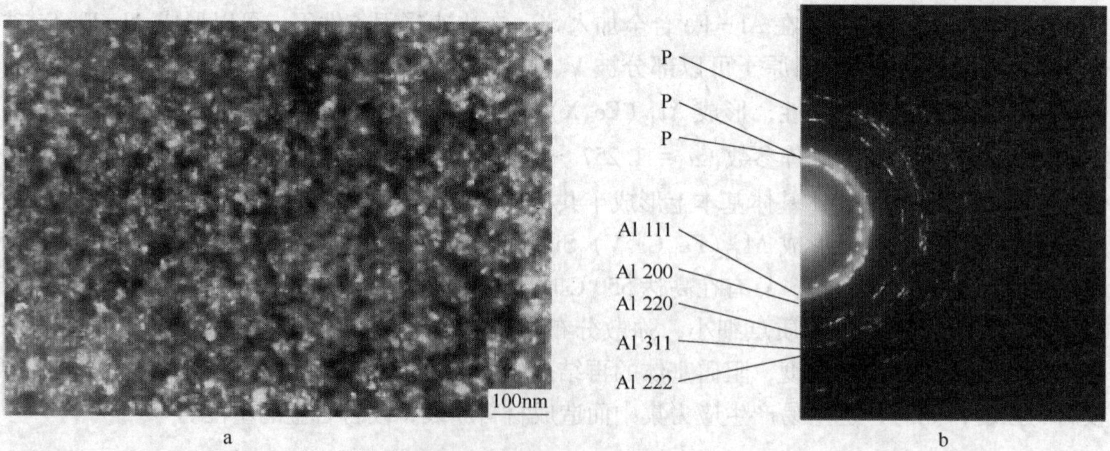

图 5－87　带 2 的暗场显微照片，在 fcc 基体中分布着 5～10nm 的非晶粒子（a）和图 a 区域的选场衍射花样（b）
标示为“P”的环是这些粒子产生的

透射照片中同样可以看到高体积分数的粒子，但是其粒子更小，约为 5 ~ 10nm，而图 5 - 87b中的衍射花样说明有更多的扩散衍射环，其指数与准晶相不同。其衍射花样也与完全的非晶相不同，但是其粒子比带 1 中的准晶相更加无序，可基本认为是部分非晶粒子。

5.3.3 其他合金元素对耐热铝合金组织与性能的影响

5.3.3.1 混合稀土（Mm）的影响

王建强等人[104]通过往 Al - Fe - V - Si 合金中添加适量的 Mm（混合稀土）来制备含有纳米级弥散粒子的新 Al - 基纳米晶合金。

图 5 - 88a 为退火态 Al - Fe - V - Si 合金的 TEM 照片及对应的选场电子衍射图样（SAD）。近球状的 α - $Al_{13}(Fe,V)_3Si$ 弥散粒子沿晶界（约 200 ~ 500nm）或亚晶界分布，同时也有的分布在晶内。典型的弥散粒子直径为 50 ~ 100nm。退火态 $Al_{93.3-x}Fe_{4.3}V_{0.7}Si_{1.7}Mm_x$（$x$ = 0，0.5，1，3）的透射照片如图 5 - 88b ~ d 所示，可以看出随着 Mm 含量的增加，晶粒和弥散粒子的尺寸都减小（都在纳米级范围内），尽管有少量弥散粒子发生团聚。这与其 SAD 图样的改变是一致的。基于这些结果可以看出，在 Al - Fe - V - Si 合金中添加 Mm 后，其典型的纳米晶显微组织中的弥散粒子直径小于 50nm。

图 5 - 89 为合金的晶格参数随着 Mm 含量的变化曲线。从该图可以看出，α - Al 的晶

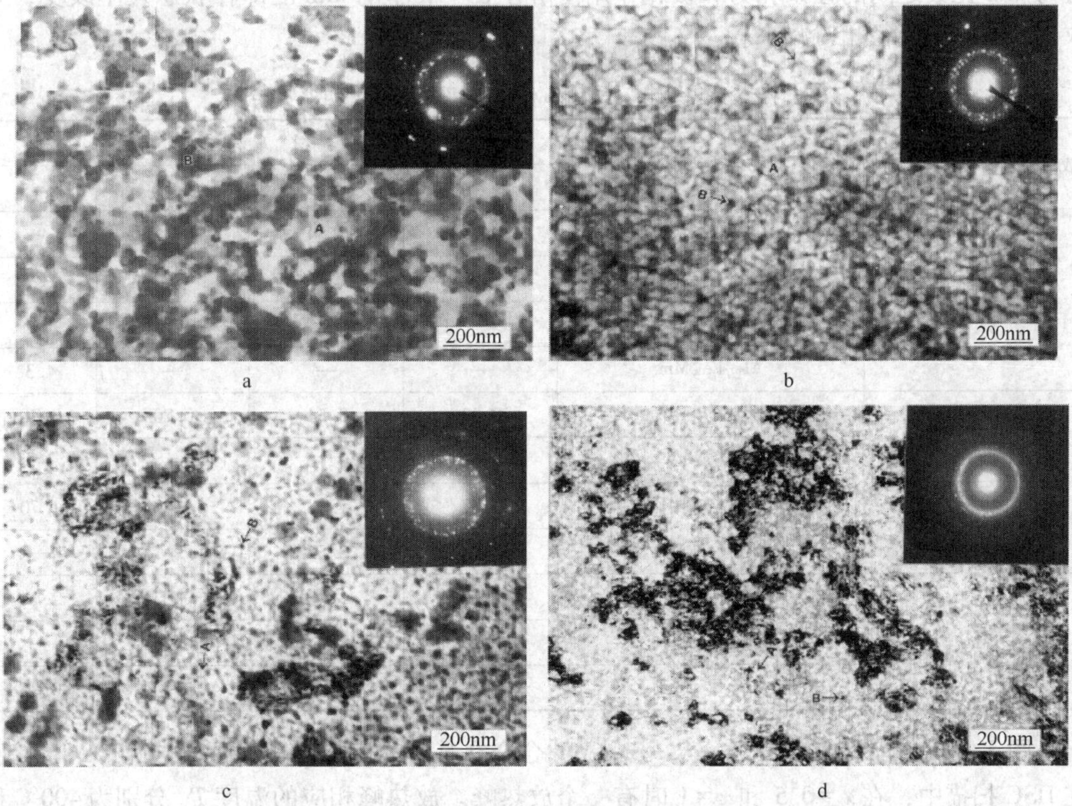

图 5 - 88 $Al_{93.3-x}Fe_{4.3}V_{0.7}Si_{1.7}Mm_x$ 合金的显微组织[104]

a—x = 0；b—x = 0.5；c—x = 1；d—x = 3

A—α - Al；B—弥散粒子

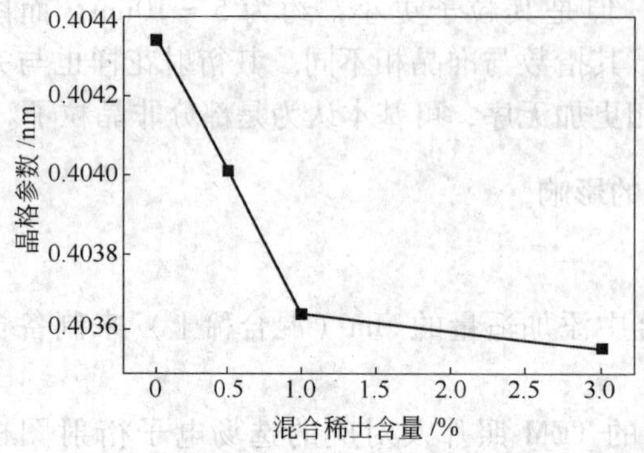

图 5－89 晶格参数与 Mm 浓度之间的关系[104]

格参数 a_0 单调下降。这种“晶格收缩”现象与以前的结果不大一致，这说明由于 Mm 的原子半径与 Al 相比相对要大，因此将 Mm 添加到 Al－Fe－Mm 合金后使 α－Al 的晶格扩张。一般说来，影响 α－Al 晶格常数的因素与固溶体中的溶质原子含量相关。如表 5－21所示，随着 Mm 含量从 $x=0$ 增加到 $x=3$，α－Al置换固溶体中的 Fe 含量按照下面的趋势降低：0.79→0.54→0.39→0%（原子分数）。但是，α－Al 置换固溶体中的 V、Si 和 Mm 以及其他构成元素增加，分别为：0.38→0.54→0.70→0.70，0.57→1.13→1.70→1.70，0→0→0.02→2.14。另外 α－Al 的晶格参数 a_0 的变化与 α－Al 固溶体中组成原子含量的变化密切相关，a_0 的降低主要是由于固溶体中 V 和 Si 含量的提高以及 Mm 含量从 $x=0$ 增加而引起的晶格收缩。首先，Mm 浓度的进一步增加使过冷趋势加速可以提高 α－Al 固溶体中原子半径相对较小的 V 和 Si 的相对含量。第二，具有大电负性的非金属元素与 Mm 元素之间的强亲和力和极化作用使溶在 α－Al 中的 Mm 的即存状态发生改变，导致 Mm 的原子半径相对减小。

表 5－21 退火态 $Al_{93.3-x}Fe_{4.3}V_{0.7}Si_{1.7}Mm_x$ 合金中的成分含量[104]

成分（原子分数）/%	相	材料			
		$x=0$	$x=0.5$	$x=1$	$x=3$
Fe	α－Al	0.79	0.54	0.39	—
	α－$Al_{13}(Fe,V)_3Si$	3.54	1.76	—	—
	Al_8Fe_4Mm	—	2.0	3.91	—
	$Al_{20}Fe_5Mm$	—	—	—	4.3
V	α－Al 及其他	0.38	0.54	0.70	0.70
	α－$Al_{13}(Fe,V)_3Si$	0.32	0.16	—	—
Si	α－Al 及其他	0.57	1.13	1.70	1.70
	α－$Al_{13}(Fe,V)_3Si$	1.13	0.57	—	—
Mm	α－Al 及其他	—	—	0.02	2.14
	Al_8Fe_4Mm	—	0.5	0.98	—
	$Al_{20}Fe_5Mm$	—	—	—	0.86

图 5－90 为淬火态 Al－Fe－V－Si－Mm 合金在某一固定加热速率下的典型 DSC 曲线。在 DSC 扫描中，在 $x=0.5$ 和 $x=1$ 时有一个放热峰。放热峰相应的温度 T_p 分别为 400℃和 410℃。但是从 DSC 扫描看来，当 $x=3$ 时，在 $T_{p1}=368℃$ 和 $T_{p2}=435℃$ 处有两个放热峰。为了确定相转变的产物，对退火试样进行了详细的 XRD 分析[105]。XRD 结果显示，在 DSC 图上 $x=0.5$ 和 $x=1$ 时的放热峰对应从亚稳相 Al_8Fe_4Mm 到稳定相 α－$Al_{13}(Fe,V)_3Si$

相的转变。因为稳定相的粗化速率比亚稳相的粗化速率要低好几个数量级，因此当$x=0.5$和$x=1$时在高温下（约400℃）保持良好的热稳定性就尤为重要，即相转变为开发大块纳米晶材料提供了可能。为了估计Al_8Fe_4Mm到$\alpha-Al_{13}(Fe,V)_3Si$相的相转变机制，计算出来的激活能为$(2.48\pm0.27)eV$。这个值与以前文献报道的Fe在Al中的体积扩散的Q值$(1.9\sim2.7)eV$符合得很好[106]，这说明从Al_8Fe_4Mm到$\alpha-Al_{13}(Fe,V)_3Si$相的相转变机制是受体积扩散的控制，而不是受界面扩散的控制。

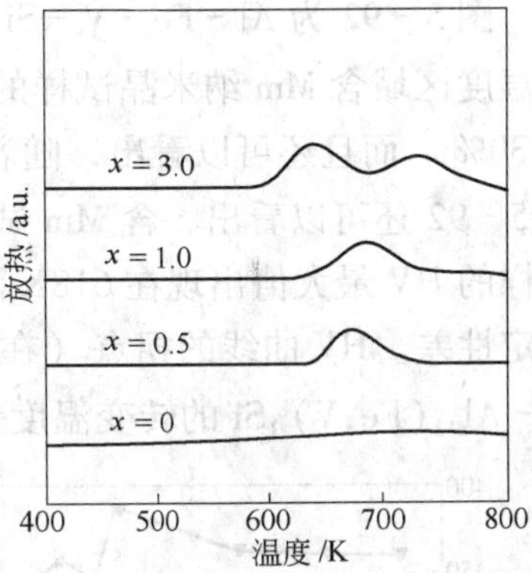

图5-90 Al-Fe-V-Si-Mm合金在加热速率为20K/min时的DSC曲线[104]

当$x=0.5$和$x=1$的合金在400℃退火1h后，从如图5-91所示的TEM显微组织照片可以看到，其基体仍然保持细晶、纳米级弥散粒子的状态。当Mm比较高时（$x=3$），可以清楚地看到，与退火态的组织相比，其晶粒和弥散粒子的尺寸已有明显增大。同时，根据XRD结果可以确定，它是Al、$Al_{11}Mm_3$以及$Al_{32}(Fe,V)Si_{12}$相的混合组织。

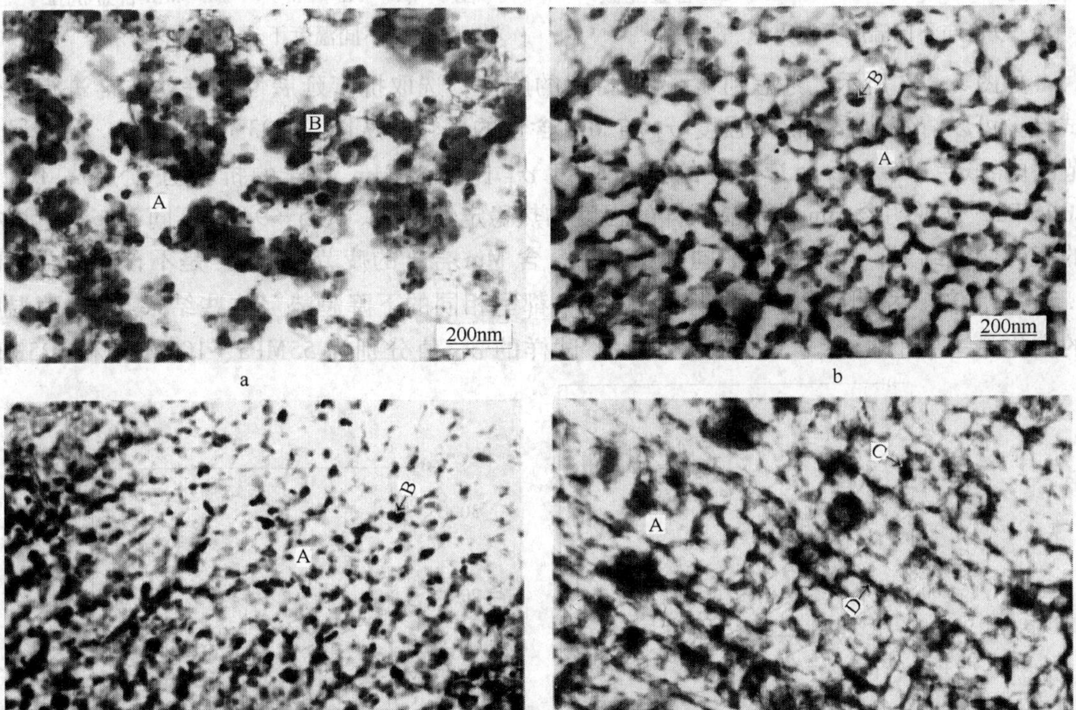

图5-91 $Al_{93.3-x}Fe_{4.3}V_{0.7}Si_{1.7}Mm_x$合金在673K下退火1h后的TEM照片

a—$x=0$；b—$x=0.5$；c—$x=1$；d—$x=3$

A—α-Al；B—$\alpha-Al_{13}(Fe,V)_3Si$；C—$Al_{32}(Fe,V)Si_2$（球形）；D—$Al_{11}Mm_3$（层状）[104]

图5-92为Al-Fe-V-Si-Mm合金的显微硬度HV随温度的变化曲线。显然，在整个温度区域含Mm纳米晶试样的HV值比Al-Fe-V-Si合金的都高。HV提高的幅度高达30%。而且还可以看出，随着温度的升高，不含Mm的试样的HV单调下降。然而，从图5-92还可以看出，含Mm试样的HV曲线可以根据不同的变化趋势分为两部分。$x=3$试样的HV最大值出现在618K附近，接着随着温度的上升，HV值急剧下降，这说明其热稳定性差。HV曲线的拐点（在673K附近）与通过DSC测量得到的Al_8Fe_4Mm到稳定相$\alpha-Al_{13}(Fe,V)_3Si$的转变温度是一致的。

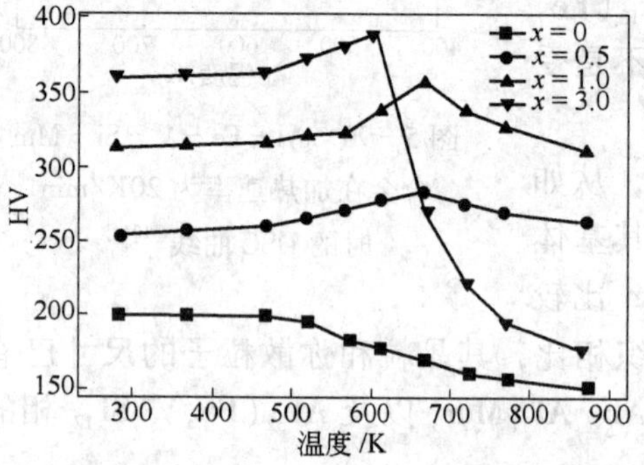

图5-92 Al-Fe-V-Si-Mm合金显微硬度与不同温度下退火1h的关系[104]

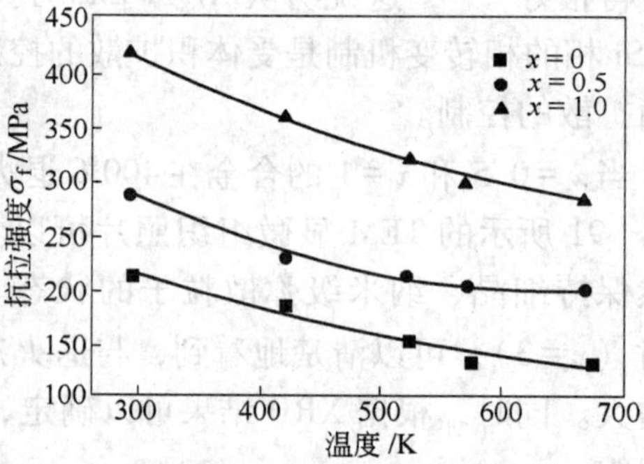

图5-93 Al-Fe-V-Si-Mm合金抗拉强度与不同温度下退火1h的关系[104]

如图5-93所示，考虑到$x=3$时材料的脆性，选取抗弯延展性较好的试样进行拉伸试验。可以清楚地看到抗拉强度σ_f随Mm含量的变化。从图5-93可以看出，在该温度范围内，$x=0.5$和$x=1$合金的抗拉强度σ_f比不含Mm试样的抗拉强度要高100~200MPa，这说明含Mm纳米晶试样的强度和热稳定性更高。图5-94是不同Mm含量试样的疲劳测试结果。显然，在不同的状态下，含Mm合金的疲劳强度σ_e是不含Mm合金的1.5~2.5倍，尽管随着温度的上升，其σ_e都呈相同的下降趋势。这些结果与σ_f随温度的变化是一致的。$x=0$、$x=0.5$、$x=1$试样的σ_e值分别为55MPa、105MPa和125MPa

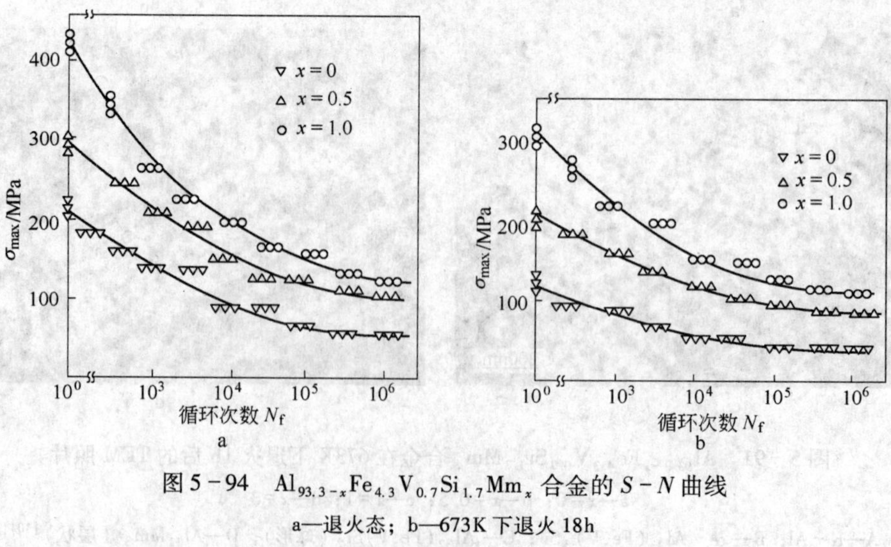

图5-94 $Al_{93.3-x}Fe_{4.3}V_{0.7}Si_{1.7}Mm_x$合金的$S-N$曲线

a—退火态；b—673K下退火18h

(淬火态)，44MPa、93MPa 和 115MPa（673K/18h）。因此可以推断，含 Mm 试样的 σ_e 随温度的上升下降得要少一些，这也说明纳米晶试样的抗疲劳断裂性能更好。

从上可以看出，用甩带法制备的新 Al－基纳米晶试样含有纳米级的弥散粒子。在其退火态试样中，随着 Mm 含量的增加，晶粒和弥散粒子得到细化，并且 $\alpha-Al_{13}(Fe,V)_3Si$ 相被亚稳 Al_8Fe_4Mm 或 $Al_{20}Fe_5Mm$ 相所替代；随着 Mm 含量的提高，出现了晶格收缩，这主要是由于 α－Al 固溶体组成原子含量的发生变化引起的；高温下 Al_8Fe_4Mm 相向 $\alpha-Al_{13}(Fe,V)_3Si$ 相的转变是受体积扩散控制的；纳米晶合金材料的疲劳强度比 Al－Fe－V－Si微晶合金的疲劳强度要高 1.5～2.5 倍。

沈英俊等人[107]研究了快速凝固 Al－Fe 合金加入富 Ce 混合稀土的耐热铝合金，研究结果表明，随着含 Ce 混合稀土含量的增加，室温和高温性能提高，具体结果见表5－22。

表 5－22 Al－Fe－MRE 合金的力学性能

合金	粒度/μm	温度/℃	拉伸性能（室温）			拉伸性能（300℃×100h）	
			σ_b/MPa	$\sigma_{0.2}$/MPa	δ/%	σ_b/MPa	δ/%
Al－7.7Fe－5MRE	36～53	25	348	306	15.3		
Al－7.7Fe－5MRE（He 冷）	<36	25	483	383	17.3	449	14
		200	361	314	10.0		
		300	254	216	8.7		
	36～53	25	411	257	12.0		
		300	209	170	17.3		
Al－7.7Fe－7MRE	<36	25	487	389	16.0	408	13
		200	301	275	12.9		
		300	210	197	8.7		
	36～53	25	414	343	17.0	412	8
		300	183	152	18.0		
Al－7.8Fe－10MRE	<36	25	502	445	17.3		
	36～53	25	459	377	16.7	389	13
		300	221	187	9.5		

注：1. 除注明冷却介质为 He 外其余冷却介质为 Ar。

2. 高温性能测试是试样在该温度下保温 15min 后进行拉伸，温度误差为 ±0.5℃。

5.3.3.2 Be 的影响

Be 是对含 Fe 铝合金组织影响最大的添加元素，而且它也是能显著改变含 Fe 相形态的少数元素之一。当 Be 浓度小于0.5%（质量分数）时，缓冷合金（冷速 $=10^{-2}$K/s）会产生针状的 Al_3Fe 中间相，元素 Be 的加入使铸态 Al－Fe－V－Si 合金中粗大的铝铁相得到明显改善，基体晶粒得到细化，力学性能提高。有研究表明，在 Al－Fe－V－Si 合金中加 Be 到 1.28%（质量分数）时，合金的针状铝铁相完全消失。当合金中 Be、Fe 含量符合 $w(Be)/w(Fe)=1/2$ 时，合金中会产生 $Al_4Fe_2Be_5$ 相，$Al_4Fe_2Be_5$ 相可以显著提高 Al－Mg 系和 Al－Zn 系合金的韧性。对于 Al－Mg－Zn－Fe－Be 合金，以 $w(Be):w(Fe)=1:2$ 的比例加入 Be，可以把断裂韧性和其他力学性能提高到低 Fe 含量合金的水平。韧性对大颗粒（包括 $Al_4Fe_2Be_5$ 颗粒）很敏感。Be 含量在 0.4% 左右时可完全消除 Fe 带来的有害影响。

Be 对 Al－7% Mg－3% Zn－Fe 的断裂特征具有显著影响，$Al_4Fe_2Be_5$ 颗粒的存在导致形成尺寸为 5～7μm 的韧窝，在高放大倍数下，可观察到韧窝内有 $Al_4Fe_2Be_5$ 颗粒，且颗粒上有微裂纹。

Al－6% Zn－2% Mg－1% Cu－0.15% Cr 合金，由于 Be 的积极影响其铸件可用作关键零件。当合金中 Fe、Si 的含量均超过 0.3% 时，组织中的树枝状 Al_8Fe_2Si 和 Mg_2Si 相可显著降低合金的力学性能尤其是韧性。进一步提高 Be 含量，合金中就有三相区 Al + $Al_4Fe_2Be_5$ + $AlFe_2Be_4$，显微组织中就会出现球状相，周围有细树枝状相。另外，在 Al－Fe－Si 合金中添加 Be 能够使 AlFeSi 相变为球状。

5.3.3.3　Ce 的影响

在 Al－Fe－Ce 合金中可以形成 Al_3Fe、Al_4Ce 和 $Al_{10}Fe_2Ce$ 相，在 Fe 含量大于 0.7%（质量分数）的铝合金中加入 Ce 可以提高韧性，这是由于 Ce 对 Al_3Fe 相针状形态的改变有影响，当合金中的 Fe 含量很低时。Ce 的影响可以忽略不计，快冷 Al－Fe－Ce 合金形成的三相共晶有利于提高合金的室温性能和高温性能。

5.3.3.4　Co 的影响

在 Al－Fe－Si 合金中加入 Co，能使 Fe 相化合物分散为球状和树枝状。Fe 相形态的改变可显著影响力学性能，例如 Co 加入 Al－6% Mg－1% Si－1% Fe 合金中可以提高合金的塑性。在 Al－6% Zn－2% Mg－1% Cu－0.15% Cr－0.5% Fe 合金中加入 0.2% Co 也可以提高塑性。

5.3.3.5　Cr 的影响

在 Al－Fe－Cr 系中存在 Al_3Fe 和 Al_7Cr 这两种相。Al_3Fe 相可溶 4% 的 Cr，加入少量的 Cr 不会影响含 Fe 相的形态，即 Al_3Fe 相还是针状。如图 5－95 所示为挤压态 AFCr－24% 材料 TEM 明场显微照片，可以看到晶粒镶嵌着细小的弥散粒子。其显微组织只是比标准态的有略微的长大。在基体中很少看到有位错，可以看到晶界在被弥散粒子钉扎住之前会有轻微的移动。因此，很少在晶粒内发现有弥散粒子，显微组织也变得更加不均匀。因此，晶粒的长大受到弥散粒子的限制，热处理后也没有发现晶粒有明显的长大。

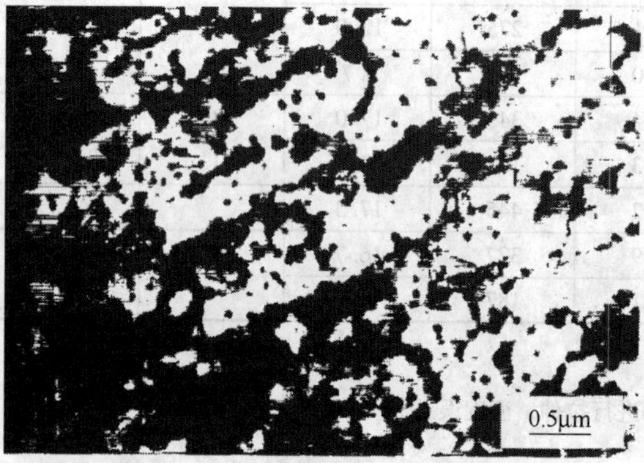

图 5－95　挤压态 AFCr－24% 材料 TEM 明场显微照片[108]

5.3.3.6　Cu 的影响

Cu 的加入不会显著影响含 Fe 相的形态，含 Fe 相的力学性能主要是由固溶体中的 Cu 决定的。初生化合物 Al_3Fe 和 Al_7FeCu_2 降低了合金的塑性，高纯的 Al－Cu 合金中即使很低的 Fe 含量也可以抑制自然时效过程，这是由于固溶体中 Cu 浓度的减小。这可以通过加入 Mg 或提高合金的 Cu 浓度来弥补。

5.3.3.7 Mg 的影响

张林林等人[109]指出，添加 Mg 合金显微组织明显细化，故其硬度和强度均有提高。Mg 对合金塑性的影响来自两方面，一方面 Mg 的细化对改善塑性有利，另一方面 Mg_2Si 相的形成会引起塑性的下降，二者的综合结果是对塑性影响不显著。同时添加 Mg 和 Cu，虽然显微组织较单独添加 Mg 的合金有所粗化，但其硬度和强度仍较未添加 Mg 的合金有所提高，塑性降低。硬度和强度的提高主要是因为加入 Mg、Cu 的合金化作用。塑性的降低，一方面是由于 Mg、Cu 都有不同程度的固溶强化作用，而固溶强化会牺牲部分塑性；另一方面 Mg、Cu 等形成的化合物粒子会导致合金塑性的降低。此外，Al-Fe-V-Si 合金自身的特点以及铸造缺陷使得该合金几乎没有什么屈服，伸长率也不高。

Al-Fe-V-Si 合金同时添加 Mg 和 Cu 时形成 Mg_2Si、Al_2Cu 和 Al_2CuMg 相，淬火时，它们先溶于 α 固溶体，时效时又呈现弥散相在晶界析出，对合金起到沉淀强化的作用，进而提高合金的硬度和强度。

5.3.3.8 Mn 的影响

印飞等人[110]指出，Mn 作为 Fe 相的中和剂元素，并不能在较高冷却速度条件下阻止针状 Fe 相的出现。Mn 的加入反而会促进在高冷却速度条件下针状 Fe 相的生长。在加入 Mn 的同时加入少量的 Be，可以消除高冷却速度条件下针状 Fe 相的出现，且此方法可以在不增加中和剂加入总量的条件下大幅度提高合金在高冷却速度条件下的伸长率。

Carreño 等人[108]研究了 Mn 在 Al-Fe-Si 合金中的作用，图 5-96 为标准态的挤压 AFMn-24% 材料的 X 射线衍射图。图中的峰分别对应于 Al、$Al_{13}(Fe,Mn)_4$ 和 $Al_{12}(Fe,Mn)_3Si$ 相。含有 Cr 或 Mo 的挤压材料也含有相同的相。这是因为在这些相中都是过渡元素，部分替代 Fe 元素。在 Al-Fe-Mn 合金中还有 $Al_6(Fe,Mn)$ 等相，当该相的体积分数超过 2% 时，大的初生晶粒会强烈地降低延展性和断裂韧性。

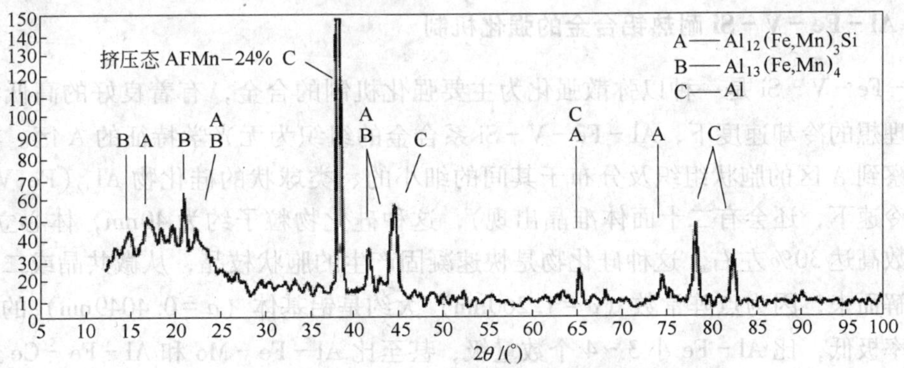

图 5-96 挤压态 AFMn-24% 材料的 X 射线衍射图[108]

通过 TEM 观察标准状态下的研究材料，非常有代表性的显微组织是图 5-97 所示的 AFMn-24% 材料的显微组织。其显微组织中呈现出细小的晶粒和非常细小的弥散粒子。另外，在 Al-Fe-Si 合金中加入 Mn 能够使 AlFe 相转变为汉字状。

5.3.3.9 Ni 的影响

在 Al-Ni 二元合金中可以形成 Al_3Ni 相，在三元 Al-Fe-Ni 系中，Al_9FeNi 化合物沿

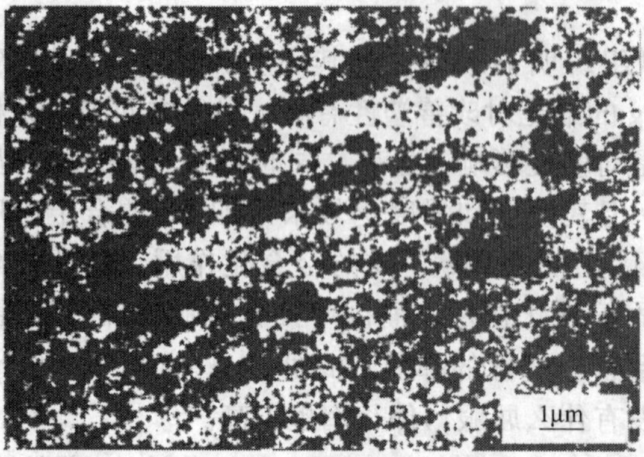

图 5 - 97　AFMn - 24% 材料的显微组织

Al_3Fe 和 Al_3Ni 相的边缘析出，这种化合物可以初生结晶析出，也可通过共晶反应析出 L →（Al）+ Al_9FeNi 和 L →（Al）+ Al_3Ni + Al_9FeNi 。Ni 以前用来减小 Fe 对显微组织的有害影响，Al_9FeNi 相的形态取决于冷速和合金成分。

超高速凝固时，共晶组织变得很细，但没有形成亚稳相，在高 Fe、Ni 含量时（Fe、Ni 总含量超过 10%），冷速 v_c = 10^5 ~ 10^6K/s，组织中会出现初生的 Al_9FeNi 晶粒，而在低冷速时（v_c = 10^{-3} ~ 10^{-2}K/s），三元化合物的共晶颗粒变成粗大的"骨头状"，大大降低延展性和断裂韧性。

5.3.3.10　Al - Ti - B 和 Ti 的影响

Schumacher 等人[111] 研究了在 $Al_{70}Fe_{13}Si_{17}$（原子分数,%）中以 $\{[Al_{(1-x)}Ti_x]_{70}Fe_{13}Si_{17}\}_{99.88}$ + $[TiB_2]_{0.012}$（x = 0.05）的形式加入 Al - Ti - B 晶粒细化剂，结果发现对相的形貌影响不大。比较了在 Al - Y - Ni - Co 和 Al - Fe - Si 合金中 α - Al 的形核机制，两者大体相似：形核发生在硼化物的表面，并在硼化物周围存在富钛层，但在 Al - Fe - Si 合金中更为复杂，在硼化物周围还存在无特征沉淀相区。另外，在 Al - Fe - Si 合金中加入 Ti 元素，可以使针状 Al - Fe - Si 相尺寸增大[112]。

5.4　Al - Fe - V - Si 系耐热铝合金的力学性能

5.4.1　Al - Fe - V - Si 耐热铝合金的强化机制

Al - Fe - V - Si 是一种以弥散强化为主要强化机制的合金，有着良好的高低温综合性能。在理想的冷却速度下，Al - Fe - V - Si 系合金的组织为无光学特征的 A 区。在电镜下可以观察到 A 区的胞状组织及分布于其间的细小的、类球状的硅化物 $Al_{12}(Fe,V)_3Si$（在较低的冷速下，还会有二十面体准晶出现），这种硅化物粒子约为 40nm，体心立方结构，体积分数高达 30% 左右。这种硅化物是快速凝固产生的胞状枝晶，从微共晶或二十面体组织中分解而来，因为点阵常数（a = 1.260nm）大约是铝基体（a = 0.4049nm）的 3 倍，因而粗化率极低，比 Al - Fe 小 3 ~ 4 个数量级，甚至比 Al - Fe - Mo 和 Al - Fe - Ce 还小一个数量级，见表 5 - 23。这种硅化物粒子十分稳定，在高达 500℃ 时仍保持其类球型模和亚稳体心立方结构。随着 $w(Fe)/w(V)$ 的不同，$Al_{12}(Fe,V)_3Si$ 的粗化率在 8.4×10^{-27} ~ 2.9×10^{-26} m^3/h 的范围内变化。有人认为，可能存在一种与 $Al_{12}(Fe,V)_3Si$ 同构的 $Al_{12}(Fe,V)_5Si$，其粗化率为 8.4×10^{-27} m^3/h。另外，也有文献指出这种硅化物应为 $Al_{12\sim14}(Fe,V)_{3\sim5}Si$，其中 $w(Fe)/w(V)$ = 5 ~ 11.5，立方结构，点阵常数 a 随成分而变化，大约为 1.2587 ~ 1.2620nm[113]。

表 5－23 Al－Fe 合金中常见第二相的粗化率

化合物	425℃时的粗化率/$m^3 \cdot h^{-1}$	化合物	425℃时的粗化率/$m^3 \cdot h^{-1}$
$Al_{12}(Fe,V)_3Si$ $w(Fe)/w(V) = 10$ $a = 1.260nm$	8.4×10^{-27}	Al_3Fe	2.2×10^{-23}
		$Al_3(Fe,Mo,V)$	1.7×10^{-23}
$Al_{12}(Fe,V)_5Si$ $w(Fe)/w(V) = 5$ $a = 1.260nm$	2.9×10^{-26}	Al_8Fe_4Ce	4.2×10^{-23}
		Al_3Zr	1.1×10^{-23}

弥散强化型材料的强度不仅取决于基体和弥散相的本性，而且还取决于弥散相的含量、分布和粒度、形态以及弥散相与基体的结合情况，同时也与材料的加工方式、加工条件等有关。因此在材料成分设计时应予以全面考虑。根据合金强化理论，合金强化在高温下下降的主要原因是[114,115]：

（1）基体发生再结晶软化；

（2）溶质原子急剧扩散；

（3）强化相长大或者粗化；

（4）位错攀移和晶界迁移。

在上述因素中，强化相长大和粗化是一个很重要的因素，所以在成分设计时要给予重点考虑。第二相粒子的生长速率和材料的屈服强度可以表示为[116,117]：

$$\frac{dr}{dt} \propto D_0 C_0 \sigma / r^2 \tag{5-4}$$

$$\sigma_{0.2} \propto \frac{V_f^{3/2}}{r} \tag{5-5}$$

式中，dr/dt 为弥散相粒子的生长速率；D_0 为添加元素的扩散系数；C_0 为添加元素的平衡固溶度；σ 为界面能；r 为弥散析出相粒子的半径；$\sigma_{0.2}$ 是屈服强度；V_f 是弥散相的体积分数。

由式（5－4）、式（5－5）可知，耐热铝合金中的强化相在高温下长大速率较低，这就要求加入的合金元素在基体中具有低的平衡固溶度和扩散系数等，从而产生大量不易转变的、粗化的第二相质点，细小的弥散相分布在铝基体上，钉扎位错，阻碍晶界滑移，提高再结晶温度，推迟再结晶，从而改善合金的性能。快速凝固是一种典型的非平衡凝固，其主要作用有：减少偏析、细化晶粒、增大固溶度及形成细小的亚稳相。

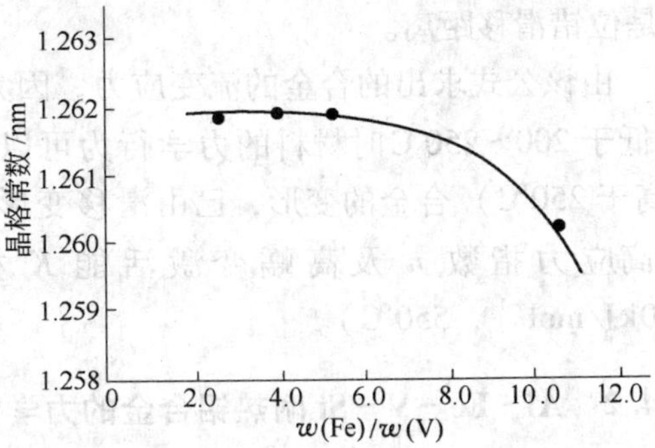

图 5－98 弥散相 $Al_{12}(Fe,V)_3Si$ 的晶格常数随合金中 Fe/V 比值的变化[117]

在耐热铝合金中，合金元素基本都以弥散相析出，弥散相是合金强化的主要因素，其数量、分布等对合金力学性能有很大的影响。合金的室温和高温强度都随弥散相体积分数的增加而提高，但其伸长率有所降低；其次，是弥散相的大小和分布；最后，是弥散相与基体之间的晶格错配，即耐热铝合金的 $w(Fe)/w(V)$

比，Al - Fe - V - Si 合金中弥散相 $Al_{12}(Fe,V)_3Si$ 的晶格常数随合金中 $w(Fe)/w(V)$ 比值的变化如图 5 - 98 所示，研究表明，在同样体积分数的粒子含量时，随合金中 $w(Fe)/w(V)$ 比值的增加，弥散相的晶格常数变小，合金室温屈服强度降低（图 5 - 99），高温强度也同样降低（图 5 - 100），因此 $w(Fe)/w(V)$ 比的研究也相当重要。

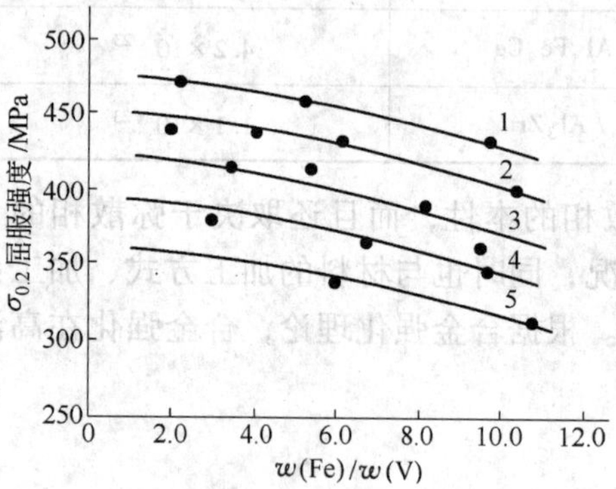

图 5 - 99 弥散相体积分数相同时 Fe/V 比对合金屈服强度的影响[117]

1—24%（体积分数，下同）；2—22%；3—20%；4—18%；5—16%

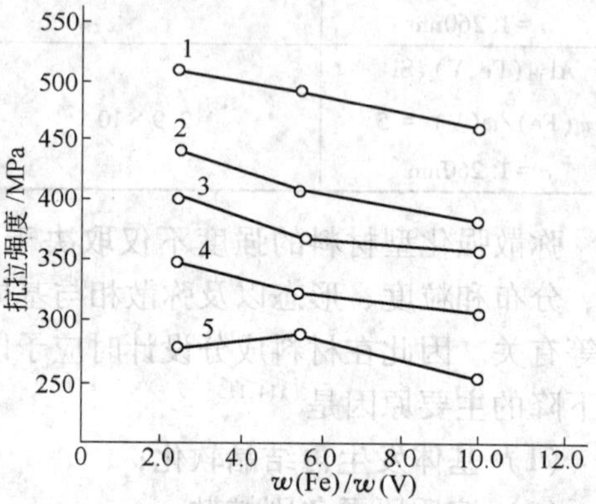

图 5 - 100 弥散相体积分数相同时 Fe/V 比对合金高温强度的影响[117]

有文献报道，Al - Fe - V - Si 系合金的应力指数 $n(\dot{\varepsilon}=\alpha\sigma^n$，$\sigma$ 为应力，α 为常数，$\dot{\varepsilon}$ 为蠕变速度）在 200 ~250℃附近其数值发生突变（见图 5 - 101）。由此人们推测，在 200 ~ 250℃温度区间上下两侧的材料有着不同的强化机制（同样的现象在 Al - Fe - Ni 中也有出现）。通常认为，在中低温状态（低于 200℃时），合金的强化机制主要有三：奥罗万机制；细晶强化；固溶强化。通过线性求和的方式可以求出材料的屈服强度。合金 FVS1212 中各个部分对强化的贡献已有过计算[118]。计算结果表明三者处于同一个数量级。同时通过弥散强化材料中常用的位错堆积模型，还可得到中低温合金的流变应力计算公式。

$$\sigma = \sigma_y + aG\sqrt{\varepsilon_p}\cdot\left[\left(\frac{2bf_v}{d}\right)+\frac{b}{2L}\right]^{1/2} \tag{5-6}$$

式中，$a=0.25$；ε_p 为塑性应变；f_v 是第二相体积分数；d 是滑移面上第二相颗粒的直径；L 是位错滑移距离。

由该公式求出的合金的流变应力，因为指数 n 及应力系数 K 与实验值比较一致，说明在低于 200 ~250℃时材料的力学行为可以用已有的模型进行解释。至于在中高温状态下（高于 250℃）合金的变形，已由滑移变形转变为由扩散控制的蠕变，这种模型常用于解释高应力指数 n 及高蠕变激活能 K 材料的变形行为（计算表明 $n=13$，$K=800\text{kJ/mol}^{-1}$，550℃）。

5.4.2 Al - Fe - V - Si 耐热铝合金的力学性能

表 5 - 24 给出了 Al - Fe - V - Si 耐热铝合金和其他耐热铝合金的力学性能[119]。表 5 - 25 给出了 Allied Signal 公司开发的几种 Al - Fe - V - Si 合金的成分、物理性能和弥散相的

体积分数。表5-26为Langenbeck等人给出的快速凝固Al-Fe-V-Si耐热铝合金在不同温度下的拉伸性能[120]。表5-27给出了快速凝固Al-Fe-V-Si变形合金的力学性能。

表5-24 快速凝固耐热铝合金的力学性能

合金牌号	成分（质量分数）/%	室温（25℃）性能			高温（315℃）性能		
		$\sigma_{0.2}$/MPa	σ_b/MPa	δ/%	$\sigma_{0.2}$/MPa	σ_b/MPa	δ/%
CZ42	Al-7Fe-6Ce	491	565	9.0	168	212	8.0
	Al-8Fe-6Ce	457	564	8.0	225	271	7.3
P&W	Al-8Fe-2Mo-1V	393	512	3.0	208	237	9.7
Alcoa	Al-4.5Cr-1.5Zr-1.2Mn	486	536	7.7	214	235	—
FVS0611	Al-5.5Fe-0.5V-1.0Si	310	352	16.7	172	193	17.3
FVS0812	Al-8.5Fe-1.4V-1.7Si	414	462	12.9	255	276	11.9
FVS1212	Al-11.7Fe-1.15V-2.4Si	531	559	7.2	297	303	6.8

表5-25 快速凝固Al-Fe-V-Si合金的化学成分、物理性能和弥散相体积分数

合金	化学成分（质量分数）/%			密度/g·cm^{-3}	熔点/℃	线［膨］胀系数/K^{-1}	导热率/W·cm^{-1}·K^{-1}	电阻率/μΩ·m（25℃）	弥散相体积分数/%
	Fe	V	Si						
FVS0611	6.5	1.3	0.6	2.83	660	24.6×10^{-6}	—	—	16
FVS0812	8.5	1.3	1.7	2.92	660	22×10^{-6}	1.05	6.3	27
FVS1212	11.7	2.4	1.2	3.02	660	21.6×10^{-6}	0.38	—	36

表5-26 快速凝固Al-Fe-V-Si系合金在不同温度下的拉伸性能

实验温度/℃	FVS0611			FVS0812			FVS1212		
	σ_b/MPa	$\sigma_{0.2}$/MPa	δ/%	σ_b/MPa	$\sigma_{0.2}$/MPa	δ/%	σ_b/MPa	$\sigma_{0.2}$/MPa	δ/%
24	352	310	16.7	462	414	12.9	559	531	7.2
150	262	241	10.9	379	345	7.2	469	455	4.2
230	248	234	14.4	338	310	8.2	407	392	6.0
315	193	172	17.3	276	255	11.9	303	297	6.8

表5-27 Al-Fe-V-Si变形合金的力学性能

合金	方向	温度/℃	$\sigma_{0.2}$/MPa	σ_b/MPa	δ/%	K_{IC}/MPa·m$^{1/2}$	密度/g·cm^{-3}	E/GPa
FVS0812 挤压材 轧制材	L	24	390	437	10	31	2.957	88.4
	T		387	440	10			
	L	150	340	372	7			83.2
	T		335	372	5			
	L	204	312	341	8			
	T		307	344	7			
	L	260	280	308	9			
	T	279	312	329				
	L	315	244	261	9			
	T		244	280	11			73.1

续表5－27

合 金	方向	温度/℃	$\sigma_{0.2}$/MPa	σ_b/MPa	δ/%	K_{IC}/MPa · $m^{1/2}$	密度/g · cm^{-3}	E/GPa
FVS0812 挤压材 锻造材	L	24	434	462	12			
	L	150	345	372	6			
	L	204	303	338	6			
	L	260	276	290	8			
	L	315	241	248	9			
FVS1212 挤压材 板材	L	24	605	636	8.7	11	3.02	95.5
	L	150	486	505	3.5			86.2
	L	230	432	443	3.3			82.8
	L	345	276	286	6.7			78.6
	L	450	133	147	8.9			
	L	480	103	126	10.8			

注：FVS0812 合金：Al－8.5Fe－1.3V－1.7Si；FVS1212 合金：Al－11.7V－1.15V－2.4Si。

5.4.2.1　变形性能

快速凝固 Al－Fe－V－Si 合金表现为非线性弹性变形、屈服强度下降，低的均匀性、总伸长率、锯齿状屈服、应力释放、流变软化和取决于延展性能的反常应变速率。这种合金抗拉强度高、蠕变强度高、中等的延展性以及室温和高温下的断裂韧性高。但是这种合金的变形性能不符合要求，如动态应变时效、加工软化以及均匀伸长率低。

Hariprasad 等人[121]通过在 25～420℃拉伸试验和25℃下的压缩试验，研究了平流铸造法制造的快速凝固 Al－8.5% Fe－1.2% V－1.7% Si 合金的变形特征。并通过拉伸试验确定了其非线性弹性变形区域、早期的颈缩、低均匀伸长率、锯齿状应变速率及其对非均匀变形的影响。图 5－101a、b 分别为加工态平流铸造（PFC）合金和挤压态（熔体雾化沉积）AMD 合金应变速率为 $1.19\times10^{-3}s^{-1}$，在 25℃、75℃、150℃和 235℃下的应力－应变曲线。加工态的 PFC 合金在所有的温度下呈现出低加工硬化、出现颈缩早、低的均匀变形和总伸长率低。AMD 合金的均匀变形程度、总伸长率以及出现颈缩时的应变比 PFC 的高。两种不同晶粒大小和弥散粒子大小的 AMD 合金的室温应力－应变曲线如图 5－102 所

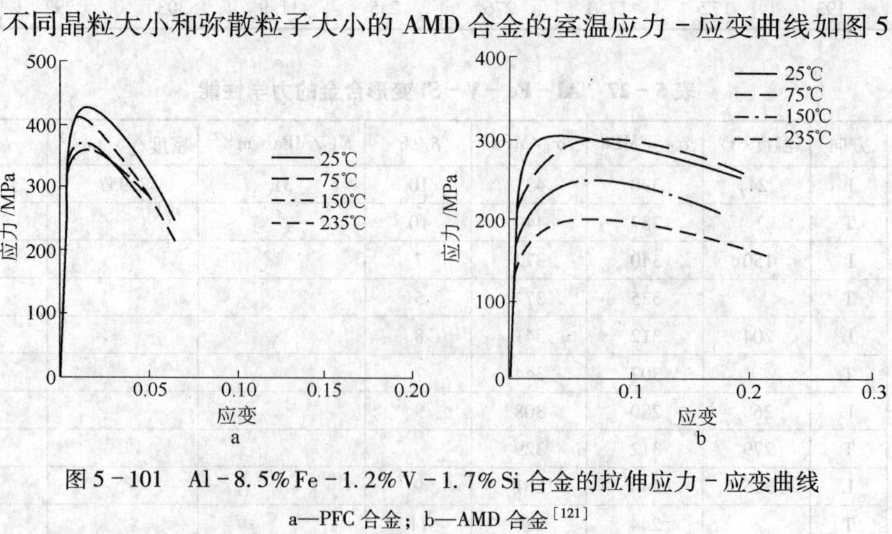

图 5－101　Al－8.5% Fe－1.2% V－1.7% Si 合金的拉伸应力－应变曲线

a—PFC 合金；b—AMD 合金[121]

示。合金 1 与合金 2 分别是在 2×10^4K·s^{-1} 和 1.5×10^3K·s^{-1} 的冷速下制备的。晶粒较粗的 AMD 合金 2 比晶粒较细的 AMD 合金 1 的变形更加均匀。加工硬化指数 n（定义为 $d\ln\sigma/\ln\theta$，其中 θ 为塑性应变量），在初始塑性变形过程中，加工态 PFC 合金的 n 值为 0.18，细晶 AMD 合金的 n 值为 0.21，这是因为试样在经过大变形量的塑性变形后没有出现在拉伸试样中常见的塑性失稳现象（颈缩）。图 5－103 为加工态 PFC 和 AMD 合金试样在压缩过程中的真应力－真应变曲线。在细晶加工态 PFCAl－8.5% Fe－1.2% V－1.7% Si 合金和 AMD 合金的拉伸过程中出现的屈服降低的低加工硬化特性，在压缩测试中也出现了。相反，晶粒较粗的 AMD 合金 2 中没有出现屈服降低，而呈现了原有的加工硬化。

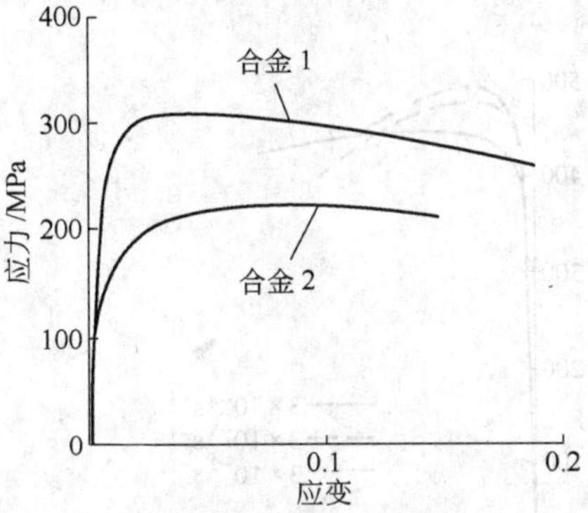

图 5－102 AMD Al－8.5% Fe－1.2% V－1.7% Si 合金的拉伸应力－应变曲线[121]

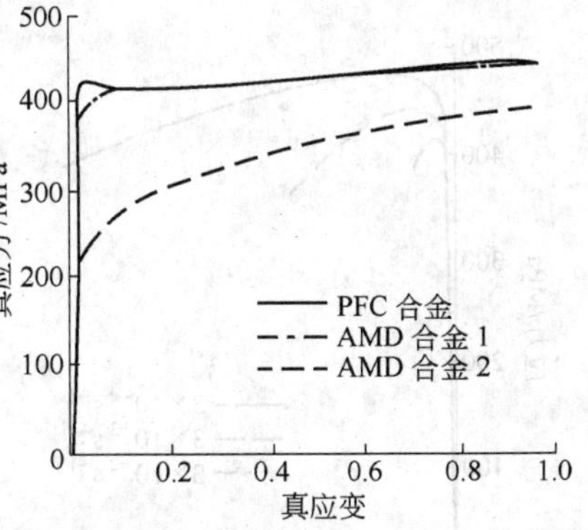

图 5－103 AMD Al－8.5% Fe－1.2% V－1.7% Si 合金的压缩真应力－应变曲线[121]

图 5－104 为加工态和退火态 PFC、AMD 合金的冷轧试样的显微硬度值，并以纯铝以及弥散强化的 6061－T6 合金的显微硬度值作为比较。加工态和退火态 PFC 合金的硬度值随冷加工程度的增加略有下降。而 AMD 合金 1 与合金 2 的硬度值随冷加工程度的增加略有上升。纯铝的硬度值随冷加工程度的增加没有增加。硬度曲线说明，PFCAl－8.5% Fe－1.2% V－1.7% Si 合金和 AMD 合金 1 都没有加工硬化。

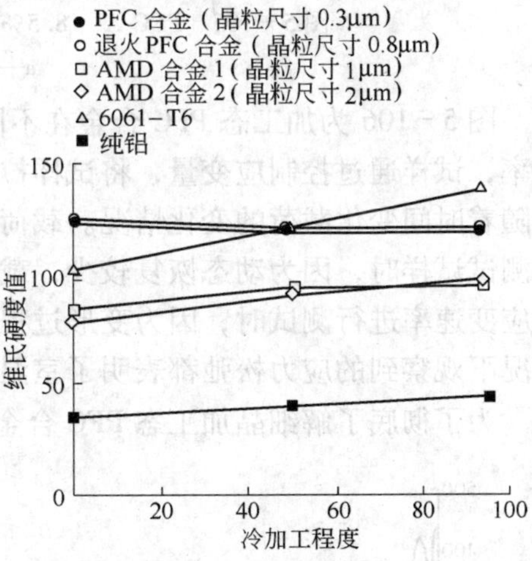

图 5－104 纯铝、6061－T6 和 Al－8.5% Fe－1.2% V－1.7% Si 合金冷加工过程中的硬度变化[121]

在不同的温度下，合金 FVS0812 均显示出低加工硬化、低均匀变形、缩颈出现早的形变特征。合金 FVS1212 中也有此现象。其加工硬化指数 n 仅有 0.2（$n = a\ln\sigma/d\ln\varepsilon$）。对于该合金的低加工硬化，有人把它归于合金中的低密度位错，认为快速凝固耐热铝合金晶内位错交截少、密度低，导致位错包围晶粒边界引起的硬化消失，材料出现流变软化及不均匀变形。合金加工态透射电镜照片也证实了材料具有上述组织特征。将快速凝固材料的变形规律与其组织结构有机的联系在一起的观点，具有说服力。

图 5－105a 和 b 分别为晶粒大小为 0.3μm 的加工态 PFC 合金和晶粒大小为 0.8μm 的

退火态 PFC 合金在室温下的应力 - 应变曲线。对于细晶加工态合金，当应变速率从 $3\times10^{-4}s^{-1}$增加到$3\times10^{-2}s^{-1}$时，其断裂伸长率从 2% 增加到了 15.2%，而对于晶粒大于 1μm 的合金，其伸长率随应变速率的变化趋势就刚好相反了。对于细晶加工态 PFC 合金，在室温下以应变速率为$3\times10^{-2}s^{-1}$进行拉伸时，其载荷 - 伸长率图呈锯齿状。晶粒大小为 0.8μm 的退火态 PFC 合金，其伸长率随应变速率的变化趋势相反。当应变速率从 $3\times10^{-4}s^{-1}$增加到$3\times10^{-2}s^{-1}$时，其总伸长率从 7% 下降到 3.5%。在室温下以$3\times10^{-4}s^{-1}$的应变速率拉伸时，晶粒相对较粗的退火态 PFC 合金的均匀伸长率比晶粒细小的加工态 PFC 合金的要高。

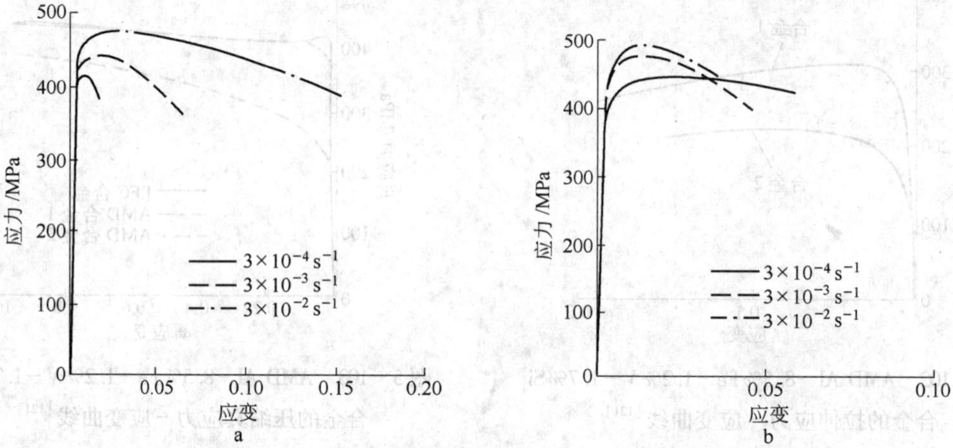

图 5 - 105　PFC Al - 8.5% Fe - 1.2V - 1.7Si 合金的应力 - 应变曲线

a—加工态；b—退火态

图 5 - 106 为加工态 PFC 合金在不同初始应变速率下的应力松弛试验。取不同的应变速率，试样通过控制应变量，将试样拉伸到某一特定的塑性应变量，然后停止拉伸，并记录随着时间变化载荷的变化情况。载荷下降的程度也取决于初始应变速率。当以高应变速率测试试样时，因为动态恢复较少，载荷下降的程度就表示变形后室温回复的大小。当以低应变速率进行测试时，因为变形过程中的动态回复，变形后载荷下降就不大明显。所有情况下观察到的应力松弛都表明了室温回复过程。

为了彻底了解细晶加工态 PFC 合金的初始弹性变形，进行了应变速率为 $3\times10^{-4}s^{-1}$

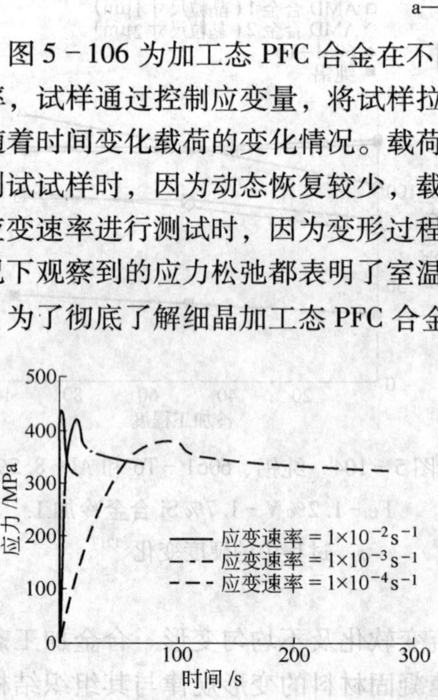

图 5 - 106　加工态 PFC Al - 8.5% Fe - 1.2% V - 1.7% Si 合金拉伸过程中的应力松弛曲线[121]

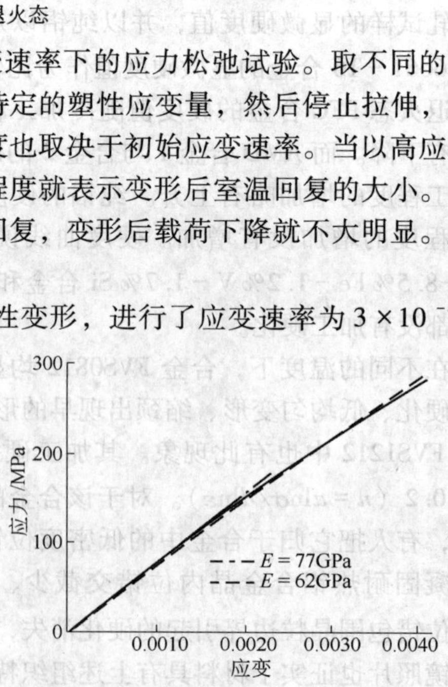

图 5 - 107　加工态 PFC Al - 8.5% Fe - 1.2% V - 1.7% Si 合金的室温弹性应力 - 应变曲线

的室温拉伸。如图 5－107 所示，在屈服点以下，其应力－应变曲线的弹性区域不是线性的。应力从 0 到 105MPa 时，杨氏模量为 77GPa，应力从 105 到 280MPa 时，杨氏模量为 62GPa。

细晶 PFC 合金的弹性变形和塑性变形的显著特征是：偏离线性弹性变形；颈缩的起始点比较低；均匀伸长率低；锯齿状屈服；延展性对应变速率反常依赖；室温应力松弛；合金在拉伸和压缩过程中没有加工硬化；冷加工试样没有储能。这些试验结果都说明细晶 PFCAl－8.5%Fe－1.2%V－1.7%Si 合金在室温下发生了动态回复。细晶材料因为更短的滑移距离和更均匀的变形，因此延展性能更好。然而，对于加工态的细晶 PFCAl－8.5%Fe－1.2%V－1.7%Si 合金，拉伸颈缩加剧了应变集中，致使均匀伸长率低。应变集中可以通过合金的加工硬化来避免或者延缓颈缩的出现。而加工态 PFCAl－8.5%Fe－1.2%V－1.7%Si 合金颈缩的出现说明其加工硬化还不够充分。退火态 PFC 合金的均匀伸长率比加工态的均匀伸长率高，这说明退火态合金的加工硬化比加工态 PFC 合金的要强一些。这些结果都可以通过亚微晶对成形特征的影响来解释。

PFC 工艺的 10^6K·s^{-1}级别的高冷速以及均匀分布的纳米级的弥散粒子对晶粒的钉扎导致了加工态 PFC 合金中亚微晶（0.2～0.4μm）的形成。当晶粒非常小时，就不能形成由位错重排形成的位错胞。典型的位错胞大小约为 0.3～0.5μm。位错胞在粗晶材料中相对较易形成。位错胞随着变形量的增大而减小，直至达到临界大小时就不能再减小，在达到临界大小附近，由于位错胞非常小就会相互影响。显微组织的大小是由位错重排形成的应力场决定的。当应力场大于晶粒尺寸时，晶粒兼容应力的介入以及胞的形成就不利了。这一点就解释了细晶加工态 PFC 合金的成形试样中没有位错胞和棱柱面上的位错环堆积。在传统弥散强化合金中，一般在成形的初始阶段就产生棱柱面上的位错环堆积，而在相对较大的变形时形成位错胞。在这种情况下，认为滑移长度与位错胞的大小相同。然而在加工态 PFC 合金中，滑移长度与晶粒大小同级别。当晶粒大小与滑移长度同级别时，就认为动态回复比较强，因为晶粒内的位错几乎没有相互作用。晶界充当吸收源的角色，因为位错与晶界的相互作用而产生强化作用。应变速率对加工态 PFC 合金的伸长率有反常的决定作用，从低应变速率下的塑性失稳转变到高应变速率下的稳态变形，这清楚地说明了在细晶试样中存在较高程度的动态回复。回复的程度随着晶粒的增大而减小。在较低的应变速率下，回复占主导地位，锯齿状屈服随应变速率的增加而加剧，这进一步说明了这种不均匀变形是与加工态超细晶 PFC 合金联系在一起的。

通过能谱分析了大量晶粒，确定加工态 PFC 合金的基体晶粒主要是纯铝。因此，PFC 合金可以看作是 Al 基体和大约 24%（体积分数）弥散粒子原位合成的复合材料。在拉伸变形的早期阶段，Al 基体和弥散粒子发生弹性变形，其弹性模量是两相的体积平均模量。但是当应力大于 105MPa 时，铝基体发生了塑性变形，而弥散粒子继续弹性变形。这导致其弹性模量从 77GPa 下降到 62GPa，因此就出现了所观察到的非线性弹性变形。

通过 PFC 和 AMD 工艺制备的细晶 Al－8.5%Fe－1.2%V－1.7%Si 合金的显微硬度随冷加工量的增加没有上升或者上升得很少。前面讨论中描述的变形机理就可以解释为什么纯铝中没有储能。冷加工试样的硬度值说明纯铝在室温下发生了动态回复。纯铝因为其高的堆垛层错能而发生室温下的交滑移。加工态 PFC 合金的应力松弛更加证实了纯铝基体具有高层错能的超细晶合金的高动态回复。AMD 合金中的晶粒较粗，并且有更多的溶解元素。较低的冷却速度和较小的过冷度下制备的 AMD 合金中合金元素的过饱和度，比较高的冷却速度和较大的过冷度下制备的 AMD 合金的过饱和度要小。因此，AMD 合金的强度相对较低，但加工硬化性能更为明显。

5.4.2.2　中温脆性

在弥散相强化铝合金中出现的中温脆性也是一个令人感兴趣的课题。有关研究表明，快速凝固耐热铝合金 Al－Fe－V－Si 系中也有这一现象。在 100～150℃附近 Al－Fe－V－Si 系合金存在一脆性区（见图 5－108[122]），且随着变形速度的增大，脆性区温度也升高。对于这种现象，一般认为主要与动态应变时效有关，即合金中的位错与固溶体中溶质原子的相互作用导致了中温脆性。Al－Fe－V－Si 系合金（Al－Fe－Ni，Al－Fe－Ce 等合金也是如此）的脆性温区比较高是由于其中的过渡元素 Fe、V 在 Al 基中的扩散速率太低的缘故。同样，上述脆性温度区随变形速度增加而上升，是因为只有在更高的温度下，溶质原子才能及时通过扩散来和位错相互作用。至于合金中何种元素在中温脆性现象中起主导作用，考虑到合金基体中铁与位错的相互作用能比钒高出一个数量级，一般认为铁的贡献更大。此外，人们还做了另外一些研究工作，这些工作也表明用动态应变时效机制来解释合金中的中温脆性是合理的。例如，人们获得的合金强度与温度的关系曲线（见图5－109[127]）在 75～150℃附近有一肩突。这说明动态应变时效机制中固溶原子与位错的相互作用加强了对位错的钉扎，从而使合金强度上升。同时肩突出现的温度高于材料形变速率敏感系数最小值出现的温度，也证明了用动态应变时效解释中温脆性的正确性。这是因为，按动态应变时效的观点，应变速率敏感系数 m 在 $t_w=\tau$ 时具有最小值，而材料的硬化在更高温度下 $t_w \gg \tau$ 时达到一定值[123]。其中，t_w 为被钉扎的位错通过热激活摆脱钉扎前所需的等待时间，τ 为溶质原子通过扩散达到与位错相互作用所需的时间。

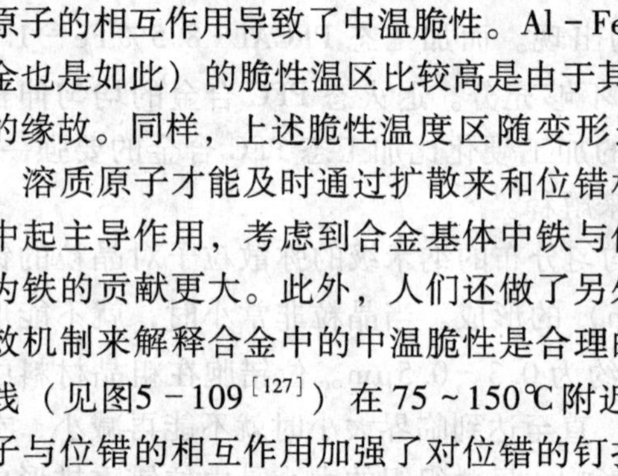

图 5－108　Al－Fe－V－Si 耐热合金伸长率与温度的关系

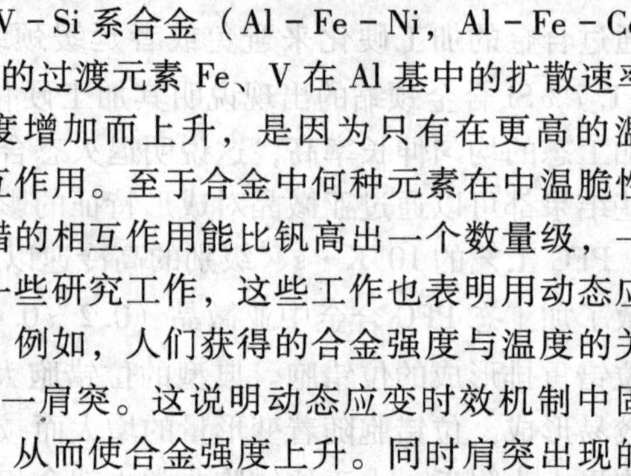

图 5－109　Al－Fe－V－Si 耐热合金屈服强度与温度的关系

5.4.2.3　退火硬化

在进行合金热稳定性研究时，人们发现在 300～427℃下长时间停留，材料的室温强度不仅未出现下降，反而有所上升（如图 5－110[124] 所示）。有人将此归于材料在退火处理过程中晶粒的粗化，认为晶粒的适度粗化能降低不均匀变形的程度及防止流变软化的发生，从而使材料强度及塑性都有所提高。

有文献记载，在 Al-Fe-V-Si 合金的快淬过饱和固溶体中存在着直径约为 20nm 的富铁区，该区可以使材料的硬度有较大提高[125]。还有研究表明：铝与过渡族元素构成的合金里存在着显著的原子簇聚——K状态[126]。Al-Fe-V-Si 合金在 300～427℃的热处理促使了簇聚的形成，故使材料强度有所提高。

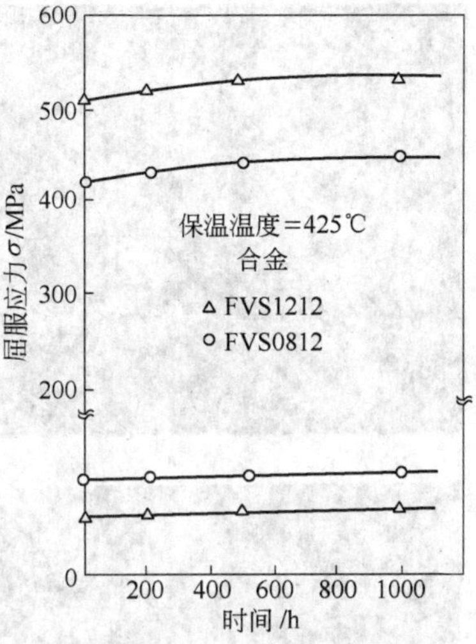

图 5-110 Al-Fe-V-Si 耐热合金屈服强度与保温时间的关系

5.4.2.4 Al-Fe-V-Si 合金的磨损性能

而在传统的熔炼铸造过程中，沉淀出的金属间化合物的颗粒较大，导致合金强度和韧性的下降。通过快速凝固技术制备的 Al-Fe-V-Si 合金，由弥散分布在 α-Al 基体中的细小 Fe-V-Al-Si 金属间化合物颗粒进行强化，具有优良的耐磨性能。

Sahoo 等人[127] 通过添加纯 Mg 对快速凝固 Al-Fe-V-Si 合金进行调质处理，发现经过添加 Mg 调质的 Al-Fe-V-Si 合金表现出比传统共晶 Al-Si 合金更好的耐磨性和更小的摩擦系数。合金的成分见表 5-28。合金在铝土涂层黏土黏合石墨坩埚电阻炉中进行熔融，然后在直径为 15mm 的钢模中铸造。

表 5-28 Al-Fe-V-Si 耐热铝合金的合金成分和 Mg 含量

合金序号	合金成分	处 理	实际 Mg 含量（质量分数）/%	密度/g·m^{-3}
A_1	Al-8.3Fe-0.8V-0.9Si	未变质	—	2.95
A_2	Al-8.3Fe-0.8V-0.9Si	1.0%纯 Mg	0.18	2.94
A_3	Al-8.3Fe-0.8V-0.9Si	1.5% Al-20% Mg	0.22	2.95
A_4	Al-8.3Fe-0.8V-0.9Si	0.25% Ni-20% Mg	0.02	2.96
A_5	Al-8.3Fe-0.8V-0.9Si	0.75% Ni-20% Mg	0.15	3.02
A_6	Al-8.3Fe-0.8V-0.9Si	1.0% Ni-20% Mg	0.19	3.03
A_7	Al-12.6% Si	变质，0.2% Na	—	—

试样的显微结构如图 5-111a～f 所示。可以看到，添加了镁的铝基合金中沉淀相均匀分布。而未添加镁的合金中，沉淀相大且厚。

通过研究发现，加入 1% Ni-20% Mg（合金 A_6）的 Al-Fe-V-Si 合金在较高载荷下的耐磨性最好（图 5-112）。Na 变质的 Al-Si 合金（A_7）的耐磨性明显要差。

未变质的 Al-Fe-V-Si 合金中的大体积金属间化合物颗粒通常被认为是韧性和延展性的不利因素。有趣的是，这些非均匀分布的大体积硬颗粒对耐磨性也没有贡献。未变质处理合金的耐磨性随载荷的升高而持续下降（图 5-112）。当这些金属间化合物颗粒均匀分布时，耐磨性有所改善。在本研究中，不同变质添加物带来的影响非常不同。在 Ni-Mg 合金中，0.05% 的 Mg 未带来显著影响（轴销试样中镁的实际含量为 0.02%）。事实上，此合金的耐磨性低于未变质处理的 Al-Fe-V-Si 合金。随着镁在 Ni-Mg 合金中（图 5-113c，合金 A_5、A_6）添加剂量的增大，开始出现明显的耐磨性改善。

较小的沉淀物颗粒（表 5-29）在变质处理 Al-Mg 合金中出现（A_3）。其对应的试

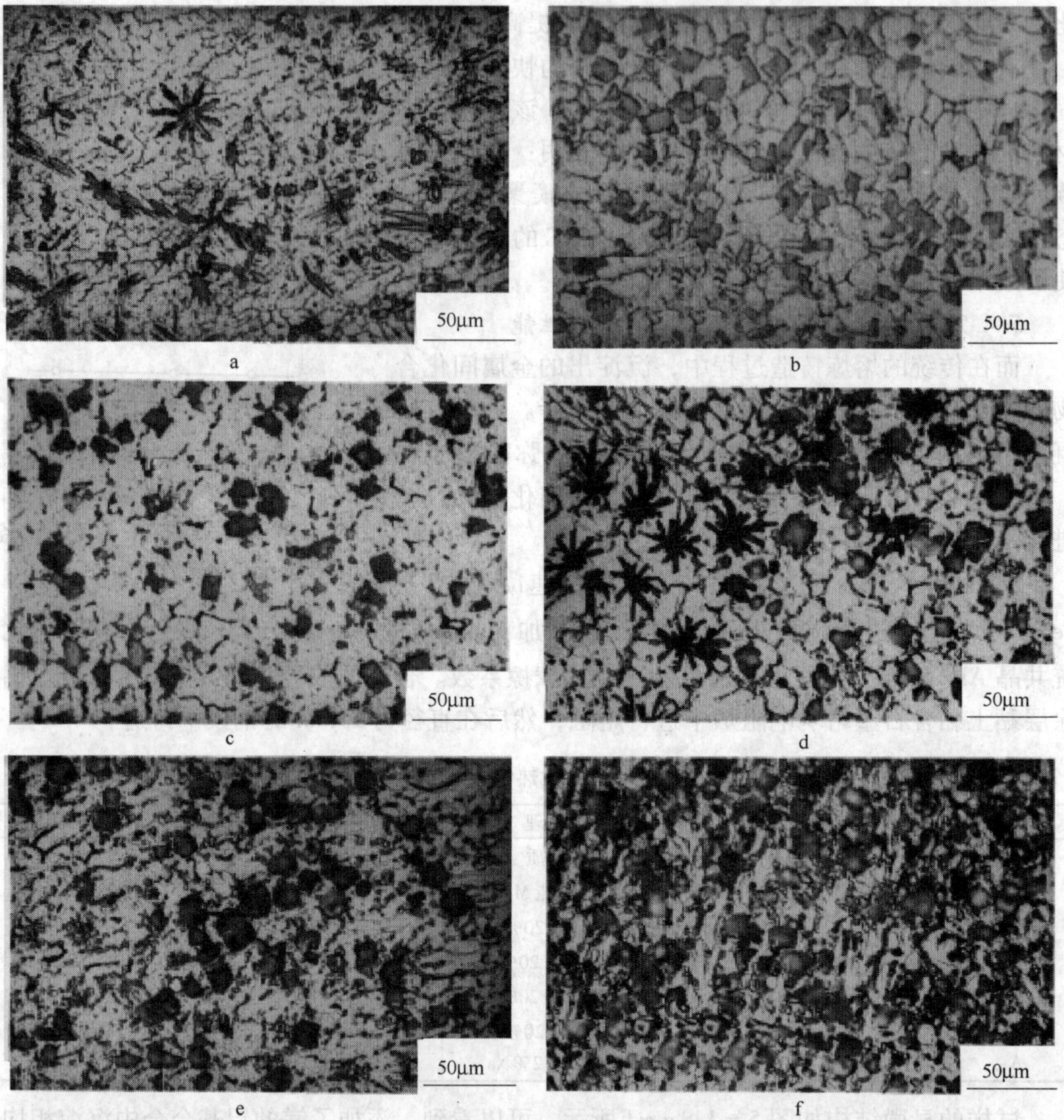

图 5－111　Al－Fe－V－Si 合金进行磨损试验试样的金相显微组织[127]

a—A_1；b—A_2；c—A_3；d—A_4；e—A_5；f—A_6

样在最高载荷下表现出更好的耐磨性。很明显，均匀分布的铝化物、硅化物颗粒比大块非均匀分布的颗粒更有利于耐磨性。颗粒接触表面上的高静水应力使得裂纹形核在表面一定深度以下而不是接近表面。因此裂纹形核后的增殖比较缓慢，同时由于基体中均匀分布的增强颗粒作用，即使在高载荷 68.6N 下，裂纹的突然迸发也不会发生。在 Al－Si 合金中，Al 颗粒的单独出现不利于高载荷耐磨性。从表 5－30 的磨损试样强度数据容易看出，随着实验载荷的提高，加工硬化逐渐发生。但是从累积磨损曲线的趋势看，任一载荷下的任一合金上都没有出现过稳定阶段，无论何种成分、经过什么样的变质处理，总体上其耐磨性都是随 Ni－Mg 合金或 Al－Mg 变质合金（图 5－113）的加工硬化而提高。而相对的，未变质合金（A_1，图 5－113）的耐磨性随载荷升高而降低。它的加工硬化幅度也很小，从这点来讲，与 Al－Si 合金相似。

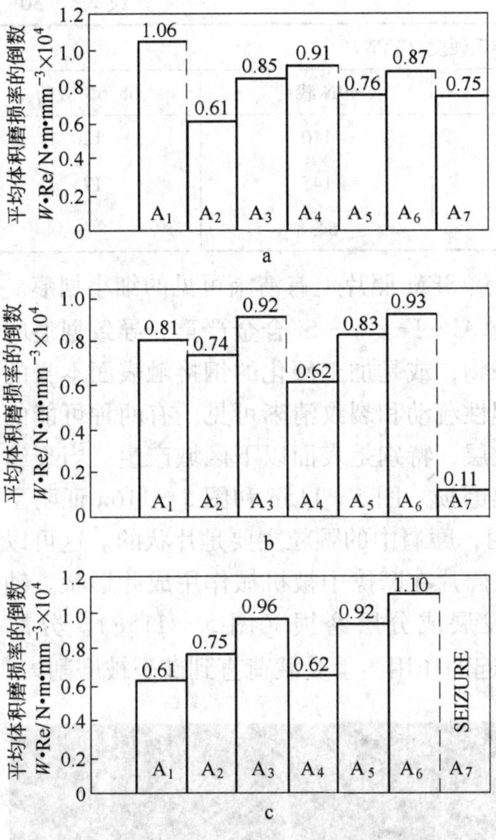

图 5-112 不同成分 Al-Fe-V-Si 合金的平均耐磨性能[127]

载荷：a—29.4N；b—49.0N；c—68.6N

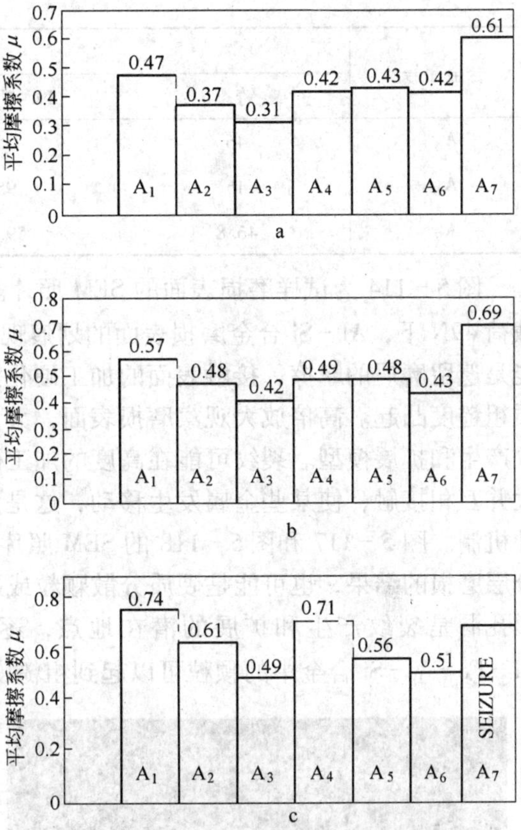

图 5-113 不同成分 Al-Fe-V-Si 合金的平均摩擦系数[127]

载荷：a—29.4N；b—49.0N；c—68.6N

表 5-29 不同 Al-Fe-V-Si 耐热铝合金中弥散粒子的粒度分布

合金序号	小尺寸（<2μm）粒度/%	（2~5.65μm）总计/%	（>5.65~32μm）总计/%	大尺寸（>32μm）粒度/%	单位面积（1mm²）上的颗粒个数
A_1	6.20	60.90	30.80	2.10	93
A_2	13.0	54.80	29.60	2.60	216
A_3	22.04	46.85	30.66	0.45	323
A_6	37.42	43.29	18.81	0.48	453

表 5-30 Al-Fe-V-Si 耐热铝合金铸态和磨损后（载荷：50N（5kgf））试样的硬度（VPN）

合金序号	维氏硬度（VPN）			
	铸态	29.4N 载荷	49N 载荷	68.6N 载荷
A_1	43	68	73	102
A_2	—	69	95	119
A_3	44	71	117	137
A_4	—	59	95	105

续表5－30

合金序号	维氏硬度（VPN）			
	铸态	29.4N 载荷	49N 载荷	68.6N 载荷
A_5	46	75	110	120
A_6	46	95	145	175
A_7	46.8	59.6	64.6	—

图 5－114 为试样磨损表面的 SEM 照片。低倍 SEM 照片上有清晰可见的细小划痕。在载荷 49N 下，Al－Si 合金磨损表面的划痕现象比 Al－Fe－V－Si 合金严重。导致划痕的可能是遗留磨屑的摩擦，接触表面的加工硬化沉积物，或是加工硬化的钢接触表面本身的硬质粗糙度凸起。高倍放大观察磨损表面，大量塑性流动和裂纹清晰可见。有两种可能的裂纹产生和扩展模型。裂纹可能在高度的加工硬化层，特别是表面以下区域产生。当裂纹长大并互相接触，使某些金属发生移动，这是分离磨损。图 5－115c 和图 5－116a 证明了这种机制。图 5－117 和图 5－118 的 SEM 照片表明，磨屑中的颗粒主要是片状的。这可以是分层磨损的结果，也可能是硬质分散颗粒或裂纹碎片在摩擦中被机械作用成此形状。轴销形孔洞是裂纹产生和扩展的潜在地点，逐步发展成分层磨损（图 5－115c）。分散在 Al－Fe－V－Si 合金中的颗粒可以起到粗糙度凸起的作用，承受载荷直到破裂被磨削掉。

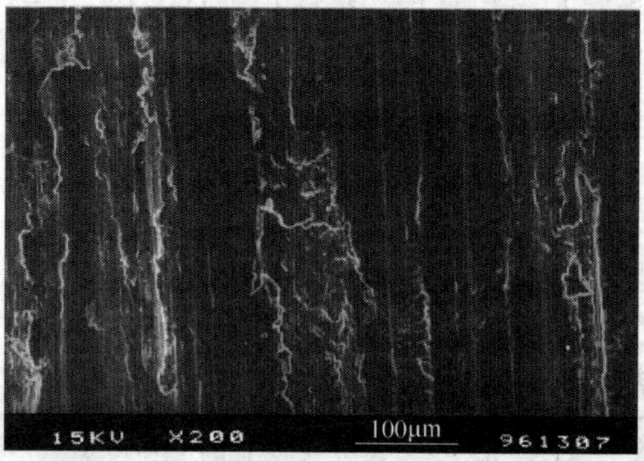

a

b

图 5－114　Al－Fe－V－Si 耐热铝合金磨损表面的 SEM 低倍照片

a—A_1 合金在 49.0N 载荷下；b—A_7 合金在 49.0N 载荷下

从表 5－30 可以看到，加工硬化的程度随变质程度的提高而提高。这说明，有着更细小均匀分布的颗粒的变质合金承受了更大的塑性变形。分层磨损的碎屑承受了剧烈的加工硬化和破碎，而无法固定在表面上，从而被移除。图 5－117b 的高倍 SEM 磨屑图片证实了这一事实。未变质 Al－Fe－V－Si 合金的磨损表面和磨屑发生了氧化，特别是在高载荷下（图 5－116）更为严重。

如图 5－119 所示，摩擦系数在开始短时过后有一个取值范围（由数据的分散度）。多数情况下摩擦系数随载荷的增大而非线性增长。Al－Fe－V－Si 合金的摩擦系数在载荷为 29.2N 时小于 Al－Si 合金，而在载荷为 49N 时大于 Al－Si 合金（图 5－113）。Al－Fe－V－Si 合金在载荷为 68.6N 下摩擦系数的突然增长，是由轴销和滑移表面的黏着引起。在载荷 68.6N 下，由于表面擦伤，Al－Si 合金中的这种黏着更为显著。在 68.6N 下，

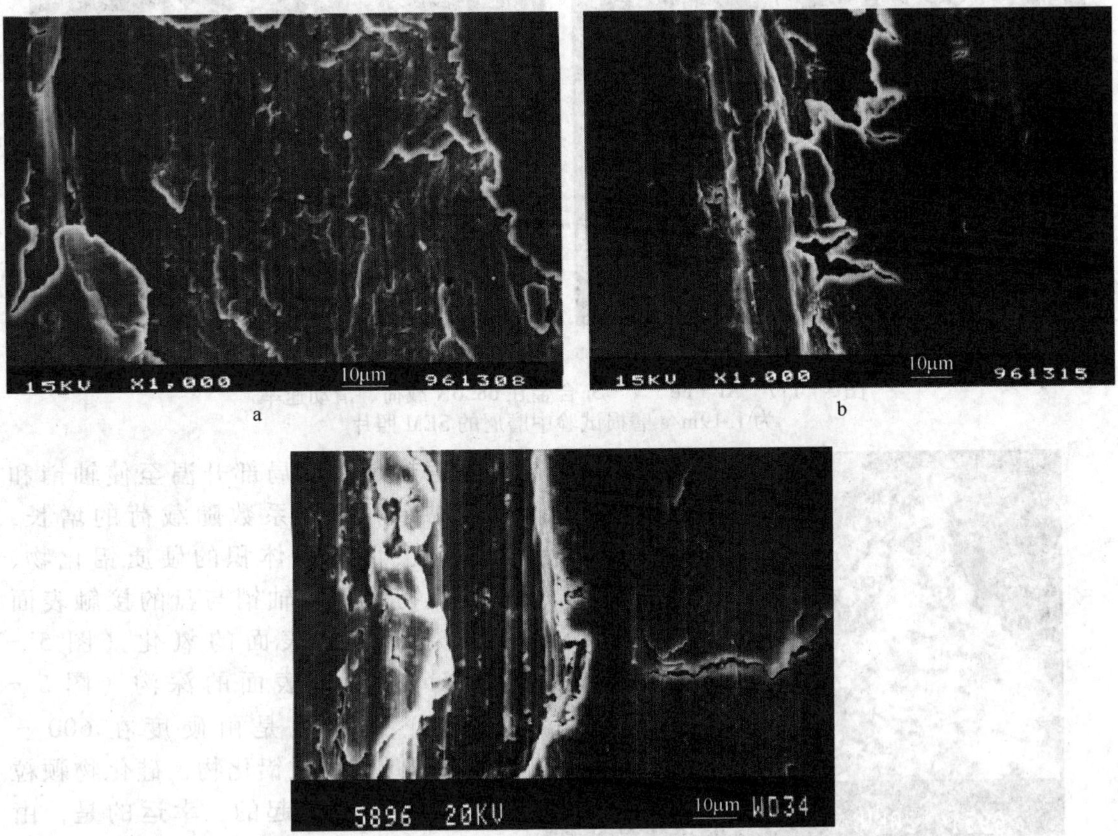

a b c

图 5－115 Al－Fe－Si－V 耐热铝合金在 49.0N 载荷下磨损表面的 SEM 高倍照片

a—A_1；b—A_3；c—A_4

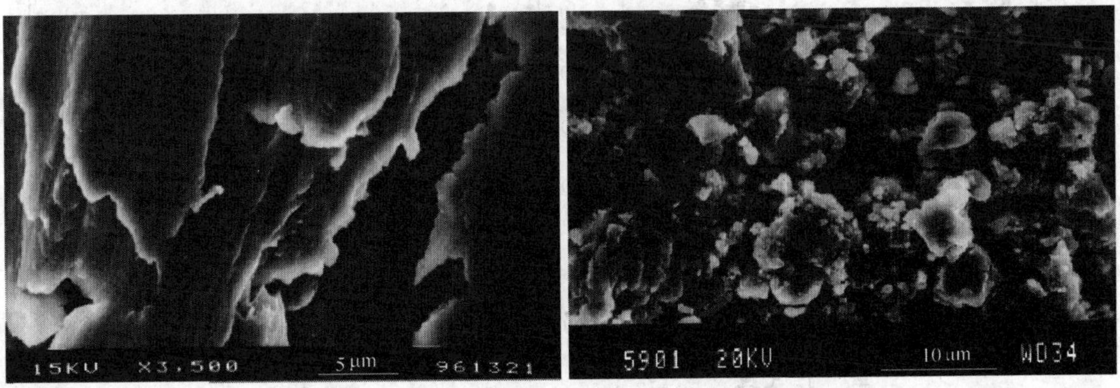

a b

图 5－116 Al－Fe－V－Si 耐热铝合金在 49.0N

载荷下磨损表面的高倍 SEM 照片

a—A_3；b—A_1

a

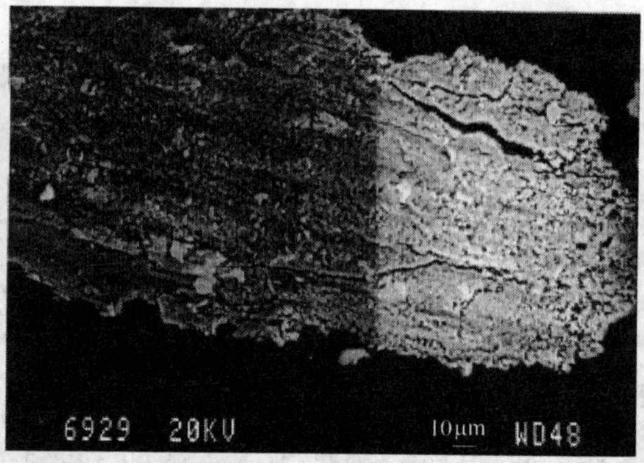

b

图 5 - 117　Al - Fe - V - Si 合金在 68.6N 载荷、滑动速率为 1.19m/s 磨损试验中磨屑的 SEM 照片

图 5 - 118　Al - Fe - V - Si 合金在 68.6N 载荷、滑动速率为 1.19m/s 磨损试验中磨屑的 SEM 照片

摩擦热足以使局部升温至使轴销和盘黏结。摩擦系数随载荷的增长，可能会促进大体积的硬质铝化物、硅化物颗粒从轴销与盘的接触表面脱离和摩擦表面的氧化（图 5 - 115b）。轴销表面的深沟（图 5 - 115b）可能也是由硬度在 600 ~ 800VPN 的硬质铝化物、硅化物颗粒的切削作用引起的。幸运的是，由塑性变形带来的基体的加工硬化减弱了高载荷下的磨损趋势。

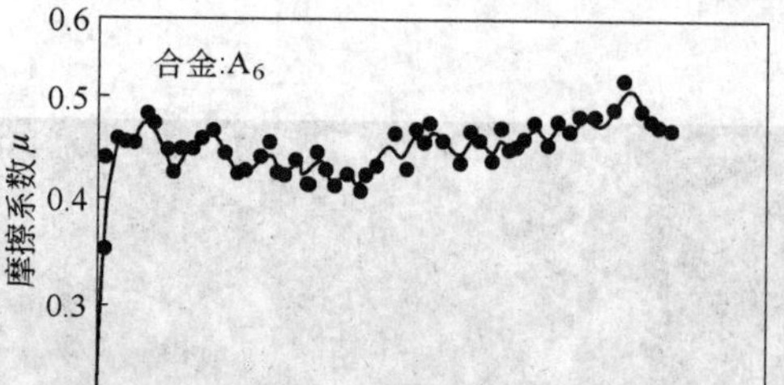

a

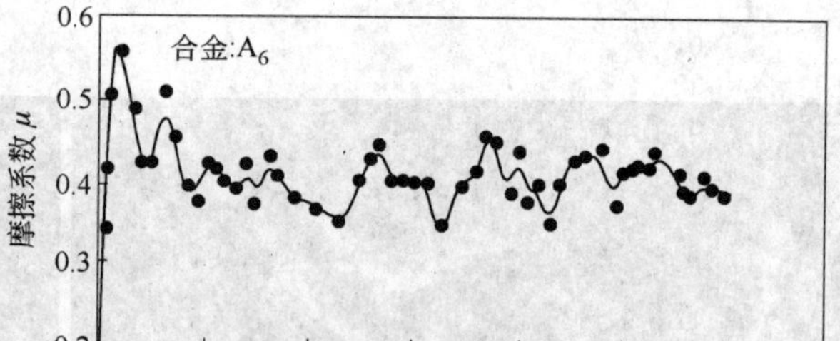

b

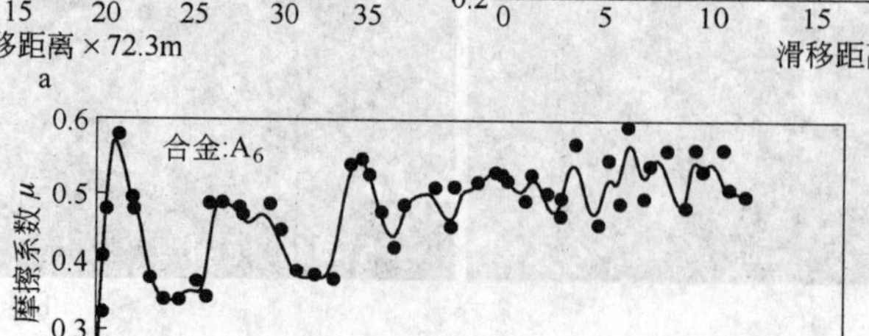

c

图 5 - 119　摩擦系数（μ）随滑移距离的变化

载荷：a—29.4N；b—49.0N；c—68.6N

在高载荷的摩擦过程中，较大的温升加重了铝表面的氧化变形。接触表面的氧化层同样会增大摩擦系数。在载荷 68.6N 下变质的 A_3、A_6 合金的摩擦系数最低。镁变质合金中，镁的氧化物成片状，自然剥离，减轻了摩擦。未变质的 Al－Fe－V－Si 合金在高磨损载荷下快速氧化，使摩擦系数大幅度提高。

可以看出，Al－Fe－V－Si 合金在摩擦实验中存在塑性变形和加工硬化。镁变质合金比非变质合金具有更大的加工硬化度。未变质合金的耐磨性随载荷的升高而降低；变质合金的耐磨性则因加工硬化随载荷的升高而升高。塑性变形和片层分离的基体裂纹带来磨损，分散的硬质颗粒有利于耐磨性。高磨损载荷下摩擦系数大幅度提高。以镁变质的合金基体氧化最小。

5.4.3　断裂韧性和抗疲劳性

快速凝固耐热铝合金在保持足够高强度的同时，还可以获得良好的断裂韧性。图 5－120 为快速凝固铝合金的断裂韧度和其他一些常规铝合金的比较，如图所示 FVS 0812 合金的断裂韧度可以高达 20～25MPa · $m^{1/2}$，与屈服强度为 500MPa 时的 2024、2124 和 7075 合金的断裂韧度相当。

FVS 0812 合金具有高的疲劳性能和抗疲劳裂纹生长能力，这也和它的弥散细小的球状第二相粒子有关。从图 5－121 可见，FVS 0812 合金的高周疲劳强度与 2014－T6 合金相当。

5.4.4　抗腐蚀性能

Al－Fe－V－Si 快速凝固合金因为具有微晶的特点，并且不含铜、锌等降低耐蚀性元

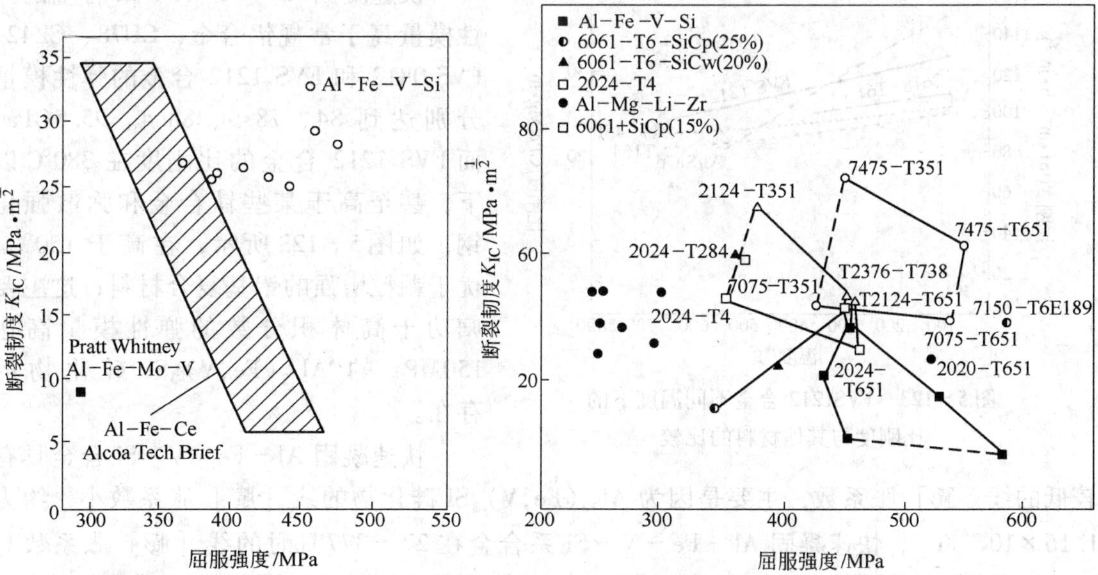

图 5－120　快凝 AlFeSi 合金的断裂韧度与其他铝合金的比较[76]

a—与其他快凝耐热铝合金的比较；b—与一些常规铝合金的比较

素，所以表现出良好的抗腐蚀性能。FVS 0812 合金的抗蚀能力与海军舰船用的铝合金 6060 - T6 相当，而明显优于 2000 系和 7000 系铝合金，它们的应力腐蚀扩展门槛值均高于其屈服强度的 75%。尤其是快速凝固 AlFeVSi 系合金中 $Al_{12}(Fe,V)_3Si$ 硅化物颗粒的间距十分小，几乎接近于化学偶极子间距，而且该硅化物本身呈化学惰性，FVS 0611、FVS 0812 和 FVS 1212 合金都表现出更佳的抗蚀能力，如图 5 - 122 所示，而且高温热暴露几乎对耐蚀性无明显影响。

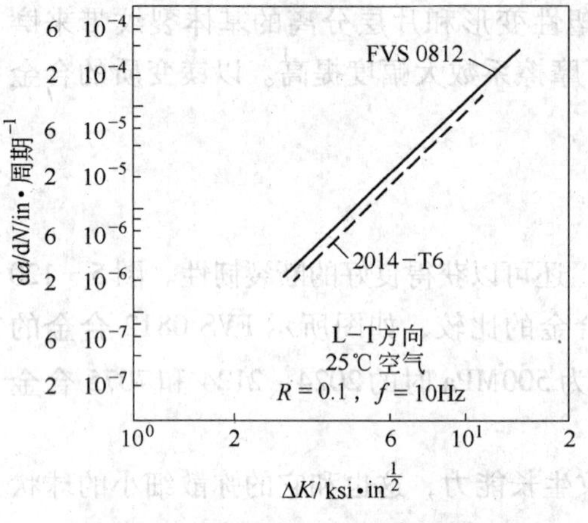

图 5 - 121　FVS 0812 合金的高周疲劳强度与 2014 - T6 合金的比较[128]

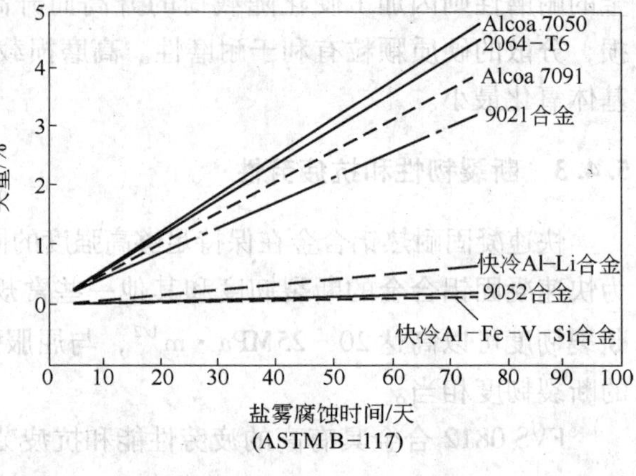

图 5 - 122　快速凝固 Al - Fe - V - Si 合金抗蚀性与其他传统铝合金的比较[129]

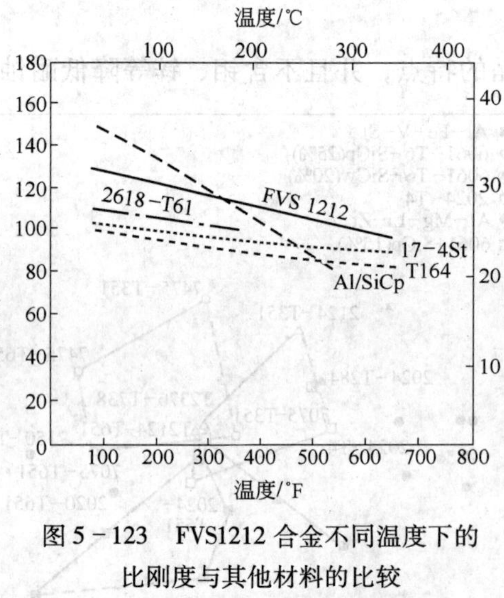

图 5 - 123　FVS1212 合金不同温度下的比刚度与其他材料的比较

5.4.5　弹性模量和线［膨］胀系数

快速凝固 Al - Fe - V - Si 合金的弹性模量高于常规铝合金，CU78、CZ42、FVS 0812 和 FVS 1212 合金的弹性模量分别达到 84、78.9、88.4、95.5GPa，而 FVS 1212 合金的比刚度在 380℃ 以下，甚至高于某些钛合金和弥散强化钢，如图 5 - 123 所示，在高于 150℃，优于颗粒增强的铝基复合材料，这主要归功于高体积分数的弹性模量高达 150MPa 的 $Al_{12}(Fe,V)_3Si$ 硅化物的存在。

快速凝固 Al - Fe - V - Si 合金具有较低的线［膨］胀系数，主要是因为 $Al_{12}(Fe,V)_3Si$ 硅化物的线［膨］胀系数小，约为 $1.16\times10^{-6}K^{-1}$，快速凝固 Al - Fe - V - Si 系合金在 27 ~ 377℃ 时的线［膨］胀系数与 4 × × × 系高 Si 铝合金相当，见表 5 - 31，因而快速凝固 AlFeVSi 系合金有望成为 4 × × × 系 Al 合金的替代材料，用于制造如汽车活塞、连杆等低膨胀耐热耐蚀构件。

表 5－31　快凝 AlFeVSi 合金在不同温度范围的线［膨］胀系数[130]

合　金	线［膨］胀系数/K^{-1}			
	300～400K	300～500K	300～600K	300～660K
AA4032	19.5×10^{-6}	20.2×10^{-6}	21.0×10^{-6}	
Al－8.9Fe－0.9V－1.5Si	18.9×10^{-6}	21.2×10^{-6}	22.3×10^{-6}	23.0×10^{-6}

注：AA4032 为 Al－12.3Si－0.9Cu－1.0Mg－0.9Ni。

5.4.6　快速凝固 Al－Fe－V－Si 合金的焊接性能

耐热铝合金的焊接与常规铝合金焊接的区别，主要存在三个方面的问题：气孔敏感性、热裂纹敏感性和焊接接头的力学性能。还有亚稳相变化问题[131]。

Baeslack 等人认为：快速凝固耐热铝合金如果氢含量小于 1mL/100g，则在熔化区产生气孔的倾向性较小。由于快速凝固耐热铝合金残余氢含量一般都达到 1～5mL/100g，因此熔化区形成气孔的倾向性很大。残余氢含量少于 1mL/100g 的 RS－PM 耐热铝合金独特的制造工艺及亚微组织结构，没有合适的焊丝，为了得到优质的焊接微观组织，获得高的焊接系数，在熔焊过程中应该得到与快速凝固条件相近的焊接冷却条件。使熔化区和热影响区获得或基本保持快速凝固微观组织，应该采用高能量密度、小能量输入的焊接方法，如：电容放电焊接、电子束焊接、激光焊接等。对于快速凝固耐热铝合金，如果残余氢含量较高，在熔焊过程中应采用焊前处理。根据气孔形成机理，可以从两方面采取措施：第一，焊前清理限制氢溶入金属，或者是减少氢的来源，同时减少氢同熔融金属的作用时间；第二，调整焊接工艺以创造氢自熔池逸出的条件。其中焊前清理措施包括：（1）机械刮擦表面，去除表面层；（2）化学清洗；（3）真空除气处理，使表层化合物分解，水蒸气、氢气、CO_2 挥发。Allied Signal 公司通过采用焊前处理，对于电阻点焊、气体保护下的钨极氩弧焊、激光焊、扩散焊都获得了很好的焊接效果，气孔很少。另外，对于残余氢含量超过 1mL/100g 的快速凝固耐热铝合金，采用固态焊接工艺，如传统的摩擦焊可以获得很好的焊接效果。因为固态焊接过程不存在熔化以及凝固过程，可允许较多的残余氢含量。

快速凝固耐热铝合金焊后接头的力学性能较低，说明焊接接头发生了某种程度的软化或存在某一性能上的薄弱环节。接头性能上的薄弱环节，可以存在于焊缝，熔合区或热影响区三个区域的一个区域之中。就焊缝而言，由于是铸造组织，不仅引起室温强度以及高温强度的降低，而且焊缝塑性一般都不如母材。因为一般焊缝区为近平衡组织，而且发生缺陷的积累，特别是在温度过高时，甚至可能促使层间出现热裂纹。对于热影响区，主要问题是晶粒粗化而降低塑性。焊接线能量越大，冷却速度低时，热影响区宽度很大，而且粗化很严重，接头软化得越厉害，致使材料断裂常发生在热影响区。快速凝固 Al－Fe 基合金的凝固行为使得焊接结构中出现含有未熔化弥散粒子的部分熔化区域，尤其是在与基体金属相连的熔化区边界区域。在熔焊的过程中，受焊接区域冷却条件的影响，在凝固过程中可能出现包含近平衡组织的过共晶凝固产物，在这部分熔化的区域近平衡导致在粗化的 α－Al 基体中出现粗大的中间相粒子，这些粗大的中间化合物粒子倾向于产生局部应力集中，因此降低焊接的韧性及断裂强度，而且这些粗大的中间化合物粒子起到的强化作用也是有限的。为了得到优质的焊接微观组织，获得高的焊接系数，在熔焊过程中应该得到与快速凝固条件相同的焊接条件，得到或者保持快速凝固的微观组织。这就要求采用高能量密度，小能量输入的熔焊条件，来得到平面前沿凝固，增加焊接区的冷却速率，在熔化区得到精细的微观组织，减少热影响区的组织粗化。这种高能量密度，小能量输入的焊接条件，可以增加熔化区和热影响区的温度梯度，减小部分熔化区和热影响区的宽度。

综上所述，应该采用高能量密度的焊接方法：电容放电焊接（CDW）、电子束焊接（EBW）、激光焊接（LBW）和摩擦焊。这在 AlFeVSi 系、AlFeVSi 系和 AlFeMoV 系中已获得成功，取得了突破性进展，焊接强度系数均在75%以上，其中采用激光焊焊接，焊接强度系数高达100%[122,132~139]。

5.4.7　Al - Fe - V - Si 合金的可成形性

Gilman 等人采用 8009 合金板，尺寸为 2mm × 610mm × 610mm（1 号）和 2.3mm × 610mm × 610mm（2 号）制备了直径为 305mm 的半球状物件。制备工艺为采用锥形锻模，先在一定温度和旋压速度下开坯；然后再旋压成所要尺寸，工艺条件见表 5 - 32。制备的半球状和板材性能比较见表 5 - 33，采用不同的加工条件，最后的性能相差比较大；若选择合适的加工工艺，则成品具有良好的力学性能。旋压后的半球冠体尺寸见表 5 - 34，可见名义尺寸和实际尺寸相差不大，稳定性良好。陈振华等人采用了包覆冲压，在一定温度下将 Al - Fe - Si - V（0812）合金冲压成半球状物件，冲压件无裂纹和皱曲，板材的拉深性能好，力学性能高。

表 5 - 32　制备工艺条件

半球物直径/mm	工　艺　条　件			
	温度/℃	开坯速度/r · min^{-1}	温度/℃	半球化速度/r · min^{-1}
305（1 号）	370	350	370	380
305（2 号）	425	350	100	350

表 5 - 33　制备的半球状物件和板材的性能比较

样　品	方　向	屈服强度/MPa	断裂强度/MPa	伸长率/%
1 号板材	横　向	418	505	9.5
1 号半球状物	横　向	411	447	9
	变化量	1.7%	11.5%	5.6
1 号半球状物	径　向	379	474	9
2 号板材	横　向	397	468	11.8
2 号半球状物	横　向	340	439	9.5
	变化量	14.4%	6.2%	19.5
2 号半球状物	径　向	379	474	9

表 5 - 34　半球状物的尺寸

样　品	直径/mm		样　品	直径/mm	
	名　义	实　际		名　义	实　际
1 号	305	304	2 号	305	304

5.4.8　Al-Fe-V-Si 合金的蠕变行为及机制[140]

快速凝固 Al-Fe 系合金依靠高体积百分数的弥散耐热相强化而具有优异的高温力学性能，但是弥散强化 Al-Fe 系合金具有传统蠕变理论不能描述的反常蠕变特征，蠕变速率的应力依赖性即蠕变应力指数和蠕变激活能均较纯 Al 或一般铝合金高。目前对这种蠕变行为的机理尚未清楚。最近，Rösler 及 Arzt[141] 用位错分离模型（RA 模型）合理地解释了弥散强化合金的蠕变行为。这种模型建立在 TEM 观察证实的基础之上，认为蠕变变形受位错与弥散粒子之间的相互吸引与最后脱离过程所控制，从而控制材料的蠕变速率。这种相互作用由弥散粒子/基体界面处位错应力场的扩散松弛所引起，并且用松弛因子 k 来表征这种相互作用的强弱程度（$0 \leqslant k \leqslant 1$）。Carrenäo 等人给出了一些理论模型见表 5-35。

表 5-35　弥散强化铝合金蠕变的理论和现象研究方法[142]

方　法	提出人	注　释
σ_0，当 $n=2$	Murty，Koczak	晶界滑移
	Tsuchiya，Weertman，Luton	晶界位错的回复
σ_0，当 $n=5$	Cadek 等	基体运动
	Mohamed 等	热激活 σ_0
σ_0，当 $n=8$	Lin，Sherby	恒显微组织蠕变
	Mishra 等	晶界的弥散粒子
	González-Doncel，Sherby	σ_0 与 T 的线性关系
σ_0，局部攀移	Shewfelt，Brown	$\sigma_0=0.4\sigma_{\text{Orowan}}$
	Arzt，Ashby	$\sigma_0=0.3\sigma_{\text{Orowan}}$
弥散粒子的变形	Nix 等	弥散粒子与基体变形

注：n 为应力指数，σ_0 为依赖温度的极限应力。

对 FVS0812 铝合金（Al-8.5Fe-1.3V-1.7Si）的蠕变行为的研究众多。Al-Fe-X 合金系具有高的应力指数和高的蠕变激活能，与氧化物弥散增强合金的特点相似。Sherby 等人[143,144] 提出了一个亚结构不变模型，即：

$$\dot{\varepsilon} = A\left(\frac{\lambda}{b}\right)^3\left(\frac{D_L}{b^2}\right)\left(\frac{\sigma}{E}\right)^8 \tag{5-7}$$

以此来表征这些材料的蠕变行为，这里 $\dot{\varepsilon}$ 表示蠕变速率，λ 为亚晶粒尺寸或是有效位错障碍间距，b 表示柏氏矢量，D_L 表示晶格自扩散系数，E 表示弹性模量，σ 表示外加应力，A 为一个无量纲常数。这种机制的根据并不清楚，但已有人提出当亚结构恒定时，方程（5-7）成立。

研究表明[145]，8009Al 合金的蠕变表现出高的应力指数和高的蠕变激活能（$n=14\sim18$，$Q_a=296\text{kJ/mol}$），其数值比某些纯铝或是传统的固溶铝合金的相应值（$n=3\sim5$，$Q_a=142\text{kJ/mol}$）高得多。并且这种合金的应力指数或是蠕变激活能在不同的测试温度和较窄的外加应力范围内都具有唯一值。

其激活能与温度存在以下关系式：

$$Q_a = Q_L - \frac{nRT^2}{G}\left[\frac{n-1}{n}\cdot\frac{\partial G}{\partial T} + \frac{G}{\sigma-\sigma_{th}}\cdot\frac{\partial \sigma_{th}}{\partial T}\right] \tag{5-8}$$

式中，n 为恒定应变速率下的应力指数，Q_a 为蠕变激活能，Q_L 是纯铝中晶格自扩散的激活能，G 为剪切模量，T 为温度，R 为常数，σ_{th} 为门槛应力。由方程（5-8）可知，Q_a 不仅取决于外加应力，而且取决于温度，8009Al 合金的门槛应力 σ_{th} 与温度的关系为：$d\sigma_{th}/dT = -0.392$（MPa/K）。一般地，蠕变激活能 Q_a 比晶格自扩散的激活能 Q_L 高得多，尤其是在低的外加应力作用下。

Carrenäo 等[142]研究了弥散粒子和基体对弥散强化合金材料蠕变行为的影响，用下式分别描述基体与弥散体对蠕变抗性的不同贡献：

$$\dot{\varepsilon} = \left[A' \cdot \left(\frac{\sigma}{E}\right)^{h} \exp\left(-\frac{Q_L}{RT} \cdot \left(\frac{\tilde{n}+h}{h}\right)\right)\right]\left[B'\left(\frac{\sigma}{E}\right)^{\tilde{n}} \exp\left(-\frac{Q_L}{RT}\frac{\tilde{n}}{h}\right)\right] \tag{5-9}$$

式中，$\tilde{n}$ 为位错与弥散颗粒相互作用下的应力指数。

8009 合金在高温下仍保持其较高强度的特征来源于材料含有低粗化速率的高体积分数（一般达到 20% ~ 30%）的 $Al_{12}(Fe,V)_3Si$ 弥散相。温度在 300 ~ 450℃，Al - 8.5% Fe - 1.3% V - 1.7% Si 体现出典型的门槛行为，大量研究表明：8009 合金最小应变速率与应力以及温度的关系符合：

$$\dot{\varepsilon}_{min} = A\left(\frac{\sigma - \sigma_0}{G}\right)^n \exp\left(-\frac{Q}{RT}\right) \tag{5-10}$$

这里 $n=5$。式中 $\dot{\varepsilon}_{min}$ 为最小应变速率；Q 为 Al 自扩散激活能；G 为剪切模量；σ_0 为与温度有关的门槛应力，代表金属间化合物弥散相对强度的贡献。

对 SiC 晶须或颗粒（体积分数 15%）增强 8009 合金复合材料的研究表明，当温度低于 454℃ 时，同样存在一个明显的门槛效应，而在较高温度（500 ~ 550℃）范围时，Cadek 等人[146]发现在恒温下表观应力指数 $n_a = \partial \log\dot{\varepsilon}_m / \partial \log\sigma$ 随应力的减小而显著降低，该现象被认为是由于热激活而使位错和弥散相分离所导致[147,148]。也有的研究认为，合金及其复合材料的蠕变行为可以忽略热激活所导致的位错分离以及弥散相粗化等引起的强度减弱现象，而在 450 ~ 550℃ 温度范围内仍采用式（5-7）所述模型。

为了充分理解和探讨 8009 合金及复合材料的蠕变行为，表 5-36 总结了若干材料的抗拉强度、实验温度、弥散相尺寸（金属间化合物体积分数为 27%）等数据。表中所列合金的最小应变速率与应力的关系如图 5-124 ~ 图 5-126 所示。特别是由图 5-124 可见，B1 和 B2 合金在 450℃ 时表现出的最小应变速率以及应力十分接近，而比较图 5-124 可知，合金 A 的蠕变强度明显高于 B1 和 B2 合金。这是由于弥散相尺寸不同的缘故，合金 B 及其复合材料 CB 具有较低强度的原因也是如此，因为 Al - Fe - V - Si 合金若含有 24% 的尺寸为 50nm 的弥散相，其屈服强度可以达到 420MPa，而 B1 和 B2 合金弥散相的尺寸为 94nm。

表 5-36　所总结的若干材料

材　料	标号	测试温度 T/K	抗拉强度 σ_b/MPa	弥散相尺寸 d/nm
Al - 8.5Fe - 1.3V - 1.7Si 合金	B1	573 ~ 723	—	94
Al - 8.5Fe - 1.3V - 1.7Si 合金	B2	723 ~ 823	367	50
Al - 8.5Fe - 1.3V - 1.7Si + 15% SiC 复合材料	CB	723 ~ 823	442	—

续表5－36

材　料	标号	测试温度 T/K	抗拉强度 σ_b/MPa	弥散相尺寸 d/nm
Al－8.5Fe－1.3V－1.7Si 合金	A	623～723	—	50
Al－8.5Fe－1.3V－1.7Si＋15% SiC 复合材料	CA	623～823	—	50

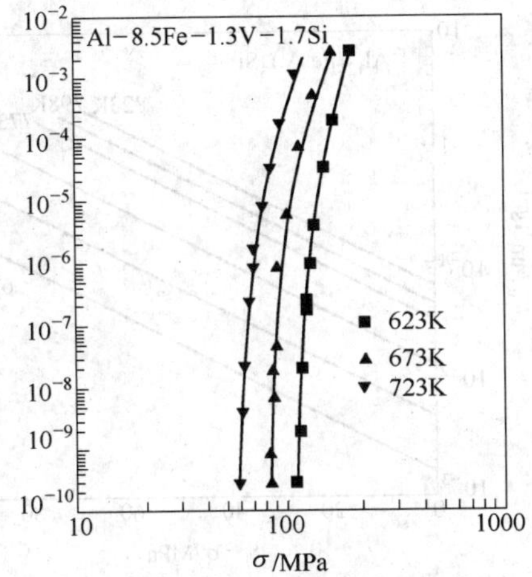

图 5－124　合金 A 最小应变速率与应力的关系[149]

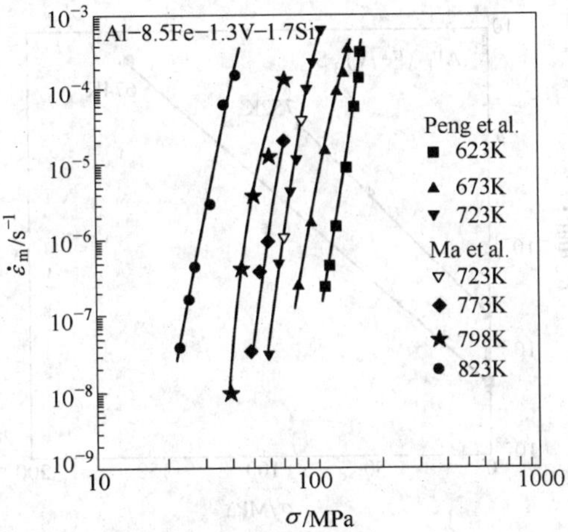

图 5－125　合金 B1，B2 最小应变速率与应力的关系[145,150,151]

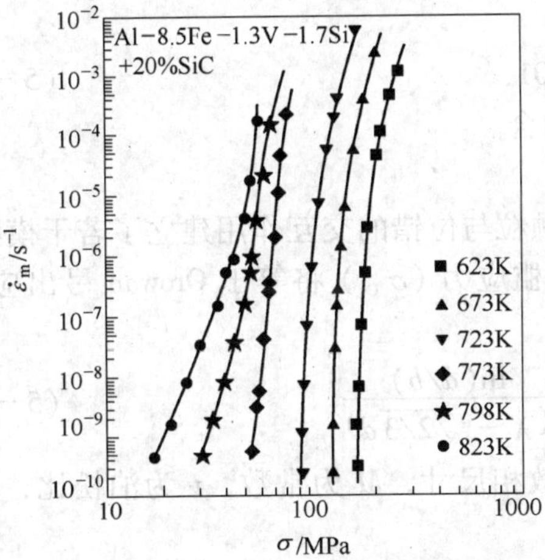

图 5－126　复合材料 CA 的最小应变速率[152]

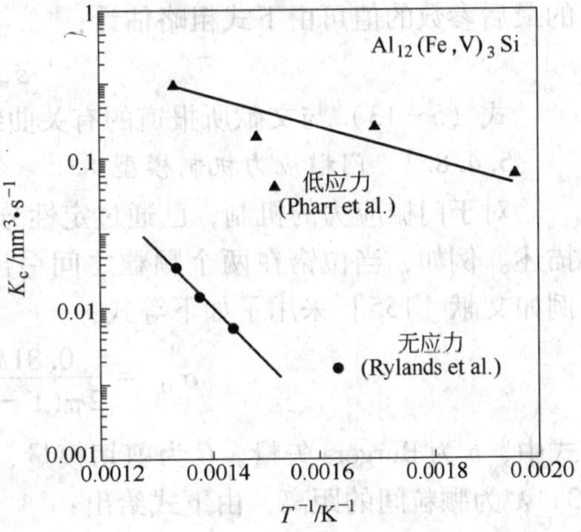

图 5－127　无应力和低应力时的粗化常数

5.4.8.1　弥散相的稳定性

有不少的研究[147,152～154]分析了 $Al_{12}(Fe,V)_3Si$ 这个在强化机制中扮演重要角色的弥散相的尺寸稳定性，颗粒的实际尺寸 d 与最初尺寸 d_0 的关系可用下式表示：

$$\left(\frac{d}{2}\right)^3 = \left(\frac{d_0}{2}\right) + K_c t \tag{5-11}$$

式中，K_c 为粗化常数，依赖于若干不同的参数，如温度、扩散系数、界面能以及合金的平衡溶解度等。采用传统的时效实验所获得的一系列 K_c 值如图 5－127 所示。但由于通过蠕变试样所测得的粗化常数明显偏高，因此实际情况较为复杂。为简单起见，目前研究应力与粗化常数的关系一般采用如下的经验公式：

$$K_c = K_{c0}\exp(c\sigma) \tag{5-12}$$

式中，K_{c0}为静态时效即外加应力 $\sigma=0$ 时的粗化常数。

根据图 5－128 可知，$c=0.498\text{MPa}^{-1}$为常数。变量 K_c 可由式（5－12）外推到 $\sigma=0$ 获得，不同温度下外推的结果如图 5－129 所示。

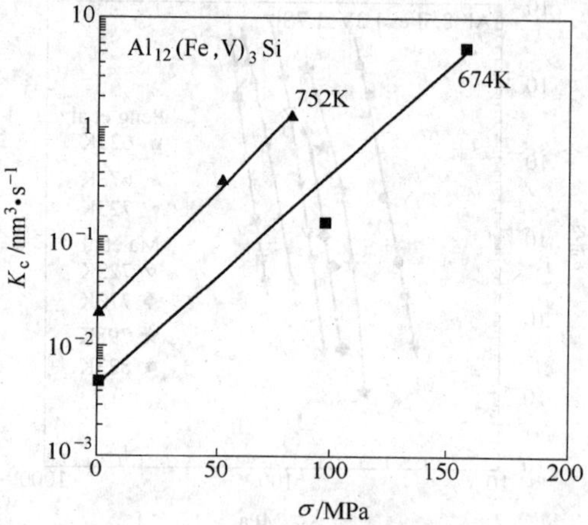

图 5－128　不同测试温度下蠕变试样的粗化常数

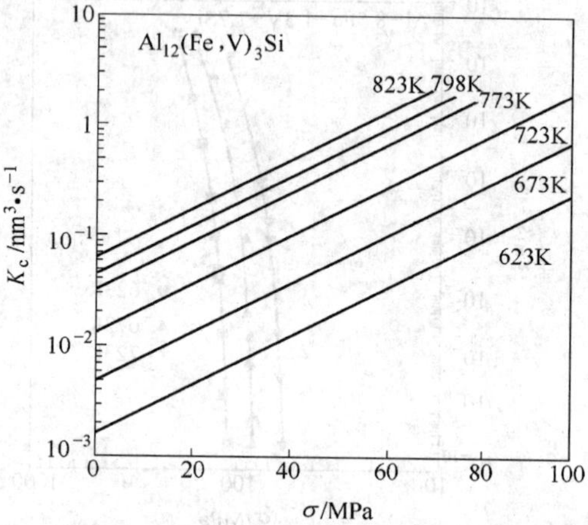

图 5－129　不同温度下粗化常数的外推值

由于门槛应力计算值与蠕变达到最小应变速率时（t_m）的结构有关，式（5－12）中的最后参数的值可由下式粗略估计：

$$\dot{\varepsilon}_m t_m = 0.01 \tag{5-13}$$

式（5－13）与文献所报道的有关曲线极为吻合。

5.4.8.2　门槛应力机制模型

对于门槛应力的机制，已通过定性分析弥散颗粒与位错的交互作用建立了若干模型来描述。例如，当位错在两个颗粒之间弓出时，门槛应力（σ_{0r}）将等于 Orowan 弓出应力，例如文献［155］采用了如下等式：

$$\sigma_{0r} = \frac{0.81MGb}{2\pi(1-\nu)^{1/2}} \cdot \frac{\ln(d/b)}{(\lambda - \sqrt{2/3}\,d)} \tag{5-14}$$

式中，b 为 Burgers 矢量，G 为剪切模量，d 为弥散相尺寸，M 为常数，ν 为泊松比，$M=3$，λ 为颗粒间的距离，由下式给出：

$$\lambda = \frac{1}{2\sqrt{N_v d}} \tag{5-15}$$

式中，N_v 为单位体积中的弥散质点数，在较低应力条件下，位错能通过局部攀移（local climb）越过弥散质点，导致门槛应力：

$$\sigma_{lc} = 0.3M\frac{Gb}{\lambda} \tag{5-16}$$

位错全面攀移（general climb）时，门槛应力将明显降低[156]，可用下式表示：

$$\sigma_{gc} \approx 0.04M\frac{Gb}{\lambda} \tag{5-17}$$

Rösler 和 Arzt 等人[157]在研究位错攀移越过硬质点的动力学机制时，对位错局部攀移模型提出了改进，他们的模型能够预计局部攀移被邻近质点钉扎的范围，并且表明局部攀移与门槛应力的存在没有直接的联系，门槛应力的存在是由于位错与交互作用的质点之间的非热激活分离。在这种情况下，基体与质点的相互吸引力将稳定局部攀移，并且通过模型他们推导出门槛应力的表达式[147]：

$$\sigma_d = \sigma_{0r}\sqrt{1 - k_r^2} \quad (5-18)$$

式中，k_r 为松弛系数，k_r 取 1 时代表质点之间无交互作用；而 k_r 取 0 时代表最大松弛状态。当 $\sigma < \sigma_d$ 时，位错可以通过热激活分离而越过质点；此时，应变速率与外加应力的关系符合如下方程[157,158]：

$$\dot{\varepsilon} = \dot{\varepsilon}_0 \exp\left(-\frac{Gb^2 r[(1-k_r)(1-\sigma/\sigma_d)]^{3/2}}{kT}\right) \quad (5-19)$$

式中，k_r 为玻耳兹曼常数，$\dot{\varepsilon}_0$ 为参考应变速率。这里应变速率的应力敏感性将随应力的减小而降低，也就是说，真门槛应力行为将难以发现。

5.4.8.3　位错与粒子的非热激活分离模型

如前所述，在温度 350℃至 450℃范围内未增强的合金 A 以及 SiC 晶须增强合金 CA 两者的最小应变速率曲线如图 5-124 和图 5-126 所示。门槛应力效应在 Zhu 等和 Cadek 等人的研究中已得到明确证实，进一步的研究是在引入载荷转移机制[165]的基础上通过对方程（5-10）的改进而进行的，并得到：

$$\dot{\varepsilon}_m = A'\left(\frac{\sigma(1-c_{lt}) - \sigma_0}{G}\right)^5 \exp\left(-\frac{Q}{RT}\right) \quad (5-20)$$

这里，对于未增强的合金，载荷转移系数 $c_{lt}=0$，而对于复合材料 CA，载荷转移系数 $c_{lt} \geqslant 0$。对于复合材料 CB，文献［151］研究了温度在 450℃到 550℃范围内该合金的蠕变行为，表明当温度高于 475℃时，载荷转移系数为 0，因为在比较未增强合金与其复合材料的蠕变行为时没有发现明显的区别。因此，方程（5-20）可改写成：

$$\dot{\varepsilon}_m = A'(1-c_{lt})^5\left(\frac{\sigma - \sigma_0^*}{G}\right)^5 \exp\left(-\frac{Q}{RT}\right) \quad (5-21)$$

式中，$\sigma_0^* = \sigma_0/(1-c_{lt})$。在对常数 A' 确定后，通过上式可以计算出合金及其复合材料的门槛应力值，并且其结果与 Zhu 等人和 Cadek 等人[149,152]的研究（表 5-37）极为接近。

表 5-37　目前研究所得到的门槛应力值

材　料	σ_0/MPa			A'/s^{-1}
	350℃	400℃	450℃	
合金 A	110	81.4	58.8	4.5×10^{20}
复合材料 CA	135	105	63	4.5×10^{20}
合金 B	58.8	76.2	51	5.0×10^{20}

图 5-130 为合金及其复合材料的最小蠕变速率的温度归一化函数与模量补偿应力之间的关系曲线，Li 和 Langdon 等人[159]指出，利用该曲线可以估算出载荷转移系数，在忽略温度影响的条件下得到 $c_{lt}=0.129$。图 5-131 给出了进行载荷转移系数补偿后合金 A($c_{lt}=0$) 及其复合材料 CA($c_{lt}=0.129$) 的最小蠕变速率的温度归一化函数与模量补偿应力之间的关系曲线，两组曲线相互交叠，说明了最小应变速率依赖于外加应力和温度。

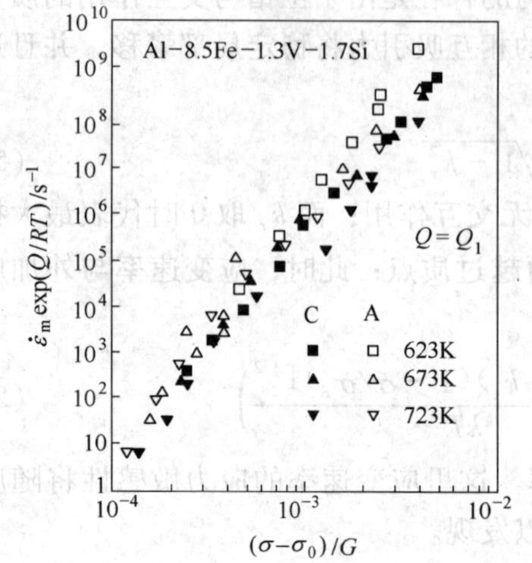

图 5 - 130　温度归一化的最小蠕变速率与模量补偿有效应力的关系
（空心点代表 A，实心点代表复合材料）

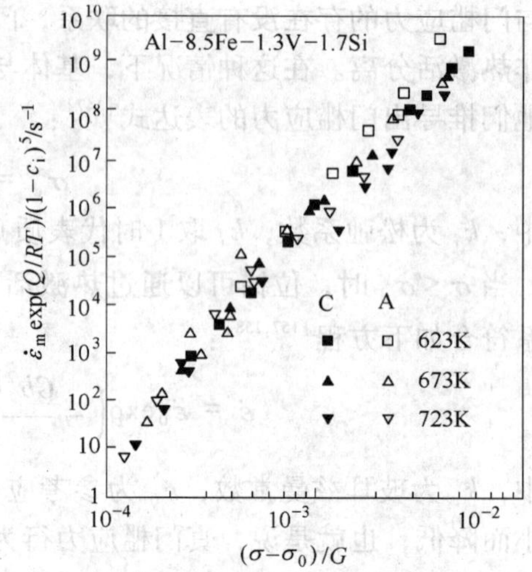

图 5 - 131　经载荷转移系数补偿和温度归一化的最小蠕变速率与模量补偿有效应力的关系
（空心点代表 A，实心点代表复合材料）

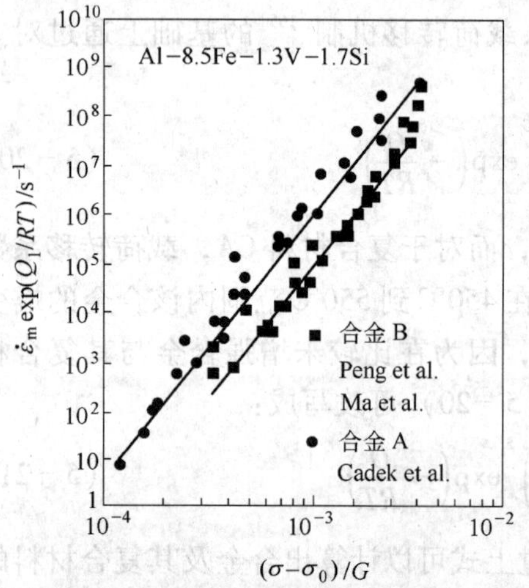

图 5 - 132　温度归一化最小蠕变速率与模量补偿有效应力的关系

采用同样的方式对合金 B 在温度 400℃ 至 450℃ 范围内的最小应变速率与外加应力的依赖关系进行了分析，发现门槛应力值比同等条件下合金 A 的低；如图 5 - 132 所示，合金 B 的最小蠕变速率的温度归一化函数与模量补偿应力之间的关系曲线较合金 A 向低值方向平行漂移。显然，这种差异来源于不同的 A' 值（表 5 - 37）。

一旦计算出了 σ_0 值，分析过程必须考虑到门槛应力的来源，Rösler 和 Arzt 等人提出的关于位错和与之交互作用的质点的非热激活分离模型，如方程（5 - 18）所示正是基于此种目的。计算出 Orowan 应力之后，方程（5 - 18）能够估算出参数 k_r 和该参数与温度的依赖关系。但利用方程（5 - 18）时却带来了一个问题，因为采用该式当 $f = 0.27$ 时所估算出的质点间的距离偏低，由此而导致 Orowan 应力的值异常高。这是因为由弥散质点所增强的合金其屈服强度可写成：

$$\sigma_y = \sigma_{yAl} + \sigma_{Or} \tag{5-22}$$

式中，σ_{yAl} 为基体合金的屈服应力（例如纯 Al），很明显室温 Orowan 应力要小于合金的屈服强度。由于基体（纯 Al）的强度与材料的初始组织（如晶粒或亚晶尺寸）有关，方程（5 - 22）仅能够用来大致的估计出合金的屈服强度。若取 $\sigma_y \approx 365\text{MPa}$，$\sigma_{yAl} = 35\text{MPa}$，$d = 50\text{nm}$，则对于未增强的合金 A 可得知 $f \approx 0.04$。至于含高体积分数弥散相（$f = 0.27$）与含低体积分数弥散相（$f = 0.04$）合金性能的区别，可能是由于大量的粒子存在于晶界处，虽然不能与晶内位错发生交互作用，却对晶界起了很强的稳定作用。由 $f = 0.04$ 而得出的有效粒子间距离 $\lambda - \sqrt{2/3}d$ 与实验结果（即通过 TEM 观测所呈现出的有效粒子间的距离在

50～100nm 数量级）完全吻合[160]。

对于复合材料 CA 基体的室温 Orowan 应力的估算可以采取同样的方式处理，其门槛应力值 σ_0 恒定比合金 A 的高，意味着计算的 f 值也要略大于后者。在此情况下，不妨就估算出的屈服强度为 160MPa 时假定 $f=0.051$。同理对于合金 B，当屈服强度为 240MPa、$f=0.04$ 时，$d=94$nm。图 5－133 绘出了 Skinner 提出的不同材料（合金 A 和 B 以及复合材料 CA）的屈服应力计算值。考虑到缺乏准确的计算程序，因此可以说图中的计算结果与实际应力有比较好的一致性。

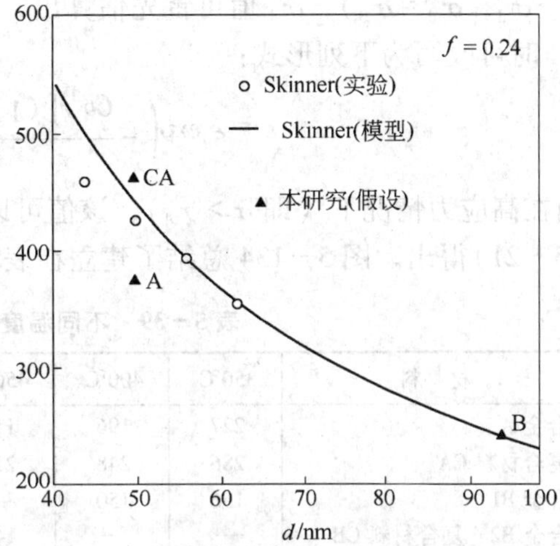

图 5－133 屈服强度实验值与计算值的比较

高温 Orowan 应力值的计算可以在考虑到粗化效应的基础上进行。而粗化常数 K_c（如表 5－38 所示）可在确定测试各材料的实际应力范围的基础上通过图 5－129 进行大致的估算。接下来沉淀相的实际尺寸，可以在利用方程（5－13）计算出 t_m 的基础上通过方程（5－11）来进行计算。这些假定已通过对材料 A 及其复合材料在不同的时间下施加最小应力的实验得到证实，如图 5－124 和图 5－126 所示，Zhu 等人和 Cadek 等人的研究包括了最小蠕变速率（$10^{-9}\sim10^{-10}$）s^{-1}，而图 5－125 中最低蠕变速率没有超过 $10^{-8}\cdot s^{-1}$。

表 5－38 用以计算实际粒子尺寸 d 的粗化常数

材 料	350℃	400℃	450℃	500℃	525℃	550℃	t_m/s
合金 A	0.15	0.30	0.50	0.50	0.50	0.50	7×10^5
复合材料 CA	0.15	0.30	0.50	—	—	—	7×10^5
合金 B1	2.0	2.0	—	—			5×10^4
合金 B2－复合材料 CB	—	—	0.3	0.5	0.80	0.8	7×10^5

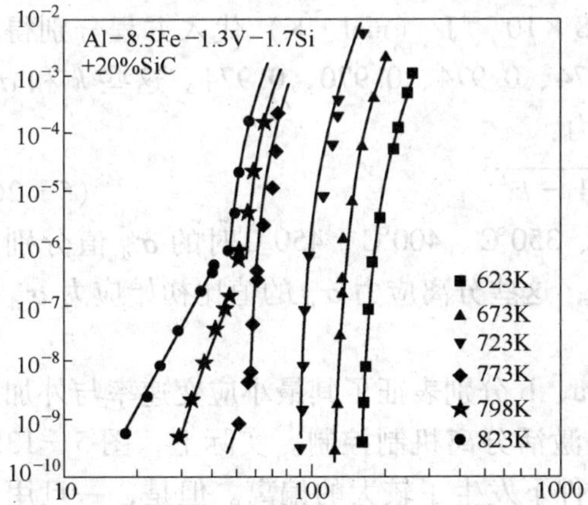

图 5－134 外加应力与蠕变速度的关系（蠕变由非热激活分离机制和热激活分离机制所控制，或者在高温和低应力区占主导地位）

5.4.8.4 位错与粒子的热激活分离模型

随着稳定和 k_r 值的增加，σ_d 降低；当外加应力低于 σ_d 时，热激活分离机制成为主导机制[148,158]，结果依赖于外加应力的最小应变速率可以采用方程（5－19）表示。Cadek 等人提出了 Al－8.5Fe－1.3V－15%SiC 复合材料中位错从非热激活到热激活分离转变的可能性，并假定温度在 525～550℃ 范围内以位错热激活分离机制占主导地位研究得出 σ_d 值在 211～463MPa 之间，很明显这些值与低温时计算出的绝热分离应力值不符合，因为它们已超过 Orowan 应力值。据此，可假定在高温范围内蠕变仍由非热激活分离机制所控制（即对于

$\sigma > \sigma_d$，$\sigma_d = \sigma_0$），σ_d 值可首先估算出，限制在低应力条件下，采用方程（5－19）计算 σ_d 时可改写为下列形式：

$$\dot{\varepsilon} = \dot{\varepsilon}_0 \exp\left(-\frac{Gb^2r[(1-k_r)(1-\sigma/\sigma_{Or}\sqrt{1-k_r^2})]}{kT}\right) \tag{5-23}$$

而在高应力情况下（即 $\sigma > \sigma_d$），该值可以在估算出各温度下 k_r 值后，将 σ_d 值代入方程（5－21）得出。图 5－134 总结了建立在表5－39所示的 Orowan 应力基础上的计算结果。

表 5－39 不同温度下计算出的 Orowan 应力值

材 料	350℃	400℃	450℃	475℃	500℃	525℃	550℃	t_m/s
合金 A	227	196	171	—	—	—	—	7×10^5
复合材料 CA	286	248	216	—	207	202	198	7×10^5
合金 B1	156	150	—	—	—	—	—	5×10^4
合金 B2－复合材料 CB	—	—	140	131	123	—	117	7×10^5

k_r 在这里是一个很重要的参数：弛豫因子 k 的值越低，颗粒/位错间的相互作用越强。Arzt 和 Wilkinson[141] 的计算表明，只需要在位错和颗粒之间有一个很一般的相互吸引力就能使位错分离变成强度控制过程。并且，σ/σ_d、k 的值用以下方程得到[158]：

$$\frac{\sigma}{\sigma_d} = \left[\frac{3(Q_a - Q_L)}{2RTn_a\left(1-\dfrac{dG}{dT}\dfrac{T}{G}\right)} + 1\right]^{-1} \tag{5-24}$$

$$k = 1 - \left(\frac{2k_BT}{3Gb^2r}\cdot\frac{n_a}{\left(1-\dfrac{\sigma}{\sigma_d}\right)^{1/2}\cdot\dfrac{\sigma}{\sigma_d}}\right)^{2/3} \tag{5-25}$$

将纯铝的 $Q_a = 296$kJ/mol，$Q_L = 142$kJ/mol，$R = 8.31$J/（mol·K），$n = 17$，18，14，16 以及决定于温度的剪切模量代入。方程（5－24）给出了 8009Al 合金在 300℃、350℃、400℃、450℃对应的 σ/σ_d 值分别为 0.311、0.351、0.333、0.417。之后将 σ/σ_d 的值以及 $r = 4.7\times10^{-8}$m，$b = 2.86\times10^{-10}$m，$k_B = 1.38\times10^{-23}$J/（mol·K）代入方程分别得到在 300℃、350℃、400℃、450℃时的 k 值为 0.974、0.974、0.970、0.974。这些 k 和 σ_{Or} 值（见表5－39）能够通过如下关系得到分离应力：

$$\sigma_d = \sigma_{Or}\sqrt{1-k^2} \tag{5-26}$$

方程（5－26）给出了在温度分别为 300℃、350℃、400℃、450℃时的 σ_d 值分别为 220MPa，212MPa，209MPa，203MPa。可以发现，这些分离应力 σ_d 的值比初始应力 σ_{th} 以及最高外加应力的值都要高。

就合金 B 及其复合材料 CB 而言，图 5－145a、b 分别表征了其最小应变速率与外加应力的关系，可见蠕变在整个外加应力范围内由热激活分离机制控制。实际上，图 5－135b 也证实了计算所得曲线与实验数据仅在低应力条件下发生了较大的偏离。但是，一旦用计算出来的极限应力（图 5－136）来估算高温下的 k_r，不管材料种类（合金 A 或 B 还是复合材料 CA 或 CB）和颗粒切过机制（是否热激活），所有点落在同一条直线上（图 5－137），合金 A、B 稍微的分散应归因于在估计 Orowan 应力值时本身的不精确，它是基于粗略的简化计算得到的，而不是因为颗粒与位错线相互作用的本质不同。

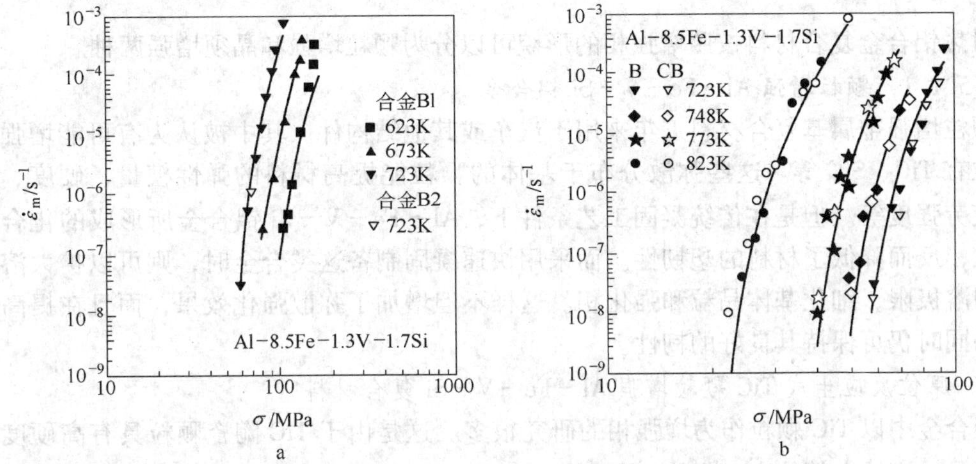

图 5－135　合金 B1 和 B2（a）以及复合材料 CB（b）的最小应变速率与外加应力的关系

（蠕变在整个外加应力范围内由热激活分离机制控制）

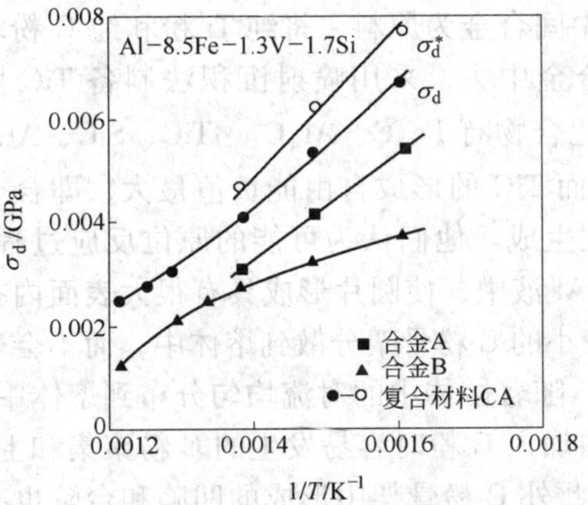

图 5－136　各合金绝热分离应力与温度倒数的关系

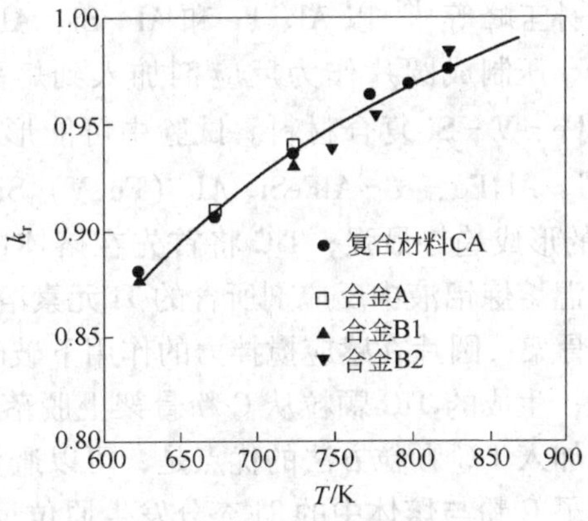

图 5－137　各合金 k_r 值与温度的关系

5.5　快速凝固 Al－Fe－V－Si 耐热铝合金复合材料

Al－Fe－V－Si 系热铝合金具有良好的室温和高温强度、塑性、断裂韧性以及耐腐蚀性能，该系列合金在 Al 基体上弥散分布较大体积分数（可达 40%）的 $Al_{13}(Fe,V)_3Si$ 耐热强化相，强化相细小均匀分布，在高温下粗化率极低，具有良好的热稳定性，并且可以充分发挥弥散强化、细晶强化和固溶强化的强化效应。为了进一步提高该系合金的力学性能，拓展耐热铝合金性能稳定的温度范围，人们尝试在该系合金中加入第二相和颗粒增强，特别是通过 SiC 颗粒、晶须增强 Al－8.5Fe－1.3V－1.7Si 复合材料被认为是极有可能取代钛材料的材料之一，因为这种强化可以提高材料的强度，还可以提高材料的杨氏模量。耐热铝合金复合材料按照增强相的形貌可以分为颗粒增强和晶须增强两种。

5.5.1 复合材料的分类、组织及力学性能

耐热铝合金复合材料按照增强相的形貌可以分为颗粒增强和晶须增强两种。

5.5.1.1 颗粒增强 Al－Fe－V－Si 铝合金

颗粒增强金属基复合材料近年来用于汽车或其他结构件。其中被认为有可能增强金属的颗粒有 TiC、SiC 等。这些弥散分布于基体的颗粒能提高材料的弹性模量、硬度、强度和抗疲劳强度等。但是在传统凝固工艺条件下，Al－Fe－V－Si 铝合金所形成的化合物相较粗大，反而降低了材料的塑韧性。而采用快速凝固制备这类合金时，则可以扩大溶质元素的固溶极限，细化基体晶粒和强化相。这样不但增加了弥散强化效果，而且在提高材料强度的同时仍可保持其良好的韧性。

A 原位反应生成 TiC 颗粒增强 Al－Fe－V－Si 复合材料

轻合金中以 TiC 颗粒作为增强相的研究很多。这是由于 TiC 陶瓷颗粒具有高硬度、高弹性模量、高熔点等特点。在快速凝固 Al－Fe－V－Si 铝合金中通过原位（in－situ）生成 TiC 颗粒可以进一步改善此类合金的综合性能，扩大其作为结构材料的应用前景。

a 原位反应生成 TiC 颗粒增强 Al－Fe－V－Si 复合材料的制备工艺

孙玉峰等[161]以 Al、Fe 和 Al－Si、Al－V 中间合金为原料，将纯 Ti 粉和纯 C 粉均匀混合、压制成圆片作为反应剂加入到熔融的合金中去，采用喷射沉积法制备 TiC 增强 Al－Fe－V－Si 复合材料。试验中可能形成的化合物有 Fe_3C、Al_4C_3、TiC、SiC、Al_6Fe、Al_3Ti、Al_3Fe、α－AlFeSi、$Al_{12}(Fe,V)_3Si$ 等，而 TiC 的形成自由能负值最大，即合金中 TiC 的形成趋势最强，TiC 将首先在熔体中原位生成。他们认为可能的原位反应过程为：在高温熔炼铝液中反应剂所含的 Ti 元素溶入到 Al 液中，使圆片形成具有很大表面内孔的 C 粉骨架，圆片在感应搅拌力的作用下破碎成较小的 C 粉骨架分散到熔体中，而不会聚集成团；生成的 TiC 颗粒从 C 粉骨架上脱落下来，随着熔体中的对流均匀分布到熔体中去。这种加入 TiC 颗粒方法的优点是，可以避免单独加入 C 粉时容易发生的 C 粉聚集和上浮，保证了 C 粉与熔体中的 Ti 充分发生原位反应。此外 C 粉骨架中形成的凹陷和台阶也有助于 C 与 Ti 的反应，从而促进了 TiC 颗粒的形核、长大。

b TiC 颗粒对 Al－Fe－V－Si 合金组织的影响

对含有原位生成 TiC 和未添加 TiC 的锭坯进行了 X 射线衍射、TEM 分析，结果发现未加 TiC 颗粒的喷射沉积 Al－Fe－V－Si 合金的微观组织是由 α－Al 基体、球形 $Al_{12}(Fe,V)_3Si$ 相、针状的 α－AlFeSi 金属间化合物和块状相 Al_6Fe 组成。显然针状相与块状相的出现必然会在尖角处产生应力集中，对合金的综合性能产生不利的影响。当加入 3% 的 TiC 后，沉积坯的微观组织主要包括 α－Al、尺寸较小的 TiC 和 $Al_{12}(Fe,V)_3Si$，针状相基本消除，块状相 Al_6Fe 的生成受到了抑制，复合材料的组织也得到了细化。这是由于在液滴凝固过程中，原位反应生成的 TiC 颗粒有形核催化的作用，使 α－Al 在较小的过冷度下形核析出，消除了针状相的出现；同时也抑制了 Al_6Fe 块状相的生成，使 Al_mFe 以 TiC 为核心形核长大——即 TiC 颗粒的存在触发 Al_mFe 的优先形核，改变了 Al_mFe 化合物的生长形态，消除了显微组织中块状相边角产生的应力集中，从而改善了材料的显微组织。

此外，他们还观察了锭坯挤压态拉伸断口的 SEM 像。结果表明，尽管两种材料的断

口都属于韧性断裂，但没有 TiC 粒子的断裂韧窝较大；而含有 TiC 颗粒的复合材料韧窝较小且比较弥散，在韧窝周围可以明显看到大量细小弥散相镶嵌在基体上，没有脱落下来。显然，TiC 颗粒增强复合材料的断口组织要优于未添加 TiC 颗粒的。

c TiC 颗粒对 Al－Fe－V－Si 合金性能的影响

通过对材料挤压态显微组织的 TEM 观察，发现没有 TiC 颗粒增强的合金经挤压后，除了少量硅化物相保持原有尺寸弥散分布外，α－AlFeSi 相发生了明显的粗化和晶粒长大，同时还出现了聚集现象。而含有原位生成 TiC 增强颗粒的复合材料经过热挤压后，显微组织变化不大，几乎没有粗化现象发生，弥散相明显细小，其数量也显著增多。这是由于细小的 TiC 粒子与基体界面结合紧密，同时 TiC 本身也具有抗高温粗化的能力，从而使其成为稳定的耐热增强相，增大了基体中弥散强化相的体积分数；此外细小弥散硅化物相较好的稳定性，也对基体产生了钉扎作用，阻止了组织的粗化，使 TiC 颗粒增强复合材料的室温及高温拉伸性能和弹性模量、延伸率均有所提高，见表 5－40。

表 5－40 TiC 颗粒对喷射沉积挤压态 Al－Fe－V－Si 铝合金力学性能的影响[161]

材 料	$\sigma_{0.2}$/MPa		σ_b/MPa		δ/%		E/GPa
	25℃	315℃	25℃	315℃	25℃	315℃	25℃
Al－Fe－V－Si	300	180	351	224	8.0	8.5	72.7
Al－Fe－V－Si/TiC	320	255	376	268	10.0	13.4	74.4

B SiC 颗粒增强 Al－Fe－V－Si 复合材料

a SiC 颗粒增强 Al－Fe－V－Si 复合材料的制备工艺

SiC 颗粒是一种很好的增强相，因为它具有高温强度高、硬度高、不反应性等特点。Radmilovic 等人[162]利用快速凝固/粉末冶金技术制备了 Al－Fe－V－Si 铝合金和 SiC 颗粒增强 Al－Fe－V－Si/SiC_P 复合材料，比较了两种材料的组织及性能。

b SiC 颗粒对 Al－Fe－V－Si 铝合金显微组织结构的影响

Hambleton[100]在 Al－Fe－V－Si 挤压态合金中发现，在 α－Al（fcc 结构）基体中均匀分布着大量的 $Al_{13}(Fe,V)_3Si$（bcc 结构）硅化物颗粒，这些硅化物与基体的取向并不一致。同时，还发现这些硅化物有团聚的趋势，这主要是由于在快速凝固过程中硅化物分布于晶界位置的原因。此外在热处理（550℃×100h）状态时，Al－Fe－V－Si 铝合金中含有粗大的 $Al_{13}Fe_4$ 相，这使得材料的性能大大降低。

而挤压态 Al－Fe－V－Si/SiC_P 复合材料的显微组织包括 α－Al 基体、弥散分布的 $Al_{13}(Fe,V)_3Si$ 相和不规则多边形的 SiC 颗粒。通过分析得知，复合材料中的 SiC 颗粒主要是密排六方结构，因而 α－Al/SiC 界面和 $Al_{13}(Fe,V)_3Si$/SiC 界面都是非共格的。即 SiC 颗粒增强 Al－Fe－V－Si/SiC_P 复合材料是一种在 α－Al 基体中弥散分布着非共格 SiC 颗粒和 $Al_{13}(Fe,V)_3Si$ 粒子的机械化复合材料。并且 Hambleton 还发现，$Al_{13}(Fe,V)_3Si$ 相在两种材料中的晶粒度很相近（20～100nm），这说明 SiC 颗粒的加入并没有影响 $Al_{13}(Fe,V)_3Si$ 相的尺寸。陈振华等人[16]通过喷射沉积工艺制备 Al－8.5Fe－1.3V－1.7Si 合金以及 Al－8.5Fe－1.3V－1.7Si/15% SiC_P 复合材料时发现，通过 SiC 颗粒的共沉积，可以明显细化基体合金的显微组织，即晶粒和第二相粒子明显细化（见图 5－138），这是

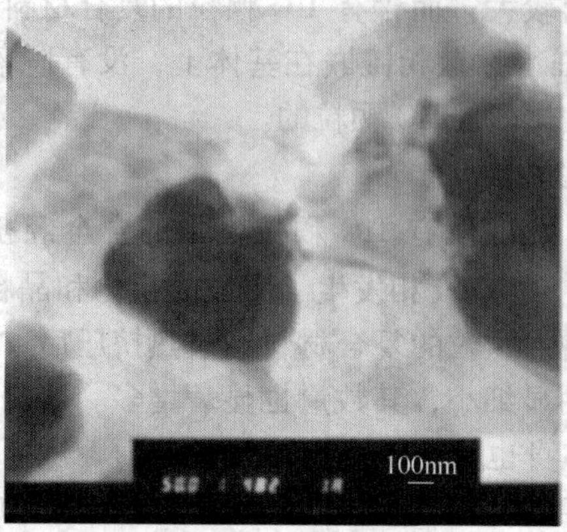

a

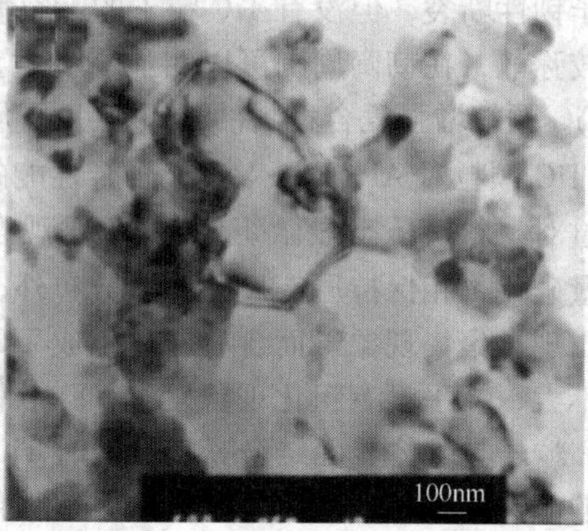

b

图 5 - 138　喷射沉积 Al - 8.5Fe - 1.3V - 1.7Si 合金以及 Al - 8.5Fe - 1.3V - 1.7Si/15% SiC_P 复合材料的显微组织

因为在喷射沉积过程中冷的 SiC 颗粒撞击到液滴，从而大大提高了基体的冷却速率，从而细化了基体显微组织。在热处理（600℃ ×100h）条件下，复合材料中也没有观察到脆性有害相 $Al_{13}Fe_4$ 的出现，其原因是 SiC 颗粒的部分溶解抑制了 $Al_{13}Fe_4$ 相的生成。热轧后，$Al_{13}(Fe,V)_3Si$ 相尺寸有所增大（增大到 50 ~200nm）；而 SiC 颗粒在挤压、热轧态中尺寸基本不变，为 0.5 ~5μm。由于基体中 SiC 颗粒不规则的多边形形貌，使得 α - Al 和 SiC 界面也形状各异。经 HERM（高分辨率电子显微镜）分析后发现，α - Al 和 SiC 界面是扩散型的，即 α - Al 和 SiC 颗粒之间存在有一层非常薄的平面过渡层，这意味着挤压过程中在 α - Al 和 SiC 界面处存在着一定程度的扩散反应，我们在研究过程中也观察到了在 α - Al 和 SiC 之间有一层约为 3nm 厚的非晶过渡层（如图 5 - 139 所示），并且在 SiC 颗粒附近的基体中还存在 Si 的浓度梯度，这也证明了扩散型界面的存在。通过微衍射分析推测这层过渡区域很可能是一种无序的硅化物颗粒，它在 α - Al 和 SiC 颗粒之间起到机械结合的作用。此外，X 射线分析还发现在 SiC 界面处没有合金元素 Fe、V 及 Si 的偏析，这可能是由于在热机械过程中 SiC 界面处（或附近）的硅化物颗粒分解、扩散而引起的。

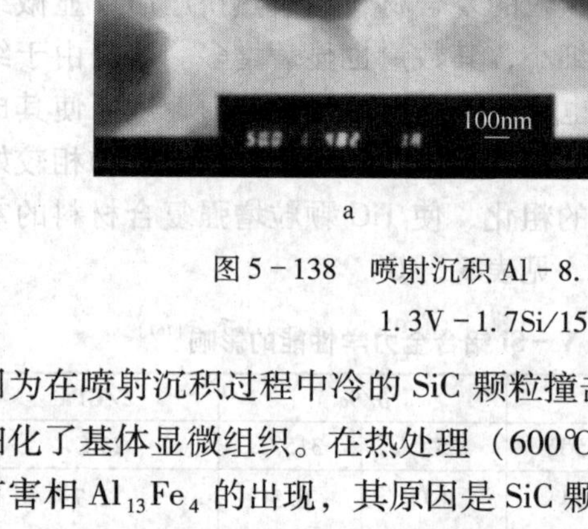

图 5 - 139　α - Al 和 SiC 颗粒之间的扩散型界面

c　SiC 颗粒对 Al - Fe - V - Si 铝合金力学性能的影响

Zedalis 在 Al - Fe - V - Si 铝合金中加入 SiC 颗粒后，复合材料的弹性模量、室温和高温强度、高温稳定性、抗应力腐蚀能力以及抗蠕变性能都得到了明显地提高。如 Al - Fe - V - Si/5% ~15% SiC_P 合金线［膨］胀系数约为 (22.7 ~ 20.8) × 10^{-6}/K，弹性模量约为 94 ~107GPa，其比刚度均已超过 Ti - 6Al - 4V 钛合金和 17 - 4PH 不锈钢，服役温度可以提高到 370℃。陈振华等人[16]通过喷射沉积工艺制备了 Al - 8.5Fe - 1.3V - 1.7Si 合金以及 Al-8.5Fe-1.3V-1.7Si/15% SiC_P 复合材料，研究添加 SiC 颗粒使基体显微组织更加细小，因此添加 SiC 颗粒后，其力学性能也得到了明显地提高。并且由于 SiC 抑制了 $Al_{13}(Fe,V)_3Si$ 粒子的分解和粗化，其高温力学性能也更加出色。我们还对比了 Al-8.5Fe-1.3V-1.7Si 合金和 Al-8.5Fe-1.3V-1.7Si/15% SiC_P 复合材料的力学性能，见表 5-41。

表 5-41 不同温度下 SiC 颗粒对快速凝固 Al-8.5Fe-1.3V-1.7Si 合金力学性能的影响

材料	25℃			315℃			400℃		
	σ_b/MPa	$\sigma_{0.2}$/MPa	δ/%	σ_b/MPa	$\sigma_{0.2}$/MPa	δ/%	σ_b/MPa	$\sigma_{0.2}$/MPa	δ/%
Al-8.5Fe-1.3V-1.7Si	470	420	4.0	250	200	7.0	165	130	9.0
Al-8.5Fe-1.3V-1.7Si/SiC_P	535	485	2.5	300	245	5.5	186	150	7.5

由表 5-41 可看出，SiC 颗粒的加入明显地改善了材料的强度，但塑性略有下降。

d SiC 颗粒对 Al-Fe-V-Si 铝合金疲劳裂纹扩展性能的影响

美国的 Sutherland[163] 等人对 Al-Fe-V-Si/SiC_P 和基体材料分别进行了疲劳裂纹试验。试验结果表明，与 Al-Fe-V-Si 铝合金相比，SiC 颗粒增强复合材料有更好的疲劳裂纹扩展性能：在接近裂纹门槛生长速率时，在给定的应力强度因子范围 ΔK 内，合金有较慢的裂纹生长速率和较低的裂纹扩展速率。通过对显微组织的观察发现，SiC 增强复合材料具有更粗糙的断裂面，更弯曲的裂纹扩展路径；这表明裂纹在扩展过程中碰到 SiC 颗粒时，会绕开颗粒而继续扩展。以上这些证明，SiC 颗粒增强 Al-Fe-V-Si/SiC_P 复合材料较低的裂纹生长速率、较高的固有疲劳裂纹扩展门槛值，都与 SiC 颗粒对裂纹闭合、裂纹扩展偏移的作用有关。

5.5.1.2 晶须增强型 Al-Fe-V-Si 复合材料

Al-Fe-V-Si 铝合金可依靠细小弥散耐热相来高温强化，但其弹性模量不高，而通过加入晶须可达到提高弹性模量和蠕变抗力的目的。晶须增强铝基复合材料由于具有高的比强度和比模量、良好的热稳定性、抗疲劳及耐磨损等性能而得到迅速的发展。其中 SiC 晶须是使用最多的一种晶须，Si_3N_4 晶须增强铝基复合材料的性能可与 SiC_W/Al 复合材料的相媲美，然而 SiC、Si_3N_4 晶须造价昂贵，有人开始尝试用廉价、低成本的 $Al_{18}B_4O_{33}$（AlBO）晶须来代替。用 $Al_{18}B_4O_{33}$ 晶须来增强的铝基复合材料，其强度略低于用 SiC 或 $Al_{18}B_4O_{33}$ 晶须增强的，弹性模量相当，并且具有良好的抗磨损性能。

A 晶须增强 Al-Fe-V-Si 复合材料的制备工艺

沈阳金属研究所的马宗义等人[164] 在晶须增强 Al-Fe-V-Si 铝合金方面进行了一些研究。他们采用不含 Mg 的快速凝固 Al-Fe-V-Si 微晶粉末作为基体材料，增强体为日本产的 β-SiC、β-Si_3N_4 和 $Al_{18}B_4O_{33}$ 晶须。在较高温度下采用粉末冶金法制备出了质量可靠的晶须增强复合材料，然后在高温下进行挤压处理，以观察其组织结构与性能。

B 晶须对 Al-Fe-V-Si 铝合金显微组织结构的影响

马宗义等人通过观察复合材料的 TEM 照片，发现三种晶须与基体间的界面都是清洁的，没有出现任何界面反应产物或界面生成相，保证了晶须的增强能力得到充分发挥，有利于改善复合材料的性能。通过拉伸断口的 SEM 照片发现，基体合金断口由韧窝加撕裂棱组成，韧窝比较浅。而 Al - Fe - V - Si/SiC$_W$ 复合材料的断口为典型的细小韧窝形貌，韧窝尺寸远小于基体合金断口上的韧窝，并且韧窝也比较深。这种细小韧窝是由于晶须端部的集中塑性变形和最后的拔出造成的，在断口上看不到晶须的偏聚和拔出的晶须，这表明晶须的分布是均匀的，与基体的界面结合是良好的。Al - Fe - V - Si/Si_3N_{4W}断口的细小韧窝形貌没有 Al - Fe - V - Si/SiC$_W$ 明显，可看到一些晶须的偏聚和拔出，说明 Si_3N_4 晶须在铝基体中的分布不是非常理想。Al - Fe - V - Si/AlBO$_W$ 的断口形貌特征介于 Al - Fe - V - Si/SiC$_W$ 和 Al - Fe - V - Si/Si_3N_{4W}的之间。此外，在 Al - Fe - V - Si/SiC$_W$ 和 Al - Fe - V - Si/AlBO$_W$ TEM 照片中能注意到 SiC 与 AlBO 晶须的加入并未明显地影响到 Al - Fe - V - Si 铝合金中弥散相 $Al_{12}(Fe,V)_3Si$ 的大小与分布，并且在晶须周围还分布有很多的位错，证明了 SiC 与 AlBO 晶须对基体合金的强化作用；通过对晶粒度的测量发现，Al - Fe - V - Si/SiC$_W$ 和 Al - Fe - V - Si/Si_3N_{4W}材料的晶粒大小约为 0.2μm，小于 Al - Fe - V - Si 铝合金（为 0.4μm），这也说明 SiC 与 AlBO 晶须对基体铝合金具有一定的晶粒细化作用。

C　晶须对 Al - Fe - V - Si 铝合金力学性能的影响

晶须对 Al - Fe - V - Si 铝合金力学性能的影响见表 5 - 42。由表 5 - 42 可见，加入晶须后，复合材料的强度和弹性模量均有明显的提高，而塑性显著降低。SiC 晶须的增强效果略高于 Si_3N_4 晶须，SiC、Si_3N_4 晶须的增强效果又都明显好于 $Al_{18}B_4O_{33}$ 晶须。与此同时，Si_3N_4 晶须对材料塑性的影响比 SiC 小。

表 5 - 42　晶须增强型复合材料和基体合金力学性能的研究

材　料	σ_b/MPa	$\sigma_{0.2}$/MPa	δ/%	E/GPa
Al - Fe - V - Si	359	310	9.88	89.1
Al - Fe - V - Si/SiC$_W$	452	393	2.40	118.4
Al - Fe - V - Si/Si_3N_{4W}	438	366	3.95	112.5
Al - Fe - V - Si/AlBO$_W$	404	352	3.25	99.6

此外，由抗拉强度 - 温度曲线得知，复合材料的强度随温度升高而线性降低，表明在室温至400℃的温度范围内没有弥散强化相的急剧长大或转变。并且在此温度范围内，Al - Fe - V - Si/SiC$_W$ 和 Al - Fe - V - Si/Si_3N_{4W}的强度相差不是很大；在较低温度下复合材料的强度与基体合金相差较大，随温度的升高，逐渐接近。

5.5.2　复合材料的蠕变行为

5.5.2.1　晶须增强 Al - Fe - V - Si 合金基复合材料的高温蠕变行为

随着先进的铝合金的发展，基于陶瓷晶须或颗粒可以大大增加铝合金的特有模量和其他力学性能，铝基复合材料得到了广泛研究。SiC 晶须增强或颗粒增强铝基复合材料表现出高的蠕变应力指数和蠕变激活能。有报道称，该类复合材料的蠕变是由铝基体中的晶格扩散来控制的[165,166]。也有研究认为，TiC 颗粒和 TiB_2 晶须增强 Ti - 6Al - 4V 复合材料以及 SiC 晶须增强 6061Al 基复合材料表现出与基体合金相同的蠕变应力指数和蠕变激活能[167~169]。这就表明，陶瓷晶须与颗粒对蠕变行为的影响可能与基体无关。

彭良明等人[170,171]进行了晶须对 Al - Fe - V - Si 铝合金高温蠕变行为影响方面的研究。加入晶须后，进行了挤压、压缩试验，对 Al - Fe - V - Si 和晶须增强 Al - Fe - V - Si 复合材料的蠕变应力指数和蠕变激活能进行了比较，结果见表 5 - 43。

表 5 - 43 晶须对 Al - Fe - V - Si 铝合金蠕变应力指数和蠕变激活能的影响

材 料	蠕变应力指数	蠕变激活能 /kJ · mol^{-1}	材 料	蠕变应力指数	蠕变激活能 /kJ · mol^{-1}
纯铝或传统固溶铝合金	3 ~ 5	142	Al - Fe - V - Si/Si_3N_{4W}	—	321
Al - Fe - V - Si	14 ~ 18	296	Al - Fe - V - Si/$AlBO_W$	15 ~ 18	230
Al - Fe - V - Si/SiC_W	14 ~ 18	273			

由表 5 - 43 可以看出，三种晶须的加入都没有显著影响到基体合金的两个蠕变特性参数，其中只有 Al - Fe - V - Si/$AlBO_W$ 的蠕变激活能略低一些，但都比纯铝或传统固溶铝合金的高得多。并且三种复合材料的蠕变速率都比 Al - Fe - V - Si 铝合金的小两个数量级，这表明三种晶须的加入一方面提高了基体材料的蠕变门槛应力；另一方面通过晶须/基体界面的传载作用而承受部分载荷——即载荷转移作用，从而减小了使基体发生蠕变的有效应力，降低了材料的蠕变速率。其中复合材料的反常蠕变行为可以用门槛应力的概念加以解释，复合材料的门槛应力比基体的要高，并且门槛应力的值随温度的升高而减小，见表 5 - 44。

表 5 - 44 晶须增强复合材料和基体合金门槛应力值的比较

T/K	Rth/MPa		
	Al - Fe - V - Si	Al - Fe - V - Si/SiC_W	Al - Fe - V - Si/$AlBO_W$
573	112	132	133
623	95	123	110
673	70	110	
723	55	78	68

A Si_3N_4 晶须增强[170]

图 5 - 140 所示 Si_3N_4/8009Al 三维显微照片显示了弥散粒子及晶须的分布为在热挤压条件下沿挤压方向排列。

图 5 - 141 给出了 Si_3N_4/8009Al 复合材料的稳态蠕变速率 $\dot{\varepsilon}$ 与外加应力 σ 在双对数坐标系上连线后的稳态蠕变行为。应力指数 n 在 500℃ 和 550℃ 时分别为 12 和 11。经计算，Si_3N_4/8009Al 的蠕变激活能为 321kJ/mol，如图 5 - 142 所示。

图 5 - 140 挤压态 Si_3N_4/8009Al 复合材料的三维显微照片

研究表明，复合材料的蠕变表现出高的应力指数和激活能，比某些纯铝或是传统的固溶铝合金的相应值（$n = 3 \sim 5, Q_c = 142$kJ/mol）高得多。再者，Si_3N_4 晶须的加入并没有对 8009 铝的蠕变速率相对

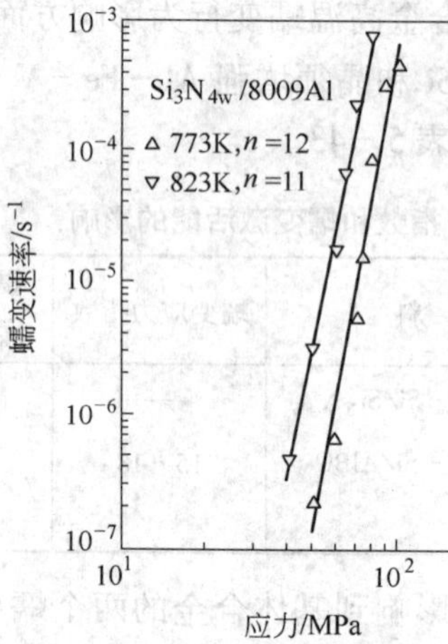

图 5 - 141　$Si_3N_4/8009Al$ 蠕变速率与应力的双对数关系

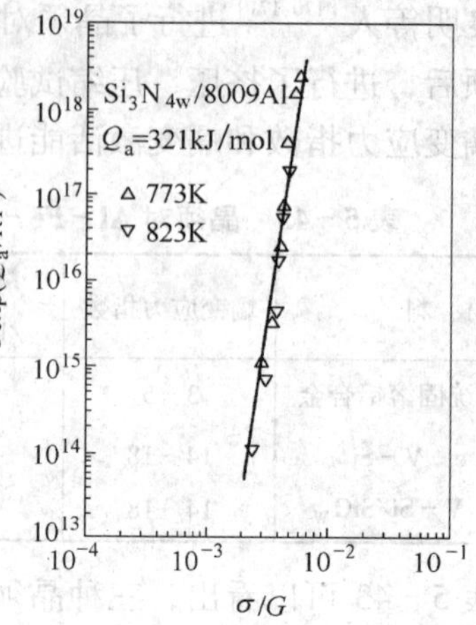

图 5 - 142　$Si_3N_4/8009Al$ 蠕变激活能的计算关系

于应力或温度的依赖性产生显著影响，这里 8009 铝的蠕变应力指数为 13 ~ 18，蠕变激活能为 296kJ/mol。这与纯铝或是传统固溶铝合金基复合材料中 SiC 晶须或颗粒对蠕变行为的影响很不同。

如前所述，金属基复合材料的这种不寻常的蠕变行为可以用将一个初始应力代入到下列蠕变方程中来进行描述，表达形式如下：

$$\dot{\varepsilon} = \frac{AD_L Gb}{kT}\left(\frac{\sigma - \sigma_{th}}{G}\right)^n \tag{5-27}$$

式中，$\dot{\varepsilon}$ 表示稳态蠕变速率，σ 表示许用应力，σ_{th} 表示门槛应力，k 表示玻耳兹曼常数，T 表示绝对温度，b 表示柏氏矢量，D_L 表示晶格扩散系数，A 表示由微观结构和机制决定的一个常数。

实验数据也可由该种方法测得。门槛应力值是通过将 $\dot{\varepsilon}^{1/n}$ 和 σ 的线性关系线延长至蠕变速率为 0 时得到的。通常选用 n 值分别为 3、5 和 8 来成线，分别表示位错的粘滞滑移引起的蠕变、由晶格自扩散控制的高温位错攀移以及蠕变的亚结构不变模型。n 的最接近值是由与 $\dot{\varepsilon}^{1/n}$ 和 σ 的值最对应的那条线来决定的。将蠕变数据用应变比应力的 5 次幂连成线时可得到一条直线。将该条线延长至应变速率值为 0 时得到复合材料的门槛应力值。用这种方法将蠕变数据（如图 5 - 141）用 $n=5$ 带入，如图 5 - 143 所示（在 500℃时 σ_{th} = 42MPa，在 823K 时 σ_{th} = 32MPa）。值得提到的是，当选用蠕变速率的 3 次幂时得到的曲线向上弯曲，与线性关系不符；当选用 $n=8$ 时得到的是线性曲线。但是，需要注意的是这里所用的数据不涵盖足够大的范围。Park 等发现，在 SiC 晶须和颗粒增强铝和铝合金中，当选用 8 次幂时能得到一条蠕变速率分布范围很大的向下弯曲的曲线。

对纯铝的蠕变应变速率进行归一化，通过晶格扩散系数 $\dot{\varepsilon}/D_L$（$D_L = 1.17 \times 10^{-4}\exp(-142.12/RT)$，$m^2/s$）与由纯铝的剪切模量补偿得到有效应力（$\sigma - \sigma_{th}$）/$G$（$G = [3.022 \times 10^4 - 16T]$，MPa）在双对数坐标系中成线，如图 5 - 144 所示。8009Al 和 Si_3N_4/8009Al 在不同温度下的蠕变数据点都可以由一条简单的直线标出，斜率均为 5。这就意味着真实应力指数是 5，且 8009Al 和 Si_3N_4/8009Al 的蠕变速率都是由铝基体的晶格扩散控制的。然而，Si_3N_4/8009Al 的曲线比 8009Al 的要低两个数量级。它们之间的平行关系表明它们之间的不同点可能与载荷转移机制有关，这将在下一个部分中谈到。关于 8009Al 的蠕变行为的具体分析在其他地方也有描述。这里重点描述的是 Si_3N_4 晶须对 8009Al 蠕变行为的影响。

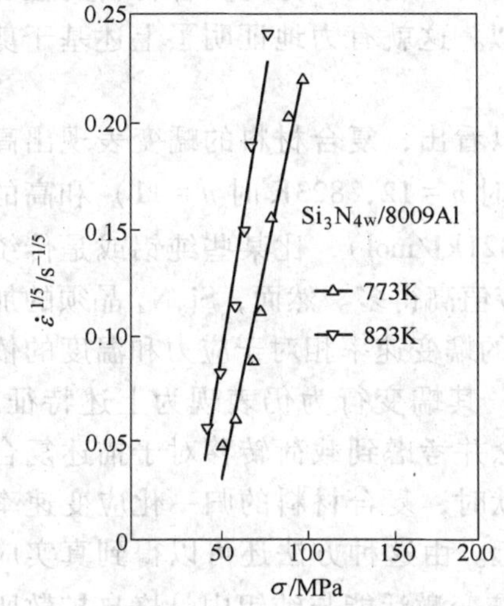

图 5 - 143 不同温度下 $\dot{\varepsilon}^{1/5}$ 随应力 σ 的变化曲线

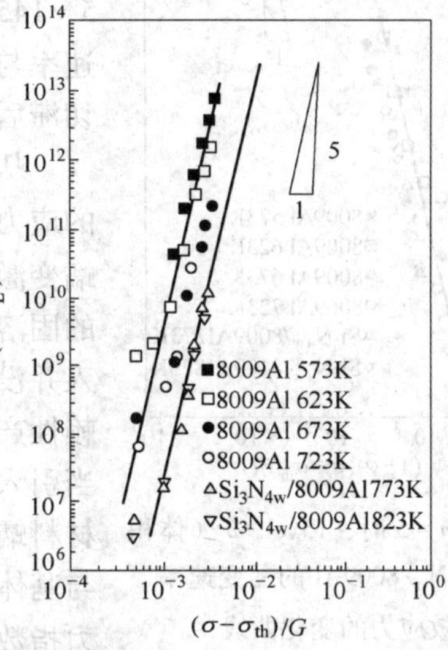

图 5 - 144 8009Al 和 Si_3N_4/8009Al 的名义蠕变速率 $\dot{\varepsilon}/D_L$ 随名义有效应力（$\sigma - \sigma_{th}$）的变化曲线

Kelly 等人[173]提出了一个简单的连续机制模型（也叫剪切滞后模型）来预测非连续纤维增强复合材料的蠕变行为。假定复合材料的应力指数与基体金属是相同的（目前来说这是正确的），也假定没有界面剥离，Kelly 的原始分析可以导出如下对复合材料蠕变速率的描述[174]：

$$\dot{\varepsilon}_c = \dot{\varepsilon}_m\left[\Phi\left(\frac{L}{d}\right)^{(n+1)/n} V_f + (1 - V_f)\right]^{-n} \tag{5-28}$$

式中，$\dot{\varepsilon}_c$ 代表复合材料蠕变速率，$\dot{\varepsilon}_m$ 代表相同温度和应力下的基体蠕变速率，L/d 表示弥散体的长径比，V_f 表示弥散体的体积分数，n 表示基体的应力指数，Φ 代表载荷转变系数，取决于：

$$\Phi = \left(\frac{2}{3}\right)^{1/n}\left(\frac{n}{2n+1}\right)\left[\left(\frac{2\sqrt{3}}{\pi}V_f\right)^{-1/2} - 1\right]^{-1/n} \tag{5-29}$$

对于 Si_3N_4/8009Al 复合材料，采用平均应力指数，$n = 11.5$，$V_f = 0.15$，$L/d = 8$，方程（5 - 29）给出了 Φ 值为 0.448。而 $\dot{\varepsilon}_m/\dot{\varepsilon}_c$ 的值可由方程（5 - 28）得为 1.01×10^2。这个值表明 Si_3N_4 晶须的加入将蠕变速率减少了两个数量级，这与实验结果是一致的（见图 5 - 144）。

此外，门槛应力与载荷转移效应相结合，可得到如下 Si_3N_4/8009Al 的蠕变修正方程：

$$\dot{\varepsilon} = A\frac{D_L G b}{k_B T}\left[\frac{(1-\Phi)(\sigma - \sigma_{th})}{G}\right]^n \tag{5-30}$$

在这种情况下，基体中的蠕变变形在 σ 超过 σ_{th} 时可能会发生，而在稳态条件下，增强体的载荷转变将随着蠕变基体和坚硬的增强体之间的相互作用而发生。

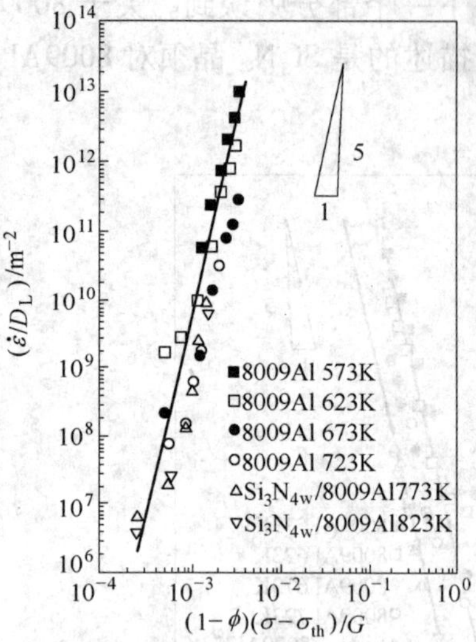

图 5 - 145　$n=5$ 时，15vol.%（体积分数）Si_3N_4/8009Al 的蠕变速率随有效应力的变化曲线

Si_3N_4/8009Al 中经载荷转换修正的蠕变速率之间的比较可由归一化的应变速率 ε/D_L 和归一化的有效应力 $(1-\phi)(\sigma-\sigma_{th})/G$ 导出（对于合金 $\phi=0$），如图 5 - 145所示。数据表明，经归一化的复合材料的应变速率与合金的很相似。这就有力地证明了上述基于剪切滞后模型的计算。

从上面分析可以看出，复合材料的蠕变表现出高的应力指数（773K 时 $n=12$，823K 时 $n=11$）和高的蠕变激活能（$Q_a=321$kJ/mol），比某些纯铝或是传统的固溶铝合金的相应值高得多。然而，Si_3N_4 晶须的加入并没有对 8009 铝的蠕变速率相对于应力和温度的依赖性产生显著影响，其蠕变行为仍表现为上述特征。当引入初始应力概念并考虑到载荷转移对于描述复合材料蠕变行为的贡献时，复合材料的归一化应变速率与基体合金的很接近。由这种方法还可以得到真实应力指数 $n=5$，真实蠕变激活能与纯铝中晶格自扩散所对应的一致。这表明复合材料的蠕变速率是由铝中的晶格扩散控制的。

B　SiC 晶须增强[175]

将弥散强化与陶瓷晶须强化相结合，在 Al - Fe - V - Si 复合材料的基础上发展了新的复合材料。其中，SiC 晶须被用作增强相，因为目前 SiC 晶须是一种很有前景的可利用晶须。该种复合材料的蠕变行为已有研究并即将发表。这项研究的目的就在于弄清弥散粒子与晶须对蠕变应变速率的影响，并用于指导非连续金属基复合材料的蠕变抗力的发展。

复合材料中 SiC 晶须的直径为 0.1 ~ 1.0μm，长宽比为 10。添加的晶须对 $Al_{12}(Fe,V)_3Si$ 弥散体的尺寸和分布均无影响。然而，复合材料（0.2μm）比 8009 合金（0.4μm）

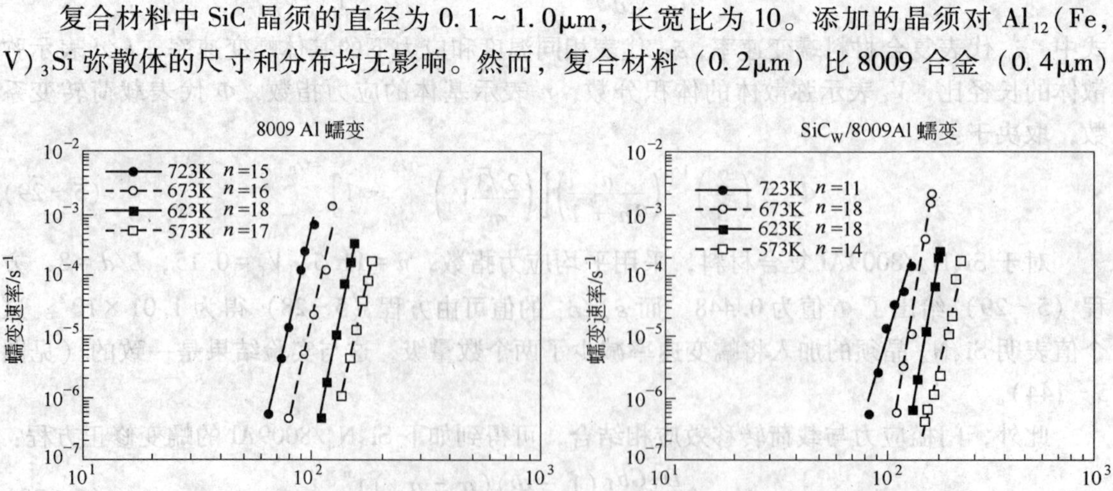

图 5 - 146　8009Al 与 SiC_w/8009Al 复合材料不同温度下蠕变速率与应力的关系

的晶粒尺寸要低。这两种材料在应力作用下的稳态蠕变应变速率如图 5－146 所示。8009 合金的蠕变应力指数约为 13～18，比纯铝或是固溶铝合金（3～5）都高得多。复合材料的蠕变应力指数则与 8009 合金的相似。8009 合金的蠕变激活能为 300kJ/mol，比铝的晶格扩散所对应的激活能（142kJ/mol）大得多。复合材料的蠕变激活能（200kJ/mol）比 8009 合金的稍低。添加的 SiC 晶须不会增加蠕变激活能。应力和温度对于 SiC/8009 复合材料的蠕变速率的相关性与基体合金所对应的性质是一致的。这与 SiC 晶须对纯铝基复合材料的蠕变行为的影响是不同的。但是，它与 SiC 晶须增强的 6061Al 复合材料其基体含弥散颗粒所对应的蠕变结果是一致的。

图 5－147 给出了各种材料在 σ/G 作用下的 $\dot{\varepsilon}/D_L$ 值分布在较窄范围内的变化，但应力指数仍然很高（$n>8$）。在蠕变数据分析中，铝中晶格自扩散系数通过关系式 $D_L=1.17\times10^{-4}\exp(-142.12/RT)\ \mathrm{m^2/s}$ 得到，剪切模量 G 由方程 $G\ (\mathrm{MPa})=3.0\times10^4-16T$ 得到，此处 T 为开氏温度，R 为气体常数。不同温度对应狭窄的数值变化范围，这意味着材料的蠕变速率可能是由铝的晶格分散来控制的。我们不难发现，添加的 SiC 晶须使蠕变速率减小了两个数量级。这与 SiC/6061 和 PM6061 的蠕变速率的比较是类似的。SiC/Al 的蠕变速率比纯铝的要低 10 个数量级。同时，SiC/Al－Mg 的蠕变速率比 Al－Mg 固溶合金的要低 6 个数量级。Cadek 等人近来利用初始应力近似法解释了非连续铝及铝合金基复合材料的蠕变行为（通常表现为高的应力指数和蠕变激活能）。蠕变应变速率由基体晶格扩散控制，表示为

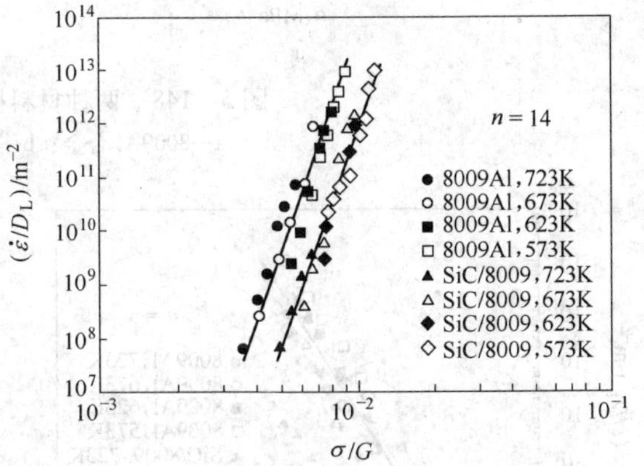

图 5－147 对比 $\dot{\varepsilon}/D_L$ 随应力 σ 与剪切模量 G 比值的变化

$$\frac{\dot{\varepsilon}_m}{D_L}=A\left(\frac{\sigma-\sigma_{th}}{G}\right)^n \tag{5-31}$$

式中，σ_{th} 表示门槛应力，D_L 为晶格扩散系数，$n\approx5$。

用该种方法测得实验数据。分析两种材料的蠕变数据的第一步即获得初始应力值。方程（5－31）提供了精确测得初始应力值的方法。将应变速率的 5 次幂对应应力补偿模量绘制成图将得到一条直线。将该直线外推至应变速率为 0 即得到初始应力补偿模量值。图 5－146 所示的蠕变数据通过该方法得到如图 5－148 所示的结果。使用 3 次幂时不能得到线性关系，使用 8 次幂时在不同温度下将有交点。

将铝的由晶格扩散系数归一化所得到的蠕变应变速率对应由基体杨氏模量补偿的有效应力得到如图 5－149 所示的结果。8009 合金和 SiC/8009 复合材料除了在 450℃ 外的其他蠕变数据可以由直线表示，斜率为 5，比经过归一化的蠕变速率高 5 个数量级。图 5－150 给出了初始应力与温度的关系式。复合材料在 450℃ 的初始应力很低，以至于不能与其他数据保持线性关系，因为线会相交（图 5－149b）。虽然对于在 450℃ 初始应力很低的解释尚不是很清楚，一个可能的解释是由于在蠕变测试时晶粒的长大造成。

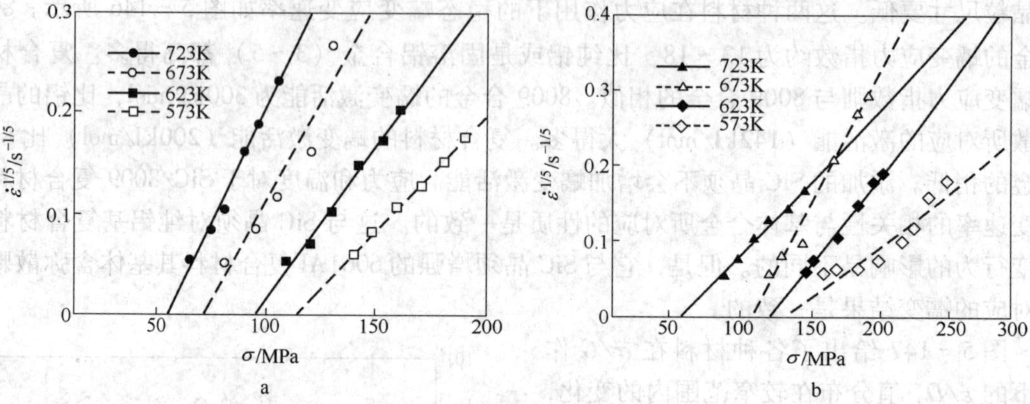

图 5 - 148　两种材料极限蠕变应力的计算

a—8009 Al 合金；b—SiC/8009 复合材料

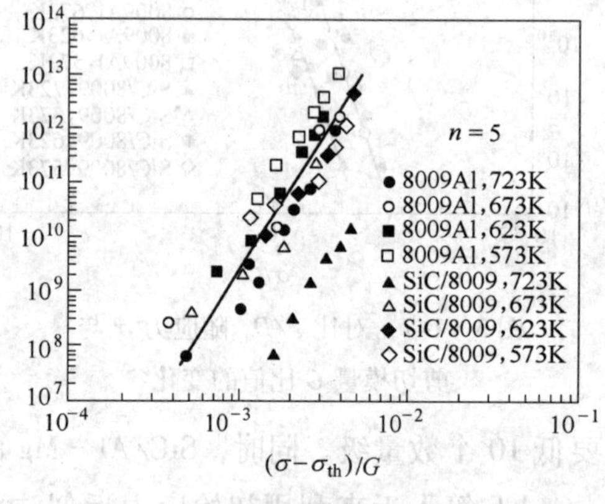

图 5 - 149　$\dot{\varepsilon}/D_L$ 随有效应力与剪切模量比值的变化

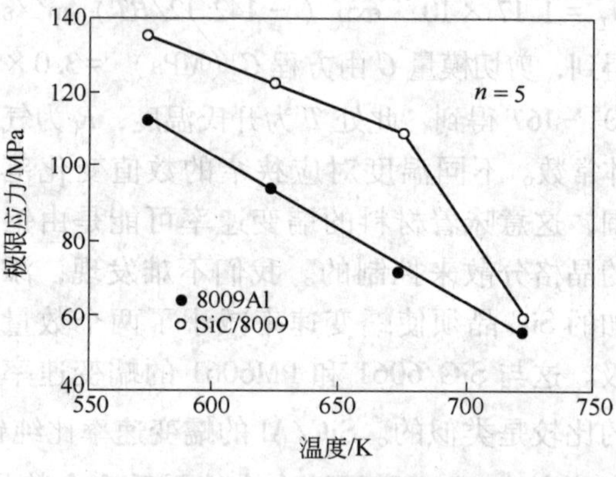

图 5 - 150　8009 合金与 SiC/8009 复合材料极限应力随温度的变化

Al - Fe - V - Si 合金中 SiC 晶须对蠕变行为的影响与纯铝或是析出强化铝合金的都很不同。SiC 晶须明显增加了材料的蠕变抗力但不影响应力指数和蠕变激活能。这与 TiC_p/Ti - 6Al - 4V 和 TiB_{2W}/Ti - 6Al - 4V 复合材料的蠕变行为是一致的。经增强后的 Ti - 6Al - 4V 基体的显微结构中的细化部分有利于复合材料的蠕变抗力的增加。SiC 晶须通过类似机制也减小了晶粒和亚结构的尺寸，并且由此增加了蠕变门槛应力。这很可能是目前复合材料蠕变抗力的主要增强机制。

从上可以看出，在给定的应力下，SiC/8009 复合材料比 8009 合金的压缩蠕变应变速率低 2 个数量级。复合材料中增强基体间空间的减少被认为是获得高的蠕变抗力的原因。8009 合金的蠕变应力指数为 13 ~ 18，比纯铝或是固溶铝合金的 3 ~ 5 都高得多。复合材料的蠕变应力指数则与 8009 合金的相似。这就意味着添加的 SiC 晶须没有影响蠕变速率和应力的依从关系。8009 合金的蠕变激活能为 300kJ/mol，比铝的晶格扩散所对应的激活能 142kJ/mol 大得多。复合材料的蠕变激活能为 200kJ/mol 比 8009 合金的稍低。添加的 SiC 晶须不会增加蠕变激活能。8009 合金及复合材料的蠕变速率由铝的晶格扩散控制。

5.5.2.2 颗粒增强 Al - Fe - V - Si 合金基复合材料的高温蠕变行为

Kim 等人[176]对 Al - Fe - V - Si/SiC_p 复合材料及基体合金在 450 ~550℃进行了高温蠕变试验。试验结果表明，复合材料的蠕变强度比基体合金的高 6 个数量级。这是由于复合材料中的真临界应力比基体中的高得多。同时，在两种材料中观察到了高而变化的蠕变表观应力指数及表观激活能，两种材料显示出了几乎相同的蠕变抗力。这说明 SiC 颗粒在高温下对 Al - Fe - V - Si 无强化效果。在弥散增强 Al - Fe - V - Si/SiC_p 复合材料中有两类强化相：快速凝固过程中形成的 $Al_{12}(Fe,V)_3Si$ 弥散相和加入的增强相 SiC 颗粒，$Al_{12}(Fe,V)_3Si$ 的平均直径为 21.3nm，而 SiC 的平均半径为 500μm。比较而言，由于尺寸较大的缘故，SiC 颗粒与位错脱离过程无关。可见，即使 SiC 的加入提高了材料的弹性模量和强度；但在高温蠕变过程中，位错脱离蠕变速率主要由位错和弥散质点 $Al_{12}(Fe,V)_3Si$ 间的相互作用来决定的，与 SiC 颗粒无关。此外，试验结果还发现，决定位错滑移蠕变速率的两个重要参数 r（与位错滑移有关的颗粒直径）和 K（弛豫参数）的值，随蠕变试验温度的增加都有所增大并且 K 值都比较大。前者表明高温时热辅助过程占主要优势，后者表明高温下位错与 SiC 颗粒间的相互作用较弱。

Kim 等人引入了引起在颗粒/基体相间部分位错应力场的弛豫的位错/颗粒相互作用模型，研究了 Al - Fe - V - Si/SiC_p 复合材料的蠕变行为。相互作用的程度可由弛豫参数 K 来表示，K 的范围从完全弛豫的 0 变化到完全无弛豫的 1。位错在位错/颗粒相互作用下从弥散颗粒中发生热激活分离是由 Rösler、Arzt 提出来的理论。他们建立了一个新的颗粒增强合金的蠕变模型。蠕变速率可表示如下：

$$\dot{\varepsilon} = CD_v \exp\left\{\frac{-Gb^2r\left[(1-K)\left(1-\dfrac{\sigma}{\sigma_d}\right)\right]^{3/2}}{kT}\right\} \tag{5-32}$$

式中

$$K = 1 - \left[\frac{2kT}{3Gb^2r}\frac{n_{app}}{\left(1-\dfrac{\sigma}{\sigma_d}\right)^{\frac{1}{2}}\dfrac{\sigma}{\sigma_d}}\right]^{\frac{2}{3}} \tag{5-33}$$

式中，D_v 为晶格扩散系数；G 为剪切模量；r 为颗粒半径；K 为弛豫参数；σ_d 为非热激活分离应力；k 为玻耳兹曼常数；n_{app} 为表观应力指数；$C=6\lambda\rho/b$ 为结构因子；λ 为半颗粒间距；ρ 为可动位错密度；b 为柏氏矢量。根据 Rösler、Arzt 的模型，弛豫参数 K 在所有温度范围都为一个确定值，即使在温度增加时颗粒半径也保持一个恒定量。这样就在实验所得的蠕变速率对温度的相关性和由模型预测的结果间出现了很大的分歧。Orlova、Cadek[177]为了将 Rosler、Arzt 的蠕变模型和弥散强化铝合金的蠕变数据联系起来提出了三个步骤。他们引入了由结构因子常数以及由 ε/D_v 和 σ/E 的曲线得到的关系式确定的 K 和 σ_d。由这种方法得到的 K 值随着温度的升高而减少。但是，他们也确定了在所有温度下颗粒半径为一个常数。在高温条件下，弥散增强合金中的弥散体将发生长大，虽然长大比率很低。因此，在所有温度下颗粒半径保持一个常数是不能被证实的。

Rösler、Arzt 提出，为了保持热起伏和奥罗万应力间的平衡，在某个具体温度下的分离过程中需要有一个最优的颗粒半径。如果颗粒足够细小，位错就很容易通过热起伏穿越颗粒。相反，如果颗粒很大，由于奥罗万应力很小以及由方程（5－33）得到的弛豫参数接近 1 将使得分离应力很小。在这种情况下，热激活过程将不再是由速率控制的过程。由于奥罗万应力基本上是一个非热组元，对于温度的变化将不那么敏感。同时在高温下，热扰动位错穿越颗粒将更容易。当测试温度提高时，较大的颗粒会与之发生分离，因为在高温下热辅助过程是起支配作用的。

在 FVS1212/SiC$_P$ 复合材料中有两种增强颗粒。一种是在快速凝固过程中形成的弥散体 $Al_{12}(Fe,V)_3Si$，一种是添加的 SiC 增强相。$Al_{12}(Fe,V)_3Si$ 颗粒的平均尺寸为半径是 21.3nm，SiC 微粒的半径为 500nm，如图 5－151a、图 5－151b。SiC 微粒的尺寸如此大以至于它们不能与位错分离过程发生联系，因为由方程（5－33）得到的弛豫参数接近 1。因此，由分离控制的蠕变速率将主要由位错和 $Al_{12}(Fe,V)_3Si$ 弥散体间的相互作用决定。$Al_{12}(Fe,V)_3Si$ 和 SiC 微粒阻止了位错以任何形式进行的移动。根据 Mishra[178] 所说的，$Al_{12}(Fe,V)_3Si$ 颗粒的作用与位错/颗粒的相互作用模型相符。另一方面，SiC 微粒子与恒定亚结构模型是相符的。将 $\varepsilon^{1/n}$ 和 σ 的线性关系作成曲线，由初始应力验证的可代表 FVS1212/SiC$_P$ 复合材料的分离控制机制的应力指数为 5。即使复合材料中的 SiC 微粒增加了复合材料的模量和强度，它仍不能影响高温蠕变速率控制微过程的改变。因此，SiC 微粒在位错分离过程中的作用是无意义的这一假定是合理的。

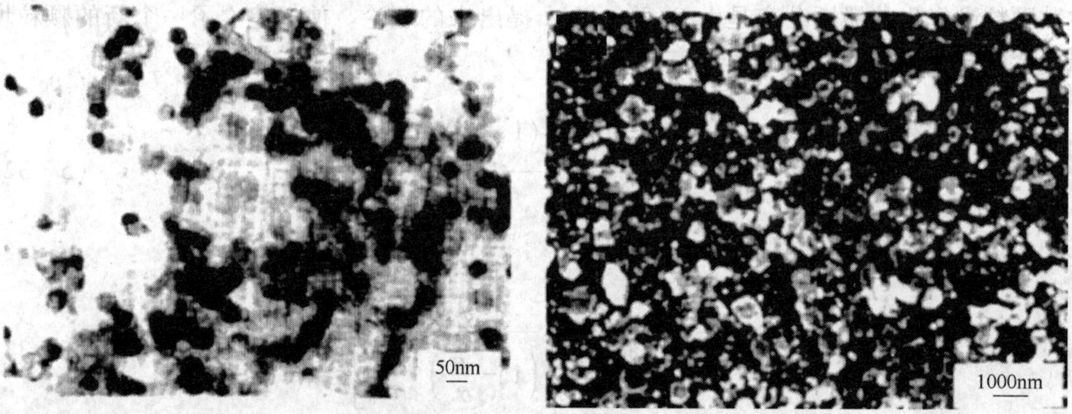

图 5－151　FVS1212/SiC$_P$ 复合材料的显微照片

a— $Al_{12}(Fe,V)_3Si$；b—SiC

总的说来，颗粒和晶须的加入对 Al－Fe－V－Si 耐热铝合金的组织结构和力学性能等都有很好的改善。目前国内外学者对 Al－Fe－V－Si 铝合金的成分、组织和性能研究得较多，但是在工业上的推广应用所进行的研究还不够。因而在实际应用开发时，应充分挖掘和发挥该合金的潜力，进一步提高合金的综合性能。但目前颗粒和晶须增强 Al－Fe－V－Si 复合材料还存在一些需要解决的问题，如颗粒和晶须在后续塑性加工过程中在基体合金中的聚集，无法保证颗粒和晶须的均匀分散。喷射沉积 SiC 颗粒增强 Al－Fe－V－Si 复合材料在挤压过程中会聚集于板材表面，这对其性能极为不利。有害的界面反应是影响复合材料性能的另一方面，对于陶瓷增强金属基复合材料，两组元的互扩散可产生完全不同于任一原组元成分及结构的界面层，对于金属基复合材料，这种界面层通常是 AB、AB_2、A_3B 类型的脆性化合物。当界面层模量高于增强材料和基体的模量时，将会产生不良的影响。试验证明，金属基复合材料由于容易发生界面反应，生成脆性大的界面反应层，在低应力条件下就会破坏，从而降低复合材料的整体性能。因此界面层控制是设计复合材料的一个重要方面。对于金属基复合材料，形成界面层的主要原因是由于它们的生产制备过程中不可避免地涉及到高温。在高温下，扩散极易进行，扩散系数 D_L 随温度呈指数关系增加。SiC 在 550℃以上易与铝基体发生界面反应，生成大量脆性的 Al_4C_3 相，从而损害复合材料的整体性能。因此在 SiC_p/Al－Fe－V－Si 复合材料的制备过程中，为了防止有害的界面反应，先对 SiC 颗粒进行表面处理。比较常用的就是对 SiC 表面进行涂敷或者对其表面进行氧化处理，从而抑制有害的界面反应。如前所述，在应用多层喷射沉积技术制备 SiC_p/Al－Fe－V－Si 复合材料时，由于 SiC 颗粒在与熔滴碰撞过程中卷入空气而氧化，在 SiC 表面形成了一层氧化物薄膜，从而有效地抑制了界面反应，同时形成了具有一定结合强度的界面，对于复合材料的整体性能有着积极的作用。

参 考 文 献

[1] Thursfield G, Stowell M J. Mechanical properties of Al－8 wt% Fe－based alloys prepared by rapid quenching from the liquid state [J]. Journal of Materials Science, 1974, 9 (10): 1644～1660.

[2] Hideman G H. U S, 4379719 [P]. 1983－04－12.

[3] Skinner D J, Bye R L, Raybould D, et al. Dispersion strengthened Al－Fe－V－Si alloys [J]. Scripta Metallurgica, 1986, 20 (6): 867～872.

[4] Griffith W M, Somders R E, Hildeman G J. Elevated Temperature Aluminium Alloys for Aerospace Application. High－Strength Powder Metallurgy Al Alloys, 1982: 209～224.

[5] Das S K, Davis L A. High Performance Aerospace Alloys via Rapid Solidification Processing [J]. Matter. Sci. Eng., 1988, 98: 1～12.

[6] Skinner D J, Okazaki K, Adam C M. in Rapid Solidified Powder Aluminum Alloys, ASTM, 1985.

[7] Anatharaman T R, Suryanarayana C. Rapidly Solidification Metals A Technological Overview, Centre of Advanced study in Metallurgy, Banaras Hindu University, 1987: 148.

[8] 程天一，章守华. 快速凝固技术与新型合金 [M]. 北京：宇航出版社. 1990: 198.

[9] 陈振华，王云. Al－Fe－V－Si 系快速冷凝粉末耐热铝合金的制备和研究 [J]. 粉末冶金技术, 1991, 9 (4): 194～199.

[10] 周多三，王云，陈振华，等. 快速凝固 Al－Fe－V－Si 粉末耐热铝合金的研究 [J]. 中南矿冶学院学报, 1991, 22 (1) 专辑: 89～95.

[11] 黎文献，易丹青，陈振华. 快速凝固 Al－Fe－Ce 耐热铝合金的研究 [J]. 中南矿冶学院学报, 1991, 22 (1): 104～110.

[12] 陈翌庆，苏 勇，丁厚福，等. 快速凝固 Al－Fe－Ce 合金显微组织及热稳定性的研究 [J]. 稀有金属, 2000, 24 (5): 321～324.

[13] 沈宁福，柳百成. 快速凝固 Al－Fe－Ti－C 合金的显微组织结构及退火过程中的相变 [J]. 金属学报, 1994, 30 (3): 133～137.

[14] 熊柏青，朱宝宏，张永安，等. 喷射成形 Al－F－V－Si 系耐热铝合金的制备工艺和性能 [J]. 中国有色金属学报, 2002, 12 (2): 250～254.

[15] 胡敦芜，黄赞军，杨滨，等. TiC 颗粒增强喷射沉积 Al－Fe－V－Si 合金的组织及力学性能 [J]. 矿冶，2002，11 (4)：59～62.

[16] Chen Z H, He Y Q, Yan H G, et al. Ambient temperature mechanical properties of Al－8.5Fe－1.3V－1.7Si/SiC_p composite [J]. Materials Science and Engineering, 2007, A460～461: 180～185.

[17] Chen Z H, Zhang H, Chen D, et al. Advanced Plastic Processing Techniques for Densification of Spray Deposited Preforms [J]. Materials Science Forum, 2007, 561～565: 827～830.

[18] Chen Z H, Chen Z G, Yan H G, et al. Novel method for densification of porous spray deposited Al－Fe－V－Si alloy tube preforms [J]. Materials Science and Technology, 2008, in press.

[19] Zhang H, Chen D, Chen Z H. Densification of spray deposited aluminum composite sheet via ceramic rolling technique [J]. Materials and manufacturing process, 2008, 23 (5): 479～483.

[20] Lyakishev N P. Phase Diagrams of Binary Metallic Systems [J]. Moscow, Mashinostroenie, 1996, (1): 144～148.

[21] Lendvar A J. Phase diagram of the Al－Fe system up to 45 mass% iron [J]. Journal of Materials Science Letters, 1986, 5 (12): 1219～1220.

[22] 金子纯一，村上雄，古城纪雄. アルミニウム一遷移金属系合金 [J]. 軽金属，1989，11：147.

[23] Jones H. On the prediction of lattice parameter vs. concentration for solid solutions extended by rapid quenching from the melt [J]. Scripta Metallurgica, 1983, 17 (1): 97～100.

[24] 新宫秀夫，小林紘二郎. 軽金属，1981，31：491.

[25] 中谷義三，大西忠一，岡田力ら. 軽金属，1980，30：18.

[26] Stid J, Porter D A, Easterling K E. Microstructure and Plasticity of an Al－Al//6Fe Directionally solidified eutectic alloy [J]. Materials Science and Technology, 1985, 1 (2): 161～166.

[27] Young R M K, Clyne T W. An Al－Fe intermetallic phase formed during controlled solidification [J]. Scripta Metallurgica, 1981, 15 (11): 1211～1216.

[28] Belotserkovets V V, Borovikova S I, Golder Yu G. Abstracts of 5th All－Union Seminar "Phase Diagrams of Metallic Systems". Zvenigorod, November, 1989, Moscow, Nauka: 219.

[29] Dobatkin V I, Yelagin V I, Fedorov V M. Bystrozakristallizovannye alyuminievye splavy (Rapidly Solidified Aluminum Alloys), Moscow, VILS, 1995.

[30] Cochrane P F, Evans P V, Coreer A L. A competitive growth analysis of phase formation in Al－8wt% Fe [J]. Materials Science Engineering, 1991, A133 (15): 803～806.

[31] 陈翌庆，苏 勇，黄兴民等. 快速凝固 Al－Fe 基合金的组织演化和相选择 [J]. 材料工程，1999，(8)：6.

[32] Griger A, Stefaniay V. Equilibrium and non－equilibrium intermetallic phases in Al－Fe－Si alloys [J]. J. Mater. Sci., 1996, 31 (12): 6645.

[33] Mondolf L F. Aluminum alloy: structure and properties [M]. London: Butterwoth & Co. (Publishers) Ltd., 1976.

[34] Liang D, Korgul P, Jones H. Composition and solidification microstructure selection in the interdendritic matrix between primary Al_3Fe dendrites in hypereutectic Al－Fe alloys [J]. Acta Materialia, 1996, 44 (7): 2999～3004.

[35] 李荣德，马冰，徐玉桥，等. 铝铁合金凝固特性的研究进展 [J]. 铸造，1999，9：51.

[36] Mcleod A J, Hogan L M, Adam C Mcl, et al. Growth Mode of the Aluminum Phase in Al_2Si and Al－Al_3Fe Eutectics [J]. J. Crystal Growth, 1973, 19: 301～309.

[37] Adam C Mcl, Hogan L M. The Aluminum - iron Eutectic System [J]. J. Austral. Inst. Met., 1972, (17): 89 ~ 90.

[38] 马冰，李荣德，李英民，等. 二元铝铁合金凝固过程的差热分析研究 [J]. 铸造，1999 (3): 5 ~ 8.

[39] 神尾彰彦，手塚裕康，鈴木聰ら. 急冷凝固した Al - 8mass% Fe 合金的組織と機械的性質 [J]. 軽金属，1987, 37 (2): 109.

[40] 涉江和久，佐野秀男，山内重德. Al - Fe 粉末合金的組織と機械的性質の関系 [J]. 軽金属，1987, 37 (10): 698.

[41] 周振平，李荣德，马建超等. Fe 含量对 Al - Fe 合金组织和硬度的影响 [J]. 铸造，2004, 53 (6): 456 ~ 458.

[42] Rayevskaya M V, Tatarkina A L, Filippova A A. Phase equilibria in systems formed by aluminum with iron, palladium and cerium [J]. Metally, 1992, (6): 161 ~ 165.

[43] Kim D H, Cantor B. Structure and decomposition behaviour of rapidly solidified Al - Fe alloys [J]. Journal of Materials Science, 1994, 29 (11): 2884 ~ 2892.

[44] 陈翌庆，苏勇，黄兴民，等. 快速凝固 Al - 7.83Fe 合金退火组织及耐热性研究 [J]. 有色金属，2000, 52 (1): 75.

[45] 关绍康，汤亚力. 快速凝固 Al - Fe 基合金条带中准晶相的形成及稳定性 [J]. 金属学报，1994, 30 (4): 150.

[46] 神尾彰彦，手塚裕康，里達雄，等. Al - Fe - Ce 合金の急冷凝固組織と相分解 [J]. 軽金属，1985, 35 (8): 439 ~ 446.

[47] Sokolovskaya E V, Kazakova E F. Izv Akad Nauk SSSR, Metally, 1988, 2: 209 ~ 210.

[48] Raghavan A, Angers L M, Mueller R R, et al. Microstructural characterization of the dispersed phases in Al - Ce - Fe system [J]. Metallurgical Transactions A, 1988, 19A (7): 1645 ~ 1656.

[49] Young W K, Walter M. Griffith. Annealing behavior and tensile properties of elevated - temperature PM aluminum alloys. Rapidly Solidified Powder Aluminum Alloys, ASTM STP890, M. E. Fine and E. A. Starke, Jr., Eds., American Society for Testing and Materials, Philadelphia, 1986: 485 ~ 511.

[50] Langenbeck S L, Cox J M, Simenz R F. Characterization of Al - Fe - Ce alloys. Rapidly Solidified Powder Aluminum Alloys, ASTM STP 890, M. E. Fine and E. A. Starke, Jr., Eds., American Society for Testing and Materials, Philadelphia, 1986: 450 ~ 463.

[51] Ghosh G. in Ternary Alloys, edited by Petzow G, Effenberg G, Weinheim, VCH, 1992, 5: 394 ~ 438.

[52] 谭敦强，黎文献，唐谊平，等. Al - Fe 合金中的相及相转变 [J]. 材料导报，2003, 17 (5): 18 ~ 20.

[53] Liu Zi - Kui, Chang Y Austin. Thermodynamic assessment of the Al - Fe - Si system [J]. Metallurgical and Materials Transactions A, 1999, 30 (4): 1081 ~ 1095.

[54] Griger A, Stefaniay V. Equilibrium and non - equilibrium intermetallic phase in Al - Fe and Al - Fe - Si alloys [J]. Journal of Materials Science, 1996, 31 (24): 6645 ~ 6652.

[55] 山田銑一，加藤義雄. Al - 8% Fe - 2% Mo 合金の軟化挙動にぱす急冷凝固速度の影響 [J]. 軽金属，1996, 46 (1): 21.

[56] P. Y. Li, H. J. Yu, S. C. Chai, et al. Microstructure and properties of rapidly solidified powder metallurgy Al - Fe - Mo - Si alloys [J]. Scripta Materialia, 2003, 49: 819 ~ 824.

[57] 松本賢司，上垣内雅人，時澤貢ら. Al - 3Fe - 3Ni 系 P/M 合金組織と機械的性質及ぼす Cr, Zr 添加的影響 [J]. 日本金属学会誌，1997, 61 (4): 303 ~ 310.

［58］松本賢司，惠利有司，會田哲夫ら．Al－3% Fe－3% Ni－3% Cr－0.7% Zr P/M 合金のメカニかルグラインデング処理による高強度化［J］．軽金属，1998 48（12）：629～634.

［59］Sokolovskaya E V，Kazakova E F，Grigorovich E V，et al. Vestnik MGU，Ser. 2，Khimiya. 1991，32（5）：478～481.

［60］Dobatkin V I，Yelagin V I，Fedorov V M. Bystrozakristallizovannye alyuminievye splavy（Rapidly Solidified Aluminum Alloys），Moscow，VILS，1995.

［61］アンダース・リーダクレン，清水遵，岩尾修．Al－Fe－Zr 系粉末冶金合金の高温変形挙動にぽすCu、Mg 添加の影響［J］．軽金属，1998，38（9）：540.

［62］桜井喜宜，福島康博，手塚裕康ら．急冷凝固した Al－Fe－Zr 合金の押出材の組織と機械的性質［J］．軽金属，1991，41（12）：847.

［63］木村久道，井上明久，笹森賢一郎ら．準結晶を含むかス噴霧 Al－7.8% V－4% Fe 合金粉末の押出成形と耐熱強度［J］．軽金属，1997，47（10）：539.

［64］木村久道，井上明久，笹森賢一郎ら．メかニかルグラインデング処理した Al－7.9% V－4% Fe 合金粉末の押出成形と耐熱強度［J］．軽金属，1997，47（9）：487.

［65］木村久道，井上明久，笹森賢一郎ら．準結晶を含む Al－（Cr，Mn）－Fe－（Ti，V）系 4 元合金 P/M 材の組織と耐熱強度［J］．軽金属，1998，48（10）：494.

［66］山内重徳，涉江和久，佐野秀男ら．急冷凝固法を用へた耐熱性粉末アルミニウム合金の開発［J］．軽金属，1987，37（10）：704.

［67］山内重德，涉江和久，佐野秀男ら．噴霧ロール法を用へた Al－Fe 系粉末合金の開発［J］．住友軽金属技報，1988，29（4）：87.

［68］大田英伸，高木誠，井村徹ら．急速凝固 P/M Al－Ti－Fe－TM 合金的耐摩耗性と耐熱性［J］．日本金属学会誌，1999，63（5）：617.

［69］堀村弘幸，岡本憲冶，井上明久．急冷凝固 Al－Fe－Y 合金の焼鈍による相変過程と機械特性［J］．日本金属学会誌，2000，64（2）：108.

［70］Hariprasad S，Sastry S M L，Jerina K L，et al. Microstructures and mechanical properties of Al－8.5Fe－1.2V－1.7Si alloys produced by atomized melt deposition process［J］．Metallurgical Transaction A，1993，24（4）：865～873.

［71］Ghosh G. Ternary Alloys，edited by Pezow G，Effenberg G，Weinherm，VCH，1992，5：265～274.

［72］Wang J Q，Tseng M K，Chen X F，et al. An investigation on the microstructural stability of rapdly solidified Al－Fe－V－Si alloy ribbon［J］．Mater Sci Eng.，1994，A179～180：412～415.

［73］Skinner D J，Okazaki K. High strength Al－Fe－V alloys at elevated temperatures produced by rapid quenching from the melt［J］．Scripta Metallurgica，1984，18（9）：905～909.

［74］Skinner D J. Dispersion strengthed aluminum alloys. The Minerals Metals & Material Society，1988.

［75］Mingard K P，Alexander P W，Jangridge S J，et al. Direct Measurement of Spray form Temperatures and the Effect of Liquid Fraction on Microstructure［J］．Acta Mater.，1998，46（10）：3511～3521.

［76］Ravichandran K S，Pwarakadasa E S. Advanced Aerospace Al Alloys［J］．Journal of Metall，1987，3：28～32.

［77］Turmezey T，Stetaniay V，Griger A. Microstructure of iron containing aluminium alloys［J］．Key Engineering Materials，1989，38～39：43～64.

［78］Cotton J D，Kaufman M J. Microstructural evolution in rapidly solidified Al－Fe alloys：an alternative explanation［J］．Metallurgical Transactions A，1991，22A（4）：927～934.

[79] Kurtz W, Trivedi R. Solidification microstructures: recent developments and future directions [J]. Acta Metallurgica et Materialia, 1990, 38 (1): 1 ~ 17.

[80] Kim D H. TEM study on the structural similarity between $Al_{13}Fe_4$ and decagonal phase in rapidly solidified Al - Fe alloys [J]. Journal of the Korean Institute of Metals and Materials, 1994, 32 (1): 64 ~ 73.

[81] Shechtman D, Blech I, Gratias D, et al. Metallic phase with long - range orientational order and no translational symmetry [J]. Physical Review Letters, 1984, 53 (20): 1951 ~ 1953.

[82] Srivastava A K, Ranganathan S. Novel microstructure in a rapidly solidified $Al_{80}Fe_{10}V_4Si_6$ alloy [J]. Scripta Metallurgica et Materialia, 1992, 27 (9): 1241 ~ 1245.

[83] Kim N J. Analytical electron microscopy studies of silicide phase in a rapidly solidified Al - 8.1Fe - 1.8V - 0.7Si alloy [J]. International Journal of Rapid Solidification, 1991, 6 (3 ~ 4): 175 ~ 184.

[84] Sahoo K L, Sivaramakrishnan C S, Chakrabarti A K. Modification of cast structure in Al - 8.3Fe - 0.8 V - 0.9 Si alloy by magnesium treatment [J]. Materials Science and Technology, 2000, 16 (2): 227 ~ 230.

[85] Sahoo K L, Das S K, Murty B S. Formation of novel microstructures in conventionally cast Al - Fe - V - Si alloys [J]. Materials Science and Engineering, 2003, A355: 193 ~ 200.

[86] Srinivasan M N, Little S D. Effect of melt spinning variables on the structure and properties of a dispersion strengthened Al - Fe - V - Si alloy [J]. Scripta Metallurgica et Materialia, 1995, 32 (8): 1153 ~ 1158.

[87] Das S K. Rapid solidification and powder metallurgy at Allied - Signal Inc [J]. J. Powder Metallurgy, 1988, 24 (2): 175 ~ 183.

[88] Kalkanli A, Angi S. Effect of cooling rate on microstructure and high temperature stability of rapidly solidified Al - Fe - V - Si alloys [J]. Powder Metallurgy, 1999, 42 (4): 359 ~ 365.

[89] Sahoo K L, Sivaramakrishnan C S, Chakrabarti A K. Solidification Characteristics of the Al - 8.3Fe - 0.8V - 0.9Si alloy [J]. Metall. Mater. Trans. A, 2000, 31A (6): 1599 ~ 1610.

[90] Srivastava A K, Ojha S N, Ranganathan S. Microstructural Features and Heat Flow Analysis of Atomized and Spray - Formed Al - Fe - V - Si alloy [J]. Metall. Mater. Trans. A, 1998, 29A (8): 2205 ~ 2219.

[91] Koh H J, Park W J, Kim N J. Identification of metastable phase in strip - cast and spray - cast Al - Fe - V - Si alloys [J]. Mater. Trans. JIM, 1998, 39: 982 ~ 988.

[92] Jin Tou - nan, Xiao Y D, Li W X. Microstructural characteristics of intermetallic phases in spray - deposition Al - 8.5Fe - 1.4V - 1.7Si alloy [J]. Trans. Nonferrous Met. Soc. China, 2000, 11 (2): 166 ~ 172.

[93] 秦敬玉，边秀房，王伟民，等. 铝铁合金熔体的微观多相结构 [J]. 中国科学（E 辑），1998, 28 (2): 97.

[94] 关绍康，汤亚力，沈宁福，等. 熔体热历史对快速凝固铝铁基合金显微结构不均匀性的影响 [J]. 航空学报，1994, 15 (11): 1395 ~ 1397.

[95] 关绍康，汤亚力，沈宁福，等. 快凝 Al - Fe - M - Si 合金的显微结构对熔体热历史的敏感性 [J]. 金属学报，1996, 32 (8): 823 ~ 828.

[96] Yaneva S, Kalkanli A, Petrov R, et al. Structure development in rapidly solidified Al - Fe - V - Si ribbons [J]. Materals Science and Engineering, 2004, A373: 90 ~ 98.

[97] Hariprasad S, Sastry S M L, Jerina K L. Undercooling and supersaturation of alloying elements in rapidly solidified Al - 8.5% Fe - 1.2% V - 1.7% Si alloy [J]. Journal of Materials Science, 1996, 31 (4): 921 ~ 925.

[98] Rodrigez M A, Skinner D J. Compositional analysis of the cubic silicide intermetallics in dispersion strength-

ened Al－Fe－V－Si alloys [J]. Journal of Materials Science Letters, 1990, 9 (11): 1292～1293.
[99] Lee J C, Lee S, Lee D Y. The embrittlement of a rapidly solidified Al－Fe－V－Si alloy after high－temperature exposure [J]. Metall Trans, 1991, 22A (3): 853.
[100] Hambleton R, Jones H, Rainforth W M. Effect of alloy composition and reinforcement with silicon carbide on the microstructure and mechanical properties of three silicide dispersion strengthened aluminium alloys. Materials Science and Engineering, 2001, A304～306: 524～528.
[101] Inoue A, Kimura H, Sasamori K, et al. High mechanical strength of Al－(V, Cr, Mn)－(Fe, Co, Ni) quasicrystalline alloys prepared by rapid solidification [J]. Materials Transactions, JIM, 1996, 37 (6): 1287～1292.
[102] Inoue A, Kimura H M, Sasamori K, et al. Structure and mechanical strength of Al－V－Fe melt－spun ribbons containing high volume fraction of nanoscale amorphous particles [J]. Nanostructured Materials, 1996, 7 (3): 363～382.
[103] Humphreys E S, Warren P J, Cerezo A, et al. Microstructural and chemical analysis of nanoscale particles in rapidly solidified Al－V－Fe [J]. Materials Science and Engineering, 1999, 270: 48～54.
[104] Wang J Q, Tseng M K, Hao Y Y, et al. An investigation of the microstructure and mechanical behavior of novel nanocrystalline Al－Fe－V－Si－Mn alloy ribbons [J]. Materials Science and Engineering A, 1998, 247: 51～57.
[105] Wang J Q, Zhang B J, Tseng M K, et al. Effect of rare－earth elements on the microstructural characterization in rapidly quenched thermally strengthened aluminum alloys [J]. Journal of Materials Science, 1998, 33 (2): 497～505.
[106] Mantl S, Petry W, Schroeder K, et al. Diffusion of iron in aluminum studied by Mossbauer spectroscopy [J]. Physical Review B (Condensed Matter), 1983, B27 (9): 5313～5331.
[107] 沈英俊，季道馨，徐永利，等. RS/PM Al－Fe－MRE 耐热铝合金成形、工艺、组织与性能研究 [J]. 材料工程, 1995, 12: 38.
[108] Carreño F, Torralba M, Eddahbi M, et al. Elevated temperature of three rapidly solidified Al－Fe－Si materials contain Cr, Mn, or Mo [J]. Materials Science and Engineering, 1997, A230: 116～123.
[109] 张林林，肖于德，周娟，等. 添加 Mg 和 Cu 对 Al－Fe－V－Si 合金组织与性能的影响 [J]. 中国有色金属学报, 2006, 16 (5): 874.
[110] 印飞，杨江波，王亦新. 锰和铍对铝硅合金中铁相的影响 [J]. 铸造, 2000, 49 (11): 829.
[111] Schumacher P, Cizek P. Heterogeneous nucleation mechanism in Al－Fe－Si amorphous alloys [J]. Mater. Sci. Eng., 2001, A251 (2): 304.
[112] 董寅生，沈军，杨英俊，等. 快速凝固耐热铝合金中的弥散相及其热稳定性 [J]. 宇航材料工艺, 2000, (2): 1.
[113] Lavernia E J, Ayers J D, Srivatsan T S. Rapid solidification processing with specific application to aluminium alloys [J]. International Materials Reviews, 1992, 37 (1): 1～44.
[114] 覃红侠，谢赞华，宋治鉴，等. 快凝粉末 Al－10Fe－1V－2Si－0.5Re 耐热铝合金 [J]. 材料科学与工艺, 1997, 5 (2): 29～32.
[115] 高文宁. 快凝 Al－Fe－V－Si 等耐热铝合金的研究 [D]. 沈阳：中国科学院金属研究所, 1994.
[116] 黄培云. 粉末冶金原理 [J]. 北京：冶金工业出版社, 1982.
[117] Chandrasekaran M, Lin Y P, Vincent R et al. Structure and stability of some intermetallic phases in rapidly solidified Al－Fe [J]. Scr. Metall., 1988, 22: 797～802.

[118] Mitra S, Menelley T R. Temperature dependence of strain hardening in a dispersion - strengthened Al - Fe - V - Si alloy [J]. Metallurgical Transactions A, 1993, A24 (11): 2589 ~ 2593.

[119] Das S K, Okazaki K, Adam C M. in High temperature alloys - theory and design, edited by Steigler J O, 1984, Met. Soc. AIME.

[120] Langenbeck S L, Rainen R A. In: Air force Wright Aeronautical Lab. Tech. Rep., AFWAL - TA - 86 - 4027, 1986.

[121] Hariprasad S, Sastry S M L, Jerina K L. Deformation behavior of a rapidly solidified fine grained Al - 8.5% Fe - 1.2% V - 1.7% Si alloy [J]. Acta mater., 1996, 44 (1): 383 ~ 389.

[122] Mitrs S. Elevated temperature mechanical properties of a rapidly solidified Al - Fe - V - Si alloy [J]. Scripta Metallurgica et Materialia, 1992, 27 (5): 521 ~ 526.

[123] Bovchaud E, Kubin L, Octor H. Ductility and dynamic strain aging in rapidly solidified aluminum alloys [J]. Metallurgical Transactions A, 1991, A22 (5): 1021 ~ 1028.

[124] Gilman P S, Zedalis M S, Peltier J M. New rapidly solidified Al - Fe - V - Si alloys for aerospace applications (450 ~ 700°F) [J]. Industrial Heating, 1989, 56 (2): 30 ~ 31, 34.

[125] Howard J. In rapidly solidified amorphous and crystalline alloys. Elsenier Science pub Co, 1982.

[126] 冯端. 金属物理学. 第一卷. 北京: 科学出版社, 1987.

[127] Sahoo K L, Krishnan C S S, Chakrabarti A K. Studies on wear characteristics of Al - Fe - V - Si alloys [J]. Wear, 2000, 239: 211 ~ 218.

[128] Gilman P S, Zedalis M S, Peltier J M, et al. Rapidly solidified aluminum - transition metal alloy for aerospace application. AIAA/AHS/ASEE aircraft Design, Systems and Operations Conference, Sept, 7 ~ 9, 1988, Atlanta, Georgia: 1 ~ 7.

[129] Das S K, Davis L A. High Performance Aerospace Alloys via Rapid Solidification Processing [J]. Mater. Sci. Eng., 1988, 98: 1 ~ 2.

[130] Skinner D J. The physical metallurgy of dispersion strengthened Al - Fe - V - Si alloys [C]. In: Dispersion Strengthened Aluminum Alloys. Edited by Kim Y W, Griffith W M, The Mineral metal and materials society, Warrendale, PA, 1988: 181 ~ 197.

[131] 谭敦强. 提高喷射沉积 Al - Fe - Si - V 耐热铝合金性能的若干理论问题和新工艺研究 [D]. 长沙: 中南大学, 2004.

[132] Sampath K, Baeslack W A. Joining Dispersion - Strengthened Rapidly Solidified, P/M Al Alloys. JOM, 1994, July: 41 ~ 47.

[133] Baeslack W A, Froes F H. Joining Similar and Dissimilar Advanced Engineered Materials. JOM, 1995, March: 13 ~ 15.

[134] Gilman, Paul S, Suffers N Y. Method for improving high temperature weldments. US 5296675, March 22, 1994/May 19, 1993.

[135] Gilman, Paul S, Rockland N Y. Welding of aluminum powder alloy products. US 5296676, March 22, 1994/May 20, 1993 E1.

[136] Koo H H, Sampath K, Baeslack W A. Characterization of inertia - friction welds between a rapidly - solidified Al - Fe - Mo - V alloy and IM 2024 - T351. Journal of Materials Science, 1992, 27: 3266 ~ 3280.

[137] Koo H H. Electron Microscopy of Inertia - Friction Welds In Rapidly Solidified Al - Fe - Mo - V Alloy [J]. Journal of Materials Science, 1990, 25: 2642 ~ 2653.

[138] Koo H H. Friction Welding of A Rapidly Solidified Al - Fe - V - Si Alloy [J]. Welding Journal, 1992,

71 (5): 147 ~ 169.

[139] Koo H H. Characterization of Inertia－Friction Welds in A High Temperature RS/PM Al－Fe－V－Si Alloy－AA8009 [J]. Materials Characterization, 1991, 26 (3): 123 ~ 136.

[140] Spigarelli S. Interpretation of creep behaviour of dispersion－strengthened Al－Fe－V－Si alloys in terms of detachment mechanisms [J]. Materials Science and Engineering. 2002, A337: 306 ~ 314.

[141] Arzt E, Wilkinson D S. Threshold stresses for dislocation climb over hard particles: the effect of an attractive interaction [J]. Acta Metallurgica, 1986, 34 (10): 1893 ~ 1898.

[142] Carrenäo F, Ruano O A. Separated contribution of particles and matrix on the creep behavior of dispersion strengthened materials [J]. Acta. mater., 1998, 46 (1): 159 ~ 167.

[143] Lin J, Sherby O D. Creep of Oxide Dispersion Strengthened Materials (With Special Reference to Td Nichrome) [J]. International Journal of Structural Mechanics and Materials Science, 1981, 2: 251 ~ 293.

[144] Wolfenstine J, Gonzalez－Doncel G, Sherby O D. Deformation behaviour under constant structure of creep－resistant Al－Fe alloys [J]. Journal of Materials Science Letters, 1990, 9 (4): 410 ~ 413.

[145] Peng L M, Zhu S J, Ma Z Y, et al. High temperature creep deformation of an Al－Fe－V－Si Alloy [J]. Materials Science and Engineering, 1999, A259: 25 ~ 33.

[146] Cadek J, Kucharova K, Zhu S J. Disappearance of the true threshold creep behaviour of an ODS Al－30SiC$_P$ composite at high temperatures [J]. Materials Science and Engineering, 2000, A281 (1): 162 ~ 168.

[147] Arzt E, Rösler J. The kinetics of dislocation climb over hard particles. Ⅱ. Effects of an attractive particle－dislocation interaction [J]. Acta Metallurgica, 1988, 36 (4): 1053 ~ 1060.

[148] Rösler J, Joos R, Arzt E. Microstructure and creep properties of dispersion－strengthened aluminum alloys [J]. Metallurgical Transactions A, 1992, 23A (5): 1521 ~ 1539.

[149] Zhu S J, Kucharova K, Cadek J. High－temperature creep in an Al－8.5Fe－1.3V－1.7Si alloy processed by rapid solidification [J]. Metallurgical and Materials Transactions A, 2000, 31A (9): 2229 ~ 2237.

[150] Peng L M, Zhu S J, Wang F G, et al. Creep behavior in an Al－Fe－V－Si alloy and SiC whisker－reinforced Al－Fe－V－Si composite [J]. Journal of Materials Science, 1998, 33 (23): 5643 ~ 5652.

[151] Ma Z Y, Tjong S C. High－temperature creep behavior of SiC particulate reinforced Al－Fe－V－Si alloy composite [J]. Materials Science & Engineering A, 2000, A278 (1 ~ 2): 5 ~ 15.

[152] Cadek J, Kucharova K, Zhu S J. High temperature creep behaviour of an Al－8.5Fe－1.3V－1.7Si alloy reinforced with silicon carbide particulates [J]. Materials Science and Engineering A, 2000, 283 (1 ~ 2): 172 ~ 180.

[153] Pharr G M, Zedalis D J, Skinner D J, et al. Dispersion strengthened aluminium alloys. TMS, Warrendale, PA, 1988: 309.

[154] Khatri S C, Lawley A, Koczak M J, et al. Creep and microstructural stability of dispersion strengthened Al－Fe－V－Si－Er alloy [J]. Materials Science & Engineering A, 1993, A167 (1 ~ 2): 11 ~ 21.

[155] Martin J W. Micromechanisms in partical hardened alloys. Cambridge University Press, Cambridge, 1980: 62.

[156] Arzt E, Ashby M F. Threshold stresses in materials containing dispersed particles [J]. Scripta Metallurgica, 1982, 16 (11): 1285 ~ 1290.

[157] Rösler J, Arzt E. The kinetics of dislocation climb over hard particles. I. Climb without attractive

particle－dislocation interaction [J]. Acta Metallurgica, 1988, 36 (4): 1043～1051.

[158] Rösler J, Arzt E. A new model－based creep equation for dispersion strengthened materials [J]. Acta Metallurgica et Materialia, 1990, 38 (4): 671～683.

[159] Li Y, Langdon T G. Unified interpretation of threshold stresses in the creep and high strain rate superplasticity of metal matrix composites [J]. Acta Materialia, 1999, 47 (12): 3395～3403.

[160] Davis J R. Aluminum and its alloys. ASM Speciality Handbook, ASM Int., Materials park, OH, 1993: 143.

[161] 孙玉峰，张国胜，沈宁福. 原位生成 TiC 对快凝 Al－Fe－V－Si 铝合金“块状相”生成的影响 [J]. 金属学报, 2001, 37 (11): 1193～1197.

[162] Radmilovic V, Thomas G. Microstructure of α－Al base matrix and SiC particulate composites [J]. Materials Science and Engineering, 1991, A132: 171～179.

[163] Sutherland T J, Hoftman P B, Gibeling J C. The influence of SiC particulates on the fatigue crack propagation in a rapidly solidified Al－Fe－V－Si alloy [J]. Metallurgical and materials teamsations A, 1994, 25: 2453.

[164] 马宗义，宁小光，潘进，等. 晶须增强 Al－8.5Fe－1.3V－1.7Si 复合材料及晶须增强效果的评价 [J]. 金属学报, 1994, 30 (9): 420～426.

[165] Mishra R S, Pandey A B. Some observations on the high－temperature creep behavior of 6061 Al－SiC composites [J]. Metallurgical Transactions A, 1990, 21A (7): 2089～2090.

[166] Pandey A B, Mishra R S, Mahajan Y R. Creep behaviour of an aluminium－silicon carbide particulate composite [J]. Scripta Metallurgica et Materialia, 1990, 24 (8): 1565～1570.

[167] Zhu S J, Lu Y X, Wang Z G, et al. Creep behavior of TiC－particulate－reinforced Ti alloy composite [J]. Materials Letters, 1992, 13 (4～5): 199～203.

[168] Zhu S J, Lu Y X, Wang Z G, et al. in Miravete A (ed.), Metal Matrix Composites, Woodhead Publishing Limited.

[169] Park K T, Lavernia E J, Mohamed F A. High－temperature deformation of 6061 Al [J]. Acta Metallurgica et Materialia, 1994, 42 (3): 667～678.

[170] Peng L M, Zhu S J, Ma Z Y, et al. The effect of Si_3N_4 whiskers on the high－temperature creep behavior of an Al－Fe－V－Si alloy matrix composite [J]. Composites Science and Technology, 1999, 59: 769～773.

[171] Peng L M, Zhu S J, Ma Z Y, et al. High temperature creep deformation of $Al_{18}B_4O_{33}$ whisker－reinforced 8009 Al composite [J]. Material Science and Engineering, 1999, A265: 63～70.

[172] Park K T, Lavernia E J, Mohamed F A. High temperature creep of silicon carbide particulate reinforced aluminum [J]. Acta Metall, 1990, 38: 2149～2159.

[173] Kelly A, Street K N. Creep of discontinuous fibre composites. Ⅱ. Theory for the steady－state [J]. Proceedings of the Royal Society of London A, 1972, 328 (1573): 283～293.

[174] Dragone T L, Schlautmann J J, Nix W D. Processing and creep characterization of a model. Metal matrix composite: lead rein－ forced nickel fibers [J]. Metall Trans, 1991, 22A: 1029～1036.

[175] Zhu S J, Peng L M, Ma Z Y, et al. High temperature creep behavior of SiC whisker－reinforced Al－Fe－V－Si composite [J]. Materials Science and Engineering, 1996, A215: 120～124.

[176] Kim I S, Kim N J, Nam S W. Temperature dependence of the optimum particle size for the dislocation detachment controlled creep of Al－Fe－V－Si/SiC_p composite [J]. Scripta Metallurgica et Materialia,

1995, 32 (11): 1813 ~ 1819.
[177] Orlova A, Cadek J. On Rosler and Arzt's new model of creep in dispersion strengthened alloys [J]. Acta Metallurgica et Materialia, 1992, 40 (8): 1865 ~ 1871.
[178] Mishra R S. Dislocation creep mechanism map for particle strengthened materials [J]. Scripta Metallurgica et Materialia, 1992, 26 (2): 309 ~ 313.

6 快速凝固高强铝合金

6.1 高强铝合金简介

6.1.1 Al－Cu－Mg 系合金

6.1.1.1 Al－Cu－Mg 系平衡相图

图6－1给出了 Al－Cu－Mg 系的平衡相图。图6－1a 给出了液相线图。图中有两个三元共晶反应。其一为 Liq（液相）→$\alpha + CuAl_2 + CuMgAl_2$，共晶点成分（质量分数）为33.1% Cu、6% Mg，余 Al，共晶点温度为508℃。其二为 Liq（液相）→$\alpha + Mg_{32}(Cu, Al)_{49} + Mg_2Al_3$，共晶点成分（质量分数）为2.7% Cu、32% Mg，余 Al，共晶点温度为450℃。

图6－1b 为430℃等温截面图。在图中存在5种三元化合物，即 $CuMgAl_2$、$Mg_{32}(CuAl)_{49}$、CuMgAl、$Cu_3Mg_6Al_7$ 和 $Cu_6Mg_2Al_5$，除此之外还有一些二元化合物：$Cu_6Mg_2Al_5$，$CuMgAl_2$ 和 $Cu_3Mg_6Al_7$，均通过 CuMgAl 和液相的包晶反应形式，而 $CuMgAl_7$、$Mg_{32}(CuAl)_{49}$ 通过液相共晶反应得到。图6－1c 为富 Al 角的扩大图。在 $\alpha + CuAl_2 + CuMgAl_2$ 三相区，在 Al 中的固溶极限（质量分数），在508℃时 Cu 为4.05%、Mg 为1.75%，在300℃时 Cu 为0.4%，Mg 为0.3%。

6.1.1.2 Al－Cu－Mg 合金的时效析出

当 $w(Cu)/w(Mg)$ 不同时，Al－Cu－Mg 合金的时效析出也不同。由于 $\alpha Al + CuAl_2 - CuMgAl_2$ 共晶点温度为508℃，因此在505℃进行固溶处理的情况比较多。固溶处理后进行时效处理。合金成分和时效温度不同时，存在着不同的析出过程。当 $w(Cu)/w(Mg)$ 比不同时存在下列稳定相：

$$\underset{CuAl_2}{\leftarrow} 8:1 \underset{\substack{CuAl_2\\CuMgAl_2}}{\rightarrow} 4:1 \underset{CuMgAl_2}{\rightarrow} 105:1 \underset{CuMg_4Al_6}{\rightarrow} \qquad (6-1)$$

在析出过程中存在如下两个反应过程：

$$\alpha \begin{cases} G.P(1) \rightarrow G.P(2) \rightarrow \theta' \rightarrow \theta & (6-2) \\ G.PB \rightarrow S' \rightarrow S & (6-3) \end{cases}$$

当 $w(Cu)/w(Mg) > 8$ 时析出过程按反应（6－1）进行，当 $4 < w(Cu)/w(Mg) < 8$ 时析出过程按反应（6－2）和反应（6－3）同时进行，当 $1.5 < w(Cu)/w(Mg) < 4$ 时形成伪二元系合金 $CuMgAl_2$。上述两式中 θ 相为 Al_2Cu，θ′相为 AlCu 中间相。G.P（1）为 Cu 原子集中在（001）面上时，由于 Cu 原子的半径较铝原子的小，将引起 Cu 附近的晶格发生畸变，影响范围在1～2层原子范围。G.PB 区的原子排列与基体 Al 的

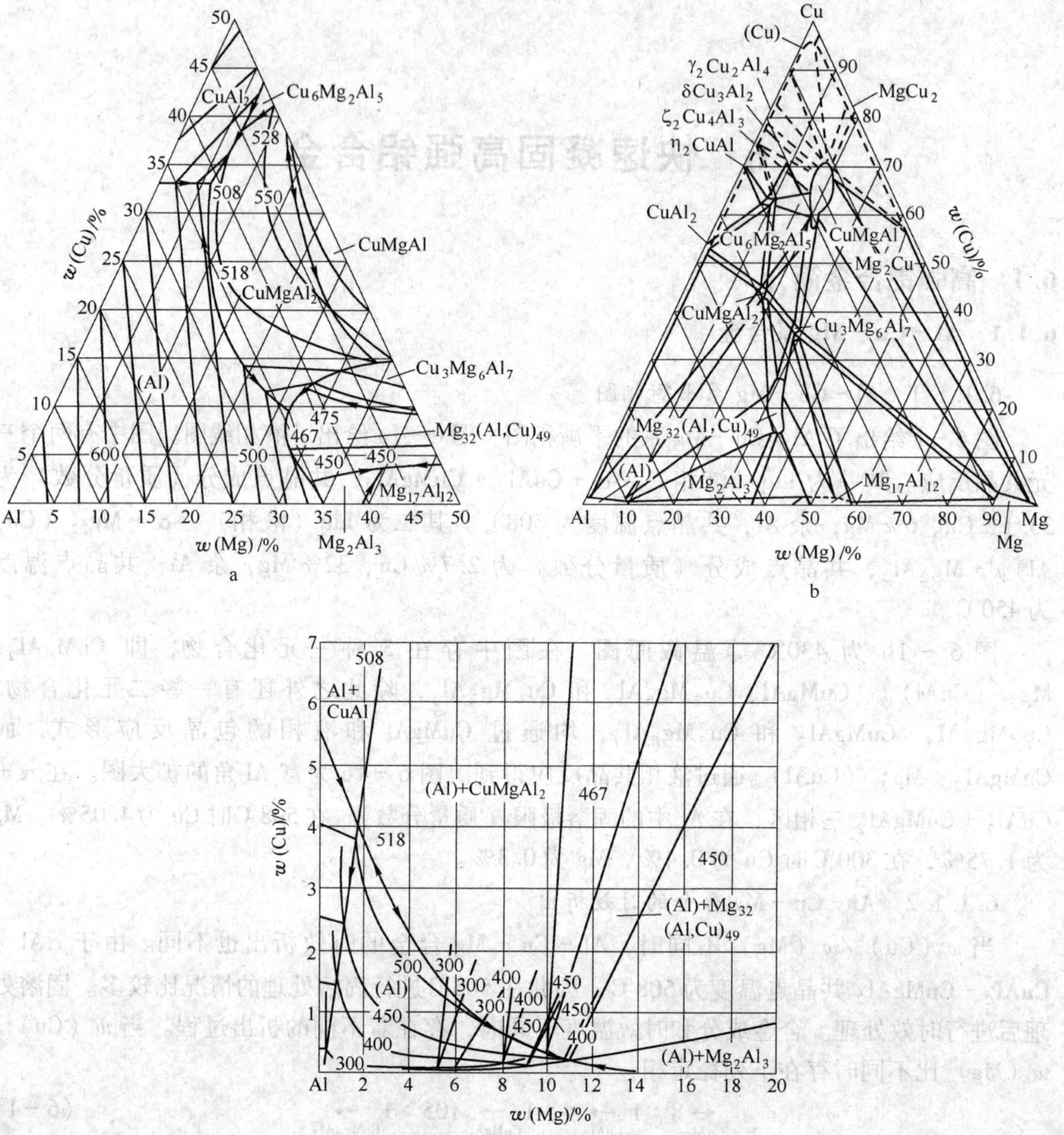

图 6-1　Al-Cu-Mg 系的平衡相图[1]

a—液相线；b—等温截面（430℃）；c—固溶度线

原子排列完全共格，只是在（001）晶面上 Al 原子被 Cu 原子和 Mg 原子所替代，形成层状结构。由 X 射线衍射得知 G. PB 区为四方结构，晶格常数 $a=0.405\text{nm}$，$c=0.81\text{nm}$，空间群为 P4/hbn。另外，S′相也是一种中间相，为斜方晶系，晶格常数 $a=0.404\text{nm}$，$b=0.925\text{nm}$，$c=0.718\text{nm}$。S 相即 $CuMgAl_2$ 相。

6.1.1.3　Al-Cu-Mg 合金的形核行为

Al-Cu-Mg 合金 G. PB 区微细析出，时效硬化程度最高，但是由于是 S′相不均匀析出产生粗大化，时效后硬度变得较低。S′相在热处理中容易在二次缺陷组织上生成异质核。当 Al－Cu－Mg 合金中 Mg 含量增加时，位错环变大，S′相在粗大的环上以板条状析出；当 S′相以板条状析出后，基体中溶质原子减小，G. PB 区析出量减少，因而时效硬化程度变低。另外，固溶样品不直接淬入水中，而是直接放入时效炉中或者在 300℃左右短时间保持再冷至室温并在 100℃进行 24h 时效处理，这时 G. PB 区析出量增大，时效硬化程度提高[2]。

6.1.1.4 添加合金元素的效果

在 Al－Cu－Mg 合金中为了抑制再结晶主要添加 Mn，也有尝试添加 Cr、Zr 等。Mn 除了有抑制再结晶的效果外，还能形成金属间化合物影响 Al－Cu－Mg 合金的析出效果。添加 Mn 后合金的晶粒非常小，位错环的密度比没有添加的情况小得多，形成了 $Al_{20}Cu_2Mn_3$ 化合物相，使得淬火得到过剩孔隙在化合相和基体的界面容易消亡，因而位错环析出极少。由于 S′相主要在化合物相的上面析出，所以 S′相的析出量减少，最高硬度值变大。Zr 的作用和 Mn 基本差不多，Al_3Zr 使得晶粒变细，位错环的密度变小，并能抑制 S′相的不均匀析出[3]。Cr 能够使基本晶粒变细并且硬度增加，但时效硬化能比添加 Mn 要稍微低一些[4]。从淬火增加稳定 S 相的角度来看，Mn、Cr、Zr 元素数 Mn 的效果最好。在耐热合金（2018、2218、2N01、Y 合金、RR 合金、AC5A）中添加 1%～2% Ni（质量分数），提高了合金的强度和耐热性。但对形成含有 $CuAl_2$、$CuMgAl_2$、Al_3Ni 和 N 相的金属化合物的形成原因还不是十分清楚。铃木等人[5]对 Al－4% Cu－1.5% Mg－Co－4% Ni（质量分数）合金的硬度进行了测定，人工时效后的合金，含 Ni 量愈高硬度愈低；退火后合金硬度对于添加 Ni 和不添加 Ni 来说，两者相差不大，添加 Ni 后也没看到抑制析出相粗大化的结果，因而得出了在 Al－Cu－Mg 中添加 Ni 不能提高其耐热性的结论，这个结果与 Wilson 等人的报道一致，并且同时添加 Ni、Fe 比单独添加 Ni 时合金的硬度大。图 6－2 给出了 Al－Cu－Mg 和 Al－Cu－Mg－Fe－Ni 合金的时效硬化曲线以及添加 Si 的影响。

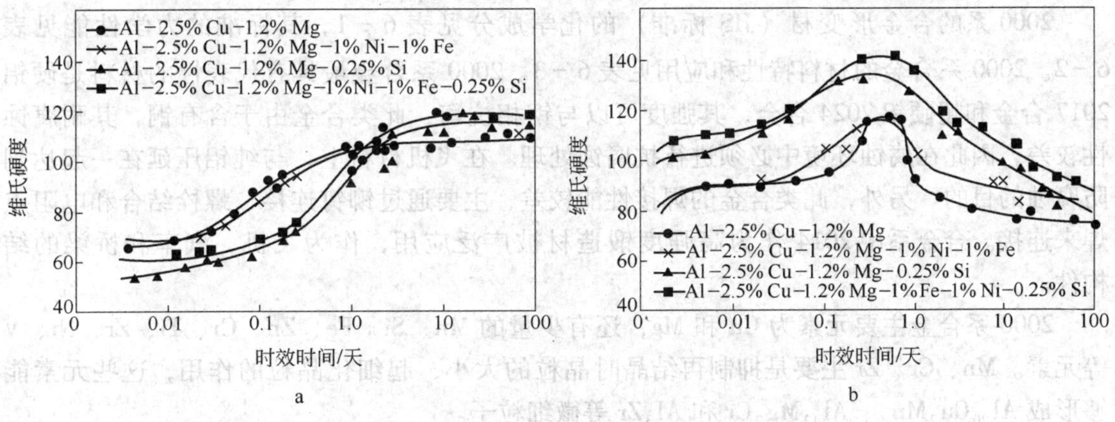

图 6－2 Al－2.5% Cu－1.2% Mg 和 Al－2.5% Cu－1.2% Mg－1% Fe－1% Ni 合金的时效硬化曲线及添加 0.25% Si 的影响

a—室温；b—190℃

6.1.1.5 热机械处理

形变时效对 Al－Cu－Mg 系合金特别有效，如 2A12 铝合金板淬火后变形 20%，然后在 130℃时效 10～20h，与常规热处理相比，抗拉强度提高了 60MPa，屈服强度提高了

100MPa，塑性尚好。美国 2219 合金 T37 状态就是淬火后冷变形 7%，强度随自然时效而提高。2024 铝合金 T861 状态也是淬火后冷变形 6%，再人工时效提高性能。日本学者菅又信等人[6]研究了 Al－Cu－Mg 合金 w（Mg）/w（Cu）比变化的热机械处理效果（如图 6－3 所示）。菅又信等人[7]还研究了 2024 铝合金通过热机械处理，发现抗拉强度、屈服强度均上升，但是伸长率和断裂韧性有所降低。

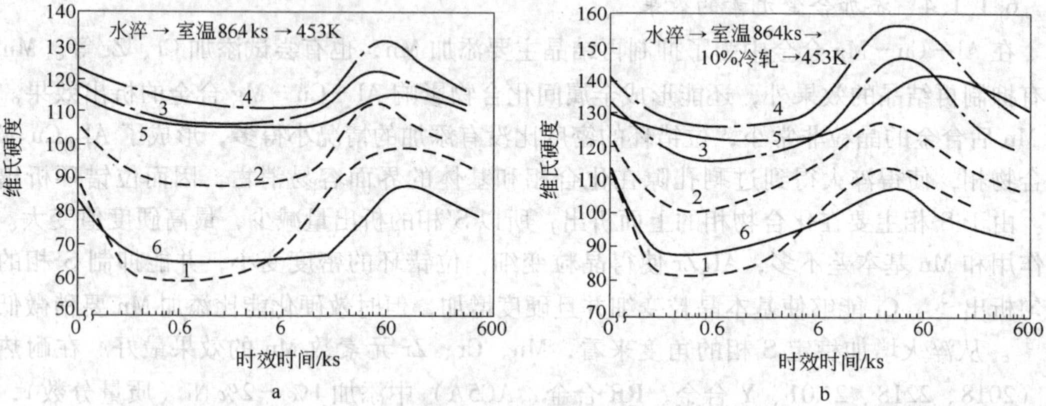

图 6－3　各种 Al－Cu－Mg 合金 T6 处理（a）和热机械处理（b）180℃的时效硬化曲线

1—Al－4.00%Cu－0.13%Mg（w（Mg）/w（Cu）＝0.086）；
2—Al－3.94%Cu－0.59%Mg（w（Mg）/w（Cu）＝0.392）；
3—Al－4.00%Cu－1.10%Mg（w（Mg）/w（Cu）＝0.720）；
4—Al－4.04%Cu－1.60%Mg（w（Mg）/w（Cu）＝1.040）；
5—Al－4.00%Cu－2.40%Mg（w（Mg）/w（Cu）＝1.570）；
6—Al－2.40%Cu－0.44%Mg（w（Mg）/w（Cu）＝0.480）

6.1.1.6　2000 系合金变形材

2000 系的合金形变材（JIS 标准）的化学成分见表 6－1，其标准的力学性能见表 6－2。2000 系合金的材料特性和应用见表 6－3。2000 系合金最具有代表性的材料是硬铝 2017 合金和超硬铝 2024 合金，其强度可以与钢相抗衡，此类合金由于含有铜，其耐腐蚀性较差，因此在腐蚀环境中必须进行抗腐蚀处理。在飞机材料上，与纯铝压延在一起达到防腐蚀的目的。另外，此类合金的焊接性能较差，主要通过铆钉连接、螺栓结合和电阻点焊来连接。合金系中 2014 作为高强度锻造材被广泛应用，作为飞机、汽车和桥梁的结构件。

2000 系合金主要元素为 Cu 和 Mg，还有少量的 Mn、Si、Fe、Zn、Cr、Ti、Zr、Ni、V 等元素。Mn、Cr、Zr 主要是抑制再结晶时晶粒的大小，起细化晶粒的作用，这些元素能够形成 $Al_{20}Cu_2Mn_3$、$Al_{12}Mg_2Cr$ 和 Al_3Zr 等微细粒子。

表 6－1　日本 2000 系的合金变形材的化学成分（JIS 标准）[8]

种类（JIS 标准）	化学成分（质量分数）/%									
	Si	Fe	Cu	Mn	Mg	Zn	Cr	Ti	其他	Al
2011	0.40	0.7	5.0～6.0	—	—	0.30	—	—	Pb0.20～0.6 Bi 0.20～0.6	其余

续表6－1

种类（JIS标准）	化学成分（质量分数）/%									
	Si	Fe	Cu	Mn	Mg	Zn	Cr	Ti	其他	Al
2014	0.5～1.2	0.7	3.9～5.0	0.40～1.2	0.20～0.8	0.25	0.10	—	Zr + Ti 0.20	其余
2017	0.20～0.8	0.7	3.5～4.5	0.40～1.0	0.40～0.8	0.25	0.10	—	Zr + Ti 0.20	其余
2117	0.8	0.7	2.2～3.0	0.20	0.20～0.50	0.25	0.10	—		其余
2018	0.9	1.0	3.5～4.5	0.20	0.45～0.9	0.25	0.10	—	Ni 1.7～2.3	其余
2218	0.9	1.0	3.5～4.5	0.20	1.2～1.8	0.25	0.10	—	Ni 1.7～2.3	其余
2024	0.5	0.5	3.8～4.9	0.30～0.9	1.2～1.8	0.25	0.10	—	Zr + Ti 0.20	其余
2025	0.50～1.2	1.0	3.9～5.0	0.40～1.2	0.05	0.25	0.10	0.15		其余
2N01	0.50～1.3	0.6～1.5	1.5～2.5	0.20	1.2～1.8	0.20	—	0.20	Ni 0.6～1.4	其余
2219①	0.20	0.30	5.8～6.8	0.20～0.40	0.02	0.10	—	0.02～0.10	V0.05～0.15 Zr0.10～0.25	其余

①美国AA注册合金。

表6－2　2000系合金的标准力学性能[8]

材质	拉伸性能				布氏硬度（10/500）	剪切强度/MPa	疲劳强度/MPa	纵弹性模量/GPa
	抗拉强度/MPa	屈服强度/MPa	伸长率/%					
			板（1.6mm厚）	棒（ϕ12.7mm）				
2011－T3	385	300	—	15	95	225	125	72
2011－T8	415	315	—	12	100	245	125	72
2014－O	190	100	—	18	45	125	90	75
2014－T4，－T451	435	295	—	20	105	265	140	75
2014－T6，－T651	490	420	—	13	135	295	125	75
2014－O层合板	175	70	21	—	—	125	—	74
2014－T3层合板	445	280	20	—	—	260	—	74
2014－T4，－T451层合板	430	260	22	—	—	260	—	74
2014－T6，－T651层合板	480	420	10	—	—	290	—	74
2017－O	185	70	—	22	45	125	90	74
2017－T4，－T451	435	280	—	22	105	265	125	74
2018－T61	430	320	—	12	120	275	120	76
2024－O	190	75	20	22	47	125	90	75
2024－T3	490	350	18	—	120	290	140	75
2024－T4，－T351	430	330	20	19	120	290	140	75
2024－T361	505	400	13	—	130	295	125	75
2024－O层合板	185	75	20	—	—	125	—	75
2024－T3层合板	455	315	18	—	—	280	—	75
2024－T4，－T351层合板	450	295	19	—	—	280	—	75

续表6－2

材　质	拉伸性能				布氏硬度（10/500）	剪切强度/MPa	疲劳强度/MPa	纵弹性模量/GPa
	抗拉强度/MPa	屈服强度/MPa	伸长率/%					
			板（1.6mm 厚）	棒（ϕ12.7mm）				
2024－T361 层合板	470	375	11	—	—	290	—	75
2024－T81，－T851 层合板	455	420	6	—	—	280	—	75
2024－T861 层合板	490	465	6	—	—	295	—	75
2025－T6	410	260	—	19	110	245	—	73
2117－T4	300	170	—	27	70	195	100	72
2218－T72	335	260	—	11	95	210	—	76
2219－O	175	75	18	—	—	—	—	75
2219－T42	365	190	20	—	—	—	—	75
2219－T31，T351	365	255	17	—	—	—	—	75
2219－T37	400	325	11	—	—	—	—	75
2219－T62	420	295	10	—	—	—	105	75
2219－T81，T851	465	360	10	—	—	—	105	75
2219－T87	485	400	10	—	—	—	105	75

表6－3　2000系合金的材料特性和应用[1]

种类	材　料　特　性	用　途
2011	易切削合金，切削性能非常好，强度也很高（与2017相差不多），耐腐蚀性较差，可以高温锻造，在腐蚀环境下，T8状态比T3状态好	棒材、线材，可制造光学机械零件、螺钉卷轴等
2014	添加了Cu、Mg、Si、Mn等元素，合金强度非常高，成形较好，热加工性好，焊接性能高，被广泛使用，特别是锻造材	飞机锻件、汽车部件、桥梁结构件，其锻件、厚板、挤压板用量最多
2017	通过室温时效得到很高的强度，切削性能好，但耐腐蚀性和焊接性略差	机械零件、螺钉、铆钉材、光学机械中增压机的轮子
2024	作为超硬铝广为人知。比2017合金强度高，伸长率也好，1930年就作为飞机的结构材料使用，切削性很好，耐应力腐蚀性也很好	作为飞机蒙皮，结构件、固定部件、锻造材
2117	在2017合金的基础上减少了Cu、Mg量，使得室温时效速度比较小，适合作为铆钉材	铆钉材
2018 2218	2018合金和2218合金均为添加了Ni的合金，合金的耐热性能好，热膨胀较小，并且锻造性能好，可作为耐热合金使用，耐热性较差	汽缸盖 活塞
2025	在2024合金的基础上除掉Mg，时效硬化性变大，与2017合金的强度差不多，热锻性能好，可以作为锻造合金使用，疲劳强度和韧性较高，耐腐蚀性较差	用于制造飞机的螺旋桨、增压机、发动机的螺旋桨、连杆轴承座、鼓、叶轮等

续表6-3

种类	材料特性	用途
2219	强度比2024略低，焊接性能、低温和高温强度比较优异，也主要是添加了Ti、Zr、V的结果，塑性加工后进行人工时效，其抗应力腐蚀性能提高，可用于高温结构材和高强度焊接	飞机部件和航天飞机的液氧箱
2N01	相当于AA中的2618，高温强度高、耐热性好、适用于在65~105℃范围内使用的锻造合金，耐蚀性较差	飞机发动机、活塞座、叶轮和油压部件

Al-Cu合金中含Cu在4%~6%（质量分数）时具有最高强度，Cu虽然能够提高合金的强度和硬度，但使伸长率下降。Al-Cu具有明显的时效性。在Al-Cu中加入Mg能够提高合金自然时效后的强度，但也降低了其伸长率。对于Al-4%Cu-0.5%Mg（质量分数）合金，铁、硅含量一定要搭配好，以免形成Cu_2FeA_7而不形成α-AlFeSi，降低了热处理效果。如果铁、硅与Al形成α-AlFeSi，对合金性能影响很小。另外，硅与镁还能形成Mg_2Si，对时效强化过程也有影响。2000系合金通常都会含有少量的Mn，在Mn和Mg都增加时，合金强度增加，但伸长率下降。Ni能改善合金的高温性能，Ag能够提高合金的强度。

表6-4给出了2000系合金的热处理规范。表6-5给出了2000系合金的密度。表6-6给出了2000系合金的电学性能。

表6-4 2000系合金的热处理规范[9]

合金	退火规范	固溶处理温度/℃	时效规范
2011	413℃	524	T8：160℃×14h
2014	413℃	502	T6：锻件171℃×10h，其他材料160℃×18h
2017	冷加工材料的为340~350℃，热处理后的材料为415℃	500~510	自然时效
2024		493	T6、T8：191℃×8~16h
2036	413℃	500	自然时效
2124	薄板385℃×2~3h	493	191℃
2218	413℃	510	T61：170℃×10h
2219		535	T72：240℃×6h
2319	415℃	—	165~190℃×18~36h
2618	413℃	530	—
2A01	—	495~505	T61：200℃×20h
2A02	330~450℃	495~505	自然时效
2A06	360~410℃×1~5h	503~507	T6：125~135℃×12~14h
2A10		510~520	70~80℃×24h

续表6-4

合金	退火规范	固溶处理温度/℃	时效规范
2A11	330~450℃ 390~410℃	495~510	自然时效
2A12	350~370℃ 390~450℃	496~540	自然时效 T6：185~195℃×6~12h
2A14	350~370℃	499~505	T6：150~160℃×4~15h
2A16	— 370~410℃	528~540	T6：160~170℃×10~16h 220~220℃×8~12h
2A17		520~530	T6：180~195℃×12~16h
2A50	—	510~515	T6：150~160℃×6~12h
2A60	350~400℃	505~515	T6：150~160℃×6~12h
2A70	—	525~535	T6：150~190℃×10~16h
2A80	380~430℃	525~530	T6：165~180℃×8~14h
2A90	380~430℃	515~520	T6：165~170℃×2~10h
2A14	—	499~505	T6：150~160℃×4~15h

表6-5 2000系合金的密度（20℃）[9]

合金	密度/kg·m^{-3}	合金	密度/kg·m^{-3}	合金	密度/kg·m^{-3}	合金	密度/kg·m^{-3}
2011	2820	2218	2880	2A02	2750	2A17	2840
2014	2800	2219	2840	2A04	2760	2A50	2750
2017	2800	2319	2830	2A06	2760	2A70	2760
2024	2770	2618	2760	2A10	2800	2A90	2800
2036	2750	2090	2590	2A11	2790	2A14	2800
2048	2750	2091	2580	2A12	2780		
2124	2770	2A01	2740	2A16	2840		

表6-6 2000系合金的电学性能[9]

合金	20℃体积电导率/%IACS	20℃电阻率/nΩ·m	20℃电阻温度系数/nΩ·m·K^{-1}	电极电位/V
2011	T3、T4：39 T8：45	T3、T4：44 T8：38	T3、T4、T8：0.1	T3、T4：-0.39 T8：-0.83
2014	O：50 T3、T4、T451：34 T6、T651、T652：40	O：34 T3、T4、T451：51 T6、T651、T652：43	O、T3、T4、T451、T6、T651、T652：0.1	T3、T4、T451：-0.68 T6、T651、T652：-0.78
2017	O：50，158%IACS（质量）； T4：34，108%IACS（质量）	O：0.035Ω·mm^2/m T4：0.05Ω·mm^2/m	—	—

续表6—6

合金	20℃体积电导率/%IACS	20℃电阻率/nΩ·m	20℃电阻温度系数 /nΩ·m·K^{-1}	电极电位/V
2024，Alcad 2024	O：50；T3、T36、T351、T361、T4：30；T6、T81、T851、T861：38	O：34；T3、T36、T351、T361、T4：57；T6、T81、T851、T861：45	各状态：0.1	T3、T4、T361：-68 T6、T81、T861：-0.80 Alcad2024：-0.83
2036	O：50 T4：41	O：33；T4：42	O、T4：0.1	-0.75
2048	T851：42	T851：40	—	—
2124	O：50；T851：39	O：34.5	O、T851：0.1	T851：-0.80
2218	T61：38；T72：40	T61：45；T72：43	T61、T72：0.1	—
2219，Alcad 2219	O：44 T31、T37、T351：28 T62、T81、T87、T851：30	O：39 T31、T37、T351：62 T62、T81、T87、T851：57	各种状态：0.1	T31、T37、T351：-0.64 T62、T81、T87、T851：-0.80
2319	O：44	O：39	2.94×10^{-3}/K	—
2618	T61：37	T61：47	T61：0.1	—
2A01	T4：40	T4：39	—	—
2A02	—	T4：55	—	—
2A06	—	T6：61	—	—
2A10	—	T6：50.4	—	—
2A11	O：45；T4：30	O、T4：54	—	—
2A12	O：50；T4：30	O：44；T4：73	—	—
2A14	T6：40	T6：43	—	—
2A16	T6：61	—	—	—
2A17	T6：54	—	—	—
2A50	—	T4：41	—	—
2A60	—	T4：43	—	—
2A70	—	T6：55	—	—
2A80	—	T6：50	—	—
2A90	—	T6：47	—	—

6.1.2 Al－Zn－Mg 系合金

6.1.2.1 Al－Zn－Mg 系合金的平衡相图和相结构[10]

图6－4为Al－Zn－Mg三元合金的等温截面图。图6－5为Al－Zn－Mg三元合金富Al角的等温截面图。表6－7表示在图6－4中所示的各个反应温度下的相组成。Cu是Al－Zn－Mg系合金中主要的合金元素，其四元相图非常复杂。图6－6为Al－Zn－

Mg－Cu 四元合金在 460℃时 α（Al）相和各种平衡相的区域模型图。在 Al－Zn－Mg 三元合金中，和 α（Al）相共存的相为 Mg_5Al_8（β 相）、Mg_2Zn_{11}、$MgZn_2$（η）和 $Mg_3Zn_3Al_2$（T）。在 Al－Zn－Mg－Cu 四元合金中有，$CuMgAl_2$（S）相、$CuAl_2$（θ）相、Mg_5Al_8（β）相和 Al_6CuMg_4（T）相。Al_6CuMg_4 与 $Mg_3Zn_3Al_2$ 同晶型，可连续形成 AlZnMgCu（T）相。

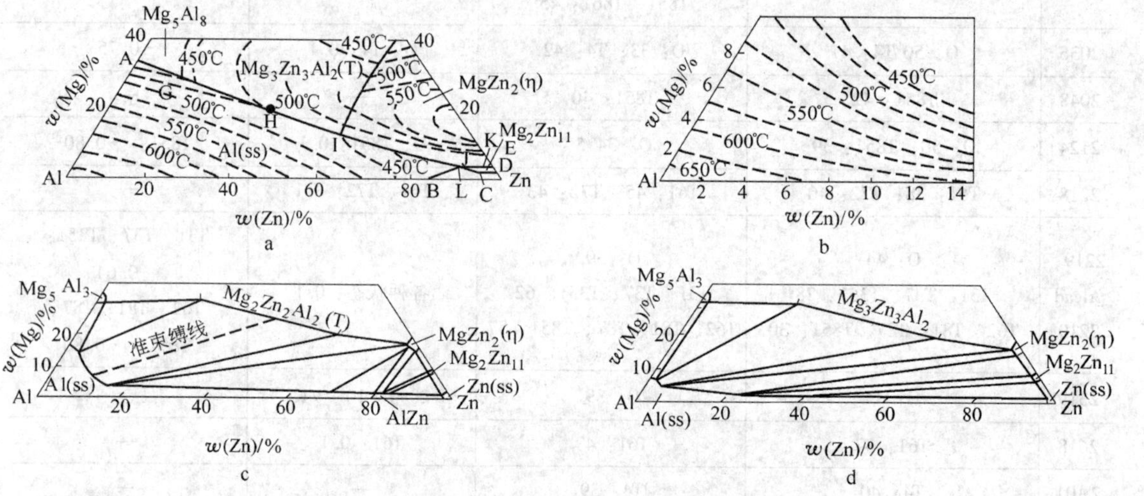

图 6－4　Al－Zn－Mg 三元合金的等温截面图

a—液相图；b—固相图；c—在凝固点各相的分布图；d—在 223℃下各相的分布图

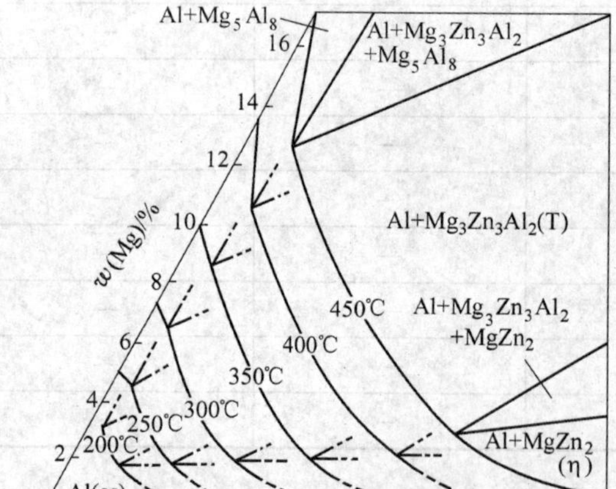

图 6－5　Al－Zn－Mg 三元合金富 Al 角的等温截面图（220～450℃）

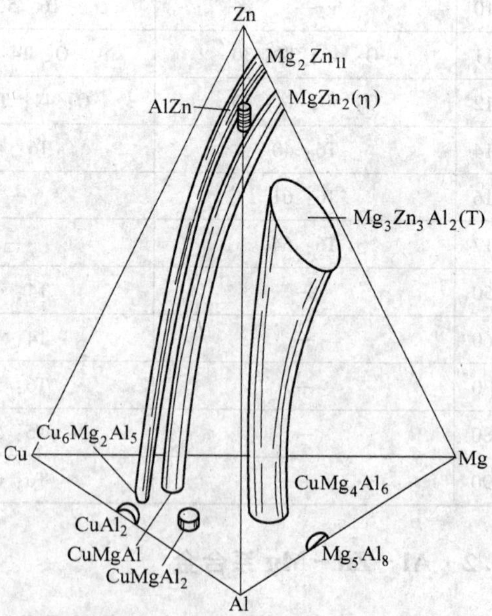

图 6－6　Al－Zn－Mg－Cu 四元合金在 460℃时 α（Al）相和平衡相的区域图[10]

表 6-7 在图 6-5 中的各个反应温度下的相组成[10]

反应	温度 /℃（K）	液相 w（Mg）/% w（Zn）/%	α（Al）相 w（Mg）/% w（Zn）/%	Mg_5Al_8 w（Mg）/% w（Zn）/%	w（Mg）/% w（Zn）/%
二元反应					
A. Liq. →Al + Mg_5Al_8	450（723）	34 —	17.4 —	36 —	
B. Liq. + Al→AlZn	443（716）	— 86	— 70	AlZn — 71.6	
C. Liq. →AlZn + Zn	382（655）	— 95	Zn — 99	— 82.2	
D. Liq. →Mg_2Zn_{11} + Zn	364（637）	3.0 97.0	0.15 99.85	Mg_2Zn_{11} 6.0 94.0	
E. Liq. + $MgZn_2$→Mg_2Zn_{11}	381（654）	3.5 96.3	$MgZn_2$ 15 85	6.4 93.6	
F. AlZn→Al + Zn	275（548）		α（Al）相 — 31.6	Zn — 99.5	AlZn — 82.1
三元反应					
G. Liq. →Al + Mg_5Al_8 + $Mg_3Zn_3Al_2$	447（720）	30 12	13 2	34 10	$Mg_3Zn_3Al_2$ 30 26
H. Liq. →Al + $Mg_3Zn_3Al_2$（伪二元）	489（762）	18 45	5 12		21 54
I. Liq. →Al + $MgZn_2$（伪二元） Liq. →Al + $MgZn_2$ + $Mg_3Zn_3Al_2$	475（748）	11.3 60.4	3 14	$MgZn_2$ 16 83	20 64
J. Liq. + Al→$MgZn_2$ + AlZn	378（651）	4 91	1 70	15.5 84	AlZn 1 75
K. Liq. + $MgZn_2$→Mg_2Zn_{11} + AlZn	368（641）	3.5 92	Mg_2Zn_{11} 7 92	15 85	1 78
L. Liq. →AlZn + Mg_2Zn_{11} + Zn	343（616）	3 93	7 92	Zn 0.5 99 +	1 80
M. AlZn→Al + Mg_2Zn_{11} + Zn	274（547）	α（Al）相 0.5 31	7 92	0.5 99 +	0.5 77

Al-Zn-Mg-Cu 合金中除合金组元外，还添加了 Mn、Cr、Ti 等微量元素以及存在杂质元素 Fe、Si 等。一般来说，杂质 Si 与 Mg 生成 Mg_2Si 相，铁和锰生成 AlFeMnSi 相、Ti 和 Cr 熔于 α（Al）和 AlFeMnSi 相外，不生成铝化物。表 6-8 给出了 Al-Zn 系和 Al-Mg-Zn 系中稳定相和亚稳定相。工业生产的 Al-Zn-Mg 系合金成分处于 Al-Zn-Mg 合金相图的 α + T + η（$MgZn_2$）相区内，即使在快速冷却的半连续铸造情况下，镁含量大于 3%，锌、镁比大于 2.2 时，也出现 η 相。7003 合金铸造组织中，除 T 外，还有 η 相。铁、硅杂质在 7003 合金组织中以 AlFeMnSi 相存在，硅还和镁生成 Mg_2Si 相。为改善合金的焊接性能，7003 合金中还同时加入铬、钛、锆等过渡元素。这些元素除部分溶入 α（Al）中外，还会溶入 AlFeMnSi 相中或生成 $ZrAl_3$ 初晶。因此，7003 合金的铸态化合物包

括η、T、Mg_2Si、AlFeMnSi 和 $ZrAl_3$ 初晶。工业生产的 Al - Zn - Mg - Cu 系合金成分常处在 α + T（AlZnMgCu）、θ + T（AlZnMgCu）+ S、α（Al）+ η + T（AlZnMgCu）和 α（Al）+ η + S + T（AlZn - MgCu）四个相区的交界附近，因此随铸造时冷却速度的不同，或合金成分的变化，常出现不同的组织。当合金中铜含量小于镁的含量，锌、镁比小于2.2时，在半连续铸造 Al - Zn - Mg - Cu 系合金组织中只有 α + T（AlZnMgCu）共晶体。当锌含量大于3%，铜和镁含量大于1%，且铜含量大于镁含量时，则生成 S 相；锌、镁比大于2.2时，则出现η化合物。7A03 合金的锌、镁比为4.5，且铜的含量大于镁含量，合金铸态组织为η、T（AlZnMgCu）和 S 相。另外，微量的铁、硅、锰在7A03 合金中可能生成 Mg_2Si 和 AlFeMnSi 相。7A04 合金中的铜含量小于镁含量，锌、镁比为2.6，铸态合金组织主要为 α（Al）+ T（AlZnMgCu）共晶体，η相较少，一般不出现 S 相。当然也有 Mg_2Si 和 AlFeMnSi。7A09 合金中铜的含量小于镁含量，锌、镁比小于2.2，合金铸态组织只有 α（Al）+ T（AlZnMgCu）共晶和少量的 Mg_2Si 相和 AlFeMnSi 相，不出现η相，合金中含有0.16% ~0.3% 的 Cr，可能出现 $CrAl_7$ 初晶。7A10 合金中含锌较少，组织中 T（AlZnMgCu）相数量也较少，没有 S 相和η相，存在一定数量的 AlFeMnSi 相和 Mg_2Si 相[9]。

表 6 - 8　Al - Zn 系和 Al - Mg - Zn 系中稳定相和亚稳定相[10]

（a）稳定相

稳定相	结晶构造	空间群	晶格常数/nm	单胞原子数	熔点/℃
α（Al）	fcc	Fm3m	a = 0.404946（纯 Al）~ 0.404425（x（Zn）= 6.72%）	4	660.1
Zn	hcp	$P6_3/mmc$	a = 0.26649 c = 0.49468	6	419.5
β（AlZn）	fcc	Fm3m	a = 0.403 ~ 0.404（340℃）	4	
η（$MgZn_2$）	六方晶系（Laves 结构）（C14）	$P6_3/mmc$	a = 0.518 c = 0.852	12	590
θ（Mg_2Zn_{11}）	bcc	Im3m	a = 0.8552	39	383
T（$Al_2Mg_3Zn_3$）（$(Al, Zn)_{49}Mg_{32}$）	bcc	Im3m	a = 1.419	162	
S（Al_2CuMg）	斜方晶系	Cmcm	a = 0.4008 b = 0.9249 c = 0.7154	16	
θ（Al_2Cu）	正方晶系（C16）	I4/mcm	a = 0.6066 c = 0.4874	12	591
Al_3Zr	正方晶系（DO_{23}）	I4/mmm	a = 0.4315 c = 0.16934	16	1577
E（$Al_{18}Cr_2Mg_3$）	金刚石结构	Fd3m	a = 1.455	184	

续表6-8

（a）稳定相

稳定相	结晶构造	空间群	晶格常数/nm	单胞原子数	熔点/℃
Al_6Mn	斜方晶系	Cmcm	$a=0.75518$ $b=0.64978$ $c=0.88703$	28	
$Al_{18}Mg_3Mn_2$	金刚石结构	Fd3m	$a=1.4529$		
$Al_{20}Cu_2Mn_3$	斜方晶系	Cmcm	$a=2.42$ $b=1.25$ $c=0.775$	152	
Al_7Cu_2Fe	正方晶系	P4/mnc	$a=0.6336$ $c=1.4870$	40	
Mg_2Si	fcc（反 CaF_2 构造）（C1）	Fm3m	$a=0.6351$	12	
$Al_{12}(Fe,Mn)_3Si$	单纯立方晶系	Pm3m	$a=1.252$	138	
$Al_{12}(Fe,Cr)_3Si$	bcc	Im3m	$a=1.256$		

（b）亚稳相

亚稳相	结晶构造	晶格常数/nm
α'_R（Al-Zn）	菱形晶系	$a=0.399$ $\alpha=90°45'$
α'（Al-Zn）	Fcc	$a=0.399$
η'	六方晶系	$a=0.496$ $c=0.868$ $a=0.497$ $c=0.554$ $a=0.496$ $c=1.403$
X	六方晶系	$a=0.267$ $c=0.490$
T′	bcc 六方晶系	$a=1.440$ $a=1.388$ $c=2.752$
Al_3Zr	Cu_3Au 结构（$L1_2$）	$a=0.405$

6.1.2.2 Al-Zn-Mg 系合金的时效析出过程

A Al-Zn-Mg 系合金时效析出

Al-Zn-Mg 三元合金的相分解过程与合金元素组成比有关。

一般情况下过饱和固溶体析出次序为：

$$\alpha\ \text{过饱和固溶体} \longrightarrow \text{G. P 区} \begin{cases} \eta'—\eta \\ T'—T \end{cases} \qquad (6-4)$$

Al-Zn-Mg合金在较低的温度下（接近室温）进行时效，形成近似球状的G. P区。时效时间延长，G. P区尺寸增大，合金强度增加。Zn/Mg值较高的合金，在高于室温的温度下长期时效可以使G. P区转变为η′亚稳相，见表6-9。η′为六方晶系结构，基面与基体{111}面部分共格，但*c*轴方向与基体是非共格的，在人工时效达到最高强度时，脱溶物为G. P区及部分η′相。G. P区平均直径为（20～35）$\times 10^{-10}$m。如图6-5所示，η′相形成范围广，当时间延长和温度升高后，η′转变为η（$MgZn_2$）相。当Zn/Mg值较低时，温度超过200℃，则G. P区直接析出T相。当Zn/Mg值低于1时，在较高的温度和较长的时间下，可能会产生η′亚稳相。η′相是在基体{111}面上产生的六方结构的板状相，它与母相的方位关系为：

$$(0001)_{\eta'} // (\bar{1}\bar{1}1)_{\alpha}, [1010]_{\eta'} // [110]_{\alpha} \qquad (6-5)$$

稳定相η与基体的方位关系有11种，几种代表性的η相与基体的方位关系和形状见表6-9。

表6-9　几种代表性的η相与基体的方位关系和形状[10]

种　类	方位关系	形　状
η_1	$(0001)_{\eta}//(110)_{\alpha}$ $[10\bar{1}0]_{\eta}//[001]_{\alpha}$	平行{100}$_{\alpha}$的板状
η_2	$(0001)_{\eta}//(1\bar{1}\bar{1})_{\alpha}$ $[10\bar{1}0]_{\eta}//(110)_{\alpha}$	平行{100}$_{\alpha}$的板状（晶内）和半球状（晶界）
η_3	$(0001)_{\eta}//(110)_{\alpha}$ $[\bar{1}\bar{2}10]_{\eta}//[1\bar{1}\bar{1}]_{\alpha}$	平行{100}$_{\alpha}$（$[0001]_{\eta}$）的棒状或板条状

Al-Zn-Mg-Cu系与Al-Zn-Mg的相分解过程基本相同，仅仅是加Cu后，三元系的G. P区固溶在η′相中。另外，当Zn/Mg > 2.2，且Cu的质量分数大于Mg的质量分数时会产生强化相S（$CuMgAl_2$），在其他情况下，S相存在的可能性很小。Al-Zn-Mg-Cu系合金的主要强化相为S（$CuMgAl_2$），时效析出次序为：

$$\alpha\ \text{过饱和固溶体} \rightarrow \text{G. P 区} \rightarrow \eta'\text{相} \rightarrow \text{G. P 区和}\ \eta'\text{相固溶} \rightarrow \eta\ \text{相} \rightarrow T \qquad (6-6)$$

如图6-7所示，从Al-Zn-Mg-Cu系合金在400℃和200℃的等温截面图可以看出，B95合金在400℃时处在α（Al）+S相区，且S相很少，在200℃时由α（Al），S相，η相和T相组成，在η相和T相内固溶了一定数量的铜。由此可见，Al-Zn-Mg-Cu系的主要时效强化是η相和T相，S相仅是补充强化相[11]。

B　Al-Zn-Mg-Cu系合金的热处理

Al-Zn-Mg-Cu系合金的热处理状态主要有一级时效（T6峰值时效），二级时效（T76，T74，T73时效）和三级时效（T77过时效），其中T77状态可以由特殊的三级时

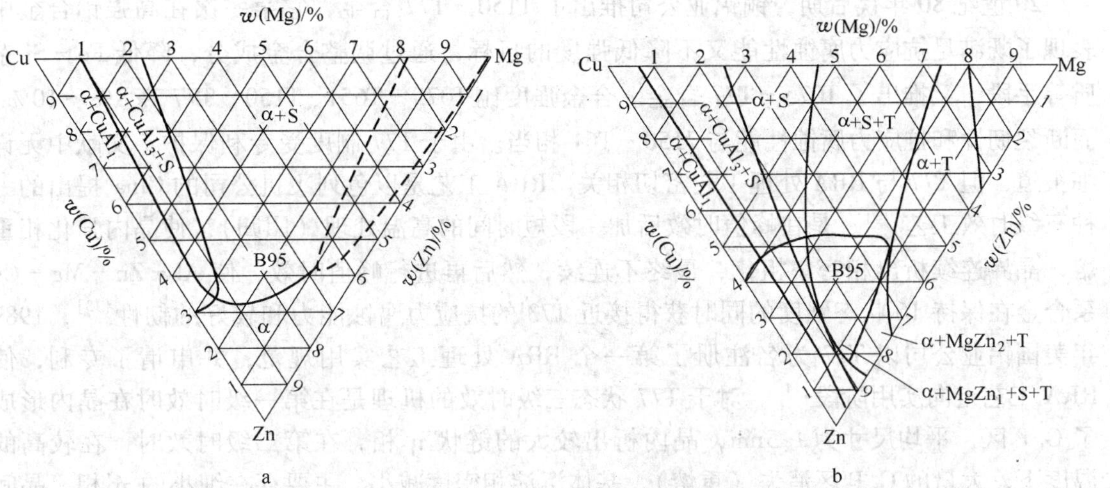

图6-7 Al-Zn-Mg-Cu系合金（90% Al）在400℃和200℃时的等温截面图[11]
a—400℃的等温截面图；b—200℃的等温截面图

效，KRA（Retrogression and Re-Aging，回归再时效工艺）和TMT（最终热机械处理）三种方法实现。

Al-Zn-Mg-Cu系合金的一级时效，有人认为通过峰值时效主要生成物为G.P区及少量η相，由于η′相尺寸较小，对强化作用不大。还有人认为，单级时效存在两个峰值，第一个就是峰值时效（T6），随后伴随G.P区转化为η′相的尺寸又较小，因此强度连续下降，但随着时效时间的延长，η′相尺寸逐渐长大，并生成一些η相，η′相强度作用显著，强度又达到第二个峰值状态并等于或超过第一个峰值。另外，由于G.P区的消失，抗应力腐蚀开裂性能得到改善。也有人认为，在峰值时效（T6）时主要强化相为η′相，除晶内析出大量的η′相之外，还沿晶界析出大量的不连续的η′相和η相。

为了解决Al-Zn-Mg-Cu系合金的应力腐蚀敏感性和断裂韧性较低的问题。1961年美国铝业公司开发了T73双级过时效制度，它使晶界上的η′相和η相质点聚集，破坏了晶界析出相的连续性，使组织得到改善，减少了应力腐蚀和剥落腐蚀的敏感性，提高了断裂韧性。由于晶内质点的粗化，在提高抗腐蚀性能的同时降低了10%～15%的强度性能。为了提高材料的抗剥落腐蚀能力，美国铝业公司同年又开发了T76制度。由于T76的时效程度比T73轻，强度降低约9%～12%，为了兼顾强度和抗应力腐蚀能力又开发了T736（后改名为T74），其时效程度介于T76与T73之间，能保证在强度降低不大的情况下，得到较好的抗腐蚀能力。Al-Zn-Mg-Cu系合金在双级时效状态，由于预时效在合金内形成G.P区，使大量的G.P区达到η′和η相形核的临界尺寸（形核处理），同时在晶粒内部，亚晶界和晶界上形成高度弥散的析出物，从而对合金的第二级时效产生影响；在随后的高温第二级时效时使G.P区长大，使在晶内缺陷上非均质成核，使部分位错滑移、攀移和抵消，晶界析出相则聚集长大并离散，PFZ变宽，其组织主要由半共格或非共格的η′（圆片状）和η（六边形）相组成，这就保证了在晶粒区内应力有比较好的松弛，因此在获得较好的塑性、韧性和抗应力腐蚀性能的同时强度有所降低[11]。

20 世纪 80 年代后期，铜铝业公司推出了 T150 - T77 合金，它第一次在高强铝合金中表现了既满足抗应力腐蚀性能又不降低强度的目标，通过调整合金成分，降低 Fe - Si 杂质等手段，又推出了 T075 - T77 合金。合金强度比 T075 - T651、T150 - T77 高 8% ~10%，而断裂韧性和抗应力腐蚀性能与 7150 - T61 相当。由于 T77 制度受专利保护，文献中无详细报道，但 T77 与 RRA 处理工艺密切相关。RRA 工艺是以色列飞机公司的 Cina 提出的一种三级时效工艺[12]，是在峰值时效后加一段短时间的高温处理（回归），使晶内强化相重熔，晶界连续析出相密集粗化，最终不连续，然后再进行峰值时效，使 Al - Zn - Mg - Cu 系合金在保持 T6 状态强度的同时获得接近 T73 的抗应力腐蚀能力和较好的韧性[13]，1989 年美国铝业公司以 T77 为名注册了第一个 RRA 处理工艺实用规范，并申请了专利，使 RRA 工艺走向实用阶段[14]。对于 T77 状态三级时效的机理是在第一级时效时在晶内形成了 G. P 区，平均尺寸为 1.5nm，晶内析出较大的链状 η′相，在第二级时效时，在较高的温度下，大量的 G. P 区消失（重熔），基体沉淀相密度减小，主要存在细小的 η′相，晶间析出小尺寸的 η 相，同时 PFZ 明显加宽；第三级时效使晶内再次析出强化相，沉淀相密度增加，质点的平均尺寸有所增大，主要为 η′相和 G. P 区，由于温度较低，晶界析出相尺寸和单位面积上质点的数量与二级时效的相似，呈不连续的孤立质点，这样合金的强度与抗应力腐蚀开裂性能都达到了较理想的水平[15,16]。

C　热机械处理

为了发展既有高强度，又有高韧性和抗应力腐蚀性能的铝合金，人们得到了两种最有效的方法。一种是前面所叙述的回归再时效工艺（RRA），另一种是热机械处理。热机械处理又称之为形变热处理（TMT）。形变热处理是将塑性变形的强度和相变强化相结合的一种方法，其基本原理为，通过形变增加金属中位错的密度和分布，热处理时效形变产生的缺陷将影响新相的形核动力学和分布，同时新相的形成又对位错等缺陷的运动起钉扎、阻滞作用，使金属中缺陷稳定，组织细化，从而提高其强度和韧性。形变热处理有很多类型，如按形变温度划分有低温热处理和高温形变热处理。按形变在加工过程的位置可分为，中间形变热处理（ITMT）和最终形变热处理（FTMT）。低温 TMT 又称之为形变时效，虽然对 Al - Zn - Mg - Cu 系合金特别有效，但对 Al - Zn - Mg - Cu 合金不利，例如 7075 铝合金冷变形后时效强度降低，主要原因是位错造成 η′相不均匀形核所致。高温 TMT 把热加工作为固溶处理，而加工后的产品迅速淬火。这种工艺对 Al - Cu 系合金以及 Al - Mg - Si 系合金有效，但不大适用于 Al - Zn - Mg - Cu 系；其原因是，通过热加工完成固溶处理，其加热时间长短与加热温度的准确性难以保证；成形过程的速度不够快，难以满足淬火冷却速度的要求；沉淀物在位错上的非均匀形核，替代了细小均匀及部分共格沉淀物的形成[17]。

ITMT 是以改善铸态组织，细化晶粒为目的的，主要用于改善厚板短横向的性能。通常是铸锭均匀化后进行热轧和冷轧，再经固溶再结晶处理，最后进行常规的热处理[18]。其中最具代表性的工艺有两种：一种是 1973 年由 Russo EDI 等开发的，其工艺路线见表6 - 10。另一种是 1974 年由 Waldman 等开发的，其工艺路线见表 6 - 10。这两种方法都可以得到同样细小的再结晶组织。为了区分 Russo EDI 和 Waldman J 的 ITMT 方法，将各自所属研究机构的简称加在 ITMT 前，前者标为 ISML - ITMT，后者称为

FA－ITMT。1981 年 J. A. Wert 等[19]在前人研究的基础上进一步发展了这些方法，成功地获得了更加细小的再结晶晶粒，其工艺包括：热轧，固溶，过时效，低温轧制及再结晶退火，此工艺把 7475 合金的晶粒细化到 10μm，塑性达到了 75%。FTMT 是在热处理工序之间进行一定量的塑性变形，常用的处理方式有：（1）淬火－冷（温）变形－人工时效；（2）淬火－自然时效－冷变形－人工时效；（3）淬火－部分人工时效－冷（温）变形－人工时效。

对于 Al－Zn－Mg－Cu 系合金来说可以考虑用 ITMT 和 FTMI 来提高合金的韧性和抗应力腐蚀性能，表 6－10 给出了 Al－Zn－Mg－Cu 系合金的形变热处理工艺。表 6－11 给出了 7075 合金通过变形热处理后性能和传统热处理工艺所得性能的比较。表中结果表明，采用 ITMT 后，塑韧性能有较大的提高，特别是延韧性得到明显地提高。图 6－8 为对 Al－Zn－Mg 合金采用 FTMI 工艺，其塑性和韧性有较大地提高。另外，Ostermann 采用 TMT 使 7075 铝合金的疲劳循环应力提高了 25%。Rack 等认为，好的疲劳性能所希望的理想组织是细的等轴晶粒及被弥散析出相强烈钉扎的、均匀分布的位错结构。Jahn 等[20]的研究表明，在 100℃预时效可以提高 7475 铝合金的抗拉强度，而在室温预时效可以明显改善合金的疲劳性能。

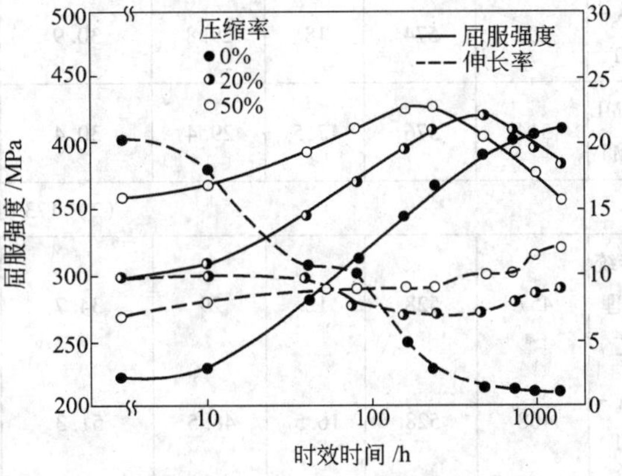

图 6－8 时效前冷变形对平均晶粒度为 0.7mm 的 Al－6% Zn－1.5% Mg（质量分数）合金板拉伸性能的影响（460℃淬入水中，室温变形（0～50%）后 120℃时效）

表 6－10 Al－Zn－Mg－Cu 系合金的 TMT 工艺[10]

（1）Intermediate thermomechanical treatment（ITMT） 铸锭通过处理，保持微细的再结晶组织和提高材料的延韧性 1）ISML－ITMT（4mm 厚板） ①部分均质化处理状态，在比较低的温度下加工（Cr 保持在过饱和固溶体中） ②再结晶（由于防止了晶粒的长大，Cr 作为 E（$Al_{18}Mg_3Cr_2$）相析出） ③均质化处理 ④普通的热加工（组织；等轴微细晶粒） 2）FA－ITMT 法（25mm 厚板） ①长时间固溶处理，析出 Cr ②最初变形前 Zn、Mg、Cu 时效析出 ③变形产生再结晶，得到微细晶粒
（2）Final thermomechanical treatment（FTMT） 固溶处理→淬火→室温时效 3～7 天→低温时效 105℃（冷变形前 G. P 区充分长大，变形后位错结构稳定化）→冷加工（室温或 190℃以下，变形 10%～30%）→最终人工时效（105～120℃）

表 6 - 11 7075 合金采用 ITMT 工艺和传统的热处理工艺所得各种力学性能的比较

处理工艺	L 方向					LT 方向				
	屈服强度/MPa	抗拉强度/MPa	伸长率/%	断面收缩率/%	K_{IC} /MPa · $m^{1/2}$	屈服强度/MPa	抗拉强度/MPa	伸长率/%	断面收缩率/%	K_{IC} /MPa · $m^{1/2}$
(1) T6 处理										
1) 传统热处理工艺	526	587	10	14 ~ 17	28.1	502	568	9.5	14 ~ 16	22.6
2) FA - ITMT	507	574	18	29.8	30.9	509	572	19.0	35.1	27.9
3) ISML - ITMT	514	576	17.5	29.4	30.4	508	573	18.2	29.6	33.8
(2) T73 处理										
1) 传统热处理工艺	457	528	12	29	34.7	445	516	10.5	20.0	31.0
2) FA - ITMT	468	528	16.5	48.5	51.3	458	518	16.0	45.1	44.4
3) ISML - ITMT	454	520	16.5	50.0	51.6	450	513	14.5	38.4	43.5
(3) FTMT 处理										
1) FA - ITMT	574	607	13.7	37.4	24.9	561	603	12.2	34.6	22.9
2) ISML - ITMT	608	630	13.2	28.2	27.9	573	614	11.2	25.2	22.6

6.1.2.3 高强铝合金的强韧性

Al - Zn - Mg 系合金中起主要强化作用的元素为 Zn 和 Mg，Cu 也起一定强化作用，但其主要作用是为了提高材料的抗腐蚀性能。另外，合金中还有少量的 Cr、Mn、Zr、Ni、Ti、B 等辅助元素，Fe 和 Si 在合金中是有害杂质。如图 6 - 9 所示，Zn，Mg 含量增加，Al - Zn - Mg 合金强度增加，但是其断裂韧性和抗应力腐蚀降低。一般来说断裂韧性和强度成反比例（如图 6 - 10 所示），并且与合金组成、不溶的化合物（结晶相，弥散相）、晶体组织、晶界和晶界析出物的状态有关。图6 - 11给出了 7075 合金平面应变的断裂韧性和不溶化合物含量的关系，随着不溶化合物（结晶相）体积分数的减少，断裂韧性明显增加。不溶性化合物与基体的界面容易剥离，产生孔隙，使裂纹得以传播。这些化合物相有 Al_7Cu_2Fe、$Al_{12}(Fe, Cr)_3Si$、Mg_2Si，S 相、T 相和 η 相，其中含有 Fe，Si 等物质的化合物，最具恶劣影响。为了抑制结晶物的形成使用高纯原材料最为有效，并且如表 6 - 12 所示，采用高温均质化处理，中间形变热处理和最终形变热处理。

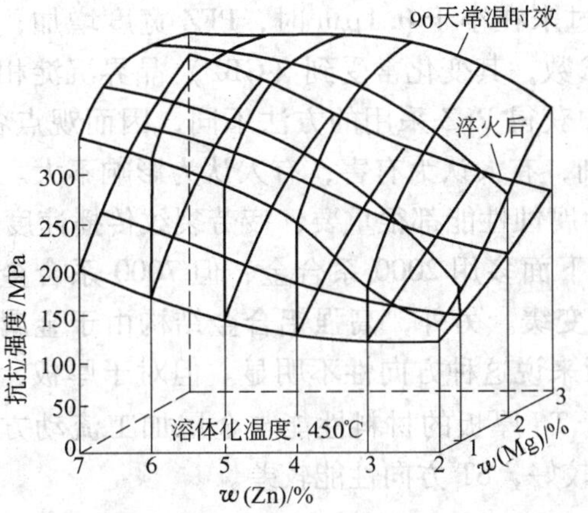

图 6-9　Al-Zn-Mg 系合金板材抗拉强度与 Zn、Mg 含量关系

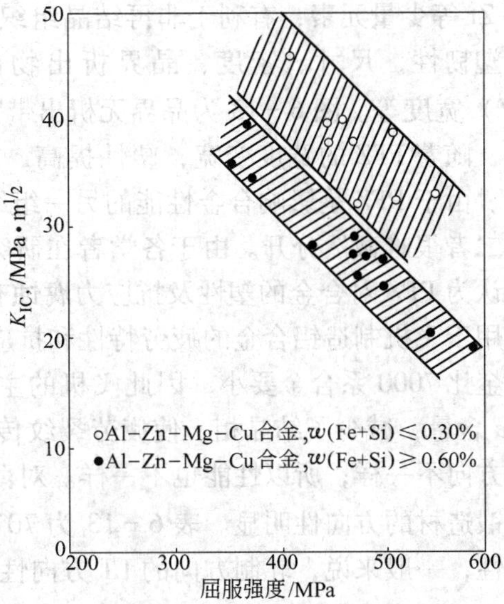

图 6-10　Al-Zn-Mg-Cu 的断裂韧性与强度及 w（Fe+Si）数量的关系

（1MN·m$^{-3/2}$=3.22kgf·mm$^{-3/2}$）

表 6-12　提高结构用铝合金韧性的方法[24]

材料(组织)因素	制造(成分)因素

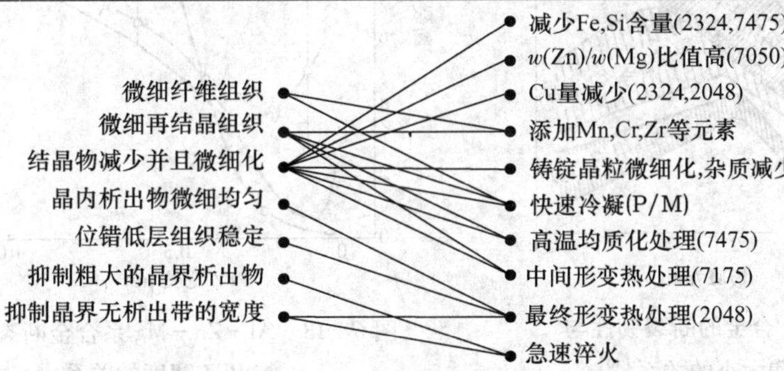

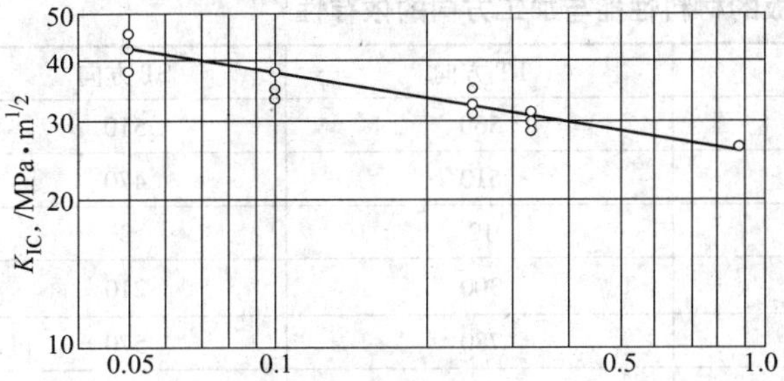

图 6-11　7075 合金 T6 处理 ST 方向平面应变断裂韧性与合金中不溶化合物（结晶相）含量的关系[16]

晶体的组织（固溶后的回复，再结晶）对韧性也有一定的影响，如图 6-12所示，断裂韧性按纤维组织，微细再结晶，粗大再结晶组织的顺序而降低。Al-Zn-Mg 系合金一般在晶界上容易产生应力集中，晶界易脆化和破坏[21，22]，晶粒越小，应力集中的可能性越小。另外，非再结晶组织构成的亚晶界倾角比较小，因而在亚晶界的析出物较小[23]，在亚晶界位错难以堆集，难以引起晶界破坏。在合金中加入 Cr,

Mn，Zr 等少量元素，有利于非再结晶组织的形成。影响晶界产生裂纹的因素有晶内析出物的塑韧性、尺寸、密度、晶界析出物的尺寸、形态、所占面积率，晶界无析出带（PFZ）宽度等。图 6－13 为晶界无析出带宽度与断裂变形的关系。PFZ 在 0.1～0.3μm 范围时，随着 PFZ 的宽度变宽，塑性提高，反过来在小于 0.1μm 时，PFZ 宽度增加，塑性降低。由于 PFZ 是影响合金性能的另一组织参数，其变化常受到（GBP）晶界沉淀相的影响，二者很难截然分开。由于各学者在研究中获得 PFZ 采用的方法不同，因而观点各异。有人认为 PFZ 对合金的塑性及抗应力腐蚀有利，有人认为有害，有人认为影响不大。

用于飞机制造铝合金的疲劳特性和抗应力腐蚀性能都很重要，疲劳裂纹传播速度 2000 系合金比 7000 系合金要小，因此飞机的主翼下面多用 2000 系合金，但 7000 系合金增加了 Cu 含量，减少了结晶相，使疲劳裂纹传播变缓。另外，高强铝合金结构由于金属加工流动方向不一样，所以性能也不一样。对薄板来说这种方向性不明显。但对于厚板，挤压材和锻造材的方向性明显。表 6－13 为 7075－T6 厚板的材料性能与金属加工流动方向的依存性，一般来说，轧制方向的 LT 方向性能较好，ST 方向性能较差。

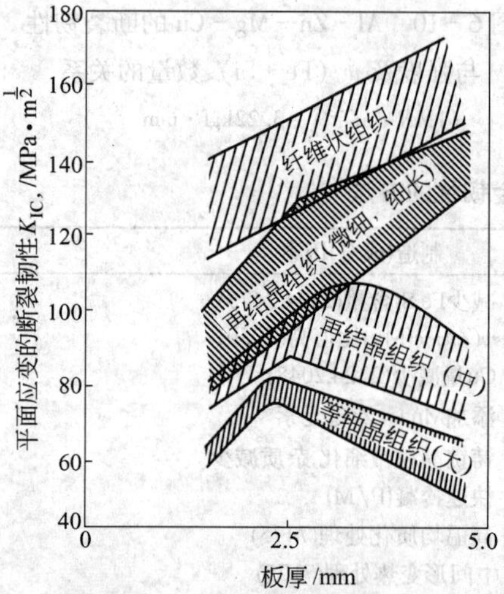

图 6－12　7075 合金的断裂韧性与晶体的形状和大小的关系[10]

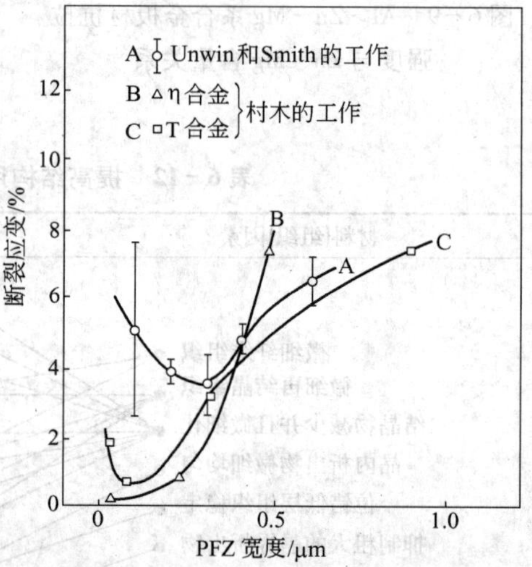

图 6－13　Al－Zn－Mg 系合金断裂应变与 PFZ 宽度的关系

表 6－13　7075－T6 合金厚板的材料性能与加工方向的依存性[24]

加工方向	L 方向	LT 方向	ST 方向
抗拉强度/MPa	560	560	510
屈服强度/MPa	510	510	470
伸长率/%	14	12	3
疲劳极限①/MPa	310	300	210
断裂韧性/MPa	920	780	570
应力腐蚀开裂的极限应力②/MPa	350	320	50

①$10^7$ 次。

②3.5% NaCl 水溶液交互浸渍 84 天没有产生应力腐蚀开裂。

6.1.2.4 应力腐蚀开裂（SCC－Stress Corrosion Cracking）

Al－Zn－Mg 系合金虽然在 20 世纪 30 年代就开始研究，但由于该系合金产生严重的应力腐蚀现象而未得到应用。直到 40 年代初才发展了加入 Cu、Mn、Cr 等元素的 Al－Zn－Mg－Cu 系合金，这些元素的加入显著地改善了该合金的抗应力腐蚀和抗剥落的腐蚀性能。近年来随着冶金学的发展，使超高强度铝合金的抗应力腐蚀能力有了很大提高。但是应力腐蚀仍是一个不可忽略的问题，长期以来一直是材料领域研究的重点。

应力腐蚀开裂机理有很多理论，主要有钝化膜破裂理论、阴极溶解理论、氢致破裂理论和 Mg－H 复合体理论[25]。其中氢致破裂理论和Mg－H复合体理论得到较多学者的支持。

氢致破裂理论认为，腐蚀过程中产生的氢在拉应力的作用下沿晶界扩散进入裂纹尖端区引起氢脆，从而加速了应力腐蚀裂纹的扩展。Scamans 等人[26]认为，在拉伸应力的作用下，晶界与表面相交处的水分与铝合金反应生成活性原子氢。氢原子进入晶格中，沿晶界优先偏聚，导致晶界强度下降，引起开裂。Viswanadham 等人[27]在综合分析了许多学者的试验结果后提出了 Mg－H 复合理论。即在晶界上存在着过量的自由 Mg，易与 H 形成“Mg－H”复合体，这样将导致晶界上氢固溶度的增加，氢在晶界上的偏聚将降低晶界的结合能，从而促进了裂纹的扩展。该理论能够较好地对很多现象进行解释，如晶界沉淀相氢泡的产生。Mg－H 复合体理论认为，在湿空气环境下时效时，晶界上的自由 Mg 由于 $MgZn_2$ 粒子的长大而不断减少，而原先与 Mg 复合的氢则随着时效的深入而成为过饱和，因而氢就会在 $MgZn_2$ 与晶界的界面处以氢泡的形式放出。

为了解决抗应力腐蚀开裂问题，表 6－14 给出了提高 Al－Zn－Mg 系合金抗应力腐蚀的对策。应力腐蚀开裂通过热处理条件的改变可以得到改善，一般来说，固溶温度愈高，淬火速度愈快，愈容易引起应力腐蚀开裂。

表 6－14 提高焊接结构材 Al－Zn－Mg 系合金耐应力腐蚀开裂性的方法[24]

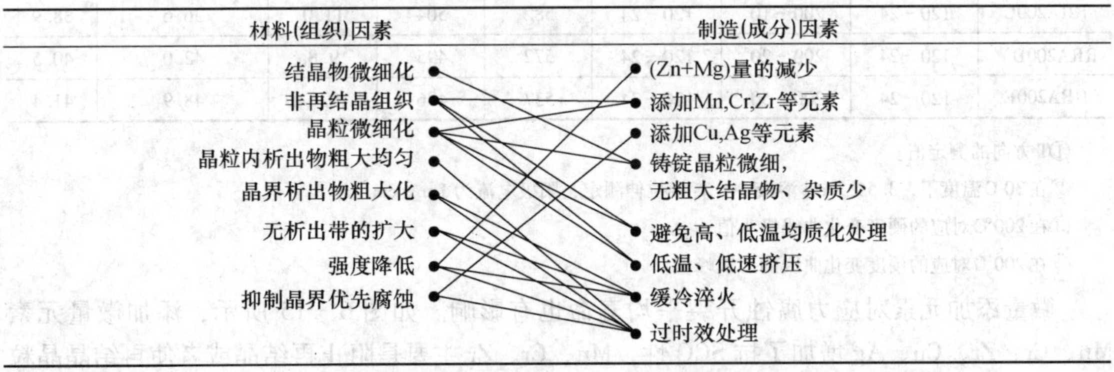

表 6－15 给出了 Al－4％Zn－2％Mg 应力腐蚀开裂寿命与冷却速度、析出状态的关系。在热处理中往往采用过时效方法牺牲一定的屈服强度，使抗 SCC 性得以提高。如图6－14 所示，采用过时效工艺 T76 和 T73，其强度分别比采用 T6 工艺降低了 12％和 15％～20％，但是抗 SCC 性有较大的提高。采用 RRA 处理工艺，如表 6－16 所示，其强度性能与采用 T6 处理基本相当，而平均 SCC 寿命比采用 T6 处理要高得多。

表 6－15 Al－4% Zn－2%Mg（质量分数）应力腐蚀开裂寿命与淬火速度和析出状态的关系[10]

淬火方法	淬入冷水	淬入开水	空 冷
350～250℃之间冷却时间/s	1	8	160
晶界析出相	均匀分散 析出相尺寸 75～120nm	均匀分散 析出相尺寸 75～120nm	300nm 的析出相分散析出，晶界具有 1000nm 的间隔
PFZ 最大宽度/nm	70	100	300
亚晶界析出相	微细均匀分散平均尺寸为 30～50nm	与左边相同，存在板状析出相	比淬入开水状态具有更多板状析出相
屈服强度 $\sigma_{0.2}$/MPa	337	345	342
应力腐蚀的负载应力/MPa	314	314	314
应力腐蚀开裂寿命/天	24	62	365 没有开裂

表 6－16 7475 经 RRA 热处理与经 T6、T76、T73 热处理后材料性能（强度、塑性、SCC 寿命、导电性）的比较[28]

试 样	热处理			拉伸性能①			平均 SCC 寿命②/h	导电率 /%IACS
	一级时效（℃-h）	二级时效（℃-min）	三级时效（℃-h）	σ_b /MPa	$\sigma_{0.2}$ /MPa	δ/%		
T6	120－24	—	—	574	496	11.6	21.0	34.6
T76	120－24	160－1080	—	534	469	9.6	27.9	40.2
T73	120－24	160－1080	—	509	450	9.8	54.8	42.0
RRA200A	120－24	200－1	120－24	571	501	10.3	30.7	35.3
RRA200B③	120－24	200－4	120－24	579	501	10.6	34.3	36.9
RRA200C	120－24	200－10	120－24	582	504	11.0	36.6	38.9
RRA200D④	120－24	200－20	120－24	572	495	9.8	42.0	40.5
RRA200E	120－24	200－50	120－24	537	486	9.0	48.9	41.4

①T 方向的测定值。

②在 30℃温度下，3.5% NaCl 溶液中，直接拉伸测定，阳极电流为 $1mA/cm^2$。

③在 200℃对应的硬度变化曲线极小值。

④在 200℃对应的硬度变化曲线的二次峰值。

微量添加元素对应力腐蚀开裂平均寿命也有影响。如图 6－15 所示，添加微量元素 Mn、Cr、Zr、Cu、Ag 增加了抗 SCC 性，Mn、Cr、Zr 主要是阻止再结晶或者使再结晶晶粒微细化。Cu、Ag 主要是减小了晶内和晶界的电位差。金属组织对抗 SCC 性的影响也有很多人进行了研究。抗 SCC 性的组织应该是：（1）晶界析出物的分布是低密度性，并且析出物粗大；（2）晶界化倾角（扭曲角）小（为非再结晶组织）；（3）晶粒微细。图 6－16 给出了晶界析出物和 SCC 寿命的关系。图 6－17 给出了扭曲晶界回转角和 SCC 寿命的关系。表 6－17 给出了高强铝合金耐 SCC 性的研究。

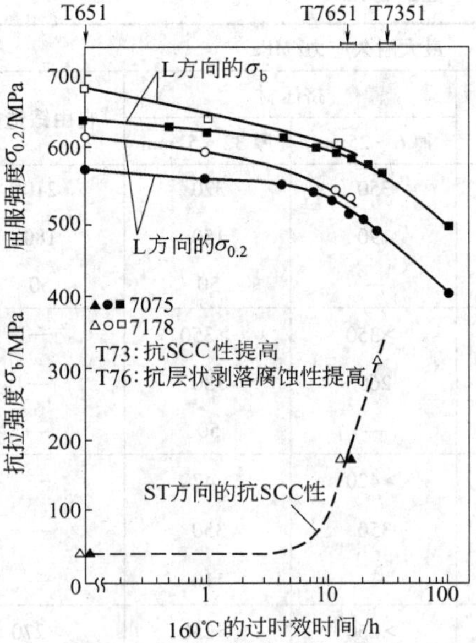

图 6-14 7075 和 7178 合金的强度性能、抗 SCC 性与过时效条件的关系

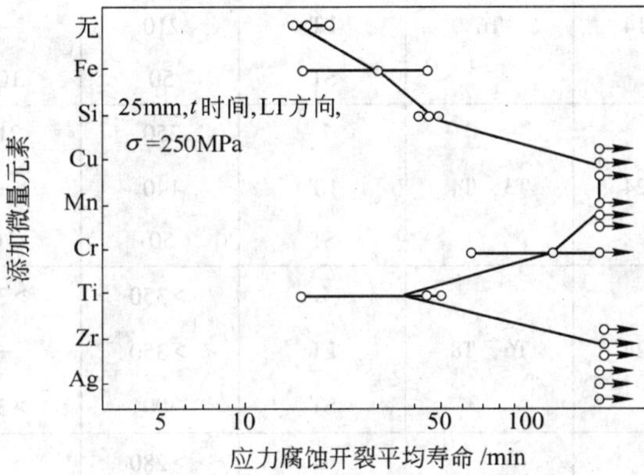

图 6-15 Al-4%Zn-2%Mg（质量分数）合金板材的 LT 方向应力腐蚀开裂平均寿命与微量添加元素的关系

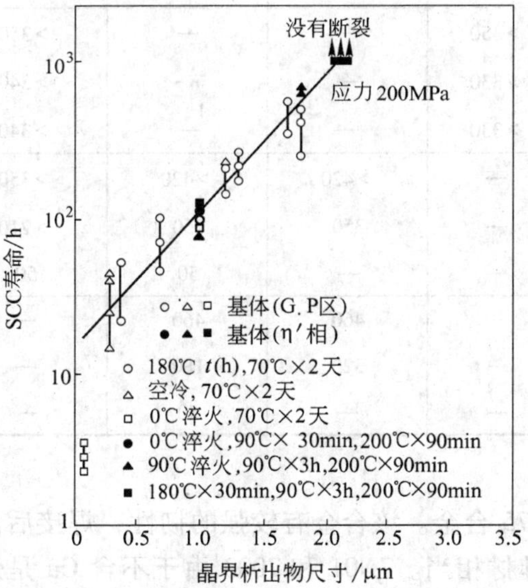

图 6-16 晶界析出物尺寸与 SCC 寿命的关系（Al-4.3%Zn-1.7%Mg（质量分数）合金在 450℃固溶处理后，采用各种热处理工艺）

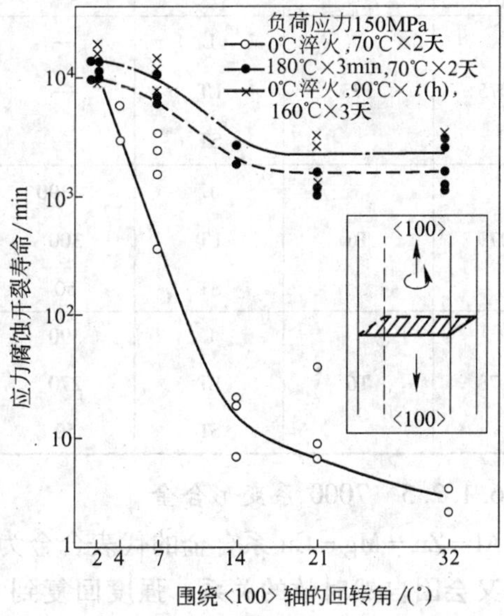

图 6-17 Al-5.6%Zn-1.8%Mg（质量分数）扭曲晶界的回转角与 SCC 寿命的关系

表6-17　高强度铝合金耐SCC性的标准[8]

合金	热处理工艺	取样方向	最大耐久应力/MPa				
			厚板	轧制材	挤压材		自由锻造材
					厚6~25mm	厚32~51mm	
2014	T6	L	320	320	350	320	210
		LT	210	—	190	150	180
		ST	50	100	—	50	50
2024	T3，T4	L	250	210	>350	>350	—
		LT	140	—	260	130	—
		ST	50	70	—	50	—
2024	T6，T8	L	>350	>330	>420	>420	—
		LT	>350	—	350	350	—
		ST	300	>300	—	110	—
2219	T8	L	>280	—	>250	>250	>270
		LT	>270	—	>250	>250	>270
		ST	>270	—	—	>250	>270
7075	T6	L	350	350	420	420	250
		LT	320	—	350	220	180
		ST	50	100	—	50	50
7075	T73	L	—	>350	—	—	>350
		LT	—	>330	—	—	>340
		ST	—	>330	—	—	>340
7079	T6	L	>390	—	>420	>420	>350
		LT	300	—	350	250	>210
		ST	50	—	—	50	50
7178	T6	L	390	—	460	460	—
		LT	270	—	320	180	—
		ST	50	—	—	50	—

6.1.2.5　7000系变形合金

Al-Zn-Mg-Cu系合金的代表合金为7075合金。该合金有较强的韧性，焊接后温度升高又会因自然时效的关系，强度回复到与母材相当。7N01和7003由于不含Cu是焊接用结构材料。另外，这类合金热处理不当易产生应力腐蚀，尤其在7005合金中更容易显现。表6-18给出了Al-Zn-Mg变形合金的化学成分（JIS标准）。表6-19给出了Al-Zn-Mg系变形合金的力学性能。表6-20给出了7000合金的密度。表6-21给出了7000合金的电学性能，表6-22给出了7000系合金的热学性能。表6-23给出了7000系合金的主要特点及应用举例。

表 6-18 Al-Zn-Mg 系变形合金的化学成分（JIS 标准）

合金名称	化学成分①（质量分数）/%												
	Si	Fe	Cu	Mn	Mg	Cr	Zn	Zr	Ti		其他		Al
											单个	总计	
7003	0.30	0.35	0.20	0.30	0.50 ~ 1.0	0.20	5.0 ~ 6.5	0.05 ~ 0.25	0.20	Ni0.05	0.05	0.15	余量
7010	0.10	0.15	1.5 ~ 2.0	0.30	2.2 ~ 2.7	0.05	5.7 ~ 6.7	0.11 ~ 0.17	—		0.05	0.15	余量
7050	0.12	0.15	2.0 ~ 2.6	0.10	1.9 ~ 2.6	0.04	5.7 ~ 6.7	0.08 ~ 0.15	0.06		0.05	0.15	余量
7072②	Si + Fe 0.7		0.10	0.10	0.10	—	0.8 ~ 1.3	—	—		0.05	0.15	余量
7075	0.40	0.50	1.20 ~ 2.0	0.30	2.1 ~ 2.9	0.18 ~ 0.28	5.1 ~ 6.1	Zr + Ti 0.25			0.05	0.15	余量
7175	0.15	0.20	1.2 ~ 2.0	0.10	2.1 ~ 2.9	0.18 ~ 0.28	5.1 ~ 6.1		0.10		0.05	0.15	余量
7475	0.10	0.12	1.2 ~ 1.9	0.06	1.9 ~ 2.6	0.18 ~ 0.25	5.2 ~ 6.2		0.06		0.05	0.15	余量
7178	0.40	0.50	1.6 ~ 2.4	0.30	2.4 ~ 3.1	0.17 ~ 0.25	6.3 ~ 7.3		0.20		0.05	0.15	余量
7079	0.30	0.40	0.40 ~ 0.8	0.10 ~ 0.30	2.9 ~ 3.7	0.10 ~ 0.25	3.8 ~ 4.8		0.10		0.05	0.15	余量
7N01	0.30	0.35	0.20	0.20 ~ 0.7	1.0 ~ 2.0	0.30	4.0 ~ 4.5	0.25	0.20	V0.10	0.05	0.15	余量

①没有表示范围的为最大值。

②作为 7075 层合板。

表 6-19 Al-Zn-Mg 系变形合金的力学性能

合金名称	状态	拉伸性能			布氏硬度（10/500）	剪切强度/MPa	疲劳强度/MPa	弹性模量/GPa
		拉伸强度/MPa	屈服强度/MPa	伸长率/%				
7003	T5	320	260	15	85	180	127	73
7010	T73651	520	450	11	140	—	—	73
7050	T73651	520	460	13	142	—	—	72
7075	O	230	105	17	60	155	—	73
	T6，T651	585	515	11	150	335	160	73
	T73，T73651	515	445	13	—	—	160	73
7075	O	225	100	17	—	155	—	73
	T6，T651	535	470	11	—	155	—	73

续表6-19

合金名称	状 态	拉伸性能			布氏硬度(10/500)	剪切强度/MPa	疲劳强度/MPa	弹性模量/GPa
		拉伸强度/MPa	屈服强度/MPa	伸长率/%				
7175	T736	535	465	11	145	—	160	73
7475	T6，T651	565	505	12	—	300	—	72
	T76，T7651	535	470	12	—	275	—	72
	T73，T7351	515	445	14	—	275	215	72
7178	O	230	105	15	—	—	—	73
	T6，T651	620	550	10	—	—	—	73
7079	O	230	105	17	—	—	—	73
	T6，T651	550	480	14	145	315	160	73
7N01	T4	365	225	16	95	—	—	73
	T5	350	300	15	100	185	130	73
	T6	370	300	15	100	195	130	73

表6-20 7000合金的密度

合 金	密度/ kg·m^{-3}	合 金	密度/ kg·m^{-3}
7005	2780	7075	2810
7008	2780	7178	2830
7049	2840	7A03	2850
7050	2830	7A04	2850
7072	2720		

表6-21 7000合金的电学性能

合金	20℃体积电导率/ %IACS			20℃电阻率/ nΩ·m			20℃电阻温度系数/nΩ·(m·K)$^{-1}$
	O	T53、T5351 T63、T6351	T6	O	T53、T5351 T63、T6351	T6	
7005	43	38	35	40.1	45.4	49.3	0.1
7039		32~40		—	—	—	0.1
7049		40			43		0.1
7050	47	39.5（T76、T7651）	40.5（T73、T3651）	36.7	43.6（T76、T7651）	42.6（T736、T3651）	0.1
7072	60	—	—	28.7	—	—	0.1

续表6－21

合金	20℃体积电导率/%IACS			20℃电阻率/nΩ·m			20℃电阻温度系数/nΩ·(m·K)$^{-1}$
	O	T53、T5351 T63、T6351	T6	O	T53、T5351 T63、T6351	T6	
7075	33（T6、T62、T651、T652）	38.5（T76、T765）	40（T73、T7351、T7352）	52.2（T6、T62、T651、T652）	44.8（T76、T7651）	43.1（T73、T7351、T73652）	0.1
7175	45	36（T66）	40（T736、T73652）	37.5	47.9（T66）	43.1（T736、T73652）	0.1
7178	46	32（T6、T651）	39（T76、T7651）	37.5	53.9（T6、T651）	44.2（T76、T0651）	0.1
7475	46	36（T61、T651）；42（T7351）	40（T761、T7651）	37.5	47.9（T61、T651）；41.1（T7351）	43.1（T761、T7651）	0.1
7A03	—	—	—	44.0（T4）	—	—	0.1
7A04	30（T4）	—	—	42.0（T4）	—	—	—

表6－22 7000系合金的热学性能

合金	液相线温度/℃	固相线温度/℃	线［膨］胀系数		体［膨］胀系数/m^3·(m^3·K)$^{-1}$	比热容/J·(kg·K)$^{-1}$	20℃热导率/W·(m·K)$^{-1}$		
			温度/℃	平均值/μm·(m·K)$^{-1}$			O	经T53，T63，T5361，T6351处理后	T6
7005	643	604	-50～20	21.4	67.0×10^{-6}（20℃）	875（20℃）	166	148	137
			20～100	23.1					
			20～200	24.0					
			20～300	25.0					
7039	638	482	20～100	23.4	—	—	125～155		
7049	627	588	20～100	23.4	—	960（100℃）	154（25℃）		
7050①	635	524	-50～20	21.7	68.0×10^{-6}	860（20℃）	180	154（T76、T7651）	157（T736、T73651）
			20～100	23.5					
			20～200	24.4					
			20～300	25.4					

续表6－22

合金	液相线温度/℃	固相线温度/℃	线［膨］胀系数		体［膨］胀系数/m³·(m³·K)⁻¹	比热容/J·(kg·K)⁻¹	20℃热导率/W·(m·K)⁻¹		
			温度/℃	平均值/μm·(m·K)⁻¹			O	经T53，T63，T5361，T6351处理后	T6
7072	657	641	－50～20	21.8	68.0×10⁻⁶	—	227	—	
			20～100	23.6					
			20～200	24.5					
			20～300	25.5					
7075[2]	635	477[5]			68×10⁻⁶	960（100℃）	130（T6、T62、T651、T652）	150（T76、T7651）	155（T73、T7351、T7352）
7175[3]	635	477[5]	－50～20	21.6	68×10⁻⁶	864（20℃）	177	142	155（T736、T73652）
			20～100	23.4					
			20～200	24.3					
			20～300	25.2					
7178	629	477[5]	－50～20	21.7	68×10⁻⁶	856（20℃）	180	127（T6、T651）	152（T76、T7651）
			20～100	23.5					
			20～200	24.4					
			20～300	25.4					
7475[4]	635	477[5]	－50～20	21.6	68×10⁻⁶（20℃）	856（20℃）	177	155（T61、T651）142；155（T761、T7651）；163（T7351）	—
			20～100	23.4					
			20～200	34.3					
			20～300	25.2					
7A03	—	—	20～100	21.9	—	714（100℃）	150（25℃）	—	—
			100～200	24.85		924（200℃）	160（100℃）		
			200～300	28.87		1050（300℃）	164（200℃）		
			300～400	32.67			168（300℃）		

续表6－22

合金	液相线温度/℃	固相线温度/℃	线［膨］胀系数		体［膨］胀系数/m^3·(m^3·K)$^{-1}$	比热容/J·(kg·K)$^{-1}$	20℃热导率/W·(m·K)$^{-1}$		
			温度/℃	平均值/μm·(m·K)$^{-1}$			O	经T53，T63，T5361，T6351处理后	T6
7A04	—	—	20～100	23.1	—	—	155（25℃）	—	—
			20～200	34.3			160（100℃）		
			20～300	24.1			164（200℃）		
				26.2			164（300℃）		
							160（400℃）		

①经过固溶处理的加工产品的初熔温度为488℃，铸态材料的共晶温度为465℃。

②铸态材料的共晶温度为477℃，经固溶处理的加工产品的初熔温度为532℃。

③铸态材料的共晶温度为477℃，经固溶处理的加工产品的初熔温度为532℃。

④经固溶处理的加工产品的初熔温度为538℃，而共晶温度为477℃。

⑤共晶温度。

表6－23　7000系合金的主要特点及应用举例

合金	主要特点	主要制品及状态	主要用途
7075	固溶处理后塑性好，热处理强化效果特别好，在150℃以下有高的强度，并且有特别好的低温强度，焊接性能差，有应力腐蚀开裂倾向，双级时效可提高抗SCC性能	T6、T73、T76 薄板，T651、T7651、7351 厚板。T6、T73、T7352 锻件。T6511、T73511 挤压件	飞机上、下翼面壁、桁条、隔框
7049	是以代替7079为目的的合金，强度高和抗SCC性能好，抗普通腐蚀能力不强	T73511、T76511 挤压件，T73、T7352 锻件，T73 薄板和厚板	飞机主起落架、导弹配件
7149	强度和抗SCC性能好，断裂韧性好于9040，是7049的改良型合金	T73、T74、T7452 锻件，T73511、T76511 挤压件	
7249	综合性能好于7149，是7049的改良型合金	T73、T74、T7452 锻件，T73511、T76511 挤压件	
7175	强度高，抗腐蚀性良好，是7075的改良型合金，T74状态强度接近7075、T6断裂韧性比7075、T73的好，抗SCC性能介于7075、T76和7075、T73之间	T66、T74、T7452 锻件，T74、T6511 挤压件	飞机翼外翼梁，主起落架梁，前起落架动作筒，垂尾接头，火箭喷管结构件

续表 6-23

合金	主 要 特 点	主要制品及状态	主 要 用 途
7475	强度、断裂韧性良好，抗疲劳性能好，抗腐蚀性（T76）也好，即有很好的综合性能，采用特殊加工工艺可使其具有超塑性	T61、T761 薄板，T651、T7651 和 T7351 厚板、薄板	飞机机身，机翼蒙皮，中央翼结构件，翼梁，舱壁，子弹壳； T-39 隔板，直升机舱板，起落架舱门
7050	强度高，断裂韧性，抗应力腐蚀和抗剥落腐蚀性能好，淬火敏感性小，可制大型件	T7651、T7451 厚板，T3511、T76511、T73511、T74511 挤压件，T7452 自由锻件，T76、T7652、T74、T7452 模锻件，T73 线材，T76 包铝薄板	飞机机身框架，机翼蒙皮，舱壁，桁条，加强筋，肋，托架，起落架支撑件，龙骨梁，座椅导轨
7150	强度高，抗腐蚀性（剥落腐蚀）良好，是 7050 的改良型合金，在 T651 状态下比 7050 的高 10% ~ 15%，断裂韧性高 10%。抗疲劳性能好，两者的抗 SCC 性能相似	T651、T7751 厚板，T6511、T77511 挤压件，T77 锻件	大型客机的上翼结构，机体板梁凸缘，上面外板主翼纵梁，机身加强件，龙骨梁，座椅导轨
7010	具有与 7050 大致相同的特点，降低了 Cu 含量，克服了 7050 合金的铸造裂纹问题	T7651 厚板，T74、T7452 锻件	
7055	抗压和抗拉强度比 7150 的高 10%，断裂韧性、耐腐蚀与 7150 相似	T7751 厚板和挤压件，T77511 挤压件，T77 锻件	大型飞机的上翼蒙皮，长桁，水平尾翼，龙骨梁，座轨，货运划轨
7090	PM7090、T7E80 强度比 7050、T73 高 10% ~ 20%，其韧性和耐腐蚀性也均比 IM7050 的好，即综合性能好	T7E80、T7E71 锻件，T7E71 挤压件	飞机主起落架闸门的连杆操纵装置，机体构件，直升机旋翼夹头，起落和弹射座椅导轨
7091	具有与 7090 大致相同的特点，韧性和耐腐蚀性略好于 7090	TE68 锻件，T7E70、TE69 挤压件	飞机主起落架闸门的连杆操纵装置，机体构件，直升机旋翼夹头，起落和弹射座椅导轨
WC64	强度和 7090 相当，而断裂韧性高一倍	TX2 锻件	
7064	有极好的综合性能	TX651、TX7651、TX7351 挤压件	
B93	铸造和压力加工状态各向异性小，工艺性能高，具有最低的临界淬水冷却速度（3℃/s）	T1、T3 形状复杂的大型锻件	
B95	具有与 7075 基本相同的特点	T1、T2、T3 薄板，包铝薄板、厚板，预拉伸板，挤压件，自由锻件，模锻件	飞机结构件，通用工业结构材料

续表 6-23

合金	主要特点	主要制品及状态	主要用途
B95u	B95 改良型合金，断裂韧性比 B95 高	T1、T2、T3 薄板，包铝薄板、厚板，预拉伸板，T1、T2、T3 挤压件，自由锻件，模锻件	飞机上翼蒙皮，隔框，桁条，起落架
B95cn	B95u 改良型合金，断裂韧性比 B95u 高	T3 锻件，T2、T3 板材和挤压件	飞机结构件用锻件及飞机上翼蒙皮，隔框，桁条
B96u	合金化程度最高，强度极高，抗应力腐蚀和剥落腐蚀性能低，塑性低，有较高的应力集中敏感性	T1 锻件，挤压件	核工业离心机，自行车，声纳
B96ui	具有与 B96u 相似的特点，强度略高于 B96u，T1 状态抗拉强度高达 735MPa，T2，T3 状态有中等断裂韧性和好的耐腐蚀性	T1、T2、T3 锻件，挤压件	
B96cn	强度比 B96u 和 B96ui 的低，塑性高 0.5～1 倍	T1、T2、T3 锻件，挤压件	飞机中等尺寸零件

6.2 快速凝固 2000 系合金

6.2.1 采用压制与烧结工艺生产的粉末铝合金[29～31]

由于铝粉表面存在致密的难于还原的氧化膜，因此纯铝及预合金化的铝合金粉末难于通过普通压制和烧结工艺制成机械零件。在 20 世纪 60 年代后期 Storchheim 将液相烧结技术应用在 PM（Powder Metallurgy，粉末冶金）铝合金，因而出现了直接烧结而成的铝 PM 零件。粉末冶金铝合金的原料只能是铝与合金元素的机械混合粉，其合金化过程是通过在混合粉的液相烧结中完成的。国外常用的压制和烧结粉末冶金铝合金主要有三类：第一类成分相当于 20214，即为 Al－Cu－Mg 系合金，如美国 Alcoa 公司的 201AB 和 Alcan 公司的 MD24 及德国的 Ecka－Alumix123；第二类成分相应于合金 6061，即为 Al－Mg－Cu－Si 系合金，如 Alcoa 的 601AB 和 Alcan 的 MD69 及德国的 Ecka－Alumix321；第三类成分相应于合金 7075，即为 Al－Zn－Mg 系合金，如 Alcan 的 MD76。表 6－24 为几种典型的粉末冶金铝合金的成分。表 6－25 为几种典型的粉末冶金铝合金的制备工艺。表 6－26 为在氮气气氛下烧结，粉末冶金铝合金的特性。压制烧结件的密度可以通过复压、复烧来提高，仅经一次压制和烧结的铝合金部件的相对密度为 80% 左右，经复压和复烧部件的相对密度为 90% 以上。粉末铝合金通过锻造来提高性能是一种非常有效的方法。

表 6－24　几种典型粉末冶金铝合金的粉末成分（质量分数）　（%）

级别	Cu	Mg	Si	Al	润滑剂
601AB	0.25	1.0	0.6	余量	1.5
201AB	4.4	0.5	0.8	余量	1.5

续表6－24

级 别	Cu	Mg	Si	Al	润滑剂
602AB	—	0.6	0.4	余量	1.5
202AB	4.0	—	—	余量	1.5
MD－22	2.0	1.0	0.3	余量	1.5
MD－24	4.4	0.5	0.9	余量	1.5
MD－69	0.25	1.0	0.6	余量	1.5
MD－76	1.6	2.5	—	余量	1.5

表6－25 PM铝合金典型的工艺条件及性能[32]

工艺条件及性能		MD24	MD69	MD76
压坯密度/ g·cm^{-3}		2.50	2.42	2.52
压坯相对密度/ %		90	90	90
烧结温度/ ℃		596	621	596
烧结时间/ min		30	30	30
烧结气氛（露点）		N_2（－45℃）	N_2（－45℃）	N_2（－45℃）
烧结坯密度/ g·cm^{-3}		2.54	2.50	2.51
烧结坯相对密度/ %		91.5	92.9	89.6
烧结态	$\sigma_{0.2}$/MPa	96	70	155
	σ_b/MPa	165	125	210
	δ/%	5	10	3
T6态	$\sigma_{0.2}$/MPa	195	195	275
	σ_b/MPa	240	205	310
	δ/ %	3	2	2

表6－26 在氮气气氛下烧结几种粉末冶金铝合金的性能

合 金	压实压力		湿态密度		湿态强度		烧结后密度		状态	抗拉强度①		屈服强度①		伸长率	硬 度
	MPa	tsi	%	g·cm^{-3}	MPa	psi	%	g·cm^{-3}		MPa	ksi	MPa	ksi	/%	
601AB	96	7	85	2.29	3.1	450	91.1	2.45	T1	110	16	48	7	6	55～60HRH
									T4	141	20.5	96	14	5	80～85HRH
									T6	183	26.5	176	25.5	1	70～75HRE
	165	12	90	2.42	6.55	950	93.7	2.52	T1	139	20.1	88	12.7	5	60～65HRH
									T4	172	24.9	114	16.6	5	80～85 HRH
									T6	232	33.6	224	32.5	2	75～80HRE
	345	25	95	2.55	10.4	1500	96.0	2.58	T1	145	21	94	13.7	6	65～70HRH
									T4	176	25.6	117	17	6	85～90HRH
									T6	238	34.5	230	33.4	2	80～85HRE

续表 6-26

合金	压实压力		湿态密度		湿态强度		烧结后密度		状态	抗拉强度①		屈服强度①		伸长率/%	硬度
	MPa	tsi	%	$g \cdot cm^{-3}$	MPa	psi	%	$g \cdot cm^{-3}$		MPa	ksi	MPa	ksi		
602AB									T1	121	17.5	59	8.5	9	55~60HRH
	165	12	90	2.42	6.55	950	93.0	2.55	T4	121	17.5	62	9	7	65~70HRH
									T6	179	26	169	24.5	2	55~60HRE
									T1	131	19	62	9	9	55~60HRH
	345	25	95	2.55	10.4	1500	96.0	2.58	T4	134	19.5	65	9.5	10	70~75HRH
									T6	186	27	172	25	3	65~70HRE
201AB									T1	169	24.5	145	24	2	60~65HRE
	110	8	85	2.36	4.2	600	91.0	2.53	T4	210	30.5	179	26	3	70~75HRE
									T6	248	36	248	36	0	80~85HRE
									T1	201	29.2	170	24.6	3	70~75HRE
	180	13	90	2.50	8.3	1200	92.9	2.58	T4	245	35.6	205	29.8	3.5	75~80HRE
									T6	323	46.8	322	46.7	0.5	85~90HRE
									T1	209	30.3	181	26.2	3	70~75HRE
	413	30	95	2.64	13.8	2000	97.0	2.70	T4	262	38	214	31	5	80~85HRE
									T6	332	48.1	327	47.5	2	90~95HRE
202AB 压实件									T1	160	23.2	75	10.9	10	55~60HRH
	180	13	90	2.49	5.4	780	92.4	2.56	T4	194	28.2	119	17.2	8	70~75HRH
									T6	227	33	147	21.3	7.3	45~50HRE
冷压成形部件(19%应变率)									T2	238	33.9	216	31.4	2.3	80HRE
	180	13	90	2.49	5.4	780	92.4	2.56	T4	236	34.3	148	21.5	8	70HRE
									T6	274	39.8	173	25.1	8.7	85HRE
									T8	280	40.6	250	36.2	3	87HRE

①拉伸性能系用粉末金属扁平拉力杆(MPIF 标准 10~63)进行测定,在氮气中 620℃(1150 ℉)温度下烧结 15min。

在锻造铝预型件时,烧结铝部件表面要涂上石墨润滑剂,以使金属能在锻造中作适当的流动。部件可热锻或冷锻。对于要求严格的模内填实的部件,采用热锻,温度为 300~450℃。锻造压力通常不超过 345MPa。锻造一般在一个封闭模内进行,这样就不会产生飞边,而且只有压实与侧流才从锻造步骤产生。废料损失比常规锻造要少 10%,后者的损失达 50%。锻造粉末冶金铝部件的相对密度可达 99.5% 以上。强度高于非锻造粉末冶金的部件,在很多方面与常规锻造相似。耐疲劳限度双倍于非锻造粉末冶金部件。

601AB,602AB,201AB 与 202AB 诸合金均用于锻造。202AB 合金特别适合于冷锻。所有铝粉末合金均能适应于应变硬化和析出硬化作业,并可提供范围宽的性能。例如,601AB-T4 合金在 425℃下热锻,然后进行热处理,得到的最终抗拉强度为 221~262MPa,屈服强度为 138MPa,伸长率在 25mm 时达 6%~16%。

601AB 合金经热处理至 T6 状态的最终抗拉强度为 303 ~ 345MPa，屈服强度为 303 ~ 317MPa，伸长率达 8%。锻造中成形压力和减缩率会影响性能。

201AB 合金经热处理至 T4 状态，可能得到的最终抗拉强度为 358 ~ 400MPa，屈服强度为 255 ~ 262MPa，伸长率为 8% ~ 18%。当 201AB 合金热处理至 T6 状态时，抗拉强度从 393MPa 增至 434MPa，此状态下的屈服强度为 386 ~ 414MPa，而伸长率为 0.5% ~ 8%。

冷成形粉末冶金铝合金的性能可由应变硬化密实连同改进离子间的结合而提高。601AB 合金在成形镦粗 28% 后抗拉强度达到 257MPa，屈服强度达到 241MPa。T4 和 T6 状态下的性能在镦粗 3% ~ 28% 后没有显著的变化。602AB 合金中具有中等程度的性能，但伸长率良好。应变硬化（镦粗 28%）产生 221MPa 的抗拉强度和 203MPa 的屈服强度。T6 状态部件达到 255MPa 的抗拉强度和 227MPa 的屈服强度。201AB 合金可达到最高的冷成形性能。在压制成形的原来状态下，屈服强度从相对密度为 92.5% 时的 209MPa 增至相对密度为 96.8% 时的 281MPa。

冲击试验可用来给粉末金属材料的韧度提供一个量度，这些材料的可延展性比具有相同成分的变形合金低一点。退火的试样具有最高的冲击强度，而充分热处理的部件具有最低的冲击强度。在相同的相对密度下，201AB 合金的冲击强度高于 601AB 合金，而且 201AB 的冲击强度随密度的增加而升高。这两种合金在 T4 状态下都能达到抗拉强度与冲击强度的理想结合。在 T4 状态下，具有 95% 相对密度的 201AB 合金的抗拉强度和冲击强度得到很大地提高。疲劳是设计承受动应力粉末冶金部件时应考虑的重要问题。压制与烧结的粉末冶金部件的疲劳强度可预计是相应成分变形合金疲劳强度的一半左右（见表 6 - 27 和图 6 - 18）。这些疲劳强度水平适合于很多用途。

粉末铝合金的电导率和热导率比大多数其他合金高。表 6 - 28 比较了烧结铝合金与变形铝合金、黄铜、青铜和铁的两种传导率。

表 6 - 27　氮气烧结的粉末冶金铝合金的典型热处理性能

热处理参数与性能	级别			
	MD - 22	MD - 24	MD - 69	MD - 76
溶液处理温度 / ℃（℉）	520（970）	500（930）	520（970）	475（890）
时间/ min	30	60	30	60
气　氛	空气	空气	空气	空气
淬火介质	H_2O	H_2O	H_2O	H_2O
时效温度/ ℃（℉）	150（300）	150（300）	150（300）	125（275）
时间/ min	18	18	18	18
气　氛	空气	空气	空气	空气
热处理（T6）性能				
横向断裂强度/MPa（ksi）	550（80）	495（72）	435（63）	435（63）

续表6－27

热处理参数与性能	级　别			
	MD－22	MD－24	MD－69	MD－76
屈服强度/ MPa(ksi)	200(29)	195(28)	195(28)	275(40)
抗拉强度/ MPa(ksi)	260(38)	240(35)	205(30)	310(45)
伸长率/ %	3	3	2	2
洛氏硬度 HRE	74	72	71	80
电导率/ %IACS	36	32	39	25

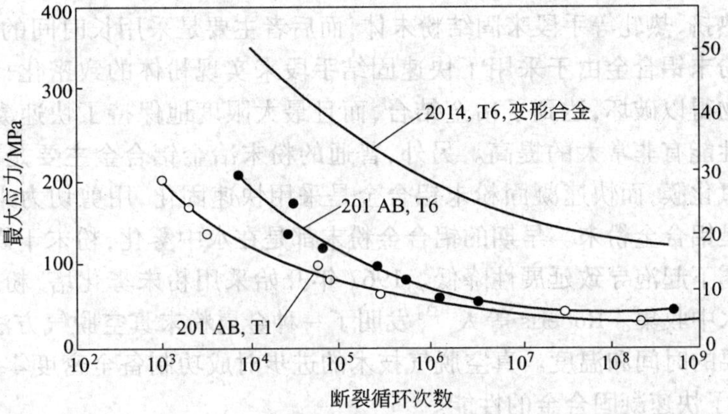

图6－18　201AB 粉末铝合金的疲劳曲线

表6－28　烧结铝合金、变形铝合金、黄铜、青铜和铁的电导率和热导率

材　料	状　态	电导率	热导率
		20℃(68 ℉)/%IACS	20℃(68 ℉)(cgs 单位)
601B	T4	38	0.36
	T6	41	0.38
	T61	44	0.41
201AB	T4	32	0.30
	T6	35	0.32
	T61	38	0.36
602AB	T4	44	0.41
	T6	47	0.44
	T61	49	0.45
6061 变形铝	T4	40	0.37
	T6	43	0.40
黄铜(35%Zn)	硬　态	27	0.28
	退　火	27	0.28

续表6－28

材 料	状 态	电导率	热导率
		20℃(68 ℉)/%IACS	20℃(68 ℉)(cgs 单位)
青铜(5%Sn)	硬 态	15	0.17
	退 火	15	0.17
铁(变形厚板)	热 轧	16	0.18

6.2.2 快速凝固2000系合金

快速凝固粉末冶金铝合金与普通粉末冶金铝合金的主要区别是前者采用了快速固结手段如热压、热锻、热挤、热轧等手段来固结粉末体，而后者主要是采用长时间的烧结来固结粉末体。快速凝固粉末铝合金由于采用了快速固结手段来实现粉体的致密化，不仅使粉末铝合金颗粒的氧化物得以破坏，达到了冶金结合，而且最大限度地保持了快速凝固的特征，因而粉末铝合金的性能有非常大的提高。另外，普通的粉末冶金铝合金主要是靠液相烧结来破坏铝粉表面的氧化膜，而快速凝固粉末铝合金是采用快速固化，用剪切力来破坏氧化膜，所以采用的粉末是铝合金粉末。早期的铝合金粉末都是在水中雾化，粉末干燥不彻底，则使挤压件在高温暴露下起泡导致延展性降低。1967年开始采用粉末雾化塔，粉末能够在空气中收集而不必在水中收集。Roberts等人[33]发明了一种金属粉末真空脱气方法，显著地减少了成功脱气所需要的时间和温度。真空脱气技术的进步对成功制备全密度零件起了很大作用，更进一步提高了快速凝固合金的性能。

有关快速凝固2000系合金的研究，早在20世纪50年代就开始了，当时，美国Kaiser铝和化学公司是铝粉末冶金研发的领导者。Kaiser Aluminum & Chemical公司从1953年就与美国空军合作，进行快速凝固铝合金的研究，希望提高航空材料的性能。他们采用雾化制粉，过筛，装罐，加热真空除气，热压，热挤，热处理等工序制备了多种系列的合金，并对其性能和微观组织进行了研究。快速凝固工艺可以提高合金的疲劳强度、断裂韧性。1976年，采用粉末冶金方法研制的PM63(一种2×××系合金)，将IM2×××系合金的最小强度值提高了约30%。PM63合金T3510状态的断裂强度、屈服强度和伸长率分别为580MPa、483MPa和17%[34]。20世纪80年代，美国Alcon主要是对2000系合金成分改性后的快速凝固粉末铝合金进行了深入地研究，对他们的热处理工艺也进行了研究。与此同时，在日本也有很多学者对2024和2019合金的改性粉末铝合金进行了研究。下面分别介绍这些研究工作的进展。

6.2.2.1 具有特殊成分的快速凝固粉末高强合金

众所周知，2219，2024，2618等铸锭冶金Al－Cu和Al－Cu－Mg基合金是飞机结构件上广泛采用的材料，它们的疲劳和断裂抗力以及高温强度是设计中必须考虑的重要方面。采用粉末冶金快速凝固工艺对提高IM_2×××系合金的综合性能有重要意义。20世纪80年代，美国Alcoa公司在NASA的资助下对快速凝固2×××系合金的性能等进行了较为系统的研究[35]，他们对2219，2024，2618等合金的成分进行了改变，表6－29为具有特殊成分的快速凝固2000系合金，表中503315铸造合金主要用于对比。表6－30为快速凝固2000系粉末铝合金挤压件热处理后的力学性能。图6－19为PM2000系合金挤压和轧制板材屈服强度与韧性的关系。从表中可以看出,在2024,2618和2219等2×××系合金中,合金之间的成分不同,表现出来的性能差异较大,而对同一种合金,其成分在一定范围内的波动同样对合金的性能有明显影响。在2024合金中加入比较充足的Zr,降低其Mn含量,并且调整其Cu、Mg含量时,这些具有特殊成分的2024合金挤压件的力学性能表明,其强度和IM(铸造)合金相差不大,但韧性提高很多,并且S-N缺口的疲劳强度提高[36~38]。由于快速凝固粉末铝合金的微观组织能够较好地控制再结晶和晶粒长大,所以这些改性的PM合金在制备中板和薄板时具有显著的强韧性特点。以2024为基的合金在自然时效状态的强度最高,合金强度的提高与Zr加入后的作用有关。与IM合金相比,PM合金的时效硬化反应不明显,甚至人工时效后合金的强度低于自然时效状态。表6-31为快速凝固2000系成分改性粉末铝合金的强韧特性。以2024为基的四种合金(513708、513709以及加Zr后的514041和514042)中,改性后的合金中弥散相形成元素Zr取代了Mn。Mn元素的含量降低到了接近固溶处理温度时的最大固溶含量,固溶的Mn元素对强化相的析出有利。Cu元素(与Mn可以形成析出相)含量也被降低至接近固溶热处理温度对应的最大固溶含量以下。由于Zr元素加入后形成共格的Al_3Zr粒子,它取代非共格的含Mn相粒子,能够更有效地控制再结晶。同时由于它的尺寸更小,共格性更好,不会降低合金的韧性。另外,Zr元素在铝合金中的扩散系数非常小,在加热过程中,含Zr的析出相的粗化阻力更大,粗化速率比含锰相粒子低。在快速凝固过程中,超过Zr在铝中固溶度的过量Zr元素的加入,还可能获得其他的时效硬化。

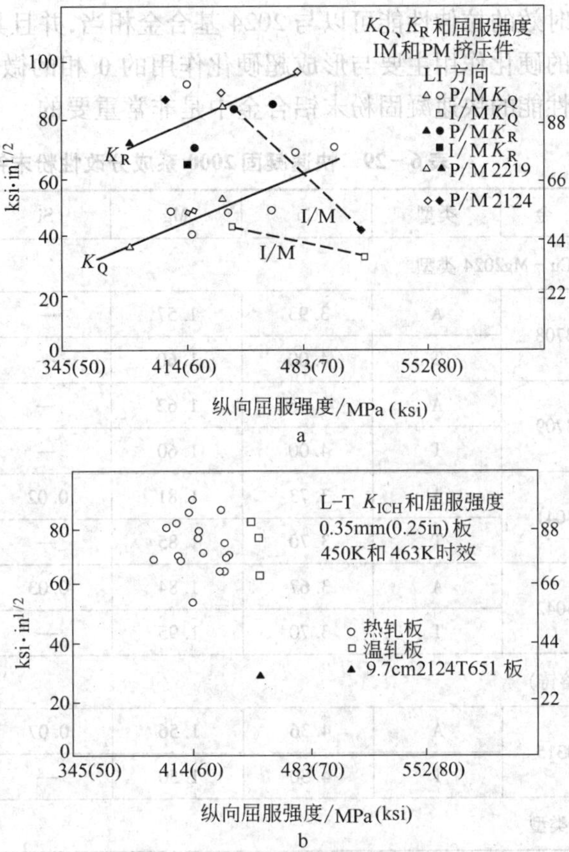

图6-19 PM2000系合金挤压和轧制板材的屈服强度与韧性的关系

a—挤压材屈服强度与K_Q、K_R的关系;

b—6.35mm板材的冲击韧性与屈服强度的关系

一般来说,对于2000系合金,依靠快速凝固来扩展Cu和Mg的极限固溶度并不是一种可取方法,因为这些固溶体在处理温度时是非常易变的。因而采用在Al中添加充足的扩散慢而且难熔的Zr比使用固溶元素Mn要好,会使合金产生更好的强度和韧性,但是高Zr或高Mn的IM合金会析出粗大的四角形相Al_3Zr和$Al_{20}Mn_3Cu_2$,伴随这些相的产生合金的韧性降低。

合金513887(2219类型)在自然时效时具有低的抗拉强度和韧性,但是其人工时效后显示出的性能可以比IM2219合金要好。有些学者预测,这种合金成分的进一步细化,将会使人工时效的拉伸性能可以与2024基合金相当,并且具有一定的高温性能。513887合金人工时效的硬化作用主要与形成超硬化作用的θ′相的微观结构有关,因而显示成分的改良在制备高性能的快速凝固粉末铝合金中是非常重要的。

表6-29 快速凝固2000系成分改性粉末铝合金的成分[35](质量分数) (%)

合金	类型	Cu	Mg	Si	Fe	Ni	Mn	Zr
Al-Cu-Mg2024类型								
513708	A	3.93	1.57	—	0.06	0.01	1.50	—
	T	4.00	1.60	—	—	—	1.50	—
513709	A	4.06	1.62	—	0.05	—	0.51	—
	T	4.00	1.60	—	—	—	0.50	—
514041	A	3.73	1.81	0.02	0.04	0.01	0.14	0.12
	T	3.70	1.85	—	—	—	0.20	0.14
514042	A	3.67	1.84	0.03	0.03	0.04	0.16	0.60
	T	3.70	1.95	—	—	—	0.20	0.70
IM(熔铸)								
503315	A	4.36	1.56	0.07	0.06	0.0	0.90	0.10
	T	4.30	1.50	—	—	—	0.90	0.12
2618类型								
513707	A	3.80	1.93	0.07	1.53	1.73	0.01	—
	T	3.80	1.80	0.15	1.50	1.50	—	—
513885	A	3.32	1.67	0.06	1.03	0.93	0.01	—
	T	3.50	1.65	0.20	1.20	0.10	—	—
513889	A	3.19	1.67	0.24	0.07	—	0.01	—
	T	3.50	1.65	0.20	—	—	—	—
Al-Cu2219类型								
513887	A	5.19	0.38	0.12	0.06	—	0.18	—
	T	5.50	0.35	—	—	—	—	—

注:A为分析成分,T为名义成分。

表6-30 快速凝固2000系成分改性粉末铝合金挤压件的力学性能[35]

合金	热处理状态	屈服强度/MPa(ksi)	抗拉强度/MPa(ksi)	伸长率/%	断面收缩率/%
2024类型					
513708	NA①	420(60.9)	520(75.4)	10	—
	PA②	453(65.7)	494(72.7)	10	—

续表6－30

合 金	热处理状态	屈服强度 /MPa(ksi)	抗拉强度 /MPa(ksi)	伸长率 /%	断面收缩率/%
513709	NA	419(60.8)	518(75.1)	16	—
	PA②	451(66.1)	497(72.7)	14	—
514041	NA	438(63.5)	536(77.6)	18	20
	PA③	494(71.6)	533(77.3)	13	27
514042	NA	463(67.2)	571(82.8)	15	19
	PA③	508(73.7)	548(79.4)	13	29
IM					
503315	NA	442(64.1)	572(82.8)	14	13
	PA③	525(76.1)	570(82.6)	11	25
2618 类型					
513707	NA	384(55.7)	484(70.2)	12	—
	PA④	407(59.0)	455(66.0)	10	—
513888	NA	360(52.2)	470(68.1)	16	13
	PA⑤	364(52.8)	420(60.9)	13	42
513889	NA	388(56.2)	506(73.3)	16	15
	PA⑥	418(60.6)	471(68.3)	13	28
2219 类型					
513887	NA	383(55.4)	498(72.3)	15	15
	PA⑦	436(63.2)	514(74.5)	14	33

①NA 表示自然时效，PA 是指峰值时效，预变形为拉伸伸长 1.5% ~2%。

②在 766K 固溶处理，在 450K 时效 12h。

③在 755K 固溶处理，在 464K 时效 4h。

④在 766K 固溶处理，在 464K 时效 12h。

⑤在 772K 固溶处理，在 464K 时效 8h。

⑥在 772K 固溶处理，在 464K 时效 4h。

⑦在 802K 固溶处理，在 450K 时效 4h。

表 6－31 快速凝固 2000 系成分改性粉末铝合金的强韧特性

合 金	热处理	屈服强度 /MPa(ksi)	K_Q(裂纹长度为 5%) /MPa · $m^{1/2}$(ksi · $in^{1/2}$)	K_R(裂纹长度为 25%) /MPa · $m^{1/2}$(ksi · $in^{1/2}$)
2024 类型				
513708	NA①	420(60.9)	44.6(40.6)	78.8(71.7)
	OA②	410(60.3)	53.0(48.2)	72.3(65.8)
513709	NA	419(60.8)	55.7(50.7)	100.2(91.2)
	OA②	405(58.7)	53.3(48.5)	91.9(83.6)

续表6－31

合 金	热处理	屈服强度 /MPa(ksi)	K_Q(裂纹长度为5%) /MPa · $m^{1/2}$(ksi · $in^{1/2}$)	K_R(裂纹长度为25%) /MPa · $m^{1/2}$(ksi · $in^{1/2}$)
514041	NA	438(63.5)	53.9(49.0)	100.1(91.0)
	PA③	476(69.0)	75.2(68.4)	108.5(98.6)
514042	NA	463(67.2)	53.8(49.0)	95.2(86.6)
	PA③	503(72.9)	78.9(71.7)	84.7(77.0)
IM				
503315	NA	442(64.1)	48.7(44.3)	93.1(84.8)
	PA④	521(75.6)	36.7(33.4)	65.5(59.5)
2618 类型				
513707	NA	384(55.7)	42.2(38.4)	71.3(64.7)
	OA②	407(59.0)	41.0(37.3)	55.7(50.7)
513888	NA	403(58.5)	45.8(41.6)	88.6(80.6)
	PA⑤	414(60.0)	55.1(50.1)	95.6(87.0)
513889	NA	425(61.6)	45.0(40.6)	67.4(61.3)
	PA⑤	421(61.1)	38.1(34.7)	54.2(49.3)
2219 类型				
513887	NA	383(55.4)	40.7(37.1)	81.4(74.0)
	PA⑥	436(63.2)	59.1(53.8)	93.1(84.8)

①NA 为自然时效，OA 为过时效，PA 为峰值时效。

②在 464K 时效 12h（过时效）。

③在 464K 时效 4h。

④在 450K 时效 12h。

⑤在 450K 时效 16h。

⑥在 450K 时效 4h。

6.2.2.2 成分改性的 2000 系合金粉末铝合金的热处理

美国国家航空航天中心采用 Alcoa 公司的雾化粉末经压制、固结、挤压、热处理制备了三种成分改性的 2000 系粉末铝合金，三种合金成分见表 6－32。三种合金成分分别与 2219（低 Cu）、2618（无 Fe）、2618（无 Ni）相近。三种快速凝固粉末在固结挤压后分别在 504℃进行固溶处理，进行 6% 的预变形，再进行时效处理[39]。

A 快速凝固合金的微观组织

三种合金的标准状态微观组织均具有高密度的位错缠结（由于时效前 6% 的延伸），并且可以通过存在和不存在无沉淀析出带（PFZ）和晶界析出相来区分，也没有 S′相和 θ′相，但是观察到其他第二相存在，如图 6－20 所示。合金 A 中有大量直径为 0.2μm 的球形粒子（Al_7Cu_2Fe）沿晶界线性排列，还有少量尺寸更大的、尺寸超过 0.5μm 次棱角相（$CuAl_2$），大量弥散的分布在晶界上。

合金 B 中含有高密度均匀分布的尺寸小于 1.0μm 的球形和棒状析出相（Al_7Cu_2Fe）。另外，合金中还有较大的（多数尺寸大于 0.5μm）、次棱角的析出相（$FeNiAl_9$）大量非均匀地分布于晶界上。

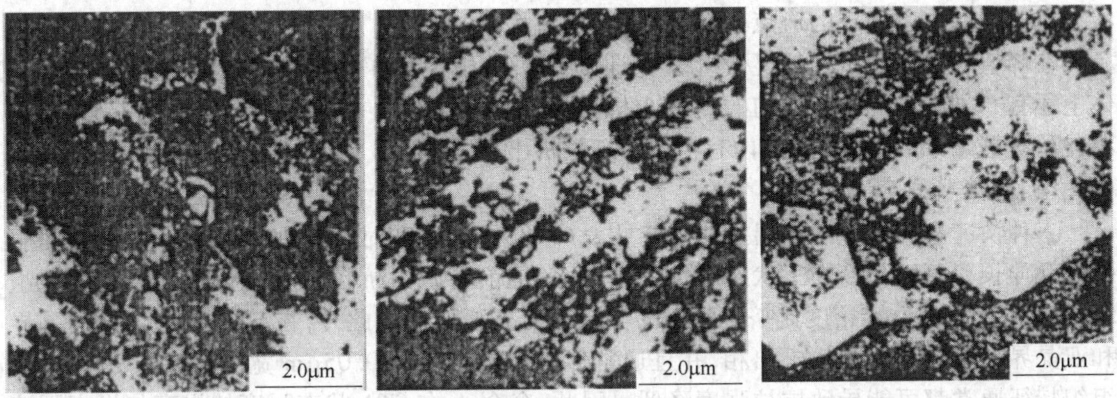

图 6-20 三种改性合金的 TEM 照片

a—529℃ ×2.5h；b—504℃ ×2h；c—527℃ ×2h

表 6-32 几种成分改性的快速凝固 2000 系粉末铝合金的成分[40]（质量分数） （%）

合金	Cu	Mg	Mn	Fe	Ni	Ti	Si	Zn	Al
A	5.15	0.24	0.18	0.08	—	0.04	0.09	0.05	余量
A[1]	5.30	0.38	0.20	0.06	—	0.04	0.12	—	余量
B	3.20	1.45	0.01	0.92	—	0.13	0.02	0.04	余量
B[1]	3.40	1.53	0.01	0.98	0.83	0.10	0.08	—	余量
C	3.30	1.73	—	0.09	—	0.11	0.16	0.04	余量
C[1]	3.26	1.69	0.01	0.10	—	0.08	0.20	—	余量

合金 C 中的二次相数量最少，其中较多可能的是细小的沿晶界附近线性分布的氧化物粒子，其他的二次相数量较少，分布不均匀。这些二次相包括长度小于 1.0μm 的细长棒状、球形和宽度小于 0.5μm 的短棒状析出相（Al_7Cu_2Fe），以及长度达到 2.0μm 的各种较大的尖状析出相，这种相为 $CuAl_2$ 含硅相杂质的颗粒。

三种合金的固溶处理表明，合金 A 随固溶温度下降 $CuAl_2$ 成分明显降低，故选择在 529℃ 处理 2.5h。合金 B 在各种固溶处理条件下的微观结构与标准态相差不大，因此选择 504°C 固溶 2h。合金 C 的第二相在 527°C 显示出可忽略的反应，但提高固溶温度可以使 PEZ 减少[41]，对于这种合金选择 527°C 处理 2h。三种合金的时效处理如图 6-21 所示，这些合金比近似相同成分的 IM 合金的时效温度低，硬化程度要高。对于 A，B，C 合金都观察到，随时效温度的升高，峰值时效硬度呈现下降趋势（只有 C 合金稍微有点不同）。三种欠时效合金的微观组织中均有少量的非均匀分布的析出相 S′和 θ′，但在晶界上无 S′和 θ′。但欠时效

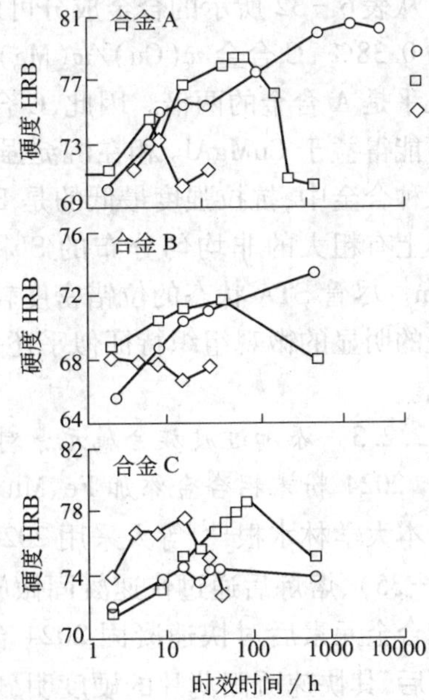

图 6-21 三种合金的时效曲线

状态试样在基体中出现的斑点与 GP 区的形成有关。

在峰值时效状态试样的显微组织中，非均匀析出相 S′和 θ′的数量轻微增加。另外，在基体上还有一种细小的分布均匀的 S′或 θ′析出相。过时效试样中，在位错、亚晶界和晶界上有粗化的 S′或 θ′析出相，而在晶内有粗化的细长析出相。

B　快速凝固合金的性能

三种快速凝固合金的室温拉伸性能见表 6－33。固溶和时效处理（STA）合金 A 的屈服强度和伸长率可以与冷加工状态的性能差不多，但前者缺口抗拉强度高得多。而其微观组织中 STA 状态的位错密度比挤压状态的位错密度显著降低。此外，在 STA 状态合金的晶界和亚晶界上有连续的网状析出相，并且通常伴有非常细小的 0.05μm 宽的 PFZs。这些显微组织特征通常都可能导致抗拉强度降低。因此，合金 A 在 STA 状态强度的提高与提高固溶温度和优化时效工艺析出大量细小的 θ′相有关。

表 6－33　A，B，C 合金挤压、固溶及时效态的室温拉伸性能

合　金	热处理工艺	抗拉强度/ MPa	屈服强度（0.2%）/ MPa	弹性模量 / MPa	伸长率/ %	缺口抗拉强度/MPa
A	挤压态	449.9	400.9	71.8	12.0	587.9
	时　效	485.1	405.0	72.4	10.6	669.3
B	挤压态	464.4	412.6	74.5	7.7	606.5
	时　效	447.1	345.7	75.2	11.1	581.0
C	时　效	469.9	394.0	71.1	13.2	640.3

合金 C 在 STA 状态的抗拉强度仅低于 STA 状态的 A 合金。C 合金的微观组织中析出相更加细小，但分布均匀性差，晶界和亚晶界上的析出相少，PFZs 非常狭窄，位错密度比合金高。从表 6－32 所示的合金成分可以看出，C 合金含有 1.73% 的 Mg，而 A 合金中的 Mg 含量仅为 0.38%，C 合金 $w(\mathrm{Cu})/w(\mathrm{Mg})$ 的比率低得多。EDAX 分析表明，C 合金基体中的 Mg 含量几乎是 A 合金的两倍。因此，C 合金中的析出相更可能是 S′，而不是 θ′相。合金较高的强度可能得益于 $CuMgAl_2$ 相在沉淀强化中的效果增强。

三种合金中，抗拉强度最低的是 B 合金，并且缺口抗拉强度很低。B 合金的微观组织，在基体上有粗大的非均匀分布的 S′相，还有少量的连续晶界析出相，PFZs 的宽度达到了 0.08μm。尽管 STA 状态的位错密度较挤压状态低，可能导致合金的强度降低，但是与低强度相关的明显的微观组织特征似乎还是析出相的分布，导致了大的弱化的 PFZs 和较低的基体强化。

6.2.2.3　添加过渡族金属元素对快速凝固 2024 和 2291 粉末铝合金的影响

A　2024 粉末铝合金添加 Fe、Mn、Ni

日本大学林水根[42]等人采用 2024 合金（成分见表 6－34）加入一定的合金元素（成分见表 6－35）、熔炼后通过快速凝固做成碎片，然后冷压成形，真空除气，挤压成材。图 6－22 为添加合金元素后对快速凝固 2024 合金硬度的影响。图中结果表明，2024 合金添加 Fe、Mn、Ni 后，其快速凝固薄片的硬度明显增加，并且随着合金添加量的增加而增加。图 6－23 为添加 Mn、Ni 的 2024 快速凝固合金在退火温度下薄片硬度的变化，如图所示，对于添加 Mn

元素来说，在 673K 以上添加量对合金硬度还有影响，而对于添加 Ni 元素来说，在 573K 以上其添加量对合金硬度的影响已经很微弱。图 6－24 为快速凝固 2024 + (Fe、Mn、Ni) 合金挤压态的显微硬度与退火温度的关系。图中表明了各种添加元素对挤压件硬度的影响及软化的情况。

表 6－34　2024 合金的化学成分（质量分数）　（%）

Cu	Mg	Fe	Mn	Zn	Ti	Si	Cr	Al
4.19	1.35	0.26	0.54	0.12	0.03	0.01	0.01	余量

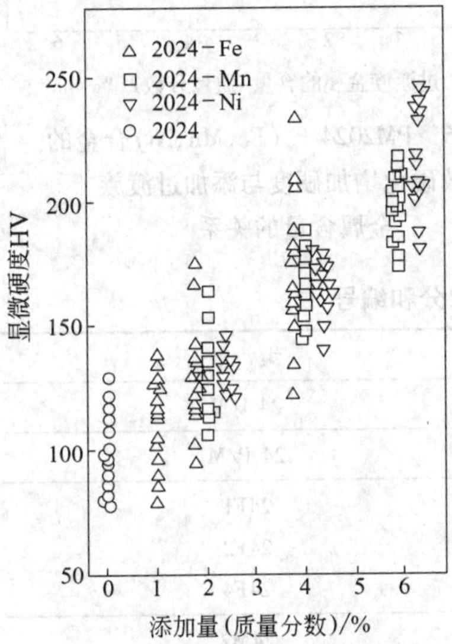

图 6－22　添加元素对快速凝固 2024 合金薄片硬度的影响

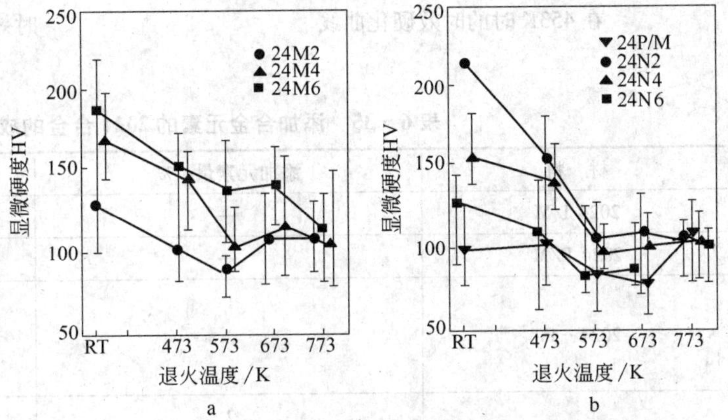

图 6－23　快速凝固合金的显微硬度与退火温度的关系

a—2024 + Mn；b—2024 + Ni

林水根还研究了添加过渡族金属的快速凝固 2024 粉末合金的时效行为。图 6－25 给出了 PM2024 + (Fe、Mn、Ni) 合金在 453K 时的时效硬化曲线。从图中可以看出，添加 Mn 的 PM2024 合金，时效硬化程度比较大，而添加 1%，2% 的 Fe、Ni 元素的 PM2024 合金，其时效硬化程度低于无添加元素的 IM 和 PM2024 合金。图 6－26 给出了由时效硬化所增加的硬度值与添加过渡族金属含量的关系，其结果表明，无添加元素的 PM 和 IM2024 合金通过时效硬化所增加硬度最大，其次是添加 Ni、Mn 的 Fe2024 合金。表 6－36 给出了成分改变的 PM2024 合金的拉伸性能。表 6－37 给出了成分改变的 PM2024 合金经 T6 处理后的拉伸性能，由表 6－37 可以看出，随着添加元素的增多，挤压材的室温强度和高温强度增加，但经 T6 热处理后，其室温强度和高温强度各有变化。

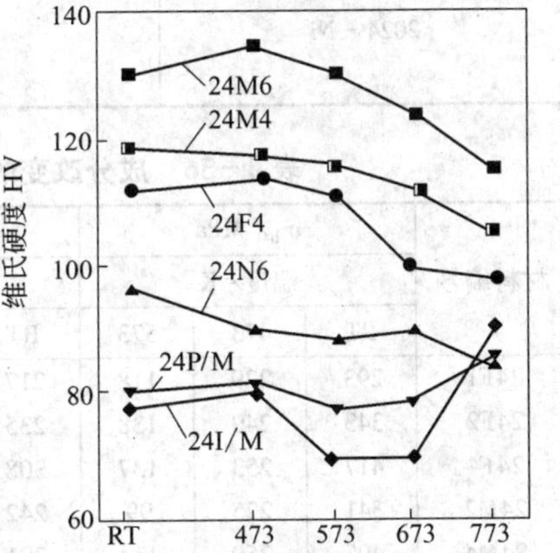

图 6－24　2024 + (Fe、Mn、Ni) 快速凝固粉末铝合金挤压态的显微硬度与等温退火温度的关系

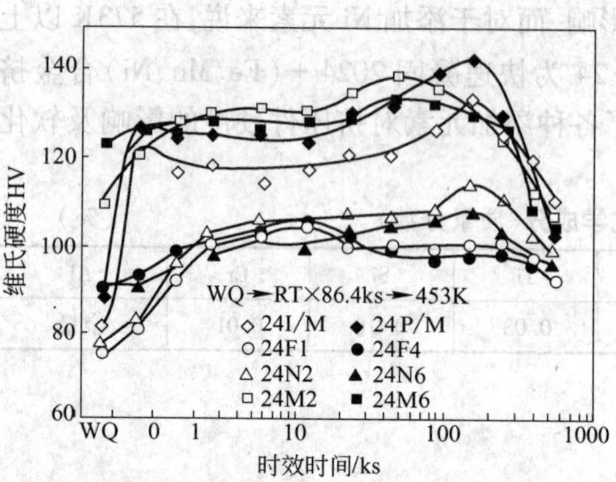

图 6-25　PM2024 +（Fe、Mn、Ni）合金在 453K 时的时效硬化曲线

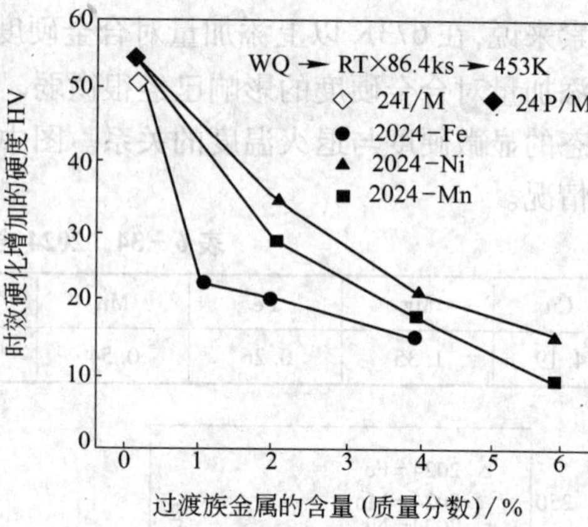

图 6-26　PM2024 +（Fe、Mn、Ni）合金的时效硬化增加硬度与添加过渡族金属含量的关系

表 6-35　添加合金元素的 2024 合金的成分和编号

材　料	添加元素量/%	编　号
2024 I/M	—	24 I/M
2024 P/M	—	24 P/M
2024-Fe	1 2 4	24F1 24F2 24F4
2024-Mn	2 4 6	24M2 24M4 24M6
2024-Ni	2 4 6	24N2 24N4 24N6

表 6-36　成分改变的快速凝固 2024 粉末铝合金挤压件的拉伸性能

材料编号	σ_b/MPa			$\sigma_{0.2}$/MPa			δ/%			ψ/%		
	温度/K			温度/K			温度/K			温度/K		
	RT	473	573	RT	473	573	RT	473	573	RT	473	573
24F1	293	229	118	217	200	108	20	23	30	30	72	88
24F2	343	249	138	235	218	133	16	27	33	17	76	86
24F4	417	253	137	308	220	129	7	12	35	9	74	85
24M2	341	225	99	242	200	93	13	24	26	31	64	83
24M4	405	250	114	291	212	106	9	26	33	17	63	82
24M6	446	272	134	321	251	124	7	20	22	17	57	73
24N2	274	191	87	184	169	82	24	32	45	34	75	89
24N4	307	209	93	214	187	88	21	32	45	31	75	85
24N6	339	220	106	254	203	97	18	35	40	29	76	85
24I/M	282	207	101	186	183	95	12	21	41	25	50	76
24P/M	308	206	92	206	171	86	19	27	41	48	79	92

表 6-37 成分改变的快速凝固 2024 粉末铝合金 T6 处理后的拉伸性能

材料编号	σ_b/ MPa			$\sigma_{0.2}$/ MPa			δ/ %			ψ/ %		
	温度/ K			温度/ K			温度/ K			温度/ K		
	RT	473	573	RT	473	573	RT	473	573	RT	473	573
24F1	409	288	147	264	216	144	13	17	21	27	42	68
24F2	392	290	138	264	239	124	11	18	29	18	39	77
24F4	399	273	133	257	232	128	12	17	33	13	33	78
24M2	483	353	136	349	302	115	9	17	22	17	35	55
24M4	439	309	123	323	273	116	8	20	23	17	43	66
24M6	423	285	124	301	257	116	6	19	28	11	39	66
24N2	393	279	145	222	208	137	12	16	20	37	41	—
24N4	392	294	139	277	353	138	9	20	30	25	51	71
24N6	378	272	135	272	239	134	11	13	32	19	30	72
24I/M	411	294	168	306	260	159	15	17	18	37	48	71
24P/M	480	345	168	347	287	161	13	16	17	31	48	70

一般来说，添加 Mn 元素后合金的性能有比较大的提高。图 6-27 为 PM2004（Fe, Mn），IM2024 和 PM2024 合金 T6 材的疲劳性能曲线，从图中可以看出 24M6 合金的疲劳强度提高，在循环次数为 107 周时，约为 2024IM 合金的 1.8 倍。

松木賢司等人[43]，在 2000 系铝合金中加入不同数量的 Ni（w(Ni) = 0%, 3%, 5%, 10%）元素及 Fe 元素，当 Ni 的含量分别大于 3% 及 5%（质量分数）时，会在合金中形成

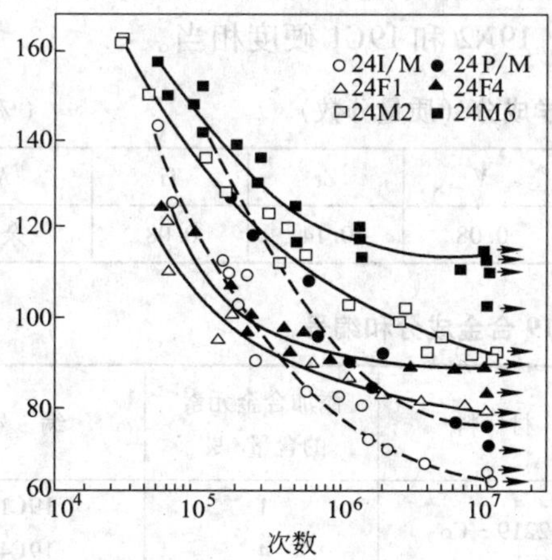

图 6-27 PM2024（Fe、Mn）、IM2024 和 PM2024 合金 T6 材的 $S-N$ 曲线

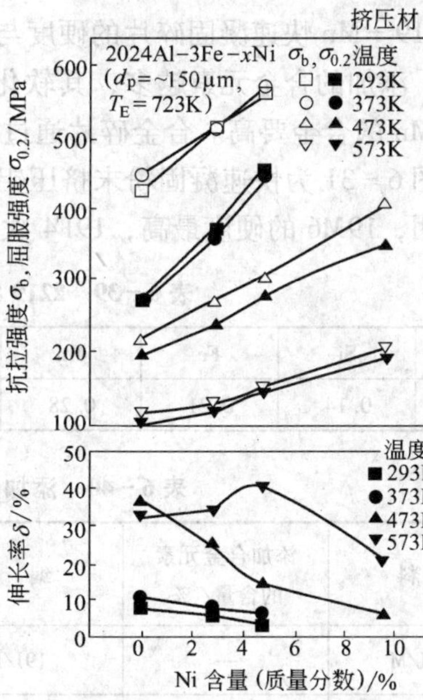

图 6-28 2024 +（3Fe - xNi）合金挤压材的室温和高温的力学性能与 Ni 含量的关系

（样品在每一个实验温度下退火 360ks 后进行拉伸）

Al_3Ni 及 Al_9FeNi 相，而在所有研究的合金中都发现了 Al_3Fe 及 Al_7Cu_2Fe 相，形成的 Al_9FeNi 相会与 α - Al 一起形成细小的共晶组织。在含有 5% Ni（质量分数）的合金中这种共晶组织晶粒最大，见表 6 - 38。图 6 - 28 给出了这些合金的室温和高温力学性能。图中结果表明，该组合金随着 Ni 含量的增加，其抗拉强度也不断增加，其低温伸长率也不断减少，这表明合金的低温脆性增加。但在 573K 时，Ni 含量低于 5%（质量分数）时，合金的伸长率有轻微上升，当 Ni 含量大于 5%（质量分数）时伸长率下降迅速，这主要是由于 Ni 含量过多时，合金的高温脆性增加。

表 6 - 38　四种合金粉末的 X 射线物相分析结果

合　金	添加元素		析出相
	Fe	Ni	
3F0N	3.01	—	Al_3Fe，Al_2Cu_2Fe
3F3N	2.98	2.83	Al_3Fe，Al_7Cu_2Fe，Al_9FeNi
3F5N	2.96	4.81	Al_3Fe，Al_7Cu_2Fe，Al_9FeNi，Al_3Ni
3F10N	2.90	9.66	Al_3Fe，Al_7Cu_2Fe，Al_9FeNi，Al_3Ni

B　2219 粉末铝合金添加 Fe，Co，Mn，Ni

林水根等人[44]在 2219 合金中分别加入 Fe，Co，Mn，Ni 元素制备成粉末冶金铝合金，其采用的 2219 铝合金成分见表 6 - 39，制备成粉末铝合金的成分见表 6 - 40。图 6 - 29 表示添加过渡族金属的 2219 快速凝固合金碎片的硬度与其合金元素含量的关系。从图中可以看出，添加 Co 的合金硬度最高，添加 Mn，Ni 合金的硬度相差不大。图 6 - 30 为 2219 + Co 和 2219 + Mn 快速凝固碎片的硬度与等温退火温度（保温时间为 7.2ks）的关系。从图中得知，添加的合金元素越多，其软化程度越明显。软化后合金的硬度，添加 Co 的合金比添加 Mn 的合金要高。合金碎片通过冷压、真空除气，673K 温度下挤压成形，变成粉末合金。图 6 - 31 为快速凝固粉末挤压铝合金的硬度与退火温度（保温 7.2ks）关系。图中结果表明，19M6 的硬度最高，19F4 次之，19F1、19N2 和 19C1 硬度相当。

表 6 - 39　2219 铝合金的化学成分（质量分数）　　　　(%)

Cu	Si	Fe	Mn	Zn	V	Zr	Ti	Al
6.25	0.14	0.21	0.28	0.02	0.08	0.14	0.08	余量

表 6 - 40　添加元素后的 2219 合金成分和编号

材　料	添加合金元素的含量/ %	编　号	材　料	添加合金元素的含量/ %	编　号
2219I/M	—	19I/M	2219 - Co	1	19C1
				4	19C4
2219P/M	—	19P/M	2219 - Mn	2	19M2
				6	19M6
2219 - Fe	1	19F1	2219 - Ni	2	19N2
	4	19F4		6	19N6

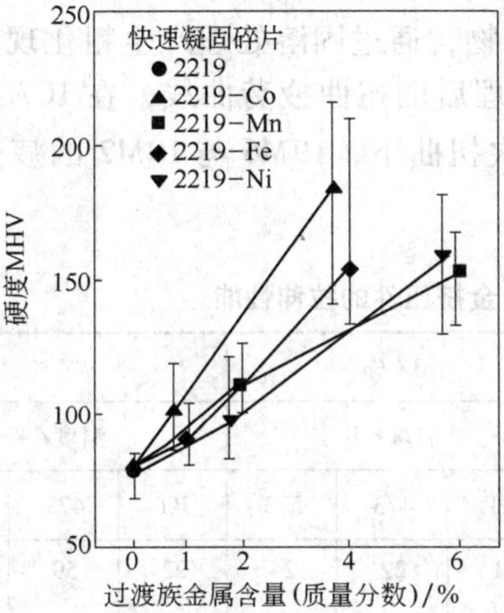

图 6-29 添加过渡族金属的 2219 快速凝固合金碎片的硬度与合金元素含量的关系

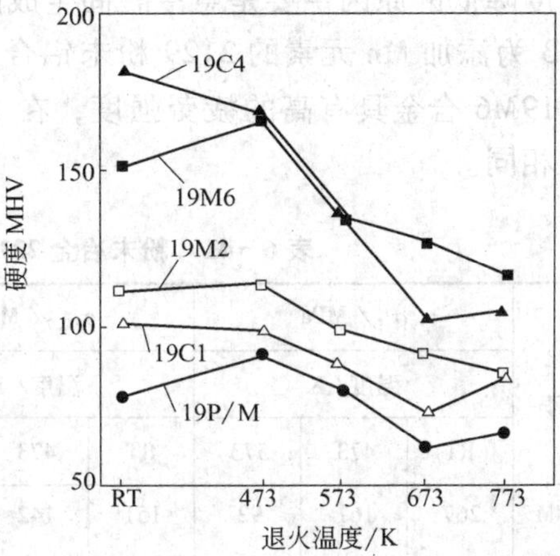

图 6-30 快速凝固 2219 + Co 和 2219 + Mn 碎片的硬度与退火温度的关系

几种改性的 2219 粉末铝合金在 808K 固溶处理后，在 443K 的时效硬化曲线，如图 6-32所示。

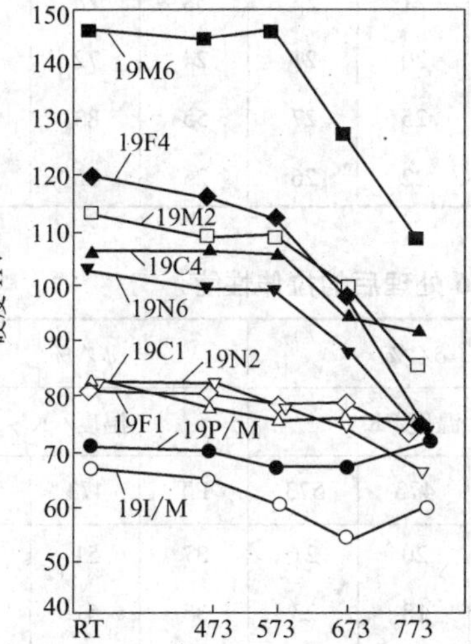

图 6-31 快速凝固粉末挤压铝合金的硬度与退火温度的关系

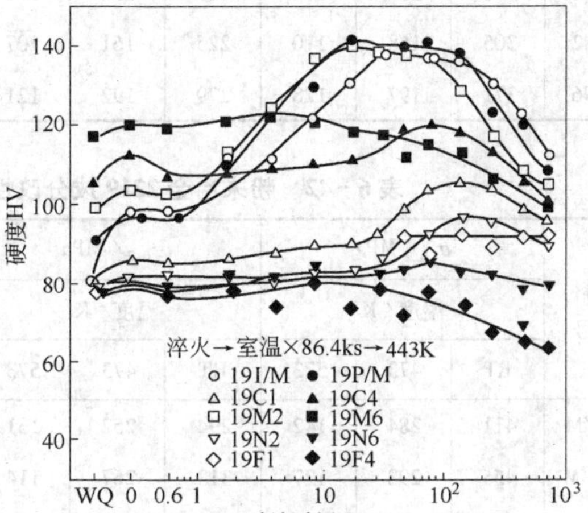

图 6-32 几种粉末冶金 2219 铝合金材料在 443K 的时效硬化曲线

由于粉末固结和固溶处理都使快速凝固的效果部分时效，所以固溶淬火后硬度最高的是 19M6，但其时效硬化不但不明显，而且还有硬度下降现象。时效硬化最显著的是 19IM，19PM 和 19M2。表 6-41 给出了粉末冶金 2219 成分改性合金挤压件的拉伸性能。表 6-42 给出了粉末冶金 2219 成分改性合金经 T6 处理后的拉伸性能。从表中结果可以看出，挤压件随着添加合金元素数量的增加，室温强度和高温强度均有所增加，其塑性略有变化；挤压件经 T6 处理后，室温强度中 19M2 的最高，19M6 的次之，其余均低于无添加合金元素的19IM 和19PM，但所有改性合金的高温强度均低于19IM 和19PM。高温强度降低的原因主要是急冷凝固生成的微细结晶物，通过固溶处理产生粗化现象。图6－33 为添加 Mn 元素的2129 粉末铝合金经 T6 处理后的扭曲疲劳曲线，在 10^7 次扭曲下，19M6 合金具有高的疲劳强度，在 10^5 ~ 10^6 次扭曲下，19M6 与19M2 的疲劳强度大致相同。

表6－41　粉末冶金2219 成分改性合金挤压件的拉伸性能

材料编号	σ_b/ MPa			$\sigma_{0.2}$/ MPa			δ/ %			ψ/ %		
	温度/ K			温度/ K			温度/ K			温度/ K		
	RT	473	573	RT	473	573	RT	473	573	RT	473	573
19I/M	267	161	92	151	142	84	11	22	24	22	59	66
19P/M	279	151	86	187	137	73	18	33	34	54	85	83
19F1	300	177	115	225	168	110	18	24	36	55	85	82
19F4	416	245	169	336	237	165	13	18	18	28	47	46
19C1	305	171	104	213	163	98	18	32	33	45	87	85
19C4	395	188	118	294	183	114	14	24	26	29	75	71
19M2	404	232	162	320	195	144	14	21	23	38	78	73
19M6	536	253	189	425	210	171	10	20	21	24	72	60
19N2	305	168	110	225	161	107	19	25	27	55	83	77
19N6	371	197	128	279	192	121	13	22	26	25	76	69

表6－42　粉末冶金2219 成分改性合金经 T6 处理后的拉伸性能

材料编号	σ_b/ MPa			$\sigma_{0.2}$/ MPa			δ/ %			ψ/ %		
	温度/ K			温度/ K			温度/ K			温度/ K		
	RT	473	573	RT	473	573	RT	473	573	RT	473	573
19I/M	411	284	142	294	252	131	11	20	21	37	51	68
19P/M	455	298	127	313	267	114	16	18	23	35	51	82
19F1	299	160	85	206	133	81	19	28	31	45	88	90
19F4	281	148	90	195	136	87	8	20	17	9	25	23
19C1	313	171	92	195	139	91	19	25	28	50	87	90
19C4	372	199	112	254	180	110	12	29	30	24	67	73
19M2	476	269	119	389	261	115	13	19	24	30	73	78
19M6	462	226	126	339	211	121	9	27	28	16	66	69
19N2	295	166	88	199	130	84	20	30	36	48	84	90
19N6	292	171	99	194	153	96	15	30	36	39	70	78

C 2024和2219粉末铝合金的复合添加

林水根等人[45]还对2024和2219复合添加Fe和Ni的粉末铝合金进行了研究。表6-43给出了2024和2219复合添加合金元素的成分。图6-34给出了快速凝固铝合金碎片的显微硬度与等温退火温度的关系。图6-35给出了快速凝固粉末铝合金挤压件的显微硬度与等温退火温度的关系。图6-36为成分改性的2024和2219合金分别在453K，443K的时效硬度曲线。表6-44和表6-45分别为几种粉末冶金铝合金挤压态和T6态的拉伸曲线。表6-46给出了这些材料的弹性模量和密度。图6-37给出了几种成分改性的2024合金T6态的疲劳断裂曲线。

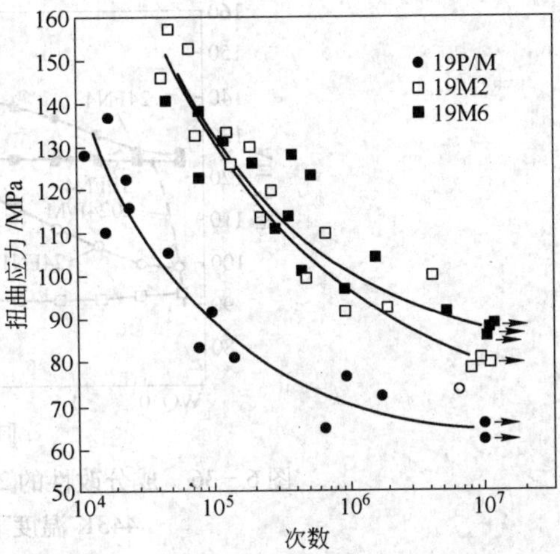

图6-33 添加Mn元素的2129粉末铝合金T6处理态的扭曲疲劳曲线

表6-43 2024和2219复合添加合金元素的成分

材 料	Fe	Ni	编 号
2024-Fe-Ni	1	1	24FN1
	4	4	24FN4
2024-Fe-Ni	1	1	19FN1
	4	4	19FN4

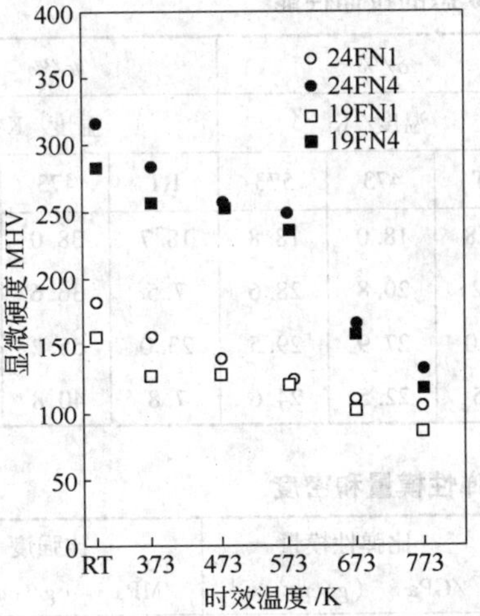

图6-34 快速凝固铝合金碎片的显微硬度与等温退火（保温7.2ks）温度的关系

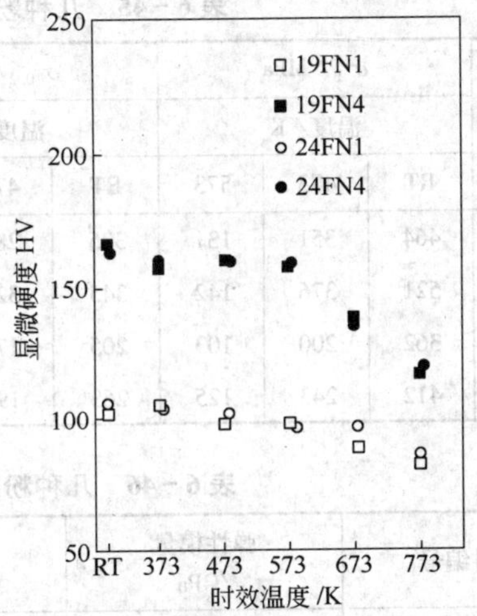

图6-35 快速凝固粉末铝合金挤压件的显微硬度与等温退火（保温7.2ks）温度的关系

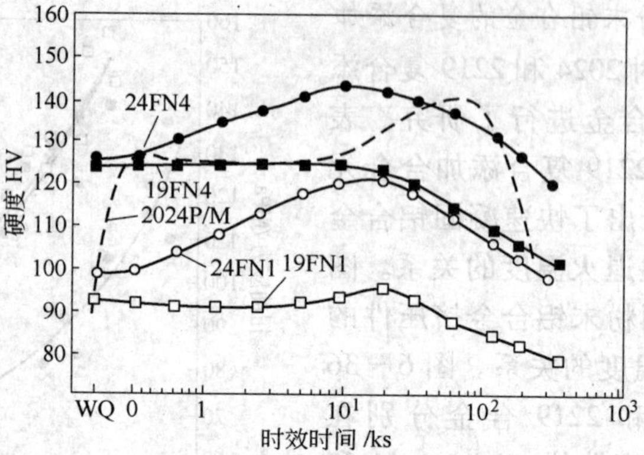

图 6-36　成分改性的 2024 和 2219 合金分别在 453K，443K 温度下的时效硬度曲线

（2024 合金在 763K 固溶处理 3. 5ks，453K 下进行人工时效，水淬，室温放置 86. 4ks；2219 合金在 808K 固溶处理 1. 8ks，在 443K 人工时效）

表 6-44　几种粉末冶金铝合金挤压态的拉伸性能

材料编号	σ_b/ MPa			$\sigma_{0.2}$/ MPa			δ/%			ψ/ %		
	温度/ K			温度/ K			温度/ K			温度/ K		
	RT	473	573	RT	473	573	RT	473	573	RT	473	573
24FN1	368	243	118	254	208	106	12. 4	26. 2	33. 6	47. 4	79. 7	85. 0
24FN4	562	300	144	435	266	131	6. 1	20. 4	25. 5	9. 8	59. 5	74. 9
19FN1	359	218	141	252	183	135	14. 7	19. 9	21. 9	35. 2	62. 0	64. 5
19FN4	556	291	168	441	267	154	7. 5	21. 6	22. 9	16. 2	50. 6	54. 0

表 6-45　几种粉末冶金铝合金 T6 态的拉伸性能

材料编号	σ_b/ MPa			$\sigma_{0.2}$/ MPa			δ/%			ψ/%		
	温度/ K			温度/ K			温度/ K			温度/ K		
	RT	473	573	RT	473	573	RT	473	573	RT	473	573
24FN1	464	351	131	305	285	119	15. 8	18. 0	18. 8	18. 7	38. 0	71. 6
24FN4	521	376	142	345	323	134	7. 2	20. 8	28. 6	7. 5	36. 6	67. 1
19FN1	362	200	103	205	179	98	15. 0	27. 9	29. 5	23. 0	55. 2	69. 9
19FN4	412	243	125	263	194	120	4. 5	22. 5	24. 6	7. 8	40. 8	41. 6

表 6-46　几种粉末冶金铝合金的弹性模量和密度

材料编号	弹性模量 /GPa	密　度 /g · cm $^{-3}$	比弹性模量 /GPa · (g/cm ^{3}) $^{-1}$	比强度 /MPa · (g/ cm ^{3}) $^{-1}$
24FN1	76. 5	2. 824	27. 1	164
24FN4	95. 8	2. 899	33. 0	180
19FN1	76. 9	2. 858	26. 9	127
19FN4	94. 8	2. 971	31. 9	139

6.2.2.4 快速凝固2000系的热处理

A 热处理对快速凝固2024合金组织性能的影响

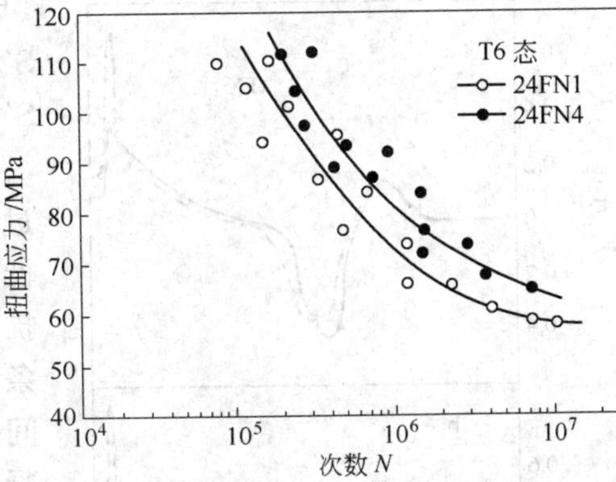

图6-37 几种成分改性的2024合金T6态的 $S-N$ 曲线

2024铝合金是飞机结构件的常用材料，因而受到人们的广泛关注。时效硬化的Al-Cu-Mg合金微观组织非常复杂，合金中不仅可以产生许多新相，而且很难辨别它们的种类，析出相的数量和立体分布状况也难以确定。而合金的性能与其微观组织、相的种类和分布有关，由于可以通过不同的热机械处理获得相应的微观组织，因此也为获得所需要的性能提供了可能。

合金成分为Al-4.5Cu-1.34Mg-0.6Mn-0.23Fe-0.14Si-0.07Zn-0.07Zr的2024铝合金分别采用快速凝固粉末冶金工艺和铸锭冶金工艺获得2024合金棒材。两种工艺获得的样品分别经过标准T4（495℃固溶+7天自然时效）和标准T6（495℃固溶+190℃人工时效16h）处理后，在50~527℃温度区间进行DSC分析，结果如图6-38所示[46]。T4状态时，快速凝固2024合金的抗拉强度比传统铸锭冶金2024合金的高，T6状态快速凝固2024合金的抗拉强度比传统铸锭冶金2024合金的低。

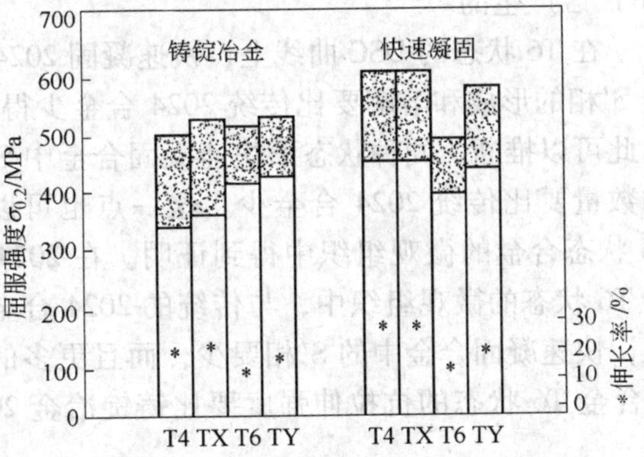

图6-38 快速凝固和铸锭冶金2024合金在热处理后性能的比较

（TX为时效处理，TY为TX处理后再在190℃进行T6处理）

通过适当的热处理工艺可以防止析出相在晶界的析出，提高材料时效热处理后的拉伸性能，增加G.P（B）区是其中的热处理方法之一。

在T4状态样品的DSC曲线上（图6-39），在150~240℃之间有一个吸热峰（溶解），在240~330℃之间有一个放热峰（析出），在330~510℃之间有一个吸热区。而T6状态样品的DSC曲线在几个几乎相同的温度区间也可以分成相似的几个区段。

传统铸锭冶金2024合金DSC曲线上的三个峰值可以用Al-Cu-Mg合金的脱溶序列进行解释，其脱溶序列为

$$过饱和固溶体\ \alpha \rightarrow G.P(B) \rightarrow S' \rightarrow S \qquad (6-7)$$

图6-39a的T4状态DSC结果中（传统铸锭冶金2024合金），低温的吸热峰是由于G.P（B)区的溶解反应产生的，放热峰与S′相的析出有关，高温吸热区的形成是由于随温度的升高S′相的溶解度增大，随后在三元共晶温度508℃出现部分熔化。在这个区间，S′的溶解峰可能与S的形成（放热反应）相抵消。

图6-39b的T6状态DSC结果中（传统铸锭冶金2024合金），同样有在低温下G.P

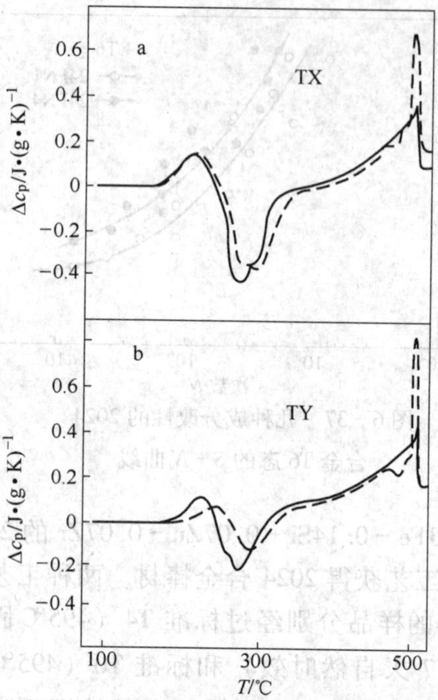

图 6－39　2024 合金的 DSC 曲线
（测量时加热速率为 10℃/min，其中图 a 为 T4 处理，图 b 为 T6 处理，实线表示快速凝固状态，虚线表示常规状态，图中 Δc_p 的绝对值证实了吸热反应的发生）

（B）区的溶解反应产生的吸热峰、DSC 过程中 S′相形成产生的放热反应以及在 330～450℃之间 S′相的溶解产生的吸热区。

在图 6－39 所示的快速凝固 2024 合金的析出过程中（图中实线），T4 状态下，快速凝固合金低温吸热峰的面积比传统的 2024 合金大。是该扩展面积实线强度提高的必要条件，但不是充分条件。不仅析出相的扩展影响强度，而且它的空间分布和在晶粒内的有无均对强度有影响。快速凝固 2024 合金 T4 状态时的析出相主要是在晶界上，而且基体的过饱和程度比传统的 2024 合金更高（可以从三元共晶温度时的吸热反应看出）。因而，快速凝固 2024 合金在 T4 状态的真正强化是由比传统 2024 合金中更加细小的弥散 G. P（B）区产生的。

在 T6 状态的 DSC 曲线上，快速凝固 2024 合金 S′相的形成和溶解要比传统 2024 合金少得多。由此可以推断，同种状态下快速凝固合金中 S′相的数量要比传统 2024 合金少。这一点也可以从 T6 状态合金的微观组织中得到证明。在 2024 合金 T6 状态的微观组织中，与传统的 2024 合金相比，快速凝固合金中的 S′相要少，而且更多的析出相分布在晶界上。这也是快速凝固 2024 合金 T6 状态的抗拉伸强度要比铸锭冶金 2024 合金低的原因。

B　机械热处理对快速凝固 2124 合金组织性能的影响

对一般材料而言，延性和断裂韧性随材料的强度提高而降低。为了同时提高铝合金的强度和损伤容限，常用机械热处理（TMT）来诱发位错亚结构，控制析出相形貌[47]。合金机械热处理后，材料的强度提高，而合金的断裂韧性、应力腐蚀抗力、热稳定性等没有明显的损失。美国航空航天中心对快速凝固 2124 合金的机械热处理工艺及材料性能进行了较详细地研究。

a　合金成分和机械热处理工艺

研究采用锰含量分别为 0.5%（析出相较少）和 1.6%（析出相较多）的 2124 铝合金，合金成分分别见表 6－47。通过快速凝固制粉－冷等静压－真空除气－热致密化－挤压，制得快速凝固合金棒材，合金热处理工艺见表 6－48。

表 6－47　粉末铝合金 2124 的成分（质量分数）　　（%）

合金	Cu	Mg	Mn	Fe	Si	Ti	Ni	Al
低 Mn	4.0	1.30	0.5	0.05	0.00	0.06	0.00	余量
高 Mn	4.2	1.30	1.6	0.07	0.00	0.07	0.02	余量

表 6－48 PM2124 热处理工艺

合金条件	热 处 理
T4	492℃/1h，水淬＋自然时效
T6	492℃/1h，水淬＋160℃时效 40h
4C4	T4＋室温压缩 15%＋自然时效
4C6	T4＋室温压缩 15%＋160℃时效 24h
4W4	T4＋160℃室温压缩 15%＋自然时效
4W6	T4＋160℃室温压缩 15%＋160℃时效 24h
6W4	T6＋160℃室温压缩 15%＋自然时效
6W6	T6＋160℃室温压缩 15%＋160℃时效 24h
W7	T6＋160℃室温压缩 8%＋160℃时效 28h

b 合金的组织和性能

低 Mn 和高 Mn 含量 2124 快速凝固合金的微观组织晶粒均为扁平，沿挤压方向伸长，晶粒厚度（短横向）约为 1μm，高 Mn 含量合金的晶粒略小。两种合金中的 $Al_{20}Mn_3Cu_2$ 析出相沿挤压方向线状分布。析出相平均尺寸约为 0.4μm，低 Mn 和高 Mn 合金中的析出相体积分数约分别为 0.02 和 0.05。显然，较多 Mn 元素的加入增加了析出相的体积分数，导致基体晶粒一定程度的细化，但是细化程度与 Mn 含量和析出相含量没有直接的比例关系。

在 T4 和 T6 状态下，两种合金的强度几乎相等，只是高 Mn 合金的伸长率和缺口抗拉强度/屈服强度（NTS/YS）稍低（见表 6－49）。合金韧性的降低可能是增强颗粒为早期裂纹的形成提供了形核点。中等尺寸富 Mn 相的裂纹比粗大的富 Fe 相更大，与界面脱黏形成的孔洞有关。塑性变形基体中弹性颗粒周围的应力集中为界面脱黏提供了驱动力，由于塑性变形能力有限，基体强度越高，这种效果越复杂。

表 6－49 2124 粉末铝合金机械热处理的性能

Mn 含量（质量分数）/%	热处理条件	方向	屈服强度/MPa	抗拉强度/MPa	伸长率/%	缺口抗拉强度/MPa	缺口抗拉强度/屈服强度
0.5	T4	L	366.1	526.1	20.7	581.9	1.60
		T	348.2	499.6	23.3	587.4	1.69
	T6	L	361.3	520.6	21.4	604.7	1.67
		T	346.1	493.7	24.3	589.5	1.70
	4C4	L	538.5	597.1	9.6	770.2	1.43
		T	480.6	574.4	12.3	717.8	1.50
	4C6	L	558.5	597.8	11.0	764.0	1.37
		T	535.1	581.9	14.1	711.6	1.35
	4W4	L	485.4	561.3	9.1	730.9	1.51
		T	432.3	539.2	13.8	703.3	1.63
	4W6	L	542.6	583.3	13.0	772.2	1.43
		T	504.0	560.6	15.3	721.2	1.43
	6W4	L	477.1	554.4	8.8	728.8	1.53
		T	437.8	539.2	11.4	694.5	1.60
	6W6	L	539.2	599.2	13.0	744.0	1.38
		T	502.6	559.2	16.8	712.9	1.42

续表6－49

Mn 含量（质量分数）/%	热处理条件	方向	屈服强度/MPa	抗拉强度/MPa	伸长率/%	缺口抗拉强度/MPa	缺口抗拉强度/屈服强度
1.6	T4	L	369.6	540.6	19.2	575.7	1.56
		T	353.0	509.5	19.3	549.5	1.60
	T6	L	352.3	520.6	19.6	561.9	1.60
		T	335.1	494.4	19.8	546.1	1.63
	4C4	L	565.4	613.7	6.9	610.9	1.08
		T	497.8	591.6	9.5	606.1	1.22
	4C6	L	557.8	597.1	11.0	728.8	1.31
		T	535.1	586.1	11.3	629.5	1.18
	4W4	L	517.8	581.2	8.5	661.2	1.28
		T	460.6	566.1	11.1	603.3	1.31
	4W6	L	553.0	594.3	10.3	695.0	1.26
		T	515.1	593.0	13.1	590.9	1.15
	6W4	L	513.0	579.9	8.7	559.9	1.09
		T	464.7	566.8	9.5		
	6W6	L	542.0	586.8	6.9	645.4	1.19
		T	512.3	574.4	10.9		

高 Mn 和低 Mn 合金机械热处理后的强度均显著提高。与 T6 态相比，所有机械热处理＋后续人工时效的合金纵向屈服强度提高约 50%（从约 360MPa 提高到 540MPa），而韧性指标（NTS/YS）仅少量降低（平均值从 1.6 降低到 1.4）。虽然高 Mn 合金机械热处理（TMT）后的强度提高相似，但是韧性显著降低。这种对韧性的相反影响是大量较大的富 Mn 相作用的直接结果。机械热处理后从低 Mn 合金的微观组织中可以看出。TMT 合金含有更多的更加细小的 S′相，这些细小的硬化相是由于变形过程中形成的高密度位错诱发形成的。位错线密度为半共格 S′析出提供了形核质点，位错密度越大，形核颗粒的数量越大，若析出相的体积分数不变，则颗粒尺寸越小。整体位错密度高，尤其是在晶界附近，将会有效地减小在晶界形成 PFZs 和 S 相的趋向。在晶界附近能够参与析出反应的溶质元素更多，因此 PFZ 宽度更窄，扩散到晶界形成非共格 S 相的元素更少。TMT 处理引起韧性的提高与它对微观组织的影响有关，例如由于 TMT 处理而引起的更高的位错密度，更多的更加细小的弥散分布的 S′析出相，在晶界形成的 S 相减少，PFZ 宽度减小等。

6.3　快速凝固 7000 系合金

6.3.1　快速凝固粉末冶金 7000 系合金简介

如前所述，美国 Kaiser 铝和化学公司除研究 2000 系快速凝固铝合金以外，还着重研究了快速凝固 7000 系铝合金[34]。1960 年 Kaiser 铝和化学公司与美国空军研发了具有良好室温性能的粉末冶金挤压件，整个工艺包括合金熔炼、气体雾化、粉末干燥和过筛、粉末装入铝箔容器、扭压、挤压及热处理等。表 6－50 给出四种合金的化学成分，合金中均添加 Cr 或 Mn，合金的屈服度超过 760MPa。

20世纪60年代初，Kaiser公司又成功研究了PM61合金，其成分（质量分数）为Al-8.5Zn-1.5Cu-2.5Mg-0.6Co-0.2Zr。该项目在70年代得到了美国军方的赞助，并采用低温真空脱气，改良了合金的性能，但是Kaiser铝和化学公司一直认为热真空脱气是制备优质高温粉末冶金合金的关键步骤，也就是说只有当粉末中的所有水、氢气及其他挥发性物质全部排出之后，才能制得全密度的可热处理的优质零件。表6-51给出了适当真空脱气和脱气不好的7000系粉末铝合金挤压件拉伸性能的比较。表6-52给出了粉末冶金铝合金PM61挤压件的拉伸性能。1976~1977年Kaiser铝和化学公司又推出了PM62合金，这种合金的强度比铸造冶金相同牌号合金的强度高30%。表6-53给出了粉末冶金铝合金PM62的性能。

表6-50 1960年Kaiser铝和化学公司制备的粉末冶金Al-Zn-Mg-Cu铝合金

合金成分					抗拉强度 /MPa（ksi）	屈服强度 /MPa（ksi）	伸长率 /%
Zr	Mg	Cu	Mn	Cr			
9.76	3.24	1.98	—	0.2	785（114）	782（113）	4
9.91	3.07	2.06	0.45	0.47	789（114.5）	774（112）	4
10.36	3.08	2.03	1.74	0.2	820（119）	811（118）	4
12.32	1.80	1.95	—	0.2	751（109）	744（108）	8

表6-51 真空脱气对7000系粉末铝合金挤压件拉伸性能的影响[34]

脱气质量	热处理制度	方向	抗拉强度 /MPa	屈服强度 /MPa	伸长率 /%	缺口抗拉强度 /MPa	缺口抗拉强度 /屈服强度
弱脱气	T6	L	701	642	12	726	1.13
		LT	557	503	3	229	0.46
	T73	L	621	580	12	596	1.03
		LT	560	534	2	210	0.39
强脱气	T6	L	705	655	12	755	1.15
		LT	680	615	11	615	1.00
	T73	L	620	570	14	740	1.30
		LT	580	550	14	660	1.20

表6-52 PM61①挤压合金的典型性能（挤压比20：1）[34]

在163℃的时效时间/h	L方向				LT方向			
	抗拉强度 /MPa	屈服强度 /MPa	伸长率 /%	断面收缩率/%	抗拉强度 /MPa	屈服强度 /MPa	伸长率 /%	断面收缩率/%
0	780	752	9	15	718	676	9	10
6	697	676	11	27	656	642	11	16
10	642	607	12	33	607	573	12	18
16	621	573	13	37	587	545	14	23

①一级时效：490℃×1h固溶，水冷，121℃×24h时效。

表 6－53　Kaiser 铝和化学公司制备的 PM62、PM64 合金的性能

合　金	状　态（二级时效）	纵　向			横　向		
		抗拉强度 /MPa	屈服强度 /MPa	伸长率 /%	抗拉强度 /MPa	屈服强度 /MPa	伸长率 /%
PM62 ①	T7610	704	676	9	—	—	—
PM64 ①	163℃ ×0h	683	635	12	—	—	—
	163℃ ×6h	656	621	9	621	587	8
	163℃ ×10h	635	593	10	600	559	8
	163℃ ×13h	621	580	10	593	545	10

①一级时效：496℃ ×1h 固溶，水冷，拉伸 1.5%，自然时效 5 天以上，121℃ ×24h 时效。

在 20 世纪 70 年代后期，在航空新材料的选择中破坏耐受性开始起到重要作用。通常来说，一种破坏耐受性材料必须是很高的强度、很好的韧性、很长的断裂寿命和足够高的腐蚀抗力。由于对性能全面材料需求的增长，Kaiser 公司研发了 Al－7.2Zn－2.0Cu－2.4Mg－0.2Co－0.1Cr－0.2Zr（质量分数,%）合金，即 PM64 合金。这种合金的挤压件和一些锻造件零件已经经过测试：表 6－54 和 6－55 给出了不同热处理零件的拉伸性能。表 6－55 中包含了两种铸造冶金合金以作比较。1980 年，PM64 合金接受美军空军的广泛测试[48]，并表现出优于同时代高强度铸造和粉末冶金合金的综合性能。1982 年，Rockwell 科学中心研究表明，PM64 合金具有引人注目的超塑性成形性（SPF）。在 516℃ 以及 2×10^{-4}/s 的应变速率下成形，其伸长率为 800%[49]。这种合金与 AA7075 合金或者 AA7091 合金相比，具有更低的流动应力，因此在成形后具有更低的孔隙含量。PM64 基复合材料也表现出良好的超塑性成形性能：含有 10% 和 15%（体积分数）不连续碳化硅微粒子的该合金分别具有 550% 和 400% 的伸长率。

表 6－54　PM64①挤压合金的性能

在 163℃ 时效的时间	L 方向					LT 方向				
	抗拉强度 /MPa	屈服强度 /MPa	伸长率 /%	断面收缩率 /%	缺口抗拉强度 /屈服强度	抗拉强度 /MPa	屈服强度 /MPa	伸长率 /%	断面收缩率 /%	缺口抗拉强度 /屈服强度
0	683	635	12	25	—	—	—	—	—	—
6	656	621	9	25	1.25	621	587	8	22	1.13
10	635	593	10	25	1.31	600	559	8	20	1.24
13	621	580	10	31	1.30	593	545	10	25	1.20

①挤压比 17：1，固溶在 496℃进行 1h，淬水，预拉伸 1.5%，自然时效大于 5 天或人工时效（121℃ ×24h）。

表 6－55　PM64 合金模锻件的性能①

合　金	双级时效在 163℃ 的时间（h）或热处理制度	抗拉强度 /MPa	屈服强度 /MPa	伸长率 /%	抗应力腐蚀能力② /天
PM64	6	600	552	6	60
PM64	10	559	497	9	116

续表6-55

合 金	双级时效在163℃的时间（h）或热处理制度	抗拉强度/MPa	屈服强度/MPa	伸长率/%	抗应力腐蚀能力②/天
IM7050	T73	504	449	5	23
IM7050	T73	511	455	5	53

①固溶温度496℃，时间1h，水淬，一级时效121℃×24h。

②应力为310MPa，0.3mm直径的拉伸试样在3.5% NaCl溶液中交替腐蚀后的断裂天数（三个样品平均值）。

从1981年到1983年，对PM63和PM64合金的化学成分和制造工艺进行了微调，结果其疲劳裂纹生长抗力（FCGR）有了明显的提高，而且对其他性能没有负面影响[50]。疲劳裂纹生长抗力增加到甚至超过了7075-T73铸造冶金合金的水平。

1983年，世界第一个直径为0.2m的PM合金坯体在Los Angeles挤压厂成功的利用热压方式成形。这些坯体制造成商业化尺寸锻造件并且处于实验阶段，20世纪80年代，该工厂能够生产27~54kg的坯体。随着市场的发展就会大规模生产更大尺寸的零件。

在Kasier公司研究的同时，美国Alcoa公司技术中心、Alcoa中心和Frankford兵工厂共同研制了MA87（7091）合金、MA66合金、MA67（7090）合金、MA49合金、这四种合金均为快速凝固Al-Zn-Mg-Cu系合金粉末铝合金，并制成了大型锻件。表6-56给出了这些合金的化学成分。在80年代后期，美国Alcoa公司又研制出第二代粉末高强铝合金Cw7，Cw7具有优异的力学性能，可以根据不同用途，采用不同的热处理方式获得相应性能。

表6-56 Al-Zn-Mg-Cu粉末冶金铝合金的名义化学成分（质量分数） （%）

合金牌号	Zn	Mg	Cu	Co	Fe	Ni	Si	Al
MA87	6.5	2.5	1.5	0.4	0.05	—	0.06	余量
MA66	8.0	2.5	1.0	—	0.04	—	0.05	余量
MA67	8.0	2.5	1.0	1.5	0.07	—	0.06	余量
MA49	8.0	2.5	1.0	—	0.8	0.8	0.13	余量

除美国外，日本、英国、德国等工业发达国家也力图利用粉末冶金技术开发强度更高的超高强铝合金。日本住友轻金属公司于1992年采用真空平流铸造制粉、后续真空压实烧结工艺，成功地在实验室里制备出σ_b达700MPa以上的快速凝固超高强7000系铝合金，将铝合金的强度性能指标推向了新的水平。同时，欧洲的Mathy等利用粉末冶金工艺制备了$Al_9Zn_3Mg_{1.5}Cu_4Mn$合金，该合金的强度达到840MPa。日本的Kusui教授利用典型的粉末冶金工艺研究了超高强铝合金，其具体成分和性能见表6-57[51]。前苏联研制的快速凝固高强合金也有几种投入了生产。苏联航空材料研究院研制的快速凝固铝合金主要是Al-Zn-Mg-Cu+Zr、Co或Ni，其中ПB-90是现行铝合金中强度最高的合金（σ_b = 780 MPa，$\sigma_{0.2}$ = 740MPa，δ = 4%）。

表 6－57　日本 Kusui 教授研究的高强铝合金

挤压比	10			20		
合金种类	σ_b /MPa	$\sigma_{0.2}$ /MPa	δ /%	σ_b /MPa	$\sigma_{0.2}$ /MPa	δ /%
Al9.5Zn3Mg1.5Cu	764	739	7.6	751	745	1.9
Al9.5Zn3Mg1.5Cu + 0.04Ag	796	783	3.8	790	780	4.0
Al9.5Zn3Mg1.5Cu + 4Mn	787	754	1.1	879	845	1.3
Al9.5Zn3Mg1.5Cu + 4Mn + 0.04Ag	886	820	1.6	869	819	1.4
Al9.5Zn3Mg1.5Cu + 4Mn + 0.04Ag + 0.5Zr	894	858	0.8	894	859	0.9

6.3.2　粉末冶金高强铝合金

6.3.2.1　7090 合金和 7091 合金

7090 合金和 7091 合金又分别称为 CT90 和 CT91，原非正式牌号分别为 MA67 和 MA87。其合金成分（质量分数,%）为，7090 合金：7.3 ~ 8.7Zn，2.0 ~ 3.0Mg，0.6 ~ 1.3Cu，1.0 ~ 1.9Co，0.2 ~ 0.5O_2，< 0.12Si，< 0.15Fe，余量为 Al。7091 合金：5.8 ~ 7.1Zn，2.0 ~ 3.0Mg，1.1 ~ 1.8Cu，0.2 ~ 0.6Co，0.2 ~ 0.5O_2，< 0.12Si，< 0.15Fe，余量为 Al。在 IM7××× 系中通过盐雾制粉的快速凝固加钴，使其生成细小稳定的 Co_2Al_9 或（Co，Fe）Al_9 弥散粒子，在粉末的热压实和热加工过程中阻碍晶粒长大，PM（粉末合金）合金的组织比 IM 合金细密，能改善合金性能，特别是耐腐蚀性能[52]。目前只有 7090 和 7091 粉末铝合金走出了实验室，在几个公司进行了商业生产。Alcoa 宣布的第一大量出售的粉末合金是 7090，它们用于制造波音 757 飞机的主起落支承架的连杆和起落架门舱传动件，7091 合金锻件用于制造 L－1011 飞机翼梁盖和波音 767 飞机的座椅导轨[53,54]。7090 和 7091 粉末冶金合金锭坯质量已达 1500kg，可加工成厚板，挤压件和模锻件等半成品，表 6－58 和表 6－59 分别表示 PM7090、PM7091 合金挤压件，模锻件与 IM7055 挤压件，模锻件的力学性能比较[55~57]。PM7091 合金与 IM7000 合金的平面断裂韧性如表6－60 和图 6－40 所示[58]。PM7090 合金与 IM7050 合金的疲劳性能如图 6－41 所示，PM7090、

表 6－58　PM7090、PM7091 合金与 IM7075 合金挤压件的力学性能[52]

合　金		PM 合金在最终时效温度（163℃）的时效时间①/h	取样方向	σ_b /MPa	$\sigma_{0.2}$ /MPa	δ /%	NTS/TYS②	K_{IC} /MPa · $m^{1/2}$
PM	7090	2	纵向	669	641	11	1.14	31.8
			长横向	593	545	6	0.76	—
	7090	6	纵向	621	593	10	1.20	41.7
			长横向	565	517	9	0.93	20.8
	7091	6	纵向	614	586	12	1.34	46.0③
			长横向	552	503	11	1.13	24.1③
	7091	14	纵向	565	524	16	1.39	41.7②
			长横向	517	462	12	1.28	—

续表6－58

合金		PM 合金在最终时效温度（163℃）的时效时间①/h	取样方向	σ_b /MPa	$\sigma_{0.2}$ /MPa	δ /%	NTS/TYS②	K_{IC} /MPa · m^{1/2}
IM	7075－T6		纵向	683	600	10	1.31	38.4③
			长横向	552	496	8	1.05	24.1③
	7075－T73		纵向	552	503	12	1.35	—
			长横向	496	441	8	1.15	—

①PM 合金在最终时效前，经 448～493℃固溶处理 2h，水淬，初级时效为 121℃ ×24h。
②缺口抗拉强度/抗拉屈服强度。
③K_Q，因试样太薄不能满足 ASTME399 的要求。

表 6－59　PM7090、PM7091 合金与 IM7075 合金模锻件的力学性能[52]

合金		PM 合金在最终时效温度（163℃）的时效时间① /h	取样方向	σ_b /MPa	$\sigma_{0.2}$ /MPa	δ /%	NTS/TYS	K_{IC} /MPa · m^{1/2}
PM	7090	1	纵向	641	600	10	0.9	23.2
			短横向	593	545	4	0.69	—
	7090	12	纵向	587	538	12	1.14	—
			短横向	551	503	8	0.96	—
	7091	4	纵向	607	558	12	1.25	K_Q36.1
			短横向	572	517	11	1.09	
	7091	18	纵向	565	510	14	1.34	—
			短横向	531	476	9	1.25	—
IM	7075－T6		纵向	641	572	12	1.34	—
			短横向	551	490	9	0.94	—
	7075－T73		纵向	503	434	13	1.45	—
			短横向	—	—	—	—	—

①PM 合金在最终时效之前，经 488～493℃固溶处理 2h，水淬，初级时效 96℃ ×24h。

表 6－60　PM7091 合金与 IM7×××系合金厚板的短横向平面应变断裂韧性

合金		K_{IC}/MPa · m^{1/2}	$\sigma_{0.2}$/MPa
PM	7091－A①	K_Q 36.4	490
	7091－B②	28.6	503
IM	7475－T651	29.7	448
	7475－T7351	36.4	372
	7050－T73651	28.6	432
	7075－T651	19.8	448
	7075－T7351	22.0	372
	2124－T851	24.2	420

①热压实时保压 10min；
②热压实时保压 1min。

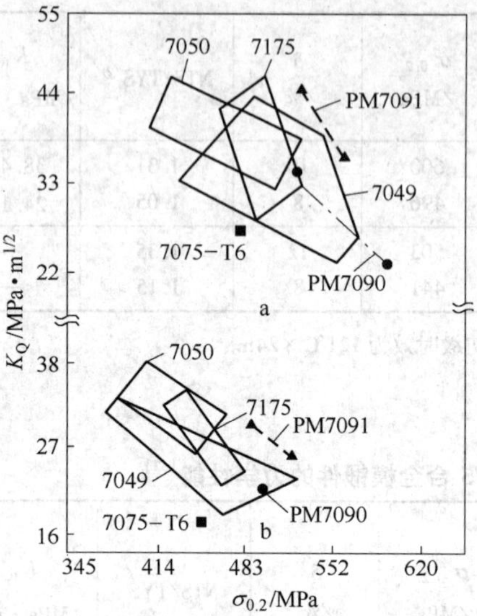

图 6-40　PM7090、PM7091 合金与 IM7000 合金模锻件的断裂韧性
a—纵向；b—短横向

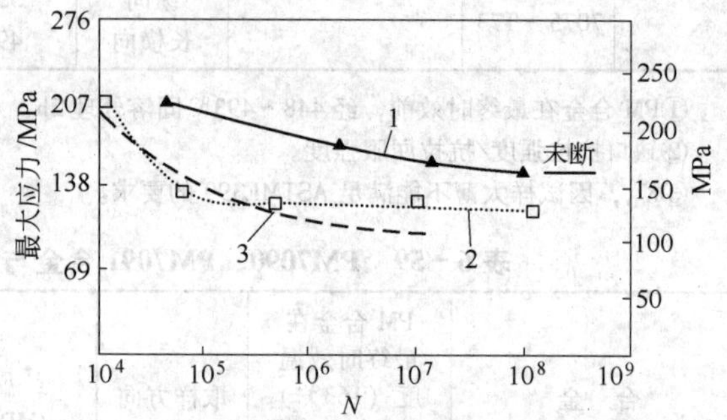

图 6-41　PM7090 合金和 IM7075 合金挤压件轴向应力缺口试样疲劳曲线
（屈服强度均为 348 ~ 362MPa；$K_T = 3$，$R = 0.0$）
1—7090；2—7075-T6；3—7075-T6510

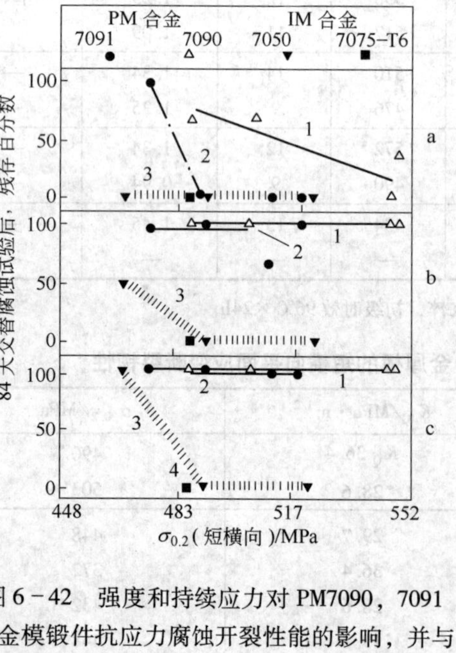

图 6-42　强度和持续应力对 PM7090，7091 合金模锻件抗应力腐蚀开裂性能的影响，并与 IM7075-T6，7050-T7X 模锻件性能的比较
（a、b、c 的应力分别为 310MPa、241MPa 和 172MPa）
1—7090；2—7091；3—7050；4—7075-T6

PM7091 合金应力腐蚀特性如图 6-42 所示。从上述图表可以得知：PM7090 合金与 IM7050 合金模锻件在相同的抗腐蚀性能条件下，前者的屈服强度比后者高 48 ~ 83MPa；PM7091 合金模锻件与 IM7050、7049 和 7175 模锻件相比较，前者在与后者相等或更高强度水平下，有相同的断裂韧性。PM7090 合金与 IM7049 合金模锻件在相等强度条件下，有相同的断裂韧性。PM7091 合金厚板在任意方向的断裂韧性与 IM7475 和 IM7050 合金的相当，并且超过 IM7075 和 IM2124 合金的断裂韧性。缺口试样轴向应力（$R = 0.0$）疲劳实验结果表明，当循环次数为 $10^7 \sim 10^8$ 时，PM7090 合金挤压件的疲劳强度比 IM7050-T6510 高 40%。

6.3.2.2　CW67 合金

CW67 合金是美国 Alcoa 公司推出的第二代粉末冶金高强铝合金。成分（质量分数,%）为 9.0Zn、2.5Mg、1.5Cu、0.14Zr、

0.35O，余量为Al。第二代CW67合金研究目标是比7075高30%的强度，更好的断裂韧性，抗疲劳性和耐腐蚀性，并且减重10%。Kuhiman、Brdenbaugh通过研究表明，CW67－T7X2强度和7090相等，比7091高，比IM7075－T7354高15%～20%，其断裂韧性比7090，7091，IM7075高20%～38%。CW67的抗应力腐蚀和抗疲劳性能比7090、7091和IM7075合金高[59,60]。Hildeman[61]等人为了比较两类粉末高强铝合金与7075合金的性能，对四种合金采用同一副模具进行飞机机身结构部件的锻造，并对各锻件的性能进行了研究。表6－61为CW67－T7挤压件的力学性能。表6－62为几种7000系高强铝合金锻件性能的比较。与IM7075相比，在牺牲韧性的条件下，PM7090合金具有更高的强度，而PM7091合金则同时具有较高的强度和韧性。在四种合金中，PMCW67的强度、塑性、韧性最高。其中L方向和S－T方向屈服强度比7075合金高20%～27%。LT方向的断裂韧性比7075合金高29%，且在310MPa的应力下，表现出高的应力腐蚀和抗力。图6－43为这几种粉末冶金高强铝合金的挤压件断裂韧性与屈服强度的关系。图6－44为多种高强铝合金挤压件的断裂韧性与屈服强度的关系。图6－45为几种粉末高强铝合金和7075铸造合金的ASTMG44－75的应力腐蚀开裂实验的结果。在3.5%浓度的盐水中，加载应力为310MPa，3.8cm厚的挤压试样在LT方向拉伸通过了30天的测试也没有断裂。图6－46为

表6－61 CW67－T7挤压件的力学性能（3.8cm×11.4cm）

取样方向	抗拉强度 /MPa	屈服强度 /MPa	伸长率 /%	K_{IC} /MPa·m$^{1/2}$	应力腐蚀开裂抗力
L	614	579	12	47	—
LT	570	528	10	26	—
ST	563	499	9	24	310

注：应力腐蚀抗力是在3.5% NaCl溶液下交替腐蚀产生开裂的最大应力（ASTM G44—75）。

表6－62 几种7000系高强铝合金锻件性能的比较

合金状态	测试方向	抗拉强度 /MPa	屈服强度 /MPa	伸长率 /%	K_{IC} /MPa·m$^{1/2}$	SCC /MPa
IM－7075－T7354	L	530	456	13	34	—
	LT	520	447	12	—	—
	ST	510	441	8	28	290
PM－7090－T7E80	L	613	565	12	22	—
	LT	613	552	13	—	—
	ST	579	520	7	19	310
PM－7091－T7E78	L	586	524	13	38	—
	LT	596	541	13	—	—
	ST	545	476	7	30	310
PM－CW67－T7X2	L	606	579	14	44	—
	LT	606	572	15	—	—
	ST	572	531	9	34	310

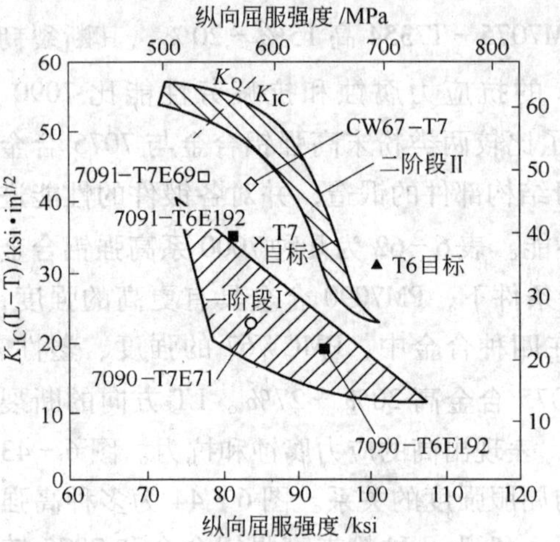

图 6 − 43　CW67、7090 和 7091 合金的屈服强度与断裂韧性

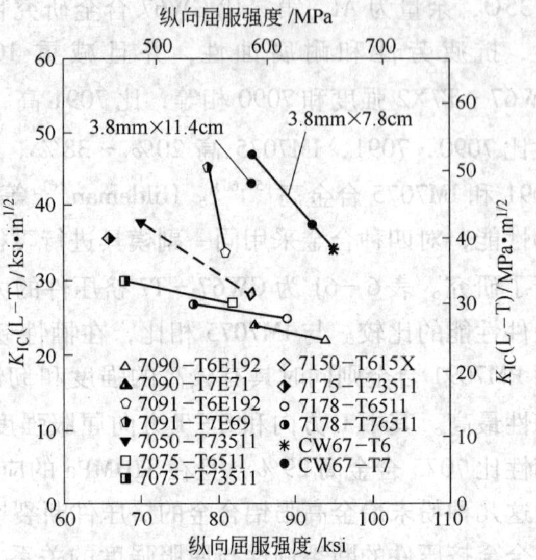

图 6 − 44　多种高强铝合金挤压材的屈服强度与断裂韧性（CW67 挤压件的厚度为 0. 6 ~ 3. 8cm）

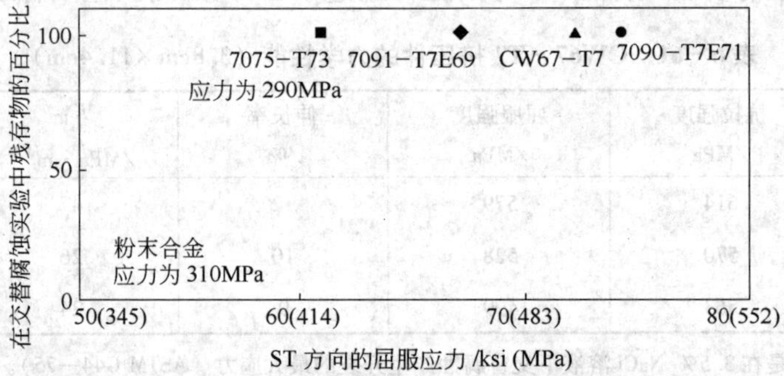

图 6 − 45　几种粉末高强铝合金和 7075 − T73 熔铸合金的 ASTMG44 − 75 的应力腐蚀开裂实验结果

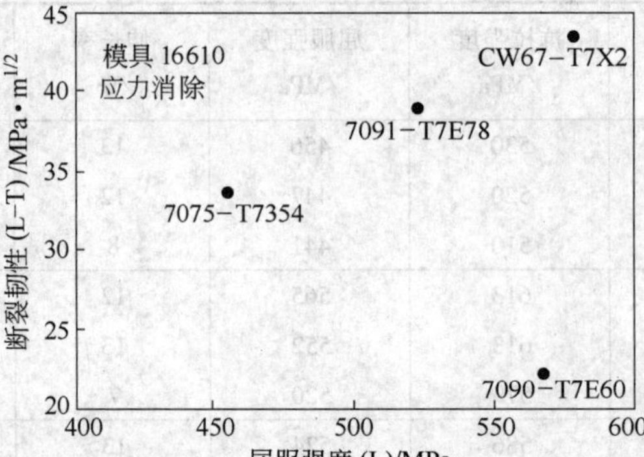

图 6 − 46　粉末冶金高强铝合金（7000 系）和 7075 熔铸锻件的屈服强度与断裂韧性的关系

7000 系粉末高强铝合金和 7075 熔铸合金的锻件屈服强度与断裂韧性的关系。CW67 合金与 7090 合金具有相等的强度，但断裂韧性是后者的两倍，CW67 合金被认为是一种高强，抗破坏韧性能力较高的锻件[62]。图 6 − 47 是 CW67 − T7，7090 − T7E71，7091 − T7E71 粉

末合金与 2024 - T351，7075 - T73 × × × 铸造合金轴应力缺口疲劳数据的比较，与 IM 合金相比，在 105 以及更高的周期下，PM 合金具有较高的疲劳裂纹生长速率[63]。图 6 - 48 为粉末高强铝合金的疲劳裂纹生长速率曲线。在一些应用中，疲劳裂纹的生长（FCG）也是一个非常重要的特性。相对于铸造而言，在不变振幅的条件下，粉末冶金合金具有较高的疲劳裂纹生长速率。从图 6 - 48 可以看出，CW67 合金的疲劳裂纹生长与同等条件下的 7091 相似[64]。由于不变振幅疲劳裂纹生长测试经常用来描述或评估新的合金，所以在不同的测试条件下，合金的抗疲劳裂纹生长等级是会发生变化的。在简单的 FCG 测试中，由于加载的压应力与拉应力组合的峰值载荷条件不同，所以 7091 合金的寿命或高于或低于 7075 合金。因此选择恰当的疲劳裂纹生长测试是非常重要的，这将能够模拟特定的环

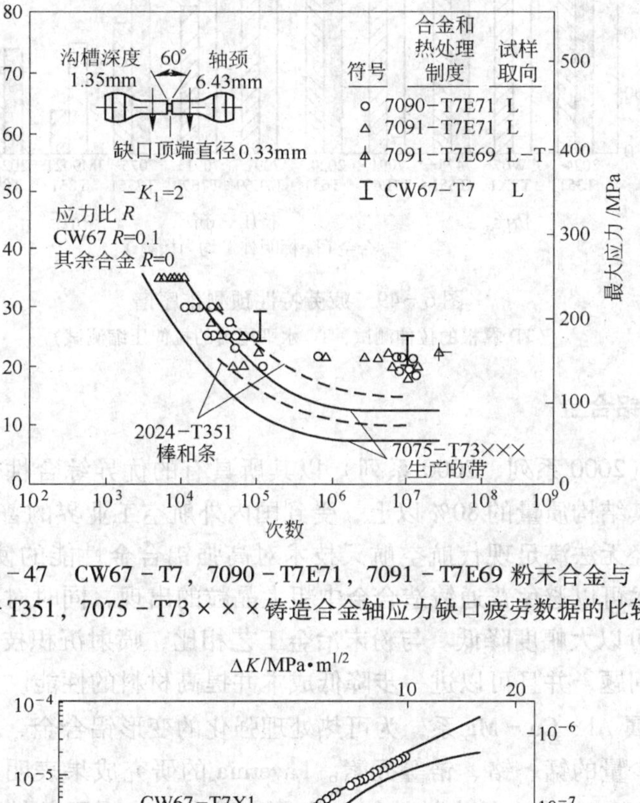

图 6 - 47 CW67 - T7，7090 - T7E71，7091 - T7E69 粉末合金与 2024 - T351，7075 - T73 × × × 铸造合金轴应力缺口疲劳数据的比较

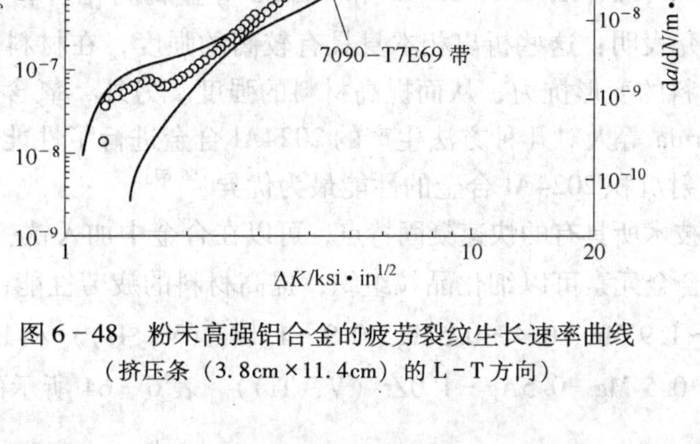

图 6 - 48 粉末高强铝合金的疲劳裂纹生长速率曲线
（挤压条（3.8cm × 11.4cm）的 L - T 方向）

境来准确预测合金的寿命。例如，图 6-49 是由 Northrop 绘制的[65]，用来比较粉末冶金合金（7090，7091，IN9021）与现在飞机上应用的 I/M 合金。图中的数据描述了预测的寿命，通过测试战斗机所用的每种合金的断裂情况来模拟飞行时间。虽然这只是初步的一些测试，但用测试翼根的拉伸测试（TD）以及模拟水平尾翼的拉伸 - 压缩测试（TC）都显示了 CW67 具有较高的抗疲劳裂纹生长能力。

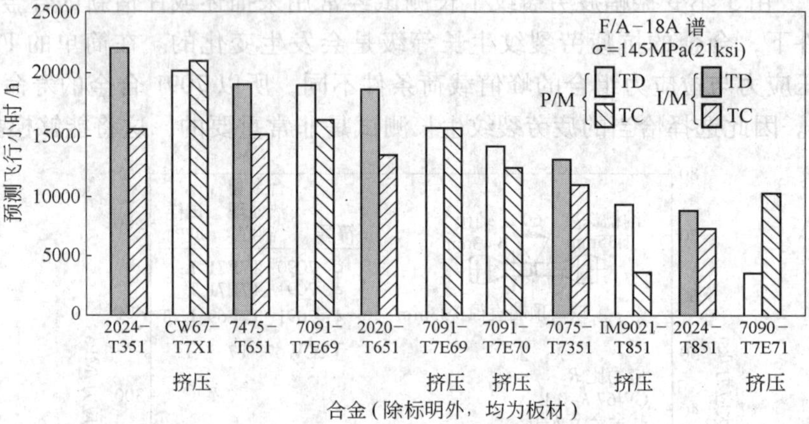

图 6-49　疲劳特性预测排序谱

（TD 翼根的拉伸测试，TC 水平尾翼的拉伸压缩测试）

6.3.3　喷射沉积铝合金

高强铝合金（2000 系列、7000 系列）以其所具有的优异综合性能，在商用飞机上的使用量已经达到其结构质量的 80% 以上，受到国内外航空工业界的普遍重视。但是传统的材料制备工艺已经无法满足现代航空航天技术对高强铝合金性能的使用要求。研究发现，采用喷射沉积技术可以避免普通铸造合金中粗大晶粒的出现，同时对冶金质量（Fe、Si 杂质含量）的要求可以大幅度降低。与粉末冶金工艺相比，喷射沉积技术解决了材料氧化严重及难于成形的问题，并且可以进一步降低成本并提高材料的性能。

2000 系合金属 Al - Cu - Mg 系，为可热处理强化的变形铝合金，铜与镁是主要的合金化元素，还含有少量的锰、铬、锆等元素。Lavernia 的研究成果表明，采用喷射沉积技术可以显著地提高 2024Al 合金的力学性能。这是由于在快速凝固条件下，合金中的杂质元素将以细小均匀的 Al_3Fe、Al_6Mn、Al_7Cr 和 AlSiFe 等金属间化合物相的形式弥散分布于 α - Al 基体中。研究表明：这些析出相本身具有较高的强度，在材料变形过程中通过阻碍位错运动而增加材料的变形抗力，从而提高材料的强度。另外，氧含量的降低也是其中一个重要因素。Lavernia 等人对几种方法生产的 2024Al 合金进行了性能比较，如表 6 - 63 所示。结果表明，喷射沉积 2024Al 合金的性能最为优异[66,67]。

利用喷射沉积技术所具有的快速凝固特点，可以在合金中加入铁、镍、铈、锆、铬、锰和钛等元素，这些合金元素可以细化晶粒组织，提高材料的疲劳性能，如 N202 合金（Al - 6.1 ~ 6.5 Cu - 1.7 ~ 1.9 Mn - 0.4 ~ 0.5Mg - 0.9 ~ 1.1Zr（V，Ti））和 ES2X 合金（Al - 5 ~ 6 Cu - 0.5 ~ 0.8 Mn - 0.5 Mg - 0.5Ag - 1.0Zr（V，Ti））。表 6 - 64 所示的结果表明，N202 合

金在峰值时效时具有很高的强度[69~71]。图6-50和图6-51的结果则表明，ES2X合金中由于添加Zr，Ti和V等过渡金属，其高温强度和蠕变断裂强度都得以提高[72]。

表6-63　各种方法生产的2024Al合金挤压后热处理（T4）态的力学性能[68]

方　法	$\sigma_{0.2}$/MPa	σ_b/MPa	δ/%	ψ/%	K_{IC}/MPa·$m^{1/2}$
SD	417	586	16	23	31
SD	402	562	15	22	31
PCF	351	501	24	24	—
IM	310	441	20	—	—
IM	329	469	19	—	31

注：SD为喷射沉积；PCF为平流铸造；IM为铸造。

表6-64　几种2000系喷射沉积铝合金的性能比较[68]

合　金	热处理制度	拉伸方向	$\sigma_{0.2}$/MPa	σ_b/MPa	ψ/%	K_{IC}/MPa·$m^{1/2}$
N202	T6	L	490	560	—	—
	T6	T	490	550	—	25
2014Al	T6	L	429	476	7.5	24
2618Al	T6	L	345	400	7.0	—
	T651	L	418	445	7.2	23
N202	T85	L	520	570	—	—
	T85	T	520	560	—	23

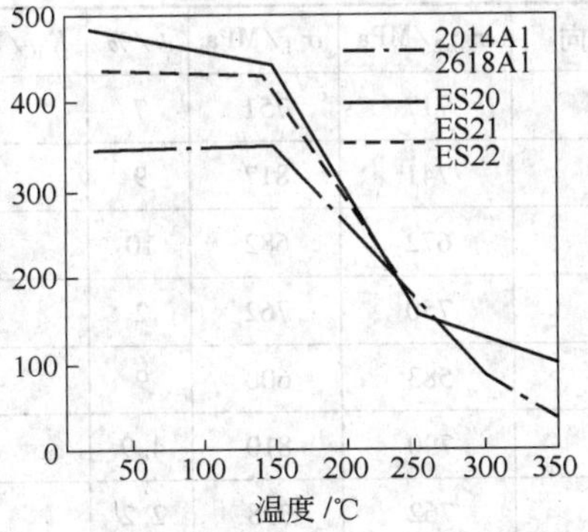

图6-50　几种2000系铝合金强度与温度的关系[71]

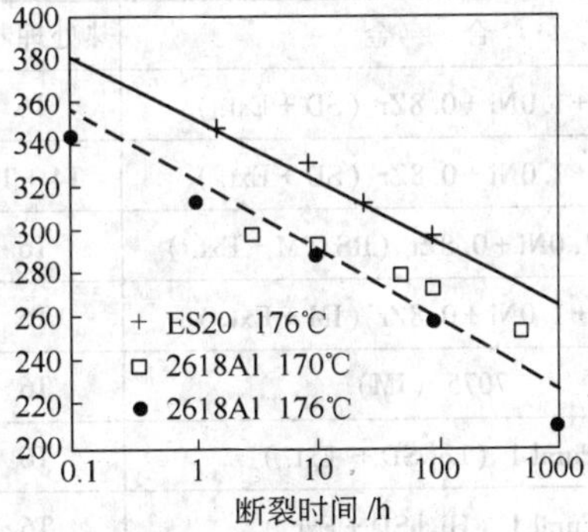

图6-51　几种2000系铝合金使用应力与断裂时间的关系[71]

7000系超高强铝合金是喷射沉积技术研究对象中的热点[73]，传统的7000系合金主要是Al-Zn-Mg-Cu合金，其强化相为$MgZn_2$（η）与$Al_2Mg_3Zn_3$（T）。近年来，在7075Al合金的合金化方面开展了大量的工作，通过在合金中添加Ni、Zr合金元素以及提高7000系合金中的Zn含量，显著改善了合金的力学性能，见表6-65[74~78]。

英国的Osprey公司利用喷射成形技术制备了高合金化的超高强铝合金，代表产品为Zn含量高达11.5%（质量分数）的7043合金，在此基础上采用热挤压和传统的热处理工艺，使该材料在T6状态下，强度达到800MPa，伸长率大于5%[79]。Alcan Cospray Ltd.公司利用喷射成形技术制备了SS70和N707两种超高强铝合金（具体成分见表6-66，性能见表6-67），这两种材料经过T6处理后其极限抗拉强度分别可以达到803MPa和

740MPa[80,81]。以美国宾州大学为核心开发的 7093 合金经（$w(Zn)=9.5\%$）热变形 002 + T6 或 T7 处理后，室温强度达到 760 ~ 800MPa，伸长率达到 11%。美国的 Lavernia 教授利用喷射成形技术制备了改良的 7150X 合金（在 7150 合金的基础上将增至 $w(Zn)=12.4\%$），经过热挤压和常规热处理，材料的 T6 极限抗拉强度可以达到 808MPa。Lavernia 等人还对喷射沉积 7075Al + 1Ni + 0.8Zr 合金进行了深入的研究，发现加入合金化元素 Ni、Zr 后，合金中可形成细小、弥散分布的 Al_3Ni 和 Al_3Zr 相粒子。由于 Zr 的扩散系数较小，形成的 Al_3Zr 相能够有效地钉扎晶界和亚晶界，起到阻碍再结晶和控制晶粒尺寸的作用，而且在后续热处理过程中晶粒无明显长大。分析结果表明，热处理后的晶粒尺寸仅为 2 ~ 7μm。一些学者在对 7000 系 Al 合金进行了改性研究，通过提高 Zn 含量（如 Eura 合金和 N707Al 合金），并采用喷射沉积技术制备，这些合金都具有良好的室温力学性能。一般来说，2000 系和 7000 系 Al 合金都要严格控制 Fe、Si 含量，但是 Duan[82] 对 2024Al + 2% Fe + 2% Ni（质量分数）合金和 7075Al + 0.52% Fe + 0.42% Si（质量分数）合金的研究结果表明：在喷射沉积状态下，两种合金中分别形成了大量细小，弥散分布的亚稳相 $Al_9(Fe,Ni)_2$ 和 Al_6Fe。其尺寸分别为 0.5 ~ 1μm 和 0.1 ~ 0.2μm。在随后的热挤压及 T6 态热处理过程中，这些亚稳相粒子均未发生分解，且无明显的粗化现象，从而达到了较好的弥散强化效果。另外，由于喷射沉积工艺大大降低了材料的氧含量，使得 2000 系、7000 系铝合金具有比其他快速凝固方法制得的铝合金材料更高的力学性能。

表 6－65　某些 7000 系铝合金的力学性能[68]

合　金	热处理制度	拉伸方向	$\sigma_{0.2}$/MPa	σ_b/MPa	ψ/%	K_{IC}/MPa · $m^{1/2}$
7075 + 1.0Ni + 0.8Zr（SD + Ext.）	T6	L	717	751	7	—
7075 + 1.0Ni + 0.8Zr（SD + Ext.）	T4 + T6	L	741	817	9	—
7075 + 1.0Ni + 0.8Zr（RS/PM + Ext.）	T6	L	672	682	10	—
7075 + 1.0Ni + 0.8Zr（IM + Ext.）	T6	L	750	762	2	—
7075（IM）	T6	L	583	600	9	—
Eural 1（LowSD + Ext.）	T6	L	790	810	4.9	—
Eural 1（HighSD + Ext.）	T6	L	762	798	2.2	—
	T7X	L	713	728	5.4	—
Eural 2（SD + Ext.）	T6	L	807	819	7.1	—
Eural 1（RS/PM + Ext.）	T6	L	716	735	1.9	—
Eural 1（RS/PM + Ext.）	T7X	L	660	691	6.7	—
N707（SD）	T6	L	760	775	8.0	—
	T7	L	690	695	8.0	—
Al－11Zn－2Mg－1Cu－0.3Zr（SD + Ext.）	T6	L	705	719	29.0	—
	T6	L－T	620	634	8.2	38.2
	T6	T－L	—	—	—	17.3
	T7	L	503	536	17.9	—

续表6－65

合　金	热处理制度	拉伸方向	$\sigma_{0.2}$/MPa	σ_b/MPa	ψ/%	K_{IC}/MPa·m$^{1/2}$
Al－11Zn－2Mg－1Cu－0.3Zr（SD＋Ext.）	T7	L－T	482	521	11.5	75.5（J_{IC}）
	T7	T－L	—	—	—	37.8

注：IM为铸造合金；RS/PM为快速凝固/粉末冶金，Ext为挤压，Eural 1为含0.1～0.3Zn的7000合金；Eural 2为在Eural 1合金中添加Cr和Mn；N707合金为：Al10.8～11.4，Zn2.2～2.5，Mg1.0～1.2，Cu0.25～0.32，Zr＜0.2，Si、Fe。

表6－66　国外研究的喷射成形超高强铝合金的名义成分[51]

合金	Zn	Mg	Cu	Zr	Fe	Si	备注
7034	11.0～12.0	2.0～3.0	0.8～1.2	0.08～0.30	＜0.12	＜0.10	Osprey
SS70	11.5	2.6	1.1	0.2	＜0.05	＜0.02	Alcan
N707	10.9	2.1	1	0.2	＜0.03	＜0.01	Alcan
7150X	12.4	1.94	1.95	0.10	＜0.05	＜0.05	UCI

表6－67　国外研究的喷射成形超高强铝合金的典型性能[51]

合　金	σ_b/MPa	$\sigma_{0.2}$/MPa	δ/%	E/GPa	K_{IC}/MPa·m$^{1/2}$	备　注
7034－T6	824	818	4.6	74		Osprey
SS70－T6	803	755	5			Alcan
N707－T6	740	711	5			Alcan
7150X－T6	808	776	6		12	UCI

另外，Lavernia等人还给出了几种高强铝合金的疲劳断裂图（图6－52）。

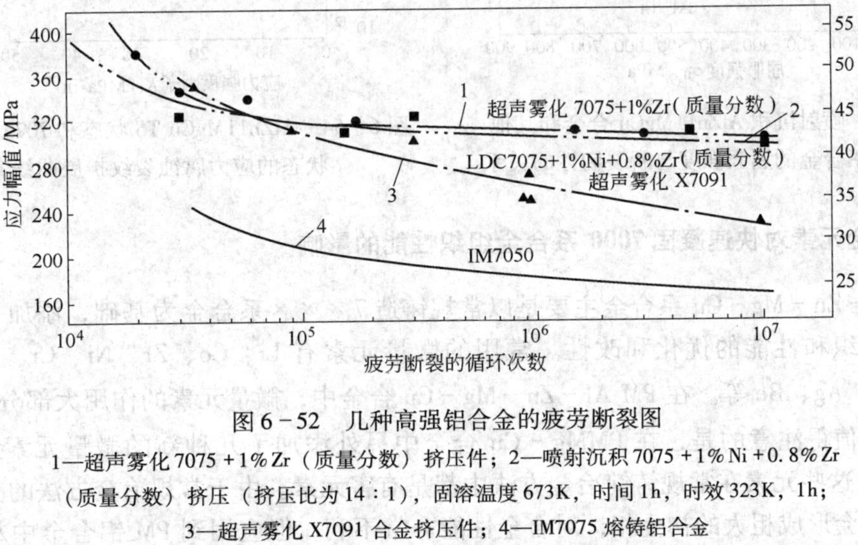

图6－52　几种高强铝合金的疲劳断裂图

1—超声雾化7075＋1%Zr（质量分数）挤压件；2—喷射沉积7075＋1%Ni＋0.8%Zr（质量分数）挤压（挤压比为14∶1），固溶温度673K，时间1h，时效323K，1h；3—超声雾化X7091合金挤压件；4—IM7075熔铸铝合金

Machler 等人[82]研究了喷射沉积 7000 系列高强铝合金的显微组织、力学性能及应力腐蚀性能。用 Osprey 喷射沉积工艺生产了 7000 系列高强铝合金，这种牌号为 AlZn11MgCu 的合金，在 T6 峰值时效和 T7 过时效条件下，均显示了极好的断裂韧性和强度。T6 状态时，室温下合金的屈服强度和断裂韧性分别为 700MPa 和 40MPa · $m^{1/2}$，T7 状态时的相应值分别为 500MPa 和 75MPa · $m^{1/2}$。断裂韧性异常高的原因是没有粗化组织和氧化物的存在。该合金的显微组织均匀，无偏聚，晶粒细小。T6 和 T7 状态下的主要强化相分别为 η 相和 η（MgZn）相。这导致了断裂性能有所不同，T6 状态断裂的形式为微剪切，T7 为延性断裂。此外，与同类合金 7075 - T651 和 7075 - T7351 相比，T6 和 T7 状态时合金的应力腐蚀裂纹扩展速率更大。图 6 - 53 为喷射沉积 AlZn11MgCu 合金和其他高强铝合金的屈服强度与断裂韧性的关系。图 6 - 54 为 AlZn11MgCu 合金 T6 状态和 7075 合金 T651 状态的应力腐蚀裂纹扩展曲线。图 6 - 55 为 AlZn11MgCu 合金 T6 状态下和 7075 合金 T7351 状态下的应力腐蚀裂纹扩展曲线。

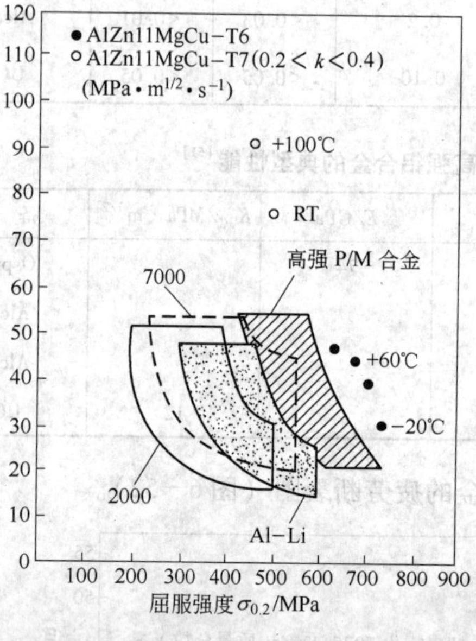

图 6 - 53　喷射沉积 AlZn11MgCu 合金和其他几种高强铝合金的屈服强度与断裂韧性的关系

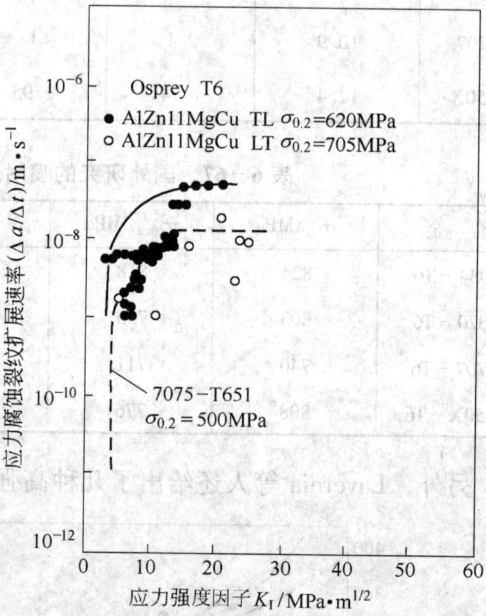

图 6 - 54　AlZn11MgCu T6 状态和 7075 - T651 状态的应力腐蚀裂纹扩展曲线

6.3.4　合金元素对快速凝固 7000 系合金组织性能的影响

PM Al - Zn - Mg - Cu 系合金主要是以常规铸造 7 × × × 系合金为基础，添加一些微量元素进行组织和性能的优化和改性。常用的微量元素有 Li、Co、Zr、Ni、Cr、Mn、Fe、Si、Ti、Sc、Ag、Be 等。在 PM Al - Zn - Mg - Cu 合金中，微量元素的作用大部分与 IM 合金相同，但值得注意的是，在 PMMg - Cu 合金中另外添加了几种新的微量元素，如 Co、Ni、Fe 等，这些元素在常规铸锭冶金方法中都是有害元素。由于常规冶金方法的凝固速率很慢，它们会形成粗大的初生相，对合金性能非常不利。但应用到 PM 铝合金中却形成细小弥散的强化相，改善合金性能，得到了广泛的应用。目前，国外已公布的商用铝合金有

7090、7091、7093、PM61、PM64、1519B、IN9021、IN9051 和 IN9052 等。快速凝固 7×××系铝合金中研究最多的是7091合金（此前也称 CT90 或 MA67 合金）。7090 合金具有更高的 Zn 含量和 Co 含量，可提高合金应力，腐蚀裂纹抗力和抗拉强度（10%），但断裂韧度下降。但综合性能很好的 7093 合金出现后，完全淘汰了前两种合金，得到了广泛的应用[83,84]。

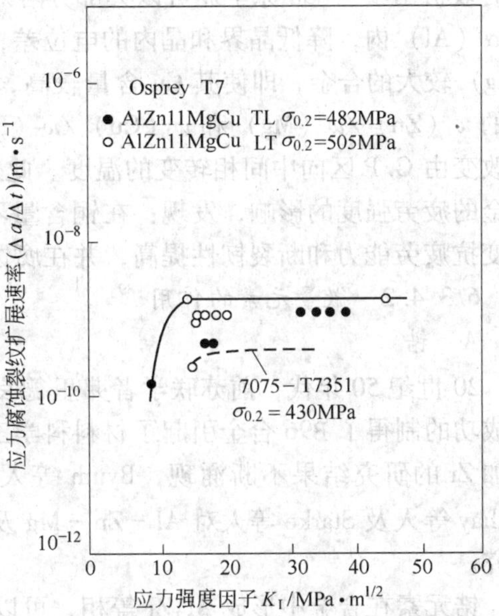

图 6－55 AlZn11MgCu 合金 T7 状态下和 7075 合金 T7351 状态下的应力腐蚀裂纹扩展曲线

6.3.4.1 主元素的作用

A 锌和镁

锌和镁在 Al－Zn－Mg－Cu 系合金中是形成强化相的主要元素，对合金会产生明显的强化作用。Zn 在高温下在铝中的极限固溶度可以达到 82.2%，而在室温下的平衡固溶度只有 4%，喷射成形技术的冷却速度很快，可以达到 $10^3 \sim 10^4$K/s，可以大幅度地提高锌和镁在铝中的固溶度。超高强铝合金 Zn 和 Mg 含量较高，Zn 的含量为 7% ~ 12%，Mg 的含量为 2% ~3%，w（Zn）/w（Mg）>3.0。Zn 和 Mg 在合金中可以形成主要强化相六方晶格 $MgZn_2$，$MgZn_2$ 在合金中的溶解度随着温度的降低而急剧下降，具有很强的时效硬化能力。在固溶极限范围内，提高 Zn 和 Mg 的含量可以大大提高合金的强度，但会导致合金韧性和抗 SCC 性能的降低[85]。提高 Zn 含量，可以有效地改善合金的综合性能，但当合金中 Zn 含量过高（大于 8%）时，由于这类合金的结晶范围宽，析出相与基体之间的密度差异大，容易造成合金中的晶粒粗大，且存在明显的宏观偏析，铸锭内部容易产生热裂的现象，因此采用铸锭冶金工艺一般不能够生产 Zn 含量超过 8% 的 7000 系铝合金，这也使得传统工艺生产的 7000 系铝合金的极限抗拉强度很难突破 700MPa 这一大关。当w(Zn)：w(Mg)＝5：2 ~7：1 时，其主要强化相为 η（MgZn）和 η（$MgZn_2$），当镁的含量超过形成 $MgZn_2$ 相所需的量时，还会产生补充强化作用。但 Mg 含量高，特别是大于 2% 时，合金的冷却敏感性更加明显。这些合金的强度随着 Zn + Mg 含量的增加而增加，但当 Zn + Mg 含量超过 7% 时，合金与断裂韧性相关的性能急剧降低，其焊接性能，耐蚀性能显著恶化。为降低合金的热裂和应力腐蚀裂纹（SCC）敏感性，Zn + Mg 含量应控制在 7% 以下，一般低于 6%。当 w（Zn）/w（Mg）＝2 ~4 时，合金可以获得高强度。当w(Zn）/w（Mg）比较小时（Zn + Mg 总量不变），合金高温流动应力高，热加工困难。而当 w（Zn）/w（Mg）比大时，合金的热裂敏感性增加。当 w（Zn）/w（Mg）＝2.8 时，合金的 SCC 抗力最高。

B 铜

在 Zn 含量较高的合金中加入 2% ~3% 的 Cu，能同时提高强度、塑性、耐蚀性和重复加载抗力。高 Zn 合金中，Cu 原子溶入 G. P 区，可以提高 G. P 区的稳定温度范围，延缓时效析出[86]。Cu 原子还可以大部分溶入 η（$MgZn_2$）和 T（$Al_2Mg_3Zn_3$）相内，少量溶入 α（Al）内，降低晶界和晶内的电位差，提高合金的抗应力腐蚀能力。对于 *w*（Zn）/*w*（Mg）较大的合金，即使其 Cu 含量较高，仍能保持较高的韧性。在超高铝合金中保持较高的 *w*（Zn）/*w*（Mg）和 *w*（Cu）/*w*（Mg）是得到良好性能的基础[87]。此外，铜也可以改变由 G. P 区向中间相转变的温度。此外，美国 Lin 等人研究了 Cu 的含量对 7000 系铝合金的疲劳强度的影响，发现：在铜含量不太高的范围内，随着 Cu 含量的增加，其周期应变抗疲劳能力和断裂韧性提高，并在腐蚀介质中降低裂纹扩展的速率。

6.3.4.2 微量元素的作用[89]

A 锆

20 世纪 50 年代，前苏联学者弗里德良捷尔首次在 Al－Zn－Mg－Cu 合金中添加 Zr，并成功的制得了 B96 合金引起了材料科学工作者的普遍关注，到了 20 世纪 70 年代。有关添加 Zr 的研究结果不断涌现，Byum 等人和 Nes 等对二元合金，Yoshida 等人和 Mukhopadhay 等人及 Starke 等人对 Al－Zn－Mg 及 Al－Zn－Mg－Cu 合金中的锆元素进行广泛的研究。

锆元素在合金中形成 Al_3Zr 等相，可以有效地阻止再结晶的形核和长大，故能细化晶粒并保证热加工及热处理后保持未再结晶或部分再结晶显微组织，使强度相应提高，抗应力腐蚀性改善。

超高强铝合金中的锆元素，将以如下几种形式存在：(1) 固溶在合金中。根据合金相图，平衡凝固时合金的最大可固溶量为 0.28%（质量分数）。未热处理合金中锆以这种形式存在最为有利，对合金产生积极的影响。(2) 以初生 Al_3Zr 相的形式存在。合金中锆含量较高，或者合金熔铸过程中控制不当而导致锆元素的偏聚，均会形成粗大相 Al_3Zr。(3) 以亚稳 Al_3Zr（Ll_2 型）形式存在。采用适当的热处理工艺，使固溶在合金中的锆弥散析出。(4) 以稳定平衡相 Al_3Zr（DO23 型）存在。它较为粗大，与基体不共格。合金中添加锆元素之后，经适当处理将得到纤维状组织，其小角度晶界提高合金的抗应力腐蚀性能[90]。锆元素最为显著的作用是对合金再结晶行为的控制，从而获得扁平的纤维状组织，使变形过程中产生的高密度位错和变形组织得以保存下来。锆元素的这种作用是通过形成 Al_3Zr（Ll_2）中间相来实现的。Al_3Zr 细小，密度大，与母体的失配率只有 0.8%，是一种极为有效的强化弥散体和再结晶抑制剂。最近出现了 Zr 代替 Cr 和 Mn 的趋势，是 7000 系合金中很有发展前途的微量元素。

B 钪

钪（Sc）是到目前为止所发现的对优化铝合金性能最为有效的合金元素。钪（Sc）的原子序数为 21，它与 Ti、V、Cr、Mn 等同周期，与 La、Ce、Pr、Nd 等同族，它是 3d 型（第四周期第Ⅲ副组 $3d^14s^2$）过渡族金属，又是稀土金属，它在铝合金中兼有稀土金属的净化合金、改善铸锭组织的作用和过渡金属的再结晶抑制剂作用，但其效果却比后两者强烈[91]。钪在铝合金中形成的 Al_3Sc 共格沉淀有极强烈的时效硬化作用，这是稀土金属和过渡金属所没有的。因此，超高强铝合金中加入微量的钪，能改善其组织，能全面提高其强度、韧性、耐热性、耐蚀性、可焊性和抗中子辐射能力。根据文献报道[92]，当 7075 合金中钪的添加量超过 0.28%（质量分数，下同）时，晶粒尺寸迅速减小，同时晶型也从树枝晶向等轴晶转变。钪还可以增加保留在固溶体中主要合金元素 Zn、Mg、Cu 的量，降低铸造后形成 η 相的量。向合金中添加适量的钪可以在不降低伸长率的情况下增加合金中的锌含量，从而提高合金的综合性能[92~94]。

一般，Sc应与Zr同时加入到铝合金中，Zr可以替换 Al_3Sc 中的Sc（可达50%），形成 $Al_3(Sc_xZr_{1-x})$，与 Al_3Sc 晶格类型相同，晶格常数变化很小，不但保持了金属间化合物 Al_3Sc 的全部有益性能，而且初生的 $Al_3(Sc_xZr_{1-x})$ 相质点都是铝熔体结晶时的有效核心，能够显著地细化晶粒组织和提高再结晶温度，得到未再结晶的组织，还能强烈地抑制沿晶断裂倾向，有利于合金强度、塑性和断裂韧性的提高[95]。

C 银

银对7×××系铝合金的作用与添加量有关[96]。根据Polmear的报道，向Al-5.8Zn-2.4Mg-1.8Cu中添加0.3%的Ag对促进形成弥散均匀分布的 η′相沉淀很有效。Kusui的研究表明，当Ag的含量低于0.1%时，合金的抗拉强度直线下降。Lee[97]认为，对于7055合金，Ag可以加速 η 相的沉淀，但Ag也可以促进形成大量的成分粒子，这些粒子消耗掉大量的硬化元素，如Zn、Mg、Cu等，从而降低了保留在基体中合金元素的量，对合金产生不利影响。

Ag元素对I/M高强度铝合金的时效动力学有明显的影响。Ag元素的加入，不会提高Al-Zn-Mg合金的最大时效效果和使用时效硬度以及峰值强度，但Ag的加入会使合金获得时效峰值的温度范围变宽。

在快速凝固Al-Zn-Mg-Cu系铝合金中添加Ag元素，当Ag含量为0.04%时，合金强度最高；再继续增大Ag含量，合金强度逐渐下降[98,99]。往快速凝固Al-9.5Zn-3Mg-1.5Cu-4Mn合金中添加Ag元素，其对强度的影响与前者类似。添加少量的Ag，合金强度可以增加100MPa。当采取适当的工艺处理后，合金强度可达到900MPa，且塑性大于1%。当Ag含量继续增加时，合金强度反而下降。

根据研究结果，少量Ag元素的加入，有利于细小沉淀物的析出，析出量增多，析出物半径增大，密度也增大，这是因为Ag原子固溶入基体中形成饱和固溶体。Ag容易与空位结合，过剩的空位向晶界、位错等处扩散消耗掉。人工时效时溶质原子会析出形成金属间化合物，并释放出空位，使有效空位浓度增加，促进强化析出相的析出，密度增加，强度明显增加[99]。

D 锂

在Al-Zn-Mg-Cu系合金中添加锂元素对于7×××系合金的轻量化及改善力学性能均有积极意义，但是添加量应当严格控制。当合金中锂的含量大于1.7%时，由亚稳，有序，共格的 δ′（Al_3Li）相取代 η 相成为主要强化相，使得合金的力学性能显著下降[100~102]，这是因为锂的空位结合能较高，锂原子能够首先捕获淬火时形成的空位。当合金中锂的含量大于1.7%时，固溶处理后合金中的空位密度大大降低，从而降低Zn，Mg原子的扩散速度，抑制基体中富Zn相的均匀形核以及 η′相的粗化；并且Li还会促使富Zn，Mg相首先以大粒子形式在晶界析出，从而使断裂模式由穿晶断裂向沿晶断裂转变，合金的伸长率下降。锂的浓度适当时，锂原子与空位形成Li-V基团，减缓Zn、Mg原子的扩散速度，阻碍 η′相的粗化长大，有利于 η′相的细小弥散分布[103,104,28]。

E 钴

往I/M铝合金中添加Co元素时，由于凝固速度缓慢而形成非常粗大的初生相

Co_2Al_9，铸锭很容易开裂，对合金韧性非常不利。在P/M铝合金中，Co元素是研究得较为成熟的微量元素，在快速凝固铝合金7090，7091中均添加质量分数为0.4%～1.5%的Co元素。在合金处理过程中含Co的析出相比那些含Cr，Zr或W的合金相更难粗化[105～107]。Co元素可以细化晶粒，而且还能与Fe形成（Co，Fe）$_2Al_3$，从而提高合金的抗应力腐蚀能力和抗疲劳性能；在腐蚀抗力和抗应力腐蚀性能不变的情况下，提高合金的室温、高温强度。Rafalin等人报道，Co含量为0.8%的合金，其疲劳性能优于含0.4% Co和不含Co的合金。但过高的Co含量会降低合金的韧性和疲劳裂纹扩展能力。

Co元素以相对较为粗大的沉淀相Co_2Al_9而存在于晶界及晶粒内部。Co_2Al_9球形粒子尺寸一般为0.05～2.0μm。Co_2Al_9的存在会形成许多不规则的晶界，有利于阻止晶界的滑移。Co元素的添加可以提高合金的裂纹萌生抗力，这是由于形成的Co_2Al_9粒子不会被位错剪切，从而使变形均匀，应力集中程度较小。法国学者Develay等人采用粉末冶金法制得了Al－6.2Zn－2.5Mg－1.5Cu－0.4Co（质量分数，%）合金，其与常规冶金法制得的7475合金相比，前者综合性能高于后者，前者具有很好的抗应力腐蚀性能，高的拉伸性能（抗拉强度增加13%～15%，屈服强度增加20%～25%，缺口的疲劳强度增加24%～67%）。

F　锰

Mn元素可以阻止快速凝固高强铝合金的再结晶过程，提高再结晶温度，并能显著细化再结晶晶粒。锰固溶在基体中，可以将再结晶温度提高20～100℃，并会增加合金的淬火敏感性，因为锰会形成$Al_{20}Cu_2Mn_3$，使强化元素的有效含量减少[86]。锰在铝中的溶解度比较小，658℃时的溶解度只有0.05%。含锰的铝合金在结晶时有过冷倾向，熔体急剧冷却时，铝固溶体中的锰含量显著增加，可以达到9%。

在快速凝固Al－9.5Zn－3Mg－1.5Cu合金中添加4%锰时，合金拉伸性能略微增大，当挤压比从10增大到20时，拉伸性能明显提高。合金中有片状沉淀相析出，它们的长轴向与挤压方向平行，长度为几个微米，而宽度则只有几百纳米。EDX分析显示，该相含有Al、Mn、Cu和Zn，晶体结构与$Al_{20}Cu_2Mn_3$类似。因此，这些片状沉淀相可能为四元金属间化合物Al_{20}（Cu，Zn）$_2Mn_3$，它们起到纤维增强作用[96,99,108～113]。Deshmnkh等人则发现，铝合金的弹性模量会随添加过渡元素而增大，其中作用最为显著的是锰元素。锰元素添加后形成$MnAl_6$，体积分数可达10%～15%。这一合金表现出高的强度，但伸长率较低，因此需要添加Cr和Si元素，形成Mn_3SiAl_{12}、（Cr，Mn）Al_{12}等铝化物，以改善性能。

G　稀土

稀土作为7×××系铝合金中的添加剂目前研究得还很少，稀土铝合金的应用开发萌芽于20世纪30年代，我国始于20世纪60年代，虽然起步较晚，但发展速度相当快，从铸造合金到变形合金，从1000系到7000系，从高精尖的导弹用铝合金到普通的日用铝制品，可以说稀土在铝和铝合金中的应用相当广泛。根据文献[96]报道：向7075合金中加入微量稀土，由于一部分稀土溶入T相和S相，生成极其弥散的块状化合物（AlZn-MgCuRE）和（AlCuMgRE）。新相AlZnMgCuRE可以阻碍和钉扎位错，对合金有强化作用。由于稀土的加入，合金弹性模量略有提高，旋转疲劳寿命延长，高温瞬时拉伸的伸长率有提高趋势，抗拉强度和屈服强度略有提高。铝合金中加入适量的稀土，可使其强度、硬度、伸长率、断裂韧度和耐磨性能等综合性能提高，提高合金的超塑性，减小合金的线［膨］胀系数，提高合金的导热性能、耐热性能、耐腐蚀性能，改善合金的加工性能[111~114]。

H Ni + Fe 元素

在快速凝固 Al - Zn - Mg - Cu 系铝合金中更普遍的是多种微量元素的联合添加，这样形成的强化相成分复杂，粗化速度缓慢，各强化相之间可以相互弥补，合金的综合性能较好。

在 Al - Zn - Mg - Cu 系铝合金中，同时加入 Fe 和 Ni，能明显提高其室温强度和高温强度。如果单独添加 Fe 和 Ni 反而不利。因为单独加入 Fe 形成 Al_7Cu_2Fe 或 Al_3CuFe 相，单独加入 Ni 形成 AlCuNi 或 Al_3（CuNi）$_2$ 相。这些相均含有铜，势必会减少原有强化相 S（Al_2CuMg）相的数量。但 Fe、Ni 的等量加入，则会形成耐热相 Al_9FeNi，它既有弥散强化作用，又能阻碍高温下的位错攀移，热处理后可使合金强度提高约 50MPa[60,105,106]。

Durand 在快速凝固 7075 合金中添加 0.6% Fe 和 1% Ni，其屈服强度和断裂强度分别增加 138MPa 和 145MPa。Fe 和 Ni 的加入，形成了非常细小弥散的 Al_3M 相，这些相在热处理过程中并不粗化，使得强度增大[84,115]。而 Anand 是往超音速快速雾化凝固 7075 合金中添加 1% 的 Fe 和 0.6% 的 Ni，与 Durand 的结果对比，其抗拉强度，伸长率均稍低。Grant 向试验的 7049 合金添加了镍和铁元素，其断裂强度达到 717MPa，伸长率为 9%，可以说在这种强度水平下其伸长率是很高的[83,110]。

Lyle 和 Cebulak 用亚音速大气雾化处理 Al - Zn - Mg - Cu 合金，其中一个是 MA49 合金，含有 0.81% Ni 和 0.7% Fe。铁和镍在合金最终成品中以 $FeNiAl_9$ 存在。细晶来源于快速凝固以及 $FeNiAl_9$ 对晶粒生长的抑制作用。细小的 $FeNiAl_9$ 沉淀对改善抗应力腐蚀裂纹性能有益[8,83,84]。

I Ni + Zr 元素

超音速雾化 7075 改进合金（另添加 1.0% Ni 和 0.8% Zr），镍和锆在合金中为亚稳纳米级 Al_3Ni 和 Al_3Zr 沉淀相，而且粉末固结后细小稳定的强化相弥散物并不偏聚在晶界上。合金的抗拉强度和裂纹扩展速率得到显著改善。将该合金与 7091 合金进行对比，进行单级时效处理具有较高的强度，但塑性，缺口抗拉强度与屈服强度的比值较低，两合金的裂纹扩展速率是相当的[115,116]。

目前，综合性能最好的 7093 合金也是采用 Ni + Zr 元素联合进行合金化，少量的 Ni（0.04% ~0.16%）和 Zr（0.08% ~0.20%）元素的添加，合金维持高的强度及断裂韧度。在相同的强度水平下，该合金的断裂韧度比 7090 合金高约一倍。

此外，还有一些其他的微合金化元素组合。如 Kaiser 公司的 Roberts 研制的 Al - 10.36Zn - 3.08Mg - 2.03Cu - 1074Mn - 0.2Cr 合金，其强度达到 820MPa，但该合金具有 SCC 倾向，未得到生产应用。Kaiser 公司制备的 MR61 合金（Co + Zr），其成分与 7090 相近，但添加有 0.6% Co，而合金中的 0.2% Zr 可以作为晶粒细化剂。P/M Al - 9.5Zn - 3Mg - 1.5Cu - 4Mn - 0.04Ag 合金中添加 Zr 元素，当含量为 0.5% 时合金强度最高，达到 919MPa[89]。

J 铁和硅

在 7××× 系合金中铁和硅是作为杂质存在的。由于形成粗大而不溶的 Al_6Fe、

$FeAl_3$、AlFeMnSi 相和共晶化合物等脆性相，热加工变形后，容易形成沿变形方向断续排列的带状组织。在塑性变形过程中，由于基体与脆性相变形不协调，容易在相界面上形成孔隙，产生微细裂纹，成为宏观裂纹的发源地，显著降低合金的断裂韧性。所以高强高韧性铝合金发展的过程也是合金中铁和硅含量逐渐降低的过程，但是其降低程度是有限的，若进一步降低则无论是从技术上还是从经济上都是不合适的。目前，超高强铝合金中铁和硅等杂质的含量一般控制在 0.1% 以下。

6.3.5　快速凝固 7000 系列合金的显微结构与性能的关系[117,118]

快速凝固材料性能的改善主要归功于材料显微结构的变化，与传统的 IM 合金显微结构相比，其显微结构由大大细化的晶粒和极细小的一次沉淀颗粒组成。实质上，在传统时效强化合金系中，采用快速凝固工艺经标准化热处理后并没有获得最佳结果，从而减弱了时效的作用。其原因主要是在晶界和亚晶界上发生了优先沉淀，使材料中存在大量的一次沉淀颗粒。即使采用最佳化的热处理，其室温屈服强度也只比熔铸材料高 10% ~15%[119]。

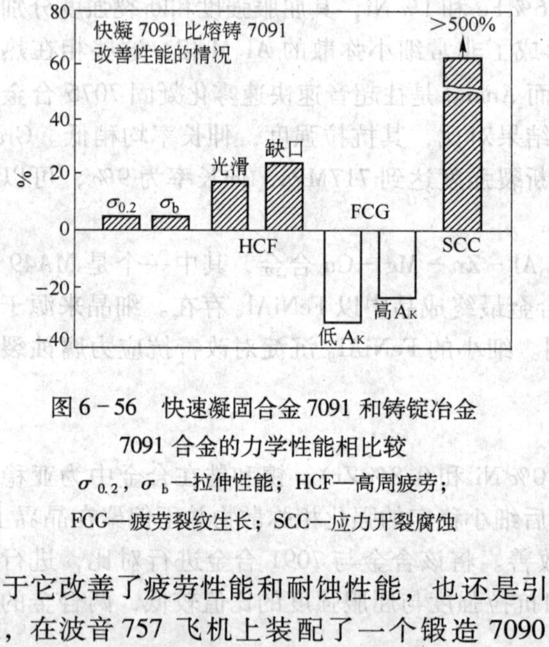

图 6-56　快速凝固合金 7091 和铸锭冶金 7091 合金的力学性能相比较

$\sigma_{0.2}$，σ_b—拉伸性能；HCF—高周疲劳；FCG—疲劳裂纹生长；SCC—应力开裂腐蚀

图 6-56 为熔铸和快速凝固 7091 合金力学性能的比较[120]。快速凝固合金的拉伸性能改进不大；而疲劳强度却因细化晶粒和细小的一次沉淀而得以显著改善。疲劳柱的高度代表了快速凝固的优点。抗应力腐蚀开裂性能的改善尤为突出，其原因同样是细化了一次沉淀颗粒的缘故。细化的晶粒会造成疲劳裂纹的长大速度太快（至少在恒定振幅的情况下是如此），这也是快速凝固材料的不利之处。尽管如此，由于它改善了疲劳性能和耐蚀性能，也还是引起了飞机构件制造厂家的兴趣。如前面所述，在波音 757 飞机上装配了一个锻造 7090 舱门传动器连杆，快速凝固合金锻件比 7175-T73 零件减重 19%。还有另外的快速凝固合金零件正在试飞中。7091 纵梁挤压件正在一些 C-141B 运输机上试用，预期快速凝固合金挤压件将比现用合金耐腐蚀。

奥尔科亚很早就开始了对粉末 7×××系合金的研究，通过添加 Cr，Zr，Co 或 Ni 生成不同数量和不同种类的弥散颗粒，以控制其再结晶行为，例如CW67（Al-9.0Zn-2.5Mg-1.5Cu-0.14Zr-0.1Ni）。这种合金的断裂韧性要比相同强度水平的 7090 合金高约一倍。

可见，这组合金的主要特点是室温强度较高。但改型的 7×××系合金也获得了高温（200~250℃）强度的改善（见图 6-57 和图 6-58）[120]。添加 Mn、Si 和 Cr 能生成 10% ~15%（体积）的稳定金属间化合物。然而，这种在室温 ~250℃范围内强度的改善程度，最近在 IM 合金中也达到了同样的水平（见图 6-58）。

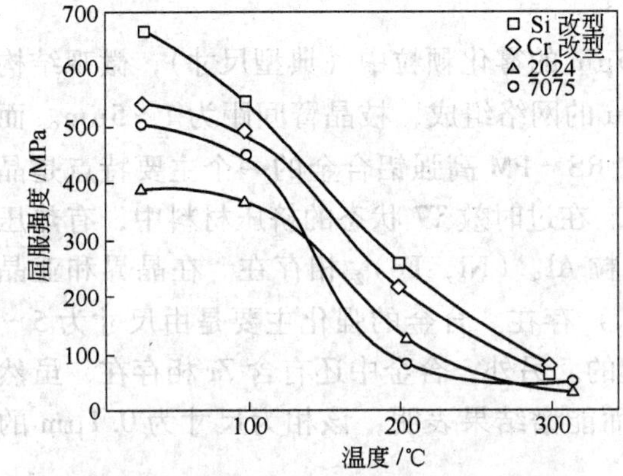

图 6-57 添加 Mn+Si 和 Mn+Cr 对 X7000 合金中温屈服拉伸强度的影响

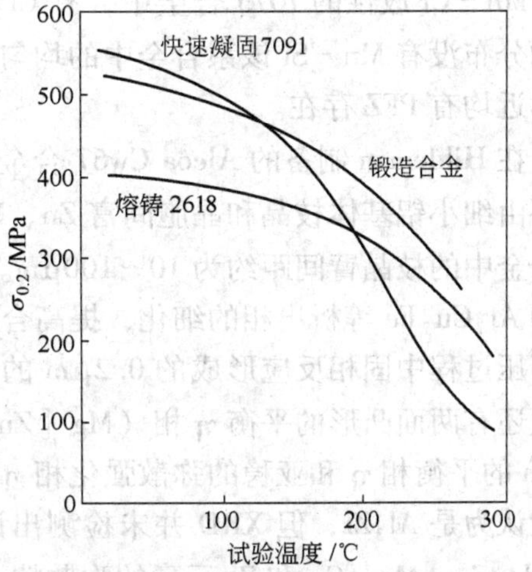

图 6-58 快速凝固 7091 和熔铸 2618 与锻造合金在 20~300℃范围内的 $\sigma_{0.2}$

有些学者的研究结果表明，许多合金元素的加入均可以影响铝合金的弹性模量。大多数过渡主金属元素加入后均可以使铝合金的弹性模量增加，尤其是 Mn 元素的加入可以形成 $MnAl_6$ 相，对提高铝合金的弹性模量极为有利。为了提高 7×××系 PM 高强铝合金的弹性模量和应力腐蚀抗力，美国 Drexel 大学 Deshmukh 等人在 7075 合金中加入 Mn 元素，通过形成 10%~15% 的 $MnAl_6$ 相对 7075 合金进行了改性研究。Mn 元素加入后，7075 合金的强度提高，但合金的伸长率降低。为了克服这一弊端，又通过加入 Cr 和 Si 元素以提高合金的伸长率。改性后的 7075 高模量铝合金的成分和相组成见表 6-68。

Mn-Si 改性的合金中，等轴状金属间 Mn_3SiAl_{12} 相分布均匀，没有明显的方向性，颗粒平均粒径约 0.2μm。在铝基体中有大量的 $MgZn_2$ 相存在，并在亚晶界上非均匀形核。合金中有 PFZ 存在，但仅限于晶界附近。

表 6-68 7075 高模量铝合金的成分及相组成

合金成分	状态		
	挤压	485℃固溶	T6 处理
Al-5.60Zn-2.50Mg-1.60Cu (-0.3Mn-0.23Cr-0.40Si)①	—	微量	$MgZn_2$，Mg_2Zn_{11}
Al-6.48Zn-2.77Mg-1.95Cu (-3.87Mn-0.21Cr)②	$MgZn_2$，Mg_2Zn_{11}，$MnAl_6$	$MnAl_6$	$MgZn_2$，Mg_2Zn_{11}，$MnAl_6$
Al-7.48Zn-1.92Mg-2.08Cu (-3.73Mn-1.05Si)③	$MgZn_2$，Mn_3SiAl_{12}	Mn_3SiAl_{12}	$MgZn_2$，Mn_3SiAl_{12}
Al-6.35Zn-2.80Mg-2.19Cu (-1.79Mn-1.53Cr-0.30Ag)④	$Cr_2Mg_3Al_{18}$，$MnAl_6$，$CrAl_7$(?)	$Cr_2Mg_3Al_{18}$，$MnAl_6$，$CrAl_7$(?)	$Cr_2Mg_3Al_{18}$，$MnAl_6$，$CrAl_7$(?)，$MgZn_2$(微量)

①7075。
②Mn 改性。
③Mn-Si 改性。
④Mn-Cr 改性。

Mn－Cr 改性的 7075 合金中，有 $Cr_2Mg_3Al_{18}$，$MnAl_6$ 以及 $CrAl_7$（可能）存在。析出相的分布没有 Mn－Si 该系合金中的均匀，但体积分数更高。在亚晶界附近和可能含 Cr 粒子附近均有 PFZ 存在。

在 Hildeman 制备的 Alcoa Cw67 合金 10～75μm 的雾化颗粒中（典型尺寸），微观结构主要由细小铝基体枝晶和晶胞间富 Zn、Mg 和 Cu 的网络组成，枝晶臂间距为 1～5μm。而铝合金中的枝晶臂间距约为 10～100μm。因此，RS－PM 高强铝合金的一个主要特点是晶粒和 Al_7Cu_2Fe 等析出相的细化，提高合金韧性。在过时效 T7 状态的挤压材料中，有热压和挤压过程中固相反应形成的 0.2μm 的弥散颗粒 $Al_9(Ni, Fe)_2$ 相存在。在晶界和亚晶界上还有两面凸形的平衡 η 相（$Mg[Zn, Cu]_2$）存在。合金的强化主要是由尺寸为 5～10nm 的平衡相 η 和亚稳的弥散强化相 η′化引起的。另外，合金中还有含 Zr 相存在，虽然一般认为是 Al_3Zr，但 XRD 并未检测出该相。而能谱结果表明，该相为尺寸为 0.1μm 的含 Al、Zn、Mg、Cu 和 Zr 元素的弥散粒子[61]。

喷射沉积合金由于氧含量比粉末合金低，而且冷速也比粉末合金低，也许其显微组织对性能的影响介于 IM 合金与 PM 合金之间。韦强等人[121]研究了 Al－806Zn－2.6Mg－2.2Cu 高强铝合金中的沉积态组织，它是由 α（Al），$CuAl_2$ 及 Mg_2Zn_3 组成，冷却速率对沉积态组织的相组成没有明显影响。经热挤压致密化后基本消除了沉积坯件中的孔洞，获得了致密的组织。挤压态组织由 α（Al），Mg_2Zn_3 组成。表明在加热及形变过程中 $CuAl_2$ 发生了分解，溶解到了 Al 基体中。挤压合金经过 T71 热处理后，从时效 6h 后的材料组织明场相可以看到，在晶粒内部及晶界处弥散分布着棒状和不规则形状的化合物颗粒；能谱分析表明，大多数沉淀相为富 Zn、Mg 的多元化合物；且时效 18h 后可以看到在晶粒内部弥散分布的枝晶约 100nm 的 Mg_2Zn_3 沉淀相颗粒。时效 30h 后沉淀相颗粒长大到了 600nm 左右，且沿晶界形成网络状分布。

6.3.6　其他一些快速凝固高强铝合金

Levernia 给出了一些不同的工艺制备的 7000 系粉末铝合金的性能（表 6－69）。林水根等人[122]给出了 Al－9%Zn－2.5%Mg－1%Cu 快速凝固合金添加过渡族金属的成分和性能。表 6－70 给出了几种粉末高强铝合金的化学成分。表 6－71 给出了几种粉末高强铝合金的挤压态性能。表 6－72 给出了几种粉末高强铝合金 T6 状态的拉伸性能。表 6－73 给出了几种粉末高强铝合金的物理特性。图 6－59 给出了几种粉末冶金高强铝合金 T6 状态的 $S-N$ 曲线。藤井秀纪等人[123]对 7090 系合金添加 Sc 和 Zr 的快速冷凝合金进行了研究。得到了如下结果：表 6－74 为 7090 改性合金的化学成分。表 6－75 为 7090 改性急冷合金的相组成。表 6－76 为 7090 改性急冷合金的挤压态室温和高温的拉伸性能。表 6－77 为 7090 改性急冷合金 T6 状态的室温和高温拉伸性能。图 6－60 为 7090 和 7090 改性急冷合金 T6 状态下的 $S-N$ 曲线。表 6－78 为 7090 改性急冷合金在 100MPa 和 130MPa 应力下的疲劳断裂循环次数。足立大树等人[124]研究了 Al－Zn－Mg－Cu 快速凝固系合金添加微量 Ag、Zr 后的应力腐蚀性与显微组织的关系。表 6－79 为添加 Ag、Zr 的急冷合金的 Al－Zn－Mg－Cu 化学成分。表 6－80 为添加 Ag、Zr 的 Al－Zn－Mg－Cu 急冷合金的拉伸性能。图 6－61 为含 Ag、Zr 的 PM 和 IM 合金的抗应力腐蚀开裂图。研究者指出，IM 合金抗

SCC 性随着交替腐蚀液溶质浓度的增加而减小，而 PM 合金的抗 SCC 性没有减小，表明添加 Ag、Zr 的 Al - Zn - Mg - Cu 粉末合金具有很好抗应力腐蚀性。

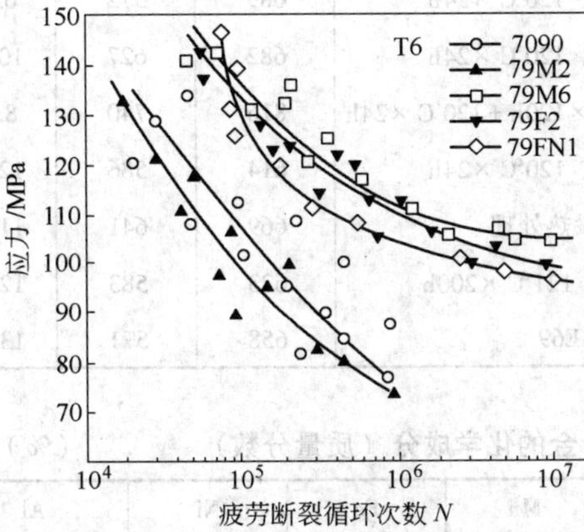

图 6 - 59 给出了几种粉末冶金高强铝合金 T6 状态的 $S-N$ 曲线

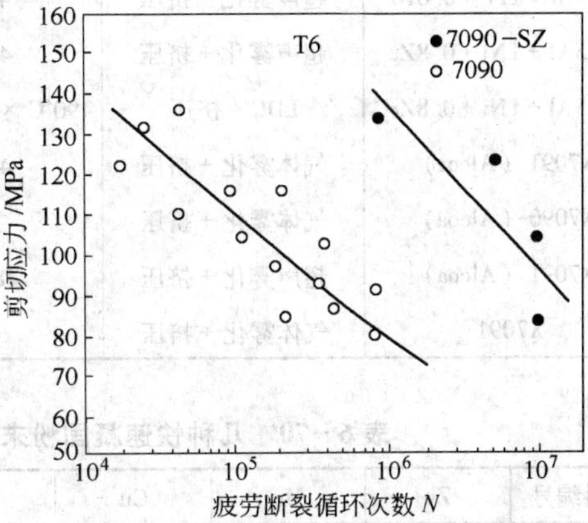

图 6 - 60 7090 和 7090 改性急冷合金 T6 状态下的 $S-N$ 曲线

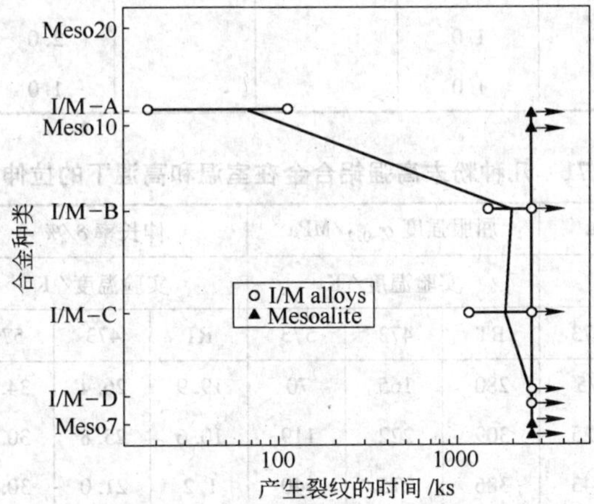

图 6 - 61 含 Ag、Zr 的 PM 和 IM 高强铝合金的抗应力腐蚀开裂图

（交替腐蚀溶液为 3.5% NaCl（质量分数）；I/M 为熔铸合金；Mesoalite 为快速凝固合金）

表 6 - 69 不同工艺制备的 7 × × × Al 合金材料力学性能的对比

合 金	制备方法	热处理工艺	σ_b/MPa	σ_s/MPa	δ/%
7075Al	铸造 + 挤压	500℃ × 1h，120℃ × 24h	572	510	13.0
7075Al + 1Ni + 0.8Zr	铸造 + 挤压	500℃ × 1h，120℃ × 24h	737	716	1.5
7075Al	熔体快淬 + 挤压	490℃ × 1h，120℃ × 24h	635	580	16.0
7075Al	双辊快淬 + 挤压	460℃ × 1h，120℃ × 24h	661	613	4.0
7075Al + 1Ni + 1Fe	双辊快淬 + 挤压	475℃ × 1h，120℃ × 24h	717	634	9.0

续表6－69

合　金	制备方法	热处理工艺	σ_b/MPa	σ_s/MPa	δ/%
7075Al＋1Fe＋0.6Ni	超声雾化＋挤压	490℃×1h，120℃×24h	689	572	6.0
7075Al＋1Ni＋0.8Zr	超声雾化＋挤压	490℃×1h，120℃×24h	682	627	10.0
7075Al＋1Ni＋0.8Zr	LDC＋挤压	490℃×1h，25℃×120h＋120℃×24h	816	740	8.6
X7091（Alcoa）	气体雾化＋挤压	490℃×1h，120℃×24h	614	586	12.0
X7090（Alcoa）	气体雾化＋挤压	两阶段热处理	669	641	11.0
X7091（Alcoa）	超声雾化＋挤压	485℃×1h，121℃×200h	623	583	12.0
X7091	气体雾化＋挤压	T7E69	658	571	13.0

表6－70　几种快速凝固粉末高强铝合金的化学成分（质量分数）　　（%）

材料编号	Zn	Mg	Cu	Co	Mn	Fe	Ni	Al
7090	9.0	2.5	1.0	1.5				余量
79M2	9.0	2.5	1.0		2.0			余量
79M6	9.0	2.5	1.0		6.0			余量
79F2	9.0	2.5	1.0			2.0		余量
79FN1	9.0	2.5	1.0			1.0	1.0	余量

表6－71　几种粉末高强铝合金在室温和高温下的拉伸性能

材料编号	抗拉强度σ_b/MPa			屈服强度$\sigma_{0.2}$/MPa			伸长率δ/%			ψ/ %		
	实验温度/ K			实验温度/ K			实验温度/ K			实验温度/ K		
	RT	473	573	RT	473	573	RT	473	573	RT	473	573
7090	395	171	75	280	165	70	19.9	26.4	34.6	19.9	74.5	86.2
79M2	438	228	125	309	222	119	10.6	25.8	30.2	33.8	79.8	83.1
79M6	543	315	143	386	275	140	1.2	21.0	30.3	4.5	63.5	77.6
79F2	372	219	112	271	215	109	11.7	24.3	47.0	34.4	75.0	88.6
79FN1	362	199	107	259	164	102	11.5	24.0	48.3	33.0	85.3	88.5

表6－72　几种粉末高强铝合金T6状态室温和高温的拉伸性能

材料编号	抗拉强度σ_b/ MPa			屈服强度$\sigma_{0.2}$/ MPa			伸长率δ/%			ψ/%		
	实验温度/ K			实验温度/ K			实验温度/ K			实验温度/ K		
	RT	473	573	RT	473	573	RT	473	573	RT	473	573
7090	664	375	103	600	347	100	11.8	12.3	18.9	24.3	43.8	76.9
79M2	787	390	111	768	363	98	3.3	14.6	29.7	8.2	55.7	75.9
79M6	817	378	105	794	340	95	1.0	19.5	33.5	2.9	49.2	81.6
79F2	691	404	116	633	361	111	9.1	20.4	26.3	21.7	60.2	85.4
79FN1	688	427	113	624	406	109	8.8	9.6	18.2	18.2	47.6	80.8

表6-73 几种粉末高强铝合金的物理特性

材料编号	E/ GPa	ρ/ g · cm^{-3}	E/ρ ① /GPa · (g/cm^3)$^{-1}$	σ_b/ρ ② /MPa · (g/cm^3)$^{-1}$
7090	76.5	2.882	26.5	230
79M2	82.0	2.876	28.5	274
79M6	83.5	2.951	28.3	277
79F2	73.5	2.901	25.3	238
79FN1	73.9	2.879	25.7	239
7050-T6	70.6	2.80	25.2	207
Ti-6Al-4V	114.3	4.43	25.8	262

①比弹性模量。
②比强度。

表6-74 7090改性合金的化学成分（质量分数） （%）

材料编号	Zn	Mg	Cu	Co	Mn	Fe	Ni	Sc	Zr	Al
7090-SZ	8.9	2.6	1.04	1.46	—	—	—	0.20	0.24	余量
79F6-SZ	9.3	2.3	0.97	—	—	5.16	—	0.22	0.22	余量
79F3-SZ	9.0	2.6	1.02	—	—	2.97	2.97	0.22	0.21	余量
79M6-SZ	8.9	2.5	0.97	—	5.90	—	—	0.24	0.22	余量

表6-75 7090改性急冷合金的相组成

材料编号	急冷甩带合金	粉末挤压合金
7090-SZ	Al, Al_9Co_2	Al, Al_9Co_2, $MgZn_2$, Mg_2Zn_{11}
79F6-SZ	Al, $Al_{13}Fe_4$, $MgZn_2$, Mg_2Zn_{11}	Al, $Al_{13}Fe_4$, $MgZn_2$, Mg_2Zn_{11}
79FN3-SZ	Al, $FeNiAl_9$, $MgZn_2$, Mg_2Zn_{11}	Al, $MgZn_2$, $FeNiAl_9$, Mg_2Zn_{11}
79M6-SZ	Al, Al_6Mn, $MgZn_2$, Mg_2Zn_{11}	Al, Al_6Mn, $MgZn_2$, Mg_2Zn_{11}

表6-76 7090改性急冷合金的挤压态室温和高温拉伸性能

合金	拉伸强度σ_b/MPa			屈服强度$\sigma_{0.2}$/MPa			伸长率δ/%			断面收缩率ψ/%		
	实验温度/ K			实验温度/ K			实验温度/ K			实验温度/ K		
	RT	473	573	RT	473	573	RT	473	573	RT	473	573
7090-SZ	465	263	90	377	229	85	6.7	30.3	43.0	5.6	69.5	85.5
7090	395	171	75	280	165	70	19.9	26.4	34.6	19.9	74.5	86.2
79F6-SZ	535	291	122	460	287	111	4.3	17.7	29.1	9.8	54.5	71.0
79F6	522	289	154	405	263	135	3.5	11.9	20.8	8.9	25.7	63.3
79FN3-SZ	536	286	126	405	263	110	1.5	24.9	32.6	6.5	68.8	85.4
79FN3	545	267	113	399	230	93	4.9	23.4	37.3	9.9	68.9	80.1
79M6-SZ	597	307	149	491	271	140	3.5	16.6	20.3	8.6	54.2	73.2
79M6	543	315	143	383	275	140	1.2	21.0	30.3	4.5	63.5	77.6

表 6－77　7090 改性急冷合金 T6 状态的室温和高温拉伸性能

合　金	拉伸强度 σ_b/MPa			屈服强度 $\sigma_{0.2}$/MPa			伸长率 δ/%			断面收缩率 ψ/%		
	实验温度/ K			实验温度/ K			实验温度/ K			实验温度/ K		
	RT	473	573	RT	473	573	RT	473	573	RT	473	573
7090－SZ	735	415	137	731	388	135	1.9	10.6	13.1	5.5	47.6	74.8
7090	664	375	103	600	347	100	11.8	12.3	18.9	24.3	43.8	76.9
79F6－SZ	785	436	143	681	335	126	0.9	7.2	14.9	3.3	29.0	61.8
79F6	676	424	160	665	388	144	0.3	7.5	11.8	4.6	33.0	58.5
79FN3－SZ	705	402	146	690	369	136	1.3	14.3	20.3	4.6	47.2	72.4
79FN3	770	365	112	770	358	104	0.8	14.2	23.9	6.2	54.7	82.9
79M6－SZ	735	442	133	712	405	120	0.5	8.1	21.8	4.7	32.3	68.8
79M6	817	378	105	794	340	95	1.0	19.5	33.5	2.9	49.2	81.6

表 6－78　7090 改性急冷合金在 100MPa 和 130MPa 应力下的疲劳断裂循环次数

合　金	疲劳断裂循环次数 N		合　金	疲劳断裂循环次数 N	
	100MPa	130MPa		100MPa	130MPa
7090－SZ	10^7	9.5×10^5	79FN3－SZ	10^7	1.4×10^6
7090	4.0×10^5	3.0×10^4	79FN3	10^7	7.5×10^6
79F6－SZ	8.9×10^6	2.9×10^6	79M6－SZ	10^7	6.0×10^5
79F6	2.0×10^6	3.7×10^5	79M6	10^7	2.0×10^5

表 6－79　添加 Ag、Zr 急冷 Al－Zn－Mg－Cu 合金的化学成分（质量分数）　（%）

项　目	样品	Zn	Mg	Cu	Ag	Zr
I/M	A	9.30	3.00	1.48	0.04	0.13
	B	8.81	2.65	1.44	0.04	0.13
	C	8.04	2.70	1.47	0.04	0.16
	D	6.97	2.33	1.46	0.04	0.13
P/M	Meso10	9.29	2.90	1.55	0.04	0
	Meso9	8.47	3.05	1.49	0.04	0
	Meso8	8.24	2.74	1.65	0.04	0
	Meso7	7.06	2.42	1.99	0.04	0

表 6－80　添加 Ag、Zr 的 Al－Zn－Mg－Cu 急冷合金的拉伸性能

项　目	样品	屈服强度 $\sigma_{0.2}$/MPa	抗拉强度 σ_b/MPa	伸长率 δ/%
I/M	A	660	760	3.3
	B	618	720	9.3
	C	588	712	10.5
	D	547	660	11.4
P/M	Meso10	780	790	5.0
	Meso9	750	780	5.7
	Meso8	715	750	7.1
	Meso7	670	700	8.6

参 考 文 献

[1] 里達雄，北岡山治，神尾彰彦．Al－Cu系合金［J］．軽金属，1988，6：558.

[2] 高橋恒夫，里達夫．アルミニウム合金における溶質クラスターの形成［J］．軽金属，1985，35：41～47.

[3] 菅野，铃木，糸井．軽金属，1986，36：616.

[4] 鈴木壽，伊藤吾郎．Al－4%Cu－1.5%Mg合金の再結晶粒度および時効現象に及ぼすクロム添加の影響［J］．軽金属，1986，36（3）：157～161.

[5] 鈴木壽，伊藤吾郎，小山克己．Al－5%Mg合金の高温脆化に及ぼす主として添加元素の影響［J］．軽金属，1985，35（9）：501～506.

[6] 菅又信，金子纯一，青木．日本金属学会誌，1984，48：655.

[7] 菅又信，金子纯一．2024合金の加工熱處理材の機械的性質［J］．軽金属，1983，33：407.

[8] 日本軽金属協會．アルシニウムハンドブシヶ，第三版，东京．1985.

[9] 潘复生，张丁非等．铝合金及应用［M］．北京：化学工业出版社，2006.

[10] 伊藤吾郎，江藤武比古，官木美光ら．Al－Zn－Mg 系合金［J］．軽金属，1982，38（12）：818～839.

[11] 田福泉，崔建忠．超高强铝合金的显微组织［J］．轻合金加工技术，2006，34（2）：48.

[12] Richard A S. Process of preparing Alpha－Hydroxymethyl Aminoacids：US，3856854［P］．1972.

[13] Matthew B H，John W M. Effect of retrogression temperature on the properties of an RRA（retrogressed and re－aged）7150 aluminum alloy［J］．Zeitschrift fuer Metallkunde，1994，85（2）：134～139.

[14] Srivatsan T S. Microstructure，Tensile Properties and Fracture Behabiour of Aluminum Alloy 7150［J］．Journal of Mater. Sci.，1992，27（17）：4772～4781.

[15] Garcia C C，Louis E. Influence of microstructure on the mechanical properties and stress Corrosion susceptibility of 7075 aluminum alloy［J］．Material Science and Engineer，1991，132：135

[16] 大西忠一，盐田秀昭．軽金属，1986，36：647.

[17] McQueen H J. Experimental roots of thermomechanical treatments for aluminum alloys［J］．Journal of Metals，1982，32（2）：17～26.

[18] 宁爱宁，刘志义，曾苏尼，等．铝合金形变热处理工艺研究进展［J］．材料导报，2007，3：74.

[19] Wert J A，Paton N E. Grain refinement in 7075 aluminum by thermo－mechanical processing［J］．Metall Trans，1981，12：1267.

[20] Jahn M T，Luo J. Tensile and fatigue properties of a thermomechanically treated 7475 aluminum alloy［J］．J Mater Sci，1988，23：415.

[21] 川畑武．Al－Mg－Si 合金の全伸びと破断形態に対する銅，銀および金添加の影響［J］．軽金属，1983，33：38.

[22] 馬場義雄，吉田英雄，日本金属学报，1983，22：115.

[23] Park J K，Ardell A J. Precipitation at grain boundaries in the commercial alloy Al 7075［J］．Acta Metallurgica，1986，34（12）：2399～2409.

[24] 宮木美光．アルシニウム材料の基础と工業技術（村上陽太郎他偏）軽金属協会，1985：292.

[25] Burleigh T D. The postulated mechanisms for stress corrosion cracking of aluminum alloy：a review of the literature 1980－1989J［J］．Corrosion，1991，47（2）：89.

[26] Scanmans G M，Banburg O. Aluminum. London，1982.

[27] Viswanadham R K, Sun T S. The Mg - H composite theory of stress corrosion cracking in aluminum alloys [J]. Metal Trans A, 1980, 11 (6): 85.

[28] Kumar K S, Heubaum F H. The effect of Li content on the natural aging response of Al - Cu - Li - Mg - Ag - Zr alloys [J]. Acta mater, 1997, 45 (6): 2317 ~ 2327.

[29] 刘静安. 研制超高强铝合金材料的新技术及其发展趋势 [J]. 四川有色金属, 2004, 4: 16.

[30] 韩风麟编译, 赖和怡主审. 粉末冶金. 美国金属学会. 金属手册, 第九版第7卷. 北京: 机械工业出版社, 1994.

[31] 朱平, 张力宁. 粉末冶金铝合金 [J]. 粉末冶金技术, 1994, 12: 1.

[32] Vurich W J. In: Carlson E A and Gains Geds. Progress in Powder Metallurgy, 1986: 535.

[33] Bohlen J W, Roberts S G, Chanani G R. Investigation of Improved Methods for Consolidating Rapidly Solidified Aluminum Alloy Powder. Northrop Corporation Technical Report NOR82 - 4, Northrop Corp., Hawthorne, CA, 1982.

[34] Steven W P. Developments in premium high - strength powder metallurgy by Kaiser Aluminum. Rapidly solidified powder metallurgy aluminum alloys. 1984, 1916 Race Street, Philadephia, 19103: 368 ~ 380.

[35] Henry G P, David J C. An evaluation of the benefits of utilizing rapid solidification for development of 2 × × × (Al - Cu - Mg) alloys. Rapidly solidified powder metallurgy aluminum alloys. 1984, 1916 Race Street, Philadephia, 19103: 524 ~ 527.

[36] Wald G G, Chellman D J, Paris H G. Supersonic Curlse Vehicle Technology Assesment Study of an Over/Under Engine Concept - Advanced Aluminum Alloy Evaluation. First Annual Report, NASA Contractor Report No. 165676, Lockheed - California Co., Burbank, C A, May 1981.

[37] Chellman D J, Wald G G, Paris H G, et al. Development of Powder Metallurgy 2 × × × Series Alloys for high Temperature Aircraft Structural Applications. Final Report, NASN Contractor Report No. 165965, Lockheed - California Co, Burbank C A, August 1981.

[38] Chellman D J, Wald G G, Paris H G, et al. Development of Powder Metallurgy 2 × × × Series Alloys for high Temperature Aircraft Structural Applications. Final Report, NASN Contractor Report No. 172408, Lockheed - California Co, Burbank C A, Novermber 1984.

[39] Linda B B. Microstructure/Mechnical property relationships for various thermal treatments of Al - Cu - Mg - X PM aluminum alloys. Rapidly solidified powder metallurgy aluminum alloys. 1984, 1916 Race Street, Philadelphia, P A19103: 423 ~ 449.

[40] Chellman D J, Slaughter H C. Technology Study for Advanced Supersonic Cruise Vehicle - Adanced Aluminum Alloy and Metal Matrix Composite Development. NASA Report C R - 165965, National Aeronautics and Space Administration, Wasington, D C, November 1982.

[41] Polmear I J. Light Alloys - Metallurgy of the Light Metals [M]. Edwar, London, 1981.

[42] 林水根, 菅又信, 金子纯一. 急冷凝固法による遷移金属を添加した2024 合金 P/M 材 [J]. 軽金属, 1987: 690 ~ 697.

[43] 松本賢司, 木本勉, 向上ら. 2024 系アルシンウ PM 合金のシクロ組織と機械的性質に及ぼを Fe, Ni 添加の影響 [J]. 軽金属, 1996, 46 (4): 189.

[44] 林水根, 金子纯一, 菅又信. 遷移金属を添加した2129 アルシニウム合金の急冷凝固フレークによる P/M 材 [J]. 軽金属. 1988, 38 (11): 710.

[45] 林水根, 金子纯一, 菅又信. 急冷凝固によろ2024 和2219 合金 P/M 材の諸性質に及ぼす Fe、Ni 複合添加の影響 [J]. 軽金属, 1991, 41 (4): 251.

[46] Katgerman L. The effect of thermal treatment on properties of rapidly solidified AA2024. High strength powder mentallurgy aluminum alloys. Proceedings of TMS - AIME Symposium on "Aluminum Powder Metallurgy", Totonto, China, October, 1985: 13~17.

[47] Bhaskar Sarkar and W. Barry Lisagar. Thermomachanical treatment of 2124 PM aluminum alloys with low and light dispersoid levels. Rapidly solidified powder metallurgy aluminum alloys. 1984, 1916 Race Street, Philadelphia, PA 19103: 333~336.

[48] Bohlen J W, Robert S G, Chanani G R. "Investigation of Improved Methods for Consolidating Rapidly Solidified Aluminum Alloy Powder", Contract N 60921 - 80 - C - 0238, Final Report, Naval Surface Weapons Center, Silver Springs, M D, June 1982.

[49] Ghosh A K, Hamilton C H. "Evaluation of Superplasticity in Powder Metallurgy Aluminum Alloy Sheet". Report A RSCD - CR - 83004, U. S. Army Armament Research and Development Command, Dover, NJ, May 1983.

[50] Bohlen J W, Ping S W. "Development of High Strength, Fatigue Crack Growth Resistant Aluminum Alloys by Rapid Solidification Technology". Contract N60921 - 82 - C0043, Final Report, Naval Surface Weapons Center, Silver Springs, MD, December 1981.

[51] 张永安，雄柏青，石力开. 快速凝固 7000 系超高强铝合金的现状 [J]. 材料导报，2005，10：91~93.

[52] 王祝堂. 新型高强汽车铝合金 7073 [J]. 轻合金加工技术，1999，10：37.

[53] Lavernia E, Rai G, Grant N J. Rapid solidification processing of 7××× aluminum alloy: a review [J]. Mater Sci Eng, 1986, 79: 211.

[54] Hildeman, Gregory J, Labarre, et al. AlZnMgCu powder metallurgy alloy: US, 4732610 [P]. 1988.

[55] Chin G Y. Advances in powder Technology. American society for Metals, 1982: 189~220.

[56] Mclntyre R D. 'Freeze - Dried'Aluminum comes of age [J]. Materials Engineering (Cleveland), 1981, 94 (4): 42~47.

[57] Chen C Q, Knott J F. Effects of dispersoid particles on toughness of high - strength aluminum alloys [J]. Metal Science, 1981, 15 (8): 357~364.

[58] Polmear I J. Light Alloys (Metallurgy And Material Science) [J]. Hodder Arnold H&S, 1981: 33~34.

[59] Kuhlman G W, Pishpoko R, Darden W S, et al. Properties of specialty, stainless, and heat - resistant alloy steel forgings by thermomechanical processing. ASTM Special Technical Publication, 1986: 346~364.

[60] Bridenbaugh P R. Particulate metallurgy in rapid solidification [J]. Light Metal Age, 1985, 43 (9~10): 18~23, 26.

[61] Hildeman G J, Labarre L C, Hafeez A, et al. Microstructural, mechanical, property and corrosion evaluations of 7××× P/M alloy CW67. High strengthen powder metallurgy aluminum alloys Ⅱ. Proceedings of a TMS - AIME Symposium on "Aluminum Powder Metallurgy", Totonto, Cannda, October, 1985: 13~17.

[62] Kuhlmam G W. "High Strength and Elevated Temperature Alloy Forging for Aerospace Applications". Metal Powder Report Conference on P/M Aerospace Materials. MPR Publishing, Berne, Switzerland, 1984: 29.

[63] Hart R M. "Wrought P/M Alloys X7090 and X7091". Alcoa Green Letter, 1981.

[64] Bretz P W. "Fatigue Behavior of Wrought P/M alloys". Alcoa Techbrief, 1984.

[65] Scarich G V, Chanani G R, Bretz P E, et al. Spectrum fatigue crack growth behavior of aluminum alloys. Pergamon Press, 1984: 1609~1621.

[66] Lavernia E J, McKewan G W, Grant N J. Stucture and Properties of Rapidly Solidified Aluminum Alloy

2024 and 2024 plus 1% Lithium Using Liquid Dynamic Compaction [J]. Prog. Powder Metal, 1986: 42: 457.
[67] Sankaran K K and Grant N J. Structure and Properties of Splat - Quenched Aluminum Alloy 2024 Containing Lithium Additions [J]. Mater Sci. and Eng, 1980, 44 (2): 213.
[68] Lavernia E J, Yue W. Spray atomization and Deposition, John Wiley Sons Led. Baffons Lane, Chichester, West Sussex p019IUD, England.
[69] Report, Spray - Deposited High Performance Materials: N202, Alusuisse - Lonza Services Ltd., Neuhausen, Switzerland, 1990: 6.
[70] Llorca J, Ruiz J, Elices M, et al. Fatigue crack propagation in salt water and high vacuum in spray - formed particulate - reinforced metal matrix composite. Mater. Sci. Eng., 1994, 185: 1.
[71] White J, Wills T C, Hughes I R, et al. TMS Annual Meeting. Phoenix, Arizona, USA. 1988.
[72] White J, Mingard K, Hughes I R, et al. TMS Aluminum Alloys with Unique Property Spray Formed Billets [J]. Powder Metal, 1994, 37: 129.
[73] Lengsfeld P, Juarez J A, Lavernia E J, et al. Microstructure and mechanical behavior of spray deposited Zn modified 7 × × × Alalloys. Inter J Rapid Solidification, 1995, 8: 237.
[74] Lavernia E J. Grant N J. Ultrasonic Gas Atomization [J]. Inter. J. Rapaid solidification, 1986, 2 (2): 93.
[75] Sanctis M D. Structure and Properties of Rapidly Solidified Ultrahigh Strength Al - Zn - Mg - Cu Alloys Produced by Spray Deposition [J]. Mater. Sci. & Eng. A, 1991, 141 (1): 103.
[76] Report, Spray - Deposited High Performance Materials: N707. Alusiuisse - Lonza Services Ltd., Neuhausen, Switzerland, 1990: 6.
[77] Machler R, Uggowizter P J, Solenthaler C , et al. Structure, Mechanical Properties and Stress Corrosion Behaviour of High Strength Spray Deposited 7000 Series Aluminum Alloy [J]. Mater. Sci. and Tech, 1991, 7 (5): 447.
[78] Domalavage P K, Grant N J, Gefen Y. Metal, Trans, 1975, 14A: 1599 转引: Lavernia E J and Yue Wu. Spray Atomization and Deposition by Tonhu Wileey&Sons Ltd., West Sussex England, 1996: 493.
[79] Desananctis M. Structure and properties of rapidly solidified ultrahigh strength AlZnMgCu alloys produced by spray deposition [J]. Mater Sci Eng., 1991, 141: 103.
[80] Salamci E. Mechanical properties of spray cast 7 × × × series aluminum alloys. Turkish J Eng Env Sci, 2002, 26: 345.
[81] Salamci E. Ageing behaviour of spray cast AlZnMgCu alloys. Turkish J Eng Env Sci, 2001, 25: 681.
[82] Machler R 等, 周细应译, 欧阳三山校. 喷射沉积 7000 系列高强铝合金的组织, 机械性能及应力腐蚀性能 [J]. 国外金属加工, 1992, 51: 42.
[83] Pickens J R. Review Aluminum powder metallurgy technology for high strength applications [J]. Journal of materials science, 1981, 16: 1437 ~ 1457.
[84] Lavernia E, Rai G, Grant N J. A Review Rapid solidification processing of 7 × × × aluminum alloys [J]. Materials Science and Engineering, 1986, 79: 211 ~ 221.
[85] 曾渝, 尹志明, 潘青林等. 超高强铝合金的研究现状及发展趋势 [J]. 中南工业大学学报, 2002, 12 (6): 592 ~ 596.
[86] 王祝堂. 铝合金及其加工手册 [M]. 长沙: 中南工业大学出版社, 2000: 94 ~ 95.
[87] 索姆普桑 D S. 国外近代变形铝合金专集. 洪仁先译. 北京: 冶金工业出版社, 1987.
[88] Gerard M L, Laughlin D E. Influence of microstructure and strength on the fracture mode and toughness of

7×××series aluminum alloys [J]. Metallurgical Transactions A, 1982, 13 (3): 411~425.

[89] 谢优华，李沛勇，戴圣龙. P/M Al-Zn-Mg-Cu 系铝合金中的微量元素 [J]. 粉末冶金技术, 2003, 21 (5): 300~303.

[90] 谢优华，李沛勇，戴圣龙，等. 含锆超高铝合金研究及其发展概况 [J]. 材料导报, 2002, 16 (5): 8~10.

[91] 林肇琦. 新一代铝合金-铝钪合金的发展概况 [J]. 材料导报, 1992, 3: 10~16.

[92] Costello F A, Robson J D, Prangnell P B. The effect of small scandium additions to AA7050 on the as-cast and homogenized microstructure [J]. Materials Science Forum, 2002, 396~402 (2): 757~762.

[93] Senokov O N, Miracle D B, Milman Y V, et al. Low temperature mechanical properties of scandium-modified Al-Zn-Mg-Cu alloys [J]. Materials Science Forum, 2002, 396~402 (2): 1127~1132.

[94] Milman Y V, Sirko A I, Lotsko D V, et al. Microstructure and mechanical properties of cast and wrought Al-Zn-Mg-Cu alloys modified with Zr and Sc [J]. Materials Science Forum, 2002, 396~402 (2): 1217~1222.

[95] 王月. 含钪铝合金的研究进展. 上海金属, 2003, 25 (1): 36~40.

[96] Kusui J, Fujii K, Yokoe K, et al. Development of super-high strength Al-Zn-Mg-Cu P/M alloys [J]. Materials Science Forum, 1996, 217~222 (2): 1823~1828.

[97] Lee C W, Chung Y H, Cho K K, et al. Effect of silver addition on 7055 Al alloy. Materials & Design, 1997, 18 (4~6): 327~332.

[98] Bishop D P, Cahoon J R, Chaturvedi M C, et al. On enhancing the mechanical properties of aluminum P/M alloys [J]. Materials Science and Engineering A, 2000, 290 (1): 16~24.

[99] Osamura K, Kubota O. Development of high-strength aluminum alloys by mesoscopic structure control [J]. Metallurgical Transactions A, 1995, 26 (6): 1597~1599.

[100] Wei B C, Chen C Q, Gu Y J, et al. Mechanism of nucleation and precipitation in Li containing Al-Zn-Mg-Cu alloys [J]. Materials Science Forum, 2000, 331: 1061~1066.

[101] Wei B C, Chen C Q, Huang Z, et al. Aging behavior of Li containing Al-Zn-Mg-Cu alloys [J]. Materials Science and Engineering A, 2000, 280 (1): 161~167.

[102] Gregsonb P J, Dinsdale K, Harris S J, et al. Evolution of microstructure in Al-Li-Zn-Mg-Cu alloys [J]. Materials Sciences and Technology, 1987, 3 (1): 7~13.

[103] Zhou T T, Bai P C, Liu P Y, et al. Preliminary research of a Li-containing Al-Zn-Mg-Cu alloy [J]. Materials Science Forum, 2002, 396~402 (2): 1229~1234.

[104] Bai P C, Zhou T T, Liu P Y, et al. Precipitates in a Li-containing Al8.4Zn1.35Mg1.76Cu (wt.%) alloy [J]. Materials Science Forum, 2002, 396~402: 827~832.

[105] Froes F H, Young W K, Hehmann F. Rapid solidification of Al, Mg and Ti [J]. Journal of metals, 1987, 39 (8): 14~21.

[106] Bishop D P, Cahoon J R. On enhancing the mechanical properties of aluminum P/M alloys [J]. Materials Science and Engineering A, 2000, 290: 16~24.

[107] Bridenbaugh P R. Aluminum-2000 and beyond. Inst of Metals, 1986, 24~29.

[108] Lavernia E J, Ayers J D, Srivatsan T S. Rapid solidification processing with specific application to aluminum alloys [J]. International Materials Reviews, 1992, 37 (1): 1~44.

[109] Kusui J, Osamura K. Development of super-high strength P/M aluminum alloys [J]. 热处理（日）, 1997, 37 (1): 15~19.

[110] Suryanarayana C, Froes S H F. Development of light alloys by rapid solidification processing [J]. The international Journal of powder metallurgy, 1900, 26 (2): 117 ~ 129.

[111] Kramer K L, Tack W T, Fernandes M T. Scadium in aluminum alloys [J]. Advanced Materials & Processes, 1997, 152 (4): 23 ~ 24.

[112] Meng L, Zheng X L. Overview of the effects of impurities and rare earth elements in Al - Li alloys [J]. Materials Science and EngineeringA, 1997, 237 (1): 109 ~ 118.

[113] Bethencourt M, Botana F J, Cauqui M A. Protection against corrosion in marine environments of AA5083 Al - Mg alloy by lanthanide chlorides [J]. Journal of Alloys and Compounds, 1997, 250 (1 - 2): 455 ~ 460.

[114] Pratyush K. Shear rate thickening flow behavior of semisolids lurries [J]. Metallurgical Transactions A, 1993, 24 (5): 1107 ~ 1116.

[115] Lavernia E J, Poggiali B. Rapidly solidified aluminum alloys: A market assessment [J]. MPR, 1986, (4): 272 ~ 276.

[116] Domalavage P K, Grant N J. Structure and properties of rapidly solidified 7075 P/M aluminum alloy modified with Nickel and zirconium [J]. Metallurgical Transactions A, 1983, 14 (8): 1599 ~ 1606.

[117] 李月珠编著. 快速凝固技术和材料. 北京: 国防工业出版社, 1993.

[118] 程天一, 章守华著. 快速凝固技术与新型合金. 北京: 宇航出版社, 1990.

[119] Liddard P D, Smith P. Proceedings PM Aerospace Materials Conference, Berne, Switzer - land, 1984, 1 (12 ~ 14): 27.

[120] Deshmukh U V, Kumar S, Koczak M J, et al. Design and development of high modulus Al - Zn - Mg - X P/M aluminum alloys. High strengthen powder metallurgy aluminum alloys. Proceedings of a TMS - AIMEa Symposium on "Aluminum Powder Metallurgy", Totonto, Canada, 1985: 13 ~ 17.

[121] 韦强, 熊柏青, 张永安, 等. 喷射成形 Al - Zn - Mg - Cu 系高强铝合金的组织与性能 [J]. 中国有色金属学报, 2001, 11 (2): 279 ~ 283.

[122] 林水根, 菅又信, 金子纯一. 遷移金属与添加した Al - 9% Zn - 2.5% Mg - 1% Cu 合金の急冷凝固 P/M 材料的时效硬化と機械性質 [J]. 軽金属, 1991: 41 ~ 44.

[123] 藤井秀纪, 菅又信, 金子纯一ら. 7090 系アルシニウム合金急冷凝固材の組織と機械的性質に及ぼす Sc と Zr 的添加影響 [J]. 軽金属, 2003, 33 (5): 212.

[124] 足立大樹, 長村光造, 楠井潤. Al - Zn - Mg 系急冷凝固材の应力腐食割れ和組織の關係 [J]. 軽金属, 2004, 54 (2): 69.

7 快速凝固 Al - Si 合金

7.1 Al - Si 合金系的简介

7.1.1 Al - Si 合金系的相图和相组成

Al - Si 二元合金相图如图 7 - 1 所示，为典型的共晶型相图，共晶凝固为 L→α（Al）+β（Si），共晶点温度是 577℃，Si 含量为 12.6%（质量分数）。Si 在 Al 中的最大固溶度为 1.65%（质量分数）。随着固溶度随温度的降低而减少，Si 的析出增多，但析出引起的硬化非常小。在共晶状态析出的 Si 相基本不固溶在 Al 中，其硬度非常高（870～1350HV），线［膨］胀系数非常小。一般来说，亚共晶 Al - Si 合金的组织为树枝状，共晶的 Al - Si 合金组织为黑白相间的片状结构，过共晶 Al - Si 合金是块状的初晶硅在共晶组织中析出。

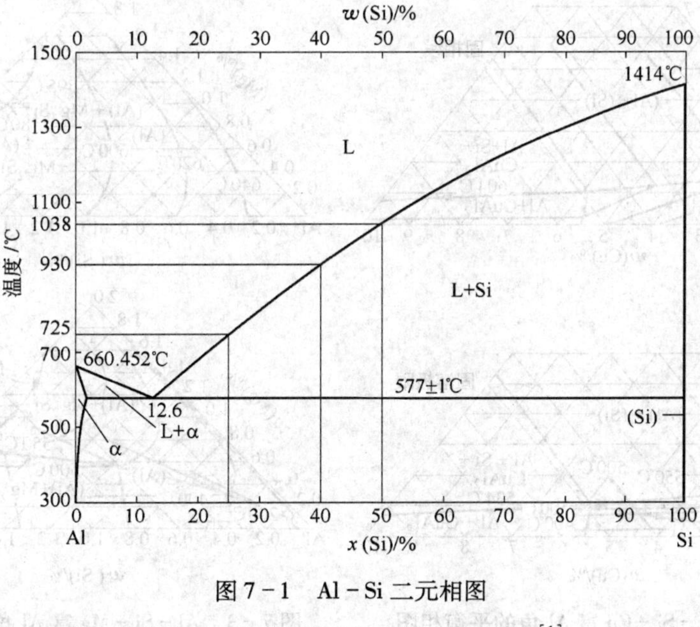

图 7 - 1 Al - Si 二元相图

Al - Si - Cu 三元系合金的富 Al 角相同，如图 7 - 2 所示[1]。在生产中经常使用的合金成分（质量分数）范围为 Si 3%～10%，Cu 2%～4.5%，剩余 Al。它的三元共晶组成为 α（Al）+Si + Al_2Cu（524℃，Cu 27.0%（质量分数），Si 5.25%（质量分数）），在 524℃，α（Al）相的最大固溶度（质量分数）Cu 为 4.9%，Si 为 1.1%。Al_2Cu 相约在 500℃固溶处理，可固溶在 α（Al）中，但固溶需要很长时间。随着温度的降低，固溶度降低，析出 Al_2Cu。通过淬火、退火，在析出 Al_2Cu 稳定相（θ）之前可得到 G. P 区和中间过渡相 θ′，产生明显的时效硬化。

Al－Si－Mg 系合金富 Al 角的相图如图 7－3 所示[1]。在这个合金中不存在三元化合物，但 Mg－Si 系生成 Mg_2Si，构成 Al－Mg_2Si 伪二元系。这个伪二元系的共晶温度为 595℃，其中（质量分数）Mg 含量为 8.25%，Si 含量为 4.75%（Mg_2Si 含量为 13%）。Mg_2Si 在 α（Al）中的固溶度（质量分数）（温度为 595℃）为 1.85%（Mg 0.68%、Si 1.16%），温度下降，固溶度急剧减少，析出 Mg_2Si。在生产中经常使用的合金成分（质量分数）范围为 Si 4%～10%、Mg 0.25%～0.6%、剩余 Al。该合金 Mg 含量大多通过偏析，在局部区域会产生 Mg_2Si 相。

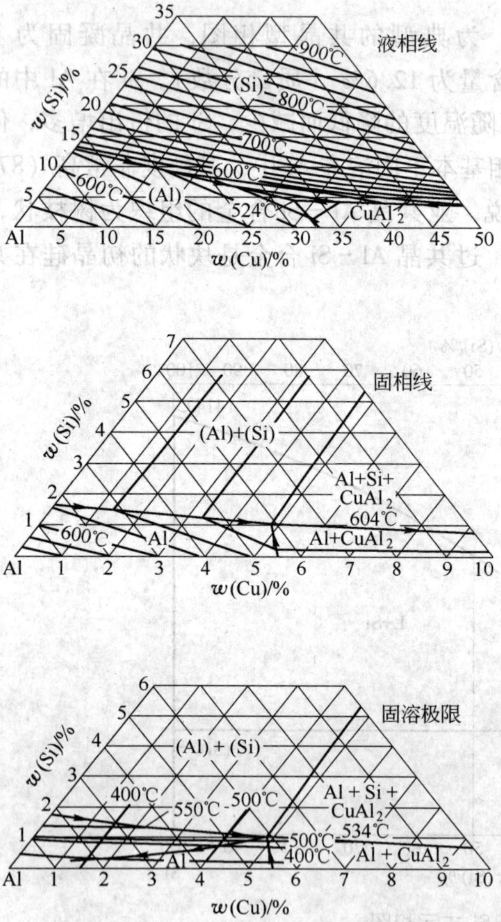

图 7－2　Al－Si－Cu 富 Al 角的平衡相图

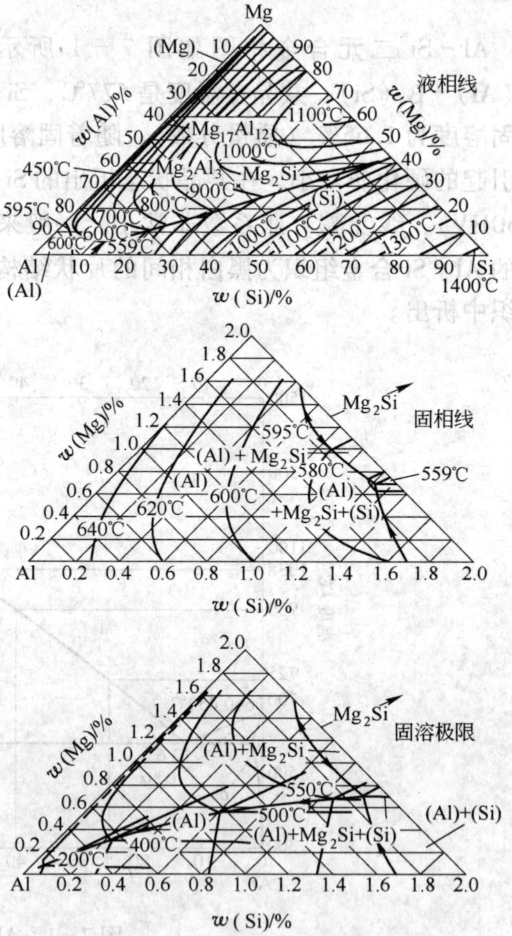

图 7－3　Al－Si－Mg 富 Al 角的平衡相图

Al－Si－Mn 的三元相图如图 7－4 所示[2]。在 Al 一侧三元化合物没有结晶物，沿着图 7－4a 的 A～E 的液相线产生表 7－1 所示的反应。对于与 Al 固溶体平衡的三元化合物 α 的分子式很多学者表述不一，发表过 Mn_2SiAl_{10}、Mn_3SiAl_{12} 和 $Mn_3Si_2Al_{15}$ 等多种分子式，在图 7－4 中采用 Mn_3SiAl_{12} 分子式，为立方晶系结构，由于在实际生产的合金中，往往含有 Fe 等不纯物质，Fe 固溶其中形成 $Al_2(Mn、Fe)_3Si$ 化合物，结构仍为立方晶系。

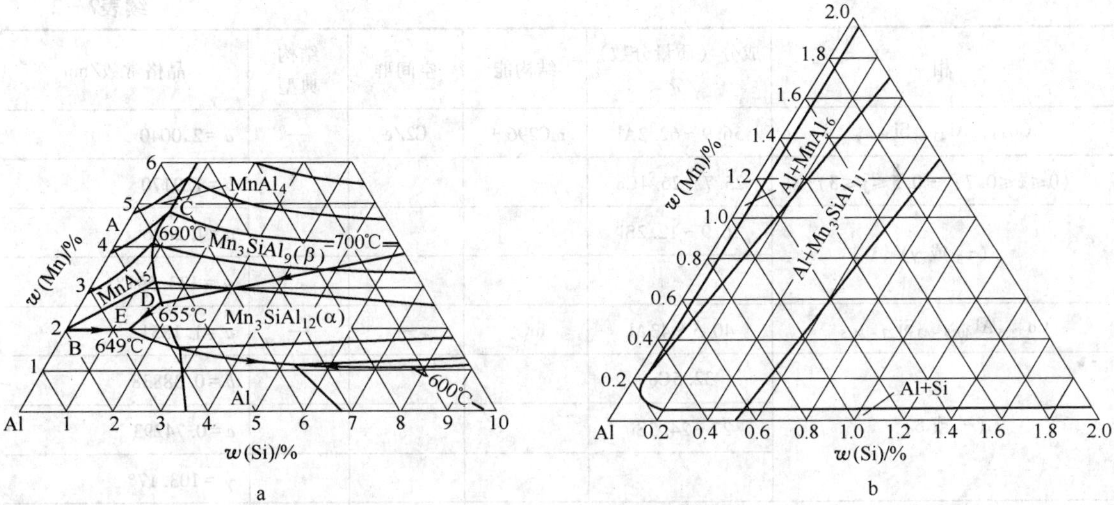

图 7 - 4　Al - Si - Mn 三元合金富 Al 角的平衡相图[2]

a—液相面；b—460℃等温截面

表 7 - 1　图 7 - 4 中各点的反应、温度和成分[3]

反　应	温度/℃	Mn（质量分数）/%	Si（质量分数）/%
A. $L + MnAl_4 \rightarrow MnAl_6$	710	4.1	—
B. $L \rightarrow Al + MnAl_6$	658.5	1.95	—
C. $L + MnAl_4 \rightarrow MnAl_6 + \beta$	690	3.8	0.7
D. $L + \beta \rightarrow MnAl_6 + \alpha$	655	2.8	1.6
E. $L + MnAl_6 \rightarrow Al + \alpha$	649	2.0	1.5

Al - Si - Co 三元合金相图如图 7 - 5 所示，其中图 7 - 5a 为 Prantt 等人在 1951 年研究的 Al - Si - Co 三元合金富 Al 角的 536℃等温截面，图 7 - 5b 为 Herman 在 1981 年研究的 Al - Si - Co 三元合金在 600℃时的等温截面，图 7 - 5c 和图 7 - 5d 为 Richter 等人研究的 Al - Si - Co 三元合金在 800℃和 600℃贫 Co 区的等温截面。在图 7 - 5c 和图 7 - 5d 中的相可以参见表 7 - 2[4,5]。

表 7 - 2　Al - Si - Co 合金的相组成和晶格常数

相	成分（质量分数）/%	结构能	空间群	结构典型	晶格常数/nm
$Co_3Al_{3.1\sim2.4}Si_{3.9\sim4.6}$	31 ~ 24Al	eI40	$Im\bar{3}m$	Ge_7Ir_3	$a = 0.8115 \sim 0.8072$
（τ_1 或 a）	30Co				
	39 ~ 46Si				
$Co_4Al_{1.7\sim2.8}Si_{4.3\sim3.2}$ （a）	17 ~ 28Al	hP5	$P\bar{3}m1$	Ni_2Al_3	$a = 0.3870 \sim 0.3885$
（τ_2 或 β）	40Co				$c = 0.4758 \sim 0.4769$
	43 ~ 32Si				

续表7 - 2

相	成分（质量分数）/%	结构能	空间群	结构典型	晶格常数/nm
$Co_{19+x}Al_{43+y}Si_{12-y}$	56.9 ~ 62.2Al	mC296 +	C2/c	—	$a = 2.0040$
（$0 \leqslant x \leqslant 0.7$；$-0.5 \leqslant y \leqslant 3$）	25.7 ~ 26.4Co				$b = 1.9170$
（τ_3 或 γ）	16.9 ~ 12.2Si				$c = 1.2826$
					$\gamma = 123.591°$
$Co_{32.5}Al_{40.5\sim43}Si_{27\sim24.5}$	40.5 ~ 43Al	mC?	—	—	$a = 1.1851$
	32.5Co				$b = 0.38838$
（τ_4 或 δ）	27 ~ 24.5Si				$c = 0.74293$
					$\gamma = 103.17°$
$Co_6Al_{11}Si_6$	47.8Al	oC184	$Cmc2_1$	—	$a = 0.80839$
（τ_5 或□）	26.1Co				$b = 1.45445$
	26.1Si				$c = 2.1354$
$Co_4Al_{7+x}Si_{2-x}$	55.9 ~ 61.9Al	mC26	C2/m	—	$a = 1.19935$
（$0.27 \leqslant x \leqslant 1.05$）	30.8Co				$b = 0.40098$
（τ_6 或 χ）	13.3 ~ 7.3Si				$c = 0.76590$
					$\gamma = 106.357°$
$Co_{10+x}Al_{25-x}Si_7$	58.7Al	oP168	Pnma	—	$a = 1.3846$
（$x = 0.33$）	24.6Co				$b = 2.3050$
（τ_7 或□）	16.7Si				$c = 0.7336$

Al - Ni - Si 三元相图如图 7 - 6 所示[7]。Raghavan[7,8] 给出了 Al - Ni - Si 三元相图中间相的结构参数。$Al_{13}Ni_{67}Si_{20}$（τ_1）是二元合金 $\delta - Ni_2Si$ 的固溶物，$AlNi_2Si$（τ_2）为 FeSi 型的立方结构，Al_6Ni_3Si（τ_3）为 Ge_7I_r 型的立方结构，$Al_ySi_{9-y}Ni_{13\pm x}$ 为 τ_4 相，$AlNi_{16}Si_9$（τ_5）属于正交晶系，并在 783℃以上保持稳定。Ni_5（Al、Si）$_3$ 为（τ_6）相，这种相在 Ni_5Al_3 中保持稳定。

Al - Cu - Mg - Si 四元合金富 Al 相图如图 7 - 7 所示[9]，图 7 - 8 为 Al - Cu - Mg - Si 四元合金成分（质量分数）为 1% Si、12% Si 和 4% Cu 处的等温截面图[9]。

7.1.2 Al - Si 合金系中常见的化合物相

在 Al - Si 合金系中，由于制备工艺的需要，往往会添加另外一些合金元素，形成一些合金化合物相。另外，Al - Si 合金存在的杂质也会形成一些合金化合物。

铁在 Al - Si 合金系中弥散度最高，可以证明也是最有害的杂质。铁在 Al - Si 合金中的存在形态如表 7 - 3 所示，铁常见的形态有汉字笔画状的 $\alpha - Al_{15} - Fe_3Si_2$ 和针状的 $Al_9Fe_2Si_3$，Al_{13}（Fe，Cr）$_4Si_4$[10]。

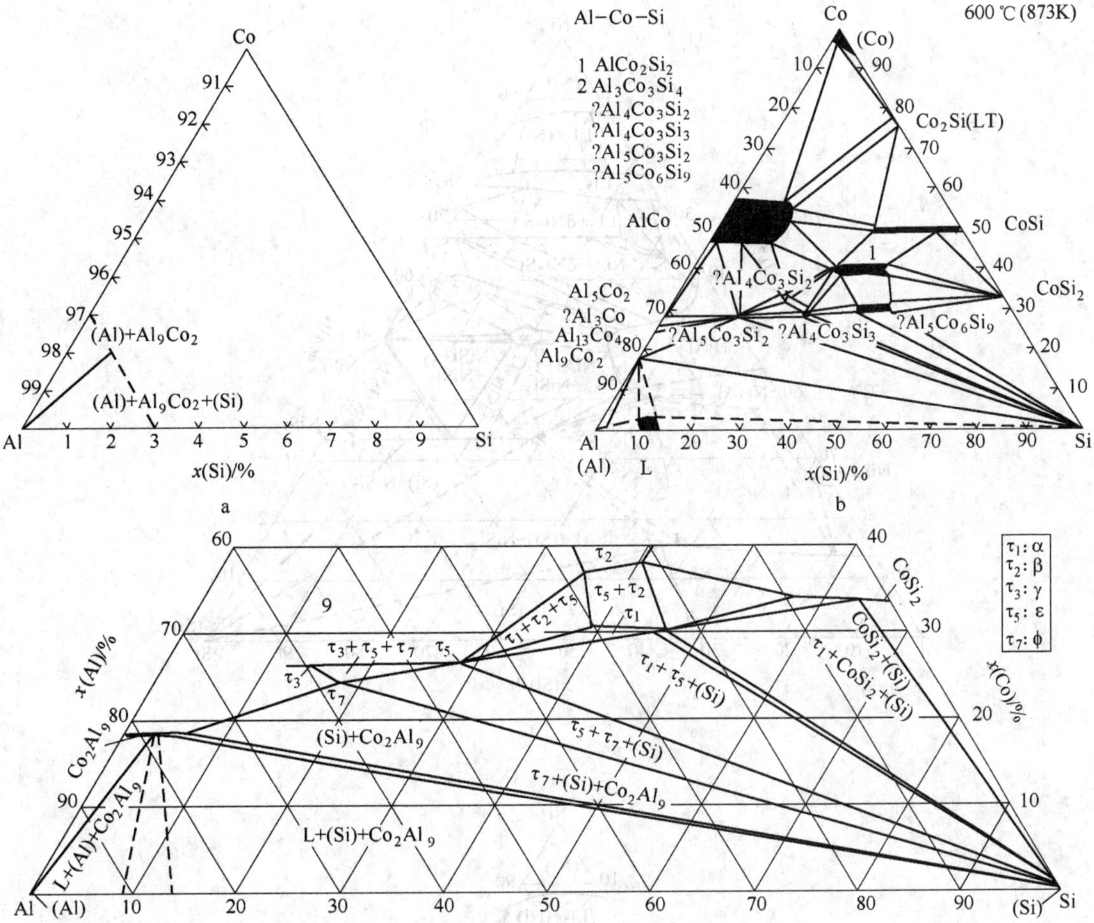

图 7-5　Al－Si－Co 三元合金的平衡相图

a—Al－Si－Co 三元合金富 Al 角的 536℃ 等温截面[6]；b—Al－Si－Co 三元合金在 600℃ 的等温截面[3]；c—Al－Si－Co 三元合金贫 Co 区域的 600℃ 等温截面[4]；d—Al－Si－Co 三元合金贫 Co 区域的 800℃ 等温截面

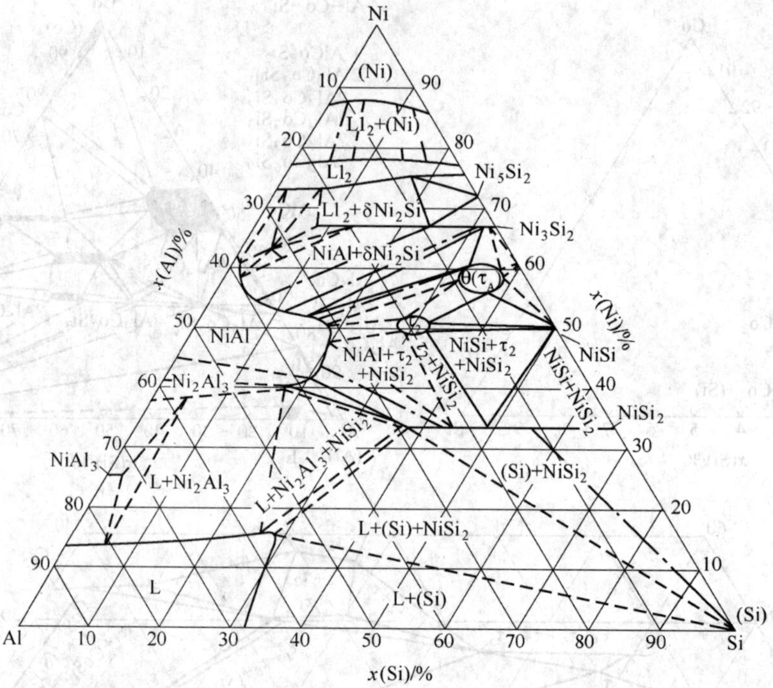

a

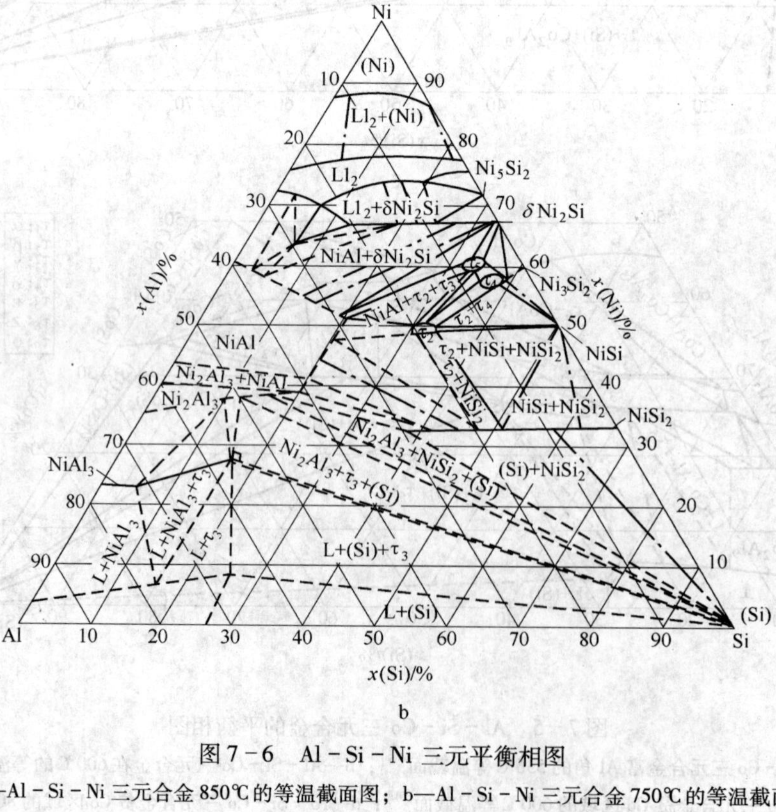

b

图 7－6　Al－Si－Ni 三元平衡相图

a—Al－Si－Ni 三元合金 850℃的等温截面图；b—Al－Si－Ni 三元合金 750℃的等温截面

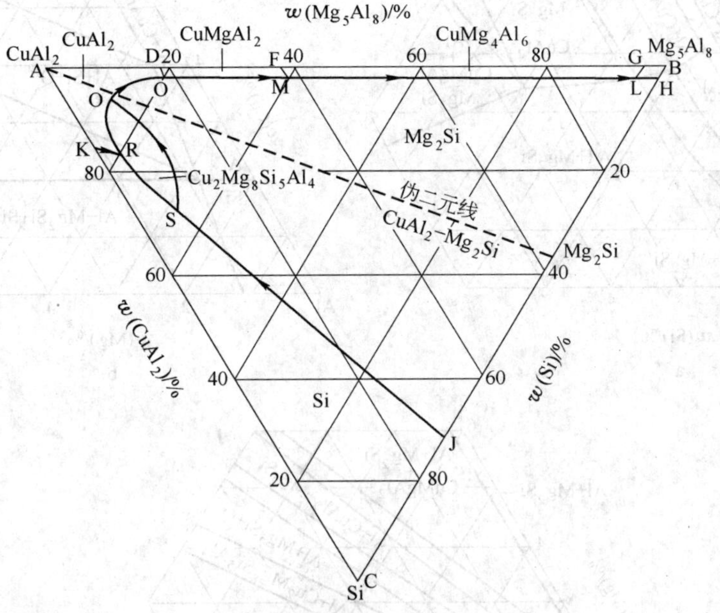

a

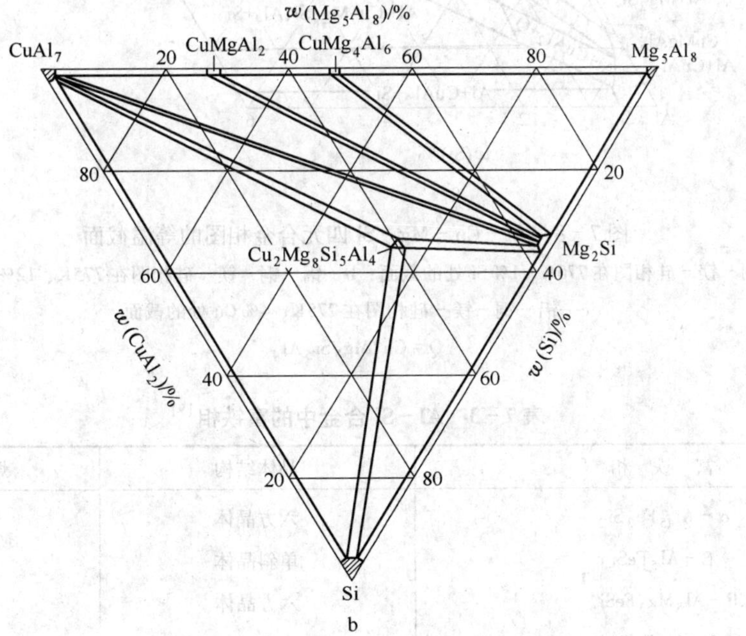

b

图 7－7 Al－Cu－Mg－Si 相图富 Al 角的投影图

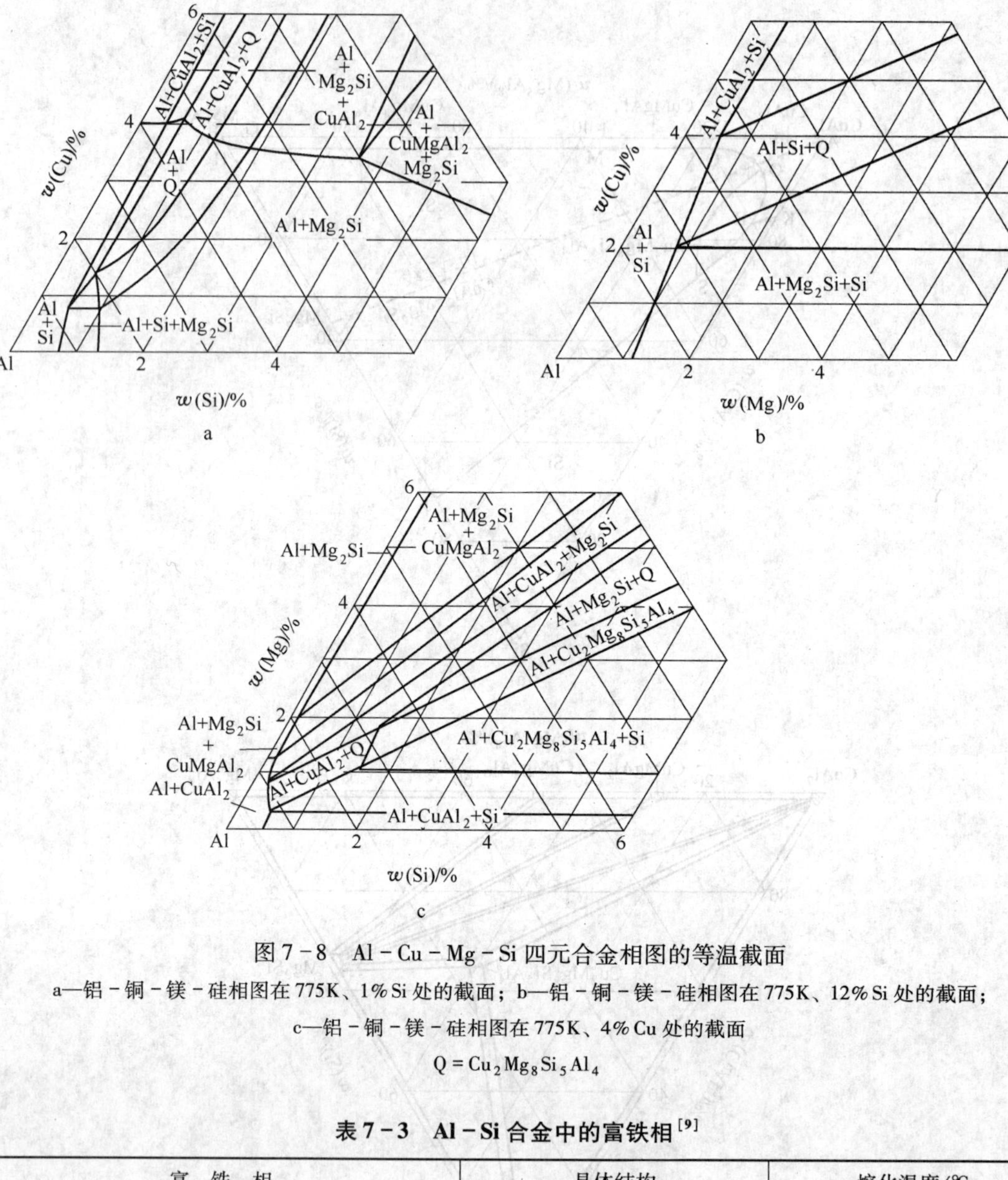

图 7－8　Al－Cu－Mg－Si 四元合金相图的等温截面

a—铝－铜－镁－硅相图在 775K、1% Si 处的截面；b—铝－铜－镁－硅相图在 775K、12% Si 处的截面；

c—铝－铜－镁－硅相图在 775K、4% Cu 处的截面

$Q = Cu_2Mg_8Si_5Al_4$

表 7－3　Al－Si 合金中的富铁相[9]

富　铁　相	晶体结构	熔化温度/℃
$\alpha-Al_{15}Fe_3Si_2$	六方晶体	860
$\beta-Al_5FeSi$	单斜晶体	870
$P-Al_8Mg_3FeSi_6$	六方晶体	—
$\delta-Al_4FeSi_2$	四方晶体	—
$Al_9Fe_2Si_3$	—	—
Al_{13}（Fe，Cr）$_4Si_4$	—	—

在铝硅合金中，如果有铜和铁同时存在，形成薄片状的 Al－$FeSiAl_5$－Si 共晶，组织中还有针状或棒状的硅晶体[11~13]。如果铁含量大于 0.8%，会出现初生的 $FeSiAl_5$ 晶体。

共晶点在高速冷却时向铁含量高的方向漂移，$FeSiAl_5$ 成弥散状分布。特别是在含硅量低的合金中，并且含有镁铜锌的合金形成汉字形的组织[14,15]。如果合金中有铜存在，铁与铜化合，形成 Cu_2FeAl_7；有镁存在时，形成化合物 $FeMg_8Si_6Al_8$，还有汉字形的共晶组织，以及球状的初晶硅。铁与锰形成汉字形的 $(FeMn)_3Si_2Al_{15}$，因而不存在脆性的 $FeSiAl_5$ 相[16,17]。

合金中未固溶的铜以 $CuAl_2$ 形式存在，前提是合金中不含镁，或者镁含量特少，不足以使全部铜形成 $Cu_2Mg_8Si_6Al_5$。合金含有镍或锰时，固溶的铜量下降，有的形成铜 - 镍与铜 - 锰化合物。

镁如果不溶解，则以 Mg_2Si 的形式存在。除非合金中含有铜，形成 $Cu_2Mg_8Si_6Al_5$。在非平衡状态下，除了 Mg_2Si 外，还有 $CuAl_2$ 及 Si。

合金中不含铜、钴、铬、锰、钼或镍，而铁与镁的含量高时，则形成 $FeMg_3Si_6Al_8$。锌含量少于1%时，都固溶于固溶体中，不形成任何可见的相。锌与镁含量高时，可形成 $MgZn_2$ 化合物。

通常，钛与硼的数量都比其固溶度小得多，一般不形成任何单独的相。

Co 与 Al - Si 合金反应生成 $(CrFe)_4Si_3Al_{13}$ 或者 $(CrFe)_5Si_8Al_2$。Cr 能溶解 $FeAl_7Cr_2Fe$ 或者 (Cu、Fe)Al_6，因此有可能形成 Ni_3Al、(CuNi)$FeAl_7$、$(CuNiFe)_2Al_3$、Cu_4NiAl_7、(FeNi)Al_9 等相。

Gustafsson[18]详细研究了 Cr 对 Al - 7Si - 0.3Mg（A356）合金中铁相的影响。没有 Cr 存在时，在一定的冷速范围内（0.2 ~16℃/s）都出现 β - Al_5FeSi 和 π - Al_8 - Si_6 - Mg_3Fe 相，在合金中加入 Cr 以后，针状 β - Al_5FeSi 转化成粗大的 π - Al_8 - Si_6 - Mg_3Fe 铁相和汉字状 α - Al_{13} $(Fe_2Cr)_4Si_4$。Ito 指出，当 Al - 13% Si 合金中铁含量高于1%时，合金脆性明显增加，而加入0.2% ~0.6%的 Cr 能防止这种现象。Ito 还研究了 Al - 7Si - 0.3Mg 中 Cr 的作用，Cr 的加入可以使粗大的针状 β - Al_5FeSi 转变成汉字状或者网状的 Al_{13} (Fe, Cr)$_4Si_4Mg$ 铁相。

Jonason[19]的研究表明，在含铁的 Al - Si 合金中加入 Mn 结果形成 α - Al_{15} (Fe, Cr)$_3Si_2$。Narayanan 等人[20]的研究表明，在非平衡热处理中也发生了这一现象。由于 α - AlFeCrSi 不能溶解，所以 Mn 的加入对要进行热处理的铸件有负面效应。

另外，在 Al - Si 合金中加入稀土也会形成一些析出相。

表 7 - 4 给出了 Al - Si 合金中的相[9]。表 7 - 5 给出了 Al - Si - Mg 合金中的相[9]。

表 7 - 4 Al - Si 合金中的相[9]

Si	Si < 12%	Si > 12%	Mg > 0.2%	Fe > 0.05%	Mn > 0.1%	Cr > 0.1%	Fe > Mg	Mg > 2Cu
	共晶	共晶及初生晶	Mg_2Si	$FeSiAl_5$	$(FeMn)_3Si_2Al_{15}$	$(CrFe)_4Si_4Al_{13}$	$FeMg_3Si_6Al_8$	$Cu_2Mg_6Si_6Al_5$
Na	Na < 0.01%	Na > 0.01%						
	弥散的	(NaAl) Si_2						

续表7－4

P	Si＜12% 弥散的	Si＞12%， P＞0.01% 时形成 AlP，常常 分布在硅 晶体内						
Fe	Fe＜0.7%	Fe＞0.7%	Co＞0.1%	Cr＞0.1%	Mn0.2%	Mo＞0.1%	Ni＞0.1%	Mg＜Fe
	$FeSiAl_5$ 共晶	$FeSiAl_5$ 初生晶	$(CoFe)_2Al_9$	$(CrFe)_4Si_4Al_{13}$ 或者 $(CrFe)_5Si_8Al_2$	$(FeMn)_3Si_2Al_{15}$	AlFeMo（?）	$FeNiAl_9$	$FeMg_5Si_6Al_8$
Mg	Mg＜0.2%	Mg＞0.2%， Cu＜0.2%	Cu＜1/2Mg	Fe＞Mg				
	在固溶 体中	Fe＜Mg， Mg_2Si	$Cu_2Mg_8Si_6Al_5$	$FeMg_3Si_6Al_8$				
Cu	Cu＜1%	Cu＞1%， Mg＜0.2% Fe＜0.3%	Cu＞1%， Mg＞2Cu					
	在固溶 体中	$CuAl_2$	$Cu_2Mg_8Si_6Al_5$					
Co	$(CoFe)_2Al_9$							
Cr	$(CrFe)_4Si_9Al_{13}$							
Mn	$(FeMn)_3Si_2Al_{15}$							
Zn	在固溶体中							

表7－5　铝硅镁合金中的相

Mg	Mg＜0.3% 固溶	Mg＞0.3% Mg_2Si	Cu＞0.1%， Si＞Mg $Cu_2Mg_8Si_6Al_5$	Fe＞0.5%， Si＞Mg $FeMg_3Si_6Al_8$			
Si	Si＜0.2% 固溶	Si＞0.2% Mg_2Si	Cu＞0.1%， Si＞Mg $Cu_2Mg_8Si_6Al_5$	Fe＞0.5% Si≫Mg $FeMg_3Si_6Al_8$	Mg＜2Si， Fe＞1/2Si Fe_2SiAl_8	Mg＜2Si， Fe＜Si $FeSiAl_5$	Mn或Cr＞0.1% $(FeMn)_3Si_2Al_{15}$ 或$(CrFe)_4Si_4Al_{13}$
Fe	Mg≫2Si $FeAl_3$ 或$FeAl_6$	Mg≤2Si Fe_2SiAl_8	Si＞2Fe，Si＞Mg $FeSiAl_5$	Si＜Fe，Si＞Mg $FeMg_3Si_6Al_8$	Mn或 Cr＞0.1% Si＜0.6Mg		Mn或Cr＞0.1%， Si＞Mg $(FeMn)_3Si_2Al_{15}$或 $(CrFe)_4Si_2Al_{13}$
Cu	Cu＜0.3% 固溶	Mg＝1.2 ～2Si Cu＞0.3% $CuMgAl_2$	Si＝Mg，Cu＞0.3% $Cu_2Mg_8Si_6Al_5$				
Mn	Mg＞2Si $(FeMn)Al_6$	Si＜Mg $(FeMn)_3Si_2Al_{15}$					

续表7－5

Cr	Mg＞2Si　　Si＞Mg $(CrFe)Al_7$　$(CrFe)_4Si_4Al_{13}$
Zn	Zn＜0.5% 固溶
Pb	$PbMg_2$
Bi	Bi_2Mg_3

7.1.3 铸造 Al－Si 系合金

Al－Si 系合金是主要的铸造合金之一，它具有如下优点：

（1）Si 添加量的范围比较宽，并且可以用固液共存温度范围的宽窄来区分。

（2）容易选择产生铸造裂纹较少、溶液补缩良好和流动性好的合金成分。

（3）与其他组元共存问题较少，与其他组元组合后能够得到具有良好铸造性能和优异力学性能的合金。

（4）添加 Si 后，合金的线［膨］胀系数减少，耐磨性变好。

（5）随着 Si 添加量的增多，凝固收缩率降低，气孔收缩量减少。

（6）添加 Mg 后，合金中黏度增加，氧化倾向降低。

（7）Si 的添加量增多，密度不增加。

（8）对共晶 Si、初晶 Si 的改性处理，能使晶粒细化。

（9）作为原材料的 Si 价格廉价。

Al－Si 的铸造性能与其 Si 含量具有很大关系。按磯部等人的观点，和其他合金一样，在 Al－Si 合金相图的液相线和固相线之间存在一条准固相线，并且在靠近液相线一边称之为准液相区，这个区域液相量多，固相量少，流动性好；而另一边为准固相区，这个区域固相量多，液相量少，流动性差。有的学者认为，当固相量超过 67%（体积分数）时，液体的流动将停止；也有人认为，当固相量超过 78%（体积分数）时，液体的流动才停止；但从铸造补缩的角度来看，固相量最好控制在 40%～50%（体积分数）。可以从图 7－9所示的准液相和准固相温度范围的大小来控制铸造裂纹，缩孔和疏松等。对于 Al－Si 合金来说，Si 含量的多少决定其铸造的主要特性。合金的流动性主要取决其流动长度，图 7－10 为 Al 和 Al 合金浇注温度与流动长度的关系。从图中可以看出，随着过热温度的增加，流动长度成比例增加，虽然合金成分不一样，但增加的比例相差不太大。图 7－11 为 Al－Si 合金铸造时流动长度与 Si 含量的关系。从图中可以看出，在一定的过热温度下，Si 含量在 5%～6%（质量分数）附近，流动长度最小；Si 含量继续增加，流动长度随之增加；在 Si 含量在 14%～18%（质量分数）范围内达到峰值。图 7－12 为 Al－Si 合金的铸造裂纹长度与 Si 含量的关系，在准固相温度范围最大的 $w(Si)=1\%\sim2\%$ 区最容易产生裂纹，而在 $w(Si)=4\%\sim5\%$ 以上时，残留的共晶液体黏结回复几乎不产生裂纹。图 7－13 为 Al－Si 合金铸造时缩孔与 Si 含量的关系。从图中可以看出，随 Si 含量的增加，收缩率下降，而缩孔率在 $w(Si)=6\%\sim7\%$ 时为最高，微孔和疏松最大的范围 $w(Si)$ 分别是 3% 和 9% 左右。图 7－14 给出了 Al－Si 合金的线［膨］胀系数、密度和 Si 含量的关系。图

7－15给出了 Al－Si 合金力学性能与硅含量的关系。

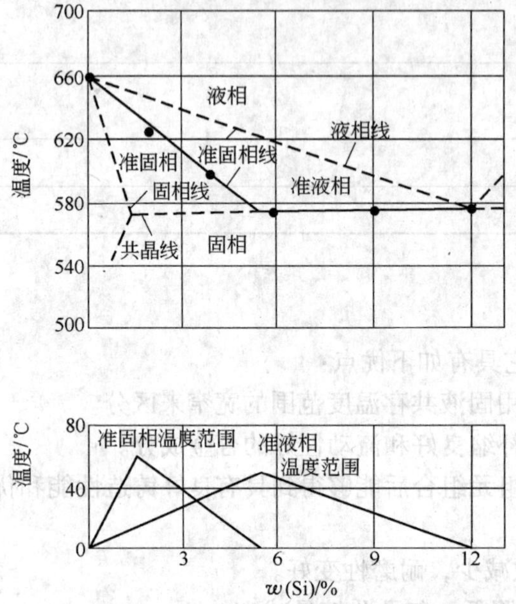

图 7－9　Al－Si 系合金的准固相线和准液相、准固相的温度[1]

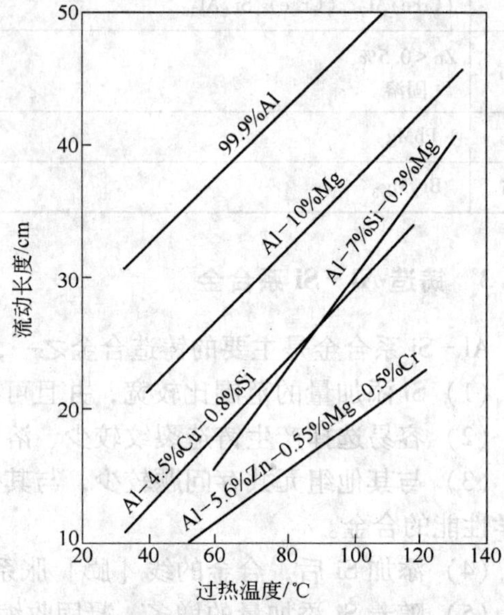

图 7－10　Al 和 Al 合金的浇注温度与流动长度的关系[1]

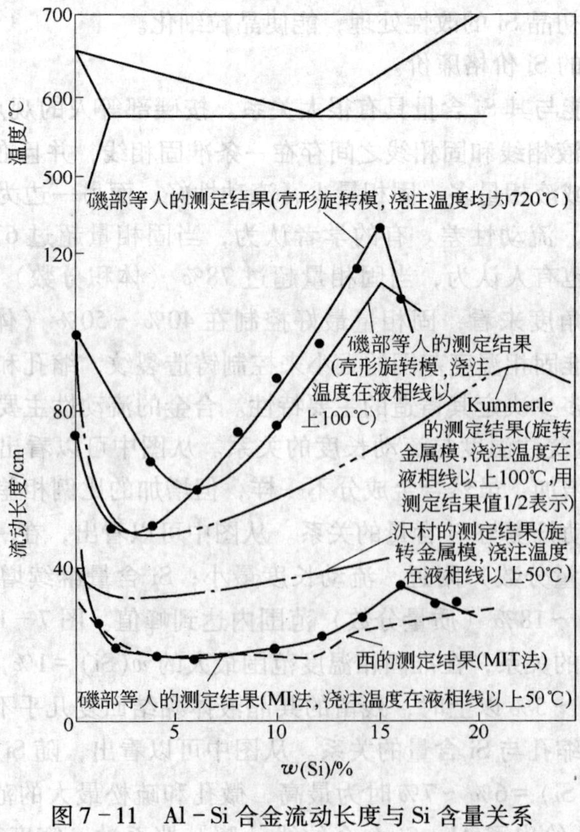

图 7－11　Al－Si 合金流动长度与 Si 含量关系

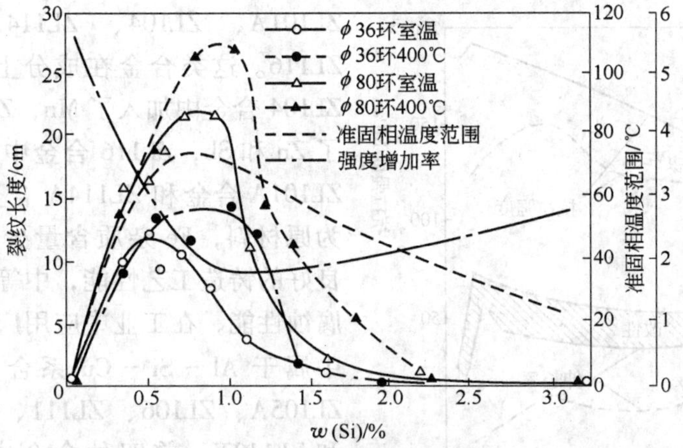

图 7－12　Al－Si 合金的铸造裂纹长度与 Si 含量的关系[1]

1gf＝9.8dyn

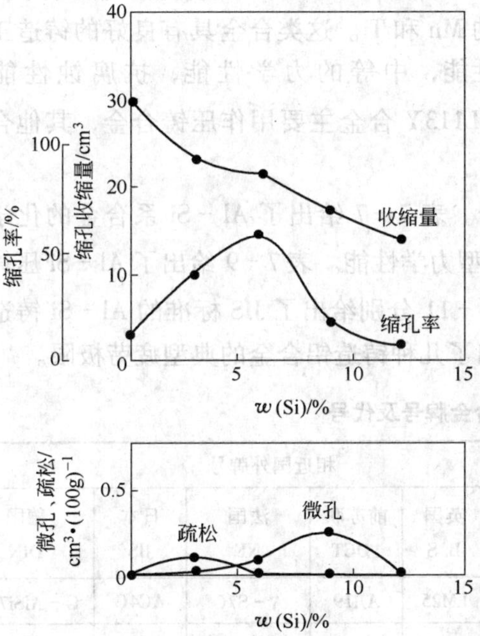

图 7－13　Al－Si 合金的缩孔与 Si 含量的关系（浇注温度 720℃，铸型温度 200℃）[1]

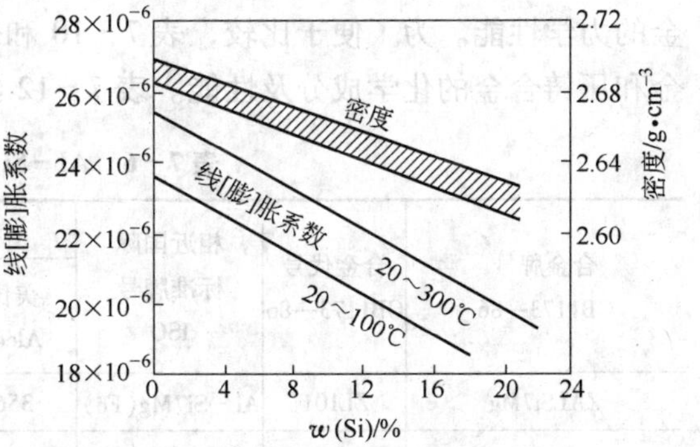

图 7－14　Al－Si 合金的线［膨］胀系数、密度与 Si 含量的关系[1]

Al－Si 系合金国内外有多种牌号，若按合金 Si 含量的多少，可分为共晶型合金（如 ZL162，ZL108，ZL109），过共晶合金（ZL117，390）和亚共晶合金（其余各合金）。

ZL102 是典型的 Al－Si 二元共晶合金，Si 含量为 10%～13%，具有优良的铸造工艺性能，但力学性能和切削性能较差，在工业中应用较少。为了改善 ZL102 合金的室温和高温拉伸性能，加入少量的 Mg、Co 和 Mn，成为共晶型的 ZL108 合金，线［膨］胀系数小，耐磨性好，广泛地用来制作内燃机的活塞。ZL109 也是共晶型的铸造铝合金，与 ZL108 合金相比，降低了 Cu 含量，提高了 Mg 含量，并且用 Ni 代替 Mn，合金具有更好的耐热性。

亚共晶系合金有 Al－Si－Mg 系和 Al－Si－Cu 系。属 Al－Si－Mg 系的合金有：ZL101、

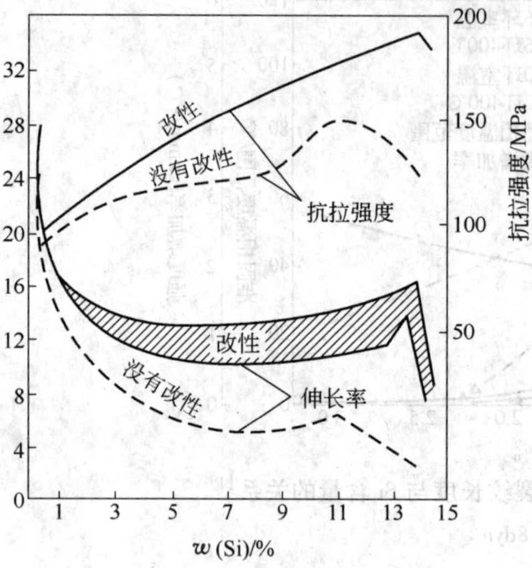

图 7 - 15　Al - Si 合金的力学性能与 Si 含量的关系[1]

ZL101A、ZL104、ZL114A、ZL115 和 ZL116。这类合金在成分上的主要区别是：ZL104 合金中加入了 Mn，ZL115 合金中加入了 Zn 和 Sb，ZL116 合金中加入了 Ti 和 Be，ZL101A 合金和 ZL114A 合金是用高纯铝作为原材料，Fe 杂质含量少。这类合金具有良好的铸造工艺性能，中等的力学性能和抗腐蚀性能，在工业中应用广泛。亚共晶合金中属于 Al - Si - Cu 系合金的有：ZL105、ZL105A、ZL106、ZL111、ZL107、ZL112Y 和 ZL113Y，前四种合金中加入了少量的 Mg，后三种合金中无 Mg，但 Cu 含量偏高，此外在 ZL106 和 ZL111 合金中还加入了少量的 Mn 和 Ti。这类合金具有良好的铸造工艺性能，中等的力学性能，抗腐蚀性能与 Al - Si - Mg 系合金相比较差；其中 ZL112Y 和 ZL113Y 合金主要用作压铸合金，其他合金用于砂型铸造和金属型铸造均可[21]。

表 7 - 6 给出了 Al - Si 系合金的牌号和代号。表 7 - 7 给出了 Al - Si 系合金的化学成分。表 7 - 8 给出了 Al - Si 系铸造合金室温的典型力学性能。表 7 - 9 给出了 Al - Si 压铸合金的力学性能。为了便于比较，表 7 - 10 和表 7 - 11 分别给出了 JIS 标准的 Al - Si 铸造合金和压铸合金的化学成分及性能。表 7 - 12 给出了几种铸造铝合金的典型疲劳极限。

表 7 - 6　Al - Si 系合金牌号及代号

合金牌号 GB1173—86	合金代号 GB1173—86	相近国际标准牌号 ISO	相近国外牌号					
			美国 Alcoa	英国 B. S	前苏联 ГОСТ	法国 NF	日本 JIS	德国 DIN
ZALSi7Mg	ZL101	Al - Si7Mg(Fe)	356	LM25	АЛ19	A - S7G	AC4C	G - AlSi7Mg
ZALSi7MgA	ZL101A	Al - Si7Mg	A356	—	АЛ19 - 1	A - S7G03	AC4CH	G - AlSi7Mg
ZALSi12	ZL102	Al - Si12	13	LM6	АЛ12	A - S13	AC3A	G - AlSi12
ZALSi9Mg	ZL104	Al - Si10Mg	360	LM9	АЛ14	A - S9G	AC4A	G - AlSi10Mg
ZALSi5Cu1Mg	ZL105	Al - Si5Cu1Mg	355	LM16	АЛ15	—	AC4D	G - AlSi5(Cu)
ZALSi5Cu1MaA	ZL105A	—	C355		АЛ15 - 1	—	—	—
ZALSi8Cu1Mg	ZL106	—	—	LM27	АЛ132	—	—	G - AlSi8Cu3
ZALSi7Cu4	ZL107	Al - Si6Cu4	319	LM21	—	—	AC2B	G - AlSi6Cu4
ZALSi12Cu2MgMn	ZL108	—	B132	—	АЛ125	—	—	G - AlSi12Cu
ZALSi12Cu1Mg1Ni1	ZL109	—	A132	LM13	АЛ130	A - S12UNG	AC8A	—
ZALSi9Cu2MgMnTi	ZL111	—	354	—	—	—	—	G - AlSi8Cu3

续表7－6

合金牌号 GB1173—86	合金代号 GB1173—86	相近国际标准牌号 ISO	相近国外牌号					
			美国 Alcoa	英国 B. S	前苏联 ГОСТ	法国 NF	日本 JIS	德国 DIN
ZALSi8Cu3Fe	ZL112Y①	Al－Si3Cu3Fe	380	—	—	—	—	—
ZALSi11Cu2Fe	ZL113Y①	—	384	—	—	—	—	—
ZALSi7Mg1A	ZL114A	—	A357	—	—	A－S7G06	—	—
ZALSi5Zn1Mg	ZL115	—	—	—	—	—	—	—
ZALSi8MgBe	ZL116	—	Tens50	—	АЛ134	—	—	—
ZALSi20CuMgRE1Mn	ZL117①	—	—	—	—	—	—	—
390②	—	—	390	LM30	—	—	AC9B	—

①航空材料标准 HB962－86。

②390 合金是美国牌号。

表7－7 Al－Si 系合金的化学成分[21]

合金牌号	合金代号	主要元素/%							
		Si	Cu	Mg	Zn	Mn	Ti	其他	Al
ZALSi7Mg	ZL101	6.5～7.5	—	0.25～0.45	—	—	—	—	余
ZALSi7MgA	ZL101A	6.5～7.5	—	0.25～0.45	—	—	0.08～0.20	—	余
ZALSi12	ZL102	10.0～13.0	—	—	—	—	—	—	余
ZALSi9Mg	ZL104	8.0～10.5	—	0.17～0.3	—	0.2～0.5	—	—	余
ZALSi5Cu1Mg	ZL105	4.5～5.5	1.0～1.5	0.4～0.6	—	—	—	—	余
ZALSi5Cu1MgA	ZL105A	4.5～5.5	1.0～1.5	0.4～0.55	—	—	—	—	余
ZALSi8Cu1Mg	ZL106	7.5～8.5	1.0～1.5	0.3～0.5	—	0.3～0.5	0.10～0.25	—	余
ZALSi7Cu4	ZL107	6.5～7.5	3.5～4.5	—	—	—	—	—	余
ZALSi12CuMgMn	ZL108	11.0～13.0	1.0～2.0	0.4～1.0	—	0.3～0.9	—	—	余
ZALSi12Cu1Mg1Ni1	ZL109	11.0～13.0	0.50～1.5	0.8～1.3	—	—	—	Ni 0.8～1.5	余
ZALSi9Cu2MgMnTi	ZL111	8.0～10.0	1.3～1.8	0.4～0.6	—	0.10～0.35	0.10～0.35	—	余
ZALSi8Cu3Fe	ZL112Y	7.5～9.5	2.5～4.0	—	—	—	—	—	余
ZALSi11Cu2Fe	ZL113Y	9.6～12.0	2.0～3.5	—	—	—	—	—	余
ZALSi7Mg1A	ZL114A	6.5～7.5	—	0.45～0.60	—	—	0.10～0.20	Be 0.04～0.07	余

续表7－7

合金牌号	合金代号	主要元素/%							
		Si	Cu	Mg	Zn	Mn	Ti	其他	Al
ZALSi5Za1Mg	ZL115	4.8～6.2	—	0.40～0.65	1.2～1.8	—	—	Sb0.01～0.25	余
ZALSi8MgBe	ZL116	6.5～8.5	—	0.35～0.55	—	—	0.10～0.30	Be0.15～0.40	余
ZALSi20Cu2MgRE1M	ZL117	19～22	1.0～2.0	0.40～0.80	—	0.30～0.50	—	Re0.5～1.5	余
390	—	16.0～18.0	4.0～5.0	0.45～0.65	—	—	—	—	余

表7－8　Al－Si 系合金的室温典型力学性能[21]

合金代号	铸造方法	合金状态	抗拉强度/MPa	屈服强度/MPa	伸长率/%	抗压屈服强度/MPa	硬度 HBC	抗剪强度/MPa	旋转弯曲疲劳极限/MPa	弹性模量/GPa
ZL101	S	P	165	125	6.0	—	—	—	—	—
		T51	170	140	2.0	145	60	140	55	72.4
		T6	225	165	3.5	170	70	180	60	72.4
		T7	235	205	2.0	215	75	165	60	72.4
		T71	195	145	3.5	150	60	140	60	72.4
	J	F	180	125	5.0	—	—	—	—	—
		T51	185	140	2.0	—	—	—	—	—
		T6	275	185	5.0	185	90	220	90	72.4
		T7	225	165	5.0	185	70	170	75	72.4
ZL101A	S	F	160	90	7.0	—	—	—	—	—
		T51	180	125	3.0	—	—	—	—	—
		T6	260	195	6.0	—	70	—	—	—
	J	T6	285	205	12.0	—	80	—	—	—
		T61	285	205	10.0	—	80	—	95	—
ZL102	SB	F	175	80	6.0	—	55	125	40	68.6
	Y	F	215	115	1.8	—	—	—	—	—
ZL104	S	T6	255	195	4.0	—	70	—	—	68.6
ZL105	S	F	160	85	3.0	—	—	—	—	—
		T51	195	160	1.5	165	65	150	55	70
		T6	240	170	3.0	180	80	195	60	70
		T61	270	240	1.0	255	90	215	65	—
		T7	260	250	0.5	260	85	195	70	70
		T71	240	200	1.5	205	75	180	70	70

续表7－8

合金代号	铸造方法	合金状态	抗拉强度/MPa	屈服强度/MPa	伸长率/%	抗压屈服强度/MPa	硬度HBC	抗剪强度/MPa	旋转弯曲疲劳极限/MPa	弹性模量/GPa
ZL105		T51	205	165	2.0	165	75	165	—	70
		T6	295	185	4.0	185	90	235	70	70
		T62	310	275	1.0	275	105	250	70	70
		T7	275	205	2.0	205	85	205	70	—
		T71	250	215	3.0	215	85	185	70	70
ZL105A	S	T6	270	200	5.0	—	85	—	—	74
	J	T6	320	195	10.0	—	90	—	—	74
		T61	315	235	6.0	250	100	220	95	74
ZL107	S	F	185	125	2.0	130	70	150	70	—
		T5	205	180	1.5	185	80	165	75	—
		T6	245	165	2.0	170	80	200	75	—
	J	F	185	125	2.0	130	70	150	70	—
		T6	275	185	3.0	185	95			—
ZL109	J	T551	250	195	0.0	195	105	195	95	—
		T65	325	295	0.0	295	125	250	—	—
ZL111	J	T61	380	285	6.0	290	100	260	115	—
		T62	395	315	3.0	325	110	275	115	—
ZL112Y	Y	F	330	165	3.0	—	80	215	145	71
ZL113Y	Y	F	325	170	1.0	—	80	205	145	71
ZL114A	S	T6	315	250	3.0	240	85	285	85	—
	J	T6	345	275	10.0	275	85	295	110	—
ZL116	S	T6	315	250	5.0	250	85	285	85	—
		T62	350	275	3.0	—	—	—	—	—
	J	T6	345	305	6.0	285	90	305	110	—
		T62	365	310	5.0	—	—	—	—	—
ZL117	J	T5	255～305	—	0.4～1.0	—	130～150	—	—	—
		T7	235～295	—	0.3～0.8	—	120～130	—	—	—
390	S	F	180	130	1.0	—	100	—	—	—
		T5	180	130	1.0	—	100	—	—	—
		T6	275	275	1.0	—	140	—	—	—
		T7	250	250	1.0	—	115	—	—	—

续表7－8

合金代号	铸造方法	合金状态	抗拉强度/MPa	屈服强度/MPa	伸长率/%	抗压屈服强度/MPa	硬度HBC	抗剪强度/MPa	旋转弯曲疲劳极限/MPa	弹性模量/GPa
390	J	F	200	200	1.0	—	110	—	—	—
		T5	200	200	1.0	—	110	—	—	—
		T6	310	310	1.0	415	145	—	85	—
		T7	260	260	1.0	4.9	120	—	—	—
	Y	F	285	240	1.0	—	120	—	140	—

注：S 砂型铸造；J 金属型铸造；Y 压铸。

表 7－9　Al－Si 系压铸合金力学性能[21]

合金牌号	合金代号	铸造方法	合金状态	力学性能	
				抗拉强度 σ_b/MPa	伸长率 δ_5/%
ZAlSi12Fe	ZL102Y	Y	F	≥200	≥2
		J	F	≥160	≥2
ZAlSi9MgFe	ZL104Y	Y	F	≥220	≥2
		Y	T1	≥230	≥1.5
		J	F	≥150	≥2
		J	T1	≥200	≥1.5
ZAlSi8Cu3Fe	ZL112Y	Y	F	≥280	≥1
		J	F	≥200	≥1
ZAlSi11Cu2Fe	ZL113Y	Y	F	≥270	≥1
		J	F	≥190	≥1
390①		Y	F	≥280	≥1

①美国牌号。

表 7－10　日本 JIS 铸造铝硅合金的化学成分和力学性能

合金	化学成分（质量分数）/%①								F 材的力学性能②			T6 材的力学性能②		
	Si	Cu	Mg	Ni	Mn	Fe	Ti	Al	σ_b/MPa	$\sigma_{0.2}$/MPa	δ/%	σ_b/MPa	$\sigma_{0.2}$/MPa	δ/%
AC1A	1.2 以下	4.0～5.0	0.15 以下	0.05 以下	0.30 以下	0.50 以下	0.25 以下	余	190	76	10.8	293	151	12.3
AC1B	0.20 以下	4.0～5.0	0.15～0.35	0.05 以下	0.10 以下	0.35 以下	0.05～0.30	余	408	255	21.0	429	388	8.0
AC2A	4.0～6.0	3.0～4.5	0.25 以下	0.30 以下	0.55 以下	0.8	0.20 以下	余	230	141	2.6	354	285	1.6
AC2B	5.0～7.0	2.0～4.0	0.50 以下	0.35 以下	0.50 以下	1.0 以下	0.20 以下	余	226	87	0.8	309	204	0.9

续表7－10

合金	化学成分（质量分数）/%①								F材的力学性能②			T6材的力学性能②		
	Si	Cu	Mg	Ni	Mn	Fe	Ti	Al	σ_b /MPa	$\sigma_{0.2}$ /MPa	δ /%	σ_b /MPa	$\sigma_{0.2}$ /MPa	δ /%
AC3A	10.0～13.0	0.25以下	0.15以下	0.10以下	0.35以下	0.8以下	0.20以下	余	197	79	11.6			
AC4A	8.0～10.0	0.25以下	0.30～0.6	0.10以下	0.30～0.60	0.55以下	0.20以下	余	217	115	6.0	304	255	3.2
AC4B	7.0～10.0	2.0～4.0	0.50以下	0.35以下	0.50以下	1.0以下	0.20以下	余	274	184	2.2	354	207	1.6
AC4C	6.5～7.5	0.25以下	0.25～0.45	0.10以下	0.35以下	0.55以下	0.20以下	余	203	106	8.2	291	231	7.3
AC4CH	6.5～7.5	0.20以下	0.20～0.40	0.05以下	0.10以下	0.20以下	0.20以下	余	192	95	10.7	266	160	16.8
AC4D	4.5～5.5	1.0～1.5	0.40～0.6	0.20以下	0.50以下	0.6以下	0.20以下	余	230	134	3.9	324	244	4.1
AC5A	0.6以下	3.5～4.5	1.2～1.8	1.7～2.3	0.35以下	0.8以下	0.20以下	余	256	176	2.6	363	272	1.1
AC7A	0.20以下	0.10以下	3.5～5.5	0.05以下	0.6以下	0.30以下	0.20以下	余	249	108	25.3			
AC7B	0.20以下	0.10以下	9.5～11.0	0.05以下	0.10以下	0.30以下	0.20以下	余	217	168	2.1	335	181	17.5
AC8A	11.0～13.0	0.8～1.3	0.7～1.3	0.8～1.5	0.15以下	0.8以下	0.20以下	余	224	145	1.3	341	316	1.0
AC8B	8.5～10.5	2.0～4.0	0.50～1.5	0.10～1.0	0.50以下	1.0以下	0.20以下	余	254	204	1.2	343	320	1.0
AC8C	8.5～10.5	2.0～4.0	0.50～1.5	0.50以下	0.50以下	1.0以下	0.20以下	余	233	196	0.9	399	361	1.0
AC9A	22～24	0.50～1.5	0.50～1.5	0.50以下	0.50以下	0.8以下	0.20以下	余	155	155	0.2			
AC9B	18～20	0.50～1.5	0.50～1.5	0.50以下	0.50以下	0.8以下	0.20以下	余	190	160	0.5			

①化学成分省略了Zn、Pb、Sn、Cr微量成分。

②F材为自由加工状态，T6条件为JIS指定条件。

表7－11 日本JIS压铸Al－Si合金的化学成分和力学性能

合金	化学成分（质量分数）/%①								F材的力学性能②		
	Si	Cu	Mg	Mn	Fe	Ni	Zn	Al	σ_b /MPa	$\sigma_{0.2}$ /MPa	δ /%
ADC1	11.0～13.0	1.0以下	0.3以下	0.3以下	1.3以下	0.5以下	0.5以下	余	245	148	1.8
ADC3	9.0～10.0	0.6以下	0.4～0.6	0.3以下	1.3以下	0.5以下	0.5以下	余	301	176	3.0

续表7－11

合金	化学成分（质量分数）/%①								F 材的力学性能②		
	Si	Cu	Mg	Mn	Fe	Ni	Zn	Al	σ_b /MPa	$\sigma_{0.2}$ /MPa	δ /%
ADC5	0.3 以下	0.2 以下	4.0～8.5	0.3	1.8 以下	0.1 以下	0.1 以下	余	288	190	7.5
ADC6	1.0 以下	0.1 以下	2.5～4.0	0.4～0.6	0.8 以下	0.1 以下	0.4 以下	余	287		10.0
ADC10	7.5～9.5	2.0～4.0	0.3 以下	0.5 以下	1.3 以下	0.5 以下	1.0 以下	余	302	176	2.0
ADC12	9.6～12.0	1.5～3.5	0.3 以下	0.5 以下	1.3 以下	0.5 以下	1.0 以下	余	302	190	2.0

①Sn 的微量化学成分被省略。

②按 ASIM 标准测定。

表 7－12　几种铸造铝合金的典型疲劳极限[21]

合金代号①	铸造方法	热处理状态②	温度/℃	旋转弯曲疲劳极限 σ_{-1}/MPa				
				10^5	10^6	10^7	10^8	5×10^8
ZL101	S	T51	室温	—	—	—	—	55
		T6		—	—	—	—	60
		T7		145	100	70	65	65
		T71		—	—	—	—	60
	J	T6	室温	—	—	—	—	90
		T7		—	—	—	—	75
ZL101A	J	T61	室温	200	160	115	95	90
ZL105	S	T71	室温	145	105	85	75	70
			150	125	95	75	70	65
			205	115	90	65	65	50
			260	95	70	50	35	80
ZL105A	J	T61	室温	195	130	110	100	95
			150	185	125	95	85	85
			205	165	115	85	70	60
			260	125	80	50	40	35
ZL111	J	T61	室温	275	215	175	145	135
			150	255	200	150	115	110
			205	215	150	105	70	60
			260	140	95	60	40	40
			315	75	55	40	30	30

①与美国相当的牌号。

②美国热处理状态。

7.2 快速凝固粉末冶金 Al - Si 合金

7.2.1 快速凝固 Al - Si 合金的概论

随着现代工业的发展，尤其是汽车、电子业的发展，对铝硅系合金的性能提出了更高的要求，这主要体现在进一步提高耐磨性、耐热性，降低线收缩率及密度等方面；在合金成分上表现为高硅含量及合金化。显然，采用普通铸造法及变质处理难以实现上述要求，快速凝固技术因具有冷速高、组织均匀细小、合金元素的固溶度范围明显加宽等优点可以达到上述要求。

用快速凝固技术研究耐磨铝合金，始于 20 世纪 60 年代，Dixon 成功地用粉末冶金方法制取了硅含量高达 45%（质量分数）的过共晶铝硅合金，而且，初晶硅十分细小，分布均匀。70 年代 Skelly 等对硅含量为 25% ~45%（质量分数）的快速凝固铝硅二元及三元合金进行了研究，制得了具有较高耐磨性的合金。80 年代，特别是日本对快速凝固铝硅合金进行了广泛的研究，并首次将其应用于生产[22~27]。

日本取得突破性进展的是将快速凝固 Al - Si 合金应用在汽车发动机关键的零部件制造上。日本在 80 年代首先开始利用快速凝固粉末冶金法制造汽车发动机阀门弹簧座和连杆，所用的材料为 Al - 14.5% Si - 3.3% Cu - 0.4% Mg - 4.5% Fe - 2.1% Mn 合金和 Al - 17.5% Si - 2.3% Cu - 0.4% Mg - 4.5% Fe - 2.0% Mn 合金。结果表明：相应构件分别减重 60% 和 30%，从而使汽车发动机转速大幅度提高。马自达公司利用喷射沉积 Al - Si - Fe - Cu - Mg 合金制备汽车循环发动机转子，使发动机效率显著提高，这种采用快速凝固高硅铝合金材料并经结构改造的循环发动机与普通发动机相比节油 20%。公司预计以每月 10t 的速度生产这种发动机转子。1993 年他们将这种发动机安装在 ENUOS800 和 XEDOS059 新型轿车上投放日本、欧洲及北美市场[28]。Sumitomo 电器公司利用快速凝固粉末冶金 Al - Si - X 系高硅铝合金代替烧结钢，大批量制造汽车空调压缩机转子和叶片，使转子减重 60%，整个压缩机减重 40%，提高了机器工作效率[29]。日本 Sumitomo 轻金属有限公司，采用喷射沉积制得了尺寸较大的 Al - Si 系多元合金沉积锭，也取得了实际应用[30~32]。

雅马哈汽车制造公司生产的快速凝固高硅铝合金活塞也投放市场，这种活塞与普通铸铁相比减重 20%，寿命提高 30%，而且显著降低噪声，减少污染。

德国 PEAK 公司采用喷射沉积法制得 ϕ400mm × 1300mm 铝硅合金圆形锭，接近整体密度，径向公差小于 1%，不经任何机加工就可以直接进入热挤压，材料收得率可以达到 90% ~95%，目前这种沉积锭经挤压成管材，再经机加工获得成品件，正式用于 Mercedes Benz 最新一代 V8 和 V12 汽车发动机汽缸衬里，为了满足生产，PEAK 公司在原有一台年产 900t 立式装置又建成两台装置，形成年产量超过 3000t 的生产能力。

此外，快速凝固 Al - Si 合金潜在的应用除了汽车中用来制造发动机齿轮、油泵及缸体等外，在电子工业，航天工业中也将具有重要用途。

近几年，Zhou 和 Duszczyk 等人[33~46] 对铝硅多元系快速凝固合金的组织、性能及固溶工艺进行了系统研究，获得了多种高耐磨、耐热的过共晶铝硅合金。

常规铸造冷速一般小于 100K/s，而在快速凝固条件下冷速达到 10^4 ~ 10^9K/s，远高于常规铸造工艺，因此引起一些组织结构上的新特征[32]，主要表现为：超细化的微观组织；

合金的固溶度极限提高；成分的高度均匀、少偏析或无偏析；形成新的亚稳相；增加缺陷密度等。

利用快速凝固技术制备高硅铝合金，其作用主要有以下几点：

（1）快速凝固技术提高了材料的可设计性，提高了 Si 在铝基体中的固溶度。在平衡条件下，硅在铝中的极限溶解度仅为 1.65%，而在快速凝固条件下达到 10% ~16%，远超过极限溶解度，甚至超过共晶成分，使硅过饱和固溶于基体中，对基体起到强烈地固溶强化作用。

（2）细化晶粒。快速凝固除细化基体组织外，对硅相也有很强的细化作用，抑制硅相的形核和生长，改善硅相的形态和分布，使初晶硅由在铸造条件下的大块多角形改变为细小（几微米）粒状，均匀分布在铝基体上，对基体造成第二相弥散强化作用。

（3）对于多元高硅铝合金，在快速凝固过程中或快速凝固后经时效处理会形成或析出金属间化合物，其尺寸十分细小，均匀弥散分布在基体上，与基体保持良好的匹配关系，显著改善合金的性能。

快速凝固高硅铝合金的制备主要有两种方法，即快速凝固粉末冶金方法（RS/PM）和喷射沉积（SF）方法。

一般工艺流程为粉末制备→粉末预压→真空除气→粉末固结→热处理→机加工→成品。

快速凝固粉末冶金方法的关键工序是粉末的制备和粉末固结成形。快速凝固 Al - Si 合金粉末的制备方法有水雾化法、普通气体雾化法、超音速气体雾化法、离心雾化法和由这些方法组合而成的多级雾化法等。粉末的制备最常用的方法是超音速气体雾化方法。它是利用一种特殊的高压气体喷嘴产生高速高频脉冲气流冲击金属液流，直接把它粉碎成细小、均匀的熔滴，经强制气体对流冷却凝固成细小粉末。这种制粉方法的特点是：粉末颗粒细小均匀，形状相对规整，近似球形，粉末收得率高。热挤压或热锻是通过压头对预压粉坯产生静水压力，使粉末发生移动，填充间隙，粉末在热和力的作用下发生变形，相互间产生滑动，靠摩擦破碎颗粒间的界面，通过咬合和黏结而牢固地结合在一起。控制粉末热挤压或热锻的工艺参数主要有：加热温度、压力、挤压比和模具结构。

快速凝固喷射沉积方法是在雾化的基础上发展起来的，它是把雾化后的熔滴直接喷射到冷金属基体上，在基底沉积，依靠金属基底的热传导，使熔滴迅速凝固而形成高度致密的预制坯。该方法的主要特点是：除具有快速凝固的一般特点外，还具有把雾化制粉过程和金属成形结合起来，简化了生产工艺，降低了生产成本，而且解决了 RS/PM 法中粉末表层的氧化问题，消除了原始颗粒界面（PPB）对合金性能的不利影响。

快速凝固高硅铝合金的致密方法一般采用热挤压和热锻造，但由于高硅铝合金组织中存在大量的硅相，硅相硬脆，给后续加工带来了困难，甚至使硅相与基体剥离，产生裂纹。因此在 20 世纪 90 年代，Sheffield 大学的 Mclelland 等人[41]多次发表了喷射沉积复合材料半固态加工的研究报告，与此同时陈振华等人[42]也开展了喷射沉积 6 × × × 系合金及其复合材料的半固态成形研究工作。西班牙 Ward 等人[43]研究了喷射沉积 Al - 28Si - 5Cu 、Al - 34Si - 5Cu 、Al - 40Si - 5Cu 和 Al - 25Si - 5Cu - 2Mg 等合金的半固态触变成形过程，发现它们具有很好的成形性，而且还成功的做出了带有齿轮的薄壁件。Valer[44]和 Ward 都发现，在半固态触变成形过程中，初生硅有长大的趋势，但长大的程度并不严重。

快速凝固粉末冶金铝硅合金因其独特的组织特性，强度明显高于铸造 Al－Si 合金，并且伸长率也有一定的提高。根据日本学者 Yamauchi 等人[24]的观点，在硅含量相当的情况下，其抗拉强度与 Si 相平均尺寸成反比，快速凝固粉末冶金铝硅合金，由于初晶硅相细小，分布均匀，因而力学性能比较优异。低的线［膨］胀系数也是快速凝固铝硅合金的主要特性之一。有研究表明，快速凝固铝硅合金的线［膨］胀系数与合金中硅相的体积分数之间符合混合物规则，即合金线［膨］胀系数随 Si 相体积分数的增加而呈线性下降的趋势。高耐磨特性也是快速凝固高硅铝合金的主要特性，由于快速凝固增大了合金的固溶度，制备高硅铝合金优于铸造合金，目前铸造方法制备的过共晶 Si 量最高为 25%（质量分数）左右，但利用快速凝固技术能使 Si 含量高达 30%～40% 时仍可获得令人满意的综合性能。

快速凝固粉末技术尽管具有很多优点，但仍存在一些问题。高硅铝合金的韧性较差，解决这类问题是一个重要课题，另外在 300℃ 使用时，合金强度并不占优势，因此需要进一步研究 Al－Si 合金的高温强化问题，Al－Si 合金在动载条件下的各项性能，断裂行为以及高温蠕变等问题。考虑到快速凝固 Al－Si 合金的成本很高，研究合理的快速凝固工艺，降低生产成本也是一个非常重要的课题。

7.2.2 快速凝固 Al－Si 合金的显微组织特征

7.2.2.1 快速凝固铝硅二元合金及其显微组织特征

快速凝固 Al－Si 合金组织主要取决于合金的成分、凝固速度、热挤压和后续处理。一般认为，合金具有超微细的显微组织，形成亚稳相，过饱和固溶体和高密度位错等组织特征。快速凝固二元合金的组织较为简单，主要由 α－Al 相或者（α－Al＋Si）相组成。基体 α－Al 一般为细小的等轴晶体或微胞状结构，而 Si 相呈微细颗粒（初晶）或者纤维状（共晶），均匀分布于基体中。

Yamauchi 等人[45]利用快速凝固的方法制备了 Al－x% Si（原子分数）（x＝5～12）二元合金，大部分的 Si 都固溶到 α－Al 中。当 x（Si）＝5% 时，所有的 Si 都固溶进入 α－Al 中形成单一的过饱和固溶体；当 x（Si）超过 8% 时，初晶 Si 的数量将随着 Si 含量的增加而增加。

Uzun 等人[46]研究了甩带法制备的快速凝固 Al－x% Si（质量分数）（x＝6～16）合金的微观结构及特性。图 7－16 为 Al－Si 合金空气侧和辊面侧快速凝固带的微观形貌，空气侧的甩带面微观组织比辊面一侧的甩带面微观组织要粗大一些，这是因为辊面侧的冷却速度更大的缘故。但是两侧均能看到细小的枝状晶，此外，快速凝固 Al－16% Si（质量分数）中并没有看到任何初晶 Si 相（图 7－16e～f），这与铸造 Al－16%（质量分数）结果相反。为了研究快速凝固微观组织与化学成分之间的关系，该文献给出了这些合金条带的 TEM 和 SADP。TEM 结果揭示了所有的合金条带均具有亚共晶凝固的结构（图 7－17a～d），可以看出基体是由胞状晶粒以及晶界组成的，这是典型的共晶凝固结构。从图 7－17c 可以看到晶界处的共晶结构，同时细小的 Si 相均匀地分布在晶界上。根据 TEM，结合 SADP 以及 EDS 分析可以得出结论：快速凝固 Al－x% Si（质量分数）（x＝6～16）合金均具有亚共晶凝固结构，而铸态合金中当 Si 的含量超过 12.6%（质量分数）时便为过共晶组织，这是因为在快速凝固过程中添加的 Si 大部分固溶到了 Al 基体中，使之不能构成共晶组织。

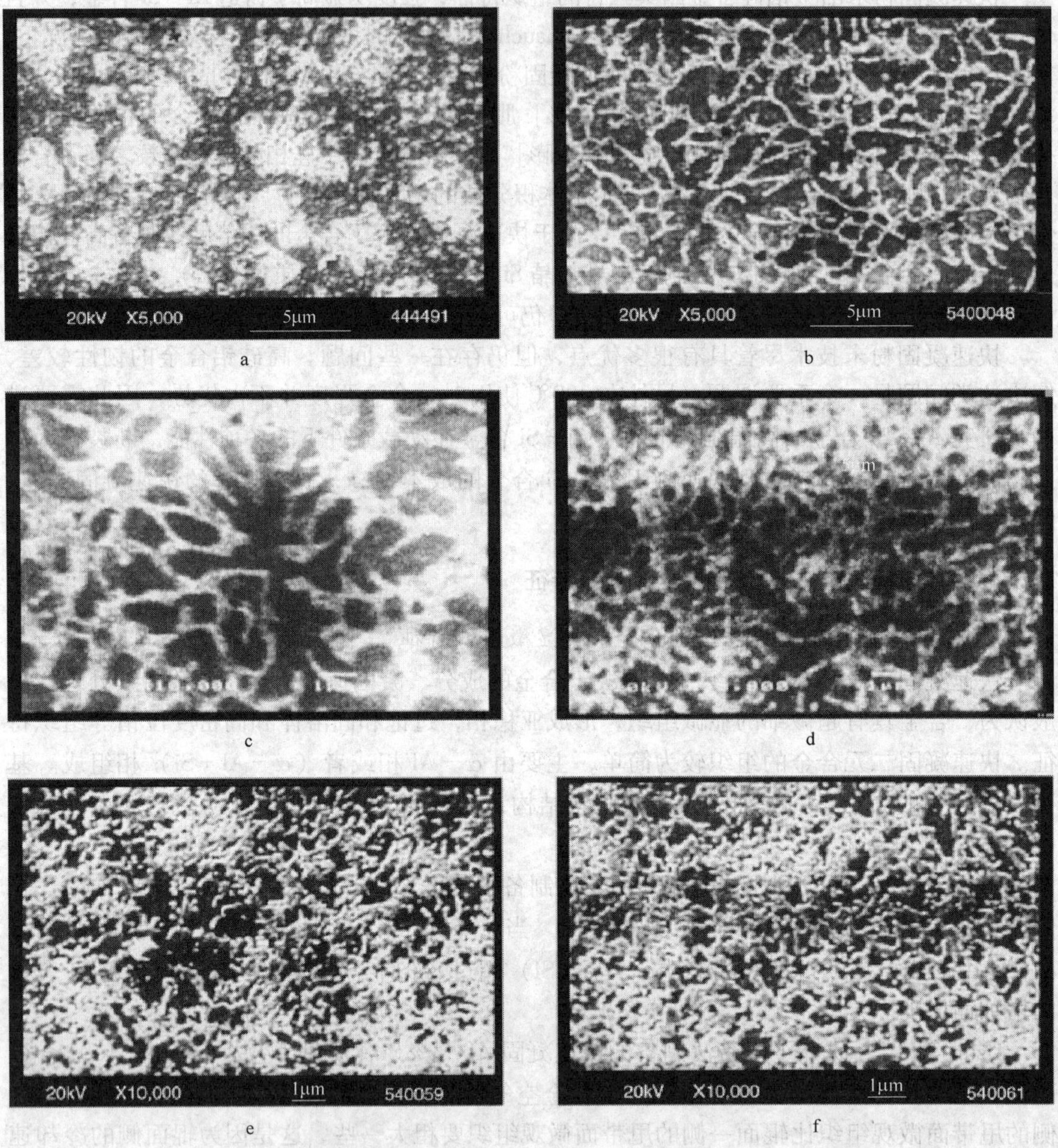

图 7－16　甩带法制备的快速凝固 Al－Si 合金的微观组织 SEM 照片

a—空气侧；b—飞轮侧；c—空气侧；d—飞轮侧；e—空气侧；f—飞轮侧

a，b—Al－8 %Si；c，d—Al－12%Si；e，f—Al－16%Si（均质量分数）

Birol[47]利用甩带法制备了 Al－12Si 合金条带。从图 7－18 可以看出，纳米尺寸的 Si 颗粒偏析形成了胞状结构，因为 Si 颗粒尺寸极小，所以在光学显微镜下不能看到。从 TEM 照片估计，晶粒尺寸约为 0.5μm，对应的冷却速度达到了 10^6K/s。沿着辊面的条带所形成的无特征区域的厚度小于 20μm，这与快速运动的凝固前沿界面有关，而凝固界面上无偏析并存在“溶质捕获”现象。该合金条带的 XRD 分析几乎看不到 Si 相的反射面，这表明 Si 保留在固溶体中[48]。Si 在 Al 中的固溶度大约为 6.35%，因此得知，通过快速

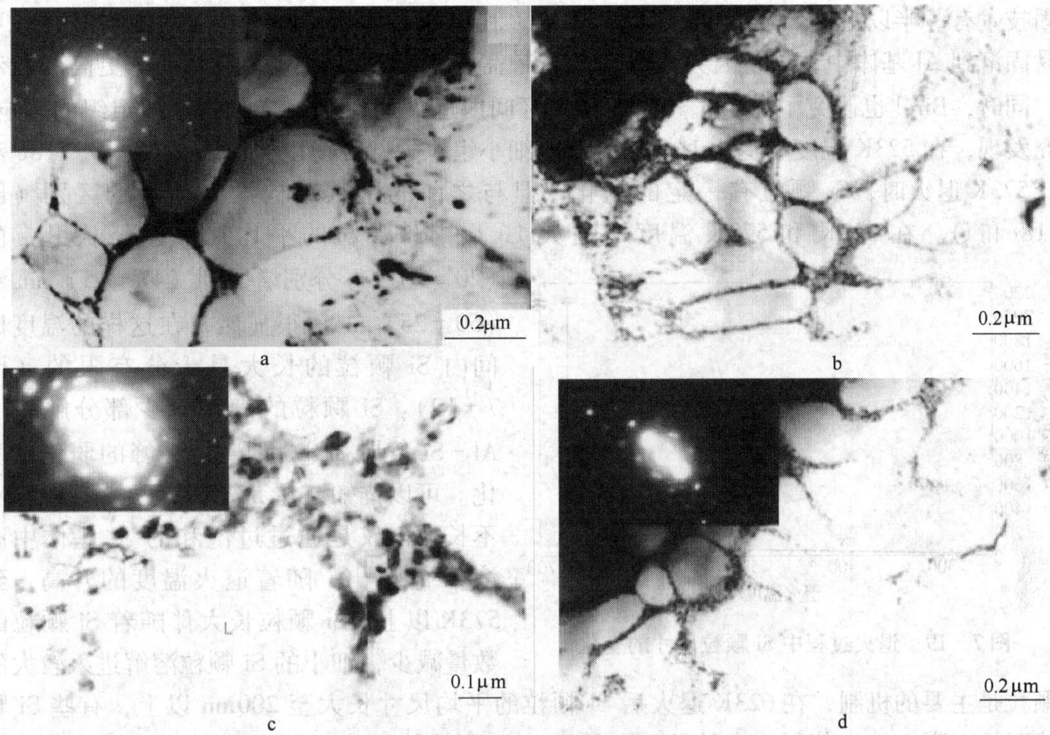

图 7－17　快速凝固合金条带的透射电镜照片以及选区衍射图谱

a—Al－8% Si；b—Al－12% Si；c—Al－12% Si；d—Al－16% Si（均质量分数）

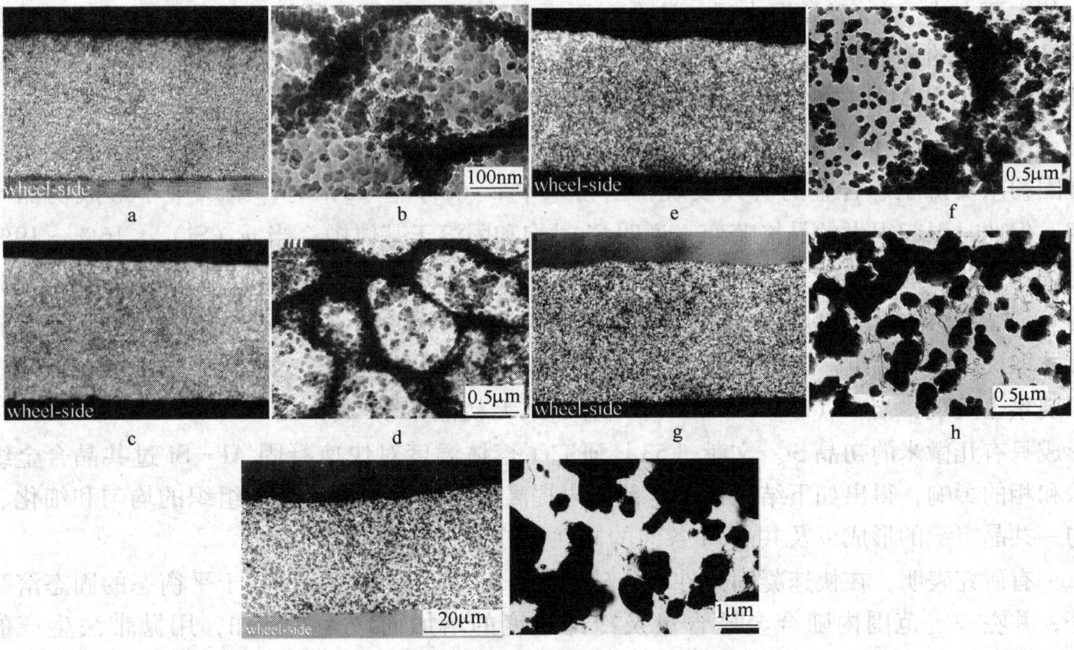

图 7－18　甩带法制备的 Al－Si 条带及退火条带的微观组织形貌

（a、c、e、g 和 i 为金相照片，b、d、f、h 和 j 为 TEM 照片，a 和 b 为退火前的条带组织，c 和 d 为 523K 退火组织，e 和 f 为 573K 退火组织，g 和 h 为 623K 退火组织，i 和 j 为 673K 退火组织）

凝固技术有一半以上的 Si 固溶到了 Al 基体中。利用 DSC 分析可知，在较薄的条带中 Si 更容易固溶到 Al 基体中，这是因为形成薄的条带需要更高的冷却速度因而具有更高的驱动力。同时，Birol 也研究了在 423～773K 温度区间内退火处理对该合金的显微组织的影响。研究发现，在 523K 温度下退火时快速凝固的细小组织大部分得以保留下来（图 7－18c 和 d），573K 退火时，Si 颗粒有一定的粗化，但与之前的胞状结构没有很大的区别（图 7－18e和 f）。在 523K 和 573K 温度下退火 1h 后，Si 颗粒的平均尺寸已经从甩带的（20 ±6） nm 分别增大到（47 ±15） nm 和（60 ±25） nm。很显然，在这样的温度区间内 Si 颗粒的长大是十分有限的（图 7－19）。Si 颗粒的细小至少部分解释了 Al－Si 条带 XRD 图谱中 Si 峰的弱化和宽化。可以推知，在 573K 以下 Si 颗粒几乎不长大仅仅是通过过饱和的 Al 基体中固溶 Si 的析出。随着退火温度的升高，到 573K 以上，Si 颗粒长大伴随着 Si 颗粒的数量减少，细小的 Si 颗粒溶解进入较大的 Si 颗粒是主要的机制，在 623K 退火后 Si 颗粒的平均尺寸长大至 200nm 以上，有些 Si 颗粒甚至长大到 1μm。值得注意的是，在晶界上 Si 颗粒的尺寸比晶粒内 Si 颗粒要大，这说明晶界上 Si 颗粒长大得更快。大的 Si 颗粒吞并小的 Si 颗粒的粗化方式是晶界上 Si 颗粒长大的主要方式。在 673K 退火后，该合金不再有纳米尺寸的 Si 颗粒，但是经过适当的处理后具有改良的等轴晶粒在相同的强度水平条件下具有更好的塑性。据文献［49］报道，初晶 Si 细小且均匀分布的 Al－Si 合金具有更高的强度和耐磨性能。

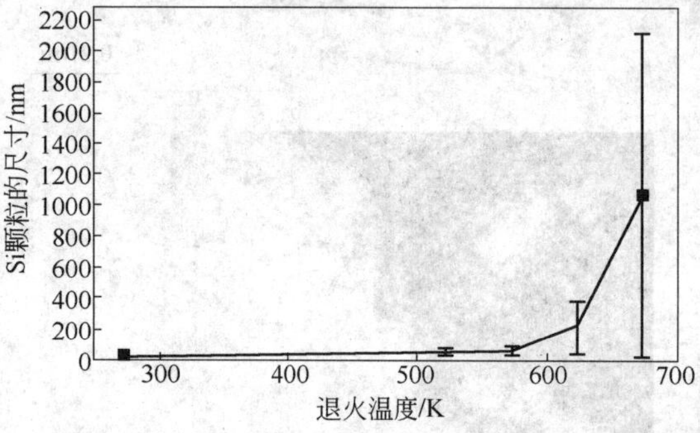

图 7－19　退火过程中 Si 颗粒尺寸的变化

Dasgupta[50]和 Yeung 等人[51]对 Al－（7.1%～23.7%）Si（质量分数）的水雾化快速凝固粉末及挤压态合金的研究发现：当粉末中 *w*（Si）＜16% 时，组织中不形成初晶 Si 相，但此时引起很大的晶格畸变，说明 Si 过饱和固溶于基体中；当 *w*（Si）＜16%～19% 时很难辨认初晶 Si 相，只有当 *w*（Si）＞19% 时，才可观察到尺寸约为 1μm 的初晶 Si 相，随 Si 含量的增加，Si 的相对体积分数也增加。粉末经热挤压有 Si 相析出并长大趋势，其尺寸取决于挤压温度。文献［52］对 Al－（7.1%～23.7%）Si（质量分数）雾化粉末组织观察也发现：当 *w*（Si）＝16% 时，组织中无初晶 Si 形成；当 *w*（Si）＝28.87% 时，形成只有几微米的初晶 Si。文献［53］研究了熔体温度对快速凝固 Al－Si 过共晶合金组织和相的影响，得出如下结论：一定范围内提高熔体温度有利于合金组织的均匀和细化、均一共晶组织的形成以及共晶 Si 各向的同性生长。

有研究表明，在快速凝固条件下，硅在 α－Al 中的溶解度，远高于平衡态的固态溶解度，并在一定范围内随合金硅含量及冷却速度的增加而增大。例如，用抛带法生产的 Al－12% Si 和 Al－17% Si（质量分数）厚 35μm 的条带，硅在 α－Al 中的聚集量分别为 3.2% 和 4.4%（质量分数）时，这样高的固溶度显然会引起 α－Al 晶格常数的变化，进而影响条带的性能。

Todeschni[40]研究了抛带法生产的 Al－（12、17、20、25）% Si（质量分数）条带，发

现 30μm 厚的条带中，α - Al 晶粒尺寸为 3 ~ 4μm，枝晶臂间距仅为 0.5 ~ 0.7μm，可见组织十分细小。性能测试表明，硅含量不同，合金条带的性能也不同。例如，Al - 12% Si（质量分数）条带的显微硬度 $HV_{0.01}$ 为 1.4GPa，未加工和加工态的抗拉强度 σ_b 分别为 330MPa 和 445MPa。而 Al - 17% Si（质量分数）条带的 $HV_{0.01}$ 为 1.8GPa，未加工和加工态的抗拉强度 σ_b 分别为 450MPa 和 570MPa。显然，硅量增加时条带的性能不但没有下降，反而得到了改善。Todeschni 还研究了热处理对离心雾化 Al - 12% Si（质量分数）二元合金性能的影响，结果发现，热处理影响合金挤压态的性能。时效处理导致合金强度的下降，而且时效温度越高，强度下降越大，但伸长率却发生相反的变化，出现这种现象的原因可能是固溶在 α - Al 中的硅析出所致。

Kim 等人[54] 研究了气体雾化过共晶 Al - 20Si 合金粉末的微观组织。研究结果表明，气体雾化 Al - 20% Si（质量分数）合金粉末的形状随着粉末颗粒尺寸的减小由椭球形逐渐变为球形，粉末的表面因为雾化介质为氮气而粘有很薄的氧化物，随着原始粉末尺寸的增大，发现在粉末的表面吸附有直径大约为 10μm 的伴生粉末，这可能是合金粉末凝固过程中的形核单元。图 7 - 20a 和 b 为该快速凝固 Al - 20% Si（质量分数）合金粉末中 Si 相的 SEM 和 EDS。从图中可以看到，大量细小球状初晶 Si 直径约为 3μm，初晶 Si 镶嵌在 Al 基体中。Si 颗粒沿着粉末的表面分布，其尺寸随着粉末尺寸的减小而减小。大量球状的 Si 颗粒首先形成，而细小均匀分布的 Si 则以共晶的方式凝固。二元 Al - Si 合金的凝固次序为：具有高熔点的初晶 Si 首先形成，然后为亚稳态的共晶组织凝固为 α - Al + Si。图 7 - 21a 给出了该快速凝固合金粉末的 TEM 明场相，从该图中可以看出，粉末是由尺寸为 1 ~ 1.5μm 的 Al 晶粒以及共晶 Si 相组成的，而共晶 Si 则被位错所缠结。将上图放大得到了图 7 - 21b，Si 的尺寸约为 50 ~ 100nm，镶嵌在 Al 基体中，在 Si 中有孪生结构存在，从明场相和选区电子衍射可以认为其带轴为［000］，此孪生结构是在快速凝固过程中形成的。图 7 - 22 为凝固粉末中共晶 Si 的透射电镜明场相和衍射斑点，其带轴为［110］。具有堆垛缺陷的双孪生结构穿过颗粒的（111）面。图 7 - 23 给出了镶嵌在 Al 中的 Si 的 HREM 像。Si 沉淀相于 Al 之间的晶体学取向约定为 $\{111\}_{Si} \parallel \{111\}_{Al}$。位于左上角可以看到明显对称轴的 Si 双孪晶结构。该图展示出界面的主要部分是由 Si 的密堆面和 Al 晶体构成的，$\{111\}_{Si}$ 和 $\{111\}_{Al}$ 界面是半共格关系并且没有任何反应相。

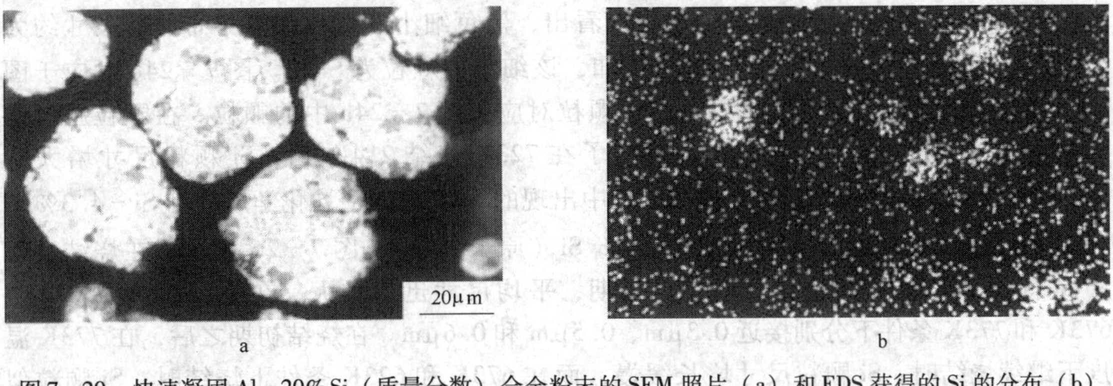

图 7 - 20 快速凝固 Al - 20% Si（质量分数）合金粉末的 SEM 照片（a）和 EDS 获得的 Si 的分布（b）

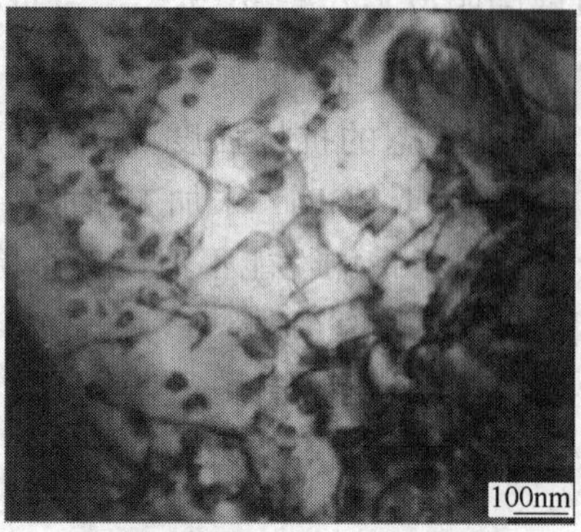

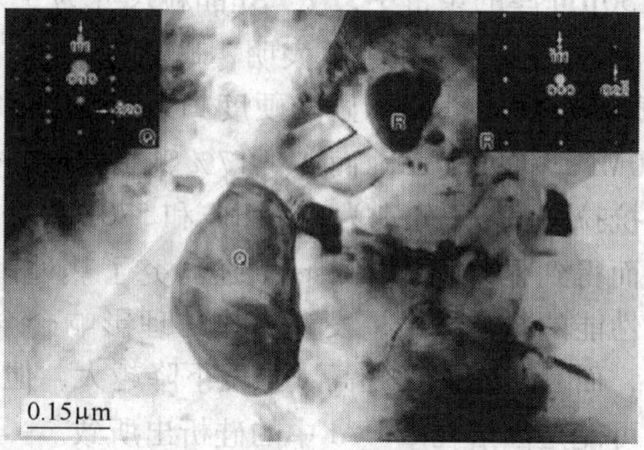

图 7 - 21　快速凝固 Al - Si 粉末的 TEM 照片
a—直径约为 10μm 的 Al - Si 合金粉末的 TEM 明场相；b—镶嵌在 Al 基体中的尺寸为 50 ~ 100nm 的 Si 的 TEM

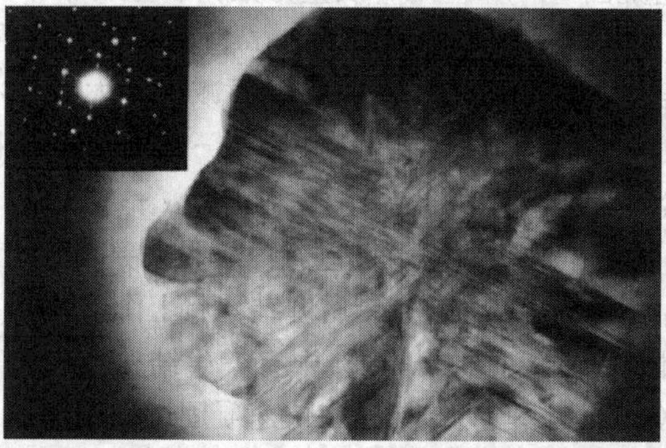

图 7 - 22　凝固态 Al - 20Si 粉末［110］带轴中共晶 Si 透射电镜明场相和衍射斑点

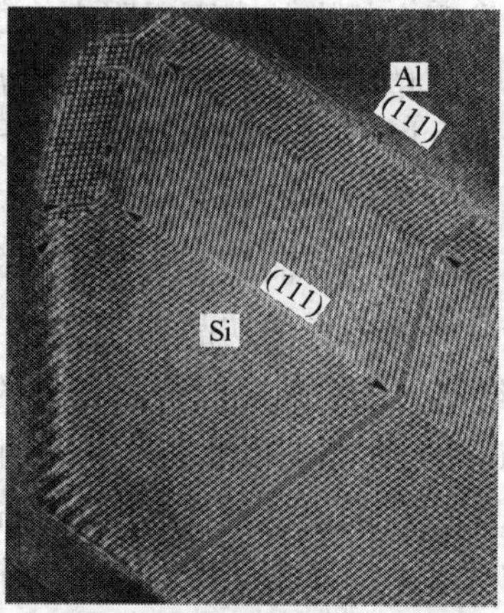

图 7 - 23　快速凝固 Al - 20Si 合金粉末中共晶 Si 的高分辨像

Matsuura 等人[55]对旋转盘水雾化制备的 Al - 17% Si（质量分数）合金粉末的微观研究表明，粉末形状不规则，直径在 100 ~ 500μm，尽管该合金为过共晶成分，但是由于冷却速度大并没有形成 Si 相，所有的 Si 都固溶到 Al 基体中。图 7 - 24 给出了合金粉末的微观组织形貌。从图 7 - 24a 中可以看出，黑色细小的颗粒弥散分布，其尺寸约为 0.01 ~ 0.03μm，结合图 7 - 24b 分析可知，该细小的颗粒为 Si 相。图 7 - 24c 对应于图 7 - 24b对应的区域，黑色区域中的白色颗粒对应于图 7 - 24a 中的颗粒。在颗粒压制烧结过程中 Si 颗粒长大，图 7 - 25 给出了在 723K 烧结 2.4ks 后，Si 颗粒尺寸增大到 0.2 ~ 0.7μm。能谱分析表明，图 7 - 25 中出现的 Si 颗粒的平均化学成分为 Si - 4.3% Al（原子分数），而白色的基体为 Al - 5.5% Si（原子分数）。图 7 - 26 表示了在烧结过程中 Si 颗粒平均尺寸的变化。在烧结初期，平均尺寸迅速增大，在烧结温度为 623K、673K 和 773K 条件下分别接近 0.3μm、0.5μm 和 0.6μm。在烧结初期之后，在 773K 温度下继续烧结时，Si 颗粒尺寸增长缓慢，而在 673K 和 623K 条件下烧结时，Si 颗粒似乎不再长大。

图 7－24 Al－17% Si（质量分数）合金粉末的 TEM 照片

a—黑色颗粒弥散分布在白色基体中；b—电子衍射谱；c—对应于衍射谱的暗场相

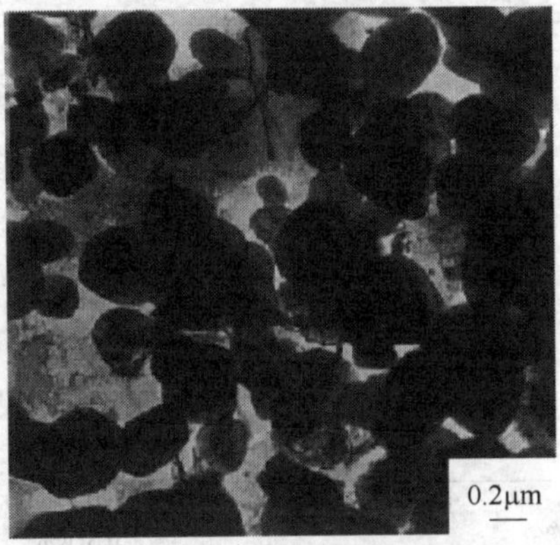

图 7－25 粉末在 723K 压制烧结 2.4ks 过程中 Si 颗粒的 TEM

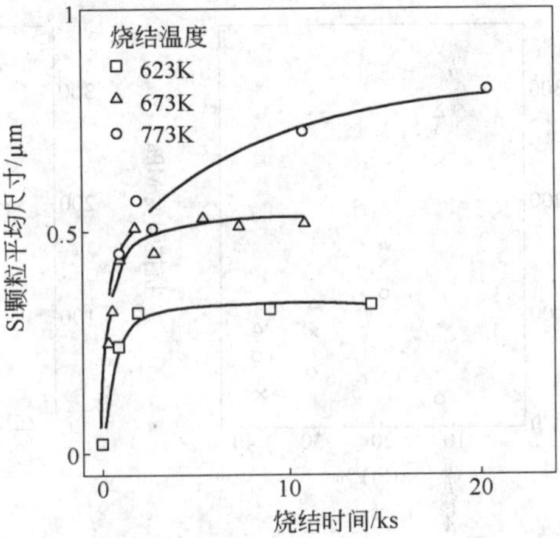

图 7－26 过共晶 Al－Si 合金粉末在压制烧结过程中 Si 颗粒平均尺寸的变化

丁道云等人[56]利用多级快冷喷粉装置制备的快速凝固过共晶 Al－22Si 合金粉末的平均粒度小于 25μm，初晶 Si 的尺寸只有数个微米，远远小于铸造法制备的 Al－Si 合金中的初晶 Si 尺寸，相应的冷却速度达到（10^5～10^6）K/s。随着退火温度的升高或者保温时间的延长，富铝相点阵常数增大，这说明 Si 相从 α－Al 固溶体中的析出与长大，对退火温度和保温时间是十分敏感的，退火温度越低，保温时间越短，Si 相的析出与长大就越不易进行。

后续的致密加工对 Al－Si 合金的显微组织有一定的影响，但在较低的温度下采用致密化，能够基本保持快速凝固的显微结构，避免初晶 Si 的析出和长大。郷地英伸等人[57]采用急冷甩带法制备了 12%、20%、30%、38% Si（原子分数）的 Al－Si 合金条带，通过破碎、压制、真空脱气后，进行强力轧制，强力轧制的原理图如图 7－27 所示，热轧温度分别为 473K、573K 和 673K，封装脱气的粉末，在轧制温度保温一段时间。轧制后水冷。再从封装包套中取出样品。研究结果表明，含 x（Si）＝20% 的快速凝固粉末的显微组织仍然是含初晶 Si 的共晶组织，在 x（Si）＝30% 的快冷 Al－Si 合金中出现初晶 Si，x（Si）＝38% 的快冷 Al－Si 合金的初晶 Si 数量有所增加。对于强力轧制的样品来说，轧制

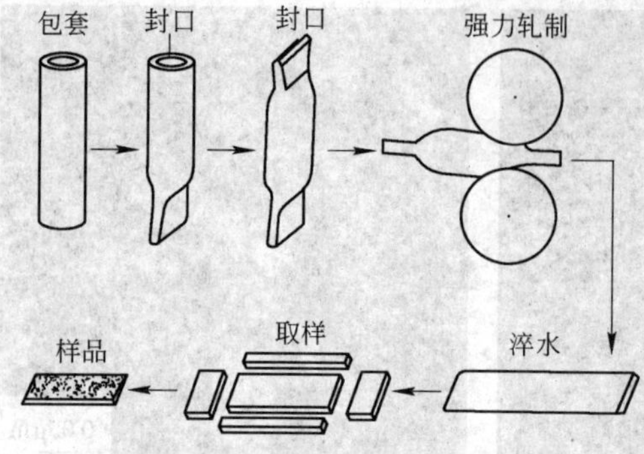

图 7－27　粉末强力轧制（SPR）原理

温度为 473K，粉末结合不好。随着轧制温度的升高，粉末结合性变好，但 Si 粒子粗大化。在 573K 时，Al－12% Si（原子分数）合金的初晶 Si 为 1～2μm，在 673K 时，为 3～8μm。快冷粉末通过强力轧制，相对密度可达 95%，*x*（Si）＞20% 粉末强力轧制的抗拉强度和伸长率均超过金属模铸造合金。Al－30% Si（原子分数）的强力轧制材抗拉强度达 330MPa，伸长率达到 5%，如果轧制温度再上升，其抗拉强度出现下降。图 7－28 和图 7－29 给出了强力轧制材的力学性能。

Jien 等人[58]研究了快速凝固过共晶 Al－20% Si（质量分数）合金的反复挤压组织。该合金是利用锤钻法制备的。其组织是由共晶结构和少量的共晶 Si 组成。先前的文献

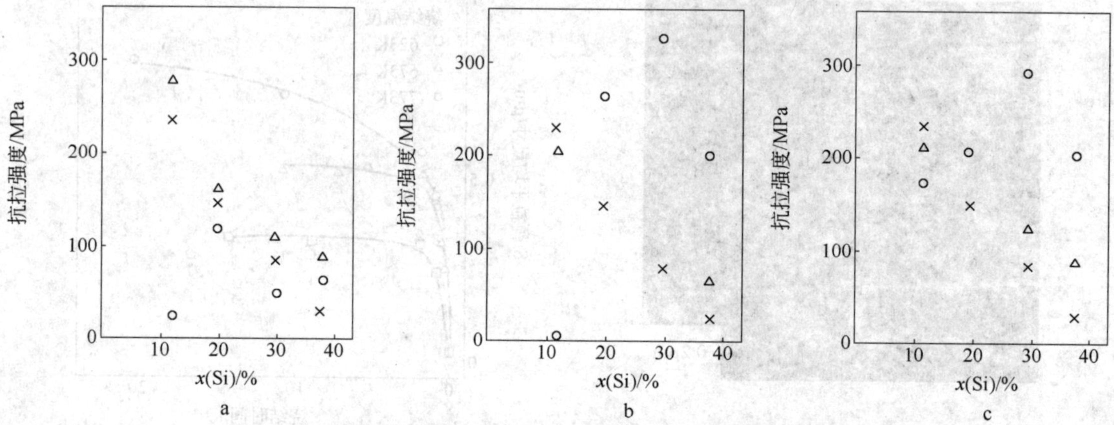

图 7－28　I/M（铸造材）、IM 轧制材和粉末强力轧制材的拉伸性能
轧制温度：a—473K；b—573K；c—673K
○—粉末强力轧制材；△—IM 轧制；×—IM（铸造材）

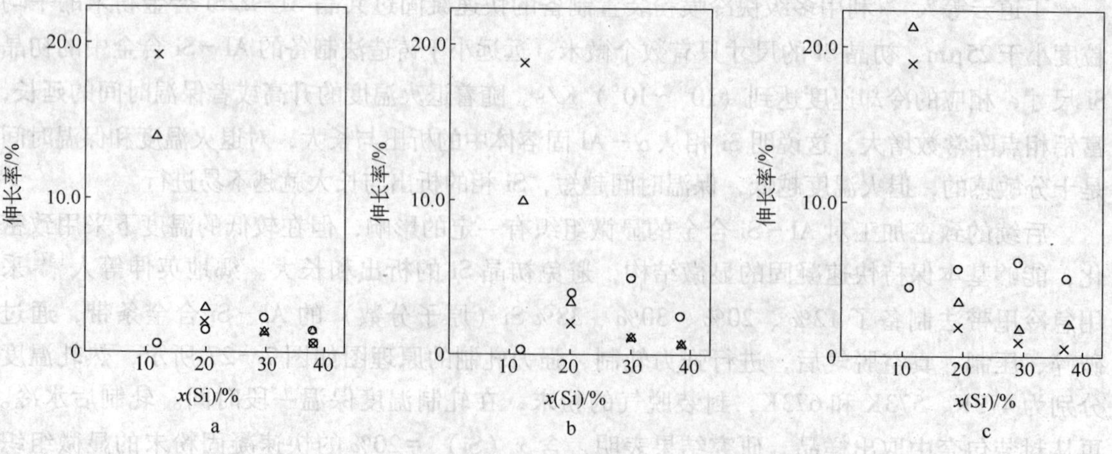

图 7－29　I/M（铸造材）、IM 轧制材和粉末强力轧制材的伸长率
轧制温度：a—473K；b—573K；c—673K
○—粉末强力轧制材；△—IM 轧制材；×—IM（铸造材）

[59，60]报道，该法制备合金的冷却速度达到10^4K/s。不同挤压次数条件下的合金的横向和纵向微观结构如图 7－30 所示。在经过六次挤压后，合金层与层之间的界面几乎消失，而经过 11 次挤压后完全消失。Si 颗粒的分布非常均匀，随着挤压次数的增加，Si 的尺寸增大。经过 6 和 11 道次的挤压之后，Si（除初晶 Si 外）的平均尺寸为 0.93μm 和 1.10μm。在反复的挤压后，Si 颗粒长大主要有两个方面的原因：（1）细小的颗粒具有很大的表面能因此具有

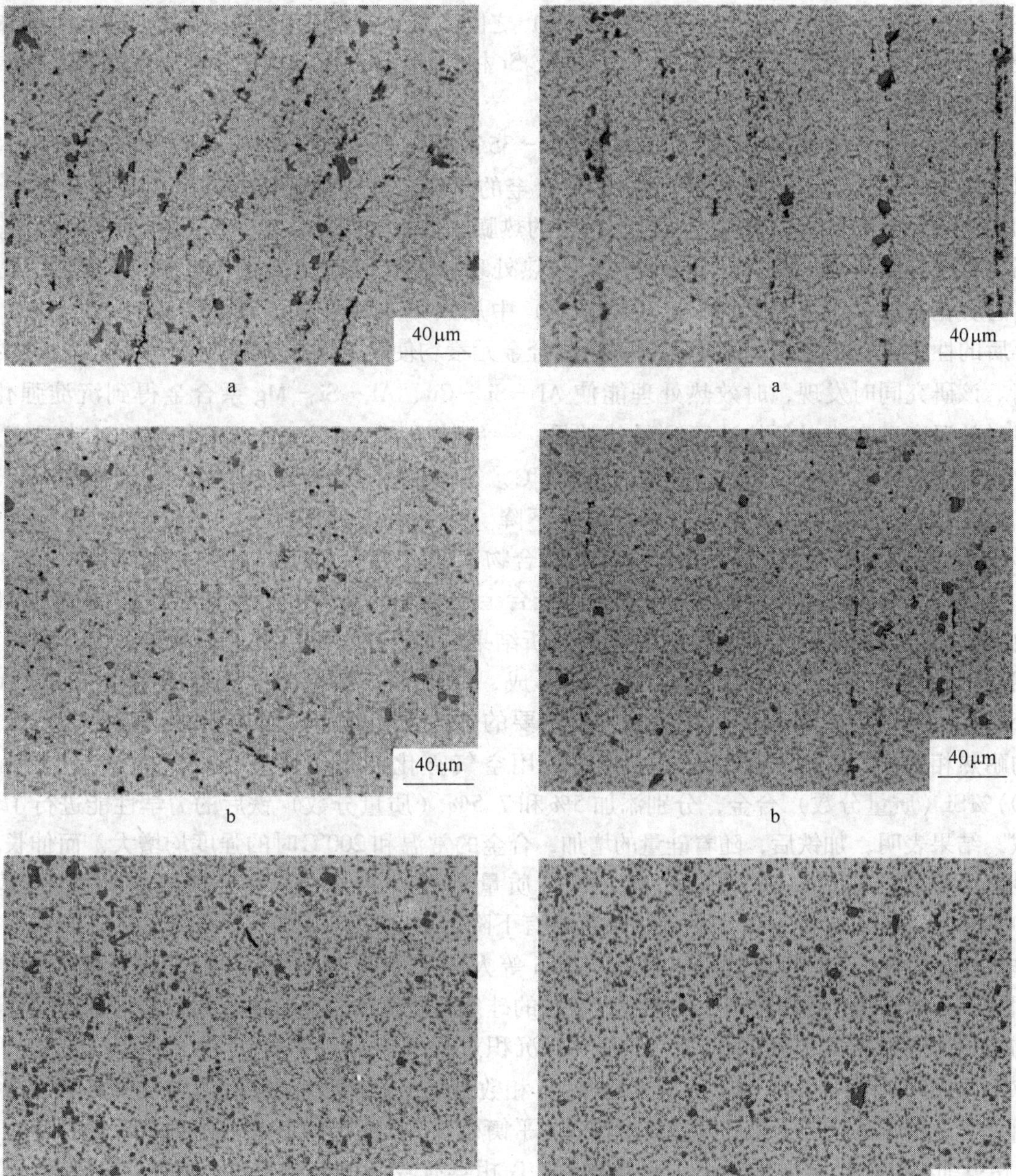

图 7－30　快速凝固 Al－20% Si（质量分数）合金经多次挤压的显微组织

横向组织（左）：a—4 次；b—6 次；c—11 次　纵向组织（右）：a—4 次；b—6 次；c—11 次

很大的粗化驱动力；（2）反复的挤压提供了应力协助扩散从而使 Si 颗粒生长。

7.2.2.2　快速凝固三元合金及其显微组织特征

在二元快速凝固 Al - Si 合金中添加第三组元会引起合金组织的一些变化，通常加入的第三组元有 Cu、Mg、Fe、Ni、Mn、Sr、P、Co 等，其中 Cu 和 Mg 主要是提高合金的常温强度，而 Fe、Ni、Mn 等主要是改善合金的热稳定性。铜的加入量一般为 2.0%（质量分数）左右，镁的加入量在 1% ~3%（质量分数）之间。加铜或加镁的快速凝固铝硅合金粉末，经挤压和时效处理后，可形成 Al_2Cu 和 Mg_2Si 相，起沉淀强化作用，合金强度显著提高，耐磨性也随之得到改善。

Skelly[61]对比快速凝固挤压态的 Al - 35% Si - （1，2，5）% Cu（质量分数）和 Al - 35% Si - （1，2）% Mg（质量分数）合金的热膨胀性和耐磨性发现，铝硅合金中加铜和加镁后，硅的形貌没有发生变化，合金的热膨胀性增加很小，磨损失重明显下降，其原因是强度升高所致，特别是合金经过时效热处理后性能改善更大。Todeschni[40]等人采用离心雾化方法，对 Al - 12% Si（质量分数）中加入第三种合金元素 Cu、Mg、Ni、Co、Sr 等后的性能进行了测试，结果表明，上述合金元素均使合金的常温强度得到不同程度的提高。该研究同时发现，时效热处理能使 Al - Si - Cu、Al - Si - Mg 系合金得到沉淀强化，但时效温度过高或过低均达不到最佳效果。一般情况下，Al - Si - Cu 合金的时效温度为 170℃左右，而 Al - Si - Mg 合金最好是 160℃。当温度高于 200℃使用时，沉淀相 Al_2Cu 和 Mg_2Si 热稳定性差，粗化严重，强度显著下降。Todeschni 的研究还表明，添加 Ni 后合金形成 Al_3Ni，添加 Co 和 Sr 后形成金属间化合物，但添加 Sr 后使 Si 相细化和球化。

合金元素 Fe、Ni、Mn、Co 等加入铝硅合金中，主要是提高合金的热稳定性，但同时也能提高合金的室温强度。根据 X 衍射分析结果，Al - Fe - Si 系快速凝固组织中，有亚稳相 δ（Al，Fe，Si）、γ（Al，Fe，Si）的形成，加热后亚稳相减少而形成平衡相 β（Al，Fe，Si）。β 相具有较高的热稳定性，起主要的弥散强化作用。而加镍的铝硅合金中形成的耐热相是 Al_3Ni。平野忠男[62]等对采用空气雾化制粉，热挤压成形的 Al - （12 ~ 20）% Si（质量分数）合金，分别添加 5% 和 7.5%（质量分数）铁后的力学性能进行了测试，结果表明，加铁后，随着硅量的增加，合金的常温和 200℃时的强度均增大，而伸长率显著下降。硅量为 20%，铁量为 7.5%（质量分数）的合金，室温极限抗拉强度接近 400MPa；此外，合金的线［膨］胀系数略有下降，耐磨性有所改善。由此可见，加铁对铝硅快速凝固合金的诸性能均是有益的。Zhou 等人[34]研究了喷射沉积 Al - 20Si - 5Fe 快速凝固组织，发现其存在两种细小的颗粒，粒状的硅条和条块状的金属化合物，这种金属间化合物确定为亚稳相 δ（Al_4FeSi_2），而在喷射沉积过程中未出现平衡的 β（Al_5FeSi）相。在 375℃热挤压后再经 300 ~400℃正火处理，δ 相数量减少，其形貌由条块状变为短杆状，这是由于亚稳相 δ 在热挤压和退火过程中转变为平衡相 β，且析出的 β 相比喷射沉积过程产生的 δ 相更细小，在光学显微镜下很难观察到。β 相具有较高的热稳定性，起主要的弥散强化作用。

铝硅合金中加 Ni 可以形成耐热相 Al_3Ni，Zhou 等人[37]认为 Al_3Ni 应是平衡条件下共晶转变的产物。由于 Ni 在 Al 中具有较低的扩散能力，因此 Al_3Ni 的热稳定性好，即使在较高温度（超过 375 ~450℃）下热挤压时，Al_3Ni 相仍然保持尺寸不变。快速凝固含 Ni

的高硅铝合金的热挤压的组织中存在大量的粒状或块状硅相，在中等尺寸的粉末中，未发现针状的共晶硅。且没有观察到块状硅在热挤压过程发生碎化现象。在较高的温度下进行热挤压也没有发现硅相明显的粗化，这是由于硅相周围存在热稳定性好的含 Ni 相，阻碍了硅原子的扩散。张济山等人[63]分别用雾化和喷射沉积制备了 Al-20%Si-5%Fe 合金，相比之下雾化组织更为细小。两种方法制备的合金组织中都形成亚稳定的 δ-（Al，Si，Fe）相。经挤压后部分 δ-（Al，Si，Fe）相会转变成稳定的 β-（Al，Si，Fe）相。有学者对喷射沉积 Al-20%Si-5%Fe 合金在沉积态、挤压态及高温热暴露条件下的组织进行了系统地研究，结果表明：沉积态合金中形成一种独特的圆形集群组织特征，集群内部组织较外部更为细小，这种集群组织的形成可能与喷射沉积过程中先凝固的熔滴有关。沉积态组织由 α-Al 基体、Si 相和亚稳片状 δ-Al_4FeSi 相组成，α-Al 基体中并无过饱和的固溶 Si 原子，这可能与喷射沉积冷却速度相对较低以及大范围 δ-Al_4FeSi 相的形成有关。沉积坯经热挤压后集群组织特征消失，片状 δ-Al_4FeSi 被破碎成短棒状，而且部分 δ-Al_4FeSi 相转变成稳定的 β-Al_5FeSi 相。挤压态合金高温热暴露会导致再结晶组织的形成，再结晶组织受 Si 相和金属间化合物的阻碍，从而抑制其长大。但高温长期暴露会加速 δ-Al_4FeSi 相向稳定组织转变及相的粗化倾向。Gaidarova[64] 利用平流铸造快速凝固方法制备了 Al-11Si-2Fe 合金，并研究了 Fe 的加入对 Al-Si 合金微观结构的影响。Al-11Si-2Fe 的微观组织是由晶态的 Al 晶粒（最大为几百个纳米）和晶界以及条带表面的固溶体富集层组成的。包含有沉淀 Si 颗粒的固溶体的厚度为 5~10nm，含 Fe 相位于 Al 晶粒和 Si 纳米晶粒之间且该相为非晶相。图 7-31 给出了条带样品断裂横截面的微观组织 SEM 照片，从图 7-31 的 a 和 b 可以看到与辊面接触的最外层有几个微米厚度的无特征区域 F；从图 7-31c 和 d 可以看出，条带内部主要是由超细晶粒 G 以及这些晶粒晶界上的细小球状纳米颗粒 P 组成。条带的俄歇电子谱（AES）分析表明，与空气接触的条带表面有 2~4nm 厚度的氧化物层，在氧化物层以下有 15~20nm 厚度的固溶体富集层，继续往富 Al 的厚度方向仍然有数量不少的残余 Si。根据图 7-32a 可知，在 Al-11Si 合金中，Al 与 Si 并没有形成化合物，而是在氧化物层和 Al 基体之间的区域形成了 Si 相，并且嵌在 Al 基体上。图 7-32b 则揭示了 Fe 的加入对固溶体富集层的影响，只能在固溶体富集层探测到 Fe 的信号，Si 在厚度方向上的分布与 Al-11Si 合金相同，但两者也有不同。比较图 7-32a和 b 可以看出，Al-11Si-2Fe 合金条带中的氧化物与固溶体富集层的界面更加尖锐并且固溶体层稍微有些宽化，固溶体最外层上的 w（Si）/w（Al）比率的显著降低，在更深的厚度方向上固溶度更高。这些说明，固溶体富集层中 Si 相减少而在 Al 基体表面 Si 相增加，此外，固溶体富集层中 Al 相的分布与 Al-11Si 合金也是不同的。图 7-33 为 Al-11Si-2Fe 合金条带的高分辨透射电镜照片，从图 7-33a 可以清晰地看到纳米非晶区域，该区域位于 Al 晶粒和纳米晶颗粒之间，利用电子衍射分析可知该纳米晶颗粒为 Si 颗粒，能谱分析该非晶区域的构成是 Al、Si 和 Fe，值得注意的是 Fe 元素只能在非晶区域找到。这些结果与 Mössbauer 的观测结果相一致。Al-11Si 合金的表面氧化以及沉淀相的粗化是由元素的体扩散控制的，但是快速凝固 Al-11Si-2Fe 合金中含 Fe 非晶相作为额外的一个障碍降低了扩散的速率，从而快速凝固 Al-11Si-2Fe 合金与快速凝固 Al-11Si 合金

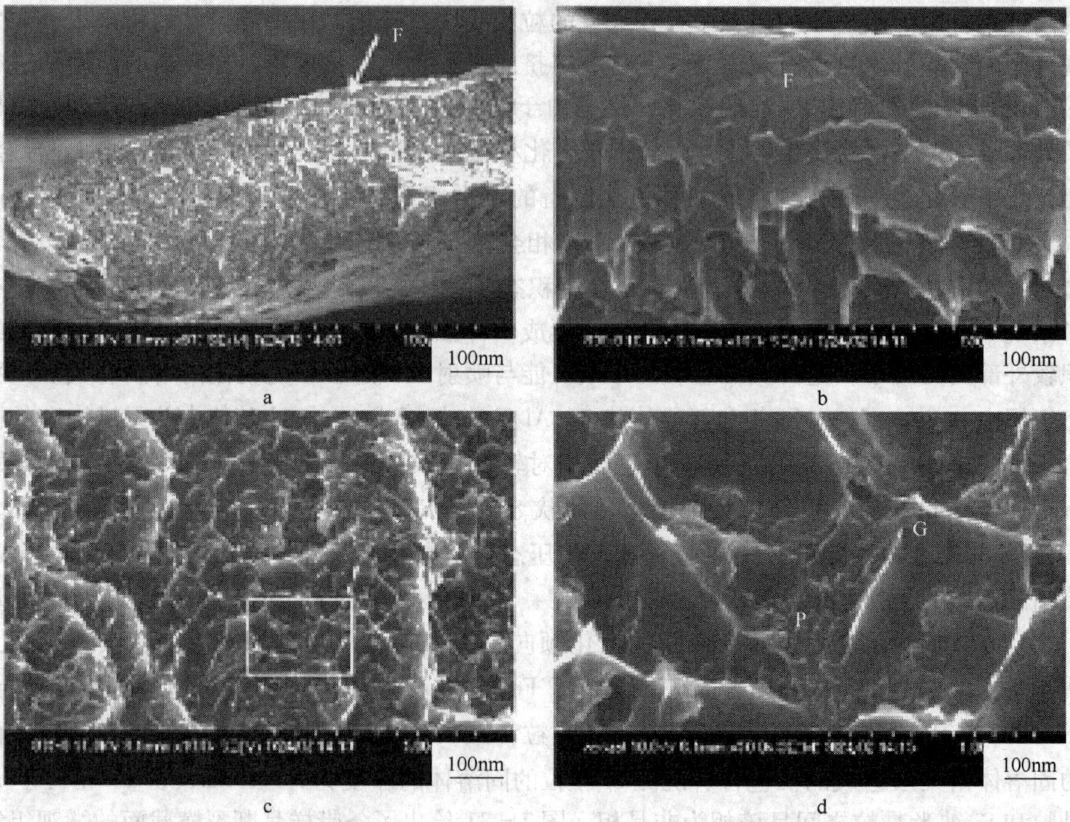

图 7－31　快速凝固甩带法制备的 Al－11Si 条带横截面的 SEM 照片

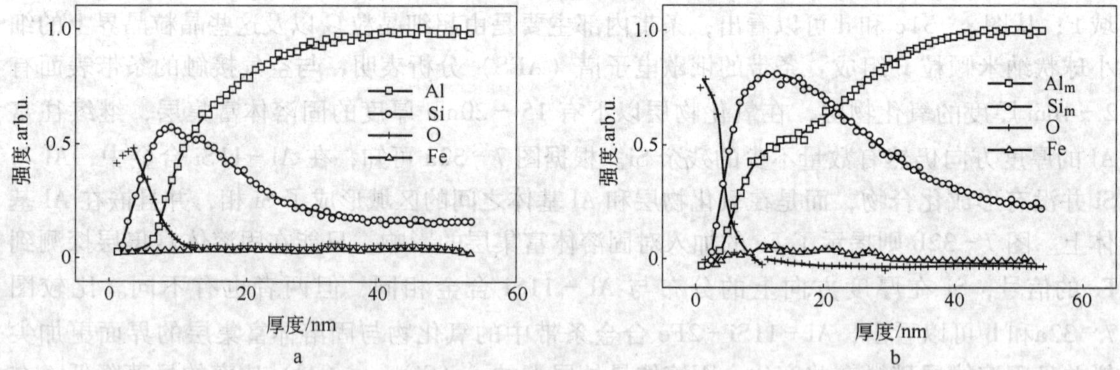

图 7－32　甩带法制备的 Al－Si 条带的俄歇电子谱厚度剖面图

a—Al－11Si；b—Al－11Si－2Fe

相比，表面的氧化以及沉淀相 Si 的粗化速率要慢[65,66]。

易宏坤[67]采用喷射沉积工艺制备了过共晶 Al－17Si－XLa 合金，发现喷射沉积工艺对 Si 的变质作用很明显：所有的 Si 都呈等轴状，且均匀分布在 Al 基体中，而常规铸造铝硅合金中共晶 Si 具有大长宽比或初晶 Si 呈复杂的放射状、羽毛状。此外，Si 相尺寸为 3～10μm，而铸造铝硅合金中未变质初晶 Si 的尺寸为几十到几百个微米不等，未变质共晶硅的长度也有几十个微米。即便是变质后的 Si 相，初晶 Si 也为 50～100μm，相比之下，完全变质共晶 Si 的尺寸较小，与喷射沉积 Si 相的尺寸相当（见图 7－34）。虽然 La 在喷射沉积条件下对 Si 相

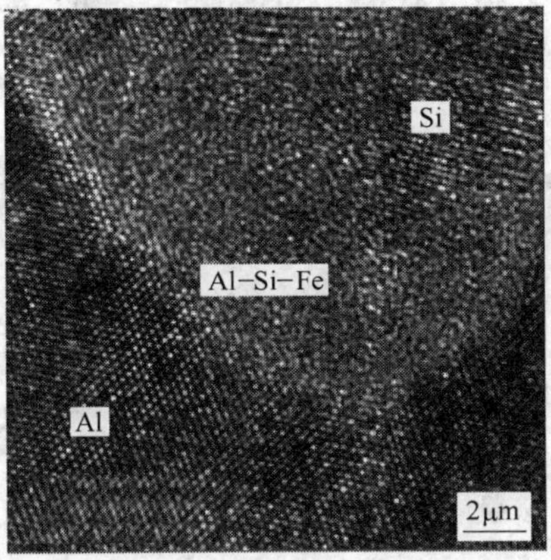

a

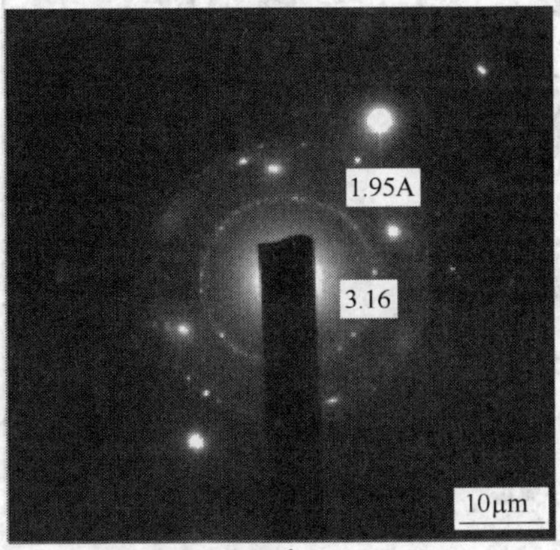

b

图 7－33 快速凝固甩带法制备的 Al－11Si－2Fe 条带中 Al 晶界的高分辨透射电镜照片
a，b—衍射斑点图谱

没有明显的附加变质作用，但 La 的加入增加了喷射沉积热挤压态铝硅合金中的缺陷。

7.2.2.3 快速凝固 Al－Si－Cu－Mg 等多元系铝硅合金及其显微组织特征

多元系快速凝固铝硅合金主要包括 Al－Si－Cu－Mg、Al－Si－Fe－Ni、Al－Si－Fe－Cu、Al－Si－Ni－Mn、Al－Si－Ni－Ce、Al－Si－Cu－Mg－Fe（Ni、Mn）等系列。

快速凝固 Al－Si－Cu－Mg 系多元铝硅合金与 Al－Si－Cu 和 Al－Si－Mg 三元系合金相比，其突出的性能特点是沉淀强化效果更加显著。此类合金的快凝组织仍是十分细小，初生硅的尺寸在 1～8μm 的范围。某些气体雾化小颗粒表面出现了“光学无特征区”，即使经 350～400℃ 挤压后，组织也变化不大。相分析表明，该合金系的沉淀相为 $Cu_2Mg_8Si_5Al_4$、$CuMgAl_2$ 和 Mg_2Si。Wu 和 Anand 等人[68,69]对喷射沉积 Al－18%Si－4.5%Cu－0.6%Mg 合金的研究发现：其组织由体积分数为 19.7% 的细小 Si 颗粒、平均直径为 12.5μm 的等轴晶以及少量的金属间化合物组成，经分析金属间化合物为 Al_2Cu 和 Al_2CuMg。沉积坯经热挤压，Si 颗粒变得更为细小，而且组织不会发生再结晶。但挤压组织在高温加热时，Si 相和等轴晶都发生粗化。关于 Al－Si－Cu－Mg 合金的这些组织特征，李元元等人[70]对含 Cu、Mg 的 Al－30%Si 合金水雾化粉末组织的研究认为，形成了 Al_4CuMg 和 Al_2CuMg 金属间化合物。因此，Al－Si－Cu－Mg 快速凝固合金的组织除基体和 Si 相外，依不同的成分和加工方法会形成不同的金属间化合物。陈桂云等人[71]利用超声气体雾化制备了 Al－18.6%Si－4.34%Cu－0.66%Mg 合金粉末，经挤压制得了棒材。合金粉末粒度分布均匀，平均粒度为 17.44μm，初晶 Si 充分细化且均匀地分布在每个粉末颗粒中，Al 晶粒细小，约为 0.3～0.5μm。粉末的显微组织为树枝晶和胞状晶的混合组织。由于粉末粒度较细，对于挤压后合金的晶粒细化和性能的提高起到了很好的作用。经过固溶时效处理后，合金中形成了两种强化相，分别为针状相和球状相。经能谱和选区衍射分析表明，针状相为 S′相（Al_2CuMg），该金属间化合物起主要强化作用；而球状析出相为 θ′强化相（Al_2Cu）。两种强化相较均匀地分布在 Al 基体上，起到了弥散强化的作用，使合金基体中的晶粒边界运动受阻，位错增殖，从而提高了合金的强度。

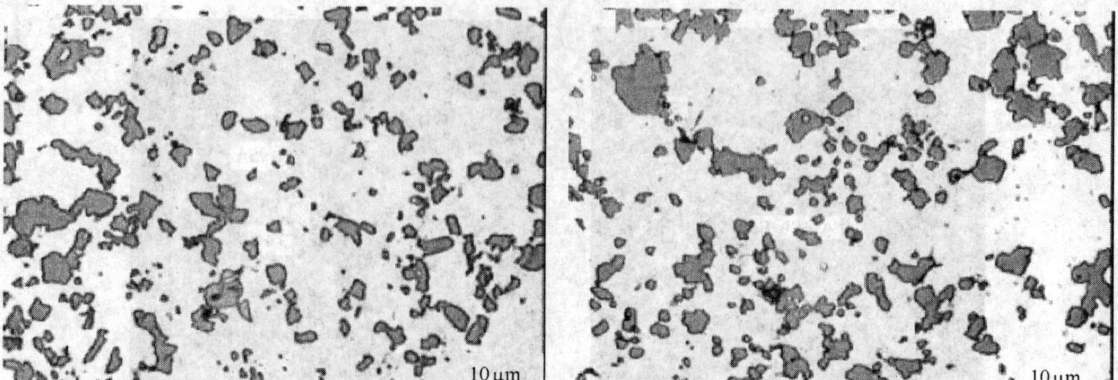

图 7 – 34　喷射沉积态 Al – 17Si – XLa 合金中心部位的金相组织

文献［72］对喷射沉积 Al – 18Si – 4.5Cu – 0.6Mg 合金的研究发现，其组织由体积分数为 19.7% Si 颗粒，平均直径为 12.5μm 的等轴晶以及少量的金属间化合物组成，金属间化合物为 Al_2Cu 和 Al_2CuMg。沉积坯经热挤压，Si 颗粒变得更加细小，而且组织不会发生再结晶。但挤压态组织在高温加热条件时 Si 相和等轴晶都发生粗化。关于 Al – Si – Cu – Mg 合金的这些组织特征，文献［71，73］在对 Al – 18.6Si – 4.34Cu – 0.6Mg 和 Al – 20Si – 1.3Cu – 1Mg 快速凝固粉末冶金合金的研究中也发现了相似的情况。文献［73］在对 Al – 20Si – 3Cu – 1Mg 雾化颗粒组织的研究却发现，金属间化合物为 Al_2Cu 和 Mg_2Si。同时文献［56］在对 Cu、Mg 的 Al – 30Si 合金水雾化粉末组织研究后认为形成了 Al_4CuMg 金属间化合物。因此，Al – Si – Cu – Mg 快速凝固合金的组织除基体和 Si 相外，依不同的成分和加工方法会形成不同组织的金属间化合物。文献［74，75］利用多层喷射沉积技术制备的 Al – 22Si – 3Cu – 1Mg 高硅合金中初晶硅充分细化且弥散分布，粉末的形状以球状为主，尺寸分布比较均匀，如图 7 – 35 所示。图 7 – 36 给出了合金的金相组织，并与铸态组织进行了比较。从图中可以看出，多层喷射沉积高硅铝合金的组织十分细小，且初晶硅

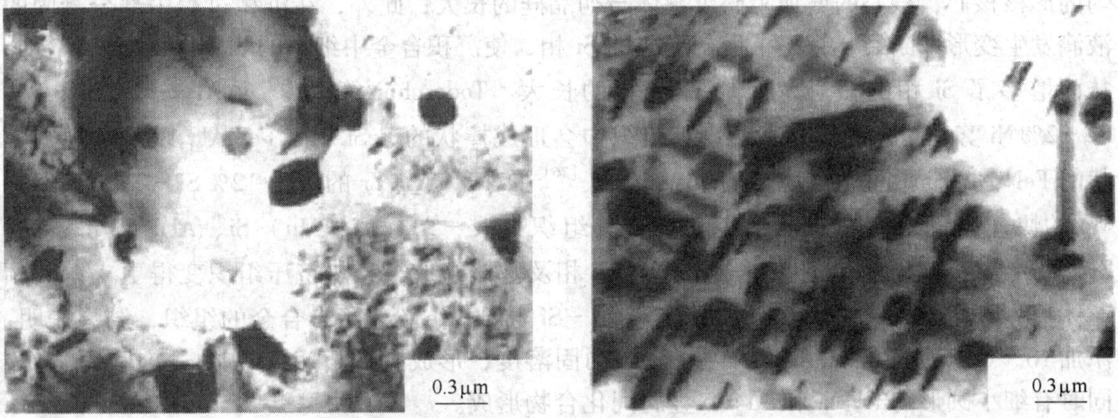

图 7－35 固溶时效态 Al－Si－Cu－Mg 合金的透射电镜照片

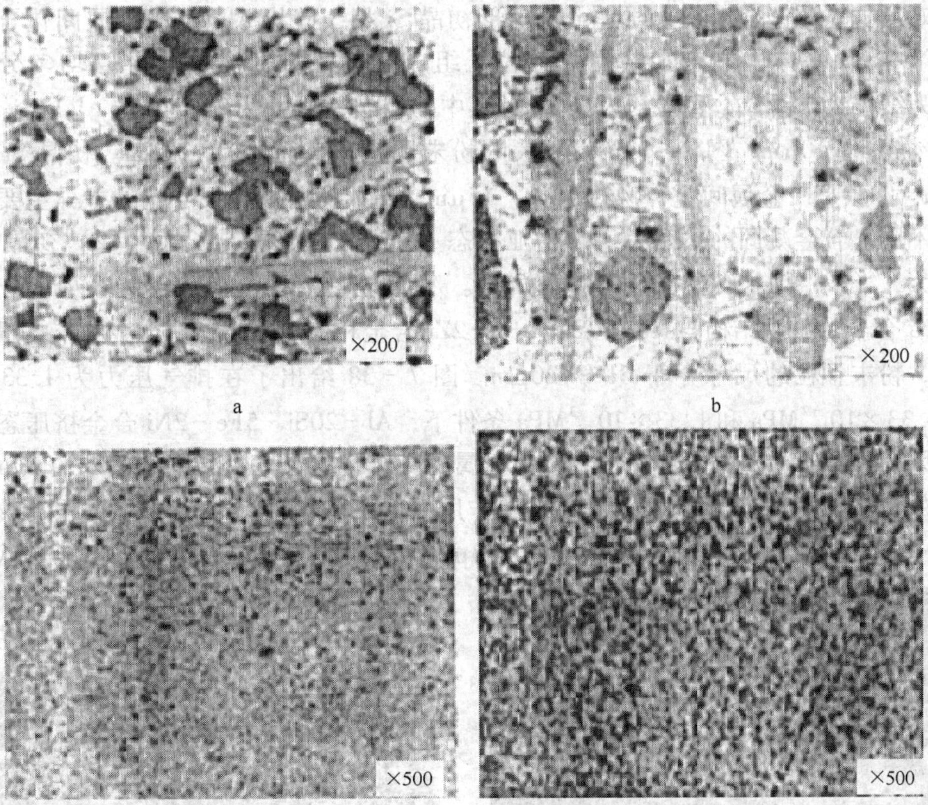

图 7－36 合金铸态与沉积态的显微组织
a，c—横向；b，d—纵向

尺寸比铸态条件下小得多。合金沉积态的组织主要由 α－Al 基体、Si 颗粒及少量的孔洞组成。组织均匀细小，初晶硅得到极大的细化，平均尺寸为 1～2μm。多层喷射沉积高的冷速使形核率显著增大，阻碍了晶粒的长大，大大减小了初晶硅的尺寸；在沉积过程中，高速气体雾化的小液滴与沉积坯表面发生强烈的碰撞，使已经凝固的枝晶组织破碎成为非均匀的形核核心，核心的增加阻碍了基体与初晶硅的长大；此外，在沉积过程中部分凝固的液滴发生变形和断裂，打碎了最初形成的 Si 相，使沉积合金中细小的 Si 相颗粒显著增加，从而增多了 Si 相的核心，抑制了 Si 相的长大。Todeschni 等人[40]对 Al－20% Si－5% Fe－2% Ni 雾化粉末的研究表明：其组织中会形成棒状的 $FeSiAl_5$、$FeSiAl_3$ 以及不规则粒状的 $FeNiAl_9$ 金属间化合物。Johansen 等人[76]在对含微量 Zr 的 Al－12% Si－7% Ni－5% Mn 的快速凝固合金组织的研究认为：其组织由 α－Al（Ni，Mn）Si、Al_6（Mn，Ni，Zr)$_3Si_2$、α－Al（Mn，Ni）Si、Al_3Ni、Si 相及基体组成，经热挤压组织变得更小，其颗粒体积分数占 50% 左右。Kim[77]研究了 Al－Si－Ni－Ce 粉末冶金合金的组织，结果表明：添加 Ni、Ce 后可以提高 Si 在 Al 基体中的固溶度，形成含 Si、Ni、Ce 的过饱和固溶体，同时有细小圆形的 Al_3Ni 和 Al_3Ce 金属间化合物形成。

Taek 等人[78]对气体雾化制备的 Al－20Si－5Fe－2X（X＝Cr，Zr，Ni）粉末及挤压棒材的微观组织进行了观察。图 7－37 为气体雾化制备的凝固态 Al－20Si－5Fe－2Zr 合金粉末的微观结构。该合金组织主要是由近球形初晶 Si 相，针状 Al_4FeSi_2 金属间化合物以及一些固溶在 Al 基体中的未知共晶弥散粒子组成。初晶 Si 十分细小并且均匀分布。图 7－37a为细小粉末颗粒，直径约为60μm，其中的初晶 Si 尺寸为 2～3μm，Al_4FeSi_2 金属间化合物约为 5～10μm，图 7－37b 为粗大的粉末颗粒，直径约为 120μm。初晶 Si 尺寸为 5～7μm，Al_4FeSi_2 金属间化合物约为 10～15μm。造成这些颗粒尺寸上的差异主要是冷却速度的不同。合金凝固的次序为：（1）亚稳态 Al_4FeSi_2 的形核与长大，（2）初晶 Si 的形核与长大，（3）剩余液态合金的共晶凝固。Al－20Si－5Fe－2Cr 合金以及 Al－20Si－5Fe－2Ni 合金的微观结构与 Al－20Si－5Fe－2Zr 合金相似。当将这些合金粉末挤压成块体材料后，粉末颗粒的尺寸介于 61～120μm。图 7－38 给出了在排气压力为 1.33×10^{-1} MPa、1.33×10^{-2} MPa 和 1.33×10^{-3} MPa 条件下，Al－20Si－5Fe－2Ni 合金挤压态的微观组织。因为经历了严重的塑性变形，针状金属间化合物的尺寸由凝固态粉末的 10μm 减小到现在的 2～3μm。经历过挤压过程中的热作用后，亚稳态的 δ－Al_4FeSi_2 并没有转变为稳态的 β－Al_5FeSi[79,80]，初晶 Si 的尺寸约为 3μm，而共晶成分在高倍下仍不能辨认。XRD

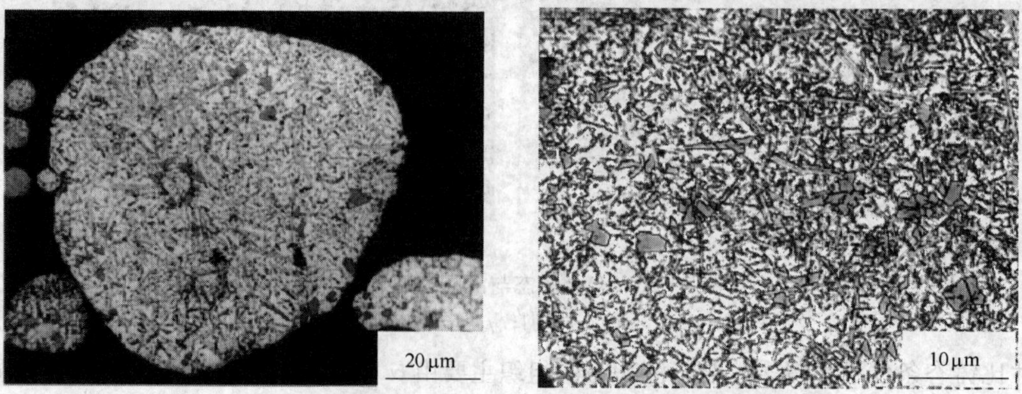

a　　b

图 7－37　气体雾化 Al－20Si－5Fe－2Zr 粉末的金相照片

a—细小颗粒粒度 60μm；b—粗化颗粒粒度 120μm

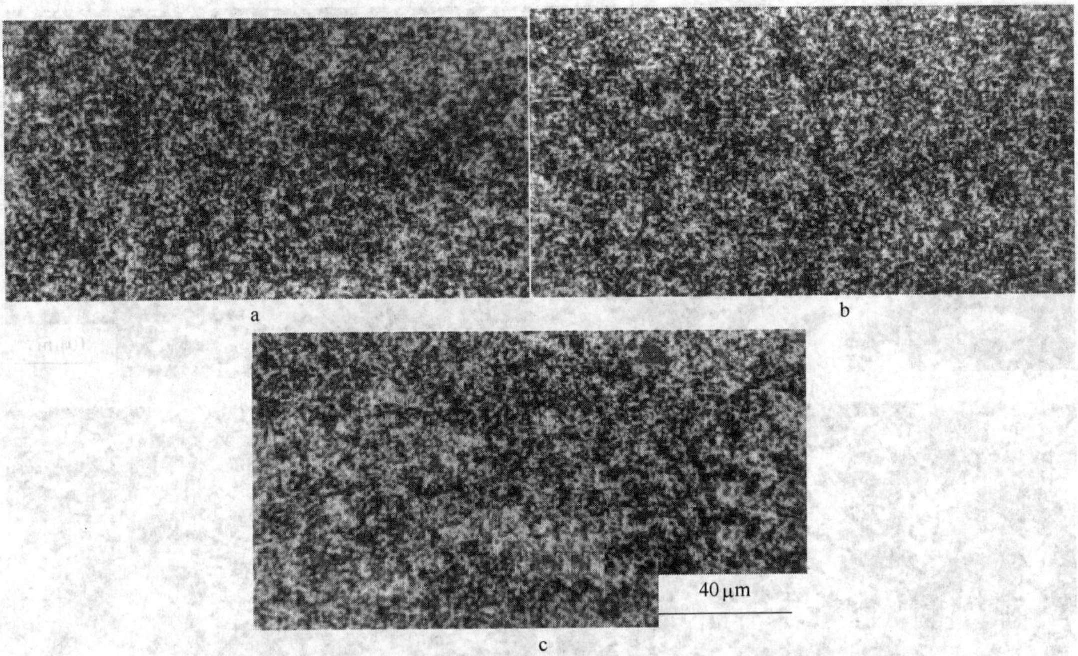

图 7-38 气体雾化粉末挤压 Al-20Si-5Fe-2Ni 合金的金相组织

排气压力：a—1.33×10^{-1}MPa；b—1.33×10^{-2}MPa；c—1.33×10^{-3}MPa

分析表明，在 Al-20Si-5Fe-2Ni 合金中存在 β-Al_5FeSi，Al_3Ni 和 $FeSi_2$ 相，这说明在 Al-20Si-5Fe 合金中添加 Ni 形成了 Al_3Ni。此外，在 Al-20Si-5Fe 合金中分别添加 Cr 和 Zr 可形成 $Al_{13}Cr$ 相和 Fe_2Zr 相。

王锋等人[81]研究了挤压温度对喷射沉积 Al-20Si-5Fe-2Ni 合金的微观组织和力学性能。图 7-39 为喷射沉积 Al-20Si-5Fe-2Ni 合金的显微组织。图 7-39a，它由 α-Al 基体、颗粒状的 Si 相和片状的金属间化合物组成。片状金属间化合物由 δ（Al_4FeSi_2）、β（Al_5FeSi）和 Al_3Ni 组成，它们无规则地分布于合金的基体中。个别尺寸较小的 Si 颗粒位于金属间化合物附近，这是由于在沉淀过程中 Si 原子的扩散受到了金属间化合物的阻碍所致。图 7-39b 和 c 分别为合金在 350、420℃热挤压后的显微组织。图 7-39d 为合金经过 350℃挤压再 470℃固溶处理后的显微组织，与挤压态组织相比，固溶处理后的合金具有十分细小而均匀的微观组织，初晶 Si 相明显细化，这是因为在固溶过程中 Si 相原子向基体中发生了扩散，这种扩散优先从 Si 相尖角处开始，因而 Si 相变得较为圆整，Si 相尖角处的扩散使得 Si 相上低强度的部位消失，从而提高了 Si 相的强度，固溶处理使初晶 Si 相部分溶解，个别小尺寸的 Si 相完全消失，以固溶的形式存在于合金的基体中。

Hong 等人[82]研究了气体雾化后热挤压成形的快速凝固 Al-20Si-5Fe-2X（X = Cr，Zr）合金棒材的微观组织。研究表明，两种不同尺寸的 Si 颗粒和 β-Al_5FeSi 均匀地分布在 α-Al 基体中，这两种合金的微观组织都是由两种不同尺寸的 Si 颗粒以及狭长的颗粒组成的。大的和小的 Si 颗粒的尺寸分别为 3μm 和 0.7μm，典型的狭长的大颗粒尺寸约为 3μm。在挤压过程中因严重的剪切变形，在沉积态粉末中观察到的大的狭长的 δ-Al_4FeSi_2 被破碎为小的狭长颗粒[83]。挤压棒中较大的 Si 颗粒对应于凝固态粉末中的初晶

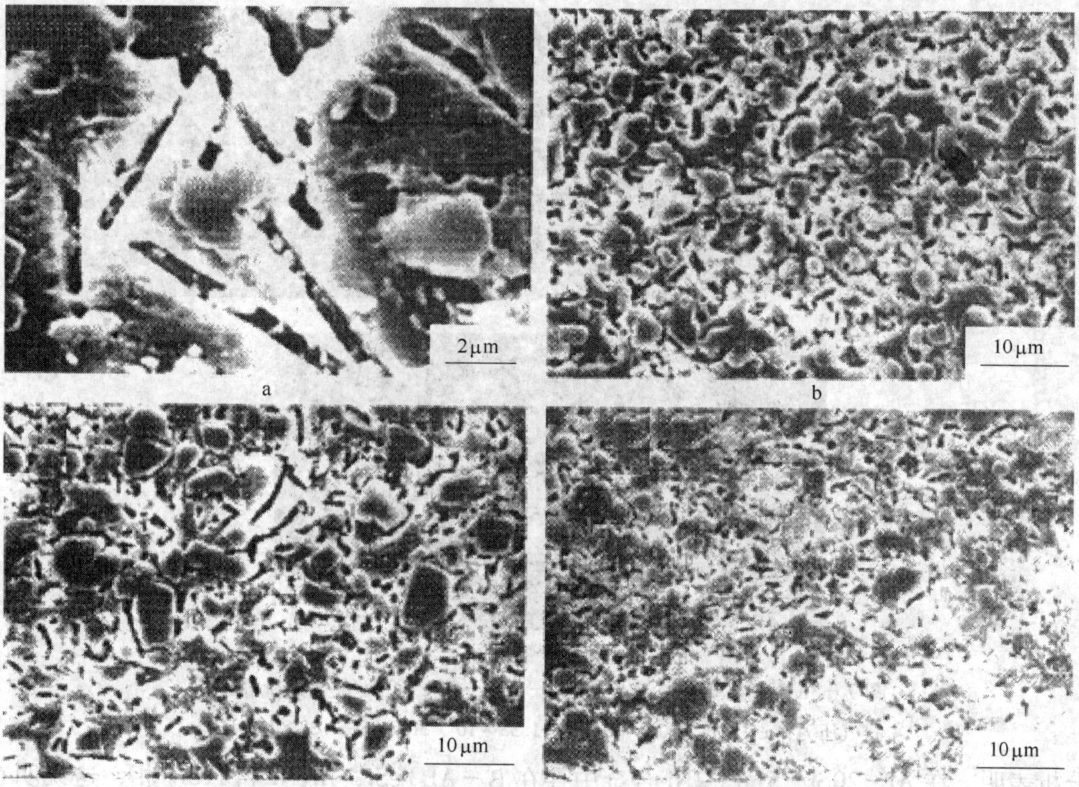

图 7 - 39　喷射沉积 Al - 20Si - 5Fe - 2Ni 合金的 SEM 照片

a—沉积态；b—350℃挤压态；c—420℃挤压态；d—热处理态

Si，而细小的 Si 则是共晶组织中的 Si 在热挤压过程中粗化的产物。

通过对含微量 Zr 的 Al - 12Si - 7Ni - 5Mn 快速凝固合金的组织研究认为，其组织由 α - Al（Ni，Mn）Si、Al_6（Mn，Ni，Zr）$_3Si_2$、α - Al（Mn，Ni）Si、Al_3Ni、Si 相及基体相组成，经热挤压组织变得更为细小，其颗粒体积分数占 50% 左右。文献［38］研究了粉末冶金 Al - Si - Ni - Ce 的组织，结果表明，添加 Ni、Ce 可以提高 Si 在 Al 基体中的固溶度，形成含 Si、Ni、Ce 的过饱和固溶体，同时有细小圆形的 Al_3Ni 和 Al_3Ce 金属间化合物形成。

快速凝固 Al - Si - Cu - Mg 系合金，加入一定量的 Fe、Ni、Mn 等合金元素后，可形成大量的新型弥散相。例如，加铁后，快速凝固组织中的弥散相，由 $Cu_2Mg_8Si_5Al_4$ 和 Cu_2MgAl_2 及 Mg_2Si 等变为 Cu_2FeAl_7、$CuFeAl_6$ 及 $FeMg_3Si_6Al_8$ 相，合金的再结晶行为也发生了变化，提高了合金的热稳定性。合金挤压态和 T6 热处理态，在不同试验温度下的强度，均比加入铁以前的高。而且，热处理对合金的强度影响较小。

目前对五元以上的快速凝固 Al - Si 合金的研究，基本上是以 Al - Si - Cu - Mg 为基础通过添加其他组元来进行的。典型的合金种类主要有 Al - Si - Cu - Mg - Fe 和 Al - Si - Cu - Mg - Ni 等。研究表明，Al - Si - Cu - Mg 快速凝固合金中添加 Fe、Ni 可以形成复杂的金属间化合物，能够检定的金属间化合物有 Cu_2FeAl_7、$CuFeAl_6$、$FeMg_3Si_6Al_8$、δ -

(Al, Si, Fe)、β-(Al, Si, Fe)以及 Al_3(Ni, Cu)$_2$、Al_7Cu_4Ni 等。这些金属间化合物显著的特点是热稳定性特别好，无论是在高温挤压，还是高温加热，既不发生溶解也不发生粗化，而且能够阻碍 Si 相和基体晶粒的长大，使合金在常温下和高温下都能保持细小的组织特征。

Gomes 等人[84]研究了含 Fe、Ni 的 Al-Si-Cu-Mg 粉末合金的微观组织及 Si 颗粒的粗化特性，研究结果表明：Fe 或者 Ni 元素对粉末冶金 Al-Si-Cu-Mg 合金的微观组织以及 Si 颗粒的粗化特性具有较大的影响。表 7-13 为该合金的化学成分。利用 TEM，可以在 Al-Si-Cu-Mg-Fe 合金中观察到 β-AlFeSi，β′-AlFeSi，$Al_{16}(MnFe)_4Si_3$，$AlCu_2Fe_7$ 和 Al_3Fe 相的存在，而在 Al-Si-Cu-Mg-Ni 合金中则存在 Al_3Ni 相和 Al_3Ni_2 相。以 Lifshitz-Slyosov-Wagner 理论为基础讨论了 Si 颗粒的粗化机理。含有 Fe、Ni 的 Al-Si-Cu-Mg 合金的 Si 颗粒粗化的活化能大于不含 Fe、Ni 的 Al-Si-Cu-Mg 合金，表 7-14 给出了不同粉末冶金 Al-Si 合金的 Si 颗粒的粗化活化能。图 7-40 给出了每种粉末冶金 Al-Si 合金的平均颗粒半径的立方与退火时间的关系。表 7-15 给出了 Al-Si 合金在不同退火温度下的粗化速率常数。从图 7-40 和表 7-15 中可以看出，含有 Fe 或者 Al-Si 合金颗粒的粗化速率明显低于不含 Fe 或者 Ni 的 Al-Si 合金。这是因为含有 Fe 或者 Ni 的金属间化合物有效地阻碍了 Si 颗粒的粗化，因此也改善了 Al-Si 系合金的力学性能。

平野忠男等人[62]研究了 ASCM16、ASCM20、ASCM25 合金，所谓 ASCM 合金是指 Al-3%Cu-1%Mg-X%Si（质量分数）（X=16、20、25）合金。ASCM16 由于快速冷凝效果无初晶硅析出。ASCM20 和 ASCM25 的初晶硅均小于 10μm，ASCM20 分别添加 7.5%Fe、7.5%Ni、7.5%Mn（质量分数）后，析出棒状的金属间化合物，金属间化合物的形状、尺寸与添加元素的种类、粉末的粒度有关。X 射线衍射结果表明，金属间化合物分别为 AlFeSi 系、AlNiSi 系和 AlMnSi 系，由于金属间化合物析出，初晶 Si 析出减小。另外，在添加 Ni 时，由于产生 Al-Ni 系金属间化合物，母相 Si 的浓度变高，初晶 Si 的析出增多。雾化金属粉末在加热挤压时其组织会发生变化。ASCM-6%Fe（质量分数）的粉末在 723K 加热 7.2×10^3s（2h），析出薄片状的微晶共晶 Si，随着加热发生球状化并且粗大化，但 Al-Fe-Si 金属间化合物在加热时的形状、尺寸均没有什么变化。从 X 射线衍射结果得知，Al-Fe-Si 金属间化合物存在非平衡相 δ（Al、Fe、Si）和 γ（Al、Fe、Si），随着加热的进行非平衡相减少，形成平衡相 β（Al、Fe、Si）。挤压材的组织更加微细。例如，ASCM20-7.5%Mn（质量分数）挤压时，金属间化合物断裂面呈现微细分散。

表 7-13 粉末冶金合金的化学成分（质量分数） （%）

合 金	Si	Cu	Mg	Mn	Fe	Ni	Al
AS18	18.0	0.004	—	—	0.15	—	余量
ASC	25.05	2.70	1.05	0.49	0.27	—	余量
ASFC	17.35	3.67	1.00	0.46	4.98	—	余量
ASNC	19.11	3.14	0.94	0.24	0.24	7.45	余量

表 7 - 14　不同 P/M Al - Si 合金中 Si 颗粒的粗化活化能　　(kJ/mol)

合　金	Gomes	Smithells	Tashiro
AS18	109	137	102
ASC	115	—	—
ASNC	153	—	—
ASFC	210	—	—

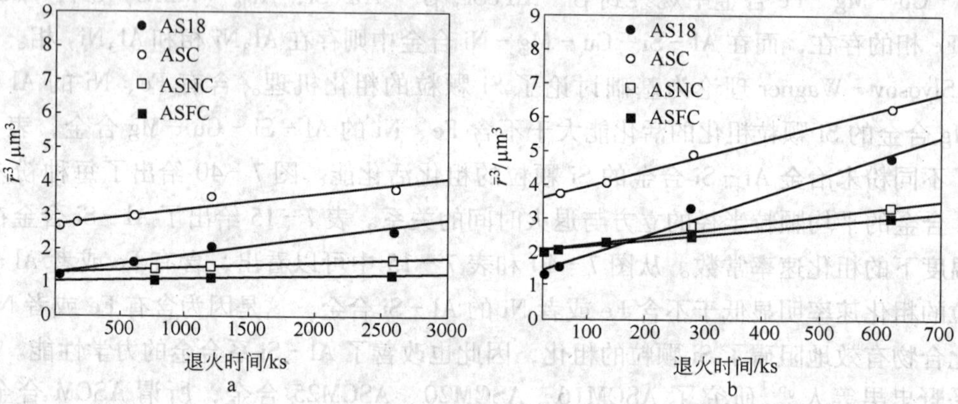

图 7 - 40　不同退火温度下平均颗粒半径的立方 r^3 与退火时间 t 的关系曲线

a—723K；b—778K

表 7 - 15　723K 和 778K 退火时粗化速率常数 K　　(m^3/s)

合　金	粗化速率常数 K 温度 T/K		
	723×10^{-24}	778×10^{-24}	793×10^{-24}
AS18	0.81×10^{-24}	4.43×10^{-24}	6.50×10^{-24}
ASC	0.74×10^{-24}	4.50×10^{-24}	6.30×10^{-24}
ASNC	0.15×10^{-24}	2.08×10^{-24}	2.50×10^{-24}
ASFC	0.11×10^{-24}	1.55×10^{-24}	3.75×10^{-24}
Al - 1.2% Si	—	1.13×10^{-24}	—

7.2.3　快速凝固 Al - Si 合金的性能

7.2.3.1　快速凝固铝硅合金的力学性能

快速凝固铝硅合金的强度都明显高于相当 Si 含量的铸造合金，其伸长率一般在低 Si 含量时明显高于传统铸造合金，高 Si 含量时两者相当，随着 Si 含量的增加强度随之增加，但伸长率下降，在快速凝固 Al - Si 合金挤压或时效时，若温度太高，硅有长大趋势，从而造成强度下降，Yamauchi[24] 给出了合金强度值与组织中 Si 颗粒尺寸和数量的关系式

$$\sigma \propto f_V d^{-1}(1-f_V)^{-1} \qquad (7-1)$$

式中，σ 为合金强度，f_V、d 分别为 Si 颗粒的体积分数和直径。

Uzun 等人[46] 给出了快速凝固 Al-Si 合金与铸造 Al-Si 合金硬度的对比情况（见表 7-16）。从该表可以看出，快速凝固合金的硬度大概为原始铸态合金的三倍。这是由于 Si 在 Al 中的过饱和固溶造成的，Al 与 Si 的原子半径不同使得两种元素在固溶时产生了晶格畸变，应变场与位错相互作用起到了强化作用。该文献认为，计算得出的硬度值与加载载荷有关。硬度随载荷的变化成非线性关系。

表 7-16　快速凝固 Al-Si 合金与铸造 Al-Si 合金显微硬度的对比（施加负荷 0.098N）

试样（质量分数）	铸造合金显微硬度 /MPa	快速凝固甩带合金显微硬度 /MPa
Al-8% Si	349.2 ±15.8	888.7 ±76.1
Al-12% Si	497.9 ±43.2	1448.8 ±81.8
Al-16% Si	601.6 ±60.6	1892.2 ±87.4

Birol[47] 给出了甩带法制备的 Al-12Si 合金显微硬度研究的结果，该合金的显微硬度高达（1.91 ±0.12）GPa，而利用普通铸造方法制备的该合金的显微硬度只有（0.82 ±0.08）GPa，不足用甩带法制备 Al-12Si 合金的一半。很显然，显微硬度的极大增长与 Si 的过饱和固溶以及微观组织的细化有直接关系。图 7-41 给出了甩带 Al-12Si 合金在退火条件下显微硬度的变化。退火前该合金的显微硬度为（1.91 ±0.12）GPa。在 523K 退火时，开始缓慢下降；在 523 ~ 673K 退火时，急剧下降；在更高的温度下退火时，微观硬度接近铸态合金。很显然，显微硬度的变化与该合金在退火过程中微观组织的演变相符合。

本村貢等人[85] 利用单辊甩带法制备了厚度为 30μm，宽度为 160mm 的 Al-12% Si 薄带。实验表明，辊速、喷射压力等决定薄带的厚度和薄带的质量。薄带在纵向上的抗拉强度高于横向（见图 7-42）。

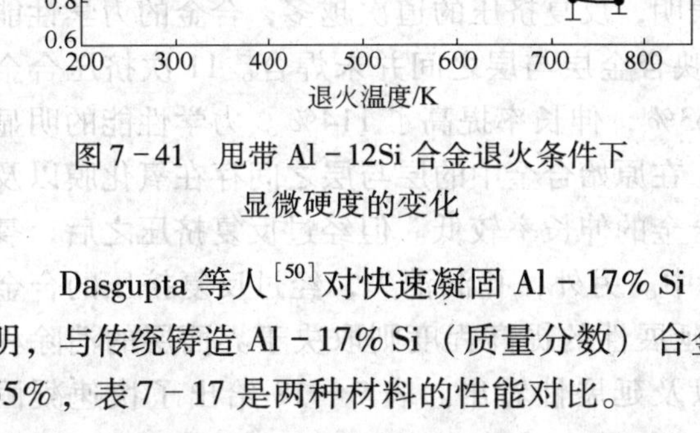

图 7-41　甩带 Al-12Si 合金退火条件下显微硬度的变化

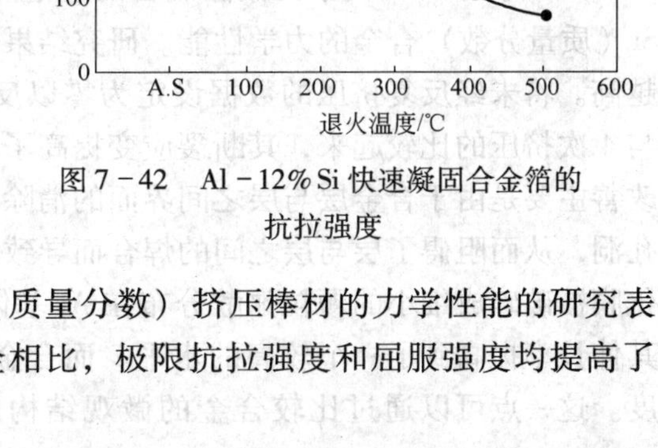

图 7-42　Al-12% Si 快速凝固合金箔的抗拉强度

Dasgupta 等人[50] 对快速凝固 Al-17% Si（质量分数）挤压棒材的力学性能的研究表明，与传统铸造 Al-17% Si（质量分数）合金相比，极限抗拉强度和屈服强度均提高了 55%，表 7-17 是两种材料的性能对比。

表 7 - 17　快速凝固 Al - Si 合金系与传统铸造 Al - Si 合金系的性能对比

合金成分	工艺过程	屈服强度/MPa	抗拉强度/MPa	伸长率/%
Al - 17.6Si	铸造 + 挤压	108	110	2.4
Al - 17.3Si	快凝 + 挤压	168	173	3.2
Al - 17.4Si - 1.5Cu	铸造 + 挤压	224	227	2.5
Al - 17.4Si - 1.5Cu	快凝 + 挤压	290	295	4.4

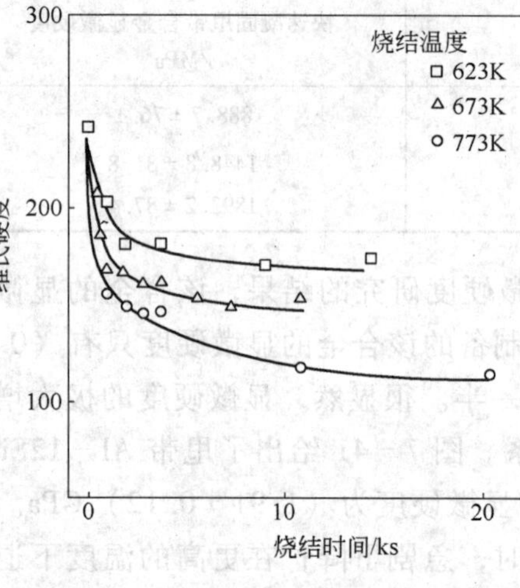

图 7 - 43　过共晶 Al - Si 合金在烧结过程中压坯维氏硬度的变化

Matsuura 等人[55] 对旋转盘水雾化制备的 Al - 17%（质量分数）合金的硬度进行了研究。图7 - 43给出了在烧结过程中粉末压坯的硬度变化。开始，压坯具有很高的硬度，达到 HV250，然而，当烧结时间达到 2ks 后硬度迅速降低，在较高的烧结温度下硬度降低得更快。最终的硬度值是传统铸态棒材的 2 ~3 倍。在开始时具有很高硬度的主要原因是 Si 在 Al 中的过饱和固溶引起的固溶强化，此外，在压制过程中的加工硬化也是一个额外的因素。烧结初期硬度的迅速降低正是这些因素弱化的结果。而最终硬度的不同是由于烧结温度的不同而导致的，因为在不同的烧结温度下 Si 颗粒的长大情况不同，这些都是以弥散强化机制为基础的。

新家光雄等人[86] 研究了粉末冶金 Al - 18% Si（质量分数）合金的力学性能。首先在空气中雾化制得 Al - 18% Si（质量分数）合金粉末，然后用热挤压制备了合金棒材。该棒材的极限抗拉强度、屈服强度和伸长率分别达到 238.7MPa，154.4MPa 和 13.0%。新家光雄认为，加工硬化对该合金的强化起主要作用，并将强化机制总结为：首先，在弥散粒子周围形成位错环，然后，在变形过程中许多位错环例如棱柱环大量堆积，最后，位错环诱导产生的应力集中发生塑性变形得到释放。该粉末冶金合金的强度与颗粒的体积分数以及颗粒尺寸密切相关。

Jien 等人[58] 研究了锤砧法制备的经过反复挤压（reciprocating extrusion）的 Al - 20% Si（质量分数）合金的力学性能。研究结果表明，反复挤压的道次越多，合金的力学性能越高。将未经反复挤压的数据设定为零以反映合金层与层之间并未焊合。11 次挤压合金与 4 次挤压的比较起来，其断裂应变提高了 63%，伸长率提高了 114%。力学性能的明显改善主要是由于合金层与层之间界面的消除，在原始合金中的层与层之间存在氧化膜以及孔洞，从而阻碍了层与层之间的焊合而导致合金的伸长率较低。但经过反复挤压之后，氧化膜被破碎成细小的颗粒弥散分布在 Al 基体中。另外，孔洞消失，经过反复挤压的合金其伸长率提高到了一个较高的水平。而合金延展性的提高程度则取决于界面层的消除程度。这一点可以通过比较合金的微观结构以及延展性看出。表 7 - 18 给出了快速凝固

Al－20%Si（质量分数）合金经过不同道次挤压后的力学性能。

表 7－18 快速凝固 Al－20%Si（质量分数）合金经不同道次挤压后的力学性能

挤压道次/次	屈服强度/MPa	抗拉强度/MPa	伸长率/%	断裂应变/%
0	0	0	0	0
4	105	166	9.2	14.3
6	108	202	11.2	14.3
11	131	210	19.7	23.8

Todeschni 等人[40]采用离心雾化方法，对 Al－12%Si（质量分数）合金加入第三种合金组元 Cu、Mg、Ni、Co、Sr 后的性能进行了测试。还有平野忠男等人[62]对 Al－Si－Fe 合金的性能也进行了测试，文献［87］将这些结果总结成表 7－19 和表 7－20。从这两个表可以看出，添加这些元素使合金的性能得到提高。某些合金如 Al－Si－Cu、Al－Si－Mg 系，通过热处理性能有较大提高。Todeschni 的研究表明，在 Al－12%Si 基础上分别添加 1.9%Cu 和 2.8%Mg，测试他们的强度和伸长率表明，Al－Si－Cu 合金与 Al－Si 合金相比，σ_b、$\sigma_{0.2}$分别提高 40%和 58%，但伸长率有所下降；而 Al－Si－Mg 合金与 Al－Si 合金相比，σ_b、$\sigma_{0.2}$分别提高 44%和 22%，但伸长率相当。两类合金时效处理后的强度有大幅度提高，特别是 $\sigma_{0.2}$提高达 60%以上，但伸长率有一定程度的下降。

文献［71］对 Al－18.6%Si－4.34%Cu－0.66%Mg 快速凝固粉末冶金挤压态和时效处理态的高温性能研究表明，随着温度的升高，两种工艺合金的强度都有下降的趋势，温度升高到 150℃，就出现强度下降，在 200℃时，时效合金仅能保持一定的强度（250MPa），

表 7－19 添加某些元素的快速凝固高硅铝合金的成分和主要性能[40,62]

合金及成分（质量分数）/%	状 态	快速凝固工艺	拉伸性能					
			σ_b/MPa		$\sigma_{0.2}$/MPa		δ/%	
			室温	200℃	室温	200℃	室温	200℃
Al－12Si	200～300℃，28：1	离心雾化	244		162		19	
Al－12Si－2Cu	热挤压	离心雾化	386		233		7	
Al－12Si－2Cu	挤压＋170℃×6h 时效	离心雾化	476		363		5	
Al－12Si－3Mg	200～300℃，28：1 热挤压	离心雾化	296		233		15	
Al－12Si－3Mg	挤压＋160℃×8h 时效	离心雾化	425		380		5	
Al－12Si－1.1Ni	200～300℃，28：1 热挤压	离心雾化	333		253		13	
Al－12Si－0.5Co	200～300℃，28：1 热挤压	离心雾化	254		207		20	
Al－12Si－0.07Sr	200～300℃，28：1 热挤压	离心雾化	283		197		18	
Al－12Si－7.5Fe	热挤压态	气体雾化	325	240	260	200	8.5	7
Al－17.4Si－1.5Cu	热挤压态	水雾化	295		290		4.4	
Al－18Si－5Fe	热挤压态	水雾化	365	175（300℃）				
Al－20Si－7Fe	热挤压态	水雾化	404				2.2	
Al－20Si－7.5Fe	热挤压态	气体雾化	380	290	260	240	2	3

表 7－20　添加多元素的快速凝固高硅铝合金的成分和主要性能[87,89]

合金及成分（质量分数）/%	状　态	快速凝固工艺	拉伸性能						线[膨]胀系数/K^{-1}
			σ_b/MPa		$\sigma_{0.2}$/MPa		δ/%		
			室温	200℃	室温	200℃	室温	200℃	
Al－(12～25)Si			270～350				4～15		
Al－(12～25)Si－3Cu－1Mg			400～450	100～150（250℃）			1～6.5	20～30（250℃）	
Al－(12～25)Si－3Cu－1Mg			450～600	200～300（250℃）			1～2.5	12～15（250℃）	
Al－25Si－3.5Cu－0.5Mg	300～400℃，25：1	多级雾化	376						17.43×10^{-6} ①
Al－12Si－5Fe－3Cu－0.5Mg－0.3Mn	450～500℃热挤压+T6	气体雾化 气体雾化	417.5 486	450.8			1.5 0.6		
Al－20Si－5Fe－1.9Ni	450～500℃热挤压	气体雾化	413.6				1.0		
Al－17Si－6Fe－4.5Cu－0.5Mg	150℃，10：1热挤压+480℃固溶1h，175℃时效6h	气体雾化	560	475#	470	375#	1	3#	17.0×10^{-6}
Al－20Si－3Cu－1Mg－5Fe	375℃，20：1热挤压+T6	气体雾化 气体雾化	520 535	360 340					
Al－25Si－2.5Cu－1Mg－0.5Mn	锻造	气体雾化	490				1.2		16×10^{-6}
Al－(8～12)Si－3.6Fe－(3～6)Ni－3其他	锻造	气体雾化	520	480			1.0		16×10^{-6}
Al－12Si－7Ni－0.45Zr	24：1热挤压	气体雾化	400	200 $			3	12	

①测量温度为室温～300℃，其余为室温～200℃。

注：#热暴露温度为150℃；$热暴露温度为250℃。

到温度超过300℃，强度下降到很低的水平。造成这种变化的原因除与 Si 相的粗化有关外，可能还与 Cu、Mg 的金属间化合物在高温时重新溶解于基体或粗化有关。一般来说，快速凝固二元 Al－Si 合金以及添加 Cu、Mg 后合金最显著的缺点是高温强度较低。通常在 Al－Si 合金添加 Fe、Ni、Mn、Co、Ce、Zr、Cr 等过渡族金属元素以改善合金的高温性能，尤其是 Fe、Ni 等元素与 Cu、Mg 同时加入，可形成大量的弥散相如 Cu_2FeAl_7、$CuFeAl_6$、$FeMg_3Si_6Al_8$，使合金的再结晶行为发生变化，提高了合金的热稳定性，使效果更为显著。

Zhou 等人[33]在快速粉末冶金 Al－20% Si－3% Cu－1% Mg 合金中添加 5% Fe 后研究其在不同温度下的抗拉强度。研究表明，在所有温度下 Al－20% Si－5% Fe－3% Cu－ 1% Mg 合金的强度都远高于 Al－20% Si－3% Cu－1% Mg 合金，前者在 300℃时强度高达 270MPa，后者小于 100MPa。Hayashi 等人[29] 研究了 Fe 含量对 Al－17% Si－4.5% Cu－ 0.5% Mg 快速粉末冶金和喷射沉积合金强度的影响。结果表明，Fe 含量达 6% 时，该合金强度达最高值，超过 550MPa，但伸长率相对较低，仅为 1% 左右。Hayashi 等人研究了在 Al－20%

Si – 3% Cu – 1% Mg 合金中添加 Ni 对强度的影响，研究结果表明，添加 8% Ni 对该快速凝固合金强度的影响与添加 5% Fe 相当，两者室温强度为 460MPa，在 473K 温度时同为 310MPa。

Johansen 等人[76]研制的 Al – 12Si – 7Ni – 5Mn – 0.6Mg – 0.45Zr 快速凝固铝合金具有较高的综合力学性能，其组织由初生硅相、α – Al（Ni，Mn）Si 相、Al_3Ni 及基体铝组成。挤压态合金具有许多特殊的力学性能，例如，在 150℃ 和 250℃ 测得的强度分别保持室温时的 80% 和 50%，而 250℃ 时的弹性模量仅从室温时的 95GPa 降到 70GPa，同时伸长率却由 3% 增加到 13%；该合金还具有较高的疲劳强度，一百万次疲劳后（$R = -1$），室温疲劳强度为 170MPa，而 150℃ 时仍保持 150MPa；此外，该合金的断裂韧性也较高。Hong 等人[82]的研究表明，在快速凝固 Al – 20% Si – 5% Fe 合金中分别添加 2% Cr 和 2% Zr，其室温强度提高 12%。

Lee 等人[88]报道，快速凝固 Al – Si 合金中强度最高的是 Al – 19% Si – 7% Ni – 1% Ce 快凝粉末冶金合金，其抗拉强度达 810MPa，但它的伸长率很低，仅为 0.3%。

7.2.3.2　快速凝固高硅铝合金的物理特性

快速凝固铝硅合金一般多为高硅合金，而高硅铝合金突出的物理特性主要表现在质轻和低的热膨胀性，纯 Al 的密度为 $2.7 \times 10^3 kg/m^3$，而硅的密度更低（$2.3 \times 10^3 kg/m^3$），因此 Al – Si 合金具有很低的密度，而且随 Si 含量的增加，合金的密度进一步降低。用铸造方法制备的高硅铝合金，虽然其密度很低，但同时造成合金性能的恶化。而用快速凝固方法制备的高硅铝合金，不但使合金保持高的 Si 含量，降低合金的密度，同时可以大大改善合金的力学性能，提高合金的比强度和比模量。图 7 – 44 给出了铸造 Al – Si 合金中的 Si 含量对合金密度的影响。图 7 – 45 给出了 Al – Si 合金密度与温度的关系。

Yamauchi 等人[24]研究了快速凝固 Al – Si 合金的密度，其值可用如下关系式表示：

$$\rho = (1 - f_{Si})\rho_{Al} + f_{Si}\rho_{Si} \tag{7-2}$$

式中，ρ 为合金的密度；ρ_{Si}、ρ_{Al} 分别为纯 Al 和纯 Si 的密度；f_{Si} 为由平衡相图计算的合金中 Si 相的体积分数。一般情况下，快速凝固二元 Al – Si 合金的密度在（2.48 ~ 2.6）× $10^3 kg/m^3$ 间变化。在快速凝固二元 Al – Si 合金中添加 Cu、Fe、Ni、Mn 等重金属元素会造成合金密度一定程度的升高。

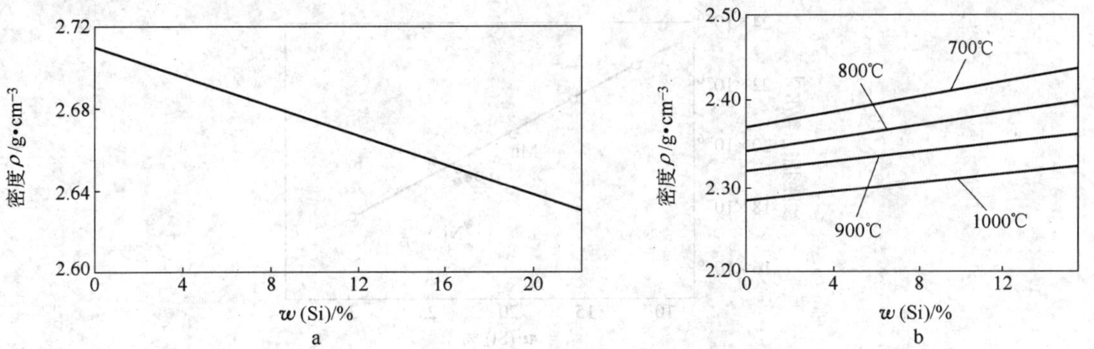

图 7 – 44　Si 含量对 Al – Si 系合金密度的影响[90]

a—固态；b—液态

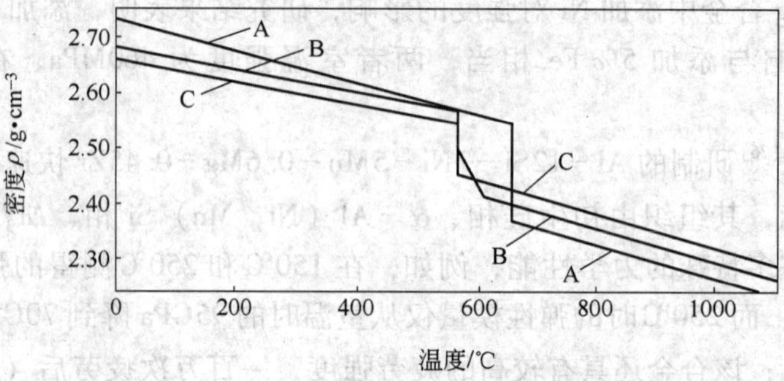

图 7－45　Al－Si 合金密度与温度的关系[90]

A—w（Si）=0.2%；B—w（Si）=7.8%；C—w（Si）=11.6%

低的热膨胀性也是快速凝固高硅铝合金的主要性能特征之一。纯 Al 的线［膨］胀系数高达 23.6×10^{-6}/℃，而 Si 的线［膨］胀系数仅为（2.8～7.2）$\times10^{-6}$/℃，因此快速凝固高硅铝合金的低热膨胀性主要是 Si 的贡献。研究表明，快速凝固高硅铝合金的线［膨］胀系数与合金中 Si 相的体积分数之间符合混合规则，即合金线［膨］胀系数随 Si 含量的增加（或 Si 相体积分数的增加）呈线性下降趋势。另外，此类合金中添加 Ni 可以使线［膨］胀系数得到进一步降低。一般认为，快速凝固高铝硅合金的线［膨］胀系数在（13～21）$\times10^{-6}$/℃间变化。平野忠男[62]给出了合金元素对 Al－Si 合金线［膨］胀系数的影响（图 7－46）。Квасов 等人给出了 Al－Si 合金的物理性能与生产方式的关系（图 7－47）。Al－Si 合金中添加 Ni 和 Fe 的最佳数量为 5%～7%；Cr 的最佳添加量为 3%～5%。Al－Si 合金雾化粉与 SiC 粉混合后制成的粉末冶金性能好，SiC 的最佳数量为 15%～20%（图 7－48）。表 7－21 列出了苏联粉末冶金低膨胀系数铝合金 CAC1－400、CAC1－50、CAC1－BK、CAC－2、CAC－3 和 CAC－4 的化学成分及物理、力学性能，CAC1 的线［膨］胀系数小，强度较高，塑性较好，机加工性能良好，广泛用于仪表制造业；CAC－3 可与钢制零件配套，用作蒸汽条件下工作的承载件；CAC－2 合金中，用价格低的 Fe 取代 Ni 和 Cr，适于制造内燃机活塞；CAC－4 合金的塑性好，抗蚀性优良，可以用来锻造海洋和热带环境下工作的部件。这些 PM 合金的弹性模量比 IM 合金 Д16 高 20%～30%；耐磨性能比 Д16 铝合金和 36HXTIO 钢都好[91]。

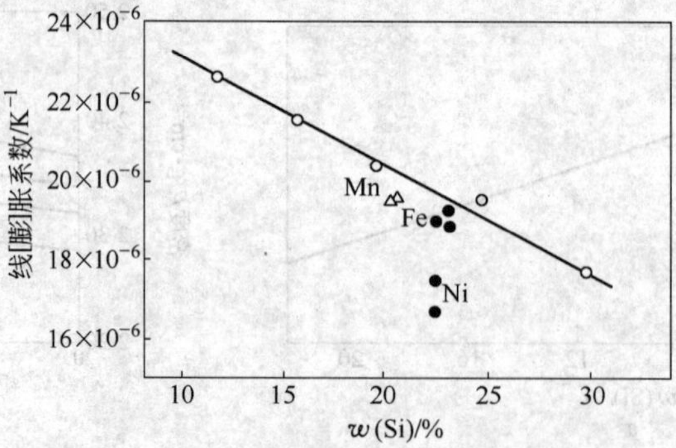

图 7－46　在室温～673K 范围内合金元素对 Al－Si 合金线［膨］胀系数的影响[62]

（Fe、Mn、Ni 分别为 7.5%（质量分数））

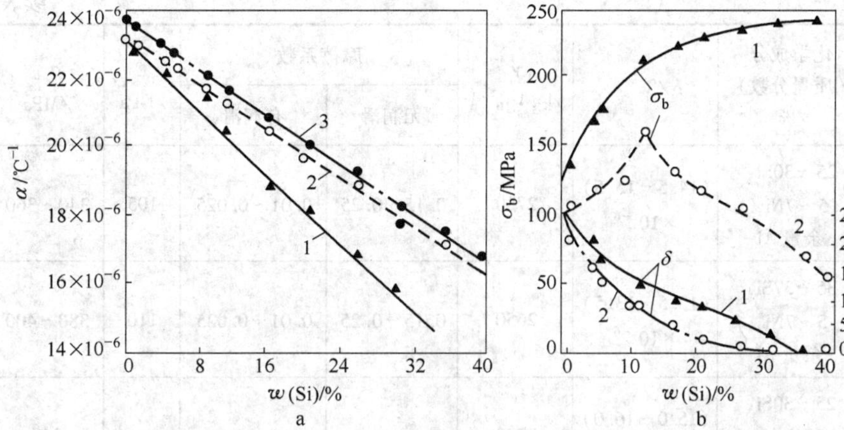

图 7－47 Al－Si 二元合金的线［膨］胀系数（a）力学性能（b）与 Si 含量及生产方式的关系

1—粉末冶金法；2—铸锭冶金法；3—计算法

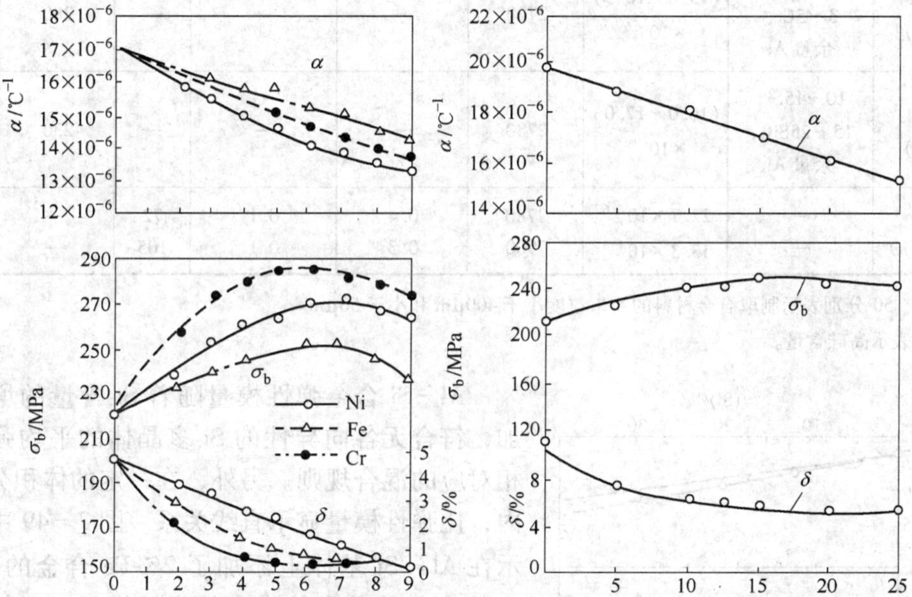

图 7－48 几种元素和 SiC 含量对 Al－Si 粉末合金的线［膨］胀系数和力学性能的影响

a—Al－25%Si 合金；b—Al－11.8%Si 合金

表 7－21 线［膨］胀系数低的粉末冶金铝合金的成分和性能

合金（粉粒尺寸，μm）	化学成分（质量分数）/%	α/℃$^{-1}$	γ /kg·m^{-3}	摩擦系数		E /GPa	σ_b /MPa	δ /%
				无润滑	有润滑			
CAC1－400[①]（<400）	25～30Si，5～7Ni，余量 Al	(14.5～15.5)×10^{-6}	2730	0.15～0.25	0.01～0.025	105	260～280	2～4

续表7-21

合　金（粉粒尺寸，μm）	化学成分（质量分数）/%	α/℃$^{-1}$	γ /kg·m^{-3}	摩擦系数		E /GPa	σ_b /MPa	δ /%
				无润滑	有润滑			
CAC1-50① (<50)	25~30Si, 5~7Ni, 余量Al	(14.5~15.5)×10^{-6}	2730	0.15~0.25	0.01~0.025	105	340~360	2~4
CAC-BK② (<50)	35~37Si, 5~7Ni, 余量Al	(12.5~13.5)×10^{-6}	2650	0.15~0.25	0.01~0.025	110	380~400	1.0
CAC-2 (<100)	25~30Si, 5~7Fe, 余量Al	(15.0~16.0)×10^{-6}	2730	—	—	—	240	0.9
CAC-3 (<400)	25~30Si, 3~5Cr, 余量Al	(15.0~16.5)×10^{-6}	2720	—	—	—	280	0.6
CAC-4 (<400)	10~15Si, 15~25SiC, 余量Al	(16.0~17.0)×10^{-6}	2780	—	—	—	230	5.0
Д16	—	22.7×10^{-6}	2780	0.4	0.1	72	—	—
钢 36HXIЮ	—	13.3×10^{-6}	7900	0.3	0.1	105	—	—

①400、50 分别表示制取合金材料的粉末粒度小于 400μm 和小于 50μm。
②BK 表示高硅含量。

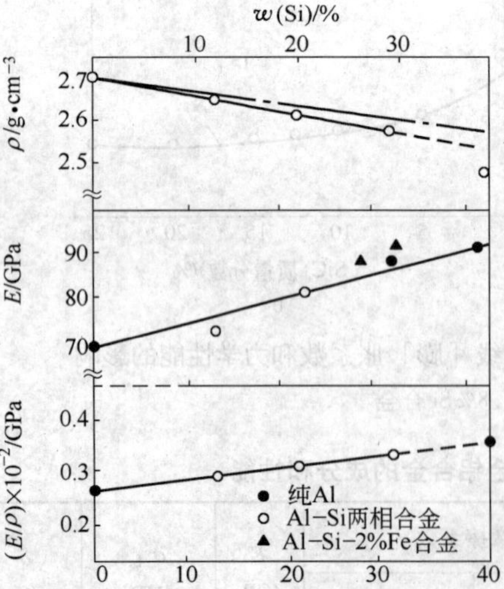

图 7-49　Si 体积分数与密度（ρ），弹性模量（E）和比弹性模量（E/ρ）的关系[92]

Al-Si 合金弹性模量随着 Si 含量的增加而增加，符合无各向异性的 Si 多晶体的平均弹性模量相对应的混合规则。另外，在一定的体积分数范围内，比弹性模量显示直线关系。图 7-49 中的▲表示在 Al-Si 基体上添加了 2% Fe 合金的特性值。Fe 有利于改善基体合金的弹性模量，但使密度增大，因此未看出其对弹性模量的效果。可以认为，添加密度大于母相 Al 的过渡元素，对改善比弹性模量的效果是很小的。

7.2.3.3　快速凝固铝硅合金及复合材料的耐磨性

高耐磨性是快速凝固高硅铝合金的主要性能特征之一，因此通常也把快速凝固高硅铝合金称为快速凝固耐磨铝合金。定量评价这种合金的耐磨性是很困难的，因为它除与自身成分、显微组织有关外，还与磨损条件有很大关系。材料的耐磨性不是材料的固有性能，它是整个摩擦系统的一部分。但是材料的成分，显微组织和性能对某一磨损条件下的耐磨性有重要影响。近几十年来，随着对磨损本质认识的日益深入，关于显微组织对材料耐磨性影响的工作，也越来越受到重视，对于它的理解也日益深入。Hurrick，Zum－Guha 等人都曾经进行过这方面的总结和评述。铸造 Al－Si 合金作为耐磨材料，其耐磨性得到了广泛的关注，研究工作也进行了很多，但大多数的研究多集中于一些实验参数如载荷、速率、环境等对滑动磨损行为的影响，而关于显微组织影响的研究还比较少[93,94]。

铝硅合金中最重要的合金元素是硅，但关于硅含量对耐磨性的影响仍有不同的看法。Vandelli 曾经研究过硅含量为 14.5%～25% 的三种过共晶，在受到铸铁盘旋转与往复滑动摩擦时的磨损率。结论是，Al－Si 合金的耐磨性与硅含量关系不大，但也有一些学者有不同的看法[95]。含 0.18% Si，6.2% Si，11.22% Si 和 21.69% Si 的合金，在低碳钢与灰铸铁圆盘上的滑动磨损实验表明：合金的耐磨性只与硅的总含量有关，硅含量高的，耐磨性就好。小林等人对含硅 0.2%～20% 的铝硅合金的磨损实验研究指出，随着硅含量的增加合金的耐磨性提高。他们后来的研究又指出，在含硅量为 8.4%～15% 的范围内，硅对磨损的影响不大。Sarkar[96] 在销套筒磨损实验机上用铝硅相对于淬火钢和灰铸铁进行磨损实验，结果表明，亚共晶铝硅合金具有较好的耐磨性，如图 7－50 所示。对给定磨损率作出不同载荷及硅含量下的等磨损线发现，约 11% Si 附近的 Al－Si 合金具有较大的载荷支承能力，且耐磨性最好。

铝硅合金显微组织最重要的相是硅相，硅在组织中是硬质相。在磨损的过程中，一方面硬度高的硅粒子，突出于材料的表面，从而可承受大部分的载荷，避免了基体相与偶件的直接接触，有利于提高材料的耐磨性。因此，材料的耐磨性随着硅粒子体积分数的增加而增加。但同时硅又是脆性相，在应力的作用下，易造成断裂和破碎，进而剥落，从而造成三体磨损。另外，硅相与基体的界面处往往容易产生裂纹，这对材料的耐磨性产生负面影响，则材料的耐磨性就会随着硅粒子体积分数的增加而降低，如图 7－51 所示。除了硅

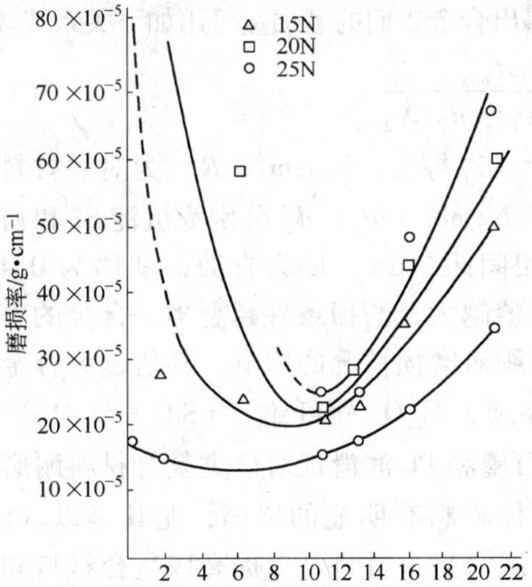

图 7－50 硅含量与磨损率的关系

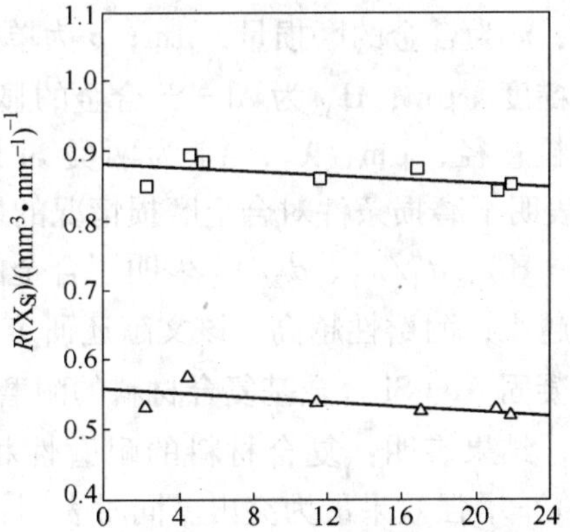

图 7－51 硅相体积分数与耐磨性的关系

相的数量对耐磨性有影响外，一些研究结果还表明：硅粒子的形状也会影响材料的耐磨性。例如，Vandelli 的结论是：Al - Si 合金耐磨性受硅颗粒分布状态的影响，细针状分布的硅有较高的耐磨性。

快速凝固 Al - Si 合金由于 Si 含量高而对其他性能没有很大损伤，引起更多研究者的关注和重视。邱光汉[52]研究了 Al - （15 ~ 45）% Si 粉末锻造合金的耐磨性，研究结果表明：随硅含量的增加，合金的磨损量减少，耐磨性提高，Al - 45% Si 相对于 Al - 15% Si 磨损量下降 50% 以上，另外他也研究了在 Al - 15% Si 中添加 2% Cu 和 1% Mg 对耐磨性的影响，结果表明：合金中添加 Cu、Mg 对改善耐磨性的作用并不明显。研究认为，造成合金耐磨性提高的主要原因是合金中硬质硅相的贡献。Amano 等人[97]研究了硅含量对耐磨性的影响，其研究结果与上述结论基本一致。同时该文献还研究了在 0.5m/s、2.0m/s、3.5m/s 三个滑行速度下合金的磨损情况，结果表明：在速度为 2.0m/s 时合金的磨损量最大，而在 0.5m/s 和 3.5m/s 滑行速度下合金的磨损量相对较小，这说明该合金在一个合适的滑行速度下才能获得较高的耐磨性。Amano 等人[98]还研究了快速凝固 Al - 12% Si - 5% Fe 合金，Al - 20% Si - 5% Fe - 2% Ni 合金和 Al - 25% Si 合金的耐磨性以及对不同的对磨材料和其表面进行处理对合金耐磨性的影响，结果表明：Al - 25% Si 合金中的 Si 含量降至 12%，同时加入 5% Fe 的 Al - 12% Si - 5% Fe 合金的耐磨性与 Al - 25% Si 合金相当，说明快速凝固 Al - Si 合金中添加铁与添加硅一样也可以提高它的耐磨性。Al - 20% Si - 5% Fe - 2% Ni 合金的耐磨性稍好于 Al - 25% Si 合金，Fe、Ni 对快速凝固 Al - Si 合金耐磨性的影响与它们在合金中能形成硬质金属间化合物有关。不同对磨材料对同一种 Al - Si 合金的耐磨性具有很大的影响，快速凝固 Al - Si 合金与钢相互摩擦表现出较高的耐磨性，而与快速凝固 Al - Si 合金摩擦则表现出较低的耐磨性。另外，对合金表面进行 Ni - P 喷镀处理，其耐磨性可提高 5 ~ 8 倍，若相互摩擦材料都进行表面处理，其耐磨性可提高 10 倍以上。Long 等人[99]系统地研究了硅含量、表面粗糙度及合金显微组织对快速凝固 Al - Si 合金耐磨性的影响，其对磨材料为高速钢（SKH - 51），得出合金表面的磨损量可用如下关系式表示：

$$w = K\frac{p}{\mathrm{H_V}}\frac{R_{\max}}{d_1/\lambda_1 + d_2/\lambda_2} \tag{7-3}$$

式中，w 为合金的磨损量，μm；p 为单位面积上的摩擦力，$\mathrm{N/mm^2}$；$R_{\max}$ 为对磨材料的表面粗糙度，μm；$\mathrm{H_V}$ 为 Al - Si 合金的显微硬度，$\mathrm{N/mm^2}$；d_1，d_2 分别为沉淀 Si 和初晶 Si 的颗粒直径，μm；λ_1，λ_2 为两类 Si 颗粒的相间距，μm；K 为常数，其约为 0.4。p、$R_{\max}$ 表明了磨损条件对合金磨损情况的影响，其值越大，磨损条件越恶劣，合金的磨损量越大；$\mathrm{H_V}$、d_1/λ_1、d_2/λ_2 表明了合金的显微组织对磨损情况的影响，其值越大合金的磨损量越小，耐磨性越高。该文献还研究了 SiC 晶须，Al_2O_3 短纤维，（$SiC + Al_2O_3$）增强快速凝固 Al - Si 合金基复合材料的耐磨性以及石墨和 Pb 润滑剂对该类复合材料耐磨性的影响，结果表明：复合材料的耐磨性相对于基体材料有明显的提高，尤其是以（$SiC + Al_2O_3$）增强效果最为突出。同时表明：用石墨润滑复合材料可以提高该复合材料和对磨材料的耐磨性；用 Pb 润滑使对磨材料的耐磨性显著升高，但复合材料的耐磨性稍有下降。

Hong 等人[82]对气体雾化热挤压 Al - 20Si - 5Fe - 2X（X = Zr，Cr）合金摩擦性能的研

究表明，Cr 和 Zr 两种元素对合金耐磨性能的影响并不显著。图 7-52 给出了滑动速度在 0.5~3.6m/s 范围内变动时磨损率与滑动速度之间的变化情况，图中所包含的 Al-20Si 合金以及 Al-20Si-5Fe 合金也是用气体雾化热挤压方法制备的。通过在 Al-20Si 合金中添加 5% 的 Fe，合金的磨损率在所有的滑动速度下都显著减小，这是因为在 α-Al 基体中形成了 β-Al_5FeSi 颗粒。温度升高而导致材料的软化，所以在滑动速度增大的情况下，所有合金的磨损率都有所增大。尽管含 Cr 和 Zr 的四元合金与 Al-20Si 合金以及 Al-20Si-5Fe 合金比起来，磨损率对滑动速度的依赖关系要弱一些，但 Cr 和 Zr 的添加对合金的耐磨性并没有显著影响。尽管 Cr 和 Zr 的添加提高了合金的力学性能，但四元合金的细小颗粒并没有提高合金的摩擦抗力。如果用销盘式磨损试验机来测试合金的摩擦性能，四元合金的摩擦性能要好一些。实际上，材料的摩擦性能与测试的方法以及测试的条件具有很大的关系。

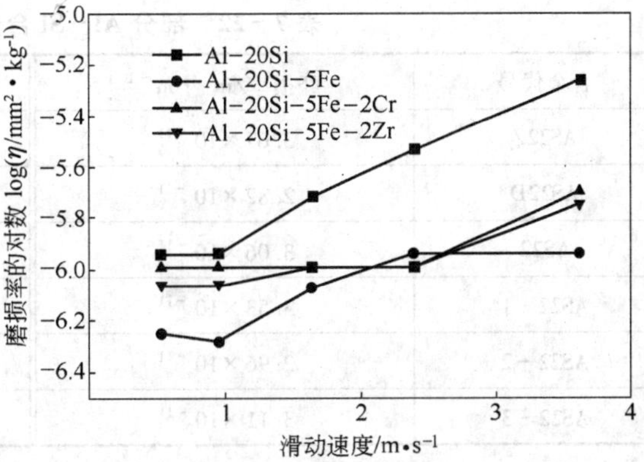

图 7-52 Al-20Si-5Fe-2X（X=0，Cr，Zr）合金磨损率与滑动速度的关系

在气体雾化挤压 Al-Si-Fe 合金中添加 Ti、V 元素对摩擦性能的研究表明，在所测定的几种合金中，Al-20Si-5Fe-2Ti（ASFT）的耐磨性能是最好的，但 Al-20Si-5Fe-2V（ASFV）合金的耐磨性并不比 Al-20Si-5Fe（ASF）合金的好（见图 7-53）。因此，Al-Si-Fe 合金中添加 Ti 可以提高合金的耐磨性能，而 V 的添加并不能改善耐磨性。以上合金与铸造 A390 合金相比，其摩擦抗力均有提高。

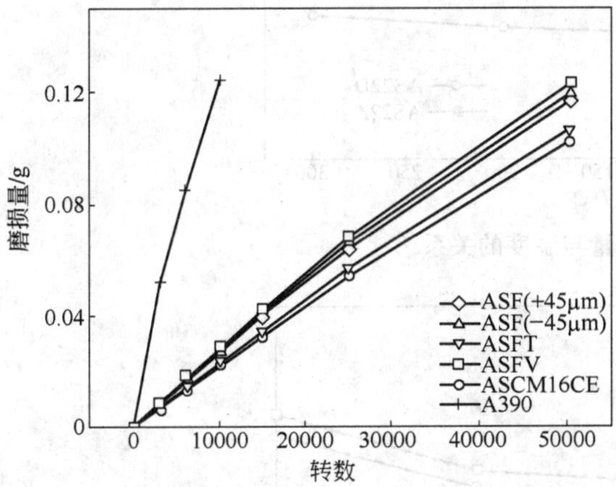

图 7-53 销盘式（pin-on-disk）磨损试验机测定的快速凝固挤压合金的摩擦性能

傅定发[100]利用多层喷射沉积技术和挤压处理制备的 Al-22Si-3Cu-1Mg 合金进行的研究，在相同的试验条件下，磨损量比铸态合金要低 20% 左右。而经过适当的热处理合金的磨损量达到最低，如 AS22-6-2 合金达到 $1.27\times10^{-11}m^3/m$ 左右。其他热处理状态下合金的磨损量与合金的显微组织中的弥散相有关，而似乎与 Si 相的尺寸没有很大的关系[101]。表 7-22 给出了部分 Al-Si 合金的磨损特性。从图 7-54 可以看出，铸态合金的磨损量先随着温度的升高而降低，在 200~300℃ 之间迅速升高，而沉积态合金的磨损量则随着温度的升高一直缓慢增加，这说明沉积态合金的磨损特性比较稳定，且热稳定性也比较好。温度的升高使合金的摩擦系数增大，但铸态合金的摩擦系数要比沉积态的高，如图 7-55 所示。

表 7－22　部分 Al－Si 合金在室温下的磨损特性

合金代号	磨损率/$m^3 \cdot m^{-1}$	合金代号	磨损率/$m^3 \cdot m^{-1}$
AS22Z	3.67×10^{-11}	AS22－4	2.29×10^{-11}
AS22D	2.82×10^{-11}	AS22－5	2.94×10^{-11}
AS22	3.06×10^{-11}	AS22－6－1	2.04×10^{-11}
AS22－1	3.53×10^{-11}	AS22－6－2	1.27×10^{-11}
AS22－2	2.96×10^{-11}	AS22－6－3	1.38×10^{-11}
AS22－3	3.11×10^{-11}		

注：AS22Z 为合金铸造态；AS22D 为合金喷射沉积态；AS22 为喷射沉积合金挤压态；AS22－1 为 520℃ 固溶保温 1.5h；AS22－2 为 420℃ 固溶保温 1.5h；AS22－3 为 470℃ 固溶保温 3h；AS22－4 为 470℃ 固溶保温 1h；AS22－5 为 470℃ 固溶保温 2h；AS22－6－1 为 470℃ 固溶保温 1.5h，100℃ 人工时效；AS22－6－2 为 470℃ 固溶保温 1.5h，120℃ 人工时效；AS22－6－3 为 470℃ 固溶保温 1.5h，140℃ 人工时效。

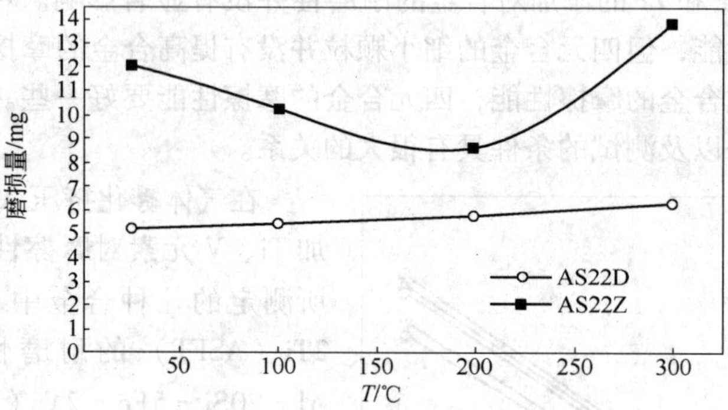

图 7－54　磨损量与温度的关系

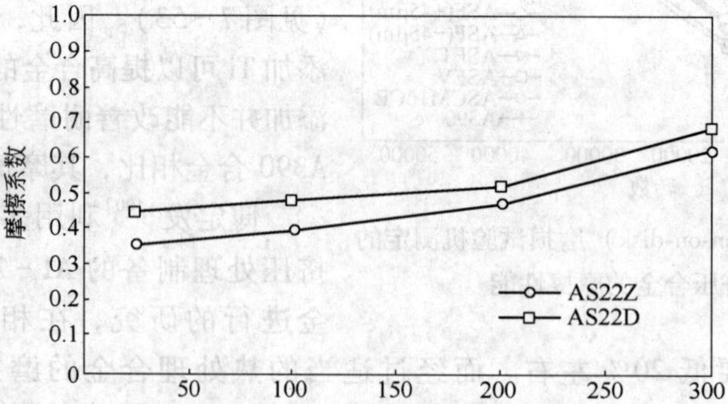

图 7－55　摩擦系数与温度的关系

从 AS22D 沉积态合金的磨损表面分析可知，在室温条件下，该材料呈明显的磨粒磨损状态，如图 7－56 所示，划痕明显较铸态合金的细小，这主要是初晶 Si 颗粒的极细所致。但温度升高到 200℃时，由于致密度较差，磨损表面完全转变为黏着磨损。

图 7－57 给出了喷射沉积＋挤压合金 AS22 在室温、200℃和 300℃的表面磨损情况，室温下，摩擦性能都比较稳定，合金表面出现了大量的磨粒和细小的划痕，此时摩擦力较

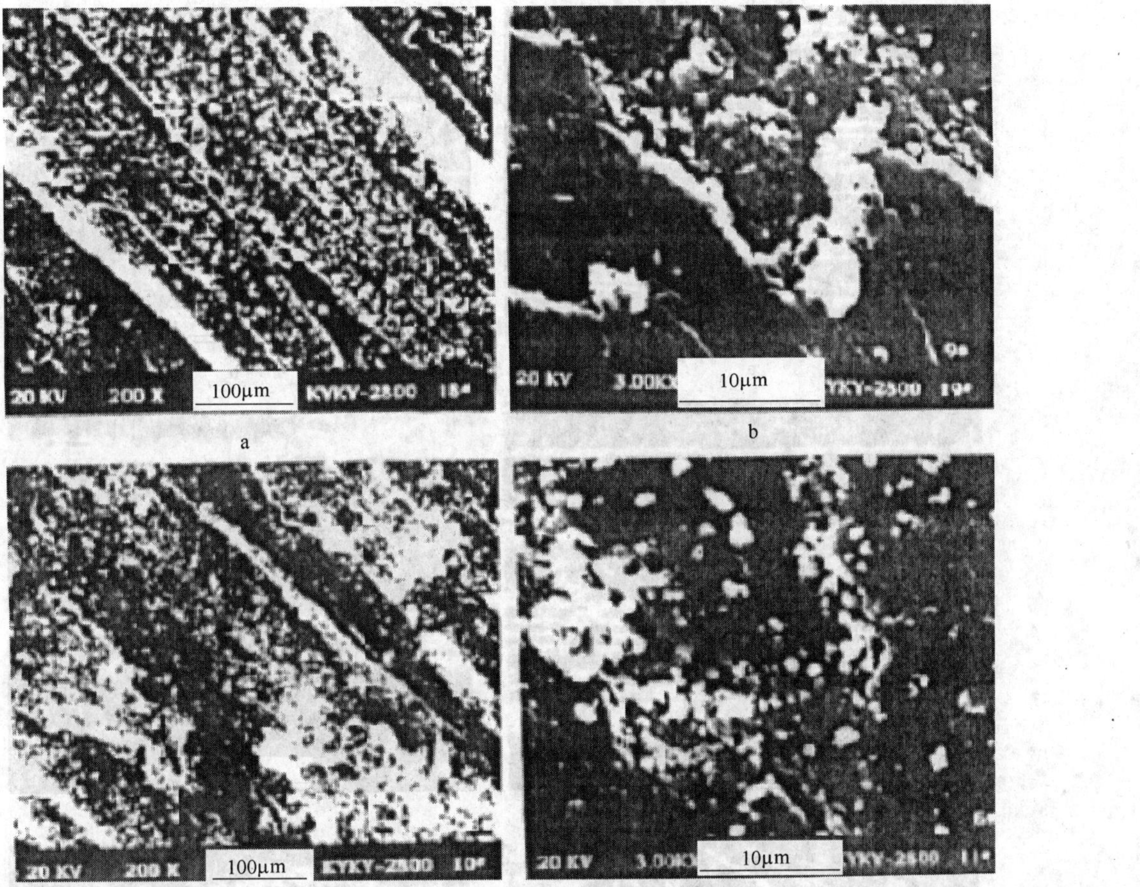

a b c d

图 7 - 56 喷射沉积态 Al - Si 合金（AS22D）室温及中温下的磨损表面
a，b—室温；c，d—200℃

小，摩擦系数较低，磨损量也低。在 200℃时合金表面出现了比较粗的划痕，这与中温下磨粒之间成团有关，由于挤压态致密性好，强度较高，此时合金的摩擦性能与室温相当，因此磨损机制仍以轻微的磨粒磨损为主。300℃时，合金的磨损量明显增加，此时的磨损机制发生了改变，以黏着磨损为主。AS22 合金在 300℃时基体发生了软化，产生了塑性变形。

图 7 - 58 为 AS22 - 6 - 2 合金室温及高温下的磨损表面。挤压态热处理后的合金由于强度高，硬度大，在室温及高温下均具有较好的耐磨性能，磨损量以及摩擦系数都比较小。其摩擦机制均以磨粒磨损为主，这一点可以从大量的犁沟痕迹得到证实。此外，在高温下观察其磨损表面也未发现基体脱落所产生的大量裂纹。这说明 AS22 - 6 - 2 合金在 300℃的高温下基体仍具有较好的热稳定性，热处理后析出相的增多且弥散分布明显提高了合金的高温性能，阻止了黏着磨损的发生。

Rudrakshi 等人[102]对喷射沉积 Al - 10% Si - 3.5% Cu - 20% Pb（质量分数）合金摩擦性能的研究表明，Pb 的添加提高了合金的耐磨性能。随着所加载荷的增加，喷射沉积 Al - 10% Si - 3.5% Cu - 20% Pb（质量分数）合金的磨损速率有所增加，但是，其磨损速

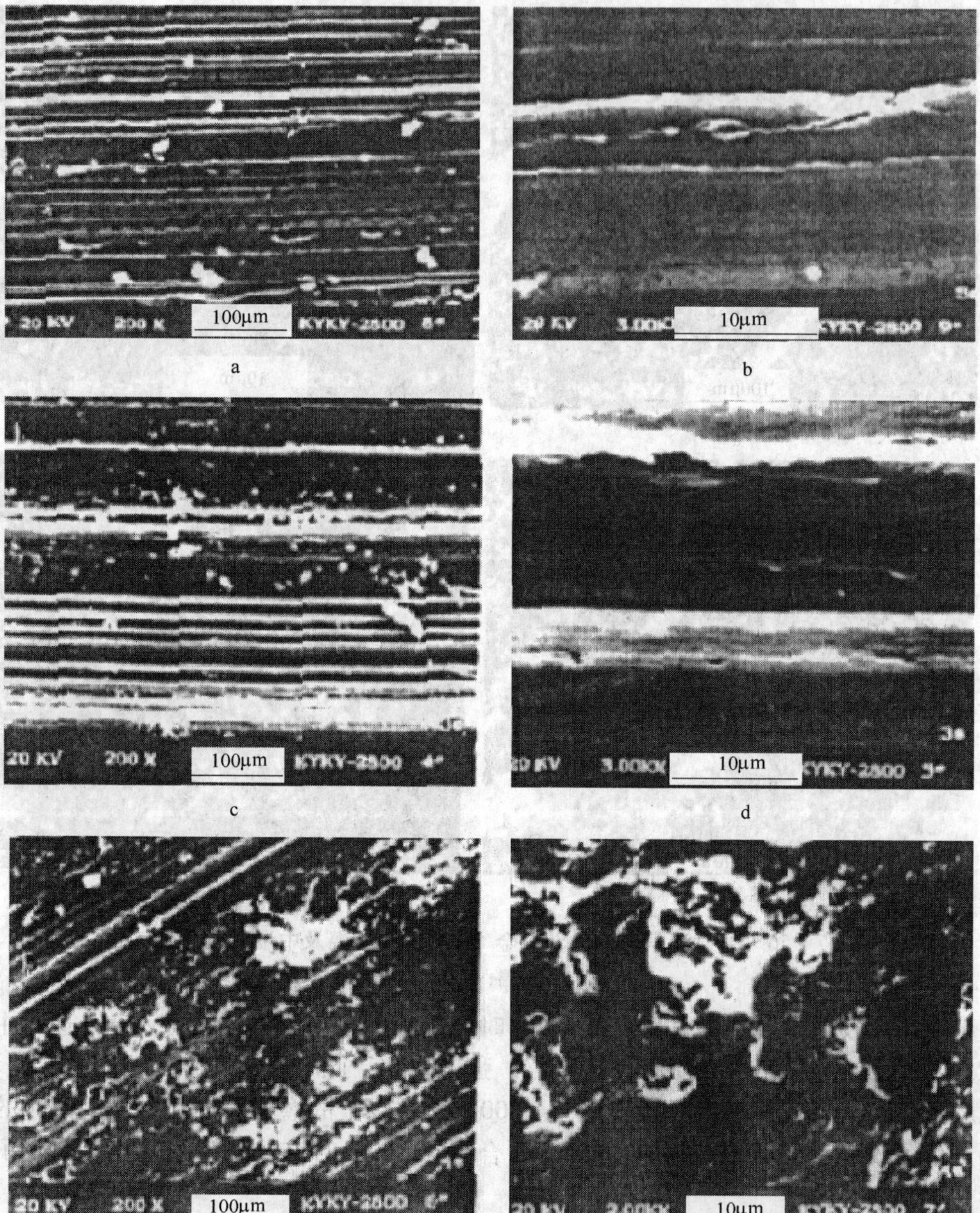

a　b　c　d　e　f

图 7 - 57　AS22 合金室温、200℃和 300℃的磨损表面

a，b—室温；c，d—200℃；e，f—300℃

率总是低于喷射沉积 Al - 10 % Si - 3. 5 % Cu 合金。当所加载荷为 50N 时，磨损速率存在一个转变。这种转变在含 Pb 或者不含 Pb 的合金中都存在（图 7 - 59a）。当所加载荷上升到 30N 时，摩擦系数急剧降低（图 7 - 59b）。可以注意到，这些合金的摩擦系数存在很大的不同。Pb 的添加使合金的摩擦系数降低到 0. 2，而没有添加 Pb 的 Al - 10% Si - 3. 5% Cu（质量分数）合金为 0. 35。合金磨损表面的 SEM 照片表明，即使在较低的外加载荷下，在 Al - 10% Si - 3. 5% Cu - 20% Pb（质量分数）合金的表面仍存在一层含 Pb 的颗粒（图 7 -

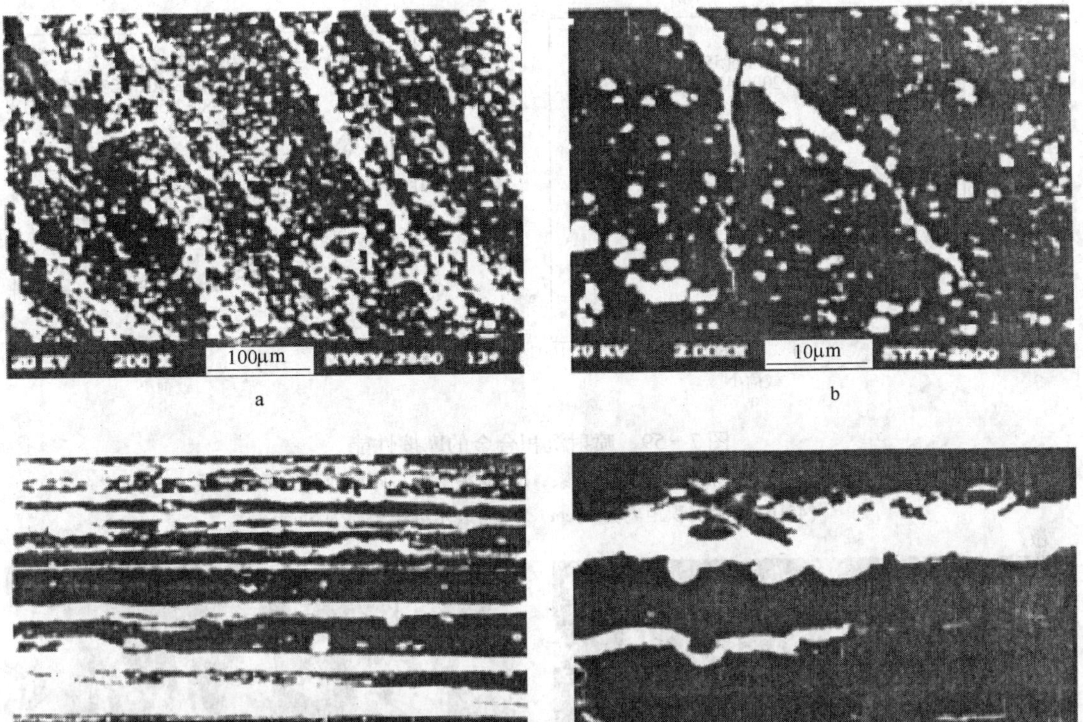

图 7－58 AS22－6－2 合金室温、200℃和 300℃的磨损表面

a，b—室温；c，d—200℃；e，f—300℃

60a）。在中间载荷下，在合金磨损表面上有薄薄的一层薄膜均匀地喷涂在滑动表面上（图 7－60b）。继续增加载荷，含 Pb 薄膜破碎在滑动表面形成焊口（图 7－60c）。而 Al－10% Si－3.5% Cu（质量分数）合金，在低载荷作用下表面被划伤且在表面上形成不规则的氧化物颗粒，在高载荷的作用下基体合金会破碎（图 7－60d）。

Timmermas 等人[103]对雾化过共晶 Al－17Si－5Fe－3.5Cu－1.1Mg－0.6Zr（质量分数）粉末挤压锻造淬火合金的润滑条件以及干摩擦条件下的摩擦性能进行了研究。研究表

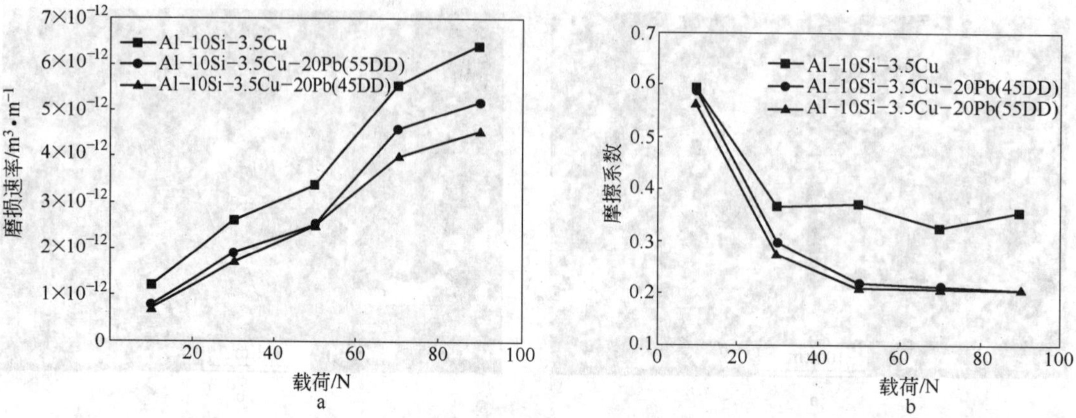

图 7－59　喷射沉积合金的摩擦性能

a—摩擦速率与外加载荷的函数关系；b—摩擦系数与外加载荷的函数关系

（45DD 表示沉积距离为 45cm，55DD 表示沉积距离为 55cm）

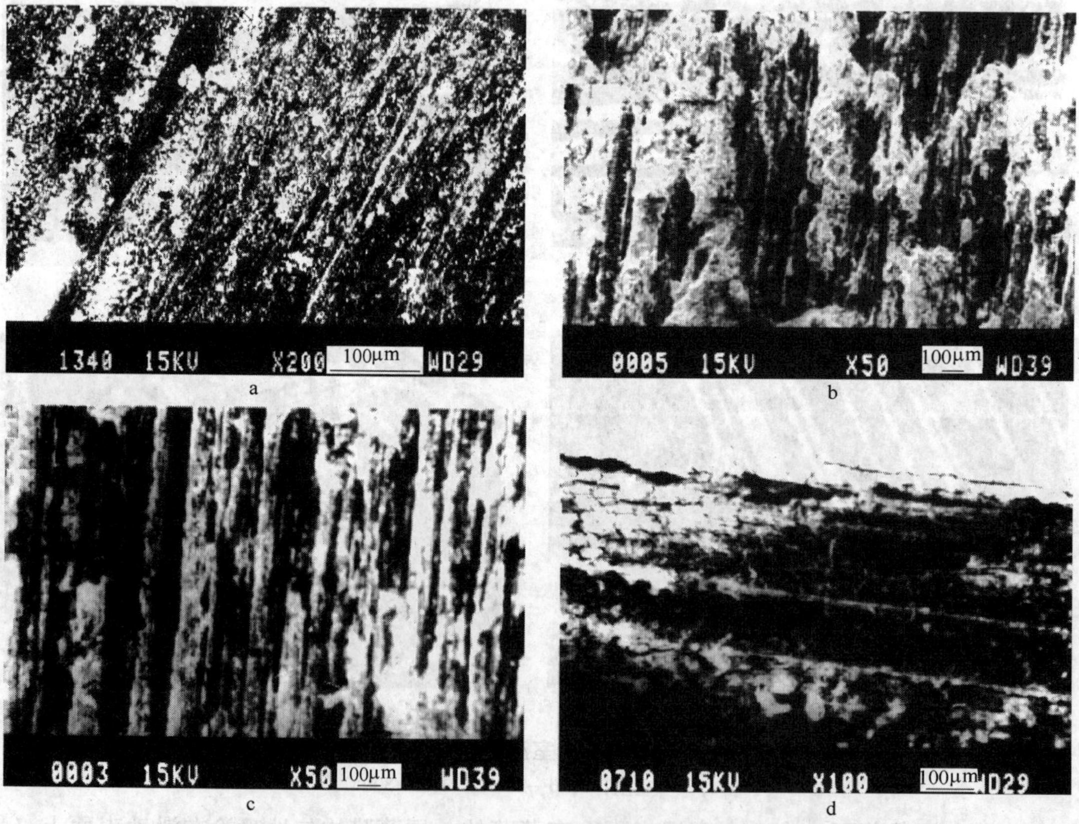

图 7－60　不同外加载荷作用下合金磨损表面的形貌（Pb 颗粒喷涂在表面）

a—10N；b—50N；c—90N；d—形状不规则的氧化物颗粒

明，该合金是一种适合应用于滑动摩擦条件下的合金。在边界油润滑条件下，利用硬质钢作为配合端面，两者的磨损量都很小，只有少量的 Al－Si 合金转移到了钢销上而没有 Fe 发生转移，因此，小 Si 颗粒的划痕效应可以忽略。在磨合期以后，可以达到稳定的摩擦状态，其原因为形成了一层表面保护膜。锻造态以及直接淬火态合金的滑动摩擦性能没有区别，这是因为淬火导致大量缺陷的产生。图 7－61 和图 7－62 给出了温度 150℃ 油润滑条件下 Al－Si 多元合金的摩擦系数与滑动速度/正常载荷以及接触面积之间的关系。图 7－63 和图 7－64 则表示出随着回转数的增加，摩擦系数的变化情况。在滑动过程中，因为摩擦化学的作用在摩擦表面形成了一层保护层，使得摩擦逐渐达到稳定的状态。除了摩擦系数，还有磨损量、电接触抗力和微观结构的测定支持这样的结果。而在干摩擦条件下，因为在接触的 Al－Si 合金摩擦屑出现了部分的氧化使得摩擦达到了稳定的状态。Al－Si 的氧化沉积在钢销钉上。Al－Si 合金的摩擦表面轨迹部分的被氧化并且含有少量的 Fe。在润滑以及干摩擦条件下，由于摩擦化学的作用使摩擦达到稳定状态，Al－Si 合金与硬质钢接触具有很高的摩擦抗力。只有很少的 Al－Si 合金转移到了钢销钉上，没有松散的磨屑产生，也没有 Fe 转移到 Al－Si 合金摩擦盘上。硬质钢配合端面上没有被 Al－Si 合金中 Si 颗粒划伤的痕迹，这是因为快速凝固 Al－Si 合金中 Si 颗粒十分的细小。但是在干摩擦条件下，虽然与润滑条件的有些类似，摩擦系数也降低到一个较低的数值而达到稳定阶段，但摩擦的特性便完全不同了。

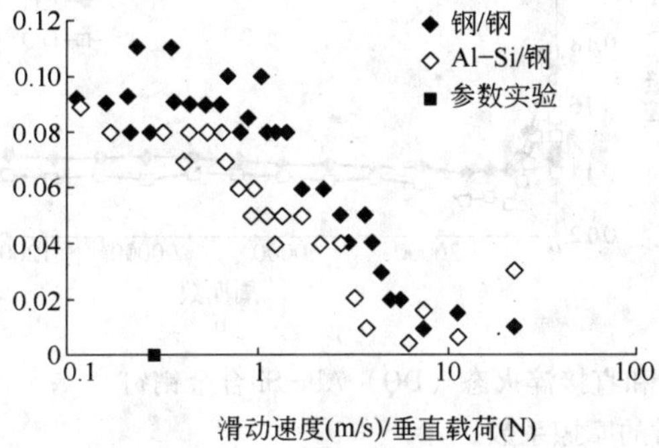

图 7－61　150℃钢销钉在钢盘以及 Al－Si 合金盘上摩擦的 Stribeck 曲线（油的黏度为常数，因此在横坐标中没有考虑）

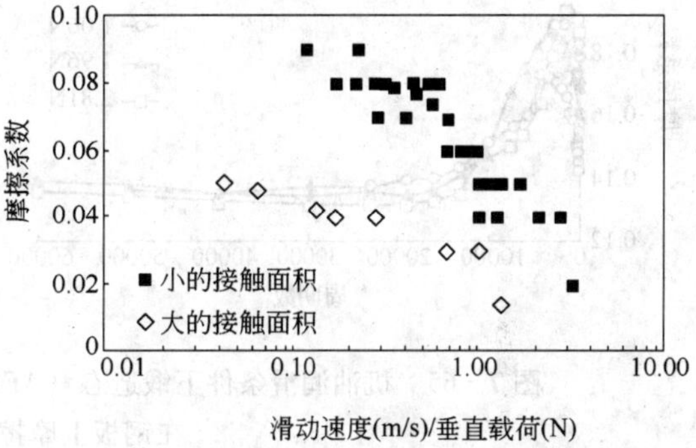

图 7－62　钢销钉在 Al－Si 合金盘上摩擦的 Stribeck 曲线（表示出表观接触面积对摩擦系数的影响，油的黏度为常数因此在横坐标中没有考虑）

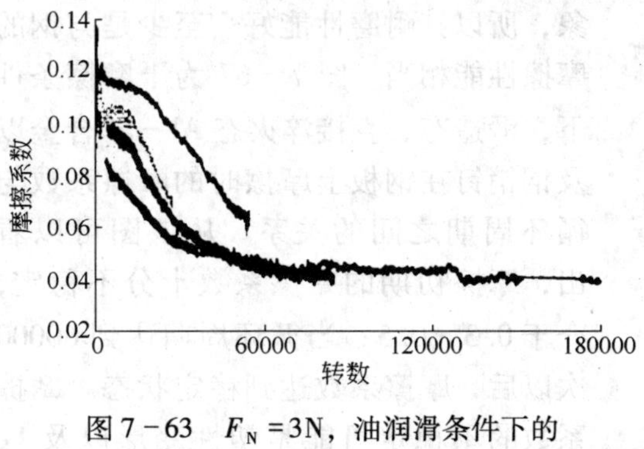

图 7－63　$F_N = 3N$，油润滑条件下的锻造态 Al－Si 合金的摩擦系数与回转转数之间的关系

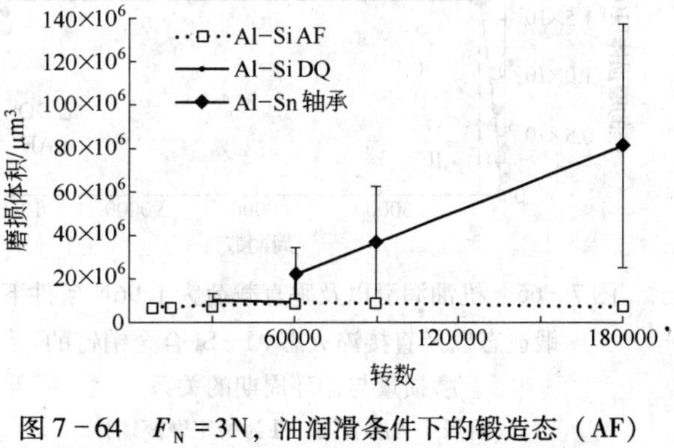

图 7－64　$F_N = 3N$，油润滑条件下的锻造态（AF）以及直接淬火态（DQ）Al－Si 合金以及 Al－Sn 耐磨合金的磨损量与回转转数之间的关系

Timmermas 等人[104]还研究了粉末冶金法制备的 Al－17Si－5Fe－3.5Cu－1.1Mg－0.6Zr 合金的腐蚀摩擦特性。研究表明，Al－Si/钢的摩擦过程具有很好的重现性，整个摩擦过程可以分为两个阶段：第一阶段为磨合阶段，此阶段具有最高的磨损速率；第二阶段为稳定摩擦阶段，该阶段的摩擦系数很低，磨损速率很低。图 7－65 给出了150℃温度以及发动机油润滑条件下，锻造态（AF）以及直接淬火态（DQ）Al－Si 合金的摩擦系数与循环周期的关系。从图中可以看出，在磨合期开始时摩擦系数为最大，经过 20000 个周期后摩擦系数达到一个稳定值（约为 0.13～0.14）。除了开始时，高载荷下摩擦系数异常高外，垂直载荷对摩擦过程基本上没有影响。锻造态 Al－Si 合金与直接淬火态合金相比，对腐蚀摩擦的敏感性更高是因为其硬度较低。而两者的摩擦系数与摩擦机理是相同的。随着温度的升高，机油在合金的表面形成一层固体保护层，因为机油本身就含有抗摩擦组分。图 7－66 给出了磨损量随循环周期增加的变化情况。从该图可以看出，当循环周期数达到摩擦系数刚好稳定时，磨损量达到稳定值。这意味着摩擦速度在磨合期以后因为保护膜的形成而降低。

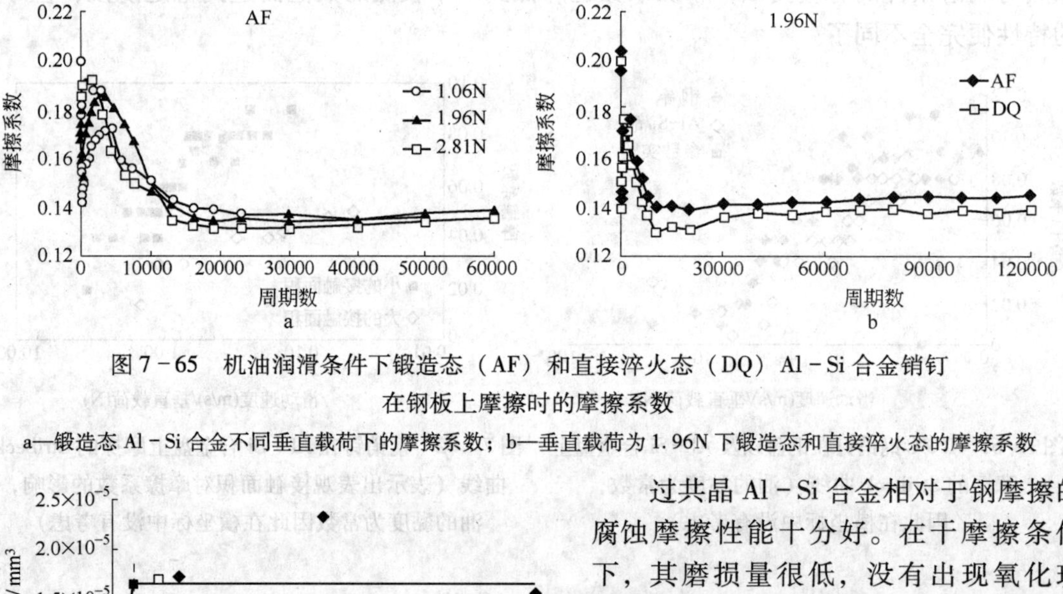

图 7－65　机油润滑条件下锻造态（AF）和直接淬火态（DQ）Al－Si 合金销钉在钢板上摩擦时的摩擦系数

a—锻造态 Al－Si 合金不同垂直载荷下的摩擦系数；b—垂直载荷为 1.96N 下锻造态和直接淬火态的摩擦系数

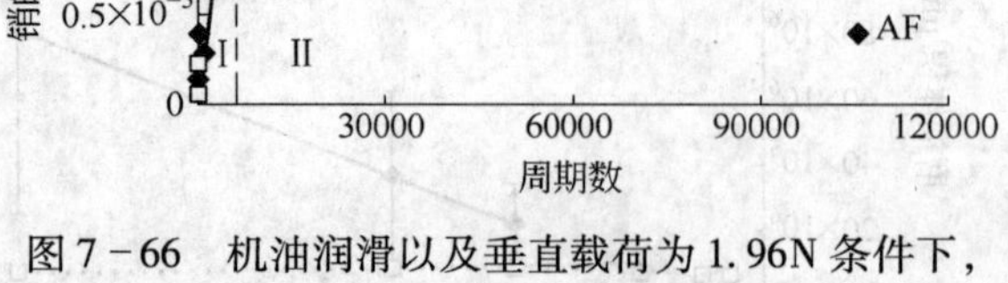

图 7－66　机油润滑以及垂直载荷为 1.96N 条件下，锻造态以及直接淬火态 Al－Si 合金销钉的磨损量与循环周期的关系

（阶段Ⅰ为磨合期，Ⅱ为稳定摩擦期）

过共晶 Al－Si 合金相对于钢摩擦的腐蚀摩擦性能十分好。在干摩擦条件下，其磨损量很低，没有出现氧化现象，所以其耐磨性能好，至少是与钢的摩擦性能相当。图 7－67 为干摩擦条件下，锻造态、直接淬火态 Al－Si 合金以及钢销钉在钢板上摩擦时的摩擦系数与循环周期之间的关系。从该图可以看出，摩擦初期的摩擦系数十分不稳定，介于 0.3～0.5；当循环周期达到 60000 次以后，摩擦系数达到稳定状态。摩擦系数的不稳定可能是塑性变形以及 Fe 的转移造成的。图 7－68 为干摩擦以及机油润滑条件下锻造态、直接淬火态 Al－Si 合金以及钢销钉的磨损量。与铸造 Al－Si 合金以及 Al－SiCp 复合材料相比，粉末冶金 Al－Si 多

元合金具有优异的耐磨性能，这主要是 Si 颗粒细小且均匀分布造成的，Si 颗粒可以抵抗腐蚀摩擦造成的剪切应力的作用，Si 可以不会破碎，此外，粉末冶金 Al－Si 合金中的 Si 对于钢表面的刮擦作用要比铸态 Al－Si 合金以及 Al－SiCp 材料轻微得多。

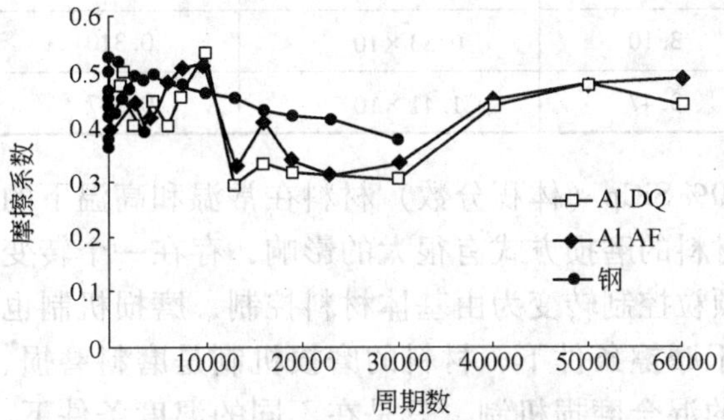

图7－67 干摩擦条件下锻造态、直接淬火态 Al－Si 合金以及钢销在钢板上摩擦的摩擦系数（垂直载荷为 1.96N）

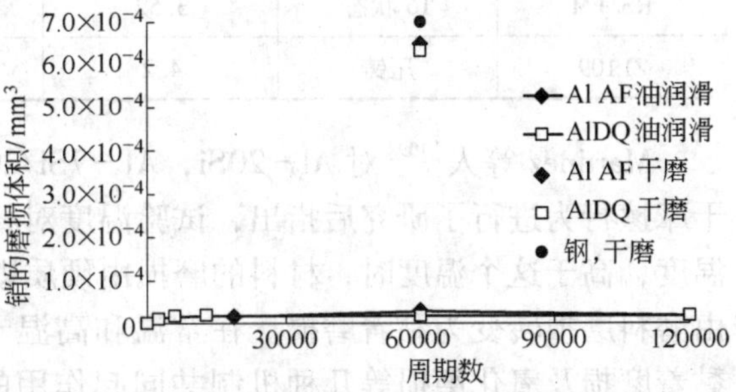

图 7－68 干摩擦以及机油润滑条件下锻造态、直接淬火态 Al－Si 合金以及钢销钉的磨损量（垂直载荷为 1.96N）

很多学者[105~107]认为，决定 Al－Si 合金磨损性能的因素处外部条件（如对磨材料、润滑状态等）以外，主要取决于合金本身的性质，如合金的整体硬度。Si 相形态、数量、分布特征及其与基体的结合状况等。一般认为，合金的整体硬度高，初晶 Si 相以颗粒状形式存在并均匀分布于基体，适当提高 Si 数量，保持 Si 相与基体的良好结合以及组织中其他硬质第二相的存在，都可以提高合金的耐磨性。由于采用铸造方法铸造 Al－Si 合金，其合金中的 Si 和 Fe 的含量都不能太高，否则所形成的初晶 Si 为大块多角形状，所形成的含 Fe 金属间化合物为粗大针片状。这种大块多角 Si 相和粗大针片状含 Fe 金属间化合物的存在会严重割裂基体，这不仅对合金的力学性能带来不利，而且磨损时容易从基体上脱落下来形成尖角状硬质磨料加剧合金的磨损。利用快速凝固工艺制备此类合金，在保持合金具有较高 Si、Fe 含量的情况下，可以大幅度细化合金的组织，挤压后进一步碎化合金中的第二相，改善其形态和分布特征，使第二相（包括初晶 Si 相、含 Fe 金属间化合物及合金中形成的其他第二相）以细小颗粒状均匀分布在基体上，这不仅可以改善合金的力学性能，而且会形成一种在典型的软基体上镶嵌硬质点的耐磨材料。在磨损过程中，这些硬质第二相首先与对磨材料接触并承受大部分载荷和摩擦作用，由于其硬度很高，不易被磨损，使合金耐磨性能大幅度提高。同时，由于大量 Si 相的存在对合金起到一种自润滑作用，因此也改善了合金的减磨性能。

谢壮德等人[108]采用超音速气体雾化法制备了 Al－17% Si－6% Fe－4.5% Cu－0.5% Mg 合金粉末，然后利用热挤压法对粉末进行固结成形，挤压后对挤压坯进行 T6 处理，并比较了该合金与压铸 Al－Si 合金的耐磨性能，见表 7－23。从该表可知，在干摩擦条件下两种状态的该合金的耐磨性明显优于 ZL109 合金，减磨性也稍优于 ZL109 合金。快速凝固 Al－Si 合金经过 T6 处理后，耐磨性能和减磨性能有一定程度的提高。通过对快速凝固 Al－Si 合金和传统的耐磨合金 ZL109 磨损表面形貌及磨屑特征进行研究表明，在干摩擦条件下快速凝固 Al－Si 合金的磨损主要以氧化磨损为主，但又具有一定的磨粒磨损和黏着磨损的特点，而 ZL109 合金的磨损则主要表现为黏着和塑性剥离磨损机制。

表 7 - 23　干摩擦条件下快速凝固粉末冶金 Al - Si 合金和 ZL109 合金的磨损试验结果

合金种类	合金状态	磨痕宽度/mm	磨擦力矩/N · m	磨损率/$mm^2 \cdot N^{-1}$	摩擦系数
RS/PM	挤压态	3.88	3.27	1.11×10^{-7}	0.327
RS/PM	T6 状态	3.52	3.10	0.83×10^{-7}	0.310
ZL109	压铸	4.2	3.47	1.41×10^{-7}	0.347

Martinez 等人[109]对 Al - 20Si，Al - 7Si/20% SiCp（体积分数）材料在常温和高温下的干摩擦行为进行了研究后指出，试验温度对材料的磨损方式有很大的影响，存在一个转变温度，高于这个温度时，材料的磨损由硬质颗粒控制转变为由基体材料控制，磨损机制也由磨料磨损转变为黏着磨损。在常温和高温干摩擦条件下，材料的磨损机制是磨料磨损、黏着磨损及氧化磨损等几种机制共同起作用的混合磨损机制，只是在不同的温度条件下，这几种机制所占的比例有所不同而已。

张大童[110]研究了快速凝固过共晶 Al - Si 多元合金及其复合材料的耐磨性能。结果表明，与铸态 KS282 合金相比，快速凝固过共晶 Al - Si 多元合金的相对耐磨性提高了 20% ~50%，与 AC8A 相比则提高得更多，而以快速凝固过共晶 Al - Si 多元合金为基体、以 SiC 颗粒增强的复合材料的耐磨性能最好，见表 7 - 24。图 7 - 69 为常温干摩擦的表面形貌，摩擦表面已明显变黑，能谱分析摩擦表面化学成分，发现 Fe、O 元素的含量很高，这说明黏着磨损和氧化磨损机制均起作用，从材料的磨损形貌来看，犁沟特征很明显，磨粒磨损是主要的磨损机制。在常温下的润滑条件下，快速凝固过共晶 Al - Si 合金的耐磨性比铸造 KS282 合金至少提高 30% 以上，而其复合材料的耐磨性则提高 4 倍以上。从磨损形貌来看，快速凝固过共晶 Al - Si 复合材料表面的犁沟数量少且浅，说明 SiC 颗粒起到了很好的支撑作用，减轻了试样整体的磨损程度。

表 7 - 24　材料的室温干摩擦性能

材　料	磨损体积/mm^3	磨损率/$mm^3 \cdot m^{-1} \cdot N^{-1}$	相对耐磨性
1	6.16	2.47×10^{-5}	1.58
2	5.51	2.21×10^{-5}	1.76
3	4.91	1.97×10^{-5}	1.98
4	7.22	2.89×10^{-5}	1.35
5	9.71	3.89×10^{-5}	1

注：载荷 294N，滑动线速度为 0.497m/s，磨损行程为 850m。

材料 1—Al - (28 ~32)% Si - (1 ~3)% Cu - (0 ~0.5)% Mg - (0 ~1)% Fe - (0 ~1)% Ni - Mn（适量）（快速凝固粉末冶金材料挤压比 6 : 1，500℃挤压，T6 处理）。

材料 2—Al - (28 ~32)% Si - (1 ~3)% Cu - (0.5 ~1)% Mg - (1 ~2)% Fe - (1 ~2)% Ni - Mn（适量）（快速凝固粉末冶金材料挤压比 6 : 1，500℃挤压，T6 处理）。

材料 3—Al - (28 ~32)% Si - (1 ~3)% Cu - (0 ~0.5)% Mg - (0 ~1)% Fe - (0 ~1)% Ni - Mn（适量）/10% SiCp（质量分数）复合材料（粉末冶金复合材料，挤压比 6 : 1，450℃挤压）。

材料 4—KS282 合金为铸造 Al - (25 ~27)% Si - (0.8 ~1)% Mg - (0.8 ~1)% Cu - (0.5 ~1)% Fe - (0.7 ~1)% Ni - Mn、Co，经 T6 热处理。

材料 5—三菱汽车活塞材料 AC8A，实测成分为 Al - (11 ~12)% Si - (0.8 ~1)% Mg - (1.0 ~1.5)% Cu - (0.8 ~1)% Fe - (0.8 ~1)% Ni - Mn、Co（适量）。

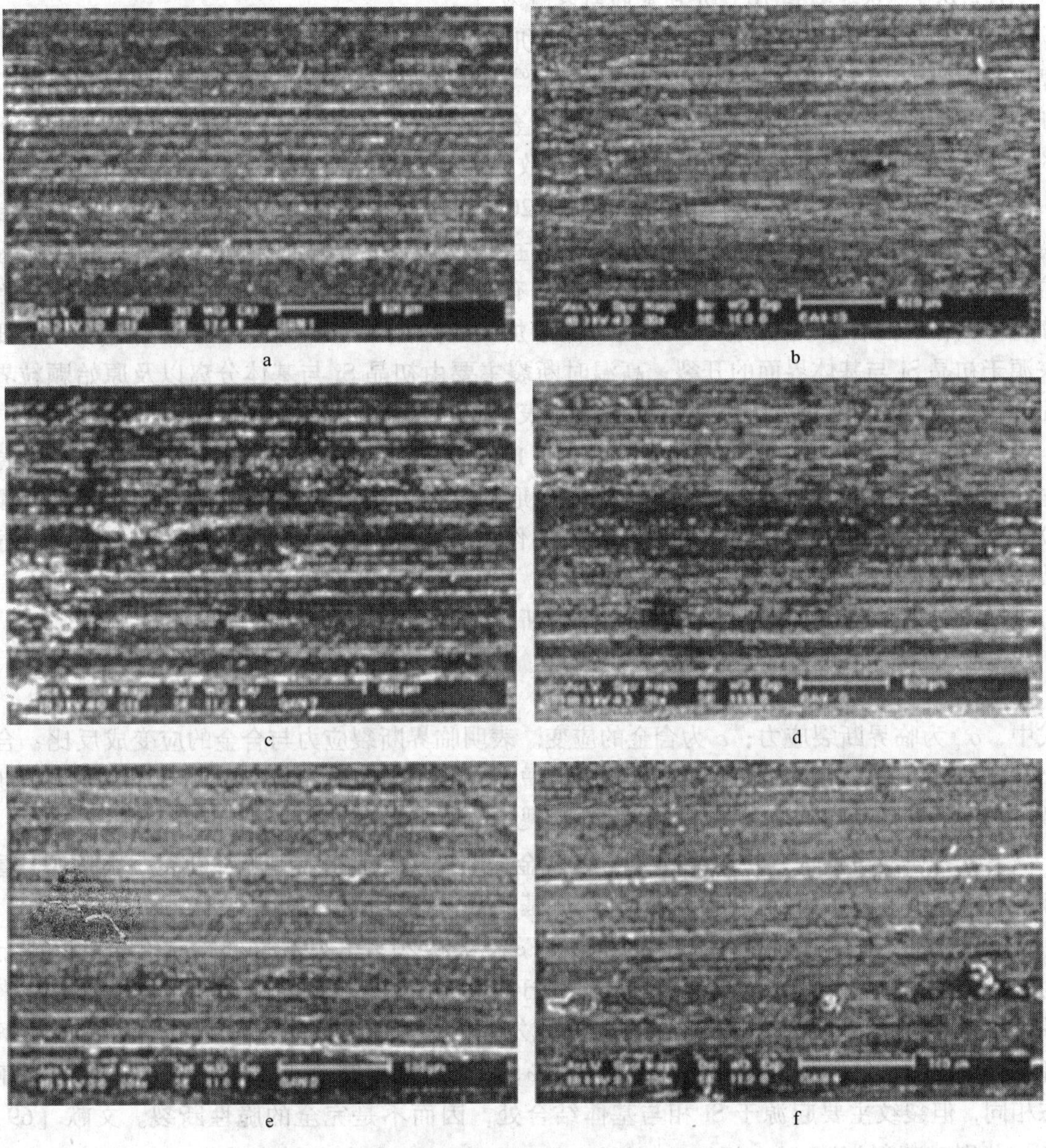

图 7-69 干摩擦磨损表面形貌

在高温下，快速凝固过共晶 Al-Si 合金的耐磨性能比起具有相似化学成分的铸造 Al-Si 合金 KS282 以及 AC8A 合金要高，而其 SiC 颗粒增强快速凝固 Al-Si 复合材料的耐磨性能要差一些，这可能与复合材料的高温力学性能较差有关。图 7-69 为快速凝固过共晶 Al-Si 合金及复合材料与铸造 Al-Si 合金的耐磨性能对比。快速凝固过共晶 Al-Si 合金及复合材料的干摩擦磨损机制在室温下是磨粒磨损、黏着磨损和氧化磨损共同作用的混合机制，在高温下黏着磨损所占的比重增加。在油润滑条件下主要是磨粒磨损。其耐磨性提高的原因包括试验材料含 Si 量的提高，Si 相形态、尺寸及分布状况的改善以及力学性能的提高等。

7.2.3.4　快速凝固 Al－Si 合金的断裂行为

有关快速凝固过共晶 Al－Si 合金的断裂机理，各国学者看法不一。有人认为是脆性沿晶断裂[111,112]。有人认为是韧窝型穿晶断裂[69,113]，也有人认为是韧性和脆性共存的混合断裂方式[35,68]。考虑到不同研究者利用的合金成分和制备工艺有所不同，所得到的材料的微观组织和结构不一，因而其结论也不一致。

Zhou 等人研究了快速凝固粉末冶金 Al－20% Si－3% Cu－1% Mg 合金的室温和高温断裂行为，结果表明：室温时挤压态合金裂纹主要来源于三个方面：初晶 Si 开裂，原始颗粒界面开裂以及 Si 相与基体界面开裂。端口有小刻面和韧窝特征，表明断裂是一种韧性和脆性共存的混合断裂方式。T6 处理后由于加强了原始颗粒界面的结合，因此裂纹主要来源于初晶 Si 与基体界面的开裂；高温时断裂主要由初晶 Si 与基体分离以及原始颗粒界面分离造成的，断口具有较大的韧窝特征，表明此时合金的断裂呈韧性断裂特征。

Mocellin 等人[111,112]研究了喷射沉积 Al－14% Si－3% Fe 合金的断裂情况表明：裂纹首先在尺寸较大的 Si 颗粒上萌生，随着塑性变形的继续，更多的 Si 颗粒开裂，而原来的裂纹变宽，最后的 Si 颗粒引起的裂纹在应力的作用下沿晶界通过塑性剪切而连接起来，导致合金的整体断裂。其断裂方式是沿晶断裂，这一点与 Anand 等人的报道有矛盾之处，有待进一步研究。同时该文献给出了合金发生断裂时的临界应力满足如下关系式：

$$\sigma_r = \frac{239}{\varepsilon^{1/6}} \tag{7-4}$$

式中，σ_r 为临界断裂应力；ε 为合金的应变。表明临界断裂应力与合金的应变成反比，合金在拉伸过程中，随拉应力的增大，应变也增大，从而导致临界断裂应力下降。当临界断裂应力下降到低于拉伸应力时，合金发生断裂。

有一些研究者认为，快速凝固 Al－Si 合金的断裂从宏观上看呈脆性断裂，从微观上看却具有韧窝型断裂的特征，与颗粒增强金属基复合材料具有相似的断裂行为。

袁晓光[106]对喷射沉积 Al－20% Si－5% Fe 合金和 2024－20% Si－5% Fe 合金的断裂行为进行了研究认为：在挤压态裂纹主要来源于大块初晶 Si 颗粒的脆性断裂，也有部分来源于 Si 相与基体结合处，断裂是以穿晶方式发生的，其端口凹凸不平，并有大量由小解理平台组成的韧窝和杯锥状突起。2024－20% Si－5% Fe 经 T6 处理后断裂过程基本与挤压态相同，但裂纹主要起源于 Si 相与基体结合处，因而不是完全的脆性断裂。文献［69，71］分别对喷射沉积 Al－17% Si－4.5% Cu－0.6% Mg 合金和粉末冶金 Al－18.8% Si－4.34% Cu－0.66% Mg 合金的断裂行为进行了研究，结论与袁晓光相同，即认为快速凝固 Al－Si 合金断裂属韧窝型穿晶断裂。另外，袁晓光还认为，热处理也会影响快速凝固 Al－Si 的断裂机制。经过 T6 热处理的喷射沉积 Al－20.7Si－5.4Fe－4.5Cu－1.4Mg 合金（质量分数）的断裂机制发生了改变，断裂裂纹源由原来主要起源于硅相转变为硅相以及硅相与基体结合处，但由于 T6 处理使基体得到固溶强化而抑制了裂纹的扩展，最终提高了合金的强度。T6 热处理改变合金断裂裂纹源的原因是：T6 热处理使硅相颗粒发生粒状化，尺寸和分布更均匀，并消除了硅相上的尖角，释放了硅相的内应力，提高了硅相强度，同时也加剧了硅相与基体之间微孔的内应力，促使其成为断裂裂纹源。

Dasgupta[50]对快速凝固 Al－17% Si－1.5% Cu（质量分数）合金的断裂进行了研究，

并与传统铸造合金进行了比较。图 7－70 和图 7－71 给出了 Al－17% Si－1.5 % Cu（质量分数）合金断裂表面的扫描电镜照片。在传统铸造合金中可以观察到均匀弥散分布的初晶 Si 颗粒，断裂是由沿晶开裂导致的，如图 7－70 和图 7－71 所示，一些情况下，在高倍下观察粗化的 Si 颗粒已经被移去。在快速凝固挤压合金中，并没有观察到弥散粒子（图 7－70和图 7－71），裂纹一定是从样品的边缘向中心扩展的。传统铸造合金与快速凝固 Al－17% Si－1.5% Cu（质量分数）合金的断裂表面存在韧窝，但快速凝固合金中的韧窝尺寸要比铸造合金中的小得多。此外，利用快速凝固工艺可以显著改善合金的塑性。实际上，合金不同的 Si 含量，不同的冷凝速度和不同的致密化工艺和参数，会使材料内 Si 相的体积分数、尺寸大小和分布状况存在着较大的差别，从而影响断裂行为；从另一个角度来看，这也说明快速凝固过共晶 Al－Si 合金的断裂行为比较复杂，研究有待深入和完善。除了材料自身的组织结构特点以外，环境因素对断裂也会产生很大的影响，例如温度、腐蚀介质等将会引起材料断裂行为的改变。对于活塞材料而言，研究其高温断裂行为是有必要的。张大童[110]快速凝固过共晶 Al－Si 合金的常温断裂机制是一种混合断裂机制，断裂的主要决定因素是初晶 Si 的尺寸和分布状况。裂纹首先在尺寸较大的初晶 Si 相中形成，

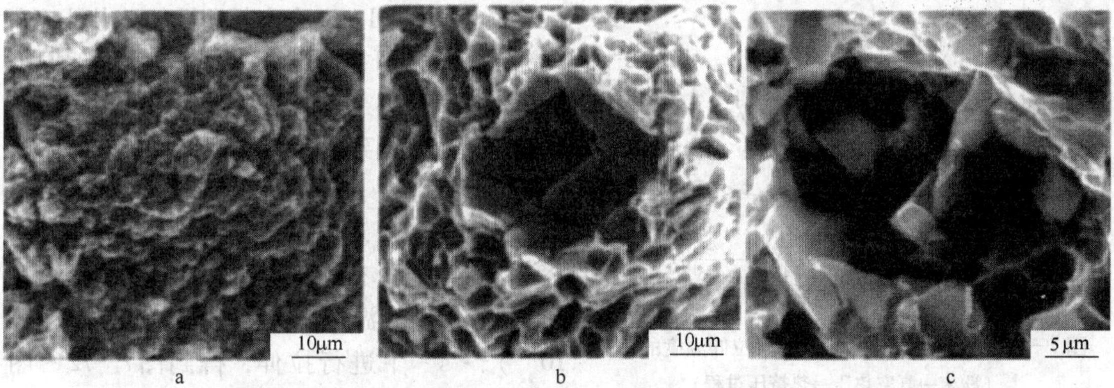

图 7－70 Al－Si 合金的断裂表面 SEM 高倍下的快速凝固合金断裂表面，显示 Si 颗粒已经被移除

图 7－71 Al－Si－Cu 合金断裂表面的 SEM

a—快速凝固 Al－Si－Cu 挤压合金；b—铸造挤压 Al－Si－Cu 合金

而裂纹的扩展和连接过程中的微孔聚集型断裂和沿晶断裂两种机制也有一定的作用。由于 Si 的解理断裂以及沿晶断裂的共同作用，材料的伸长率不高，从宏观上看断口具有脆性断裂的形貌特征，属微孔聚集性断裂，在微观上看断口具有一些韧窝。快速凝固过程中过共晶铝硅合金的高温断裂机制可以这样考虑，快速凝固过共晶 Al – Si 合金随着拉伸试验温度的升高，韧性断裂特征逐渐明显，在 250 ~ 300℃左右，其断裂基本上已完全转变为韧性断裂，初晶 Si 颗粒解理断裂不再发生。

7.2.3.5　快速凝固 Al – Si 合金的超塑性

快速凝固高硅铝合金研究中存在的问题主要是由于合金中的 Si 含量较高，使合金室温塑性较差，利用常规方法难以对其进行成形操作，很难用于制造一些形状复杂的零部件，因此使其应用受到一定的限制。

最近国内外对复合材料的超塑性进行了大量的研究工作。结果表明，复合材料高温加热后在一定变形条件下表现出非常优异的超速成形性，其伸长率超过了 300%。高硅铝合金由于初晶硅的析出，其结构和复合材料有相似之处，因此可以从超塑性的研究来解决 Al – Si 合金成形困难的问题。

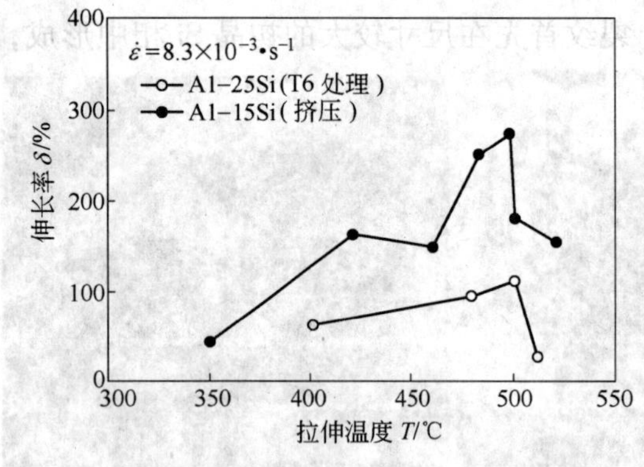

图 7 – 72　Al – Si 合金的伸长率与拉伸温度的关系
（粉末→真空热压→热挤压过程）

最早研究 Al – Si 合金超塑性的学者是日本九洲工业技术研究所的藤富雄[114,115]。他们采用甩带法和离心雾化法制得粉末或带，带和粉末破碎后过筛得到 – 149μm 粉末，在 390℃下，压力为 55MPa，真空热压 1h；然后在 490℃，挤压比为 10 : 1 进行挤压；挤压材在 470℃固溶 1h，淬水后在 175℃时效 8h，炉冷。在 350 ~ 523℃，高温速率为（8.3×10^{-4} ~ 4.2×10^{-1}）$\cdot s^{-1}$ 下进行拉伸，得到图 7 – 72 ~ 图 7 – 74 所示结果。结果表明，Al – 25% Si 和 Al – 15% Si（质量分数）合金的最大伸长率为 154% 和 307%，随着应变量的增加，粉末铝硅合金的 m 值从 0.4 降低到 0.33 甚至更少。

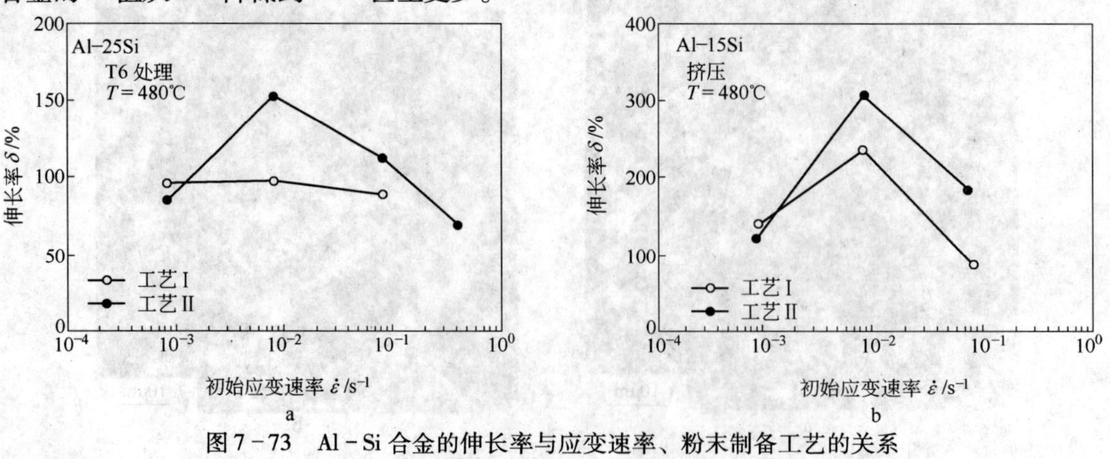

图 7 – 73　Al – Si 合金的伸长率与应变速率、粉末制备工艺的关系
a—Al – 25Si；b—Al – 15Si
工艺Ⅰ：粉末→真空热压→热挤压；工艺Ⅱ：粉末→热挤压

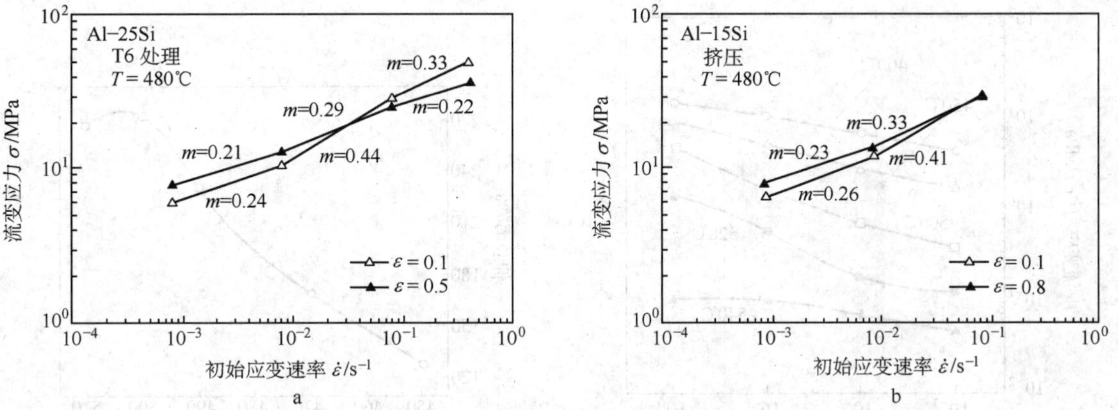

图 7－74 Al－Si 粉末合金的流变应力与应变速率的关系（工艺Ⅱ）

a—Al－25Si；b—Al－15Si

日本学者石原知等人[116,117]也研究了 Al－Si 系粉末合金的超塑性，研究结果表明，在 500℃变形速率为 10^{-1}/s 时具有最大的伸长率。在 500～520℃应变速率的敏感指数最大值 m 为 0.5，在这个温度变形，很多晶粒含有高密度位错，主变形机理为晶界滑移，在 520℃时还有少量液相协调变形，石原知等人的研究结果如图 7－75～图 7－77 所示。谢壮德[118]研究了 Al－17% Si－6% Fe－4.5% Cu－ 0.5% Mg 的超塑性问题（图 7－78 和图 7－79），研究发现在 510℃的变形温度和 0.125s^{-1}的应变速率下，合金具有最佳的伸长率（达到 321%）。研究还测定了不同应变速率下合金的应变速率敏感指数 m，结果表明，在低的应变速率下 m 值很低，合金并不表现出典型的超塑性材料特征；当应变速率很高，如达到 0.125s^{-1}时，应变速率敏感指数也很高，达到了 0.47，表现出典型的超塑性材料特征。另外，超塑性拉伸断裂后合金的断口特征和微观组织的研究表明，合金在超塑性状态下的断裂主要以界面液膜开裂为特征，说明合金组织内界面的局部熔化对其超塑性变形起着重要的作用。在超塑性状态下合金的微观组织主要以形成大量的微空洞为特征，微空洞的尺寸、数量及形态特征与合金在超塑性变形时所承受的温度和应变速率有关，随着变形温度的升高微空洞的数量和尺寸表现出增多和增大的特征，而随着应变速率的增大，微空

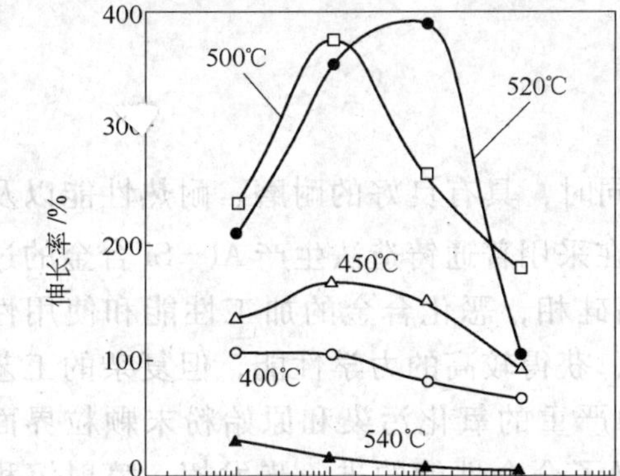

图 7－75 Al－17Si－4.5Cu－0.5Mg（质量分数）粉末合金的初始应变速率与伸长率的关系

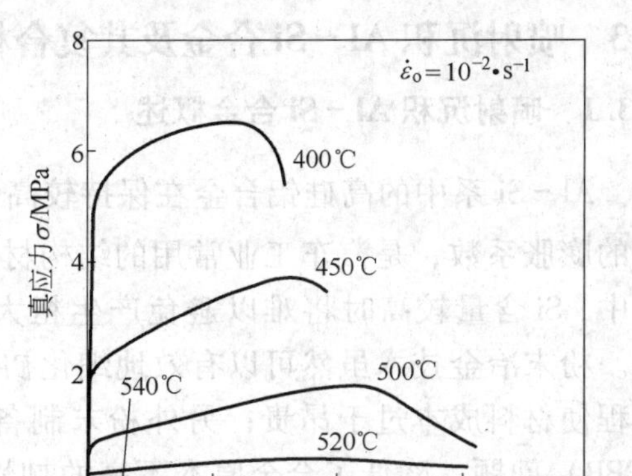

图 7－76 Al－17Si－4.5Cu－0.5Mg 粉末冶金在各种温度下真应力与真应变的关系（σ－ε 曲线）

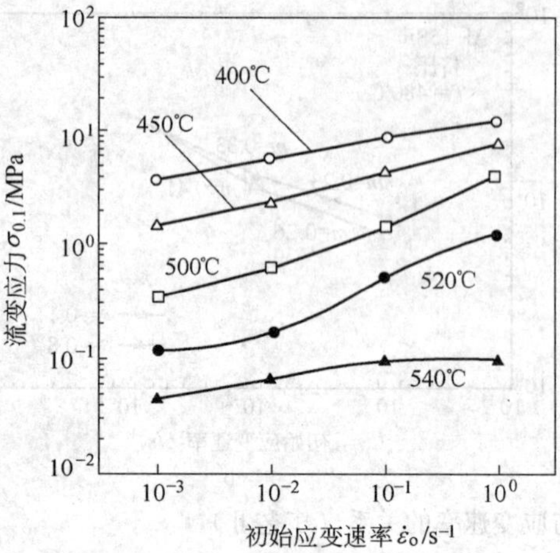

图 7 - 77　Al - 17Si - 4.5Cu - 0.5Mg 粉末合金在各种温度下流变应力与初始应变速率的关系

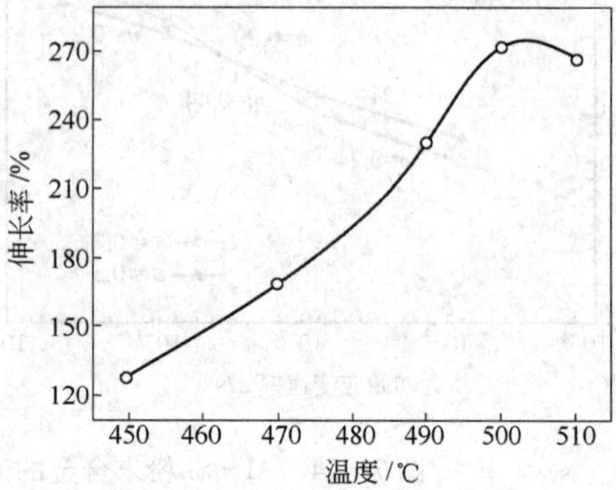

图 7 - 78　Al - 17% Si - 6% Fe - 4.5% Cu - 0.5% Mg（质量分数）合金超塑性伸长率与温度变化的关系

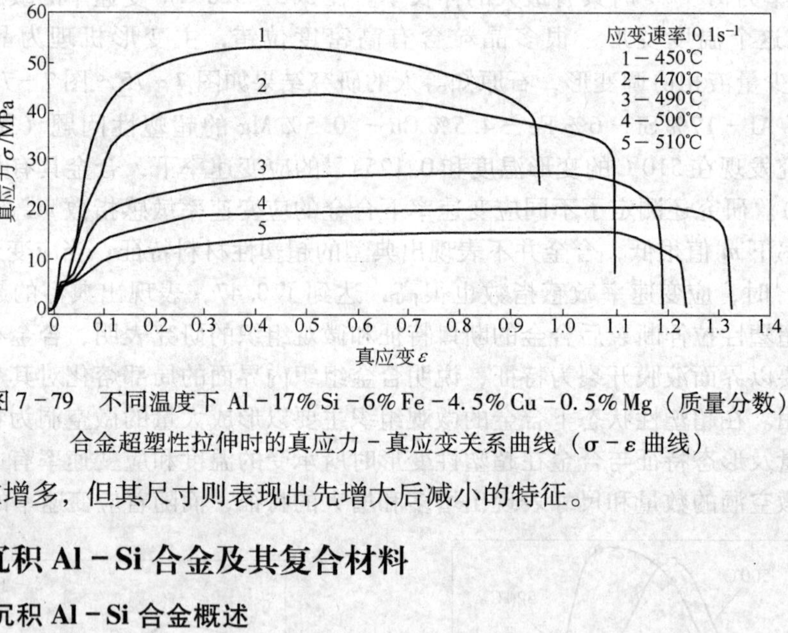

图 7 - 79　不同温度下 Al - 17% Si - 6% Fe - 4.5% Cu - 0.5% Mg（质量分数）合金超塑性拉伸时的真应力 - 真应变关系曲线（σ - ε 曲线）

洞的数量也在增多，但其尺寸则表现出先增大后减小的特征。

7.3　喷射沉积 Al - Si 合金及其复合材料

7.3.1　喷射沉积 Al - Si 合金概述

Al - Si 系中的高硅铝合金在保持较高强度的同时，具有良好的耐磨、耐热性能以及低的膨胀系数，是汽车工业常用的结构材料。但在采用普通铸造法生产 Al - Si 合金的过程中，Si 含量较高时将难以避免产生粗大的初晶硅相，恶化合金的加工性能和使用性能。粉末冶金技术虽然可以有效地细化初生硅相，获得较高的力学性能，但复杂的工艺过程使材料成本过于昂贵；另外粉末制备过程中严重的氧化污染和原始粉末颗粒界面（PPB）问题，降低了合金原本不高的韧性，限制了合金性能的进一步发挥。喷射沉积快速凝固技术的发展推动了高硅铝合金的研究，显著改善了初晶硅相的形态与分布，降低了氧含量，提高了合金的性能。表 7 - 25 给出了几种方法制备的 Al - Si 合金中初晶硅的尺寸[119~122]。

表 7 - 25　几种方法制备 Al - Si 合金的初晶硅的尺寸

合　金	制备方法	相组成	Si 尺寸/μm
Al - 17Si - 4.5Cu - 0.6Mg (390Al)	IM	初晶硅 共晶硅	80 —
Al - 20Si - 5Fe	SD SD	初晶硅 初晶硅	2.0
Al - 20Si - 5Fe - 3Cu - 1Mg	RS/PM	初晶硅 共晶硅	5.0 0.3
Al - 20Si - 3Cu - 1Mg	RS/PM	初晶硅 共晶硅	5.0 1.0
Al - 20Si - 3Cu - 1Mg	RS/PM	Si	2 ~ 7
390Al	SD	Si	5 ~ 11
Al - 12Si	PSD	初晶硅	<0.5

注：IM 为铸造冶金；RS/PM 为快速凝固/粉末冶金；SD 为喷射沉积；PSD 为等离子喷射沉积。

与其他快速凝固工艺相比，喷射沉积制备高硅铝合金具有明显的优点，受到广泛的重视。一般快速凝固只能得到粉末、片、丝或薄带形状的半成品，难于直接加工成产品，通常需经过粉末冶金工艺固结成形。而喷射沉积方法可直接由液体金属制取快速凝固块状的毛坯，大大缩短了生产周期，提高了生产效率，降低了生产成本。

喷射沉积铝合金的第一次应用是日本住友轻金属公司，将用喷射沉积技术制造的 Al - Si 合金用于日本 Mazda Eunos800 汽车所采用的节油 Miller Cycle 发动机中的 Lysholm 压缩机转子。由于汽车行业的不景气，其他方面应用开发得较少，但喷射沉积材料在汽车领域仍具有最大的潜在市场。

德国的 PEAK 和日本的住友轻金属公司已批量生产过共晶 Al - 20Si 合金[104]。现有设备所生产的喷射沉积坯件的直径为 250 ~ 400mm，长度为 1000 ~ 1410mm。正在建造中的新设备的年产量为 1000t，所生产的批件长度可增加 1 倍。利用专门开发的控制系统，当坯件的直径为 250mm 时，尺寸公差仅为 ±2mm，工件可以不经车削加工直接挤压。住友轻金属公司对 Al - Si 合金在 VTR 汽缸、压缩机叶轮和转子中的应用进行了一系列的研究工作，其研究结果表明，采用喷射沉积制得的坯料，经挤压后再经 T6 处理的 PB420、PB405、PB416 合金在 VTR 汽缸、压缩机叶轮和转子等方面有着广泛的应用前景。

7.3.2　喷射沉积坯的组织与性能

近年英国、荷兰、西班牙等国家开展了喷射沉积高硅铝合金的研究。英国 Osprey 公司应用喷射沉积的方法制备出硅含量为 20% ~ 50% 的高硅铝合金毛坯[123]，其微观组织中初生硅十分细小，硅相平均尺寸约为 4 ~ 30μm，且分布均匀，硅相的形貌为团块状，并未观察到像常规铸造过共晶铝硅合金中出现的粗大的初生硅和针状共晶硅组织。硅含量对合金喷射沉积态的初生硅的大小具有很大影响，在 Al - 20Si 合金的微观组织中初生硅的最大尺寸为 6μm；在 Al - 30Si 合金中，最大为 15μm；在 Al - 40Si 合金中，最大为 50μm。在高于共晶温度 1 ~ 2°C 保温，其组织中会出现球状的 α 相，但这种球状的 α 相在半固态组织存在的时间不高于 5min。

荷兰的 Estrada 等[39]分析了喷射沉积 Al－20Si－3.1Cu－1.3Mg－0.3Fe 合金的工艺特点，测量了其致密度和氧含量。结果表明，其平均致密度可以达到 98.3%，氧含量为 0.03%，硅相的平均颗粒尺寸为 4μm，最大的颗粒尺寸为 7μm，且在雾化和沉积阶段无氧化层产生。Zhou 等人[34]研究了喷射沉积 Al－20Si－5Fe 合金，喷射沉积的冷却速度为 $10^3 \sim 10^4$K/s，氧含量为粉末冶金的 1/3～1/7，孔隙率为 1.3%，材料组织细化，析出相弥散分布成分均匀。喷射沉积坯和铸造坯的组织有明显区别。喷射沉积坯组织的明显特点是等轴晶粒的形成、组织疏松和非完全冶金结合。有关喷射沉积显微组织的形成机制有很多讨论，都认为雾化沉积形成的等轴晶粒与传统的铸造有所不同。关于喷射沉积材料显微组织的形成机理，主要包括如下四种观点[124]：

（1）等轴晶粒直接从预凝固液滴中的枝晶碎片长大；

（2）严重变形的急冷液滴的等轴晶粒的重结晶，这种液滴被薄的液体薄膜所包围，类似于液相烧结时的粗化；

（3）直接从急冷过程中形成细密的组织，在随后的固态时球化和长大；

（4）高固态分数时晶粒粗化受到抑制。

早期人们对雾化沉积的研究推测，等轴晶粒的形成是与沉积时的枝晶臂断裂有关[125,126]。这个过程发生在沉积坯上表面的半液半固区。在部分凝固液滴中固相的大范围破碎可以给半凝固区提供高密度的破碎枝晶，这些枝晶变成了有效的凝固核心，固相随后从这些核心中长大，在凝固结束时形成一种等轴晶组织[127]，在理想条件下，枝晶碎片不能重熔，各个枝晶碎片最终会形成一个晶粒。

沉积时枝晶臂破碎的现象，是由直接的机械变形和相关区域内涡流气体的对流引起的剪应力所造成的[128,129]。液滴在沉积表面上的高能碰撞不仅引起雾化液滴内枝晶的变形和断裂，而且也引起了半凝固区枝晶的变形和断裂，已经证实沉积时枝晶臂的断裂通过晶界分离很容易实现。Zhang 等人[130]提出了类似的枝晶臂断裂的等轴晶形成机制。他们假定了形成的涡流使雾化时形成的枝晶臂变得弯曲断裂和重熔，认为新的晶体可以在枝晶碎片上形核和长大。他们进一步证实了沉积时强烈的对流作用可以协助来稳定等轴组织，其原理是强烈的对流保证局部热量和溶质的均匀性，使初生的枝晶长大更困难。

Bewlay 和 Cantor[131]提出，预先凝固的粉末可以为半凝固区提供形核中心，但试验结果证明这种机制不可能成为晶粒形成的原因。有关研究表明，碰撞时预先凝固粉末的尺寸可以超过 50μm，这样，在一定的试验条件下，预先凝固粉末的尺寸将超过等轴晶的平均尺寸。

Anand 等人[69]研究了喷射沉积 Al－17Si－4.5Cu－0.6Mg 合金，他们认为有两种机理可以解释材料中形成的等轴晶组织。第一种机理认为，等轴晶粒是通过断裂的枝晶臂形成的。在沉积过程中，固态、液态和半固态液滴同时到达沉积坯表面，形成了一定厚度的半液半固层。固态、半固态液滴的预沉积表面发生碰撞导致了枝晶臂的破裂，这种枝晶碎片成为等轴晶形核的有利位置；第二种机理认为，等轴晶是由枝晶碎片在固态冷却时长大和粗化而形成的，它的形成包括两个性质不同但又相互竞争的过程，即沉积时未大量变形的枝晶臂的均匀化过程和变形、断裂枝晶臂的进一步长大、粗化的过程。

Liang 等人[132,133]的研究结果表明，晶粒形状由变形的枝晶转变为等轴晶，尺寸随退火温度和时间的增加而变大。在喷射沉积过程中，沉积时的冷却速度取决于沉积基板的热传递系数和沉积材料处于高温状态，进行了短期的退火，未变形的枝晶经历了一个均匀化的过程，而变形和断裂的枝晶在沉积期间发生了长大和粗化。

Ashok[134]对喷射沉积的研究表明，雾化液滴随后的沉积过程可以认为是一个类似于液相烧结的粉末冶金过程，它包括颗粒重新排列、固溶再析出和聚合三个过程。当低熔点和高熔点混合粉末加热到半固状态时，与液滴润湿有关的表面张力将固体颗粒紧密地结合在一起，称为颗粒的初次重新组合；当液体腐蚀和渗透晶界时发生颗粒的二次重新组合。在喷射过程中，雾化液滴、半固液滴与沉积表面碰撞后发生了类似液相烧结中颗粒重新组合的过程，因而在沉积坯中形成了细的晶粒组织。当液相成分降低时，固溶再析出与颗粒重新组合过程同时发生；固溶和再析出表现为细的晶粒溶解，粗的晶粒长大。再析出结束时，固体颗粒与极薄的液体薄膜分离。当薄膜足够薄时，表面张力可以使液体收缩，固体颗粒直接接触，形成尺寸较大的等轴晶粒。

Lavernia 认为[135]，晶粒增殖可能是形成等轴晶的原因。它类似于传统铸造中等轴晶形成的原理。晶粒增殖是一个包括枝晶臂重熔的机制。枝晶重熔机制首先由 Klia 和 Chernov 提出，他们认为枝晶根部由于溶质原子偏聚而发生了局部重熔，根部相对于枝晶前沿具有更低的熔化温度，温度起伏促进了枝晶根部的重熔，重熔的枝晶碎片作为形核的核心，形成恶劣等轴晶粒。

Annavarapu 等人[136]认为，在雾化沉积过程中，当沉积时固相分数较高时，晶粒粗化受到了显著的抑制，形成了等轴晶组织。他们研究了 2014 铝合金、Cu－4Ti 和 In625 高温合金喷射沉积下不同固相分数对组织粗化过程的影响。结果表明，随着沉积表面固相分数的增加，粗化效应被显著抑制。有三种假设可以解释这个现象：

（1）温度降低时由于固液两相中溶质浓度梯度差的增大引起了粗化速度的降低；

（2）高固相分数时枝晶臂在晶内聚集，引起了液滴析出；

（3）晶界上的杂质颗粒阻碍了晶界的迁移。

喷射沉积坯组织的第二个特点是组织疏松。一般来说，喷射沉积材料中总是存在着一些疏松，它与沉积坯的形状及材料种类无关。疏松的数量、尺寸和分布在很大程度上取决于雾化沉积的条件，它的存在显著降低了喷射沉积材料的力学性能[137,138]。

在靠近基板的区域内疏松较高，随着沉积厚度的增加，疏松逐渐减少。该区域疏松的形成被认为是由于先前到达沉积表面的液滴快淬造成的；随后是稳态沉积区域，在此区域疏松的数量不受沉积厚度的影响，仅取决于凝固条件。Bewlay 等人[131]认为，存在表面疏松、稳态疏松和基板疏松三个区域。表面疏松又称之为顶部疏松。表面疏松的数量一般较高，它的形成有两种原因：一是在雾化沉积后期坩埚中的静压力减小，使金属气体流率比下降所引起：二是在沉积结束时沉积表面冷却速度升高，雾化液滴的结束使能够填充液滴间隙的液体严重不足。稳态疏松就是中央疏松。沉积坯中央部位存在大量的孔洞，其尺寸、数量和形态与位置无关，说明孔洞是在稳态沉积条件下形成的。在铝合金稳态沉积阶段，至少存在三种孔洞：一是在晶内和晶界都出现的大孔洞；二是在初始晶界和液滴界面上的中等尺寸的孔洞；三是初始晶内的小孔洞。Bricknell[139]报道了存在超过晶粒尺寸的达 150μm 的大孔洞，而小孔洞尺寸在小于 50μm 范围。他获得的结果证实了，在沉积时有大量液相存在的情况下大孔洞的尺寸将明显增加。基板疏松即底部疏松。基板疏松归因于基板附近材料中热量的有效散失，在这个区域可以观察到球形不规则的两种孔洞。Cai 等人[140]发现了三种尺寸在 0.1～50μm 范围的孔洞，他们研究了低压等离子雾化沉积钨的疏松来源。由于低压等离子雾化沉积的热量条件、凝固条件均与喷射沉积相似，所以这种结果可以用来解释基板疏松的形成。研究结果表明，最小的孔洞尺寸在 0.1～2μm，且分布于晶内；大孔洞尺寸在 1～5μm 范围。

根据孔洞的尺寸分布及其在沉积坯的位置，一般认为，疏松的形成有下面三种可能的机制，即气体捕获、凝固收缩和空隙疏松[124]。雾化沉积材料中大的球形孔洞均来自于气体捕获，因而它们的位置没有被限制在晶界上，这证明在沉积时存在大量的液相时更容易形成气体孔洞。这种疏松是过程固有的，在低的液相分数时是小的气体孔洞，在高的液相分数时小气孔联合形成大孔洞。雾化沉积材料中最小的孔洞被认为是由于凝固收缩所造成的。凝固收缩源于固、液相之间较大的密度差异。一般认为，有两种原因可能形成凝固收缩孔洞，即沉积时的凝固收缩与液滴凝固期间的收缩。雾化沉积材料中普遍观察到的中间尺寸孔洞是空隙孔洞，它是由于固体和部分凝固液滴之间的空隙的不完全填充造成的。这种孔洞存在于先前凝固的液滴界面或晶界上，显示出极不规则的形状。

总之，疏松的形成机制决定了疏松的数量、尺寸、形态和分布。疏松的存在严重地影响了喷射沉积材料的力学性能，疏松形成机制的研究对合理地控制沉积过程和后续致密化均具有重要意义。

喷射沉积坯组织的第三个明显特点是非完全冶金结合问题。由于喷射沉积是液相结合，雾化颗粒与沉积基体碰撞前，液态颗粒只占一部分，不可避免的会产生固相颗粒与固相颗粒相结合的状态，因此就会产生非完全冶金结合问题。喷射颗粒存在一定的氧含量，喷射沉积产生一定的疏松都会使雾化沉积坯产生非冶金结合。非冶金结合是喷射体积本身存在的一个缺陷。如果采取增大体积过程中的液相量来解决这个问题，则会使坯料产生铸造化，失去其喷射沉积的特点。特别是对铝合金来说，由于喷射过程中存在轻微的氧化（0.01%～0.05%），这种颗粒的氧化膜会破坏喷射沉积坯的完全冶金结合。即使沉积坯密度接近理论密度，这种合金坯不经后续加工，性能也相当低。只有通过后续加工，破坏颗粒的氧化膜，才能达到冶金结合，获得高的性能。因此，喷射沉积坯的后续加工是解决喷射沉积产品工业化的一个重要问题。喷射沉积坯的热加工是一个经常使用的工艺，但是坯料过大，使得热加工设备的吨位增大，增加了热加工的难度。另外，有些合金本身比较脆，难于加工。高硅铝合金组织中存在大量的硅相，硅相硬而脆，在锻造和热挤压中其变形很困难。如果热挤压工艺参数（如挤压温度和挤压力）选择不合适，在硅相与基体的界面上将会产生裂纹，从而导致材料性能下降。Zhou[37]在研究快速凝固 Al－20Si－7.5Ni－3Cu－1Mg 的热挤压过程中发现：这种材料所需的挤压力大，可挤压的工艺参数范围窄。由于热挤压存在这些缺点，因此有人开始探索用半固态触变成形方法来进行致密化和成形。西班牙的 Ward 等人研究了喷射沉积 Al－28Si－5Cu、Al－34Si－5Cu、Al－40Si－5Cu 和 Al－25Si－5Cu－2Mg 等合金的半固态触变成形过程，发现它们具有很好的成形性，而且还成功地制造了带有齿轮的薄壁件。Valer Goni 和 Ward 都发现，在半固态触变成形过程中，初生硅有长大的趋势，但长大程度并不严重。表 7－26 为不同快速凝固方法制备的高硅铝合金的性能，表 7－27 为高性能喷射沉积铝硅合金的性能。表 7－28 为采用不同方法制备的 Al－Si 合金室温性能的比较。

表 7－26 不同的快速凝固方法制备的高硅铝合金的性能[141]

合金种类	制备工艺	测试状态	$\sigma_{0.2}$/MPa	σ_b/MPa	δ/%
Al－28Si－5Cu	喷射沉积＋半固态成形	SSP 态	223	487	—
Al－34Si－5Cu	喷射沉积＋半固态成形	SSP 态	227	388	—
Al－40Si－5Cu	喷射沉积＋半固态成形	SSP 态	202	—	—
Al－25Si－5Cu－2Mg	喷射沉积＋半固态成形	SSP 态	296	—	—
Al－17Si－6Fe－4.5Cu－0.5Mg	喷射沉积	热挤压态	460	550	1
Al－17Si－6Fe－4.5Cu－0.5Mg	快速凝固＋粉末冶金		470	560	1
Al－25Si－5Cu	喷射沉积	热挤压态	149	249	2.6
Al－25Si－5Cu	喷射沉积＋半固态成形	SSP 态	266	290	0.5
Al－25Si－5Cu－2Mg	喷射沉积＋半固态成形	SSP 态	154	254	1.5
Al－25Si－5Cu－2Mg	喷射沉积	热挤压态	—	296	—
Al－30Si－5Cu	喷射沉积＋半固态成形	SSP 态	147	200	0.8
Al－30Si－Cu	喷射沉积	热挤压态	175	235	0.4
Al－12Si－3Fe	喷射沉积	热挤压态	392	463	4.7
Al－15Si－3Fe	喷射沉积	热挤压态	415	475	2
Al－17Si－3Fe	喷射沉积	热挤压态	400	470	1.3
Al－21Si－3Fe	喷射沉积	热挤压态	410	473	0.8
Al－25Si－3Fe	喷射沉积	热挤压态	440	503	0.6
Al－17Si－4.5Cu－0.6Mg	喷射沉积	热挤压态	411	448	2.8
Al－20Si－Cu－Mg	喷射沉积	热挤压态	360	420	1
Al－20Si－Ni－Cu－Mg	喷射沉积	热挤压态	440	480	1

表 7－27 高性能喷射沉积 Al－Si 合金的性能[122]

牌号	成分	E/GPa	HRB	ρ/g·cm^{-3}	抗拉性能（室温）			抗拉性能（200℃×100h）			应用（潜在的和实现的）
					σ_b/MPa	$\sigma_{0.2}$/MPa	δ/%	σ_b/MPa	$\sigma_{0.2}$/MPa	δ/%	
PB420－T6	Al－20Si－Cu－Mg	88.0	83	2.65	420	360	1	—	—	—	VTR 汽缸压缩机和叶轮压缩机的叶轮和转子
PB405－T6	Al－20Si－Ni－Cu－Mg	99.0	92	2.82	480	440	1	290	200	5	
PB416－T6	Al－17Si－Fe－Cu－Mg	95.5	96	2.81	560	470	1	300	205	9	

表 7－28　采用不同方法制备的 Al－Si 合金的室温性能比较[122]

合　金	状　态	$\sigma_{0.2}$/MPa	σ_b/MPa	δ/%
Al－20Si (RS/PM)	挤　压	112	206	10.0
Al－20Si (PSD)	喷射态	—	250	0.5
Al－20Si－5Fe (SD)	挤　压	280	—	1.6
Al－20Si－3Cu－1Mg (RS/PM)	挤　压	262	360	3.9
Al－20Si－3Cu－1Mg (RS/PM)	挤压＋T6	321	430	3.7
Al－20Si－3Cu－1Mg－5Fe (RS/PM)	挤　压		510	
390Al (IM, Acurad)	铸　态	240	280	<1.0
390Al (IM, Acurad)	铸态＋T6	365	365	<1.0
A390Al (IM, 永久模)	铸　态	200	200	<1.0
A390Al (IM, 永久模)	铸态＋T6	310	310	<1.0
A390Al (IM)	挤压＋T6	374	387	1.3
A390Al (SD)	喷射态	218	276	0.9
A390Al (SD)	挤　压	233	328	7.2
A390Al (SD)	挤压＋T6	506	532	3.0

注：IM 为铸造冶金；RS/PM 为快速凝固/粉末冶金；SD 为喷射沉积；PSD 为等离子喷射沉积。

7.3.3　喷射沉积制备 Al－Si/SiCp 复合材料

金属基复材料（Metal Matrix Composites，简称 MMCs）以其优良的强度、刚度、抗蠕变、耐磨损、低密度、可控膨胀性等综合性能而受到世界工业发达国家的极大重视，并得到了迅速发展，其应用遍布于汽车、电子、高速列车、兵器、运动器材、航天、航空等工业领域。金属基复合材料根据增强相的类型可分为非连续体（陶瓷颗粒、晶须或短纤维）增强型和纤维增强型两大类。纤维增强复合材料的研究历史比较悠久，虽然性能非常高，但由于其生产工艺复杂、生产成本高、材料价格昂贵，其应用受到了极大限制，仅限于军事、航空、航天等少数领域。陶瓷颗粒增强金属基复合材料（Ceramic Particulates Reinforced Metal Matrix Composites，简称 MMcp）则具有原料充足、生产工艺简单、成本低、性能优异等优点，是金属基复合材料发展的主要方向，成为近年来高技术新材料研究开发的重要领域，具有广阔的应用前景[142~146]。喷射共沉积工艺的基本原理是在喷射沉积过程中，把具有一定动量的颗粒增强相强制喷入雾化液流中，使熔融金属和颗粒增强相共同沉积到运动基体上，制成颗粒增强的金属基复合材料沉积坯[147,148]。喷射共沉积工艺的基本原理如图 7－80 所示。

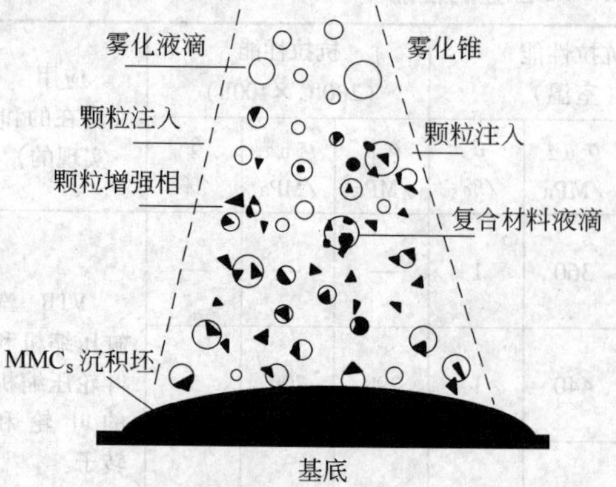

图 7－80　喷射共沉积工艺的基本原理示意图

英国学者 A. R. E. Singer 教授最早进行了喷射共沉积的工艺研究，此后英国的 Cospray 公司较早开始了喷射沉积复合材料的商业化生产。随着喷射共沉积制备颗粒增强复合材料技术的发展，人们对喷射共沉积的过程原理与规律也进行了深入的理论研究[149,150]，尤其对增强颗粒与金属液滴之间的相互作用，包括颗粒插入和捕获机制、传热现象及凝固过程等进行了研究。

传热凝固及增强相的捕获是喷射共沉积过程原理中最根本性的问题。在铸造冶金中颗粒增强复合材料的颗粒捕获主要是指凝固前沿对增强相的捕获过程。而在喷射共沉积颗粒增强复合材料的制备中，增强相的捕获首先应考虑颗粒如何进入液态金属，即被液相捕获的问题，然后才是凝固前沿对颗粒的捕获问题。通过对其过程规律的理论研究与数值分析，能够深化对喷射共沉积过程原理的认识，从而指导工艺的优化。

铝硅合金优良的耐磨性、低的线［膨］胀系数使其在汽车、交通运输等工业方面有着广阔的应用前景。通过加入增强颗粒，如 SiC、Al_2O_3，可进一步提高合金的耐磨性能，而通常的搅拌铸造法存在着初晶硅粗化、增强颗粒团聚、含量低等缺点，大量的研究表明，增强颗粒尺寸、含量以及分布对铝基复合材料摩擦磨损性能的影响较大[151~154]。因此，获得组织均匀、增强颗粒含量高且均匀分布的复合材料成为关键。

著者利用坩埚移动式喷射沉积工艺制备了 A359/15% SiCp（质量分数）复合材料，颗粒增强铝基复合材料 A359/SiCp 采用坩埚移动式喷射沉积工艺[155,156]制备，材料制备如图 7-81 所示。基体合金采用 A359，成分见表 7-29。熔融的合金在高压惰性氩气作用下通过双环雾化器雾化成液体颗粒，在此过程中 SiC 颗粒被加入到雾化锥中，雾化器沿沉积基体径向方向不断扫描，随后雾化液滴以及被捕获的 SiC 颗粒逐层沉积在经过预热的沉积基体上，形成沉积坯料。

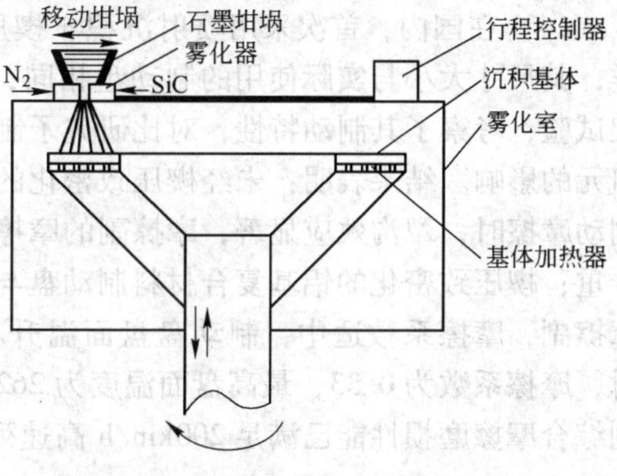

图 7-81 坩埚移动式喷射沉积示意图

通过研究，得到如下结论：

（1）利用新型的移动坩埚自动化控制喷射沉积环坯制备技术及装置，研究了大尺寸铝基复合材料环坯的制备规律，讨论了喷射沉积工艺参数对沉积坯形成过程的影响，得到了最佳工艺参数：导流管直径 $D=3.8$mm，雾化气体压力 $p=0.8$MPa，喷射高度 $H=200$mm，SiC 颗粒输送压力 $p_{返}=0.5$MPa，制备出了不同硅含量的铝基复合材料环坯，其尺寸为 ϕ1200mm × ϕ600mm × 100mm，形状良好，沉积坯组织均匀、初晶硅细小，其尺寸在 5μm 以下，增强颗粒分布均匀，增强颗粒的体积分数约为 15%。铝基复合材料的硬度和抗拉强度随硅含量的增加而提高，热处理可以进一步提高材料的力学性能。

（2）针对大尺寸铝基复合材料环坯的致密化要求以及尺寸特征，基于坯件多次小变形累积实现大变形的思想，发展了一种新型的楔形压制致密化技术及装置，研究了楔压工艺参数对致密化过程及材料性能的影响。楔压致密化处理后，喷射沉积坯料中的孔隙得到消除以及 SiC 颗粒与基体间的界面结合得到改善，故材料的力学性能得到大幅度的提高。

（3）MM1000 摩擦磨损实验结果表明：随着铝基复合材料母合金中硅含量的增加，摩擦副的磨损率大幅度降低，当硅含量（质量分数）分别为 9%、12% 和 20% 时，铝基复合材料的磨损率分别为 $11.1\times10^{-5}mm^3/J$、$6.7\times10^{-5}mm^3/J$ 和 $3.6\times10^{-5}mm^3/J$，配副的合成闸片的磨损率分别为 $1.43\times10^{-3}mm^3/J$、$1.13\times10^{-3}mm^3/J$ 和 $0.97\times10^{-3}mm^3/J$，摩擦副的摩擦系数保持在 0.31～0.34 之间；热处理工艺可以明显提高 Al－20% Si/15% SiCp 复合材料的耐磨性能，将其磨损率降低到 $2.0\times10^{-5}mm^3/J$，闸片的磨损率降到 $0.5\times10^{-3}mm^3/J$，而摩擦系数在 0.32 左右；Al－20% Si/15% SiCp 复合材料经楔压致密化处理后，摩擦副的摩擦系数为 0.34，摩擦率进一步降低，铝基复合材料和闸片的磨损率分别为 $1.5\times10^{-5}mm^3/J$ 和 $0.58\times10^{-3}mm^3/J$；楔压 Al－20% Si/15% SiCp 复合材料/合成闸片的摩擦副表现出较低的速度和压力依赖性低，并且其摩擦磨损性能优于铸铁/合金闸片摩擦副。铝基复合材料的磨损机制为：因犁沟效应使摩擦层产生塑性变形，因塑性变形而在局部区域内微孔隙或弱界面结合处形成大量微小裂纹，裂纹在应力作用下不断长大并向塑性变形层内部扩展，裂纹的最终大小以及扩展深度受材料性能的影响，并最终根据裂纹的大小和扩展深度使材料表现出层状剥离、块状剥落以及增强颗粒的剥落和破碎等几种磨损机制，同时伴有氧化磨损。

（4）在国内，首次采用喷射沉积＋楔压致密化工艺制备出了铝基复合材料制动盘实样，其尺寸大小与实际使用的制动盘相同，并与自制的合成闸片试样配对进行了 1∶1 台架试验，考察了其制动特性，对比研究了制动盘楔压致密化以及合成闸片中添加石墨减磨组元的影响。结果表明：未经楔压致密化的铝基复合材料制动盘与未添加石墨的合成闸片制动摩擦时，犁沟效应显著，摩擦副的摩擦系数过大，制动盘盘面温升过大，摩擦副磨损严重；楔压致密化的铝基复合材料制动盘与添加 6% 石墨（质量分数）的合成闸片组成的摩擦副，摩擦系数适中，制动盘盘面温升小，摩擦副磨损小。例如，200km/h 紧急制动时，摩擦系数为 0.33，最高盘面温度为 262℃，制动过程中无火花、烟尘、气味等。摩擦副综合摩擦磨损性能已满足 200km/h 高速列车的使用要求。

表 7－29　A359/SiCp 基体成分（质量分数）　（%）

成分	Si	Mg	Cu	Al
A359	9	0.4	0.2	余量

参 考 文 献

［1］北岡山冶，藤倉潮三，神尾彰彦．Al－Si 系合金［J］．軽金属，1988，38（7）：426.

［2］梶山毅，深田和博．Al－Mn 系合金［J］．軽金属，1988，39（6）：362.

［3］Praat J N，Raynor G V. The Intermetallic Compounds in the Alloys of Aluminum and Silicon with Chromium，Manganese Iron，Cobalt，and Nickel［J］. Journal of the Institute of Metals，London，1951，79：211～232.

［4］Richter K W，Gutierrez D T. Phase Equilibria in the system Al－Co－Si. Intermetallics 2005，13：848～856.

［5］Raghaven V. Al－Ni－Si（Aluminum-Nickel-Silicon）［J］. Journal of Phase Equilibria and diffusion，ASM International 2007，10.1007/s 11669－007－9223－6.

［6］Herman N V. The Ternary System Nickel-Silicon-Aluminum and Cobalt-Silicon-Aluminum. VISNIK L'VIVS'KOGO DERZHAVNOGO UNIVERSITETU，SERIYA KUIMICHNA，1981，23：61～64.

［7］Raghavan V. Al－Ni－Si（Aluminum-Nickel-Silicon）［J］. Journal of Phase Equilibria and Diffusion，2005，26（3）：262～267.

[8] Raghaven V. Al－Ni－Si (Aluminum-Nickel-Silicon). JPDAV, 2006, 27: 505～506.

[9] 蒙多尔福 L F 著. 铝合金的组织与性能 [M]. 北京: 冶金工业出版社, 1988.

[10] Hatch J E. Aluminum: Properties and Physical Metallurgy. ASM International, Metal Park, OH, 1984.

[11] Narayanan L A, Samuei F H, Gruzleaski E. Crystallization Behaviour of Iron-Containing Intermetallic Compoud in 319 Aluminum Alloys [J]. Metallurgical and Materials Transaction, 1992, 25A: 1761.

[12] Couture A. Iron in Aluminum Casting Alloys-A Literature Survey [J]. AFS Transaction, 1981, (11): 9～17.

[13] Crepeau P N. The Effect of Processing and Microstructure on the Mechanical Properties of Aluminum Alloys [J]. AFS Transaction, 1995, 103: 361～365.

[14] Awano Y, Shimizu Y. Npn-Equilibrium Crystallization of AlFeSi Compound in Melt-Superheated Al－Si Alloy Casting [J]. AFS Transactions, 1990, 176: 889.

[15] 孙也赞, 张国伟, 于敞, 等. 铁在铝硅合金的作用 [J]. 上海交通大学学报, 1999, 33 (7): 795～798.

[16] 印飞, 李振, 王亦新, 等. 铝硅合金中铁相的凝固行为及其影响因素 [J]. 热加工工艺, 2005, (5): 35～38.

[17] Samuel F H, Ouellet P, Samuel A M, et al. Effect of Mg and Sr on the Formation of Intermetallics in Al－6pct Si－3.5pct Cu－0.45 to 0.8wt pct Fe 319－type Alloys [J]. Metallurgical and Material Transaction A, 1998, 29: 2871～2884.

[18] Gustafsson G, Thorvaldsson T, Dunlop G L. The Influence of Fe and Cr on the Microstructure of Cast Al－Si－Mg Alloy [J]. Metallurgical Transactions A, 1986, 17: 45～52.

[19] Jonason P. Thermal Fatigue of Cylinder Head Alloys [J]. AFS Transactions, 1992, 160: 601～607.

[20] Narayanan A L, Samuel F H, Gruzleski J E. Dissolution of Iron Intermetallics in Al－Si alloys through Nonequilibrium Heat Treatment [J]. Metallurgical and Materials Transactions A, 1995, 26A: 2162～2174.

[21] 铸造有色金属手册编写组. 铸造有色合金手册 [M]. 北京: 机械工业出版社, 1978.

[22] Amano N, Odanic Y, Takeda Y. High Strength, High Wear Resistance Aluminum-Silicon PM alloys [J]. MPR, 1985, 11: 642～645.

[23] Yamauchi I, Ohnaka I, Kawamoto S, et al. Production of Rapidly Solidified Al－Si Alloy Powder by the Rotating-Water-Atomization Process and Its Structure [J]. Mater, Trans, JIM., 1986, 27 (3): 187～194.

[24] Yamauchi I, Ohnaka I, Kawamoto S, et al. Hot Extrusion of Rapidly Solidified Al－Si Alloy Powder by the Rotating-Water-Atomization Process [J]. Mater. Trans. JIM., 1986, 27 (3): 195～203.

[25] Faure J F, Brunel G. New PM Aluminum Alloys for wear and Sliding Applications [J]. MPR, 1987, 42 (2): 101～103.

[26] Inoue, Bizen Y, Kimura H M, et al. Compositional Range, Thermal Stability, Hardness and Electrical Resistivity of Amorphous Alloys in Al－Si (or Ge) －Transition Metal System [J]. J. Mater. Sci., 1988, 23: 3640～3647.

[27] Amano, Odani Y, Kakeda Y, et al. Development of a wear-Resistant Rapid-Solidified PM Aluminum Alloy [J]. MPR, 1989, (3): 186～190.

[28] Hideo Sano. Spray Formed Aluminum Alloy Finds Engine Role [J]. MPR, 1994, (1): 26～31.

[29] Hayashi T, Takeda Y, Akechi K, et al. Rotary Car Air Conditioner Made with PM Al－Si Wrought Alloys [J]. MPR, 1991, (2): 23～27.

[30] Ojhi S N, Jhi J N, Singh S N. Microstructural Modification in Al－Si Eutectic Alloy Produced by Sprayed

Deposition [J]. Scrip. Met. Mater., 1989, 26: 443.
[31] Pandey O P, Ojhi S N. Production and Characterization of Rapidly Solidified Powder of Al－Si Alloys [J]. PMI, 1991, 23 (5): 291.
[32] James W B. Overview of High Density P/M Forming Processes [J]. J. Powder Met. And Powder Tech., 1985, 21 (3): 163.
[33] Zhou J, Duszczyk J, Korevaar B M. Microstructure Feature and Final Mechanical Properties of the Iron-Modified Al－20Si－3Cu－1Mg Alloy Product Processed from Atomized Powder [J]. J. Mater. Sci., 1991, 26: 3041.
[34] Zhou J, Duszczyk J, Korevaar B M. As-Spray-Deposited Structure of an Al－20Si－5Fe Ospray Preform and its Development during Subsequent Processing [J]. J. Mater Sci., 1991, 26: 5275.
[35] Zhou J, Duszczyk J. Fracture Features of a Silicon-Dispersed Aluminum Alloy Extruded from Rapidly Solidified Powder [J]. J. Mater. Sci., 1990, 25: 4541.
[36] Zhou J, Duszczyk J, Korevaar B M. Mechanical Response and Structure Development during the Hot Extrusion of a Rapidly Solidified [J]. J. Mater. Sci., 1992, 27: 3341.
[37] Zhou J, Duszczyk J, Korevaar B M. Structure Characteristics of a Nickel-Modified Al－20Si－3Cu－1Mg Alloy Powder [J]. J. Mater. Sci., 1992, 27: 3856.
[38] Zhou J, Duszczyk J, Korevaar B M. Structural Development during the Extrusion of Solidified Al－20Si－5Fe－3Cu－1Mg Alloy [J]. J. Mater. Sci., 1991, 26: 824.
[39] Estrada J L, Duszczyk J. Characteristics of Rapidly Solidified Al－Si－X Powders for High-Performance Applications [J]. J. Mater. Sci., 1990, 25: 886.
[40] Todeschni P, Champier G, Samuel F H. Production of Al－(12－25) wt% Si Alloys by Rapidly Solidification: Melt Spinning versus Centrifugal Atomization [J]. J. Mater. Sci., 1992, 27: 3539.
[41] Mclelland A R A, Atkinson H V, Kapranos P, et al. Thixoforming Spray-Formed Aluminum/Silicon Carbide Metal Matrix Composites [J]. Mater. Lett., 1991, 11 (1~2): 226.
[42] 陈振华. 多层喷射沉积技术及应用 [M]. 长沙: 湖南大学出版社, 2003.
[43] Ward P J, Atkinson H V, Anderson P R G, et al. Semi-Solid processing of novel MMCs based on hypereutectic aluminum-silicon alloys [J]. Acta Materialia, 1996, 44 (5): 1717.
[44] Valer Goni J, Rodriguez-Ibadem J M, Urcola J J. Stength and toughness of semi-solid processed hypereutectic Al/Si Alloys [J]. Scripta Materialia, 1996, 34 (3): 483.
[45] Yamauchi I, Takahara K, Tanaka T, et al. Chemical leaching of rapidly solidified Al－Si binary alloys [J]. Journal of Alloys and Compounds, 2005, 396: 302~308.
[46] Uzun O, Karaaslan T, Gogebakan M, et al. Hardness and microstructural characteristics of rapidly solidified Al－8－16wt.%Si alloys [J]. Journal of Alloys and Compounds, 2004, 376: 149~157.
[47] Birol Y. Microstructural evolution during annealing of rapidly solidified Al－12Si alloy [J]. Journal of Alloys and Compounds, 2007, 439: 81~86.
[48] Birol Y. Microstructural characterization of a rapidly-solidified Al－12 wt% Si alloy [J]. Journal of Materials Science, 1996, 31: 2139~2143.
[49] Hong S J, Suryanarayana C, Chun B S. Section-dependent microstructure and mechanical properties of rapidly solidified and extruded Al－20Si alloy [J]. Materials Research Bulletin, 2004, 39 (3): 465~474.
[50] Dasgupta R. Property improvement in Al－Si Alloys through rapid solidification processing [J]. Journal of Materials Processing Technology, 1997, 72 (3): 380~384.
[51] Yeung C F, Lee W B. The effect of homogenization on the recrystallization behaviour of AA4006 Al-Sialloy

[J]. Journal of Materials Processing Technology, 1998, 82 (1~3): 102~106.
[52] 邱光汉. 气体喷雾-水淬工艺制造 Al-Si 合金粉末 [J]. 中南工业大学学报, 1995, 26 (4): 484~487.
[53] 魏朋义. 傅恒志. 熔体温度对快速凝固 Al-Si 过共晶合金条带微观组织及性能的影响 [J]. 金属学报, 1996, 32 (8): 817~822.
[54] Kim T S, Lee B T, Lee C R, et al. Microstructure of rapidly solidified Al-20Si alloy powders [J]. Materials Science and Engineering A, 2001, 304~306: 617~620.
[55] Matsuura K, Kudoh M, Kinoshita H, et al. Precipitation of Si particles in a super-rapidlly solidified Al-Si hypereutectic alloy [J]. Materials Chemistry and Physics, 2003, 81: 393~395.
[56] 丁道云, 孙章明, 陈振华. 快速凝固过共晶铝硅合金粉末特性 [J]. 中南工业大学学报, 1995, 26 (1): 92~96.
[57] 郷地英伸, 小林紘二郎, 新宫秀夫. 急冷凝固 Al-Si 合金粉末の強制圧延法による成形 [J]. 軽金属, 1988, 38 (4): 222~227.
[58] Jien-Wei Yeh, Shi-Ying Yuan, Chao-Hung Peng. A reciprocating extrusion process for producing hypereutectic Al-20 wt. % Si wrought alloys [J]. Materials Science and Engineering A, 1998, 252: 212~221.
[59] Yeh J W, Tsau C H. Microstructures and properties of an Al-12 Wt Pct Si alloy produced by a new layer-deposition process [J]. Metallurgical Transactions A, 1992, A23 (8): 2313~2321.
[60] Yeh J W, Tsau C H. A study of the microstructures and properties of an A390.0 aluminum alloy produced by the layer deposition process [J]. Materials Science & Engineering A, 1993, A165: 157~165.
[61] Skelly H M, Dixon C F. Effect of Cr, Co and Sr additions on the Strength of an Al-35% Si Powder Alloy [J]. Int. J. Powder Metal., 1971, 7 (3): 47.
[62] 平野忠男, 藤田运生. 急冷凝固粉末用 Al-Si-X 系粉末冶金合金的特性 [J]. 軽金属, 1987, 37 (10): 670.
[63] 张济山, 崔华, 段先进, 等. 雾化喷射沉积成形材料制备技术的新进展 [J]. 北京科技大学学报, 1997, 19 (1): 15.
[64] Gaidarova V. Structure modification of rapidly solidified Al-11wt% Si alloy by the addition of 2wt% Fe [J]. Vacuum, 2007, 81: 1082~1087.
[65] Gaidarova V, Yaneva S. Nanoscience & Nanotechnology'2. Sofia: Herron Press Science Series, 2002: 88.
[66] Gaidarova V, Yaneva S, Petrov S, et al. Nanoscale structure evolution in microcrystalline Al-Si-Fe alloy during thermal treatment [J]. Journal of Materials Science and Technology, 2005, 13 (2): 160~168.
[67] 易宏坤. 稀土 La 及喷射沉积对铝硅合金的组织与性能影响研究 [D]. 上海: 上海交通大学, 2003.
[68] Wu Y, Cassada W A, Lavernia E J. Microstructure and Mechanical Properties of Spray-Deposited Al-17Si-4.5Cu-0.6Mg Wrought Alloy [J]. Metal. Mater. Trans., 1995, 26A: 1235~2848.
[69] Anand S, Srivatsan T S, Wu Y, et al. Processing, Microstructure and Fracture Behavior of a Spray Atomized and Deposited Aluminum-Silicon Alloy [J]. Journal of Materials Science, 1997, 32: 2835~2840.
[70] 李元元, 张大童, 夏伟, 等. 高压水雾化法制备的高硅铝合金粉末特性 [J]. 金属学报, 1998, 34 (1): 95~99.
[71] 陈桂云, 谢赞华, 臧志新, 等. 快速凝固粉末冶金 Al-Si-Cu-Mg 合金的组织与性能 [J]. 粉末冶金技术, 1994, 12 (1): 3~7.
[72] Estrada J L, Duszczyk J. Characteristics of Rapidly Solidified Al-Si-X Preforms Produced by Osprey Process [J]. J. Mater. Sci., 1990, 25: 1381.

[73] 徐映坤，宋治鉴，张永昌．Si 相尺寸对快凝 Al－20Si－1.3Cu－1Mg 合金机械性能的影响［J］．材料科学与工艺，1994，2（1）：59～63．
[74] 任胜刚，傅定发．喷射沉积过共晶 Al－Si 合金工艺及微观组织的研究［J］．铝加工，1999，22（6）：45～48．
[75] 傅定发，任胜刚，陈振华．多层喷射沉积共晶 Al－Si－Cu－Mg 合金的微观组织力学性能［J］．中南工业大学学报，2000，5：445．
[76] Johansen，Roven H J．Mechanical Properties of a rapidly Solidified Al－Si－Ni－Mn Alloy［J］．Mater. Sci. Eng.，1994，A179～180：605～608．
[77] Kim Hyoung Seop．Yield and compaction behavior of rapidly Solidified Al－Si Alloy powders［J］．Materials Science and Engineering A，1998，251（1～2）：100～105．
[78] Taek-Soo Kim，Suryanarayana C，Byong-Sun Chun．Effect of alloying elements and degassing pressure on the structure and mechanical properties of rapidly solidified Al－20Si－5Fe－2X（X＝Cr，Zr，or Ni）alloys［J］．Materials Science and Engineering A，2000，278：113～120．
[79] Kim T S，Hong S J，Kim W T，et al．Microstructures and mechanical properties of Al－20Si－xFe（x＝3，5，7）alloys manufactured by rapid solidification processing［J］．Materials Transactions，JIM，1998，39（12）：1214～1219．
[80] Kondoh T，Takeda Y．in：Proceedings of the 1993 Powder Metallurgy World Congress，Japan Society of Powder and Powder Metallurgy，Kyoto，1993：231．
[81] 王锋，杨滨，段先进，等．挤压温度对喷射沉积 Al－20Si－5Fe－2Ni 合金的微观组织和力学性能的影响［J］．材料导报，2000，14（6）：18，59～60．
[82] Hong S J，Kim T S，Kim W T，et al．The effects of Cr and Zr addition on the microstructure and mechanical properties of rapidly solidified Al－20Si－5Fe alloys［J］．Materials Science and Engineering A，1997，226～228：878～882．
[83] Chun B S，Cho S S，Hong S J，et al．in F．H．Froes（Ed.），Synthesis-Processing of Lightweight．Metallic Materials，TMS，Warrendale，PA，1995：285．
[84] Gomes R M，Tatsuo Sato，Akihiko Kamio．Microstructures and coarsening behavior of silicon particles in Al－Si－Cu－Mg alloys containing Fe and Ni［J］．Journal of Japan Institute of Light Metals，1997，47（2）：90～97．
[85] 本村貢，羽賀俊雄，桜井義人．単ロール急冷凝固装置の試作製作した Al－Si 共晶合金広幅はくの特性［J］．軽金属，1998，38（9）：528～533．
[86] 新家光雄，小林俊郎，袴田眞司．Al－Si および Al－Fe 系粉末冶金合金の機械的性質［J］．軽金属，1991，41（11）：772～777．
[87] 袁晓光，徐达鸣，张淑英，等．快速凝固耐磨高硅铝合金研究现状［J］．材料导报，1996，2：10．
[88] Lee T H，Kawamura Y，Inoue A，et al．Masumoto．Mechanical Properties of Rapidly Solidified Al－Si－Ni－CeP/M Alloys［J］．Scrip．Mater.，1997，36（4）：475～480．
[89] Lasa L，Rodriguez-Ibade J M．Effect of Composition and Processing Route on the Wear Behaviour of Al－Si Alloys［J］．Scripta Materialia.，2002，46（6）：477～481．
[90] 潘复生，张丁非，等．铝合金及应用［M］．北京：化学工业出版社，2006．
[91] 王祝堂，田荣璋，等．铝合金加工手册［M］．长沙：中南工业大学出版社，2000．
[92] 井上秀敏（蒋修治译）．低膨胀高弹性模量快速凝固铝粉末合金的特性及应用［J］．国外金属加工，1991（6）：53～56．

[93] Li X Y, Tandon K N. Amorphization and precipitation within the amorphous layer induced by dry sliding wear of an Al－Si/SiCp composite material [J]. Acta Mater, 1996, 44 (9): 3611～3624.

[94] Alpas Q A T, Zhang J. Effect of SiC particulate reinforcement on the dry sliding wear of aluminum silicon alloys (A356) [J]. Wear, 1992, 155: 83～104.

[95] 凯萨 A D. 金属磨损原理 [M]. 北京：煤炭工业出版社，1980.

[96] Sarkar A D, Clarke J. Wear characteristics, friction and surface topography observed in the dry sliding of as-cast and age-hardening Al－Si alloys [J]. Wear, 1982, 75: 71～85.

[97] Amano N, Odani Y, Takeda Y. High Strenge, High Wear Resistance Aluminum-Silicon PM Alloys [J]. MPR, 1985 (11): 642～645.

[98] Amano N, Odani Y, Takeda Y, et al. Development of a Wear-Resistant Rapid-Solidified PM Aluminum Alloy [J]. MPR, 1989 (3): 186～190.

[99] Long T T, Nishimura T, Aisaka T, et al. Wear Resistance of Al－Si Alloys and Aluminum Matrix Composites [J]. Mater. Trans, JIM, 1991, 32 (2): 181～188.

[100] 傅定发. 多层喷射沉积高硅铝合金工艺及性能研究 [D]. 长沙：中南大学，2001.

[101] Annateau M F, Lee D S, Conway J C. Proceeding of the third Inter. Conf. On Spray Forming, 1996: 321～327.

[102] Rudrakshi G B, Srivastava V C, Pathak J P, et al. Spray forming of Al－Si－Pb alloys and their wear characteristics [J]. Materials Science and Engineering A, 2004, 383: 30～38.

[103] Timmermas G, Froyen L. Tribological performance of hypereutectic PrM Al－Si during sliding in Oil [J]. Wear, 1999, 231: 77～88.

[104] Timmermas G, Froyen L. Fretting wear behaviour of hypereutectic PrM Al－Si in oil environment [J]. Wear, 1999, 230: 105～117.

[105] 孙家枢. 金属的磨损 [M]. 北京：冶金工业出版社，1992.

[106] 袁晓光. 快速凝固高硅铝合金的微观组织及力学性能 [D]. 哈尔滨：哈尔滨工业大学，1998.

[107] 藤田达生等（罗炬译）. 耐磨粉末铝合金 [J]. 国外金属加工，1992, 5: 36.

[108] 谢壮德，沈军，孙剑飞，等. 快速凝固 Al－Si 合金干摩擦条件下的磨损特性 [J]. 材料工程，2002, 10: 7.

[109] Martinez M A, Martin A, Llcrca J. Wear of Al－Si Alloys and Al－Si/SiC Composites an Ambient and Elevated Temperature [J]. Scripta Metallurgica et Materialia, 1993, 28: 207～212.

[110] 张大童. 快速凝固过共晶 Al－Si 合金及其复合材料的组织性能 [D]. 广州：华南理工大学，2001.

[111] Mocellin A, Fougeres R, Gobin P F. A Study of Damage Under Tensile Loading in a New Al－Si－Fe Alloy Processed by the Spray Route [J]. Journal of Materials Science, 1993, 28: 4855～4861.

[112] Mocellin A, Brechet Y, Fougeres R. Fracture of an Osprey AlSiFe Alloys: A Microstructure Based Model for Fracture of microheterogeneous Materials [J]. Acta Metal Mater, 1995, 43 (3): 1135～1140.

[113] Cho S S, Chun B S, Won C W, et al. Microstructure and Mechanical Properties of Rapidly Solidified Hypereutectic Al－Si and Al－Si－Fe Alloys [J]. Journal of Materials Synthesis and Processing, 1998, 6 (2): 123～131.

[114] 佐藤富雄，冲本邦郎，西田新一ら. 遠心喷雾法による過共晶 Al－Si 系超塑性特性 [J]. 材料，1995, 44: 608.

[115] Satoh T, Okimoto K, Nishide S, et al. Superplastic-like behavior Al－Si PM alloys [J]. Scripta Metallurgia et Materialia, 1995, 33: 5.

[116] 石原知，近藤幹夫. Al - 17% Si - 4.5% Cu - 0.5% Mg P/M 合金の超塑性に及ほす温度の影響 [J]. 軽金属，1997，8：427 ~ 433.

[117] 石原知，近藤幹夫，伊東一彦. Al - Si 系粉末合金の超塑性 [J]. 豊田中央研究所 R&D レビュー，1997，32 (3)：89.

[118] 谢壮德. 快速凝固高硅铝合金的组织性能及超塑性研究 [D]. 上海：上海交通大学，2003.

[119] Wu Y, Ph D. Dissertation, University of California at Irvine, California, 1994.

[120] Duszczyk J, Estrada J L, Korevaar B M. Proceeding of the P/M Aerospace Materials Conference, MPR Publishing Service Ltd, Shrewsbuty, United Kingdom, 1987：26.

[121] Murakami K, Takuno N, Okamoto T, et al. Temperature Rise of Rapidly Solidified Deposit Layers of Al - Si Alloys During Low Pressure Plasma Spraying and its Effect on Their Structures and Mechanical Properties [J]. Mater. Sci & Eng A：Structural Materials, Properties, Microstructure and Processing, 1992, A154 (1)：93.

[122] Lavernia E J, Yue Wu. Spray Atomization and Deposition. John Wiley Sons Led. Baffins Lane, Chichester, West Sussex P0191UD, England.

[123] Ward P J, Atkinson H V, Anderson P R G, et al. Processing of novel MMCs based on hypereutectic aluminum-silicon alloys, Proc. The Second international Conference on Spray Forming, Neath, UK, 1993：363.

[124] 王锋. 喷射沉积过共晶 Al - Si 合金的研究 [D]. 北京：北京科技大学，2000.

[125] Grant P S, Kim W T, Cantor B. Spray forming of Al - Cu alloy [J]. Mater. Sci. Eng., 1991, A314：1111.

[126] Annaavarapu S, Apelian D, Lawley A. Processing effects in spray casting of steel strip [J]. Metall. Trans A, 1988, 19A：3077.

[127] Yu Fuxiao, Dwarakadasa E S, Ranganathan S. The microstructural evolution of Al - Si eutectic alloy during spray forming [C]. Third International Conference on Spray Forming, 1996：313.

[128] Liang X, Lavernia E J. Evolution of interaction domain microstructure during spray deposition [J]. Metall. Mater. Trans, 1994, 25A：2341.

[129] Feng Z, Duszczyk J, Leatham A G. Analysis of on-deposition Solidification during the osprey spray deposition process [J]. J Mater. Sci., 1992, 27：4511.

[130] Zhuang L Z, Majewska-Glabus I, Vetter R, et al. Microstructure of the Osprey processed Cr-containing Ni_3Al - X intermatallic in conjunction with solidification model at the deposition. Scr. Metall [J]. Mater, 1990, 24：2025.

[131] Bewlay B P, Cantor B. The relationship between thermal history and microstructure in spray-deposited tin-lead alloys [J]. J. Mater. Res., 1991, 6：1433.

[132] Liang X, Earthaman J C, Lavernia E J. On the mechanism of grain formation during spray atomization and deposition [J]. Acta Metall. Mater., 1992, 40：3003.

[133] Huimin Liu, Lavernia E J, Rangel R H. Modeling of reactive atomization and deposition processed of Ni_3Al [J]. Acta Metall. Mater, 1994, 42 (10)：3277.

[134] Ashok S. Evolution of microstructure of Cu - 4wt% Zr alloy formed by spray casting [J]. International Journal of Rapid Solidification, 1993, 7 (4)：283 ~ 293.

[135] Lavernia E J. The evolution of microstructure during spray atomization and deposition [J]. International Journal of Rapid Solidification, 1989, 5 (1)：47 ~ 85.

[136] Annavarapu S, Doherty R D. Inhibited coarsening of solid-liquid microstructures in spray casting at high volume fractions of solid [J]. Acta Metall. Mater, 1995, 43 (8)：3207.

[137] Grant P S. Spray forming [J]. Prog. in Mater. Sci, 1995, 39: 497.

[138] Cai W D, Lavernia E J. Modeling of porosity during spray forming [J]. Mater. Sci. Eng, 1997, A226 ~ 228: 8.

[139] Bricknell R H. The structure and properties of a Ni-base superalloy produced by Osprey atomization-deposition [J]. Metall. Trans. A, 1986, 17: 583.

[140] Cai W D, Mohamed F A, Sickinger A. Inter. Con. on Tugn. and Refrac. Metals, 1994, 10: 17.

[141] 赵爱民. 沉积高硅铝合金凝固和半固态组织转变规律的研究 [D]. 北京: 北京科技大学, 2000.

[142] Koczak M J, Premkmmar M K. Emerging Technologies for the In-Situ Production of MMCs [J]. JOM, 1993, 45 (1): 44.

[143] Geiger A L, Walker J A. Featured Overview the Processing and Properties of Discontinuously Reinforced Aluminum Composites [J]. JOM, 1991, 43 (8): 8.

[144] Howes A H M. Ceramic-Reinforced MMC Fabricated by Squeeze Casting [J]. J. Metals, 1986, 38 (3): 28.

[145] Allison J E, Cole G S. Metal-Matrix Composites in the Automotive Industry: Opportunities and challenges [J]. JOM, 1993, 45 (1): 19.

[146] Schuster D M, Skibo M D, Hoover W R. Production and semi-fabrication of an aluminum composite material [J]. Light Metal Age, 1989, 47 (1 ~2): 15.

[147] Singer A R E. Metal Matrix Composites Made by Spray Forming [J]. Materials Science & Engineering A, 1991, 135 (1 ~2): 13 ~17.

[148] Lawley A, Apelian D. Spray Forming of Metal Matrix Composites [J]. Powder Metall, 1994, 37 (2): 123.

[149] Gupta M, Mohamed F A, Lavernia E J. Inter. Symp. on Advances in Processing and Characterization of Ceramic and Metal Matrix Composites, Halifax, Canada, 1989: 236.

[150] Gupta M, Mohamed F A, Lavernia E J. Solidification Behavior of Al - Li - SiCp MMCs Processed Using Variable Co-deposition of Multi-phase Materials [J]. Mater. Manufac. Processes, 1990, 5 (2): 165.

[151] Alpas A T, Zhang J. Effect of Microstructure (particulate size and volume fraction) and counterface material on the sliding wear resistance of particulate-reinforced aluminum matrix composites [J]. Metallurgical and Materials Transactions A, 1994, 25A: 969.

[152] Alpas A T, Zhang J. Effect of SiC particle reinforcement on the dry sliding wear of aluminum alloys (A356) [J]. Wear, 1992, 26: 505.

[153] Prasad B K, Prasad S V, Das A A. A brasion-induced microstructure changes and material removal mechanisms in sequeeze-cast aluminum alloy-silicon carbide composites [J]. J. Material Science, 1992, 27: 4489.

[154] Huei-long Lee, Wun-hua Lu, Sammy lap-Ip Chan. Abrasive wear of powder metallurgy Al alloy 6061 - SiC particle composites [J]. Wear, 1992, 159: 223.

[155] 陈振华. T6 处理对 A359/SiCp 复合材料的摩擦磨损性能的影响 [J]. 材料导报, 2004, 12: 88.

[156] Zhenhua Chen, Jie Teng, Gang Chen, et al. Effect of the silicon content and thermomechanical treatment on the dry sliding wear behavior of spray-deposited Al - Si/SiCp composites [J]. Wear, 2007, 262 (3 ~ 4): 362 ~368.

8 快速凝固铝合金的应用

8.1 快速凝固铝合金的应用概论

20 世纪 40 年代中期，美国铝业工业公司的研究人员发现粉末冶金（PM）铝制品与常规工艺制造的材料相比，其性能优势十分明显，从而开始对其进行深入研究，并于 1952 年由美国 Alcoa 开发了第一代烧结铝粉末冶金（SAP）材料，该材料是 Al - Al_2O_3 的弥散合金，具有优异的高温强度和热稳定性。20 世纪 60 年代后期，Storchheim 将液相烧结技术应用于 PM 铝合金，从而开发出有价值的 PM 零件。到 70 年代，由于快速凝固技术、复合技术等先进技术的出现，导致了高性能 PM 铝合金的出现，并在 80 年代得到迅速发展。快速凝固铝合金分为普通快速凝固铝合金和高性能快速凝固铝合金。

8.1.1 普通快速凝固铝合金

与高性能快速凝固铝合金不同，这类合金的特点是：具有与铸锭冶金铝合金相应的化学成分；利用常规的 PM 工艺（即冷压、烧结）直接得到零件；在性能上主要是利用其密度低、耐腐蚀、导热性和导电性高等优点；该类合金主要应用于一般工业，如汽车工业、仪表工业等。国外常用的普通快速凝固铝合金主要有三类：第一类合金成分对应于 2014，即 Al - Cu - Mg 系合金，如美国 Alcoa 公司的 201AB 和 Alcan 公司的 MD24 及德国的 Ecka - Alumix123；第二类合金成分对应于 6061，即 Al - Mg - Cu - Si 系合金；第三类合金成分对应于 7075，即 Al - Zn - Mg 系合金，如 Alcan 公司的 MD76。

由于铝的特殊性能（如密度小、无磁性、耐腐蚀、优良的导热导电性）及快速凝固的优势，目前，快速凝固铝合金零件在缝纫机、办公设备和汽车工业等领域获得了广泛应用，如缝纫机中的连杆，小型和微型电机的无磁外壳，复印机中的驱动轮、轴承、轴承套等，汽车上的后座镜、转向柱衬套等，此外还有医用设备里的小型热交换器，柴油机涡轮增压器的转子、油泵外壳，如能提高其摩擦阻力，还可以用于皮带轮。尽管有关快速凝固铝合金的研究历史不长，但快速凝固铝合金零件的应用却在大幅度增加。

8.1.2 高性能快速凝固铝合金

与铸锭冶金铝合金相比，一方面快速凝固铝合金的显微组织被大大细化，偏析程度降低；另一方面其化学成分可以不同于原铸锭冶金铝合金，成分可设计的范围大大增加。因此，快速凝固铝合金的性能要远远优于铸锭冶金铝合金，其应用领域也大不相同。目前的高性能快速凝固铝合金主要分为以下几类：

（1）高强度、耐腐蚀的快速凝固铝合金。该种合金是在 2××× 系和 7××× 系列铝合金上发展起来的。

(2) 快速凝固铝锂合金。除Be以外，Li是唯一能使铝合金的弹性模量提高、密度降低的合金元素，但其容易偏析，同时这类合金的延展性和断裂韧性也很低，利用快速凝固技术可以很好地解决上述问题，获得高性能铝锂合金。

(3) 快速凝固耐热铝合金。目前发展的快速凝固耐热铝合金主要集中在三元和四元合金上，主要是添加Ce、Mo或V+Si的Al-Fe合金。

(4) 快速凝固铝基复合材料。基体材料为Al-Cu合金、Al-Mg-Si合金、Al-Zn合金，还有弥散强化的Al-Fe基、Al-Ti基合金。增强体主要是SiC、Al_2O_3、B_4C、Si_3N_4、$Al_{18}B_4O_{33}$。与颗粒增强复合材料相比，晶须增强复合材料性能更佳，但成本较高，且有害人体健康，因此其商业化应用进程一直很慢。

(5) 耐磨、低线[膨]胀系数的粉末铝合金。主要是Al-Si合金，在合金中添加Cu、Mg可以提高其强度，加Fe或Ni可提高其高温性能，从而满足汽车发动机、压缩机中一些零件的应用要求。

上述几种快速凝固铝合金已有不少具体应用实例，如Lockheed公司将粉末冶金7091合金用于S-3型飞机机翼上使其重量减轻116kg；波音757的起落架、A-7型飞机的着陆襟翼等也准备使用这些材料。

快速凝固Al-Li合金不仅密度低、强度和刚度高，而且疲劳性能、超塑性、耐蚀性等性能也很好。据估计，使用Al-Li合金取代普通铝合金能使机体总重减轻10%～20%，若波音747飞机的结构零件全部用Al-Li合金代替，机体可以减轻45t。虽然快速凝固Al-Li合金的工业应用还存在很多问题，但是从目前情况看，Al-Li合金在航空领域的大量使用已成必然趋势。

快速凝固耐热铝合金，其性能主要表现在良好的热稳定性、蠕变强度、腐蚀能力和疲劳强度方面。一般认为，在一些航天航空用零件中，高温快速凝固铝合金可以取代2×××系合金，在一定范围内甚至可以与钛合金相匹敌。如美国铝公司生产的快速凝固粉末冶金Al-Fe-Ce合金已经代替2219-T6铝合金锻件，用于F-8飞机辅助动力装置中的压气叶轮。

目前已经对快速凝固铝基复合材料的工业化生产进行了研究，如美国的先进复合材料公司、DWA公司、Novamet公司等生产的SiC晶须或颗粒增强铝基复合材料，因其具有高强度、高刚度、低密度、低线[膨]胀系数等优点，已经应用于航空航天、国防等领域，如Lockheed采用25% SiCp/6061铝合金复合材料制造飞机电子设备框架，其比原7075-T6铝合金框架减轻17%。为满足美国空军的要求，DWA公司正在计划生产272kg的坯锭以用于军用飞机。

除航空航天及国防领域，目前高性能快速凝固铝合金正在汽车、电子、办公设备、体育器材等方面寻找应用，如日本Sumitomo电气工业公司开发的快速凝固Al-Si合金，可用于压缩机的叶片、转子，由于其质量轻（转子质量由0.7kg减轻到0.3kg），尤其适用于汽车空调。铝基复合材料在作为汽车发动机连杆和其他往复零件方面也表现出很强的吸引力，同时它还将成为新一代的电子封装材料。

快速凝固铝合金尽管其发展历史很短，但是由于高新技术的发展，出现了一系列高性能的快速凝固铝合金，从而开辟出了一个新的领域。普通快速凝固铝合金已经比较成熟，其应用正在稳步发展，而高性能快速凝固铝合金还处于研发阶段，这些材料一般由于价格较高，其应用还局限于航空航天、国防以及高档运动器材等领域，但随着技术的进步和工艺的成熟，其成本将不断下降，从而显示出越来越强的竞争力，应用也必将越来越广泛。本章将按其应用范围，分为航空航天领域、汽车工业领域、武器装备领域以及电子产品等民用领域来叙述快速凝固铝合金的应用状况及前景。

8.2　快速凝固铝合金在航空航天领域的应用

8.2.1　应用概述

铝合金在航空航天工业中的应用发展很快，每架空中客车飞机上使用几十吨厚铝板，大多数空中发射的巡航导弹的壳体是用优质铝锻件制造的。英国、意大利、法国和德国运输工业的铝消费量年均增长速率将达到6%。日本交通运输工业的铝需要量至少将以年平均速率7%增长。

通过快速凝固粉末冶金技术（RS - PM）生产的铝合金可以满足航空航天工业所需要的工程性能。这些合金应用的程度取决于：

（1）力学性能指标；

（2）竞争性（和其他材料竞争的成功程度，包括其他的铝产品）；

（3）经济性（包括材料的生产、制造以及使用周期的全部成本）。

快速凝固技术（RS - PM）生产的铝合金主要应用于三类航空飞行器：航空器、导弹、太空交通工具。目前航空航天用粉末冶金（PM）铝合金的主要发展方向可以分为三类：（1）高强度、耐腐蚀合金；（2）低密度、高模量合金；（3）高温、抗蠕变合金。每一类合金的发展方向都要依赖于航空航天市场的特殊需求。

在选择航空交通工具材料时，材料性能是主要的选择标准，但也必须考虑特殊应用时的成本。材料性能的增强对于航空工业具有重要意义，如有效载荷的提高、航程和射程的提高、更快的速度、降低燃料消耗、更低的运行成本、总运行周期成本更低等[1~3]。历史上，铝合金在航空材料应用市场，曾获得了极大的占有率。近年来，与那些具有竞争优势的材料相比，铝合金的相对优势已经降低，很多学者甚至预言，铝合金的未来应用可能会出现戏剧性的降低。由于 RS - PM 铝合金的发展在力学性能的改善方面取得了重要进展，这将增加宇航飞行器的结构效率，继续保持铝合金在航空结构材料上的竞争地位[4,5]。然而，性能的提高仅表现在某些特殊性能方面，并非所有性能均得到提高。例如，20 世纪 50 年代早期，由于特殊需要发展起来的烧结铝合金产品（SPA），显示出卓越的高温强度[6,7]，这对高性能航空器的某些特殊部件具有吸引力，但其室温性能低，特别是低的强度、韧性、延展性阻止了它们在航空器上的应用。

发展航空用 PM 铝合金的主要努力始于 20 世纪 50 年代[8]，现在，PM 铝合金已经可以在技术和经济上与现有的航空材料一比高下。这些高强度、耐腐蚀型铝合金有 7090、7091、9052、9021 和 MR64 等。

对于研发机构、铝合金生产者、航空器制造商和使用者来说，这些 PM 铝合金如何应用以及用在航空工业的什么地方，还有在整个应用领域它们所能分享到的潜在市场都是相当重要的。

为探求在航空工业上的应用，人们对这三类合金开展了积极的研究[9~11]。每一类航空交通工具都有其独特的设计背景和任务目标，因此要求 PM 铝合金材料能够覆盖很宽的应用范围。另外，每一类合金其成本目标有很大的不同。现在所应用的铝合金范围很广，按照总构成重量来说，许多交通工具几乎都可以全部使用铝合金[12]。

宇航飞行器性能的重要因素是速度、有效载荷、航程、可靠性和适用性[1~3]（见表 8-1 和表 8-2）。成本因素包括制造成本、运转成本和总的服役周期成本[12]。这些因素的重要性常因航天器类型的不同而不同。例如，较小的战斗机，速度和机动性是特别重要的，但对于大型运输机或者轰炸机，燃料功效是第一位重要的因素。对于各类型的航天器，虽然有效载荷是重要的，但它或许对于太空交通工具而言是最重要的。

表 8-1 航天器性能有待提高的方面

提高方面	内 容
速 度	
有效载荷	
应用范围	适于小型飞行器
燃料效率	适于绝大多数飞行器
其他方面	适于所有飞行器和许多导弹
结构成本	适于大型飞行器
运行成本	
寿命成本	

表 8-2 发展途径的特征

提高方面	开发途径的总体特征
推进系统 交通工具的设计 结构材料	所有领域都是推进速度非常快，然后逐渐变慢； 推进系统和设计方面的先进性取决于材料的改进； 所有方面都是相互作用

可以通过优化下列一个或者更多个方面来提高航空系统的性能：

(1) 空气动力学或者结构设计，或者二者同时进行优化；

(2) 推进系统；

(3) 结构材料。

历史上，航天器系统的发展以及这些领域的每一个进步，在开始时都是迅速的，但是随着时间的流逝，发展速度变慢了。一个领域的发展经常要依赖于另一个甚至其他多个领域的进步，这种现象变得越来越明显。例如，气体涡轮发动机的进步，强烈地依靠高温材料的发展进步来推动。另一个例子是，不论是对于大型还是小型航行器，某些更有效的机翼设计只能通过应用更坚硬的结构材料才能实现[3]。

航天器制造商为生产一种更有效的结构而愿意支付的金钱成本取决于航天器种类及其使命。总体来说，合理花费对于航天器来说限制最为严格，其次是导弹，再其次是太空交通工具。航天器实际应用成本会因航天器的种类不同而改变，主要依赖于：(1) 特殊结构部件组成；(2) 计划实行时间。例如，航天器部件减重可以节省成本，其幅度在 0~1000 $/kg 不等[5~12]。通常在设计周期内，为了追求长服役周期、高效能商业航天器以及高性能航天器，可以花费较高成本。在制造周期内，同样的航天器需要比较低的成本才能被接受。一般来说，太空交通工具的花费是最高的，因为要把 1kg 有效载荷送到预定轨道需要消耗巨量的燃料，而且它的推进器和支撑部件通常在使用一次后就要被废弃。在可以循环利用太空交通工具上，部件减重更显价值。

表 8-3 列出了估算成本的一般方法。这些计算包括：(1) 初始材料以及改进合金的

成本；（2）残余废料（材料和真正用在航天器上的材料的比率）；（3）制造成本；（4）使用成本。对于金属，特别是铝合金，引进新材料时的主要成本与其产生的残余废料有关，因为购买材料的数量是最后用于航天器材料数量的2～10倍。一种铝合金替代另一种铝合金通常会导致制造和使用成本的小幅上升，但这种成本上升通常会由于该合金的断裂、疲劳、耐腐蚀性能的提高而抵消甚至还会更合算。然而，如表8－3所示，新材料相对较小价格的上涨可以减少航天器减重1kg而需要的额外支出。在引用的例子中，原来的材料价格为6.6 $/kg，改良材料的价格为13.20 $/kg或19.80 $/kg，当所有因素都被考虑进去时，每减重1kg需要的总支出会分别减少286 $或583 $。

表8－3 成本估算的方法（1 lb＝0.4536kg）

计 算		成 本	
		6 $·lb^{-1}（×2）	9 $·lb^{-1}（×3）
材料相对成本的比较			
每磅的成本			
原始合金	3 $/lb		
改进合金	6和9 $/lb		
相对成本			
原始结构	10 lb（×3 $/lb）	30.00 $	30.00 $
新结构	9 lb（×6 $/lb）	54.00	81.00
差别		24.00 $	51.00 $
残余废料成本计算（材料真正用在航天器上的比率为5∶1）			
原始结构	40 lb废料	120.00 $	120.00 $
新结构	36 lb废料	216.00	204.00
差别		96.00 $	204.00 $
制造成本的改变			
机加工、形状和成形等			
加紧、焊接和黏结等			
阳极氧化、涂漆等			
考虑Δf为10.00 $		10.00 $	10.00 $
使用成本的比较			
结构的预期寿命			
检修、保养、修复			
人员培训			
差别		0	0
节省1 lb重量的总成本		130.00 $	265.00 $

制造商生产更有效航天器部件的途径依赖于效率和各种成本。例如，商业运输机运行的主要成本可以分为投资、劳动力和燃料三大部分。如果经济因素控制它们独立运行，这三种因素对总成本的贡献将会不同。例如，燃料成本从1973年的0.03 $/L上涨到1980年的0.26 $/L，剧烈地改变了定期航线的运行成本（见图8－1）。1973年，航空制造商和使用者考虑的重点是机身的制造，因为燃料的价格相对较低，但到了1980年，他们的重点转向寻求更有效的燃料燃烧设计方案，主要是因为燃料成本太高。

通过改良材料来节约成本已被证实是可行的，计算表明，波音757飞机机身减重后，每年每公里可以节约燃料124.9～166.5L（33～44加仑）。如果燃料价格保持在0.26 $/L

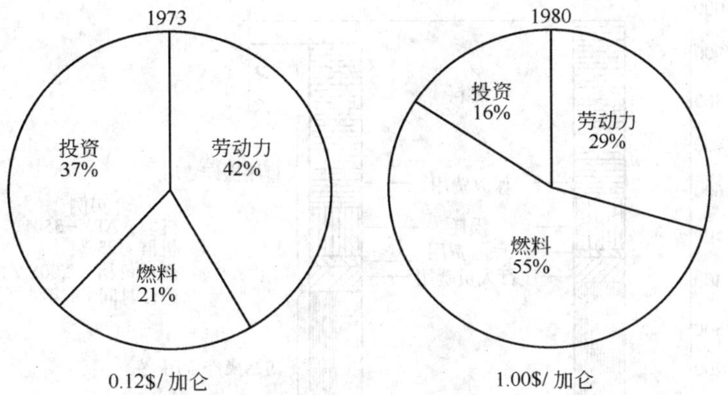

图 8-1 1000 海里航程的燃料价格由 0.12 \$/加仑上涨到 1.00 \$/加仑后，各固定航线直接运行成本因素的对比

(1.00 \$/加仑) 不变，在超过 20 年的使用时间里，将会节约 2498 ~ 3330L（660 ~ 880 加仑）的燃料，价值 660 ~ 880 \$。另一个例子（如表 8-4），列出了洛克希德公司的研究结果，美国国家航空航天局（NASA）估计了几种商业运输机用先进铝合金制造和运作的成本[3]。

表 8-4 所选飞机用改良铝合金的优点

未调整结构减重/lb（%）①	Lockheed L-1011（改进）	Boeing 737（改进）	Fairchild F-27（改进）
调整结构减重/lb（%）	20 282（-10.6）	3 222（-9.8）	834（-7.8）
调整后燃料燃烧减少/lb（%）	30 419（-15.9）	4 801（-14.6）	1029（-9.6）
调整后飞行成本降低/%	-8.4	-5.4	-2.6
总运行成本降低/百万美元（%）	1.70（-2.5）	0.27（-2.1）	0.10（-1.1）
调整后降低（节省/年）/百万美元（%）	1.68（-3.9）	0.24（-2.2）	0.05（-0.92）

①1 lb = 0.4536kg。

原来的飞机升级为几种版本：洛克希德 L-1011、波音 737、Fokker F-28，分别为大（载客 350 人），中（载客 100 人），小（载客 50 人）三种商业运输机。先进合金的力学性能依赖于其设计制造水平。资料证实，利用改良材料可以真正地从重量、燃料、制造、运行方面节约成本。如表 8-4 所示，洛克希德 L-1011 在不调整大小的前提下，应用先进的铝合金可以使结构减重 10.6%，这部分重量可以使飞机油耗降低 15.9%。调整后的 L-1011 每年可以减少燃料消耗 8.4%，制造成本减少 1.7M（百万）\$（2.5%），总运行成本减少 1.68M \$（3.9%）。节省下来的金钱计划用于 23 架飞机，这样下来平均燃料成本只要 0.53 \$/L（2 \$/加仑）。如图 8-2，每年总共节约大约 38.6M \$。考虑到几条固定航线拥有超过 10 倍于此的飞机，这些发现是相当有意义的。从这些数据可以看出：航空器越大，应用先进材料所获得的利益就越大，当然这个结论应当谨慎的接受。

在导弹和太空船应用先进铝合金材料方面，其减重研究已经公布。对半人马座飞船标准覆盖物（太阳神/半人马座飞船的一部分）[1]和（美国）海洋资源（探测）轨道卫星的研究数据显示，在太空船上采用减重与采用提高材料性能，对航行器带来的好处相似。半人马座飞船覆盖物的计算表明，如果采用先进的铝合金将比原来减重 17%，该铝合金比标

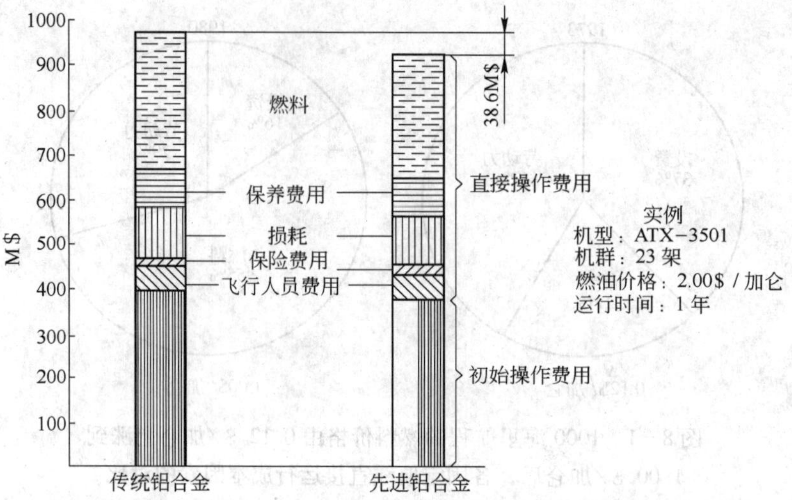

图 8-2 分别应用传统铝合金和先进铝合金材料的运输机编队运行成本对比

准覆盖物的密度和硬度均降低 10%，其中密度降低是最重要的因素。弹性模量提高了约 2/3，材料强度却几乎没有变化。对（美国）海洋资源（探测）卫星来说，通过采用低密度的先进铝合金来减重具有重要意义。

以前 PM 铝合金发展计划中的大部分目标曾经是支持铝合金在传统用铝领域的快速发展，现在 PM 铝合金发展的目标已经扩展为得到比其他结构材料例如增强树脂基复合材料、金属基复合材料、钛合金更强的竞争优势。

8.2.2 应用状况

一系列的铝合金材料被应用于太空交通工具上，但只有少数铝合金的用量较大。这些合金包括 2014、2024、2219、7075、7050、7151、2224、2324 和 7475。广泛应用的是 2024 合金和 7075 合金。

表 8-5 列出了 20 世纪 80 年代至 90 年代航空系统铝合金的用量。传统的航空器皆大量采用铝合金来制造，占总结构质量的 70%～80%。图 8-3 列出了波音 757 所用的材料，其结构材料质量的 78% 是铝合金，这是大型商业航天器的典型数字。相比大型商业运输机，小型先进航天器铝合金用量比较少。钢、钛合金还有复合材料是其他主要的结构材料。表 8-6 列出了几种军事航天器所用材料的分配情况，可以看到铝合金的用量从占 F-15 的 35.5% 提高到占 F-16 的 64.0%。该百分比是依据结构质量来估算的。

表 8-5 航空交通工具中铝合金用量的估算

分 类	结构件中 Al 的百分比	当前和潜在的 Al 市场	其他重要材料
传统的大小飞机	70～80	非常大（到 1×10^9lb/年）①	先进复合材料，其他金属（钢、钛等）
军用飞机	30～70		
导 弹	2～50+	小	适于广泛应用的材料
太空船	10～50	非常小	适于广泛应用的材料

①1 lb = 0.4536kg。

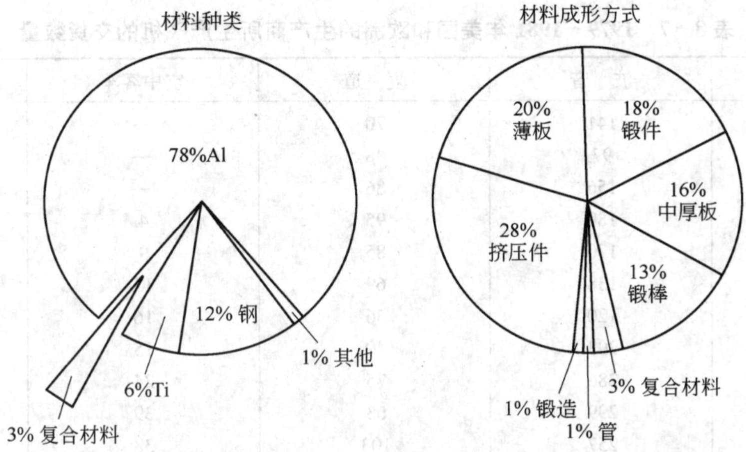

图 8-3 典型现代运输机（波音 757）成形方式及材料种类

表 8-6 美国军方飞机用材料（基于主要结构质量分数的估算） （%）

材 料	F-111	F-14	F-15	F-16	F-18	B-1
铝	47	39.4	35.5	64.0	46	41.0
钛	4	24.0	26.7	3.0	14	22.0
钢	29	17.4	4.8	3.2	13	15.0
复合材料（树脂基）	0	0.8	0.8	2.6	13	0.4

在铝合金的应用中，导弹材料的选择变化最大，这主要是由其自身多样化的本质所决定的，有些根本不用铝合金，而有些却用大量的铝合金。太空交通工具在铝合金应用方面变化也非常大，大多数铝合金主要应用在其结构部件上。

先进的 PM 铝合金产品，包括各种形状、厚度、大小的板材，铸件以及挤压件，能够满足当今航空工业对铝合金的需求。现在 PM 铝合金用来生产圆柱坯，然后可以进行锻造和挤压。用 PM 铝合金生产的圆柱坯直径范围为 203 ~ 482mm，并且和航空工业所需要的铸件及挤压件具有很好的兼容性。然而，对于薄板和中厚板来说，现在的铸锭技术还是用矩形锭坯作为原始轧件，这些锭坯重量高达 4500kg，甚至有的高达 9000kg，这远远超出了现有 PM 铝合金工业的加工能力。这促使了空军赖特航空实验室（AFWAL）和美国铝业公司（Alcoa）联合开展解决锭坯尺寸的计划，以期能够满足航空工业用大薄板以及中厚板制作大部件的需要[13]。

每年生产的航空工具的数量变化很大，这取决于世界政治和经济状况。每年商业航空器生产的数量由几个生产商控制，表 8-7 列出了 1971 年到 1982 年间航空器的工业生产总量[14]。从表中可以看出，在 1979 ~ 1981 年间，每年生产的航空器都超过 400 架，但是在这之前或之后都没有超过这段时期的总量。表 8-8 列出了 1985 年美国军方对于航空器数量的需求预算。从表中可以看出，共有 490 架各种型号的飞机要求生产并应用于军事。实际上这个数字应该加上大量的其他军事航天器，包括其他国家生产的还有美国生产并出口到其他国家的。另外，也应包括大量小的私人飞机。

现在很难估计航空工业用铝合金的总量。合理的估算为每年用量大约在 50 兆千克到几百兆千克。这些金属主要用于传统航天器的制造，导弹需要铝合金的数量比较少，太空

表8-7 1979~1981年美国和欧洲的生产商所生产飞机的交货数量

年份	波音	麦道	空中客车	总数
1971	141	70	—	250
1972	97	88	—	238
1973	156	86	—	312
1974	189	95	4	352
1975	170	85	9	324
1976	138	69	13	268
1977	120	36	16	211
1978	203	40	15	284
1979	286	75	24	412
1980	299	63	39	446
1981	257	103	38	440

表8-8 1985年美国军方财政预算要求生产的飞机数量（基于预算需求）

军队部门	飞机类型	数量/架
美国空军	B-1	34
	F-16A/B	150
	F-15	48
	C-5	10
	KC1-10A	8
	TR-1/U2	2
	MC-130H	2
	T-46A	10
	范围控制	2
小计		266
美国海军	F-18	84
	F-14	24
	AV-8B	32
	EA-6B	6
	E-2C	6
	P-3C	9
	A-6E	6
	C-2	8
	AA	8
小计		183
美国陆军	RC-120	9
	远程控制飞行器	32
小计		41
1985总数		490
1984总数		381

航空器需要的量最少。PM铝合金材料在全部航空铝合金市场中所占有的份额将依赖于其性能的不断提高，铸锭可用尺寸的增加以及IM和PM铝制品之间成本差异的降低。

航空工业中有关铝合金应用前景的争论将会继续下去。一些工业观察者和航空材料专家20世纪80年代曾预言，在未来的10~15年里，铝合金的用量将会迅速减少甚至会稳定在比现在低得多的水平上[15]。图8-4显示，在未来10年里，铝合金作为主要结构部件的使用比率，将会从典型的现代运输机（波音767）上的80%降低到类似航天器的11%~51%[12]。至于未来的发展，将主要取决于碳纤维复合材料是否能够成功地取代铝合金。英国航空局也作了类似的预测[16]，但是这种预测现在看来不是特别准确。

航空工业在研究未来所用结构材料时，在应用材料方面应强调发展铝合金的重要性。如果通过工作能达到发展这些合金的目标，那么在航空应用中，先进树脂基碳纤维复合材料的市场占有率将会大大减少。

PM铝合金在航空工业中的成功广泛应用还面临着严峻的挑战。这些挑战包括：

(1) 最终PM铝制品的缺陷降低到可以接受的范围；

(2) 最终产品的质量控制方法[17,18]。

PM铝合金的缺陷可以概括分为四类：

(1) 不合格的化学粉末；

(2) 过量的气体或能够转化为气体的元素；

(3) 没有固结或充分烧结的粉末体；

(4) 有机、陶瓷和金属的杂质。

和传统的铸造冶金程序相比，粉末冶金工艺所涉及的某些工序是缺陷滋生的根源。铝粉末制造和烧结工艺的不同也是使其变复杂的因素。例如，一种粉末制品所用到的工艺对另外一种粉末经常是不适用的。虽然前三类缺陷目前在多数情况下可以得到很好的控制，但不合格的化学粉末问题还是会间歇性地发生，要完全解决还需要继续努力。对于现在任何一种粉末制作方法，其包含夹杂物的缺陷都没有得到满意的或彻底的解决。这些陶瓷或金属的夹杂物对于一种或多种重要的力学性能来说，经常具有很大的破坏性。致力于先进的PM铝合金生产的制造商期望能够消除这些有害的粒子，特别是粉末制品中的污染物，因为粉末在制造过程中常会引进金属杂质。可以通过在粉末制品的生产过程中消除污染物来达到控制质量的目的，比如配料、混料、致密化等过程。一个不容乐观的情况是，PM铝合金制品中的特殊缺陷，通过现有检测铝缺陷的技术是检测不出来的。因此，极其需要提高和创新质量控制技术。这些缺陷以及由此引起的产品可用性问题是如此重要，以至于让人们联想到这可能会成为PM铝合金技术的致命弱点。

8.2.2.1 快速凝固PM铝合金的发展现状

能够满足先进航空系统要求的PM铝合金已经发展了三个主要系列：

(1) 高强度、耐腐蚀合金；

(2) 低密度合金；

(3) 高温合金。

表8-9列出了这几类合金的具体实例。

表8-9 快速凝固处理（RSP）发展出的铝合金

高强度铝合金：	高温合金铝合金：
SAP合金（第一种现代粉末冶金铝合金） 7090和7091合金（Alcoa） 9052和9021合金（Inco-机械合金化） MR61和MR64（Kaiser）	Al-8Fe-2Mo合金（Pratt和Whitney） Al-8Fe-4Ce合金（Alcoa） Al-Fe-V-Si合金（Allied Signal）

续表8－9

第二代铝合金：	其他铝合金：
低密度合金（都含 Li） Al－Li 合金 Al－Li－Mg 合金 Al－Li－Cu 合金 Al－Li－Cu－Mg 合金	

和铸造（IM）处理相比，快速凝固处理（RSP）对于先进 PM 铝合金的发展有很多优点，当然也有缺点。PM 合金的主要优势是在成分选择上更具灵活性，而且具有微观结构上的高度可控性。和 IM 相比，PM 合金的缺点有成本高（主要是增加了大量操作步骤）、可用的生产设备数量少、可以生产的铸锭尺寸有限、工业生产 PM 合金的经验较少、支持商业需要的 PM 合金制造业很少。和 RSP 相关的方法有雾化法、熔融甩带法、机械合金化法、溅射和喷射沉积法。

每类 PM 铝合金的概要描述和摘要如下文。对于每一类合金按照下面的分类主题来组织：(1) 发展目标和目的；(2) 工业需求；(3) 与其竞争的材料，经济上的考虑，市场潜力；(4) 发展状况。

航空航天用铝合金按照材料种类主要分为四类：(1) 飞机用高强高韧铝合金。飞机上广泛使用硬铝 2024（Al－4.4% Cu－1.5% Mg－0.6% Mn）、超硬铝 7075（Al－5.6% Zn－2.5% Mg－1.6% Cu－0.2% Cr）。另外，石油危机以来，为了节约燃料更需要机体轻量化，因此在设计机体时着重考虑安全性和轻量化。为适应这一需要而开发出的高纯新合金有 Al－Zn－Mg－Cu 系的 7450 合金、7075 合金、7150 合金；Al－Cu－Mg 系的 2124 合金、2224 合金和 2324 合金等。(2) 铝-锂合金。由于不断强调减轻商品化飞机的自身重量，以及复合材料的竞争，20 世纪 70 年代末和 80 年代初，全世界铝工业界对铝－锂合金重新产生了兴趣。利用低密度、高弹性模量的铝-锂合金，可将飞机减重 15%。商品化飞机上所用的主要铝合金可以分为三类：高强度铝合金、高抗腐蚀性铝合金和高耐破损性铝合金。表 8－10 列出了铝-锂合金的主要应用实例。(3) 耐热铝合金。Al－Fe 系耐热铝合金由于金属间化合物相在铝铁合金微观组织中的存在，可以使铝铁合金具有硬度高、耐热、耐磨、抗腐蚀等优良的力学性能，并且铝铁合金依旧保持了铝合金质量轻的特点，这正可以满足各类发动机和航空零部件对材料性能的要求。而且，铝、铁两种金属在地壳中蕴藏量极大，分布很广，是工业中普遍使用的原材料，价格较低，因此发展铝铁合金有着诱人的前景。以美国联合信号公司为代表的科研机构正在重点研究 Al－Fe 合金系，并计划使该合金作为 Ti－6Al－4N 的替代材料，以期降低航天器件的生产成本，发挥 Al－Fe 合金在航天工业中的作用[19]。(4) 铝基复合材料。它具有密度小、比强度和比刚度高、比弹性模量大、导电导热性好、耐高温、抗氧化、耐腐蚀、抗蠕变、耐疲劳等一系列的优点而引起人们的普遍注意。在所研制的铝基复合材料中，铝/硼复合材料发展最快，目前美国已能制造各种型材、管材以及铝/硼板材，用于各种航空器上，可以获得大于 20% 的减重效果。

表 8-10 Al-Li 合金在飞机上的主要应用

合金牌号	应 用
2090	飞机的前缘和尾缘、襟翼、扰流片、底架梁、吊架、牵引连接配件、舱门、发动机舱体及整流装置、作为滑槽和挤压制品等
8090	机翼及机身蒙皮板、锻件、超塑性成形部件及挤压制品等
2091	耐破损性机身蒙皮板

快速凝固铝合金在20世纪70年代已经作为一种功能材料（如吸音板、轴承零件等）使用，到80年代以后作为一种高性能结构材料的开发而引起人们的注意。用快速凝固方法研制的高强耐热铝合金有 Al-Mn-Co 系、Al-Fe-Ce 系、Al-Fe-Co 系、Al-Fe-Cr 系、Al-Fe-V-Si 系。Al-8Fe-4Co 合金在300℃以内屈服强度大于300MPa，其使用温度范围为175~315℃。用这种合金代替钛合金制造喷气式发动机滑轮，可使成本降低65%、减重15%。用快速凝固法可以使初晶 Si 细化，可以提高耐磨性能，主要用于活塞材料。

8.2.2.2 高强度 PM 铝合金

A 发展目标和目的

在航空结构材料中，应用最多的商业铝合金是 Al-Zn-Mg（型号 7×××），因为其具有高的强度。如 7075 和 7050 型合金时效的峰值强度是结构材料的首选。峰值时效 7×××合金在耐腐蚀性上有缺点，这可以通过过时效处理来减轻，如 T7、6T736 或 T73 回火。和商业 IM 7×××合金相比，PM 7×××铝合金同时具有高强度和很好的耐腐蚀性能[11]。锻造 PM 合金的成功发展得益于它们细小的晶粒和二次晶粒尺寸，以及晶粒尺寸的减小和第二相粒子弥散度的提高，还有金属间相的形成。快速凝固处理的 PM 合金同样能够添加某些有益的合金元素，而且添加范围比 IM 更大。在保持 7075-T6 合金屈服强度 552MPa 水平的前提下，新高强度 PM 铝合金的发展目标包括降低腐蚀和提高应力腐蚀抗力。和 7075-T6 合金相比，可选择的方案是把强度提高 40%，与此同时保持腐蚀抗力和应力腐蚀抗力不变或具有更好的水平，而且要保证其他重要的力学性能不降低。期望 PM 合金和商业 7×××合金具有相似的结构和热处理特征，这样商业 7×××合金就可以被取代了。PM 铝合金的成本还没有完全稳定下来，但估计将会是商业 IM7×××合金的 1.5~3 倍。

B 工业需求

可以用更高强度的 PM 铝合金代替现在航空交通工具上所使用的 2×××和 7×××商业铝合金，从而改善其结构效能。然而，对于许多航天器、导弹、太空船应用的结构材料来说，具有更高强度的 PM 合金相比 7075-T6 合金本来不具有竞争性，因为它们表现出相同的减重效果[1]。但是对于航天器和太空船则有一些例外，因为它们的某些特定结构部件是要求具有极高强度的。新的高强度 PM 铝合金，其强度比原来提高了 25% 以上，这对于改善其结构效能来说是具有吸引力的。如果新合金可以将强度提高 40% 以上，还可提供其他的性能，特别是疲劳抗力、断裂韧性和腐蚀/应力腐蚀抗力，航天器设计者和制造商或许将会为它们发现更广阔的用途。

使用 PM 技术生产的 7××× 铝合金，其腐蚀抗力的提高对于某些制造商来说，并不具有高的吸引力，因为他们已经从涂敷表面保护层和涂漆的应用中，发展出了可靠而有效的提供腐蚀保护的方法。然而从另一方面来说，某些其他的制造商可能强烈地依赖这些合金提供更高的腐蚀抗力，因为他们需求的是具有更高强度和更高腐蚀抗力的合金，当然，这通过 PM 处理是完全能够达到的。

C 竞争材料，经济考虑和市场潜力

过去，高强度 PM 铝合金的主要竞争对象是标准铸造技术生产的其他铝合金。这些铝合金的强度、韧性和疲劳抗力可以与高强度 PM 铝合金相媲美，但是其腐蚀抗力却不及 PM 铝合金。在某些应用上，尤其是当腐蚀抗力成为特别重要的考虑因素（例如大多数铸造和挤压）时，高强度 PM 铝合金是有竞争力的，尽管在薄板和中厚板应用中它们并不具有优势。

新一代高强 PM 铝合金需要在力学性能和制造成本方面加以考虑。具有低密度、高强度和高硬度的 Al－Li 合金以及树脂基复合材料都具有很强的竞争力。基于 7××× 复合材料的 PM 合金，同它们想替代的那些合金一样，具有基本相同的密度和弹性模量。密度是影响航天器结构材料减重的最主要因素，所以对于高强 PM 铝合金来说，必须具有比低密度 Al－Li 合金更高的强度，只有这样才能在提高结构效能方面更具竞争力。

D 发展状况

20 世纪 60 年代末期和 70 年代早期，经过 Alcoa 公司的努力，第一批真正具有竞争力的高强度 PM 铝合金取得了较大的发展[20]。这些合金中有两种已经商业应用；而 7090 已经被考虑应用于波音 757 飞机降落架的传动装置（如图 8－4）。此后不久，国际镍公司及其子公司承担了机械合金化 PM 铝合金的研制[21~23]。通过努力，9052 和 9021 合金得到了发展，现在已经被提上商业化议程。Kaiser 铝业、化学公司和雷诺公司也都在积极地发展高强度铝合金复合材料及其脱气程序。雷诺公司一直积极致力于低成本处理和制作工艺的发展。

第一代高强度 PM 铝合金的性能和加工特征已充分报道[9~11,20~23]。20 世纪 90 年代后

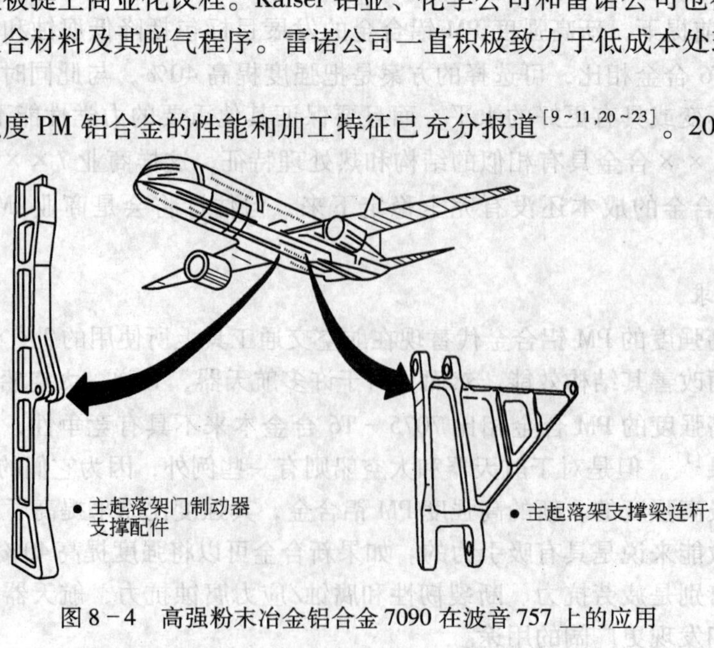

图 8－4 高强粉末冶金铝合金 7090 在波音 757 上的应用

发展起来的第二代超高强铝合金，抗拉强度达到或超过800MPa，屈服强度超过700MPa，并且具有可接受的伸长率、韧性、疲劳抗力和腐蚀抗力。目前7090合金已经用于制造波音757飞机主起落架支撑梁连杆和起落架制动器支撑配件，7091合金锻件已用于制造L-1011飞机翼梁盖和波音767飞机座椅导轨等[24,25]。另外，美国还研制了CW67、MR61、MR64等系列PM高强铝合金[26~28]。但由于合金中含有大量的Zn元素，导致合金粉末烧结困难，加上传统RS-PM技术工艺过程的繁琐，对设备要求高，导致制备大尺寸块体材料困难、生产成本高昂。但以喷射成形为代表的新一代快速凝固粉末冶金技术的开发，使得高强度粉末冶金铝合金工业的生产变为可能[29,30]。

在A380（图8-5）上广泛使用了铝合金，其结构质量分数达到60%，与复合材料实现了协调共存。7055铝合金在A380上主要用作上翼面的蒙皮，蒙皮经切削加工后，采用蠕变时效成形（CAF）工艺，有利于疲劳强度的提高。7055-T77合金早已在波音777上获得成功应用，用作上翼面蒙皮及桁条是从7150-T77合金改进而来的。7055-T76合金是用来代替7075-T6合金用作机身桁条及隔框的。它在成形性、强度、断裂韧性、抗蚀性等方面均超过7075-T6合金。A380的后翼梁采用7040合金和7085合金。其中特别值得注意的是7085高强铝合金，它主要用作锻件。它是由Alcoa公司开发的，其综合性能极好而且与截面尺寸无关。它的应用极大降低了结构重量。A380机翼的加强肋（桁条）采用了7010合金。该合金为英国牌号，为中强度、抗蚀、损伤容限合金。7010合金是7050合金的改型，但铜含量较7050低，是抗拉强度为500MPa的高强铝合金，在A300、A310、A320的每副机翼中都用了70多个桁条挤压件。7010-T736合金还用作A330/340的前起落架材料。A380的下翼面蒙皮采用了2024-HDT合金及2026合金，前者为高纯度的、高断裂韧性合金。2024-HDT合金及2026合金的塑性都很高，均是由空客与Alcoa公司合作开发的，具体成分不详。A380机身选材的一个特点是机身下蒙皮桁条采用了6013HDT合金，该合金为Alcoa研制的，是一种抗蚀合金，不包铝时，抗蚀性有所降低，采用包铝成本会增高，最后确定采用6013-T78退火状态，性能得到改进而且不致成本太高。

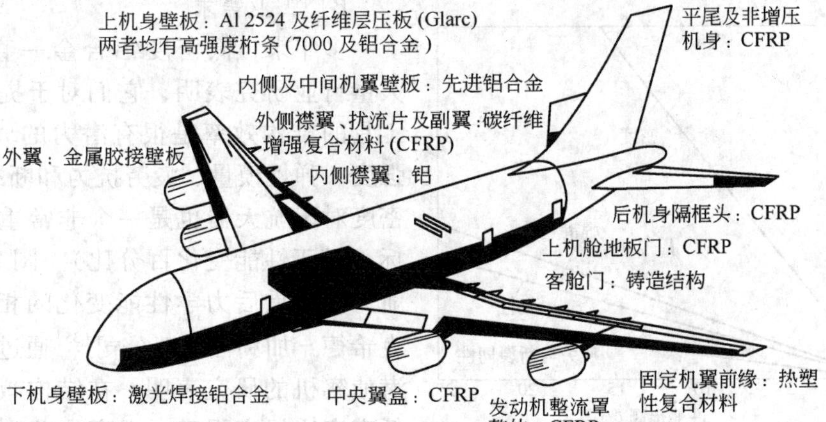

图8-5 A380上各种材料分布图

8.2.2.3　低密度 PM 铝合金

A　发展目标和目的

总体上说，不管是由 PM 还是 IM 来生产，两个主要工业目标已推动了低密度 Al－Li 合金的发展。第一个目标：发展该合金以代替现在工业用基础合金，如 2024－T3 合金、7075－T6 合金、7075－T3 合金，它们都是现在航空工业计划生产的合金，这些新材料的低密度特性使其被列为长期投资计划。第二个目标：在航空工业新设计用铝合金构件时，确立 Al－Li 合金作为首选材料的地位。新设计应该采用这些 Al－Li 合金改良后所能提供的最大优点，如包括改良的弹性模量和疲劳抗力以及低密度。

最初，对于低密度铝合金发展计划所确定的工程性能来说，其变化是相当广泛的[1,5]，主要是为了研究对于各种结构应用来说特殊性能在减重方面的影响，而且估计冶金方面的特性能够达到。最近，Al－Li 合金发展计划中越来越多的目标可以通过基础航空合金加退火来实现其强度要求，这些合金包括 2024－T3、2014－T6、7075－T6、7075－T73。目标要求是密度降低 7%，弹性模量升高接近 10%[12,31~33]。表 8－11 显示的是，现在空军莱特航空实验室和波音商业航空公司合同中对于低密度 PM 铝合金的目标要求[12]。选择这样的目标要求，对生产新合金的愿望影响较大，因为利用它们可以直接代替现在的航空工业产品。对于新计划，合金性能发展的目标或许将被修改，降低密度将会成为重点。

表 8－11　低密度 PM 铝合金开发目标（Boeing/AFWAL 计划）

主要合金	在 7075－T73 合金的强度水平上密度和模量改善 11%，其他性能相当
低密度目标	在 7075－T651 合金的强度水平上密度和模量改善 9%，耐破损和耐腐蚀能力不变或有所改善
高强目标	在 2024－T351 合金的强度水平上密度和模量改善 9%，耐破损和耐腐蚀能力相当或有所改善
高成形能力目标	密度降低 9%，模量与 7075－T73 合金相当，其他性能与超塑性合金板材相当
高温目标	强度与 2219－T8 合金相当，密度降低 8%，耐高温

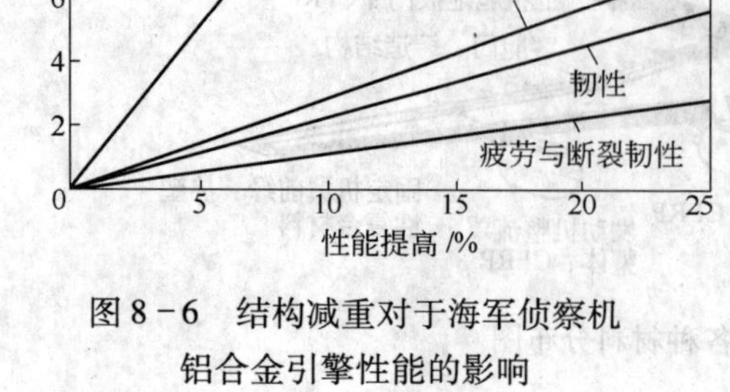

图 8－6　结构减重对于海军侦察机铝合金引擎性能的影响

B　工业需求

多年来，低密度铝合金一直倍受关注，大量行业研究表明，它们对于提高航空交通工具的结构效率是很有潜力的[1~3,34~37]。同强度、弹性模量、疲劳抗力和断裂韧性一样，密度对于航天器也是一个非常重要的性能指标（基于性能变化百分比）。图 8－6 显示了航天器减重后力学性能变化的相对影响。洛克希德－加利福尼亚公司[35]通过对 S－3A 反潜侦察机的研究表明，在结构减重方面，降低密度比提高强度、提高疲劳和断裂韧性或者弹性模量具有 3～10 倍甚至更多的有效性。弹性模量和压缩屈服强度在临界压缩结构中更重要，特别是在薄弱区域，在临界拉伸应用中，疲劳抗力、断裂韧性和抗拉强度更重要[35,36]。

已公布的行业研究主要集中在航天器的应用方面，导弹和太空交通工具方面的研究未见报道，或许是因为后者消费量较少或出于安全考虑的原因。表 8－12 列出了自 20 世纪 60 年代早期以来，公布的应用在航天器上的低密度铝合金。大多数研究表明，在达到性能要求的前提下，通过应用各种低密度合金，关键部件达到了减重 8%～12%。这些研究结果的相似之处是明显地考虑了航天器和合金性质的多样性。

表 8－12 低密度 Al－Li 合金在飞机上的应用

飞 机	合 金		相关结构的减重		日 期
	原 用	新 用	lb	%	
RA－5C	7075－T6	×2020	168	6	1958
B－58	2024－T86	×2020	266	13	20 世纪 60 年代
F－111	2024－T86	×2020	130	15	20 世纪 60 年代
L－1011	7075－T76	（+20）（－10）①	17030	12.4	1978
S－3A	7075－T76	（+20）（－7）	1022	11.5	1978
F－27（改进型）	7075，2024	5 种合金	836	7.8	1982
737（改进型）	7075，2024	5 种合金	3223	9.8	1982
L－1011	7075，2024	5 种合金	20279	10.6	1982
先进飞行器（概念）	7075－T76	（+8 到 +30）（－7）	1599	11.7	1982
F－20A	7075，7050	几种低密度合金	570	12.6	1982
747F	7075	3 种低密度	519 到 686	10 到 12.9	1981
757－200	5 标准合金	12 种低密度	2023	11.2	1983
747	7075，2024	2 种低密度	11000 到 14000	～7.0	1983/1984

①（+20）（－10）为工程性能 +20%，密度 －10%。

在有效载荷、航程、燃料节省、制造成本和服役周期成本方面，按照预想的性能改良来说，低密度 Al－Li 合金的优势是任何其他合金所无法匹敌的，预计不久的将来 Al－Li 合金可以付诸于实用。图 8－7 给出了波音飞机所试用的零件[37]。

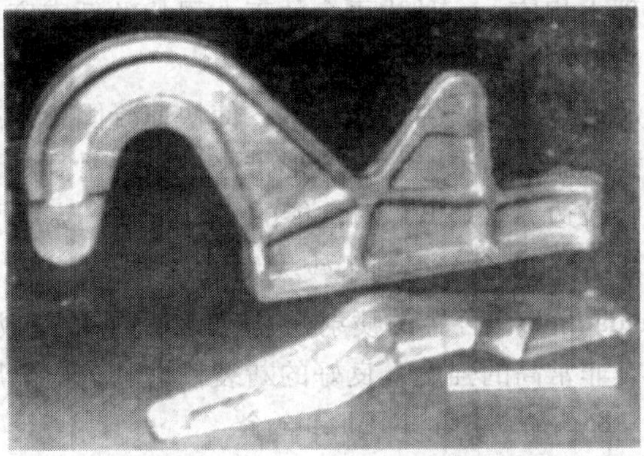

图 8－7 波音飞机零件

上—快速凝固 Al－Li 合金飞机副翼轨锻件（用直径 9.5cm 的挤压坯制造，件重 5.44kg）；下—快速凝固 Al－Li 合金精密锻件（用直径 4.4cm 的挤压坯加工而成，件重 0.68kg）

C 竞争材料，经济考虑和市场潜力

低密度 PM Al－Li 合金的主要竞争者是低密度 IM Al－Li 合金[12,33,37]。现在 IM 合金的发展蒸蒸日上，并且显示出了在未来几年里能够商业应用的巨大信心。假设这种情况发生，那么 PM Al－Li 合金的成功发展要求达到更高的力学性能，从而证明它们的高期望成本是合理的。另外，对于 PM 铝合金来说，由于采用了喷射沉积技术，可以制造大的锭坯；并且氧含量很低，性能很好。因此参加航空市场的竞争是有利的，航空工业需要非常大的铸锭尺寸和重量，特别是薄板和中厚板制品，喷射沉积技术解决了这一问题，而且喷射沉积坯比铸造坯具有很多优点[38]。树脂基碳纤维复合材料，或许连同金属基复合材料都将在航空结构材料的应用中不断增强其重要性。许多材料专家预测指出，航空材料市场的需求很大一部分需要树脂基碳纤维复合材料来完成。高强度 PM 铝合金和先进的 IM 铝合金也将会参与竞争，但是并不会像 Al - Li 合金与树脂基碳纤维复合材料的竞争那样激烈。

低密度 PM Al - Li 合金成本的增加是可以接受的，并且允许这些合金在航空材料市场份额中保持竞争地位主要是出于“底线”的考虑。就像前面讨论的，这些材料的成本不必非得和那些我们认为的特殊工具所需求的材料的成本保持一致，但是这些材料的成本和任何待选竞争材料的成本相比必须具有竞争性。这对 PM Al - Li 合金来说是一个巨大的挑战，而且要求其比和它们相似的 IM 铝合金具有更低的密度或更高的强度，以及更好的硬度或腐蚀抗力。

和普通航天器相比，导弹和太空船的成本限制相对较少。幸运的是，和普通航天器相比，导弹和太空船所需要的材料的数量较少，因此，高成本还是可以接受的。

由于低密度铝合金具有能预测到的有吸引力的力学性能，所以总体来说，凡是航空交通工具都可以很好地利用低密度铝合金。低密度 PM 铝合金的应用将依赖于它们所能达到的更好的力学性能及其具有竞争力的成本。

D 发展状况

美国和欧洲有很多正在进行的计划是发展低密度 PM Al - Li 合金的，但是在过去的一些年里 PM Al - Li 合金的发展稍微有些缓慢，主要是因为去发展同类型的 IM 合金了。低密度 PM 合金的发展途径已经转为开发新颖的合金复合材料，为了达到所期望的性能目标而添加合金添加剂从而获得平衡固溶体。虽然要达到这些目标是非常艰难的，但是人们还是在努力。粉末污染和微观结构质量的不相容性一直都是需要克服的困难[17,18,39]。然而，有理由相信，一种或更多的正在寻找的低密度 PM Al - Li 合金及其发展途径，能够达到令人满意的力学性能[26,29,40,41]。

近年来，喷射沉积技术，使快速凝固粉末冶金铝合金重新开辟了一条新的途径，喷射沉积克服了粉末雾化、成形带来的氧含量高的矛盾，降低了合金中的氧含量，大大地消除了颗粒边界（PPB）对性能的影响，并且克服了粉末冶金不能制造大坯的缺陷，因而喷射沉积 Al - Li 合金得到了较大发展[42~47]。另外，Lavernia 等人还研究了美国近年来开发的 Weldalite 049 合金的喷射沉积，该合金名义成分为 Al - 5.5Cu - 1.3Li - 0.5Ag - 0.14Zr，具有非常高的强度，良好的断裂韧性和抗应力腐蚀性能，是低温储箱的理想材料。

8.2.2.4 高温 PM 铝合金

A 发展目标和目的

RS - PM 铝合金最具吸引力的是它们能够充分地提高高温铝合金的性能，这一点对高马赫数航天器机身和发动机部件的应用来说特别重要。与钛合金或钢铁相比，低密度和相对低的加工成本是铝合金主要的优点。最近的研究[48~51]表明，如果能够发展出在 121 ~ 343℃范围内使用的先进铝合金，将会在重量和成本方面获得很大程度的降低。表 8 - 13

表 8-13 应用高温 PM 铝合金的飞机减重情况

飞机部件	减重/%	飞机部件	减重/%
机身		引擎	
超声速马赫数 3.0	10~12	翼	7~35
先进战斗机马赫数 2.2	11~14	螺旋桨	25~35
运输机马赫数 0.8	5~10		

概要地列出了减重的估计[49,51]。可以注意到，机身上的减重不如某些发动机上的减重效果好，但是航天器数量非常大，机身的总结构重量比较大，因此总体减掉的重量很多。还可以看到，在减轻重量的同时，在航天器机身和发动机之间产生了重要的协同效应。假设有效载荷和任务保持不变，当机身重量降低时，发动机重量也会随之减轻，具有较小重量和推进力的发动机更愿意被使用。如果在小范围程度内首先降低发动机重量，可取得同样的效果。由高温 PM 铝合金代替钛合金部件，从而可以降低钛合金的高密度（重量）和高制造成本带来的影响。对于高速旋转的部件如喷气机的发动机，螺旋桨叶片或机翼减重也会充分减低由于它们构成的毂或圆盘的重量。所有这些对于提高航天器和发动机部件的效率都具有相当令人兴奋的前景。

对于导弹和太空船，某些特殊部件节重减重是可以实现的，不过，市场潜力很小，但相对于解决包括超重在内的高成本方案来说，减重是明智的选择。

AFWAL 和洛克希德-加利福尼亚公司及其承包商 Alcoa、Prett、惠特尼航空、联盟公司、洛氏国际签订的合同中，选定的需求目标就包括机身和发动机[48~59]。总体上来说，期待这些合金能够与 Ti-6Al-4V 合金竞争，Ti-6Al-4V 合金在温度升高到 343℃时，仍然具有较高的强度。

大多数高温 PM 铝合金的化学成分是向 Al-Fe 系中添加其他的元素，例如 Ce[48,55]、Mo[52,56,57]、Tu[54,56~58]、Zr[52,56~58]。

热处理高温 PM 铝合金主要是向铝基体中添加铬和锆[59]。在快速凝固情况下，这类合金的硬度相对较低（75~150HV），但在 400~500℃下时效 1h 后，硬度几乎增加一倍。这意味着可以在相对较低的应力下，实现这些特殊 PM 合金产品的变形和强化，变形部分可以通过简单的时效处理来强化。

B 工业需求

改良后的高温 PM 铝合金主要应用于先进航天器的机身，例如下一代超声速运输机、未来的先进战术（军事）航天器、军事航天器的某些特殊结构支撑件[50,51,55]。像上文描述的喷气机中，同其他非旋转的部件一样，在机翼和发动机的桨叶上，该合金也具有重要的应用[53,57,60,61]。与现在应用于中高温结构部件的铝合金相比，要求新合金在温度升高到 343℃时，在相对长的时间内具有热稳定性。RS-PM 方法生产的合金在结构效率方面具有另外两个特性。它们的杨氏模量要比它们所替代的铝合金高出 30%~50%[48,49,53]，而且它们在空气和海水中通常具有更高的腐蚀抗力[54]。这些特点为 Al-Fe-X 合金在不需要高温性能的航空结构部件中的应用提供了额外的机会。

C 竞争材料、经济考虑和市场潜力

合金 2618，2219，2024 已经应用于某些飞机的机翼盖、机身外壳和其他部件，其最大耐热温度从121℃到177℃不等，但在更高的温度下，还没有合适的可以用在航天器或发动机上的合金。

在121～343℃范围内，高温PM铝合金的主要竞争者是α-β钛合金，例如Ti-6Al-4V和Ti-6Al-6V-2Sn。钛合金不仅产品昂贵，而且加工和制造成本也相当高，0.45kg钛的加工成本在200～500 $，这几乎是相同铝合金成本的10倍。虽然高温PM铝合金的制造和组装成本还没有稳定下来，但其成形产品成本很可能只有钛合金的30%～50%，加工成本也很可能只有钛合金的10%～30%。钛合金应用低成本制造技术例如网型铸造以及超塑性变形[62]，它们成本之间的差异虽然可以减小，但不会消除。

因为高温PM铝合金的密度大约只有Ti-6Al-4V合金的70%，所以对于钛合金而言，在很多领域里很难与PM铝合金竞争，除非PM铝合金不能达到现有工程所需要的性能指标。

D 发展状况

很多年前美国就已经开始努力发展航空结构用高温PM铝合金[48～51,55～60]，并且在短时间内就取得了巨大的进步（见图8-8）。合金静态强度目标已经达到，在断裂、疲劳和蠕变性能方面也取得了令人鼓舞的进步[48～51,53]。其在某些特殊构件上的应用评估也已经开始[51,56,57,61,63]。目前Al-Fe-Ce和Al-Fe-Mo合金在成分设计和加工工艺优化上也取得了令人鼓舞的进步，主要限制是Al-Fe-X RSP合金不能进行热处理，因为淬火状态粉末粒子的硬度非常高，挤压或者轧制这些合金使之成为合适的产品非常困难，即使是相对较小的铸锭也是如此。这些特点可能会限制用这些合金加工成的铸锭尺寸的直径不超过203～305mm。目前的实验结果表明，新技术例如喷射成形可以解决这个问题。

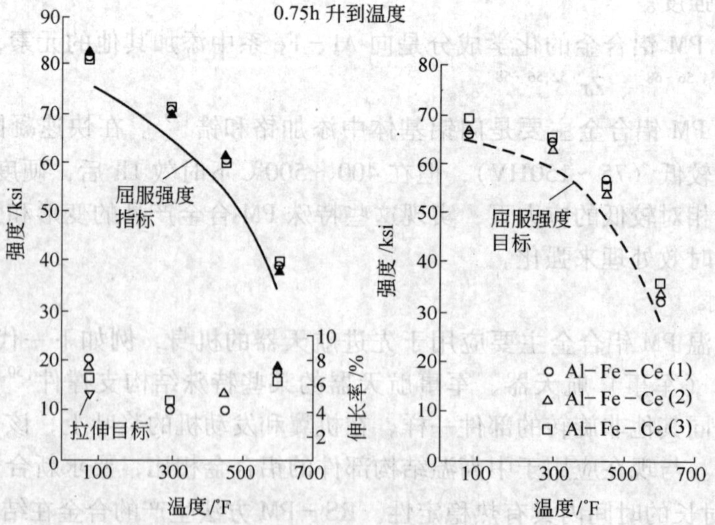

图8-8 选择高温粉末冶金铝合金后所达到的强度与目标之间的差距

可热处理高温PM铝合金的深入发展表明：压力加工和成形直径超过305mm的铸锭相对容易些。

从现在航空工业对于新结构材料的需求以及相关PM铝合金的发展中，我们可以得出很多重要的结论：

（1）航空工业对于新结构材料的各种需求可以通过发展PM铝合金得到部分满足。

（2）现在PM铝合金的研究和发展主要集中在三类合金中：1）高强度，耐腐蚀合金；2）低密度，高弹性模量合金；3）高温合金。这其中的每一类合金都有明显不同的性能目标。

（3）PM铝合金中的高强度、耐腐蚀类合金在研究领域内表现出了最成熟的发展势头，第一代合金中的一两种在航空市场上的占有率已经很有限了。具有更好性能的第二代合金正在发展；这对于航空结构材料的应用非常具有吸引力。这些合金将不得不和低密度Al-Li合金以及树脂基碳纤维复合材料进行竞争。

（4）含Li的低密度、高模量PM铝合金正在积极发展，但它们若想要在市场上获得成功，需要依靠其和IM Al-Li合金进行竞争时表现出的更好性能。到目前为止，PM铝合金的发展表明，这些合金的腐蚀抗力性能已经提高，但其他性能目标例如高强度和低密度仍然需要努力。

（5）高温PM铝合金的发展非常具有鼓舞性，并且在超过260℃时，仍有希望达到像Ti-6Al-4V相同的强度。这种合金要想取得商业上的成功，需要依靠工业对这种合金的需求。

（6）到目前为止，也仅能部分消除或有效地控制PM铝合金制品中各种类型的缺陷。尽管工业界对解决各类缺陷保持乐观，但这确实严重地影响着PM铝合金发展的全面进步。

20世纪80年代末期美国联合信号公司推出了快速凝固耐热铝合金，使快速凝固耐热铝合金的研究和应用上升了一个台阶。

Al-Fe-V-Si系合金具有良好的高温和室温强度、韧性、热稳定性、抗蚀性和抗疲劳性能，FVS0611具有良好的热稳定性以及室温成形性等特点；FVS0812（8009）是应用最广泛的，可以满足既需要质量轻，又需要较高高温强度的航空部件的要求；而FVS1212合金则可用于制备中高强度和刚度要求很高的航空部件，目前其主要的产品有挤压管、棒、型材、轧制薄板与厚板、锻件、轧环，线材以及旋压封头等，已具体用来制造如下的零部件[64~70]：

（1）飞机结构板材。FVS0812和FVS1212合金均可加工成多种密度、长度、厚度（最小厚度0.05mm）规格的板材和片材，取代2000系列铝合金，用于制造飞机蒙皮、机翼前沿和机身结构部件等。

（2）轮毂用大型锻件。FVS0812合金的高温强度，耐腐蚀抗力等完全可以满足轮毂的使用要求，该合金的轮毂锻件已有生产。

（3）发动机部件。耐热铝合金锻件，轧制环以及厚截面挤压件都可以加工成气轮发动机部件，如汽缸，压缩机，叶片等。要求材料在特殊的温度或压力条件下使用，要求材料具有良好的高温稳定性和蠕变抗力，FVS0812合金和FVS1212合金的高温性能均可以满足这些部件的使用要求。

（4）铆钉和紧固件。FVS0611合金是飞机紧固件的理想材料。该合金具有紧固件所需的综合性能：强度、高温强度和稳定性、室温成形和轻量化。FVS0611合金线材（ϕ3mm）可代替常用的紧固件A286不锈钢使用。

图8-9为美国联合信号公司研制的耐热铝合金部件，图8-10为FVS0812铝合金的飞机轮照片。

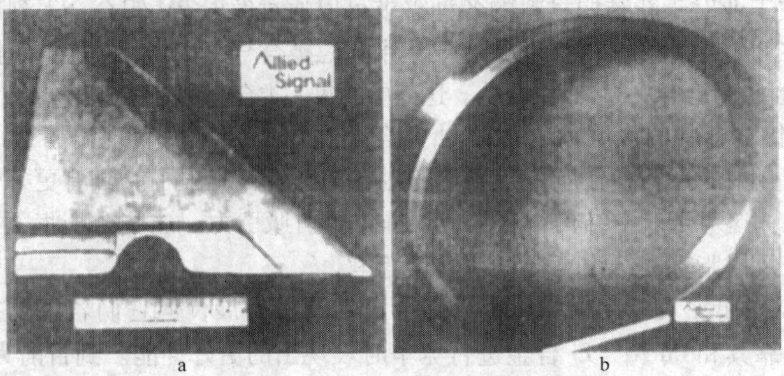

a　　　　b

图 8－9　美国 Allied－Signal 公司研制的快速凝固 Al－Fe－V－Si 合金（FVS0812）制品

a—导弹尾翼；b—锻环

图 8－10　FVS0812 合金飞机轮的照片

（制造工艺为真空热压和模锻）

8.3　快速凝固铝合金在交通工具中的应用

8.3.1　应用概述

汽车是当今社会最主要的交通工具之一，研究开发高性能汽车材料成为发展汽车工业的重要课题。研究重点是关键零部件材料，如发动机活塞、转子等，过去通常用铸铁、烧结钢等铁合金制造，使汽车自重增大，油耗量大，行驶阻力大，发动机效率低下，同时带来了污染、噪声等环境问题。因此，汽车轻量化将成为未来汽车发展的方向，所采取的措施，除在汽车结构上下功夫外，就是采用轻质材料，特别是关键零部件。

20 世纪 70 年代以来，汽车工业大量使用轻质合金材料，如铝合金、钛合金、镁合金。由于铝是地球上储量最丰富的轻金属，且不需特殊的防氧化和防腐蚀处理工艺，因此一般汽车工业中多使用铝合金材料。铝合金的密度在 2.7g/cm^3 左右，约为钢的 1/3。随着汽车工业的发展，铝合金在汽车结构件方面替代钢的趋势日渐明显，这对铝合金材料的强度提出了越来越高的要求。高强度系列铝合金的开发也在不断深入。以前，由于价格较贵等原因限制了高强度铝合金材料（主要用于航空航天）在汽车工业中的应用。石油危机发生以后，为了降低油耗，必须减轻汽车自身质量，高强度铝合金作为减轻汽车车身的替代材料，得到了迅速发展。特别是美国和日本，近年来对采用高强度铝合金材料非常积极。由于燃费的限制和国际竞争力的提高，各汽车制造厂也有强烈的意愿来采用高强度铝合金。而用粉末冶金方法制备的高强度铝合金的屈服强度和抗拉强度大部分都大于700MPa，高于用传统铸造方法制备的铝合金。粉末冶金铝合金与采用熔铸法生产的铝合金相比，其显微组织更细，合金元素的固溶度更高，可以减少宏观偏析[51]。特别是粉末锻造技术和20世纪90年代发展起来的温压等粉末致密化新技术进一步提高了粉末冶金铝合金的强度。因此，有望在汽车发动机连杆、车轮轮辐、轮毂、底盘零件（如上臂、下臂、横梁和盘式制动器卡爪）等强度要求高的零件上使用。

喷射成形技术提供了一条低成本制造高性能零件的途径，同时作为一种新工艺参与有色铸造、钢铁冶金、粉末冶金、电渣重熔等领域的竞争。目前，喷射成形已用于铝合金、铜合金、特殊钢、不锈钢、Ni基合金、超合金、低膨胀性能的合金等材料的生产和零件的近终成形，展示了广阔的应用前景。英国Osprey金属公司年产400t高硅铝合金喷射成形的棒材，这些公司还生产相当数量的高强度喷射成形Al－Zn合金、高温Al－Cu合金和轻型的Al－Li合金。韩国工业研究院（KIST）也在生产各类喷射沉积的高硅铝合金，用于制造缸套、活塞。其生产的高强度铝硅合金的性能为：抗拉强度为400～440MPa，伸长率高达10%，弹性模量为89GPa，应变速率敏感系数为0.6（在500℃应变速率为10^{-3}/s）。

我国也特别重视喷射成形技术的开发和研究，试制了4JB1发动机薄板缸套产品，进行了摩擦磨损试验，初步结果表明，该材料与铸铁活塞环材料的摩擦性能匹配好，耐磨性高。

8.3.2 应用状况

粉末冶金零件以其节能、节材、环保及适于大批量生产等诸多优点而在制造业中获得广泛应用。全世界粉末冶金总产量的60%～70%应用于汽车工业。在欧洲，汽车零部件大部分由压铸件、锻件等毛坯切削加工而成。而在美国和日本，自从汽车工业诞生之日起，粉末冶金（PM）技术就伴随着汽车零件的生产而发展。尤其是日本，由于资源短缺，对粉末冶金汽车零件的发展尤为重视。

1939年，美国开始在汽车中使用铁基粉末冶金油泵齿轮。为了进一步提高粉末冶金零件的强度，粉末锻造技术应运而生。粉末锻造是将粉末冶金与锻造技术有机地结合起来，使零件的力学性能接近或超过普通锻造的一种粉末冶金技术。20世纪40年代初，美国GM公司就开始了粉末冶金塑性加工技术的研究。1964年，美国GKN公司采用粉末锻造方法研制出汽车发动机连杆，这对粉末塑性加工技术的发展起到了积极的推动作用。20世纪70年代以后，粉末冶金汽车材料逐步由铁基、铜基合金向轻合金、高强度方向发展，特别是铝基合金发展更为迅速。铝合金作为汽车材料有许多优点：一是密度低；二是铝合金汽车零件不需要作防锈处理；三是铝合金汽车零件具有较强的减震性，在碰车时能比钢制零件多吸收50%以上的冲击能，提高了振动的阻尼，从而减少了对人员的伤害，并提高了安全性和乘坐的舒适性。粉末冶金铝合金汽车零件的重大进展是Metal Powder Products公司成功地开发出用于通用汽车公司Northstar顶置发动机的粉末冶金铝基凸轮轴轴承盖，这是第一个大量用于美国汽车工业的粉末冶金铝基结构件。从1993年台架试验后，迄今已使用2500多万只这种凸轮轴轴承盖，从未发生过发动机失效。美国GM公司的新式

Vortec 4200 型 4.2L V6 发动机中就有 14 个粉末冶金铝基凸轮轴轴承盖。此外，Saturn 与 Chrysler 公司也已大量采用这种凸轮轴承盖。

在 21 世纪的今天，对发动机的要求是高功率、低油耗、低排放、低噪声和长寿命，因此，要求进一步提高作为发动机心脏的零件——活塞的功能。关于活塞的材料，目前广泛使用着的仍是 20 世纪 20 年代德国人发明的线［膨］胀系数很小的高硅铝合金，其成形方式主要是金属模铸造。尽管铸造技术也在不断改进，但金属模铸造活塞依然受到材质和工艺过程的制约。以 1945 年瑞士开发的 SAP（粉末冶金铝粉末）为开始的铝粉末冶金技术，进入 80 年代以来发展为挤压粉末成形固化技术，目前，已把高质量的坯料用于工业。控制锻造技术不仅可使用急冷凝固粉末冶金坯料，而且可以作为高 Si 连续铸造棒的锻造活塞成形方法，其生产率较高，图 8－11 示出的摩托车发动机用活塞就是 1995 年以来采用该技术大量生产的商品件。

图 8－11　以连续锻造棒为坯料锻造的四冲程机用活塞

急冷凝固粉末冶金坯料活塞（PM 2P），1990 年被用在以 YER500 为首的世界 GP 赛车用发动机上，并进行了材质及形状的最佳化。图 8－12 显示出在发动机极限性能下，活塞顶部下凹量与连续运转时间的关系。与相同顶部厚度的铸造活塞相比，不易发生顶部下凹的 PM 2P 在赛车发动机上显现出良好的耐久性。另外，在提高发动机功率约 50% 的同时，活塞单体质量降低了约 20%，减轻质量的目的是提高赛车用发动机的性能及响应性，在用于一般汽车用发动机上时，既可降低燃油消耗率，又可降低振动和噪声。图 8－13 为商品车斯诺莫比尔装用的 PM 2P。进一步减小活塞顶高度，可降低废气的排放量，如果将其用在环境保护型的发动机上，则可以扩大设计自由度。

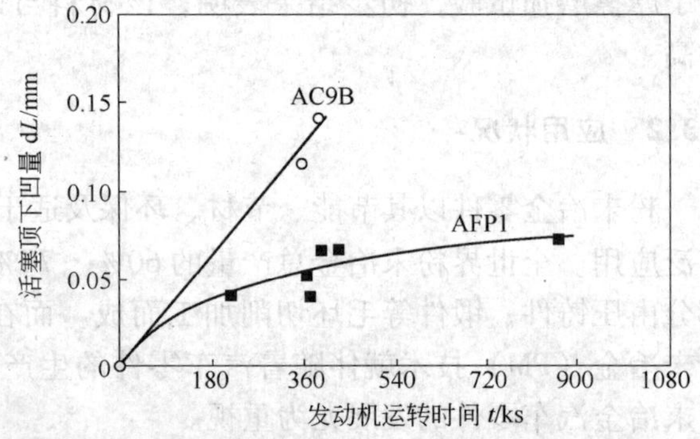

图 8－12　发动机运转时间与活塞顶下凹量的关系

图 8－13　商品车斯诺莫比尔装用的 PM 2P

快速凝固 Al－Si 合金目前在日本和德国有所应用，主要用于制造汽车发动机和空调压缩机的零配件。日本在80年代就开始利用快速凝固粉末冶金法制造汽车发动机阀门弹簧座和连杆，所用材料为Al-14.5%Si-3.3%Cu-0.4%Mg-4.5%Fe-2.1%Mn和Al-17.5% Si-2.3%Cu-0.4%Mg-4.5%Fe-2.0%Mn合金。结果表明：相应构件的质量分别减轻60%和30%，从而使汽车发动机转速大幅度提高[71]。

马自达公司利用喷射沉积Al-Si-Fe-Cu-Mg合金制备汽车循环发动机转子，使发动机效率显著提高，这种采用快速凝固高硅铝合金材料并经结构改造的循环发动机与普通发动机相比节油20%。公司预计以每月10t的速度生产这种发动机转子。1993年他们将这种发动机安装在ENUOS800和XE2DOS059新型轿车上投放日本、欧洲及北美市场[71]。

Sumitomo电气公司利用快速凝固PM Al-Si-X高硅铝合金代替烧结钢，大批量制造汽车空调压缩机转子和叶片，使转子减重60%，整个压缩机减重40%，提高了机器的工作效率。雅马哈汽车制造公司生产的快速凝固高硅铝合金活塞也投放市场，这种活塞与普通铸铁相比，减重20%，寿命提高30%，而且显著降低噪声，减少污染。此外，还可以利用高硅快速凝固铝合金制造压缩机连杆、发动机齿轮、油泵、轴承以及缸体等[55]。

住友电工公司利用快速凝固粉末冶金Al-Si-X（X表示Fe、Ni或Fe、Cu、Mg等）系高硅铝合金代替烧结钢，大批量制造汽车空调压缩机转子和叶片，使转子减重60%，整个压缩机减重40%，提高机器工作效率[72]。

最近德国PEAK公司利用快速凝固Al-Si合金制造汽车发动机汽缸衬里，应用于BENZ高级轿车上，他们的年产量达3000t[73]。

快速凝固高硅铝合金存在的问题主要有：制造成本高；合金特别是PM合金韧性较差；300℃以上使用时，其强度并不占优势。因此，需要对简化生产工艺，低成本固结技术及快速凝固高硅铝合金的合金化问题，进行更加深入的研究。

随着快速凝固铝合金研究的不断深入，存在的问题将逐渐得到解决，应用范围也将不断拓宽。尤其是快速凝固铝合金的疲劳性能进一步提高后，汽车上的部分动载荷件，例如摇臂、传动轴等也将由快速凝固铝合金制造。由于这类运动部件质量的减轻，可以大大降低其与运动部件接触处的接触应力，为新型高速发动机的设计提供了可能[74]。

8.4 快速凝固铝合金在武器装备中的应用

快速凝固铝合金的研究和发展成果大多数已经被直接应用于航天和航空器上，关于汽车用铝合金也有不少报道，前面叙述了快速凝固铝合金在这两方面的应用，本节将主要叙述快速凝固铝合金在武器装备方面的应用。喷射成形作为一种新的材料制备和成形工艺技术所具有的独特优点，在要求高强度、高韧性、高刚度和轻量化的军用材料中得到了广泛应用。美国还将喷射成形铝合金用于鱼雷壳、MK46的燃料箱、装甲板、导弹和航天飞机等零部件上。此外，德国、英国和前苏联均有该技术在军事装备上应用的报道。

8.4.1 快速凝固铝合金在军用飞机中的应用

由于快速凝固铝合金重量轻、价格便宜，使用范围广泛，特别是快速凝固耐热铝合金使用温度可达400℃，因此可部分取代钛合金、常规铝合金和钢材，快速凝固铝合金已经成为军事领域特别是军用飞机备受青睐的合金系，作为下一代先进的军用飞机（例如时速

图 8 - 14　用 Al - Fe - Ce 合金作为加强端盖的 SR - 71 黑鸟侦察机

达 3 马赫的战斗机）等的机身结构材料和喷气式发动机的叶片、翼片、蜗轮和散热片等部件，当用快速凝固耐热铝合金制造时，其造价一般只相当于钛合金的 30% ~ 50%，而飞机的总重量可以减轻 15% 左右，因而具有广泛的应用前景。图 8 - 14 是用快速凝固 Al - Fe - Ce 合金制造的用于高温环境下的加强端盖的 SR - 71 黑鸟侦察机。

8.4.2　快速凝固铝合金在装甲车中的应用

超轻材料铝是一种良好的装甲材料，特别是用在轻装甲车上用于防御定向爆破和碎片。铝的密度只是钢的 30% 左右，所以铝制的装甲可以轻而厚。先进的铝合金主要有 5××× 系、6××× 系和 7××× 系三种。各型号铝材的区别在于调配的比例。5083 铝是当代大多数装甲车采用的材料（M2，M3，M113，LTVP7 等，如图 8 - 15），密度是 2.66g/cm^3（匀均轧制钢为 7.83g/cm^3）。也就是说，5083 铝装甲的重量只有同厚度均匀轧制钢装甲的 1/3。虽然它的有效厚度只是均匀轧制钢的 40%，但从重量和防御效能的比例看仍然是突出的。AMX - 10、蝎子、武士和 BMP3 使用的则是与 7075 铝相似的材料。这些高标号的铝材更轻、硬度更大。但同时韧性降低，更脆。它们的有效厚度比例通常接近均匀轧制钢的 60%。除了合金调配外，铝材还可以使用改变几何造型来提高有效厚度。例如，蜂窝形构造的高级铝合金装甲，其有效厚度可以达到均匀轧制钢的 70%。铝合金在装甲中的使用也不仅仅是以纯制板块的形式，比如英国早期的乔巴母装甲中铝合金的线条就是和其他材料如玻璃钢、陶瓷的线条进行错综组合的。

图 8 - 15　采用 5083 铝的 M2 和 M113 装甲车

为改良装甲车用铝合金，人们进行了大量充分的研究[75]。该领域主要的推动力来自于对材料轻量化的需求，采用铝合金的装甲车能更加容易地通过航天器来运输。另外，对于某些结构件来说，铝合金具有良好的抗冲击性和可焊性、表皮脱落抗力、应力腐蚀抗力，以及出众的强度、延展性、韧性和疲劳抗力等综合性能。

装甲车上铝合金的主要用途是作为结构外壳材料。同样的，也可以作为装甲材料，因此它必须具有可焊性并具有良好的抗冲击性能。在装甲车上，铝合金的其他用途是作为车轮、履带和摇杆材料。

装甲车上主要应用的铝合金有四种：合金 2014，5083，7039 和 7075。合金 5083 和 7039 具有可焊性，因此被用作结构外壳材料。装甲车上 RST 铝合金的主要应用是，代替现在作为外壳结构材料的 5083 铝合金和 7039 铝合金。倘若 RST 铝合金能够达到可以接受的可焊性，那么这种合金就可以期待具有出众的强度、韧性和腐蚀抗力的综合性能，也将具有比现在的 5083 合金和 7039 合金更好的抗冲击保护性。

8.4.3 快速凝固铝合金在导弹上的应用

导弹结构使用的材料种类很多，按材料的功能可分为结构材料和功能材料；按材料的性质可分为金属材料、非金属材料和复合材料。目前金属材料仍占主导地位，金属材料中应用较多的有铝合金、镁合金、钛合金、高强度合金钢和不锈钢等。材料能够直接影响导弹结构的性能和生产成本，因此，材料的选择是设计中很重要的工作。选择材料要综合考虑各种因素，具体的选用原则如下：

（1）充分利用材料的力学性能、物理性能，使结构质量最小，刚度最好。因此，最基本的原则是在满足强度、刚度条件下，使结构质量最小。

（2）选用的材料应能满足结构的技术要求。例如耐热、隔热要求，介电性能要求，隐身要求，抗冲击要求等。

（3）材料要满足导弹结构的环境适应性要求，具有足够的环境稳定性。也就是要求材料在规定的使用环境条件下，有保持正常的机械、物理、化学性能的能力。例如耐腐蚀、不易脆化的能力，防潮、防霉变能力，适应高低温环境的能力等。

（4）所选用材料应具有良好的工艺性能。

（5）选用的材料成本要低，来源要充足，供应要方便。

铝合金是应用较早、使用最广泛的有色金属材料。铝合金的种类多，根据生产工艺的不同，可分为变形铝合金、铸造铝合金和新发展起来的铝锂合金，特别是采用快速凝固技术制备的铝锂合金，具有高弹性模量和良好的抗疲劳性能。

铝锂合金是一种新型铝合金材料，比传统的铝合金密度更低，强度、刚度更高，并且具有较高的断裂韧性和抗应力腐蚀性能。它可以进行热处理强化，是可焊性铝合金，但焊接热裂纹的敏感性强，易产生气孔，如果采用高能密度的焊接方法（等离子焊、真空电子焊等)，设计合理的焊接接头，采用彻底清除表面氧化膜等措施，能得到较好的焊接效果。它的另一特点是超塑成形性能远高于常用铝合金。

国际上在铝锂合金的研究和应用方面做了大量的工作。现已研制出的铝锂合金有 2090、2091、8090、8091 和 9052 等多种，力学性能一般达到 $\sigma_b \geq 500\text{MPa}$，$E \geq 78\text{GPa}$，伸长率 $\delta \geq 8\%$，密度 $\rho \leq 2.55\text{g/cm}^3$。用于制造形状复杂的蒙皮、隔框，特别适合制作导弹上承受轴压载荷的仪器舱、级间段和尾段，以及需要按刚度设计的结构件。这是因为合金的 E 值高的缘故。目前我国铝锂合金还处于研制阶段，预计今后有可能与复合材料竞争，成为新一代导弹较好的选用材料。

快速凝固高强铝合金是另一种可以应用于导弹上作为结构材料的，采用快速凝固技术制备的高强铝合金与传统的高强铝合金相比，其强度提高了 25% 以上，对于改善导弹结构的性能是非常重要的。

快速凝固耐热铝合金是又一种很有潜力的导弹结构材料。用于安装在导弹上的承力结构材料，首先要求它比强度要高，还有一个问题就是，导弹飞行速度快，在大气中飞行时由于摩擦会产生较高的温度，因此其壳体材料要能承受较高的温度。与现在应用于中高温结构部件的铝合金相比，快速凝固耐热铝合金具有更好的高温性能和热稳定性，此外，还具有更高的弹性模量（高 30% ~50%）。Al - Fe 系快速凝固铝合金，特别是 Al - Fe - V - Si 合金，适用于较高温度的场合，可用作导弹壳。

8.5　快速凝固铝合金在电子产品及其他民用领域中的应用[76,77]

快速凝固能显著提高铝合金的强度，从而克服铝合金在电子工业使用方面的局限。众所周知，快速凝固铝合金具有高比强度，铝合金的强密比约为（118 ~214）$\times 10^4$cm，而优质碳素结构钢的强密比只有（38 ~101）$\times 10^4$cm，合金结构钢的强密比也只有（51 ~160）$\times 10^4$cm。由此可见，在同样强度条件下，用铝合金制成的零件要小得多。此外，铝合金型材减少了对特殊连接件的依赖，免除了焊接，尽可能地使用普通标准件及 T 型螺栓套件，进行 T 形连接，且有足够的强度和韧性。型材与底角、角轮连接，得到水平和移动。

电子专用设备是电子工业的支柱产业，是电子工业的重要基础。在科学技术高速发展的今天，其精密化、自动化程度越来越高，作为设备主体的机架，也就有了更高的结实可靠、美观大方的要求。铝合金型材作为一种新型的工业用框架材料，在电子专用设备上应用以后，从设计、装调、使用到机器美观方面，都收到满意的效果。

有很多公司从事快速凝固粉末冶金的研究，其中大多是从事铝合金零件的快速凝固粉末冶金研究，这些零件有很多用于汽车及电子行业。Al - Si 合金的耐磨性日益受到汽车及电子工业的重视，除此之外，它的线［膨］胀系数低即比弹性模量高也很引人注意。

由于集成电路的集成度迅速提高，导致了芯片发热量急剧增加。据介绍，温度每升高 10℃，GaAs 或 Si 微波电路的寿命就缩短为原来的 1/3[78]。这都是由于在微电子集成电路以及大功率整流器件中，材料之间线［膨］胀系数的不匹配而引起的热应力以及散热性能不佳而导致的热疲劳所引起的失效。解决该问题的重要手段是进行合理的封装。

所谓封装是指支撑和保护半导体芯片和电子电路的基片、底板、外壳，同时它还起着辅助散失电路中产生的热量的作用。作为理想的电子封装材料必须满足以下几个基本要求：(1) 低的线［膨］胀系数，能与 Si、GaAs 芯片相匹配，以免工作时由于两者的线［膨］胀系数差异热应力而使芯片受损；(2) 导热性能好，能及时将半导体工作产生的大量热量散发出去，保护芯片不因温度过高而失效；(3) 气密性好，能抵御高温、高湿、腐蚀、辐射等有害环境对电子器件的影响；(4) 强度和刚度高，对芯片起到支撑和保护的作用；(5) 良好的加工成形性和焊接性能，以便能加工成各种复杂形状的封装；(6) 性能可靠，成本低廉；(7) 对应用于航空航天及其他便携式电子器件中电子封装材料的密度要求尽可能的小，以减轻器件的重量。

表 8 - 14 列出了芯片材料 Si、GaAs 以及一些常用电子封装材料的相关主要性能指标，

表 8-14 常用电子封装材料的主要性能指标[79~81]

材 料	密度/g·cm^{-3}	热导率/W·(m·K)$^{-1}$	线［膨］胀系数（CET）/K^{-1}
Si	2.3	135	4.1×10^{-6}
GaAs	5.3	39	5.8×10^{-6}
Al_2O_3	3.9	20	6.5×10^{-6}
BeO	2.9	250	6.7×10^{-6}
AlN	2.9	250	4.5×10^{-6}
Al	2.7	221	23×10^{-6}
Cu	8.9	400	17.7×10^{-6}
Kovar	8.3	17	5.9×10^{-6}
Invar	8.1	11	0.4×10^{-6}
W	19.3	174	4.4×10^{-6}
Mo	10.2	140	5.0×10^{-6}
$W_{80}Cu_{20}$	15.6	180~210	$(7.6\sim9.1)\times10^{-6}$
$Mo_{80}Cu_{20}$	9.9	160~190	$(7.2\sim8.0)\times10^{-6}$
Cu/Invar/Cu	8.4	160	5.2×10^{-6}
Cu/Mo/Cu	9.7	244	6.8×10^{-6}
Al/SiC	2.95	160	8.5×10^{-6}

可以看出，作为芯片材料的 Si 和 GaAs 以及用作基片的 Al_2O_3、BeO 等陶瓷材料，其线［膨］胀系数（CTE）值处于（4~7）$\times10^{-6}$/K 之间。而具有高导热系数的 Al 和 Cu，其 CTE 值却高达 20×10^{-6}/K，会导致不能接受的大的热应力，而这些热应力正是集成电路或基板产生脆性裂纹的一个普遍原因。可伐合金（Kovar，一种 Fe-Co-Ni 合金）和因瓦合金（Invar，一种 Fe-Ni 合金）的线［膨］胀系数低，与 Si 和 GaAs 相近，但这两种材料的热导率（Thermal Conductivity）差、密度高、刚性低，作为航空材料不合适，特别是小型电子封装器件密度低、热量集中不易扩散，对于封装材料来说，这是致命的缺点。

在航空航天飞行器领域使用的电子系统中，在满足电子封装材料的其他基本要求的同时，轻质低密度是最首要的问题。因为每增加 1kg 甚至是 1g 的质量都要付出昂贵的代价。据统计，在飞行器上，每 1kg 有效负载的成本高达 50000 英镑，对于通讯卫星就要高出 100 倍[82]。

由表 8-15 可见，利用铝和硅的单质配置的合金，其密度在 2.3~2.7g/cm^3 之间，线［膨］胀系数 CTE 为（4.5 ~ 11）$\times10^{-6}$/K 之间，而热导率大于 100W/(m·K)。通过改变

表 8-15 硅和铝单质的性能

性 能	元 素	
	Si	Al
熔点/℃	1410	660
比热容/J·(kg·K)$^{-1}$	0.713	0.905
密度/g·cm^{-3}	2.3	2.7
线［膨］胀系数/K^{-1}	4.1×10^{-6}	23.6×10^{-6}
热导率/W·(m·K)$^{-1}$	148	237

硅铝成分的配比，可以获得物理性能满足航空航天需求的电子封装材料。而对于表 8 - 15 中所提到的三类轻质低密度电子封装材料中：AlN 的线［膨］胀系数与 Si 十分接近，且 AlN 的刚度和密度较低，使其非常适合用于电子封装，然而它也存在不能电镀的问题。BeO 的线［膨］胀系数与 GaAs 相近，也具有良好的热传导等其他优良性能，可是，这种材料有剧毒，因而限制了它的应用。而 Al/SiC 金属基复合材料密度小于 3. 0g/cm^3，热导率为 160W/（m · K），线［膨］胀系数为 8. 5 × 10^{-6}/K，是较为理想的轻质电子封装材料，但由于它存在加工难度大，作为大规格壳体和盖板封装材料难于成形，加工后电镀效果也不佳，且加工成本高，因此应用受到限制。

现有电子封装材料性能上存在的差距，急需寻找一种新型的轻质电子封装材料来满足航空航天电子封装的需求。而高硅铝合金电子封装材料的出现刚好满足了这一需求。

高硅铝合金制备的电子封装材料由于具有质量轻、线［膨］胀系数低、热传导性能良好以及强度高和刚度高，与金、银、镍可镀，与基体可焊，易于精密加工、无毒等优越性能，符合电子封装材料朝小型化、轻量化、高密度组装化方向发展的要求，且成本低廉，因此铝硅合金材料成为一种潜在的有广阔应用前景的电子封装材料，特别是在航空航天领域。

制备高硅铝电子封装材料的快速凝固方法主要是传统的粉末冶金法和喷射沉积法。传统的粉末冶金法是采用快速凝固技术将粉末坯料装入金属或非金属的模具中经冷压、除气，然后加热到固液两相区进行真空热压或热等静压制成复合材料锭坯，再通过挤压、轧制、铸造等二次加工制成型材或零件。

20 世纪 60 年代，Dixon 成功地用粉末冶金方法制备了硅含量高达 45% 的过共晶铝硅合金，且初晶硅十分细小，分布均匀。70 年代 Skelly 等对硅含量为 25% ~45%（质量分数）的快速凝固铝硅二元及三元合金进行了研究，制得了具有较高耐磨性的合金。

此外，日本住友电器公司用传统的粉末冶金方法生产的 40% Si（质量分数）/Al 材料 CMSHA - 40 已经实现商品化，不过其综合性能指标仍不十分理想（在 25℃ 时其 CTE 为 13. 0 × 10^{-6}/K，400℃ 时为 15. 4 × 10^{-6}/K，在 25℃ 时其热导率 TC 为 126W/（m · K），密度为 2. 53g/cm^3）[83,84]。

另一种制备高硅铝电子封装材料的快速凝固方法是喷射沉积法。1974 年，英国 Osprey 金属有限公司的 R. G. Books 等成功地将喷射沉积原理应用于锻造坯的生产，并逐渐发展为著名的 Osprey 工艺。Osprey 公司用喷射沉积方法及其后续加工技术所制备的铝硅合金是技术最成熟的，其制备了内部组织均匀、性能优良、Si 含量高达 70%（质量分数）的铝硅电子封装材料，而且其铝硅材料只有较好的机加工性。Osprey 公司生产的这些 CE（controlled expansion 线［膨］胀系数可控）合金可用于很多领域，其中 CE7、CE9 合金由于其 CTE 与 Si、GaAs 很匹配，可以用于 RF 及微波电路的封装及航空航天飞行器的电子系统中。

国内也有相关报道利用喷射沉积方法制备高硅铝合金，但其硅含量都不超过 30%，而且主要是利用其低膨胀性、高耐磨性，为汽车、摩托车发动机制造耐磨零部件，少见有用作电子封装材料的相关报道[85~88]。

随着微波电路、微电子器件、半导体集成电路向大功率、小型化、轻量化、低成本、高性能和高可靠性的方向发展，对基片衬底材料（热沉）、框架、壳体和封装盖板等材料的性能也提出了更高的要求，传统的电子封装材料已越来越难以满足这一领域进一步发展的需要。如前所述，目前国内外在这方面的研究已经取得了很大的进展，随着高硅铝合金制备技术的进步，它作为新型轻质电子封装材料的出现，代表了新型轻质封装材料的发展方向。

8.6　著者及团队成员在快速凝固铝合金应用方面的部分重要工作

8.6.1　大型多层喷射沉积坯的制备

采用多层喷射沉积技术制备了2×××，6×××，7×××，5083，8009等多种快速凝固铝合金和铝基复合材料的锭坯、管坯、环件和板坯。采用自主发明的新技术及设备能够批量制备直径达ϕ3500mm、壁厚200mm、高200mm以上的铝合金环件，$\phi_{外}$1300mm/$\phi_{内}$600mm×300mm的铝基复合材料环件，$\phi_{外}$800mm/$\phi_{内}$300mm×1300mm、重达1000kg的耐热铝合金和铝基复合材料管坯，ϕ800mm×900mm的铝合金及其复合材料圆柱锭坯，1000mm×500mm×200mm的板坯，这些都是目前国际上尺寸最大的铝合金及其复合材料喷射沉积坯件，并解决了喷射沉积坯的后续加工问题。图8－16为作者领导的团队所制备的铝合金及复合材料的沉积坯照片。

图8－16　铝合金及其复合材料沉积坯照片

8.6.2　大尺寸管材的制备及典型力学性能

采用大型挤压机（12500t）挤出了400mm×150mm×5000mm的Al/15%SiC（质量分数）和8090耐热铝合金的板材。采用8000t的大型挤压机挤压出ϕ380mm×3000mm的6063/15%SiC（质量分数）和8090耐热铝合金管材。表8－16～表8－18给出了这些材料的典型力学性能。图8－17～图8－19给出了这些产品的实物照片。

表 8－16　多层喷射沉积 FVS0812 耐热铝合金板材性能

轧制温度/℃	板厚/mm	测试温度/℃	σ_b/MPa	$\sigma_{0.2}$/MPa	δ/%
450	0.6～1	25	470	400	10
		315	250	200	17.6
		350	210	180	25.5
		400	165	130	16.9

表 8－17　多层喷射沉积 FVS0812/15%SiC（质量分数）板材性能

挤压温度/℃	测试温度/℃	σ_b/MPa	$\sigma_{0.2}$/MPa	δ/%
450	25	580	525	6.3
	315	285	245	3.5
	400	186	150	2.5

表 8－18　多层喷射沉积 7093Al/15%SiC（质量分数）复合材料的性能

挤压温度/℃	挤压比	σ_b/MPa	$\sigma_{0.2}$/MPa	δ/%
420	16:1	725	660	2～3

图 8－17　喷射沉积 7075Al/15% SiCp（质量分数）合金的挤压板材

（截面尺寸 400mm × 150mm）

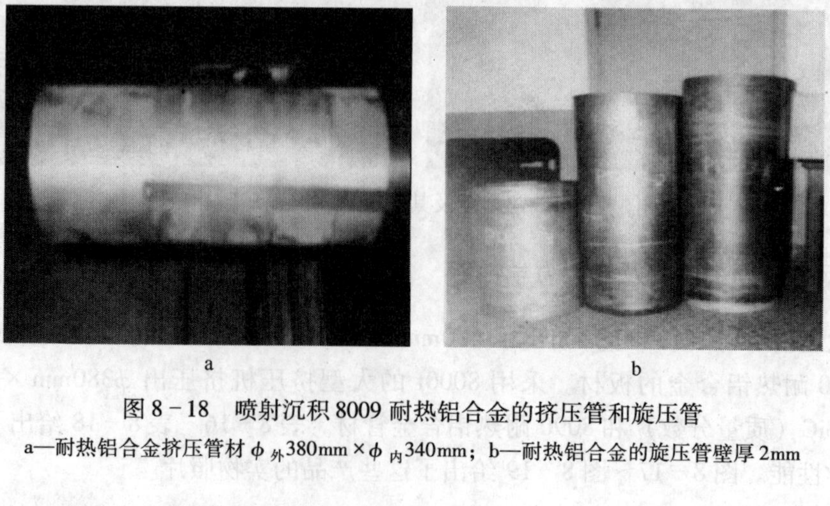

a　　b

图 8－18　喷射沉积 8009 耐热铝合金的挤压管和旋压管

a—耐热铝合金挤压管材 $\phi_{外}$380mm × $\phi_{内}$340mm；b—耐热铝合金的旋压管壁厚 2mm

图 8-19 喷射沉积 6063/15% SiC（质量分数）合金的挤压管

8.6.3 楔形热压和楔形热锻造

航天航空工业、兵器工业、高速列车等领域都需要一些大型和特大型的轻质化环形零部件。如飞船前端框体（环件，直径大于 1.2m），空间站框体（直径大于 3m），蒙皮（大面积高性能铝合金或钛合金薄板），运载火箭燃料储箱（大型板材和框架结构），深水鱼雷壳体（直径大于 0.5m 的带加强筋管材），高速列车制动盘（直径大于 1m 的铝基复合材料环件）。所以，制备高性能的大型环件、方形坯件和管形坯件已经成为工业领域的一个重要课题。陈振华教授等根据楔形压制的原理和楔形压头的设计原则，将此种工艺发展为一种喷射沉积坯料的楔形热压和楔形热锻造工艺。采用楔形热压和楔形锻造能够解决一些大型和特大型件的热致密化问题。图 8-20 是 Al-20% Si/15% SiC（质量分数）高速列车制动盘的照片。

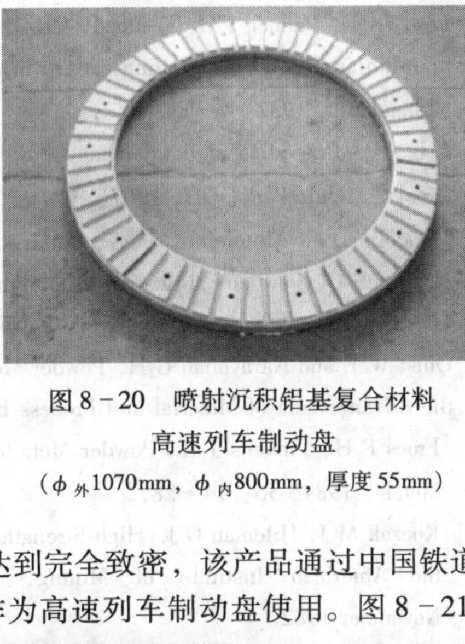

图 8-20 喷射沉积铝基复合材料高速列车制动盘

（$\phi_{外}$1070mm，$\phi_{内}$800mm，厚度 55mm）

该材料采用喷射沉积坯进行楔形热压，使材料达到完全致密，该产品通过中国铁道科学院 200km/h 的 1∶1 台架实验，其性能优异，可作为高速列车制动盘使用。图 8-21 为

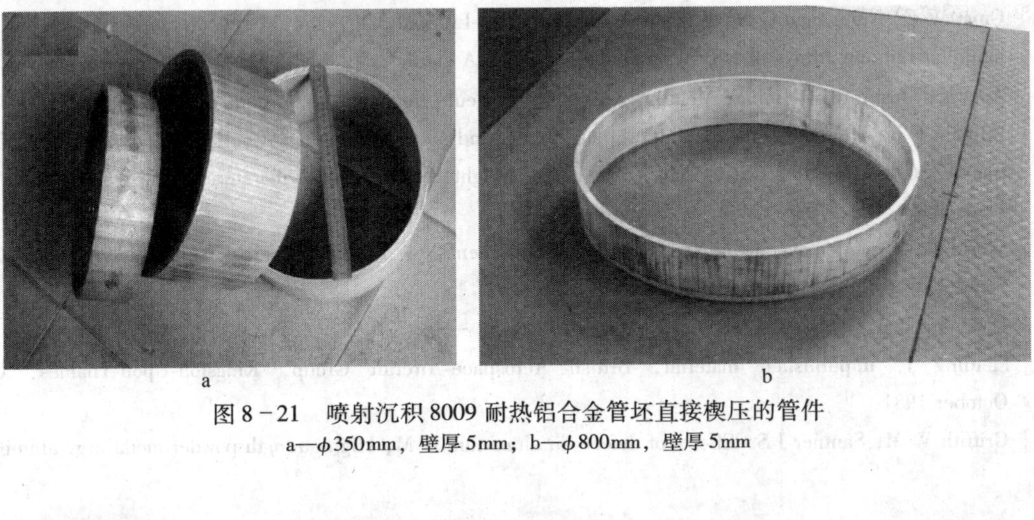

图 8-21 喷射沉积 8009 耐热铝合金管坯直接楔压的管件

a—ϕ350mm，壁厚 5mm；b—ϕ800mm，壁厚 5mm

喷射沉积 8009 耐热铝合金管坯的楔形热压产品图。该产品（ϕ300～800mm 的管坯）不通过热挤压，直接通过楔压达到完全致密。产品性能和热挤压品基本相当，由于加热时间比较短，温度较低，其耐热性能前者超过后者。

参 考 文 献

[1] Quist W E, Lewis R E. The Need for Rapidly Solidified Powder Metallurgy Aluminum Alloys for Aerospace Application, Rapidly Solidified Powder Aluminum Alloys, by ASTM Committee on Publication, 1986.

[2] Wald G G. Supersonic Cruise Vehicle Technology Assessment Study of an Over/Under Engine Concept-Advanced Aluminum Alloy Evaluation, NASA Contract Report 165676, Contract No. NAS 1-14625, National Aeronautics and Space Administration, Washington, DC, May 1981.

[3] Sakata I F, Systems Study of Transport Aircraft Incorporation Advanced Aluminum Alloys-Final Report, NASA CR-165820, NASA Contract 16434, National Aernautics and Space Administration, Washington, DC, January 1982.

[4] Tieta T E and Palmer I G. Advanced P/M aluminum alloys: Advances in Powder Technology, G Y Chin Ed., American Society for Metals, 1981: 189～224.

[5] Lewis R E, Palmer I G, E kavall J C, et al. Aerospace structural application of rapidly solidified aluminum-lithium alloys, Proceedings, third briefing/workshop on rapid solidification technology, National Bureau of standards, 1982: 6～8.

[6] Lyle J P. Properties of powders and powder metallurgy products, Aluminum, Vol. 1, America society for metals, Metals Park, OH, 1967: 347～352.

[7] Mondolfo L F. Aluminum Alloys, Butterworth, London, 1979: 883～893.

[8] Roberts S G. Powder Fabrication of aluminum alloys, WADC technical report 56481, ASTIA document AD 118192, air force wright aeronautical development center, wright-patterson air force base, OH, April 1957.

[9] Quist W E and Narayanan G H. Powder Metallurgy (P/M) Aluminum Alloys for Aerospace Use, Society for the Advancement of Material and Process Engineering, Anaheim, CA, April 1983.

[10] Froes F H, Pickens J R. Powder Metallurgy of Light Metal Alloys for Dmanding Applications. Journal of Metals, 1984, 36: 14～28.

[11] Koczak M J, Hileman G J. High-Strength Powder Metallurgy Aluminum Alloys. The Metallurgical Society of the American Institute of Mining, Metallurgical and Petroleum Engineers, Warrendale, PA, November 1982.

[12] Quist W E, Narayanan G H, Wingert A L. Aluminum-Lithium Alloys for aircraft Structure-An overview, Aluminum-Lithium Alloys Ⅱ, T H Sanders Jr., and E A starke Jr., Eds., The Metallurgical Society of the American Institute of Mining, Metallurgical, and Petroleum Engineers, Warrendale, PA, 1984: 313～334.

[13] Billman F R. High-strength aluminum billet, plate, and sheet fabrication, Contract Report, AFWAL Contract F33615-82-C-5063 with Alcoa, Air Force Wright Aeronautical Laboratories, Wright-Patterson Air Force Base, OH, 1983.

[14] World Jet Airplane Invetory at Year-end 1982, Document No. Y11870, Boeing Commercial Airplane Co., Seattle, WA, May 1983.

[15] Donaghue J A. Air Transport World, March 1984: 58～59.

[16] Fielding J, unpublished material, British Aerospace-Aircraft Group, Kingston-Upon-Thames, UK, October 1981.

[17] Griffith W M, Santner J S. Effects of defects in aluminum P/M, High-strength powder metallurgy aluminum

alloys, M J Koczak and G J Hildeman, Eds., The metallurgical Society of the American Institute of Mining, Metallurgical and Petroleum Engineers, Warrendale, PA, November 1982: 125 ~ 145.

[18] Qust W E, Wingert A L and Carter R V, Production considerations in the use of aluminum P/M products for aerospace applications. Paper presented at the ASM Metals Congress, American Society for Metals, Philadelphia, PA, Oct. 1983: 1 ~ 6.

[19] GILMAN P S, DAS S K. Rapidly solidified aluminum alloys for high temperature/high stiffness application [J]. Metal Powder Reports, 1989, 44 (9): 616 ~ 620.

[20] Hart R M, Wrought P/M aluminum alloys X7090 and X7091, Alcoa Green Letter, August 1981.

[21] Benjamin J S and Schelleng R D. Dispersion strengthened aluminum-4% magnesium alloy made by mechanical alloying. Metallurgical Transactions, 1981, 12: 1827.

[22] Erich D L, Donachie S J. Benefits of mechanical alloyed Aluminum [J]. Metal Progress, 1982, 121 (2): 22.

[23] Kang S J, Erich D L and Merrick H F. The mechanical behavior of mechanically alloyed Al alloys High-strength Powder Metallurgy aluminum alloys, M J Koczak and G J Hideman, Eds, The matellurgical and petroleum engineers, Warrendale, PA, November 1982: 317 ~ 328.

[24] Lavernia E, Rai G, Grant N J. Rapid solidification processing of 7××× aluminum alloys: a review [J]. Mater Sci Eng, 1986, 79: 211.

[25] Hildeman, Gregory J, Labarre, et al. AlZnMgCu powder metallurgy alloy: US, 4732610 [P]. 1988.

[26] Malavika M A. Investigation of the structure/property relationship of spray formed 7××× series high strength aluminum alloys and their metal matrix composites [D]. Pennsylvania State: The Pennsylvania States University, 2000.

[27] Pichens J R, Christodoulou L. The stress-corrosion cracking behavior of high-strength aluminum powder metallurgy alloys [J]. Metall Trans A, 1987, 18 A: 135.

[28] Pickens J R. Review aluminum powder metallurgy technology for high-strength application [J]. J Mater Sci, 1981, 16: 1437.

[29] Kusui J, Fuji K. Development of super high strength AlZnMgCu PM alloys [J]. Mater Sci Forum, 1996, 217 ~ 222: 1823.

[30] Lengsfeld P, Juarez J A, Lavernia E J, et al. Microstructure and mechanical behavior of spray deposited Zn modified 7××× Al alloys [J]. Inter J Rapid Solidification, 1995, 8: 237.

[31] Palmer I G, Lewis R E and Crooks D D. The Design and mechanical properties of rapidly solidified Al-Li-X, aluminum-lithium alloys, T H Sanders Jr. and E A Starke Jr., Eds., The Metallurgical society of the American Institute of Mining, Metallurgical, and Petroleum Engineers, Warrendale, PA, 1981: 241 ~ 262.

[32] Palmer I G, Lewis R E and Crooks D D, Development of Al-Li-X alloys using rapidly solidified powder, High-strength powder metallurgy aluminum alloys, M J Koczak and G J Hildle, Eds., The metallurgical society of the American Institute of Mining, Metallurgical, and Petroleum Engineers, Warrendale, PA, November 1982: 369 ~ 390.

[33] Palmer I G, Lewis R E, Crook D D, Starke E A, Jr. and Crook R E, Effect of processing variables on microstructure and properties of two Al-Li-Cu-Mg-Zr alloys, aluminum-lithium alloys Ⅱ, T H Sandrs, Jr., and E A Starke, Jr., Eds., The metallurgical society of the American Institute of Mining, Metallurgical, and Petroleum Engineers, Warrendale, PA, November 1984: 91 ~ 110.

[34] Balmuth E S and Schmidt R. A perspective on the aluminum-lithium alloys aluminum-lithium alloys, T H Sanders, Jr., E A Starke, Jr., Eds., The metallurgical society of the American Institute of Mining, Metal-

lurgical, and Petroleum Engineers, Warrendale, PA, 1981: 69 ~ 88.

[35] Ekvall J C, Rhodes J E and Wald G G, Methodology for evaluating weight saving from basic material properties, Design of fatigue and fracture resistant structure, ASTM STP 761, American Society for testing and materials, Philadelphia, PA, 1982: 328 ~ 341.

[36] Narayanan G H, Qusit W E, Wilson B L and Wingert A L. Low density aluminum alloy development, First interim technical report, 4 Jan 1982 to 1 July 1982, AFWAL Contract F33615-81-C-5053, Air Force Wright Aeronautical Laboratories Wright-Patterson Air Force Base, OH, August 1982.

[37] Peel C J, Evans B, Grimes R et al. The application of improved aluminum-lithium alloys in aerospace structures, Paper No. 94, Ninth Euro.

[38] 陈振华. 多层喷射沉积技术及应用. 长沙：湖南大学出版社. 2003.

[39] Gysler A, Crooks R and Starke E A, Jr., A comparison of microstructure and tensile properties of P/M and I/M Al-Li-X alloys, aluminum-lithium alloys, T H Sanders, Jr., and E A Starke, Jr., Eds., The metallurgical society of the American Institute of Mining, Metallurgical, and Petroleum Engineers, Warrendale, PA, 1981: 263 ~ 291.

[40] Narayanan G H, Wilson B L, Quist W E and Wingert A L, low density aluminum alloy development, Second Interim Technical Report, 2 July 1982 to 3 Jan. 1983, AFWAL Contract F33615-81-C-5053, Air Force Wright Aeronautical Laboratories, Wright-Patterson Air Force Base, OH, April, 1983.

[41] Vidos A E, Crooks D D, Lewis R E, et al. Ultra low-density, high-modulus, and high-strength RSP Al-Li-Be alloys, ASTM: 237 ~ 251.

[42] Lavernia E J, Mckewan G W, Grant N J. Structure and Properties of Rapidly Solidified Aluminium Alloys 2024 and 2024 plus 1% Lithium Using Liquid Dynamic Compaction [J]. Progress. Power Metall, 1986, 42: 457.

[43] Kojiman K A, Elewis R and Kanfman M J. eds. Sanders T H, Jrand E A, Starke J. MCE Publications, Birmingham, 1989: 85.

[44] Wu M, Srivatsan T S, Pickens J R et al. Microstructure and mechanical properties of spry deposited Al-Cu-Li-Ag-Mg-Zr [J]. Sci. Metal. Mater, 1992, 27 (6): 761 ~ 766.

[45] Palmer I G, Chellman D J and White J. ASTM, 1994: 385.

[46] 崔成松. 喷射沉积过程及其对快速凝固 Al-Si 合金组织和性能的影响 [D]. 哈尔滨：哈尔滨工业大学, 1995.

[47] Zhang Y C, Wu Y, Hao Y Y, et al. Aluminum-Lithium Alloys V, (Sanders T H, Jr. and Staeke E A, Jr., eds.), MCE PUBL., Birmingham, United Kingdom, 1989: 95.

[48] Landenbech S L, Hildeman G J, Cho C W and Denzer D K, Structure/Property relationships of Al-Fe-Ce alloys, paper presented at the Western Technical Engineering Conference, Los Angeles, CA, March 1983.

[49] Langenbeck S L and Griffith W M, Investigation of mechanical property behavior of elevated-temperature powder metallurgy aluminum alloys, paper presented at a meeting of The Metallurgical Society of the American Institute of Mining, Metallurgical and Petroleum Engineers, Philadelphia, PA, October 1983.

[50] Sakata I F and Langenbeck S L. Elevated-temperature aluminum alloys for aerospace applications, No. 831441, SAE Technical Paper Series, presented at Society of automotive engineers and exposition, Long Beach, CA, October 1983.

[51] Langenbeck S L, Elevated-temperature aluminum alloys development, Interim Report, Lockhead Report 29977, AFWAL Contract F33615-81-C-5069, Air Force Wright Aeronautical Laboratories, Wright-Patterson Air Force Base, OH, October 1981.

[52] Skinner D J, Odazaki K, Adam C M. Physical metallurgy and mechanical properties of aluminum alloys containing eight to twelve weight percent iron, JAI: 211 ~ 236.

[53] Langenbeck S L, Griffith W M, Hildeman G J, et al. Development of dispersion-strengthened aluminum alloys, JIA: 410 ~ 422.

[54] Langenbeck S L, Cox J M and Simenz R F, Characterization of Al-Fe-Ce Alloys, JIA: 450 ~ 463.

[55] Griffith W M, Sanders R E, Jr., Hildeman G J, Elevated temperature aluminum alloys aerospace applications, High-strength powder metallurgy aluminum alloys, M J Koczak and G J Hildeman, Eds., The Metallurgical Society of the American Institute of Mining, Metallurgical, and Petroleum Engineers, Warrendale, PA, 1981: 209 ~ 224.

[56] Adam C M, Bourdeau R G. Transition and refractory element additions to rapidly solidified aluminum alloys, proceedings, Second International Conference on Rapid Solidification Processing, R Mehrabian, B H Kear and M Cohen, Eds., Claitors Publishing, 1980: 246 ~ 259.

[57] Bourdeau R G, Adam C M, van Reuth E. Application of Rapid Solidification to Gas Turbine Engines, proceedings, Fourth International Conference on Rapidly Quenched Metals, T Masumoto and K Suzuki, Eds., Japan Institute of Metals, Tokyo, 1982: 155 ~ 158.

[58] Adam C M, Boureau R G, Broch J W. Application of Rapidly Solidified Alloys, Final Report on AFWAL Contract F33615-76-C-5136, Report No. AFWAL-TR-81-4188, Air Force Wright Aeronautical Laboratories, Wright-Patterson Air Force Base, OH, February 1982.

[59] Jone H. Some Aspects of the rapid solidification of light alloys, Rapidly Solidified Meta stable Materials, Elsevier-North Holland, New York, 303 ~ 316.

[60] Adam C M, Simon J W, Langenbeck S L. Application of Rapidly solidified aluminum alloys at elevated temperatures, Proceedings, Third Briefing/Workshop on Rapid Solidification Technology, National Bureau of Standards, Gaithersburg, MD, 6 ~ 8.

[61] George D B, Bourdeau R G, Miller J A.. Gas-Turbine Applications of RST alloys, Proceedings, Third Briefing/Workshop on Rapid Solidification Technology, National Bureau of Standards, Gaithersburg, MD, 6-8 Dec. 1982: 640 ~ 649.

[62] Hammond C. Superplasticity in titanium alloys, Super-plastic forming of structural alloys, N E Paton and C H Hamiton, Eds., The Metallurgical Society of the American Institute of Mining, Metallurgical, and Petroleum Engineers, Warrendale, PA, 1982: 131 ~ 146.

[63] Ekvall J C. Elevated temperature powdered aluminum airframe structures, Interim Report, Lockheed Report 30668, AFWAL Contract F33615-83-C-3200, Air Force Wright Aeronautical Laboratories, Wright-Patterson Air Force Base, OH, April 1984.

[64] Skakata I F and Langenbeck S L. PM Aluminum alloy in Place of titanium based on elevated temperature aluminum alloy for aerospace applications [J]. Aerospace Engineering, 1984 (3 ~ 4).

[65] Frazier W E, Lee Eui W, Domellan M E et al. Overview: Advanced Lightweight. Alloys for Aerospace Applications [J]. Journal of Metals, 1989 (5): 22 ~ 26.

[66] Suryanarayana C, Frose F H, Krishnamurthy S, et al. Development of Light Alloys by Rapid solidification Processing [J]. J. Powder metals, 1990, 26 (2): 117 ~ 129.

[67] S, K, Das, L. A. Davis. High Performance Aerospace Alloys Via Rapid Solidification Processing [J]. Mater. Sci. 1988, 98: 1 ~ 12.

[68] Wasaworth J, Froes F H. Developments metallic materials for aerospace applications [J]. Journal of Metals, 1989 (5): 12 ~ 16.

[69] Gilman P S, Zeda M S, Peltier J M, et al. Rapid solidified aluminum-transition metal alloy for aerospace application. AlAA/AHS/ASEE aircraft Design, Systems and Operations Conference, Sept. 7-9, 1988, Atlanta. Georgia: 1 ~ 7.

[70] Nack J. Kim, D H, Kim. LiMAT-93: Light materials for Transportation systems. JOM, 1994: 44 ~ 47.

[71] Spray Formed Aluminum Alloy Finds Engine Role [J]. MPR. 1994, 49 (1): 26 ~ 31.

[72] Hayashi T, Takeda Y, Akechi K, et al . Rotary Car Conditioner Made with PM Al-Si Wrought Alloy Parts [J]. MPR. 1991 (2): 23 ~ 271.

[73] 田世藩，李周，张国庆，等. 喷射成形的发展及其产业化趋势 [C]. 见：98' 全国喷射沉积技术及新材料研讨会. 哈尔滨工业大学. 1998. 9. 131.

[74] 沈军，谢壮德，董寅生，等. 快速凝固铝合金的性能应用及发展方向 [J]，粉末冶金技术，2000，18 (3): 208.

[75] G W Budd, Ed. The military uses of aluminum,. Alcan Booth Sheet Ltd. , Birmingham, England, 1973.

[76] 甘卫平，陈招科，杨伏良，等. 高硅铝硅合金轻质电子封装材料研究现状及进展 [J]. 材料导报，2004，18 (6): 79 ~ 82.

[77] 张济山. 新型喷射成形轻质高导热低膨胀 Si-Ce 电子封装材料 [J] 材料导报，2002，16 (9): 1.

[78] Jacobson D M. Spay-Formed Silicon-Aluminum [J]. Adv Mater Process, 2000 (3): 36.

[79] 周贤良，吴江晖，张建云，等. 电子封装用金属基复合材料的研究现状 [J]. 南昌航空工业学院学报，2001，15 (1): 11.

[80] Carl Zweben. Metal-Matrix Composites for Electronic Packaging [J]. JOM, 1992, 44 (7): 15.

[81] 刘正春，王志法，姜国圣，等. 金属基电子封装材料进展 [J]. 兵器材料科学与工程，2001，24: 49.

[82] Jacobson D M. Lightweight electronic packaging technology based on spray based on spray formed Si-Al [J]. Powder Metallurgy, 2000, 43 (3): 200.

[83] Smnitomo. Light Metal Industries Ltd [J]. MPR, 1994, 49 (1): 26.

[84] Chen Yuyong, Chung D L. Silicon-aluminium network composites fabricated by liquid metal infiltration [J]. J Mater Sci, 1994, 29: 6069.

[85] 张永安，熊柏青，韦强，等. 喷射成形制备高性能铝合金材料 [J]. 机械工程材料，2001，25 (4): 22.

[86] 谢壮德，沈平，董寅生，等. 快速凝固铝硅合金材料及在汽车中的应用 [J]. 材料科学与工程，1999，17 (4): 101.

[87] 孙章明，丁道云，陈振华，等. 多层喷射沉积制备高硅铝合金工艺研究 [J]. 中南工业大学学报，1997，28 (3): 257.

[88] 袁晓光，徐达鸣，张卫方，等. 双级雾化快速凝固高硅铝合金工艺研究 [J]. 金属学报，1996，32 (10): 1034.

冶金工业出版社部分图书推荐

书名	作者	定价(元)
电子背散射衍射技术及其应用	杨 平	59.00
材料的晶体结构原理	毛卫民	26.00
材料科学基础	陈立佳	20.00
钒钛材料	杨绍利 等	35.00
不锈钢的金属学问题（第2版）	肖纪美	58.00
动力与能源用高温结构材料——第十一届中国高温合金年会论文集	中国金属学会高温材料分会	149.00
有序金属间化合物结构材料物理金属学基础	陈国良（院士） 等	28.00
材料的结构	余永宁 毛卫民	49.00
泡沫金属设计指南	刘培生 等译	25.00
多孔材料检测方法	刘培生 马晓明	45.00
金属材料的海洋腐蚀与防护	夏兰廷 等	29.00
超细晶钢——钢的组织细化理论与控制技术	翁宇庆 等	188.00
功能陶瓷显微结构、性能与制备技术	殷庆瑞 祝炳和	58.00
超强永磁体——稀土铁系永磁材料（第2版）	周寿增 董清飞	56.00
耐磨高锰钢	张增志	45.00
材料组织结构转变原理	刘宗昌 等	32.00
金属材料工程概论	刘宗昌 等	26.00
材料腐蚀与保护	孙秋霞	25.00
铝阳极氧化膜电解着色及其功能膜的应用	[日] 川合慧 著 朱祖芳 译	20.00
合金相与相变	肖纪美 主编	37.00
薄膜材料制备原理技术及应用（第2版）	唐伟忠	28.00
金属材料学	吴承建	32.00
现代材料表面技术科学	戴达煌	99.00
材料加工新技术与新工艺	谢建新 等	26.00
Ni-Ti形状记忆合金在生物医学领域的应用	杨大智 等	33.00
金属固态相变教程	刘宗昌	30.00
新材料概论	谭 毅 李敬锋	89.00
氧化铍陶瓷	高陇桥	25.00
材料成形计算机模拟	辛啓斌	17.00
钢铁材料中的第二相	雍岐龙	75.00
钨材料及其加工	王发展 等	59.00
钼材料及其加工	王发展 等	49.00
铝材料及其应用	日本钛协会	29.00